江苏省激素研究所股份有限公司
Jiangsu Institute of Ecomones Co., Ltd.
地址：江苏省金坛经济开发区环园北路95号
电话：0519-82821707 82821700
传真：0519-82821747 82883308
邮编：213200
http: //www.jsmone.com/
E-mail: yuanyq@public.cz.js.cn

全国农药信息总站组织编写

农药品种手册精编

张敏恒　主编

NONGYAO PINZHONG
SHOUCE JINGBIAN

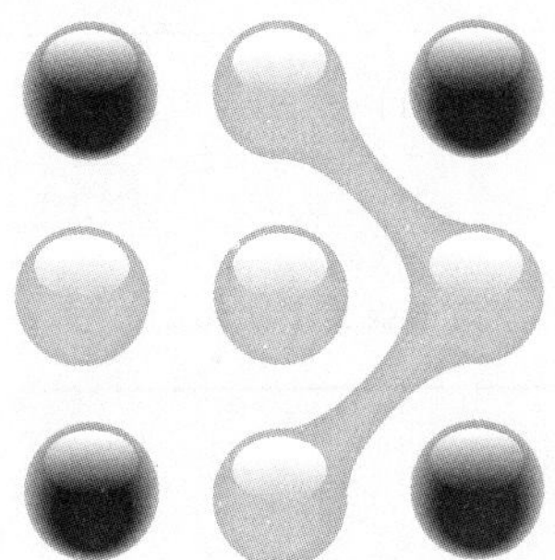

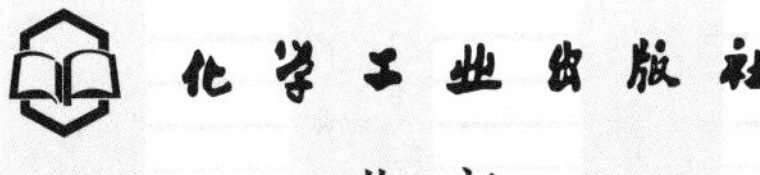

·北京·

本手册收录了近700个主流农药品种，详细介绍了每个品种的中英文通用名称、结构式、分子式、相对分子质量、CAS登录号、其他名称、理化性质、毒性、制剂、应用技术以及生产厂家等，是一部品种全、标准新、内容翔实的实用性工具书。书后附有中、英文名称索引，便于查阅。

本手册可供从事农药生产、科研、应用、贸易、管理等科技人员阅读，也可供高等院校农药、植保等专业师生参考。

图书在版编目（CIP）数据

农药品种手册精编/张敏恒主编；全国农药信息总站组织编写．—北京：化学工业出版社，2012.12
ISBN 978-7-122-15528-3

Ⅰ.①农… Ⅱ.①张…②全… Ⅲ.①农药-品种-手册 Ⅳ.①S482-62

中国版本图书馆CIP数据核字（2012）第237679号

责任编辑：刘　军　　装帧设计：王晓宇
责任校对：宋　夏

出版发行：化学工业出版社（北京市东城区青年湖南街13号　邮政编码100011）
印　　刷：北京永鑫印刷有限责任公司
装　　订：三河市万龙印装有限公司
787mm×1092mm　1/16　印张36¾　字数683千字　2013年1月北京第1版第1次印刷

购书咨询：010-64518888（传真：010-64519686）　售后服务：010-64518899
网　　址：http://www.cip.com.cn
凡购买本书，如有缺损质量问题，本社销售中心负责调换。

定　　价：128.00元　

京化广临字2012—22号

《农药品种手册精编》

编写人员名单

主　　编　张敏恒

副 主 编　赵　平　严秋旭　李　新　白洪华　李永强

编写人员　（按姓名汉语拼音排序）

白洪华	白喜耕	曹广宏	曹　巍	常秀辉	陈　杰	陈　亮
陈启辉	迟会伟	丑靖宇	崔东亮	单中刚	杜英娟	耿丽文
龚党生	关爱莹	郭　胜	何丽华	洪　忠	黄国洋	黄耀师
姜　斌	姜敏怡	姜　鹏	姜　魏	姜　欣	姜雅君	金宽洪
金守征	孔繁蕾	孔　周	兰　杰	李　斌	李轲轲	李　淼
李　鸣	李为忠	李　新	李艳娟	李　洋	李永强	李志念
李　壮	梁　博	梁　敏	林长福	刘君丽	刘少武	楼少巍
罗艳梅	马宏娟	聂开晟	钱忠海	佘永红	沈迎春	司乃国
宋宝安	宋玉泉	孙宝祥	孙　克	孙宁宁	田翘楚	王军锋
王　嫱	吴鸿飞	谢春艳	徐　婧	严秋旭	杨丙连	杨瑞秀
杨　浩	叶艳明	由宇润	于春睿	于福强	于海波	余晓江
张国生	张　弘	张敏恒	张则勇	赵贵民	赵　静	赵　平
赵欣昕	周惠中	周良佳	周　宁			

前言

FOREWORD

随着耕地面积的不断减少、人口的不断增多，保证粮食需求，特别是提高单位面积的粮食产量成为全世界的一大课题。通过使用农药，人类获得了更多的农业产出，减少了蚊蝇等家庭害虫的危害，并在公共卫生场所有效地控制了有害物的孳生。随着我国农药工业的持续发展和人民生活水平的不断提高，农药产品质量愈来愈引起人们的广泛关注和高度重视，生产安全、绿色的农药产品就成为广大农药科技工作者的神圣使命。《新编农药商品手册》自2006年出版以来，深受广大读者欢迎。

近年来，农药工业发展迅速，农药品种结构发生了重大的变化，一些新的农药品种相继问世，原书已不能满足广大读者的要求，读者纷纷要求重新编写一本关于农药品种方面的手册，经过多年资料收集整理，本书终于问世了。

本书有以下几个特点：收集的品种多，资料新，名称全。本书详细介绍了农药品种的中、英文通用名称、其他名称、化学结构式、理化性质、毒性、应用、生产厂家等内容。书后附有中、英文通用农药名称索引、分子式索引，便于查阅。

本手册是一部品种较全、标准新、内容翔实的实用型农药工具书。我们希望本书能对您有所帮助，能满足您的需求，值得您经常使用。欢迎您提出改进的建议，我们将认真对待。

编者

2012年5月

农药品种手册精编

CONTENTS

目录

第一章　杀虫剂 / 1

硼酸（boric acid）/ 1
矿物油（petroleum oils）/ 1
烟碱（nicotine）/ 2
新烟碱（anabasine）/ 3
除虫菊素（pyrethrins）/ 3
鱼藤酮（rotenone）/ 4
百部碱（tuberostemonine）/ 5
苦参碱（matrine）/ 5
藜芦碱（veratrine）/ 6
桉油精（eucalyptol）/ 7
苦皮藤素（celastrus angulatus）/ 7
雷公藤甲素（triptolide）/ 8
蛇床子素（osthol）/ 8
印楝素（azadirachtin）/ 9
松脂酸钠（sodium pimaric acid）/ 10
樟脑（camphor）/ 10
苏云金芽孢杆菌（*Bacillus thuringiensis*）/ 11
球形芽孢杆菌（*Bacillus sphaericus* H5a5b）/ 12
球孢白僵菌（*Beauveria bassiana*）/ 12
短稳杆菌（*Empedobacter brevis*）/ 13
耳霉菌（*Conidioblous thromboides*）/ 13
金龟子绿僵菌（*Metarhizium anisopliae*）/ 13
菜青虫颗粒体病毒（*Pierisrapae granulosis* virus）/ 13
松毛虫质型多角体病毒（*Dendrolimus punctatus* cytoplasmic polyhedrosis virus）/ 14
小菜蛾颗粒体病毒（*Plutella xylostella* granulosis virus）/ 14
甜菜夜蛾核型多角体病毒（*Spodoptera exigua* nuclear polyhedrosis virus）/ 15
茶尺蠖核型多角体病毒（*Ectropis obliqua* nuclear polyhedrosis virus）/ 15
斜纹夜蛾核型多角体病毒（*Spodoptera litura* nucleopolyhedro virus）/ 15
苜蓿银纹夜蛾核型多角体病毒（*Autographa californica* nuclear polyhedrosis virus）/ 16
棉铃虫核型多角体病毒（*Heliothis armigera* nucleopolyhedro virus）/ 16
蟑螂浓核病毒（*Periplaneta fuliginosa* densovirus）/ 16
淡紫拟青霉菌（*Paecilomyces lilacinus*）/ 17
厚孢轮枝菌（*Verticillium chlamydosporium*）/ 17
松毛虫赤眼蜂（*Trichogramma dendrolimi matsumura*）/ 18
林丹（lindane）/ 18
硫丹（endosulfan）/ 19
三氯杀虫酯（plifenate）/ 20
敌敌畏（dichlorvos）/ 20
百治磷（dicrotophos）/ 21
速灭磷（mevinphos）/ 22
久效磷（monocrotophos）/ 23
二溴磷（naled）/ 23
磷胺（phosphamidon）/ 24
杀虫畏（tetrachlorvinphos）/ 25
稻丰散（phenthoate）/ 25
硫线磷（cadusafos）/ 26
乙拌磷（disulfoton）/ 27
乙硫磷（ethion）/ 28
灭线磷（ethoprophos）/ 28
马拉硫磷（malathion）/ 29
甲拌磷（phorate）/ 30
治螟磷（sulfotep）/ 31
特丁硫磷（terbufos）/ 32
乐果（dimethoate）/ 32

氧乐果（omethoate）/ 33
蚜灭磷（vamidothion）/ 34
辛硫磷（phoxim）/ 35
甲基辛硫磷（phoxim-methyl）/ 36
甲基吡噁磷（azamethiphos）/ 36
蝇毒磷（coumaphos）/ 37
伏杀硫磷（phosalone）/ 38
哒嗪硫磷（pyridaphenthion）/ 39
保棉磷（azinphos-methyl）/ 39
亚胺硫磷（phosmet）/ 40
毒死蜱（chlorpyrifos）/ 41
甲基毒死蜱（chlorpyrifos-methyl）/ 43
二嗪磷（diazinon）/ 43
嘧啶磷（pirimiphos-ethyl）/ 44
甲基嘧啶磷（pirimiphos-methyl）/ 45
喹硫磷（quinalphos）/ 46
杀扑磷（methidathion）/ 47
氯唑磷（isazofos）/ 48
三唑磷（triazophos）/ 48
杀螟腈（cyanophos）/ 49
杀螟硫磷（fenitrothion）/ 50
倍硫磷（fenthion）/ 51
对硫磷（parathion）/ 52
甲基对硫磷（parathion-methyl）/ 52
丙溴磷（profenofos）/ 53
硫丙磷（sulprofos）/ 54
双硫磷（temephos）/ 55
硝虫硫磷 / 55
敌百虫（trichlorfon）/ 56
地虫硫磷（fonofos）/ 57
苯硫膦（EPN）/ 58
苯线磷（fenamiphos）/ 58
硫环磷（phosfolan）/ 59
甲基硫环磷（phosfolan-methyl）/ 60
甲胺磷（methamidophos）/ 60
乙酰甲胺磷（acephate）/ 61
氯胺磷（chloramine phosphorus）/ 62
水胺硫磷（isocarbophos）/ 63
甲基异柳磷（isofenphos-methyl）/ 63
呋线威（furathiocarb）/ 64
灭多威（methomyl）/ 64
灭害威（aminocarb）/ 65
杀线威（oxamyl）/ 66
混灭威（dimethacarb）/ 67
仲丁威（fenobucarb）/ 67
乙硫苯威（ethiofencarb）/ 68
异丙威（isoprocarb）/ 69
甲硫威（methiocarb）/ 70
速灭威（metolcarb）/ 70
残杀威（propoxur）/ 71
噁虫威（bendiocarb）/ 72
克百威（carbofuran）/ 73
甲萘威（carbaryl）/ 74
丙硫克百威（benfuracarb）/ 75
抗蚜威（pirimicarb）/ 75
丁硫克百威（carbosulfan）/ 76
猛杀威（promecarb）/ 77
苯氧威（fenoxycarb）/ 78
硫双威（thiodicarb）/ 78
涕灭威（aldicarb）/ 79
环戊烯丙菊酯（terallethrin）/ 80
右旋反式烯丙菊酯（*d-trans*-allethrin）/ 81
右旋烯丙菊酯（*d*-allethrin）/ 81
富右旋反式烯丙菊酯（rich-*d-trans*-allethrin）/ 82
S-生物烯丙菊酯（*S*-bioallethrin）/ 83
生物烯丙菊酯（bioallethrin）/ 83
Es-生物烯丙菊酯（esbiothrin）/ 84
胺菊酯（tetramethrin）/ 85
右旋胺菊酯（*d*-tetramethrin）/ 86
右旋反式胺菊酯（*d-trans*-tetramethrin）/ 86
富右旋反式胺菊酯（rich-*d-t*-tetramethrin）/ 87
右旋苄呋菊酯（*d*-resmethrin）/ 87
生物苄呋菊酯（bioresmethrin）/ 88
苯醚菊酯（phenothrin）/ 89
富右旋反式苯醚菊酯（rich-*d-t*-phenothrin）/ 90
右旋苯醚菊酯（*d*-phenothrin）/ 90
氯烯炔菊酯（chlorempenthrin）/ 91
富右旋反式烯炔菊酯（rich-*d-t*-empenthrin）/ 92
右旋烯炔菊酯（*d*-empenthrin）/ 92
炔丙菊酯（prallethrin）/ 93
富右旋反式炔丙菊酯（rich-*d-t*-prallethrin）/ 94
右旋炔丙菊酯（*d*-prallethrin）/ 94
右旋炔呋菊酯（*d*-furamethrin）/ 95
右旋反式氯丙炔菊酯 / 95
炔咪菊酯（imiprothrin）/ 96

氟氯苯菊酯（flumethrin）/ 96
氯菊酯（permethrin）/ 97
右旋苯醚氰菊酯（*d*-cyphenothrin）/ 98
甲氰菊酯（fenpropathrin）/ 99
富右旋反式苯醚氰菊酯（rich-*d*-*t*-cyphenothrin）/ 100
氯氰菊酯（cypermethrin）/ 100
S-甲氰菊酯（*S*-fenpropathrin）/ 102
顺式氯氰菊酯（*alpha*-cypermethrin）/ 102
高效氯氰菊酯（*beta*-cypermethrin）/ 103
高效反式氯氰菊酯（*theta*-cypermethrin）/ 105
zeta-氯氰菊酯（*zeta*-cypermethrin）/ 106
乙氰菊酯（cycloprothrin）/ 106
氯氟醚菊酯（meperfluthrin）/ 107
七氟菊酯（tefluthrin）/ 108
甲氧苄氟菊酯（metofluthrin）/ 109
苄呋菊酯（resmethrin）/ 109
溴氰菊酯（deltamethrin）/ 110
四溴菊酯（tralomethrin）/ 112
联苯菊酯（bifenthrin）/ 113
氟氯氰菊酯（cyfluthrin）/ 114
高效氟氯氰菊酯（*beta*-cyfluthrin）/ 116
氯氟氰菊酯（cyhalothrin）/ 117
高效氯氟氰菊酯（*lambda*-cyhalothrin）/ 118
精高效氯氟氰菊酯（*gamma*-cyhalothrin）/ 120
四氟苯菊酯（transfluthrin）/ 120
氰戊菊酯（fenvalerate）/ 121
S-氰戊菊酯（esfenvalerate）/ 122
溴灭菊酯（brofenvalerate）/ 123
氟氰戊菊酯（flucythrinate）/ 124
氟胺氰菊酯（*tau*-fluvalinate）/ 125
醚菊酯（etofenprox）/ 126
甲醚菊酯（methothrin）/ 127
四氟醚菊酯（tetramethylfluthrin）/ 127
四氟甲醚菊酯（dimefluthrin）/ 128
溴氟菊酯（brofluthrinate）/ 128
戊烯氰氯菊酯（pentmethrin）/ 129
氟硅菊酯（silafluofen）/ 130
吡虫啉（imidacloprid）/ 130
啶虫脒（acetamiprid）/ 132
噻虫嗪（thiamethoxam）/ 133
噻虫胺（clothianidin）/ 134
氯噻啉（imidaclothiz）/ 135
呋虫胺（dinotefuran）/ 136
烯啶虫胺（nitenpyram）/ 137
噻虫啉（thiacloprid）/ 138
哌虫啶 / 138
氟啶虫酰胺（flonicamid）/ 139
氟虫双酰胺（flubendiamide）/ 140
氯虫苯甲酰胺（chlorantraniliprole）/ 141
氰虫酰胺（cyantraniliprole）/ 142
茚虫威（indoxacarb）/ 142
噁虫酮（metoxadiazone）/ 144
乙虫腈（ethiprole）/ 144
丁烯氟虫腈（flufiprole）/ 145
唑虫酰胺（tolfenpyrad）/ 146
螺螨酯（spirodiclofen）/ 147
螺虫乙酯（spirotetramat）/ 148
三氟甲吡醚（pyridalyl）/ 149
氟蚁腙（hydramethylnon）/ 149
氰氟虫腙（metaflumizone）/ 150
噻唑膦（fosthiazate）/ 151
氟啶虫胺腈（sulfoxaflore）/ 152
甲磺虫腙 / 153
诱虫烯（muscalure）/ 153
阿维菌素（abamectin）/ 154
甲氨基阿维菌素苯甲酸盐（emamectin benzoate）/ 155
依维菌素（ivermectin）/ 157
多杀霉素（spinosad）/ 158
乙基多杀菌素（spinetoram）/ 159
羟哌酯（icaridin）/ 160
驱蚊酯（ethyl butylacetylaminopropionate）/ 160
避蚊胺（diethyltoluamide）/ 161
灭蝇胺（cyromazine）/ 162
抑食肼（RH-5849）/ 163
甲氧虫酰肼（methoxyfenozide）/ 163
呋喃虫酰肼 / 164
氯虫酰肼（halofenozide）/ 165
虫酰肼（tebufenozide）/ 165
噻嗪酮（buprofezin）/ 166
硫肟醚（HNPC-A9908）/ 168
吡丙醚（pyriproxyfen）/ 168
吡蚜酮（pymetrozine）/ 169
氟苯脲（teflubenzuron）/ 170
双三氟虫脲（bistrifluron）/ 171
氟啶脲（chlorfluazuron）/ 171

多氟脲（noviflumuron）/ 172
氟酰脲（novaluron）/ 173
灭幼脲（chlorbenzuron）/ 174
氟铃脲（hexaflumuron）/ 175
除虫脲（diflubenzuron）/ 176
氟虫脲（flufenoxuron）/ 177
杀铃脲（triflumuron）/ 178
虱螨脲（lufenuron）/ 179
丁醚脲（diafenthiuron）/ 180
烯虫酯（methoprene）/ 181
氟虫胺（sulfluramid）/ 181
唑蚜威（triazamate）/ 182
杀虫磺（bensultap）/ 183
杀虫环（thiocyclam）/ 184
杀虫双（thiosultap-disodium）/ 185
杀虫单（thiosultap-monosodium）/ 186
杀螟丹（cartap）/ 186
杀虫单铵 / 187
虫螨腈（chlorfenapyr）/ 188
杀虫双铵（thiosultap-diammonium）/ 189
氟虫腈（fipronil）/ 189

第二章　杀螨剂 / 191

三氯杀螨醇（dicofol）/ 191
三氯杀螨砜（tetradifon）/ 192
二甲基二硫醚（dithioether）/ 193
单甲脒（semiamitraz）/ 194
双甲脒（amitraz）/ 194
溴螨酯（bromopropylate）/ 195
炔螨特（propargite）/ 196
苯丁锡（fenbutatin oxide）/ 198
三唑锡（azocyclotin）/ 199
氟螨（F1050）/ 200
苯硫威（fenothiocarb）/ 200
唑螨酯（fenpyroximate）/ 201
哒螨灵（pyridaben）/ 202
四螨嗪（clofentezine）/ 203
三磷锡（phostin）/ 204
嘧螨酯（fluacrypyrim）/ 205
噻螨酮（hexythiazox）/ 206
联苯肼酯（bifenazate）/ 207
乙螨唑（etoxazole）/ 208
喹螨醚（fenazaquin）/ 208
丁氟螨酯（cyflumetofen）/ 209
乐杀螨（binapacryl）/ 210
氟螨嗪（diflovidazin）/ 211
三环锡（cyhexatin）/ 211
吡螨胺（tebufenpyrad）/ 212
华光霉素（nikkomycin）/ 213

第三章　杀软体动物剂 / 215

氯代水杨胺（quinoid niclosamide）/ 215
螺威 / 215
四聚乙醛（metaldehyde）/ 216
杀螺胺（niclosamide）/ 217

第四章　杀鼠剂 / 218

磷化锌（zinc phosphide）/ 218
敌鼠（diphacinone）/ 219
杀鼠灵（warfarin）/ 219
杀鼠醚（coumatetralyl）/ 220
溴敌隆（bromadiolone）/ 221
溴鼠灵（brodifacoum）/ 222
氟鼠灵（flocoumafen）/ 223
氯敌鼠钠盐（chlorophacinone Na）/ 224
双甲苯敌鼠（bitolylacinone）/ 224
氯鼠酮（chlorophacinone）/ 225
莪术醇（curcumenol）/ 225
毒鼠强（tetramine）/ 226
毒鼠碱（strychnine）/ 226
氟乙酰胺（fluoroacetamide）/ 227
鼠甘伏（gliftor）/ 227
氟乙酸钠（sodium fluoroacetate）/ 228
毒鼠磷（phosacetim）/ 228
毒鼠硅（silatrane）/ 229
安妥（antu）/ 229
C 型肉毒梭菌毒素 / 230
α-氯代醇（3-chloropropan-1,2-diol）/ 230

第五章　熏蒸剂 / 231

对二氯苯（*p*-dichlorobenzene）/ 231
磷化氢（phosphine）/ 231
氯化苦（chloropicrin）/ 232
威百亩（metam-sodium）/ 233
磷化铝（aluminium phosphid）/ 234
磷化钙（calcium phosphide）/ 234
环氧乙烷（ethylene oxide）/ 235

硫酰氟（sulfuryl fluoride）/ 235
溴甲烷（methyl bromide）/ 236
棉隆（dazomet）/ 237
磷化镁（magnesium phosphide）/ 238

第六章 杀菌剂 / 239

硫黄（sulfur）/ 239
氢氧化铜（copper hydroxide）/ 240
王铜（copper oxychloride）/ 240
氧化亚铜（cuprous oxide）/ 241
硫酸铜（copper sulfate）/ 242
碱式硫酸铜［copper sulfate（tribasic）］/ 243
波尔多液（Bordeaux mixture）/ 243
硫酸铜钙（copper calcium sulphate）/ 244
石硫合剂（lime sulfur）/ 244
乙酸铜（copper acetate）/ 245
络氨铜（cuammosulfate）/ 245
琥胶肥酸铜 / 246
松脂酸铜（copper abietate）/ 246
壬菌铜（cuppric nonyl phenolsulfonate）/ 247
喹啉铜（oxine-copper）/ 247
噻菌铜（thiodiazole copper）/ 248
噻森铜 / 249
噻唑锌（zinc thiozole）/ 249
田安（MAFA）/ 250
辛菌胺 / 250
寡雄腐霉（*Pythium Oligandrum*）/ 250
多黏类芽孢杆菌（*Paenibacillus polymyza*）/ 251
枯草芽孢杆菌（*Bacillus subtilis*）/ 251
蜡质芽孢菌（*Bacillus cereus*）/ 252
荧光假单胞杆菌（*Pseudomonas fluorescens*）/ 252
木霉菌（*Trichoderma* sp.）/ 253
公主岭霉素 / 253
宁南霉素（ningnanmycin）/ 253
梧宁霉素 / 254
武夷菌素（wuyiencin）/ 254
中生菌素（zhongshengmycin）/ 255
井冈霉素（validamycin）/ 255
多抗霉素（polyoxin）/ 256
春雷霉素（kasugamycin）/ 258
链霉素（streptomycin）/ 259
长川霉素（SPRI-2098）/ 260
金核霉素（aureonucleomycin）/ 260
嘧肽霉素（cytosinpeptidemycin）/ 260
申嗪霉素（phenazino-1-carboxylic acid）/ 261
嘧啶核苷类抗菌素 / 261
菇类蛋白多糖 / 262
腐植酸（humus acid）/ 262
混合脂肪酸（mixed aliphatic acid）/ 263
氨基寡糖素（oligosaccharins）/ 263
几丁聚糖（chitosan）/ 263
葡聚烯糖 / 264
丁子香酚（eugenol）/ 264
香芹酚（carvacrol）/ 265
代森锰锌（mancozeb）/ 265
代森锌（zineb）/ 267
代森铵（amobam）/ 267
代森联（metiram）/ 268
丙森锌（propineb）/ 269
福美双（thiram）/ 269
福美锌（ziram）/ 270
福美胂（asomate）/ 271
福美甲胂（urbacid）/ 271
三苯基醋酸锡（fentin acetate）/ 272
甲羟鎓 / 273
三氮唑核苷（ribavirin）/ 273
乙蒜素（ethylicin）/ 274
溴硝醇（bronopol）/ 274
二硫氰基甲烷（methane dithiocyanate）/ 275
溴菌腈（bromothalonil）/ 275
克菌壮 / 276
异稻瘟净（iprobenfos）/ 276
甲基立枯磷（tolclofos methyl）/ 277
敌瘟磷（edifenphos）/ 278
三乙膦酸铝（fosetyl-alumium）/ 278
乙霉威（diethofencarb）/ 279
缬霉威（iprovalicarb）/ 280
霜霉威（propamocarb）/ 281
多菌灵（carbendazim）/ 282
丙硫多菌灵（albendazole）/ 283
苯菌灵（benomyl）/ 283
甲基硫菌灵（thiophanate methyl）/ 284
霜脲氰（cymoxanil）/ 285
双胍三辛烷基苯磺酸盐（iminoctadine tris（albesilate））/ 286
邻苯基苯酚（2-phenylphenol）/ 286
五氯酚（PCP）/ 287
百菌清（chlorothalonil）/ 288

四氯苯酞（phthalide）/ 289
五氯硝基苯（quintozene）/ 289
氰烯菌酯（phenamacril）/ 290
敌磺钠（fenaminosulf）/ 291
邻酰胺（mebenil）/ 291
灭锈胺（mepronil）/ 292
氟酰胺（flutolanil）/ 292
水杨菌胺（trichlamide）/ 293
甲霜灵（metalaxyl）/ 294
精甲霜灵（metalaxyl-M）/ 295
苯霜灵（benalaxyl）/ 295
苯酰菌胺（zoxamide）/ 296
稻瘟酰胺（fenoxanil）/ 297
双炔酰菌胺（mandipropamid）/ 298
氟吡菌胺（fluopicolide）/ 298
啶酰菌胺（boscalid）/ 299
氟吡菌酰胺（fluopyram）/ 300
噻呋酰胺（thifluzamide）/ 300
克菌丹（captan）/ 301
菌核净（dimetachlone）/ 302
腐霉利（procymidone）/ 302
戊菌隆（pencycuron）/ 303
丙烷脒（propamidine）/ 304
氟啶胺（fluazinam）/ 304
氯苯嘧啶醇（fenarimol）/ 305
嘧菌环胺（cyprodinil）/ 306
嘧霉胺（pyrimethanil）/ 307
氯溴异氰尿酸（chloroisobromine cyanuric acid）/ 308
二氯异氰尿酸钠（sodium dichloroisocyanurate）/ 309
十三吗啉（tridemorph）/ 309
烯酰吗啉（dimethomorph）/ 310
氟吗啉（flumorph）/ 311
盐酸吗啉胍（moroxydine hydrochloride）/ 312
萎锈灵（carboxin）/ 313
二氰蒽醌（dithianon）/ 313
抑霉唑（imazalil）/ 314
咪鲜胺（prochloraz）/ 315
氟菌唑（triflumizole）/ 316
氰霜唑（cyazofamid）/ 317
噻菌灵（thiabendazole）/ 318
稻瘟酯（pefurazoate）/ 319
异菌脲（iprodione）/ 319
三唑酮（triadimefon）/ 320
三唑醇（triadimenol）/ 321
烯唑醇（diniconazole）/ 322
己唑醇（hexaconazole）/ 323
戊唑醇（tebuconazole）/ 324
亚胺唑（imibenconazole）/ 325
联苯三唑醇（bitertanol）/ 326
腈苯唑（fenbuconazole）/ 327
腈菌唑（myclobutanil）/ 328
丙环唑（propiconazol）/ 329
氟硅唑（flusilazole）/ 331
苯醚甲环唑（difenoconazole）/ 332
灭菌唑（triticonazole）/ 333
四氟醚唑（tetraconazole）/ 334
戊菌唑（penconazole）/ 335
种菌唑（ipconazole）/ 336
粉唑醇（flutriafol）/ 336
氟环唑（epoxiconazole）/ 337
乙烯菌核利（vinclozolin）/ 338
噁唑菌酮（famoxadone）/ 339
噁霉灵（hymexazol）/ 340
噁霜灵（oxadixyl）/ 341
啶菌噁唑 / 342
螺环菌胺（spiroxamine）/ 342
咯菌腈（fludioxonil）/ 343
硅噻菌胺（silthiofam）/ 344
噻霉酮（benziothiazolinone）/ 345
烯丙苯噻唑（probenazole）/ 345
拌种灵（amicarthiazol）/ 346
土菌灵（etridiazole）/ 346
噻唑菌胺（ethaboxam）/ 347
叶枯唑（bismerthiazol）/ 348
三环唑（tricyclazole）/ 348
噻菌茂 / 349
稻瘟灵（isoprothiolane）/ 350
嘧菌酯（azoxystrobin）/ 350
烯肟菌酯（enestrobur）/ 351
烯肟菌胺 / 352
苯醚菌酯 / 353
唑菌酯（pyraoxystrobin）/ 353
丁香菌酯（coumoxystrobin）/ 353
肟菌酯（trifloxystrobin）/ 354
醚菌酯（kresoxim-methyl）/ 355
吡氟菌酯 / 356

吡唑醚菌酯（pyraclostrobin）/ 356

第七章　除草剂 / 358

2甲4氯（MCPA）/ 358
2,4-滴（2,4-D）/ 359
禾草灵（diclofop-methyl）/ 360
氰氟草酯（cyhalofop-butyl）/ 360
吡氟禾草灵（fluazifop-butyl）/ 361
精吡氟禾草灵（fluazifop-*P*-butyl）/ 362
氟吡甲禾灵（haloxyfop-methyl）/ 363
精噁唑禾草灵（fenoxaprop-*P*-ethyl）/ 364
炔草酯（clodinafop-propargyl）/ 366
喹禾灵（quizalofop-ethyl）/ 366
精喹禾灵（quizalofop-*P*-ethyl）/ 367
喹禾糠酯（quizalofop-*P*-tefuryl）/ 368
噁唑酰草胺（metamifop）/ 369
乳氟禾草灵（lactofen）/ 370
乙氧氟草醚（oxyfluorfen）/ 371
甲羧除草醚（bifenox）/ 372
三氟羧草醚（acifluorfen-sodium）/ 373
乙羧氟草醚（fluoroglycofen-ethyl）/ 374
氟磺胺草醚（fomesafen）/ 375
地乐酚（dinoseb）/ 376
麦草畏（dicamba）/ 377
五氯酚钠（PCP-Na）/ 378
溴苯腈（bromoxynil）/ 378
三甲苯草酮（tralkoxydim）/ 379
烯草酮（clethodim）/ 380
烯禾啶（sethoxydim）/ 381
吡喃草酮（tepraloxydim）/ 382
磺草酮（sulcotrione）/ 383
甲基磺草酮（mesotrione）/ 384
敌稗（propanil）/ 385
甲草胺（alachlor）/ 386
乙草胺（acetochlor）/ 387
丙草胺（pretilachlor）/ 388
丁草胺（butachlor）/ 389
异丙草胺（propisochlor）/ 390
异丙甲草胺（metolachlor）/ 391
毒草胺（propachlor）/ 393
精异丙甲草胺（*S*-metolachlor）/ 393
克草胺（ethachlor）/ 394
吡唑草胺（metazachlor）/ 395
杀草胺（ethaprochlor）/ 395
苯噻酰草胺（mefenacet）/ 396
炔苯酰草胺（propyzamide）/ 397
四唑酰草胺（fentrazamide）/ 398
吡氟酰草胺（diflufenican）/ 398
敌草胺（napropamide）/ 399
二甲戊乐灵（pendimethalin）/ 400
氟乐灵（trifluralin）/ 401
氨氟乐灵（prodiamine）/ 402
仲丁灵（butralin）/ 403
禾草丹（thiobencarb）/ 404
禾草敌（molinate）/ 405
灭草敌（vernolate）/ 406
哌草丹（dimepiperate）/ 407
磺草灵（asulam）/ 408
野麦畏（triallate）/ 408
甜菜宁（phenmedipham）/ 409
氯苯胺灵（chlorpropham）/ 410
甜菜安（desmedipham）/ 411
燕麦灵（barban）/ 412
草甘膦（glyphosate）/ 413
莎稗磷（anilofos）/ 415
草铵膦（glufosinate-ammonium）/ 416
氯酰草膦 / 417
双丙氨膦（bilanafos-sodium）/ 417
氟烯草酸（flumiclorac-pentyl）/ 418
敌草隆（diuron）/ 418
绿麦隆（chlorotoluron）/ 419
异丙隆（isoproturon）/ 420
利谷隆（linuron）/ 421
杀草隆（daimuron）/ 422
氟草隆（fluometuron）/ 422
丁噻隆（tebuthiuron）/ 423
苄草隆（cumyluron）/ 424
环丙嘧磺隆（cyclosulfamuron）/ 424
乙氧磺隆（ethoxysulfuron）/ 425
酰嘧磺隆（amidosulfuron）/ 426
单嘧磺酯（monosulfuron-ester）/ 427
单嘧磺隆（monosulfuron）/ 428
甲嘧磺隆（sulfometuron-methyl）/ 428
氯嘧磺隆（chlorimuron-ethyl）/ 429
胺苯磺隆（ethametsulfuron）/ 430
醚磺隆（cinosulfuron）/ 431
甲磺隆（metsulfuron-methyl）/ 432
氯磺隆（chlorsulfuron）/ 433

苯磺隆 (tribenuron-methyl) / 434
醚苯磺隆 (triasulfuron) / 435
氟嘧磺隆 (primisulfuron-methyl) / 436
甲基二磺隆 (mesosulfuron-methyl) / 437
嘧苯胺磺隆 (orthosulfamuron) / 438
甲酰氨基嘧磺隆 (foramsulfuron) / 438
甲基碘磺隆钠盐 (iodosulfuron-methyl-sodium) / 439
苄嘧磺隆 (bensulfuron-methyl) / 440
啶嘧磺隆 (flazasulfuron) / 441
烟嘧磺隆 (nicosulfuron) / 442
砜嘧磺隆 (rimsulfuron) / 443
氟吡磺隆 (flucetosulfuron) / 444
三氟啶磺隆 (trifloxysulfuron-sodium) / 445
吡嘧磺隆 (pyrazosulfuron-ethyl) / 446
磺酰磺隆 (sulfosulfuron) / 447
氯吡嘧磺隆 (halosulfuron-methyl) / 447
四唑嘧磺隆 (azimsulfuron) / 448
噻吩磺隆 (thifensulfuron-methyl) / 449
氟唑磺隆 (flucarbazone-sodium) / 450
氯氨吡啶酸 (aminopyralid) / 451
氨氯吡啶酸 (picloram) / 452
三氯吡氧乙酸 (triclopyr) / 452
氯氟吡氧乙酸 (fluroxypyr) / 453
二氯吡啶酸 (clopyralid) / 454
氟硫草定 (dithiopyr) / 455
百草枯 (paraquat) / 456
敌草快 (diquat) / 457
二氯喹啉酸 (quinclorac) / 458
哒草特 (pyridate) / 459
氯丙嘧啶酸 (aminocyclopyrachlor) / 460
嘧草醚 (pyriminobac-methyl) / 461
双草醚 (bispyribac-sodium) / 462
嘧啶肟草醚 (pyribenzoxim) / 463
丙酯草醚 (pyribambenz-propyl) / 463
异丙酯草醚 (pyribambenz-isopropyl) / 464
唑嘧磺草胺 (flumetsulam) / 465
双氟磺草胺 (florasulam) / 466
五氟磺草胺 (penoxsulam) / 467
苯嘧磺草胺 (saflufenacil) / 468
甲磺草胺 (sulfentrazone) / 469
苯唑草酮 (topramezone) / 469
吡草醚 (pyraflufen-ethyl) / 470
杀草强 (amitrole) / 471
野燕枯 (difenzoquat) / 472
唑啉草酯 (pinoxaden) / 473
唑草酮 (carfentrazone-ethyl) / 474
乙氧呋草黄 (ethofumesate) / 475
环庚草醚 (cinmethylin) / 475
异噁唑草酮 (isoxaflutole) / 476
异噁草酮 (clomazone) / 477
噁草酮 (oxadiazon) / 478
丙炔噁草酮 (oxadiargyl) / 480
草除灵 (benazolin-ethyl) / 481
嗪草酸甲酯 (fluthiacet-methyl) / 482
环酯草醚 (pyriftalid) / 483
除草定 (bromacil) / 483
西玛津 (simazine) / 484
莠去津 (atrazine) / 485
氰草津 (cyanazine) / 486
特丁津 (terbuthylazine) / 487
扑灭津 (propazine) / 488
西草净 (simetryn) / 489
扑草净 (prometryn) / 489
莠灭净 (ametryn) / 490
特丁净 (terbutryn) / 491
嗪草酮 (metribuzin) / 492
苯嗪草酮 (metamitron) / 493
环嗪酮 (hexazinone) / 494
噁嗪草酮 (oxaziclomefone) / 495
丙炔氟草胺 (flumioxazin) / 496
灭草松 (bentazone) / 497
咪唑乙烟酸 (imazethapyr) / 498
咪唑烟酸 (imazapyr) / 499
甲氧咪草烟 (imazamox) / 500
甲咪唑烟酸 (imazapic) / 501
咪草酸 (imazamethabenz) / 502
咪唑喹啉酸 (imazaquin) / 502
啶磺草胺 (pyroxsulam) / 503
氯酯磺草胺 (cloransulam-methyl) / 504

第八章 植物生长调节剂 / 506

吲哚丁酸 (4-indol-3-ylbutyric acid) / 506
噻苯隆 (thidiazuron) / 506
噻节因 (dimethipin) / 507
多效唑 (paclobutrazol) / 508
烯效唑 (uniconazole) / 509
甲哌鎓 (mepiquat chloride) / 510

氯吡脲（forchlorfenuron）/ 511
抑芽丹（maleichydrazide）/ 511
丁酰肼（daminozide）/ 512
萘乙酸（1-naphthylacetic acid）/ 513
矮壮素（chlormequat）/ 514
胺鲜酯（diethyl aminoethylhexanoate）/ 514
苄氨基嘌呤（6-benzylamino-purine）/ 515
对氯苯氧乙酸钠（sodium 4-CPA）/ 516
氟节胺（flumetralin）/ 516
乙烯利（ethephon）/ 517
三十烷醇（triacontanol）/ 518
赤霉素（gibberellin，GA_3）/ 518
赤霉酸（gibberellic acid）/ 519
芸苔素内酯（brassinolide）/ 520
丙酰芸苔素内酯 / 521
复硝酚钠（sodium nitrophenolate）/ 521
对硝基苯酚钾（potassium para-nitrophenate）/ 523
5-硝基邻甲氧基苯酚钠（sodium-5-nitro-guaiacolate）/ 523
邻硝基苯酚铵（ammonium ortho-nitrophenolate）/ 524
对硝基苯酚铵（ammonium para-nitrophenolate）/ 524
吡啶醇（pyripropanol）/ 525
核苷酸（nucleotide）/ 525
氯化胆碱（choline chloride）/ 526
柠檬酸钛（citricacide-titatnium chelate）/ 526
吲哚乙酸（indol-3-ylacetic acid）/ 527
烯腺嘌呤（enadenine）/ 527
羟烯腺嘌呤（oxyenadenine）/ 528
1-甲基环丙烯（1-methylcyclopropene）/ 528
S-诱抗素（abscisic acid）/ 529
茉莉酸（jasmonic acid）/ 530
调环酸（prohexadione）/ 530
抗倒酯（trinexapac）/ 531
吲熟酯（ethychlozate）/ 532
苯哒嗪丙酯（fenridazon-propyl）/ 532
苯哒嗪钾（clofencet）/ 533
单氰胺（cyanamide）/ 533
调节安 / 534
对氯苯氧乙酸钾（potassium 4-CPA）/ 534
呋苯硫脲（fuphenthiourea）/ 535
硅丰环（chloromethylsilatrane）/ 535
脱叶磷 / 536

中文农药名称索引 / 537

英文通用农药名称索引 / 556

分子式索引 / 565

第一章 CHAPTER 1

杀虫剂

硼酸（boric acid）

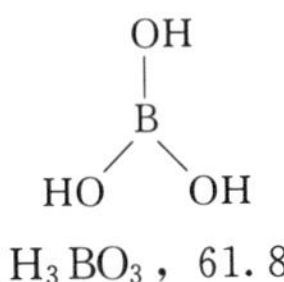

H_3BO_3，61.8

化学名称 硼酸

CAS登录号 10043-35-3

理化性质 硼酸实际上是氧化硼的水合物（$B_2O_3 \cdot 3H_2O$），无色鳞片或白色粉末。熔点185℃（分解），沸点300℃，相对密度1.43。可溶于水、乙醇、酸类，微溶于丙酮。硼酸是一种稳定结晶体，通常条件下保存不会发生化学反应。温度、湿度发生剧变时会发生重结晶而结块。

毒　性 急性经口LD_{50}：大鼠2660mg/kg，小鼠3450mg/kg。经口致死最低量：狗1780mg/kg，兔4000mg/kg。

制　剂 33.3%、12%、10%胶饵，35%、30%、15%、10%、8%、6%饵剂，15%饵膏，10%水剂。

应　用 硼酸曾被美国国家环境保护局当作控制蟑螂、白蚁、火蚁、跳蚤、蠹鱼和其他爬行害虫的杀虫剂，硼酸会影响它们的新陈代谢和腐蚀掉其外骨骼。硼酸可以做成含有引诱剂（砂糖等）的食物饵杀死害虫，直接用干燥的硼酸也有同样的效果。

生产厂家 福建省科丰农药有限公司、福州金川生物技术开发有限公司、天津阿斯化学有限公司、天津市汉邦植物保护剂有限责任公司。

矿物油（petroleum oils）

CAS登录号 8042-47-5

理化性质 由大量的饱和与不饱和的脂肪族烃类组成。矿物油从原油蒸馏和精制而得，用作农药的馏分＞310℃，馏分在335℃时为轻油（67%～79%）、中油（40%～49%）、重油（10%～25%）。相对密度：0.65～1.06（原油），0.78～0.80（煤油），0.82～0.92（喷雾油）。

毒　性　兔急性经皮 LD_{50}＞5000mg/kg，对豚鼠无致敏性。无毒性问题。

制　剂　99%、97%、95%、94%乳油。

应　用　矿物油是一种无内吸及熏蒸作用的杀虫杀螨剂，对虫卵具有杀伤力。低毒、低残留，对人畜安全，不伤天敌，持效期较长。主要用于防治棉花等作物上的蚜虫、螨类等害虫。

生产厂家　广东省东莞市瑞德丰生物科技有限公司、湖北太极生化有限公司、江苏龙灯化学有限公司、江苏三迪化学有限公司、江苏省靖江市新茂塑化厂、山东东泰农化有限公司、山东科大创业生物有限公司、山东省招远三联化工厂、陕西恒田化工有限公司、陕西省西安喷得绿农化有限公司、苏州海光石油制品有限公司、法国道达尔流体公司、吉克特种油株式会社、易克斯特农药（南昌）有限公司。

烟碱（nicotine）

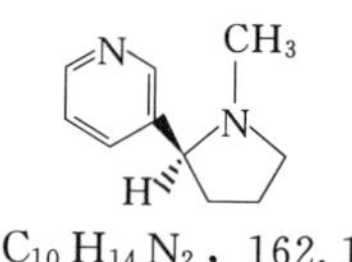

$C_{10}H_{14}N_2$，162.1

化学名称　(*S*)-3-(1-甲基吡咯烷-2-基)吡啶

CAS登录号　54-11-5

理化性质　纯品为无色液体（在光照和空气中迅速变黑）。熔点－80℃，沸点246～247℃，蒸气压5.65 Pa（25℃），K_{ow} lg$P$＝0.93（25℃），相对密度1.01（20℃）。60℃以下与水互溶形成水合物，210℃以上时易溶于乙醚、乙醇和大多数有机溶剂。在空气中迅速变为黑色黏稠状物质。遇酸成盐。旋光度 $[\alpha]_D^{20}$－161.55°。闪点101℃。

毒　性　大鼠急性经口 LD_{50}：50～60mg/kg。兔急性经皮 LD_{50}：50mg/kg；皮肤接触和吸入对人均有毒性。经口致死剂量为40～60mg。对鸟类中等毒，虹鳟鱼幼鱼 LC_{50}：4mg/L。水蚤 LC_{50}：4mg/L。对蜜蜂中等毒，但有趋避效果。

制　剂　90%原药，10%乳油。

应　用　一种吡啶型生物碱，对害虫有胃毒、触杀、熏蒸作用，并有杀卵作用。其主要作用机理是麻痹神经，烟碱的蒸气可从虫体任何部分侵入体内而发挥毒杀作用。烟碱易挥发，故残效期短。主要用于蔬菜、果树、茶树、水稻等作物，防治蚜虫、甘蓝夜蛾、蓟马、蝽象、叶跳虫、大豆食心虫、菜青虫、潜叶蝇、潜叶蛾、桃小食心虫、梨小食心虫、螨、黄条跳甲、稻螟、叶蝉、飞虱等。施药要均匀，残效期约7天。不要与碱性条件下易分解的药剂混用。

原药生产厂家　内蒙古赤峰市帅旗农药有限责任公司。

新烟碱（anabasine）

$C_{10}H_{14}N_2$，162.2

其他中文名称 假木贼碱，灭虫碱，毒藜碱，阿拉巴新碱

其他英文名称 Neonicotine，β-piperidyl-pyridine

化学名称 (S)-3-(哌啶-2-基)吡啶

CAS登录号 494-52-0

理化性质 无色黏稠状液体，沸点281℃，相对密度1.0481。易溶于水，可溶于有机溶剂。遇空气和光变为暗色。

毒　性 急性经口LD_{50}：大白鼠563mg/kg，哺乳动物10mg/kg。经口致死最低量：大白鼠50mg/kg。静脉注射致死最低量：兔1mg/kg，狗3mg/kg。豚鼠皮下注射LD_{50}约22mg/kg。

应　用 同烟碱一样为神经中毒。对果树的潜叶虫、粉虱、蚜虫、康氏粉蚧、桃食心虫以及蔬菜蚜虫都有效。速效而药效短。

除虫菊素（pyrethrins）

R＝—CH_3（chrysanthemates）或—CO_2CH_3（pyrethrates）

R_1＝—CH＝CH_2（pyrethrin）或—CH_3（cinerin）或—CH_2CH_3（jasmolin）

除虫菊素Ⅰ（pyrethrin Ⅰ）：$C_{21}H_{28}O_3$，328.4

瓜菊素Ⅰ（cinerin Ⅰ）：$C_{20}H_{28}O_3$，316.4

茉莉菊素Ⅰ（jasmolin Ⅰ）：$C_{21}H_{30}O_3$，330.5

化学名称 除虫菊素（pyrethrins）是由除虫菊花（Pyreyhrum cineriifoliun Trebr）中分离萃取的具有杀虫效果的活性成分，它包括除虫菊素Ⅰ（pyrethrins Ⅰ）、除虫菊素Ⅱ（pyrethrins Ⅱ）、瓜菊素Ⅰ（cinerin Ⅰ）、瓜菊素Ⅱ（cinerin Ⅱ）、茉莉菊素Ⅰ（jasmolin Ⅰ）、茉莉菊素Ⅱ（jasmolin Ⅰ）组成的。

CAS登录号 8003-34-7

理化性质 精制的提取物为浅黄色油状物，带有微弱的花香味；未精制提取物为棕绿色黏稠液体；粉末为棕褐色。相对密度0.80～0.90（25%灰白色提取物），0.90～0.95（50%灰白色提取物），0.9（油性树脂粗提物）。不溶于水，易溶于大多数有机溶剂，如醇、碳氢

化合物、芳香烃、酯等。避光、常温下保存>10 年；在日光下不稳定，遇光快速氧化；光照 DT_{50} 10～12h；遇碱和黏土迅速分解，并失去杀虫效力；>200℃加热导致异构体形成，活性降低。闪点 76℃。对光敏感，在光照下的稳定性是：瓜叶菊素>茉酮菊素>除虫菊素。除虫菊素在空气中会出现氧化，遇热能分解，在碱性溶液中能水解，均将失去活性，一些抗氧剂对它有稳定作用。

毒　性　大鼠急性经口 LD_{50}（mg/kg）：雄 2370，雌 1030，小鼠 273～796。急性经皮 LD_{50}：大鼠>1500mg/kg，兔 5000mg/kg。兔对皮肤、眼睛轻度刺激。虽然除虫菊素在制作和使用中容易引起皮炎．甚至特殊的过敏。但在商品制备过程中可消除此影响。吸入毒性 LC_{50}（4h）大鼠 3.4mg/L。鸟类急性经口 LD_{50}：野鸭>5620mg/kg，鱼类 LC_{50}（μg/L)：蓝鳃太阳鱼 10，虹鳟鱼 5.2。水蚤的 LC_{50} 12。藻类的 EC_{50}≥1.27。对蜜蜂有毒 LD_{50}：22ng/只（口服），130～290ng/只（接触）。蠕虫 LC_{50}：47mg/kg 土壤。

制　剂　70%、60%原药，1.50%水乳剂，5%乳油。

应　用　本品具有高效、广谱、低毒、对害虫有拒食和驱避作用、害虫不易产生抗性等特点，广泛应用于卫生杀虫领域。在食品工业中，处理空间或罐盒杀虫；家庭用杀蚊蝇、蟑螂；在畜牧业中除厩蝇、角蝇；飞机座舱杀虫；仓库杀虫等。由于除虫菊素是由除虫菊花中萃取的具有杀虫活性的六种物质组成，因此杀虫效果好，昆虫不易产生抗药性，可用于制造杀灭抗性很强的害虫的农药。

原药生产厂家　云南南宝植化有限责任公司、云南省红河森菊生物有限责任公司、云南中植生物科技开发有限责任公司。

鱼藤酮（rotenone）

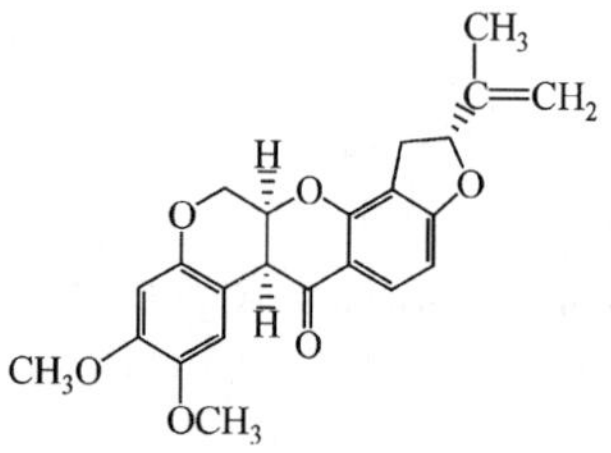

$C_{23}H_{22}O_6$，394.4

其他中文名称　鱼藤，毒鱼藤

其他英文名称　Derris，Nicouline，Tubatoxin

化学名称　(2*R*,6a*S*,12a*S*)-1,2,6,6a,12,12a-六氢-2-异丙烯基-8,9-二甲氧基苯并吡喃[3,4-b]呋喃并[2,3-h]吡喃-6-酮

CAS 登录号　83-79-4

理化性质　纯品为无色六角板状结晶。熔点 163℃（同质二晶型熔点 181℃），蒸气压<1mPa（20℃），K_{ow} lg$P$=4.16，Henry 常数<2.8Pa・m^3/mol（20℃，计算值）。水中溶解度 0.142mg/L（20℃）；微溶于乙醚、醇、石油醚和四氯化碳，易溶于丙酮、二硫化碳、乙酸乙酯、氯仿。遇碱消旋，易氧化，尤其在光或碱存在下氧化快而失去杀虫活性。外消旋体

杀虫活性减弱，在干燥情况下，比较稳定。比旋光度 $[\alpha]_D^{20}-231°$（苯）。

毒　性　急性经口 LD_{50}：大鼠 132～1500mg/kg，小鼠 350mg/kg。兔急性经皮 LD_{50}＞5.0g/kg。大鼠急性吸入 LC_{50}：雄 0.0235mg/L，雌 0.0194mg/L。大鼠 2 年无作用剂量：0.38mg/kg。鱼毒 LC_{50}（96h）：虹鳟鱼 1.9μg/L，蓝鳃太阳鱼 4.9μg/L。对蜜蜂无毒，当和除虫菊杀虫剂混用时对蜜蜂有毒。

制　剂　95%原药，7.5%、4%、2.5%乳油，5%微乳剂。

应　用　鱼藤酮的作用机制主要是影响昆虫的呼吸作用，心脏搏动缓慢、行动迟滞、麻痹而缓慢死亡。其为植物性杀虫剂，有选择性，无内吸性。见光易分解，在空气中易氧化。在作物上残留时间短，对环境无污染，对天敌安全。该药剂杀虫谱广，对害虫有触杀和胃毒作用。本品进入虫体后迅即妨碍呼吸，抑制各胺酸的氧化，使害虫死亡。该药剂能有效地防治蔬菜等多种作物上的蚜虫，安全间隔期为 3 天。本品遇光、空气、水和碱性物质会加速氧化，失去药效，不要与碱性农药混用，密闭存放在阴凉、干燥、通风处；对家畜、鱼和家蚕高毒，施药时要注意避免药液漂移到附近水池、桑树上。

原药生产厂家　北京三浦百草绿色植物制剂有限公司、河北天顺生物工程有限公司、广西施乐农化科技开发有限责任公司。

百部碱（tuberostemonine）

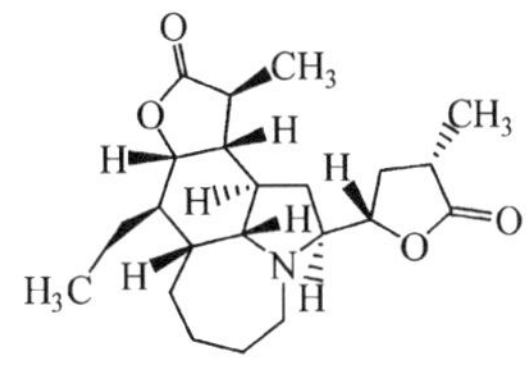

$C_{22}H_{33}NO_4$，375.5

其他中文名称　PN 灭蚊灵

毒　性　小鼠急性经口 LD_{50}＞1000mg/kg（制剂）。兔急性经皮 LD_{50}＞5000mg/kg（制剂）。对人、畜毒性低。

应　用　百部碱的根部含有 6 种生物碱，对害虫具有触杀和胃毒作用。对蝇蛆、孑孓、臭虫、柑橘蚜、烟螟、地老虎等 10 余种昆虫有毒杀作用，也可杀灭虫卵。使用时不得与碱性农药混用。制剂使用时应现配现用。

苦参碱（matrine）

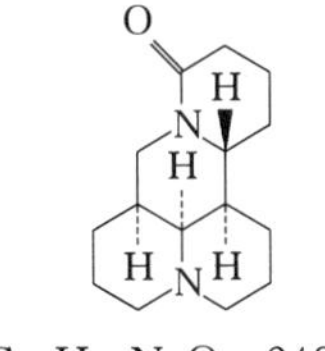

$C_{15}H_{24}N_2O$，248.4

CAS登录号 519-02-8

理化性质 深褐色液体，酸碱度≤1.0（以 H_2SO_4 计）。热贮存在 54℃±2℃，14 天分解率≤5.0%，0±1℃冰水溶液放置 1h 无结晶，无分层。

毒 性 急性经口 LD_{50}：大鼠 10000mg/kg（制剂）。

制 剂 10%、5%母药，1%、0.5%、0.36%、0.3%可溶液剂，2%、1.3%、0.5%、0.36%、0.3%水剂，0.3%水乳剂，1%、0.6%、0.3%乳油。

应 用 为天然植物性农药。害虫一旦接触药剂，即麻痹神经中枢，继而使虫体蛋白凝固，堵死虫体气孔，使虫体窒息死亡。对人畜低毒，杀虫广谱，具有触杀、胃毒作用，对多种作物上的菜青虫、蚜虫、红蜘蛛等有较好的防效。不可与碱性物质混用。

母药生产厂家 北京三浦百草绿色植物制剂有限公司、赤峰中农大生化科技有限责任公司、江苏省南通神雨绿色药业有限公司、内蒙古赤峰市帅旗农药有限责任公司。

藜芦碱（veratrine）

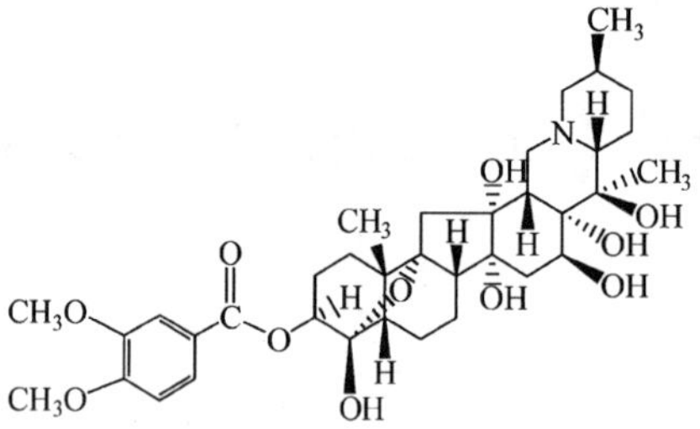

$C_{36}H_{51}NO_{11}$，673.8

其他中文名称 虫敌

CAS登录号 8051-02-3

理化性质 本品为多种生物碱的混合物。藜芦碱熔点 140～155℃，蒸气压 9.8×10^{-9} Pa（20℃）、2.5×10^{-8} Pa（25℃），K_{ow} $\lg P=4.65$，Henry 常数 6×10^{-5} Pa·m³/mol。水中溶解度：555mg/L，12.5g/L（pH 8.07）；易溶于乙醇、醚、氯仿，微溶于甘油，不溶于己烷。两组分遇空气、光不稳定，pH＞10 分解。旋光率 $[\alpha]_D^{21}$ +7.2°（c=3.9，乙醇）。pK_a 9.54。

毒 性 大鼠急性经口 LD_{50}：4000mg/kg。吸入对黏膜有刺激性，有催嚏作用。大鼠 90d 无作用剂量为 11mg/kg。对益虫无毒。

制 剂 20%原药，1%母药，0.5%可溶液剂，0.5%可湿性粉剂。

应 用 本药剂经虫体表面或吸食进入消化系统，造成局部刺激，引起反射性虫体兴奋，继之抑制虫体感觉神经末梢，经传导抑制中枢神经而致害虫死亡。主要用于防治同翅目蚜虱类、半翅目蝽类、蜱螨目害螨类等多种刺吸式口器害虫。对人畜安全，低毒、低污染。药效期长达 10 天以上。主要用于大田农作物、果林蔬菜病虫害的防治。可与有机磷、菊酯类农药混用，但须现配现用。

原药生产厂家 河南省华鼎农药有限公司。

桉油精（eucalyptol）

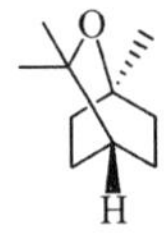

$C_{10}H_{18}O$，154.3

其他中文名称 桉树脑，桉叶素，桉树醇，蚊菌清

化学名称 1,3,3-三甲基-2-氧双环[2.2.2]辛烷

CAS登录号 470-82-6

理化性质 味辛冷无色液体，有与樟脑相似的气味。熔点1.5℃，沸点176～178℃，密度0.921～0.930g/cm^3（25℃）。不溶于水，易溶于乙醇、氯仿、乙醚、冰醋酸、油等有机溶剂。闪点：48℃（闭杯）。

毒　性 急性经口：制剂3160mg/kg；急性经皮：制剂2000mg/kg。

制　剂 70%母药，5%可溶液剂。

应　用 以中草药为主要原料加工而成的植物源杀虫剂，属单萜类化合物。以触杀作用为主要特点，具有高效、低毒等特点。用于十字花科蔬菜，防治蚜虫。

母药生产厂家 北京亚戈农生物药业有限公司。

苦皮藤素（celastrus angulatus）

化学名称 苦皮藤的根皮和茎皮均含有多种强力杀虫成分，目前已从根皮或种子中分离鉴定出数十个新化合物，这些苦皮藤重的杀虫活性成分均简称为苦皮藤素。该药属植物源农药，其活性成分系倍半萜多醇酯类化合物。

理化性质 原药外观为深褐色均质液体体。制剂外观为棕黑色液体，相对密度1.20，闪点>150℃。

毒　性 急性经口 LD_{50}：大鼠>2000mg/kg。

制　剂 6%母药，1%乳油。

应　用 该药属植物源农药，其活性成分系倍半萜多醇酯类化合物，杀虫活性强，具有麻痹、拒食、驱避和胃毒、触杀作用。主要作用于昆虫消化道组织，破坏其消化系统正常功能，导致昆虫进食困难，饥饿而死。因杀虫成分系天然多元化物质，不易产生抗药性，不伤害天敌。用于小麦、水稻等农作物，水果、蔬菜、烟草等经济作物及绿地、仓储领域的害虫防治。对甜菜夜蛾、斜纹夜蛾，稻纵卷叶螟、大螟、二化螟、三化螟效果好。

母药生产厂家 河南省新乡市东风化工厂。

雷公藤甲素（triptolide）

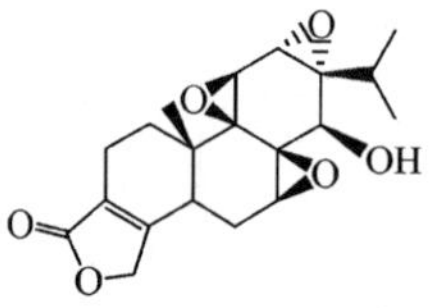

$C_{20}H_{24}O_6$，360.4

化学名称 十氢-6-羟基-8b-甲基-6a(1-甲基乙基)三环氧[4b,5：6,7：8a,9]-菲并[1,2-c]呋喃(3*H*)-酮

CAS登录号 38748-32-2

理化性质 纯度≥98.0%（HPLC），熔点227～228℃，无色针状结晶。溶解在氯仿、乙酸乙酯、乙醇和甲醇中，不溶于水。

毒　性 大鼠急性经口 LD_{50}：3160mg/kg（雌），4640mg/kg（雄）；大鼠急性经皮 LD_{50}：>3000mg/kg。

制　剂 0.01%母药，0.25mg/kg颗粒剂。

应　用 雷公藤甲素是一个具有多种生物活性的二萜内酯，来源于雷公藤的根，可干扰黏虫胆碱能突触部位乙酰胆碱递质的释放，抑制 Na^+，K^+-ATP酶活性，并对中肠肠壁细胞的内膜系统有一定影响。可广泛应用于防治菜青虫、小菜蛾、黏虫等农业、蔬菜害虫治理，在大田、保护地均可使用。

母药生产厂家 江苏无锡开立达实业有限公司。

蛇床子素（osthol）

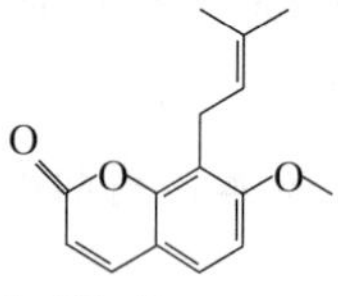

$C_{15}H_{16}O_3$，244.3

化学名称 7-甲氧基-8-异戊烯基香豆素

CAS登录号 484-12-8

理化性质 棕色粉末至白色粉末。熔点83～84℃，沸点145～150℃。不溶于水和冷石油醚，易溶于丙酮、甲醇、乙醇、三氯甲烷。在普遍贮存条件稳定，在pH值5～9溶液中无分解现象。

毒　性 大鼠急性经口 LD_{50}：3687mg/kg；急性经皮 LD_{50}：2000mg/kg。

制　剂 10%母药，6%可湿性粉剂，2%乳油，1%粉剂。

应　用　蛇床子素大量存在于蛇床子提取物，属于天然植物中的提取物，蛇床子素抑制昆虫体壁和真菌细胞壁上的几丁质沉积表现杀虫抑菌活性，还可作用于害虫的神经系统，将其作为杀虫、杀菌剂，杀虫谱、抑菌谱广。蛇床子素对多种害虫，如菜白蝶、茶尺蠖、棉铃虫、甜菜夜蛾、稻纵卷叶螟、二十八星瓢虫、大猿叶甲、各种蚜虫有较好的触杀效果，而对人畜及其他哺乳动物安全。蛇床子素与多种生物农药和/或化学农药复配有明显的增效作用。

母药生产厂家　湖北省武汉天慧生物工程有限公司。

印楝素（azadirachtin）

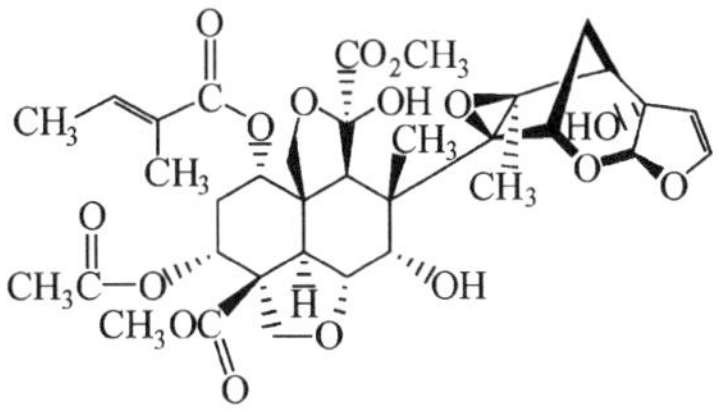

$C_{35}H_{44}O_{16}$，720.7

CAS登录号　11141-17-6

理化性质　纯品为具有大蒜/硫黄味的黄绿色粉末。印楝树油为具有刺激大蒜味的深黄色液体。熔点155～158℃，蒸气压3.6×10^{-6}mPa（20℃），相对密度1.276（20℃）。水中溶解度（g/L，20℃）：0.26；能溶于乙醇、乙醚、丙酮和三氯甲烷，难溶于正己烷。避光保存，DT_{50}：50d（pH 5，室温），高温、碱性、强酸介质下易分解。旋光度$[\alpha]_D$－53（c＝0.5，CHC_{13}），闪点＞60℃。

毒　性　大鼠急性经口LD_{50}：＞5000mg/kg。兔急性经皮LD_{50}：＞2000mg/kg；无皮肤刺激，对兔眼有轻度刺激；对豚鼠轻度皮肤过敏。大鼠吸入LC_{50}：0.72mg/L。

制　剂　40%、20%、12%、10%母药，1%、0.7%、0.6%、0.5%、0.3%乳油。

应　用　从印楝树中提取的植物性杀虫剂，具有拒食、忌避、内吸和抑制生长发育作用。主要作用于昆虫的内分泌系统，降低蜕皮激素的释放量；也可以直接破坏表皮结构或阻止表皮几丁质的形成，或干扰呼吸代谢，影响生殖系统发育等。可有效地防治棉铃虫、毛虫、舞毒蛾、日本金龟甲、烟芽夜蛾、谷实夜蛾、斜纹夜蛾、菜蛾、潜叶蝇、草地夜蛾、沙漠蝗、非洲飞蝗、玉米螟、稻褐飞虱、蓟马、钻背虫、果蝇、黏虫等害虫，可以广泛用于粮食、棉花、林木、花卉、瓜果、蔬菜、烟草、茶叶、咖啡等作物，不会使害虫对其产生生抗药性。印楝素杀虫剂施于土壤，可被棉花、水稻、玉米、小麦、蚕豆等作物根系吸收，输送到茎叶，从而使整株植物具有抗虫性。本品为生物农药，药效较慢，但持效期长；不能与碱性农药混用。

母药生产厂家　河南鹤壁陶英陶生物科技有限公司、四川省成都绿金生物科技有限责任公司、云南建元生物开发有限公司、云南中科生物产业有限公司。

松脂酸钠（sodium pimaric acid）

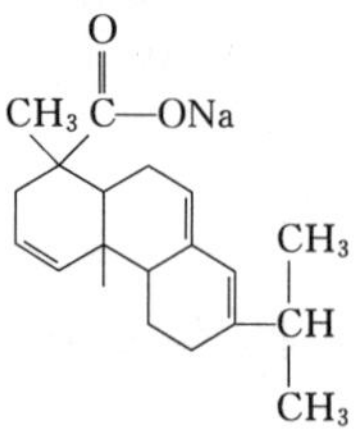

$C_{20}H_{29}O_2Na$，324.4

其他中文名称 *S-S* 松脂杀虫剂

化学名称 松脂酸钠

理化性质 制剂外观为棕褐色黏稠液体。相对密度 1.05～1.10（20℃），pH 值为 9～11，水分含量为 24.5%，稀释 200～300 倍后符合 GB 1630－1979 乳液稳定性测定的要求。热贮存稳定性：相对分解≤5%（50±1℃，14d），冷热贮存稳定性：0～5℃不出现分层、沉淀。常温贮存 2 年稳定。

毒　性 小鼠急性经口 LD_{50} 为 6122.09mg/kg（制剂）。

制　剂 45%、20%可溶粉剂，30%水乳剂。

应　用 一种以天然原料为主体的新型杀虫剂，具有良好的酯溶性、成膜性和乳化性能。对害虫以触杀为主。对人畜、植物、天敌安全，无残留。对果树、棉花、蔬菜上的蚜虫、红蜘蛛有较好的防效。

生产厂家 台州市大鹏药业有限公司、浙江来益生物技术有限公司、浙江省龙鑫化工有限公司。

樟脑（camphor）

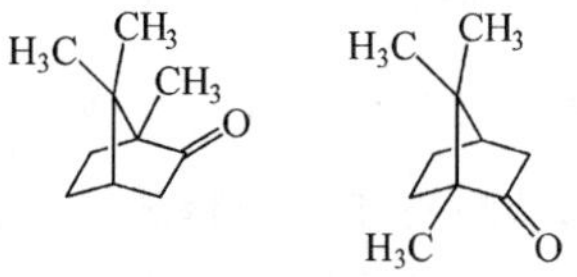

l-型　　d-型

$C_{10}H_{16}O$，152.2

其他中文名称 莰酮

其他英文名称 camphora

化学名称 (1*RS*,4*RS*)-1,7,7-三甲基二环[2.2.1]庚-2-酮

CAS 登录号 76-22-2，464-49-3

理化性质 具有特殊的辛辣芬芳气味的白色粉状结晶。易溶于乙醇、乙醚、氯仿等有机溶剂，微溶于水。相对密度 0.99，纯品熔点 179℃，沸点 209℃。

毒　性　大鼠急性经口 LD_{50}：1710mg/kg（抗虫灵制剂）。服致死最低量 LD_{50}：兔 2000mg/kg。大白鼠腹腔注射致死最低量 900mg/kg。小白鼠腹腔注射 LD_{50}：3000mg/kg。皮下注射致死最低量：小白鼠 2200mg/kg，蛙 240mg/kg。大剂量对中枢神经系统有兴奋作用，对黏膜有刺激作用，对皮肤有刺激和致敏作用。

制　剂　98%、96%原药，96%、94%片剂，96%、94%球剂。

应　用　昆虫拒避剂。广泛制剂应用于硝化纤维、聚氯乙烯、塑料制品的生产，也可用作医药、防腐剂、杀虫剂，还应用于家庭防霉、防蛀等方面。

原药生产厂家　福建省建阳市青松化工有限公司、广东省广州市黄埔化工厂、江西长荣天然香料有限公司、上海金鹿化工有限公司、苏州东沙合成化工有限公司。

苏云金芽孢杆菌（*Bacillus thuringiensis*）

其他中文名称　敌宝，包杀敌，快来顺

其他英文名称　B. t，Dipel，Ecotech-Bio

CAS 登录号　68038-71-1

理化性质　苏云金芽孢杆菌杀虫剂是利用苏云金杆菌杀虫菌经发酵培养生产的一种微生物制剂。黄褐色固体。不溶于水和有机溶剂，紫外光下分解，干粉在 40℃以下稳定，碱中分解。

毒　性　雄、雌性大鼠急性经口 LD_{50} 分别为 3830、3160mg/kg。大鼠急性经皮 LD_{50}（4h）＞2150mg/kg。大鼠急性吸入 LC_{50}（2h）＞5000mg/m^3。对兔眼睛无刺激，对豚鼠无致敏性，不伤害蜜蜂和其他益虫，但对蚕有毒。

制　剂　50000IU/mg 原药，32000IU/mg、8000IU/mg、16000IU/mg 可湿性粉剂，100 亿活芽孢/mL、16000IU/mg、8000IU/mg、6000IU/mg、8000IU/μL、6000IU/μL、4000IU/μL、2000IU/μL 悬浮剂，16000IU/mg、15000IU/mg 水分散粒剂，8000IU/mg、4000IU/mg 粉剂，8000IU/μL 油悬浮剂，4000IU/mg 悬浮种衣剂，2000IU/mg 颗粒剂；（以色列亚种）100%、7000ITU/mg 原药，1600ITU/mg、1200ITU/mg 可湿性粉剂，600TTU/mg 悬浮剂，200ITU/mg 大粒剂。

应　用　本品是包括许多变种的一类产晶体芽孢杆菌，细菌性杀虫剂。在昆虫的碱性中肠中，可使肠道在几分钟内麻痹，昆虫停止取食，并很快破坏肠道内膜，造成细菌的营养细胞易于侵袭和穿透肠道底膜进入血淋巴，最后昆虫因饥饿和败血症而死亡。可用于防治直翅目、鞘翅目、膜翅目，特别是鳞翅目的多种幼虫。在农林、果树、蔬菜和园林植物上应用。对棉铃虫、菜青虫、毒蛾、松毛虫、玉米螟、高粱螟、三化螟等多种害虫有不同的致病和毒杀作用，对植物和人畜无毒。*B. t* 对蚕高毒，桑园禁用。不能与内吸性有机磷杀虫剂或杀菌剂及碱性农药等物质混合使用。在高温（20℃以上）多湿的条件下使用效果好。晴天傍晚和阴天全天用药效果最佳。暴晒、潮湿易变质，应在阴凉干燥通风处保存。对害虫杀伤作用较慢，应比施用化学农药提前 2～3 天

施药。

原药生产厂家 福建浦城绿安生物农药有限公司、湖北康欣农用药业有限公司、山东省乳山韩威生物科技有限公司、山东省烟台博瑞特生物科技有限公司、上海威敌生化（南昌）有限公司、武汉科诺生物科技股份有限公司、湖北康欣农用药业有限公司（以色列亚种）、古巴朗伯姆公司（以色列亚种）。

球形芽孢杆菌（*Bacillus sphaericus* H5a5b）

理化性质 灰色至褐色悬浮液体，酸碱度 5.0～6.0，悬浮率≥80%。

毒　性 大鼠急性经口 LD_{50}：>5000mg/kg。

制　剂 200ITU/mg 母药，100ITU/mg、80ITU/mg 悬浮剂。

应　用 本品系球芽孢杆菌发酵配制而成，球形芽孢杆菌对不同蚊幼虫的毒杀作用主要是由其产生的毒素蛋白实现的。蚊幼摄食孢子和蛋白质晶体后，蛋白晶体在碱性环境中发生蛋白质水解。分解后毒粒释放出来，并被肠道上皮细胞内的特定的受体吸收。发生一系列变化后肠道中部和盲肠内的细胞肿大、破裂，导致蚊幼体内离子失衡、出现血毒症，并最终导致蚊幼死亡。对人、畜、水生生物低毒，是一种高效、安全、选择性杀蚊的生物杀蚊幼剂。广泛用于杀灭各种孳生地中的库蚊、按蚊幼虫、伊蚊幼虫。

母药生产厂家 江苏省扬州绿源生物化工有限公司。

球孢白僵菌（*Beauveria bassiana*）

理化性质 球孢白僵菌菌丝细长，无色透明，直径 1.5～2.0 μm，有隔膜。菌落平展呈绒毛状，后期呈粉状，表面白色至淡黄色。分生孢子梗多次分叉，聚集成团呈花瓶状，分生孢子着生于小梗顶端，孢子球形。生长温度范围为 5～35℃，其中 22～26℃、相对湿度 95%以上，有利于菌丝生长，30℃以下、相对湿度低于 70%，有利于分生孢子产生，而孢子萌发要求相对湿度 95%以上。

毒　性 为低毒类微生物农药，对人、畜无致病作用。

制　剂 1000 亿孢子/克、500 亿孢子/克母药，400 亿孢子/克水分散粒剂，100 亿孢子/毫升油悬浮剂，400 亿孢子/克、150 亿孢子/克可湿性粉剂，2 亿孢子/厘米^2 挂条。

应　用 高效真菌生物杀虫剂，其接触害虫后，分泌多种昆虫表皮降解酶，穿透害虫体壁进入体腔，在虫体内迅速繁殖，形成菌丝体，同时分泌大量白僵菌毒素，破坏害虫的机体组织，并吸收虫体内的营养物质，最终使害虫因不能维持正常的生命活动而死亡。速效性好，持效期长。适用森林、草原、果树、水稻、棉花、蔬菜、茶叶、花生等多种作物。防治包括鳞翅目、鞘翅目、直翅目、同翅目、半翅目等多种害虫，尤其对鳞翅目害虫松毛虫与蛴螬等地下害虫防治效果好。

母药生产厂家 江西天人生态股份有限公司、山西省太谷科谷生物化工有限公司。

短稳杆菌（*Empedobacter brevis*）

其他英文名称 GXW15-4

理化性质 细胞杆状，粗短，革兰阴性；菌落淡黄色，较小，光滑，边缘规整，凸起。

毒　性 微毒，对鱼、水藻、水蚤、蜜蜂、家蚕、鸟均为低毒。

制　剂 300 亿孢子/克母药，100 亿孢子/毫升悬浮剂。

应　用 属微生物农药，细菌性杀虫剂。从斜纹夜蛾幼虫尸体中分离筛选出的菌株。应用作物及防治对象为十字花科蔬菜，小菜蛾、斜纹夜蛾。可有效防治甘蓝的小菜蛾和斜纹夜蛾。

母药生产厂家 镇江市润宇生物科技开发有限公司。

耳霉菌（*Conidioblous thromboides*）

理化性质 制剂外观为土黄色悬浮液，pH 4.0～5.5。

毒　性 大鼠急性经口 LD_{50}：＞5000mg/kg（制剂）。

制　剂 200 万孢子/毫升悬浮剂。

应　用 块状耳霉菌生物农药，对多种蚜虫具有较强的毒杀作用，而对人畜安全，不污染环境，不伤害天敌，杀蚜谱广。可与菊酯类、有机磷类农药混用。

生产厂家 山东省长清农药厂有限公司。

金龟子绿僵菌（*Metarhizium anisopliae*）

理化性质 外观为灰绿色微粉，疏水、油分散性。活孢率≥90.0%，有效成分（绿僵菌孢子）≥5×10^{10}孢子/克，含水量≤5.0%，孢子粒径≤60 μm，感杂率≤0.01%。

毒　性 大鼠急性经口 LD_{50}＞2000mg/kg。

制　剂 170 亿活孢子/克原药，500 亿孢子/克母药，100 亿孢子/毫升油悬浮剂，100 亿孢子/克、25 亿孢子/克可湿性粉剂，5 亿孢子/克饵剂。

应　用 该产品产生作用的是绿僵菌分生孢子，萌发后可以侵入昆虫表皮，以触杀方式侵染寄主致死，环境条件适宜时，在寄主体内增殖产孢，绿僵菌可以再次侵染流行，实现蝗灾的控制。

母药生产厂家 重庆重大生物技术发展有限公司、江西天人生态股份有限公司。

菜青虫颗粒体病毒
（*Pierisrapae granulosis* virus）

理化性质 颗粒体呈椭圆形，表面和边沿不甚整齐，中部稍凹陷，略弯曲，其大小为

(330～500)nm×(200～290)nm。颗粒体包含着一个病毒粒子，大小为 (200～290)nm×(45～55)nm。

制　剂　1 亿孢子/毫克原药，1×10^4 PIB/mg 菜青虫颗粒体病毒·16000IU/mg 可湿性粉剂。

应　用　菜青虫颗粒体病毒是利用现代生物技术，从染病死亡的菜青虫体内提取而来的。产品正常使用技术条件下对人畜和作物安全。对菜青虫有很好的防治效果。病毒进入害虫体内后迅速大量复制，破坏害虫的正常生理功能，导致害虫染病而亡，病死虫的尸体腐烂后又可释放出新的病毒，感染其他健康虫和下代虫，在害虫种群中引发“虫瘟”。最终达到有效控制害虫种群数量和危害的目的。本品仅供加工农药制剂用，不可直接用在作物上。

原药生产厂家　武汉楚强生物科技有限公司。

松毛虫质型多角体病毒（*Dendrolimus punctatus* cytoplasmic polyhedrosis virus）

理化性质　外观为灰白色粉状物。

毒　性　大鼠急性经口 $LD_{50}>500$mg/kg。

制　剂　1×10^{10} PIB/g、5×10^9 PIB/mL 母药。

应　用　松毛虫质型多角体病毒是从染病死亡的松毛虫体内提取而来，对松毛虫有很好的防治效果。病毒进入害虫体内后迅速大量复制，破坏害虫正常生理功能，导致害虫染病而亡，病死虫的尸体腐烂后又可释放出新的病毒，在林间感染其他健康虫和下代虫，最终达到有效控制害虫种群数量和危害的目的。仅用于松毛虫质型多角体病毒制剂的加工，不可直接用于作物或其他场所。

母药生产厂家　武汉楚强生物科技有限公司、武汉兴泰生物技术有限公司。

小菜蛾颗粒体病毒（*Plutella xylostella* granulosis virus）

其他中文名称　环业二号

理化性质　外观均匀疏松粉末，制剂密度为 2.6～2.7g/cm^3，pH6～10，54℃保存 14d 活性降低率不小于 80%。

毒　性　大鼠急性经口 LD_{50}：3174.7mg/kg，急性经皮 $LD_{50}>5000$mg/kg。

制　剂　3.0×10^{10} OB/mL 悬浮剂。

应　用　小菜蛾因病毒感染而拒食，48 小时后可大量死亡。可长期造成施药地块的病毒水平传染和次代传染，对幼虫及成虫均有很强防效。用于防治十字花科蔬菜小菜蛾。不可与杀菌剂混用。

生产厂家　河南省济源白云实业有限公司。

甜菜夜蛾核型多角体病毒（*Spodoptera exigua* nuclear polyhedrosis virus）

理化性质 外观为灰白色，熔点：碳化160～180℃，沸点：100℃，稳定性：25℃以下贮藏2年生物活性稳定。

毒　性 大鼠急性经口 LD_{50}＞5000mg/kg。

制　剂 2×10^{10} PIB/g母药，苏云金杆菌16000IU/mg·甜菜夜蛾核型多角体病毒 1×10^{4} PIB/mg可湿性粉剂。

应　用 甜菜夜蛾核型多角体病毒是利用现代生物技术，从染病死亡的甜菜夜蛾体内提取而来的。病毒进入害虫体内后迅速大量复制，破坏害虫的正常生理功能，导致害虫染病而亡，病死虫的尸体腐烂后又可释放出新的病毒，感染其他健康虫和下代虫，在害虫种群中引发“虫瘟”，最终达到有效控制害虫种群数量和危害的目的。对甜菜夜蛾有很好的防治效果。本品仅供加工农药制剂用，不可直接用于作物。桑园及养蚕场所不得使用。

母药生产厂家 河南省济源白云实业有限公司、武汉楚强生物科技有限公司。

茶尺蠖核型多角体病毒（*Ectropis obliqua* nuclear polyhedrosis virus）

制　剂 2.0×10^{10} PIB/g母药，茶尺蠖核型多角体病毒 1.0×10^{7} PIB/mL·苏云金杆菌2000IU/μL悬浮剂。

应　用 茶尺蠖核型多角体病毒是利用现代生物技术，从染病死亡的茶尺蠖体内提取而来的。在正常使用技术条件下对人畜和作物低毒，对茶尺蠖有很好的防治效果。病毒进入害虫体内后迅速大量复制，破坏害虫的正常生理功能，导致害虫染病而亡，病死虫的尸体腐烂后又可释放出新的病毒，感染其他健康虫和下代虫。最终达到有效控制害虫种群数量和危害的目的。本品仅供加工农药制剂用，不可直接用于作物。桑园及养蚕场所不得使用。

母药生产厂家 武汉楚强生物科技有限公司。

斜纹夜蛾核型多角体病毒（*Spodoptera litura* nucleopolyhedro virus）

理化性质 病毒为杆状，伸长部分包围在透明的蛋白孢子体内。原药为黄褐色到棕色粉末，不溶于水。

制　剂 3.0×10^{10} PIB/g母药，1.0×10^{9} PIB/g可湿性粉剂，氟啶脲1.5%·斜纹夜蛾核型多角体病毒 6.0×10^{8} PIB/mL悬浮剂，高效氯氰菊酯3%·斜纹夜蛾核型多角体病 1×10^{7} PIB/mL悬浮剂。

应　用 一种杆状病毒生物杀虫剂，病毒粒子被害虫取食后，在虫体内大量复制增殖，急剧吞噬消耗虫体组织，导致害虫染病后死亡。具有触杀、强烈的病毒致病能力，对害虫不易产生抗性等特点。防治十字花科蔬菜斜纹夜蛾。该药剂应贮存在阴凉通风处；宜在阴天或晴天下午 4 点后均匀喷施，避免阳光直射；忌与碱性物质混用，可与多数杀虫、杀菌剂混用，混用前须先进行试验；要即配即用，药液不宜久置。

母药生产厂家 广东省广州市中达生物工程有限公司。

苜蓿银纹夜蛾核型多角体病毒（*Autographa californica* nuclear polyhedrosis virus）

其他中文名称 奥绿一号

理化性质 制剂外观为橘黄色可流动悬浮液体，pH 6.0～7.0。

毒　性 大鼠急性经口 LD_{50} 5000mg/kg，急性经皮 LD_{50} 4000mg/kg。

制　剂 1.0×10^{11} PIB/mL 母药，1×10^{9} PIB/mL 悬浮剂，苜蓿银纹夜蛾核型多角体病毒 1×10^{7} PIB/mL·苏云金杆菌 2000IU/μL 悬浮剂。

应　用 一种新型昆虫病毒杀虫剂。杀虫谱广，对危害蔬菜等农作物鳞翅目害虫有较好的防治效果，具有低毒、药效持久、对害虫不易产生抗性等特点，是生产无公害蔬菜的生物农药。应于傍晚或阴天、低龄幼虫高峰期施药。

母药生产厂家 绩溪县庆丰天鹰生化有限公司。

棉铃虫核型多角体病毒（*Heliothis armigera* nucleopolyhedro virus）

理化性质 外观为黄色粉末，无团块，密度 $1.1g/cm^3$。50℃、15 天，NPV 活性保留 88.5%。

毒　性 大鼠急性经口 $LD_{50}>2000$mg/kg（制剂）（无死亡病变），急性经皮 >4000mg/kg（制剂）。低毒，对无脊椎动物、人、畜、鱼和野生动物无毒害。

制　剂 5.0×10^{11} PIB/g 母药，1×10^{9} PIB/g 可湿性粉剂，2×10^{9} PIB/g、2×10^{9} PIB/mL 悬浮剂。

应　用 一种新型的病毒生物农药杀虫剂，是棉铃虫专一性的病原微生物。由核型多角体病毒及增效保护等辅料配制而成，对棉铃虫具有强大杀灭效果。

原药生产厂家 河南省博爱惠丰生化农药有限公司、河南省济源白云实业有限公司、湖北省天门市生物农药厂。

蟑螂浓核病毒（*Periplaneta fuliginosa* densovirus）

其他中文名称 黑胸大蠊浓核病毒

理化性质 原药沸点100℃，熔点160～180℃。

毒　性 大鼠急性经口LD_{50}>5000mg/kg。

制　剂 1×10^8PIB/mL原药，6000PIB/g饵剂。

应　用 利用现代生物技术从罹病死亡的蟑螂体内提取而来，纯生物产品。蟑螂取食病毒后，病毒在蟑螂体内大量复制，使蟑螂患病而亡，同时病毒还可在蟑螂种群中横向和纵向传播，引发蟑螂“瘟疫”，达到有效防控蟑螂的目的。该产品高效、安全。杀蟑作用强。本品仅用于制剂加工。禁止直接用于农作物或其他场所。对鱼等水生动物、蜜蜂、蚕有毒，注意不可污染鱼塘等水域及饲养蜂、蚕场地。蚕室内及其附近禁用。

原药生产厂家 武汉楚强生物科技有限公司。

淡紫拟青霉菌（*Paecilomyces lilacinus*）

其他中文名称 防线霉，线虫清

理化性质 原药外观为淡紫色粉末状。

毒　性 大鼠急性经口LD_{50}>5000mg/kg；大鼠急性经皮LD_{50}>5000mg/kg。

制　剂 200亿活孢子/克、100亿孢子/克母药，5亿活孢子/克颗粒剂，2亿活孢子/克粉剂。

应　用 使用该药入土后，孢子萌发长出很多菌丝，菌丝碰到线虫的卵，分泌几丁质酶，从而破坏卵壳的几丁质层，菌丝得以穿透卵壳，以卵内物质为养料大量繁殖，使卵内的细胞和早期胚胎受破坏，不能孵出幼虫。用于番茄、黄瓜、西瓜、花卉等作物，采用苗床消毒、穴施、条施等方法，防治根结线虫；用于大豆作物，拌种，防治胞囊线虫。不能与杀菌剂混用或同时使用。

原药生产厂家 福建凯立生物制品有限公司。

厚孢轮枝菌（*Verticillium chlamydosporium*）

其他中文名称 线虫必克

毒　性 大鼠急性经口LD_{50}>5000mg/kg，急性经皮LD_{50}>2000mg/kg。对皮肤、眼睛无刺激性，弱致敏性，无致病性。属低毒微生物杀线虫剂。

制　剂 25亿孢子/克母粉，2.5亿孢子/克颗粒剂。

应　用 以活体微生物孢子为主要活性成分，经发酵而生成的分生孢子和菌丝体。该菌对线虫的主要作用机理为通过孢子萌发及产生菌丝寄生于根结线虫的雌虫及卵。防治烟草根结线虫有较好的防效。

母药生产厂家 云南陆良酶制剂有限责任公司。

松毛虫赤眼蜂 (*Trichogramma dendrolimi matsumura*)

毒　性　微毒，对蜂、鸟、蚕及水生生物基本无风险。

制　剂　1000粒卵/卡（卡片），松质·赤眼蜂（杀虫卡）。

应　用　属天敌生物农药，寄生。主要分布于我国华南、华东、西南和东北地区，可寄生稻纵卷叶螟、二化螟、米蛾、稻褐边螟、棉铃虫、亚洲玉米螟、稻负泥虫、松毛虫等多种农林作物害虫。

生产厂家　福建省厦门市格灵生物技术有限公司。

林丹 (lindane)

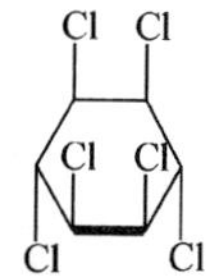

$C_6H_6Cl_6$，290.8

其他中文名称　丙体六六六，高效六六六，灵丹，γ-六六六

其他英文名称　Acrodal，Agrocide 6G，Ambiocide，Benzahex，ENT 7796，*gamma*-HCH，*gamma*-BHC，Gammexane

化学名称　γ-(1,2,4,5,/3,6)-六氯环己烷

CAS登录号　58-89-9

理化性质　无色晶体。熔点112.86℃，蒸气压4.4mPa（24℃），K_{ow} lg$P$=3.5，相对密度1.88（20℃）。溶解度：水中8.52mg/L（25℃），8.35mg/L（pH 5，25℃）；其他溶剂中溶解度（g/L，20℃）：丙酮中>200，甲醇中29～40，二甲苯中>250，乙酸乙酯中<200，正己烷中10～14。180℃以下对光、空气、酸极其稳定。遇碱脱氯化氢。

毒　性　随着试验条件，尤其是载体的改变而改变，急性经口LD_{50}大鼠为88～270mg/kg，小鼠为59～246mg/kg。动物幼崽尤其敏感。大鼠急性经皮LD_{50}：900～1000mg/kg。对皮肤和眼睛有刺激。大鼠急性吸入LC_{50}（4h）：1.56mg/L（喷雾）。无作用剂量（2y）：大鼠为25mg/kg饲料，狗为50mg/kg饲料。山齿鹑急性经口LD_{50}：120～130mg/kg。LD_{50}：山齿鹑919mg/kg饲料，野鸭695mg/kg饲料。鱼毒LC_{50}（96h，mg/L）：虹鳟鱼0.022～0.028，蓝鳃太阳鱼0.05～0.063。水蚤LC_{50}（48h）：1.6～2.6mg/L（静态）。海藻EC_{50}（120h）：0.78mg/L。蜜蜂LD_{50}：0.011μg/只（经口），0.23μg/只（接触）。蚯蚓LC_{50}：68mg/kg土壤。

应　用　含丙体六六六在99%以上为林丹，而丙体六六六是六六六原粉中具有杀虫活性最强的异构体，故林丹具有强烈的胃毒和触杀作用，并有一定的熏蒸作用和微弱的内吸作用，杀虫谱广。只允许用于防治小麦吸浆虫、荒滩飞蝗等害虫。

硫丹（endosulfan）

$C_9H_6Cl_6O_3S$，406.9

其他中文名称 安杀丹，安都杀芬，硕丹，赛丹

化学名称 (1,4,5,6,7,7-六氯-8,9,10-三降冰片-5-烯-2,3-亚基双亚甲基)亚硫酸酯

CAS 登录号 115-29-7

理化性质 纯品为无色晶体（原药颜色为奶油色到棕色，多数为米色）。原药熔点≥80℃，α-硫丹 109.2℃，β-硫丹 213.3℃。α-异构体、β-异构体的比例为 2∶1 时，蒸气压为 0.83mPa（20℃）。$K_{ow}\lg P$(α-体)＝4.74，$K_{ow}\lg P$(β-体)＝4.79（两者 pH 值均为 5）。原药相对密度 1.8（20℃）。原药溶解性：22℃水中α-体为 0.32mg/L，β-体为 0.33mg/L；20℃二氯甲烷、乙酸乙酯、甲苯中溶解度为 200mg/L，乙醇中约为 65mg/L，己烷中约为 24mg/L。对光稳定。在酸、碱的水溶液中缓慢水解为二醇和二氧化硫。

毒　性 大鼠急性经口 LD_{50}：70mg/kg（水相悬浮剂），110mg/kg（原药），α-体 76mg/kg（原药），β-体 240mg/kg；狗 LD_{50} 为 77mg/kg（原药）。油剂对兔的急性经皮 LD_{50} 为 359mg/kg，大鼠急性经皮 LD_{50}＞4000（雄性），500mg/kg（雌性）。大鼠急性吸入 LC_{50}（4h，mg/L）：0.0345（雄性），0.0126（雌性）。无作用剂量：大鼠（2y）每顿 0.6mg/(kg·d)，狗（1y）0.57mg/(mg·d)。鸟类急性经口 LD_{50}：野鸭 205～245mg/kg，野鸡 620～1000mg/kg。对鱼高毒，LC_{50}（96h）：金雅罗鱼 0.002mg/L，但实际应用中对野生生物无害。水蚤 LC_{50}（48h）：75～750μg/L。绿藻 EC_{50}（72h）＞0.56mg/L。在田间施用时，剂量为 1.6 L/hm^2 对蜜蜂无害。

制　剂 96%、95%、94%原药，35%乳油。

应　用 一种高毒有机氯杀虫剂。具有胃毒和触杀作用，无内吸性，杀虫广谱，残效较长。气温高于 20℃时，也可通过蒸气起杀虫作用。硫丹能渗透进入植物组织，但不能在植株体内传输，在昆虫体内能抑制单氨基氧化酶和提高肌酸激酶的活性。有很强的选择性，易分解，对天敌和许多有益生物无毒。主要用于防治棉花、蔬菜、烟草等作物上的害虫。禁止在苹果树、茶树上使用。硫丹的主要用途是杀灭棉铃虫，对杀第一代、第二代棉铃虫有特效。注意应避免长期连续使用硫丹。对鱼高毒，应避免污染水源及池塘。食用作物、饲料作物收获前 3 周停止用药。2011 年 6 月起停止批准含有硫丹的新增登记证和农药生产许可证。

原药生产厂家 江苏安邦电化有限公司、江苏快达农化股份有限公司、韩国瑞韩化学株式会社、印度夏达国际有限公司、印度伊克胜作物护理有限公司。

三氯杀虫酯（plifenate）

$$Cl-C_6H_3(Cl)-CH(CCl_3)OC(=O)CH_3$$

$C_{10}H_7Cl_5O_2$，336.4

其他中文名称 蚊蝇净，蚊蝇灵

其他英文名称 acetofenate

化学名称 2,2,2-三氯-1-(3,4-二氯苯基)乙基乙酸酯

CAS登录号 21757-82-4

理化性质 纯品为无色结晶。熔点 84.5℃，20℃时的蒸气压为 0.014mPa。溶解性（20℃）：水中为 50mg/kg，环已酮中>600 g/kg，异丙醇中<10 g/kg。

毒 性 大鼠急性经口 LD_{50}>10000mg/kg。大鼠急性经皮 LD_{50}>1000mg/kg。大鼠急性吸入 LC_{50}（4h）>0.7mg/L 空气。母鸡急性经口 LD_{50}>2500mg/kg。金雅罗鱼 LC_{50}（96h）：0.5～1.0mg/L。

制 剂 98%、95%原药。

应 用 有机氯杀虫剂，有触杀和熏蒸作用。高效、低毒，对人畜安全。主要用于防治卫生害虫，杀灭蚊蝇效力高，是比较理想的家庭用杀虫剂。可制成喷雾剂、烟剂、电热熏蒸片、气雾剂、喷洒剂等使用。

原药生产厂家 湖北省武汉武隆农药有限公司。

敌敌畏（dichlorvos）

$$Cl_2C{=}CHOP(=O)(OCH_3)_2$$

$C_4H_7Cl_2O_4P$，221.0

其他英文名称 DDV，DDVP

化学名称 2，2-二氯乙烯基二甲基磷酸酯

CAS登录号 62-73-7

理化性质 纯品为无色液体（原药为芳香气味的无色或琥珀色液体），有挥发性。熔点<－80℃，沸点 234.1℃（1×10^5 Pa）、74℃（1.3×10^2 Pa），蒸气压 2.1Pa（25℃），K_{ow} $\lg P=1.9$，相对密度 1.425（20℃）。水中溶解度 18g/L（25℃）；完全溶解于芳香烃、氯代烃、乙醇中，不完全溶解于柴油、煤油、异构烷烃、矿油中。185～280℃之间发生吸热反应，315℃时剧烈分解。水和酸性介质中缓慢水解，碱性条件下急剧水解成二甲基磷酸氢盐和二氯乙醛，DT_{50}：31.9d（pH 4），2.9d（pH 7），2.0d (pH 9)。闪点>100℃。

毒　性　大鼠急性经口 LD_{50} 50mg/kg。大鼠急性经皮 LD_{50} 为 224mg/kg；对兔眼睛和皮肤轻微刺激。大鼠急性吸入 LC_{50} (4h)：230mg/m^3。无作用剂量：大鼠 (2y) 10mg/kg，狗 (1y) 0.1mg/kg。山齿鹑急性经口 LD_{50}：24mg/kg，日本鹌鹑亚急性经口 LD_{50} (8d)：300mg/kg。鱼毒 LC_{50} (96h)：虹鳟 0.2mg/L，金雅罗鱼 0.45mg/L (0.5μg/L EC)。水蚤 LC_{50} (48h)：0.00019mg/L。海藻 EC_{50} (5d)：52.8mg/L。对蜜蜂有毒，LD_{50}：0.29μg/只。蚯蚓 LC_{50}：15mg/kg (7d)，14mg/kg (14d) 土壤。

制　剂　98%、95%、92%原药，90%可溶液剂，80%、77.5%、50%、48%、30%、10%乳油，30%、22%、17%、15%、2%烟剂，28%缓释剂，25%块剂，22.5%油剂，3.18%粉剂。

应　用　高效、速效、广谱有机磷杀虫剂，胆碱酯酶抑制剂。对咀嚼式和刺吸式口器害虫防效好。其蒸气压高，对同翅目、鳞翅目昆虫有极强击倒力。施药后易分解，残效期短，无残留，适于茶、桑、烟草、蔬菜、收获前果树、仓库、卫生害虫防治。敌敌畏乳油对高粱、月季花易产生药害，不宜使用。对玉米、豆类、瓜类幼苗及柳树也较敏感，稀释不能低于 800 倍液，最好先进行试验再用。不宜与碱性农药混用。用于室内必须注意安全。

原药生产厂家　安徽华星化工股份有限公司、安庆博远生化科技有限公司、广西易多收生物科技有限公司河池农药厂、邯郸市新阳光化工有限公司、河北省吴桥农药有限公司、河北新丰农药化工股份有限公司、河南省郑州志信农化有限公司、湖北沙隆达股份有限公司、湖北仙隆化工股份有限公司、江苏省南通江山农药化工股份有限公司、山东大成农药股份有限公司、山东科源化工有限公司、山东省高密市绿洲化工有限公司、山东潍坊润丰化工有限公司、天津农药股份有限公司。

百治磷 (dicrotophos)

$$(CH_3O)_2P(=O)O-C(CH_3)=C(H)-CON(CH_3)_2$$

(*E*)

$C_8H_{16}NO_5P$，237.2

其他英文名称　Bidrin，Carbicron，Ektafos

化学名称　(*E*)-2-二甲基氨基甲酰基-1-甲基乙烯基二甲基磷酸酯

CAS 登录号　141-66-2

理化性质　纯品为黄色液体。沸点 400℃/1.013×10^5 kPa、130℃/0.0133kPa，蒸气压 9.3×10^{-3}Pa (20℃)，K_{ow} lg$P$=−0.5 (21℃)，相对密度 1.216 (20℃)。与水、丙酮、乙醇、乙腈、氯仿、二甲苯等混溶，微溶入柴油、煤油 (<10 g/kg)。在酸性、碱性条件下相对稳定，DT_{50} (20℃)：88d (pH 5)，23d (pH 9)；受热分解。

毒　性　急性经口 LD_{50}：大鼠 17～22mg/kg，小鼠 15mg/kg。大鼠急性经皮 LD_{50}：110～180mg/kg 和 148～181mg/kg 之间，兔 224mg/kg；对兔皮肤和眼睛轻微刺激。大鼠急性吸入 LC_{50}（4h）为 0.09mg/L（空气）。2 年无作用剂量：大鼠 1.0mg/kg 饲料（每天 0.05mg/kg），狗 1.6mg/kg 饲料（每天 0.04mg/kg）。鸟类急性经口 LD_{50}：1.2～12.5mg/kg。对母鸡没有神经性毒。鱼毒 LC_{50}（24h）：食蚊鱼 200mg/L，丑角鱼＞1000mg/L。对蜜蜂有毒，但由于表面残留的快速下降，在应用中出现的影响不大。

应　用　胆碱酯酶抑制剂，内吸性杀虫、杀螨剂，具有触杀和胃毒作用，持效性中等，高毒。用于棉花、水稻、咖啡等作物，防治刺吸式和咀嚼式口器害虫及钻蛀性害虫。

速灭磷（mevinphos）

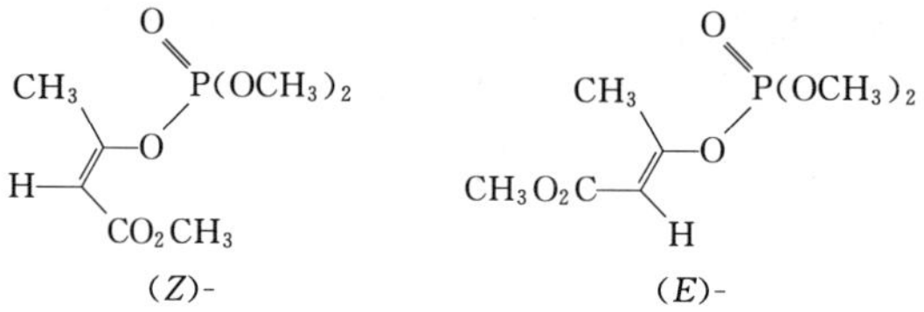

(Z)-　(E)-

$C_7H_{13}O_6P$，224.1

其他中文名称　磷君

其他英文名称　Phosdrin，Mevidrin，Duraphos

化学名称　2-甲氧羰基-1-甲基乙烯基二甲基磷酸酯

CAS 登录号　7786-34-7

理化性质　纯品为无色液体［原药为含大于 60%（E）-异构体和大约 20%（Z)-异构体］。熔点：（E）式 21℃、（Z）式 6.9℃，沸点 99～103℃（0.04 kPa），蒸气压 1.7×10^{-2} Pa（20℃），K_{ow} $\lg P=0.127$，相对密度 1.24（20℃）［（E）式 1.235、（Z）式 1.245］。几乎与水和大多数有机溶剂混溶，如乙醇、酮类、芳香烷烃、氯化烷烃，微溶于脂肪烷烃、石油醚、轻石油和二硫化碳。室温下稳定，但在碱性溶液中分解，DT_{50}：120d（pH 6），35d（pH 7），3d（pH 9），1.4h（pH 11）。

毒　性　急性经口 LD_{50}：大鼠 3～12mg/kg，小鼠 7～18mg/kg。大鼠急性经皮 LD_{50}：4～90mg/kg，兔子 16～33mg/kg；对兔子的眼睛和皮肤有轻微的刺激性。大鼠急性吸入 LC_{50}（1h）：0.125mg/L 空气。2 年饲喂无作用剂量：大鼠 4mg/kg 饲料，狗 5mg/kg 饲料。鸟类急性经口 LD_{50}（mg/kg）：野鸭 4.63，鸡 7.52，野鸡 1.37。鱼毒 LC_{50}（48h）：虹鳟鱼 0.017mg/L，蓝鳃太阳鱼 0.037mg/L。对蜜蜂有毒，LD_{50}：0.027μg/只。

应　用　胆碱酯酶抑制剂，水溶性触杀兼具内吸作用的有机磷杀虫杀螨剂。杀虫谱广，残效期短。对棉蚜、棉铃虫、苹果蚜、苹果红蜘蛛、玉米蚜、大豆蚜、菜青虫有较好的防效。烟草禁用。剧毒。

久效磷（monocrotophos）

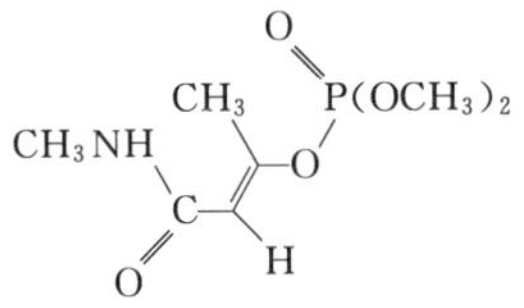

$C_7H_{14}NO_5P$，223.2

其他中文名称 铃杀，纽瓦克，亚素灵

其他英文名称 Apadrin，Azobane，Azodrin，Crotos，C 1414，Monocron，Nuvacron，Phoskill，SD9129

化学名称 (*E*)-二甲基-1-甲基-3-(甲胺基)-3-氧代-1-丙烯磷酸酯

CAS 登录号 6923-22-4

理化性质 纯品为无色、吸湿晶体。熔点 54～55℃（原药 25～35℃），蒸气压 2.9×10^{-4} Pa（20℃），K_{ow} lg$P$＝－0.22（计算值），密度 1.22 kg/L（20℃）。溶解性（20℃）：水中 100%溶解，甲醇 100%，丙酮 70%，正辛醇 25%，甲苯 6%，难溶于煤油和柴油。大于 38℃时分解，大于 55℃发生热分解反应。20℃水解，DT_{50}（计算值）：96d（pH 5），66d（pH 7），17d（pH 9），在短链醇溶剂中不稳定。遇惰性材料分解（进行色谱分析时应注意）。

毒　性 大鼠急性经口 LD_{50}：18mg/kg（雄），20mg/kg（雌）。急性经皮 LD_{50}（mg/kg）：兔 130～250，雄性大鼠 126，雌性大鼠 112；对兔眼睛和皮肤无刺激。大鼠急性吸入 LC_{50}（4h）：0.08mg/L（空气）。无作用剂量：大鼠（2y）0.5mg/kg 饲料 [0.025mg/(kg・d)]，狗 0.5mg/kg 饲料 [0.0125mg/(kg・d)]。鸟类急性经口 LD_{50}（14d，mg/kg）：野鸭 4.8，雄性日本鹌鹑 3.7，雄性山齿鹑 0.94，鸡 6.7，雏野鸡 2.8，鹧鸪 6.5，鸽子 2.8，麻雀 1.5。鱼毒 LC_{50}（mg/L）：虹鳟（48h）7，虹鳟（24h）12，蓝鳃太阳鱼 23。水蚤 LC_{50}（24h）：0.24μg/L。对蜜蜂有较高毒性，LD_{50}：0.028～0.033mg/只（经口），0.025～0.35mg/只（局部）。

应　用 高毒农药，2007 年起已停止销售和使用。

二溴磷（naled）

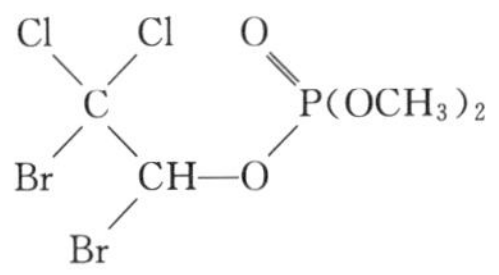

$C_4H_7Br_2Cl_2O_4P$，380.8

其他中文名称 万丰灵

化学名称 1,2-二溴-2,2-二氯乙基二甲基磷酸酯

CAS登录号 300-76-5

理化性质 纯品为有轻微辛辣气味的无色液体。熔点 26～27.5℃，沸点 110℃/0.067kPa，蒸气压 2.66×10^{-1}Pa（20℃），相对密度 1.96（20℃）。几乎不溶于水，易溶于芳香族或带氯的溶剂，微溶于矿物油或脂肪族溶剂。干燥条件下稳定，但水溶液快速水解（室温条件下，48h 水解率大于 90%），在酸性或碱性条件下水解速率更快。光照降解。在有金属或还原剂存在的条件下，失去溴，生成敌敌畏。

毒　性 大鼠急性经口 LD_{50}：430mg/kg。兔急性经皮 LD_{50}：1100mg/kg。对眼睛有刺激作用，灼伤眼睛。大鼠置于 1.5mg/L 空气中 6h，无伤害。大鼠 2 年无作用剂量：0.2mg/(kg·d)。鸟类急性经口 LD_{50}：野鸭、尖尾榛鸡、黑额黑雁 27～111mg/kg。鱼毒 LD_{50}：金鱼 2～4mg/L（24h），施药浓度达 560g/hm^{2}时，食蚊鱼不会死亡。蟹 0.33mg/L。施药浓度达 560g/hm^{2}时，蝌蚪不会死亡。对蜜蜂有毒。

制　剂 50%乳油。

应　用 该产品属速效、击倒力强、杀虫谱广的有机磷杀虫剂，并可兼治成螨。具有胃毒、触杀、熏蒸作用，非内吸性。主要用于果树、蔬菜等农作物的虫害防治。在无水状态下稳定，在碱性溶液中水解迅速。高粱、大豆、瓜类对本品比较敏感，易产生药害。

原药生产厂家 陕西恒田化工有限公司。

磷胺（phosphamidon）

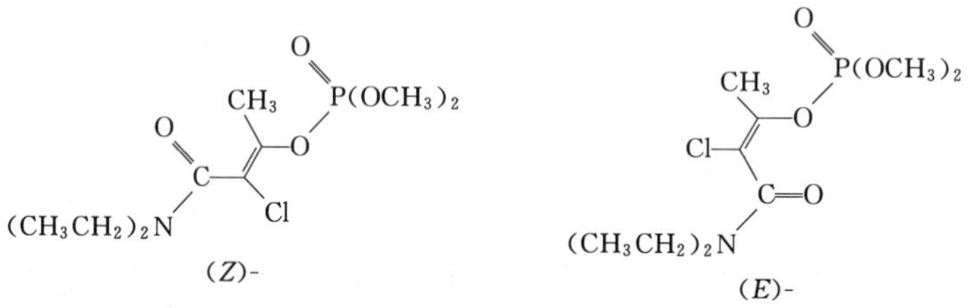

(Z)-　　(E)-

$C_{10}H_{19}ClNO_5P$，299.7

其他中文名称 迪莫克，大灭虫

其他英文名称 Dimecron

化学名称 2-氯-2-二乙氨基甲酰基-1-甲基乙烯基二甲基磷酸酯

CAS登录号 13171-21-6

理化性质 纯品为淡黄色液体。熔点 162℃/0.2kPa、94℃/5.32×10^{-3}kPa，蒸气压 2.2×10^{-3}Pa（25℃），K_{ow} lg$P$=0.79，相对密度 1.21（25℃）。易溶于水、丙酮、二氯甲烷、甲苯及一些其他常用有机溶剂（脂肪族碳氢化合物除外），如正己烷 32g/L（25℃）。碱性条件下快速水解，20℃时水解半衰期：60d（pH5），54d（pH7），12d（pH 9）。

毒　性 大鼠急性经口 LD_{50}：17.9～30mg/kg。急性经皮 LD_{50}：大鼠 374～530mg/kg，兔 267mg/kg；对兔皮肤、眼睛有轻微刺激。急性吸入 LC_{50}（4h）：大鼠 0.18mg/L（空气），

小鼠 0.033mg/L 空气。2 年无作用剂量：大鼠 1.25mg/(kg·d)，狗 0.1mg/(kg·d)。鸟类急性经口 LD_{50}：日本鹌鹑 3.6～7.5mg/kg，野鸭 3.8mg/kg。日本鹌鹑 LC_{50} (8d)：90～250mg/kg。鱼毒 LC_{50} (96h)：虹鳟 7.8mg/L，黑头呆鱼 100mg/L。水蚤 LC_{50} (48h)：0.01～0.22mg/L。对蜜蜂和甲壳纲动物有较高毒性。

应　用　高毒农药，2007 年起已停止销售和使用。

杀虫畏（tetrachlorvinphos）

(Z)-isomer

$C_{10}H_9Cl_4O_4P$，366.0

化学名称　(Z)-2-氯-1-(2,4,5-三氯苯基)乙烯基二甲基磷酸酯

CAS 登录号　22248-79-9

理化性质　纯品为无色结晶固体。熔点 94～97℃，蒸气压 5.6×10^{-6} Pa (20℃)，Henry 常数 1.86×10^{-4} Pa m^3/mol (计算值)。溶解度 (20℃)：水中 11mg/L，丙酮＜200 g/kg，氯仿、二氯甲烷 400 g/kg，二甲苯＜150 g/kg。稳定性：＜100℃稳定，50℃缓慢氢解，DT_{50}：54d (pH 3)，44d (pH 7)，80h (pH 10.5)。

毒　性　急性经口 LD_{50}：大鼠 4000～5000mg/kg，小鼠 2500～5000mg/kg。兔急性经皮 LD_{50}＞2500mg/kg。2 年无作用剂量：大鼠 125mg/kg 饲料 (1000mg/kg·d)，狗 200mg/kg 饲料。野鸭急性经口 LD_{50}＞2000mg/kg，其他鸟类 1500～2600mg/kg。鱼毒 LC_{50} (24h)：0.3～6.0mg/L (不同种类的鱼)。对蜜蜂有毒。

应　用　胆碱酯酶的直接抑制剂，系触杀和胃毒作用的杀虫、杀螨剂，击倒速度快，无内吸性。对鳞翅目、双翅目和多种鞘翅目害虫有效，对温血动物毒性低。可用于粮、棉、果、茶、蔬菜和林业上，也可防治仓贮粮、织物害虫。

稻丰散（phenthoate）

$C_{12}H_{17}O_4PS_2$，320.4

其他中文名称　爱乐散，益尔散

其他英文名称　Aimsan，Cidial，Elsan，Papthion，Tanone，PAP

化学名称　O,O-二甲基-S-(α-乙氧基甲酰苄基)二硫代磷酸酯

CAS登录号 2597-03-7

理化性质 白色结晶固体（原药为带有芳香、辛辣气味的黄色油状液体）。熔点 17～18℃，沸点 186～187℃/0.67kPa，蒸气压 5.3×10^{-3} Pa（40℃），K_{ow} lg$P$=3.69，相对密度 1.226（20℃）。溶解度：水中 10mg/L（25℃），易溶于甲醇、乙醇、丙酮、苯、二甲苯、二硫化碳、氯仿、二氯乙烷、乙腈、四氢呋喃等有机溶剂，正己烷 116g/L，煤油 340g/L（25℃）。180℃以下稳定。在酸性和中性介质中稳定，碱性介质中水解。闪点 165～170℃。

毒　性 急性经口 LD_{50}（mg/kg）：雄性大鼠 270，雌性大鼠 249，小鼠 350，狗＞500，豚鼠 377，兔 72。急性经皮 LD_{50}：大鼠＞5000mg/kg，雄性小鼠 2620mg/kg；对兔眼睛和皮肤无刺激。大鼠急性吸入 LC_{50}（4h）：3.17mg/L（空气）。无作用剂量（104 周）：0.29mg/(kg·d)。鸟类急性经口 LD_{50}：野鸡 218mg/kg，鹌鹑 300mg/kg。鱼毒 TLm（48h）：鲤鱼 2.5mg/L，金鱼 2.4mg/L。对蜜蜂有毒，LD_{50}：0.306μg/只。

制　剂 93%原药，60%、50%、45%、40%乳油，40%水乳剂。

应　用 乙酰胆碱酯酶抑制剂。具触杀和胃毒作用的速效广谱二硫代磷酸酯类杀虫杀螨剂，具有杀卵活性。适用于水稻（稻纵卷叶螟、二化螟、三化螟）、柑橘（矢尖蚧）以及棉花、果树、蔬菜、茶树等作物的部分害虫。稻丰散不能与碱性农药混用。对某些鱼有毒性，注意对水源的污染。

原药生产厂家 江苏腾龙生物药业有限公司。

硫线磷（cadusafos）

$$CH_3CH_2OP(=O)(SCH(CH_3)CH_2CH_3)_2$$

$C_{10}H_{23}O_2PS_2$，270.4

其他中文名称 克线丹

其他英文名称 Apache，Rugby，Taredan，Ebufos，Sebufos

化学名称 *O*-乙基-*S*,*S*-二仲丁基二硫代磷酸酯

CAS登录号 95465-99-9

理化性质 无色至淡黄色液体。沸点 112～114℃/0.106kPa，蒸气压 0.12Pa（25℃），K_{ow} lg$P$=3.9，相对密度 1.054（20℃）。水中溶解度 245mg/L；与丙酮、乙腈、二氯甲烷、乙酸乙酯、甲苯、甲醇、异丙醇和庚烷互溶。50℃以下稳定，光照条件下 DT_{50}＜115d。闪点 129.4℃。

毒　性 急性经口 LD_{50}：大鼠 37.1mg/kg，小鼠 71.4mg 原药/kg。急性经皮 LD_{50}：雄性兔 24.4mg/kg，雌性兔 41.8mg/kg；对兔眼睛和皮肤无刺激。大鼠急性吸入 LC_{50}（4h）：0.026mg/L 空气。无作用剂量：大鼠（2y）1mg/kg 饲料，雄性狗（1y）0.001mg/kg 饲料，雌性狗（1y）0.005mg/kg（饲料），雄性小鼠（2y）0.5mg/kg（饲料），雌性小鼠（2y）1mg/kg（饲料）。鸟类急性经口 LD_{50}：山齿鹑 16mg/kg，野鸭 230mg/kg。鱼毒 LC_{50}

(96h)：虹鳟鱼 0.13mg/L，蓝鳃太阳鱼 0.17mg/L。水蚤 LC_{50}（48h）：1.6μg/L。海藻 EC_{50}（96h）：5.3mg/L。蚯蚓 LC_{50}（14d）：72mg/kg。

应　用　胆碱酯酶的直接抑制剂，能使乙酰胆碱（神经传递物质）发生分解的乙酰胆碱酯酶具有阴离子酯分解部位，在正常情况下，应在神经系统中分解出乙酸和胆碱。而在硫、红磷存在下失去分解作用而使未分解的乙酰胆碱大量聚焦在神经细胞间的神经键上，使接受过量刺激并引起麻痹和中毒而死亡，即通过抑制乙酰胆碱酯酶的活性素显示杀虫、杀线虫活性。它是一种触杀性杀线虫剂和杀虫剂，无熏蒸作用。防治各种线虫和香蕉、玉米、马铃薯、甘蔗、烟草、蔬菜上的夜蛾科幼虫及马铃薯块茎蛾（烟草潜叶蛾）。禁止在柑橘树、黄瓜上使用。低温下使用易出现药害。此药对高等动物高毒，自 2013 年 10 月 31 日起，停止销售和使用。

乙拌磷（disulfoton）

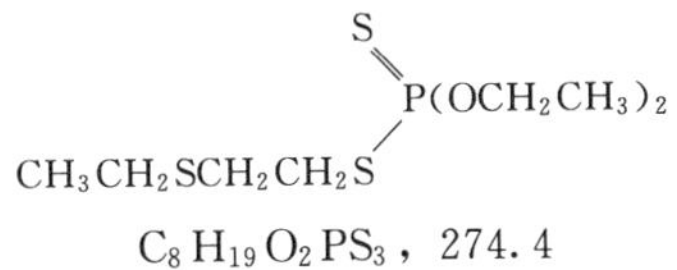

$C_8H_{19}O_2PS_3$，274.4

其他中文名称　敌死通

其他英文名称　Disyston

化学名称　*O*,*O*-二乙基-*S*-(2-乙硫基乙基)二硫代磷酸酯

CAS 登录号　298-04-4

理化性质　纯品为有特殊气味的无色油状物（原药为淡黄色油状物）。熔点＜－25℃，沸点 128℃/0.133kPa，蒸气压 7.2mPa（20℃）、13mPa（25℃）、22mPa（30℃），K_{ow} lg$P$＝3.95，Henry 常数 0.24Pa·m^3/mol（计算值），相对密度 1.144（20℃）。水中溶解度 25mg/L（20℃）；与正己烷、二氯甲烷、异丙醇、甲苯互溶。正常贮存条件下稳定，酸性、中性介质中很稳定，碱性条件下分解，DT_{50}（22℃）：133d（pH 4），169d（pH 7），131d（pH 9）。光照 DT_{50} 为 1～4d。闪点 133℃（原药）。

毒　性　急性经口 LD_{50}：雄、雌性大鼠 2～12mg/kg，雄、雌性小鼠 7.5mg/kg，雌性狗约 5mg/kg。大鼠急性经皮 LD_{50}：雄 15.9mg/kg，雌 3.6mg/kg；对兔眼睛和皮肤无刺激。急性吸入 LC_{50}（4h）：雄性大鼠约 0.06mg/L，雌性大鼠约 0.015mg/L（喷雾）。狗无作用剂量（1y）：0.013mg/kg。山齿鹑急性经口 LD_{50}：39mg/kg。LC_{50}（5d）：野鸭 692mg/kg（饲料），山齿鹑 544mg/kg（饲料）。鱼毒 LC_{50}（96h）：蓝鳃太阳鱼 0.039mg/L，虹鳟鱼 3mg/L。水蚤 LC_{50}（48h）：0.013～0.064mg/L。藻类 EC_{50}（72h）＞4.7mg/L。对蜜蜂的毒性与药品的使用方法有关。

应　用　二硫代磷酸酯类具有内吸活性的杀虫、杀螨剂，通过根部吸收，传导到植物各部分，持效期长。主要以颗粒剂随播种土壤处理或乳油配成药液作种子处理，用于棉花及其他大田作物防治土壤害虫及苗期刺吸式口器害虫，也能兼治线虫。用于棉花种处理或土壤处理防治棉苗蚜虫、叶螨，持效期可达 45～50 天。小麦用粉粒剂种子处理防治土壤害虫及麦苗蚜虫，持效期可达30天以上。对甜菜作种子处理，可防治蒙古灰象及土壤害虫。高粱地用颗粒剂配成毒土撒施，每12垄施药土1垄，可熏蒸防治蚜虫。乙拌磷使用时要特别注意安全操作，不可用于叶面喷雾，药剂处理过的种子不可作其他用途。并严禁在果树、蔬菜、烟草、茶树、桑树、药材的生长期使用。

乙硫磷（ethion）

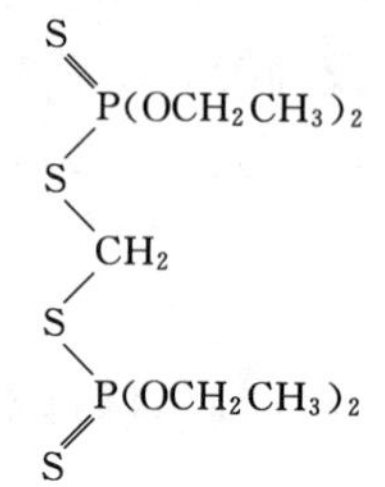

$C_9H_{22}O_4P_2S_4$，384.5

其他中文名称 益赛昂，易赛昂，乙赛昂，蚜螨立死

其他英文名称 Diethion，Ethanox，Acithion，Et

化学名称 O,O,O',O'-四乙基-S,S'-亚甲基双(二硫代磷酸酯)

CAS登录号 563-12-2

理化性质 纯品为无色至琥珀色液体。熔点－15～－12℃，沸点164～165℃/0.04kPa，蒸气压0.2mPa（25℃），K_{ow} lg$P$＝4.28，Henry常数3.85×10^{-2}Pa·m^3/mol（计算值），20℃相对密度1.22（原药1.215～1.230）。水中溶解度2mg/L（25℃）；溶于大多数有机溶剂，如丙酮、甲醇、乙醇、二甲苯、煤油、石油。在酸性、碱性溶液中分解，DT_{50}为390d（pH 9），暴露在空气中慢慢氧化。闪点176℃。

毒　性 急性经口LD_{50}：大鼠208mg/kg（纯品）、21mg/kg（原药），小鼠和豚鼠40～45mg/kg。豚鼠和兔急性经皮LD_{50}：915mg/kg（原药，兔1084mg/kg）。大鼠急性吸入LC_{50}（4h）：0.45mg/L（原药）。2年无作用剂量：大鼠0.2mg/kg饲料（0.3mg/kg·d），狗2.5mg/kg饲料（0.06mg/kg·d）。鸟类急性经口LD_{50}：鹌鹑128mg/kg（原药），鸭＞2000mg/kg（原药）。对鱼有毒，平均致死浓度：0.72mg/L（24h），0.52mg/L（48h）。水蚤EC_{50}（48h）：0.056μg/L。对蜜蜂有毒。

应　用 有机磷杀虫、杀螨剂，对多种害虫及叶螨有良好效果，对螨卵也有一定杀伤作用。可作为轮换药剂在棉花、水稻上使用。

灭线磷（ethoprophos）

$$CH_3CH_2OP(=O)(SCH_2CH_2CH_3)_2$$

$C_8H_{19}O_2PS_2$，242.3

其他中文名称 益收宝，丙线磷，灭克磷，益舒宝，虫线磷

其他英文名称 ethoprop，Mocap，Prophos

化学名称 *O*-乙基-*S*,*S*-二丙基二硫代磷酸酯

CAS登录号 13194-48-4

理化性质 淡黄色液体。沸点 86～91℃/0.027kPa，蒸气压 46.5mPa（26℃），K_{ow} lg$P$=3.59（21℃），相对密度 1.094（20℃）。溶解度（20℃）：水中 700mg/L，丙酮、环乙烷、乙醇、二甲苯、1，2-二氯乙烷、乙醚、石油醚、乙酸乙酯中＞300 g/kg。在中性、弱酸性介质中稳定，碱性介质中分解很快。pH 7 的水溶液中 100℃以下稳定。闪点 140℃（闭口）。

毒　性 急性经口 LD_{50}：大鼠 62mg/kg，兔 55mg/kg。兔急性经皮 LD_{50}：26mg/kg；对兔眼睛和皮肤可能有刺激。大鼠吸入 LC_{50}：123mg/m^3。90d 大鼠和狗饲养无作用剂量为 100mg/kg 饲料，仅观察到胆碱酯酶下降，没有其他病理学和组织上的影响。鸟类急性经口 LD_{50}：野鸭 61mg/kg，鸡 5.6mg/kg。鱼毒 LC_{50}（96h，mg/L）：虹鳟鱼 13.8，蓝鳃太阳鱼 2.1，金鱼 13.6。直接作用在蜜蜂身上无伤害。

制　剂 95%原药，40%乳油，10%、5%颗粒剂。

应　用 具有触杀作用但无内吸和熏蒸作用的有机磷酸酯类杀线虫剂。属于胆碱酯酶抑制剂。半衰期 14～28 天。对花生、菠萝、香蕉、烟草及观赏植物线虫及地下害虫有效。在土壤内或水层下可在较长时间内保持药效，不易流失分解，迅速高效、残效期长，是一种优良的土壤杀虫剂。本品易经皮肤进入人体，因此施药时应注意安全防护。有些作物对灭线磷敏感，播种时不能与种子直接接触，否则易发生药害。在穴内或沟内施药后要覆盖一薄层有机肥料或土，然后再播种覆土。此药对鱼类、鸟类有毒，应避免药剂污染河流和水塘及其他非目标区域。不得用于蔬菜、果树、茶叶、中草药材上。

原药生产厂家 河北世纪农药有限公司、江苏丰山集团有限公司、山东省淄博市周村穗丰农药化工有限公司、浙江永农化工有限公司。

马拉硫磷（malathion）

$$(CH_3O)_2\overset{\overset{\displaystyle S}{\|}}{P}SCHCH_2CO_2CH_2CH_3$$
$$\quad\quad\quad\quad | \\ \quad\quad\quad\quad CO_2CH_2CH_3$$

$C_{10}H_{19}O_6PS_2$，330.3

其他中文名称 防虫磷，粮泰安，马拉松

其他英文名称 Cython，Fyfanon，Malaqran

化学名称 *O*,*O*-二甲基-*S*-[1,2-双(乙氧基甲酰)乙基]二硫代磷酸酯

CAS登录号 121-75-5

理化性质 原药为透明的琥珀色液体。熔点 2.85℃，沸点 156～157℃/0.093kPa，蒸气压 5.3mPa（30℃），K_{ow}lg$P$ = 2.75，相对密度 1.23（25℃）。水中溶解度 145mg/L（25℃）；与大多数有机溶剂互溶，如醇类、酯类、酮类、醚类、芳香烃类；不溶于石油醚和

某些矿物油；在庚烷中的溶解度为65～93g/L。中性溶液中稳定。强酸、碱性条件下分解；DT_{50}（25℃）为：107d（pH 5），6d（pH 7），0.5d（pH 9）。闪点163℃。

毒　性　急性经口LD_{50}：大鼠1375～5500mg/kg，小鼠775～3320mg/kg。急性经皮LD_{50}（24h）：兔4100～8800mg/kg，大鼠>2000mg/kg。大鼠吸入LC_{50}（4h）>5.2mg/L。无作用剂量：在大鼠2年试验中，仅在500mg/kg［29mg/(kg·d)］时观察到对血浆和红细胞的胆碱酯酶的抑制作用。山齿鹑急性经口LD_{50}：359mg/kg。饲喂LC_{50}：山齿鹑3500mg/kg饲料，野鸡LC_{50}（5d）：4320mg/kg（饲料）。鱼毒LC_{50}（96h，μg/L）：蓝鳃太阳鱼54，虹鳟鱼180，三刺鱼21.7。水蚤EC_{50}（48h）：1.0μg/L。海藻EC_{50}（72h）：13mg/L。对蜜蜂有毒，LD_{50}：0.27μg/只（局部）。蠕虫LC_{50}：613mg/kg土壤。

制　剂　95%、90%、85%、75%原药，84%、70%、45%乳油，25%油剂，2.01%、1.8%、1.2%粉剂。

应　用　非内吸的广谱性杀虫剂，有良好的触杀和一定的熏蒸作用，进入虫体后首先被氧化成毒力更强的马拉氧磷，从而发挥强大的毒杀作用，而当进入温血动物体时，则被在昆虫体内所没有的羧酸酯酶水解，因而失去毒性。马拉硫磷毒性低，残效期短，对刺吸式口器和咀嚼式口器的害虫有效，适用于防治烟草、茶和桑树等的害虫，也可用于防治仓库害虫。

原药生产厂家　广东省高州化工总厂、广西金土地生化有限公司、河北金德伦生化科技有限公司、河北省衡水北方农药化工有限公司、河北省吴桥农药有限公司、河北世纪农药有限公司、湖北仙隆化工股份有限公司、江苏好收成韦恩农化股份有限公司、江苏省常州市武进恒隆农药有限公司、江苏省南通润鸿生物化学有限公司、辽宁省葫芦岛凌云集团农药化工有限公司、山东田丰生物科技有限公司、天津市华宇农药有限公司、浙江嘉化集团股份有限公司、浙江省宁波中化化学品有限公司。

甲拌磷（phorate）

$$CH_3CH_2SCH_2\overset{\overset{\displaystyle S}{\|}}{S}P(OCH_2CH_3)_2$$

$C_7H_{17}O_2PS_3$，260.4

其他中文名称　3911

其他英文名称　Thimet，Agrimot，ET 3911

化学名称　*O*,*O*-二乙基-*S*-(乙硫基甲基)二硫代磷酸酯

CAS登录号　298-02-2

理化性质　原药为无色液体。熔点<−15℃，沸点118～120℃/0.107kPa，蒸气压85mPa（25℃），K_{ow} lg$P$=3.92，Henry常数5.9×10^{-1} Pa·m^3/mol（计算值），相对密度1.167（25℃）。水中溶解度50mg/L（25℃）；易溶于醇类、酮类、酯类、醚类、脂肪烃、芳香烃、卤代烃、二氧六环、菜籽油和其他有机溶剂中。稳定性：正常贮存至少2年不分解，其水溶液遇光分解（DT_{50}：1.1d），在pH 5～7稳定性最佳，DT_{50}：3.2d（pH 7），3.9d（pH 9）。闪点>110℃。

毒　性　急性经口 LD_{50}：雄性大鼠 3.7mg/kg，雌性大鼠 1.6mg/kg，小鼠约 6mg/kg。急性经皮 LD_{50}（mg/kg）：雄性大鼠 6.2，雌性大鼠 2.5，豚鼠 20～30，雄性兔 5.6，雌性兔 2.9。根据颗粒剂有效成分的浓度、载体类型、实验方法和动物种类，急性经皮 LD_{50}：雄性大鼠 98～137mg（a.i.）/kg（颗粒剂），雌性大鼠 93～245mg（a.i.）/kg（颗粒剂）。吸入 LC_{50}（1h）：雄性大鼠 0.06mg/L，雌性大鼠 0.011mg/L。狗无作用剂量：0.05mg/kg。鸟类急性经口 LD_{50}：野鸭 0.62mg/kg，野鸡 7.1mg/kg。鱼毒 LC_{50}（96h）：虹鳟鱼 0.013mg/L。对蜜蜂有毒，LD_{50}：10μg/只（接触）。

制　剂　95%、80%原药，55%乳油，30%粉粒剂，30%细粒剂，26%粉剂，5%、3%颗粒剂。

应　用　高毒、高效、广谱的内吸性杀虫、杀螨剂，有触杀、胃毒、熏蒸作用。用于作物保护，尤其是用于根用作物和大田作物、棉花、十字花科植物和咖啡，使其不受刺吸性害虫、咀嚼害虫、螨类和某些线虫的危害，也可用来防治玉米和甜菜的土壤害虫。该药对人畜剧毒，只能用于某些作物拌种，不准用于蔬菜、茶叶、瓜果、桑树、中药材等作物，严禁喷雾使用；长期使用会使害虫产生抗药性，应注意与别的拌种药交替使用；在肥水过大条件下，若甲拌磷用量过大，会推迟棉花的成熟期。

原药生产厂家　河北省邯郸市凯米克化工有限责任公司、河北世纪农药有限公司、天津农药股份有限公司。

治螟磷（sulfotep）

$$(CH_3CH_2O)_2\overset{S}{\overset{\|}{P}}—O—\overset{S}{\overset{\|}{P}}(OCH_2CH_3)_2$$

$C_8H_{20}O_5P_2S_2$，322.3

其他中文名称　硫特普，苏化 203，双 1605，治螟灵

其他英文名称　sulfotepp，Bladafum，STEPP，BayerE393，ASP-47

化学名称　*O*,*O*,*O*′,*O*′-四乙基二硫代焦磷酸酯

CAS 登录号　3689-24-5

理化性质　纯品为淡黄色液体。沸点 136～139℃/0.266kPa、92℃/0.013kPa，蒸气压 14mPa（20℃），K_{ow} lg$P$=3.99（20℃），Henry 常数 0.45 Pa m^3/mol（20℃），相对密度 1.196（20℃）。水中溶解度 10mg/L；与大多数有机溶剂互溶，不溶于轻石油和石油醚。室温下缓慢分解，DT_{50}（22℃）：10.7d（pH 4），8.2d（pH 7），9.1d（pH 9）。闪点 102℃。

毒　性　大鼠急性经口 LD_{50} 约 10mg/kg。大鼠急性经皮 LD_{50}：65mg/kg（7d），262mg/kg（4h）；对兔眼睛和皮肤无刺激。大鼠急性吸入 LC_{50}（4h）约 0.05mg/L 空气（喷雾）。无作用剂量：大鼠（2y）10mg/kg（饲料），小鼠（2y）50mg/kg（饲料），狗（13w）0.5mg/kg 饲料。鸟类：仅作为温室熏蒸剂。鱼毒 LC_{50}（96h）：金枪鱼 0.071mg/L，虹鳟鱼 0.00361mg/L。水蚤 LC_{50}（48h）：0.002mg/L。海藻 ErC_{50}：7.2mg/L。

应　用　为高毒有机磷杀虫剂，有较强的触杀作用，杀虫谱较广，在叶面持效期短，因此

多用来混制毒土撒施。可防治水稻多种害虫，也可杀灭蚂蟥以及传播血吸虫的钉螺。禁止在蔬菜、果树、茶叶、中草药材上使用。自2013年10月31日起，停止销售和使用。

特丁硫磷（terbufos）

$$(CH_3)_3CSCH_2S\overset{S}{\overset{\|}{P}}(OCH_2CH_3)_2$$

$C_9H_{21}O_2PS_3$，288.4

其他中文名称 抗虫得，叔丁硫磷，特丁磷，特福松

其他英文名称 AC 92100，Counter

化学名称 *S*-叔丁基硫甲基-*O*,*O*-二乙基二硫代磷酸酯

CAS登录号 13071-79-9

理化性质 具有硫醇气味的淡黄色液体。熔点－29.2℃，沸点69℃/1.33×10^{-3}kPa，蒸气压34.6mPa（25℃），K_{ow} lg$P$＝2.77，相对密度1.11（20℃）。水中溶解度4.5mg/L（27℃）；易溶于丙酮、醇类、卤代烃、芳香烃等大多数有机溶剂，溶解度约300g/L。常温贮存稳定性2年以上，120℃以上分解；原药DT_{50}：2～3d（pH 4～9）。闪点88℃。

毒　性 急性经口LD_{50}：雄性大鼠1.6mg（原药）/kg，雌性大鼠5.4mg/kg。急性经皮LD_{50}：大鼠9.8mg/kg，兔1.0mg/kg；对眼睛和皮肤有刺激。急性吸入LC_{50}（4h）：雄性大鼠0.0061mg（a.i.）/L（空气），雌性大鼠0.0012mg/L（空气）。无作用剂量（1y，对胆碱酯酶的抑制）：雄性大鼠0.028mg/(kg·d)，雌性大鼠0.036mg/kg·d。鹌鹑急性经口LD_{50}：15mg/kg。饲喂LC_{50}（8d）：野鸭185mg/kg（饲料），野鸡145mg/kg（饲料）。鱼毒LC_{50}（96h）：虹鳟鱼0.01mg/L，蓝鳃太阳鱼0.004mg/L。对蜜蜂有毒，LD_{50}：4.1μg/只（局部）。当为颗粒剂时，应限制其暴露。

应　用 高效、内吸、广谱性杀虫剂。该药剂持效期长。主要用于制成颗粒剂。因毒性高，只作土壤处理剂。在花生作物田施药时，先将药剂施入播种沟内，覆盖少量土后再播入花生种，使药剂与种子隔离。禁止在蔬菜、果树、茶叶、中草药材上使用。自2013年10月31日起，停止销售和使用。

乐果（dimethoate）

$$CH_3NHCOCH_2S\overset{S}{\overset{\|}{P}}(OCH_3)_2$$

$C_5H_{12}NO_3PS_2$，229.3

其他英文名称 fosfamid，Rogor，Cyqon，Roxion，Fostion MM，Perfkthion

化学名称 *O*,*O*-二甲基-*S*-(甲基氨基甲酰甲基)二硫代磷酸酯

CAS登录号 60-51-5

理化性质 纯品为无色结晶固体。熔点49～52℃，沸点117℃/0.013kPa，蒸气压

0.25mPa (25℃)，K_{ow} $\lg P$=0.704，Henry 常数 1.42×10^{-6} Pa·m^3/mol，相对密度 1.31 (20℃，纯度 99.1%)。水中溶解度 39.8g/L (pH 7，25℃)；易溶于大多数有机溶剂，如醇类、酮类、甲苯、苯、氯仿、二氯甲烷等溶解度>300g/kg，四氯化碳、饱和烷烃、正辛醇等溶解度>50g/kg (20℃)。pH 2～7 介质中稳定。碱性介质中分解，DT_{50}：4.4d (pH 9)。光稳定性 DT_{50}>175d (pH 5)。受热分解为 *O*,*S*-二甲基类似物。

毒　性　急性经口 LD_{50}：大鼠 387mg/kg，小鼠 160mg/kg，兔 300mg/kg，豚鼠 350mg/kg。大鼠急性经皮 LD_{50}>2000mg/kg；对兔眼睛和皮肤无刺激。大鼠吸入 LC_{50} (4h)>1.6mg/L 空气。无作用剂量：大鼠 (2y) 0.23mg/(kg·d)，狗 (1y) 0.2mg/kg b.w.d，人 (39d) 0.2mg/(kg·d)。鸟类急性经口 LD_{50} (mg/kg)：野鸭 42，山齿鹑 10.5，日本鹌鹑 84，雉鸡 14.1。LC_{50} (mg/kg)：野鸭 1011，山齿鹑 154，日本鹌鹑 346，雉鸡 396。鱼毒 LC_{50} (96h)：虹鳟鱼 30.2mg/L，蓝鳃太阳鱼 17.6mg/L。水蚤 EC_{50} (48h)：2mg/L。对蜜蜂有毒，LD_{50}：0.15μg/只 (经口)，0.2μg/只 (接触)。对蠕虫 LC_{50}：31mg/kg (干土)。

制　剂　98%、97%、96%、90%、85%、80%原药，50%、40%乳油，1.5%粉剂。

应　用　内吸性有机磷杀虫、杀螨剂。杀虫谱广，对害虫和螨类有强烈的触杀和一定的胃毒作用。在昆虫体内能氧化成活性更高的氧乐果，其作用机制是抑制昆虫体内的乙酰胆碱酯酶，阻碍神经传导而导致死亡。适用于防治多种作物上的刺吸式口器害虫，如蚜虫、叶蝉、粉虱、对潜叶性害虫及某些蚧类有良好的防治效果，对螨也有一定的防效。啤酒花、菊科植物、高粱有些品种及烟草、枣树、桃、杏、梅树、橄榄、无花果、柑橘等作物对稀释倍数在1500 倍以下的乐果乳剂敏感，使用前应先作药害试验。乐果对牛、羊的胃毒性大，喷过药的绿肥、杂草在 1 个月内不可喂牛、羊。施过药的地方 7～10 天内不能放牧牛、羊。对家禽胃毒更大，使用时要注意。蔬菜在收获前不要使用该药。

原药生产厂家　重庆农药化工 (集团) 有限公司、广东省江门市大光明农化有限公司、广东省英德广农康盛化工有限责任公司、湖南海利常德农药化工有限公司、江苏蓝丰生物化工股份有限公司、江苏腾龙生物药业有限公司、江苏省连云港市东金化工有限公司、捷马化工股份有限公司、上海农药厂有限公司、浙江省杭州庆丰农化有限公司。

氧乐果 (omethoate)

$$CH_3NHCOCH_2S\overset{\overset{\displaystyle O}{\|}}{P}(OCH_3)_2$$

$C_5H_{12}NO_4PS$，213.2

其他中文名称　氧化乐果，华果

其他英文名称　Folimate

化学名称　*O*,*O*-二甲基-*S*-(*N*-甲基氨基甲酰甲基)硫代磷酸酯

CAS 登录号　1113-02-6

理化性质　具有硫醇气味的无色液体。熔点 −28℃ (原药)，蒸气压 3.3mPa (20℃)，K_{ow} $\lg P$=−0.74 (20℃)，相对密度 1.32 (20℃)。与水、醇类、酮类和烃类互溶，微溶于

乙醚，几乎不溶于石油醚。遇碱分解，酸性介质中分解很慢，DT_{50}（22℃）：102d（pH 4），17d（pH 7），28h（pH 9）。闪点 128℃（原药）。

毒　性　大鼠急性经口 LD_{50} 约 25mg/kg。急性经皮 LD_{50}（24h）：雄性大鼠 232mg/kg，雌性大鼠约 145mg/kg；对兔皮肤无刺激性，对兔眼睛有轻微刺激性。大鼠急性吸入 LC_{50}（4h）约 0.3mg/L（喷雾）。无作用剂量：大鼠（2y）0.3mg/kg，小鼠（2y）10mg/kg，狗（1y）0.025mg/kg。鸟类急性经口 LD_{50}：雄性日本鹌鹑 79.7mg/kg，雌性日本鹌鹑 83.4mg/kg。鱼毒 LC_{50}（96h）：金枪鱼 30mg/L，虹鳟鱼 9.1mg/L。水蚤 LC_{50}（48h）：0.022mg/L。海藻 E_rC_{50}：167.5mg/L。对蜜蜂有毒。蚯蚓 LC_{50}：46mg/kg（干土）。

制　剂　92%、70%原药，50%、40%、20%、18%、10%乳油。

应　用　本品属高毒有机磷杀虫剂，其作用机制为抑制昆虫胆碱酯酶。具有较强的内吸、触杀和一定的胃毒作用。对害虫击倒力快，是较理想的根、茎内吸传导性杀螨、杀虫剂，特别适于防治刺吸性害虫，效果优于乐果和内吸磷，不易产生抗性，并可降低易产生抗性的拟除虫菊酯的抗性。氧乐果对抗性蚜虫有很强的毒效，对飞虱、叶蝉、介壳虫及其他刺吸式口器的害虫都有较好的防治效果，低温下仍能保持较强的毒性，特别适于防治越冬的蚜虫、螨类、木虱和蚧类等。啤酒花、菊科植物、高粱有些品种及烟草、枣树、桃、杏、梅树、橄榄、无花果等作物，对稀释倍数在 1500 倍以下的氧乐果乳剂敏感，使用时要先做药害试验，才能确定使用浓度。安全间隔期为蔬菜 10 天，茶叶 6 天，果树 15 天。禁止在甘蓝上及柑橘树上使用。根据动物试验建议氧乐果对人体每日允许摄入量为 0.0005mg/kg，作物允许残留量为 2mg/kg。

原药生产厂家　重庆农药化工（集团）有限公司、江苏射阳黄海农药化工有限公司、山东大成农药股份有限公司、郑州兰博尔科技有限公司、浙江省杭州庆丰农化有限公司。

蚜灭磷（vamidothion）

$$CH_3NHCOCH(CH_3)SCH_2CH_2SP(=O)(OCH_3)_2$$

$C_8H_{18}NO_4PS_2$，287.3

其他中文名称　完灭硫磷，蚜灭多

其他英文名称　Kilval，Trucidor，Vamidoate

化学名称　*O*,*O*-二甲基-*S*-[2-(1-甲基-2-甲胺基-2-氧代乙硫)乙基]硫代磷酸酯

CAS 登录号　2275-23-2

理化性质　无色针状结晶（原药为白色蜡状固体）。熔点约 43℃（原药 40℃），蒸气压可忽略不计（20℃）。溶解度：水中 4 kg/L，苯、甲苯、甲乙酮、乙酸乙酯、乙腈、二氯甲烷、环己酮、氯仿中均约 1 kg/L，几乎不溶于环己烷和石油醚。室温下轻微分解，但在有机溶剂中（如甲乙酮、环己酮）中稳定，强酸或碱性条件下分解。

毒　性　急性经口 LD_{50}(mg/kg)：雄性大鼠 100～105，雌性大鼠 64～67，小鼠 34～37；对于亚砜的急性经口 LD_{50}(mg/kg)：雄性大鼠 160，小鼠 80。急性经皮 LD_{50}(mg/kg)：小

鼠 1460，兔 1160。急性吸入 LC_{50}（4h）：大鼠 1.73mg/L（空气）。以 50mg/kg 饲料或 100mg/kg 饲料（亚砜）喂养大鼠 90d，对其生长无影响。野鸡急性经口 LD_{50}：35mg/kg。鱼毒 LC_{50}（96h）：斑马鱼 590mg/L。金鱼在 10mg/L 质量浓度中活 14d 无影响。水蚤 EC_{50}（48h）：0.19mg/L。对蜜蜂有毒。

应　用　胆碱酯酶的直接抑制剂，属于内吸性杀虫、杀螨剂，持效期长，对苹果棉蚜有特效。在植物内，本品代谢成相应的亚砜，其生物活性类似于本品，但其持效期较长。

辛硫磷（phoxim）

$$C_6H_5-C(CN)=NOP(=S)(OCH_2CH_3)_2$$

$C_{12}H_{15}N_2O_3PS$，298.3

其他中文名称　倍腈松，腈肟磷，肟硫磷

其他英文名称　Baythion，Volaton

化学名称　*O*,*O*-二乙基-*O*-[(*α*-氰基亚苄氨基)氧]硫代磷酸酯

CAS 登录号　14816-18-3

理化性质　纯品为黄色液体（原药为红棕色油状液体）。熔点＜－23℃，沸点：蒸馏分解，蒸气压 0.18mPa（20℃），K_{ow} $\lg P$=4.104（无缓冲水），Henry 常数 1.58×10^{-2} Pa·m^3/mol（计算值），相对密度 1.18（20℃）。溶解度（20℃）：水中 3.4mg/L，二甲苯、异丙醇、乙二醇、正辛醇、乙酸乙酯、二甲基亚砜、二氯甲烷、乙腈、丙酮中均大于 250g/L，正庚烷 136g/L，微溶于脂肪烃、蔬菜油和矿物油。稳定性：相对缓慢水解，DT_{50}（22℃）：26.7d（pH 4），7.2d（pH 7），3.1d（pH 9）。在正常贮存条件下分解缓慢，遇紫外光逐渐分解。

毒　性　大鼠急性经口 LD_{50}＞2000mg/kg。大鼠急性经皮 LD_{50}＞5000 μL/kg；对兔眼睛和皮肤无刺激。大鼠急性吸入 LC_{50}（4h）＞4.0mg/L 空气（喷雾）。无作用剂量：大鼠（2y）15mg/kg（饲料），小鼠（2y）1mg/kg（饲料），雄性狗（1y）0.3mg/kg（饲料），雌性狗（1y）0.1mg/kg（饲料）。母鸡急性经口 LD_{50}：40mg/kg。鱼毒 LC_{50}（96h）：虹鳟鱼 0.53mg/L，蓝鳃太阳鱼 0.22mg/L。水蚤 LC_{50}（48h）：0.00081mg/L（80%预混料）。对蜜蜂通过接触和呼吸产生毒性。

制　剂　91%、90%、87%、85%、80%、75%原药，600g/L、70%、56%、40%、20%、15%乳油，35%、30%微囊悬浮剂，25%、20%微乳剂，5%、3%、2.5%、1.5%、0.3%颗粒剂。

应　用　生物化学胆碱酯酶抑制剂，高效、低毒、低残留、广谱硫逐式一硫代磷酸酯类杀虫杀螨剂。当害虫接触药液后，神经系统麻痹中毒停食导致死亡。对害虫具有强烈的触杀和胃毒作用，对卵也有一定的杀伤作用，无内吸作用，击倒力强，药效时间不持久，对鳞翅目幼虫很有效。在田间因对光不稳定，很快分解，残留危险小，但在土壤中较稳定，残效期可达 1～2 个月以上，尤其适用于作土壤处理，杀灭地下部分幼虫。本品对黄条跳甲有特殊药效。防治花生、大豆、小麦的蛴螬、蝼蛄有良好的效果。对为害花生、小麦、水稻、棉花、

玉米、果树、蔬菜、桑、茶等作物的多种鳞翅目害虫的幼虫也有良好作用效果，也适于防治仓库和卫生害虫。高粱、黄瓜、菜豆和甜菜等都对辛硫磷敏感，不慎使用会引起药害，应按已登记作物规定的使用量施用。该药在光照条件下易分解，所以田间喷雾最好在傍晚和夜间施用，拌闷过的种子也要避光晾干，贮存时放在暗处。药液要随配随用，不能与碱性药剂混用，作物收获前 5 天禁用。该药在应用浓度范围内，对蚜虫的天敌七星瓢虫的卵、幼虫和成虫均有强烈的杀伤作用，用药时应注意。

原药生产厂家 安庆博远生化科技有限公司、河北瑞宝德生物化学有限公司、河北省万全农药厂、河北省邢台市农药有限公司、湖北仙隆化工股份有限公司、江苏宝灵化工股份有限公司、江苏好收成韦恩农化股份有限公司、江苏连云港立本农药化工有限公司、江苏射阳黄海农药化工有限公司、南京红太阳股份有限公司、山东大成农药股份有限公司、山东华阳和乐农药有限公司、山东胜邦鲁南农药有限公司、山东省淄博市周村穗丰农药化工有限公司、天津农药股份有限公司、爱普瑞（焦作）农药有限公司。

甲基辛硫磷（phoxim-methyl）

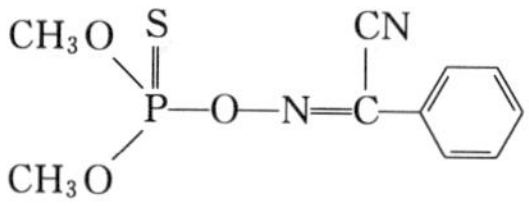

$C_{10}H_{11}N_2O_3PS$，270.2

化学名称 *O*,*O*-二甲基-*O*-[(α-氰基亚苄氨基)氧]硫代磷酸酯

CAS 登录号 14816-16-1

理化性质 棕色油状液体或黄色结晶，熔点 45～46℃，易溶于乙醇、丙酮、甲苯等有机溶剂，在水中溶解度很小。

毒　性 大鼠急性经口 LD_{50}：4065mg/kg，大鼠急性经皮 LD_{50}＞4000mg/kg。

应　用 具有杀虫谱广、持效期长的特点。毒性较辛硫磷更低。对害虫具有胃毒和触杀作用，无内吸性。可用于防治多种作物上的害虫及地下害虫。勿与碱性农药混用，使用时应现配现用。本品易光解，施用时应选择光线较暗喷雾，避光贮存。

甲基吡噁磷（azamethiphos）

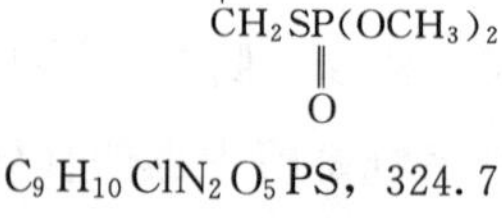

$C_9H_{10}ClN_2O_5PS$，324.7

其他中文名称 蟑螂宁，氯吡噁唑磷

其他英文名称 Alfracron，SNIP RBI

化学名称 *O*,*O*-二甲基-*S*-[(6-氯-2,3-二氢-2-氧-1,3-噁唑[4,5-b]吡啶-3-基)甲基]硫代磷

酸酯

CAS 登录号 35575-96-3

理化性质 纯品为无色晶体。熔点 89℃，20℃蒸气压为 0.0049mPa，K_{ow} $\lg P=1.05$，Henry 常数 1.45×10^{-6} Pa·m^3/mol（计算值），相对密度 1.60g/cm^3（20℃）。溶解度（20℃）：水中 1.1g/L，苯 130 g/kg，二氯甲烷 610g/kg，甲醇 100 g/kg，正辛醇 5.8 g/kg。酸、碱性介质中不稳定。闪点>150℃。

毒　性 大鼠急性经口 LD_{50}：1180mg/kg。急性经皮 LD_{50}>2150mg/kg；对兔皮肤无刺激作用，但对眼睛有轻微刺激作用。大鼠 LC_{50}（4h）>560mg/m^3。山齿鹑 LD_{50}：30.2mg/kg，野鸭 LD_{50}：48.4mg/kg。饲养 LC_{50}（8d，mg/kg）：山齿鹑 860，日本鹌鹑>1000，野鸭 700。基于急性试验结果，甲基吡噁磷对鸟类高毒，然而亚致死剂量对鸟类有驱避作用，因此对鸟类的风险已大幅降低。鱼毒 LC_{50}（96h，mg/L）：鲶鱼 3，鲫鱼 6，孔雀鱼 8，虹鳟鱼 0.115～0.2，红鲈 2.22。水蚤 LC_{50}（48h）：0.67μg/L。对蜜蜂有毒，LD_{50}（24h）：<0.1μg/只（经口），10μg/只（接触）。

制　剂 98%原药，10%可湿性粉剂，1%、0.4%饵剂。

应　用 有机磷杀虫、杀螨剂，有触杀和胃毒作用，其击倒作用快、持效期长。主要用于杀灭厩舍、鸡舍等处的成蝇，也用于居室、餐厅、食品工厂等地灭蝇、灭蟑螂。

原药生产厂家 河北安霖制药有限公司。

蝇毒磷（coumaphos）

$C_{14}H_{16}ClO_5PS$，362.8

其他中文名称 蝇毒硫磷

其他英文名称 Asuntol，Baymix，Muscatox，Perizin，Resitox，Co-Ral

化学名称 *O*,*O*-二乙基-*O*-(3-氯-4-甲基香豆素-7-基)硫代磷酸酯

CAS 登录号 56-72-4

理化性质 纯品为无色晶体。熔点 95℃（原药 90～92℃），20℃蒸气压 0.013mPa，K_{ow} $\lg P=4.13$，Henry 常数 3.14×10^{-3} Pa·m^3/mol（计算值），相对密度 1.474。20℃水中溶解度为 1.5mg/L，有机溶剂中溶解度有限。水溶液水解稳定。

毒　性 急性经口 LD_{50}：小鼠 55mg/kg（雄），59mg/kg（雌）。雄大鼠急性经皮 LD_{50}：860mg/kg（二甲苯中），>5000mg/kg（氯化钠中），雌大鼠 144mg/kg。雄大鼠 LC_{50}（1h）>1081mg/m^3，雌大鼠 341mg/m^3。最低慢性无毒性反应剂量：雄狗 0.00253mg/kg，雌狗 0.00237mg/kg。鸟类 LD_{50}（mg/kg）：山齿鹑 4.3，野鸭 29.8。LC_{50}（μg/L，96h）：蓝鳃太阳鱼 340，水渠鲶鱼 840。水蚤 LC_{50}（48h）：1.0μg/L。

应　用　乙酰胆碱酯酶抑制剂，对双翅目昆虫有显著的毒杀作用，是防治家畜体外寄生虫如蜱和疥螨的特效药。该药残效期长。禁止在蔬菜等上防治蝇蛆和种蛆。不得用于蔬菜、果树、茶叶、中草药材上。自 2013 年 10 月 31 日起，将停止销售和使用。

伏杀硫磷（phosalone）

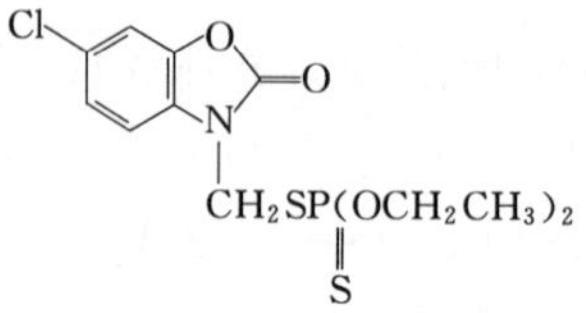

$C_{12}H_{15}ClNO_4PS_2$，367.8

其他中文名称　佐罗纳

其他英文名称　Zolone

化学名称　*O*,*O*-二乙基-*S*-(6-氯-2-氧代苯并噁唑啉-3-基甲基)二硫代磷酸酯

CAS 登录号　2310-17-0

理化性质　纯品为有大蒜味的无色晶体。熔点 46.9℃（99.5%）（原药 42～48℃），蒸气压 7.77×10^{-3}mPa（计算值，20℃），K_{ow} lg$P$=4.01（20℃），Henry 常数 2.04×10^{-3} Pa·m^3/mol（计算值），相对密度 1.338（20℃）。溶解度（20℃）：水中 1.4mg/L，丙酮、乙酸乙酯、二氯甲烷、甲苯、甲醇中均>1000g/L，正己烷 26.3g/L，正辛醇 266.8g/L。强碱、酸性条件下分解，DT_{50}：9d（pH 9）。

毒　性　大鼠急性经口 LD_{50}：120mg/kg。大鼠急性经皮 LD_{50}：1530mg/kg；对豚鼠眼睛和皮肤中等刺激，对其皮肤有致敏性。急性毒性吸入 LC_{50}（4h）：雄大鼠 1.4mg/L，雌大鼠 0.7mg/L。无作用剂量：大鼠（2y）0.2mg/kg，狗（1y）0.9mg/kg。鸟类急性经口 LD_{50}：家鸡 503mg/kg，野鸭 > 2150mg/kg。饲喂 LC_{50}（8d）：山齿鹑 2033mg/kg 饲料（约 233mg/kg），野鸭 1659mg/kg 饲料。鱼毒 LC_{50}（96h）：虹鳟鱼 0.63mg/L，鲤鱼 2.1mg/L。水蚤 EC_{50}（48h）：0.74μg/L。对蜜蜂有毒，蜜蜂 LD_{50}：103μg/只（经口），4.4μg/只（接触）。蠕虫 LC_{50}（14d）：22.5mg/kg。

制　剂　95%原药，35%乳油。

应　用　一种广谱性有机磷杀虫、杀螨剂。对作物有渗透性，无内吸传导作用，对害虫以触杀和胃毒作用为主，其作用机制为抑制昆虫体内胆碱酯酶，药效发挥速度较慢，在植物上持效期约 14 天，随后代谢成为可迅速水解的硫代磷酸酯。在常用剂量下，对作物安全。可用于棉花、果树、蔬菜、茶叶、大豆、玉米、小麦等作物，防治多种害虫并兼治螨类。要求喷药均匀周到，施药期宜较其他有机磷药剂提前，对钻蛀性害虫宜在幼虫蛀入作物前施药。不要与碱性农药混用。

原药生产厂家　江苏省江阴凯江农化有限公司、捷马化工股份有限公司。

哒嗪硫磷（pyridaphenthion）

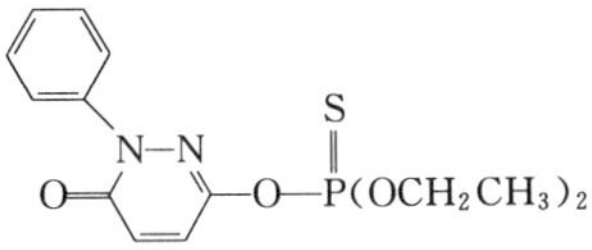

$C_{14}H_{17}N_2O_4PS$，340.3

其他中文名称 哒净松，打杀磷，苯哒嗪硫磷

化学名称 *O*,*O*-二乙基 *O*-(2,3-二氢-3-氧代-2-苯基-6-哒嗪基)硫代磷酸酯

CAS 登录号 119-12-0

理化性质 白色固体。熔点 55.7～56.7℃，沸点 180℃，蒸气压 1.47×10^{-6}Pa（20℃）、$<6.14\times10^{-2}$mPa（80℃），K_{ow} $\lg P=3.2$（20℃），Henry 常数 5.00×10^{-6}Pa·m^3/mol（计算值），相对密度 1.334（20℃）。溶解度（20℃）：水中 55.2mg/L，环己烷 3.88g/L，甲苯 812g/L，二氯甲烷>1000g/L，丙酮 930g/L，甲醇>1000g/L，乙酸乙酯 785g/L。稳定性可达 150℃（DSC）。水解 DT_{50}（25℃）：72d（pH 5），46d（pH 7），27d（pH 9）。降解 DT_{50}（25℃）：19d（无菌水），7d（中性水中）。

毒　性 急性经口 LD_{50}（mg/kg）：雄大鼠 769，雌大鼠 850，雄小鼠 459，雌小鼠 555，狗>12000。急性经皮 LD_{50}：雄大鼠 2300mg/kg，雌大鼠 2100mg/kg；对兔皮肤与眼睛无刺激，对豚鼠皮肤无过敏现象。大鼠急性吸入 LC_{50}（4h）>1133.3mg/m^3空气。对大鼠多代进行慢性毒性研究显示不会造成致畸、致突变、致癌性不良影响的变化。日本鹌鹑急性经口 LD_{50}为 68mg/kg。鲤鱼 TLm（48h）：11mg/L。水蚤 TLm（3h）：0.02mg/L。对蜜蜂高毒。

制　剂 20%乳油。

应　用 本品对害虫害螨具有触杀和胃毒作用，且有一定杀卵作用。具有低毒、低残留、不易诱发害虫抗药性等特点。哒嗪硫磷对多种咀嚼式口器和刺吸式口器害虫均有较好效果。此药剂对水稻害虫药效突出，对水稻害虫的天敌捕食螨较安全，对鱼类低毒，在稻谷中残留量低，特别适合用于水稻，可防治螟虫、纵卷叶螟、稻苞虫、飞虱、叶蝉、蓟马、稻瘿蚊等。对棉叶螨特效，对成螨、若螨、螨卵都有显著抑制作用，还可防治棉蚜、棉铃虫、红铃虫。用于小麦、杂粮、油料、蔬菜、果树等作物及林木，可防治多种咀嚼式口器、刺吸式口器害虫及叶螨。一般使用下无药害，但注意不可与 2,4-滴除草剂同时或近时使用，以免造成药害。

原药生产厂家 安徽省池州新赛德化工有限公司。

保棉磷（azinphos-methyl）

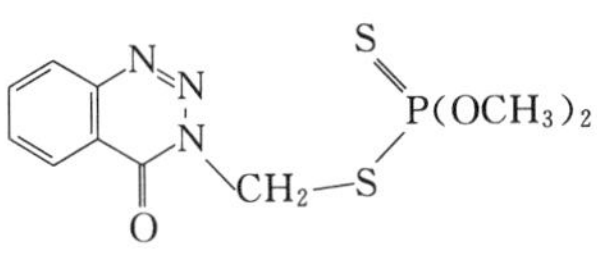

$C_{10}H_{12}N_3O_3PS_2$，317.3

其他中文名称 谷硫磷，甲基谷硫磷，谷赛昂，甲基谷赛昂

其他英文名称 Gusathion，Guthion

化学名称 *O*,*O*-二甲基-*S*-(3,4-二氢-4-氧代苯并[*d*]-[1,2,3]-三氮苯-3-基甲基)二硫代磷酸酯

CAS登录号 86-50-0

理化性质 纯品为淡黄色结晶固体。熔点73℃，蒸气压5×10^{-4}mPa（20℃）、1×10^{-3}mPa（25℃），K_{ow} lg$P$=2.96，Henry常数5.7×10^{-6}Pa·m^3/mol（计算值，20℃），相对密度1.518（21℃）。水中溶解度（20℃）28mg/L；其他溶剂中溶解度（g/L，20℃）：二氯乙烷、丙酮、乙腈、乙酸乙酯、二甲基亚砜中>250，正庚烷1.2，二甲苯170。碱性和酸性介质中很快分解，DT_{50}（22℃）：87d（pH 4），50d（pH 7），4d（pH 9）。土壤表面和水溶液中光降解。200℃以上分解。

毒　性 急性经口LD_{50}(mg/kg)：大鼠约9，雄性豚鼠80，小鼠11～20，狗>10。大鼠急性经皮LD_{50}（24h）：150～200mg/kg；对兔皮肤无刺激，对兔眼睛中度刺激。大鼠急性吸入LC_{50}（4h）：0.15mg/L空气（喷雾）。无作用剂量：大鼠和小鼠（2y）5mg/kg，狗（1y）5mg/kg。山齿鹑急性经口LD_{50}约32mg/kg，日本鹌鹑LC_{50}（5d）为935mg/kg。鱼毒LC_{50}（96h，mg/L）：虹鳟鱼0.02，金雅罗鱼0.12。水蚤LC_{50}（48h）为0.0011mg/L。海藻ErC_{50}（96h）为7.15mg/L。本品对蜜蜂有毒。蚯蚓LC_{50}（14d）为59mg/kg。保棉磷是高效杀虫剂，因此不能排除对非靶标节肢动物的影响，尤其是这些生物体被直接喷雾时影响更大。

应　用 二硫代磷酸酯类杀虫杀螨剂。具有触杀和胃毒作用的非内吸性杀虫剂。用于防治棉花后期害虫的有机磷杀虫剂，对棉铃虫有良好效果，也能杀螨。但由于其有剧毒，在一些国家和地区已限制使用。

亚胺硫磷（phosmet）

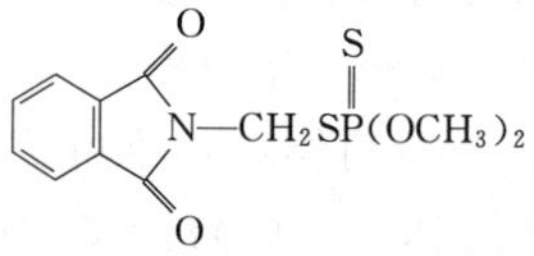

$C_{11}H_{12}NO_4PS_2$，317.3

其他中文名称 亚氨硫磷，酞胺硫磷

其他英文名称 phatlofos，PMP，Fosdan，Prolate，Imidan，Inovat

化学名称 *O*,*O*-二甲基-*S*-(酞酰亚氨基甲基)二硫代磷酸酯

CAS登录号 732-11-6

理化性质 无色结晶固体（原药为灰白色或粉色蜡状固体）。熔点72.0～72.7℃（原药66～69℃），蒸气压0.065mPa（25℃），K_{ow} lg$P$=2.95，Henry常数8.25×10^{-4}Pa·m^3/mol（计算值）。水中溶解度25mg/L（25℃）；其他溶剂中溶解度（g/L，25℃）：丙酮650，苯

600，甲苯 300，甲基异丁基酮 300，二甲苯 250，甲醇 50，煤油 5。遇碱易分解，酸性介质中相对稳定；DT_{50}（20℃）：13d（pH 4.5），＜12h（pH 7），＜4h（pH 8.3）。100℃以上分解，其水溶液或放置玻璃杯中遇光分解。闪点＞106℃。

毒　性　大鼠急性经口 LD_{50}：113mg/kg（雄），160mg/kg（雌）。兔急性经皮 LD_{50}＞5000mg/kg；对兔眼睛和皮肤中度刺激，对豚鼠皮肤无刺激。大鼠急性吸入 LC_{50}（4h）：1.6mg/L。狗、大鼠 2 年饲喂无作用剂量 40mg/kg（饲料），无致癌或致畸性。LC_{50}（5d）：山齿鹑 507mg/kg，野鸭＞5000mg/kg 饲料。鱼毒 LC_{50}（96h）：蓝鳃太阳鱼 0.07mg/L，虹鳟鱼 0.23mg/L。水蚤 LC_{50}（48h）：8.5μg/L。对蜜蜂有毒，LD_{50}：0.001mg/只。

制　剂　95%原药，20%乳油。

应　用　一种非内吸性杀虫、杀螨剂。用于棉花、水稻、蔬菜、茶树、果树、林木等作物，防治蚜虫、叶蝉、飞虱、粉虱、蓟马、潜蝇、盲蝽象，一些介壳虫、鳞翅目害虫等多种刺吸式口器和咀嚼式口器害虫及叶螨类，对叶螨类的天敌安全。此外，还可用药液喷涂体表，防治羊虱、角蝇、牛皮蝇等家畜寄生虫。对农作物正常使用下无药害。茶树收获前禁用期 10 天，其他作物 20 天。

原药生产厂家　湖北仙隆化工股份有限公司。

毒死蜱（chlorpyrifos）

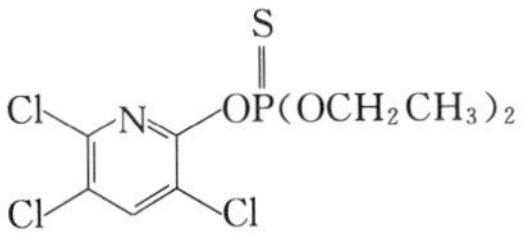

$C_9H_{11}Cl_3NO_3PS$，350.6

其他中文名称　乐斯本

其他英文名称　Drusban，Lorsban

化学名称　*O*,*O*-二乙基-*O*-(3,5,6-三氯-2-吡啶基)硫代磷酸酯

CAS 登录号　2921-88-2

理化性质　纯品为轻微硫醇气味的无色结晶固体。熔点 42～43.5℃，蒸气压 2.7mPa（25℃），K_{ow} lg*P*＝4.7，Henry 常数 6.76×10^{-1} Pa・m^3/mol（计算值），相对密度 1.44（20℃）。水中溶解度（25℃）约 1.4mg/L；其他溶剂中溶解度（g/kg，25℃）：苯 7900，丙酮 6500，氯仿 6300，二硫化碳 5900，乙醚 5100，二甲苯 5000，异辛醇 790，甲醇 450。其水解速率与 pH 值有关，在铜和其他金属存在时生成螯合物；DT_{50}：1.5d（水，pH 8，25℃）至 100d（磷酸盐缓冲溶液，pH 7，15℃）。

毒　性　急性经口 LD_{50}（mg/kg）：大鼠 135～163，豚鼠 504，兔 1000～2000。急性经皮 LD_{50}：兔＞5000mg/kg，大鼠＞2000mg/kg（原药）；对兔皮肤、眼睛有较轻刺激；对豚鼠皮肤无刺激。大鼠吸入 LC_{50}（4～6h）＞0.2mg/L。无作用剂量：大鼠（2y）0.1mg/(kg・d)，小鼠（18mo）0.7mg/(kg・d)，狗（2y）0.1mg/(kg・d)，人急性经口 1.0mg/(kg・d)，人急性经皮 5.0mg/(kg・d)。急性经口 LD_{50}（mg/kg）：野鸭 490，麻雀 122，鸡 32～102。

饲喂 LC_{50}（8d）：野鸭 180mg/kg，山齿鹑 423mg/kg。鱼毒 LC_{50}（96h，mg/L）：蓝鳃太阳鱼 0.002～0.010，虹鳟鱼 0.007～0.051，斜齿鳊 0.25，黑头呆鱼 0.12～0.54。水蚤 LC_{50}（48h）：1.7μg/L。羊角月牙藻>0.4mg/L。蜜蜂 LD_{50}：360 ng/只（经口），70 ng/只（接触）。蚯蚓 LC_{50}（14d）：210mg/kg（土壤）。

制　剂　98.5%、98%、97%、96%、95%、94%、92%、90%、85% 原药，50%、48%、45%、40.7%、40%、25%、21%、20%乳油，50%、40%、30%、25%、15%微乳剂，40%、30%、25%、20%水乳剂，36%、30%、25%微囊悬浮剂，20%、15%、10%、5%、3%、0.5 颗粒剂，30%可湿性粉剂，15%烟雾剂，2.8%、2.6%、1.0%、0.8%、0.52%、0.2%、0.1%饵剂，1.0%毒饵。

应　用　一种具有广谱杀虫活性的药剂，通过触杀、胃毒和熏蒸方式均有效，无内吸作用。在叶片上残留期不长，在土壤中残留期较长，因此对地下害虫防治效果较好。适用于水稻、小麦、棉花、果树、蔬菜、茶树上多种咀嚼式和刺吸式口器害虫，也可用于防治城市卫生害虫。在推荐剂量下，对多数作物没有药害，但对烟草敏感。为保护蜜蜂，应避开作物开花期使用。不能与碱性农药混用。各种作物收获前停止用药的安全间隔期：棉花 21 天，水稻 7 天，小麦 10 天，甘蔗 7 天，啤酒花 21 天，大豆 14 天，花生 21 天，玉米 10 天，叶菜类 7 天。在棉花上最高用药量每亩每次 125 mL，最高残留限量（MRL）棉籽中为 0.05mg/kg；在叶菜上最高用药量每亩每次 75 mL，最高残留限量（MRL）甘蓝中为 1mg/kg。

原药生产厂家　安徽池州新赛德化工有限公司、安徽丰乐农化有限责任公司、安徽华星化工股份有限公司、福建省福农生化有限公司、广东立威化工有限公司、广东英德广农康盛化工有限责任公司、河北省邯郸市瑞田农药有限公司、河北省万全农药厂、河南濮阳市新科化工有限公司、河南省星火农业技术公司、河南郑州志信农化有限公司、湖北蕲农化工有限公司、湖北沙隆达股份有限公司、湖北省阳新县化工厂、湖北仙隆化工股份有限公司、江苏百灵农化有限公司、江苏宝灵化工股份有限公司、江苏长青农化股份有限公司、江苏常隆化工有限公司、江苏丰山集团有限公司、江苏皇马农化有限公司、江苏克胜集团股份有限公司、江苏快达农化股份有限公司、江苏蓝丰生物化工股份有限公司、江苏连云港立本农药化工有限公司、江苏南通江山农药化工股份有限公司、江苏南通润鸿生物化学有限公司、江苏南通施壮化工有限公司、江苏润泽农化有限公司、江苏省激素研究所股份有限公司、江苏托球农化有限公司、江苏中意化学有限公司、利尔化学股份有限公司、辽宁葫芦岛凌云集团农药化工有限公司、南京红太阳股份有限公司、宁夏三喜科技有限公司、山东大成农药股份有限公司、山东华阳科技股份有限公司、山东绿霸化工股份有限公司、山东青岛好利特生物农药有限公司、山东胜邦鲁南农药有限公司、山东天成农药有限公司、山东潍坊润丰化工有限公司、山西三维丰海化工有限公司、上海升联化工有限公司、四川川东农药化工有限公司、四川华英化工有限责任公司、台州市大鹏药业有限公司、舞阳永泰化学有限公司、浙江东风化工有限公司、浙江上虞市银邦化工有限公司、浙江新安化工集团股份有限公司、浙江新农化工股份有限公司、浙江永农化工有限公司、美国默赛技术公司、美国陶氏益农公司、新加坡利农私人有限公司、以色列马克西姆化学公司、印度格达化学有限公司、印度米苏有限公司、印度赛博罗有机化学古吉拉特有限公司、印度万民利有机化学有限公司、印度伊克胜作物护理有限公司。

甲基毒死蜱（chlorpyrifos-methyl）

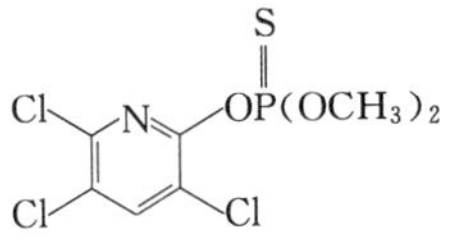

$C_7H_7Cl_3NO_3PS$，322.5

其他中文名称 甲基氯蜱硫磷

其他英文名称 Graincot，Reldan

化学名称 *O*,*O*-二甲基-*O*-(3,5,6-三氯-2-吡啶基)硫代磷酸酯

CAS登录号 5598-13-0

理化性质 纯品为轻微硫醇气味的白色结晶固体。熔点 45.5～46.5℃，蒸气压 3mPa (25℃)，K_{ow} lg$P$=4.24，Henry 常数 3.72×10^{-1} Pa·m^3/mol（计算值），相对密度 1.64 (23℃)。水中溶解度 2.6mg/L（20℃）；其他溶剂中溶解度（g/kg，20℃）：丙酮>400，甲醇 190，正己烷 120。水解 DT_{50}：27d（pH 4），21d（pH 7），13d（pH 9）。水溶液光解 DT_{50}：1.8d（6 个月），3.8d（12 个月）。闪点 182℃。

毒　性 急性经口 LD_{50}（mg/kg）：大鼠>3000，小鼠 1100～2250，豚鼠 2250，兔 2000。急性经皮 LD_{50}：大鼠>3700mg/kg，兔>2000mg/kg；对眼睛和皮肤无刺激。大鼠急性吸入 LC_{50}（4h）>0.67mg/L。根据血浆胆碱酯酶含量，对狗和大鼠 2 年饲养试验的无作用剂量每天为 0.1mg/kg。鸟类急性经口 LD_{50}：野鸭>1590mg/kg，山齿鹑 923mg/kg。饲喂 LC_{50}（8d）：野鸭 2500～5000mg/kg。鱼毒 LC_{50}（96h）：蓝鳃太阳鱼 0.88mg/L，虹鳟鱼 0.41mg/L。水蚤 LC_{50}（24h）：0.016～0.025mg/L。羊角月牙藻 EC_{50}（72h）：0.57mg/L，小龙虾 LC_{50}（36h）：0.004mg/L。对蜜蜂毒性很大，LD_{50}：0.38μg/只（接触）。蚯蚓 LC_{50}（15d）：182mg/kg（土壤）。

制　剂 96%、95%原药，40%乳油。

应　用 胆碱酯酶的直接抑制剂。具有触杀、胃毒和熏蒸作用的非内吸性、广谱杀虫、杀螨剂。用于防治禾谷类（包括贮粮）上的鞘翅目、双翅目、同翅目和鳞翅目害虫，果树、蔬菜、棉花、甘蔗等作物上的叶面害虫，也可作为工业、卫生用药防治苍蝇、爬虫。按规定剂量施药，仅限于原粮，成品粮上不能使用。在本品中加入少量溴氰菊酯混合使用，对有机磷一类产生交互抗性的虫种的效果好。

原药生产厂家 江苏蓝丰生物化工股份有限公司、美国陶氏益农公司。

二嗪磷（diazinon）

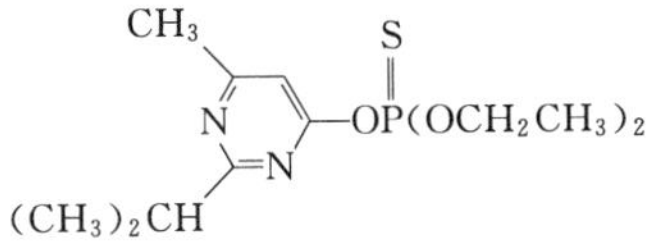

$C_{12}H_{21}N_2O_3PS$，304.3

其他中文名称 地亚农，二嗪农，大亚仙农

其他英文名称 Basudin，Diazitol，Diazol

化学名称 *O*,*O*-二乙基-*O*-(2-异丙基-6-甲基嘧啶-4-基)硫代磷酸酯

CAS登录号 333-41-5

理化性质 纯品为无色液体（原药为黄色液体）。沸点 83～84℃/2.66×10^{-5} kPa、125℃/0.13 kPa，蒸气压 1.2mPa（25℃），K_{ow} lg$P$=3.30，Henry 常数 6.09×10^{-2} Pa·m^3/mol（计算值），相对密度 1.11（20℃）。水中溶解度（20℃）60mg/L，与常用有机溶剂（如酯类，醇类，苯，甲苯，正己烷，环己烷，二氯甲烷，丙酮，石油醚）互溶。100℃以上易被氧化。中性介质中稳定，碱性介质中缓慢分解，酸性介质中分解较快，DT_{50}（20℃）：11.77h（pH 3.1），185d（pH 7.4），6.0d（pH 10.4）。120℃以上分解。pK_a 2.6。闪点≥62℃。

毒　性 急性经口 LD_{50}（mg/kg）：大鼠 1250，小鼠 80～135，豚鼠 250～355。急性经皮 LD_{50}：大鼠>2150mg/kg，兔 540～650mg/kg；对兔无刺激。大鼠急性吸入 LC_{50}（4h）>2330mg/m^3。无作用剂量：大鼠（2y）0.06mg/(kg·d)，狗（1y）0.015mg/(kg·d)。鸟类急性经口 LD_{50}：野鸭 2.7mg/kg，雏鸡 4.3mg/kg。鱼毒 LC_{50}（96h，mg/L）：蓝鳃太阳鱼 16，虹鳟鱼 2.6～3.2，鲤鱼 7.6～23.4。水蚤 LC_{50}（48h）：0.96μg/L。藻类>1mg/L。对蜜蜂高毒。对蚯蚓微毒。

制　剂 98%、97%、96%、95%原药，60%、50%、30%、25%乳油，10%、5%、4%、0.1%颗粒剂。

应　用 抑制乙酰胆碱酯酶，对鳞翅目、同翅目等多种害虫有较好的防效，亦可拌种防治多种作物的地下害虫。防治棉花害虫（棉芽、棉红蜘蛛）、蔬菜害虫（菜青虫、豆类种蝇）、水稻害虫（三化螟、二化螟、盗瘿蚊、稻飞虱、稻叶蝉）、地下害虫（华北蝼蛄、华北大黑金龟子、蛴螬）。一般使用下无药害，但一些品种的苹果和莴苣较敏感。收获前禁用期一般为 10 天。此药不能与碱性农药和敌稗混合使用，在使用敌稗前后两周内不得使用本剂。制剂不能用铜器、铜合金器或塑料容器盛装。

原药生产厂家 安徽省池州新赛德化工有限公司、福建宝捷利生化农药有限公司、河北奇峰化工有限公司、湖南海利化工股份有限公司、江苏省南通江山农药化工股份有限公司、江苏省南通派斯第农药化工有限公司、浙江禾本农药化学有限公司、浙江省温州市鹿城东瓯染料中间体厂、浙江永农化工有限公司、以色列马克西姆化学公司。

嘧啶磷（pirimiphos-ethyl）

C_2H_5O—P(=S)(OC_2H_5)—O—(嘧啶环：4-CH_3，2-$N(C_2H_5)_2$)

$C_{13}H_{24}N_3O_3PS$，333.4

其他中文名称 派灭赛，乙基虫螨磷

其他英文名称 Primicid

化学名称 *O*,*O*-二乙基-*O*-(2-二乙氨基-6-甲基嘧啶-4-基)硫代磷酸酯

CAS登录号 23505-41-1

理化性质 纯品为淡黄色液体（原药为有硫醇味的透明红棕色液体）。熔点 15～18℃（原药），超过 194℃分解，蒸气压 0.68mPa（20℃）、39mPa（25℃），相对密度 1.14（20℃）。水中溶解度 2.3mg/L（pH 7），与许多有机溶剂混溶。室温下存放稳定至少 1 年，遇酸碱水解。闪点>60℃。

毒 性 大鼠急性经口 LD_{50}：140～200mg/kg。雄大鼠急性经皮 LD_{50}：1000～2000mg/kg；对兔皮肤无刺激，对眼睛有刺激；对豚鼠皮肤无致敏性。大鼠吸入 LC_{50}（6h）>5mg/L。无作用剂量（90d）：大鼠 1.6mg/kg（饲料）[0.08mg/(kg·d)]，狗 0.2mg/(kg·d)。鸟类急性经口 LD_{50}：野鸭 2.5mg/kg，山齿鹑 10～20mg/kg。LC_{50}（96h）：普通鲤鱼 0.22mg/L，虹鳟鱼 0.02mg/L。水蚤 LC_{50}（48h）：0.3μg/L。对蜜蜂有毒。

应 用 广谱性杀虫剂，具有触杀、胃毒、熏蒸和一定的内吸作用，其作用机理为抑制乙酰胆碱酯酶，它对鳞翅目、同翅目等多种害虫均有较好的防治效果，亦可拌种防治多种作物的地下害虫。

甲基嘧啶磷（pirimiphos-methyl）

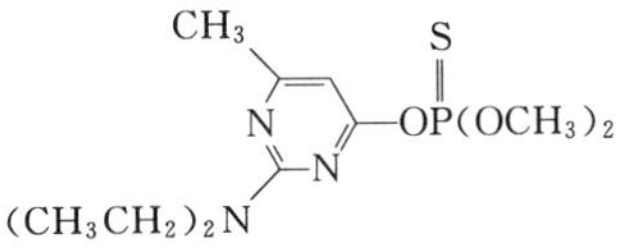

$C_{11}H_{20}N_3O_3PS$，305.3

其他中文名称 安得利，安定磷

化学名称 *O*,*O*-二甲基-*O*-(2-二乙氨基-6-甲基嘧啶-4-基)硫代磷酸酯

CAS登录号 29232-93-7

理化性质 纯品为淡黄色液体。熔点 15～18℃（原药），在蒸馏时分解，蒸气压 2mPa（20℃）、6.9mPa（30℃）、22mPa（40℃），K_{ow} $\lg P=4.2$（20℃），Henry 常数 6×10^{-2} Pa·m^3/mol（计算值），相对密度 1.17（20℃）、1.157（30℃）。水中溶解度（20℃）：11mg/L（pH 5），10mg/L（pH 7），9.7mg/L（pH 9）；与大多数有机溶剂如醇类、酮类、卤代烃互溶。强酸和碱性中水解。其水溶液遇光 DT_{50}<1h。pK_a 4.30。闪点>46℃。

毒 性 急性经口 LD_{50}：大鼠 1414mg/kg，小鼠 1180mg/kg。大鼠急性经皮 LD_{50}>2000mg/kg；对兔眼睛和皮肤有轻微刺激；对豚鼠皮肤中度刺激。大鼠急性吸入 LC_{50}（4h）>5.04mg/L（重量测定）。无作用剂量（2y）：大鼠 0.4mg/(kg·d)，狗 0.5mg/(kg·d)。无致畸性，在脂肪组织中不累积。鸟类急性经口 LD_{50}（mg/kg）：山齿鹑 40，日本鹌鹑 140，野鸭 1695。虹鳟鱼 LC_{50}（96h）：0.64mg/L，镜鲤 LC_{50}（48h）1.4mg/L。水蚤 EC_{50}：

0.21μg/L（48h），0.08μg/L（21d）。海藻 EC_{50}：1.0mg/L。蜜蜂 LD_{50}：0.22μg/只（经口），0.12μg/只（接触）。蠕虫 LC_{50}（14d）：419mg/kg。

制　剂　90%原药，55%、500g/L乳油，20%水乳剂。

应　用　一种对储粮害虫、害螨毒力较大的有机磷杀虫剂。作用机理是胆碱酯酶抑制剂，具有触杀和熏蒸作用的广谱性杀虫、杀螨剂，作用迅速，渗透力强，用量低，持效期长；也能浸入叶片组织，具有叶面输导作用。对防治甲虫和蛾类有较好的效果，尤其是对防治储粮害螨药效较高。该药有毒，易燃，乳剂加水稀释后应一次用完，不能储存，以防药剂分解失效。

原药生产厂家　湖南海利化工股份有限公司、山东华阳和乐农药有限公司、一帆生物科技集团有限公司、浙江永农化工有限公司。

喹硫磷（quinalphos）

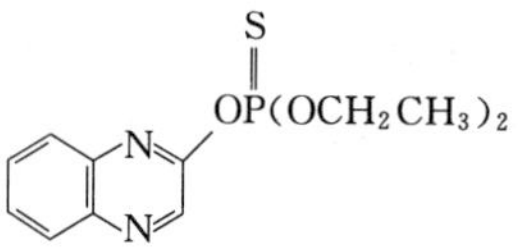

S
‖
OP(OCH₂CH₃)₂

$C_{12}H_{15}N_2O_3PS$，298.3

其他中文名称　爱卡士，喹恶磷，克铃死

其他英文名称　Ekalux，Kinalux

化学名称　*O*,*O*-二乙基-*O*-喹喔啉-2-基硫代磷酸酯

CAS登录号　13593-03-8

理化性质　无色结晶固体。熔点31～32℃，沸点142℃/3.99×10^{-5}kPa（分解），蒸气压0.346mPa（20℃），K_{ow} lg$P$ = 4.44（23℃），相对密度1.235（20℃）。溶解度：水中17.8mg/L（22～23℃）；其他溶剂中溶解度：正己烷250g/L（23℃），易溶于甲苯、二甲苯、乙醚、乙酸乙酯、丙酮、乙腈、甲醇、乙醇，微溶于石油醚（23℃）。纯品在室温条件下稳定14d，液体原药在正常贮存条件下分解，必须放在含有稳定剂且适宜的非极性有机溶剂中。制剂稳定（25℃以下，货架寿命平均为2年）。易水解，DT_{50}（25℃）：23d（pH 3），39d（pH 6），26d（pH 9）。

毒　性　雄大鼠急性经口 LD_{50}：71mg/kg。雄大鼠急性经皮 LD_{50}：1750mg/kg；对兔眼睛和皮肤无刺激。大鼠吸入 LC_{50}（4h）：0.45mg/L（空气）。大鼠2年无作用剂量：3mg/kg（饲料）（基于胆碱酯酶的抑制剂）。对大鼠和兔无致畸、致突变作用。在大鼠、小鼠和狗体内具有胆碱酯酶抑制剂的作用。鸟类急性经口 LD_{50}（14d）：日本鹌鹑4.3mg/kg，野鸭37mg/kg。饲养 LC_{50}（8d）：野鸭220mg/kg，鹌鹑66mg/kg。鱼毒 LC_{50}（96h）：鲤鱼3.63mg/L，虹鳟鱼0.005mg/L。水蚤 LC_{50}（48h）：0.66μg/L。对蜜蜂高毒，蜜蜂 LD_{50}：0.07μg/只（经口），0.17μg/只（局部）。蠕虫 LC_{50}：188mg/kg（土壤，7d），118.4mg/kg（土壤，14d）。

制　剂　70%原药，25%、10%乳油。

应　用 一种有机磷杀虫、杀螨剂。具有胃毒和触杀作用，无内吸和熏蒸性能。在植物上有良好的渗透性。杀虫谱广，有一定的杀卵作用。在植物上降解速度快，残效期短。用于防治棉花棉铃虫、蚜虫；水稻螟虫及蔬菜上的菜青虫等。对鱼、水生动物和蜜蜂高毒，不要在鱼塘、河流、养蜂场等处及其周围使用。对许多害虫的天敌毒力较大，施药期应避开天敌大发生期。

原药生产厂家 四川省化学工业研究设计院、浙江嘉化集团股份有限公司。

杀扑磷（methidathion）

O
S
N—$CH_2SP(OCH_3)_2$
N
CH_3O
S

$C_6H_{11}N_2O_4PS_3$，302.3

其他中文名称 速扑杀

其他英文名称 DMTP，Supracide，Ultracide

化学名称 *O*,*O*-二甲基-*S*-(2,3-二氢-5-甲氧基-2-氧代-1,3,4-噻二唑-3-基甲基)二硫代磷酸酯

CAS登录号 950-37-8

理化性质 纯品为无色结晶固体。熔点39～40℃，沸点99.9℃/1.3Pa，蒸气压2.5×10^{-4}Pa（20℃），K_{ow} lg$P$=2.2，Henry常数3.3×10^{-4}Pa·m^3/mol（计算值），相对密度1.51（20℃）。25℃水中溶解度200mg/L；其他溶剂中的溶解度（g/L，20℃）：乙醇150，丙酮670，甲苯720，正己烷11，正辛醇14。在碱性和强酸介质中迅速分解；DT_{50}（25℃）：30 min（pH 13）。在中性和弱酸性介质中相对比较稳定。

毒　性 急性经口LD_{50}（mg/kg）：大鼠25～54，小鼠25～70，兔63～80，豚鼠25。急性经皮LD_{50}：兔200mg/kg，大鼠297～1663mg/kg；对兔眼睛及皮肤无刺激作用。大鼠急性吸入LC_{50}（4h）：140mg/m^3（空气）。2年饲养无作用剂量：大鼠4mg/kg（饲料）[0.2mg/(kg·d)]，狗0.25mg/(kg·d)。野鸭急性经口LD_{50}：23.6～28mg/kg。山齿鹑LC_{50}（8d）：224mg/kg。鱼毒LC_{50}（96h）：虹鳟鱼0.01mg/L，蓝鳃太阳鱼0.002mg/L。水蚤EC_{50}（48h）：7.2μg/L。海藻EC_{50}（72h）：22mg/L。蜜蜂LD_{50}：190 ng/只（经口），150 ng/只（接触）。蚯蚓LC_{50}（14d）：5.6mg/kg（土壤）。

制　剂 95%、93%原药，40%乳油，32%微囊悬浮剂。

应　用 一种广谱的有机磷杀虫剂，具有触杀、胃毒和渗透作用，能渗入植物组织内，对咀嚼式和刺吸式口器害虫均有杀灭效力。尤其对介壳虫有特效。具有一定杀螨活性。适用于果树、棉花、茶树、蔬菜等作物上防治多种害虫，残效期10～20天。防治果树、棉花、蔬菜等作物上的矢尖蚧、糠片蚧、蜡蚧、褐圆蚧、粉蚧、棉蚜、棉红蜘蛛、棉铃虫、苜蓿象虫等害虫、害螨。不可与碱性农药混用。对核果类应避免在花后期施用，在果园中喷药浓度不可太高，否则会引起褐色叶斑。该药为高毒农药，按有关规定操作。

原药生产厂家 湖北省阳新县化工厂、山东省青岛瀚生生物科技股份有限公司、台州市大

鹏药业有限公司、一帆生物科技集团有限公司、浙江泰达作物科技有限公司、浙江永农化工有限公司。

氯唑磷（isazofos）

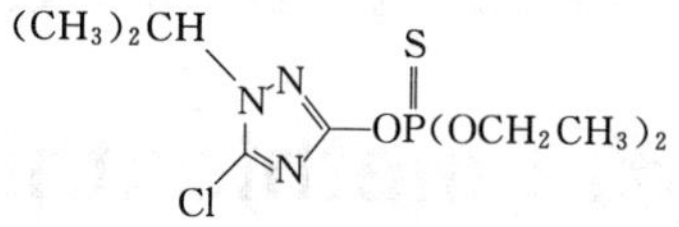

$C_9H_{17}ClN_3O_3PS$，313.7

其他中文名称 米乐尔，异丙三唑磷，异丙三唑硫磷，异唑磷

其他英文名称 CGA 12223，Miral

化学名称 *O*,*O*-二乙基-*O*-(5-氯-1-异丙基-1*H*-1,2,4-三唑-3-基)硫代磷酸酯

CAS登录号 42509-80-8

理化性质 纯品为黄色液体。熔点120℃（36 Pa），蒸气压7.45mPa（20℃），K_{ow} lg$P$=2.99，Henry常数 1.39×10^{-2} Pa·m³/mol，相对密度1.23（20℃）。水中溶解度168mg/L（20℃），与有机溶剂如苯、氯仿、己烷和甲醇等互溶。中性和弱酸性介质中稳定，碱性介质中不稳定；水解DT_{50}（20℃）：85d（pH 5），48d（pH 7），19d（pH 9）。200℃以上分解。

毒　性 大鼠急性经口LD_{50}：40～60mg/kg（原药）。大鼠急性经皮LD_{50}(mg/kg)：＞3100（雄），118（雌）；对兔皮肤有中等刺激性，对兔眼睛有轻微刺激作用。大鼠急性吸入LC_{50}（4h）：0.24mg/L。90d饲喂试验的无作用剂量：大鼠2mg/kg（饲料）［0.2mg/(kg·d)］，狗2mg/kg（饲料）［0.05mg/(kg·d)］。急性经口LD_{50}：野鸭61mg/kg，山齿鹑11.1mg/kg。LC_{50}（8d）：山齿鹑为81mg/L。LC_{50}（96h，mg/L）：蓝鳃太阳鱼0.01，鲤鱼0.22，鳟鱼0.008～0.019。水蚤LC_{50}（48h）为0.0014mg/L。对蜜蜂有毒。

应　用 一种广谱、内吸、低毒、杀虫、杀线虫剂，具有胃毒、触杀和一定的内吸作用，它的杀虫机理是抑制胆碱酯酶的活性，干扰昆虫神经系统的协调作用而导致死亡。主要用于防治地下害虫和线虫。对刺吸式、咀嚼式口器害虫和钻蛀性害虫也有较好的防治效果。该药在土壤中的残效期较长，对多数害虫有快速击倒作用。不能在烟草和马铃薯地施用，以防出药害。禁止在蔬菜、果树、茶叶、中草药材上使用。

三唑磷（triazophos）

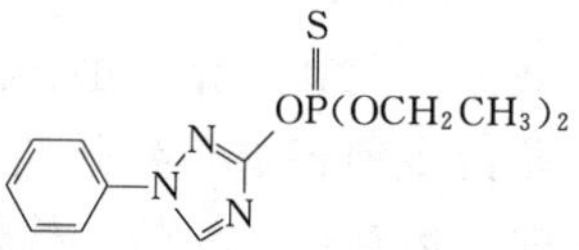

$C_{12}H_{16}N_3O_3PS$，313.3

其他中文名称 三唑硫磷

其他英文名称 Hostathion

化学名称 *O*,*O*-二乙基-*O*-(1-苯基-1,2,4-三唑-3-基)硫代磷酸酯

CAS登录号 24017-47-8

理化性质 纯品为有典型磷酸酯气味的淡黄色至深棕色液体。熔点0～5℃，沸点140℃（分解），蒸气压0.39mPa（30℃）、13mPa（55℃），K_{ow} lg$P$ = 3.34，相对密度1.24（20℃）。水中溶解度39mg/L（pH7，20℃）；其他溶剂中溶解度（g/L，20℃）：丙酮、二氯甲烷、甲醇、异丙醇、乙酸乙酯、聚乙烯醇中＞500，正己烷11.1。对光稳定。酸性和碱性介质中水解。140℃以上分解。

毒　性 大鼠急性经口LD_{50}：57～59mg/kg。大鼠急性经皮LD_{50}＞2000mg/kg；对兔眼睛和皮肤无刺激。大鼠急性吸入LC_{50}（4h）：0.531mg/L（空气）。2年饲喂的无作用剂量：大鼠1mg/kg（饲料），狗0.3mg/kg（饲料），但对胆碱酯酶有些抑制作用。山齿鹑急性经口LD_{50}：8.3mg/kg。山齿鹑LC_{50}（8d）：152mg/kg（饲料），鲤鱼LC_{50}（96h）：5.5mg/L。水蚤EC_{50}（48h）：0.003mg/L。海藻LC_{50}（96h）：1.43mg/L。对蜜蜂有毒，急性经口LD_{50}：0.055μg/只。蚯蚓LC_{50}（14d）：187mg/kg（干土）。

制　剂 90%、89%、85%原药，60%、40%、30%、20%、15%、13.5%、12%、10%乳油，30%、20%水乳剂，20%、15%、8%微乳剂。

应　用 有机磷杀虫、杀螨剂，兼有杀线虫作用，具有强烈的触杀和胃毒作用，渗透性较强，无内吸作用。主要用于防治果树，棉花，粮食类作物上的鳞翅目害虫、害螨、蝇类幼虫及地下害虫等。对粮、棉、果、蔬菜等主要农作物上的许多重要害虫，如螟虫、稻飞虱、蚜虫、红蜘蛛、棉铃虫、菜青虫、线虫等，都有优良的防效；其杀卵作用明显，对鳞翅目昆虫卵的杀灭作用尤为突出。本品为高毒农药，施药时应特别注意安全防护措施，以免污染皮肤和眼睛，甚至中毒；运输时应注意使用专门车辆，贮存在远离食物、饲料和儿童接触不到的地方；对人、畜毒性较大，使用时必须遵守高毒农药安全操作规程；对蜜蜂有毒，果树花期不能使用。

原药生产厂家 安徽繁农化工科技有限公司、安徽省池州新赛德化工有限公司、安徽生力农化有限公司、福建三农集团股份有限公司、福建省建瓯福农化工有限公司、湖北沙隆达股份有限公司、湖北仙隆化工股份有限公司、湖南海利化工股份有限公司、湖南衡阳莱德生物药业有限公司、江苏宝灵化工股份有限公司、江苏长青农化股份有限公司、江苏好收成韦恩农化股份有限公司、江苏粮满仓农化有限公司、江苏射阳黄海农药化工有限公司、江西安利达化工有限公司、江西劲农化工有限公司、江西农喜作物科学有限公司、辽宁省葫芦岛凌云集团农药化工有限公司、山东胜邦鲁南农药有限公司、上海农药厂有限公司、一帆生物科技集团有限公司、浙江东风化工有限公司、浙江新农化工股份有限公司、浙江永农化工有限公司。

杀螟腈（cyanophos）

NC—⟨苯环⟩—OP(S)(OCH$_3$)$_2$

$C_9H_{10}NO_3PS$，243.2

其他英文名称 Cyanox，S-4084

化学名称 O,O-二甲基-O-(4-氰基苯基)硫代磷酸酯

CAS登录号 2636-26-2

理化性质 纯品为黄色至略带红色液体。沸点 119～120℃（分解），蒸气压 3.63mPa（20℃），K_{ow} lg$P$=2.65（室温），相对密度 1.255～1.265（25℃）。水中溶解度 46mg/L（30℃）；其他溶剂中溶解度（20℃）：甲醇、丙酮、氯仿均>50%。闪点 104℃。

毒　性 大鼠急性经口 LD_{50}：710mg/kg（雄），730mg/kg（雌）。大鼠急性经皮 LD_{50}>2000mg/kg。大鼠急性吸入 LC_{50}（4h）>1500mg/m^3。鲤鱼 LC_{50}（96h）：8.2mg/L。水蚤 EC_{50}（48h）：97μg/L。海藻 EC_{50}（72h）：4.8mg/L。对蜜蜂有毒。

应　用 一种有机磷类广谱、低毒杀虫剂，具有触杀、胃毒和内吸作用。杀虫作用速度快，残效期长。特别对水稻螟虫、稻苞虫、稻飞虱、稻纵卷叶虫、叶蝉、黏虫等防治效果更为显著。以 25～50g(a.i.)/100L 剂量可有效地防治果树、蔬菜和观赏植物上的鳞翅目害虫，也可防治蟑螂、苍蝇和蚊子之类的卫生害虫。对瓜类易产生药害，不宜使用。

杀螟硫磷（fenitrothion）

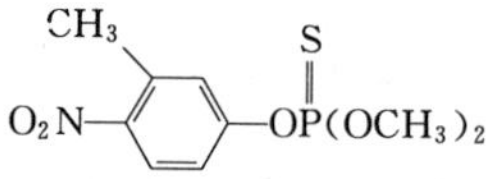

$C_9H_{12}NO_5PS$，277.2

其他中文名称 杀螟松，速灭松，灭蟑百特，杀虫松

其他英文名称 Fenitox，Novathion，Sumithion，Accothrin，Folthion

化学名称 O，O-二甲基-O-（4-硝基-3-甲基苯基）硫代磷酸酯

CAS登录号 122-14-5

理化性质 纯品为黄棕色液体。熔点 0.3℃，沸点 140～145℃/0.013 kPa（分解），蒸气压 18mPa（20℃），K_{ow} lg$P$=3.43（20℃），相对密度 1.328（25℃）。溶解度：水中 14mg/L（30℃），正己烷 24g/L（20℃），异丙醇 138g/L（20℃），易溶于醇类、酯类、酮类、芳香烃类、氯化烃类有机溶剂。正常条件下贮存稳定，DT_{50}（22℃）：108.8d（pH 4），84.3d（pH 7），75d（pH 9）。闪点 157℃。

毒　性 大鼠急性经口 LD_{50}：1700mg/kg（雄），1720mg/kg（雌）。大鼠急性经皮 LD_{50}：810mg/kg（雄），840mg/kg（雌）；对兔眼睛和皮肤无刺激。大鼠急性吸入 LC_{50}（4h）>2210mg/m^3（喷雾）。无作用剂量：大鼠和小鼠（2y）10mg/kg 饲料，狗（1y）50mg/kg 饲料。急性经口 LD_{50}：鹌鹑 23.6mg/kg，野鸭 1190mg/kg。鱼毒 LC_{50}：鲤鱼（48h）4.1mg/L，蓝鳃太阳鱼（96h）2.5mg/L，虹鳟鱼（96h）1.3mg/L。水蚤 EC_{50}（48h）：0.0086mg/L。海藻 EC_{50}（96h）：1.3mg/L。对蜜蜂有毒。对非目标节肢动物有高毒。

制　剂 95%、93%、85%、80%、75%原药，50%、45%乳油，40%可湿性粉剂，5%、0.9%、0.8%饵剂，1%胶饵，1.08%气雾剂。

应　用 有机磷杀虫剂，具触杀、胃毒作用，无内吸和熏蒸作用。残效期中等，杀虫谱广，

对三化螟等鳞翅目有特效，但杀卵活性低。用于水稻、大豆、棉花、蔬菜、果树、茶树、油料作物和林木上。还可防治苍蝇、蚊子、蟑螂等卫生害虫和仓库害虫。对十字花科蔬菜和高粱作物较敏感，不宜使用。不能与碱性药剂混用。水果、蔬菜在收获前10～15d停止使用。

原药生产厂家 赣州卫农农药有限公司、江苏省常州市武进恒隆农药有限公司、天津农药股份有限公司、新沂市泰松化工有限公司、浙江黄岩鼎正化工有限公司、浙江嘉化集团股份有限公司、浙江省宁波中化化学品有限公司、浙江省台州市黄岩永宁农药化工有限公司、日本住友化学株式会社。

倍硫磷（fenthion）

$C_{10}H_{15}O_3PS_2$，278.3

其他中文名称 百治屠

其他英文名称 Baycid，Baytex，Lebaycid，Tiguvon

化学名称 *O*,*O*-二甲基-*O*-(4-甲硫基-3-甲基苯基)硫代磷酸酯

CAS登录号 55-38-9

理化性质 纯品为无色油状液体（原药为有硫醇气味的棕色油状液体）。低至−80℃仍无凝固点，沸点90℃/1 Pa（计算值）、117℃/10 Pa（计算值）、284℃（计算值），蒸气压7.4×10^{-4}Pa（20℃）、1.4×10^{-3} Pa（25℃），K_{ow} $\lg P=4.84$，Henry常数5×10^{-2} Pa·m³/mol（20℃），相对密度1.25（20℃）。水中溶解度4.2mg/L（20℃）；其他溶剂中溶解度（20℃）：二氯甲烷、甲苯、异丙醇均大于250g/L，正己烷100g/L。对光稳定。210℃以上分解。酸性条件下稳定，碱性条件下比较稳定；DT_{50}（22℃）：223d（pH 4），200d（pH 7），151d（pH 9）。闪点170℃（原药）。

毒　性 大鼠急性经口LD_{50}约250mg/kg。大鼠急性经皮LD_{50}（24h）：586mg/kg（雄），800mg/kg（雌）；对兔眼睛和皮肤无刺激。大鼠急性吸入LC_{50}（4h）约0.5mg/L空气（喷雾）。无作用剂量：大鼠（2y）<5mg/kg（饲料），小鼠（2y）0.1mg/kg（饲料），狗（1y）2mg/kg（饲料）。山齿鹑急性经口LD_{50}：7.2mg/kg。LC_{50}（5d）：山齿鹑60mg/kg，野鸭1259mg/kg。鱼毒LC_{50}（96h，mg/L）：蓝鳃太阳鱼1.7，金枪鱼2.7，虹鳟鱼0.83。水蚤EC_{50}（48h）：0.0057mg/L。海藻E_rC_{50}：1.79mg/L。蜜蜂LC_{50}：0.16μg/只（接触）。蚯蚓LC_{50}：375mg/kg（干土）。

制　剂 95%原药，50%乳油，5%颗粒剂。

应　用 有机磷神经毒剂，主要抑制乙酰胆碱酯酶，使害虫中毒死亡。对作物有一定渗透作用，但无内吸传导作用。为广谱性杀虫剂，对螨类也有效，残效期达40天左右。在植物体内氧化成亚砜和砜，均有较高的杀虫活性。主要以乳油对水喷雾，用于防治大豆、棉花、果树、蔬菜、水稻等作物上的鳞翅目幼虫、蚜虫、叶蝉、飞虱、蓟马、果实蝇、潜叶蝇及一些介壳虫。对叶螨类有一定药效。也可用于防治蚊、蝇、臭虫、虱子、蜚蠊等卫生害虫。不

能与碱性药剂混用。果树收获前14天、蔬菜收获前10天禁止使用。对蜜蜂毒性大，作物开花期间不宜使用。倍硫磷对十字花科蔬菜的幼苗、梨树、樱桃、高粱、啤酒花易引起药害。

原药生产厂家 新沂市泰松化工有限公司、浙江嘉化集团股份有限公司、浙江省台州市黄岩永宁农药化工有限公司。

对硫磷（parathion）

$O_2N-C_6H_4-OP(S)(OCH_2CH_3)_2$

$C_{10}H_{14}NO_5PS$，291.3

其他中文名称 巴拉松，一六〇五，乙基对硫磷，乙基1605

其他英文名称 ACC 3422，Alleron，Aphamite，Bladan，E-605，Foliol，Fosferno，Niran，parathion-ethyl，Thiophs

化学名称 *O*,*O*-二乙基-*O*-(4-硝基苯基)硫代磷酸酯

CAS登录号 56-38-2

理化性质 纯品为有酚气味的淡黄色液体。熔点6.1℃，沸点150℃/80 Pa，蒸气压8.9×10^{-4}Pa（20℃），$K_{ow}\lg P=3.83$，相对密度1.2694。水中溶解度11mg/L（20℃）；其他溶剂中溶解度（20℃）：与大多数有机溶剂互溶，二氯甲烷>200g/L，异丙醇、甲苯、正己烷中50～100g/L。酸性介质中分解慢（pH 1～6），碱性介质中分解快；DT_{50}（22℃）：272d（pH 4），260d（pH 7），130d（pH 9）。加热高于130℃，异构化成*O*,*S*-二乙基类似物。闪点174℃（原药）。

毒　性 急性经口LD_{50}：大鼠2mg/kg，小鼠12mg/kg，豚鼠10mg/kg。大鼠急性经皮LD_{50}：71mg/kg（雄），76mg/kg（雌）；对兔眼睛和皮肤无刺激；对豚鼠皮肤无刺激。雄性和雌性大鼠吸入LC_{50}（4h）：0.03mg/L（喷雾）。无作用剂量：大鼠（2y）2mg/kg饲料，小鼠（18月）<60mg/kg饲料，狗LOEL（1y）0.01mg/(kg·d)。鱼毒LC_{50}（96h）：金枪鱼0.58mg/L，虹鳟鱼1.5mg/L。水蚤LC_{50}（48h）：0.0025mg/L。海藻栅藻E_rC_{50}：0.5mg/L。对蜜蜂有毒。蚯蚓LC_{50}：267mg/kg（干土）。

应　用 高毒农药，2007年起已停止销售和使用。

甲基对硫磷（parathion-methyl）

$O_2N-C_6H_4-OP(S)(OCH_3)_2$

$C_8H_{10}NO_5PS$，263.2

其他中文名称 甲基巴拉松，甲基1605，甲基一六〇五

其他英文名称 Bladan M，Folidol-M，Methylparathion，Metaphos，Metacide，Nitrox 80，Parataf

化学名称 *O*,*O*-二甲基-*O*-(4-硝基苯基)硫代磷酸酯

CAS登录号 298-00-0

理化性质 纯品为无色无味结晶固体（原药为暗褐色液体）。熔点 35～36℃（原药约29℃），沸点 154℃/136Pa，蒸气压 2.0×10^{-4} Pa（20℃）、4.1×10^{-4} Pa（25℃），K_{ow} $\lg P=3.0$，Henry 常数 8.57×10^{-3} Pa·m³/mol，20℃相对密度 1.358（原药 1.20～1.22）。水中溶解度 55mg/L（20℃）；其他溶剂中溶解度（20℃）：易溶于大多数有机溶剂，如二氯甲烷、甲苯>200g/L，正己烷 10～20g/L，不溶于石油醚和某些矿物油。酸性和碱性介质中分解；DT_{50}（25℃）：68d（pH 5），40d（pH 7），33d（pH 9）。加热分解成 *O*,*S*-二甲基类似物。水中光降解。闪点>150℃（原药）。

毒　性 急性经口 LD_{50}：大鼠约 3mg/kg，雄小鼠约 30mg/kg，兔 19mg/kg。大鼠急性经皮 LD_{50}（24h）约 45mg/kg；对兔眼睛和皮肤无刺激；对豚鼠皮肤无刺激。大鼠急性吸入 LC_{50}（4h）约 0.17mg/L 空气（喷雾）。无作用剂量：大鼠（2y）2mg/kg 饲料，小鼠（2y）1mg/kg 饲料，狗（1y）0.3mg/(kg·d)。野鸭 LC_{50}（5d）：1044mg/kg。鱼毒 LC_{50}（96h）：金枪鱼 6.9mg/L，虹鳟鱼 2.7mg/L。水蚤 LC_{50}（48h）：0.0073mg/L。海藻栅藻 E_rC_{50}：3mg/L。对蜜蜂有毒。蚯蚓 LC_{50}：40mg/kg（干土）。

应　用 高毒农药，2007 年起已停止销售和使用。

丙溴磷（profenofos）

$$\mathrm{Br-C_6H_3(Cl)-O-P(=O)(OCH_2CH_3)(SCH_2CH_2CH_3)}$$

$C_{11}H_{15}BrClO_3PS$，373.6

其他中文名称 溴氯磷

其他英文名称 Curacron，Selecron

化学名称 *O*-乙基-*O*-(4-溴-2-氯苯基)-*S*-丙基硫代磷酸酯

CAS登录号 41198-08-7

理化性质 具有大蒜气味的淡黄色液体。沸点100℃/1.80Pa，蒸气压 1.24×10^{-4} Pa（25℃），K_{ow} $\lg P=4.44$，Henry 常数 1.65×10^{-3} Pa·m³/mol（计算值），相对密度 1.455（20℃）。水中溶解度 28mg/L（25℃），易溶于大多数有机溶剂。在中性、弱酸性介质中稳定，在碱性条件下分解，DT_{50}（计算值，20℃）：93d（pH 5），14.6d（pH 7），5.7h（pH 9）。pK_a 值在 0.6～12 之间无离解常数。闪点 124℃。

毒　性 急性经口 LD_{50}：大鼠 358mg/kg，兔 700mg/kg。急性经皮 LD_{50}：大鼠约 3300mg/kg，兔 472mg/kg；对兔眼睛和皮肤无刺激。大鼠吸入 LC_{50}（4h）约 3mg/L（空气）。无作用剂量：狗（6 月）0.005mg/(kg·d)，大鼠（2y）0.3mg(a.i.)/kg（饲料），小鼠 1.0mg/kg。LC_{50}（8d，mg/kg）：山齿鹑 70～200，日本鹌鹑>1000，野鸭 150～612。鱼毒

LC_{50}(96h，mg/L)：蓝鳃太阳鱼 0.3，鲫鱼 0.09，虹鳟鱼 0.08。水蚤 EC_{50}（48h）：1.06μg/L。海藻 EC_{50}（72h）：1.16mg/L。蜜蜂 LD_{50}（接触，48h）：0.102μg/只。蠕虫 LC_{50}(14d)：372mg/kg。

制　剂　94%、90%、89%、85%原药，50%、40%、20%、720g/L 乳油，50%水乳剂，10%颗粒剂。

应　用　高渗透型广谱有机磷杀虫剂，有触杀和胃毒、熏蒸、直渗透作用，可直接渗透于叶片和虫体内，彻底杀灭潜伏在叶片内（背面）、水田里、果实中和钻入秸秆。杀虫谱广，易生物降解，对抗性害虫表现出高的生物活性。可用于防治水稻、棉花、果树、蔬菜等作物上的棉铃虫、二三化螟（钻心虫）、草地螟、稻水象甲、潜叶蝇、灰飞虱、负泥虫、食心虫、蚜虫等害虫。作用迅速，对其他有机磷、拟除虫菊酯产生抗性的棉花害虫仍有效，是防治抗性棉铃虫的有效药剂。适用于防治棉花、蔬菜和粮食作物上的有害昆虫和螨虫类。丙溴磷在棉花上的安全间隔期为 5～12d。果园中不宜用。该药对苜蓿和高粱有药害。

原药生产厂家　湖北蕲农化工有限公司、江苏宝灵化工股份有限公司、江苏连云港立本农药化工有限公司、江苏省张家港市第二农药厂有限公司、青岛双收农药化工有限公司、山东科源化工有限公司、山东省济宁圣城化工实验有限责任公司、山东省烟台科达化工有限公司、威海韩孚生化药业有限公司、天津京津农药厂、一帆生物科技集团有限公司、浙江永农化工有限公司、瑞士先正达作物保护有限公司。

硫丙磷（sulprofos）

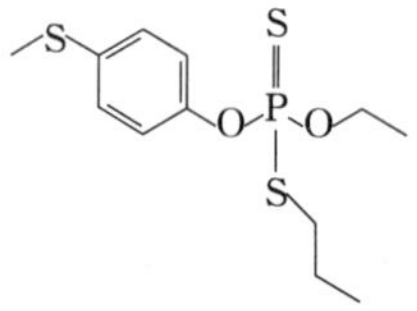

$C_{12}H_{19}O_2PS_3$，322.4

其他中文名称　保达，棉铃磷

其他英文名称　Bolstar，Helothion

化学名称　*O*-乙基-*O*-4-(甲硫基)苯基-*S*-丙基二硫代磷酸酯

CAS 登录号　35400-43-2

理化性质　纯品为具硫醇气味的无色油状物。熔点－15℃（原药），沸点 125℃/1Pa，蒸气压 8.4×10^{-4} Pa（20℃）、1.6×10^{-4} Pa（25℃），K_{ow} $\lg P=5.48$，Henry 常数 8.74×10^{-2} Pa・m^3/mol（20℃，原药），相对密度 1.20（20℃）。水中溶解度 0.31mg/L（20℃）；其他溶剂中溶解度（20℃）：异丙醇 400～600g/L，二氯甲烷、正己烷、甲苯中＞1200g/L。缓冲溶液 DT_{50}（22℃）：26d（pH 4），151d（pH 7），51d（pH 9）。本品在水中及土壤表面遇光分解，在光照下 2 天内分解 50%。闪点 64℃。

毒　性　急性经口 LD_{50}（mg/kg）：雄性大鼠 304，雌性大鼠 176，小鼠约 1700。大鼠急性经皮 LD_{50}：雄 5491mg/kg，雌 1064mg/kg；对兔皮肤无刺激，对兔眼睛轻微刺激；对豚鼠皮肤无刺激。雄、雌性大鼠急性吸入 LC_{50}（4h）>4130μg/L（空气）。2 年无作用剂量：大鼠 6mg/kg（饲料），小鼠 2.5mg/kg（饲料），狗 10mg/kg（饲料）。山齿鹑急性经口 LD_{50}：47mg/kg。山齿鹑 LC_{50}（5d）：99mg/kg（饲料）。鱼毒 LC_{50}（96h，mg/L）：蓝鳃太阳鱼 11～14，虹鳟鱼 23～38。水蚤 LC_{50}（48h）：0.83～1μg/L。羊角月牙藻 ErC_{50}：64mg/L。

应　用　具有触杀和胃毒作用的非内吸性杀虫、杀螨剂，杀虫谱广。用于棉花、玉米、烟草等作物上防治棉铃虫、棉铃象甲、烟青虫、蓟马等害虫，对黏虫、斜纹夜蛾、蚜虫、蚧类、螨类也有效。

双硫磷（temephos）

$(CH_3O)_2P(=S)O-C_6H_4-S-C_6H_4-OP(=S)(OCH_3)_2$

$C_{16}H_{20}O_6P_2S_3$，466.5

化学名称　4,4′-双(*O*,*O*-二甲基硫代磷酰氧基)苯硫醚

CAS登录号　3383-96-8

理化性质　纯品为无色结晶固体（原药棕色黏稠液体）。熔点 30.0～30.5℃，沸点 120～125℃，蒸气压 8×10^{-4} Pa（25℃），K_{ow} lg$P$=4.91，相对密度 1.32（原药）。水中溶解度 0.03mg/L（25℃）；溶于常用的有机溶剂，如乙醚、芳香烃和卤代烃化合物，正己烷 9.6 g/L。强酸和碱性条件下分解，pH5～7 稳定，49℃以上分解。

毒　性　大鼠急性经口 LD_{50}：4204mg/kg（雄），>10000mg/kg（雌）。急性经皮 LD_{50}（24h）：兔 2181mg/kg，大鼠>4000mg/kg；不刺激眼睛和皮肤。大鼠急性吸入毒性 LC_{50}（4h）：4.79mg/L。大鼠 2 年饲喂无作用剂量：300mg/kg 饲料。急性经口 LD_{50}（5d）：野鸭 1200mg/kg，野鸡 170mg/kg（饲料）。鱼毒 LC_{50}：虹鳟鱼 9.6mg/L（96h），31.8mg/L（24h）。蜜蜂直接接触高毒，LD_{50}：1.55μg/只（接触）。

制　剂　90%原药，1%颗粒剂。

应　用　双硫磷低毒，杀虫作用广谱，作用方式以触杀作用为主，无内吸性。可用于公共卫生，防治孑孓、摇蚊、蛾和毛蠓科幼虫；也能防治人体上的虱子，狗和猫身上的跳蚤；也可用来防治地老虎，柑橘上的蓟马和牧草上的盲蝽属害虫，对蚊及其幼虫有特效。使用时避免接触蜜蜂。

原药生产厂家　河北欧亚化学工业有限公司，巴斯夫欧洲公司。

硝虫硫磷

$(H_3CH_2CO)_2P(=S)-O-C_6H_2(NO_2)Cl_2$

$C_{10}H_{12}Cl_2NO_5PS$，360.1

化学名称 O,O-二乙基-O-(2,4-二氯-6-硝基苯基)硫代磷酸酯

理化性质 纯品为无色晶体（原药为棕色油状液体）。熔点 31℃，相对密度 1.4377。几乎不溶于水，在水中溶解度为 60mg/kg（24℃），易溶于有机溶剂，如醇、酮、芳烃、卤代烷烃、乙酸乙酯及乙醚等溶剂。

毒　性 原药大鼠急性经口 LD_{50}：212mg/kg。30％硝虫硫磷乳油大鼠急性经口 LD_{50}＞198mg/kg，30％硝虫硫磷乳油大鼠急性经皮 LD_{50}＞1000mg/kg。

制　剂 90％原药，30％乳油。

应　用 广谱性杀虫杀螨剂，对水稻、小麦、棉花及蔬菜等作物的十余种害虫都有很好的防治效果，尤其对柑橘和茶叶等作物的害虫如红蜘蛛、矢尖蚧效果突出，对棉花棉铃虫、棉蚜虫也有一定的防治效果。

原药生产厂家 四川省化学工业研究设计院。

敌百虫（trichlorfon）

$$\mathrm{Cl_3CCH(OH)P(=O)(OCH_3)_2}$$

$C_4H_8Cl_3O_4P$，257.4

化学名称 O,O-二甲基-(2,2,2-三氯-1-羟基乙基)磷酸酯

CAS登录号 52-68-6

理化性质 纯品为较淡特殊气味的无色晶体。熔点 78.5℃～84℃，沸点 100℃(13.33kPa)，蒸气压 2.1×10^{-4} Pa（20℃）、5.0×10^{-4} Pa（25℃），K_{ow} $\lg P=0.43$(20℃)，Henry 常数 4.4×10^{-7} Pa · m^3/mol（20℃），相对密度 1.73（20℃）。溶解度(20℃)：水中 120g/L；易溶于常用有机溶剂（脂肪烃和石油醚除外），如正己烷 0.1～1g/L，二氯甲烷、异丙醇＞200g/L，甲苯 20～50g/L。易发生水解和脱氯化氢反应，在加热、pH＞6 时分解迅速，遇碱很快转化为敌敌畏，DT_{50}（22℃）：510d（pH 4），46h（pH 7），＜30min（pH 9）。光解缓慢。

毒　性 大鼠急性经口 LD_{50} 约 250mg/kg。大鼠急性经皮 LD_{50}（24h）＞5000mg/kg；对兔眼睛和皮肤无刺激。大鼠急性吸入 LC_{50}（4h）＞2.3mg/L 空气（喷雾）。无作用剂量：猴子 0.2mg/kg（EPA RED），大鼠（2y）100mg/kg（饲料），小鼠（2y）300mg/kg（饲料），狗（4y）50mg/kg（饲料）。鱼毒 LC_{50}（96h）：虹鳟鱼 0.7mg/L，金雅罗鱼 0.52mg/L。水蚤 LC_{50}（48h）：0.00096mg/L。对蜜蜂和其他益虫低毒。

制　剂 97％、90％、87％原药，90％、80％可溶粉剂，40％、30％乳油，3％颗粒剂。

应　用 本品是一种毒性低、杀虫谱广的有机磷杀虫剂。在弱碱液中可变成敌敌畏，但不稳定，很快分解失效。对害虫有很强的胃毒作用，兼有触杀作用，对植物具有渗透性，但无内吸传导作用。主要以原药或可溶粉剂等剂型对水喷雾，用于蔬菜、果树、谷物、棉花、大

豆、茶树、桑树等作物，防治双翅目、鳞翅目、鞘翅目等咀嚼式口器害虫，但对蚜虫、甘蓝夜蛾、螨类效果较差。敌百虫可配制毒饵或小麦拌种，防治地老虎或蝼蛄等土壤害虫。药液浸秧，可防治稻瘿蚊。药液灌根或浇灌苗床，可防治蔬菜根蛆。粪坑施药，可杀蝇蛆。水田施药，可杀蚂蟥。也能对家畜体表施药或用精制敌百虫饲喂，防治家畜体内外寄生虫，如体虱类、蝇类、体内蛔虫、胃虫等。直接施用或加糖配成毒饵，可防治果蝇及家蝇、厩蝇、蜚蠊等卫生害虫。敌百虫粉剂因贮存稳定性差，应尽量当年用完。对高粱、豆类、玉米易发生药害，对苹果树（果光、元帅品种在早期）的叶片和果实以及花卉康乃馨会发生药害。天气潮湿时使用，对棉花有药害。对温室作物使用会造成药害斑。敌百虫配成药液后，不宜放置过久，以免有效成分分解失效。药械用毕要及时用水洗净，以免腐蚀金属。

原药生产厂家 安徽省合肥农药厂、广东省佛山市大兴生物化工有限公司、广东省江门市大光明农化有限公司、广西南宁化工股份有限公司、河北新丰农药化工股份有限公司、河南省淅川县丰源农药有限公司、湖北沙隆达股份有限公司、湖南南天实业股份有限公司、湖南省临湘市化学农药厂、江苏安邦电化有限公司、江苏省南通江山农药化工股份有限公司、江苏托球农化有限公司、山东大成农药股份有限公司、山东潍坊润丰化工有限公司。

地虫硫磷（fonofos）

S
‖
Ph—SPOCH₂CH₃
|
CH₂CH₃

$C_{10}H_{15}OPS_2$，246.3

其他中文名称 大风雷，地虫磷

其他英文名称 Dyfonate，Captos

化学名称 (*R*,*S*)-*O*-乙基-*S*-苯基-乙基二硫代膦酸酯

CAS登录号 944-22-9

理化性质 有芳香味无色透明液体。沸点约130℃/0.013 kPa（25℃），蒸气压28mPa（25℃），K_{ow} lg$P$=3.94，相对密度1.16（25℃）。水中溶解度13mg/L（22℃），可与有机溶剂混溶如丙酮、乙醇、甲基异丁酮、二甲苯、煤油。酸碱介质中水解，<100℃稳定。手性体已分离，其在四氯化碳、环己烷、甲醇中发生旋光性逆转。(*R*)-异构体与(*S*)-异构体相比，对害虫和小白鼠毒力更高，对胆碱酯酶的抑制作用也高。

毒　性 大鼠急性经口LD_{50}：雄11.5mg/kg，雌5.5mg/kg。急性经皮LD_{50}（mg/kg）：大鼠147，兔32～261，豚鼠278；对兔皮肤和眼睛无刺激；对豚鼠皮肤有轻微致敏性。大鼠LC_{50}（4h）：雄51μg/L，雌17μg/L。2年无作用剂量：大鼠10mg/kg（饲料）[0.5mg/(kg·d)]，狗0.2mg/(kg·d)。无致畸、致癌作用。野鸭急性经口LD_{50}为128mg/kg。鱼毒LC_{50}（96h）：虹鳟鱼0.05mg/L，蓝鳃太阳鱼0.028mg/L。水蚤LC_{50}（48h）：1μg/L。对蜜蜂有毒，LD_{50}：0.0087mg/只。

应　用 一种触杀性二硫磷酸酯类杀虫剂，胆碱酯酶的抑制剂，该药毒性较大。由于硫代磷酸酯类比磷酸酯类结构容易穿透昆虫的角质层，因此防除害虫效果较佳。防治小麦、大

豆、花生等作物地下害虫，在播种前将颗粒剂撒施于播种沟或播种穴，播种后覆土。防治甘蔗地蛴螬和蔗龟，可以植前施药或在蔗旁开浅沟施药后覆土。禁止在蔬菜、果树、茶叶、中草药材上使用。应避免和种子邻近存放。在土壤中有中度持效，其持效期约 56 天。高毒农药，自 2013 年 10 月 31 日起，停止销售和使用。

苯硫膦（EPN）

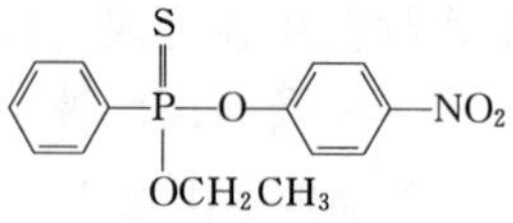

$C_{14}H_{14}NO_4PS$，323.3

其他中文名称 伊皮恩

其他英文名称 EPN-300

化学名称 *O*-乙基-*O*-(4-硝基苯基)苯基硫代膦酸酯

CAS 登录号 2104-64-5

理化性质 纯品为黄色结晶固体（原药为琥珀色液体）。熔点 34.5℃，沸点 215℃/0.67kPa，蒸气压＜4.1×10^{-5}Pa（23℃），K_{ow} lg$P$＞5.02，相对密度 1.270（20℃）。水中溶解度 0.92mg/L（24℃）；溶于大多数有机溶剂，如苯、甲苯、二甲苯、丙酮、异丙醇、甲醇。中性、酸性介质中稳定，遇碱分解释放出对硝基苯酚；DT_{50}：70d（pH 4），22d（pH 7），3.5d（碱性）。在封管中受热转化为 *S*-乙基异构体。

毒　　性 急性经口 LD_{50}（mg/kg）：雄大鼠 36，雌大鼠 24，雄小鼠 94.8，雌小鼠 59.4。大鼠急性经皮 LD_{50}：雄 2850mg/kg，雌 538mg/kg。大鼠无作用剂量（104 周）：0.73mg/(kg·d)。对母鸡有慢性神经毒性。急性经口 LD_{50}（mg/kg）：野鸡＞165，山齿鹑 220。鱼毒 LC_{50}（48h，mg/L）：鲤鱼 0.20，蓝鳃太阳鱼 0.37，虹鳟鱼 0.21。水蚤 LC_{50}（3h）：0.0071mg/L。

应　　用 胆碱酯酶的直接抑制剂，具有触杀和胃毒作用的非内吸性杀虫、杀螨剂，用于防治棉蚜虫、棉红蜘蛛、稻螟虫、菜青虫等。

苯线磷（fenamiphos）

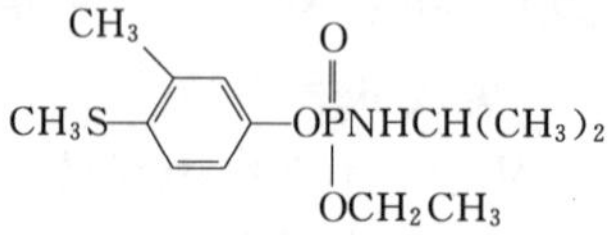

$C_{13}H_{22}NO_3PS$，303.4

其他中文名称 克线磷，力满库

其他英文名称 Nemacur，Bayer 68138，phenamiphos

化学名称 *O*-乙基-*O*-(3-甲基-4-甲硫基)苯基-*N*-异丙基磷酰胺

CAS登录号 22224-92-6

理化性质 纯品为无色结晶固体（原药棕褐色蜡状固体）。熔点 49.2℃（原药 46℃），蒸气压 1.2×10^{-4} Pa（20℃）、4.8×10^{-3} Pa（50℃），K_{ow} $\lg P=3.30$（20℃），Henry 常数 9.1×10^{-5} Pa·m³/mol（20℃），相对密度 1.191（23℃）。水中溶解度 0.4g/L（20℃）；其他溶剂中溶解度（20℃）：二氯甲烷、异丙醇、甲苯＞200g/L，正己烷 10～20g/L。水解 DT_{50}（22℃）：1y（pH 4），8y（pH 7），3y（pH 9）。闪点约 200℃。

毒　性 急性经口 LD_{50}：大鼠约 6mg/kg，小鼠、狗、猫约 10mg/kg。大鼠急性经皮 LD_{50} 约 80mg/kg；对兔眼睛和皮肤有轻微刺激。大鼠急性吸入毒性 LC_{50}（4h）约 0.12mg/L 空气（喷雾）。大鼠 2 年饲喂无作用剂量：0.56mg/(kg·d)。急性经口 LD_{50}：山齿鹑 0.7～1.6mg/kg，野鸭 0.9～1.2mg/kg。LC_{50}（5d）：山齿鹑 38mg/kg，野鸭 316mg/kg（饲料）。鱼毒 LC_{50}（96h）：蓝鳃太阳鱼 0.0096mg/L，虹鳟鱼 0.0721mg/L。水蚤 LC_{50}（48h）：0.0019mg/L。蜜蜂 LD_{50}：0.45μg/只（经口），0.28μg/只（接触）。蚯蚓 LC_{50}：795mg/kg（干土）（400g/L 乳油）。

制　剂 10%颗粒剂。

应　用 触杀性、内吸性有机磷杀线虫剂。残效期长，药剂进入植物体内可上下传导，防治多种线虫，主要用于防治根瘤线虫、结节线虫和自由生活线虫，也可防治蚜虫、红蜘蛛等刺吸口器害虫。属高毒农药，不得用于蔬菜、果树、茶叶、中草药材上。自 2013 年 10 月 31 日起，停止销售和使用。

生产厂家 江苏云帆化工有限公司。

硫环磷（phosfolan）

$$(CH_3CH_2O)_2P(=O)-N=C\langle S-CH_2-CH_2-S \rangle$$

$C_7H_{14}NO_3PS_2$，255.3

其他中文名称 棉安磷，乙基硫环磷

其他英文名称 Cyalane，Cylan，Cyolan，Cyolane

化学名称 *O*,*O*-二乙基-*N*-(1,3-二硫戊环-2-亚基)磷酰胺

CAS登录号 947-02-4

理化性质 纯品为无色至黄色固体。熔点 36.5℃（原药 37～45℃），沸点 115～118℃/1.33×10^{-4}kPa。可溶于水（650g/L）、丙酮、苯、乙醇、环已烷、甲苯，微溶于乙醚，很难溶于已烷。在中性和弱酸条件下，其水溶液稳定，但遇碱和酸（pH＞9 或 pH＜2）水解。

毒　性 急性经口 LD_{50}：雄大鼠 8.9mg/kg，雄小鼠 12.1mg/kg。急性经皮 LD_{50}：雄兔 23mg/kg，雄豚鼠 54mg/kg。90d 喂养试验中，狗接受 1mg/kg 每日无临床症状。

应　用 本品是一种内吸性杀虫剂，用于防治刺吸口器害虫、螨和鳞翅目幼虫。具有高

效、广谱、持效期长、残留量低的特点。该药毒性很高，我国仅批准登记用于防治棉花害虫及小麦地下害虫。

甲基硫环磷（phosfolan-methyl）

$C_5H_{10}NO_3PS_2$，227.3

其他中文名称 甲基棉安磷

化学名称 *O*,*O*-二甲基-*N*-(1,3-二硫戊环-2-亚基)磷酰胺

CAS登录号 5120-23-0

理化性质 原油为浅黄色透明油状液体。相对密度 1.39，沸点 100～105℃/1.33×10^{-3} kPa。溶于水及丙酮、苯、乙醇等有机溶剂。常温下贮存较稳定，遇碱易分解，光和热也能加速其分解。

毒　性 大鼠急性经口 LD_{50}：27～50mg/kg。

应　用 一种内吸性杀虫剂。具有高效、广谱、残效期长、残留量低的特点。其作用机制是抑制乙酰胆碱酯酶。对刺吸式口器和咀嚼式口器的多种害虫，如蚜虫、红蜘蛛、蓟马、甜菜象甲、尺蠖、地老虎、蝼蛄、蛴螬、黑绒金龟子等均有良好的防治效果。可以用于棉花、大豆、花生等作物上。拌种时应严格掌握药量，拌种均匀，以免引起药害。棉花拌种后，出苗偏晚，但对棉花生长有促进作用，产量不受影响。本品属高毒农药，必须严格遵守农药安全使用规定，不得用于蔬菜、果树、茶叶、中草药材上。自 2013 年 10 月 31 日起，将停止销售和使用。

甲胺磷（methamidophos）

$C_2H_8NO_2PS$，141.1

其他中文名称 多灭磷，达马松，科螨隆

其他英文名称 Tamaron，Monitor

化学名称 *O*,*S*-二甲基硫代磷酰胺

CAS登录号 10265-92-6

理化性质 纯品为具有硫醇气味无色晶体。熔点 45℃，沸点>160℃，高温分解，蒸气压 2.3×10^{-3} Pa（20℃）、4.7×10^{-3} Pa（25℃），K_{ow} lg$P$ = −0.8（20℃），Henry 常数<1.6×10^{-6} Pa·m³/mol（计算值，20℃），相对密度 1.27（20℃）。水中溶解度>200g/L（20℃）；

其他溶剂中溶解度（g/L，20℃）：正己烷 0.1～1，异丙醇＞200，二氯甲烷＞200，甲苯 2～5。正常条件下贮存稳定，其水溶液受热在沸腾前即分解，pH 3～8 下稳定，遇酸或碱分解，水溶液稳定性 DT_{50}（22℃）：1.8 y（pH 4），110h（pH 7），72h（pH 9）。光降解速度很慢。闪点约 42℃。

毒　性　大鼠急性经口 LD_{50}：雄 15.6mg/kg，雌 13.0mg/kg。兔急性经皮 LD_{50}：雄 122mg/kg，雌 69mg/kg；对兔皮肤无刺激，对兔眼睛有轻微刺激；对豚鼠皮肤无刺激。大鼠急性吸入（仅限于鼻子）LC_{50}（4h）：213mg/m³。无作用剂量：狗（1y）0.06mg/(kg·d)，大鼠（2y）0.1mg/(kg·d)，小鼠（2y）0.7～0.8mg/(kg·d)。山齿鹑急性经口 LD_{50}：10mg/kg。饲喂 LC_{50}（5d，mg/kg）：山齿鹑 42，日本鹌 92，野鸭 1302。鱼毒 LC_{50}（96h，mg/L，静态）：蓝鳃太阳鱼 34，虹鳟鱼 25，红鲈鱼 5.6。水蚤 EC_{50}（48h）：0.27mg/L。近具刺链带藻 ErC_{50}（96h，静态）＞178mg/L。对蜜蜂有毒。蚯蚓 LC_{50}（14d）：44mg/kg（干土）。

应　用　高毒农药，2007 年起已停止销售和使用。

乙酰甲胺磷（acephate）

$$CH_3S-\overset{\overset{\displaystyle O}{\|}}{\underset{\underset{\displaystyle OCH_3}{|}}{P}}-NHCOCH_3$$

$C_4H_{10}NO_3PS$，183.2

其他中文名称　高灭磷，盖土磷

其他英文名称　Orthene，Ortho12420，Ortran

化学名称　*O*,*S*-二甲基-*N*-乙酰基硫代磷酰胺

CAS 登录号　30560-19-1

理化性质　纯品为无色结晶（原药为无色固体）。熔点 88～90℃（原药 82～89℃），蒸气压 2.26×10^{-4} Pa（24℃），K_{ow} lg$P$ ＝ －0.89，相对密度 1.35。水中溶解度 790g/L（20℃）；其他溶剂中溶解度（g/L，20℃）：丙酮 151，乙醇＞100，乙酸乙酯 35，甲苯 16，正己烷 0.1。光解 DT_{50}：55h（λ＝253.7nm）。

毒　性　大鼠急性经口 LD_{50}：雄 1447mg/kg，雌 1030mg/kg。兔急性经皮 LD_{50}＞10000mg/kg；对兔皮肤有轻微刺激；对豚鼠皮肤无刺激。大鼠吸入 LC_{50}（4h）＞15mg/L（空气）。无作用剂量（2y）：大鼠 0.25mg/(kg·d)，狗 0.75mg/(kg·d)。急性经口 LD_{50}（mg/kg）：野鸭 350，鸡 852，野鸡 140。鱼毒 LC_{50}（96h）：蓝鳃太阳鱼 2050mg/L，虹鳟鱼＞1000mg/L。水蚤 EC_{50}（48h）：67.2mg/L。海藻 ErC_{50}（72h）＞980mg/L。蜜蜂 LD_{50}：1.2μg/只（接触）。蠕虫 LC_{50}（14d）：22974mg/kg。

制　剂　97％、95％、90％原药，40％、30％、25％、20％乳油，92％、90％、75％可溶粒剂，75％种子处理可溶粉剂，4.5％、2％胶饵，3.5％、3.1％、3％、2.8％、2.5％、2％、1.8％、1.5％、1％、0.8％饵剂，2.5％、1.1％、1％毒饵，3％、1.8％、1.5％饵粒。

应　用 乙酰甲胺磷为内吸杀虫剂，具有胃毒和触杀作用，并可杀卵，有一定的熏蒸作用，是缓效型杀虫剂。在施药后初效作用缓慢，2～3天效果显著，后效作用强。如果与西维因、乐果等农药混用，有增效作用并可延长持效期。其基本杀虫原理是抑制昆虫乙酰胆碱酯酶。适用于蔬菜、茶树、烟草、果树、棉花、水稻、小麦、油菜等作物，防治多种咀嚼式、刺吸式口器害虫和害螨，蔬菜：小菜蛾、菜青虫、蚜虫等；棉花：蚜虫、棉铃虫等；水稻：稻纵卷叶螟、二化螟、三化螟、稻飞虱、叶蝉等；茶树：茶尺蠖等；烟草：烟青虫等；苹果、梨：食心虫等；柑橘：螨、介壳虫等；玉米、小麦：玉米螟、黏虫等。不能与碱性农药混用，不宜在桑、茶树上使用。

原药生产厂家 重庆农药化工（集团）有限公司、福建三农集团股份有限公司、广东省广州市益农生化有限公司、广东省江门市大光明农化有限公司、河北省沧州科润化工有限公司、河北威远生物化工股份有限公司、湖北沙隆达股份有限公司、湖北仙隆化工股份有限公司、湖南衡阳莱德生物药业有限公司、湖南南天实业股份有限公司、江苏蓝丰生物化工股份有限公司、江苏省连云港市东金化工有限公司、南通维立科化工有限公司、山东华阳科技股份有限公司、山东省高密市绿洲化工有限公司、上海沪联生物药业（夏邑）有限公司、上海农药厂有限公司、信阳信化化工有限公司、兴农药业（上海）有限公司、浙江嘉化集团股份有限公司、浙江菱化实业股份有限公司、浙江省杭州庆丰农化有限公司、浙江省台州市黄岩永宁农药化工有限公司、印度禾润保工业有限公司、印度联合磷化物有限公司、印度瑞利有限公司。

氯胺磷（chloramine phosphorus）

$$(H_3CO)(H_3CS)P(=O)-NH-CH(OH)-CCl_3$$

$C_4H_9Cl_3NO_3PS$，288.5

其他中文名称 乐斯灵

化学名称 *O*,*S*-二甲基(2,2,2-三氯-1-羟基乙基)硫代磷酰胺

理化性质 纯品为白色针状结晶。熔点99.2～101℃，30℃蒸气压21MPa。溶解度（g/L，20℃）：水中＜8，苯、甲苯、二甲苯中＜300，氯化烃、甲醇、DMF等极性溶剂中40～50g/L，煤油15g/L。常温下稳定，40℃半衰期为145h（pH 2），37℃半衰期为115h（pH 9）。

毒　性 大鼠急性经口LD_{50}：316mg/kg。大鼠急性经皮LD_{50}＞2000mg/kg；轻度家兔眼刺激，对家兔皮肤无刺激性。

制　剂 30%乳油。

应　用 为广谱性有机磷杀虫、杀螨剂，主要是抑制胆碱酯酶。对害虫具有触杀、胃毒和熏蒸作用，并有一定内吸传导作用，残效期较长；熏杀毒力强，是速效型杀虫剂，对螨类还有杀卵作用。主要用于水稻、棉花、果树、甘蔗等作物，对稻纵卷叶螟有特效。其药效相当或略优于乙酰甲胺磷，能杀死稻纵卷叶螟高龄幼虫。

原药生产厂家 江苏嘉隆化工有限公司、上海宜邦生物工程（信阳）有限公司。

水胺硫磷（isocarbophos）

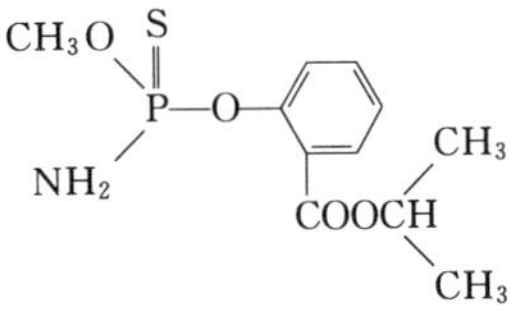

$C_{11}H_{16}NO_4PS$，288.0

其他中文名称 羧胺磷

其他英文名称 Optunal

化学名称 *O*-甲基-*O*-(2-异丙氧基甲酰基苯基)硫代磷酰胺

CAS登录号 24353-61-5

理化性质 纯品为无色片状结晶，熔点45～46℃，不溶于水和石油醚，溶于乙醇、乙醚、苯、丙酮及乙酸乙酯等有机溶剂。原药为茶褐色黏稠油状液体，呈酸性，在放置过程中能逐渐析出结晶。

毒　性 大鼠急性经口 LD_{50}：28.5mg/kg。大鼠急性经皮 LD_{50}：447mg/kg。对蜜蜂毒性高。

制　剂 95%原药，40%、35%、20%乳油。

应　用 本品是一种广谱性有机磷杀虫、杀螨剂，兼有杀卵作用。对蛛形纲中的螨类、昆虫纲中的鳞翅目、同翅目昆虫具有很好的防治作用。主要用于防治水稻、棉花害虫，如红蜘蛛、介壳虫、香蕉象鼻虫、花蓟马、卷叶螟、斜纹夜蛾等。其为高毒农药，禁止用于水果、蔬菜、烟、茶、中草药植物上。

原药生产厂家 河北威远生物化工股份有限公司、湖北仙隆化工股份有限公司。

甲基异柳磷（isofenphos-methyl）

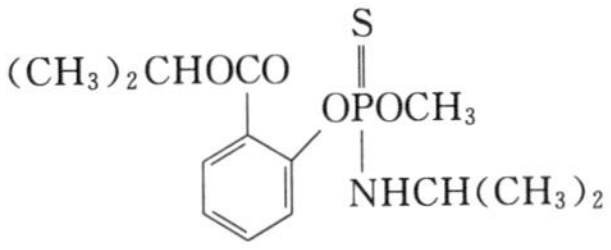

$C_{14}H_{22}NO_4PS$，331.4

化学名称 *O*-甲基-*O*-(2-异丙氧基羰基苯基)-*N*-异丙基硫代磷酰胺

CAS登录号 99675-03-3

理化性质 纯品为淡黄色油状液体，原油为棕色油状液体。相对密度1.5221（20℃）。微溶于水，易溶于有机溶剂。常温贮存稳定，遇强酸、碱、热、光易分解。

毒　性　大鼠急性经口 LD_{50} 为 21.52mg/kg。大鼠急性经皮 LD_{50} 为 76.72mg/kg。

制　剂　95%、90%、85%原药，40%、35%乳油，3%、2.5%颗粒剂。

应　用　一种土壤杀虫剂，对害虫具有较强的触杀和胃毒作用。杀虫广谱、残效期长，是防治地下害虫的优良药剂。主要用于小麦、花生、大豆、玉米、地瓜、甜菜、苹果等作物防治蛴螬、蝼蛄、金针虫等地下害虫，也可用于防治黏虫、蚜虫、烟青虫、桃小食心虫、红蜘蛛等。蔬菜、果树、茶叶、中草药材上限用。严禁在施药区内放牲畜，以免引起中毒。

原药生产厂家　湖北仙隆化工股份有限公司、青岛双收农药化工有限公司。

呋线威（furathiocarb）

$C_{18}H_{26}N_2O_5S$，382.5

其他中文名称　保苗

其他英文名称　Promet

化学名称　2,3-二氢-2,2-二甲基苯并呋喃-7-基 N,N'-二甲基-N,N'-硫代二氨基甲酸丁酯

CAS登录号　65907-30-4

理化性质　纯品为黄色液体。沸点>250℃，蒸气压 3.9×10^{-6} Pa（25℃），K_{ow} $\lg P=4.6$（25℃），Henry 常数 1.36×10^{-4} Pa·m³/mol，相对密度 1.148（20℃）。水中溶解度 11mg/L（25℃）；易溶于丙酮、甲醇、异丙醇、正己烷、甲苯等。400℃以下稳定。水中 DT_{50} 为 4d（pH 9）。

毒　性　急性经口 LD_{50}：大鼠 53mg/kg，小鼠 327mg/kg。大鼠急性经皮 LD_{50}>2000mg/kg；对皮肤和眼睛有轻微刺激。大鼠急性吸入 LC_{50}（4h）为 0.214mg/L（空气）。无作用剂量：大鼠每天 0.35mg/kg。野鸭和鹌鹑急性经口 LD_{50}<25mg/kg。鱼毒 LC_{50}（96h）：虹鳟鱼、蓝鳃太阳鱼、鲤鱼为 0.03～0.12mg/L。水蚤 LC_{50}（48h）：1.8μg/L。对蜜蜂有毒。

应　用　本品为胆碱酯酶抑制剂，防治土壤栖息害虫的内吸杀虫剂。在播种时施用 0.5～2.0kg(a.i.)/hm²，可保护玉米、油菜、甜菜和蔬菜的种子和幼苗不受危害，时间可达 42 天，种子处理和茎叶喷雾均有效。

灭多威（methomyl）

$$CH_3NHCO_2N{=}C(SCH_3)CH_3$$

$C_5H_{10}N_2O_2S$，162.2

其他中文名称　灭多虫，万灵，乙肟威，灭索威

其他英文名称 Lannate

化学名称 1-(甲硫基)亚乙基氨甲基氨基甲酸酯

CAS登录号 16752-77-5

理化性质 本品为（Z）和（E）-异构体的混合物（前者占优势），无色结晶，稍带硫黄臭味。熔点78～79℃，蒸气压7.2×10^{-4}Pa（25℃），K_{ow} $\lg P=0.093$，Henry常数2.1×10^{-6} Pa·m^3/mol，相对密度1.2946（25℃）。水中溶解度57.9g/L（25℃）；其他溶剂中溶解度（g/kg，25℃）：丙酮730，乙醇420，甲醇1000，甲苯30，异丙醇220。水溶液中稳定30d（pH 5、7，25℃）；DT_{50}：30d（pH 9，25℃）。140℃下稳定。光照下暴露120d稳定。

毒　性 大鼠急性经口LD_{50}：雄性34mg/kg，雌性30mg/kg。兔急性经皮LD_{50}>2000mg/kg；对兔眼有轻微的刺激；对豚鼠皮肤无刺激。大鼠吸入毒性LC_{50}（4h）：0.258mg/kg（空气）。无作用剂量（2y）：大鼠100mg/kg，小鼠50mg/kg，狗100mg/kg。鹌鹑急性经口LD_{50}：24.2mg/kg。LC_{50}（8d）：鹌鹑5620mg/kg饲料，野鸭1780mg/kg饲料。鱼毒LC_{50}（96h）：虹鳟鱼2.49mg/L，蓝鳃太阳鱼0.63mg/L。水蚤LC_{50}（48h）：17μg/L。藻类EC_{50}（72h）>100mg/L。对蜜蜂有毒，LD_{50}：0.28μg/只（经口），0.16μg/只（接触），但药干后对蜜蜂无害。蚯蚓LC_{50}（14d）：21mg/kg（干土）。直接使用时对无节肢动物无危害。

制　剂 98%原药，90%、40%、20%、10%可溶粉剂，20%乳油，24%可溶液剂，10%可湿性粉剂。

应　用 高毒杀虫剂。杀虫广谱，具有内吸、触杀和胃毒作用。尽管急性经口毒性高，但经皮毒性低，仍可作叶面喷洒使用。可防治蚜虫、蓟马、黏虫、甘蓝银纹夜蛾、烟草卷虫、苜蓿叶象甲、烟草夜蛾、棉叶潜蛾、苹果蠹蛾、棉铃虫等。土壤处理，通过植物内吸可防治叶部刺吸式口器害虫。对拟除虫菊酯或有机磷已产生抗药性的害虫亦有良好防治效果。灭多威只能在我国已经批准登记的作物上使用，禁止在在柑橘树、苹果树、茶树、十字花科蔬菜上使用。不能与波尔多液、石硫合剂及含铁、锡的农药混用。注意安全防护。乳油具可燃性，应注意防火，亦不能置于很低的温度下，以防冻结，应放在阴凉、干燥处。剩余药液和废液应按说明书的要求，按有毒化学品处理。

原药生产厂家 安徽华星化工股份有限公司、河北桃园农药有限公司、湖北沙隆达（荆州）农药化工有限公司、江苏常隆化工有限公司、江苏省盐城利民农化有限公司、江西省海利贵溪化工农药有限公司、南龙（连云港）化学有限公司、撒尔夫（河南）农化有限公司、山东华阳科技股份有限公司、陕西省西安近代农药科技股份有限公司、美国杜邦公司。

灭害威（aminocarb）

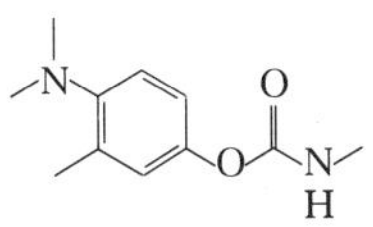

$C_{11}H_{16}N_2O_2$，208.3

其他英文名称 Matacil

化学名称 4-二甲氨基间甲苯基-*N*-甲基氨基甲酸酯

CAS登录号 2032-59-9

理化性质 无色结晶固体。熔点93～94℃，蒸气压2.3mPa，水中溶解度915mg/kg（20℃），中度溶于芳烃溶剂，溶于极性有机溶剂。

毒　性 大鼠急性经口LD_{50}：30～50mg/kg。大鼠急性经皮LD_{50}：275mg/kg。对蜜蜂有毒。

应　用 非内吸性胃毒杀虫剂，亦有触杀作用，阻碍昆虫体内乙酰胆碱酯酶分解乙酰胆碱，从而使乙酰胆碱积聚，导致昆虫过度兴奋、剧烈动作、麻痹致死。主要用于棉花、番茄、烟草和果树防治鳞翅目幼虫和其他咀嚼式口器的害虫。也可防治森林害虫。对软体动物有效，也有一定的杀螨作用。

杀线威（oxamyl）

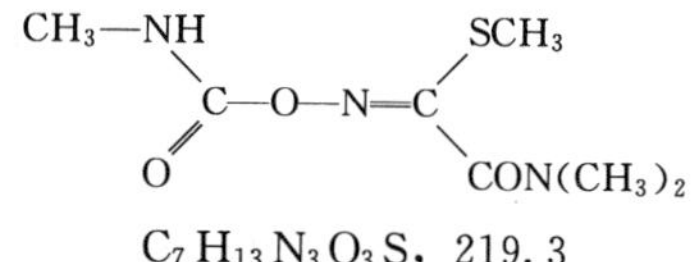

$C_7H_{13}N_3O_3S$，219.3

化学名称 *N*,*N*-二甲基-2-甲基氨基甲酰基氧代亚氨-2-(甲硫基)乙酰胺

CAS登录号 23135-22-0

理化性质 纯品为略带硫臭味的无色结晶。熔点100～102℃，变为双晶型熔点为108～110℃，蒸气压0.051mPa（25℃），K_{ow} $\lg P=-0.44$（pH 5），Henry常数3.9×10^{-8} $Pa\cdot m^3/mol$，相对密度0.97（25℃）。水中溶解度280g/L（25℃）；其他溶剂中溶解度（g/kg，25℃）：甲醇1440，乙醇330，丙酮670，甲苯10。固态和制剂稳定，水溶液分解缓慢。在通风、光照、碱性介质和升高温度条件下，可加速其分解速度。土壤中$DT_{50}>31d$（pH 5），8d（pH 7），3h（pH 9）。

毒　性 急性经口LD_{50}：雄大鼠3.1mg/kg，雌大鼠2.5mg/kg。急性经皮LD_{50}：雄兔5027mg/kg，雌兔>2000mg/kg；对兔皮肤无刺激性；对豚鼠皮肤无致敏性。大鼠急性吸入LC_{50}（4h）：0.056mg/L空气（喷雾粉尘）。无作用剂量（2y，mg/kg饲料）：大鼠50，狗50。急性经口LD_{50}（mg/kg）：雄性野鸭3.83，雌性野鸭3.16。LC_{50}（8d，mg/L）：山齿鹑340，野鸭766。鱼毒LC_{50}（96h，mg/L）：虹鳟鱼4.2，蓝鳃太阳鱼5.6。水蚤LC_{50}（48h）：0.319mg/L。海藻EC_{50}（72h）：3.3mg/L。对蜜蜂有毒，LD_{50}（48h）：0.38μg/只（经口），0.47μg/只（接触）。蚯蚓LC_{50}（14d）：112mg/L。

应　用 具有内吸触杀性的杀虫、杀螨和杀线虫剂，能通过根或叶部吸收；在作物叶面喷药可向下输导至根部，可防治多种线虫的危害。和其他氨基甲酸酯类杀虫剂一样，它的杀虫作用是由于抑制了昆虫体内的胆碱酯酶所致。适用棉花、马铃薯、柑橘、花生、烟草、苹果等作物及某些观赏植物，防治蓟马、蚜虫、跳甲、马铃薯瓢虫、棉斜纹夜蛾、螨等。防治线虫宜早期施药，不可在结实期应用。本品急性毒性较高，使用时要小心。

混灭威（dimethacarb）

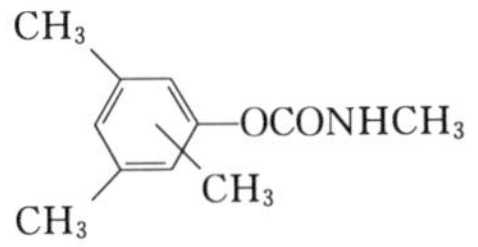

$C_{11}H_{15}NO_2$，193.3

化学名称 混二甲基苯基-*N*-甲基氨基甲酸酯

理化性质 含有灭杀威和灭除威两种异构体。原药为微臭、淡黄色至棕红色油状液体。相对密度约 1.0885，当温度低于 10℃时有结晶析出，不溶于水，微溶于石油醚、汽油，易溶于甲醇、乙醇、丙酮、苯和甲苯等有机溶剂，遇碱易分解。

毒　性 混合物对雄大鼠急性经口毒性 LD_{50} 为 441～1050mg/kg，雌大鼠急性经口毒性 LD_{50} 为 295～626mg/kg。原油对小鼠急性经口毒性 LD_{50} 为 214mg/kg，原药对小鼠急性经口毒性 LD_{50} 为 130～180mg/kg。小鼠急性经皮毒性大于 400mg/kg。红鲤鱼 TLm（48h）为 30.2mg/kg。

制　剂 90%、85%原药，50%乳油。

应　用 由两种同分异构体混合而成的氨基甲酸酯类杀虫剂。具强触杀作用，速效性好，残效期短，只有 2～3 天。药效不受温度变化影响。主要用于防治稻叶蝉和稻飞虱，在若虫高峰使用，击倒速度快、药效好。对稻蓟马、甘蔗蓟马也有良好防治效果。也可用于防治棉叶蝉、棉造桥虫、棉铃虫、棉蚜、大豆食心虫、茶长白蚧若虫。混灭威不能与碱性农药混用，不能在烟草上使用，以免引起药害。该药有疏果作用，宜在花期后 2～3 周使用最好。

原药生产厂家 江苏常隆化工有限公司、江苏辉丰农化股份有限公司。

仲丁威（fenobucarb）

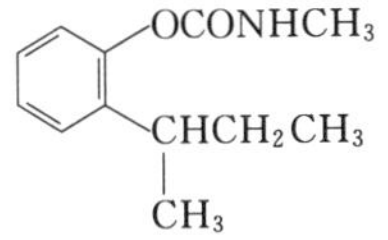

$C_{12}H_{17}NO_2$，207.3

其他中文名称 巴沙，扑杀威，丁苯威，巴杀，叔丁威，捕杀威

化学名称 2-仲丁基苯基-*N*-甲基氨基甲酸酯

CAS 登录号 3766-81-2

理化性质 纯品为无色固体（原药为无色至黄褐色液体或固体）。熔点 31.4℃（原药 26.5～31℃），沸点 115～116℃/2.66×10^{-3}kPa，蒸气压 9.9×10^{-3}Pa（20℃），K_{ow} lg$P$=2.67（25℃），Henry 常数 4.9×10^{-3}Pa·m^3/mol（计算值），相对密度 1.088（20°C）。水中溶解度 420mg/L（20℃）、610mg/L（30℃）；其他溶剂中溶解度（kg/L，20℃）：丙酮

930，正己烯 74，甲苯 880，二氯甲烷 890，乙酸乙酯 890。一般储藏条件下稳定。热稳定＜150℃。碱性条件下水解，DT_{50}：7.8d（pH 9，25℃）。闪点 142℃（密闭体系）。

毒　性　急性经口 LD_{50}（mg/kg）：雄大鼠 524，雌大鼠 425，雄小鼠 505，雌小鼠 333。急性经皮 LD_{50}：大鼠均＞2000mg/kg；对兔的眼睛和皮肤有轻微的刺激作用；对豚鼠皮肤无致敏性。大鼠急性吸入 LD_{50}（14d）＞2500mg/m^3（空气）。无作用剂量（2y）：大鼠为每天 4.1mg/kg（100mg/kg 饲料）。鸟类急性经口 LD_{50}：雄野鸭 226mg/kg，雌野鸭 491mg/kg。野鸭 LC_{50}（5d）＞5500mg/kg（饲料），山齿鹑为 5417mg/kg（饲料）。鱼毒：鲤鱼 LC_{50}（96h）：25.4mg/L。水蚤 EC_{50}（48h）：0.0103mg/L。藻类 E_bC_{50}（72h）：羊角月牙藻 28.1mg/L。

制　剂　98.5%、97%、95%、90%原药，80%、50%、25%、20%乳油，20%微乳剂。

应　用　氨基甲酸酯类杀虫剂，具有较强的触杀作用，兼有胃毒、熏蒸、杀卵作用。速效，但残效期较短。主要防治稻飞虱、稻叶蝉、稻蓟马，对稻纵卷叶螟、蟥象、三化螟及蚜虫也有良好防效。在水稻上使用的前后 10 天要避免使用除草剂敌稗；一季水稻最多使用 4 次，安全间隔期 21 天，每次施药间隔 7～10 天；不能与碱性农药混用；不能在鱼塘附近使用。

原药生产厂家　湖南国发精细化工科技有限公司、湖南海利化工股份有限公司、湖北沙隆达农药化工有限公司、江苏常隆农化有限公司、江苏辉丰农化股份有限公司、山东华阳科技股份有限公司。

乙硫苯威（ethiofencarb）

$CH_3NH—C(=O)—O$—（苯环，邻位 $CH_2SCH_2CH_3$）

$C_{11}H_{15}NO_2S$，225.3

其他中文名称　除蚜威，蔬蚜威，苯虫威

其他英文名称　Croneton，ethiophencarbe

化学名称　α-乙硫基邻甲苯基氨基甲酸酯

CAS登录号　29973-13-5

理化性质　纯品为无色结晶固体（原药为有类似硫醇气味黄色油状物）。熔点 33.4℃，蒸馏时分解，蒸气压 4.5×10^{-4} Pa（20℃）、9.4×10^{-4} Pa（25℃）、2.6×10^{-4} Pa（50℃），K_{ow} $\lg P=2.04$，相对密度 1.231（20℃）。水中溶解度 1.8g/L（20℃）；其他溶剂中溶解度（g/L，20℃）：二氯甲烷、异丙醇、甲苯＞200，正己烷 5～10。中性和酸性介质中稳定，碱性条件下水解。在异丙醇/水（1∶1）体系中，DT_{50}（37～40℃）：330d（pH 2），450h（pH 7），5 min（pH 11.4）。水溶液在光照下快速光解。闪点 123℃。

毒　性　急性经口 LD_{50}（mg/kg）：大鼠约 200，小鼠约 240，雌狗＞50。大鼠急性经皮

LD_{50}＞1000mg/kg；对兔子的皮肤和眼睛无刺激；豚鼠未见皮肤过敏。大鼠急性吸入 LC_{50}（4h）＞0.2mg/L 空气（喷雾）。2 年饲喂试验的无作用剂量：大鼠 330mg/kg 饲料，小鼠 600mg/kg 饲料，狗 1000mg/kg 饲料。急性经口 LD_{50}：日本鹌鹑 155mg/kg，野鸭 140～275mg/kg。鱼毒 LC_{50}（96h）：虹鳟鱼 12.8mg/L，金雅罗鱼 61.8mg/L。水蚤 LC_{50}（48h）：0.22mg/L。淡水藻 E_rC_{50}：43mg/L。对蜜蜂无毒。蚯蚓 LC_{50}：262mg/kg（干土）。

应　用　胆碱酯酶抑制剂，具有触杀和胃毒作用的内吸性杀虫剂。可被叶片和根部吸收。具有高效、低毒、使用安全等优点（对蚜虫以外的其他农作物害虫防效一般）。是选择性杀蚜剂。

异丙威（isoprocarb）

$$CH_3NHCO_2\text{-}C_6H_4\text{-}CH(CH_3)_2$$

$C_{11}H_{15}NO_2$，193.2

其他中文名称　灭扑散，叶蝉散，异灭威

其他英文名称　MIPC，Mipcin，Mipcid，Entrofolan

化学名称　2-异丙基苯基-*N*-甲基氨基甲酸酯

CAS 登录号　2631-40-5

理化性质　纯品为无色结晶固体。熔点 92.2℃，沸点 128～129℃/2.66kPa，蒸气压 2.8×10^{-3}Pa（20℃），K_{ow} $\lg P=2.32$（25℃），Henry 常数 $2.0\times10^{-3}Pa\cdot m^3/mol$（20℃），相对密度 0.62。水中溶解度 270mg/L（20℃）；其他溶剂中溶解度（g/L，20℃）：正己烷 1.50，甲苯 65，二氯甲烷 400，丙酮 290，甲醇 250，乙酸乙酯 180。碱性介质中水解。

毒　性　急性经口 LD_{50}（mg/kg）：雄大鼠 188，雌大鼠 178，雄小鼠 193，雌小鼠 128。大鼠急性经皮 LD_{50}＞2000mg/kg；对兔眼睛和皮肤有轻微的刺激作用；对豚鼠皮肤无致敏性。大鼠急性吸入 LD_{50}（4h）＞2090mg/kg（喷雾）。2 年无作用剂量［mg/(kg·d)］：雄大鼠 0.4，雌大鼠 0.5，雄狗 8.7，雌狗 9.7。野鸭急性经口 LD_{50}：834mg/kg。鱼毒 LC_{50}（96h）：鲤鱼 22mg/L，金雅罗鱼 20～40mg/L。水蚤 EC_{50}（48h）：0.024mg/L。藻类 E_bC_{50}（72h）：月牙藻 21mg/L。对蜜蜂有毒。

制　剂　98%、95%、90%原药，20%乳油，20%悬浮剂，20%、15%、10%烟剂，10%、4%、2%粉剂。

应　用　触杀性杀虫剂。对昆虫主要是抑制乙酰胆碱酯酶，致使昆虫麻痹至死亡。主要用于防治水稻飞虱和叶蝉科害虫，击倒力强、药效迅速，但残效期较短，一般只有 3～5 天。可兼治蓟马和蚂蟥，对稻飞虱天敌蜘蛛类安全。对甘蔗扁飞虱、马铃薯甲虫、厩蝇等也有良好防治效果。应按登记作物施药，不应在薯类作物上使用，会产生药害。施用本品前后 10 天不能用敌稗。

原药生产厂家　安徽广信农化股份有限公司、湖北沙隆达（荆州）农药化工有限公司、湖南国发精细化工科技有限公司、湖南海利化工股份有限公司、江苏常隆化工有限公司、江苏

辉丰农化股份有限公司、江苏嘉隆化工有限公司、江西省海利贵溪化工农药有限公司、山东华阳科技股份有限公司。

甲硫威（methiocarb）

OCONHCH₃ ring with H₃C, CH₃, SCH₃

$C_{11}H_{15}NO_2S$，225.3

其他中文名称 灭旱螺

其他英文名称 Mesurol

化学名称 4-甲硫基-3,5-二甲苯基氨基甲酸酯

CAS登录号 2032-65-7

理化性质 纯品为有苯酚气味的无色结晶。熔点119℃，蒸气压1.5×10^{-5}Pa（20℃）、3.6×10^{-5} Pa（25℃），K_{ow} $\lg P=3.08$（20℃），Henry常数1.2×10^{-4} Pa·m³/mol（20℃），相对密度1.236（20℃）。水中溶解度27mg/L（20℃）；其他溶剂中溶解度（g/L，20℃）：二氯甲烷>200，异丙醇53，甲苯33，己烷1.3。强碱介质中不稳定，水解DT_{50}（22℃）>1y（pH 4），<35d（pH 7），6h（pH 9）。光照可完全降解，DT_{50}为6～16d。

毒　性 急性经口LD_{50}（mg/kg）：雄大鼠约33，雌大鼠约47，小鼠52～58，豚鼠约40，狗25。大鼠急性经皮LD_{50}>2000mg/kg；对兔子的皮肤和眼睛无刺激。大鼠急性吸入LD_{50}（4h）>0.3mg/L空气（喷雾），约0.5mg/L（粉尘）。2年无作用剂量：狗60mg/kg饲料（1.5mg/kg），大鼠200mg/kg，小鼠67mg/kg饲料。急性经口LD_{50}：雄性野鸭7.1～9.4mg/kg，日本鹌鹑5～10mg/kg。LC_{50}（7d）：对山齿鹑无中毒迹象。鱼毒LC_{50}（96h，mg/L）：蓝鳃太阳鱼0.754，虹鳟鱼0.436～4.7，金雅罗鱼3.8。水蚤LC_{50}（48h）：0.019mg/L。淡水藻E_rC_{50}：1.15mg/L。对蜜蜂无毒（依应用方法而定）。蚯蚓LC_{50}>200mg/kg（干土）。

应　用 具有触杀和胃毒作用，非内吸性杀虫和杀螨剂。作用于神经的软体害虫杀灭剂，当进入动物体内，可产生抑制胆碱酯酶的作用。用于杀灭猪、牛、羊、马、兔和家禽等体内外寄生虫（如线虫、螨、虱、蝉、蝇蛆等）。

速灭威（metolcarb）

O₂CNHCH₃ ring with CH₃

$C_9H_{11}NO_2$，165.2

其他英文名称 MTMC，Tsumacide

化学名称 3-甲基苯基-*N*-甲基氨基甲酸酯

CAS登录号 1129-41-5

理化性质 原药为无色固体。熔点 76～77℃、74～75℃（原药），蒸气压 1.45×10^{-3} Pa（20℃）。水中溶解度 2.6g/L（30℃），溶于极性有机溶剂，其他溶剂中溶解度（g/kg）：环己酮 790（30℃），二甲苯 100（30℃），甲醇 880（室温）。在非极性溶剂中溶解度较小。

毒　性 急性经口 LD_{50}：雄大鼠 580mg/kg，雌大鼠 498mg/kg，小鼠 109mg/kg。大鼠急性经皮 LD_{50} >2000mg/kg。大鼠 LC_{50} 为 0.475mg/L（空气）。对鱼低毒。

制　剂 98%、95%、90%原药，70%、25%可湿性粉剂，25%水分散粒剂，20%乳油。

应　用 具有触杀和熏蒸作用，也有一定内吸作用。击倒力强，持效期短，一般只有 3～4 天。对稻飞虱、稻叶蝉和稻蓟马及茶小绿叶蝉有特效。主要用于防治对马拉硫磷产生抗药性的稻飞虱、黑尾叶蝉，对其成虫和若虫都有优良防治效果，速效性尤佳。也可有于防治稻纵卷叶螟、茶树蚜虫、小绿叶蝉、长白介壳虫和龟甲介壳虫、黑粉虱一龄若虫、柑橘瘿螨、棉花蚜虫、棉铃虫等。不得与碱性农药混用或混放，应放在阴凉、干燥处。由于对蜜蜂的杀伤力大，不宜在花期使用。某些水稻品种对速灭威敏感，应在分蘖末期使用，浓度不宜高。下雨前不宜施药，食用作物在收获前 10 天应停止用药。

原药生产厂家 湖南国发精细化工科技有限公司、湖南海利化工股份有限公司、江苏常隆化工有限公司、山东华阳科技股份有限公司、浙江泰达作物科技有限公司。

残杀威（propoxur）

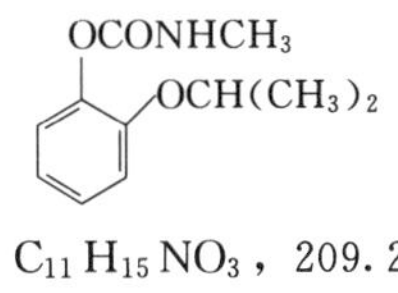

$C_{11}H_{15}NO_3$，209.2

其他中文名称 残杀畏

其他英文名称 PHC，arprocarb，Blattanex

化学名称 2-异丙氧基苯基-*N*-甲基氨基甲酸酯

CAS登录号 114-26-1

理化性质 纯品为无色结晶（原药为白色至有色膏状晶体）。熔点 90℃（晶型Ⅰ）、87.5℃（晶型Ⅱ，不稳定），蒸馏时分解，蒸气压 1.3×10^{-3} Pa（20℃）、2.8×10^{-3} Pa（25℃），K_{ow} $\lg P=1.56$，Henry 常数 1.5×10^{-4} Pa・m^3/mol（20℃），相对密度 1.17（20℃）。水中溶解度 1.75g/L（20℃），溶于大多数有机溶剂，其他溶剂中溶解度（g/L，20℃）：异丙醇>200，甲苯 94，正己烷 1.3。在水中当 pH=7 时稳定，强碱条件下水解；DT_{50}（22℃）：1y（pH 4），93d（pH 7），30h（pH 9）；DT_{50}（20℃）：40 min（pH 10）。环境中残杀威的整个消除过程中光降解不是主要的因素（DT_{50}：5～10d）；间接的光解（添加腐植酸）速度更快（DT_{50}：88h）。

毒　性　大鼠急性经口 LD_{50} 约为 50mg/kg，急性经皮 LD_{50} >5000mg/kg（24h）。对兔皮肤无刺激；对兔眼睛有轻微刺激。大鼠急性吸入 LD_{50}（4h）：0.5mg/L（喷雾）。2 年饲养试验无作用剂量：大鼠 200mg/(kg·d)，小鼠 500mg/(kg·d)。LC_{50}（5d）：山齿鹑 2828mg/kg，野鸭>5000mg/kg 饲料。鱼毒 LC_{50}（96h，mg/L）：蓝鳃太阳鱼 6.2～6.6，虹鳟鱼 3.7～13.6，金雅罗鱼 12.4。水蚤 LC_{50}（48h）为 0.15mg/L。对蜜蜂高毒。

制　剂　97%原药，20%乳油，10%微乳剂，10%烟片，8%可湿性粉剂，1.6%、1.4%、1.24%、1.22%、1.2%、1.17%、1.1%、0.85%、0.83%、0.81%、0.74%、0.7%、0.66%、0.6%、0.55%、0.51%、0.47%气雾剂，1%、0.6%、0.55%、0.4%粉剂，2.6%、2%、1.5%、1%、0.5%饵剂，2%、0.35%笔剂，2.5%烟剂，2.5%热雾剂，2%、1%毒饵，2%膏剂，2%胶饵，1.8%涂抹剂，1.5%、1%饵粒。

应　用　本品为强触杀能力的非内吸性杀虫剂，具有胃毒、熏杀和快速击倒作用。主要通过抑制害虫体内乙酰胆碱酯酶活性，使害虫中毒死亡。常用于牲畜体外寄生虫和仓库害虫及蚊、蝇、蜚蠊、蚂蚁、臭虫等害虫防治。不可与碱性农药混用。

原药生产厂家　湖南海利化工股份有限公司、江苏常隆化工有限公司、江苏南通功成精细化工有限公司。

噁虫威（bendiocarb）

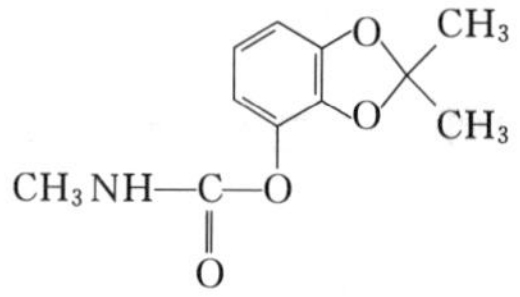

$CH_3NH—C(=O)—O$（2,2-二甲基-1,3-苯并二氧戊环结构，CH_3，CH_3）

$C_{11}H_{13}NO_4$，223.2

其他中文名称　苯噁威，高卫士

其他英文名称　Ficam，Seedox，Garvox

化学名称　2,2-二甲基-1,3-苯并二氧戊环-4-基甲基氨基甲酸酯

CAS 登录号　22781-23-3

理化性质　纯品外观为无色结晶固体，无味，纯度>99%；熔点 129℃，蒸气压 4.6mPa（25℃）；$K_{ow}\lg P$=1.72（pH 6.55）；相对密度 1.29（20℃）；水中溶解度 0.28g/L（pH7，20℃），其他溶剂中溶解度（g/L，20℃）：二氯甲烷 200～300，丙酮 150～200，甲醇 75～100，乙酸乙酯 60～75，对二甲苯 11.7，正己烷 0.225。稳定性：在碱性介质中快速水解，在中性和酸性介质中水解缓慢。DT_{50} 为 2d（25℃，pH7），形成 2，2-二异丙基二氧苯酚、甲胺和二氧化碳。对光和热稳定。pK_a 值 8.8。弱酸。

毒　性　急性经口 LD_{50}（mg/kg）：大鼠 25～156，小鼠 28～45，豚鼠 35，兔子 35～40。大鼠急性经皮 LD_{50} 为 566～800mg/kg，对皮肤和眼睛无刺激。大鼠急性吸入 LC_{50}（4h）：0.5 5mg/L 空气。大鼠 90d 和 2 y 饲喂试验的无作用剂量为 10mg/kg（饲料），在 90d 的试验中，大鼠进行 250mg/kg（饲料）饲喂除了胆碱酯酶不可逆抑制外无致病作用。鸟类急性

经口 LD_{50}：野鸭 3.1mg/kg，山齿鹑 19mg/kg，家母鸡 137mg/kg。鱼的 LC_{50}（96h）：红鲈 0.86mg/L，蓝鳃太阳鱼 1.65mg/L，虹鳟 1.55mg/L。水蚤 EC_{50}（48h）：0.038mg/L。对蜜蜂有毒。蚯蚓 LC_{50}：188mg/kg（土壤，14d）。

制　剂　98%原药，80%可湿性粉剂。

应　用　一种氨基甲酸酯类杀虫剂，为胆碱酯酶抑制剂，具有触杀和胃毒作用，并且在作物中有一些内吸活性。对一些公共卫生、工业和贮藏害虫，如蚁科、蜚蠊目、蚊科、蝇科、蚤目有效。由于本品有气味小、无腐蚀性和着色的特点，特别适用于建筑物内部。在农业上用作种子处理剂，颗粒剂用于防治土壤害虫和叶面害虫（叩头虫、甜菜隐食甲、瑞典麦秆蝇），特别适用于玉米和甜菜。在其他作物上茎叶喷雾可防治缨翅目和其他害虫。

原药生产厂家　拜耳有限责任公司。

克百威（carbofuran）

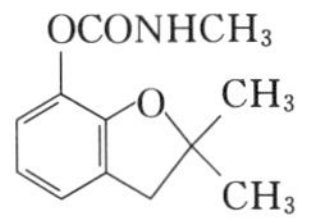

OCONHCH$_3$ / O / CH$_3$ / CH$_3$

$C_{12}H_{15}NO_3$，221.3

其他中文名称　大扶农，呋喃丹

其他英文名称　Furadan，Diafuran

化学名称　2，3-二氢-2，2-二甲基-7-苯并呋喃基-*N*-甲基氨基甲酸酯

CAS 登录号　1563-66-2

理化性质　纯品为无色结晶，熔点 153～154℃（原药 150～152℃）。相对密度（20℃）1.18。蒸气压 0.031mPa（20℃），0.072mPa（25℃）。K_{ow} LgP=1.52（20℃）。水中溶解度：320mg/L（20℃），351mg/L（25℃）；有机溶剂中溶解度（g/L，20℃）：二氯甲烷>200，异丙醇 20～50，甲苯 10～20。稳定性：在碱性介质中不稳定，在酸性、中性介质中稳定，150℃以下稳定，水解 DT_{50}（22℃）>1y（pH 4），121d（pH 7），31h（pH 9）。

毒　性　急性经口 LD_{50}（mg/kg）：大鼠 8，狗 15，小鼠 14.4。大鼠急性经皮 LD_{50}（24h）>2000mg/kg，对兔皮肤和眼睛具有中等程度刺激性。大鼠急性吸入 LC_{50}（4h）：0.075mg/L。鸟类急性经口 LD_{50}：日本鹌鹑 2.5～5mg/kg，鸟类急性经皮 LC_{50}：日本鹌鹑 60～240mg/kg，鱼类 LC_{50}（96h）虹鳟鱼 22～29mg/L。水蚤类 LC_{50}（48h）：38.6μg/L，对蜜蜂有毒（颗粒剂除外）。

制　剂　98%、97%、96%、95%原药，90%、75%母粉，75%、85%母药，10%、9%悬浮种衣剂，3%颗粒剂。

应　用　克百威是氨基甲酸酯类广谱性内吸杀虫、杀线虫剂，具有触杀和胃毒作用。其毒理机制为抑制乙酰胆碱酯酶，但与其他氨基甲酸酯类杀虫剂不同的是，它与胆碱酯酶的结合不可逆，因此毒性高。能被植物根系吸收，并能输送到植株各器官，以叶部积累较多，特别是叶缘，在果实中含量较少，当害虫咀嚼和刺吸带毒植物的叶汁或咬食带毒组织时，害虫体内乙酰胆碱酯酶受到抑制，引起害虫神经中毒死亡。在土壤中半衰期为30～60d。稻田水面撒药，残效期较短，施于土壤中残效期较长，在棉花和甘蔗田药效可维持40d左右。

原药生产厂家 湖北沙隆达（荆州）农药化工有限公司、湖南国发精细化工科技有限公司、湖南海利化工股份有限公司、江苏常隆农化有限公司、江苏嘉隆化工有限公司、江苏省太仓大塚化学有限公司、山东华阳科技股份有限公司、美国富美实公司。

甲萘威（carbaryl）

$OCONHCH_3$

$C_{12}H_{11}NO_2$，201.2

其他中文名称 胺甲萘，西维因

其他英文名称 BugMaster，Sevin

化学名称 1-萘基-*N*-甲基氨基甲酸酯

CAS登录号 63-25-2

理化性质 本品为无色至浅棕褐色结晶体，熔点142℃。蒸气压4.1×10^{-5}Pa（23.5℃）。$K_{ow}\lg P=1.85$。Henry常数$7.39\times10^{-5}Pa \cdot m^3/mol$。相对密度1.232g（20℃）。水中溶解性（20℃）：120mg/L。其他溶剂中溶解度（g/kg，25℃）：二甲基甲酰胺、二甲基亚砜400～450，丙酮200～300，环己酮200～250，异丙醇100，二甲苯100。稳定性 在中性和弱酸性条件下稳定，碱性介质中分解为1-萘酚，DT_{50}：约12d（pH 7），3.2h（pH 9）。对光和热稳定。闪点193℃。

毒　性 急性经口LD_{50}：雄大鼠为264mg/kg，雌大鼠为500mg/kg，兔710mg/kg。急性经皮LD_{50}：大鼠>4000mg/kg，兔>2000mg/kg。对兔眼有轻微的刺激，对兔皮肤有中等刺激性。老鼠急性吸入LC_{50}（4h）>3.28mg/L（空气）。大鼠NOEL为200mg/kg（2y）饲料。鸟类急性经口LD_{50}：雏野鸭>2179mg/kg，雏野鸡>2000mg/kg，日本鹌鹑2230mg/kg，鸽子1000～3000mg/kg。鱼毒LC_{50}（96h）：蓝鳃太阳鱼10mg/L，虹鳟鱼1.3mg/L。水蚤LC_{50}（48h）：0.006mg/L。海藻EC_{50}（5d）：1.1mg/L。其他水生物：糠虾LC_{50}（96h）：0.0057mg/L，牡蛎LC_{50}（48h）：2.7mg/L。对蜜蜂有毒，LD_{50}：1μg/只（局部），0.18μg/只（经口）。蚯蚓LC_{50}（28d）：106～176mg/kg（土壤）。其他益虫：对有益的昆虫有毒。

制　剂 99%、98%、95%、93%、90%原药，85%、25%可湿性粉剂。

应　用 本品为触杀性、胃毒性杀虫剂，有轻微的内吸特征。主要防治水果、蔬菜、棉花和其他经济作物上的害虫。除波尔多液和石灰硫黄外，能与大多数农药混用。防治稻田黑尾叶蝉，水稻分蘖期至园杆拔节期稻褐飞虱，棉铃虫，柑橘潜夜蛾，梨小食心虫，枣龟蜡蚧若虫以及地下害虫，吸浆虫等。

原药生产厂家 江苏常隆农化有限公司、江苏嘉隆化工有限公司、江苏快达农化股份有限公司、江西省海利贵溪化工农药有限公司。

丙硫克百威（benfuracarb）

$C_{20}H_{30}N_2O_5S$，410.5

其他中文名称 安克力，丙硫威，呋喃威

其他英文名称 OK-174，Oncol

化学名称 2,3-二氢-2,2-二甲基苯并呋喃-7-基-*N*-[*N'*-(2-(乙氧碳基)乙基)-*N'*-异丙基氨基硫基]-*N*-甲基氨基甲酸酯

CAS登录号 82560-54-1

理化性质 原药为红褐色黏滞液体，有效成分含量为94%，沸点>190℃。蒸气压<1×10^{-2}mPa（20℃，气体饱和法）。相对密度1.1493（20℃）。$K_{ow}\lg P=4.22$（25℃）。Henry常数<5×10^{-4} Pa·m^3/mol（20℃，计算值）。相对密度1.1493 g（20℃），水溶解度（pH7，20℃）：8.4mg/L。其他溶剂中溶解度（20℃）：在苯、二甲苯、乙醇、丙酮、二氯甲烷、正己烷、乙酸乙酯中>1000g/L。稳定性：在54℃条件下30d分解0.5%～2.0%，在中性或弱碱性介质中稳定，在酸或强碱性介质中不稳定。闪点为154.4℃。

毒　　性 急性经口LD_{50}（mg/kg）：雄大鼠222.6，雌大鼠205.4，小鼠175，狗300。大鼠急性经皮LD_{50}>2000mg/kg，对兔皮肤无刺激作用，对眼睛有轻微刺激。两年喂养试验无作用剂量：大鼠25mg/kg。无诱变性。无致突变和致畸性，无致癌性。鱼的LC_{50}（48h）：鲤鱼0.65mg/L。水蚤EC_{50}（48h）：9.9μg/L。蜜蜂LD_{50}（局部）：0.16μg/只。

制　　剂 94%原药。

应　　用 一种具有广谱、内吸作用的氨基甲酸酯杀虫剂，对害虫以胃毒作用为主，适用于水稻、玉米、大豆、马铃薯、甘蔗、棉花、蔬菜、果树等作物防治跳甲、马铃薯甲虫、金针虫、小菜蛾及蚜虫等多种害虫。

原药生产厂家 日本大冢药品工业株式会社、湖南海利化工股份有限公司。

抗蚜威（pirimicarb）

$C_{11}H_{18}N_4O_2$，238.3

其他中文名称 辟蚜雾

化学名称 2-二甲氨基-5,6-二甲基嘧啶-4-二甲基氨基甲酸酯

CAS登录号 23103-98-2

理化性质 原药为白色无臭结晶体，熔点 91.6℃。蒸气压 4.3×10^{-1}mPa（20℃）。相对密度 1.18（25℃）。K_{ow} lg$P$=1.7（未电离的）。Henry 常数 2.9×10^{-5}Pa·m^3/mol（pH 5.2），3.3×10^{-5}Pa·m^3/mol（pH 7.4），3.3×10^{-5}Pa·m^3/mol（pH 9.3）。水中溶解度（20℃）：3.6g/L（pH 5.2），3.1g/L（pH 7.4），3.1g/L（pH 9.3）。其他溶剂中溶解度（20℃）：丙酮、甲醇、二甲苯中>200g/L。稳定性：在一般的储藏条件下稳定性>2 年，pH 4～9（25℃）不发生水解，水溶液对紫外光不稳定，DT_{50}<1d（pH 5、7、9），溶液暴露在日光下 DT_{50}<1d（pH 5、7、9），pK_a 为 4.44（20℃），弱碱性。

毒　性 急性经口 LD_{50}（mg/kg）：雌大鼠 142，小鼠 107，狗 100～200。急性经皮 LD_{50}：大鼠>2000mg/kg，兔子>500mg/kg。对兔子皮肤无刺激，对眼睛有温和刺激。对豚鼠有中等的皮肤过敏性。雌大鼠 LC_{50}（4h）：0.86mg/L。NOEL（慢性）狗 3.5mg/(kg·d)，大鼠 75mg/kg 饲料。无致癌性，对生殖系统无副作用。鸟类急性经口 LD_{50}：家禽 25～50mg/kg，野鸭 28.5mg/kg，山齿鹑 20.9mg/kg。鱼毒 LC_{50}（96h）：虹鳟鱼 79mg/L，蓝鳃太阳鱼 55mg/L，黑头呆鱼>100mg/L。水蚤 EC_{50}（48h）：0.017mg/L。水藻 EC_{50}（96h）：140mg/L。其他水生物 EC_{50}（48h）：静水椎实螺 19mg/L，对钩虾 48mg/L，对蜜蜂无毒性，LD_{50}（24h）：4μg/只（经口），53μg/只（经皮）。蚯蚓 LC_{50}（14d）>60mg/kg。

制　剂 95%原药，50%、25%可湿性粉剂。

应　用 选择性防治禾谷类、果树、观赏植物和蔬菜上的蚜虫，并可有效地防治对有机磷产生抗性的桃蚜。本品具有速效性和熏蒸、内吸作用，从根部吸收转移到木质部。

原药生产厂家 江苏省江阴凯江农化有限公司、无锡禾美农化科技有限公司。

丁硫克百威（carbosulfan）

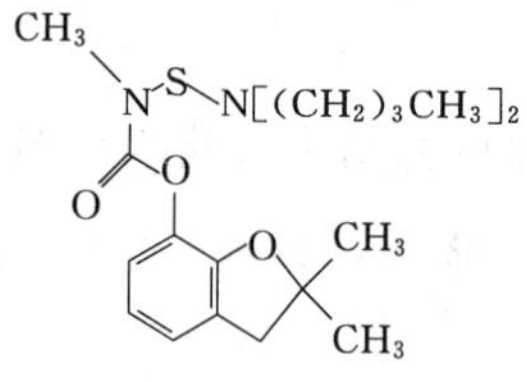

$C_{20}H_{32}N_2O_3S$，380.6

其他中文名称 丁硫威，好年冬

其他英文名称 Advantage，Marshal

化学名称 2，3-二氢-2，2-二甲基-7-苯并呋喃-*N*-（二正丁氨基硫基）-*N*-甲基氨基甲酸酯

CAS登录号 55285-14-8

理化性质 橙色到亮褐色黏稠液体，减压蒸馏时热分解（8.65kPa）。蒸气压 3.58×10^{-2}mPa（25℃）。相对密度 1.054（20℃）。K_{ow} lg$P$=5.4。Henry 常数 4.66×10^{-3}Pa·m^3/

mol（计算值）。水中溶解度 3mg/L（25℃）。其他溶剂中溶解度：与多数有机溶剂，如二甲苯、己烷、氯仿、二氯甲烷、甲醇、乙醇、丙酮互溶。稳定性：在水介质中易水解；在纯水中的 DT_{50}：0.2h（pH 5），11.4h（pH 7），173.3h（pH 9）。闪点 40℃（闭式）。

毒　性　大鼠急性经口 LD_{50}（mg/kg）：雄 250，雌 185。兔子急性经皮 LD_{50}＞2000，对眼睛无刺激作用，对皮肤具有中等的刺激作用。大鼠 LC_{50}（1h）：雄 1.53mg/L（空气），雌 0.61mg/L（空气）。NOEL（2y）老鼠为 20mg/kg。鸟类急性经口 LD_{50}（mg/kg）：野鸭 10，鹌鹑 82，野鸡 20。鱼的 LC_{50}（96h）：蓝鳃太阳鱼 0.015mg/L，虹鳟鱼 0.042mg/L。水蚤 LC_{50}（48h）：1.5μg/L。水藻 EC_{50}（96h）：20mg/L。对蜜蜂有毒，LD_{50}（24h，口服）1.046μg/只，（24h，接触）0.28μg/只。对蠕虫无毒。对其他益虫有潜在危害。

制　剂　90%、86%原药，85%母液，47%种子处理乳剂，40%水乳剂，20%悬浮剂，5%颗粒剂，20%、5%乳油，35%种子处理干粉剂。

应　用　本品为氨基甲酸酯类杀虫剂，胆碱酯酶抑制剂。系克百威低毒化衍生物，杀虫谱广，能防治蚜虫、螨、金针虫、甜菜隐食甲、甜菜跳甲、马铃薯甲虫、果树卷叶蛾、苹瘿蚊、苹果蠹蛾、茶微叶蝉、梨小食心虫和介壳虫等。作土壤处理，可防治地下害虫（倍足亚纲、叩甲科、综合纲）和叶面害虫（蚜科、马铃薯甲虫），作物为柑橘、马铃薯、水稻、甜菜等。

原药生产厂家　河北省冀州市凯明农药有限责任公司、湖北沙隆达（荆州）农药化工有限公司、湖南海利化工股份有限公司、江苏常隆农化有限公司、江苏嘉隆化工有限公司、辽宁省大连凯飞化工有限公司、浙江禾田化工有限公司、美国富美实公司。

猛杀威（promecarb）

$C_{12}H_{17}NO_2$，207.3

化学名称　3-异丙基-5-甲基苯基-*N*-甲基氨基甲酸酯

CAS 登录号　2631-37-0

理化性质　原药外观为白色至黄色粉末；沸点 117℃；熔点 87℃～85℃；蒸气压（25℃）1.4mPa；K_{ow} $\lg P$＝3.189（pH 4），溶解度（25℃）：水中 91mg/L（pH 4～5），四氯化碳、二甲苯中 100～200g/L，环乙醇、环乙酮、甲醇、异丙醇中 200～400g/L，丙酮、二氯甲烷、二甲基甲酰胺中 400～600g/L。稳定性：在强酸或强碱作用下水解，DT_{50}（22℃）103d（pH 7），36h（pH 9），250℃和 pH 5 时稳定。50℃时＞140h。

毒　性　急性经口 LD_{50}：大鼠 60～140mg/kg，小鼠：23～40mg/kg。急性经皮 LD_{50}：兔子＞2025mg/kg；（50%可湿性粉剂制剂）大鼠和兔子＞1000mg/kg。大鼠 LD_{50}（4h）＞0.16mg/L 空气。NOEL 值（1.5 y）对大鼠＞20mg/kg。鸟类急性口服 LD_{50}：三齿鹑 78mg/kg，野鸭 3.5mg/kg；鱼 LD_{50}（96h）：虹鳟鱼 0.3mg/L，蓝鳃太阳鱼 0.64mg/L；

(72h) 鲤鱼 4.3mg/L,(120h) 欧洲鳟鱼 1.2mg/L,对蜜蜂有毒 LD_{50}:0.0011mg/只。

应 用 为非内吸性触杀性杀虫剂,并有胃毒和吸入杀虫作用。在进入动物体内后,即能抑制胆碱酯酶的活性。对水稻稻飞虱、白背飞虱、稻叶蝉、灰飞虱、稻蓟马、棉蚜虫、刺粉蚧、柑橘潜叶蛾、锈壁虱、茶树蚧壳虫、小绿叶蝉以及马铃薯甲虫等均有防效。

苯氧威(fenoxycarb)

C_6H_5—O—C_6H_4—$OCH_2CH_2NHCO_2CH_2CH_3$

$C_{17}H_{19}NO_4$,301.3

化学名称 2-(4-苯氧基苯氧基)乙基氨基甲酸乙酯

CAS登录号 79127-80-3

理化性质 无色至白色结晶,熔点 53~54℃,蒸气压 8.67×10^{-4} mPa (25℃),K_{ow} $\lg P$=4.07 (25℃),Henry 常数 3.3×10^{-5} Pa·m^3/mol(计算值)。相对密度 1.23 (20℃),溶解度:水中 7.9mg/L (pH 7.55~7.84,25℃),乙醇 510g/L,丙酮 770g/L,甲苯 630g/L,正己烷 5.3g/L,正辛醇 130g/L。稳定性:在光中稳定,pH 3、7、9 在 50℃水溶液中水解。

毒 性 大鼠急性经口 LD_{50}>10000mg/kg,大鼠急性经皮 LD_{50}>2000mg/kg,对皮肤和眼睛无刺激性,大鼠吸入毒性 LC_{50}:>4400mg/m^3。NOEL 值:大鼠为 5.5mg/kg (18 个月),小鼠为 8.1mg/kg (2y)。鸟急性经口 LD_{50}:日本鹌鹑 >7000mg/kg,三齿鹌 LC_{50} (8d)>25000mg/L,鱼 LC_{50} (96h):鲤鱼 10.3mg/L,虹鳟鱼 1.6mg/L,水蚤 LC_{50} (48h):0.4mg/L,海藻 EC_{50} (96h):1.10mg/L,蜜蜂 LC_{50} (24h)>1000mg/L,土壤中蚯蚓 LC_{50} (14d):850mg/kg,在田间条件下,该化合物对食肉动物及膜翅目害虫的体内寄生虫安全。

制 剂 3%乳油。

应 用 该药是一种萜烯类昆虫生长调节剂。对害虫具有触杀及胃毒作用,对害虫表现出强烈的保幼激素活性,可使卵不孵化、抑制成虫期变态及幼虫期的锐皮,造成幼虫后期或蛹死亡。主要用于仓库,防治仓储害虫。喷洒谷仓,防止鞘翅目、鳞翅目类害虫和繁殖;室内裂缝喷粉防治蟑螂、跳蚤等。可制成饵料防治火蚁、白蚁等多种蚁群。

生产厂家 河南省郑州沙隆达伟新农药有限公司。

硫双威(thiodicarb)

S[N(CH_3)—C(=O)—O—N=C(CH_3)SCH_3]$_2$

$C_{10}H_{18}N_4O_4S_3$,354.5

其他中文名称 拉维因,硫双灭多威,双灭多威

其他英文名称 Larvin，Lepicron，Nivral

化学名称 3,7,9,13-四甲基-5,11-二氧杂-2,8,14-三硫杂-4,7,9,12-四氮杂十五烷-3,12-二烯-6,10-二酮

CAS登录号 59669-26-0

理化性质 外观为无色结晶，熔点172.6℃，蒸气压2.7×10^{-6}Pa（25℃），密度1.47g/mL（20℃），$K_{ow}\lg P=1.62$（25℃），Henry常数$4.31\times10^{-2}Pa\cdot m^3/mol$（25℃）。水中溶解度（25℃）22.19μg/L。其他溶剂中溶解度（25℃，g/L）：丙酮5.33，甲苯0.92，乙醇0.97，二氯甲烷200～300。稳定性：60℃以下稳定，其水悬液在日照下分解，pH6稳定，pH9迅速水解，pH3缓慢水解（DT_{50}为9d）。

毒　性 急性经口LD_{50}（mg/kg）：（水中）大鼠66、（玉米油中）120，狗＞800，猴子＞467。兔急性经皮LD_{50}＞2000mg/kg；对兔子的皮肤和眼睛有轻微刺激。大鼠吸入LC_{50}（4h）：0.32mg/L空气。大、小鼠2y饲喂试验的无作用剂量分别为3.75mg/(kg·d)和5.0mg/(kg·d)。鸟类急性经口LD_{50}：日本鹌鹑2023mg/kg。野鸭LC_{50} 5620mg/kg（饲料）。鱼毒LC_{50}（96h）：蓝鳃太阳鱼1.4mg/L，虹鳟鱼＞3.3mg/L。水蚤LC_{50}（48h）：0.027mg/L。若直接喷到蜜蜂上稍有毒性，但喷药残渣干后无危险。

制　剂 95%原药，375g/L悬浮种衣剂，375g/L悬浮剂，80%、75%、25%水分散粒剂。

应　用 杀虫活性与灭多威相近，毒性较灭多威低。属氨基甲酰肟类杀虫剂，为胆碱酯酶抑制剂。以茎叶喷雾和种子处理用于许多作物，硫双威主要是胃毒作用，几乎没有触杀作用，无熏蒸和内吸作用，有较强的选择性，在土壤中残效期很短，对主要的鳞翅目、鞘翅目和双翅目害虫有效，对鳞翅目的卵和成虫也有较高的活性。

原药生产厂家 河北宣化农药有限责任公司、河南省郑州市金鹏化工实业有限公司、江苏常隆农化有限公司、江苏绿叶农化有限公司、江苏瑞邦农药厂有限公司、江苏省南通施壮化工有限公司、南龙（连云港）化学有限公司、山东华阳科技股份有限公司、山东力邦化工有限公司、山东省淄博科龙生物药业有限公司、浙江省宁波中化化学品有限公司、德国拜耳作物科学公司。

涕灭威（aldicarb）

$$CH_3S-C(CH_3)_2-CH=N-O-C(=O)-NHCH_3$$

$C_7H_{14}N_2O_2S$，190.3

其他中文名称 铁灭克

其他英文名称 Temik，Sanacarb

化学名称 *O*-甲基氨基甲酰基-2-甲基-2-(甲硫基)丙醛肟

CAS登录号 116-06-3

理化性质 纯品为无色结晶固体，稍微伴有硫黄味道。熔点98～100℃（原药）。蒸气压：3.87±0.28mPa（24℃），K_{ow} lg$P$＝1.15（25℃），Henry常数1.23×10^{-4} Pa · m^3/mol（25℃，计算值），相对密度（20℃）1.2。水中溶解度（pH 7，20℃）4.93g/L，有机溶剂中溶解度（g/L，25℃）：易溶于大多数有机溶剂，丙酮350，二氯甲烷300，苯150，二甲苯50。几乎不溶于庚烷和矿物油中。稳定性：在中性、酸性和弱碱性介质中稳定。遇强碱分解，100℃以下稳定，遇氧化剂迅速转变为亚砜，而再进一步氧化为砜很慢。

毒　性 大鼠急性经口LD_{50}：0.93mg/kg。雄兔急性经皮LD_{50}：20mg/kg。大鼠吸入LD_{50}（4h）：0.0039mg/L。野鸭急性经口LD_{50}：1.0mg/kg，山齿鹑LC_{50}（8d）：71mg/kg。鱼LC_{50}（96h）：虹鳟＞0.56mg/L，蓝鳃太阳鱼72μg/L。水蚤LC_{50}（21h）0.18mg/L，其NOAEC的几何平均数为35μg/L。藻类E_rC_{50}（96h）：1.4mg/L（生长抑制）。蜜蜂高毒（有效接触下），LD_{50}：0.285μg/只，但是在使用时由于该化合物做成产品后剂型为粒剂，和土壤混在一起，不会和蜜蜂接触，因此不会对蜜蜂造成伤害。蠕虫LC_{50}（14d）：16mg/kg（土壤）。

制　剂 80％原药，15％、5％颗粒剂。

应　用 涕灭威是土壤施用的内吸杀虫剂，适用于防治蚜虫、螨类、蓟马等刺吸式口器害虫和食叶性害虫，对作物各个生长期的线虫有良好防治效果。涕灭威具有触杀、胃毒和内吸作用，能被植物根系吸收，传导到植物地上部各组织器官。速效性好，持效期长。撒药量过多或集中在撒布在种子及根部附近时，易出现药害。涕灭威在土壤中易被代谢和水解，在碱性条件下易被分解。播种沟、带或全面处理（种植前或种植时均可）以及芽后旁施处理。要从颗粒剂中释放出有效成分，要有一定的土壤湿度，因此施用后要灌溉或下雨。只准在棉花、花生上使用，并限于地下水位低的地方。且不能用于棉花种子拌种。

原药生产厂家 华阳科技股份有限公司。

环戊烯丙菊酯（terallethrin）

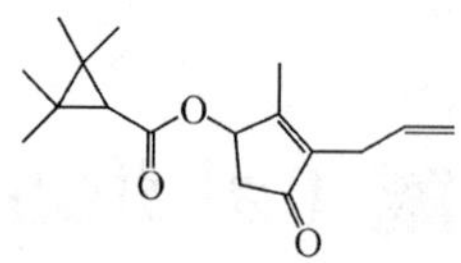

$C_{17}H_{24}O_3$，276.4

其他中文名称 甲烯菊酯

化学名称 (*RS*)-3-烯丙基-2-甲基-4-氧代环戊-2-烯基-2,2,3,3-四甲基环丙烷羧酸酯

CAS登录号 15589-31-8

理化性质 淡黄色油状液体，20℃时的蒸气压为0.027Pa。不溶于水（在水中溶解度计算值为15mg/L），能溶于多种有机溶剂中。在日光照射下不稳定，在碱性中易分解。

毒　性 大鼠急性经皮LD_{50} 174～224mg/kg。

应　用　触杀、熏蒸作用。本品比丙烯菊酯容易挥发，用作热熏蒸防治蚊虫时特别有效。它对家蝇和淡色库蚊的击倒活性高于丙烯菊酯和天然菊素。对德国小蠊的击倒活性亦优于丙烯菊酯。本品加工为蚊香使用，对蚊成虫高效。当与丙烯菊酯混合制剂后，有相互增效作用，对蚊蝇的击倒活性和杀死力，均有较大提高。

右旋反式烯丙菊酯（*d-trans*-allethrin）

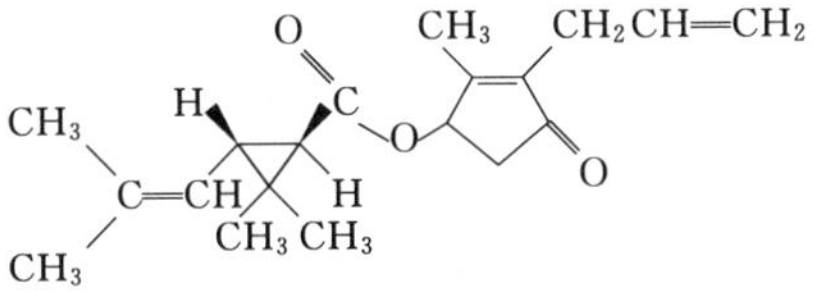

$C_{19}H_{26}O_3$，302.4

化学名称　(*RS*)-3-烯丙基-2-甲基-4-氧代环戊-2-烯基(1*R*,3*R*)-2,2-二甲基-3-(2-甲基丙-1-烯基)环丙烷羧酸酯

理化性质　原药为浅黄色液体，沸点 135～138℃/46.7 Pa，相对密度 1.0～1.02，20℃蒸气压为 5.6mPa，难溶于水，与乙醇、四氯化碳、1，2-二氯乙烷、硝基甲烷、已烷、二甲苯、煤油、石油醚互溶，在紫外光下分解，在强酸和碱性液中水解。

毒　性　大鼠急性经口 LD_{50}：3160mg/kg（雄），2150mg/kg（雌）。大鼠急性经皮 LD_{50}＞5000mg/kg。

制　剂　93%（总酯 93%、*S*/*R*＝75/25）原药，0.30%、0.25%蚊香。

应　用　制造蚊香和电热片的原料，对成蚊有驱除和毒杀作用。

原药生产厂家　扬农化工股份有限公司

右旋烯丙菊酯（*d*-allethrin）

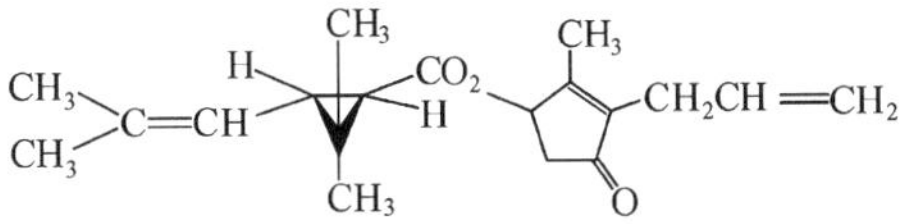

$C_{19}H_{26}O_3$，302.4

其他中文名称　强力毕那命，右旋丙烯菊酯，阿斯，威扑，武士，拜高，榄菊，华力

其他英文名称　ynamin-Forte，Allethrin-Forte，Vapemat，Mosfly，Mat

化学名称　(*RS*)-3-烯丙基-2-甲基-4-氧代环戊-2-烯基(1*R*,3*R*;1*R*,3*S*)-2,2-二甲基-3-(2-甲基丙-1-烯基)环丙烷羧酸酯

CAS 登录号　42534-61-2

理化性质　原药是一种淡黄色液体，沸点 281.5℃/1.013×10^5 Pa，相对密度 1.01（20℃），21℃时蒸气压 0.16mPa，$K_{ow}\lg P$＝4.96（室温），溶解度（20℃）：几乎不溶于水，正已烷 0.655 g/mL，甲醇 72.0 mL/mL。在弱酸介质中稳定，在碱性介质中易分解，紫外

光下分解，闪点：87℃。

毒　性　大鼠急性经口 LD_{50}：雄性 2150mg/kg，雌性 900mg/kg，急性经皮 LD_{50}：雄兔 2660mg/kg，雌兔 4390mg/kg，大鼠急性吸入 LC_{50} ＞3875mg/m³。野鸭和鹌鹑经口 LC_{50}（8d）＞5620mg/kg。鱼类 LC_{50}（96h）：鲤鱼 0.134mg/L。

制　剂　95%（右旋烯丙菊酯 95%、右旋体 93%）、93%（总酯 93%、右旋 91%），93%（总酯 93%、右旋 80%）、90%原药，0.3%、0.25%、0.24%、0.2%蚊香，56 毫克/片、50 毫克/片、40 毫克/片、36 毫克/片电热蚊香片。

应　用　拟除虫菊酯杀虫剂。为扰乱轴突传导的触杀型神经毒剂。作用于昆虫引起剧烈的麻痹作用，倾仰落下，直至死亡。主要用于家蝇和蚊子等卫生害虫，有很强的触杀和驱避作用，击倒力较强。用于制作蚊香、电热蚊香片、气雾剂的有效成分。我国蚊香制作是先把烯丙菊酯制成乳油。主要用于室内防除蚊蝇。和其他农药混配，亦可用于防治其他飞行和爬行害虫，以及牲畜的体外寄生虫。

原药生产厂家　常州康美化工有限公司、广东省中山市凯达精细化工股份有限公司石岐农药厂、江苏扬农化工股份有限公司、日本住友化学工业株式会社。

富右旋反式烯丙菊酯（rich-*d*-*trans*-allethrin）

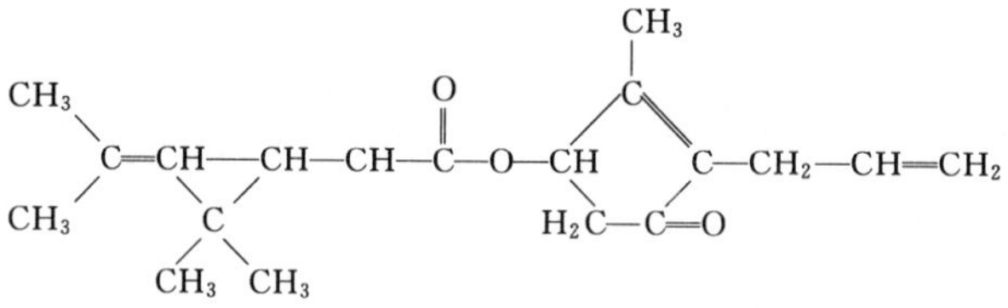

$C_{19}H_{26}O_3$，302.4

化学名称　(*RS*)-3-烯丙基-2-甲基-4-氧代环戊-2-烯基(1*R*,3*R*)-2,2-二甲基-3-(2-甲基丙-1-烯基)环丙烷羧酸酯

理化性质　沸点 125～135℃/9.33Pa，蒸气压（200℃）为 1066.4 Pa，不溶于水。溶于大多数有机溶剂，在中性和弱酸性条件下稳定。

毒　性　大鼠急性经口 LD_{50}＞10000mg/kg，大鼠急性经皮 LD_{50}＞10000mg/m³。

制　剂　95%（总酯 95%、右旋反式体 78%）、94%（总酯 94%，右旋 85%）、93%（总酯 93%、右旋反式 80%）原药，0.80%烟剂，0.25%烟棒，0.3%、0.29%、0.27%、0.26%、0.25%、0.23%、0.2%蚊香，1%烟片，26 毫克/片、10 毫克/片 电热蚊香片。

应　用　富右旋烯丙菊酯产品性状与右旋烯丙菊酯相同，药效经测试为右旋丙烯菊酯的 1.1 倍。富右旋烯丙菊酯具有强烈触杀和击倒作用，主要用于防治家蝇、蚊虫、虱、蟑螂等家庭害虫，还适用于防治猫、狗等宠物体外寄生的跳蚤、体虱等害虫，也可和其他药剂混配作农场、畜舍、奶牛房喷射剂防治飞翔、爬行害虫。

原药生产厂家　常州康泰化工有限公司、广东省中山市凯达精细化工股份有限公司、扬农化工股份有限公司。

S-生物烯丙菊酯（S-bioallethrin）

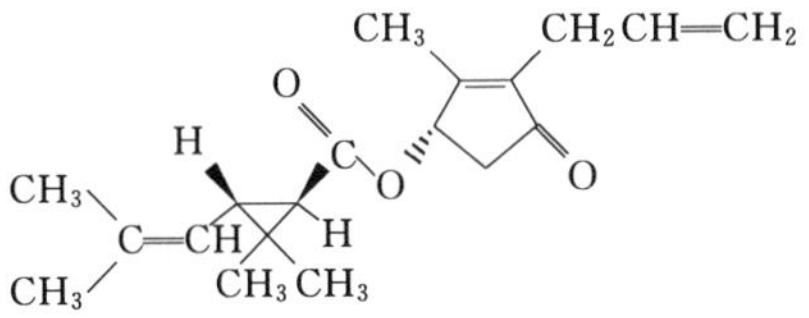

$C_{19}H_{26}O_3$，302.4

化学名称 (S)-3-烯丙基-2-甲基-4-氧代环戊-2-烯基(1R,3R)-2,2-二甲基-3-(2-甲基丙-1-烯基)环丙烷羧酸酯

CAS登录号 28434-00-6

理化性质 具有轻微芳香气味的黄色黏稠液体，本品不溶于水，可与丙酮、苯、正己烷、甲苯、氯仿、精制煤油、异石蜡族溶剂、发射剂F11（三氯一氟甲烷）和F12（二氯二氟甲烷）以及与其他有机溶剂相混。在中性和微酸性介质中稳定，但遇强酸和碱能分解。对紫外线敏感，需密闭贮存在铝罐、棕色玻璃瓶或不透明的塑料容器中，在一般贮藏温度下经2年以上，含量无变化。

毒　性 大鼠急性经口 LD_{50}：784mg/kg（雄），1545mg/kg（雌）（另有文献上为680mg/kg），兔急性经皮 LD_{50}：545mg/kg。

制　剂 95%（总酯95%、右旋反式体90%）、95%（总酯95%，右旋体89%）、95%原药，18毫克/片电热蚊香片。

应　用 S-生物烯丙菊酯是一种广谱拟除虫菊酯原药，是烯丙菊酯系列产品中药效最好的一个，广泛用来生产电热蚊香片、蚊香、液体蚊香，也经常与生物苄呋菊酯，氯菊酯、溴氰菊酯，加增效剂复配成杀虫气雾剂、喷射剂或浓缩液等。主要用来防治蚊、蝇等飞翔害虫，对蚊、蝇、黄蜂、蟑螂、跳蚤、蚂蚁有特别的功效。

原药生产厂家 常州康泰化工有限公司、扬农化工股份有限公司、日本住友化学工业株式会社。

生物烯丙菊酯（bioallethrin）

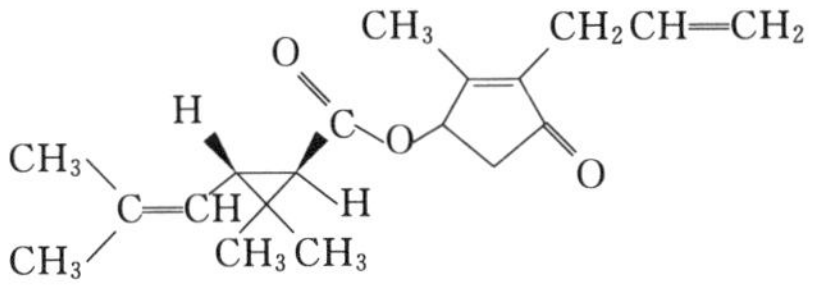

$C_{19}H_{26}O_3$，302.4

其他中文名称 生物丙烯菊酯，右旋反式丙烯菊酯，反式丙烯除虫菊

其他英文名称 D-trans allethrin，d-allethrin，Pynamin Forte

化学名称 (RS)-3-烯丙基-2-甲基-4-氧代环戊-2-烯基(1R,3R)-2,2-二甲基-3-(2-甲基丙-1-烯基)环丙烷羧酸酯

CAS登录号 584-79-2

理化性质 生物烯丙菊酯是一种橙黄色黏稠液体，熔点：在－40℃未观察到结晶，沸点165～170℃/0.02 kPa。蒸气压为43.9mPa（25℃）。$K_{ow}\lg P$＝4.68（25℃）。Henry常数为2.89Pa·m^3/mol（计算值）。相对密度1.012（20℃）。溶解度：生物丙烯菊酯在水中为4.6mg/L（25℃），能与丙酮、乙醇、氯仿、乙酸乙酯、己烷、甲苯、二氯甲烷完全互溶（20℃）。稳定性：遇紫外线分解。在水溶液中DT_{50}：1410.7d（pH 5），547.3d（pH 7），4.3d（pH 9）。闪点为87℃。

毒　性 急性经口LD_{50}：雄大鼠709mg/kg，雌大鼠1042mg/kg；雄大鼠425～575mg D-Trans/kg，雌大鼠845～875mg/kg。急性经皮LD_{50}：兔＞3000mg/kg。大鼠吸入LC_{50}（4h）2.5mg/L。无致突变、致癌、致胚胎中毒或致畸作用。鸟类急性经口LD_{50}：山齿鹑2030mg/kg。对鱼类高毒，LC_{50}（96h）：银鲑22.2μg/L，9.40μg/L；硬头鳟17.5μg/L，9.70μg/L；叉尾鮰＞30.1μg/L，27.0μg/L，黄金鲈鱼，9.90μg/L。水蚤LC_{50}（96h）：0.0356mg/L。

制　剂 93%（总酯93%、右旋反式体90%）、93%（总酯含量93%、有效体含量90%）原药，0.30%蚊香。

应　用 作用方式：触杀、胃毒。具有强烈触杀作用，击倒快。作用于昆虫引起激烈的麻痹作用，倾仰落下，直至死亡。本药剂为扰乱轴突传导的神经毒剂。

原药生产厂家 广东省中山市凯达精细化工股份有限公司石岐农药厂、扬农化工股份有限公司。

Es-生物烯丙菊酯（esbiothrin）

$(CH_3)_2C{=}CH$—[环丙烷, CH_3 CH_3]—CO(=O)—O—[环戊烯酮, CH_3, $CH_2CH{=}CH_2$, =O]

$C_{19}H_{26}O_3$，302.4

其他中文名称 K-4F粉，益必添，S-生物丙烯菊酯

其他英文名称 K-4F，d-T80-allethrin

化学名称 右旋-2-烯丙基-4-羟基-3-甲基-2-环戊稀-1-酮的反式菊酸酯

理化性质 工业品淡黄色液体，沸点135～138℃/46.7 Pa，蒸气压5.6mPa（20℃），相对密度1.0～1.02，难溶于水，与乙醇、四氯化碳、1.2-二氯乙烷，硝基甲烷、己烷、二甲苯、煤油、石油醚互溶，紫外光下分解，强酸和碱性液中水解。

毒　性 大鼠急性经口LD_{50}：440～730mg/kg，大鼠急性经皮LD_{50}＞2500mg/kg。对鱼、蜜蜂有毒。

制　剂 93%、93%（总酯93%，右旋体82%）原药，0.30%、0.27%、0.25%、0.23%、0.20%、0.18%、0.15%、0.12%蚊香，2.6%、2.30%、2.0%、1.80%电热蚊香液，60毫克/片、30毫克/片、25毫克/片、24毫克/片、20毫克/片、10毫克/片电热蚊香片，5%烟雾剂。

应　用　一种广谱拟除虫菊酯原药，有较强击倒和杀死活性，主要用来防治蚊、蝇等飞翔害虫，对蚊、蝇、黄蜂、蟑螂、跳蚤、蚂蚁有特别的功效。原药广泛用来生产电热蚊香片、蚊香、液体蚊香。

原药生产厂家　常州康美化工有限公司、广东省江门市大光明农化有限公司、广东省中山市凯达精细化工股份有限公司石岐农药厂、扬农化工股份有限公司、日本住友化学工业株式会社。

胺菊酯（tetramethrin）

$C_{19}H_{25}NO_4$，331.4

其他中文名称　四甲菊酯，似菊酯，酞菊酯，酞胺菊酯

其他英文名称　Butamin，Duracide，Ecothrin，Mulhcide，Neopynamin

化学名称　环己-1-烯-1,2-二羧酰亚氨基甲基(*RS*)-2,2-二甲基-3-(2-甲基丙-1-烯基)环丙烷羧酸酯

CAS登录号　7696-12-0

理化性质　无色晶体（工业品为无色到浅黄棕色液体），有淡淡的除虫菊的气味，熔点68～70℃（工业品 60～80℃），闪点 200℃。蒸气压为 2.1mPa（25℃）。$K_{ow}\lg P=4.6$（25℃）。相对密度 1.1（20℃）。Henry 常数 3.80×10^{-1} Pa·m^3/mol（25℃，计算值）。溶解度：水中 1.83mg/L（25℃），在丙酮、乙醇、甲醇、正己烷和正辛醇中>2g/100mL。稳定性：对碱和强酸敏感，DT_{50} 16～20d（pH 5），1d（pH7），<1h（pH 9），约 50℃下储藏稳定，在丙酮、氯仿、二甲苯、一般喷雾剂等溶剂中稳定，在无机载体中的稳定性而随载体不同而有所不同。闪点：200℃。

毒　性　急性经口 LD_{50}：大鼠>5000mg/kg。急性经皮 LD_{50}：兔>2000mg/kg。对兔皮肤无刺激作用。毒性吸入 LC_{50}（4h）：大鼠>2.73mg/L。NOEL：在剂量为 5000mg/kg 情况下对狗进行喂食试验 13 周无不良反应，用大鼠作同样的试验在剂量 1500mg/kg 下喂食 6 月无不良反应，无致癌作用。急性经口 LD_{50}：北美鹑>2250mg/kg。膳食 LC_{50}：北美鹑和绿头鸭>5620mg/L。鱼 LC_{50}（96h）：虹鳟鱼 3.7μg/L，蓝鳃太阳鱼 16μg/L。水蚤 EC_{50}（48h）：0.11mg/L。对蜜蜂有毒。

制　剂　95%、92%原药，1.80%片剂。

应　用　为触杀性杀虫剂，对蝇、蚊和其他卫生害虫具有强的击倒活性，但致死性能差，有复苏现象，对蟑螂有驱赶作用。

原药生产厂家　常州康美化工有限公司、广东立威化工有限公司、广东省江门市大光明农化有限公司、广东省中山市凯达精细化工股份有限公司、扬农化工股份有限公司、日本住友

化学工业株式会社。

右旋胺菊酯（*d*-tetramethrin）

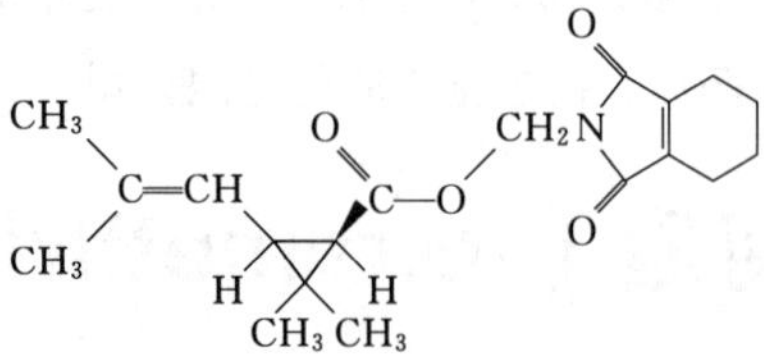

$C_{19}H_{25}NO_4$，331.4

其他中文名称 强力诺毕那命

化学名称 环己-1-烯-1,2-二羧酰亚氨基甲基(1*R*,3*R*;1*R*,3*S*)-2,2-二甲基-3-(2-甲基丙-1-烯基)环丙烷羧酸酯

CAS登录号 7696-12-0

理化性质 原药为黄色或褐色黏性固体，熔点 40～60℃，蒸气压 3.2×10^{-4} mPa (20℃)。K_{ow} lg$P$=4.35，相对密度 1.11（25℃），溶解性（23℃）：水 2～4mg/L，己烷、甲醇、二甲苯>500 g/kg。

毒　性 大鼠急性经口 LD_{50}>5000mg/kg，大鼠急性经皮 LD_{50}：5000mg/kg。大鼠吸入 LC_{50}（3h）：>1180mg/m³。鱼类 LC_{50}（96h）：虹鳟鱼 0.010mg/ L。

制　剂 94%（总酯 94%、右旋体 90%）、92%（总酯 92%、右旋体 90%）、92%原药。

应　用 本品属拟除虫菊酯类杀虫剂，是触杀性杀虫剂，对蚊、蝇等卫生昆虫具有卓越的击倒力，对蟑螂有较强的驱赶作用，可将栖居在黑暗裂隙处的蟑螂赶跑出来，但致死性能差，有复苏现象，故常与其他杀死力高的药剂复配使用。加工成气雾剂或喷射剂，以防治家庭和畜舍的蚊、蝇和蟑螂等。还可以防治庭园害虫和食品仓库害虫。

原药生产厂家 常州康美化工有限公司、广东省中山市凯达精细化工股份有限公司石岐农药厂、江苏扬农化工股份有限公司、日本住友化学工业株式会社。

右旋反式胺菊酯（*d-trans*-tetramethrin）

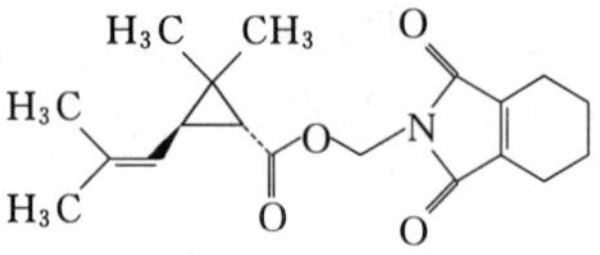

(1*R*-*trans*)

$C_{19}H_{25}NO_4$，331.4

化学名称 环己-1-烯-1,2-二羧酰亚氨基甲基(1*R*,3*R*)-2,2-二甲基-3-(2-甲基丙-1-烯基)环丙烷羧酸酯

CAS登录号 1166-46-7

理化性质 原药为黄色或褐色黏性固体，熔点 65～80℃，相对密度 1.11，蒸气压 0.32mPa（20℃）。溶解性（23℃）：水 2～4mg/L，己烷、甲醇、二甲苯>500 g/kg。

毒 性 大鼠急性经口 LD_{50}>5000mg/kg，大鼠急性经皮 LD_{50}>5000mg/kg。

应 用 对蟑螂、蚊子、苍蝇以及其他卫生害虫有效，且对蟑螂有较强的驱赶作用，但其杀死力和残效性都较差。

富右旋反式胺菊酯（rich-*d*-*t*-tetramethrin）

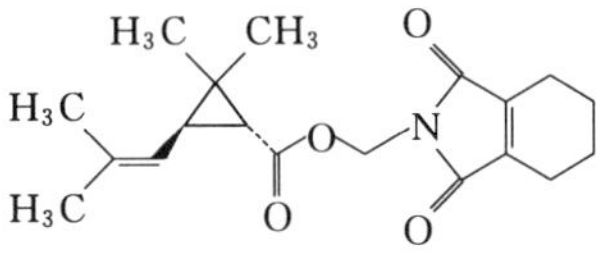

(1*R*-*trans*)

$C_{19}H_{25}NO_4$，331.4

化学名称 富右旋-顺反式-2,2-二甲基-3-(2-甲基-1-丙烯基)环丙烷羧酸-3,4,5,6-四氢酞酰亚胺基甲基酯

理化性质 无色晶体（工业品为无色到浅黄棕色液体），有淡淡的除虫菊的气味，熔点 68～70℃（工业品 60～80℃）。蒸气压为 2.1mPa（25℃）。K_{ow} lg$P$＝4.6（25℃）。相对密度 1.1（20℃）。Henry 常数 3.80×10^{-1}Pa·m^3/mol（25℃，计算值）。溶解度：水中 1.83mg/L（25℃），在丙酮、乙醇、甲醇、正己烷和正辛醇中>2g/100mL。稳定性：对碱和强酸敏感，DT_{50} 16～20d（pH 5），1d（pH7），<1h（pH 9），约 50℃下储藏稳定，在丙酮、氯仿、二甲苯、一般喷雾剂等溶剂中稳定，在无机载体中的稳定性而随载体不同而有所不同。闪点：200℃。

毒 性 大鼠急性经口 LD_{50}>5000mg/kg。兔急性经皮 LD_{50}>2000mg/kg。对兔皮肤无刺激作用。毒性吸入 LC_{50}（4h）：大鼠>2.73mg/L。NOEL：在剂量为 5000mg/kg 情况下对狗进行喂食试验 13 周无不良反应，用大鼠作同样的试验在剂量 1500mg/kg 下喂食 6 个月无不良反应，无致癌作用。急性经口 LD_{50}：北美鹑>2250mg/kg。膳食 LC_{50}：北美鹑和绿头鸭>5620mg/L。鱼 LC_{50}（96h）：虹鳟鱼 3.7μg/L，蓝鳃太阳鱼 16μg/L。水蚤 EC_{50}（48h）：0.11mg/L。对蜜蜂有毒。

应 用 本品对蚊、蝇等卫生昆虫击倒速度极快，对蟑螂具有驱赶作用，常与其他杀死能力强的药剂复配使用，适合制作喷雾剂、气雾剂等。对蜜蜂、鱼虾、蚕等毒性高，用药时不要污染河流、池塘、桑园和养蜂场等。对蚊、蝇倒速度极快，但致死性能差。

右旋苄呋菊酯（*d*-resmethrin）

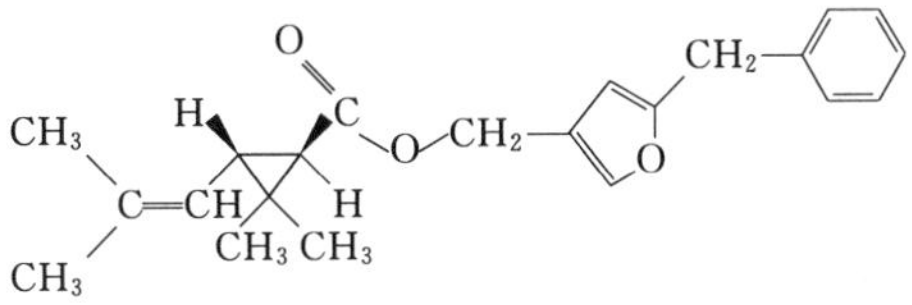

$C_{22}H_{26}O_3$，338.4

其他中文名称 强力库力能

化学名称 右旋-顺,反式-2,2-二甲基-3-(2-甲基-1-丙烯基)-环丙烷羧酸-5-苄基-3-呋喃甲基酯

CAS登录号 28434-01-7

理化性质 无色至黄色油状液体，相对密度 1.045，蒸气压（±）0.452mPa（20℃），不溶于水，能溶于一般有机溶剂中。

毒　性 属神经毒剂。大鼠急性经口 LD_{50} ＞5000mg/kg，大鼠急性经皮 LD_{50} ＞5000mg/kg。

制　剂 88％原药。

应　用 有强烈的触杀作用，杀虫高效，主要用于复配杀虫气雾剂。适用于家庭、畜舍、仓库等场地的蚊、蝇、蟑螂等卫生害虫的防治。

原药生产厂家 日本住友化学工业株式会社。

生物苄呋菊酯（bioresmethrin）

$C_{22}H_{26}O_3$，338.4

其他中文名称 右旋反式苄呋菊酯　右旋反式灭菊酯

其他英文名称 Isathrine，Isatrin，Biobenzyfuroline

化学名称 （1*R*，3*R*）2，2-二甲基-3-（2-甲基-1-丙烯基）环丙烷羧酸-5-苄基-3-呋喃甲基酯

CAS登录号 28434-01-7

理化性质 工业品是一种黏性的黄褐色液体，经静置后变成固体。工业右旋苄呋菊酯是无色至黄色液体，室温下部分为晶体。固体熔点为 32℃，沸点＞180℃，25℃时蒸气压为 18.6mPa。20℃时相对密度为 1.050。$K_{ow}\lg P$＞4.7。溶解性：水＜0.3mg/L（25℃），可溶于乙醇、丙酮、氯仿、二氯甲烷、乙酸乙酯、甲苯和正己烷。在乙二醇中＜10g/L；*d*-苄呋菊酯溶解度水：1.2mg/L（30℃），二甲苯 50％（25℃）。180℃以上且在紫外线照射下分解，在碱性条件下容易水解，易被氧化。*d*-苄呋菊酯在紫外下分解，在碱性条件下水解。旋光率：$[\alpha]_D^{20}$ $-9°\sim-5°$（100g/L 乙醇）。闪点约 92℃。

毒　性 急性经口 LD_{50}：大鼠 7070～8000mg/kg，溶解在玉米油中大鼠≥5000mg/kg；工业品 *d*-苄呋菊酯：雄大鼠 450mg/kg，雌大鼠 680mg/kg。急性经皮 LD_{50}：雌性大鼠＞10000mg/kg，兔＞2000mg/kg。吸入 LC_{50} 大鼠（4h）5.28mg/L，（24h）0.87mg/L，（4h）1.56mg 工业品 *d*-苄呋菊酯/L。Noel：（90d）大鼠 1200mg/kg（饲料），狗＞500mg/kg（饲

料)；在 4000mg/kg（饲料）条件下，大鼠耐受 60d。在每天 200mg/kg 剂量下，喂养妊娠的大鼠 6～15d，没有发现有畸形和胎儿毒死现象。同样在每天 240mg/kg 剂量下，喂养妊娠的白兔 6～18d，也没有发现上述现象。没有致癌作用、诱变作用、致畸作用报道。鸟类急性经口 LD_{50}：鸡＞10000mg/kg；鱼 LC_{50}（96h）：虹鳟鱼 0.00062mg/L，蓝鳃太阳鱼 0.0024mg/L，哈利鱼 0.014mg/L，古比鱼 0.5～1.0mg/L；（48h）哈利鱼 0.018mg/L，古比鱼 0.5～1.0mg/L。尽管实验室测试表明对鱼类高毒，但在一定剂量下没有表现出对环境的伤害，这归功于在土壤中它能迅速的降解。水蚤 LC_{50}（48h）0.0008mg/L；对蜜蜂高毒，LD_{50}：2 ng/只（经口），6.2 ng/只（接触）。

制　剂　93％原药。

应　用　胃毒、触杀。本品杀虫高效，而对哺乳动物极低毒。它对家蝇的毒力，要比除虫菊素高 55 倍，比二嗪磷（地亚农）高 5 倍；对辣根猿叶甲的毒力，比除虫菊素高 10 倍，比对硫磷高 13 倍。一般说来，它比苄呋菊酯的其他 3 个异构体（左旋反式体，右旋顺式体和左旋顺式体）的活性都高，稳定性亦好。

原药生产厂家　日本住友化学工业株式会社。

苯醚菊酯（phenothrin）

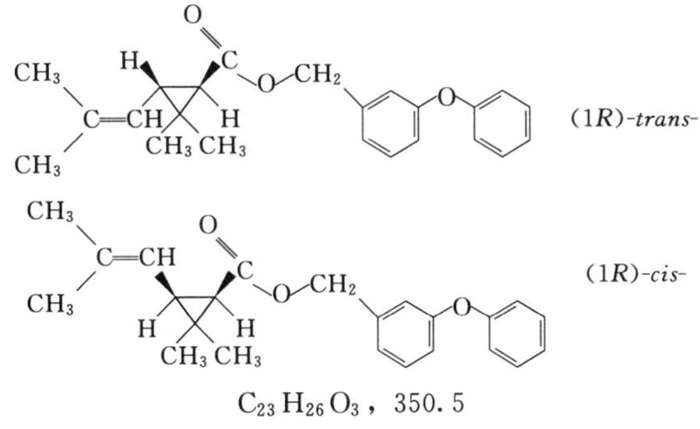

$C_{23}H_{26}O_3$，350.5

其他英文名称　Sumithrin

化学名称　3-苯氧基苄基(*RS*)-2,2-二甲基-3-(2-甲基丙-1-烯基)环丙烷羧酸酯

CAS 登录号　26002-80-2

理化性质　纯品为淡黄色或棕黄色清澈液体，具有轻微特征性臭味。沸点＞290℃/1.013×10^5Pa，蒸气压 1.9×10^{-2}mPa（21.4℃），$K_{ow}\lg P=6.01$（20℃）。Henry 常数＞6.75×10^{-1} Pa・m^3/mol（计算值），相对密度 1.06（20℃）。溶解度：水中＜9.7μg/L（25℃），甲醇＞5.0，正己烷＞4.96（均以 g/mL 计，25℃）。稳定性：在正常储存条件下稳定，碱性条件下水解。闪点 107℃。

毒　性　大鼠急性经口 LD_{50}＞5000mg/kg。大鼠急性经皮 LD_{50}＞2000mg/kg。大鼠吸入毒性 LC_{50}（4h）＞2100mg/m^3。对大鼠、小鼠长期饲药实验，无有害影响。致癌、致畸和三代繁殖研究，亦未出现异常。山齿鹑急性经口 LD_{50}＞2500mg/kg。鱼类 LC_{50}（96h）：虹鳟鱼 2.7μg/L，蓝鳃太阳鱼 16μg/L。水蚤 EC_{50}（48h）0.0043mg/L。对蜜蜂有毒。

应 用 该品对于昆虫具有触杀及胃毒作用，杀虫谱广，对害虫的致死力较除虫菊类高8.5～20倍，对光比丙烯苄呋稳定，但对害虫击倒作用差。故需与胺菊酯，Es丙烯等击倒性强的复配使用，可广泛用于家居、仓贮、公共卫生、工业区害虫的防治。

富右旋反式苯醚菊酯（rich-*d*-*t*-phenothrin）

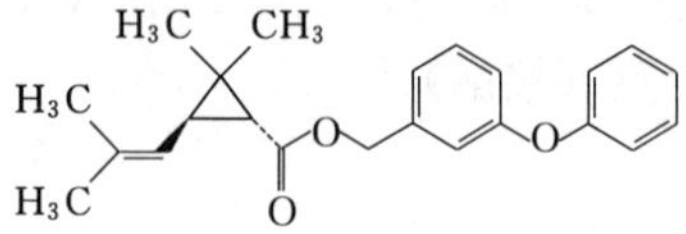

$C_{23}H_{26}O_3$，350.5

化学名称 右旋-顺,反-2,2-二甲基-3-(2-甲基-1-丙烯基)环丙烷羧酸-3-苯氧基苄基酯

理化性质 外观为黄色油状液体。蒸气压（30℃）5.6×10^{-4} Pa。溶解度：不溶于水(30℃溶解2.2mg/L)，在丙酮、正己烷、苯、二甲苯、氯仿、甲醇、乙醚等溶剂中溶解度都大于50%。稳定性：在60℃时保持3个月或常温下放置2年均无变化。

毒 性 大鼠急性经口LD_{50}＞5000mg/kg，大鼠急性经皮LD_{50}＞2000mg/kg。

应 用 用于室内防治蚊、蝇有很好的击倒和致死作用。是配制蚊香、电热蚊香、气雾杀虫剂的理想用药。

右旋苯醚菊酯（*d*-phenothrin）

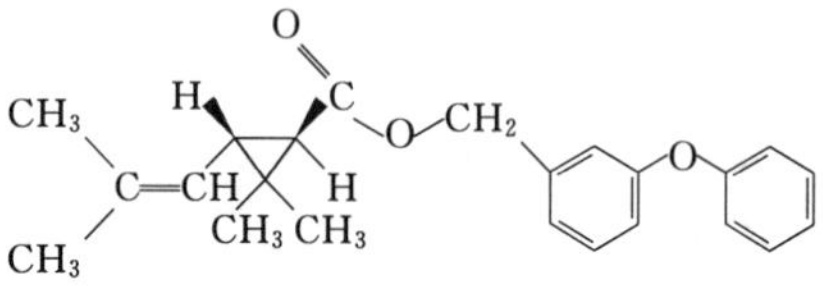

(1*R*)-*trans*-

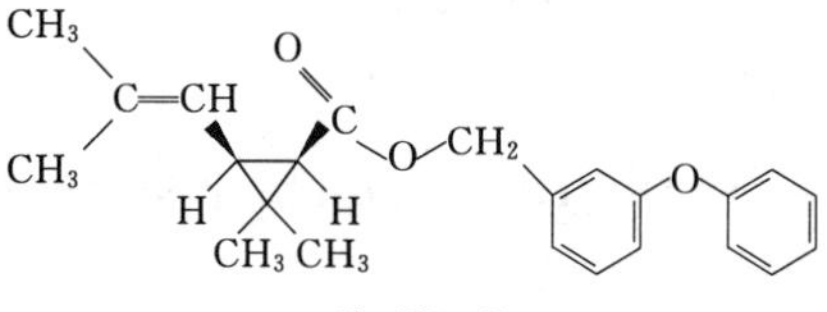

(1*R*)-*cis*-

$C_{23}H_{26}O_3$，350.5

其他中文名称 速灭灵

其他英文名称 Sumithrin

化学名称 3-苯氧基苄基(1*R*,3*R*;1*R*,3*S*)-2,2-二甲基-3-(2-甲基丙-1-烯基)环丙烷羧酸酯

CAS登录号 26046-85-5（*d*-反式）；51186-88-0（*d*-顺式）

理化性质 浅黄色或黄棕色透明液体，略有特殊气味，沸点高于290℃，相对密度1.06(20℃)，21.4℃蒸气压为0.019mPa。K_{ow} lg$P$=6.01（20℃），Henry常数＞6.75×10^{-1} Pa·m³/mol。溶解性（25℃）；水＜9.7g/L，己烷＞4.96 g/mL，甲醇＞5.0 g/mL，正己烷＞4.96 g/mL。在一般贮存条件下稳定，但遇碱水解。闪点：107℃。

毒　性　大鼠急性经口 LD_{50}：＞5000mg/kg，大鼠急性经皮 LD_{50}＞2000mg/kg。大鼠吸入 LC_{50}（4h）＞2100mg/m^3。鸟类急性经口 LD_{50}：山齿鹑＞2500mg/kg。鱼毒性 LC_{50}（96h）：虹鳟鱼 2.7μg/L，蓝鳃太阳鱼 16g/L。水蚤 EC_{50}（48h）0.0043mg/L，对蜜蜂有毒。

制　剂　95%（总酯 95%、右旋体 92%）、93%（总酯 93%、右旋体 90%）、93%、92%、92%（总酯 92%，右旋体 89%）原药，10%水乳剂，0.08%饵剂，0.25g/m^2 杀螨纸。

应　用　本品为非内吸性杀虫剂，具有触杀和胃毒作用，对害虫的致死力强于苯醚菊酯，但击倒作用差，因此需与胺菊酯等复配使用。

原药生产厂家　常州康美化工有限公司、广东省江门市大光明农化有限公司、广东省中山市凯达精细化工股份有限公司石岐农药厂、扬农化工股份有限公司、日本住友化学工业株式会社。

氯烯炔菊酯（chlorempenthrin）

$C_{16}H_{20}Cl_2O_2$，315.2

其他中文名称　中西气雾菊酯，二氯炔戊菊酯

化学名称　1-乙炔基-2-甲基戊-2-烯基-(*RS*)-2,2-二甲基-3-(2,2-二氯乙烯基)环丙烷羧酸酯

CAS登录号　54407-47-5

理化性质　淡黄色至棕黄色油状液体，相对密度 1.12，25℃蒸气压 4.12×10^{-5} Pa，沸点：128～130（40 Pa），易溶于丙酮、乙醇、苯等有机溶剂，难溶于水。在碱性条件下易水解。

毒　性　急性经口 LD_{50}：大鼠 340mg/kg，小鼠 790mg/kg。

制　剂　97%、90%原药，0.80%蝇香。

应　用　拟除虫菊酯杀虫剂，具胃毒和触杀活性，并有一定的熏蒸作用。稳定性好，无残留，对蚊、蝇、蟑螂均有较好的效果。本品具有蒸气压高、挥发度好、杀灭力强的特点，对害虫击倒速度快，特别在喷雾及熏蒸时的击倒效果更为显著。除防治卫生害虫外，亦可用于防治仓贮害虫。

原药生产厂家　河北三农农用化工有限公司、江苏优士化学有限公司、上海生农生化制品有限公司。

Chapter 1 Chapter 2 Chapter 3 Chapter 4 Chapter 5 Chapter 6 Chapter 7 Chapter 8

富右旋反式烯炔菊酯(rich-*d*-*t*-empenthrin)

$C_{18}H_{26}O_2$，274.4

化学名称 右旋-顺,反-2,2-二甲基-3-(2-甲基-1-丙烯基)环丙烷羧酸-(±)-*E*-1-乙炔基-2-甲基-戊-2-烯基酯

理化性质 原药外观为淡黄色油状液体，蒸气压 2.09×10^{-1}Pa（5℃），相对密度 0.932，几乎不溶于水，可溶于己烷、二甲苯、甲醇等大多数有机溶剂中，但在甲醇中不稳定。

毒　性 大鼠急性经口 $LD_{50}>4646$mg/kg，大鼠急性经皮 $LD_{50}>2000$mg/kg。

应　用 对昆虫有快速击倒、熏杀和驱避作用。对谷蛾科的杀伤力与敌敌畏相当，且对多种皮蠹科甲虫有突出的阻止取食作用。

右旋烯炔菊酯(*d*-empenthrin)

$C_{18}H_{26}O_2$，274.4

其他中文名称 右旋炔戊菊酯，烯炔菊酯，百扑灵，K-10 浓缩苍蝇盘香原粉

其他英文名称 Vaporthrin，K-10Power，S-2852

化学名称 (*E*)-(*RS*)-1-乙炔基-2-甲基戊-2-烯(1*R*,3*R*;1*R*,3*S*)-2,2-二甲基-3-(2-甲基丙-1-烯基)环丙烷羧酸酯

CAS登录号 54406-48-3

理化性质 原药为黄色油状液体，沸点 295.5℃/1.013×10^5 Pa，蒸气压 14mPa（23.6℃），Henry 常数 35 Pa m^3/mol。相对密度 0.927（20℃）。溶解性（25℃）：水 0.111mg/L，与己烷、甲醇、丙酮完全混溶（20℃）。常温下至少在 2 年内稳定。闪点：107℃。

毒　性 大鼠急性经口 $LD_{50}>5000$mg/kg（雄），$LD_{50}>3500$mg/kg（雌），大鼠急性经皮 $LD_{50}>2000$mg/kg。不刺激皮肤；轻微刺激眼睛（兔）。大鼠急性吸入 LC_{50}（4h）>4610mg/m^3。山齿鹑和野鸭急性口服 $LD_{50}>2250$mg/kg。膳食山齿鹑和野鸭 $LC_{50}>5620$mg/L。虹鳟鱼 LC_{50}（96h）：0.0017mg/L。水蚤 EC_{50}（48h）：0.02mg/L。

制　剂 93%（总酯 93%、右旋体 88%）、90%（总酯 90%，右旋 85%）、93%原药，

238 毫克/片、60 毫克/片片剂，1040 毫克/片、600 毫克/片、125 毫克/片防蛀片剂，35%、18%防蛀剂。

应　用　在常温下具有很高的蒸气压，对昆虫有快速击倒、熏杀和驱避作用。可作为加热和不加热熏蒸剂用于家庭或禽舍防治蚊蝇等害虫，或替代樟脑丸防治危害织物的害虫。

原药生产厂家　广东省中山市凯达精细化工股份有限公司、扬农化工股份有限公司、日本住友化学工业株式会社。

炔丙菊酯（prallethrin）

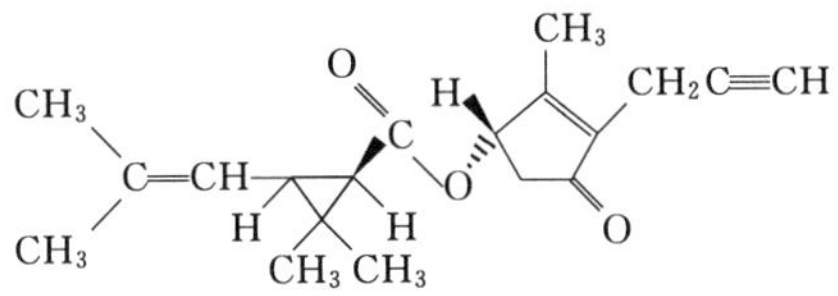

$C_{19}H_{24}O_3$，300.4

其他中文名称　炔酮菊酯，丙炔菊酯，益多克

化学名称　(*S*)-2-甲基-4-氧代-3-丙-2-炔基环戊-2-烯基(1*R*,3*R*;1*R*,3*S*)-2,2-二甲基-3-(2-甲基丙-1-烯基)环丙烷羧酸酯

CAS 登录号　23031-36-9

理化性质　黄色到棕黄色液体，沸点＞313.5℃（1.013×10^5 Pa），116℃（0.013kPa），蒸气压＜0.013mPa（23.1℃），相对密度 1.03（20℃），K_{ow} lg$P$＝4.49（25°C），Henry 常数＜4.9×10^{-4} Pa·m^3/mol，溶解度水 8mg/L（25℃），己烷、甲醇、二甲苯＞500（g/kg，20℃～25℃），一般贮存条件下稳定至少 2 年。闪点 139℃。

毒　性　大鼠急性经口 LD_{50}：640mg/kg（雄），460mg/kg（雌），大鼠急性经皮 LD_{50}＞5000mg/kg，兔不刺激皮肤和眼睛，豚鼠无皮肤致敏，大鼠吸入 LC_{50}（4h）：雄性大鼠 855mg/m^3，雌性大鼠 658mg/m^3。NOEL 值（1 y）狗 5mg/kg。鸟类急性口服 LD_{50}：山齿鹑 1171mg/kg、野鸭＞2000mg/kg。鸟类吸入 LC_{50}：山齿鹑和野鸭＞5620mg/L。鱼 LC_{50}（96h）：虹鳟鱼 0.012mg/L，蓝鳃太阳鱼 0.022mg/L。水蚤 EC_{50}（48h）：0.0062mg/L。

制　剂　93%（总酯 93%、右旋体 82%）、93%（总酯 93%、右旋体 89%）、92%（总酯 92%、S/R＝90/10）、90%原药，10%、6%母药，0.07 蚊香，1.2%、0.86%、0.82%、0.81%、0.8%电热灭蚊液，1.6%、1.5%、1.35%、1.3%、1.28%、1.25%、1.2%、1.1%、1%、0.91%、0.87%、0.86%、0.81%、0.80%电热蚊香液，18 毫克/片、15 毫克/片、14 毫克/片、13 毫克/片、12.5 毫克/片、12 毫克/片、11 毫克/片、10 毫克/片、9.5 毫克/片、9 毫克/片电热蚊香片。

应　用　具有强烈的触杀作用，击倒和杀死性能是富右旋丙烯菊酯的四倍，主要用于制作蚊香、电热蚊香和液体蚊香，用于防治蚊子、苍蝇等卫生害虫。

原药生产厂家　常州康美化工有限公司、广东省中山市凯达精细化工股份有限公司石岐农药厂、江苏扬农化工股份有限公司、日本住友化学株式会社。

富右旋反式炔丙菊酯（rich-*d*-*t*-prallethrin）

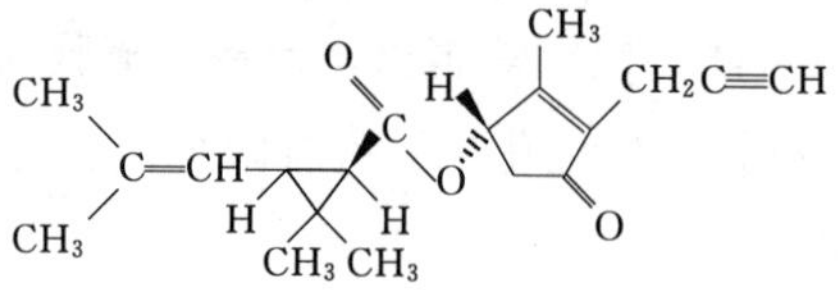

$C_{19}H_{24}O_3$，300.4

化学名称 富右旋-2,2-二甲基-3-(2-甲基-1-丙烯基)环丙烷羧酸-2-甲基(2-炔丙基)-4-氧代-环戊-2-烯基酯

理化性质 外观为棕红色黏稠液体。蒸气压 4.67×10^{-3} Pa。溶解度：难溶于水，易溶于大多数有机溶剂。

毒　性 大鼠急性经口 LD_{50}：794mg/kg，大鼠急性经皮 LD_{50}>2000mg/kg。对鱼类有毒性。

制　剂 90%、90%（总酯 90%、右旋反式 80%）原药，0.15%、0.08%、0.06%蚊香，1.30%、1.10%、0.87%、0.86%、0.80%电热蚊香液，12 毫克/片、11 毫克/片、10 毫克/片电热蚊香片。

应　用 富右旋丙炔菊酯产品性状与丙炔菊酯相同，具有强烈触杀作用，并对蟑螂有突出的驱赶作用。主要用于加工蚊香、电热蚊香、液体蚊香和喷雾剂防治家蝇、蚊虫、虱、蟑螂等家庭害虫。

原药生产厂家 广东省中山市凯达精细化工股份有限公司石岐农药厂、扬农化工股份有限公司。

右旋炔丙菊酯（*d*-prallethrin）

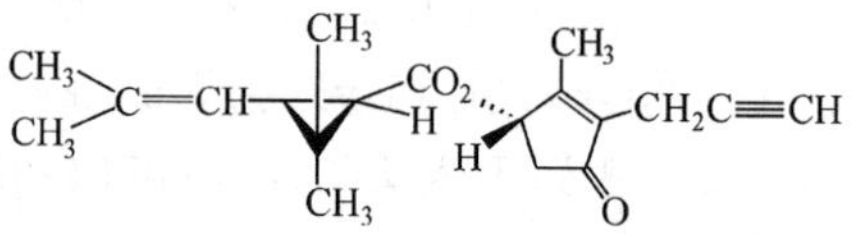

$C_{19}H_{24}O_3$，300.4

化学名称 (*S*)-2-甲基-4-氧代-3-丙-2-炔基环戊-2-烯基(1*R*,3*R*;1*R*,3*S*)-2,2-二甲基-3-(2-甲基丙-1-烯基)环丙烷羧酸酯

理化性质 黄色到棕黄色液体。沸点>313.5℃（1.013×10^5 Pa)、116℃（0.013kPa），蒸气压<0.013mPa（23.1℃），相对密度 1.03（20℃），K_{ow} $\lg P=4.49$（25°C），Henry 常数 <4.9×10^{-4} Pa·m^3/mol。溶解度水 8mg/L（25℃），己烷、甲醇、二甲苯>500（g/kg，20℃～25℃），一般贮存条件下稳定至少 2 年。闪点 139℃。

毒　性 大鼠急性经口 LD_{50}（mg/kg)：雄大鼠 640，雌大鼠 460，大鼠急性经皮 LD_{50}>5000，兔不刺激皮肤和眼睛，豚鼠无皮肤致敏，大鼠急性吸入 LC_{50}（4h)：雄性大鼠 855mg/m^3，雌性大鼠 658mg/m^3。NOEL（1 y）狗 5mg/kg。鸟类急性口服 LD_{50}：山齿鹑 1171mg/kg、野鸭>2000mg/kg。鸟类急性吸入 LC_{50}：山齿鹑和野鸭>5620mg/L。鱼 LC_{50}

(96h)：虹鳟鱼 0.012mg/L，蓝鳃太阳鱼 0.022mg/L。水蚤 EC_{50}（48h）：0.0062mg/L。

应　用　右旋丙炔菊酯产品性状与益多克相同，具有强烈触杀作用，击倒和杀死性能是富右旋反式烯丙菊酯的 4 倍，并对蟑螂有突出的驱赶作用。主要用于加工蚊香、电热蚊香、液体蚊香和喷雾剂防治家蝇、蚊虫、虱、蟑螂等家庭害虫。用后空桶不可在水源、河流、湖泊洗涤，应销毁掩埋或用强碱液浸泡数天后清洗回收使用。本品宜在避光、干燥、阴冷处保存。

右旋炔呋菊酯（*d*-furamethrin）

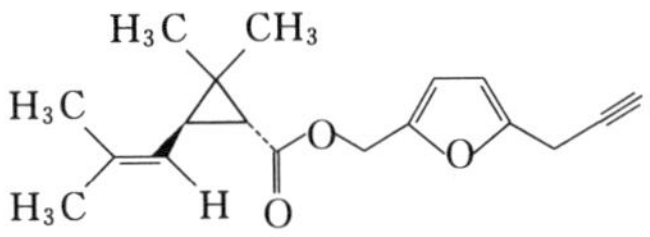

$C_{18}H_{22}O_3$，286.4

化学名称　富右旋-反-2,2-二甲基-3-(2-甲基-1-丙烯基)环丙烷羧酸-5-炔丙基-2-呋喃甲酯

CAS登录号　23031-38-1

理化性质　外观淡黄色油状液体，药液为无分层、无沉淀的透明液体，瓶体光滑、无变形，色泽均匀。分解温度 198℃，蒸气压 1.73×10^{-2}Pa，相对密度 1.010～1.025，溶于甲醇、乙醇、乙醚等有机溶剂中，不溶于水。

毒　性　大鼠急性经口 $LD_{50}>5000$mg/kg，大鼠急性经皮 $LD_{50}>2000$mg/kg。

应　用　本品为一种拟除虫菊酯类杀虫剂，有强烈触杀作用杀虫谱广，杀虫活性高，适用于防治家庭、畜舍、园林、温室、仓库等处防治蚊、蝇等卫生害虫。但因易挥发，对爬行害虫持效差，不宜作滞留喷洒使用。

右旋反式氯丙炔菊酯

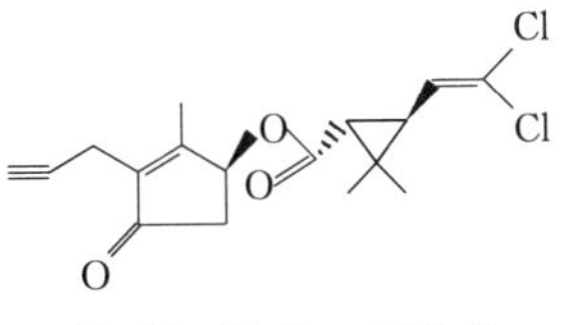

$C_{17}H_{18}Cl_2O_3$，341.2

化学名称　右旋-2,2-二甲基-3-反-(2,2-二氯乙烯基)环丙烷羧酸-(S)-2-甲基-3-(2-炔丙基)-4-氧代-环戊-2-烯基酯

理化性质　外观为浅黄色晶体，熔点 90℃，在水中及其他羟基溶剂中溶解度很小，能溶于甲苯、丙酮、环己烷等大多数有机溶剂。对光、热稳定，在中性及微酸性介质中稳定，碱性条件下易分解。

毒　性　对大鼠急性经口 LD_{50}：1470mg/kg（雄）和 794mg/kg（雌）。属低毒农药。对大鼠（雄、雌）急性经皮 LD_{50} 大于 5000mg/kg，属微毒。经兔试验表明，对眼睛和皮肤均无刺激性。对大鼠（雄、雌）急性吸入 LC_{50} 为 4300mg/m^3。

制　剂　96%原药。

应　用　气雾剂对蚊、蝇、蜚蠊等卫生害虫试验发现，该药剂具有卓越的击倒活性，效果优于右旋炔丙菊酯，为胺菊酯的10倍以上。右旋反式氯丙炔菊酯对蚊、蝇的致死活性较差，故应与氯菊酯、苯醚菊酯复配使用为宜。

原药生产厂家　扬农化工股份有限公司。

炔咪菊酯（imiprothrin）

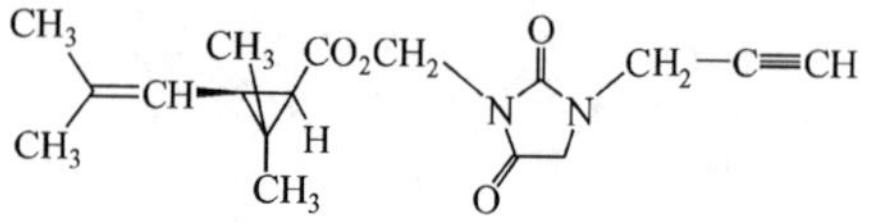

$C_{17}H_{22}N_2O_4$，318.4

其他中文名称　捕杀雷

化学名称　[2,5-二氧代-3-(2-丙炔基)-1-咪唑啉基]甲基(±)顺反式菊酸酯

CAS登录号　72963-72-5

理化性质　琥珀色黏稠液体，略微有甜味。蒸气压 1.8×10^{-3} mPa（25℃）。$K_{ow}\lg P=2.9$（25℃）。Henry常数 6.33×10^{-6} Pa・m³/mol。相对密度1.1（20℃）。水中溶解度93.5mg/L（25℃）。稳定性：水解 $DT_{50}<1$d（pH 9），59d（pH 7），稳定（pH 5）。闪点141℃。

毒　性　急性经口 LD_{50}：雄大鼠1800mg/kg，雌大鼠900mg/kg；急性经皮 LD_{50}：大鼠>2000mg/kg。对兔皮肤和眼睛无刺激作用。对豚鼠皮肤无致敏性；吸入毒性 LC_{50}（4h）：雄性大鼠和雌性大鼠>1200mg/m³；NOEL数值（13周）：对大鼠为100mg/kg。鸟饲喂毒性 LC_{50}（8d）：野鸭和山齿鹑>5620mg/L；鱼 LC_{50}（96h）：蓝鳃太阳鱼0.07mg/L，虹鳟鱼0.038mg/L；水蚤 EC_{50}（48h）：0.051mg/L。

制　剂　93%、90%（总酯90%、右旋体87%）原药，50%母药。

应　用　属神经毒剂，主要用于防治蟑螂、蚂蚁、蠹虫、蟋蟀、蜘蛛等害虫，对蟑螂有特效。

原药生产厂家　扬农化工股份有限公司、日本住友化学工业株式会社。

氟氯苯菊酯（flumethrin）

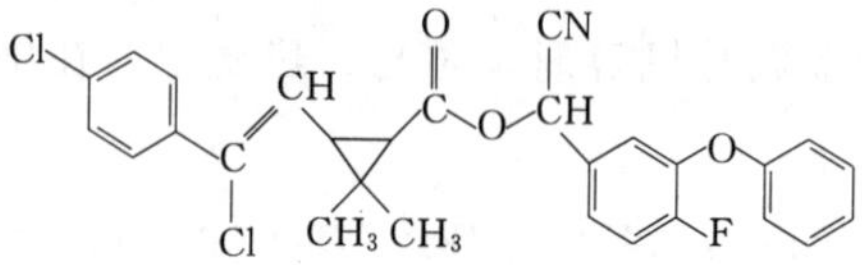

$C_{28}H_{22}Cl_2FNO_3$，510.4

其他中文名称　氯苯百治菊酯

化学名称 α-氰基-4-氟-3-苯氧基苄基 3-[2-氯-2-(4-氯苯基)乙烯基]-2,2-二甲基环丙烷羧酸酯

CAS登录号 69770-45-2

理化性质 原药外观为淡黄色黏稠液体，沸点>250℃。在水中及其他羟基溶剂中的溶解度很小，能溶于甲苯、丙酮、环己烷等大多数有机溶剂。对光、热稳定，在中性及微酸性介质中稳定，碱性条件下易分解。工业品为澄清的棕色液体，有轻微的特殊气味。相对密度1.013，蒸气压 1.33×10^{-8}Pa（20℃）。不溶于水，可溶于甲醇，丙酮，二甲苯等有机溶剂。常温贮存 2 年无变化。

毒　性 大鼠急性经口 LD_{50} 为 584mg/kg（雌），大鼠急性经皮 LD_{50} 为 2000mg/kg（雌），中等毒。对动物皮肤和黏膜无刺激作用。

制　剂 90%原药，1%喷射剂。

应　用 本品高效安全适用于牲畜体外寄生动物的防治。用于防治扁虱、刺吸式虱子、痒螨病、皮螨病、治理疥虫。如微小牛蜱、具环方头蜱、卡延花蜱、扇头蜱属、玻眼蜱属的防治。

原药生产厂家 扬农化工股份有限公司。

氯菊酯（permethrin）

$C_{21}H_{20}Cl_2O_3$，391.3

其他中文名称 苄氯菊酯，除虫精，二氯苯醚菊酯

其他英文名称 Ambush，Talcord

化学名称 3-苯氧基苄基(*RS*)-3-(2,2-二氯乙烯基)-2,2-二甲基环丙烷羧酸酯

CAS登录号 52645-53-1

理化性质 氯菊酯是两个异构体的混合物，通常情况下，顺/反异构比例约为 40∶60，但在一些产品中也有顺/反异构比例约为 25∶75。工业品为黄棕色至棕色液体，在室温下有时析出部分结晶，熔点：34～35℃，顺式异构体熔点为 63～65℃，反式异构体熔点为 44～47℃。沸点：200℃/0.013kPa，>290℃/1.013×10^5 Pa。蒸气压：顺式异构体为 2.9×10^{-3} mPa（25℃），反式异构体为 9.2×10^{-4}Pa（25℃）。$K_{ow}\lg P=6.1$（20℃）。Henry 常数：顺式异构体为 5.8×10^{-3}Pa·m³/mol（25℃，计算），反式异构体为 2.8×10^{-3}Pa·m³/mol（25℃，计算值）。相对密度为 1.29（20℃）。溶解性：水 0.006mg/L（pH7，20℃），顺式异构体 0.20mg/L（25℃），反式异构体 0.13mg/L（25℃），二甲苯和正己烷>1000 g/kg（25℃），甲醇 258 g/kg（25℃）。稳定性：对热稳定（50℃稳定存在 2 年以上），在酸性介质比在碱性介质中更稳定。25℃，pH=5、7 时稳定。其最适 pH 约 4，DT_{50} 为 50d（pH 9）。在实验室研究中，发现有一些光化学降解现象，但田间数据表明不影响其生物性能。闪点>100℃。

毒　性　氯菊酯的急性经口 LD_{50} 值取决这些因素：载体，顺/反比例，实验品系及其性别、年龄和发育阶段等因素，故报道的值有明显的不同。顺/反异构比例约为 40∶60 的经口 LD_{50}（mg/kg）：大鼠 430～4000，小鼠 540～2690；比例约为 20∶80 的经口 LD_{50}（mg/kg）6000。急性经皮 LD_{50}（mg/kg）：大鼠＞2500，兔＞2000。对兔的眼睛和皮肤有轻微刺激性，对皮肤中等程度的过敏。吸入 LC_{50}（3h）：大鼠和小鼠＞685mg/m³（个别研究报告给出的数据＞13800mg/m³）。无致突变、致畸、致癌作用。鸟类顺/反异构比例约为 40∶60 的经口 LD_{50}（mg/kg）：鸡＞3000，野鸭＞9800，日本鹌鹑＞13500；鱼类 LC_{50}（96h，g/L）：虹鳟鱼 2.55，（48h）虹鳟鱼 5.4，蓝鳃太阳鱼 1.8；水蚤 LC_{50}（48h）：0.6μg/L；对蜜蜂有毒。LD_{50}（24h）：经口 0.098μg/只；接触 0.029μg/只。

制　剂　≥95%、95%、94%、93%、92%、90%、85%、80%原药，380g/L、38.4%母药，38%、10%、0.8%乳油，2%长效蚊帐，4.5%烟剂，10%、0.3%水乳剂，0.3%防蛀液剂，10%微乳剂，25%可湿性粉剂。

应　用　本品为广谱触杀性杀虫剂，具有拟除虫菊酯类农药的一般特性，如触杀和胃毒作用，无内吸熏蒸作用。对光较稳定，在同等使用条件下，对害虫抗性发展也较缓慢，对鳞翅目幼虫高效。可用于蔬菜、茶叶、果树、棉花等作物防治菜青虫、蚜虫、棉铃虫、棉红铃虫、棉蚜、绿盲蝽、黄条跳甲、桃小食心虫、柑橘潜叶蛾、二十八星瓢虫、茶尺蠖、茶毛虫、茶细蛾等多种害虫，对蚊、蝇、跳蚤、蟑螂、虱子等卫生害虫也有良好的效果。

原药生产厂家　常州康美化工有限公司、广东省江门市大光明农化有限公司、广东中山市凯达精细化工股份有限公司石岐农药厂、江苏蓝丰生物化工股份有限公司、江苏省南通功成精细化工有限公司、江苏省农药研究所股份有限公司、江苏扬农化工股份有限公司、江苏优士化学有限公司、辽宁省大连凯飞化工有限公司、上海升联化工有限公司、天津龙灯化工有限公司、美国富美实公司、日本住友化学株式会社、印度 TAGROS 公司、印度比莱格工业有限公司、印度禾润保工业有限公司、印度联合磷化物有限公司。

右旋苯醚氰菊酯（*d*-cyphenothrin）

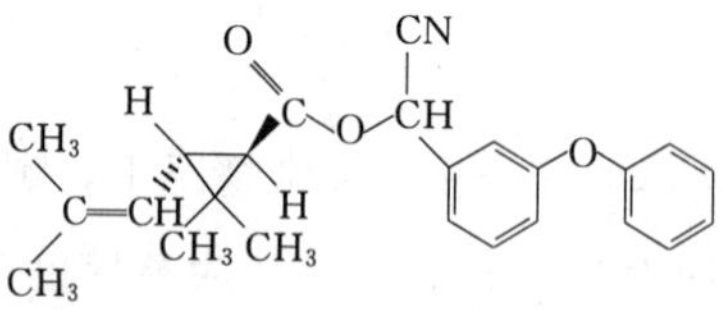

(1*R*)-*trans*-

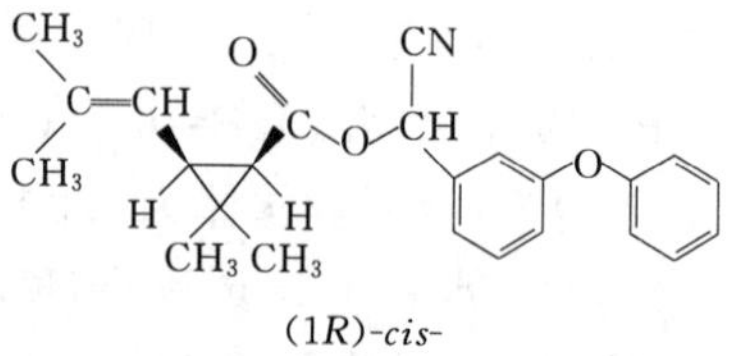

(1*R*)-*cis*-

$C_{24}H_{25}NO_3$，375.5

其他中文名称　右旋苯氰菊酯

化学名称　右旋-反-2,2-二甲基-3-(2-甲基-1-丙烯基)环丙烷羧酸-(＋)α-氰基-3-苯氧基苄

基酯

CAS登录号 39515-40-7

理化性质 黏稠黄色液体；有淡淡的特殊气味，相对密度 1.08（20℃），沸点 154℃/0.013 kPa，蒸气压 0.12mPa（20℃）、0.4mPa（30℃），K_{ow} lg$P$＝6.29。溶解度：水中 9.01±0.8μg/L（25℃），已烷 4.84 g/100 g（20℃）、甲醇 9.27 g/100 g（20℃）。稳定性：正常储存条件下，稳定性在 2 年以上。对热相对稳定。闪点：130℃。

毒　性 大鼠急性经口 LD_{50}：雄性 318mg/kg，雌性 419mg/kg。大鼠急性经皮 LD_{50}：5000mg/kg，不刺激皮肤；轻微刺激眼睛。大鼠急性吸入 LC_{50}＞1850mg/m^3。鸟类 LC_{50}：鹌鹑＞5620mg/L；鱼类 LC_{50}（96h）：虹鳟鱼 0.00034mg/L。

制　剂 94%（总酯 94%、右旋体 90%）、93%、92%、92%（总酯 92%，右旋体 89%）原药，7.20%烟片，0.13 片剂，7.20%、7%烟雾剂，8.8%、7.20%蟑香，10%颗粒剂。

应　用 本品具有较强的触杀力，胃毒和残效性，击倒活性中等，适用于防治家庭、公共场所、工业区苍蝇、蚊虫、蟑螂等卫生害虫。对蟑螂特别高效（尤其是体形较大蟑螂，如烟色大蠊、美洲大蠊等），并有显著驱赶作用。本品处理羊毛可有效防治袋谷蛾、幕谷蛾和单色毛皮，药效优于氯菊酯、甲氰菊酯、氰戊菊酯、丙炔菊酯和右旋苯醚菊酯。

原药生产厂家 常州康美化工有限公司、广东中山市凯达精细化工股份有限公司石岐农药厂、江苏扬农化工股份有限公司、日本住友化学株式会社。

甲氰菊酯（fenpropathrin）

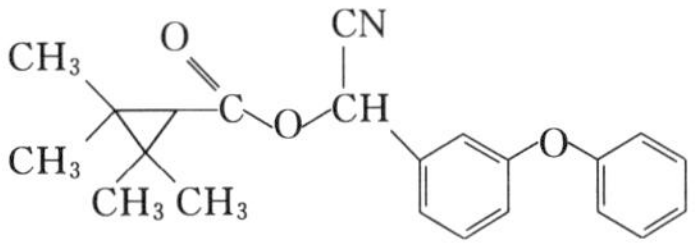

$C_{22}H_{23}NO_3$，349.4

其他中文名称 灭扫利

其他英文名称 fenpropanate，Meothrin，Danitol，Rody

化学名称 (RS)-α-氰基-3-苯氧苄基-2,2,3,3-四甲基环丙烷羧酸酯

CAS登录号 39515-41-8

理化性质 工业品为黄色到棕色固体，熔点 45～50℃。蒸气压为 0.730mPa（20℃）。K_{ow}lg$P$=6（20℃）。相对密度 1.15（25℃）。溶解度（25℃）：水中 14.1μg/L，二甲苯、环己酮中 1000 g/kg，甲醇中 337 g/kg。稳定性：在碱性溶液中分解，暴露在阳光和空气中容易导致氧化和失去活性。

毒　性 急性经口 LD_{50}：雄大鼠 70.6mg/kg，雌大鼠 66.7mg/kg（玉米油中）；急性经皮 LD_{50}：雄大鼠 1000mg/kg，雌大鼠 870mg/kg，兔＞2000mg/kg。对兔皮肤无刺激作用，对其眼睛有中等刺激作用。对皮肤无过敏现象。急性吸入 LC_{50}（4h）：大鼠＞96mg/m^3。无致畸性。鸟类急性经口 LD_{50}：野鸭 1089mg/kg；饲喂 LC_{50}（8d）：山齿鹑和野鸭＞10000mg/

kg 饲料。蓝鳃太阳鱼 LC_{50}（48h）：1.95μg/L。

制　剂　95%、94%、92%、91%原药，10%、20%水乳剂，10%、20%乳油，20%可湿性粉剂。

应　用　本品为高效、广谱拟除虫菊酯类杀虫、杀螨剂，属神经毒剂，具有触杀和胃毒作用，有一定的驱避作用，无内吸传导和熏蒸作用。残效期较长，对防治对象有过敏刺激作用，驱避其取食和产卵，低温下也能发挥较好的防治效果。杀虫谱广，对鳞翅目、同翅目、半翅目、双翅目、鞘翅目等多种害虫有效，对多种害螨的成螨、若螨和螨卵有一定的防治效果，可用于虫、螨兼治。主要用于棉花、蔬菜、果树、茶树、花卉等作物，防治各种蚜虫、棉铃虫、棉红铃虫、菜青虫、甘蓝夜蛾、桃小食心虫、柑橘潜叶蛾、茶尺蠖、茶毛虫、茶小绿叶蝉、花卉介壳虫、毒蛾等。可兼治多种害螨，因易产生抗药性，不作为专用杀螨剂使用。施药时喷雾要均匀，对钻蛀性害虫应在幼虫蛀入作物前施药。

原药生产厂家　广东中山市凯达精细化工股份有限公司石岐农药厂、江苏耕耘化学有限公司、江苏皇马农化有限公司、辽宁省大连瑞泽农药股份有限公司、南京红太阳股份有限公司、山东大成农药股份有限公司、浙江省东阳市金鑫化学工业有限公司、日本住友化学株式会社、新加坡利农私人有限公司。

富右旋反式苯醚氰菊酯 (rich-*d*-*t*-cyphenothrin)

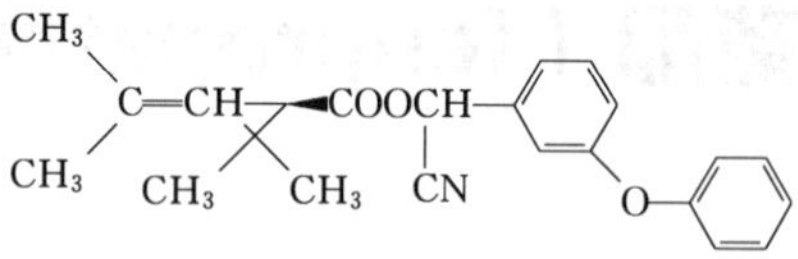

$C_{26}H_{25}NO_3$，399.5

化学名称　右旋-顺,反-2,2-二甲基-3-(2-甲基-1-丙烯基)环丙烷羧酸-(±)α-氰基-3-苯氧基苄基酯

理化性质　外观为黄色黏稠液体，30℃蒸气压为 4×10^{-4} Pa。难溶于水，可溶于己烷、二甲苯、甲醇。

毒　性　大鼠急性经口 LD_{50}：584mg/kg，大鼠急性经皮 $LD_{50}>2000$mg/kg。

应　用　本品为拟除虫菊酯杀虫剂。用它配制的制剂用于室内防治蚊、蝇和蟑螂有很好的击倒和致死作用。

氯氰菊酯 (cypermethrin)

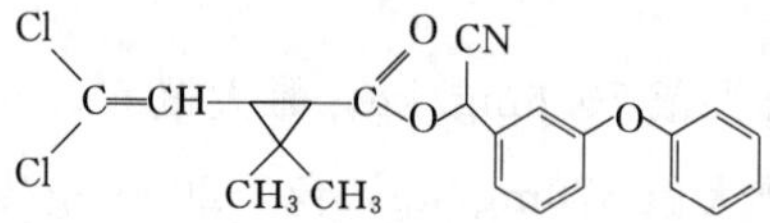

$C_{22}H_{19}Cl_2NO_3$，416.3

其他中文名称　兴棉宝，灭百可，安绿宝，赛波凯，腈二氯苯醚菊酯，轰敌，奥斯它，韩

乐宝，格达，赛灭灵

其他英文名称 Cymbush，Ripcord，Arrivo，Cyperkill，Kordon，Ustaad，Lucky，cypermethrinempero

化学名称 (*RS*)-α-氰基-3-苯氧基苄基-(*RS*)-3-(2,2-二氯乙烯基)-2,2-二甲基环丙烷羧酸酯

CAS登录号 52315-07-8

理化性质 该产品为无味晶体（工业品室温条件下为棕黄色的黏稠液体），熔点 61～83℃（根据异构体的比例），蒸气压 2.0×10^{-4} mPa（20℃）。$K_{ow}\lg P=6.6$。Henry 常数 2.0×10^{-2} Pa·m³/mol。相对密度 1.24（20℃）。溶解度：水 0.004mg/L（pH 7），丙酮、氯仿、环己酮、二甲苯＞450，乙醇 337，己烷 103（g/L，20℃）。在中性和弱酸性条件下相对稳定，在 pH 4 条件下最稳定，在碱性条件下分解。DT_{50} 1.8d（pH 9，25℃）；在 pH 5～7（20℃）稳定，在光照条件下相对稳定。在 220℃以下热力学稳定。

毒　性 急性经口 LD_{50}：大鼠 250～4150mg/kg，小鼠 138mg/kg。急性经皮 LD_{50}：大鼠＞4920mg/kg，兔子＞2460mg/kg，对皮和眼睛有轻微的刺激性。对大鼠吸入 LC_{50}（4h）为 2.5mg/L。鸟类急性经口 LD_{50}：野鸭＞10000mg/kg，鸡＞2000mg/kg。鱼类 LC_{50}：（96h）：虹鳟鱼 0.69μg/L，红鲈鱼 2.37μg/L；正常的农药用量对鱼不存在危害。水蚤 LC_{50}（48h）：0.15μg/L。实验室测试对蜜蜂高毒，但是在推荐使用剂量下不存在对蜜蜂危害。LD_{50}（24h）：0.035μg/只（经口），0.02μg/只（局部）。

制　剂 96%、95%、94%、93%、92%、90%原药，5%微乳剂，8%微囊剂，25%、10%、4.5%水乳剂，250g/L、20%、10%、5%乳油，300g/L悬浮种衣剂，2.8%、2.5%、2%烟剂，3.18%、0.5%、0.45%、0.3%、0.2%粉剂，0.65%、0.45%笔剂，10%可湿性粉剂，1.5%、1%热雾剂。

应　用 本品为具触杀和胃毒作用的杀虫剂，无内吸和熏蒸作用，杀虫范围较广。对光、热稳定，对某些害虫的卵具有杀伤作用，可防治对有机磷产生抗性的害虫，但对螨类和盲蝽防效差，该药持效期长，正确使用时对作物安全。

原药生产厂家 常州康美化工有限公司、广东德利生物科技有限公司、广东立威化工有限公司、广东省江门市大光明农化有限公司、广东省英德广农康盛化工有限责任公司、河北桃园农药有限公司、江苏百灵农化有限公司、江苏丰山集团有限公司、江苏皇马农化有限公司、江苏蓝丰生物化工股份有限公司、江苏省农药研究所股份有限公司、江苏省宜兴兴农化工制品有限公司、江苏扬农化工股份有限公司、江苏优士化学有限公司、开封博凯生物化工有限公司、南京红太阳股份有限公司、山东大成农药股份有限公司、山东华阳科技股份有限公司、天津龙灯化工有限公司、允发化工（上海）有限公司、浙江省杭州庆丰农化有限公司、中山凯中有限公司。

美国富美实公司、瑞士先正达作物保护有限公司、新加坡利农私人有限公司、许昌东方化工有限公司、印度 TAGROS 公司、印度比莱格工业有限公司、印度格达化学有限公司、印度禾润保工业有限公司、印度联合磷化物有限公司、印度万民利有机化学有限公司。

S-甲氰菊酯（S-fenpropathrin）

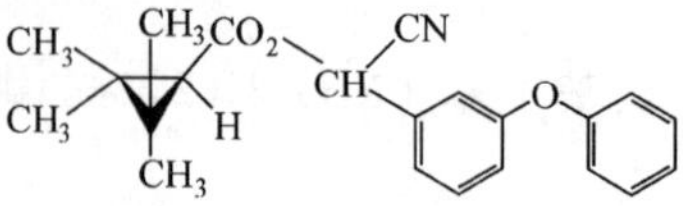

$C_{22}H_{23}NO_3$，349.4

化学名称 (S)-α-氰基-3-苯氧基苄基-2,2,3,3-四甲基环丙烷羧酸酯

CAS登录号 67890-41-9

理化性质 原药外观为棕黄色晶形粉末。熔点45℃～50℃，蒸气压0.730mPa（20℃），K_{ow} lg$P$=6（20℃），相对密度1.15（25℃）。溶解度：水中14.1μg/L（25℃），二甲苯、环己酮1000 g/kg，甲醇337 g/kg。稳定性：在碱性溶液中分解，暴露在光和空气中易氧化并失去活性。

毒　性 大鼠急性经口LD_{50}：雄70.6mg/kg，雌66.7mg/kg，大鼠急性经皮LD_{50}：雄1000mg/kg，雌870mg/kg，兔>2000mg/kg。对兔皮肤无刺激，对眼睛有轻度刺激。大鼠吸入毒性LC_{50}（4h）>96mg/m³。鸟类LD_{50}：野鸭1089mg/kg，饲喂LC_{50}（8d）：山齿鹑、野鸭>10000mg/kg。鱼类LC_{50}（48h）：蓝鳃太阳鱼1.95μg/L。

应　用 本品为拟除虫菊酯类杀虫剂，具有触杀、驱避作用。

顺式氯氰菊酯（*alpha*-cypermethrin）

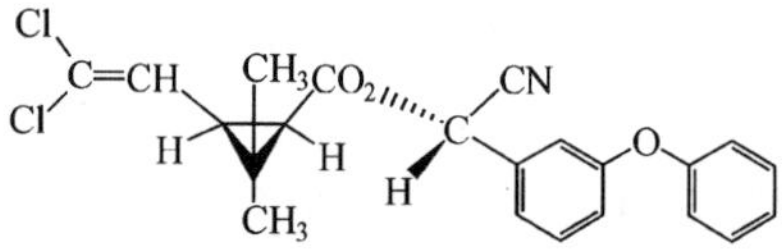

(S)(1R)-*cis*-

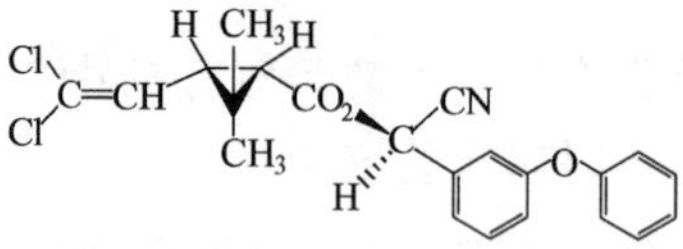

(R)(1S)-*cis*-

$C_{22}H_{19}Cl_2NO_3$，416.3

其他中文名称 高效灭百可，高效安绿宝，奋斗呐，快杀敌，虫毙王，奥灵，百事达

化学名称 本品是一个外消旋体，含(S)-α-氰基-3-苯氧基苄基(1R,3R)-3-(2,2-二氯乙烯基)-2,2-二甲基环丙烷羧酸酯和(R)-α氰基-3-苯氧基苄基(1S,3S)-3-(2,2-二氯乙烯基)-2,2-二甲基环丙烷羧酸酯。

CAS登录号 67375-30-8

理化性质 本品为无色晶体。熔点81.5℃（97.3%），沸点200℃/9.3Pa，蒸气压2.3×10^{-2}mPa（20℃）。K_{ow} lg$P$=6.94（pH 7）。Henry常数6.9×10^{-2}Pa·m³/mol（计算值）。相对密度1.28（22℃）。水中溶解度（μg/L，20℃）：0.67（pH 4），3.97（pH 7），4.54

(pH 9)，1.25μg/L（两次蒸馏水）。其他溶剂中溶解度（g/L，21℃）：正己烷 6.5，甲苯 596，甲醇 21.3，异丙醇 9.6，乙酸乙酯 584。与二氯甲烷、丙酮互溶（>10^3g/L）。在中性或酸性介质中非常稳定，在强碱性介质中水解；DT_{50}：（pH 4，50℃）稳定性分别超过 10d，（pH 7，20℃）101d，（pH 9，20℃）7.3d。高于 220℃分解。

毒　性　大鼠急性经口 LD_{50} 57mg/kg（玉米油）。急性经皮 LD_{50} 大鼠和兔>2000mg/kg（原药）。对兔眼睛刺激性小。大鼠吸入 LC_{50}（4h）>0.593mg/L（最大可达到浓度）。狗 NOEL（1y）>60mg/kg 饲料［1.5mg/(kg·d)］。鸟类山齿鹑 LD_{50}>2025mg/kg。饲喂山齿鹑 LC_{50}>5000mg/kg。鱼 LC_{50}（96h）为虹鳟鱼 2.8μg/L。水蚤 EC_{50}（48h）：0.1～0.3g/L。藻类近头状伪蹄形藻 EC_{50}（96h）>100g/L。对蜜蜂有毒，LD_{50}（24h）：0.059 g/只；LC_{50}（24h）：0.033 g/只。田间条件下无毒性作用。蠕虫 LD_{50}（14d）：对蚯蚓>100mg/kg（土壤）。

制　剂　97%、95%、93%、92%、90%原药，250g/L 母药，200g/L 种子处理悬浮剂，19.60%种子处理乳剂，200g/L 悬浮种衣剂，5%水乳剂，10%、5%、3%乳油，100g/L、15g/L、50g/L 悬浮剂，4.50%、2.50%微乳剂，8%，5%可湿性粉剂。

应　用　本品为高效广谱杀虫剂，尤其对棉花、森林、果树、水稻、大豆、蔬菜、葡萄和其他作物上的鳞翅目和鞘翅目害虫普遍有效，对食植性半翅目害虫也有很好的防效，防治土壤中害虫有好的持久活性。防治的害虫有草地夜蛾、稻纵卷叶螟、二化螟、黑尾叶蝉、飞虱、蝽象、地老虎、蚜虫、玉米螟、棉铃虫、棉红铃虫、尺蠖、蓟马、粉虱、跳甲、甘蓝夜蛾、潜蝇等。

原药生产厂家　广东省英德广农康盛化工有限责任公司、广东省中山市凯达精细化工股份有限公司石岐农药厂、江苏皇马农化有限公司、南京红太阳股份有限公司。

巴斯夫欧洲公司、美国富美实公司、新加坡利农私人有限公司、印度 TAGROS 公司、印度比莱格工业有限公司、印度格达化学有限公司、印度禾润保工业有限公司、印度联合磷化物有限公司、印度万民利有机化学有限公司。

高效氯氰菊酯（*beta*-cypermethrin）

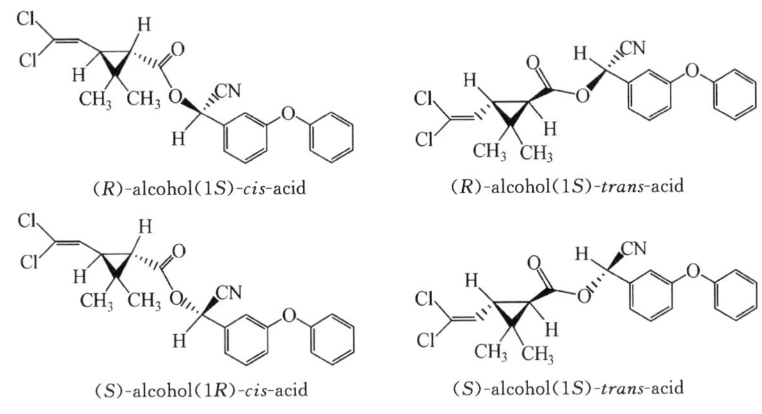

$C_{22}H_{19}Cl_2NO_3$，416.3

其他中文名称　高灭灵，三敌粉，无敌粉，卫害净

化学名称 (*S*)-*α*-氰基-3-苯氧基苄基(1*R*,3*R*)-3-(2,2-二氯乙烯基)-2,2-二甲基环丙烷羧酸酯和(*R*)-*α*-氰基-3-苯氧基苄基(1*S*,3*S*)-3-(2,2-二氯乙烯基)-2,2-二甲基环丙烷羧酸酯与(*S*)-*α*-氰基-3-苯氧基苄基(1*R*,3*S*)-3-(2,2-二氯乙烯基)-2,2-二甲基环丙烷羧酸酯和(*R*)-*α*-氰基-3-苯氧基苄基(1*S*,3*R*)-3-(2,2-二氯乙烯基)-2,2-二甲基环丙烷羧酸酯

CAS登录号 65731-84-2

理化性质 原药无色或浅黄色晶体，熔点63.1～69.2℃（异构体比例不同，熔点会有变化）。沸点286.1±0.06℃/97.4 kPa，蒸气压1.8×10^{-4} mPa（20℃），相对密度1.336±0.0050（20℃）。水中溶解度51.5（5℃），93.4（25℃），276.0（35℃）（μg/L，pH 7）；异丙醇11.5，二甲苯349.8，二氯甲烷3878，丙酮2102，乙酸乙酯1427，石油醚13.1（mg/mL，20℃）。稳定性 在150℃对空气和太阳光稳定，在中性和弱酸性稳定，在强碱性的介质中水解。DT_{50}（外推算）：50d（pH 3、pH 5、pH 6），40d（pH 7），20d（pH 8），15d（pH 9）（25℃）。

毒　性 急性经口LD_{50}（mg/kg）：雌大鼠166，雄大鼠178，雌小鼠48，雄小鼠43。大鼠急性经皮LD_{50}＞5000mg/kg，对皮肤和眼睛有轻微刺激，对皮肤没有无致敏性。大鼠急性吸入LC_{50}（4h）：1.97mg/L。对大鼠的NOEL值（2y）为250mg/kg（饲料）、（90d）100mg/kg（饲料）。对大鼠无致畸性，对3代繁殖的大鼠的NOEL值350mg/kg，在2年的致癌性研究中，大鼠NOEL值为500mg/(kg·d)。鸟急性经口LD_{50}：山齿鹑8030mg/kg（5%制剂），野鸡3515mg/kg（5%制剂）。用5%制剂饲喂野鸡和山齿鹑，其LC_{50}（8d）＞5000mg/kg（饲料）。鱼毒LC_{50}（96h）：鲤鱼0.028mg/L（5%制剂），鲇鱼0.015mg/L（5%制剂），草鲤0.035mg/L（5%制剂）。在正常田间条件下，对鱼没有危害。水蚤LC_{50}（96h）：0.00026mg/kg（5%制剂）。藻类羊角月牙藻LC_{50}为56.2mg/L。蜜蜂经口LD_{50}（48h）为0.0018mg/只（5%制剂），接触LD_{50}（24h）为0.085 L/hm^2（5%制剂），但在田间条件下，采用正常剂量，对蜜蜂无伤害。

制　剂 95%原药，7%、5%微乳剂，5%、4%、2.5%、1.25%悬浮剂，2.80%、25g/L、2.50%乳油，0.05%喷射剂，15%可溶液剂，0.15%粉剂。

应　用 本品为非内吸性但具备触杀和胃毒作用的杀虫剂。通过与害虫钠通道相互作用而破坏起神经系统的功能。用于公共卫生和畜牧业中防治多种害虫如蝇、蟑螂、蚊、蚤、虱、臭虫，动物体外寄生虫如蜱、螨等。

原药生产厂家 安徽丰乐农化有限责任公司、安徽华星化工股份有限公司、广东立威化工有限公司、广东省英德广农康盛化工有限责任公司、广西易多收生物科技有限公司河池农药厂、河北省冀州市凯明农药有限责任公司、河北桃园农药有限公司、湖北沙隆达股份有限公司、湖北仙隆化工股份有限公司、江苏皇马农化有限公司、江苏蓝丰生物化工股份有限公司、江苏省农药研究所股份有限公司、江苏天容集团股份有限公司、江苏扬农化工股份有限公司、南京红太阳股份有限公司、山东大成农药股份有限公司、天津龙灯化工有限公司、天津市迎新农药有限公司、中国农科院植保所廊坊农药中试厂、中山凯中有限公司。

印度联合磷化物有限公司。

高效反式氯氰菊酯（*theta*-cypermethrin）

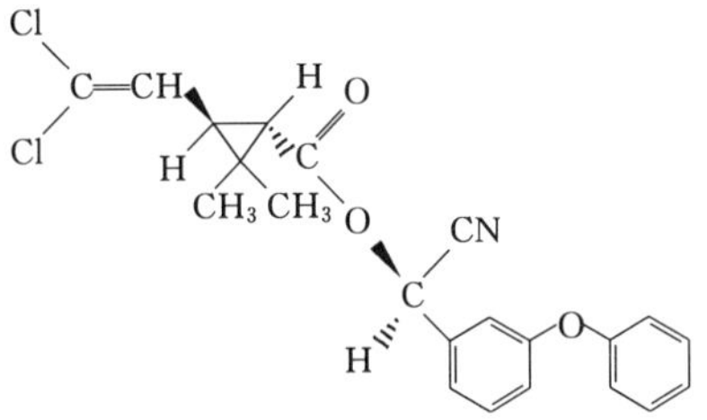

(*R*)(1*S*)-*trans*-

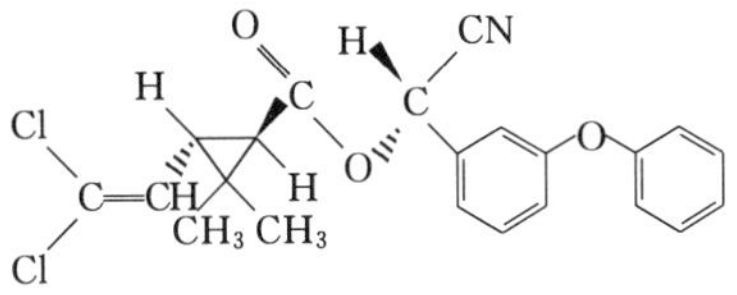

(*S*)(1*R*)-*trans*-

$C_{22}H_{19}Cl_2NO_3$，416.3

化学名称 (*S*)-*α*-氰基-3-苯氧基苄基(1*R*)-反-3-(2,2-二氯乙烯基)-2,2-二甲基环丙烷羧酸酯和(*R*)-*α*-氰基-3-苯氧基苄基(1*S*)-反-3-(2,2-二氯乙烯基)-2,2-二甲基环丙烷羧酸酯的外消旋混合物

CAS登录号 71697-59-1

理化性质 本品为白色结晶粉状固体，熔点 81～87℃（峰值 83.3℃）。蒸气压为 1.8×10^{-4}mPa（20℃）。密度（20℃）：1.33 g/mL（理论），0.66 g/mL（晶体粉末）。溶解度：水中为 114.6μg/L（pH 7，25℃），异丙醇为 18.0mg/mL（20℃），二异丙醚为 55.0mg/mL（20℃），正己烷为 8.5mg/mL（20℃）。稳定性：稳定度高达 150℃；在水中，DT_{50}（外推法）：50d（pH 3、5、6），20d（pH 7），18d（pH 8），10d（pH 9）（均 25℃）。

毒　性 急性经口 LD_{50}（g/kg）：雄大鼠 7700，雌大鼠 3200～7700，雄小鼠 36，雌小鼠 106；兔急性经皮 LD_{50}＞5000mg/kg。本品对兔眼睛和皮肤有轻微的刺激，对豚鼠皮肤无过敏现象。无致突变作用。鸟类急性经口 LD_{50}：山齿鹑 98mg/kg，野鸭 5620mg/kg。山齿鹑 LC_{50}（5d）：808mg/kg。虹鳟鱼 LC_{50}（96h）为 0.65mg/L。蜜蜂 LD_{50}（48h）：23.33μg/只（经口），1.34μg/只（接触）。蚯蚓 LC_{50}（14d）＞1250mg/kg（土壤）。30～50g(a.i.)/hm^2 剂量下对有益生物、动物等很少或无副作用。

制　剂 95%原药，20%、5%乳油。

应　用 高效反式氯氰菊酯是氯氰菊酯的高效反式异构体，毒性低，杀虫效力高。加工乳油或其他剂型，主要用于对大田作物、经济作物、蔬菜、果树等农林害虫和蔬菜、蚊类臭虫等家庭卫生害虫的防治、且有杀毒高效、广谱、对人畜低毒、作用迅速、持效长等特点，有触杀和胃毒、杀卵，对害虫有拒食活性等作用，更加对光、热稳定。耐雨水冲刷，特别对有机磷农药已达抗性的害虫有特效。

原药生产厂家 南京红太阳股份有限公司。

zeta-氯氰菊酯（*zeta*-cypermethrin）

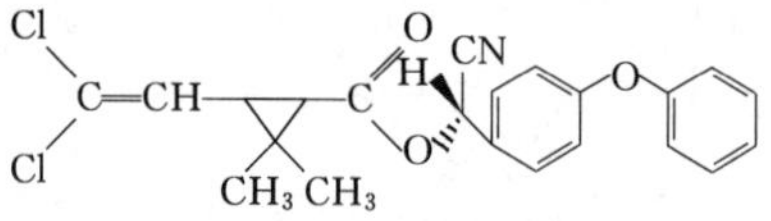

$C_{22}H_{19}Cl_2NO_3$，416.3

化学名称 (*S*)-α-氰基-3-苯氧苄基-(1*RS*,3*RS*;1*RS*,3*SR*)-3-(2,2-二氯乙烯基)-2,2-二甲基环丙烷羧酸酯，4种光学异构体的混合物，其中(*S*)-(1*RS*,3*RS*)-异构体对与(*S*)-(1*RS*,3*SR*)-异构体对之比分别为（45～55）∶（55～45）。

CAS登录号 52315-07-8

理化性质 深棕色黏稠液体。熔点－3℃。在分解之前沸腾，沸点＞360℃。闪点：181℃（密闭环境下）。蒸气压为 2.5×10^{-4} mPa（25℃）。K_{ow} 5～6。Henry常数为 2.31×10^{-3} Pa·m^3/mol。相对密度为1.219g/cm^3（25℃）。溶解度：水中为0.045mg/L（25℃），易溶于大多数的有机溶剂。稳定性：在50℃可稳定保存1 y；光解 DT_{50}（水溶液）：20.2～36.1d（pH 7）；水解 DT_{50}：稳定（pH5），25d（pH7，25℃），1.5h（pH9，50℃）。

毒　性 急性经口 LD_{50}：大鼠269～1264mg/kg。急性经皮 LD_{50}：兔＞2000mg/kg。毒性吸入 LC_{50}（4h）：雌性大鼠1.26mg/L。NOEL值（1y）：狗为5mg/(kg·d)。鸟类：急性经口：鸭子 LD_{50}＞10248mg/kg。鱼 LC_{50}：0.69～2.37μg/L（与鱼的种类有关）。水蚤 LC_{50}（48h）：0.14μg/L。绿藻类 EC_{50}：近头状伪蹄形藻＞0.248mg/L。NOEC值（28d）：摇蚊幼虫0.0001mg/L。野外条件下对蜜蜂无毒。正常条件下对蚯蚓无毒 LC_{50}（14d）：750mg/kg（土壤）。

制　剂 88%、92%、90%原药，3%、180g/L水乳剂，181g/L乳油。

应　用 作用机理与特点：作用于昆虫的神经系统，通过阻断钠离子通道来干扰神经系统的功能。杀虫方式为触杀和胃杀。杀虫谱广、药效迅速，对光、热稳定，对某些害虫的卵具有杀伤作用。用此药防治对有机磷产生抗性的害虫效果良好，但对螨类和盲蝽防治效果差。该药残效期长，正确使用时对作物安全。防治对象：用于防治棉花、果树、蔬菜、大田、园林的鞘翅目、蚜虫和小菜蛾等害虫，也可用于防治森林和卫生害虫。

原药生产厂家 江苏蓝丰生物化工股份有限公司、辽宁省大连凯飞化工有限公司、美国富美实公司。

乙氰菊酯（cycloprothrin）

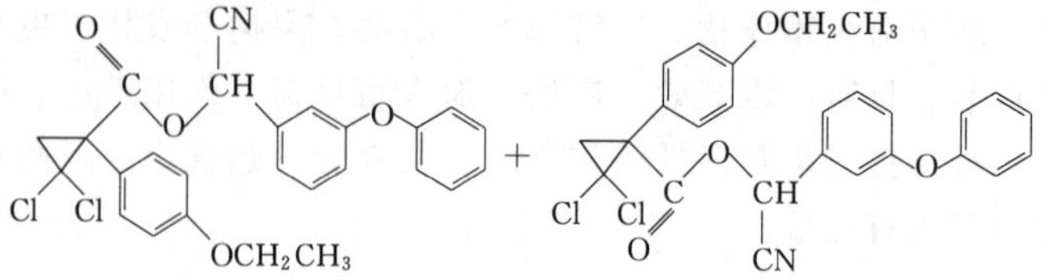

$C_{26}H_{21}Cl_2NO_4$，482.4

其他中文名称 赛乐收，杀螟菊酯，稻虫菊酯

其他英文名称 Cyclosal，Phencyclate，Fencyclate

化学名称 (*RS*)-α-氰基-3-苯氧基苄基(*RS*)-2,2-二氯-1-(4-乙氧基苯基)环丙烷羧酸酯

CAS 登录号 63935-38-6

理化性质 原药为黄色至棕色黏稠液体。熔点 1.8℃，沸点 140～145℃/1.33×10^{-4}kPa，蒸气压 3.11×10^{-2}mPa（80℃），K_{ow} lg$P$＝4.19，相对密度 1.3419（25℃）。水中溶解度 0.32mg/L（20℃），易溶解于大多数有机溶剂，只适度溶于脂肪烃。≤150℃时可稳定存在，对光稳定。

毒　性 大鼠和小鼠急性经口 LD_{50}＞5000mg/kg。大鼠急性经皮 LD_{50}＞2000mg/kg。原药对眼睛和皮肤无刺激作用，颗粒剂和粉剂刺激性中等。大鼠急性吸入 LC_{50}（4h）＞1.5mg/L（空气）。无作用剂量（101 周）：大鼠 20mg/L。无致畸、致癌、致突变作用。鸟类急性经口 LD_{50}：日本鹌鹑＞5000mg/kg，母鸡＞2000mg/kg。鲤鱼 LC_{50}（96h）＞7.7mg/L。水蚤 LC_{50}（48h）：0.27mg/L。海藻 EC_{50}（72h）：2.38mg/L。蜜蜂 LD_{50}（48h）：0.321μg/只（经口），0.432μg/只（接触）。

应　用 钠通道抑制剂。主要是阻断害虫神经细胞中的钠离子通道，使神经细胞丧失功能，导致靶标害虫麻痹、协调差，最终死亡。是一种低毒拟除虫菊酯类杀虫剂，以触杀作用为主，有一定的胃毒作用，无内吸和熏蒸作用。本品杀虫谱广，除主要用于水稻害虫的防治外，还可用于其他旱地作物、蔬菜和果树等害虫的防治，具有驱避和拒食作用，对植物安全。

氯氟醚菊酯（meperfluthrin）

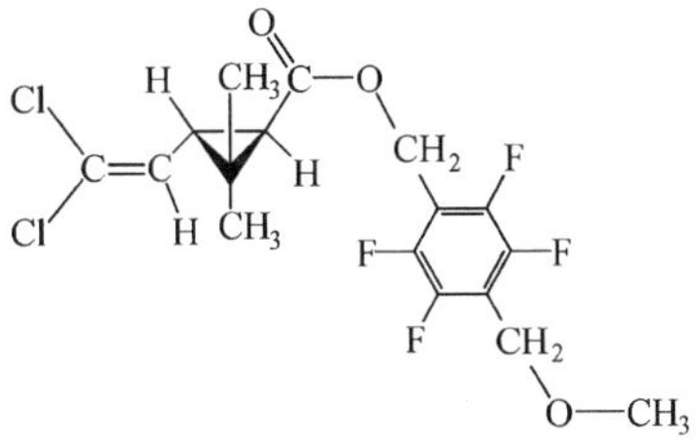

$C_{17}H_{16}Cl_2F_4O_3$，415.2

化学名称 2,3,5,6-四氟-4-甲氧甲基苄基(1*R*,3*S*)-3-(2,2-二氯乙烯基)-2,2-二甲基环丙烷羧酸酯

CAS 登录号 915288-13-0

理化性质 纯品为淡灰色至淡棕色固体。熔点 72～75℃，蒸气压 4.75×10^{-5}Pa（25℃）、686.2 Pa（200℃）。难溶于水，易溶于甲苯、氯仿、丙酮、二氯甲烷、二甲基甲酰胺等有机溶剂。酸性和中性条件下稳定，碱性条件下水解较快。在常温下可稳定贮存 2 年。

毒　性 大鼠急性经口 LD_{50}＞5000mg/kg，急性经皮 LD_{50}＞2000mg/kg，低毒。

制　剂 90%原药，6%、5%母药，0.08%、0.05%、0.04%、0.02%蚊香，0.50%、0.41%、0.23%、0.20%、0.14%气雾剂，1.50%、1.20%、1%、0.90%、0.80%、

0.60%、0.40%电热蚊香液，13 毫克/片、12 毫克/片、10 毫克/片、4 毫克/片、13%电热蚊香片。

应　用　吸入和触杀型杀虫剂，对昆虫的中枢神经系统、周围神经系统起作用，具有很强的击倒和杀死活性，昆虫接触到药剂后几秒钟即有反应，呈昏迷状态、痉挛而跌倒，从而导致杀死。对蚊、蝇等卫生害虫具有卓越的击倒和杀死活性。广泛应用于蚊香、灭蚊片、液体蚊香等杀虫剂产品中。其对蚊虫的杀虫毒力约为目前常用的富右旋反式烯丙菊酯的 10 倍以上。

原药生产厂家　江苏优士化学有限公司。

七氟菊酯（tefluthrin）

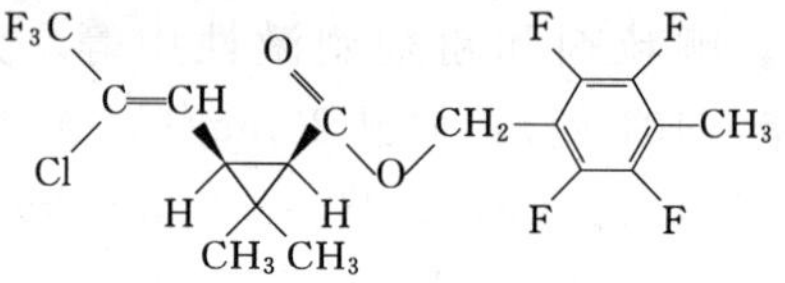

(*Z*)-(1*R*)-*cis*-

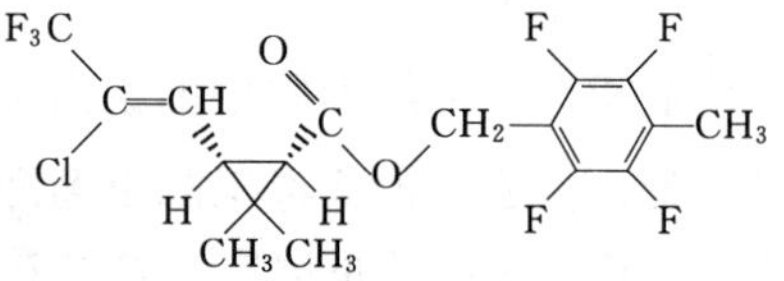

(*Z*)-(1*S*)-*cis*-

$C_{17}H_{14}ClF_7O_2$，418.7

化学名称　2,3,5,6-四氟-4-甲基苄基(*Z*)-(1*R*,3*R*;1*S*,3*S*)-3-(2-氯-3,3,3-三氟丙-1-烯基)-2,2-二甲基环丙烷羧酸酯

CAS登录号　79538-32-2

理化性质　纯品为无色固体（原药为白色）。熔点 44.6℃（原药熔点 39～43℃），沸点 156℃/0.133kPa，蒸气压 8.4mPa（20℃）、50mPa（40℃），K_{ow} lg$P$=6（20℃），Henry 常数 2×10^2 Pa·m³/mol（计算值），密度 1.48 g/mL（25℃）。20℃水中溶解度 0.02mg/L（纯水、缓冲水 pH5.0、pH9.2）。其他溶剂中溶解度：丙酮、二氯甲烷、乙酸乙酯、正己烷、甲苯中>500g/L（21℃），甲醇 263mg/L。15～25℃稳定 9 个月以上，50℃稳定 84d 以上；其水溶液（pH7）暴露在日光下，31 天损失 27%～30%；在 pH5、pH7 水解>30d，pH9，30d 水解 7%。pK_a>9。闪点 124℃。

毒　性　大鼠急性经口 LD_{50}：雄 22mg/kg，雌 22mg/kg（玉米油载体）。大鼠急性经皮 LD_{50}：雄 316mg/kg，雌 177mg/kg；对兔眼睛和皮肤有轻微刺激；对豚鼠皮肤无刺激。急性吸入 LC_{50}（4h）：雄大鼠 0.05mg/L，雌大鼠 0.04mg/L。无作用剂量：大鼠（2y）25mg/kg（饲料），狗（1y）0.5mg/(kg·d)。鸟类急性经口 LD_{50}：野鸭>3960mg/kg，山齿鹑 730mg/kg；亚急性经口 LC_{50}（5d）：野鸭 2317mg/kg，山齿鹑 10500mg/kg 饲料。鱼毒 LC_{50}（96h）：虹鳟鱼 60 ng/L，蓝鳃太阳鱼 130 ng/L。水蚤 EC_{50}（48h）：70 ng/L。羊角月牙藻>1.05mg/L。蜜蜂 LD_{50}：280 ng/只（接触），1880 ng/只（经口）。蚯蚓 LC_{50}：1.0mg/kg（土壤）。

应　用　本品属拟除虫菊酯类杀虫剂，对鞘翅目、鳞翅目和双翅目昆虫高效，可以颗粒剂、土壤喷洒或种子处理的方式施用。它的挥发性好，可在气相中充分移行以防治土壤害虫。在大田中的半衰期约1个月，它既能对害虫保持较长残效，而又不致在土壤中造成长期残留。在剂量为12～150g（有效成分）/hm^2时，可广谱地防治土壤节肢动物，包括南瓜十二星甲、金针虫、跳甲、金龟子、甜菜隐食甲、地老虎、玉米螟、瑞典麦秆蝇等。

甲氧苄氟菊酯（metofluthrin）

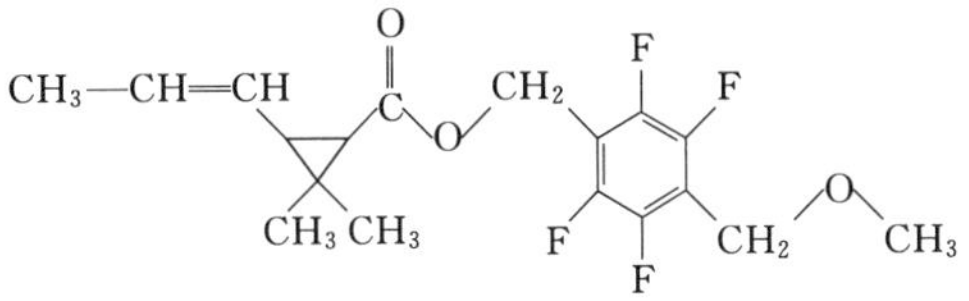

$C_{18}H_{20}F_4O_3$，360.4

化学名称　2,3,5,6-四氟-4-(甲氧基甲基)苄基-(*EZ*)-(1*RS*,3*RS*;1*RS*,3*SR*)-2,2-二甲基-3-丙-1-烯基环丙烷羧酸酯

CAS登录号　240494-70-6

理化性质　原药为浅黄色透明油状液体。沸点334℃，蒸气压1.96mPa（25℃），K_{ow} lg$P$=5.0（25℃），相对密度1.21（20℃）。水中溶解度0.73mg/L（pH 7，20℃），乙腈、二甲基亚砜、甲醇、乙醇、丙酮、正己烷中能快速溶解。紫外光下分解。碱性溶液中水解。旋光度：$[\alpha]_D^{20}$ −23.7°（c=0.02，乙醇）。闪点>110℃。

毒　性　大鼠急性经口LD_{50}>2000mg/kg，急性经皮LD_{50}>2000mg/kg。无刺激，无致敏性。大鼠急性吸入毒性LC_{50}：1000～2000mg/m^3。山齿鹑和野鸭急性经口LD_{50}>2250mg/kg。野鸭和山齿鹑饲喂LD_{50}（8d）>5620mg(a.i.)/kg。鲤鱼LC_{50}（96h）：3.06μg/L。水蚤EC_{50}（48h）：4.7μg/L。藻类E_rC_{50}（72h）：0.37mg/L。

制　剂　（1*R*-异构体88%、反式异构体89.8%）原药，0.69%电热蚊香液，60毫克/片驱蚊片。

应　用　新型拟除虫菊酯类化合物。钠通道抑制剂，主要是通过与钠离子通道作用，使神经细胞丧失功能，导致靶标害虫死亡。对媒介昆虫具有紊乱神经的作用。对蚊虫生物活性高以及具备击倒速度快的特点，适用于制造电热蚊香液、驱虫片等制剂产品。

原药生产厂家　日本住友化学株式会社。

苄呋菊酯（resmethrin）

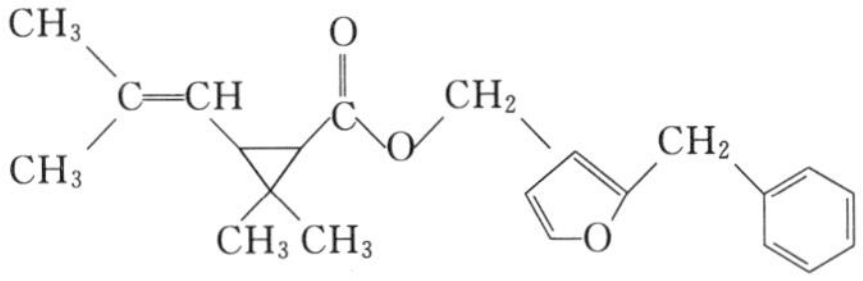

$C_{22}H_{26}O_3$，338.4

其他中文名称 灭虫菊

其他英文名称 Benzofuroline，Chrysron

化学名称 5-苄基-3-呋喃甲基(1*RS*,3*RS*;1*RS*,3*SR*)-2,2-二甲基-3-(2-甲基丙-1-烯基)环丙烷羧酸酯

CAS登录号 10453-86-8

理化性质 其为2个异构体的混合物，其中含20%～30%（1*R*，*S*）-顺-异构体和70%～80%（1*R*,*S*)-反-异构体。原药两异构体总含量84.5%。纯品为无色晶体（原药为黄色至褐色的蜡状固体），熔点为56.5℃［纯（1*RS*）-反-异构体］，分解温度＞180℃，蒸气压＜0.01mPa（25℃），K_{ow} lg$P$＝5.43（25℃），Henry常数＜8.93×10^{-2}Pa·m³/mol，相对密度0.958～0.968（20℃）、1.035（30℃）。溶解性：水中37.9μg/L（25℃）；丙酮约30%，氯仿、二氯甲烷、乙酸乙酯、甲苯中＞50%，二甲苯＞40%，乙醇、正辛醇约6%，正己烷约10%，异丙醚约25%，甲醇约3%（20℃）。稳定性：耐高温、耐氧化，但暴露在空气和阳光下会迅速分解（比除虫菊酯分解慢）。闪点129℃。

毒　性 大鼠急性经口LD_{50}＞2500mg/kg。大鼠急性经皮LD_{50}＞3000mg/kg；对皮肤和眼睛没有刺激性；对豚鼠皮肤测试无过敏现象。大鼠急性吸入LC_{50}（4h）＞9.49 g/m³（空气）。无作用剂量（90d）：大鼠＞3000mg/kg（饲料），兔100mg/(kg·d)、小鼠50mg/(kg·d)、大鼠80mg/(kg·d）进行饲喂，没有发现产生畸形。对大鼠进行112周高达5000mg/kg的饲喂试验，没有发现致癌作用；对小鼠进行85周高达1000mg/kg的试验，没有发现致癌作用。鸟类急性经口LD_{50}：加利福尼亚鹌鹑＞2000mg/kg。对鱼有毒，LC_{50}（96h，μg/L）：黄鲈2.36，红鲈11，蓝鳃太阳鱼17。水蚤LC_{50}（48h）：3.7μg/L；基围虾LC_{50}（96h）：1.3μg/L。对蜜蜂有毒，LD_{50}：0.069μg/只（经口），0.015μg/只（接触）。

应　用 作用于害虫的神经系统，通过作用于钠离子通道来干扰神经作用。有强烈触杀作用，杀虫谱广，杀虫活性高，例如对家蝇的毒力，比除虫菊素约高2.5倍；对淡色库蚊的毒力比丙烯菊酯约高3倍；对德国小蠊的毒力比胺菊酯约高6倍。且对哺乳动物的毒性比除虫菊素低。但对天然除虫菊素有效的增效剂对这些化合物则无效。

溴氰菊酯（deltamethrin）

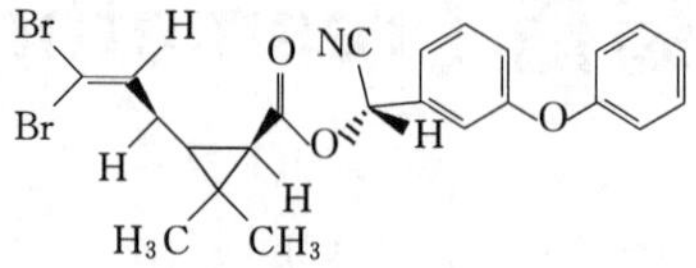

$C_{22}H_{19}Br_2NO_3$，505.2

其他中文名称 敌杀死，凯安保，凯素灵，天马，谷虫净，增效百虫灵

化学名称 (*S*)-*α*-氰基-3-苯氧基苄基(1*R*,3*R*)-3-(2,2-二溴乙烯基)-2,2-二甲基环丙烷羧

酸酯

CAS登录号 52918-63-5

理化性质 原药含量98.5%，只有1个异构体。纯品为无色晶体。熔点100～102℃。25℃时蒸气压为1.24×10^{-5} mPa。Henry系数3.13×10^{-2} Pa·m^3/mol。相对密度0.55g/cm^3（25℃）。$K_{ow}\lg P=4.6$（25℃）。溶解性：水<0.2μg/L（25℃）；有机溶剂（g/L，20℃）：1,4-二氧六环900，环己酮750，二氯甲烷700，丙酮500，苯450，二甲基亚砜450，二甲苯250，乙醇15，异丙醇6。稳定性：在空气中稳定（温度<190℃稳定存在），在紫外光和日光照射下酯键发生断裂并且脱去溴；其在酸性介质中比在碱性介质中稳定；DT_{50} 2.5d（pH 9，25℃）。比旋光度为$[\alpha]_D+61°$（40g/L苯溶液）。

毒　性 大鼠急性经口LD_{50} 87～5000mg/kg，取决于载体及研究条件；狗急性经口LD_{50}>300mg/kg。大鼠和兔的急性经皮LD_{50}>2000mg/kg，对皮肤无刺激性，对兔的眼睛有轻微刺激性。大鼠急性吸入LC_{50}（6h）为0.6mg/L。NOEL值（2y）（mg/kg）小鼠16，大鼠1，狗1。对小白鼠、大白鼠、兔无致畸、致突变作用。鸟类急性经口LD_{50}：山齿鹑>2250mg/kg；饲喂LC_{50}（8d）：山齿鹑>5620mg/kg饲料。NOEL值：野鸭70mg/(kg·d)，山齿鹑55mg/(kg·d)。鱼类：实验室条件下对鱼有毒，LC_{50}（96h，μg/L）：虹鳟鱼0.91，蓝鳃太阳鱼1.41；自然条件下对鱼无毒。水蚤LC_{50}（48h）：0.56μg/L。藻类：EC_{50}（96h）羊角月牙藻>9.1mg/L。蜜蜂：对蜜蜂有毒，LD_{50}（ng/只）：23（经口），12（接触）。蚯蚓LC_{50}（14d）>1290mg/kg（土壤）。在实验室得出的低的LD_{50}和LC_{50}值，不能够代表对野外系统没有毒害。

制　剂 98.50%、98%原药，25g/L、2.50%悬浮剂，2.50%微乳剂，0.40%涂抹剂，2.50%、2%水乳剂，25%水分散片剂，50、25g/L、2.80%、2.50%、0.60%乳油。0.30%驱蚊帐，5%、2.50%可湿性粉剂，0.25%、0.09%粉剂，0.06%饵剂，0.05%毒饵，0.50%、0.40%、0.30%笔剂。

应　用 阻碍钠离子通道，不能传导神经冲动。非内吸性杀虫剂，有触杀和胃毒作用，作用迅速。对害虫有一定驱避与拒食作用，尤其对鳞翅目幼虫及蚜虫杀伤力大，但对螨类无效，作用部位在神经系统，为神经毒剂，使昆虫过度兴奋、麻痹而死。防治对象：用于谷物、柑橘、棉花、葡萄、玉米、油菜、大豆、水果和蔬菜防治鞘翅目、半翅目、同翅目、鳞翅目、和缨翅目害虫。防治蝗科，推荐用于防治蝗虫。土壤表面喷洒控制夜蛾。防治室内卫生害虫、储粮害虫、木材害虫（蜚蠊目、蚊科、蝇科）。浸渍或喷洒用于控制牛、羊、猪等的蝇、虻、硬蜱科、螨。注意事项：不能在桑园、鱼塘、河流、养蜂场等处及其周围使用，以免对蚕、蜂、水生生物等有益生物产生毒害。溴氰菊酯不可与碱性物质混用，以免分解失效。但为了提高药效，减少用量，延缓抗性的产生，可以与马拉硫磷、双甲脒、乐果等非碱性物质随混随用。对螨蚧效果不好，因此在虫、螨并发的作物上使用此药，要配合专用杀螨剂，以免害螨猖獗。最好不要用于防治棉铃虫、棉蚜等抗性发展快的昆虫。

原药生产厂家 常州康美化工有限公司、江苏常隆化工有限公司、江苏南通龙灯化工有限公司、江苏扬农化工股份有限公司、江苏优士化学有限公司、辽宁省大连凯飞化工有限公司、南京红太阳股份有限公司、德国拜耳作物科学公司、新加坡利农私人有限公司、印度

TAGROS公司、印度格达化学有限公司、印度禾润保工业有限公司、印度夏达国际有限公司。

四溴菊酯（tralomethrin）

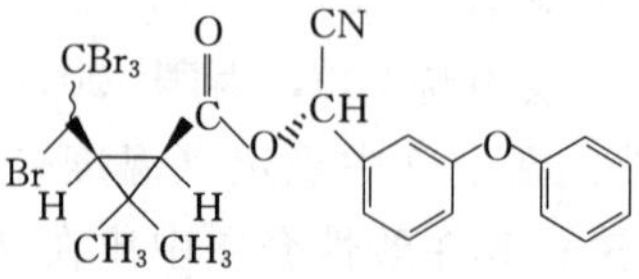

$C_{22}H_{19}Br_4NO_3$，665.0

其他中文名称 四溴氟菊酯

其他英文名称 Cesar，Scout

化学名称 (*S*)-*a*-氰基-3-苯氧苄基(1*R*,3*R*)-3-[(*RS*)-1,2,2,2-四溴乙基](2,2-二甲基-环丙烷羧酸酯。

CAS登录号 66841-25-6

理化性质 原药为黄色至米黄色树脂状固体。熔点为138～148℃。25℃时蒸气压为4.8×10^{-6}mPa。20℃相对密度为1.70。$K_{ow}\lg P$=c.5（25℃）。溶解性：水80μg/L；有机溶剂（g/L）：丙酮、二氯甲烷、甲苯、二甲苯>1000，基亚砜>500，醇>180。稳定性：在50℃时能稳定存在6个月，在酸性介质中能减少水解和差向异构化。比旋光度为$[\alpha]_D$+(21°～27°)(50g/L，苯)。

毒　性 急性经口：LD_{50}大白鼠为99～3000mg(a.i.)/kg，取决于使用的载体，狗>500mg（胶囊剂）/kg。急性经皮LD_{50}兔>2000mg/kg，对兔的皮肤刺激适中，眼睛刺激轻微。对豚鼠无过敏作用。急性吸入LC_{50}（4h）大白鼠>0.40mg/L（空气）。NOEL（2y）(mg/kg饲料)：大白鼠0.75，小白鼠3，狗1。对大白鼠和兔没有诱变性伤害和畸形。鸟类：急性经口：LD_{50}鹌鹑>2510mg/kg，饲喂LC_{50}（8d，mg/kg饲料）：野鸭7716，鹌鹑4300，鱼类：LC_{50}（96h，mg/L）虹鳟鱼0.0016，蓝鳃太阳鱼0.0043。水蚤LC_{50}（48h）38mg/L。蜜蜂：对蜜蜂无毒，LD_{50}（接触）0.12μg/只。在实验室得出低的LD_{50}和LC_{50}值，不能够代表对野外生态系统没有毒害。

应　用 为溴氰菊酯结构基础上打开双键加入2个溴原子而成的新型化合物，对抗性害虫有较高的杀虫活性。由于四溴菊酯的低蒸气压、光稳定性，以及低水溶性、耐雨水冲刷，故对害虫有较长的持效。为拟除虫菊酯类杀虫剂，具有触杀和胃毒作用，性质稳定，持效长，在对个别害虫的毒力活性上，甚至高于溴氰菊酯。防治对象：防治农业上的鞘翅目、同翅目、直翅目等害虫，尤其是禾谷类、咖啡、棉花、果树、玉米、油菜、水稻、烟草和蔬菜上的鳞翅目害虫。可有效地防治家庭卫生害虫、仓贮害虫以及侵蚀木材昆虫。生产中可与氨基甲酸酯类、有机磷酸酯类等的复配制剂交替轮换使用，以延长其使用寿命。如果在危害之前使用，可以保护大多数作物不受半翅目害虫危害，土表喷雾，可防治地老虎和切根虫等害虫。注意事项：对蜜蜂、鱼高毒，使用时切忌水源及养蜂场所。

联苯菊酯（bifenthrin）

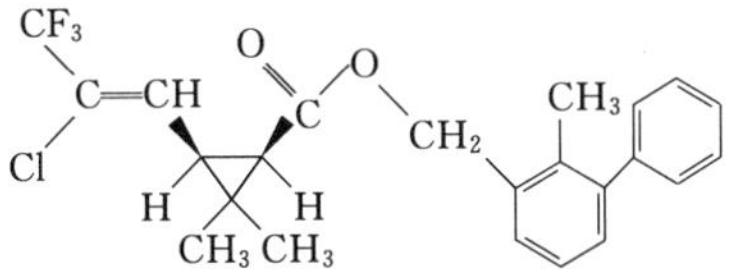

(*Z*)-(1*R*)-*cis*-

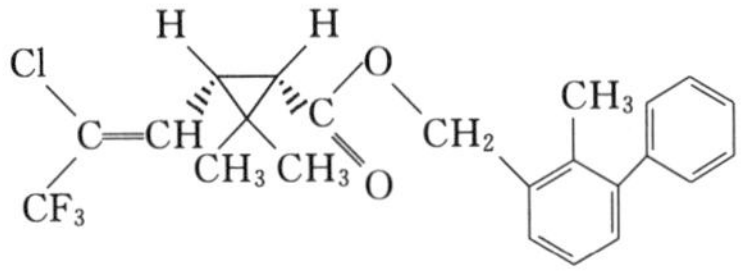

(*Z*)-(1*S*)-*cis*-

$C_{23}H_{22}ClF_3O_2$，422.9

其他中文名称　毕芳宁，虫螨灵，氟氯菊酯，天王星

其他英文名称　Biphenthrin，FMC 54800，Talstar

化学名称　2-甲基联苯基-3-基甲基-(*Z*)-(1*R*,3*R*;1*S*,3*S*)-3-(2-氟-3,3,3-三氯丙-1-烯基)-2,2-二甲基环丙烷羧酸酯

CAS登录号　82657-04-3

理化性质　黏稠液体、结晶或蜡状固体。熔点68～70.6℃，沸点320～350℃。蒸气压1.78×10^{-3}mPa（20℃）。K_{ow} lg$P>6$。相对密度1.210（25℃）。溶解度：水中<1μg/L（20℃），溶于丙酮、氯仿、二氯甲烷、乙醚和甲苯，微溶于己烷和甲醇。稳定性：在25℃和50℃可稳定贮存2年（原药）。在自然光下，DT_{50}为255d。pH 5～9（21℃）条件下，可稳定贮存21d。闪点165℃（敞口杯），151℃（Pensky-Martens闭口杯）。

毒　性　大鼠急性经口LD_{50}为54.5mg/kg。兔急性经皮$LD_{50}>2000$mg/kg；对兔皮肤和眼睛无刺激作用；对豚鼠皮肤不致敏。NOEL（1y）：狗1.5mg/(kg·d)，对大鼠[≤2mg/(kg·d)]和兔[8mg/(kg·d)]无致畸作用。1d饲喂试验无作用剂量[mg/(kg·d)]：狗1，大鼠小于2，兔8。无致畸作用。8d饲喂LC_{50}（mg/kg饲料）：鹌鹑4450，野鸭1280。鱼类：LC_{50}（96h，mg/L）：蓝鳃太阳鱼0.0035、虹鳟鱼0.0015。因其在水中的溶解性低和对土壤的高亲和力，使其在田间条件下实际使用时对水生系统影响很小。在试验剂量下对动物无致畸、致突变、致癌作用。联苯菊酯对鱿类、水生昆虫等水生生物高毒。对蜜蜂毒性中等，对鸟类低毒。世界卫生组织农药残留联合会议规定其每日允许摄入量为0.02mg/kg。鸟类急性经口LD_{50}（mg/kg）：山齿鹑为1800，野鸭为2150。饲喂LC_{50}（8d，mg/kg饲料）：山齿鹑为4450，野鸭为1280。鱼类LC_{50}（96h，mg/L）：蓝鳃太阳鱼0.00035，虹鳟鱼0.00015。水蚤LC_{50}（48h）0.00016mg/L。在水中溶解性小，但对土壤的亲和力大，所以在田间对水生生物系统影响很小。海藻EC_{50}和$E_rC_{50}>8$mg/L。其他水生物种：摇蚊NOEC（28d）0.00032mg/L。蜜蜂LD_{50}（μg/只）：0.1（经口），0.01462（接触）。

螨虫 LC_{50} >16mg/kg（干燥土壤）。其他有益物种 LR_{50}（g/hm²）：蚜茧蜂为 8.1，草蜻蛉 5.1。

制　剂　98%、97%、96%、95.50%、95%、94%、93%、90%原药，100g/L、5%悬浮剂，10%、6%、4%、2.50%微乳剂，5%微囊悬浮剂，10%、5%、4.50%、2.50%水乳剂，25g/L、10%、4%、2.50%、1%乳油，0.20%颗粒剂。

应　用　作用机理与特点：联苯菊酯是拟除虫菊酯类杀虫、杀螨剂，具有触杀、胃毒作用。无内吸、熏蒸作用。作用于害虫的神经系统，通过作用于钠离子通道来干扰神经作用。杀虫谱广，作用迅速，在土壤中不移动，对环境较为安全，持效期较长。防治对象：适用于棉花、果树、蔬菜、茶叶等作物上防治鳞翅目幼虫、粉虱、蚜虫、潜叶蛾、叶蝉、叶螨等害虫、害螨。用于虫、螨并发时。注意事项：不要与碱性物质混用，以免分解。对蜜蜂、家蚕、天敌、水生生物毒性高，使用时应注意不要污染水源、桑园等。

原药生产厂家　常州康美化工有限公司、阜宁宁翔化工有限公司、河北省邯郸市瑞田农药有限公司、江苏常隆化工有限公司、江苏春江农化有限公司、江苏皇马农化有限公司、江苏辉丰农化股份有限公司、江苏联化科技有限公司、江苏润泽农化有限公司、江苏省南通功成精细化工有限公司、江苏省南通正达农化有限公司、江苏省农用激素工程技术研究中心有限公司、江苏省盐城南方化工有限公司、江苏省宜兴兴农化工制品有限公司、江苏天容集团股份有限公司、江苏扬农化工股份有限公司、江苏优士化学有限公司、山东省联合农药工业有限公司、陕西西大华特科技实业有限公司、上海威敌生化（南昌）有限公司、上海易施特农药（郑州）有限公司、天津人农药业有限责任公司、浙江省上虞市银邦化工有限公司、郑州中港万象作物科学有限公司、美国富美实公司、印度联合磷化物有限公司。

氟氯氰菊酯（cyfluthrin）

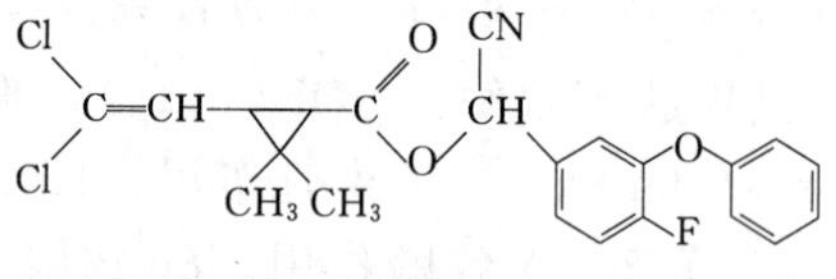

$C_{22}H_{18}Cl_2FNO_3$，434.3

其他中文名称　百树菊酯，百树得，氟氯氰醚菊酯，百治菊酯

其他英文名称　Cyfloxylate，Baythroid，Responsar，Cylathrin

化学名称　(*R*,*S*)-α-氰基 4-氟-3-苯氧基苄基(1*RS*,3*RS*;1*RS*,3*SR*)-3-(2,2-二氯乙烯基)-2,2-二甲基环丙烷羧酸酯

CAS登录号　68359-37-5

理化性质　无色晶体（原药为棕色油状物或含有部分晶体的黏稠物）。熔点（℃）：（Ⅰ）64，（Ⅱ）81，（Ⅲ）65，（Ⅳ）106。温度>220℃时分解。蒸气压（mPa，20℃）：（Ⅰ）9.6×10^{-4}，（Ⅱ）1.4×10^{-5}，（Ⅲ）2.1×10^{-5}，（Ⅳ）8.5×10^{-5}。

K_{ow}lg$P$（20℃）：（Ⅰ）6.0，（Ⅱ）5.9，（Ⅲ）6.0，（Ⅳ）5.9。Henry常数（Pa·m^3/mol，20℃）：（Ⅰ）1.9×10^{-1}，（Ⅱ）2.9×10^{-3}，（Ⅲ）4.2×10^{-3}，（Ⅳ）1.3×10^{-2}。相对密度1.28（20℃）。溶解度（g/L，20℃）：非对映异构体Ⅰ在水中为2.5（pH 3）、2.2（pH 7），二氯甲烷、甲苯＞200，正己烷中10～20，异丙醇中20～50；非对映异构体Ⅱ在水中为2.1（pH 3）、1.9（pH 7），二氯甲烷、甲苯中＞200，正己烷中10～20，异丙醇中5～10；非对映异构体Ⅲ在水中为3.2（pH 3）、2.2（pH 7），二氯甲烷、甲苯中＞200，正己烷、异丙醇中10～20；非对映异构体Ⅳ在水中为4.3（pH 3）、2.9（pH 7），二氯甲烷中＞200，甲苯中100～200，正己烷中1～2，异丙醇中2～5。稳定性：室温热力学稳定；在水中DT_{50}（d，22℃，pH分别为4、7、9）：非对映异构体Ⅰ：36、17、7，Ⅱ：117、20、6，Ⅲ：30、11、3，Ⅳ：25、11、5。闪点107℃（原药）。

毒　性　大鼠急性经口LD_{50}（mg/kg）：约500（二甲苯），约900（聚乙二醇400），约20（水/聚氧乙基代蓖麻油）；狗急性经口LD_{50}＞100mg/kg。雌性和雄性大鼠急性经皮LD_{50}（24h）＞5000mg/kg。本品对兔皮肤无刺激作用，对兔眼睛有略微刺激作用。大鼠吸入LD_{50}（4h）为0.5mg/L空气（烟雾剂）。NOEL（mg/kg饲料）：（2y）大鼠50，小鼠200，（1y）狗160。鸟类急性经口LD_{50}：山齿鹑＞2000mg/kg。鱼类LD_{50}（96h，mg/L）：金黄圆腹亚罗鱼0.0032，虹鳟鱼0.00047，蓝鳃太阳鱼0.0015。水蚤LC_{50}（48h）：0.00016mg/L。海藻EC_{50}＞10mg/L。蜜蜂：对蜜蜂有毒。蠕虫：蚯蚓LC_{50}（14d）＞1000mg/kg（土壤）。

制　剂　92%原药，2.50%微囊悬浮剂，5.70%、5.70%、5%水乳剂，50g/L、5.70%、5.10%乳油，10%可湿性粉剂，0.30%粉剂。

应　用　作用机理与特点：神经轴突毒剂，通过与钠离子通道作用可引起昆虫极度兴奋、痉挛、麻痹，最终可导致神经传导完全阻断，也可以引起神经系统以外的其他组织产生病变而死亡。药剂以触杀和胃毒作用为主，无内吸及熏蒸作用。杀虫谱广，作用迅速，持效期长，对作物安全。对多种鳞翅目害虫有良好的防效，也可有效防治某些地下害虫。具有一定的杀卵活性，并对某些成虫有拒避作用。适用作物：棉花、小麦、玉米、蔬菜、苹果、柑橘、葡萄、油菜、大豆、烟草、甘薯、马铃薯、草莓、啤酒花、咖啡、茶、苜蓿、橄榄、观赏植物等。防治对象：棉铃虫、红铃虫、棉蚜、菜青虫、桃小食心虫、金纹细蛾、小麦蚜虫、黏虫、玉米螟、葡萄果蠹蛾、马铃薯甲虫、蚜虫、尺蠖、烟青虫等。注意事项：不能与碱性药剂混用。不能在桑园、养蜂场或河流、湖泊附近使用。菊酯类药剂是负温度系数药剂，即温度低时效果好，因此，应在温度较低时用药。在中国已建立了安全合理使用准则，规定在棉花上每季最多使用2次，安全间隔期为21d，在棉籽中的最高残留限量（MRL值）为0.05mg/kg。

原药生产厂家　广东立威化工有限公司、广东省中山市凯达精细化工股份有限公司石岐农药厂、江苏春江农化有限公司、江苏润泽农化有限公司、江苏扬农化工股份有限公司、江苏优士化学有限公司、浙江威尔达化工有限公司、中山凯中有限公司、德国拜耳作物科学公司。

高效氟氯氰菊酯（*beta*-cyfluthrin）

$C_{22}H_{18}Cl_2FNO_3$，434.3

其他中文名称 保得，乙体氟氯氰菊酯

其他英文名称 Bulldock

化学名称 (*R*,*S*)-*α*-氰基-4-氟-3-苯氧基苄基-(1*RS*,3*RS*;1*RS*,3*SR*)-3-(2,2-二氯乙烯基)-2,2-二甲基环丙烷羧酸酯

CAS登录号 68359-37-5

理化性质 纯品外观为无色无臭晶体，原药为有轻微气味的白色粉末。熔点（℃）：（Ⅱ）81，（Ⅳ）106。分解温度>210℃。蒸气压（20℃，mPa）：（Ⅱ）1.4×10^{-5}，（Ⅳ）8.5×10^{-5}。$K_{ow}\lg P$=(20℃)：（Ⅱ）5.9，（Ⅳ）5.9。Henry（20℃，Pa·m³/mol）：（Ⅱ）3.2×10^{-3}，（Ⅳ）1.3×10^{-2}。相对密度（22℃）为1.34g/cm³；溶解度：在水中（20℃，μg/L）（Ⅱ）为1.9（pH 7），（Ⅳ）为2.9（pH 7）；（Ⅱ）（20℃，g/L）在正己烷中为10～20，异丙醇中为5～10。稳定性：在pH 4、7时稳定，pH 9时，迅速分解。

毒　性 急性经口LD_{50}（mg/kg）：大鼠380（在聚乙二醇中），211（在二甲苯中），雄小鼠91，雌小鼠165。大鼠急性经皮LD_{50}（24h）>5000mg/kg；对皮肤无刺激；对兔眼睛有轻微刺激；对豚鼠无致敏作用。大鼠吸入LC_{50}（4h，mg/L）约0.1（气雾），0.53（粉尘）。NOEL（90d，mg/kg饲料）：大鼠为125，狗为60。鸟类急性经口LD_{50}：日本鹌鹑>2000mg/kg。鱼类LC_{50}（96h，ng/L）：虹鳟鱼89，蓝鳃太阳鱼280。水蚤EC_{50}（48h）0.3μg/L。蜜蜂LD_{50}<0.1μg/只。蠕虫LC_{50}：蚯蚓>1000mg/kg。

制　剂 95%原药，5%、4%、2.50%、1.25%悬浮剂，7%、5%微乳剂，25g/L、2.80%、2.50%乳油，0.05%喷射剂，15%可溶液剂，0.15%粉剂。

应　用 作用机理与特点：拟除虫菊酯类杀虫剂，为神经轴突毒剂，可以引起昆虫极度兴奋、痉挛与麻痹，还能诱导产生神经毒素，最终导致神经传导阻断，也能引起其他组织产生病变。具有触杀和胃毒作用，无内吸作用和渗透性。杀虫谱广，击倒迅速，持效期长，除对咀嚼式口器害虫如鳞翅目幼虫或鞘翅目的部分甲虫有效外，还可用于刺吸式口器害虫，如梨木虱的防治。若将药液直接喷洒在害虫虫体上，防效更佳。适用作物：棉花、小麦、玉米、蔬菜、番茄、苹果、柑橘、葡萄、油菜、大豆、烟草、观赏植物等。防治对象：棉铃虫、棉

红铃虫、菜青虫、桃小食心虫、金纹细蛾、小麦蚜虫、甜菜夜蛾、黏虫、玉米螟、葡萄果蠹蛾、马铃薯甲虫、蚜虫、烟青虫等。注意事项：不能与碱性药剂混用。不能在桑园、养蜂场或河流、湖泊附近使用。菊酯类药剂是负温度系数药剂，即温度低时效果好，因此，应在温度较低时用药。尚未制定高效氟氯氰菊酯的安全合理使用准则，可参考氟氯氰菊酯的指标，其规定在棉花上每季最多使用 2 次，安全间隔期为 21d，在棉籽中的最高残留限量（MRL 值）为 0.05mg/kg。

原药生产厂家 安徽华星化工股份有限公司、广东立威化工有限公司、江苏扬农化工股份有限公司、德国拜耳作物科学公司。

氯氟氰菊酯（cyhalothrin）

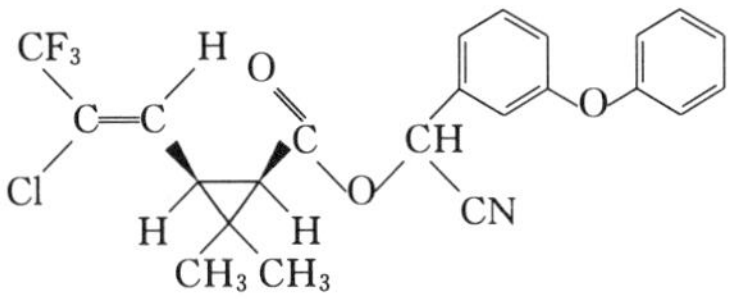

(*Z*)-(1*R*)-*cis*-

+

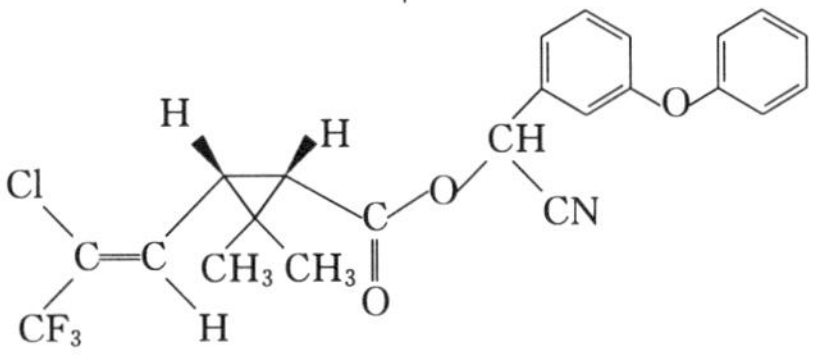

(*Z*)-(1*S*)-*cis*-

$C_{23}H_{19}ClF_3NO_3$，449.9

其他中文名称 功夫，三氟氯氰菊酯，功夫菊酯，空手道

其他英文名称 *K*arate，*K*ung-Fu，PP-321，Grenade

化学名称 (*RS*)-*α*-氰基-3-苯氧苄基-(*Z*)-(1*RS*,3*RS*)(2-氯-3,3,3-三氟丙烯基)-2,2-二甲基环丙烷羧酸酯。

CAS 登录号 68085-85-8

理化性质 黄色到褐色黏稠液体（原药）。大气压条件下不能沸腾，蒸气压 0.0012mPa（20℃）。$K_{ow}\lg P=6.9$（20℃）。Henry 常数 1×10^{-1} Pa·m³/mol（20℃，计算值）。相对密度 1.25（25℃）。溶解度：在水中为 0.0042mg/L（pH 5.0，20℃）；在丙酮、二氯甲烷、甲醇、乙醚、乙酸乙酯、正己烷、甲苯中＞500g/L（20℃）。稳定性：在黑暗中 50℃条件下，储存 4 年不会变质，不发生构型转变；对光稳定，光下储存 20 个月损失小于 10%；在 275℃下分解；光照下在 pH 7～9 的水中会缓慢水解，pH＞9 时，水解更快。闪点为 204℃（原药，Pensky-Martens 闭口杯）。

毒　性 急性经口 LD_{50}(mg/kg)：雄大鼠为 166，雌大鼠为 144，豚鼠＞5000；兔＞1000。急性经皮 LD_{50}（mg/kg）：雄大鼠为 1000～2500，雌大鼠为 200～2500，兔＞2500。对眼睛有中度刺激作用。对兔的皮肤无刺激作用，对豚鼠皮肤中度致敏。大鼠吸入 LC_{50}（4h）＞0.086mg/

L。NOEL 值：在 2.5mg/(kg·d) 剂量下饲喂大白鼠 2 年，饲喂狗 0.5 年，没有发现明显的中毒现象。其他：无证据表明其有致癌、诱变或干扰生殖作用。没有发现其对胎儿有影响。可能会引起使用者面部过敏，但是暂时的，可以完全治愈。鸟类：急性经口 LD_{50}：野鸭＞5000mg/kg。鱼类 LC_{50}（96h）：虹鳟鱼 0.00054mg/L。水蚤 LC_{50}（48h）0.38μg/L。

制　剂　50、25g/L 乳油。

应　用　三氟氯氰菊酯是新一代低毒高效拟除虫菊酯类杀虫剂，具有触杀、胃毒作用，无内吸作用。同其他拟除虫菊酯类杀虫剂相比，其化学结构式中增添了 3 个氟原子，使三氟氯氰菊酯杀虫谱更广、活性更高，药效更为迅速，并且具有强烈的渗透作用，增强了耐雨性，延长了持效期。三氟氯氰菊酯药效迅速，用量少，击倒力强，低残留，并且能杀灭那些对常规农药如有机磷产生抗性的害虫。对人、畜及有益生物毒性低，对作物安全，对环境安全。害虫对三氟氯氰菊酯产生抗性缓慢。适用作物：大豆、小麦、玉米、水稻、甜菜、油菜、烟草、瓜类、棉花等多种作物及果树、蔬菜、林业等。防治对象：鳞翅目、双翅目、鞘翅目、缨翅目、半翅目、直翅目的麦蚜、大豆蚜、棉蚜、瓜蚜、菜蚜、烟蚜、烟青虫、菜青虫、小菜蛾、魏虫、草地螟、大豆食心虫、棉铃虫、棉红铃虫、桃小食心虫、苹果卷叶蛾、柑橘潜叶蛾、茶尺蠖、茶小绿叶蝉、水稻潜叶蝇等 30 余种主要害虫，对害螨也有较好的防效，但对螨的使用剂量要比常规用量增加 1～2 倍。注意事项：此药为杀虫剂兼有抑制害螨作用，因此不要作为杀螨剂专用于防治害螨。由于在碱性介质及土壤中易分解，所以不要与碱性物质混用以及作土壤处理使用。对鱼、虾、蜜蜂、家蚕高毒，因此使用时不要污染鱼塘、河流、蜂场、桑园。

高效氯氟氰菊酯（*lambda*-cyhalothrin）

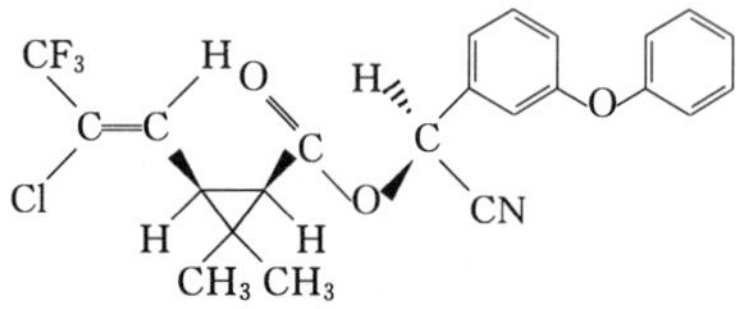

CF_3 H O H C=C C C O C CN Cl H H CH_3 CH_3

(*S*)(*Z*)-(1*R*)-*cis*-

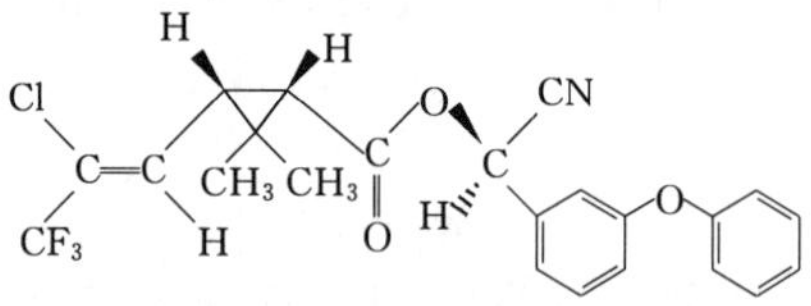

H H Cl O CN C=C C CH_3 CH_3 C CF_3 H O H O

(*R*)(*Z*)-(1*R*)-*cis*-

$C_{23}H_{19}ClF_3NO_3$，449.9

其他中文名称　爱克宁，λ-三氟氯氰菊酯

其他英文名称　Icon

化学名称　为混合物，含等量的(*S*)-α-氰基-3-苯氧基苄基-(*Z*)-(1*R*,3*R*)-3-(2-氯-3,3,3-三氟丙烯基)-2,2-二甲基环丙烷羧酸酯和(*R*)-α-氰基-3-苯氧基苄基-(*Z*)-(1*S*,3*S*)-3-(2-氯-3,3,3-三氟丙烯基)-2,2-二甲基环丙烷羧酸酯。

CAS 登录号　91465-08-6

理化性质　该药剂为无色固体（原药为深棕或深绿色含固体黏稠物）。熔点 49.2℃（原药为 47.5～48.5℃)。在常压下不会沸腾，蒸气压 2×10^{-4}mPa (20℃)，2×10^{-1}mPa (60℃，内插法计算值)。分配系数 K_{ow}lg$P$=7 (20℃)。Henry 常数 2×10^{-2} Pa・m^3/mol。相对密度 1.33 g/mL (25℃)。水中溶解度 0.005mg/L (pH 6.5，20℃)；其他溶剂中溶解度(20℃)：在丙酮、甲醇、甲苯、正己烷、乙酸乙酯中溶解度均大于 500g/L。稳定性：对光稳定。在 15～25℃条件下储藏，至少可稳定存在 6 个月。pK_a>9 可防止水解。闪点 83℃(原药，Pensky-Martens 闭杯)。

毒　性　急性经口 LD_{50} (mg/kg)：雄大鼠 79，雌大鼠 56。急性经皮 LD_{50} (24h)：大鼠 632～696mg/kg。对兔皮肤无刺激作用，对兔眼睛有一定的刺激作用。对狗皮肤无致敏作用。急性吸入 LD_{50} (4h)：大鼠为 0.06mg/L 空气 (完全成小颗粒)；NOEL 数值 (1 y)：对狗为 0.5mg/(kg・d)；ADI 值 0.005mg/kg；在 Ames 试验中无致突变作用。鸟类：急性经口 LD_{50}：野鸭>3950mg/kg；饲喂 LC_{50}：山齿鹑>5300mg/kg；在卵或组织中无残留。鱼毒 LC_{50} (96h，μg/L)：蓝鳃太阳鱼 0.21，虹鳟鱼 0.36。水蚤 EC_{50} (48h) 为 0.36μg/L。藻类 E_rC_{50} (96h)：羊角月牙藻>1000μg/L。其他水生生物：由于该药剂在水中能够被快速的吸附、降解，所以使它对水生生物的毒性大为降低。蜜蜂 LD_{50} (经口) 38 ng/只。其他有益生物：对一些非靶标生物有毒性。在田间条件下毒性降低，并能快速恢复正常。

制　剂　98%、96%、95%、81%原药，5%、2.50%、2%悬浮剂，25g/L、15%、8%、5%、2.50%微乳剂，75、25g/L、23%、10%、2.50%微囊悬浮剂，25g/L、20%、10%、5%、4.50%、2.50%水乳剂，10%、2.50%水分散粒剂，50、120g/L、2.80%、2.50%、0.60%乳油，40%母药，25%、15%、10%、2.50%可湿性粉剂。

应　用　作用机理与特点：拟除虫菊酯类杀虫剂，其具有触杀和胃毒作用，无内吸作用。该药剂作用于昆虫神经系统，通过与钠离子通道作用破坏神经元功能，杀死害虫。杀虫谱广，活性较高，药效迅速，喷洒后耐雨水冲刷，但长期使用易对其产生抗性，对刺吸式口器的害虫及害螨有一定防效，但对螨的使用剂量要比常规用量增加 1～2 倍。防治对象：用于小麦、玉米、果树、棉花、十字花科蔬菜等防治麦芽、吸浆虫、黏虫、玉米螟、甜菜夜蛾、食心虫、卷叶蛾、潜夜蛾、凤蝶、吸果夜蛾、棉铃虫、红龄虫、菜青虫等，用于草原、草地、旱田作物防治草地螟等。该药是对环境卫生害虫极为有效的一种广效杀虫剂，也可用于防治牲畜寄生虫，如牛身上的微小牛蜱和东方角蝇、羊身上的虱羊蜱蝇等。注意事项：毒性高，对鱼类和蜜蜂高毒，注意使用和环境安全。

原药生产厂家　安徽华星化工股份有限公司、常州康美化工有限公司、广东劲劲化工有限公司、广东立威化工有限公司、广东省英德广农康盛化工有限责任公司、河北瑞宝德生物化学有限公司、河北省邯郸市瑞田农药有限公司、河南省郑州志信农化有限公司、湖北沙隆达股份有限公司、湖南国发精细化工科技有限公司、江苏百灵农化有限公司、江苏长青农化股份有限公司、江苏常隆农化有限公司、江苏春江农化有限公司、江苏丰登农药有限公司、江苏丰山集团有限公司、江苏富田农化有限公司、江苏皇马农化有限公司、江苏蓝丰生物化工股份有限公司、江苏润泽农化有限公司、江苏省激素研究所股份有限公司、江苏省南通正达农化有限公司、江苏省农药研究所股份有限公司、江苏省盐城南方化工有限公司、江苏省宜兴兴农化工制品有限公司、江苏扬农化工股份有限公司、江苏扬农化工股份有限公司、江苏优士化学有限公司、南京红太阳股份有限公司、山东省青岛凯源祥化工有限公司、山东田丰生物科技有限公司、山东亿邦生物科技有限公司、上海威敌生化（南昌）有限公司、浙江省上虞市银邦化工有限公司、中山凯中有限公司。

美国默赛技术公司、英国先正达有限公司。

精高效氯氟氰菊酯（*gamma*-cyhalothrin）

$C_{23}H_{19}ClF_3NO_3$，449.9

其他中文名称 普乐斯

化学名称 (*S*)-α-氰基-3-苯氧基苄基(*Z*)-(1*R*,3*R*)-3-(2-氯-3,3,3-三氯丙烯基)2,2-二甲基环丙烷羧酸酯

CAS登录号 76703-62-3

理化性质 白色晶体。熔点为55.5℃。蒸气压为3.45×10^{-4}mPa（20℃）。$K_{ow}\lg P$=4.96（19℃）。相对密度1.32。溶解度（20℃）：在水中2.1×10^{-3}mg/L。稳定性：245℃分解。DT_{50} 1155d（pH 5），136d（pH 7），1.1d（pH 9）；水解DT_{50} 10.6d（北纬40°夏季）。

毒　性 急性经口LD_{50}（mg/kg）：雄大鼠>50，雌大鼠55；急性经皮LD_{50}（mg/kg）：雄大鼠>1500，雌大鼠1643。对豚鼠皮肤有过敏现象。急性吸入LC_{50}（mg/L）：雄大鼠0.040，雌大鼠0.028。鸟类急性经口LD_{50}：山齿鹑>2000mg/kg；饲喂LC_{50}：野鸭4430mg/kg，山齿鹑2644mg/kg（饲料）。鱼LC_{50}（96h，ng/L）：虹鳟鱼72.1～170，蓝鳃太阳鱼35.4～63.1。水蚤EC_{50}（48h）45～99 ng/L。海藻EC_{50}（96h）：羊角月牙藻>285mg/L。蜜蜂LD_{50}（接触）0.005μg/只。蚯蚓LC_{50}（14d）60g/L制剂>1300mg/kg（土壤），150g/L制剂>1000mg/kg（土壤）。

制　剂 98%原药，1.5%微囊悬浮剂。

应　用 作用机理与特点：拟除虫菊酯类杀虫剂，钠通道抑制剂。主要是阻断害虫神经细胞中的钠离子通道，使神经细胞丧失功能，导致靶标害虫麻痹、协调差，最终死亡。具有触杀和胃杀作用，无内吸作用。可防治多种作物上的多种害虫，也可防治动物身上的寄生虫。

原药生产厂家 丹麦科麦农公司。

四氟苯菊酯（transfluthrin）

$C_{15}H_{12}Cl_2F_4O_2$，371.2

化学名称 (2,3,5,6)-四氟苄基-(1*R*,3*S*)-3-(2,2-二氯乙烯基)-2,2-二甲基环丙烷羧酸酯

CAS登录号 118712-89-3

理化性质 无色晶体，纯品纯度92%。熔点为32℃，沸点为135℃/10Pa。蒸气压4.0×10^{-1}mPa（20℃）。K_{ow}lg$P$=5.46（20℃）。Henry常数：2.60 Pa·m^3/mol（计算值）。相对密度为1.5072g/cm^3（23℃）。溶解性：水5.7×10^{-5}g/L（20℃）；有机溶剂>200g/L。在200℃加热5h没有分解。比旋光度 $[\alpha]_D^{29}$+15.3°（c=0.5，$CHCl_3$）。

毒　性 急性经口LD_{50}（mg/kg）：大鼠>5000；小白鼠：雄583，雌688。急性经皮LD_{50}（24h）：大鼠>5000mg/kg。吸入毒性：大鼠LC_{50}（4h）>513mg/m^3空气。NOEL（2y，mg/kg）：大鼠20，小鼠100。家兔皮肤接触和眼黏膜试验均无刺激性，试验未见有皮肤过敏现象。亚急性、亚慢性、慢性毒性试验均未测见任何影响。胚胎毒性、致畸、致突变和致癌性试验均阴性。鸟类：急性经口LD_{50}（mg/kg）：鹌鹑和金丝雀>2000，母鸡>5000。鱼类：LC_{50}（96h，μg/L）圆腹雅罗鱼1.25，虹鳟鱼0.7。水蚤LC_{50}（48h）0.0017。藻类：淡水藻EC_{50}（96h）>0.1mg/L。

制　剂 98.50%、93%、92%原药，0.10%蚊香，750、500、300、120毫克/片驱蚊片，0.08%气雾剂，1.80%、1.50%、1.30%、1.24%、1.10%、1%、0.90%电热蚊香液，300、70毫克/块电热蚊香块。

应　用 吸入和触杀型杀虫剂，也用作驱避剂，为速效杀虫剂，作用于神经末梢的钠离子通道，从而引起害虫的死亡。防治对象：蚊子、苍蝇、蟑螂和白粉虱。注意事项：不能与碱性物质混用；对鱼、虾、蜜蜂、家蚕等毒性高，使用时勿接近鱼塘、蜂场、桑园，以免污染上述场所。

原药生产厂家 常州康美化工有限公司、河北三农农用化工有限公司、江苏扬农化工股份有限公司、江苏优士化学有限公司、中山凯中有限公司。

拜耳有限责任公司。

氰戊菊酯（fenvalerate）

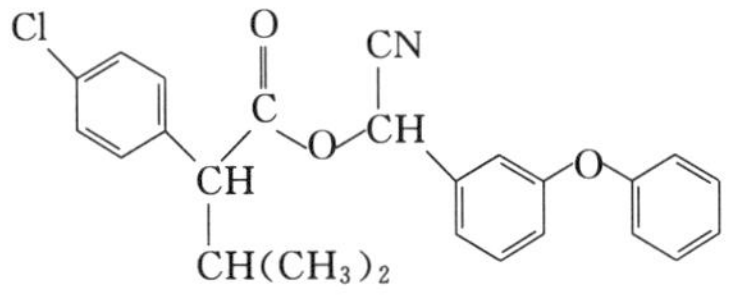

$C_{25}H_{22}ClNO_3$，419.9

其他中文名称 速灭杀丁，杀灭菊酯，中西杀灭菊酯，敌虫菊酯，百虫灵，速灭菊酯

其他英文名称 Sumicidin，Sumitox，Fenvalethrin

化学名称 (R,S)-α-氰基-3-苯氧苄基(R,S)-2-(4-氯苯基)-3-甲基丁酸酯

CAS登录号 51630-58-1

理化性质 氰戊菊酯原药为黏稠黄色或棕色液体，在室温条件下，有时会出现部分晶体。熔点39.5～53.7℃（纯品）。蒸馏时分解。蒸气压1.92×10^{-2}mPa（20℃）。K_{ow} lg$P$=5.01（23℃）。相对密度1.175 g/mL（25℃）。水中溶解度<10μg/L（25℃）；其他溶剂中溶解度

(20℃，g/L)：正己烷 53，二甲苯≥200，甲醇 84 (20℃)。稳定性：对水和热稳定。在酸性介质中相对稳定，但在碱性介质中迅速水解。闪点 230℃。

毒　性　急性经口 LD_{50}：大鼠 451mg/kg；急性经皮 LD_{50}：兔 1000～3200mg/kg，大鼠＞5000mg/kg。对兔的皮肤和眼睛有轻微刺激作用。大鼠急性吸入 LC_{50}：大鼠＞101mg/m^3。NOEL 值 (2y)：大鼠 250mg/kg 饲料。鸟类：急性经口 LD_{50} (mg/kg)：家禽＞1600，野鸭 9932。饲喂 LC_{50} (mg/kg)：山齿鹑＞10000，野鸭 5500。鱼 LC_{50} (96h)：虹鳟鱼 0.0036mg/L。蜜蜂：对蜜蜂有毒，LD_{50} (触杀) 0.23μg/只。其他有益生物：对一些非靶标生物有毒性。

制　剂　93%、92%、90%、89%、85%原药，30%、20%水乳剂，40%、25%、20%、10%乳油，0.90%粉剂。

应　用　作用机理与特点：氰戊菊酯杀虫谱广，对天敌无选择性，以触杀和胃毒作用为主，无内吸和熏蒸作用。氰戊菊酯适用于棉花、果树、蔬菜和其他作物的害虫防治。防治对象：鞘翅目、双翅目、单翅目、半翅目、鳞翅目和直翅目害虫，如玉米螟、蚜虫、油菜花露尾甲、甘蓝夜蛾、菜粉蝶、苹果蠹蛾、苹蚜、棉蚜、桃小食心虫等。也可用来防治公共卫生害虫和动物饲养中的害虫。驱杀畜禽体表寄生虫如各类螨、蜱、虱、虻等。尤其对有机氯、有机磷化合物敏感的畜禽，使用较安全。杀灭环境、畜禽棚舍卫生昆虫、如蚊、蝇等。注意事项：在害虫、害螨并发的作物上，应配合使用杀螨剂。蚜虫和棉铃虫等害虫对此药易产生抗性，使用时尽量混用和轮用。不能与碱性农药混用。对蜜蜂、鱼虾、家禽等毒性高，使用时注意不要污染河流、池塘、桑园、养蜂场。

原药生产厂家　广西桂林依柯诺农药有限公司、江苏常隆农化有限公司、江苏耕农化工有限公司、江苏耕耘化学有限公司、江苏皇马农化有限公司、江苏润泽农化有限公司、江苏省农用激素工程技术研究中心有限公司、开封博凯生物化工有限公司、南京保丰农药有限公司、南京红太阳股份有限公司、山东大成农药股份有限公司、浙江省杭州庆丰农化有限公司、中山凯中有限公司、重庆农药化工（集团）有限公司。日本住友化学株式会社。

S-氰戊菊酯（esfenvalerate）

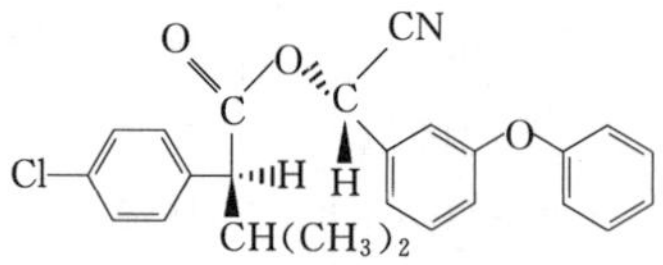

$C_{25}H_{22}ClNO_3$，419.9

其他中文名称　白蚁灵，顺式氰戊菊酯，高效氰戊菊酯，来福灵，强力农

化学名称　(*S*)-α-氰基-3-苯氧基苄基(*S*)-2-(4-氯苯基)-3-甲基丁酸酯

CAS 登录号　66230-04-4

理化性质　无色晶体，原药为黄棕色黏稠状液体或固体 (23℃)。熔点 38～54℃ (原药)，沸点＞200℃。闪点 256℃。蒸气压为 0.067mPa (25℃)。K_{ow} lg$P$=6.5 (pH 7；25℃)。相对密度 1.26 (4～26℃)。Henry 常数 4.20×10^{-2} Pa·m^3/mol (计算)。溶解度 (20℃)：

水中 0.002mg/L；二甲苯、丙酮、氯仿、甲醇、乙醇、*N*,*N*-二甲基甲酰胺、己烯乙二醇＞450g/L，正己烷 77g/L。稳定性：对光和热较稳定，在 pH 5、7、9 水解（25℃）。

毒　性　急性经口 LD_{50}：大鼠 75～88mg/kg。急性经皮 LD_{50}（mg/kg）：兔＞2000，大鼠＞5000；对兔眼睛中等刺激，对兔皮肤轻微刺激。对皮肤无过敏现象。NOEL 值：2mg/kg。急性 LD_{50}值随工具、浓度、路线以及物种种类等的不同而有所不同，有时 LD_{50}值差异显著。动物实验测试，无致癌性、发育和生殖毒性。鸟类：急性经口 LD_{50}：山齿鹑 381mg/kg；LC_{50}（8d，mg/kg）：山齿鹑＞5620，绿头鸭 5247。鱼：对水生动物剧毒。LC_{50}（96h，μg/L）：黑头呆鱼 0.690，蓝鳃太阳鱼 0.26，虹鳟鱼 0.26。水蚤 LC_{50}（48h）：0.24μg/L。蜜蜂 LD_{50}（接触）：0.017μg/只。

制　剂　97%、95%、93%、90%、83%原药，50g/L 悬浮剂，50g/L 水乳剂，5%乳油。

应　用　钠通道抑制剂。具有触杀和胃毒作用的杀虫剂，无内吸、熏蒸作用。与氰戊菊酯不同的是它仅含顺式异构体。但它是氰戊菊酯所含 4 个异构体中最高效的一个，杀虫活性比氰戊菊酯高出约 4 倍，因而使用剂量要低。对有机氯、有机磷和氨基甲酸酯类杀虫剂产生抗性的品系也有效。同时在阳光下较稳定，且耐雨水淋洗。适用作物：棉花、柑橘、苹果、大豆、小麦、森林、甘蓝、茶、甜菜、烟草、玉米等。防治对象：潜叶蛾、桃小食心虫、大豆食心虫、大豆蚜虫、麦蚜、黏虫、松毛虫、菜粉蝶、小绿叶蝉、尺蠖、甘蓝夜蛾、烟青虫、烟蚜。注意事项：由于该药对蛾无效，在害虫、蛾并发的作物上要配合杀螨剂使用，以免螨害猖獗发生。除不要与碱性物质（如波尔多液，石硫合剂等）混合使用外，几乎可以与各种农药混合使用，应随配随用。使用时注意不要污染河流、池塘、桑园、养蜂场所。

原药生产厂家　江苏耕农化工有限公司、江苏耕耘化学有限公司、江苏皇马农化有限公司、江苏快达农化股份有限公司、江苏润泽农化有限公司、江苏省激素研究所股份有限公司、江苏省农用激素工程技术研究中心有限公司、山东华阳科技股份有限公司、天津人农药业有限责任公司、日本住友化学株式会社。

溴灭菊酯（brofenvalerate）

$C_{25}H_{21}BrClNO_3$，498.8

其他中文名称　溴氰戊菊酯，溴敌虫菊酯

化学名称　(*R*,*S*)-2-氰基-3-(4-溴苯氧基)苄基-(*R*,*S*)-2-(4-氯苯基)异戊酸酯

CAS 登录号　65295-49-0

理化性质　原油外观为暗琥珀色黏稠液体，比重为 1.367，不溶于水，易溶于芳香烃类溶剂，对光、热、氧化等稳定性高，在酸性条件下稳定，碱性介质中易分解。制剂为红棕色透

明液体，pH 6～7。可与有机磷农药混合。

毒　性　大鼠急性经口 LD_{50}＞10000mg/kg，大鼠急性经皮 LD_{50}＞10000mg/kg，大鼠吸入＞25mg/kg。对兔眼睛、皮肤无刺激性。亚慢性毒性大鼠 90d 喂养，无作用剂量为 5000mg/kg。Ames 试验、小鼠骨髓细胞微核试验，小鼠生殖细胞染色体畸变试验均为阴性，无致突变作用，属低毒农药。对鱼毒性低，鲤鱼 TLM（58h）为 3.60mg/kg。

应　用　取代苯乙酸酯含溴化合物的新型拟除虫菊酯类杀虫剂，其有氰戊菊酯相同的杀虫作用，对害虫击倒快，杀虫谱广，具有用药量低，毒性低等优点。作用对象：可防治棉蚜、红铃虫、棉铃虫、苹果树蚜虫、红蜘蛛、柑橘树潜叶蛾以及蔬菜蚜虫、菜青虫等害虫。注意事项：不宜在蚕区使用，喷前要搅匀。不能与碱性农药混用。

氟氰戊菊酯（flucythrinate）

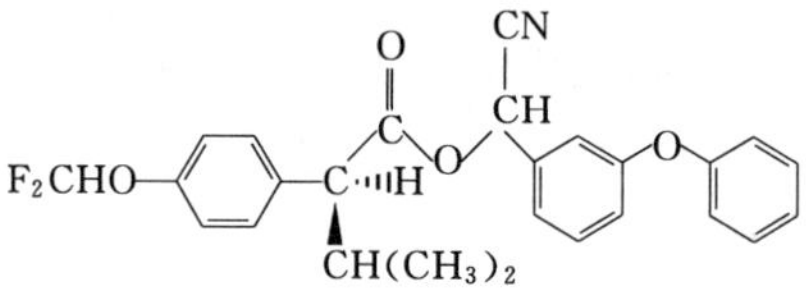

F_2CHO CN CH C O O C H $CH(CH_3)_2$ O

$C_{26}H_{23}F_2NO_4$，451.5

其他中文名称　保好鸿，氟氰菊酯

其他英文名称　Cybolt，Cythrin，Pay-Off

化学名称　(*R*,*S*)-α-氰基-3-苯氧基苄基(*S*)-2-(4-二氟甲氧基苯基)-3-甲基丁酸酯

CAS登录号　70124-77-5

理化性质　原药为深琥珀色黏稠液体，具有微弱的酯类气味。沸点 108℃/0.35mmHg。蒸气压 0.0012mPa（25℃）。$K_{ow}\lg P$＝4.74（25℃）。Henry 常数：1.08×10^{-3} Pa·m³/mol（计算）。相对密度：1.19（20℃）。溶解性：水 0.096mg/L（20℃）；其他溶剂（20℃，g/L）：丙酮、甲醇、甲苯＞250，二氯甲烷 250，乙酸乙酯 200～250，正己烷 67～80（20℃，g/L）。稳定性：碱性水溶液中迅速降解，但中性或酸性条件下降解较慢；DT_{50}（27℃，d）：约 40（pH 3），52（pH 5），6.3（pH 9）；在 37℃条件下稳定 1 年以上，在 25℃稳定 2 年以上；在土壤中光照条件下，DT_{50}约为 21d，其水溶液的 DT_{50}约为 4d。闪点 45℃（闭杯）。

毒　性　急性经口 LD_{50}（mg/kg）：雄大鼠 81，雌大鼠 67，雌小鼠 76。急性经皮 LD_{50}（24h）：兔＞1000mg/kg；对兔皮肤和眼睛无刺激作用，但是未稀释的制剂对兔皮肤和眼睛有刺激作用，无皮肤致敏性。吸入毒性 LC_{50}（4h）：大鼠为 4.85mg/L（烟雾剂）。NOEL 数值（2 y）：大鼠为 60mg/kg（饲料）。其他：在大鼠的 3 代繁殖试验中，以 30mg/kg 饲料饲喂，对其繁殖无影响。对大鼠和兔无致畸作用，对大鼠无致突变作用。鸟类：急性经口 LD_{50}（mg/kg）：野鸭为＞2510，山齿鹑为＞2708；饲喂毒性 LC_{50}（14d，mg/kg 饲料）：野鸭为＞4885，山齿鹑为＞3443。鱼类：LC_{50}（96h，μg/L）：蓝鳃太阳鱼 0.71，叉尾鮰 0.51，虹鳟鱼 0.32，红鲈鱼 1.6；因用药量低且在土壤中移动性小，故对鱼的危险很小。水蚤 LC_{50}（48h）为 8.3μg/L。蜜蜂：对蜜蜂有毒，但也有趋避作用；LD_{50}（局部施药，粉剂）0.078μg/只，（触杀）0.3μg/只。

应　用　作用机理与特点：改变昆虫神经膜的渗透性，影响离子的通道，因而抑制神经传导，使害虫运动失调、痉挛、麻痹以至死亡。对害虫主要是触杀作用，也有胃毒和杀卵作用，在致死浓度下有忌避作用，但无熏蒸和内吸作用。持效期比氰戊菊酯和氯菊酯长，杀虫活性受温度影响小，对作物安全。可与一般的杀虫剂、杀菌剂混用，其生物活性受温度的影响低于杀灭菊酯和二氯苯醚菊酯。对叶螨有一定抑制作用。防治对象：甘蓝、棉花、豇豆、玉米、仁果、核果、马铃薯、大豆、甜菜、烟草和蔬菜上的蚜虫，鳞翅目害虫，如棉花棉铃虫、棉红铃虫、蚜虫、烟芽夜蛾、粉纹夜蛾、棉铃象甲、蠕象、叶蝉等。注意事项：不能在桑园、鱼塘、养蜂场所使用。防治钻蛀性害虫时，应在卵期或孵化前1～2d施药。不能与碱性农药混用，不能作土壤处理使用。不宜作为专用杀螨剂使用。

氟胺氰菊酯（*tau*-fluvalinate）

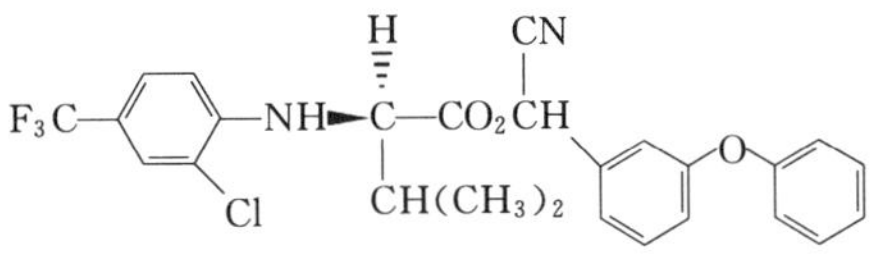

$C_{26}H_{22}ClF_3N_2O_3$，502.9

其他中文名称　马扑立克

化学名称　(*RS*)-*α*-氰基-3-苯氧基苄基-*N*-(2-氯-4-三氟甲基苯基)-*D*-氨基异戊酸酯

CAS登录号　102851-06-9

理化性质　原药为黏稠的琥珀色油状液体，略带甜味。沸点164℃/0.07mmHg（原药）。蒸气压9×10^{-8}mPa（20℃）。K_{ow} lg$P$=4.26（25℃）。Henry常数：4.04×10^{-5} Pa·m^3/mol。相对密度1.262（25℃）。水中溶解度1.03μg/L（pH 7，20℃），易溶于甲苯、乙腈、异丙醇、二甲基甲酰胺、正辛醇、异辛烷，溶解度为108g/L。原药在室温（20～28℃）条件下，稳定期为2 y。日光暴晒降解，DT_{50}：9.3～10.7 min（水溶液，缓冲至pH 5），1d（玻璃薄膜），13d（油表面）。9μg/L水溶液的水解DT_{50}（d）为48（pH 5），38.5（pH 7），1.1（pH 9）。闪点90℃（原药）（潘-马氏闭杯式法）。

毒　性　大鼠急性经口LD_{50}［mg a.i.（在玉米油中）/kg］：雌261，雄282。兔急性经皮LD_{50}>2000mg/kg，对皮肤有轻微刺激作用，对眼中等刺激（兔）。大鼠急性吸入LC_{50}（4h）>0.56mg/L空气（以240g/L EW计）。NOEL数值：大鼠0.5mg/(kg·d)。鸟类：山齿鹑急性经口LD_{50}>2510mg/kg，山齿鹑和野鸭饲喂毒性LC_{50}（8d）>5620mg/kg饲料。鱼类急性LC_{50}（96h）：蓝鳃太阳鱼0.0062mg/L，虹鳟鱼0.0027mg/L，鲤鱼0.0048mg/L。水蚤LC_{50}（48h）0.001mg/L。藻类LC_{50}：淡水藻>2.2mg/L。在推荐剂量下使用对蜜蜂无毒。LD_{50}（μg原药/只，24h，局部触杀）6.7，163（摄取）。蠕虫LC_{50}（14d）>1000mg/L。通常除了对蜘蛛、捕食螨、一些瓢虫和蠕虫毒性较强外，对有益昆虫显示中等毒性，基本安全。

应　用　作用机理与特点：具有触杀和胃毒作用的杀虫、杀螨剂。为神经毒剂，主要通过与钠离子通道作用，破坏神经元的功能。除具有一般拟除虫菊酯农药的特点外，并能杀灭多数菊酯类农药所不能防治的螨类。即使在田间高温条件下，仍能保持其原杀虫活性，且有较长残效。对许多农作物没有药害。防治对象：棉花、烟草、果树、观赏植物、蔬菜、树木和葡萄上的蚜虫、叶蝉、鳞翅目、缨翅目害虫、温室粉虱和叶螨等，如烟芽夜蛾、棉铃虫、棉红铃虫、波纹夜蛾、蚜虫、盲蝽、叶蝉、烟天蛾、烟草跳甲、菜粉蝶、菜蛾、甜菜夜蛾、玉米螟、苜蓿叶象甲等。注意事项：不宜与碱性农药混用。不能在桑园和鱼塘内及周围使用，以免对蚕、鱼等产生毒害。

醚菊酯（etofenprox）

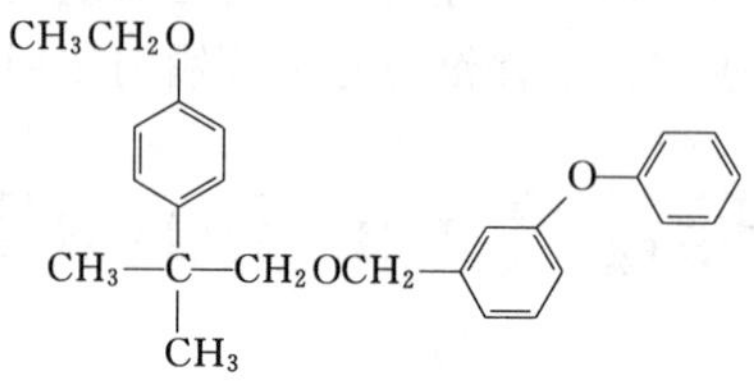

$C_{25}H_{28}O_3$，376.5

其他中文名称 多来宝，利来多

其他英文名称 Ethofenprox，Lenatop，MTI-500，Trebon

化学名称 2-(4-乙氧基苯基)-2-甲基-丙基-3-苯氧基苄基醚

CAS登录号 80844-07-1

理化性质 白色晶体。熔点（37.4±0.1)℃，沸点200℃。蒸气压 8.13×10^{-4} mPa（25℃）。分配系数 K_{ow} $\lg P=6.9$（20℃）。Henry常数0.0136 Pa·m^3/mol（计算值）。相对密度1.172（20℃）。溶解度：水中22.5μg/L（25℃）；（20℃，g/L）正己烷667，庚烷621，二甲苯856，甲苯862，二氯甲烷924，丙酮877，甲醇49，乙醇98，醋酸乙酯837。稳定性：150℃时稳定（DSC）；水解半衰期 DT_{50}（25℃）>1 y（pH 4、pH 7、pH 9）；光解半衰期 DT_{50}（25℃）2d；pK_a（pH 3～10）稳定。闪点110℃。

毒　性 急性经口（mg/kg）：大鼠 LD_{50}>42880，小鼠>107200，狗>5000。急性经皮（mg/kg）：大鼠、小鼠 LD_{50}>2140mg/kg；对兔皮肤眼睛无刺激。吸入毒性：大鼠 LC_{50}（4h）5900mg/m^3。NOEL值（mg/kg食物）：（1 y）狗32；（2 y）雄大鼠3.7，雌大鼠4.8，雄小鼠3.1，雌小鼠3.6。其他：无诱导有机体物质，不能产生畸形，不产生毒素，无神经毒性。鸟类急性经口：野鸭 LD_{50}>2000mg/kg，野鸭、山齿鹑 LC_{50}（5d）>5000mg/L。鲤鱼 LC_{50}（96h）0.140mg/L。水蚤 LC_{50}（3h)>40mg/L。对蜜蜂高毒。蚯蚓 LC_{50}（mg/L)：（7d）43.1，（14d）24.6。对家蚕高毒。

制　剂 96%原药，4%油剂，10%悬浮剂，10%水乳剂，20%乳油。

应　用 具有触杀和胃毒的特性。为内吸性杀虫剂，具有杀虫谱广、杀虫活性高、击倒速度快、持效期较长的特性，对稻田蜘蛛等天敌杀伤力较小，对作物安全等优点。对害虫无内吸传导作用，对螨虫防治无效。对水生物、作物及天敌安全。与波尔多液混用后杀虫效力变化很小，活性稳定或稍有提高。防治对象：用于水稻、蔬菜、棉花对鳞翅目、半翅目、直翅目、鞘翅目、双翅目和等翅目等多种害虫的防治。尤其对水稻稻飞虱的防治效果显著，同时也是国家禁止高毒类农药在水稻上应用后的指定产品。注意事项：使用时避免污染鱼塘、蜂场。

原药生产厂家 江苏百灵农化有限公司、江苏辉丰农化股份有限公司、江苏七洲绿色化工股份有限公司、山西绿海农药科技有限公司。

日本三井化学 AGRO 株式会社。

甲醚菊酯（methothrin）

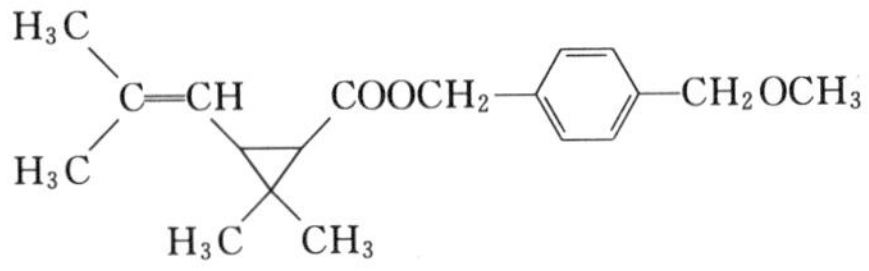

$C_{19}H_{26}O_3$，302.4

其他中文名称 甲苄菊酯

化学名称 (1*R*,*S*)-顺、反-2,2-二甲基-3-(2-甲基-1-丙烯基)-环丙烷羧酸-4-(甲氧甲基)-苄基酯

CAS 登录号 34388-29-9

理化性质 淡黄色透明液体，微弱特殊气味，沸点 130℃/(0.4～0.5)×10^3 Pa，蒸气压 3.4×10^{-1}mPa (30℃)，相对密度 0.98，溶解性：难溶于水，溶于乙醇、丙酮、二甲苯。稳定性：在常规储存条件下稳定；遇碱水解，紫外光下分解。

毒　性 大鼠急性经口 LD_{50}：4040mg/kg。NOEL 值：大鼠 53.88mg/L。

应　用 是一种新型卫生用杀虫剂，对蚊蝇、蟑螂等害虫有快速击倒作用，其杀灭效果优于胺菊酯，但蒸气压较低，对害虫熏杀效果不好。注意事项：根据动物试验，推荐甲醚菊酯的安全浓度 9mg/m^3，按照实际使用情况甲醚菊酯的浓度不会超过此值，应严格按规定使用。

四氟醚菊酯（tetramethylfluthrin）

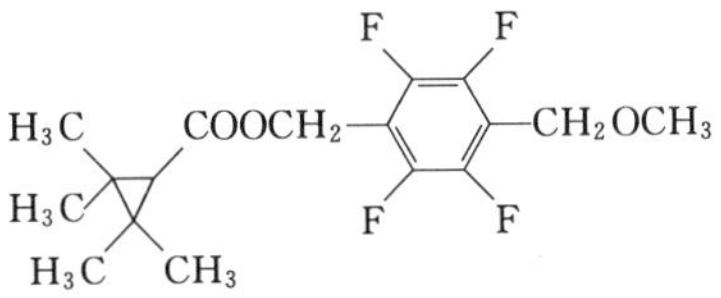

$C_{17}H_{20}F_4O_3$，348.33

其他名称 优士菊酯

化学名称 2,2,3,3-四甲基环丙烷羧酸-2,3,5,6-四氟-4-甲氧甲基苄基酯

CAS 登录号 84937-88-2

理化性质 原药为淡黄色透明液体，沸点为 110℃(0.1mPa)，闪点为 138.8℃，熔点为 10℃，相对密度为 1.5072，难溶于水，易溶于有机溶剂。在中性、弱酸性介质中稳定，但遇强酸和强碱能分解，对紫外线敏感。

毒　性　大鼠急性经口 LD_{50}＞5000mg/kg，大鼠急性经皮 LD_{50}＞5000mg/kg。

制　剂　90％原药，0.08％、0.05％、0.04％、0.03％蚊香，60mg/片驱蚊片，5％母药，1.50％、0.80％、0.72％电热蚊香液。

应　用　吸入和触杀型杀虫剂，也用作驱避剂，是速效杀虫剂。可防治蚊子、苍蝇、蟑螂和白粉虱。

原药生产厂家　江苏扬农化工股份有限公司、江苏优士化学有限公司。

四氟甲醚菊酯（dimefluthrin）

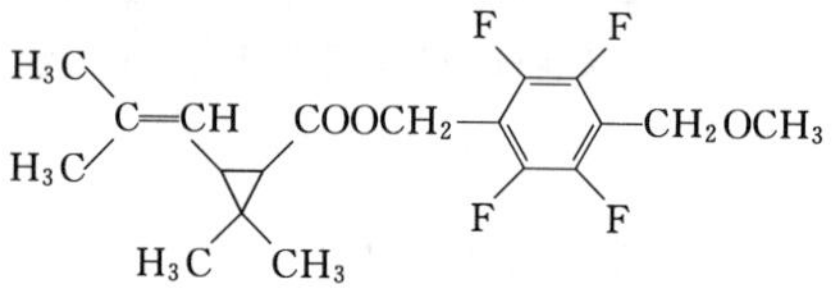

$C_{19}H_{22}F_4O_3$，374.37

化学名称　2,3,5,6-四氟-4-(甲氧甲基)苄基(1*RS*,3*RS*;1*RS*,3*SR*)-2,2-二甲基-3-(2-甲基丙-1-烯基)环丙羧酸酯

CAS登录号　271241-14-6

理化性质　原药外观为淡黄色透明液体，具有特异气味。沸点为134～140℃（26.7Pa）。密度为1.18g/mL。蒸气压为0.91mPa（25℃）。易与丙酮、乙醇、己烷、二甲基亚砜混合。

毒　性　大鼠急性经口 LD_{50}：雄2036mg/kg，雌2295mg/kg。急性经皮 LD_{50} 2000mg/kg。对于鱼类、蜂和蚕毒性高，蚕室及其附近禁用。

制　剂　95％原药，0.03％、0.02％、0.01％蚊香，6％、5％母药，0.93％、0.62％、0.52％、0.47％、0.31％电热蚊香液。

应　用　该药剂为拟除虫菊酯类杀虫剂。主要作用于神经系统，为神经毒剂，通过与钠离子通道作用，破坏神经元的功能。

原药生产厂家　日本住友化学株式会社。

溴氟菊酯（brofluthrinate）

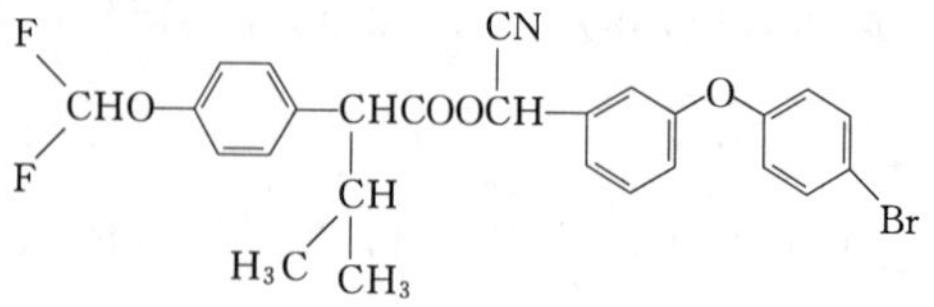

$C_{26}H_{22}BrF_2NO_4$，530.4

其他中文名称　中西溴氟菊酯

化学名称 (*R*,*S*)-α-氰基-3-(4-溴苯氧基)苄基(*R*,*S*)-2-(4-二氟甲氧基苯基)-3-甲基丁酸酯

CAS登录号 160791-64-0

理化性质 原药为淡黄色至深棕色浓稠油状液体。溶于苯、醚、醇等有机溶剂，不溶于水。

毒　性 大鼠急性经口 LD_{50} >1000mg/kg，大鼠急性经皮 LD_{50} >2000mg/kg。对家蚕、鱼类毒性较大，对皮肤有刺激，对蜜蜂低毒。对白鲢鱼高毒 TLM（24h）0.41mg/L，（48h）0.22mg/L，（96 h）0.08mg/L。

应　用 作用机理与特点：溴氟菊酯具有触杀和胃毒作用，是一个高效、广谱、残效期长的拟除虫菊酯类杀虫剂、杀螨剂，对蜂螨也有效。防治对象：溴氟菊酯可用于棉花、果树、蔬菜、茶树、粮食作物，防治鳞翅目、半翅目、同翅目、直翅目等多种害虫和螨类。注意事项：不能与碱性农药混用。蔬菜收获前10d停止使用。对家蚕、鱼类毒性较大，使用时应注意。

戊烯氰氯菊酯（pentmethrin）

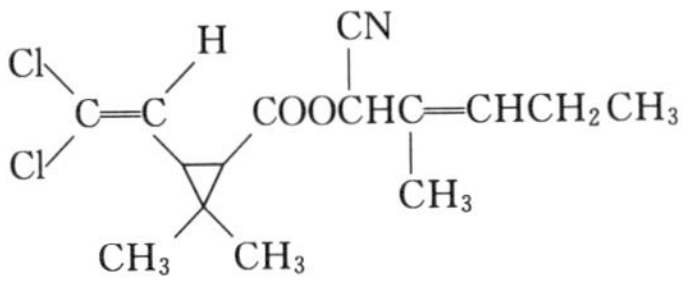

$C_{15}H_{19}Cl_2NO_2$，316.2

其他中文名称 灭蚊菊酯，氰戊烯氯菊酯

其他英文名称 JS-88，PY-115，bucy permethrin

化学名称 (1-氰基-2-甲基)-戊-2-烯基(*R*,*S*)-3-(2,2-二氯乙烯基)-2,2-二甲基环丙烷羧酸酯

CAS登录号 79302-84-4

理化性质 棕褐色油状液体，原药有效成分含量≥85%，密度1.138，沸点150℃/400Pa。不溶于水，能溶于苯、乙醇、甲苯等有机溶剂。

毒　性 大鼠急性经口 LD_{50}：4640mg/kg，大鼠急性经皮 LD_{50}：>11400mg/kg。鲤鱼 LC_{50} 63.8mg/L（48h），蜜蜂 LC_{50} 1.65（μg/只），家蚕 LC_{50} 0.0259μg/cm^2。

应　用 防治成蚊用的卫生杀虫剂原药，不能直接使用，只能加工成不同剂型用于家庭防治成蚊。目前主要用于加工蚊香，使用剂量为0.3%，KT_{50}为3.3min，其药效与0.2%右旋丙烯菊酯相当，本品与右旋丙烯菊酯对昆虫毒力比为1∶1.5，但对成蚊击倒作用不如后者。目前国内厂家还有将该品应用在电热片和液体蚊香中，配制液体蚊香药液加量为5%～6%。注意事项：对鱼、蜂、家蚕高毒，使用时注意防护。不能与碱性物质混用。

氟硅菊酯（silafluofen）

$CH_3CH_2O-C_6H_4-Si(CH_3)_2-(CH_2)_3-C_6H_3(OC_6H_5)F$

$C_{25}H_{29}FO_2Si$，408.6

其他中文名称 硅白灵，施乐宝

化学名称 (4-乙氧基苯基)[3-(4-氟-3-苯氧基苯基)丙基](二甲基)硅烷

CAS登录号 105024-66-6

理化性质 液体。沸点：400℃以上分解，蒸气压 2.5×10^{-3} mPa（20℃）。分配系数 K_{ow} $\lg P=8.2$。Henry 常数 1.02Pa·m^3/mol（钙，20℃）。相对密度 1.08（20℃）。溶解性：水中 0.001mg/L（20℃），溶于大多数有机溶剂。稳定性：20℃；容器未经开封，可保存 2 年多。闪点>100℃（闭杯）。

毒　性 大鼠急性经口 LD_{50}>5000mg/kg，大鼠急性经皮 LD_{50}>5000mg/kg。大鼠吸入毒性 LC_{50}(4h)>6.61mg/L（空气）。无致畸毒性、无诱导有机体突变物质。鸟类：日本鹌鹑、野鸭急性 LD_{50}>2000mg/kg。鱼类：鲤鱼、虹鳟鱼 LC_{50}（96h）>1000mg/L。水蚤 LC_{50}(3h) 7.7mg/L，（24h） 1.7mg/L。蜜蜂经口 LD_{50}（24h） 0.5μg/只。蚯蚓 LD_{50}>1000mg/kg。

制　剂 93%原药。

应　用 一种含硅的新型有机杀虫剂，具胃毒和触杀作用，有活性高、化学性质稳定等特点。对白蚁表现出良好的驱避作用。

原药生产厂家 江苏扬农化工股份有限公司、江苏优士化学有限公司。

吡虫啉（imidacloprid）

Cl–(吡啶)–CH_2–N(咪唑烷)=N–NO_2，N–H

$C_9H_{10}ClN_5O_2$，255.7

其他中文名称 高巧，咪蚜胺

其他英文名称 Gaucho

化学名称 1-(6-氯-3-吡啶基甲基)-*N*-硝基亚咪唑烷-2-基胺

CAS登录号 138261-41-3

理化性质 无色晶体，具有轻微特殊气味。熔点 144℃。蒸气压 4×10^{-7} mPa（20℃），

9×10^{-7}mPa（25℃）。$K_{ow}\lg P$=0.57（21℃）。Henry 常数 1.7×10^{-10}Pa·m^3/mol（20℃，计算）。相对密度 1.54（23℃）。溶解度（20℃，g/L）：水中 0.61；有机溶剂：二氯甲烷 67，异丙醇 2.3，甲苯 0.69；正己烷＜0.1（室温）。稳定性：pH 5～11 稳定。

毒　性　大鼠急性经口 LD_{50} 450mg/kg。大鼠急性经皮 LD_{50}（24h）＞5000mg/kg；对兔眼睛和皮肤无刺激，无致敏性。大鼠吸入 LC_{50}（4h）＞5323mg/m^3（粉尘）、69mg/m^3（空气）。NOEL 值（2y，mg/kg·d）：雄大鼠 5.7，雌大鼠 24.9，雄小鼠 65.6，雌小鼠 103.6；雄、雌狗（52 周）15。无突变和致畸作用。急性经口 LD_{50}（mg/kg）：日本鹌鹑 31，山齿鹑 152。饲喂 LC_{50}（5d，mg/kg）：山齿鹑 2225，野鸭＞5000。鱼类 LC_{50}（96h）：虹鳟鱼 211mg/L。水蚤 LC_{50}（48h）85mg/L。海藻：羊角月牙藻 E_rC_{50}＞100mg/L。直接接触对蜜蜂有害，除非在谷物开花期用药或作为种子处理时对蜜蜂无害。蚯蚓 LC_{50} 10.7mg/kg（干土）。

制　剂　98%、96%、95%原药，70%种子处理可分散粉剂，5%油剂，600g/L、1%悬浮种衣剂，600、240g/L、48%、35%、20%、15%、10%悬浮剂，45%、30%、10%微乳剂，80%、70%、65%、40%水分散粒剂，70%湿拌种剂，10mg/片杀蝇纸，20%、10%、5%、2.50%乳油，5%片剂，15%泡腾片剂，70%、50%、25%、20%、10%、5%、2.50%可湿性粉剂，20%、10%、6%、5%可溶液剂，2%颗粒剂，2.50%、2.15%、2.10%、2%、1.85%、0.03%胶饵，2%缓释粒，1.50%饵粒，2.50%、2.15%、2%、1%、0.50%饵剂。

应　用　属硝基亚甲基类内吸杀虫剂，是烟酸乙酰胆碱酯酶受体的作用体，干扰害虫运动神经系统使化学信号传递失灵，无交互抗性问题。该药对天敌毒性低。在推荐剂量下使用安全，能和多数农药或肥料混用。不能用于防治线虫和螨。防治对象：用于防治刺吸式口器害虫及其抗性品系，如蚜虫、叶蝉、飞虱、蓟马、粉虱及其抗性品系。对鞘翅目、双翅目和鳞翅目也有效。对线虫和红蜘蛛无活性。由于其优良的内吸性，特别适于种子处理和以颗粒剂施用。在禾谷类作物、玉米、水稻、马铃薯、甜菜和棉花上可早期持续防治害虫，上述作物及柑橘、落叶果树、蔬菜等生长后期的害虫可叶面喷雾防治。叶面喷雾对黑尾叶蝉、飞虱类（稻褐飞虱、灰飞虱、白背飞虱）、蚜虫类（桃蚜、棉蚜）和蓟马类（温室条篱蓟马）有优异的防效，对粉虱、稻螟虫、稻负泥虫、稻象甲也有防效，优于噻嗪酮、醚菊酯、抗蚜威和杀螟丹。注意事项：最近几年的连续使用，造成了很高的抗性，国家已经禁止在水稻上使用。

原药生产厂家　安徽广信农化股份有限公司、安徽华星化工股份有限公司、安徽金泰农药化工有限公司、河北省衡水北方农药化工有限公司、河北威远生物化工股份有限公司、河北希普种衣剂有限责任公司、河北野田农用化学有限公司、湖北沙隆达股份有限公司、江苏百灵农化有限公司、江苏长青农化股份有限公司、江苏常隆农化有限公司、江苏丰山集团有限公司、江苏禾业农化有限公司、江苏皇马农化有限公司、江苏建农农药化工有限公司、江苏康鹏农化有限公司、江苏克胜集团股份有限公司、江苏蓝丰生物化工股份有限公司、江苏绿叶农化有限公司、江苏瑞邦农药厂有限公司、江苏润鸿生物化学有限公司、江苏省激素研究所股份有限公司、江苏省南通派斯第农药化工有限公司、江苏省南通润鸿生物化学有限公司、江苏省南通施壮化工有限公司、江苏省农药研究所股份有限公司、江苏省新沂中凯农用化工有限公司、江苏省盐城利民农化有限公司、江苏省盐城双宁农化有限公司、江苏扬农化工集团有限公司、江苏优士化学有限公司、江西禾益化工有限公司、辽宁省大连凯飞化工有限公司、南京红太阳股份有限公司、宁夏三喜科技有限公司、宁夏三喜科技有限公司、青岛海纳生物科技有限公司、如东县华盛化工有限公司、山东京蓬生物药业股份有限公司、山东麒麟农化有限公司、山东省联合农药工业有限公司、山东省青岛海利尔药业有限公司、山东省青岛好利特生物农药有限公司、山东省青岛凯源祥化工有限公司、山东潍坊润丰化工有限公司、山东潍坊双星农药有限公司、山东亿邦生物科技有限公司、山西绿海农药科技有限公司、陕西恒田化工有限公司、陕西亿农高科药业有限公司、沈阳科创化学品有限公司、天津农药股份有限公司、天津人农药业有限责任公司、一帆生物科技集团有限公司、浙江海正化工股份有限公司、浙江省湖州荣盛农药化工有限公司、浙江省宁波中化化学品有限公司、浙江泰达作物科技有限公司、郑州兰博尔科技有限公司、重庆农药化工（集团）有限公司、爱普瑞（焦作）农药有限公司。

德国拜耳作物科学公司、印度联合磷化物有限公司。

啶虫脒（acetamiprid）

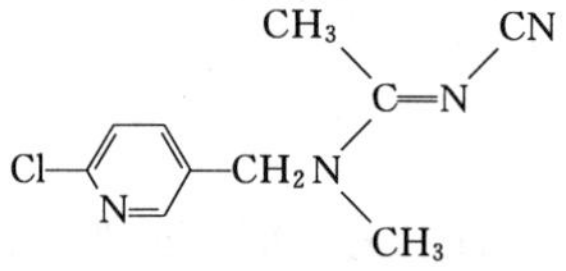

$C_{10}H_{11}ClN_4$，222.7

其他中文名称 莫比朗

其他英文名称 Mospilan

化学名称 (*E*)-*N*-[(6-氯-3-吡啶基)甲基]-*N*′-氰基-*N*-甲基乙酰胺

CAS登录号 135410-20-7

理化性质 白色晶体。熔点98.9℃。蒸气压＜1×10^{-3}mPa（25℃）。$K_{ow}\lg P=0.80$（25℃）。Henry常数＜5.3×10^{-8}Pa·m^3/mol（计算）。相对密度1.330（20℃）。溶解度：水中4250mg/L（25℃）；易溶于丙酮、甲醇、乙醇、二氯甲烷、氯仿、乙腈和四氢呋喃等有机溶剂。在pH 4、5、7的缓冲溶液中稳定，在pH 9、45℃条件下缓慢分解；光照下稳定。pK_a 0.7，弱碱性。

毒　性 急性经口LD_{50}（mg/kg）：雄性大鼠217，雌性大鼠146，雄性小鼠198，雌性小鼠184。雄性和雌性大鼠急性经皮LD_{50}＞2000mg/kg；对兔眼睛和皮肤无刺激；对豚鼠无致敏性。雄性和雌性大鼠吸入LC_{50}（4h）＞0.29mg/L。NOEL值（mg/kg）：大鼠（2y）7.1，小鼠（18mo）20.3，狗（1y）20。Ames试验显阴性。鸟类：LD_{50}（mg/kg）：野鸭98，山齿鹑180；山齿鹑LC_{50}＞5000mg/L。鲤鱼LC_{50}（24～96h）＞100mg/L。水蚤LC_{50}（24h）＞200mg/L，EC_{50}（48h）49.8mg/L。水藻：淡水藻EC_{50}（72h）＞98.3mg/L。NOEC（72h）98.3mg/L。浮萍EC_{50}（14d）1.0mg/L。蜜蜂LD_{50}（μg/只）：14.5（经口），8.1（接触）。对一些有益的节肢动物种类有害。

制　剂　99%、98%、97%、96%、95%原药，20%、10%、6%、5%、3%微乳剂，10%水乳剂，50%、40%、36%水分散粒剂，25%、10%、5%、3%乳油，15%泡腾片剂，70%、60%、20%、15%、10%、8%、5%、3%可湿性粉剂，20%、3%可溶液剂，40%可溶粉剂。

应　用　啶虫脒属硝基亚甲基杂环、吡啶类化合物，是一种新型杀虫剂，除了具有触杀和胃毒作用之外，还具有较强的渗透作用，作用于昆虫神经系统突触部位的烟碱乙酰胆碱受体，干扰昆虫神经系统的刺激传导，引起神经系统通路阻塞，造成神经递质乙酰胆碱在突触部位的积累，从而导致昆虫麻痹，最终死亡。残效期长，广泛用于水稻，尤其蔬菜、果树、茶叶的蚜虫、飞虱、蓟马、鳞翅目等害虫的防治，防效在90%以上。由于作用机制独特，能防治对现有药剂有抗性的蚜虫。对人、畜低毒，对天敌杀伤力小，对鱼毒性较低，对蜜蜂影响小。适用于防治果树，蔬菜上半翅目害虫，用颗粒剂作土壤处理，可防治地下害虫。注意事项：对桑蚕有毒性，切勿喷洒到桑叶上。不可与强碱性药液混用。

原药生产厂家　安徽华星化工股份有限公司、河北省衡水北方农药化工有限公司、河北省吴桥农药有限公司、河北威远生物化工股份有限公司、河北宣化农药有限责任公司、河北野田农用化学有限公司、江苏长青农化股份有限公司、江苏常隆农化有限公司、江苏丰山集团有限公司、江苏皇马农化有限公司、江苏建农农药化工有限公司、江苏康鹏农化有限公司、江苏克胜集团股份有限公司、江苏蓝丰生物化工股份有限公司、江苏连云港立本农药化工有限公司、江苏绿叶农化有限公司、江苏南通龙灯化工有限公司、江苏省南京苏研科创农化有限公司、江苏省新沂中凯农用化工有限公司、江苏省盐城利民农化有限公司、江苏扬农化工集团有限公司、辽宁省大连凯飞化工有限公司、南京红太阳股份有限公司、如东县华盛化工有限公司、山东省联合农药工业有限公司、山东省青岛海利尔药业有限公司、山东省青岛凯源祥化工有限公司、山东潍坊双星农药有限公司、山西绿海农药科技有限公司、陕西恒田化工有限公司、浙江海正化工股份有限公司、浙江省宁波中化化学品有限公司、郑州兰博尔科技有限公司、重庆农药化工（集团）有限公司、爱普瑞（焦作）农药有限公司。

日本曹达株式会社。

噻虫嗪（thiamethoxam）

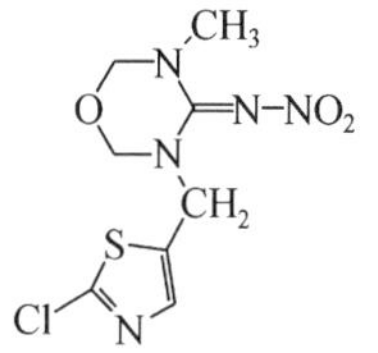

$C_8H_{10}ClN_5O_3S$，291.7

其他中文名称　阿克泰，快胜

其他英文名称　Actara，Adage，Cruiser

化学名称　3-(2-氯-1,3-噻唑-5-基甲基)-5-甲基-1,3,5-噁二嗪-4-基亚乙基(硝基)胺

CAS登录号　153719-23-4

理化性质 结晶粉末。熔点139.1℃，蒸气压：6.6×10^{-6}mPa（25℃）。$K_{ow}\lg P=-0.13$（25℃）。Henry常数4.70×10^{-10}Pa·m^3/mol（计算）。相对密度1.57（20℃）。溶解度：水中（25℃）4.1g/L；有机溶剂（g/L）：丙酮48，乙酸乙酯7.0，二氯甲烷110，甲苯0.680，甲醇13，正辛醇0.620，正己烷<0.001。在pH=5条件下稳定；DT_{50}（d）640（pH=7），8.4（pH=9）。

毒　性 大鼠急性经口LD_{50} 1563mg/kg。大鼠急性经皮LD_{50}>2000mg/kg；对兔眼睛和皮肤无刺激；对豚鼠皮肤无致敏性。大鼠吸入LC_{50}（4h）>3720mg/m^3。NOEL：NOAEL小鼠（90d）10mg/L［1.4mg/(kg·d)］，狗（1y）150mg/L［4.05mg/(kg·d)］。急性经口LD_{50}（mg/kg）：山齿鹑1552，野鸭576。山齿鹑和野鸭饲喂（5d）LC_{50}>5200mg/kg。鱼类LC_{50}（96h，mg/L）：虹鳟>100，蓝鳃太阳鱼>114mg/L，红鲈>111mg/L。水蚤LC_{50}（48h）>100mg/L。水藻EC_{50}（96h）>100mg/L。糠虾LC_{50}（96h）：6.9mg/L。东方牡蛎EC_{50}>119mg/L。蜜蜂LD_{50}（μg/只）：0.005（经口），0.024（接触）。蚯蚓LC_{50}（14d）>1000mg/kg（土壤）。

制　剂 98%原药，30%种子处理悬浮剂，70%种子处理可分散粉剂，21%悬浮剂，25%水分散粒剂，0.01%胶饵。

应　用 该药是一种新型的高效低毒广谱杀虫剂。是第二代新烟碱类杀虫剂，其作用机理与吡虫啉相似，高效、低毒、杀虫谱广，由于更新的化学结构及独特的生理生化活性，可选择性抑制昆虫神经系统烟酸乙酰胆碱酯酶受体，进而阻断昆虫中枢神经系统的正常传导，造成害虫出现麻痹而死亡。不仅具有良好的胃毒、触杀活性、强内吸传导性和渗透性，而且具有更高的活性、更好的安全性、更广的杀虫谱及作用速度快、持效期长等特点，而且与第一代新烟碱类杀虫剂如吡虫啉、啶虫脒、烯啶虫胺等无交互抗性，可取代那些对哺乳动物毒性高、有残留和环境问题的有机磷、氨基甲酸酯类、拟除虫菊酯类、有机氯类杀虫剂的品种。既能防治地下害虫，又能防治地上害虫。既可用于茎叶处理和土壤处理，又可用于种子处理。对刺吸式害虫如蚜虫、飞虱、叶蝉、粉虱等防效较好。

原药生产厂家 瑞士先正达作物保护有限公司。

噻虫胺（clothianidin）

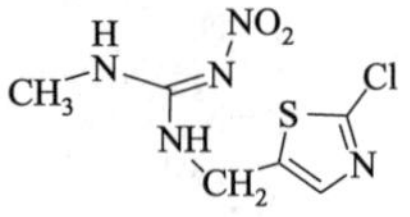

$C_6H_8ClN_5O_2S$，249.7

化学名称 (*E*)-1-(2-氯-1,3-噻唑-5-基甲基)-3-甲基-2-硝基胍

CAS登录号 210880-92-5

理化性质 纯品为无色、无味粉末。熔点176.8℃，蒸气压3.8×10^{-8}mPa（20℃）、1.3×10^{-7}mPa（25℃），$K_{ow}\lg P=0.7$（25℃），Henry常数2.9×10^{-11} Pa·m^3/mol（20℃），相对密度1.61（20℃）。水中溶解度（g/L，20℃）：0.304（pH 4），0.340（pH10）；有机溶剂中溶解度

(g/L，25℃)：庚烷<0.00104，二甲苯 0.0128，二氯甲烷 1.32，甲醇 6.26，辛醇 0.938，丙酮 15.2，乙酸乙酯 2.03。在 pH 5、7（50℃）条件下稳定；DT_{50}：1401d（pH9，20℃）。光水解 DT_{50}：3.3h（pH 7，25℃）。pKa（20℃）：11.09。

毒　性　急性经口：雄、雌大鼠 LD_{50}>5000mg/kg，小鼠 425mg/kg。雄、雌大鼠急性经皮 LD_{50}>2000mg/kg；对兔皮肤无刺激，对兔眼睛有轻微刺激；对豚鼠皮肤无刺激。雄、雌大鼠急性吸入 LC_{50}（4h）>6141mg/m^3。无作用剂量：雄性大鼠（2y）27.4mg/(kg·d)，雌性大鼠（2y）9.7mg/(kg·d)，雄性狗（1y）36.3mg/(kg·d)，雌性狗（1y）15.0mg/(kg·d)。对大鼠和小鼠无致突变和致癌作用，对大鼠和兔无致畸作用。山齿鹑急性经口 LD_{50}>2000mg/kg，日本鹌鹑 LD_{50}：430mg/kg。山齿鹑和野鸭饲喂 LC_{50}（5d）>5200mg/kg。鱼毒 LC_{50}（96h，mg/L）：虹鳟>100，鲤鱼>100，蓝鳃太阳鱼>120。水蚤 EC_{50}（48h）>120mg/L。淡水藻 ErC_{50}（72h）>270mg/L，月牙藻 E_bC_{50}（96h）：55mg/L。蜜蜂：直接接触有毒，LD_{50}：0.00379μg/只（经口），>0.0439μg/只（接触）。蚯蚓 LC_{50}（14d）：13.2mg/kg（土壤）。

制　剂　98%、96.5%原药。

应　用　属新烟碱类具有内吸性、触杀和胃毒作用的高活性广谱杀虫剂。作用机理是结合位于神经后突触的烟碱乙酰胆碱受体。与常规农药（如拟除虫菊酯类、有机氯类、有机磷类、氨基甲酸酯类等）不存在交互抗性问题。适用于叶面喷雾、土壤处理作用。经室内对白粉虱的毒力测定和对番茄烟粉虱的田间药效试验表明，具有较高活性和较好防治效果。表现出较好的速效性。

原药生产厂家　日本住友化学株式会社。

氯噻啉（imidaclothiz）

$C_7H_8ClN_5O_2S$，261.7

化学名称　(*EZ*)-1-(2-氯-1,3-噻唑-5-基甲基)-*N*-硝基亚咪唑-2-基胺

CAS登录号　105843-36-5

理化性质　原药外观为黄褐色粉状固体。熔点 146.8℃～147.8℃，溶解度（g/L，25℃）：水中 5，乙腈中 50，二氯甲烷中 20～30，甲苯中 0.6～1.5，二甲基亚砜中 260。常温贮存稳定。

毒　性　原药对雄、雌大鼠急性经口 LD_{50} 分别为 1470、1620mg/kg。雄、雌大鼠急性经皮 LD_{50}>2000mg/kg；对皮肤、眼睛无刺激性；无致敏性。致突变试验：Ames 试验、小鼠骨髓细胞微核试验、小鼠睾丸细胞染色体畸变试验均为阴性。大鼠饲喂 90d 亚慢性试验最大无作用剂量为 1.5mg/(kg·d)。10%氯噻啉可湿性粉剂对雄、雌性大鼠急性经口 LD_{50} 分别为 3690、2710mg/kg，急性经皮 LD_{50}>2000mg/kg，对皮肤和眼睛无刺激性，无致敏性。

10%氯噻啉可湿性粉剂对斑马鱼 LC_{50} （48h）为 72.16mg/L，鹌鹑 LD_{50} （7d）为 28.87mg/kg，蜜蜂 LC_{50} （48h）为 10.65mg/L，家蚕 LC_{50} （2 龄）为 0.32mg/kg（桑叶）。该药对鱼低毒，对鸟中等毒，对蜜蜂、家蚕为高毒。

制　剂　95%原药，40%水分散粒剂，10%可湿性粉剂。

应　用　一种新烟碱类强内吸性杀虫剂，其作用机理是对害虫的突触受体具有神经传导阻断作用，与烟碱的作用机理相同。对十字花科蔬菜蚜虫、水稻飞虱、番茄（大棚）白粉虱、柑橘树蚜虫、茶树小绿叶蝉等作物害虫有较好的防效。该药速效和持效性均较好，一般于低龄若虫高峰期施药，持效期在 7 天以上。在常规用药剂量范围内对作物安全，对有益生物如瓢虫等天敌杀伤力较小。使用该药时注意防止对蜜蜂、家蚕的危害，在桑田附近及作物开花期不宜使用。

原药生产厂家　江苏省南通江山农药化工股份有限公司。

呋虫胺（dinotefuran）

$C_7H_{14}N_4O_3$，202.2

化学名称　(*RS*)-1-甲基-2-硝基-3-(四氢-3-呋喃甲基)胍

CAS 登录号　165252-70-0

理化性质　白色结晶固体。熔点 107.5℃，沸点 208℃分解，蒸气压 $<1.7\times10^{-3}$ mPa（30℃），$K_{ow}\lg P=-0.549$（25℃），Henry 常数 8.7×10^{-9} Pa·m³/mol（计算），相对密度 1.40。水中溶解度 39.8g/L（20℃）；有机溶剂中溶解度（g/L，20℃）：正己烷 9.0×10^{-6}，庚烷 11×10^{-6}，二甲苯 72×10^{-3}，甲苯 150×10^{-3}，二氯甲烷 11，丙酮 58，甲醇 57，乙醇 19，乙酸乙酯 5.2。150℃稳定。水解 $DT_{50}>1y$（pH 4，pH 7，pH 9）。光降解 DT_{50}：3.8h（蒸馏水/自然水）。pKa12.6（20℃）。

毒　性　急性经口 LD_{50}（mg/kg）：雄大鼠 2804，雌大鼠 2000，雄小鼠 2450，雌小鼠 2275。急性经皮 LD_{50}：雄、雌大鼠 >2000mg/kg；对兔眼和皮肤无刺激性；对豚鼠无致敏性。大鼠急性吸入 LD_{50}（4h）>4.09mg/L。无作用剂量（1y）：雄性狗 559mg/(kg·d)，雌性狗 22mg/(kg·d)。无致畸、致癌和致突变性，对神经和繁殖性能没有影响。鸟类急性经口：日本鹌鹑 LD_{50} >2000mg/kg，野鸭 LC_{50}（5d）>5000mg/kg [997.9mg/(kg·d)]，日本鹌鹑 LC_{50}（5d）>5000mg/kg [1301mg/(kg·d)]。鱼毒 LC_{50}（96h）：鲤鱼、虹鳟鱼和蓝鳃太阳鱼 >100mg/L。水蚤 EC_{50}（48h）>1000mg/L。海藻 E_bC_{50}（72h）>100mg/L。对蜜蜂高毒，LD_{50}：0.023μg/只（经口），0.047μg/只（接触）。对蚕高毒。

应　用　第 3 代烟碱类杀虫剂。与其他烟碱类杀虫剂结构有所不同，它的四氢呋喃基取代了以前的氯代吡啶基、氯代噻唑基，并不含卤族元素。由于结构特殊，性能与传统烟碱类杀虫剂相比更为优异。该药剂具有触杀、胃毒和根部内吸性强、速效高、持效期长、杀虫谱广等特点，且对刺吸口器害虫有优异防效，在很低的剂量即有很高的杀虫活性。主要用于防治小麦、水稻、棉花、蔬菜、果树、烟叶等多种作物上的蚜虫、叶蝉、飞虱、蓟马、粉虱及其抗性品系，同时对鞘翅目、双翅目和鳞翅目、双翅目、甲虫目和总翅目害虫有高效，并对蜚蠊、白蚁、家蝇等卫生害虫有高效。

原药生产厂家 日本三井化学公司。

烯啶虫胺（nitenpyram）

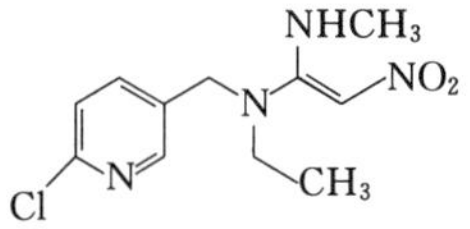

$C_{11}H_{15}ClN_4O_2$，270.7

化学名称 (*E*)-*N*-(6-氯-3-吡啶基甲基)-*N*-乙基-*N*′-甲基-2-硝基亚乙烯基二胺

CAS登录号 150824-47-8

理化性质 纯品为浅黄色晶体。熔点 82.0℃，蒸气压 1.1×10^{-6} mPa（20℃），K_{ow} lg $P=-0.66$（25℃），相对密度 1.40（26℃）。水中溶解度>590g/L（20℃，pH 7.0）；有机溶剂中溶解度（g/L，20℃）：二氯甲烷、甲醇>1000，氯仿 700，丙酮 290，乙酸乙酯 34.7，甲苯 10.6，二甲苯 4.5，正己烷 0.00470。150℃稳定。pH 3、5、7 稳定；DT_{50}：69h（pH 9，25℃）。pKa_1 3.1，pKa_2 11.5。

毒　性 急性经口 LD_{50}（mg/kg）：雄大鼠 1680，雌大鼠 1575，雄小鼠 867，雌小鼠 1281。大鼠急性经皮 LD_{50}>2000mg/kg；对兔眼睛轻微刺激，对兔皮肤无刺激；对豚鼠无致敏性。大鼠急性吸入 LC_{50}（4h）>5.8g/m^3（空气）。无作用剂量：雄性大鼠（2y）129mg/(kg·d)，雌性大鼠（2y）53.7mg/(kg·d)；雄性、雌性狗（1y）60mg/(kg·d)。对大鼠和小鼠无致癌、致畸性，对大鼠繁殖性能没有影响，无致突变性（4 次试验）。鸟类急性经口 LD_{50}：山齿鹑>2250mg/kg，野鸭 1124mg/kg。山齿鹑、野鸭饲喂 LC_{50}（5d）>5620mg/kg。鱼毒：鲤鱼 LC_{50}（96h）>1000mg/L，虹鳟鱼 LC_{50}（48h）>10mg/L。水蚤 LC_{50}（24h）>10000mg/L。羊角月牙藻 E_bC_{50}（72h）：26mg/L。蚯蚓 LC_{50}（14d）：32.2mg/kg。

制　剂 95%原药，20%、10%、5%水剂，20%水分散粒剂，20%可湿性粉剂，10%可溶液剂。

应　用 属烟酰亚胺类杀虫剂，具有卓越的内吸性、渗透作用，杀虫谱广。广泛用于水稻、果树、蔬菜和茶叶，是防治刺吸式口器害虫如白粉虱、蚜虫、梨木虱、叶蝉、蓟马的换代产品。安全间隔期为 7～14 天，每个作物周期最多使用次数为 4 次；对蜜蜂、鱼类、水生物、家蚕有毒，用药时远离；不可与碱性物质混用；为延缓抗性，要与其他不同作用机制的药剂交替使用。

原药生产厂家 河北省吴桥农药有限公司、湖北仙隆化工股份有限公司、江苏常隆农化有限公司、江苏省南通江山农药化工股份有限公司、山东澳得利化工有限公司、山东京蓬生物药业股份有限公司、山东省联合农药工业有限公司、山东省青岛凯源祥化工有限公司。

噻虫啉（thiacloprid）

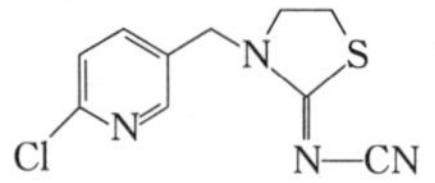

$C_{10}H_9ClN_4S$，252.7

化学名称 （*Z*）-3-（6-氯-3-吡啶基甲基）-1,3-噻唑啉-2-亚基氰胺

CAS登录号 111988-49-9

理化性质 纯品为黄色结晶粉末，熔点136℃，沸点＞270℃（分解），蒸气压3.0×10^{-7}mPa（20℃），$K_{ow}\lg P$=0.74（未缓冲的水）、0.73（pH 4）、0.73（pH 7）、0.74（pH 9），Henry常数4.1×10^{-10} Pa·m³/mol（计算值），相对密度1.46。水中溶解度（20℃）；185mg/L；有机溶剂中溶解度（g/L，20℃）：正己烷＜0.1，二甲苯0.30，二氯甲烷160，正辛醇1.4，正丙醇3.0，丙酮64，乙酸乙酯9.4，聚乙二醇42，乙腈52，二甲基亚砜150。25℃，pH 5～9时稳定。

毒　性 大鼠急性经口LD_{50}：雄621～836mg/kg，雌396～444mg/kg。大鼠急性经皮LD_{50}＞2000mg/kg；对兔眼睛和皮肤无刺激；对豚鼠皮肤无致敏性。大鼠急性吸入LC_{50}（4h，鼻吸入）：雄＞2535mg/m³（空气），雌约1223mg/m³（空气）。大鼠2年无作用剂量：1.23mg/(kg·d)。无致癌性，对大鼠和兔无生长发育毒性，无遗传或潜在致突变性。日本鹌鹑LD_{50}：49mg/kg，山齿鹑LD_{50}：2716mg/kg。LC_{50}（8d）：山齿鹑5459mg/kg，日本鹌鹑2500mg/kg。鱼毒LC_{50}（96h）：虹鳟鱼30.5mg/L，蓝鳃太阳鱼25.2mg/L。水蚤EC_{50}（48h，20℃）≥85.1mg/L。淡水藻ErC_{50}（72h，20℃）：97mg/L，月牙藻EC_{50}＞100mg/L。蜜蜂LD_{50}：17.32μg/只（经口），38.83μg/只（接触）。蚯蚓LC_{50}（14d，20℃）：105mg/kg。

制　剂 98%、97.50%、95%原药，48%、40%悬浮剂，2%微囊悬浮剂，1%微囊粉剂，50%、36%水分散粒剂。

应　用 噻虫啉为氯代烟碱类杀虫剂。作用机理与其他传统杀虫剂有所不同，它主要作用于昆虫神经接合后膜，通过与烟碱乙酰胆碱受体结合，干扰昆虫神经系统正常传导，引起神经通道的阻塞，造成乙酰胆碱的大量积累，从而使昆虫异常兴奋，全身痉挛、麻痹而死。具有较强的内吸、触杀和胃毒作用，与常规杀虫剂如拟除虫菊酯类、有机磷类和氨基甲酸酯类没有交互抗性，因而可用于抗性治理。是防治刺吸式和咀嚼式口器害虫的高效药剂。

原药生产厂家 湖南比德生化科技有限公司、江苏中旗化工有限公司、利民化工股份有限公司、山东省联合农药工业有限公司。

哌　虫　啶

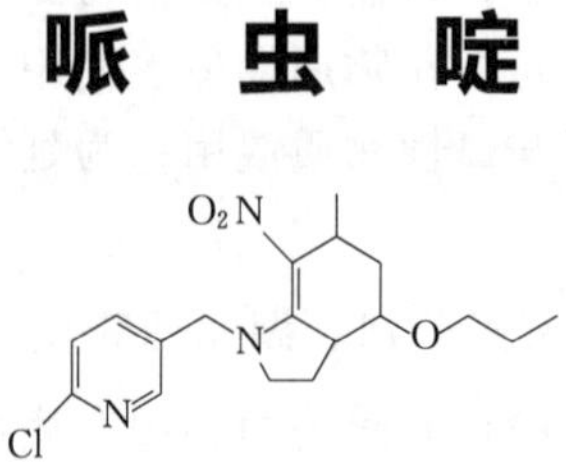

$C_{17}H_{23}ClN_4O_3$，366.8

其他中文名称 吡咪虫啶，啶咪虫醚

化学名称 1-[(6-氯吡啶-3-基)甲基]-5-丙氧基-7-甲基-8-硝基-1,2,3,5,6,7-六氢咪唑[1,2-*a*]吡啶

理化性质 纯品为淡黄色粉末。熔点 130.2～131.9℃，蒸气压 200mPa（20℃）。25℃水中溶解度 0.6g/L；其他溶剂中溶解度（25℃）：乙腈 50g/L，二氯甲烷 55g/L。正常贮存条件下及中性、弱酸性介质中稳定。碱性介质中缓慢水解。

毒　性 雌、雄大鼠急性经口 LD_{50}＞5000mg/kg。雌、雄大鼠急性经皮 LD_{50}＞5150mg/kg；对家兔眼睛、皮肤均无刺激性；对豚鼠皮肤有弱致敏性。对大鼠亚慢（91d）经口毒性试验表明：最大无作用剂量为 30mg/(kg·d)；对雌、雄小鼠微核或骨髓细胞染色体无影响，对骨髓细胞的分裂也未见明显的抑制作用，显性致死或生殖细胞染色体畸变结果为阴性、Ames 试验结果为阴性。对鸟类低毒。对斑马鱼急性毒性为低毒；对家蚕急性毒性为低毒；对蜜蜂低毒，使用中注意对蜜蜂的影响。

制　剂 95%原药，10%悬浮剂。

应　用 烟碱类杀虫剂，主要是作用于昆虫神经轴突触受体，阻断神经传导作用。哌虫啶具有很好的内吸传导功能，施药后药剂能很快传导到植株各个部位。对各种刺吸式害虫具有杀虫速度快、防治效果好、持效期长、广谱、低毒等特点。主要用于防治同翅目害虫，对稻飞虱有良好的防治效果。

原药生产厂家 江苏克胜集团股份有限公司。

氟啶虫酰胺（flonicamid）

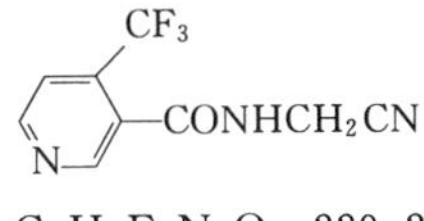

$C_9H_6F_3N_3O$，229.2

化学名称 *N*-氰甲基-4-(三氟甲基)烟酰胺

CAS 登录号 158062-67-0

理化性质 纯品为白色无味结晶粉末。熔点 157.5℃，蒸气压 9.43×10^{-4} mPa（20℃），$K_{ow}\lg P=0.3$，Henry 常数 4.2×10^{-8} Pa·m³/mol（计算值），相对密度 1.531（20℃）。水中溶解度（20℃）：5.2g/L。pK_a：11.6。

毒　性 大鼠急性经口 LD_{50}：雄 884mg/kg，雌 1768mg/kg。大鼠急性经皮 LD_{50}＞5000mg/kg；对兔眼睛和皮肤无刺激；对豚鼠皮肤无致敏性。雄性和雌性大鼠急性吸入 LC_{50}（4h）＞4.9mg/L。大鼠（2y）无作用剂量：7.32mg/(kg·d)。Ames 试验显阴性。雄、雌鹌鹑 LD_{50}＞2000mg/kg。鲤鱼和虹鳟 LC_{50}（96h）＞100mg/L。水蚤 EC_{50}（48h）＞100mg/L。海藻 ErC_{50}（96h）＞119mg/L。蜜蜂 LD_{50}＞60.5μg/只（经口），＞100μg/只（接触）。蚯蚓 LC_{50}＞1000mg/kg（土壤）。对有益节肢动物无害。

制　剂 96%原药，10%水分散粒剂。

应　用　一种吡啶酰胺类杀虫剂，其对靶标具有新的作用机制，对乙酰胆碱酯酶和烟酰乙酰胆碱受体无作用，对蚜虫有很好的神经作用和快速拒食活性，具有内吸性强和较好的传导活性、用量少、活性高、持效期长等特点，与有机磷、氨基甲酸酯和除虫菊酯类农药无交互抗性，并有很好的生态环境相容性。对抗有机磷、氨基甲酸酯和拟除虫菊酯的棉蚜也有较高的活性。对其他一些刺吸式口器害虫同样有效。

原药生产厂家　日本石原产业株式会社。

氟虫双酰胺（flubendiamide）

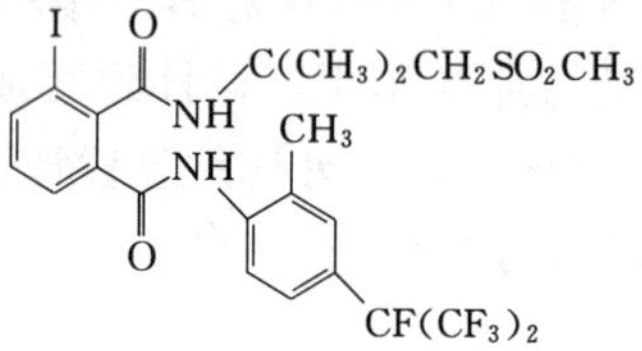

I　O　NH　$C(CH_3)_2CH_2SO_2CH_3$　NH　CH_3　O　$CF(CF_3)_2$

$C_{23}H_{22}F_7IN_2O_2S$，650.4

其他中文名称　氟苯虫酰胺

化学名称　3-碘-*N'*-(2-甲磺酰基-1,1-二甲基乙基)-*N*-{4-[1,2,2,2-四氟-1-(三氟甲基)乙基]-*O*-甲苯基}邻苯二酰胺

CAS登录号　272451-65-7

理化性质　纯品为白色结晶粉末。熔点217.5～220.7℃，蒸气压<1×10^{-1}mPa（25℃），$K_{ow}\lg P=4.2$（25℃），相对密度1.659（20℃）。水中溶解度29.9μg/L（20℃）；其他溶剂中溶解度（g/L）：二甲苯0.488，正己烷0.000835，甲醇26.0，1,2-二氯乙烷8.12，丙酮102，乙酸乙酯29.4。酸性和碱性介质中稳定（pH值4～9）。DT_{50}：5.5d（蒸馏水，25℃）。

毒　性　大鼠急性经口LD_{50}>2000mg/kg。大鼠急性经皮LD_{50}>2000mg/kg；对兔眼睛轻微刺激，对兔皮肤无刺激；对豚鼠皮肤无致敏性。大鼠吸入LC_{50}>0.0685mg/L。无作用剂量（1y）：雄鼠1.95mg/(kg·d)，雌鼠2.40mg/(kg·d)。Ames试验呈阴性。山齿鹑急性经口LD_{50}>2000mg/kg。鱼毒：鲤鱼LC_{50}（96h）>548μg/L，蓝鳃太阳鱼LC_{50}（48h）>60μg/L。水蚤LC_{50}（48h）>60μg/L。月牙藻E_bC_{50}（72h）：69.3μg/L。蜜蜂经口或接触LD_{50}（48h）>200μg/只。

制　剂　96%、95%原药，20%水分散粒剂，10%悬浮剂。

应　用　具有独特的作用方式，高效广谱，残效期长，毒性低，用于防治鳞翅目害虫，是一种Ryanodine（鱼尼丁类）受体，即类似于位于细胞内肌质网膜上的钙释放通道的调节剂。Ryanodine是一种肌肉毒剂，它主要作用于钙离子通道，影响肌肉收缩，使昆虫肌肉松弛性麻痹，从而杀死害虫。氟虫双酰胺对除虫菊酯类、苯甲酰脲类、有机磷类、氨基甲酸酯类已产生抗性的小菜蛾3龄幼虫具有很好的活性。对几乎所有的鳞翅目类害虫具有很好的活性。作用速度快、持效期长。渗透植株体内后通过木质部略有传导。耐雨水冲刷。桑树上禁止使用。

原药生产厂家 德国拜耳作物科学公司、日本农药株式会社。

氯虫苯甲酰胺（chlorantraniliprole）

$C_{18}H_{14}BrCl_2N_5O_2$，483.2

其他中文名称 康宽

化学名称 3-溴-4′-氯-1-(3-氯-2-吡啶基)-2′-甲基-6′-(甲基氨基甲酰基)吡唑-5-甲酰胺

CAS登录号 500008-45-7

理化性质 纯品为精细白色结晶粉末。熔点 208～210℃（原药 200～202℃），蒸气压 2.1×10^{-8}mPa（25℃，原药）、6.3×10^{-9}mPa（20℃），$K_{ow}\lg P=2.76$（pH 7），Henry 常数 3.2×10^{-9} Pa·m^3/mol（20℃，原药）。溶解度：水中 0.9～1.0mg/L（pH 4～9，20℃），丙酮 3.4、乙腈 0.71、二氯甲烷 2.48、乙酸乙酯 1.14、甲醇 1.71（g/L）。水中 DT_{50}：10d（pH 9，25℃）。pK_a：10.88±0.71。

毒　性 大鼠急性经口、经皮 LD_{50} 均大于 5000mg/kg，急性吸入 $LC_{50}>5.1$mg/L。对兔皮肤、眼睛无刺激性；对豚鼠皮肤无致敏性。原药大鼠 90d 慢性喂养毒性试验最大无作用剂量：雄为 1188mg/kg，雌为 1526mg/kg；4 项致突变试验：Ames 试验、小鼠骨髓细胞微核试验、人体外周血淋巴细胞染色体畸变试验、体外哺乳动物细胞基因突变试验结果均为阴性，未见致突变作用。山齿鹑急性经口 $LD_{50}>2250$mg/kg。山齿鹑、野鸭饲喂 LC_{50}（5d）>5620mg/kg。鱼毒 LC_{50}（96h）：虹鳟鱼>13.8mg/L，蓝鳃太阳鱼>15.1mg/L。水蚤 EC_{50}：0.0116mg/L。羊角月牙藻 $EC_{50}>2$mg/L。蜜蜂 $LD_{50}>104\mu g$/只（经口），$>4\mu g$/只（接触）。蠕虫 $LC_{50}>1000$mg/kg。氯虫苯甲酰胺对鱼中毒或以下，对鸟和蜜蜂低毒，对家蚕剧毒。禁止在蚕室及桑园附近使用，禁止在河塘等水域中清洗施药器具。

制　剂 95.30%原药，200g/L、5%悬浮剂，35%水分散粒剂。

应　用 属邻甲酰氨基苯甲酰胺类杀虫剂。由于氯虫苯甲酰胺的化学结构具有其他任何杀虫剂不具备的全新杀虫原理，高效激活昆虫细胞内的鱼尼丁（兰尼碱）受体，从而过度释放平滑肌和横纹肌细胞内的钙离子，导致昆虫肌肉麻痹，最后瘫痪死亡。该有效成分表现出对哺乳动物和害虫鱼尼丁受体极显著的选择性差异，大大提高了对哺乳动物和其他脊椎动物的安全性。氯虫苯甲酰胺高效广谱，对鳞翅目的夜蛾科、螟蛾科、蛀果蛾科、卷叶蛾科、粉蛾科、菜蛾科、麦蛾科、细蛾科等均有很好的控制效果，还能控制鞘翅目象甲科、叶甲科，双翅目潜蝇科，烟粉虱等多种非鳞翅目害虫。在低剂量下就有可靠和稳定的防效，立即停止取食，药效期更长，防雨水冲洗，在作物生长的任何时期提供即刻和长久的保护。由于该药具有较强的渗透性，药剂能穿过茎部表皮细胞层进入木质部，从而沿木质部传导至未施药的其他部位，因此在田间作业中，用弥雾或细喷雾效果更好；但当气温高、田间蒸发量大时，一般选择早10点前，或下午4点后用药，这样不仅可以减少用药液量，也可以更好的增加作物的受药液量和渗透性，有利提高防治效果。为避免该药抗药性的产生，一季作物或一种害虫宜使用2～3次，每次间隔时间在15天以上。该农药在我国登记时有不同的剂型、含量及适用作物，用户在不同的作物上应选用该药的不同含量和剂型。

原药生产厂家 上海杜邦农化有限公司，美国杜邦公司。

氰虫酰胺（cyantraniliprole）

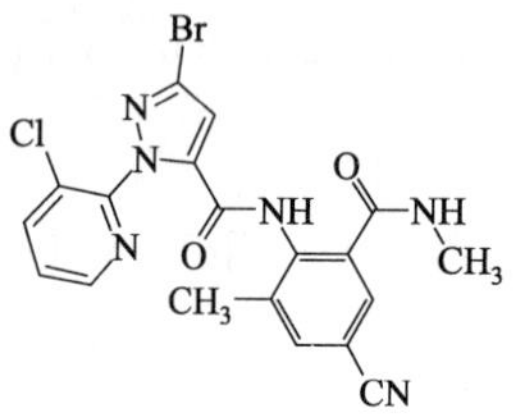

$C_{19}H_{14}BrClN_6O_2$，473.7

化学名称 3-溴-1-(3-氯-2-吡啶基)-4′-氰基-2′-甲基-6′-(甲基氨基甲酰基)吡唑-5-甲酰胺

CAS登录号 736994-63-1

理化性质 外观为白色粉末。熔点168～173℃，密度1.387g/cm^3，不易挥发。水中溶解度0～20mg/L；其他溶剂中的溶解度（20±0.5℃，g/L）：甲醇2.383±0.172，丙酮5.965±0.29，甲苯0.576±0.05，二氯甲烷5.338±0.395，乙腈1.728±0.135。

毒　性 大鼠急性经口LD_{50}（雄、雌）＞5000mg/kg；大鼠急性经皮LD_{50}（雄、雌）＞5000mg/kg。

应　用 氰虫酰胺是美国杜邦开发的第二代鱼丁受体抑制剂类杀虫剂，除了具有氯虫苯甲酰胺的渗透性、传导性、化学稳定性、高杀虫活性，另外还具有很强内吸的活性，杀虫更彻底。该产品与氯虫苯甲酰胺相比，使用作物更为广泛，杀虫范围更广，对蓟马和跳甲也有高效的防治效果。同时对蚜虫和霜霉病也有一定的防治效果。防治对象：小菜蛾、斜纹夜蛾、甘蓝夜蛾、棉铃虫、棉蚜、蚜虫、蓟马、跳甲、飞虱、盲椿象、二化螟、三化螟、稻纵卷叶螟、食心虫等。另外，对霜霉病也有很好的防治效果。

茚虫威（indoxacarb）

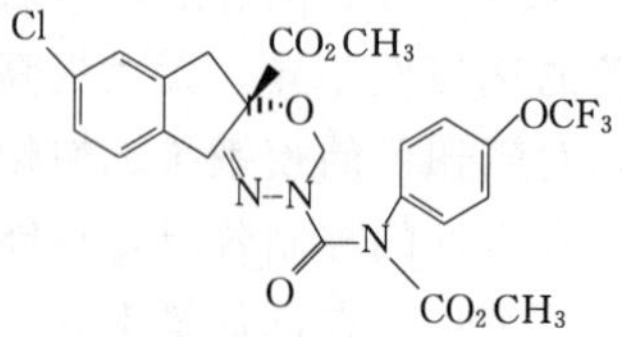

$C_{22}H_{17}ClF_3N_3O_7$，527.8

其他中文名称 安打，安美

其他英文名称 Ammate，Vatar

化学名称 (S)-7-氯-2,3,4a,5-四氢-2-[甲氧基羰基(4-三氟甲氧基苯基)氨基甲酰基]茚并[1,2-e][1,3,4]噁二嗪-4a-羧酸甲酯

CAS登录号 173584-44-6

理化性质 茚虫威结构中仅S异构体有活性，R异构体没有活性。其中DPX-JW062：S异构体和R异构体比例为1∶1；DPX-MP062：S异构体和R异构体比例为3∶1；DPX-KN127：R异构体；DPX-KN128：S异构体。实际应用的组分为DPX-MP062，有效成分以DPX-KN128计。白色粉状固体。熔点88.1℃（DPX-KN128）、140～141℃（DPX-JW062）、87.1～141.5℃（DPX-MP062），蒸气压2.5×10^{-5}mPa（25℃），$K_{ow}\lg P=4.65$，Henry常数6.0×10^{-5} Pa·m^3/mol，相对密度1.44（20℃）。水中溶解度：0.20mg/L（25℃，DPX-KN128），15mg/L（25℃，DPX-JW062），22.5μg/L（20℃，DPX-MP062）；其他溶剂中溶解度（25℃）：正辛醇14.5g/L，甲醇103g/L，乙腈139g/L，丙酮＞250g/kg（DPX-KN128），正庚烷1.72mg/mL，正辛醇14.5mg/mL，甲醇103mg/mL，邻二甲苯117mg/mL，二氯甲烷、丙酮和N,N-二甲基甲酰胺（DMF）中均＞250g/kg（DPX-MP062）。水溶液稳定性DT_{50}：1y（pH 5），22d（pH 7），0.3h（pH 9）（25℃，DPX-KN128、DPX-MP062）。

毒　性 大鼠急性经口LD_{50}：雄1732mg/kg，雌268mg/kg（DPX-MP062）。兔急性经皮LD_{50}＞5000mg/kg；对兔眼睛和皮肤无刺激；对豚鼠无致敏（DPX-MP062）。大鼠吸入LC_{50}＞2mg/L（DPX-KN128）。无作用剂量：大鼠（90d）10mg/kg[0.6mg/(kg·d)]；（2y）雄性大鼠60mg/kg，雌性大鼠40mg/kg；小鼠（18mo）20mg/kg；狗（1y）40mg/kg（DPX-JW062）。Ames试验均为阴性。生态效应：①DPX-MP062：山齿鹑急性经口LD_{50} 98mg/kg。野鸭饲养LC_{50}（5d）：＞5620mg/kg，山齿鹑808mg/kg。LC_{50}（96h）：蓝鳃太阳鱼0.9mg/L，虹鳟鱼0.65mg/L。水蚤LC_{50}（48h）：0.60mg/L。蜜蜂LD_{50}：0.26μg/只（经口），0.094μg/只（接触）。蚯蚓LC_{50}（14d）＞1250mg/kg。海藻EC_{50}（96h）＞0.11mg/L。②DPX-KN128在30～50g/hm^{2}剂量下对4类生物研究表明具有很少或无副作用。

制　剂 94%原药，70.3%母药，150g/L悬浮剂，150g/L乳油，30%水分散粒剂。

应　用 钠通道抑制剂。主要是阻断害虫神经细胞中的钠离子通道，使神经细胞丧失功能，导致靶标害虫麻痹、协调差，最终死亡。药剂通过触杀和摄食进入虫体，0～4h内昆虫即停止取食，因麻痹、协调能力下降，故从作物上落下，一般在药后4～48h内麻痹致死，对各龄期幼虫都有效。害虫从接触到药液或食用含有药液的叶片到其死亡会有一段时间，但害虫此时已停止对作物取食，即使此时害虫不死，对作物叶片或棉蕾也没有损害作用。由于茚虫威具有较好的亲脂性，仅具有触杀和胃毒作用，虽没有内吸活性，但具有较好的耐雨水冲刷性能。试验结果表明DPX-KN128与其他杀虫剂如菊酯类、有机磷类、氨基甲酸酯类等均无交互抗性。对鱼类、哺乳动物、天敌昆虫包括螨类安全，为用于害虫的综合防治和抗性治理的理想药剂。适用作物：蔬菜如甘蓝、芥蓝、花椰类、番茄、茄子、辣椒等，瓜类如黄瓜、莴苣等，果树如苹果、梨树、桃树、杏、葡萄等，还有棉花、甜玉米、马铃薯等。防治对象：茚虫威几乎对所有鳞翅目害虫都有效，如棉铃虫、菜青虫、烟青虫、小菜蛾、甜菜夜蛾、斜纹夜蛾、甘蓝夜蛾、油菜银纹夜蛾、棉花金刚钻翠纹、李小食心虫、棉花棉大卷叶

螟、苹果蠹蛾、葡萄卷叶蛾、马铃薯块茎蛾等。

原药生产厂家 美国杜邦公司。

噁虫酮（metoxadiazone）

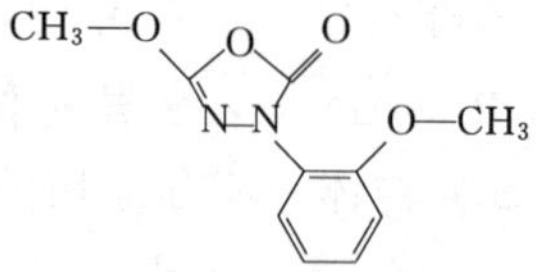

$C_{10}H_{10}N_2O_4$，222.2

其他英文名称 Elemic

化学名称 5-甲氧基-3-(2-甲氧基苯基)-1,3,4-噁二唑-2(3*H*)-酮

CAS登录号 60589-06-2

理化性质 纯品为米色结晶固体。熔点79.5℃，蒸气压极低（25℃，10.787mPa），20℃、133.32Pa下挥发不明显，相对密度1.401～1.410。溶解度（20℃）：水中1g/L，二甲苯100g/L，环己酮500g/L；溶于乙醇、异丙醇、三甲苯、烷基苯，较易溶于甲醇、二甲苯，易溶于丙酮、氯仿、乙酸乙酯、氯甲烷、苯甲醚。常温下稳定，高于50℃不稳定；甲醇中较易分解（40℃，6个月分解14.7%），其他溶剂中稳定。光照下逐渐分解。湿度对本品影响大。

毒　性 大鼠急性经口LD_{50}：雄190mg/kg，雌175mg/kg；大鼠急性经皮＞2500mg/kg。

制　剂 98.5%原药。

应　用 具有抑制乙酰胆碱酯酶和对神经轴索作用的双重特性，是防治对拟除虫菊酯类具抗性蜚蠊的有效药剂。

原药生产厂家 江苏优士化学有限公司。

乙虫腈（ethiprole）

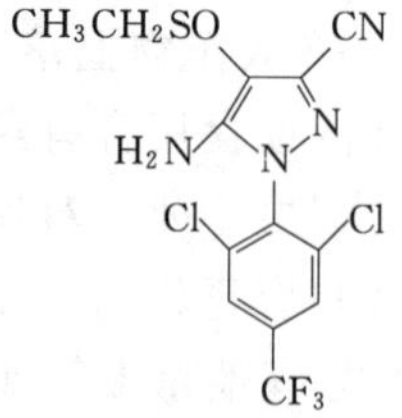

$C_{13}H_9Cl_2F_3N_4OS$，397.2

化学名称 5-氨基-1-(2,6-二氯-4-三氟甲基苯基)-4-乙基亚硫酰基吡唑-3-腈

CAS登录号 181587-01-9

理化性质 纯品为无特殊气味的白色晶体粉末。蒸气压9.1×10^{-8}Pa（25℃），$K_{ow}\lg P$

(20℃)：正辛醇/水＝2.9。水中溶解度 9.2mg/L（20℃）。中性和酸性条件下稳定。原药外观为浅褐色结晶粉，在有机溶剂中的溶解度（g/L，20℃）：丙酮 90.7，甲醇 47.2，乙腈 24.5，乙酸乙酯 24.0，二氯甲烷 19.9，正辛醇 2.4，甲苯 1.0，正庚烷 0.004。

毒　性　原药大鼠急性经口 LD_{50}＞7080mg/kg。急性经皮 LD_{50}＞2000mg/kg；对兔皮肤和眼睛无刺激性；对豚鼠皮肤无致敏性。急性吸入 LC_{50}＞5.21mg/L。大鼠 90d 亚慢性喂养毒性试验最大无作用剂量：雄性大鼠为 1.2mg/(kg·d)，雌性大鼠为 1.5mg/(kg·d)。Ames 试验、小鼠骨髓细胞微核试验、体外哺乳动物细胞基因突变试验、体外哺乳动物细胞染色体畸变试验等 4 项致突变试验结果均为阴性，未见致突变作用。100g/L 悬浮剂大鼠急性经口和经皮 LD_{50} 均大于 5000mg/kg，急性吸入 LC_{50}＞4.65mg/L，对兔皮肤和眼睛均无刺激性，豚鼠皮肤无致敏性。乙虫腈原药和 100g/L 悬浮剂均为低毒性杀虫剂。无作用剂量：兔子（23d）0.5mg/(kg·d)。乙虫腈 100g/L 悬浮剂对虹鳟鱼 LC_{50}（96h）：2.4mg/L；鹌鹑 LD_{50}＞1000mg/kg；蜜蜂 LD_{50}（48h）：0.067μg（a.i.）/只（接触），0.0151μg（a.i.）/只（经口）。家蚕 LD_{50}（2 龄，96h）：21.7mg/L。蚯蚓 LC_{50}（14d）＞1000mg/kg（土壤）。该制剂对鱼中等毒，有一定风险，对鸟低毒，对蜜蜂接触和经口均为高毒，高风险，对家蚕中等毒，中等风险。

制　剂　94%原药，100g/L、30%、9.7%悬浮剂。

应　用　广谱杀虫剂，其杀虫机制在于阻碍昆虫 γ-氨基丁酸（GABA）控制的氯化物代谢，干扰氯离子通道，从而破坏中枢神经系统（CNS）正常活动，使昆虫致死。低用量下对多种咀嚼式和刺吸式害虫有效，可用于种子处理和叶面喷雾，持效期长达 21～28d。主要用于防治蓟马、蝽、象虫、甜菜麦蛾、蚜虫、飞虱和蝗虫等，对某些粉虱也表现出活性（特别是对极难防治的水稻害虫稻绿蝽有很强的活性）。对某些品系的白蝇也有效，对蝽类害虫有很强的活性。乙虫腈与主要产品没有交互抗性。在害虫抗性管理中，可把它作为氟虫腈（锐劲特）和其他杀虫剂的配伍品种。可用于种子处理或叶面喷洒。使用时应注意蜜源作物花期禁用，养鱼稻田禁用，施药后田水不得直接排入水体，不得在河塘等水域清洗施药器具。

原药生产厂家　上海赫农农药有限责任公司、拜耳作物科学（中国）有限公司、德国拜耳作物科学公司。

丁烯氟虫腈（flufiprole）

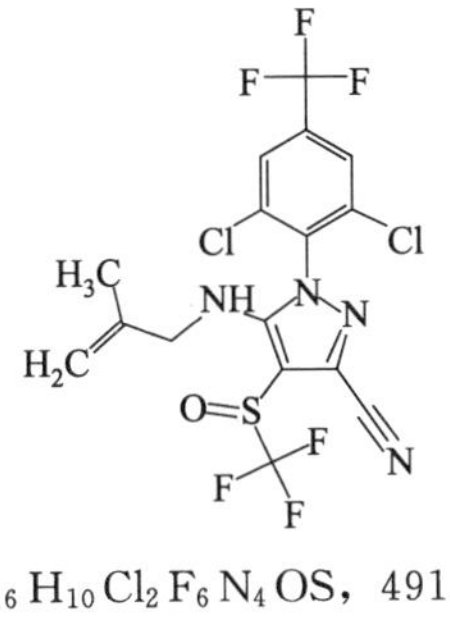

$C_{16}H_{10}Cl_2F_6N_4OS$，491.2

化学名称　5-(*N*-2-甲基-2-丙烯基)氨基-1-(2,6-二氯-4-三氟甲基苯基)-4-三氟甲基亚硫酰基吡唑-3-腈

CAS登录号 704886-18-0

理化性质 外观为白色疏松粉末。熔点 172～174℃，K_{ow} lg$P$：3.7。溶解度（g/L，25℃）：水中 0.02，乙酸乙酯中 260，微溶于石油醚、正己烷，易溶于乙醚、丙酮、三氯甲烷、乙醇、N,N-二甲基甲酰胺。常温下稳定，水及有机溶剂中稳定，弱酸、弱碱及中性介质中稳定。

毒　性 原药经口、经皮试验均为低毒，Ames 试验及遗传毒性试验为阴性。其制剂（5%乳油）的急性经口：大鼠（雄、雌）＞4640mg/kg；急性经皮：大鼠（雄、雌）＞2150mg/kg。对眼睛刺激较重，对皮肤为弱致敏性。对鹌鹑急性经口（雄、雌）＞2000mg/kg，对斑马鱼 LC_{50}（96h）为 19.62mg/L。对蚕 LC_{50}＞5000mg/L。对蜜蜂高毒。

应　用 苯基吡唑类新型广谱杀虫剂，其杀虫机理新颖、独特、活性高，具有胃毒、触杀及一定的内吸作用，与菊酯类、有机磷类和氨基甲酸酯类等农药无交互抗性。用于水稻、十字花科蔬菜防治二化螟、小菜蛾等害虫。在水稻田没有水的条件下施药，防治二化螟等对此药剂的防治效果没有影响。对鱼低毒，对蜜蜂高毒，勿用于靠近蜂箱的稻田和菜地，严禁在非登记的蜜源植物上使用。对家蚕较安全，可在稻桑混栽区使用，但要避免药液飘移到桑树上。

唑虫酰胺（tolfenpyrad）

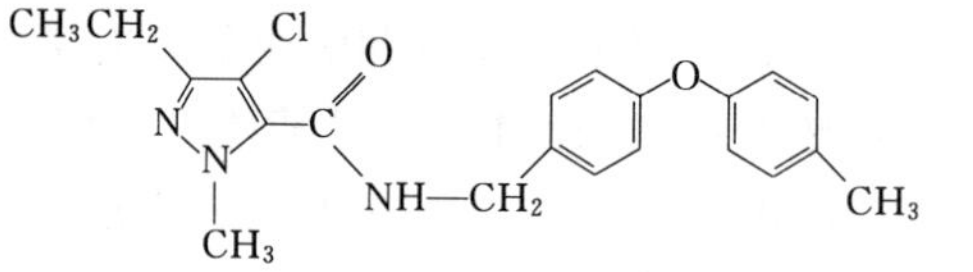

$C_{21}H_{22}ClN_3O_2$，383.9

化学名称 4-氯-3-乙基-1-甲基-N-[4-(对-甲苯基氧基)苄基]吡唑-5-酰胺

CAS登录号 129558-76-5

理化性质 纯品为白色粉末。熔点 87.8～88.2℃，蒸气压＜5×10^{-4}mPa（25℃），K_{ow} lg$P$=5.61（25℃），Henry 常数 2.2×10^{-3}Pa·m^3/mol（计算值），相对密度 1.18（25℃）。水中溶解度 0.087mg/L（25℃）；其他溶剂中溶解度（g/L，25℃）：正己烷 7.41，甲苯 366，甲醇 59.6，丙酮 368，乙酸乙酯 339。稳定性：在 pH 4～9（50℃）能存 5d。

毒　性 急性经口 LD_{50}（mg/kg）：雄大鼠 260～386，雌大鼠 113～150，雄小鼠 114，雌小鼠 107。急性经皮 LD_{50}：雄性大鼠＞2000mg/kg，雌性大鼠＞3000mg/kg；对兔皮肤和眼睛有轻微刺激；对豚鼠皮肤无刺激。大鼠吸入 LC_{50}：雄 2.21mg/L，雌 1.50mg/L。无作用剂量：雄大鼠（2y）0.516mg/kg，雌大鼠（2y）0.686mg/kg，雄小鼠（78 周）2.2mg/kg，雌小鼠（78 周）2.8mg/kg，狗（1y）1mg/(kg·d)。无致畸、致癌、致突变性。对水生生物毒性较高，鲤鱼 LC_{50}（96h）：0.0029mg/L。水蚤 LC_{50}（48h）：0.0010mg/L。绿藻 E_bC_{50}（72h）＞0.75mg/L。

制　剂 98%原药，15%乳油。

应　用　新型吡唑杂环类杀虫杀螨剂。其作用机理为阻碍线粒体的代谢系统中的电子传达系统复合体 I，从而使电子传达受到阻碍，使昆虫不能提供和贮存能量，被称为线粒体电子传达复合体阻碍剂（METI）。杀虫谱广，具有触杀作用。对鳞翅目幼虫小菜蛾、缨翅目害虫蓟马有特效。应于害虫卵孵化盛期至低龄若虫期间施药；根据虫害发生严重程度，每次施药间隔期在 7～15 天；由于小菜蛾是很容易产生抗生的害虫，所以要轮换使用农药。

原药生产厂家　日本农药株式会社。

螺螨酯（spirodiclofen）

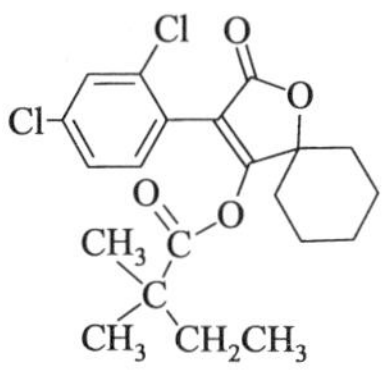

$C_{21}H_{24}Cl_2O_4$，411.3

其他中文名称　螨威多

化学名称　3-(2,4-二氯苯基)-2-氧-1-氧螺[4.5]癸-3-烯-4-基-2,2-二甲基丁酸盐

CAS 登录号　148477-71-8

理化性质　纯品为白色粉末，无特殊气味。熔点 94.8℃。蒸气压 3×10^{-10} Pa（20℃）。K_{ow} lg$P$ 5.8（pH4，20℃），5.1（pH7，20℃）。Henry 常数：2×10^{-3} Pa·m^3/mol。相对密度 1.29。溶解度（20℃）：水中（μg/L）：（pH 4）50，（pH 7）190；其他溶剂（g/L）：正庚烷 20，聚乙二醇 24，正辛醇 44，异丙醇 47，DMSO75，丙酮、二氯甲烷、乙酸乙酯、乙腈和二甲苯>250。稳定性（20℃，d）：水解 DT_{50} 119.6（pH 4），52.1（pH 7），2.5（pH 9）。

毒　性　大鼠急性经口 LD_{50}>2500mg/kg。大鼠急性经皮 LD_{50}>2000mg/kg。对兔眼、皮肤无刺激；悬浮剂对豚鼠无皮肤敏感性。大鼠急性吸入 LC_{50}（4h）>5000mg/L。对狗 12 个月无作用剂量为 50mg/L。对大鼠和兔无致畸作用。大鼠二代繁殖试验，表明无生殖毒性、基因毒性和致畸性。对鸟类低毒；山齿鹑急性经口 LD_{50}>2000mg/kg；山齿鹑和野鸭饲喂 LC_{50}（5d）>5000mg/kg。虹鳟鱼 LC_{50}（96h）>0.035mg/L。水蚤 EC_{50}（48h）>0.051mg/L。对月牙藻 E_bC_{50} 和 E_rC_{50}（96h）>0.06mg/L。对摇蚊幼虫最低无抑制质量浓度（28d）为 0.032mg/L。蜜蜂 LD_{50}（μg/只）：经口>196，接触>200。对蚯蚓 LC_{50}>1000mg/kg 干土。在 300g/hm^2 对瓢虫无毒性。悬浮剂在田间条件下对捕食螨有轻微毒性作用。对微生物矿化无副作用。

制　剂　95.5%原药，240g/L 悬浮剂。

应　用　作用机理与特点：具有触杀作用，没有内吸性。主要抑制螨的脂肪合成，阻断螨的能量代谢，对螨的各个发育阶段都有效，杀卵效果特别优异，同时对幼若螨也有良好的触杀作用。虽然不能较快地杀死雌成螨，但对雌成螨有很好的绝育作用。雌成螨触药后所产的卵有 96%不能孵化，死于胚胎后期。它与现有杀螨剂之间无交互抗性，适用于防治对现有杀螨剂产生抗性的有害螨类。注意事项：建议与速效性好、残效短的杀螨剂，如阿维菌素等混合使用，既能快速杀死成螨，又能长时间控制害螨虫口数量的恢复。考虑到抗性治理，建议在一个生长季（春季、秋季），螺螨酯的使用次数最多不超过 2 次。螺螨酯的主要作用方式为触杀和胃毒，无内吸性，因此喷药要全株均匀喷雾，特别是叶背。建议避开果树开花时用药。

原药生产厂家 德国拜耳作物科学公司。

螺虫乙酯（spirotetramat）

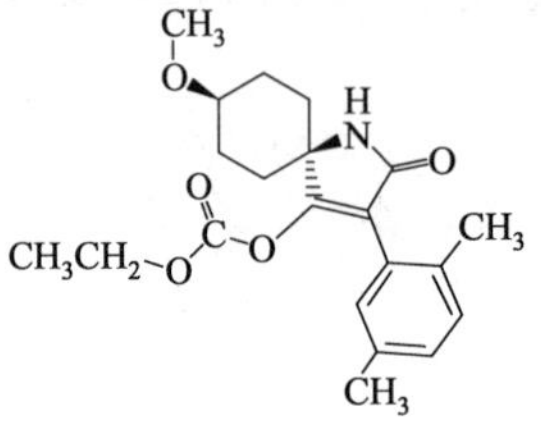

$C_{21}H_{27}NO_5$，373.5

其他英文名称 Movento

化学名称 顺-4-(乙氧基羰基氧基)-8-甲氧基-3-(2,5-二甲苯基)-1-氮杂螺[4,5]癸-3-烯-2-酮

CAS登录号 203313-25-1

理化性质 纯品为无特殊气味的浅米色粉末。熔点 142℃，235℃分解，无沸点，蒸气压 5.6×10^{-9}Pa（20℃）、1.5×10^{-8}Pa（25℃）、1.5×10^{-6}Pa（50℃），$K_{ow}\lg P=2.51$（pH 4 和 pH 7）、$K_{ow}\lg P=2.50$（pH 9），相对密度 1.23（纯品）、1.22（原药）。水中溶解度（20℃）：29.9mg/L（pH 7）；其他溶剂中溶解度（g/L，20℃）：正己烷 0.055，二氯甲烷＞600，二甲基亚砜 200～300，甲苯 60，丙酮 100～120，乙酸乙酯 67，乙醇 44。30℃稳定性≥1 年。水解半衰期（25℃）：32.5d（pH 4），8.6d（pH 7），0.32d（pH 9），形成相应的烯醇，稳定不进一步水解。pK_a 10.7。

毒　性 原药大鼠急性经口 LD_{50}＞2000mg/kg。大鼠急性经皮 LD_{50}＞2000mg/kg；对兔眼有刺激、皮肤无刺激；对豚鼠皮肤有致敏性。大鼠急性吸入 LC_{50}＞4183mg/m^3。无毒性反应剂量［mg/(kg·d)］：孕鼠和发育鼠 140，孕兔 10，发育兔 160。雄大鼠慢性毒性 13.2mg/(kg·d)。山齿鹑急性经口 LD_{50}＞2000mg/kg，野鸭饲喂 LC_{50}（5d）＞475mg/(kg·d)。LC_{50}（96h）：虹鳟鱼 2.54mg/L，蓝鳃太阳鱼 2.20mg/L。水蚤 EC_{50}（48h）＞42.7mg/L。羊角月牙藻 E_rC_{50}（72h）为 8.15mg/L。蜜蜂 LD_{50}（48h）：107.3μg/只（经口），＞100μg/只（接触）。蚯蚓 LC_{50}（14d）＞1000mg/kg（干土）。

制　剂 96％原药，22.4％悬浮剂。

应　用 一种新型季酮酸衍生物类杀虫剂，杀虫谱广，持效期长。通过干扰昆虫的脂肪生物合成导致幼虫死亡，降低成虫的繁殖能力。由于其独特的作用机制，可有效地防治对现有杀虫剂产生抗性的害虫，同时可作为烟碱类杀虫剂抗性管理的重要品种。螺虫乙酯具有在木质部和韧皮部双向内吸传导性能，可以在整个植物体内向上向下移动，抵达叶面和树皮，从而防治如生菜和白菜内叶上隐藏及果树皮上的害虫。这种独特的内吸性可以保护新生芽、叶和根部，防止害虫的卵和幼虫生长。双向内吸传导性意味着害虫没有安全的可以隐藏的地方，防治作用更加彻底。可有效防治各种刺吸式口器害虫，如蚜虫、蓟马、木虱、粉蚧、粉虱和介壳虫等。可应用的主要作物包括，棉花、大豆、柑橘、热带果树、坚果、葡萄、啤酒花、土豆和蔬菜等。其对重要益虫如瓢虫、食蚜蝇和寄生蜂具有良好的选择性。

原药生产厂家 德国拜耳作物科学公司。

三氟甲吡醚（pyridalyl）

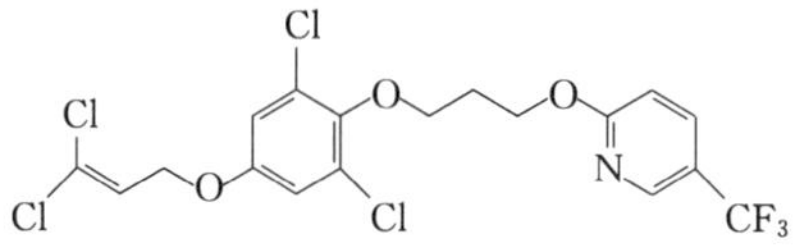

$C_{18}H_{14}C_4F_3NO_3$，491.1

化学名称 2,6-二氯-4-(3,3-二氯-2-丙烯基氧基)苯基 3-[5-(三氟甲基)-2-吡啶氧基]丙醚

CAS登录号 179101-81-6

理化性质 黄色液体，有香味。纯品在沸腾前 227℃时分解，蒸气压 6.24×10^{-5} mPa (20℃)，相对密度 1.44 (20℃)。溶解度 (20℃)：水中 0.15μg/L，正辛醇、乙腈、二甲基甲酰胺 (DMF)、正己烷、二甲苯、氯仿、丙酮、乙醛中>1000g/L，甲醇中>500g/L。

毒　性 小鼠、雌大鼠急性经口、经皮 LD_{50} 均大于 5000mg/kg。对兔眼有轻度刺激，对皮肤无刺激性。大鼠急性吸入 LC_{50} (4h)>2.01mg/L。2 代大鼠无作用剂量：2.80mg/(kg·d)。山齿鹑 LD_{50} >1133mg/L，野鸭 LD_{50} >5620mg/L。虹鳟鱼 LD_{50} (96h) 为 0.50mg/L。蜜蜂经口、经皮 LD_{50} (48h)>100μg/只。蚯蚓 LC_{50} >2000mg/kg 土壤。对多种有益节肢动物低毒。

制　剂 91%原药，10.5%乳油。

应　用 其化学结构独特，属二卤丙烯类杀虫剂。不同于现有的其他任何类型的杀虫剂，对蔬菜和棉花上广泛存在的鳞翅目害虫具有卓效活性。同时，它对许多有益的节肢动物影响最小。该化合物对小菜蛾的敏感品系和抗性品系也表现出高的杀虫活性。此外，对蓟马和双翅目的潜叶蝇也具有杀虫活性。

原药生产厂家 日本住友化学株式会社。

氟蚁腙（hydramethylnon）

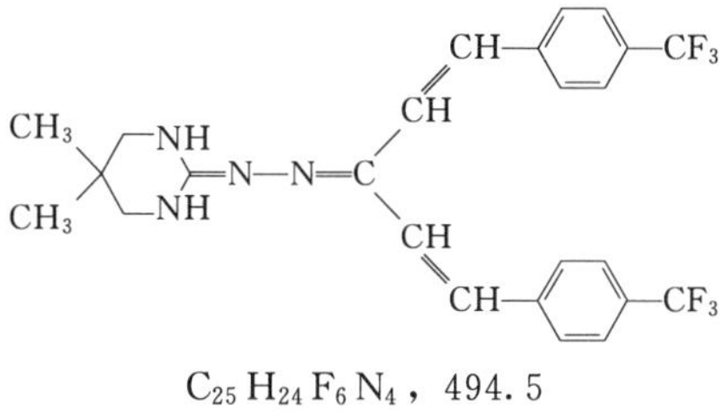

$C_{25}H_{24}F_6N_4$，494.5

其他中文名称 猛力杀蟑饵剂，威灭

化学名称 5,5-二甲基全氢化嘧啶-2-酮 4-三氟甲基-α-(4-三氟甲基苯乙烯基)肉桂叉腙

CAS登录号 67485-29-4

理化性质 纯品为黄色至棕褐色晶体。熔点 189～191℃，蒸气压＜0.0027mPa（25℃）。$K_{ow}\lg P$＝2.31，Henry 常数 7.81×10^{-1} Pa · m^3/mol（25℃，计算值），相对密度 0.299（25℃）。水中溶解度（25℃）：0.005～0.007mg/L；其他溶剂中溶解度（g/L，20℃）：丙酮 360，乙醇 72，1，2-二氯乙烷 170，甲醇 230，异丙醇 12，二甲苯 94，氯苯 390。稳定性：25℃原药在原装未开封容器中稳定 24 个月以上，37℃ 12 个月，45℃ 3 个月。见光分解。水悬浮液 DT_{50}（25℃）：24～33d（pH 4.9），10～11d（pH 7.03），11～12d（pH 8.87）。

毒 性 大鼠急性经口 LD_{50}（mg/kg）：1131（雄），1300（雌）。兔急性经皮 LD_{50}＞5000mg/kg；对兔或豚鼠皮肤无刺激，对兔眼睛有可逆性刺激；对豚鼠无皮肤致敏性。大鼠急性吸入 LC_{50}（4h）＞5mg/L 空气（喷雾或粉尘）。无作用剂量：大鼠（28d）75mg/kg（饲料），大鼠（90d）50mg/kg（饲料），大鼠（2y）50mg/kg（饲料），小鼠（18 个月）25mg/kg（饲料），小猎犬（90d）3.0mg/(kg · d)，小猎犬（6 个月）3.0mg/(kg · d)。对大鼠和兔无致畸、诱变性。鸟类急性经口 LD_{50}(mg/kg)：野鸭＞2510，山齿鹑 1828。鱼毒：在实验室条件下使用溶剂有毒，由于水中溶解性低和见光快速分解，在正常的野外条件下对鱼无毒。LC_{50}（96h，mg/L）：蓝鳃太阳鱼 1.70，虹鳟鱼 0.16，斑点叉尾鮰 0.10；鲤鱼 0.67、0.39、0.34（分别为 24、48、72h）。水蚤 LC_{50}（48h）：1.14mg/L；由于水中溶解性低，在田间条件下没有危害。蜜蜂：粉尘在 0.03mg/只时对蜜蜂局部无毒。

制 剂 98%、95%原药，2.15%、2%、0.90%、0.73%饵剂，2.15%、2%胶饵，2%饵膏，1%饵粒。

应 用 胃毒作用非系统性杀虫剂。线粒体复合物Ⅲ的电子转移抑制剂（耦合位点Ⅱ），抑制细胞呼吸。也就是有效抑制蟑螂体内的代谢系统，抑制线粒体内 ADP 转换成 ATP 的电子交换过程，从而使得能量无法转换，造成心跳变慢、呼吸系统衰弱、耗氧量减小，因细胞得不到足够的能量，最终因弛缓性麻痹而死亡。主要防治农业和家庭的蚁科和蜚蠊科。

原药生产厂家 江苏省常州永泰丰化工有限公司、江苏优士化学有限公司、江西安利达化工有限公司、浙江天丰化学有限公司、巴斯夫欧洲公司、韩国国宝药业有限公司。

氰氟虫腙（metaflumizone）

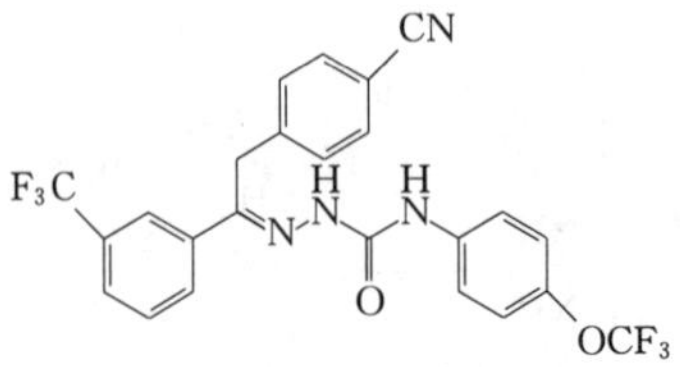

$C_{24}H_{16}F_6N_4O_2$，506.4

其他中文名称 艾杀特

化学名称 (*EZ*)-2-[2-(4-氰基苯)-1-[3-(三氟甲基)苯]亚乙基]-*N*-[4-(三氟甲氧基)苯]-联氨羰草酰胺

CAS登录号 139968-49-3

理化性质 原药含量中*E*型异构体≥90%，*Z*型异构体≤10%。纯品为白色晶体粉末状。熔点*E*型异构体197℃，*Z*型异构体154℃，*E*型、*Z*型异构体的混合物熔程133～188℃。蒸气压（*EZ*)-异构体1.24×10^{-5}，(*E*)-异构体7.94×10^{-7}，(*Z*)-异构体2.42×10^{-4}（均为mPa，20℃），(*EZ*)-异构体3.41×10^{-5}（mPa，20℃）。$K_{ow}\lg P=5.1$（*E*型异构体），4.4（*Z*型异构体）。Henry常数：(*EZ*)-异构体3.5×10^{-3} Pa·m^3/mol（计算值）。相对密度（20℃）：(*EZ*)-异构体1.433，(*E*)-异构体1.446，(*Z*)-异构体1.461。水中溶解度（mg/L，20℃）：(*EZ*)-异构体1.79×10^{-3}，(*E*)-异构体1.07×10^{-3}，(*Z*)-异构体1.87×10^{-3}；其他溶剂中溶解度（g/L，20℃）：正己烷0.085，甲苯4.0，二氯甲烷98.8，丙酮153.3，甲醇14.1，乙酸乙酯179.8，乙腈63.0。稳定性（25℃）：水解DT_{50}为6.1d（pH 4），29.3d（pH 5），pH7～9稳定。水中光解DT_{50}3.7～7.1d（蒸馏水，25℃）。

毒　性 大鼠急性经口LD_{50}>5000mg/kg。急性经皮LD_{50}>5000mg/kg；对兔眼睛、皮肤无刺激性；对豚鼠皮肤无致敏性。2年大鼠无作用剂量30mg/kg。无诱变、致畸、致癌作用。山齿鹑、野鸭急性经口LD_{50}>2025mg/kg。LC_{50}（5d，mg/kg）：山齿鹑997，野鸭1281。鱼毒：虹鳟鱼（96h，水）>343μg/L，蓝鳃太阳鱼>349μg/L。水蚤EC_{50}（48h）>331μg/L。月牙藻E_bC_{50}（72h）>0.313mg/L。蜜蜂LD_{50}>2.43μg/只（96h，经口），>106μg/只（48h，局部施药），>1.65μg/只（96h，局部施药）。蚯蚓LC_{50}（14d）>1000mg/kg土壤。

制　剂 96%原药，22%悬浮剂。

应　用 一种全新作用机制的杀虫剂，通过附着在钠离子通道的受体上，阻碍钠离子通行，与菊酯类或其他种类的化合物无交互抗性。该药主要是通过害虫取食进入其体内发生胃毒杀死害虫，触杀作用较小，无内吸作用。该药对于各龄期的靶标害虫、幼虫有都较好的防治效果。具有很好的持效性，持效在7～10天。在一般的侵害情况下，氰氟虫腙一次施就能较好地控制田间已有的害虫种群，在严重及持续的害虫侵害压力下，在第一次施药7～10天后，需要进行第二次施药以保证对害虫的彻底防治。可以有效地防治各地鳞翅目害虫及某些鞘翅目的幼虫、成虫，还可以用于防治蚂蚁、白蚁、蝇类等害虫。

原药生产厂家 巴斯夫欧洲公司。

噻唑膦（fosthiazate）

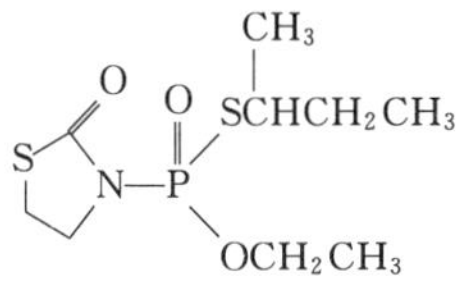

$C_9H_{18}NO_3PS_2$，283.3

其他中文名称 地威刚

化学名称 (*RS*)-*S*-仲丁基-*O*-乙基-2-氧代-1,3-噻唑烷-3-基硫代膦酸酯

CAS登录号 98886-44-3

理化性质 纯品为澄清无色液体（原药为浅金色液体），沸点198℃/0.067kPa，蒸气压5.6×10^{-1}mPa（25℃），$K_{ow}\lg P=1.68$，Henry常数1.76×10^{-5}Pa·m^3/mol，相对密度（20℃）1.234。溶解度（20℃，g/L）：水中9.85，正己烷15.14。与二甲苯、*N*-甲基吡咯烷酮和异丙醇互溶。水中稳定性DT_{50}：3d（pH 9，25℃）。闪点127.0℃。

毒　性 大鼠急性经口LD_{50}（mg/kg）：73（雄），57（雌）。大鼠急性经皮LD_{50}（mg/kg）：2372（雄），853（雌）；对兔眼睛和皮肤无刺激性；对豚鼠皮肤有致敏性。大鼠急性吸入LC_{50}（4h，mg/L）：0.832（雄），0.558（雌）。无作用剂量：狗（90d和1y）0.5mg/(kg·d)，大鼠（2y）0.42mg/kg，大鼠（2y）0.05mg/(kg·d)（*EPA Fact Sheet*）。鸟类急性经口LD_{50}（mg/kg）：野鸭20，鹌鹑10。鹌鹑饲喂LC_{50}为139mg/kg。鱼毒LC_{50}（96h，mg/L）：虹鳟鱼114，蓝鳃太阳鱼171。水蚤EC_{50}（48h）：0.282mg/L。藻类最低无抑制浓度（5d）>4.51mg/L。蜜蜂LD_{50}（48h）：0.61μg/只（经口），0.256μg/只（接触）。蚯蚓LC_{50}（14d）：209mg/kg（干土）。

制　剂 96%、93%原药，10%颗粒剂。

应　用 胆碱酯酶抑制剂，有机磷杀线虫剂。具有优异的杀线虫活性和显著的内吸杀虫活性，对传统的杀虫剂具有抗药性的各种害虫，也具有强的杀灭能力。主要用于防治线虫、蚜虫等。可广泛应用于蔬菜、香蕉、果树、药材等作物。毒性较低，对根结线虫、根腐线虫有特效。

原药生产厂家 河北三农农用化工有限公司、日本石原产业株式会社。

氟啶虫胺腈（sulfoxaflore）

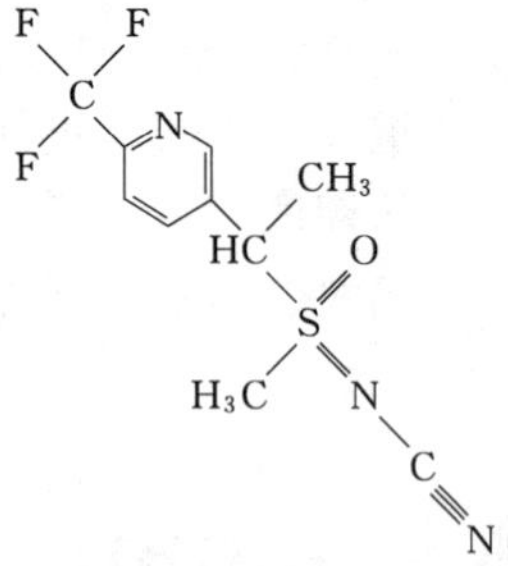

$C_{10}H_{10}F_3N_3OS$，277.3

化学名称 [1-[6-(三氟甲基)吡啶-3-基]乙基]甲基(氧)-λ^4-巯基氨腈

CAS登录号 946578-00-3

理化性质 制剂外观为白色颗粒状固体，有轻微的味道，pH值5～9，悬浮率≥60%，分散性≥60%，湿筛试验（通过75μm试验筛）≥80%，54℃、14天热贮稳定。

毒　性 原药急性经口LD_{50}：雌大鼠1000mg/kg，雄大鼠1405mg/kg；原药急性经皮

LD_{50}：大鼠（雌/雄）＞5000mg/kg。制剂急性经口 LD_{50}＞2000mg/kg。

应　用　氟啶虫胺腈是磺酰亚胺杀虫剂，磺酰亚胺作用于昆虫的神经系统，即作用于胆碱受体内独特的结合位点而发挥杀虫功能。可经叶、茎、根吸收而进入植物体内。氟啶虫胺腈适用于防治棉花盲蝽、蚜虫、粉虱，飞虱和蚧壳虫等；高效、快速并且残效期长，能有效防治对烟碱类、菊酯类、有机磷类和氨基甲酸酯类农药产生抗性的吸汁类害虫。对非靶标节肢动物毒性低，是害虫综合防治优选药剂。

甲磺虫腙

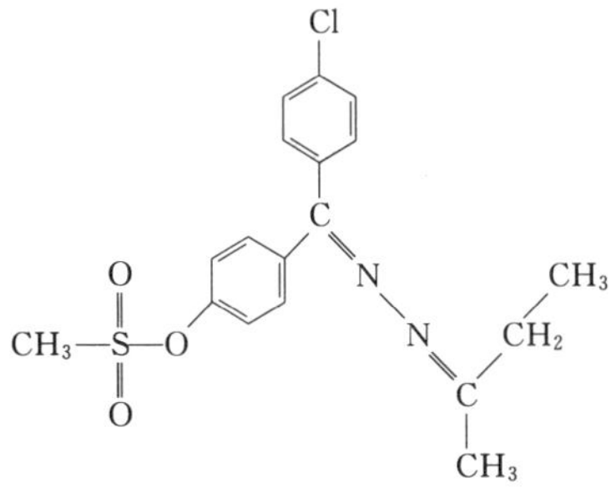

$C_{18}H_{19}ClN_2O_3S$，209.2

化学名称　甲磺酸-4-[(4-氯代苯基)-(丁酮腙亚基)-甲基]苯酯

理化性质　原药外观为黄色固体，熔点 147.5～149℃。

毒　性　原药对大鼠的急性经口、经皮 LD_{50} 都大于 1700mg/kg；对家兔皮肤无刺激；三项致突变试验均为阴性。甲磺虫腙对蜂、鱼、蚕均低毒，对鸟中等毒。

应　用　腙类化合物。甲磺虫腙对鳞翅目害虫，特别是对斜纹夜蛾表现出良好的杀虫活性。

诱虫烯（muscalure）

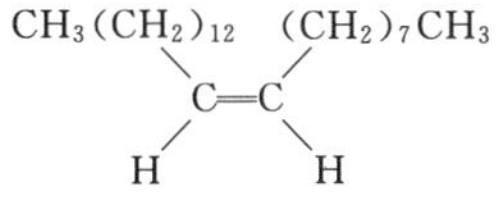

$C_{23}H_{46}$，322.6

化学名称　顺-9-二十三烯

CAS登录号　27519-02-4

理化性质　油状物，熔点＜0℃，沸点 378℃，蒸气压 4.7mPa（27℃），$K_{ow}\lg P=4.09$，Henry 常数＞5.2×10^3 Pa·m^3/mol（20℃，计算值），相对密度 0.80（20℃）。溶解度：水中＜4×10^{-6} mg/L（pH 值约 8.5，20℃）；易溶于烃类、醇类、酮类、酯类。对光稳定。50℃以下至少稳定 1 年，闪点＞1130（闭杯）。

毒　性　大鼠急性经口 LD_{50}＞10000mg/kg。大鼠和兔急性经皮 LD_{50}＞2000mg/kg；对兔

皮肤和眼睛无刺激；对豚鼠皮肤有中度致敏性。急性吸入 LC_{50} （4h）＞5.71g/m^3。在 Ames 试验中，无诱变作用。大鼠大于 5g/kg 无致畸作用。野鸭急性经口 LD_{50}＞4640mg/kg。野鸭和山齿鹑 LC_{50}＞4640mg/kg。在 1 代繁殖试验中，无作用剂量：山齿鹑＞20mg/kg，野鸭为 0.1mg/kg，2mg/kg 时对繁殖有害。

制　剂　90％、78％原药，1.1％饵粒。

应　用　可用作苍蝇、螟蛾类害虫的引诱剂，与杀虫剂配合使用将显著提高杀虫剂的杀虫效率。该产品对常见家用蝇、玉米螟和其他螟虫都有很好的引诱效果，有效减少杀虫剂的使用量。

原药生产厂家　武汉楚强生物科技有限公司、荷兰 Denka 国际有限公司。

阿维菌素（abamectin）

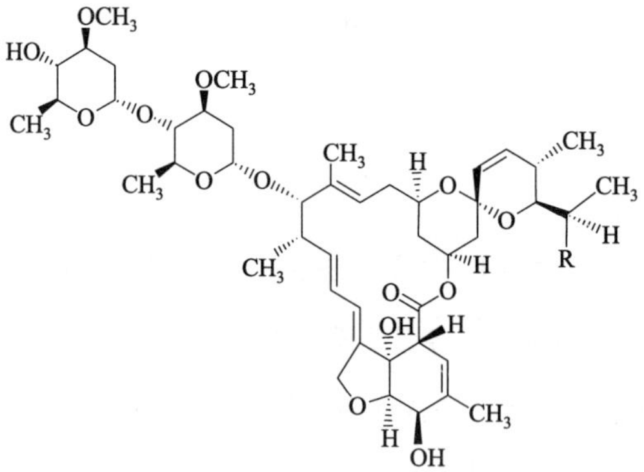

(ⅰ) R＝—CH_2CH_3 （avermectin B_{1a}），$C_{48}H_{72}O_{14}(B_{1a})$，873.1

(ⅱ) R＝—CH_3 （avermectin B_{1b}），$C_{47}H_{70}O_{14}(B_{1b})$，859.1

其他中文名称　螨虫素，齐螨素，害极灭，杀虫丁

其他英文名称　Avermectin

CAS 登录号　71751-41-2

理化性质　原药为白色或黄色结晶粉（组分 avermectin B_{1a} 含量≥80％）。熔点 161.8～169.4℃，蒸气压＜3.7×10^{-6}Pa（25℃），$K_{ow}\lg P=4.4\pm0.3$（pH 7.2，室温），Henry 常数 2.7×10^{-3}Pa·m^3/mol（25℃），相对密度 1.18（22℃）。20℃水中溶解度 7～10μg/L；其他溶剂中溶解度（g/L，21℃）：三氯甲烷 25，丙酮 100，甲苯 350，甲醇 19.5，乙腈 287，乙酸乙酯 232，正丁醇 10，乙醇 20，环己烷 6。常温下不易分解，25℃时 pH5～9 的溶液中无分解现象。遇强酸、强碱不稳定。紫外线照射引起结构转化，首先转变为 8，9-*Z* 异构体，然后变为结构未知产品。比旋光度 $[\alpha]_D^{22}+55.7°$（c＝0.87，$CHCl_3$）。

毒　性　原药急性经口 LD_{50}：大鼠 10mg/kg，小鼠 13.6mg/kg。兔急性经皮 LD_{50}＞2000mg/kg；对兔皮肤无刺激作用，对兔眼睛有轻微刺激作用。大鼠急性吸入 LC_{50}＞5.7mg/L。在试验剂量内对动物无致畸、致癌、致突变作用。2y 大鼠两代繁殖试验无作用剂量为 0.12mg/(kg·d)。山齿鹑急性经口 LD_{50}＞2000mg/kg，野鸭急性经口 LD_{50} 为 86.4mg/kg。鱼毒 LC_{50}

(96h)：虹鳟鱼 3.2mg/L，蓝鳃太阳鱼 9.6mg/L。水蚤 EC_{50}（48h）为 0.34μg/L。藻类 EC_{50} 为 100mg/L。对蜜蜂有毒。对蚯蚓的 LC_{50}（28d）为 28mg/kg（土壤）。

制　剂　96%、95%、94%、93%、92%、90%、85%原药，10%、3%悬浮剂，5%、3.20%、3%、2%、1.80%、0.50%微乳剂，2%、1%微囊悬浮剂，5%、3%、2%、1.80%、1%水乳剂，10%、6%、2%水分散粒剂，5%、4%、3.20%、3%、2.80%、2%、1.80%、1%、0.90%、0.60%、0.50%、0.30%、0.20%乳油，5%、3%、1.80%、1%、0.50%、0.22%、0.20%可湿性粉剂，1%可溶液剂，0.50%颗粒剂，0.10%饵剂。

应　用　一种大环内酯双糖类化合物。是从土壤微生物中分离的天然产物，对昆虫和螨类具有触杀和胃毒作用并有微弱的熏蒸作用，无内吸作用。但它对叶片有很强的渗透作用，可杀死表皮下的害虫，且残效期长。它不杀卵。其作用机制与一般杀虫剂不同的是它干扰神经生理活动，刺激释放 *r*-氨基丁酸，而 *r*-氨基丁酸对节肢动物的神经传导有抑制作用，螨类成、若螨和昆虫与幼虫与药剂接触后即出现麻痹症状，不活动不取食，2～4 天后死亡。适用作物：蔬菜、柑橘、棉花等。防治对象：对抗性害虫有特效，如小菜蛾、潜叶蛾、红蜘蛛等。对根节线虫作用明显。施药时要有防护措施，戴好口罩等。对鱼高毒，应避免污染水源和池塘等。对蚕高毒，桑叶喷药后 40 天还有明显毒杀蚕作用。对蜜蜂有毒，不要在开花期施用。最后一次施药距收获期 20 天。由于害虫抗性等原因，现一般与毒死蜱等其他农药混配使用。

原药生产厂家　广西桂林集琦生化有限公司、河北威远生物化工股份有限公司、黑龙江省大庆志飞生物化工有限公司、湖北省武汉天惠生物工程有限公司、华北制药集团爱诺有限公司、江苏百灵农化有限公司、江苏丰源生物工程有限公司、内蒙古拜克生物有限公司、内蒙古新威远生物化工有限公司、宁夏大地丰之源生物药业有限公司、宁夏启元药业有限公司、齐鲁制药（内蒙古）有限公司、山东京博农化有限公司、山东科大创业生物有限公司、山东齐发药业有限公司、山东胜利生物工程有限公司、山东省青岛瀚生生物科技股份有限公司、山东省烟台博瑞特生物科技有限公司、山东潍坊润丰化工有限公司、山东志诚化工有限公司、石家庄兴柏生物工程有限公司、石家庄曙光制药原料药厂、浙江海正化工股份有限公司、浙江慧光生化有限公司、浙江钱江生物化学股份有限公司、浙江升华拜克生物股份有限公司。瑞士先正达作物保护有限公司。

甲氨基阿维菌素苯甲酸盐（emamectin benzoate）

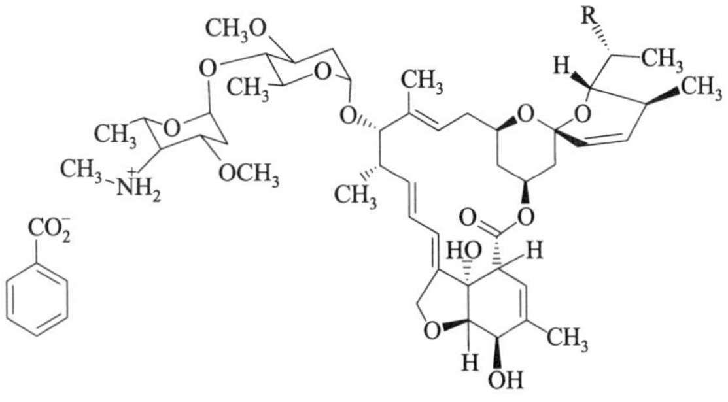

B_{1a}：R＝CH_3CH_2—，$C_{56}H_{81}NO_{15}$，1008.3

B_{1b}：R＝CH_3—，$C_{55}H_{79}NO_{15}$，994.2

CAS登录号 155569-91-8

理化性质 纯品为白色粉末。熔点 141～146℃，蒸气压 4×10^{-6} Pa（21℃），K_{ow} lg P=5.0（pH 7），Henry 常数 1.7×10^{-4} Pa·m³/mol（pH 7，计算值），相对密度 1.20（23℃）。水中溶解度 0.024g/L（25℃，pH 7）。通常贮存条件下稳定，对紫外光不稳定。

毒　性 大鼠急性经口 LD_{50}：56～63mg/kg。大鼠急性经皮 LD_{50}＞2000mg/kg；对兔皮肤无刺激；无潜在致敏性。大鼠急性吸入 LC_{50}（4h）：1.05～0.66mg/L。狗无作用剂量（1y）：0.25mg/(kg·d)。野鸭、鹌鹑急性经口 LD_{50}：76、264mg/kg。饲喂 LC_{50}（8d，mg/L）：野鸭 570，鹌鹑 1318。鱼毒 LC_{50}（96h，μg/L）：虹鳟鱼 174，红鲈鱼 1430。水蚤 LC_{50}（48h）：0.99μg/L。对蜜蜂有毒。蠕虫 LC_{50}＞1000mg/kg（干土）。

制　剂 95%、90%、83.5%、79.1%原药，5.7%、5%、2.28%、2.3%、2%、1.9%、1.5%、1.14%、1.13%、1.2%、1.1%、1%、0.88%、0.57%、0.55%、0.5%、0.2%乳油，5.7%、5%、3.4%、3%、2.5%、2.3%、2.28%、2.2%、2%、1.8%、1.3%、1.2%、1.17%、1.14%、1.1%、1%、0.6%、0.57%、0.5%微乳剂，8%、5.7%、5%、3.4%、3%、2.5%、2.3%水分散粒剂，3.4%、3%、1.5%泡腾片剂，3.4%、3%、2.5%、1%、0.6%、0.57%水乳剂，5.7%、5%、2.3%可溶粒剂，3%、1%可湿性粉剂，3%悬浮剂，2%可溶液剂，0.1%饵剂。

应　用 以胃毒为主触杀作用，对作物无内吸性能，但能有效渗入施用作物表皮组织，因而具有较长残效期。作用机理通过抑制害虫运动神经内的氨基丁酸传递使害虫几小时内迅速麻痹、拒食、缓慢或不动，且在 24～28 小时内死亡。一种超高效、绿色环保型杀虫剂、杀螨剂，具有广谱、无残留、高选择的特性。是阿维菌素经化学合成的产物，同阿维菌素相比，活性提高了 100～200 倍，毒性降低 2～3 数量级。超高效、低毒、无公害农药，特别适合出口蔬菜、果园应用，是取代 5 种高毒农药的新型生物杀虫杀螨剂。对顽固性抗性鳞翅目害虫、小菜蛾（吊丝虫）、甜菜夜蛾、斜纹夜蛾（黑头虫）等抗性害虫，更高效、持效期长。甲维盐不能在作物的生长期内连续用药，最好是在第 1 次虫发期用过后，第 2 次虫发期使用别的农药，间隔使用。

原药生产厂家 北京沃特瑞尔科技发展有限公司、河北石家庄市龙汇精细化工有限责任公司、河北威远生物化工股份有限公司、黑龙江省大庆志飞生物化工有限公司、黑龙江省佳木斯兴宇生物技术开发有限公司、湖南国发精细化工科技有限公司、湖北省老河口富灵农药有限责任公司、江苏联合农用化学有限公司、江苏七洲绿色化工股份有限公司、江苏省新沂中凯农用化工有限公司、内蒙古新威远生物化工有限公司、南京红太阳股份有限公司、宁夏启元药业有限公司、瑞士先正达作物保护有限公司、山东京博农化有限公司、山东省青岛凯源祥化工有限公司、山东潍坊双星农药有限公司、上海艾科思生物药业有限公司、天津市华宇农药有限公司、浙江海正化工股份有限公司、浙江惠光生化有限公司、浙江钱江生物化学股份有限公司、浙江升华拜克生物股份有限公司、先正达南通作物保护有限公司。

依维菌素（ivermectin）

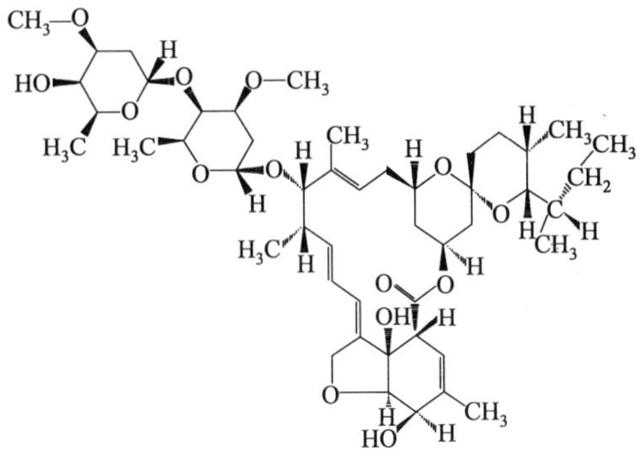

22,23-dihydroavermectin B_{1a}：$C_{48}H_{74}O_{14}$，875.1

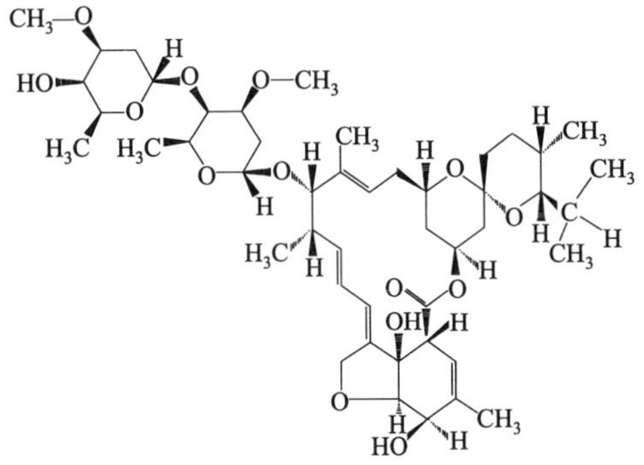

22,23-dihydroavermectin B_{1b}：$C_{47}H_{72}O_{14}$，861.1

CAS登录号 70288-86-7（70161-11-4 + 70209-81-3）

理化性质 原药为 B_{1a}（$C_{48}H_{74}O_{14}$）和 B_{1b}（$C_{47}H_{72}O_{14}$）的混合物，含至少 80%的 B_{1a}和不多于 20%的 B_{1b}。白色或微黄色结晶粉末。熔点 145～150℃。难溶于水，易溶于甲苯、二氯甲烷、乙酸乙酯、苯等有机溶剂。对热比较稳定，对紫外光敏感。

毒　性 大鼠急性经口 LD_{50}：82.5mg/kg（雄），68.1mg/kg（雌）；大鼠急性经皮 LD_{50}：464mg/kg（雄），562mg/kg（雌）。

制　剂 0.5%饵剂。

应　用 以阿维菌素为先导化合物，通过双键氢化，结构优化而开发成功的新型合成农药。作为农用抗生素的结构优化产物，与母体阿维菌素相比，不但保留了其驱虫和杀螨活性，而且安全性更高，不易产生生产生抗性，为蔬菜、水果、棉花等的生产提供了一个高效、高安全性及与环境相容性好的生物源杀虫剂。

生产厂家 揭阳市和壬环保清洁剂有限公司、浙江省杭州庆丰农化有限公司。

多杀霉素（spinosad）

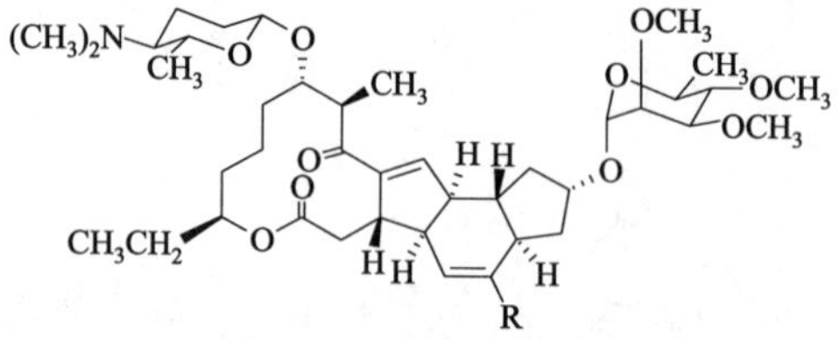

spinosyn A，R=H—，$C_{41}H_{65}NO_{10}$，732.0

spinosyn D，R=CH_3—，$C_{42}H_{67}NO_{10}$，746.0

CAS 登录号 168316-95-8（131929-60-7 ＋ 131929-63-0）

理化性质 原药为灰白色或白色晶体。熔点：spinosyn A 为 84～99.5℃，spinosyn D 为 161.5～170℃。相对密度 0.512（20℃）。蒸气压（25℃）：spinosyn A 为 3.0×10^{-5}mPa，spinosyn D 为 2.0×10^{-5}mPa。$K_{ow}\lg P$：spinosyn A=2.8（pH 5），4.0（pH 7），5.2（pH 9）；spinosyn D=3.2（pH 5），4.5（pH 7），5.2（pH 9）。溶解度 spinosyn A：水（20℃）：89mg/L（蒸馏水），235mg/L（pH 7）；二氯甲烷 52.5，丙酮 16.8，甲苯 45.7，乙腈 13.4，甲醇 19.0，正辛醇 0.926，正己烷 0.448（g/L，20℃）。spinosyn D：水（20℃）：0.5mg/L（蒸馏水），0.33mg/L（pH 7）；二氯甲烷 44.8，丙酮 1.01，甲苯 15.2，乙腈 0.255，甲醇 0.252，正辛醇 0.127，正己烷 0.743（g/L，20℃）。pH 5 和 pH 7 时不易水解，DT_{50}（pH 9）：spinosyn A 为 200d，spinosyn D 为 259d；水相光降解 DT_{50}（pH 7）：spinosyn A 为 0.93d，spinosyn D 为 0.82d。

毒　性 多杀霉素属低毒杀虫剂（中国农药毒性分级标准）。大鼠急性经口 LD_{50}：3783mg/kg（雄），＞5000mg/kg（雌）。兔急性经皮 LD_{50}＞2000mg/kg；对兔皮肤无刺激，对兔眼睛轻度刺激；对豚鼠皮肤无致敏性。大鼠急性吸入 LC_{50}（4h）＞5.18mg/L。最大无作用剂量［mg/(kg·d)］：狗 5，小鼠 6～8，大鼠 9～10。在试验剂量内对动物无致畸、致突变、致癌作用。制剂大鼠急性经口 LD_{50}＞2000mg/kg。鸟类急性经口 LD_{50}：野鸭＞2000mg/kg，山齿鹑＞2000mg/kg。急性吸入 LC_{50}：野鸭、山齿鹑＞5156mg/kg。对水生动物毒性较低，LC_{50}（96h，mg/L）：虹鳟鱼 30，蓝鳃太阳鱼 5.9，鲤鱼 5。水蚤 EC_{50}（48h）：14mg/L。

制　剂 90%原药，480g/L、25g/L、5%悬浮剂，10%水分散粒剂，0.02%饵剂。

应　用 多杀霉素的作用机制新颖、独特，不同于一般的大环内酯类化合物。通过刺激昆虫的神经系统，增加其自发活性，导致非功能性的肌收缩、衰竭，并伴随颤抖和麻痹，显示出烟碱型乙酰胆碱受体（nChR）被持续激活引起乙酰胆碱（Ach）延长释放反应。多杀霉素同时也作用于γ-氨基丁酸（GAGB）受体，改变 GABA 门控氯通道的功能，进一步促进其杀虫活性的提高。对害虫具有快速的触杀和胃毒作用，对叶片有较强的渗透作用，可杀死表皮下的害虫，残效期较长，对一些害虫具有一定的杀卵作用。无内吸作用。能有效地防治鳞翅目、双翅目和缨翅目害虫，也能很好的防治鞘翅目和直翅目中某些大量取食叶片的害虫种类，对刺吸式害虫和螨类的防治效果较差。对捕食性天敌昆虫比较安全。适合于蔬菜、果树、园艺、农作物上使用。杀虫效果受下雨影响较小。可能对鱼或其他水生生物有毒，应避免污染水源和池塘等。药剂贮存在阴凉干燥处。最后一次施药离收获的时间为 7 天。避免喷药后 24 小时内遇降雨。

原药生产厂家 美国陶氏益农公司。

乙基多杀菌素（spinetoram）

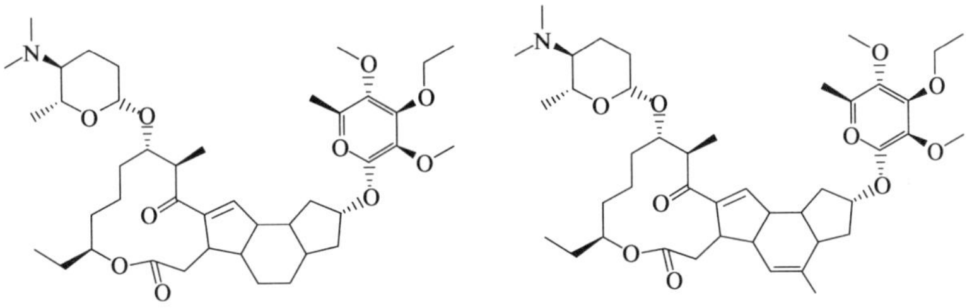

XDE-175-J：$C_{42}H_{69}NO_{10}$，748.0

XDE-175-L：$C_{43}H_{69}NO_{10}$，760.0

CAS 登录号 187166-40-1＋187166-15-0

理化性质 原药为灰白色固体。熔点：XDE-175-J 为 143.4℃，XDE-175-L 为 70.8℃。蒸气压（20℃）：XDE-175-J 为 5.3×10^{-5} Pa，XDE-175-L 为 2.1×10^{-5} Pa。20℃，XDE-175-J 的 $K_{ow}\lg P=2.44$（pH 5），4.09（pH 7），4.22（pH 9）；20℃，XDE-175-L 的 K_{ow} $\lg P=2.94$（pH 5），4.49（pH 7），4.82（pH 9）。XDE-175-J 水中溶解度（20℃）：423mg/L（pH 5），11.3mg/L（pH 7），6.27mg/L（pH 10）；XDE-175-L 水中溶解度（20℃）：1.63g/L（pH 5），46.7mg/L（pH 7），0.706mg/L（pH 10）。pK_a（25℃）：XDE-175-J 为 7.86，XDE-175-L 为 7.59。

毒　性 大鼠急性经口 $LD_{50}>5000$mg/kg。大鼠急性经皮 $LD_{50}>5000$mg/kg。吸入 $LC_{50}>5.5$mg/L。无致突变、致畸或致瘤性。山齿鹑、野鸭急性经口 $LD_{50}>2250$mg/kg，山齿鹑、野鸭经口 $LC_{50}>5620$mg/kg（饲料）。鱼毒 LC_{50}（96h）：虹鳟鱼>3.46mg/L，蓝鳃太阳鱼 2.69mg/L。水蚤 LC_{50}（48h）>3.17mg/L。直接喷射对蜜蜂高毒，但田间施药 3h 后，残留在叶片上的药剂对蜜蜂影响很小，其死亡率与未施药区无显著差异。蚯蚓 $LC_{50}>$ 1000mg/kg（土壤）。

制　剂 81.2%原药，60g/L 悬浮剂。

应　用 多杀菌素杀虫剂的新品种，由乙基多杀菌素-J 和乙基多杀菌素-L 两种组分组成，作用机理和多杀菌素相同，都是烟碱乙酰胆碱受体，通过改变氨基丁酸离子通道和烟碱的作用功能进而刺激害虫神经系统。持效期长，杀虫谱广，用量少。但作用部位不同于烟碱或阿维菌素。通过触杀或口食，引起系统瘫痪。杀虫速度可与化学农药相媲美，对小菜蛾、甜菜夜蛾、潜叶蝇、蓟马、斜纹夜蛾、豆荚螟有好的防治效果。它能够有效控制果树和坚果上的重要虫害，尤其是果树上的一种棘手的主要害虫—苹果蠹蛾。不与常规杀虫剂产生交互抗性。对人畜安全，对环境友好。

原药生产厂家 美国陶氏益农公司。

羟哌酯（icaridin）

$C_{12}H_{23}NO_3$，229.3

其他英文名称 Picaridin，Propidine，KBR3023，Bayrepel

化学名称 (*RS*)-2-(2-羟乙基)哌啶-1-羧酸(*RS*)-仲丁酯

CAS登录号 119515-38-7

理化性质 原药为无色无味透明液体。冰点−170℃，沸点296℃，燃点375℃，蒸气压 3.4×10^{-2} Pa（20℃）、5.9×10^{-2} Pa（25℃）、7.1×10^{-1} Pa（50℃），密度 1.07g/cm^3（20℃）。溶解性：水中8.4g/L（pH 4～9），丙酮、庚烷、丙醛、二甲苯、正辛醇、聚乙二醇、乙酸乙酯、乙腈、二甲亚砜中均大于250g/L。常温下保存。闪点142℃。

毒　性 大鼠急性经口 LD_{50}：1710/3160mg/kg（雄/雌），急性经皮>5000mg/kg。

制　剂 98%原药，10%驱蚊液。

应　用 一种高效微毒驱蚊剂，是广泛使用的避蚊胺（DEET）的替代产品。

原药生产厂家 江苏七洲绿色化工股份有限公司、德国赛拓有限责任公司。

驱蚊酯（ethyl butylacetylaminopropionate）

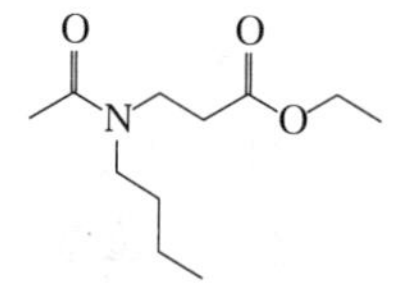

$C_{11}H_{21}NO_3$，215.3

其他中文名称 爽肤宝，伊默宁

其他英文名称 BAAPE

化学名称 3-(*N*-丁基-乙酰胺基)丙酸乙酯

CAS登录号 52304-36-6

理化性质 外观为无色或微黄色液体。熔点20℃，沸点300℃，密度998g/L（25℃），蒸气压0.15Pa（20℃）。溶解度（g/L）：水中70±3，丙酮>1000，甲醇865，乙腈>1000，二氯甲烷>1000，正庚烷>1000。

毒　性 大鼠急性经口>5000mg/kg，急性经皮>2000mg/kg。

制　剂 99.50%、98%原药，4.5%液剂，3.5%水剂，11.5%、10%、9%、7%、4%、2.5%驱蚊液，11%驱蚊霜，6%驱蚊乳，5%驱蚊露，5%、4.5%、4%、2.8%、1.8%驱蚊

花露水。

应 用 该药是一种广谱、高效的昆虫驱避剂，对蚊子、苍蝇、虱子、蚂蚁、蠓牛、牛虻、扁蚤、沙蚤、沙蠓、白蛉、蝉等都具有良好的驱避效果。

原药生产厂家 湖南众业科技实业有限公司、上海生农生化制品有限公司、德国默克公司。

避蚊胺（diethyltoluamide）

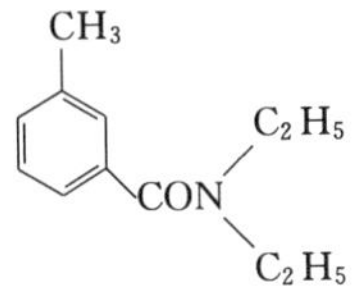

$C_{12}H_{17}NO$，191.3

其他中文名称 蚊怕水，雪梨驱蚊油，傲敌蚊怕水

化学名称 *N*,*N*-二乙基-3-甲基苯甲酰胺

CAS登录号 134-62-3

理化性质 无色至琥珀色液体。熔点：－45℃，沸点 160℃（19mmHg），111℃（1mmHg）。相对密度 0.996（20/4℃）。折射率 1.5206（25℃）。不溶于水，可与乙醇、异丙醇、苯、棉籽油等有机溶剂混溶。

毒 性 大鼠急性经口 LD_{50} 约为 2000mg/kg。大鼠 200d 饲喂试验的无作用剂量为 10000mg/kg。未稀释的化合物能刺激黏膜，但每天使用驱避浓度的避蚊胺涂在脸和手臂上，只能引起轻微的刺激。

制 剂 99%、98.50%、98%、95%原药，7.50%、5.50%、5%、4%液剂，8%涂抹剂，5%、4%水剂，15%、7%、10%、7.50%、7%、5%、4.50%驱蚊液，20%、15%、12%、10%驱蚊霜，7.50%驱蚊乳，15%、6%驱蚊露，5%、4.50%、3.50%、2%驱蚊花露水，15%、10%气雾剂，10%、6%喷射剂。

应 用 雌性蚊子需要吸食血液来产卵、育卵，而人类呼吸系统工作的时候所产生的二氧化碳以及乳酸等人体表面挥发物可以帮助蚊子找到我们，蚊虫对人体表面的挥发物是如此敏感，使它可以从 30m 开外的地方直接冲向吸血对象。将含避蚊胺的驱避剂涂抹在皮肤上，避蚊胺通过挥发在皮肤周围形成汽状屏障，这个屏障干扰了蚊虫触角的化学感应器对人体表面挥发物的感应。从而使人避开蚊虫的叮咬。邻位和对位异构体的驱避作用不如间位异构体。持效期可达 4h 左右，属低毒物质有芳香气味，对环境无污染。

原药生产厂家 湖南众业科技实业有限公司、江苏磐希化工有限公司、江苏扬农化工股份有限公司、青岛三力本诺化学工业有限公司、上海杜邦技术有限公司、上海生农生化制品有限公司、上海夏威工贸有限公司、美国凡特鲁斯公司。

灭蝇胺（cyromazine）

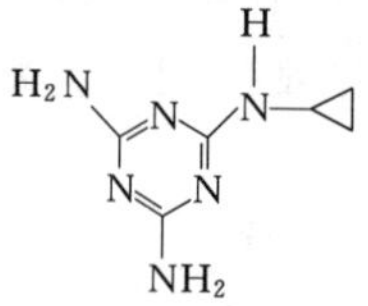

$C_6H_{10}N_6$，166.2

其他英文名称 Trigard，Larvadex，Armor，Betrazin

化学名称 *N*-环丙基-2,4,6-三氨基-1,3,5-三嗪

CAS登录号 66215-27-8

理化性质 无色晶体。熔点224.9℃。蒸气压4.48×10^{-4}mPa（25℃）。$K_{ow}\lg P=-0.061$（pH 7.0）。Henry常数5.8×10^{-9}Pa·m³/mol（25℃）。相对密度（20℃）1.35g/cm³。溶解性：水13g/L（pH 7.1，25℃）；其他溶剂（20℃，g/kg）：甲醇22，异丙醇2.5，丙酮1.7，*n*-辛醇1.2，二氯甲烷0.25，甲苯0.015，己烷0.0002。稳定性：310℃以下稳定；在pH 5～9时，水解不明显；70℃以下28d内未观察到水解。pK_a 5.22，弱碱性。

毒　性 大鼠急性经口LD_{50}＞3387mg/kg，大鼠急性经皮LD_{50}＞3100mg/kg。大鼠急性吸入LC_{50}（4h）为2.720mg/L（空气）。对兔眼睛无刺激，对兔皮肤有轻微刺激。NOEL（2y）：大鼠300mg/(kg·d)，小鼠1000mg/(kg·d)。鸟类：急性经口LD_{50}（mg/kg）：山齿鹑1785，日本鹌鹑2338，北京鸭＞1000，绿头鸭＞2510。鱼类：蓝鳃太阳鱼LC_{50}（96h，mg/L）＞90，鲤鱼、鲶鱼、虹鳟＞100mg/L。水蚤：LC_{50}（48h）＞9.1mg/L。藻类LC_{50}为124mg/L。蜜蜂：对成年蜜蜂无毒，无作用接触量为5μg/只。蚯蚓LC_{50}＞1000mg/kg。对其他有益的生物安全。

制　剂 98%、97%、95%原药，10%悬浮剂，75%、70%、50%、30%可湿性粉剂，50%、20%可溶粉剂。

应　用 为1,3,5-三嗪类昆虫生长调节剂，对双翅目幼虫有特殊活性，具有内吸传导作用，诱使双翅目幼虫和蛹在形态上发生畸变，成虫羽化不全或受抑制。防治对象：可防治羊身上的丝光绿蝇；加到鸡饲料中，可防治鸡粪上蝇幼虫，也可在蝇繁殖的地方进行局部处理；防治观赏植物和蔬菜上的潜叶蝇；喷洒菊花叶面，可防治斑潜蝇；防治温室作物（黄瓜、番茄）潜叶蝇；颗粒剂单独处理土壤，要防治潜蝇，持效期80d左右。防治黄瓜、茄子、四季豆、叶菜类和花卉上的美洲斑潜蝇。

原药生产厂家 江苏省激素研究所股份有限公司、江苏省南京苏研科创农化有限公司、江西禾益化工有限公司、辽宁省大连瑞泽农药股份有限公司、山东三元工贸有限公司、沈阳科创化学品有限公司、浙江乐吉化工股份有限公司、浙江省温州农药厂、瑞士先正达作物保护有限公司。

抑食肼（RH-5849）

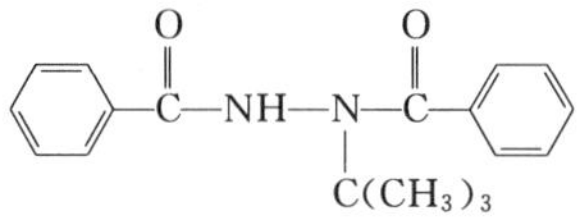

$C_{18}H_{20}N_2O_2$，296.4

其他中文名称 虫死净

化学名称 *N*-苯甲酰基-*N'*-特丁基苯甲酰肼

CAS登录号 112225-87-3

理化性质 原药外观为白色结晶固体。熔点 168～174℃。蒸气压 1.8×10^{-6} mmHg（25℃）。溶解度（g/L）：水中 5×10^{-2}，环己酮 50。

毒　性 大鼠急性经口 LD_{50} 258.3mg/kg，大鼠急性经皮 LD_{50}＞5000mg/kg。对兔眼睛和皮肤无刺激作用。

制　剂 95％、90％原药，20％可湿粉剂。

应　用 昆虫生长调节剂，对鳞翅目、鞘翅目、双翅目幼虫具有抑制进食、加速蜕皮和减少产卵的作用。对害虫以胃毒作用为主，施药后 2～3d 见效，持效期长，无残留。防治对象：适用于蔬菜上的多种害虫，菜青虫、斜纹夜蛾、小菜蛾等的防治，对水稻稻纵卷叶螟、稻黏虫也有很好效果。室内和田间试验表明：对鳞翅目及某些同翅目和双翅目害虫有高效，如二化螟、苹果蠹蛾、舞毒蛾、卷叶蛾。对有抗性的马铃薯甲虫防效优异。注意事项：该药速效性稍差，应在害虫发生初期施用。持效期长，蔬菜收获前 7d 停止用药。该药不能与碱性物质混用。

原药生产厂家 江苏耕农化工有限公司、江苏生花农药有限公司、山东百纳生物科技有限公司、台州市大鹏药业有限公司、威海韩孚生化药业有限公司。

甲氧虫酰肼（methoxyfenozide）

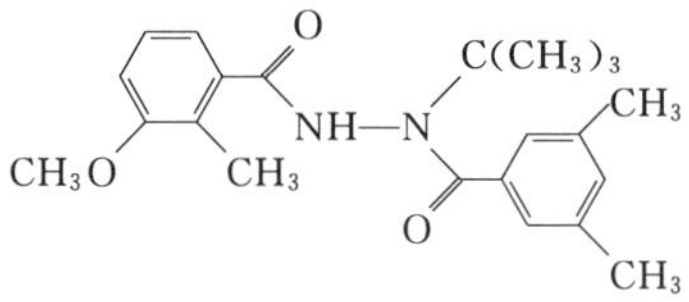

$C_{22}H_{28}N_2O_3$，368.5

其他英文名称 Intrepid，Runner

化学名称 *N*-叔丁基-*N'*-(3-甲基-2-甲苯甲酰基)-3,5-二甲基苯甲酰肼

CAS登录号 161050-58-4

理化性质 纯品为白色粉末。熔点 206.2～208℃（原药 204～206.6℃）。蒸气压＜1.48×

10^{-3}mPa（20℃），K_{ow}lg$P$=3.7（摇瓶法）。Henry 常数<1.64×10^{-4} Pa·m^3/mol（计算值）。溶解度：水中 3.3mg/L；其他溶剂（20℃，g/100g）：DMSO 11，环己酮 9.9，丙酮 9。稳定性：在 25℃下储存稳定；在 25℃ pH 5、7、9 下水解。

毒　性　大小鼠急性经口 LD_{50}>5000mg/kg，大鼠急性经皮 LD_{50}>5000mg/kg。对眼无刺激；对兔皮肤有轻微刺激；对豚鼠皮肤无致敏性。大鼠饲喂 LC_{50}（4h）>4.3mg/L。NOEL 值 [mg/(kg·d)]：（2 年）大鼠 10，（18 月）小鼠 1020，（1 年）狗 9.8。其他：Ames 试验和一系列诱变和基因毒性试验中呈阴性。鸟类：山齿鹑急性经口 LD_{50}>2250mg/kg；饲喂 LC_{50}（8d）：野鸭和山齿鹑>5620mg/(kg·d)。鱼类 LC_{50}（96h，mg/L）：蓝腮太阳鱼>4.3，虹鳟鱼>4.2。蚤类 LC_{50}（48h）3.7mg/L。藻类 EC_{50}（96、120h）：月牙藻>3.4mg/L。蜜蜂：100μg/只（口服和接触）均无毒。蠕虫 LC_{50}（14d）：蚯蚓>1213mg/kg（土壤）。其他有益生物：对很大部分物种无毒。

制　剂　97.6%原药，240g/L 悬浮剂。

应　用　为一种非固醇型结构的蜕皮激素，激活并附着蜕皮激素受体蛋白，促使鳞翅目幼虫在成熟前提早进入蜕皮过程而又不能形成健康的新表皮。从而导致幼虫提早停止取食、最终死亡。鳞翅目幼虫摄食甲氧虫酰肼后的反应是快速的。一般摄食 4～16h 后幼虫即停止取食，出现中毒症状。注意事项：施药时期掌握在卵孵化盛期或害虫发生初期。为防止抗药性产生，害虫多代重复发生时建议与其他作用机理不同的药剂交替使用。对鱼类毒性中等。

原药生产厂家　美国陶氏益农公司。

呋喃虫酰肼

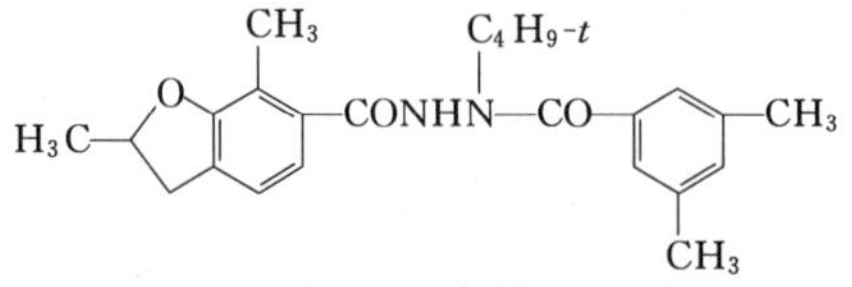

$C_{24}H_{30}N_2O_3$，394.51

其他英文名称　fufenozide

化学名称　*N*-(2,3-二氢-2,7-二甲基苯并呋喃-6-酰基)-*N'*-叔丁基-*N'*-(3,5-二甲基苯甲酰基)肼

CAS 登录号　467427-81-1

理化性质　白色粉末状固体。熔点 146.0～148.0℃。蒸气压<9.7×10^{-8} Pa（20℃）。溶解度（20℃），溶于有机溶剂，不溶于水。

毒　性　对大鼠急性经口 LD_{50}>5000mg/kg，大鼠急性经皮 LD_{50}>5000mg/kg，均属微毒类农药。眼刺激试验为 1.5（1h），对眼无刺激（1∶100 稀释）；皮肤刺激试验为 0（4h），对皮肤无刺激性。Ames 试验无致基因突变作用。10%悬浮剂的毒性：斑马鱼 LC_{50}（96h）48mg/L；蜜蜂 LC_{50}（48h）>500mg/L；鹌鹑 LC_{50}（7d）>5000mg/kg（体重）；家蚕 LC_{50}（2 龄）0.7mg/kg（桑叶）。

应　用　呋喃虫酰肼为酰肼类化合物，具有胃毒、触杀、拒食等活性，其作用方式以胃毒为主，其次为触杀活性，但在胃毒和触杀活性同时存在时，综合毒力均高于2种分毒力。属于昆虫生长调节剂。该药通过模拟昆虫蜕皮激素，甜菜夜蛾等幼虫取食后4～16h开始停止取食，随后开始蜕皮。24h后，中毒幼虫的头壳早熟开裂，蜕皮过程停止，幼虫头部与胸部之间具有淡色间隔，引起早熟、不完全的蜕皮。防治对象：对鳞翅目幼虫有较好防效。经田间药效试验表明，对十字花科蔬菜甜菜夜蛾有较好防效。

氯虫酰肼（halofenozide）

$C_{18}H_{19}ClN_2O_2$，330.8

化学名称　*N*-叔丁基-*N*′-(4-氯苯甲酰基)苯甲酰肼

CAS登录号　112226-61-6

理化性质　白色固体。熔点>200℃，蒸气压<1.3×10^{-2}mPa（25℃），$K_{ow}\lg P=3.22$，相对密度0.38。溶解度：水中12.3mg/L（25℃）；异丙醇3.1%，环己酮15.4%，芳烃溶剂0.01%～1%。对热、光、水稳定。水解DT_{50}：310d（pH 5），481d（pH 7），226d（pH 9）。

毒　性　急性经口LD_{50}：大鼠2850mg/kg，小鼠2214mg/kg。大鼠、兔急性经皮LD_{50}>2000mg/kg；对兔眼睛中度刺激，不刺激皮肤；对豚鼠皮肤有致敏性（仅原药）。大鼠吸入LC_{50}>2.7mg/L。鹌鹑急性经口LD_{50}>2250mg/kg。饲喂LC_{50}：大鼠4522mg/L，野鸭>5000mg/L。鱼毒LC_{50}（mg/L）：蓝鳃太阳鱼>8.4，鳟鱼>8.6，红鲈鱼>8.8。水蚤LC_{50}：3.6mg/L。藻类EC_{50}：0.82mg/L。蜜蜂LD_{50}>100μg/只（接触）。蠕虫LC_{50}>980mg/kg。

应　用　蜕皮激素类似物，使昆虫不能正常蜕皮而死亡，主要影响昆虫的幼体阶段。具有一定的杀卵性能。控制草坪和观赏植物的鞘翅目和鳞翅目害虫。

虫酰肼（tebufenozide）

$CH_3CH_2-C_6H_4-CONHNCO-C_6H_3(CH_3)_2$，$C(CH_3)_3$

$C_{22}H_{28}N_2O_2$，352.5

其他中文名称　米满

其他英文名称　Mimic，RH-5992

化学名称　*N*-叔丁基-*N*′-(4-乙基苯甲酰基)-3,5-二甲基苯甲酰肼

CAS登录号　112410-23-8

理化性质 无色粉末。熔点 191℃。蒸气压<1.56×10^{-4} mPa（25℃，气体饱和度法）。相对密度 1.03（20℃，比重瓶法）。K_{ow}lg$P$ =4.25（pH 7）。Henry 常数（计算）<6.59×10^{-5} Pa·m^3/mol。溶解度：水中 0.83mg/L（25℃）；有机溶剂中微溶。稳定性：94℃下稳定期 7d；pH 7 的水溶液下光稳定（25℃）；在无光无菌的水中稳定期 30d（25℃）；池塘水中 DT_{50} 67d；光存在下 30d（25℃）。

毒　性 大小鼠急性经口 LD_{50} > 5000mg/kg。大鼠急性经皮 LD_{50} > 5000mg/kg；对兔眼和皮肤无刺激；对豚鼠皮肤无致敏性。吸入 LC_{50}（4h，mg/L）：雄鼠>4.3，雌鼠>4.5。NOEL 数据 [mg/(kg·d)]：大鼠（24 月）5.5，小鼠（18 月）8.1，狗（12 月）1.9。其他：Ames 实验，哺乳动物点突变，活体和离体细胞遗传学检测和离体 DNA 合成实验，均呈阴性。鸟类：鹌鹑急性经口 LD_{50} > 2150mg/kg；摄入（8d）：鹌鹑和野鸭 LC_{50} > 5000mg/kg。鱼类 LC_{50}（96h，mg/L）：虹鳟鱼 5.7，蓝腮太阳鱼>3.0。蚤类 LC_{50}（48h）3.8mg/L。藻类 EC_{50}（mg/L）：月牙藻（120h）>0.64，栅藻（96h）0.23。水生生物 EC_{50}（96h，mg/L）：糠虾 1.4，东方牡蛎（巨蛎属）0.64。蜜蜂 LD_{50}（96h，接触）>234μg/只。蠕虫：蚯蚓 LC_{50}>1000mg/kg。其他：对食肉螨，黄蜂和其他有益种类安全。

制　剂 98、95%原药，30%、24%、20%、10%悬浮剂，10%乳油，20%可湿性粉剂。

应　用 促进鳞翅目幼虫蜕皮的新型仿生杀虫剂，对昆虫蜕皮激素受体（EoR）具有刺激活性。能引起昆虫、特别是鳞翅目幼虫的早熟，使其提早蜕皮致死。同时可控制昆虫繁殖过程中的基本功能，并具有较强的化学绝育作用。虫酰肼对高龄和低龄的幼虫均有效。具胃毒作用，为非甾族新型昆虫生长调节剂，对鳞翅目幼虫有极高的选择性和药效。幼虫取食虫酰肼后仅 6~8h 就停止取食（胃毒作用），不再为害作物，比蜕皮抑制剂的作用更迅速，3~4h 后开始死亡，对作物保护效果更好。无药害，对作物安全，无残留药斑。防治对象：主要用于防治柑橘、棉花、观赏作物、马铃薯、大豆、烟草、果树和蔬菜上的蚜科、叶蝉科、鳞翅目、斑潜蝇属、叶螨科、缨翅目、根疣线虫属、鳞翅目幼虫如梨小食心虫、葡萄小卷蛾、甜菜夜蛾等害虫。用于果树、蔬菜、浆果、坚果、水稻、森林防护。注意事项：该药剂对卵的效果较差，施用时应注意掌握在卵发育末期或幼虫发生初期喷施。

原药生产厂家 广东省中山市凯达精细化工股份有限公司石岐农药厂、河北省沧州市天和农药厂、湖北沙隆达股份有限公司、江苏宝灵化工股份有限公司、江苏快达农化股份有限公司、山东京博农化有限公司、山东科信生物化学有限公司、山东省青岛海利尔药业有限公司、山东潍坊双星农药有限公司、陕西西大华特科技实业有限公司、陕西西大华特科技实业有限公司、上海威敌生化（南昌）有限公司、浙江永农化工有限公司。

美国陶氏益农公司。

噻嗪酮（buprofezin）

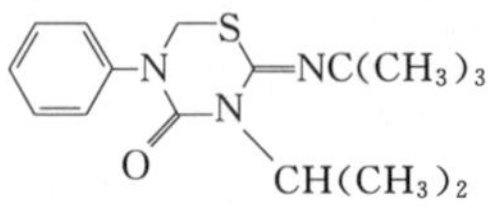

$C_{16}H_{23}N_3OS$，305.4

其他中文名称 稻虱净，稻虱灵，扑虱灵，优乐得

其他英文名称 Applaud，Aproad，NNI-750

化学名称 2-叔丁基亚氨基-3-异丙基-5-苯基-3,4,5,6-四氢-2*H*-1,3,5-噻二嗪-4-酮

CAS登录号 953030-84-7

理化性质 白色结晶固体。熔点 104.6～105.6℃。相对密度 1.18（20℃）。蒸气压 4.2×10^{-2}mPa（20℃）。$K_{ow}\lg P$=4.93（pH 7）。Henry 常数 2.80×10^{-2}Pa·m^3/mol。溶解度：水（mg/L）0.387（20℃），0.46（pH 7，25℃）；其他溶剂（20℃，g/L）：丙酮 253.4，二氯甲烷 586.9，甲苯 336.2，甲醇 86.6，正庚烷 17.9，乙酸乙酯 240.8，正辛醇 25.1。对酸、碱、光、热稳定。

毒　性 噻嗪酮属低毒杀虫剂。原药的急性经口 LD_{50}：雄大鼠 2198mg/kg，雌大鼠 2355mg/kg，小鼠＞10000mg/kg。大鼠急性经皮 LD_{50}＞5000mg/kg。对眼睛无刺激作用，对皮肤有轻微刺激。大鼠急性吸入 LC_{50}＞4.57mg/L（空气），在试验剂量内无致畸、致突变、致癌作用，两代繁殖试验中未见异常。NOEL 值［mg/(kg·d)］：雄大鼠 0.9，雌大鼠 1.12。山齿鹑急性经口 LD_{50}＞2000mg/kg。鱼类 LC_{50}（96h，mg/L）：鲤鱼为 0.527，虹鳟鱼＞0.33。水蚤 EC_{50}（48h）＞0.42mg/L。海藻 E_bC_{50}（72h）＞2.1mg/L。蜜蜂 LD_{50}（48h）＞163.5μg/只。对其他食肉动物无直接影响。

制　剂 99%、98.50%、98%、97%、95%、90%原药，8%展膜油剂，400g/L、50%、40%、37%、25%悬浮剂，70%、40%、20%水分散粒剂，5%乳油，80%、75%、65%、50%、25%、20%可湿性粉剂。

应　用 触杀作用强，也有胃毒作用。抑制昆虫几丁质合成和干扰新陈代谢，致使若虫蜕皮畸形或翅畸形而缓慢死亡。一般施药后 3～7d 才能看出效果，对成虫没有直接杀伤力，但可缩短其寿命，减少产卵量，并且产出的多是不育卵，幼虫即使孵化也很快死亡。防治对象：对一些鞘翅目、半翅目和蜱螨目具有持效性杀幼虫活性，可有效防治水稻上的叶蝉科和飞虱科，马铃薯上的叶蝉科，柑橘、棉花和蔬菜上的粉虱科，柑橘上的蚧总科、盾蚧科和粉蚧科。对半翅目的飞虱、叶蝉、粉虱及介壳虫类害虫有良好防治效果，药效期长达 30d 以上。对天敌较安全，综合效应好。适用作物：水稻、果树、茶树。注意事项：噻嗪酮应对水稀释后均匀喷洒，不可用毒土法使用。药液不宜直接接触白菜、萝卜，否则将出现褐斑及绿叶白化等药害。日本推荐的最大残留限量（MRL）糙米为 0.3mg/kg。密封后存于阴凉干燥处，避免阳光直接照射。

原药生产厂家 安徽广信农化股份有限公司、广西平乐农药厂、海南正业中农高科股份有限公司、江苏安邦电化有限公司、江苏百灵农化有限公司、江苏常隆农化有限公司、江苏健谷化工有限公司、江苏七洲绿色化工股份有限公司、江苏省江阴市农药二厂有限公司、江苏省南通功成精细化工有限公司、江苏省南通润鸿生物化学有限公司、江苏省南通施壮化工有限公司、江苏省农药研究所股份有限公司、江苏省兴化市青松农药化工有限公司、江苏省盐城南方化工有限公司、江苏中旗化工有限公司、捷马化工股份有限公司、连云港市金囤农化有限公司、宁夏三喜科技有限公司、陕西亿农高科药业有限公司、无锡禾美农化科技有限公司。

日本农药株式会社。

硫肟醚（HNPC-A9908）

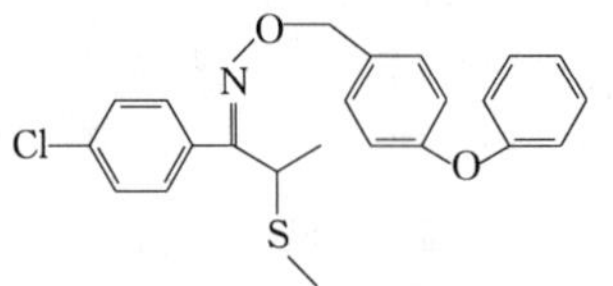

$C_{23}H_{22}ClNO_2S$，411.5

化学名称 (*E*)-4-氯苯基-(1-甲硫基)乙基酮肟-*O*-(3-苯氧苯基甲基)醚

理化性质 外观为棕黄色液体，温度较低时结晶。熔点 27.3℃～27.7℃，蒸气压 3.32kPa，密度（20℃）1.094，溶解度（g/L，25℃）：水中几乎不溶，pH 4 时 0.006、pH 7 时 0.008、pH 9 时 0.004，甲醇 54.6，乙醇 133.5，异丙醇 56.8，易溶于二氯甲烷、三氯甲烷、丙酮等有机溶剂。中性、弱碱、弱酸性中稳定，对光、热稳定。

毒　性 大鼠急性经口 LD_{50}＞10000mg/kg，大鼠急性经皮 LD_{50}＞2000mg/kg。

应　用 对昆虫具有良好的触杀和胃毒作用，无内吸性。防治对象：10%硫肟醚水乳剂、能有效防治菜青虫、茶尺蠖、茶毛虫、茶小绿叶蝉等重要经济作物害虫，防效达到 90%左右。广泛用于放心蔬菜和出口茶叶上。

吡丙醚（pyriproxyfen）

$C_{20}H_{19}NO_3$，321.4

其他中文名称 灭幼宝，蚊蝇醚

其他英文名称 Sumilarv

化学名称 4-苯氧基苯基-(*RS*)-[2-(2-吡啶基氧)丙基]醚

CAS 登录号 95737-68-1

理化性质 无色晶体。熔点 47℃，蒸气压＜0.013mPa（23℃）。K_{ow} lg*P*＝5.37。闪点 119℃。相对密度 1.24mg/L（25℃）。溶解度（20～25℃，g/kg）：己烷 400，甲醇 200，二甲苯 500。

毒　性 大鼠急性经口 LD_{50}＞5000mg/kg。大鼠急性经皮 LD_{50}＞2000mg/kg。对兔子的眼睛和皮肤无刺激作用，对豚鼠皮肤无过敏性，大鼠吸入 LC_{50}（4h）＞1300mg/m^3。NOEL 值：大鼠（2y）600mg/L（35.1mg/kg）。野鸭子和山齿鹑的急性经口 LD_{50}＞2000mg/kg，喂食 LC_{50}＞5200mg/L。鲑鱼 LC_{50}（96h）＞0.325mg/L。水蚤 EC_{50}（48h）：0.40mg/L。海藻 EC_{50}（72h）：0.064mg/L。

制　剂 95%、98%原药，5%微乳剂，5%水乳剂，10.8%、10%乳油，0.5%颗粒剂。

应　用　吡丙醚是一种新型昆虫生长调节剂，同于昆虫的保幼激素，属苯醚类杀虫剂。具有抑制蚊、蝇幼虫化蛹和羽化作用。该药剂持效期长达 1 个月左右，且使用方便，无异味。防治对象：是一种可防治蟑螂的昆虫生长调节剂，主要用来防治公共卫生害虫，如蟑螂、蚊、蝇、毛蠓、蚤等。蚊、蝇幼虫接触该药剂，基本上都在蛹期死亡，不能羽化。

原药生产厂家　江苏快达农化股份有限公司 、江苏省南通功成精细化工有限公司、江苏省南通施壮化工有限公司、江苏中旗化工有限公司、江西安利达化工有限公司、上海生农生化制品有限公司。

日本住友化学株式会社。

吡蚜酮（pymetrozine）

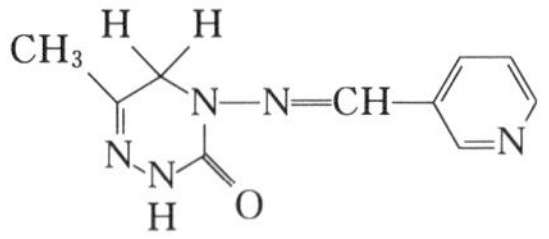

$C_{10}H_{11}N_5O$，217.2

其他中文名称　吡嗪酮

化学名称　(*E*)-4,5-二氢-6-甲基-4-(3-吡啶亚甲基氨基)-1,2,4-三嗪-3(2*H*)-酮

CAS 登录号　123312-89-0

理化性质　原药纯度≥95%，纯品为无色结晶体。熔点 217℃。密度 1.36（20℃）。蒸气压 $<4\times10^{-6}$ Pa（25℃）。K_{ow}（25℃）$\lg P=-0.18$。溶解度：水中 0.29g/L（25℃，pH 6）；其他溶剂（25℃，g/L）：乙醇 2.4，己烷<0.001，甲苯 0.034，二氯甲烷 1.2，正辛醇 0.45，丙酮 0.94，乙酸乙酯 0.26。稳定性：在空气中稳定；水解 DT50（d）为 5～12（pH=5），616～800（pH=7），510～1212（pH=9，25℃）。pK_a 4.06。

毒　性　大鼠急性经口 LD_{50}：5820mg/kg。大鼠急性经皮 LD_{50}＞2000mg/kg。对兔皮肤和眼睛无刺激作用；对豚鼠眼睛无致敏性。大鼠急性吸入 LC_{50}（4h）＞1800mg/m^3 空气。NOEL 值：（2 年）大鼠 3.7mg/(kg·d)。ADI：0.03mg/kg。无致畸性（Ames 试验、哺乳动物细胞）。鸟类：鹌鹑、野鸭急性经口 LD_{50}＞2000mg/kg；鹌鹑 LC_{50}（8d）＞5200mg/L。鱼类：虹鳟鱼、鲤鱼 LC_{50}（96h）＞100mg/L。水蚤 EC_{50}（48h）：87mg/L；藻类 LC_{50}（mg/L）：淡水藻（72h）47.1，羊角月牙藻（5d）21.7。蜜蜂 LD_{50}（48h，μg/只）：经口 117，接触＞200。蚯蚓 LC_{50}（14d）：赤子爱胜蚓 1098mg/kg（土壤）。

制　剂　98%、96%、95%原药，70%、50%水分散粒剂，80%母药，50%、25%可湿性粉剂。

应　用　具有很强的内吸性，能很好地被作物吸收，通过内吸传导作用散布到作物各个部位。其作用方式独特，对害虫没有直接击倒活性，昆虫一旦接触到该药剂，就能马上堵塞昆虫口针，使其停止取食，并且这一过程是不可逆的，在因停止取食而死亡之前的几天时间内，处理昆虫可能会表现得很正常。正是因为吡蚜酮独特的作用机制，使得它和以前生产中大量使用的药剂没有交互性；且具有高度的选择性（只对刺吸性口器昆虫有效），对哺乳动物、鸟类、鱼虾、蜜蜂、非靶标节肢动物等都有很好的安全性。调查表明，即使对有机磷和氨基甲酸酯类杀虫剂已产生抗性，吡蚜酮对刺吸式口器害虫特别是蚜虫、白粉虱、黑尾叶蝉仍有独特的防治效果，可用于多种抗性品系害虫的防治。另外，吡蚜酮及其主要代谢产物在土壤中的淋溶性很低，仅存在于表层土，在推荐施用剂量下对地下水的污染可能性很小。防治对象：吡蚜酮属非杀伤性新型杀虫剂，其制剂可用于防治大部分同翅目害虫，尤其是蚜虫科、粉虱科、叶蝉科及飞虱科害虫，适用于蔬菜、观赏植物、蛇麻草、落叶果树、柑橘、水稻、棉花及多种大田作物，还能够控制马铃薯上所有的重要蚜虫以达到控制马铃薯病毒病的发生。吡蚜酮持效期在 20d 以上。注意事项：用 25％吡蚜酮悬浮剂防治白背飞虱的适期应在白背飞虱的 1～2 龄高峰期用药，有利于保证防效。施药时田间要有 3～5cm 水层，有利于药液在植株内传导。

原药生产厂家 江苏安邦电化有限公司、沈阳科创化学品有限公司。

瑞士先正达作物保护有限公司。

氟苯脲（teflubenzuron）

$C_{14}H_6Cl_2F_4N_2O_2$，381.1

化学名称 1-(3,5-二氯-2,4-二氟苯基)-3-(2,6-二氟苯甲酰基)脲

CAS 登录号 83121-18-0

理化性质 白色至淡黄色结晶。熔点 218.8℃，蒸气压 1.3×10^{-5} mPa（25℃），K_{ow} lg P=4.3（20℃），相对密度 1.662（22.7℃）。水中溶解度（mg/L，20℃）：＜0.01（pH 5），＜0.01（pH 7），0.11（pH 9）；其他溶剂中溶解度（g/L，20℃）：丙酮 10，乙醇 1.4，二甲基亚砜 66，二氯甲烷 1.8，环己酮 20，己烷 0.05，甲苯 0.85。室温下稳定至少 2 年。水解 DT_{50}（25℃）：30d（pH 5），10d（pH 9）。

毒　性 大、小鼠急性经口 LD_{50}＞5000mg/kg。大鼠急性经皮 LD_{50}＞2000mg/kg；对兔皮肤和眼睛无刺激性；对皮肤无致敏性。大鼠急性吸入 LC_{50}（4h）＞5058mg/m^3。无作用剂量（90d）：大鼠 8mg/(kg·d)，狗 4.1mg/(kg·d)。无致畸、致突变性。鹌鹑急性经口 LD_{50}＞2250mg/kg。饲喂鹌鹑和鸭 LC_{50}＞5000mg/kg。鱼毒 LC_{50}（96h）：鳟鱼＞4mg/L，鲤鱼＞24mg/L。水蚤 LC_{50}（28d）：0.001mg/L。在推荐剂量下使用对蜜蜂无毒；LD_{50}（局部）＞100μg/只。

应　用 几丁质合成抑制剂。虫体接触后，破坏昆虫几丁质的形成。影响内表皮生成，使昆虫脱皮变态时不能顺利蜕皮致死，但是作用缓慢。对有机磷、拟除虫菊酯等产生抗性的鳞翅目和鞘翅目害虫有特效，宜在卵期和低龄幼虫期应用，对叶蝉、飞虱、蚜虫等刺吸式害虫无效。本品还可用于防治大多数幼龄期的飞蝗。

双三氟虫脲（bistrifluron）

$C_{16}H_7ClF_8N_2O_2$，446.7

化学名称 1-[2-氯-3,5-二(三氟甲基)苯基]-3-(2,6-二氟苯甲酰基)脲

CAS登录号 201593-84-2

理化性质 纯品为白色粉状固体。熔点172～175℃，蒸气压2.7×10^{-3}mPa（25℃），$K_{ow}\lg P=5.74$，Henry常数$<4.0\times10^{-2}$Pa·m³/mol（计算值）。水中溶解度<0.03mg/L（25℃）；其他溶剂中溶解度（g/L，25℃）：甲醇33.0，二氯甲烷64.0，正己烷3.5。室温，pH 5～9时稳定。pK_a（25℃）：9.58±0.46。

毒　性 大鼠急性经口LD_{50}>5000mg/kg，急性经皮LD_{50}>2000mg/kg；本品对皮肤无刺激，对眼睛轻微刺激。大鼠无作用剂量：（13周）亚急性毒性220mg/kg，（4周）亚急性皮肤毒性1000mg/kg，致畸>1000mg/kg。Ames试验，染色体畸变和微核测试中呈阴性。山齿鹑和野鸭急性经口LD_{50}>2250mg/kg。鱼毒LC_{50}（48h）：鲤鱼>0.5mg/L，鲶鱼>10mg/L。蜜蜂LD_{50}（48h，接触）>100μg/只。蚯蚓LC_{50}（14d）：32.84mg/kg。

应　用 双三氟虫脲对昆虫具有显著的生长发育抑制作用，对白粉虱有特效，比世界专利WO 95/33711公布的2-溴-3,5-双（三氟甲基）苯基苯甲酰基脲的活性高25～50倍。该化合物抑制昆虫几丁质形成，影响内表皮生成，使昆虫不能顺利蜕皮而死亡。能有效防治蔬菜、茶叶、棉花等多种植物的大多数鳞翅目害虫。

氟啶脲（chlorfluazuron）

$C_{20}H_9Cl_3F_5N_3O_3$，540.7

其他中文名称 抑太保，定虫脲，氟伏虫脲，吡虫隆

其他英文名称 IKI-7899，Atabron

化学名称 1-[3,5-二氯-4-(3-氯-5-三氟甲基-2-吡啶氧基)苯基]-3-(2,6-二氟苯甲酰基)脲

CAS登录号 71422-67-8

理化性质 纯品为白色结晶固体。熔点221.2～223.9℃（分解），蒸气压$<1.559\times10^{-3}$mPa（20℃），$K_{ow}\lg P=5.9$，Henry常数$<7.2\times10^{-2}$ Pa·m³/mol，相对密度1.542（20℃）。溶解度（20℃）：水中0.012mg/L；正己烷0.00639，正辛醇1，二甲苯4.67，甲

醇 2.68，甲苯 6.6，异丙醇 7，二氯甲烷 20，丙酮 55.9，环己酮 110（均为 g/L）。对光和热稳定，在正常条件下存放稳定。

毒　性　急性经口 LD_{50}：大鼠＞8500mg/kg，小鼠 7000mg/kg。急性经皮 LD_{50}：大鼠＞1000mg/kg，兔＞2000mg/kg；对兔皮肤无刺激、兔眼睛中等刺激；豚鼠致敏试验阴性。大鼠吸入 LC_{50}＞2.4mg/L。鹌鹑、野鸭急性经口 LD_{50}＞2510mg/kg。饲喂鹌鹑、野鸭 LC_{50}（8d）＞5620mg/kg。蓝鳃太阳鱼 LC_{50}（96h）为 1071μg/L。水蚤 LC_{50}（48h）为 0.908μg/L。海藻 EbC_{50} 为 0.39mg/L。蜜蜂 LD_{50}＞100μg/L（经口）。蚯蚓 LC_{50}（14d）＞1000mg/kg（土壤）。

制　剂　96％、95％、94％、90％原药，10％水分散粒剂，5％乳油，0.10％浓饵剂。

应　用　属苯甲酰脲类杀虫剂，以胃毒作用为主，兼有触杀作用，无内吸性。主要是抑制几丁质合成，阻碍昆虫正常蜕皮，使卵的孵化、幼虫蜕皮以及蛹发育畸形，成虫羽化受阻而发挥杀虫作用。对害虫药效高，但作用速度较慢，幼虫接触药后不会很快死亡，但取食活动明显减弱，一般在施药后 5～7 天才能充分发挥效果。喷药时要使药液湿润全部枝叶，才能发挥药效，适期较一般有机磷、除虫菊酯类杀虫剂提早 3 天左右，在低令幼虫期喷药，钻蛀性害虫宜在产卵高峰盛期施药效果好。对多种鳞翅目害虫以及直翅目、鞘翅目、膜翅目、双翅目等害虫有很高活性，防治小菜蛾、菜青虫、豆野螟、斜纹夜蛾、银纹夜蛾、地老虎、二十八星瓢虫等。但对蚜虫、叶蝉、飞虱等类害虫无效，对有机磷、氨基甲酸酯、拟除虫菊酯等其他杀虫剂已产生抗性的害虫有良好防治效果。

原药生产厂家　江苏扬农化工集团有限公司、南京华洲药业有限公司、山东东方农药科技实业公司、山东绿霸化工股份有限公司、山东田丰生物科技有限公司、山东省青岛瀚生生物科技股份有限公司、陕西美邦农药有限公司、陕西西大华特科技实业有限公司、上海生农生化制品有限公司、上海威敌生化（南昌）有限公司、浙江菱化实业股份有限公司。

日本石原产业株式会社。

多氟脲（noviflumuron）

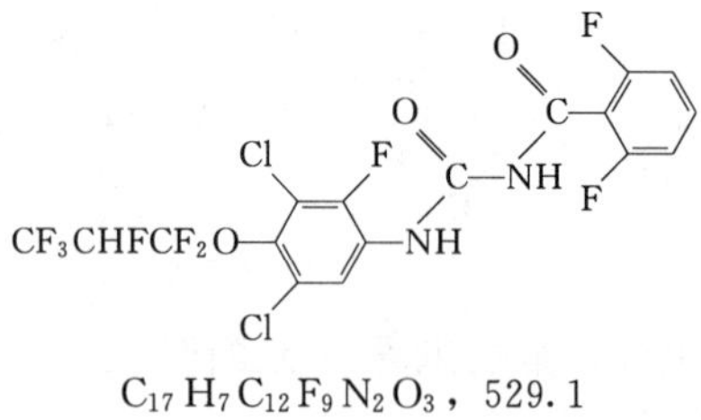

$C_{17}H_7C_{12}F_9N_2O_3$，529.1

化学名称　(*RS*)-1-[3,5-二氯-2-氟-4-(1,1,2,3,3,3-六氟丙氧基)苯基]-3-(2,6-二氟苯甲酰基)脲

CAS 登录号　121451-02-3

理化性质　纯品为无味白色粉末。熔点156.2℃，沸点 250℃（分解），蒸气压 7.19×10^{-8}mPa（25℃），K_{ow} $\lg P$ = 4.94（20℃），相对密度 1.88。水中溶解度 0.194mg/L（20℃，pH 6.65）；其他溶剂中溶解度（g/L，19℃）：丙酮 425，乙腈 44.9，二氯乙烷

20.7，乙酸乙酯 290，庚烷 0.068，甲醇 48.9，正辛醇 8.1，二甲苯 93.3。分解率<3%（16d，50℃），pH 5～9 时稳定。不易燃。

毒　性　大鼠急性经口 LD_{50}>5000mg/kg。兔急性经皮 LD_{50}>5000mg/kg。大鼠吸入 LC_{50}>5.24mg/L。无作用剂量：雄性贝高犬（1y）为 0.003%（日进食量 0.74mg/kg），雌性贝高犬（1y）为 0.03%（日进食量 8.7mg/kg）；大鼠（2y）日进食量为 1.0mg/kg。小鼠（18 月）日进食量为 0.5mg/kg。山齿鹑急性经口 LD_{50}（14d）>2000mg/kg，饲养 LC_{50}：山齿鹑 4100mg/kg 饲料（10d），野鸭>5300mg/kg 饲料（8d）。鱼毒 LC_{50}（96h）：虹鳟鱼>1.77mg/L，蓝鳃太阳鱼>1.63mg/L。水蚤 EC_{50}（48h）：311ng/L。淡水绿藻虾 EC_{50}（96h）>0.75mg/L。对蜜蜂 LD_{50}（48h，接触和经口）>0.1mg/只。对蚯蚓无毒，LC_{50}（14d）>1000mg/kg。

应　用　抑制几丁质的合成。白蚁接触后就会渐渐死亡，因为白蚁不能蜕皮进入下一龄。主要是破坏白蚁和其他节肢动物的独有酶系统。

氟酰脲（novaluron）

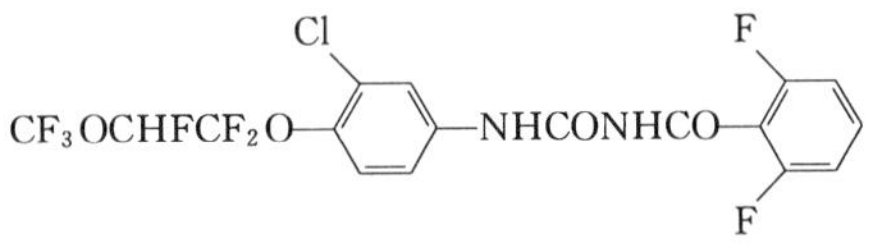

(结构式：3-氯-4-($CF_3OCHFCF_2O$)苯基—NHCONHCO—2,6-二氟苯基)

$C_{17}H_9ClF_8N_2O_4$，492.7

化学名称　（±）-1-[3-氯-4-(1，1，2-三氟-2-三氟甲氧基乙氧基)苯基]-3-(2，6-二氟苯酰基)脲

CAS 登录号　116714-46-6

理化性质　纯品为白色固体。熔点 176.5～178℃，蒸气压 1.6×10^{-2}mPa（25℃），K_{ow} $\lg P=4.3$，Henry 常数 2 Pa·m^3/mol（计算值），相对密度 1.56（22℃）。水中溶解度为 3μg/L（25℃）；溶于普通有机溶剂（g/L，20℃）：乙酸乙酯 113，丙酮 198，甲醇 14.5，二氯乙烷 2.85，二甲苯 1.88，庚烷 0.00839。25℃，pH4、pH7 时稳定。DT_{50}：101d（pH 9，25℃）。闪点 202℃。

毒　性　大鼠急性经口 LD_{50}>5000mg/kg。大鼠急性经皮 LD_{50}>2000mg/kg；对兔皮肤和眼睛无刺激。大鼠吸入 LC_{50}>5.15mg/L（空气）。大鼠 2 年无作用剂量：1.1mg/(kg·d)。野鸭、山齿鹑急性经口 LD_{50}>2000mg/kg，野鸭和山齿鹑饲喂 LC_{50}（5d）>5200mg/L。虹鳟鱼和蓝鳃太阳鱼的 LC_{50}（96h）>1mg/L。水蚤 LC_{50}（48h）：0.259μg/L，羊角月牙藻 E_bC_{50}（96h）：9.68mg/L。蜜蜂 LC_{50}>100μg/只。蚯蚓 LC_{50}（14d）>1000mg/kg（土壤）。对其他有益生物无毒。

制　剂　98.5%原药，10%乳油。

应　用　几丁质合成抑制剂，影响虫害的蜕皮机制。主要通过皮肤接触，进入虫体后干扰蜕皮机制。主要作用于幼虫，对卵也有作用，同时可减少成虫的繁殖能力。

原药生产厂家　江苏建农农药化工有限公司。

灭幼脲（chlorbenzuron）

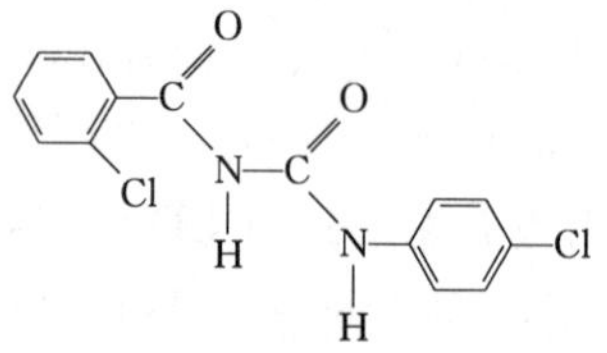

$C_{14}H_{10}Cl_2N_2O_2$，309.1

其他中文名称 灭幼脲三号，苏脲一号，一氯苯隆

其他英文名称 PH 60-38

化学名称 1-(4-氯苯基)-3-(2-氯苯甲酰基)脲

CAS登录号 57160-47-1

理化性质 纯品为白色结晶。熔点 199～201℃。不溶于水；100mL 丙酮中能溶解 1g，易溶于 *N*,*N*-二甲基甲酰胺（DMF）和吡啶等有机溶剂。遇碱和较强的酸易分解，常温下贮存稳定，对光热较稳定。

毒　性 急性经口（mg/kg）：大鼠 LD_{50}＞20000，小鼠 LD_{50}＞2000。对鱼类低毒，对天敌安全。对益虫和蜜蜂等膜翅目昆虫和森林鸟类几乎无害。但对赤眼蜂有影响。对虾、蟹等甲壳动物和蚕的生长发育有害。灭幼脲在环境中能降解，在人体内不积累，对哺乳动物、鸟类、鱼类无毒害。据中国农药毒性分级标准，灭幼脲属低毒杀虫剂。

制　剂 96%、95%原药，25%、20%悬乳剂，25%可湿性粉剂。

应　用 灭幼脲类杀虫剂不同于一般杀虫剂，它的作用位点多，目前报道的作用机制主要有下面几种：①抑制昆虫表皮形成，这是研究最多和最深入的作用机制。灭幼脲属于昆虫表皮几丁质合成抑制剂，属于昆虫生长调节剂的范畴。主要通过抑制昆虫的蜕皮而杀死昆虫，对大多数需经蜕皮的昆虫均有效。主要表现为胃毒作用，兼有一定的触杀作用，无内吸性。最近的生化试验证实灭幼脲能刺激细胞内 cAMP 蛋白激活酶活性，抑制钙离子的吸收，影响胞内囊泡的离子梯度，促使某种蛋白磷酶化，从而抑制蜕皮激素和几丁质的合成。其作用特点是只对蜕皮过程的虫态起作用，幼虫接触后，并不立即死亡，表现拒食、身体缩小，待发育到蜕皮阶段才致死，一般需经过 2d 后开始死亡，3～4d 达到死亡高峰。成虫接触药液后，产卵减少，或不产卵，或所产卵不能孵化。残效期长达 15～20d。②导致成虫不育。通过饲毒和局部点滴方法，用灭幼脲处理雌性成虫，发现灭幼脲影响许多昆虫的繁殖能力，使其不能产卵或产卵量少。对雌性成虫无影响或影响较小。在灭幼脲处理的棉象甲雌成虫体内，发现 DNA 合成明显受到抑制，RNA 及蛋白质的合成未受影响。③干扰体内激素平衡。昆虫变态是在保幼激素和蜕皮激素的合理调控下完成的。用灭幼脲处理黏虫和小地老虎，均发现灭幼脲使虫体内保幼激素含量增高，蜕皮激素水平下降，导致昆虫不能蜕皮变态。④抑制卵孵化。⑤影响多种酶系。影响中肠蛋白酶的活力。此外还发现灭幼脲对环核苷酸酶、谷氨酸-丙酮酸转化酶、淀粉酶、酚氧化酶等有抑制作用，所有这些均可导致害虫发育失常。防治对象：对鳞翅目幼虫表现为很好的杀虫活性。对益虫和蜜蜂等膜翅目昆虫和森林鸟类几乎无害。但对赤眼蜂有影响。大面积用于防治桃树潜叶蛾、茶黑毒蛾、茶尺蠖、菜青虫、甘蓝夜蛾、小麦黏虫、玉米螟及毒蛾类、夜蛾类等鳞翅目害虫。注意事项：制剂有明显的沉淀现象，使用时要先摇匀再加水稀释。不要与碱性农药混用。不要在桑园等处及附近使用。

原药生产厂家 河南省安阳市安林生物化工有限责任公司、吉林省通化农药化工股份有限公司。

氟铃脲（hexaflumuron）

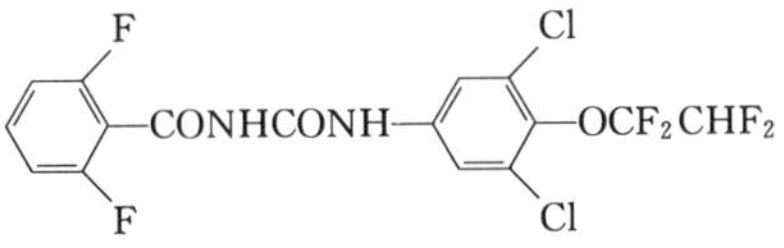

$C_{16}H_8Cl_2F_6N_2O_3$，461.1

其他中文名称 盖虫散

其他英文名称 Consult，Trueno，Dowco-473，hexafluron

化学名称 1-[3,5-二氯-4-(1,1,2,2-四氟乙氧基)苯基]-3-(2,6-二氟苯甲酰基)脲

CAS登录号 86479-06-3

理化性质 白色晶体粉末。熔点 202～205℃，沸点＞300℃。蒸气压 5.9×10^{-6} mPa（25℃）。相对密度 1.68。$K_{ow}\lg P=5.64$。Henry 常数 1.01×10^{-4} Pa·m³/mol（计算值）。相对密度 1.68（20℃）。溶解度：水中（18℃，pH 9.7）0.027mg/L；其他溶剂（g/L，20℃）：丙酮 162，乙酸乙酯 100，甲醇 9.9，二甲苯 5.2，庚烷 0.005，乙腈 15，辛醇 2，二氯甲烷 14.6，甲苯 6.4，异丙醇 3.0。稳定性：33d 内，pH 5 时稳定，pH 7 水解量＜6%，pH 9 时水解 60%；光解 DT_{50} 6.3d（pH 5.0，25℃）。

毒　性 大鼠急性经口 LD_{50}＞5000mg/kg。兔急性经皮 LD_{50}＞2000mg/kg（24h），对兔眼和皮肤轻微刺激；对豚鼠皮肤无刺激。大鼠急性吸入 LC_{50}（4h）＞2.5mg/L。NOEL 值（2y）：大鼠 75mg/(kg·d)；狗（1y）0.5mg/(kg·d)；小鼠（1.5y）25mg/(kg·d)。鸟类：山齿鹑、野鸭急性经口 LD_{50}＞2000mg/kg；饲喂 LC_{50}（mg/L）：山齿鹑 4786，野鸭＞5200。鱼类：LC_{50}（96h，mg/L）虹鳟鱼＞0.5，蓝腮太阳鱼＞500。蚤类：LC_{50}（48h）0.0001mg/L，在野外条件下只对水蚤有毒性。藻类 EC_{50}（96h）：羊角月牙藻＞3.2mg/L。其他水生生物 LC_{50}（96h）褐虾＞3.2mg/L。蜜蜂 LD_{50}（48h，经口和接触）＞0.1mg/只。蠕虫 LC_{50}（14d）：蚯蚓＞880mg/kg（土壤）。

制　剂 97%、95%原药，5%、4.5%悬浮剂，20%、15%水分散粒剂，5%乳油，0.5%饵剂。

应　用 几丁质合成抑制剂。具有内吸活性的昆虫生长调节剂，通过接触影响昆虫蜕皮和化蛹。对叶片用药，表现出很强的传导性；用于土壤时，能被根吸收并向顶部传输。从室内结果来看，氟铃脲对幼虫活性很高，并且有较高的杀卵活性。另外，氟铃脲对幼虫具有一定的抑制取食作用。防治对象：用于棉花、马铃薯及果树防治多种鞘翅目、双翅目、同翅目和鳞翅目昆虫。注意事项：田间作物虫、螨并发时，应加杀螨剂使用。不要在桑园、鱼塘等地及其附近使用。防治叶面害虫宜在低龄（1～2龄）幼虫盛发期施药，防治钻蛀性害虫宜在卵孵盛期施药。

原药生产厂家 河北威远生物化工股份有限公司、河北赞峰生物工程有限公司、江苏扬农化工集团有限公司、辽宁省大连瑞泽农药股份有限公司、山东田丰生物科技有限公司。

美国陶氏益农公司。

除虫脲（diflubenzuron）

$C_{14}H_9ClF_2N_2O_2$，310.7

其他中文名称 敌灭灵，伏虫脲，氟脲杀

其他英文名称 Dimilin，difluron，TH 6040

化学名称 1-(4-氯苯基)-3-(2,6-二氟苯甲酰基)脲

CAS登录号 35367-38-5

理化性质 纯品为无色晶体（原药为无色或黄色晶体）。熔点228℃；沸点257℃/40.0kPa（原药）；蒸气压1.2×10^{-4}mPa（25℃，气体饱和法）。相对密度1.57（20℃）。$K_{ow}\lg P=3.89$。Henry常数$\leqslant4.7\times10^{-4}$Pa·m³/mol（计算值）。溶解度：水中（25℃，pH 7）0.08mg/L；其他溶剂（20℃，g/L）：正己烷0.063，甲苯0.29，二氯甲烷1.8，丙酮6.98，乙酸乙酯4.26，甲醇1.1。稳定性：溶液对光敏感，但是固体在光下稳定；100℃下储存1d分解量<0.5%，50℃ 7d分解量<0.5%；水溶液（20℃）在pH 5、pH 7时稳定（DT_{50}>180d），pH 9时DT_{50} 32.5d。

毒　性 大鼠、小鼠急性经口LD_{50}>4640mg/kg。急性经皮LD_{50}（mg/kg）：兔>2000，大鼠>10000。对皮肤无刺激，对眼无刺激，对皮肤无致敏性。吸入LC_{50}：大鼠>2.88mg/L。NOEL（1y）：大鼠、小鼠、狗2mg/(kg·d)。无“三致”作用。山齿鹑和野鸭急性经口LD_{50}（14d）>5000mg/kg，山齿鹑和野鸭饲喂LC_{50}（8d）：>1206mg/(kg·d)。鱼类LC_{50}（96h，mg/L）：斑马鱼>64.8，虹鳟鱼>106.4。水蚤LC_{50}（48h）：0.0026mg/L。藻类NOEC：羊角月牙藻100mg/L。对蜜蜂和食肉动物无害，LD_{50}（经口和接触）>100μg/只。蚯蚓NOEC值≥780mg/kg（底物）。

制　剂 98%、97.9%、95%原药，20%悬浮剂，5%乳油，75%、25%、5%可湿性粉剂。

应　用 作用机理与特点：抑制昆虫几丁质合成，使幼虫在蜕皮时不能形成新表皮，虫体成畸形而死亡。为苯甲酚基苯基脲类杀虫剂，主要是胃毒及触杀作用，无内吸活性，也不能渗透到植物组织中，因此对刺吸式昆虫一般没有作用，此种选择性有利于昆虫的多种捕食性和寄生性天敌。在有效用量下对植物无药害，对有益生物如鸟、鱼、虾、青蛙、蜜蜂、瓢虫、步甲、蜘蛛、草蛉、赤眼蜂、蚂蚁、寄生蝇等天敌无明显不良影响。对人畜安全，对害虫杀死缓慢。防治对象：除虫脲对鳞翅目、鞘翅目和双翅目害虫有特效，如黏虫、金纹细蛾、甜菜夜蛾、松毛虫、柑橘潜叶蛾、柑橘锈壁虱、茶黄毒蛾、茶尺蠖、美国白蛾、梨木虱、桃小食心虫、梨小食心虫、苹果锈螨、菜粉蝶、小菜蛾、棉铃虫、红铃虫、斜纹夜蛾、稻纵卷叶螟等。适用作物：小麦、水稻、棉花、花生、甘蓝、柑橘、森林、苹果、梨、茶、桃等。注意事项：施药时应掌握在成虫产卵期或幼虫低龄期。药液不能与碱性物质混合。

原药生产厂家 河北威远生物化工股份有限公司、河南省安阳市安林生物化工有限责任公司、河南省安阳市全丰农药化工有限责任公司、江苏瑞邦农药厂有限公司、江阴苏利化学有限公司、连云港市金囤农化有限公司、山东田丰生物科技有限公司、上海生农生化制品有限公司。

美国科聚亚公司。

氟虫脲（flufenoxuron）

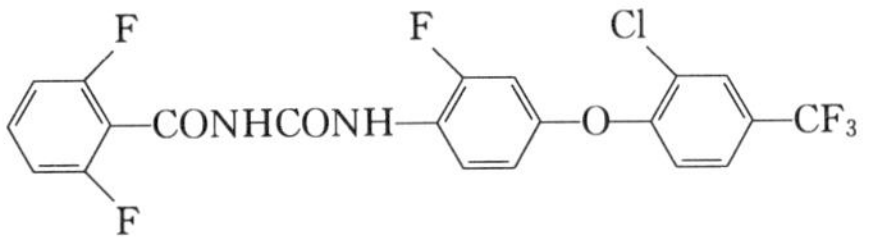

$C_{21}H_{11}ClF_6N_2O_3$，488.8

其他中文名称 卡死克

其他英文名称 Cascade

化学名称 1-[2氟-4-(2-氯-4-三氟-甲基苯氧基)-苯基]-3-(2,6-二氟苯甲酰)脲

CAS登录号 101463-69-8

理化性质 原药为无色固体，纯度95%；纯品为白色晶体。熔点169～172℃，蒸气压6.52×10^{-9}mPa·（20℃）。$K_{ow}\lg P=4.0$（pH 7）。相对密度为0.62。Henry常数7.46×10^{-6}Pa·m³/mol。溶解度：水中（25℃，mg/L）：0.0186（pH 4）、0.00152（pH 7）、0.00373（pH 9）；其他有机溶剂（25℃，g/L）：丙酮73.8，二甲苯6，二氯甲烷24，正己烷0.11，环己烷95，三氯甲烷18.8，甲醇3.5。在土壤中强烈地吸附，DT_{50}（d）：11（水中），112（pH 5），104（pH 7），36.7（pH 9），2.7（pH 12）。稳定性：低于190℃时可以稳定存在，水解半衰期为288d（在20℃，pH 7.0的水溶液中）；薄膜在模拟日光条件下（100h）对光稳定；在190～285℃加热下损失80%。

毒　性 属低毒杀虫杀螨剂。大鼠急性经口$LD_{50}>3000$mg/kg，大小鼠急性经皮$LD_{50}>2000$mg/kg。大鼠急性吸入毒性（4h）>5.1mg/L，对兔眼睛、皮肤无刺激作用，对豚鼠皮肤无致敏作用。动物试验表明，未见致畸致突变作用。NOEL值[mg/(kg·d)]：（52周）狗3.5；（104周）大鼠22d，小鼠56。ADI值：0.0375mg/kg。山齿鹑急性经口$LD_{50}>2000$mg/kg，饲喂LC_{50}（8d）>5243mg/kg（饲料）。虹鳟鱼LC_{50}（96h）>4.9μg/L。水蚤EC_{50}（48h）为0.04μg/L。海藻（羊角月牙藻）EC_{50}（96h）为24.6mg/L。蜜蜂（μg/只）：急性经口$LD_{50}>109.1$，经皮>100。蚯蚓$LC_{50}>1000$mg/kg。

制　剂 95%原药，50g/L可分散液剂。

应　用　作用机理与特点：苯甲酰脲类杀虫杀螨剂，具有触杀和胃毒作用。抑制昆虫表皮几丁质的合成，使昆虫不能正常蜕皮或变态而死亡，成虫接触药后，产的卵即使孵化幼虫也会很快死亡。氟虫脲对叶螨属和全爪螨属多种害螨的幼螨杀伤效果好，虽不能直接杀死成螨，但接触药的雌成螨产卵量减少，并可导致不育。对叶螨天敌安全。同时具有明显的拒食作用。氟虫脲杀螨、杀虫初始作用较慢，但施药后 2～3h 害虫、害螨停止取食，3～5d 死亡达到高峰。防治对象：红蜘蛛、锈螨、潜叶蛾、棉铃虫、棉红铃虫、小菜蛾、菜青虫、桃小食心虫等。适用作物：柑橘、苹果、棉花、蔬菜。注意事项：一个生长季节最多只能用药 2 次。施药时间应较一般杀虫剂提前 2～3d。对钻蛀性害虫宜在卵孵化盛期施药，对害螨宜在幼若螨盛期施药。苹果上应在收获前 70d 用药，柑橘上应在收获前 50d 用药。不可与碱性农药混用。对甲壳纲水生生物毒性较高，避免污染自然水源。

原药生产厂家　江苏中旗化工有限公司、威海韩孚生化药业有限公司、巴斯夫欧洲公司。

杀铃脲（triflumuron）

(2-Cl-C₆H₄)-CONHCONH-C₆H₄-OCF_3

$C_{15}H_{10}ClF_3N_2O_3$，358.7。

其他中文名称　氟幼灵，杀虫脲

其他英文名称　Alsystin，Mascot

化学名称　1-(4-三氟甲氧基苯基)-(2-氯苯甲酰基)-3-脲

CAS登录号　64628-44-0

理化性质　无色粉末。熔点 195℃；蒸气压 4×10^{-5} mPa（20℃）。相对密度 1.445（20℃）。$K_{ow}\lg P=4.91$（20℃）。溶解度（20℃）：水中 0.025mg/L；其他溶剂（g/L）：二氯甲烷 20～50，异丙醇 1～2，甲苯 2～5，正己烷＜0.1。稳定性：中性和酸性溶液中稳定；碱性水解 DT_{50}（22℃，d）：960（pH 4），580（pH 7），11（pH 9）。

毒　性　大鼠和小鼠急性经口 LD_{50}＞5000mg/kg；狗＞5000mg/kg。急性经皮：大鼠＞5000mg/kg；对兔的皮肤和眼睛没有刺激性；无皮肤致敏性。吸入 LC_{50}（mg/L 空气）：雄、雌大鼠＞0.12（烟雾剂）；＞1.6（粉末）。NOEL：(2y) 大鼠和小鼠 20mg/(kg·d)；(1y) 狗 20mg/(kg·d)。鸟类：鹌鹑急性经口 LD_{50} 561mg/kg。鱼类 LC_{50}（96h，mg/L）：虹鳟鱼＞320，圆腹雅罗鱼＞100。蚤类 LC_{50}（48h）0.225mg/L。藻类 E_rC_{50}（96h）：斜生栅藻＞25mg/L。对蜜蜂有毒。蚯蚓 LC_{50}（14d）＞1000mg/kg。其他有益种群：对成虫无影响，对幼虫有轻微影响，对食肉螨安全。

制　剂　97%原药，5%、20%、40%悬浮剂，5%乳油。

应　用　属苯甲酰脲类昆虫生长调节剂，是具有触杀作用的非内吸性胃毒作用杀虫剂，仅适用于防治咀嚼口器昆虫。杀铃脲阻碍幼虫蜕皮时外骨骼的形成。幼虫的不同龄期对杀铃脲的敏感性未发现有大的差异，所以它可在幼虫所有龄期应用。杀铃脲还有杀卵活性，在用药剂直接接触新产下的卵或将药剂施入处理的表面时，发现幼虫的孵化变得缓慢。杀铃脲作用的专一性在于其有缓慢的初始作用，但其具长效性。对绝大多数动物和人类无毒害作用，且能被微生物所分解。用于防治棉花、森林树木、水果和大豆上的鞘翅目、双翅目、鳞翅目和木虱科。防治对象：金纹细蛾、菜青虫、小菜蛾、小麦黏虫、松毛虫等鳞翅目和鞘翅目害虫。适用作物：棉花、蔬菜、果树、林木。注意事项：该药贮存有沉淀现象，摇匀后使用，不影响药效。为迅速显效可同菊酯类农药配合使用，比例为 2∶1。对虾、蟹幼体有害，成体无害。

原药生产厂家 吉林省通化农药化工股份有限公司。

虱螨脲（lufenuron）

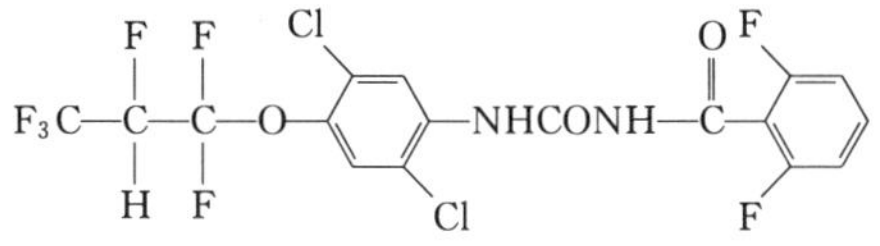

$C_{17}H_8Cl_2F_8N_2O_3$，511.2

其他中文名称 美除

化学名称 (*R*,*S*)2,5-二氯-4-(1,1,2,3,3,3-六氟丙氧基)苯基-3-(2,6-二氟苯甲酰基)脲

CAS 登录号 103055-07-8

理化性质 纯品为无色晶体。熔点 168.7～169.4℃，蒸气压<4×10^{-3}mPa（25℃）。相对密度 1.66（20℃）。$K_{ow}\lg P$=5.12（25℃）。Henry 常数<3.41×10^{-2}Pa·m^3/mol。溶解度（25℃）：水中<0.06mg/L；其他溶剂（g/L）：乙醇 41，丙酮 460，甲苯 72，正己烷 0.13，正辛醇 8.9。空气和光中稳定；水中稳定性 DT_{50}（d）：32（pH 9），70（pH 7），160（pH 5）。pK_a>8.0。

毒　性 大鼠急性经口 LD_{50}>2000mg/kg。大鼠急性经皮 LD_{50}>2000mg/kg；对兔眼睛和皮肤无刺激；对豚鼠皮肤无致敏性。大鼠吸入 LC_{50}（4h，20℃）>2.35mg/L。NOEL 值：大鼠（2y）2.0mg/(kg·d)。ADI 值 0.01mg/kg。鸟类：山齿鹑和野鸭急性经口 LD_{50}>2000mg/kg；山齿鹑和野鸭饲喂 LC_{50}（8d）>5200mg/kg。鱼类 LC_{50}（96h，mg/L）：虹鳟鱼>73，鲤鱼>63，蓝鳃太阳鱼>29，鲶鱼 45。蚤类：对水蚤有毒。藻类：对扁藻等海藻微毒。蜜蜂：经口 LC_{50}>197μg/只；涂抹 LD_{50}>200μg/只。蠕虫：对蚯蚓无不良影响。

制　剂 96%、98%原药，50g/L 乳油。

应　用 几丁质合成抑制剂。有胃毒作用，能使幼虫蜕皮受阻，并且停止取食致死。用药后，首次作用缓慢，有杀卵功能，可杀灭新产虫卵，施药后 2～3d 可以看到效果。对蜜蜂和大黄蜂低毒，对哺乳动物虱螨低毒，蜜蜂采蜜时可以使用。比有机磷、氨基甲酸酯类农药相对更安全，可作为良好的混配剂使用，对鳞翅目害虫有良好的防效。低剂量使用，对花蓟马幼虫有良好防效；可阻止病毒传播，可有效控制对菊酯类和有机磷有抗性的鳞翅目害虫。药剂有选择性，长持性，对后期土豆蛀茎虫有良好的防治效果。虱螨脲减少喷施次数，能显著增产。施药期较宽［害虫各虫态（龄）均可施用］以产卵初期至幼虫 3 龄前使用为佳，可获得最好的杀虫效果。防治对象：防治棉花、蔬菜、果树上的鳞翅目幼虫等；也可作为卫生用药；还可用于防治动物，如牛等身上的寄生虫包括抗性品系。注意事项：在作物旺盛生长期和害虫世代重叠时可酌情增加喷药次数，应在新叶显著增加时或间隔 7～10d再次喷药，以确保新叶得到最佳保护；而在一般情况下，高龄幼虫逐渐停止危害作物，3～5d 后虫死亡，因此无需补喷其他药剂。

原药生产厂家 江苏中旗化工有限公司、瑞士先正达作物保护有限公司。

丁醚脲（diafenthiuron）

$CH(CH_3)_2$

$-NHCSNHC(CH_3)_3$

$CH(CH_3)_2$

$C_{22}H_{32}N_2OS$，384.6

其他中文名称 宝路，杀螨脲

其他英文名称 Pegasus，Polo

化学名称 1-叔丁基-3-(2,6-二异丙基-4-苯氧基苯基)硫脲

CAS 登录号 80060-09-9

理化性质 白色粉末。熔点 144.6～147.7℃（OECD 102），蒸气压＜2×10^{-3} mPa（25℃）（OECD 104）。$K_{ow}\lg P=5.76$（OECD 107）。Henry 常数＜1.28×10^{-2} Pa·m^3/mol（计算）。相对密度 1.09（20℃）（OECD 109）。溶解性（25℃）：水中 0.06mg/L；有机溶剂（g/L）：乙醇 43，丙酮 320，甲苯 330，正己烷 9.6，辛醇 26。稳定性：对于空气、水和光都稳定；水解 DT_{50}（20℃，d）：4.1 年（pH 5），451（pH 7），796（pH 9）。

毒　性 大鼠急性经口 LD_{50} 2068mg/kg。大鼠急性经皮 LD_{50}＞2000mg/kg；对大鼠皮肤和眼睛均无刺激作用；对豚鼠皮肤不致敏。大鼠急性吸入 LC_{50}（4h）0.558mg/L 空气。NOEL 值［90d，mg/(kg·d)］：大鼠 4，狗 1.5。ADI 0.003mg/kg。其他：在 Ames 实验、DNA 修复和核异常测试中不致畸。山齿鹑和野鸭：急性经口 LD_{50}＞1500mg/kg；饲喂 LC_{50}（8d)＞1500mg/kg；在田间条件下无急性危害。鱼类 LC_{50}（96h，mg/L）：鲤鱼 0.0038，虹鳟鱼 0.0007，蓝鳃太阳鱼 0.0013；在田间条件下，由于迅速降解成无毒代谢物，无明显危害。水蚤：LC_{50}（48h）0.15μg/L。藻类：淡水藻 IC_{50}（72h)＞50mg/L。对蜜蜂有毒，经口 LD_{50}（48h）2.1μg/只，局部施药 1.5μg/只；田间条件下没有明显的危害。蠕虫 LC_{50}（14d）约 2600mg/kg。

制　剂 98%、97%、96%原药，50%、43.50%、25%悬浮剂，15%微乳剂，25%水乳剂，80%水分散粒剂，25%、15%乳油，50%可湿性粉剂。

应　用 属硫脲类杀虫杀螨剂，在内转化为线粒体呼吸抑制剂。具有触杀、胃毒、内吸和熏蒸作用。低毒，但对鱼、蜜蜂高毒。可以控制蚜虫的敏感品系及对氨基甲酸酯、有机磷和拟除虫菊酯类产生抗性的蚜虫，大叶蝉和椰粉虱等，还可以控制小菜蛾、菜粉蝶和夜蛾为害。该药可以和大多数杀虫剂和杀菌剂混用。防治对象：防治棉花等多种田间作物、果树、观赏植物和蔬菜上植食性螨类（叶螨科、跗线螨科）、粉虱、蚜虫和叶蝉等

害虫的有效杀虫剂和杀螨剂。也可以防治甘蓝上的菜蛾、大豆上的梨豆夜蛾和棉花上的棉叶夜蛾等某些害虫。对所有益虫（花蝽科、瓢虫科、盲蝽科）的成虫和捕食性螨、蜘蛛、普通草蛉的成虫和处于未成熟阶段的幼虫均安全，对未成熟阶段的半翅目昆虫无选择性。在室内防治粉虱和螨类时，可同生物防治一同实施，即有相容性。注意事项：对蜜蜂、鱼有毒使用时应注意。

原药生产厂家 江苏长青农化股份有限公司、江苏好收成韦恩农化股份有限公司、江苏省盐城南方化工有限公司、江苏中旗化工有限公司、陕西西大华特科技实业有限公司。

烯虫酯（methoprene）

$$(CH_3)_2C(OCH_3)-(CH_2)_3-CH(CH_3)-CH_2-CH=CH-C(CH_3)=CH-CO_2CH(CH_3)_2$$

$C_{19}H_{34}O_3$，310.5

其他中文名称 可保特，蒙五-五，阿托塞得，控虫素，ZR-515，甲氧庚崩，甲氧保幼素

化学名称 (*E*,*E*)-(*RS*)-11-甲氧基-3,7,11-三甲基十二碳-2,4-二烯酸异丙酯

CAS登录号 40596-69-8

理化性质 94%纯品：有水果气味的淡黄色液体。沸点256℃，100℃/6.65×10^{-3}kPa，$K_{ow}\lg P>6$，相对密度0.924（20℃）、0.921（25℃）。溶于所有有机溶剂。在水、有机溶剂、酸或碱中稳定。对紫外光敏感。闪点136℃。

毒　性 大鼠急性经口LD_{50}＞10000mg/kg。兔急性经皮LD_{50}＞2000mg/kg；对兔眼睛无刺激，对兔皮肤轻微刺激；对豚鼠皮肤无致敏性。无作用剂量：大鼠（2y）1000mg/kg，小鼠（18月）1000mg/kg。小鼠600mg/kg或兔200mg/kg时后代无畸形现象。鸡饲喂LC_{50}（8d）＞4640mg/kg。蓝鳃太阳鱼LC_{50}（96h）：370μg/L。淡水藻EC_{50}（48～96h）：1.33mg/mL。其他水生生物：对水生双翅目昆虫有毒。蜜蜂：对成年蜜蜂无毒，LD_{50}＞1000μg/只（经口或接触）。蜜蜂幼虫致敏感量0.2μg/只。

应　用 保幼激素类似物，抑制昆虫成熟过程。当用于卵或幼虫，抑制其蜕变为成虫。可用作烟叶保护剂，是一种人工合成的昆虫流毒的类似物，干扰昆虫的蜕皮过程。它能干扰烟草甲虫、烟草粉螟的生长发育过程，使成虫失去免疫能力，从而有效地控制贮存烟叶害虫种群增长。

氟虫胺（sulfluramid）

$$CF_3(CF_2)_7SO_2NHCH_2CH_3$$

$C_{10}H_6F_{17}NO_2S$，527.2

其他中文名称 废蚁蟑

其他英文名称 Finitron

化学名称 *N*-乙基全氟辛烷磺酰胺

CAS登录号 4151-50-2

理化性质 无色晶体。熔点96℃（原药87～93℃），沸点196℃；蒸气压（25℃）5.7×10^{-5}Pa。$K_{ow}\lg P>6.8$（未离子化）。溶解度：不溶于水（25℃）；其他溶剂（g/L）：二氯甲烷18.6，己烷1.4，甲醇833。稳定性：50℃，稳定性>90d；在密闭罐中，对光稳定>90d。pK_a为9.5，呈极弱酸性。闪点>93℃。

毒　性 大鼠急性经口LD_{50}>5000mg/kg。兔子急性经皮LD_{50}>2000mg/kg；对皮肤有轻微的刺激作用；对兔眼睛几乎无刺激作用。大鼠急性吸入LC_{50}（4h）>4.4mg/L。NOEL值（90d，mg/L）：雄狗33，雌狗100，大鼠10。鸟类：山齿鹑急性经口LD_{50} 45mg/kg；LC_{50}（8d，mg/L饲料）：山齿鹑300，野鸭165。鱼毒LC_{50}（96h，mg/L）：黑头呆鱼>9.9，虹鳟鱼>7.99。水蚤LC_{50}（48h）0.39mg/L。

制　剂 95%原药，1%胶饵，0.05%饵剂。

应　用 通过在氧化磷酸化的解偶联导致膜破坏而起作用。对鱼、野生生物和水生无脊椎动物有毒害作用，对兔的皮肤有中等刺激作用。防治对象：主要用于防治蚂蚁、蟑螂等卫生害虫。

原药生产厂家 江苏省常州晔康化学制品有限公司。

唑蚜威（triazamate）

$CON(CH_3)_2$

$(CH_3)_3C$—[1,2,4-三唑环]—$SCH_2CO_2CH_2CH_3$

$C_{13}H_{22}N_4O_3S$，314.4

化学名称 (3-叔丁基-1-*N*,*N*-二甲基氨基甲酰-1*H*-1,2,4-三唑-5-基硫)乙酸乙酯

CAS登录号 112143-82-5

理化性质 白色至浅棕色固体。熔点52.1～53.3℃，蒸气压0.13mPa·（25℃）。$K_{ow}\lg P=2.15$（pH 7，25℃）。Henry常数：1.26×10^{-4}Pa·m^3/mol（25℃计算值）。相对密度：1.222（20.5℃）。溶解性：水中399mg/L（pH 7，25℃）；溶于二氯甲烷和乙酸乙酯。稳定性：在pH≤7.0及正常储存条件下稳定；DT_{50} 220d（pH 5），49h（pH 7），1h（pH 9）。pK_a：pH 2.7～10.2不电离。闪点：189℃。

毒　性 急性经口LD_{50}（mg/kg）：雄大鼠100～200，雌大鼠50～100。大鼠急性经皮LD_{50}>5000mg/kg；对兔皮肤没有刺激，对兔眼睛有中等强度的刺激；豚鼠（最大化测试）有皮肤致敏性。大鼠急性吸入LC_{50} 0.47mg/L（空气）。NOEL值[mg/(kg·d)]：狗（雄）（1y）0.023，狗（雌）0.025；雄性大鼠（2年）0.45，雌性大鼠0.58；雄性小鼠（18月）

0.13，雌性小鼠 0.17。无突变、无遗传毒性、无致畸和无癌变。鸟类：山齿鹑急性经口 LD_{50}（单一剂量）8mg/kg；饲喂：绿头鸭 LC_{50}（8d，mg/L）292，鹌鹑 411。鱼类 LC_{50}（96h，mg/L）：蓝鳃太阳鱼 0.74，虹鳟鱼 0.53，羊头鱼 5.9。水蚤 LC_{50}（48h）0.014mg/L。藻类：羊角月牙藻 EC_{50}（72h）240mg/L；NOEC（72h）38mg/L。其他水生种群：糠虾 LC_{50}（120h）190μg/L。对蜜蜂无毒；LD_{50}（96h，经口）41μg/只；LD_{50}（96h，接触原药）27μg/只。蠕虫 LC_{50} 蚯蚓（14d）350mg/kg，NOEC<95mg/kg。

应　用　具有较强的内吸性和双向传导作用，其对胆碱酯酶有快速抑制作用。通过蚜虫内脏壁的吸附作用和接触作用，对多种作物上的各种蚜虫均有效。用常规防治蚜虫的剂量对双翅目和鳞翅目害虫无效，对有益昆虫和蜜蜂安全。室内和田间试验表明，可防治抗性品系的桃蚜。土壤用药可防治食叶性蚜虫，叶面施药可防治食根性蚜虫。由于在作物脉管中能形成向上、向下的迁移，因此能保护整个植物。持效期可达 5～10d。在推荐剂量下未见药害。对天敌较安全。注意事项：属中等毒，使用时应注意安全防护。

杀虫磺（bensultap）

$$C_6H_5\text{—}SO_2\text{—}S\text{—}CH_2\text{—}CH[N(CH_3)_2]\text{—}CH_2\text{—}S\text{—}SO_2\text{—}C_6H_5$$

$C_{17}H_{21}NO_4S_4$，431.6

化学名称　1,3-二(苯磺酰硫基)-2-二甲氨基丙烷

CAS登录号　17606-31-4

理化性质　纯品为淡黄色结晶粉末，略有特殊气味。熔点 81.5～82.9℃，蒸气压<1×10^{-2}mPa（20℃），$K_{ow}\lg P=2.28$（25℃），Henry 常数<9.6×10^{-3} Pa·m^3/mol（20℃，计算值），相对密度 0.791（20℃）。水中溶解度 0.448mg/L（20℃）；其他溶剂中溶解度（g/L，20℃）：正己烷 0.319，甲苯 83.3，二氯甲烷>1000，甲醇 10.48，乙酸乙酯 149。散光、pH<5（室温）、150℃下稳定。中性或碱性溶液中水解（DT_{50}≤15min，pH 5～9）。

毒　性　大鼠急性经口 LD_{50}（mg/kg）：雄 1105，雌 1120；小鼠急性经口 LD_{50}（mg/kg）：雄 516，雌 484。兔急性经皮 LD_{50}>2000mg/kg；对兔眼轻微刺激，对兔皮肤无刺激。大鼠急性吸入 LC_{50}（4h）>0.47mg/L 空气。无作用剂量：（90d）大鼠 250mg/kg，雄性小鼠 40mg/kg，雌性小鼠 300mg/kg；（2y）大鼠 10mg/(kg·d)，小鼠 3.4～3.6mg/(kg·d)。山齿鹑急性经口 LD_{50}：311mg/kg。饲喂 LC_{50}：山齿鹑 1784mg/kg，野鸭 3112mg/kg。鱼毒 LC_{50}（48h，mg/L）：鲤鱼 15，孔雀鱼 17，金鱼 11，虹鳟鱼 0.76；LC_{50}（72h，mg/L）：鲤鱼 8.2，孔雀鱼 16，金鱼 7.4，虹鳟鱼 0.76。蚤类 LC_{50}（6h）：40mg（a.i.）（制剂）/L。对蜜蜂低毒，LC_{50}（48h）：25.9μg/只。

应　用　杀虫磺为触杀和胃毒型。模拟天然沙蚕毒素，抑制昆虫神经系统突触，通过占据产生乙酰胆碱的突出膜的位置来阻止突出发射信息，能从根部吸收。可在马铃薯、玉米、水稻上防治多种害虫，对水稻螟虫、马铃薯甲虫、小菜蛾等鳞翅目和鞘翅目害虫有很强的杀灭作用。

杀虫环（thiocyclam）

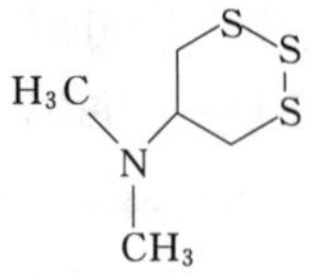

$C_5H_{11}NS_3$，181.3

其他中文名称 虫噻烷，甲硫环，易卫杀，硫环杀，杀螟环

其他英文名称 Evisect，Evisekt

化学名称 *N*,*N*-二甲基-1,2,3-三硫杂己-5-胺

CAS登录号 31895-22-4

理化性质 （杀虫环草酸盐）无色无味固体。熔点 125～128℃；蒸气压 0.545mPa（20℃）。相对密度 0.6。$K_{ow}\lg P=-0.07$（pH 不明确）。Henry 常数 1.8×10^{-6} Pa · m^3/mol。溶解度：水中（g/L）：84（pH＜3.3，23℃），44.1（pH 3.6，20℃），16.3（pH 6.8，20℃）；有机溶剂（23℃，g/L）：DMSO 92，甲醇 17，乙醇 1.9，乙腈 1.2，丙酮 0.5，乙酸乙酯、氯仿＜1，甲苯、正己烷＜0.01。稳定性：储存期间稳定，20℃保质期＞2y，见光分解；地表水 DT_{50} 2～3d；水解 DT_{50}（25℃）：0.5y（pH 5），5～7d（pH 7～9）。pK_{a_1} 3.95，pK_{a_2} 7.00。

毒　性 （杀虫环草酸盐）急性经口 LD_{50}（mg/kg）：雄大鼠 399，雌大鼠 370，雄性小鼠 273。大鼠急性经皮 LD_{50}（mg/kg）：雄 1000，雌 880。对皮肤和眼睛无刺激。大鼠急性吸入 LC_{50}（1h）＞4.5mg/L（空气）。NOEL 值（2y，mg/kg 饲料）：老鼠 100，狗 75。鸟类：鹌鹑急性经口 LD_{50} 3.45mg/kg；鹌鹑饲喂 LC_{50}（8d）340mg/kg 饲料。鱼类 LC_{50}（96h，mg/L）：鲤鱼 0.32，鳟鱼 0.04。水蚤 LC_{50}（48h）0.02mg/L。藻类 EC_{50}（72h）：绿藻 0.9mg/L。对蜜蜂有中等毒性，LD_{50}（96h）经口 2.86μg/只，局部 40.9μg/只。

制　剂 90%、87.5%原药，50%可溶性粉剂。

应　用 杀虫环是沙蚕毒素类衍生物，属神经毒剂，其主要中毒机理与其他沙蚕毒素类农药相似，也是由于在体内代谢成沙蚕毒而发挥毒力作用，占领乙酰胆碱受体，阻断神经突触传导，害虫中毒后表现为麻痹直至死亡。但毒效表现较为迟缓，中毒轻的个体还有复活可能，与速效农药混用可提高击倒力。对害虫具有较强的胃毒作用、触杀作用和内吸作用，也有显著的杀卵作用。且防治效果稳定，即使在低温条件下也能保持较高的杀虫活性。防治对象：杀虫环对鳞翅目和鞘翅目害虫有特效，常用于防治二化螟、三化螟、大螟、稻纵卷叶螟、玉米螟、菜青虫、小菜蛾、菜蚜、马铃薯甲虫、柑橘潜叶蛾、苹果潜叶蛾、梨星毛虫等水稻、蔬菜、果树、茶树等作物的害虫。也可用于防治寄生线虫，如水稻白尖线虫。对一些作物的锈病和白穗也有一定的防治效果。注意事项：杀虫环对家蚕毒性大，蚕桑地区使用应谨慎。棉花、苹果、豆类的某些品种对杀虫环表现敏感，不宜使用。水田施药后应注意避免让田水流入鱼塘，以防鱼类中毒。据《农药合理使用准则》规定：水稻使用 50%杀虫环可湿性粉剂，其每次的最高用药量为 1500g/hm^2 对水喷雾，全生育期内最多只能使用 3 次，其安全间隔期（末次施药距收获的天数）为15d。不宜与铜制剂、碱性物质混用，以防药效下降。

原药生产厂家 江苏天容集团股份有限公司、江苏省苏州联合伟业科技有限公司。

杀虫双（thiosultap-disodium）

$$
\begin{array}{l}
CH_3 \quad CH_2SSO_3Na \\
\quad \backslash \quad | \\
\quad NCH \\
\quad / \quad | \\
CH_3 \quad CH_2SSO_3Na
\end{array}
$$

$C_5H_{11}NO_6S_4Na_2$，355.4

化学名称 1,3-双硫代磺酸钠基-2-二甲氨基丙烷

CAS登录号 52207-48-4

理化性质 纯品为白色结晶。熔点142～143℃。蒸气压1.3×10^{-5}mPa。相对密度1.30～1.35。溶解度：易溶于水；溶于乙醇、甲醇、二甲基甲酰胺、二甲基亚砜；微溶于丙酮；不溶于乙酸乙酯、乙醚。在强酸、强碱条件下易分解。

毒　性 急性经口LD_{50}（mg/kg）：雄大鼠680，雌大鼠520；雄小鼠200，雌小鼠235。兔急性经皮LD_{50}＜448.3mg/kg，对兔皮肤和眼睛无刺激。大鼠吸入LC_{50}（6h）0.83mg/kg。NOEL［mg/(kg·d)］：大鼠（2y）20，小鼠（1.5y）30。

制　剂 400g/L、29%、25%、20%、18%水剂，25%母液，36%、25%母药，3.60%、3%颗粒剂，3.60%大粒剂。

应　用 属神经毒剂，具有胃毒、触杀、内吸传导和一定的杀卵作用。杀虫双是一种有机杀虫剂。它是参照环形动物沙蚕所含有的“沙蚕毒素”的化学结构而合成的沙蚕毒素的类似物，所以也是一种仿生杀虫剂。能使昆虫的神经对于外界的刺激不产生反应。因而昆虫中毒后不发生兴奋现象，只表现瘫痪麻痹状态。据观察，昆虫接触和取食药剂后，最初并无任何反应，但表现出迟钝、行动缓慢、失去侵害作物的能力，终止发育、虫体软化、瘫痪，直至死亡。杀虫双有很强的内吸作用，能被作物的叶、根等吸收和传导。通过根部吸收的能力，比叶片吸收要大得多。据有关单位用放射性元素测定，杀虫双被作物的根部吸收，1d即可以分布到植株的各个部位，而叶片吸收要经过4d才能传送到整个地上部分。但不论是根部吸收还是叶部吸收，植株各部分的分布是比较均匀的。防治对象：对水稻、玉米、豆类、蔬菜、果树、茶叶、森林等多种作物的主要害虫均有良好的防效。注意事项：该药对家蚕具高毒，在蚕区使用杀虫双水剂必须十分谨慎，最好能使用颗粒剂。在防治水稻螟虫及稻飞虱、稻叶蝉等水稻基部害虫时，施药时应确保田间有3～5cm水层3～5d，以提高防治效果，切忌干田用药，以免影响药效。豆类、棉花及白菜、甘蓝等十字花科蔬菜，对杀虫双较为敏感，尤以夏天易产生药害，因此应按登记作物和规定使用量操作。

生产厂家 母液：安徽华星化工股份有限公司、江苏安邦电化有限公司、四川华丰药业有限公司、重庆农药化工（集团）有限公司。母药：福建省福农生化有限公司、湖北仙隆化工股份有限公司、湖南省郴州天龙农药化工有限公司、浙江省宁波舜宏化工有限公司、江苏

天容集团股份有限公司。

杀虫单（thiosultap-monosodium）

$$HO-\overset{O}{\underset{O}{\overset{\|}{\underset{\|}{S}}}}-S-CH_2-\underset{N(CH_3)_2}{CH}-H_2C-S-\overset{O}{\underset{O}{\overset{\|}{\underset{\|}{S}}}}-O^- \quad Na^+$$

$C_5H_{12}NNaO_6S_4$，333.4

其他中文名称 杀螟克

化学名称 1-硫代磺酸钠基-2-二甲氨基-3-硫代磺酸基丙烷

CAS 登录号 29547-00-0

理化性质 白色针状结晶。熔点：142～143℃。原药为无定形颗粒状固体，或白色、淡黄色粉末，有吸湿性。溶解性：水中 1335mg/L（20℃）；易溶于乙醇，微溶于甲醇、DMF、DMSO 等有机溶剂；不溶于苯、丙酮、乙醚、氯仿、乙酸乙酯等溶剂。稳定性：常温下稳定；在 pH 5～9 时能稳定存在；遇铁降解；在强酸、强碱下容易分解，分解为杀蚕毒素。

毒　性 急性经口 LD_{50}（mg/kg）：雄大鼠 451，雄小鼠 89.9，雌小鼠 90.2。大鼠经皮 LD_{50} 1000mg/kg。对兔皮肤和眼睛无刺激。无诱导有机体突变物质，无致畸性，无致癌性。对鸟类无毒。鲤鱼 TLm（48h）9.2mg/L。对蜜蜂无毒。

制　剂 95%原药，20%水乳剂，50%泡腾粒剂，95%、90%、80%、50%、45%可溶粉性剂。

应　用 具有较强的触杀、胃毒和内吸传导作用。杀虫单是人工合成的沙蚕毒素的类似物，进入昆虫体内迅速转化为沙蚕毒素或二氢沙蚕毒素，为乙酰胆碱竞争性抑制剂。防治对象：对鳞翅目害虫的幼虫有较好的防治效果。主要用于防治甘蔗、水稻等作物上的害虫。防治水稻二化螟、三化螟、稻纵卷叶螟，同时对稻叶蝉、虱、稻苞虫、果树蚜虫等均有较好防效。注意事项：对家蚕有毒，使用时应特别注意。对棉花、烟草和某些豆类易产生药害，马铃薯也较敏感。不能与强酸、强碱物质混用。

原药生产厂家 安徽华星化工股份有限公司、安徽锦邦化工股份有限公司、福建省福农生化有限公司、广西壮族自治区化工研究院、湖北仙隆化工股份有限公司、湖南比德生化科技有限公司、湖南海利常德农药化工有限公司、湖南昊华化工有限责任公司、湖南省郴州天龙农药化工有限公司、湖南省临湘市化学农药厂、湖南省益阳市润慷宝化工有限公司、江苏安邦电化有限公司、江苏天容集团股份有限公司、江西省宜春信友化工有限公司、四川华丰药业有限公司、浙江博仕达作物科技有限公司、浙江省宁波舜宏化工有限公司、重庆农药化工（集团）有限公司。

杀螟丹（cartap）

$$\begin{array}{l} H_2NCOS-CH_2 \\ \qquad\qquad\quad | \\ \qquad\qquad\quad CH-N(CH_3)_2 \cdot HCl \\ \qquad\qquad\quad | \\ H_2NCOS-CH_2 \end{array}$$

$C_7H_{16}ClN_3O_2S_2$，273.8

其他中文名称 巴丹，派丹，卡塔普，沙蚕

化学名称 1,3-二(氨基甲酰硫)-2-二甲氨基丙烷

CAS登录号 15263-52-2

理化性质 杀螟丹：白色粉末，熔点187～188℃，25℃时蒸气压为2.5×10^{-2}mPa，在正己烷，甲苯，氯仿，丙酮和乙酸乙酯中的溶解性＜0.01g/L，在甲醇中溶解度为16g/L，在150℃时可以稳定存在。杀螟丹盐酸盐：白色晶体，有特殊臭味，具有吸湿性，熔点179～181℃，蒸气压可以忽略，在水中的溶解度为200g/L（25℃），微溶于甲醇，乙醇，不溶于丙酮，乙醚，乙酸乙酯，氯仿，苯和正己烷等。在酸性条件下稳定，在中性及碱性条件下水解。

毒　性 杀螟丹盐酸盐急性经口LD_{50}（mg/kg）：雄大鼠345，雌大鼠325，雄小鼠150，雌小鼠154。对小鼠的急性经皮LD_{50}＞1000mg/kg，对皮肤和眼睛无刺激。小鼠的吸入LC_{50}（6h）＞0.54mg/L，大鼠以10mg/kg饲料饲喂两年，小鼠以20mg/kg饲料饲喂一年半，均安全。对鲤鱼的LC_{50}（mg/L）：1.6（24h），1.0（48h）。对蜜蜂中等毒性，没有持效性，对鸟低毒，对蜘蛛等天敌无不良影响。

制　剂 98%原药，18%、6%水剂，98%、95%、50%可溶粉剂，4%颗粒剂。

应　用 杀螟丹是沙蚕毒素的一种衍生物，胃毒作用强，同时具有触杀和一定的拒食和杀卵作用，杀虫谱广，能用于防治鳞翅目、鞘翅目、半翅目、双翅目等多种害虫和线虫。对捕食性螨类影响小。其毒理机制是阴滞神经细胞点在中枢神经系统中的传递冲动作用，使昆虫麻痹，对害虫击倒较快，有较长的残效期。

原药生产厂家 安徽华星化工股份有限公司、广西平乐农药厂、湖北仙隆化工股份有限公司、湖南昊华化工有限责任公司、湖南岳阳安达化工有限公司、江苏安邦电化有限公司、江苏省常州市宝利德农药有限公司、江苏天容集团股份有限公司、江苏中意化学有限公司、山东潍坊润丰化工有限公司、天津京津农药有限公司、浙江博仕达作物科技有限公司、浙江省宁波市镇海恒达农化有限公司。

日本住友化学株式会社。

杀虫单铵

$$(H_3C)_2N-CH(CH_2S_2O_3NH_4)(CH_2S_2O_3H)\cdot H_2O$$

$C_5H_{18}N_2O_7S_4$，346.5

化学名称 2-*N*,*N*-二甲氨基-1-硫代酸铵基-3-硫代硫酸基丙烷

理化性质 外观为白色或浅黄色粉状固体。熔点132～134℃，蒸气压（20℃）2.4×10^{-6} Pa。溶解度（g/L，20℃）：水中377，甲醇中6.9，丙酮中0.4，苯中0.24；不溶于三氯甲烷。稳定性：在强酸、强碱溶液中不稳定。

毒　性 鲤鱼LC_{50}（96h）63.67mg/L。蜜蜂LD_{50}＞170μg/只。鹌鹑LD_{50}（mg/kg）：雄

30.90，雌 33.88。

应　用　具有胃毒、触杀、熏蒸、内吸传导等杀虫作用，杀虫活性高，并兼备较好的杀卵性能，残效期为 7d 左右。注意事项：对蚕有长期性毒害，如附近有桑园则应注意风向，防止污染桑叶。

虫螨腈（chlorfenapyr）

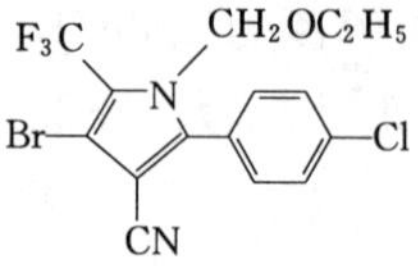

$C_{15}H_{11}BrClF_3N_2O$，407.6

其他中文名称　除尽，溴虫腈，氟唑虫清

其他英文名称　Phantom，Pylon

化学名称　4-溴-2-(4-氯苯基)-1-(乙氧基甲基)-5-三氟甲基吡咯-3-腈

CAS 登录号　122453-73-0

理化性质　白色固体。熔点为 101～102℃，蒸汽压＜1.2×10^{-2}mPa·（20℃）。$K_{ow}\lg P$＝4.83。相对密度：0.355（24℃）。溶解度：水中（pH＝7，25℃）0.14mg/L；其他溶剂（g/100mL，25℃）：己烷 0.89，甲醇 7.09，乙腈 68.4，甲苯 75.4，丙酮 114，二氯甲烷 141。稳定性：在空气中，DT_{50}：0.88d（10.6h，计算值）；水中（直接光降解），DT_{50}：4.8～7.5d；在水稳定（pH＝4、7、9）。

毒　性　急性经口 LD_{50}（mg/kg）：雄大鼠 441，雌大鼠 1152，雄小鼠 45，雌小鼠 1152。兔急性经皮 LD_{50}＞2000mg/kg；对兔眼睛有中等刺激；对兔皮肤无刺激。大鼠吸入 LC_{50} 1.9mg/L 空气。NOEL 值：雄性小鼠慢性胃毒和致癌（80 周）2.8mg/(kg·d)(20mg/L)；大鼠饮食中毒 NOAEL（52 周）2.6mg/(kg·d)（60mg/L）。无致畸作用。急性经口 LD_{50}（mg/kg）：野鸭 10，美洲鹑 34。LC_{50}（8d，mg/L）：野鸭 9.4，美洲鹑 132。LC_{50}（μg/L）：鲤鱼（48h）500，虹鳟鱼（96h）7.44，蓝鳃太阳鱼（96h）11.6。水蚤 LC_{50}（96h）6.11μg/L。羊角月牙藻 EC_{50} 132μg/L。蜜蜂 LD_{50} 0.2μg/只。蚯蚓 NOEC（14d）8.4mg/kg。

制　剂　94.5%原药，240g/L、20%、10%悬浮剂。

应　用　胃毒和触杀作用的杀虫剂和杀螨剂。在植物中表现出良好的传导性，但是内吸性较差。溴虫腈是一种杀虫剂前体，其本身对昆虫无毒杀作用。昆虫取食或接触溴虫腈后，在昆虫体内，溴虫腈在多功能氧化酶的作用下转变为具体杀虫活性化合物，其靶标是昆虫体细胞中的线粒体。使细胞合成因缺少能量而停止生命功能，药后害虫活动变弱，出现斑点，颜色发生变化，活动停止，昏迷，瘫软，最终导致死亡防治对象：小菜蛾、菜青虫、甜菜夜蛾、斜纹夜蛾、菜螟、菜蚜、斑潜蝇、蓟马等多种蔬菜害虫。注意事项：每季作物使用该药不超过 2 次，不要与其他杀虫剂混用；不要使用低于推荐剂量的药量；在作物收获前 14d 禁用。

原药生产厂家 巴斯夫欧洲公司。

杀虫双铵（thiosultap-diammonium）

$$(CH_3)_2N-CH(CH_2SSO_3NH_4)_2$$

$C_5H_{19}N_3O_6S_4$，345.5

其他英文名称 profurite-aminium

其他中文名称 杀虫安，虫杀手

化学名称 2-二甲氨基-1,3-双硫代磺酸铵基丙烷

理化性质 白色粉末。熔点 123～124℃（分解）。具吸湿性。在 25℃水中溶解度为 0.89g/mL；易溶于水和热甲醇；在常温贮存稳定，在碱性条件下易分解。

毒　性 急性经口 LD_{50}：408mg/kg。急性经皮 LD_{50}＞1000mg/kg。

应　用 属有机氮类仿生性沙蚕毒系新型杀虫剂，与杀虫双同类，前者为铵盐，后者为钠盐。对害虫有胃毒、触杀、内吸传导作用。其主要作用机制为药剂进入昆虫体内后转化为沙蚕毒，阻断中枢神经系统的突触传导作用，使昆虫麻痹、瘫痪、拒食死亡。防治水稻害虫药效显著，持效期长，对水稻安全。注意事项：对蚕有毒，蚕桑区禁用。对棉花易产生药害，对大豆、四季豆、马铃薯较敏感。易吸潮，须密封保存。食用作物收获前 14d 停止使用。

原药生产厂家 浙江省宁波舜宏化工有限公司。

氟虫腈（fipronil）

$C_{12}H_4Cl_2F_6N_4OS$，437.2

其他中文名称 锐劲特，氟苯唑

其他英文名称 MB 46030，Regent

化学名称 (*RS*)-5-氨基-1-(2,6-二氯-4-三氟甲基苯基)-4-三氟甲基亚磺酰基吡唑-3-腈

CAS 登录号 120068-37-3

理化性质 白色固体。熔点 200～201℃（原药 195.5～203℃）。蒸气压 3.7×10^{-7} Pa（25℃）。相对密度 1.477～1.626（20℃）。$K_{ow}\lg P=4.0$。Henry 常数 3.7×10^{-5} Pa·m³/mol（计算）。溶解度（20℃）：水中（mg/L）1.9（蒸馏水），1.9（pH＝5），2.4（pH＝9）；有机溶剂（g/L）：丙酮 545.9，二氯甲烷 22.3，甲苯 3.0，己烷 0.028。稳定性：在

pH=5、7 的水中稳定，在 pH=9 时缓慢水解（DT_{50} 约 28d）；加热仍很稳定；在太阳光照射下缓慢降解（持续光照 12d，分解 3%左右）；但在水溶液中经光照可快速分解（DT_{50} 约 0.33d）。

毒 性 急性经口 LD_{50}（mg/kg）：大鼠 97，小鼠 95。急性经皮 LD_{50}（mg/kg）：大鼠>2000，兔 354；对兔眼睛和皮肤无刺激（OECD 标准）。大鼠吸入 LC_{50}（4h）0.682mg/L（原药，仅限于鼻子）。NOEL 值：大鼠（2y）0.5mg/kg（饲料），小鼠（18 月）0.5mg/kg（饲料），狗（52 周）0.2mg/(kg·d)。无“三致”。急性经口 LD_{50}（mg/kg）：山齿鹑 11.3，野鸭>2000，鸽子>2000，野鸡 31，红腿松鸡 34，麻雀 1120；LC_{50}（5d，mg/kg）：野鸭>5000，山齿鹑 49。鱼急性 LC_{50}（96h，μg/L）：蓝鳃太阳鱼 85，虹鳟 248，欧洲鲤鱼 430。水蚤 LC_{50}（48h）0.19mg/L。藻类 EC_{50}（mg/L）：栅藻 EC_{50}（96h）0.068，羊角月牙藻 EC_{50}（120h）>0.16，鱼腥藻 EC_{50}（96h）>0.17。对蜜蜂高毒（触杀和胃毒），但用于种子处理或土壤处理对蜜蜂无害。对蚯蚓无毒。

制 剂 96%、95%原药，50g/L 种子处理悬浮剂，8%悬浮种衣剂，200g/L、5%、2.50%悬浮剂，3%微乳剂，80%水分散粒剂，5%、25g/L 乳油，200g/L 母液，0.05%胶饵，0.50%粉剂，0.05%、0.008%饵剂，4g/L 超低容量液剂。

应 用 氟虫腈是一种苯基吡唑类杀虫剂，杀虫广谱，对害虫以胃毒作用为主，兼有触杀和一定的内吸作用。其杀虫机制在于通过阻碍 γ-氨基丁酸（GABA）调控的氯化物传递而破坏中枢神经系统内的中枢传导。因此对蚜虫、叶蝉、飞虱、鳞翅目幼虫、蝇类和鞘翅目等重要害虫有很高的杀虫活性，对作物无药害。与现有杀虫剂无交互抗性，对有机磷、环戊二烯类杀虫剂、氨基甲酸酯、拟除虫菊酯等有抗性的或敏感的害虫均有效。在水稻上有较强的内吸活性，击倒活性为中等。该药剂可施于土壤，也可叶面喷雾。施于土壤能有效地防治玉米根叶甲、金针虫和地老虎。叶面喷洒时，对小菜蛾、菜粉蝶、稻蓟马等均有高水平防效，且持效期长。适用作物：水稻、蔬菜、棉花、烟草、马铃薯、甜菜、大豆、油菜、茶叶、苜蓿、甘蔗、高粱、玉米、果树、森林、观赏植物、公共卫生、畜牧业、贮存产品及地面建筑等防除各类作物害虫和卫生害虫。防治对象：氟虫腈是一种对许多种类害虫都具有杰出防效的广谱性杀虫剂，它对半翅目、鳞翅目、缨翅目、鞘翅目等害虫以及对环戊二烯类、菊酯类、氨基甲酸酯类杀虫剂已产生抗药性的害虫都具有极高的敏感性。注意事项：氟虫腈对虾、蟹、蜜蜂高毒，饲养上述动物的地区应谨慎使用。

原药生产厂家 安徽华星化工股份有限公司、河北三农农用化工有限公司、江苏长青农化股份有限公司、江苏托球农化有限公司、江苏优士化学有限公司、江苏中旗化工有限公司、江苏中旗化工有限公司、江苏中意化学有限公司、辽宁省大连瑞泽农药股份有限公司、山东省青岛凯源祥化工有限公司、沈阳科创化学品有限公司、一帆生物科技集团有限公司、浙江海正化工股份有限公司、浙江省宁波中化化学品有限公司、浙江永农化工有限公司。

德国拜耳作物科学公司、拜耳作物科学（中国）有限公司。

第二章 CHAPTER 2

杀螨剂

三氯杀螨醇（dicofol）

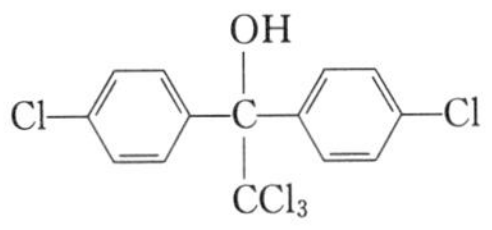

$C_{14}H_9Cl_5O$，370.5

其他中文名称 开乐散，凯尔生

其他英文名称 Kelthane

化学名称 2,2,2-三氯-1,1-双(4-氯苯基)乙醇

CAS登录号 115-32-2

理化性质 纯品为无色固体（原药为棕色黏稠油状物）。熔点 78.5～79.5℃，沸点 193℃/360mmHg（原药）。蒸汽压 0.053mPa（25℃）（原药）。$K_{ow}\lg P=4.30$。Henry 常数：2.45×10^{-2} Pa·m^3/mol（计算值）。相对密度：1.45（25℃）（原药）。溶解性（25℃）：水中为 0.8mg/L；丙酮、乙酸乙酯、甲苯中 400，甲醇中 36，已烷、异丙醇中 30（均为 g/L）。稳定性：对酸稳定；但在碱性介质中不稳定，水解为 4,4′-二氯二苯酮和氯仿；DT_{50}（pH=5）为 85d，（pH=7）为 64～99h，（pH=9）为 26min；其 2,4′-异构体水解得更快；光照下降解为 4,4′-二氯二苯酮。在温度为 80℃时稳定；可湿性粉剂对溶剂和表面活性剂敏感，这些也许会影响其杀螨活性及产生药害。闪点 193℃（敞口杯）。

毒　性 急性经口 LD_{50}（mg/kg）：雄大鼠 595，雌大鼠 578；兔为 1810mg（原药)/kg。急性经皮 LD_{50}（mg/kg）：大鼠＞5000，兔＞2500。大鼠急性吸入 LC_{50}（4h）＞5mg/L 空气。2 年致癌和饲喂试验表明：大鼠 NOEL 为 5mg/kg（饲料）[雄性 0.22mg/(kg·d)，雌性 0.27mg/(kg·d)]。2 代繁殖研究表明，对大鼠的 NOEL 为 5mg/kg（饲料）。狗 1 年饲喂试验的 NOEL 为 30mg/kg（饲料）；小鼠 13 周试验的 NOEL 为 10mg/L [2.1mg/(kg·d)]。ADI 值：0.002mg/kg。鸟类 LC_{50}（5d，mg/L）：山齿鹑为 3010，日本鹌鹑为 1418，环颈雉为 2126，野鸭为 1651。蛋壳质量和繁殖研究表明，无作用剂量（mg/kg 饲料）：美国茶隼 2，野鸭为 2.5，山齿鹑为 110。鱼类 LC_{50}（96h，mg/L）：斑点叉尾鮰为 0.30，蓝

腮太阳鱼 0.51，大口黑鲈 0.45，黑头呆鱼 0.183，红鲈 0.37；LC_{50}（24h）：虹鳟鱼为 0.12mg/L。黑头呆鱼生命周期 NOEL 为 0.0045mg/L，虹鳟鱼生命前期 NOEL 为 0.0044mg/L。水蚤 LC_{50}（48h）0.14mg/L。藻类：栅藻 EC_{50}（96h）0.075mg/L。其他水生物种：糠虾 LC_{50}（96h）0.06mg/L，牡蛎 EC_{50} 为 0.15mg/L，招潮蟹 EC_{50} 64mg/L，无脊椎动物生命前期 EC_{50} 0.19mg/L。蜜蜂：对蜜蜂无毒，LD_{50}［μg（原药）/只］接触＞50，经口＞10。蠕虫 LC_{50}（mg/L）：43.1（7d），24.6（14d）。

制　剂　80%原药，20%乳油。

应　用　三氯杀螨醇是一种杀螨谱广、杀虫活性较高，对天敌和作物表现安全的有机氯杀螨剂。该药为神经毒剂，对害螨具有较强的触杀作用，无内吸性，残效期长。对成、若螨和卵均有效，是我国目前常用的杀螨剂品种。该药分解较慢，作物重施药 1 年后仍有少量残留。可用于棉花、果树、花卉等作物防治多种害螨。由于多年使用，在一些地区害螨对其已产生不同程度的抗药性，在这些地区要适当提高使用浓度。防治对象：对各种红蜘蛛的成螨、幼若螨和卵均有很强杀伤作用，且杀伤作用迅速。可防治柑橘、棉花、葡萄、仁果和核果上的短须螨属、全爪螨属、叶螨属和其他螨类。注意事项：该药不易分解，残留量高，不应用于茶叶、食用菌和蔬菜、药材等。苹果的红玉等品种易产生药害，使用时要注意。不要与碱性物质混放，不要与碱性农药混配，以免分解降效。

原药生产厂家　江苏扬农化工集团有限公司。

三氯杀螨砜（tetradifon）

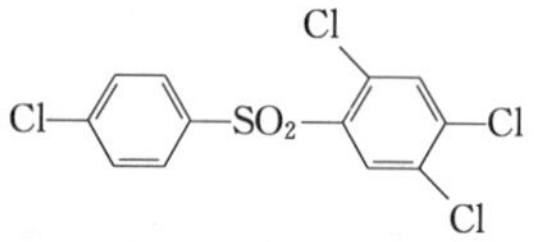

$C_{12}H_6Cl_4O_2S$，356.0

其他中文名称　涕滴恩，天地红，太地安，退得完

其他英文名称　Tedion，V-18，TON，Chlorodifon，V-18

化学名称　2,4,4′,5-四氯二苯砜

CAS登录号　116-29-0

理化性质　无色晶体（原药为接近白色的粉末，有弱芳香气味）。熔点 146℃（纯品，原药≥144℃）。蒸汽压 9.4×10^{-7} mPa（25℃）。分配系数 K_{ow} $\lg P=4.61$。Henry 常数：1.46×10^{-4} Pa·m³/mol。相对密度 1.68（20℃）。溶解性（20℃）：水中 0.078mg/L；丙酮中 67.3，甲醇中 3.46，乙酸乙酯中 67.3，己烷中 1.52，二氯甲烷中 297，二甲苯 105（均为 g/L）。稳定性：非常稳定，即使在强酸、强碱中，对光和热也稳定，耐强氧化剂。

毒　性　雄大鼠急性经口 LD_{50}＞14700mg/kg。兔急性经皮 LD_{50} 为＞10000mg/kg；对兔皮肤无刺激，对眼睛有轻微刺激。大鼠吸入 LC_{50}（4h）＞3mg/L 空气。NOEL 数值：2y 饲喂研究表明，大鼠的 NOAEL 为 300mg/kg（饲料）。2 代研究表明，大鼠繁殖 NOEL 为 200mg/kg（饲料）。对大鼠和兔无致畸作用。不会诱导有机体突变。急性腹腔注射 LD_{50}

(mg/kg)：大鼠 >2500，小鼠 >500。鸟类：饲喂 LC_{50}（8d）山齿鹑、日本鹌鹑、野鸡、野鸭 >5000mg/kg 饲料。鱼类 LC_{50}（96h，μg/L）：蓝鳃太阳鱼为 880，河鲶为 2100，虹鳟鱼为 1200。水蚤：LC_{50}（48h）>2mg/L。海藻：羊角月牙藻 EC_{50}（96h）>100mg/L。蜜蜂：按说明使用对蜜蜂不会有危险；LD_{50}（接触）>1250μg/只。蠕虫：LD_{50} >5000mg/kg（底物）。其他有益物种：正常含量下对红蜘蛛的天敌无害。

制　剂　95%原药，10%乳油。

应　用　氧化磷酸化抑制剂，ATP 形成的干扰物。非内吸性杀螨剂。通过植物组织渗入，持效期长。对卵和各阶段的非成螨均有触杀活性，也能通过使雌螨不育或导致卵不孵化而间接的发挥作用。防治对象：可湿性粉剂推荐用于柑橘类、咖啡树、灌木性果树、果树树冠、葡萄、苗木、观赏植物和蔬菜，乳油推荐用于棉花、花生、茶叶。注意事项：不能用三氯杀螨砜杀冬卵。当红蜘蛛为害重，成螨数量多时，必须与其他药剂混用效果才好。该药剂对柑橘锈螨无效。

原药生产厂家　山东省高密市绿洲化工有限公司。

二甲基二硫醚（dithioether）

$$CH_3—S—S—CH_3$$

$$C_2H_6S_2，94.2$$

其他中文名称　螨速克

化学名称　二甲基二硫醚

CAS 登录号　624-92-0

理化性质　原药纯度≥99%，易燃黄色液体，具有硫黄气味。熔点 -84.7℃，沸点 109.6℃。蒸气压 $3.0×10^6$ mPa（20℃）。K_{ow} lg$P$=1.91。Henry 常数 105Pa·m^3/mol（计算）。相对密度 1.062（20℃）。溶解度：水中（20℃）2.7g/L；与大多有机溶剂互溶（15～25℃）。稳定性：加热至 300℃依旧稳定，在氧化剂下，加热时不稳定。冰点：16℃。黏度：0.62mPa·s（20℃）。

毒　性　大鼠急性经口 LD_{50} 190mg/kg。兔急性经皮 LD_{50} >2000mg/kg；对兔眼睛和皮肤轻度刺激。大鼠吸入 LC_{50}（4h）805mg/L。山齿鹑急性经口 LD_{50}：342mg/kg。鱼类 LC_{50}（120h，mg/L）：鲑鱼 1.75。水蚤 LC_{50}（48h）4mg/L。海藻 EC_{50}（72h）11～35mg/L。

制　剂　0.5%乳油。

应　用　线粒体功能异常和 K-ATP 通道活化，阻碍细胞色素氧化酶（CxⅣ）K-ATP 通道超极化。对害虫具有触杀和胃毒作用，对作物具有一定渗透性，但无内吸传导作用，杀虫广谱，作用迅速，在植物体内氧化成亚砜和砜，杀虫活性提高。作为土壤熏蒸剂使用。经叶片吸收，主要集中在表皮细胞内层，在阳光直射的情况下，可以加速分解。经分解后，10d 后就无残存。注意事项：不得与碱性农药混用。

单甲脒（semiamitraz）

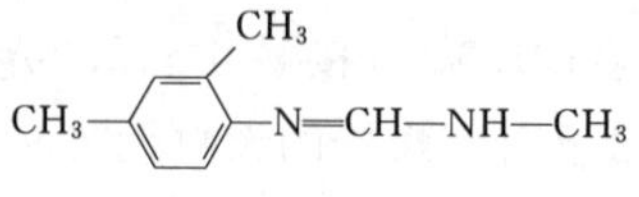

$C_{10}H_{15}N_2Cl$，198.7

其他中文名称 杀螨脒

化学名称 N-(2,4-二甲基苯基)-N′-甲基甲脒盐酸盐

CAS登录号 33089-74-6

理化性质 纯品为白色针状结晶，熔点为163～165℃，易溶于水，微溶于低分子量的醇，难溶于苯和石油醚等有机溶剂。对金属有腐蚀性。

毒　性 大鼠急性经口 LD_{50} 215mg/kg，急性经皮 LD_{50}＞2000mg/kg。

制　剂 25％水剂。

应　用 抑制单胺氧化酶，对昆虫中枢神经系统的非胆碱能突触会诱发直接兴奋作用。该药具触杀作用，对螨卵、幼若螨均有杀伤力。为感温型杀螨剂，气温22℃以上防效好，可防治柑橘全爪螨、柑橘锈螨，兼治桔蚜、木虱，对天敌安全。注意事项：对鱼有毒，勿使药剂污染河流和池塘等。该药剂渗透性强，喷药后2h降雨，不影响药效，防治效果与气温相关，20℃以上效果才好。该药剂与有机磷和菊酯类农药混用有增效作用，不能与碱性农药混用，配药时不能用硬质碱性大的井水，否则药效下降。

原药生产厂家 天津人农药业有限责任公司（单甲脒盐酸盐）。

双甲脒（amitraz）

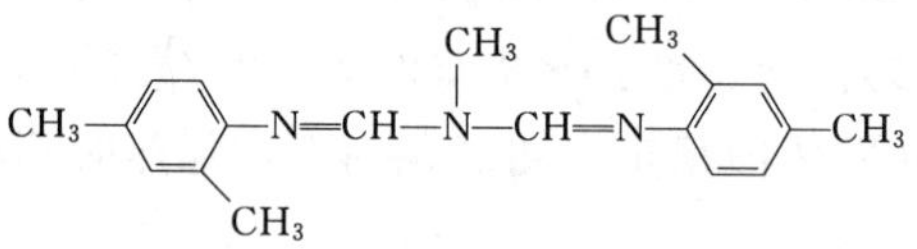

$C_{19}H_{23}N_3$，293.4

其他中文名称 螨克，胺三氮螨，阿米德拉兹，果螨杀，杀伐螨

其他英文名称 Mitac，Azaform，Baam，BTS-27419，Danicut，ENT-27967，JA119，MITAC，RD-27419，Taktic

化学名称 N,N-双(2,4-二甲基苯基亚氨基甲基)甲胺

CAS登录号 33089-61-1

理化性质 白色或淡黄色晶体。熔点为86～88℃。蒸气压0.34mPa（25℃）。K_{ow} lg$P$＝5.5（25℃，pH 5.8）。Henry常数1.0Pa·m^3/mol（测量），相对密度1.128（20℃）。溶解性：水中＜1mg/L（20℃），溶于大多数有机溶剂，丙酮、甲苯、二甲苯中＞300g/L。稳定

性：水解 DT_{50}（25℃，h）：2.1（pH 5），22.1（pH 7），25.5（pH 9）；紫外光对稳定性几乎无影响。pK_a 4.2，呈弱碱性。

毒　性　急性经口 LD_{50}（mg/kg）：大鼠为650，小鼠＞1600；急性经皮 LD_{50}（mg/kg）：兔＞200，大鼠＞1600。大鼠吸入 LD_{50}（6h）＞65mg/L（空气）。NOEL 值：在2年的饲养试验中，大鼠无害作用剂量为50～200mg/L（饲料），狗为0.25mg/(kg·d)。对人的NOEL值＞0.125mg/(kg·d)。在环境中迅速降解，但在饮用水中在可测量浓度下不会降解。鸟类：山齿鹑 LD_{50} 788mg/kg；LC_{50}（8d，mg/kg）野鸭为7000，日本鹌鹑1800。鱼类：LC_{50}（96h，mg/L）：虹鳟鱼为0.74，蓝腮太阳鱼为0.45。由于双甲脒很容易水解，在水体系中毒性很低。水蚤 LC_{50}（48h）0.035mg/L。藻类：羊角月牙藻 EC_{50}＞12mg/L。蜜蜂：对蜜蜂和肉食性昆虫低毒；LD_{50}（接触）为50μg/只（制剂）。蠕虫：蚯蚓 LC_{50}（14d，原药）＞1000mg/kg。

制　剂　98.50%、98%、97%、95%原药，20%、12.50%、10%乳油。

应　用　作用机理与特点：双甲脒系广谱性杀螨剂。具有多种毒杀机理，主要抑制单胺氧化酶的活性，对昆虫中枢神经系统非胆碱能突触会诱发直接兴奋作用。并有触杀、拒食、驱避作用，亦有一定的胃毒、熏蒸和内吸作用。双甲脒对叶螨科各个发育阶段的虫态都有良好防效，但对越冬的螨卵药效差，用于防治其他杀螨剂有抗性的害螨有较好药效。同时，可兼治同翅目及鳞翅目多种害虫。通过触杀和呼吸作用，对广泛的食植物的螨类和昆虫有防效。防治对象：对瘿螨科和叶螨科以及许多同翅目害虫（蚜科、粉虱科、蚧科、盾蚧科、绵蚧科、粉蚧科、木虱科）的所有生育阶段均有效果。对各种鳞翅目害虫（棉铃虫和黏虫）的卵也有活性。对捕食性昆虫相对无毒。主要在柑橘、棉花、葫芦、啤酒花、观赏植物和番茄上使用。在兽用方面主要用于防治家畜、狗、山羊和绵羊的蛛形纲、蠕形螨科、蚤目、兽羽虱科和蜜蜂的大蜂螨，包括对其他兽用杀蜱螨剂产生抗性的蜱螨也十分有效。该药在毛发中可保持很长时间，可防治所有生育期的寄生虫。注意事项：蔬菜收获前10d停止用药。不可与碱性农药混用，以免降低药效。在气温25℃以下用药杀螨效果差，高温晴天用药防效高。

原药生产厂家　河北新兴化工有限责任公司、江苏百灵农化有限公司、江苏绿利来股份有限公司、江苏省常州华夏农药有限公司、江苏省常州市武进恒隆农药有限公司、上虞颖泰精细化工有限公司。

溴螨酯（bromopropylate）

Br–C₆H₄–C(OH)(CO₂CH(CH₃)₂)–C₆H₄–Br

$C_{17}H_{16}Br_2O_3$，428.1

其他中文名称　螨代治，新灵，溴杀螨醇，溴杀螨

其他英文名称　Neoron

化学名称　2,2-双(4-溴苯基)-2-羟基乙酸异丙酯

CAS 登录号　18181-80-1

理化性质 纯品为白色晶体。熔点 77℃。蒸气压 6.8×10^{-3}mPa（20℃）。$K_{ow}\lg P=5.4$。Henry 常数$<5.82\times10^{-3}$Pa·m^3/mol（计算值）。相对密度为 1.59g/cm^3（20℃）。溶解性（20℃）：水中<0.5mg/L；丙酮中为 850，二氯甲烷中为 970，二噁烷中为 870，苯中为 750，甲醇中为 280，二甲苯中为 530，异丙醇中为 90（均为 g/kg）。稳定性：在中性或弱酸性介质中稳定；DT_{50}为 34d（pH=9）。

毒　性 大鼠急性经口 LD_{50}>5000mg（原药）/kg。大鼠急性经皮 LD_{50}>4000mg/kg，对兔的皮肤有轻微刺激但对兔眼无刺激。大鼠吸入 LC_{50}>4000mg/kg。NOEL（2y）大鼠为 500mg/kg（饲料）[约 25mg/(kg·d)]，（1y）小鼠为 1000mg/kg（饲料）[约 143mg/(kg·d)]。鸟类：急性经口 LD_{50}：日本鹌鹑>2000mg/kg。饲喂 LC_{50}（8d，mg/kg 饲料）：北京鸭为 600，日本鹌鹑为 1000。鱼类 LC_{50}（96h，mg/L）：虹鳟鱼为 0.35，蓝腮太阳鱼 0.5，鲤鱼为 2.4。水蚤：LC_{50}（48h）为 0.17mg/L。海藻：EC_{50}（72h）栅藻>52mg/L。蜜蜂：对蜜蜂无毒，LC_{50}（24h）为 183μg/只。蠕虫：蚯蚓 LC_{50}（14d）>1000mg/kg（土壤）。其他有益物种：对落叶果树、柑橘属果树和酒花上的花椿、盲蝽、瓢虫、草蛉、褐蛉、隐翅虫、步甲、食蚜蝇和长足虻的成虫和若虫安全。对肉食性螨的潜在危害可通过避免早季喷药来降到最低。

制　剂 95%原药，50%g/L 乳油。

应　用 氧化磷酸化作用抑制剂，干扰 ATP 的形成（ATP 合成抑制剂）。杀螨谱广、毒性低、对天敌、蜜蜂及作物比较安全的非系统性杀螨剂。触杀性较强，无内吸性，对成、若螨和卵均有一定的杀伤作用。温度变化对药效影响不大。防治对象：可防治叶螨、瘿螨、线螨等多种害螨。用于棉花、果树、葡萄、观赏植物、大豆、草莓、蔬菜和大田作物。以较高的剂量，对有机磷化合物有抗性的螨类有防效。注意事项：果树收获前 21d 停止使用。在蔬菜和茶叶采摘期禁止用药。害螨对该药和三氯杀螨醇有交互抗性，使用时要注意。

原药生产厂家 浙江省宁波中化化学品有限公司。

炔螨特（propargite）

$C(CH_3)_3$

O

$OSO_2CH_2C\equiv CH$

$C_{19}H_{26}O_4S$，350.5

其他中文名称 奥美特，克螨特

其他英文名称 Comite，Omite

化学名称 2-(4-叔丁基苯氧基)环己基丙炔-2-基亚硫酸酯

CAS 登录号 2312-35-8

理化性质 纯度>87%。为深琥珀色油状黏性液体。常压下210℃分解。蒸气压0.04mPa(25℃)。相对密度1.12(20℃)。$K_{ow}\lg P$= 5.70。Henry常数$6.4\times10^{-2}Pa\cdot m^3/mol$(计算值)。溶解度:水中(25℃)0.215mg/L;易溶于甲苯、己烷、二氯甲烷、甲醇、丙酮等有机溶剂,不能与强酸、强碱相混。稳定性:水解DT_{50}(d):66.30(25℃)、9.0(40℃)(pH=7),DT_{50}(d):1.10(25℃)、0.2(40℃)(pH=9),在pH=4稳定;光解DT_{50} 6d(pH=5);在空气中DT_{50} 2.155h。pK_a>12。闪点71.4℃。

毒　性 据中国农药毒性分级标准,炔螨特属低毒杀螨剂。大鼠急性经口LD_{50}:2843mg/kg。兔急性经皮LD_{50}>4000mg/kg。大鼠急性吸入LC_{50}(4h)为0.05mg/L。对兔眼睛和皮肤有严重刺激性;对豚鼠无皮肤致敏。无作用剂量(mg/kg):大鼠亚急性经口40,大鼠慢性经口300,狗慢性吸入900。无诱变性和致癌作用。NOEL(1y)狗4mg/(kg·d);LOAEL(2y)基于空肠肿瘤发生率,SD大鼠3mg/(kg·d),Wistar大、小鼠未见肿瘤发生。NOAEL(28d)SD大鼠2mg/kg,表明细胞增殖是致癌的原因,而且有极限剂量。进食LC_{50}(5d,mg/kg):野鸭>4640、山齿鹑3401。鱼类LC_{50}(96h,mg/L):虹鳟0.043、蓝鳃太阳鱼0.081。水蚤LC_{50}(48h)0.014mg/L。月牙藻LC_{50}(96h)>1.08mg/L(在测试最高浓度下没有影响)。其他水生生物:LC_{50}(96h)草虾0.101mg/L。蜜蜂LD_{50}(μg/只):(接触,48h)47.92,(经口)>100。蠕虫LC_{50}(14d)赤子爱胜蚓378mg/kg(土壤)。其他植物和田间几年的残留物接触1周或者1d的情况下,对安德森氏钝绥螨、小花蝽、赤眼蜂无副作用(因此对于人类无长期影响);与叶子上的新的残留物接触,对普通草蛉无副作用。

制　剂 92%、91%、90.80%、90.60%、90.50%、90%、85%原药,40%微乳剂,40%、30%、20%水乳剂,760、570g/L、73%、70%、57%、40%、25%乳油,30%可湿性粉剂。

应　用 线粒体ATPase抑制剂,通过破坏正常的新陈代谢和修复从而达到杀螨目的。有机硫杀螨剂,具有触杀和胃毒作用,无内吸和渗透传导作用。对成螨、若螨有效,杀卵的效果差。炔螨特在世界各地已经使用了30多年,至今没有发现抗药性,这是由于螨类对炔螨特的抗性为隐性多基因遗传,故很难表现。炔螨特在任何温度下都是有效的,而且在炎热的天气下效果更为显著,因为气温高于27℃时,炔螨特有触杀和熏蒸双重作用。炔螨特还具有良好的选择性,对蜜蜂和天敌安全,而且药效持久,又毒性很低,是综合防治的首选良药。炔螨特无组织渗透作用,对作物生长安全。适用作物:苜蓿、棉花、薄荷、马铃薯、苹果、黄瓜、柑橘、杏、茄、园艺作物、大豆、无花果、桃、高粱、樱桃、花生、辣椒、葡萄、梨、草莓、茶、梅、番茄、柠檬、胡桃、谷物、瓜类、蔬菜等。防治对象:各种螨类,对其他杀螨剂较难防治的二斑叶螨(苹果白蜘蛛)、棉花红蜘蛛、山楂叶螨等有特效,可控制30多种害螨。注意事项:在炎热潮湿的天气下,幼嫩作物喷洒高浓度的炔螨特后可能会有轻微的药害,使叶片皱曲或起斑点,但这对作物的生长没有影响。炔螨特除不能与波尔多液及强碱性药剂混用外,可与一般的其他农药混合使用。收获前21d(棉)、30d(柑橘)停止用药。

原药生产厂家 湖北仙隆化工股份有限公司、江苏常隆农化有限公司、江苏丰山集团有限公司、江苏剑牌农药化工有限公司、江苏克胜集团股份有限公司、山东麒麟农化有限公司、山东省青岛瀚生生物科技股份有限公司、山东省招远三联远东化学有限公司、浙江东风化工有限公司、浙江禾本农药化学有限公司、浙江禾田化工有限公司、浙江省乐斯化学有限公司、美国科聚亚公司、新加坡利农私人有限公司。

苯丁锡（fenbutatin oxide）

$$\left[\left(C_6H_5-C(CH_3)_2-CH_2\right)_3Sn\right]-O-\left[Sn\left(CH_2-C(CH_3)_2-C_6H_5\right)_3\right]$$

$C_{60}H_{78}OSn_2$，1052.7

其他中文名称 托尔克

化学名称 双[三(2-甲基-2-苯基丙基)锡]氧化物

CAS登录号 13356-08-6

理化性质 原药为无色晶体，有效成分含量为 97%。熔点 140～145℃，沸点 230～310℃。(降解) 蒸气压 3.9×10^{-8}mPa (20℃)。$K_{ow}\lg P=5.2$。相对密度 1290～1330 kg/m^3 (20℃)。Henry 常数 3.23×10^{-3} Pa·m^3/mol。溶解度：蒸馏水中 (pH 4.7～5.0，20℃) 0.0152mg/L；其他溶剂 (20℃，g/L)：已烷 3.49，甲苯 70.1，二氯甲烷 310，甲醇 182，异丙醇 25.3，丙酮 4.92，乙酸乙酯 11.4。对光、热、氧气都很稳定；光稳定性 DT_{50} 55d (pH 7，25℃)；水可使苯丁锡转化为三 (2-甲基-2-苯基丙基) 锡氢氧化物，该产物在 98℃迅速地再转化为母体化合物。不能自燃，但在尘雾中点燃可爆炸。

毒　性 据中国农药毒性分级标准，苯丁锡属低毒性杀螨剂。急性经口 LD_{50} (mg/kg)：大鼠 3000～4400，小鼠 1450，狗＞1500。兔急性经皮 LD_{50}＞1000mg/kg；对皮肤有刺激作用，对眼睛有严重刺激作用。大鼠吸入 LC_{50} 0.46～0.072mg/kg。在试验剂量范围内对动物未见蓄积毒性及致畸、致突变、致癌作用。在 3 代繁殖试验和神经试验中未见异常。2 年喂养试验，无作用剂量 (mg/kg) 大鼠为 100，狗为 30。NOEL (2y) 大鼠 50mg/kg，狗 15mg/(kg·d)。苯丁锡对鱼类高毒，大多数鱼类 LC_{50} 为 0.002～0.540mg/L，虹鳟鱼 LC_{50} (48h) 0.27mg (a.i.)/L (可湿性粉剂)。对蜜蜂和鸟低毒，蜜蜂急性毒性 (接触或经口) LD_{50}＞200mg/只。LC_{50} (8d，mg/kg)：野鸭＞2000，山齿鹑 5065。水蚤 LC_{50} (24h) 0.05～0.08mg/L。月牙藻 LC_{50} (72h)＞0.005mg/L。对食肉和寄生的节肢动物无副作用。

制　剂 50%、20%悬浮剂，80%水分散粒剂，10%乳油，50%、25%、20%可湿性粉剂。

应　用 氧化磷酰化抑制剂，阻止 ATP 的形成。对害螨以触杀和胃杀为主，非内吸性。苯丁锡是一种长效专性杀螨剂，对有机磷和有机氯有抗性的害螨不产生交互抗性。喷药后起始毒力缓慢，3d 以后活性开始增强，到 14d 达到高峰。该药持效期是杀螨剂中较长的一种，可达 2～5 个月。对幼螨和成、若螨的杀伤力比较强，但对卵的杀伤力不大。在作物各生长期使用都很安全，使用超过有效杀螨浓度 1 倍均未见有药害发生，对害螨天敌如捕食螨、瓢虫和草蛉等影响甚小。苯丁锡为感温型杀螨剂，当气温在 22℃以上时药效提高，22℃以下活性降低，低于 15℃药效较差，在冬季不宜使用。注意事项：苯丁锡开始时作用较慢，一般在施药后2～3d才能较好发挥药效，故应在害螨盛发期前，虫口密度较低时施用。作物中最高用药质量分数为1000mg/kg，最后1次施药距收获期时间为柑橘14d以上，番茄10d。对橘子和某些葡萄品种易产生药害。

原药生产厂家 广东省佛山市大兴生物化工有限公司、江苏省无锡市稼宝药业有限公司、上海禾本药业有限公司、浙江禾本农药化学有限公司、浙江华兴化学农药有限公司、巴斯夫欧洲公司。

三唑锡（azocyclotin）

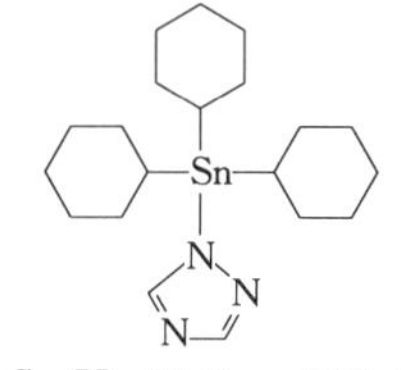

$C_{20}H_{35}N_3Sn$，436.2

其他中文名称 倍乐霸，三唑环锡

其他英文名称 Peropal

化学名称 三[(环己基)-1,2,4-三唑-1-基]锡

CAS登录号 41083-11-8

理化性质 纯品为无色晶体。熔点210℃（分解）。相对密度1.335（21℃）。蒸气压2×10^{-8}mPa（20℃），6.0×10^{-8}mPa（25℃）。$K_{ow}\lg P=5.3$（20℃）。Henry常数3×10^{-7}Pa·m^3/mol（20℃）（计算值）。溶解度（20℃）：水0.12mg/L；二氯甲烷20～50，异丙醇10～50，正己烷0.1～1，甲苯2～5（均为g/L）。稳定性DT_{90}（20℃）<10min（pH 4，7，9）。pK_a 5.36，弱碱性。

毒　性 急性经口LD_{50}（mg/kg）：大鼠（雄）209，大鼠（雌）363，豚鼠261，小鼠870～980。急性经皮：大鼠LD_{50}>5000mg/kg；对兔皮肤强刺激，兔眼睛腐蚀性刺激。大鼠（雄、雌）急性吸入LC_{50}（4h）：0.02mg/L（空气）。NOEL［2y，mg/kg（饲料）］：大鼠5、小鼠15、狗10。鸟类：急性经口LD_{50}（mg/kg）：日本鹌鹑：雄144，雌195。鱼类LC_{50}（96h，mg/L）：虹鳟鱼0.004，金雅罗鱼0.0093。水蚤LC_{50}（48h）0.04mg/L。海藻EC_{50}（96h）栅藻0.16mg/L。蜜蜂：对蜜蜂无毒性；LD_{50}>100μg/只。蠕虫LC_{50}（28h）806mg/kg（25%WP）。

制　剂 95%、90%原药，40%、20%悬浮剂，80%、50%水分散粒剂，10%、8%乳油，70%、25%、20%可湿性粉剂。

应　用 三唑锡为氧化磷酰化抑制剂；阻止ATP的形成。为触杀作用较强的广谱性杀螨剂，对食植性螨类的所有活动时期，幼虫和成虫均有防效，可杀灭若螨、成螨和夏卵，对冬卵无效。对光和雨水有较好的稳定性，持效期较长。在常用浓度下对作物安全。适用作物：苹果、柑橘、葡萄、蔬菜。防治对象：苹果全爪螨、山楂红蜘蛛、柑橘全爪螨、柑橘锈壁虱、二点叶螨、棉花红蜘蛛。注意事项：不可与碱性药剂如波尔多液或石硫合剂等药剂混用。亦不宜与百树菊酯混用。三唑锡对幼螨、成螨和夏卵有效，但对冬卵无效。每季作物最多使用次数：苹果为 3 次，柑橘为 2 次。安全间隔期：苹果为 14d，柑橘为 30d。最高残留限量（MRL 值）均为 2mg/kg。

原药生产厂家 江苏省无锡市稼宝药业有限公司、山东省招远三联化工厂、山都丽化工有限公司、沈阳民友农化有限公司、浙江禾本农药化学有限公司、浙江华兴化学农药有限公司、浙江黄岩鼎正化工有限公司。

氟螨（F1050）

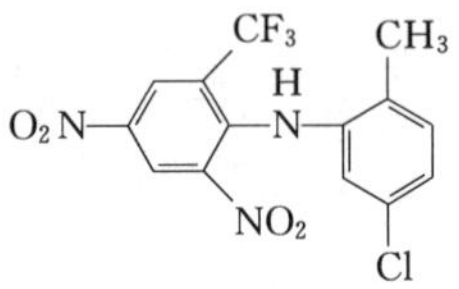

$C_{14}H_9ClF_3O_4N_3$，375.69

化学名称 *N*-(2-甲基-5-氯苯基)-2,4-二硝基-6-三氟甲基苯胺

理化性质 原药外观为橘黄色结晶或粉末。熔点 110.4～112℃。蒸气压（25℃）：5.4mPa。溶解度（g/L，25℃）：水中 0.095、无水乙醇中 22.829，甲醇中 56.522，甲苯中 393.315，二甲苯中 269.225，氯仿中 382.185，*N*，*N*-二甲基甲酰胺中 885.473。稳定性：在弱酸性和弱碱性介质中稳定。

毒　性 大鼠急性经口 LD_{50}（mg/kg）：雄 271，雌 348。急性经皮 LD_{50}＞2000mg/kg，对皮肤无刺激性，对眼睛有轻度刺激性。原药豚鼠皮肤致敏试验属弱致敏物。大鼠 90d 亚慢性饲喂试验最大无作用剂量＜1.5mg/(kg·d)。致突变试验：Ames 试验和枯草杆菌重组试验均为阳性，小鼠骨髓细胞微核试验、小鼠睾丸细胞染色体畸变试验、小鼠精子畸形试验均为阴性。大鼠 2 代繁殖毒性试验对亲代大鼠及第 1 代雄大鼠、孕鼠有明显的毒作用，对胎鼠有一定胚胎毒性，但无致畸作用。15％氟螨乳油对鲤鱼（48h）LC_{50} 为 14.89μg/L，鹌鹑（经口灌胃法，7d）LD_{50} 42.68mg/kg；蜜蜂（胃毒法）LC_{50} 133.66mg/L；家蚕（食下毒叶法）LC_{50} 23.16mg/kg 桑叶，低于在田间喷药质量浓度 75mg/L。

应　用 为含氟杀螨剂，具有较强的触杀作用，击倒力强。对成螨、若螨、幼螨及卵均有效。

苯硫威（fenothiocarb）

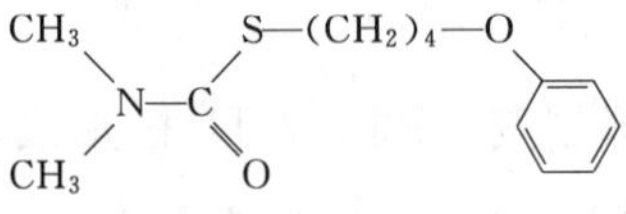

$C_{13}H_{19}NO_2S$，253.4

其他中文名称 排螨净

其他英文名称 Panocon

化学名称 S-(4-苯氧基丁基)二甲基硫代氨基甲酸酯

CAS登录号 62850-32-2

理化性质 原药含量大于96%。纯品为无色晶体。熔点39.5℃，沸点155℃/0.02mmHg，248.4℃/3990Pa。蒸气压 2.68×10^{-1}mPa（25℃）。$K_{ow}\lg P=3.51$（pH 7.1，20℃）。相对密度1.227（20℃）。溶解度（20℃）：水中0.0338mg/L；其他溶剂中（mg/L，20℃）环己酮3800，乙腈3120，丙酮2530，二甲苯2464，甲醇1426，煤油80，正己烷47.1；甲苯、二氯甲烷、乙酸乙酯>500（mg/L，20℃）。稳定性：150℃时对热稳定；水解 DT_{50}>1y（pH 4、pH 7、pH 9，25℃）；天然水中光解 DT_{50} 6.3d、蒸馏水6.8d（25℃，50W/m^2，300～400 nm）。

毒　性 急性经口 LD_{50}（mg/kg）：大鼠（雄）1150，大鼠（雌）1200，小鼠（雄）7000，小鼠（雌）4875。急性经皮 LD_{50}（mg/kg）：大鼠（雄）2425，大鼠（雌）2075，小鼠>8000。急性吸入 LD_{50}（4h）：大鼠>1.79mg/L。NOEL值［2y，mg/(kg·d)］：大鼠（雄）1.86，大鼠（雌）1.94；狗（雄）1.5，狗（雌）3.0。ADI值：0.0075mg/kg。急性经口 LD_{50}（mg/kg）：野鸭>2000；鹌鹑（雌）878，鹌鹑（雄）1013。鱼毒：鲤鱼 LC_{50}（96h）0.0903mg/L。水蚤 LC_{50}（48h）2.4mg/L。藻类：羊角月牙藻 E_bC_{50}（72h）0.197mg/L。对蜜蜂点滴处理 LD_{50} 0.2～0.4mg/只。其他有益生物NOEL值（μg/只）：家蚕（7d）1，七星瓢虫（48h）10。对智利小植绥螨有毒，LC_{50}<30g/1000m^2，绿草蛉成虫 LC_{50}<10g/1000m^2。

应　用 触杀，有强的杀卵活性，对雌成螨活性不高，但在低浓度时能明显降低雌螨的繁殖能力，并进一步降低卵的孵化。施用于柑橘果实上，可防治全爪螨的卵和幼虫。注意事项：不能与强碱物质混配。对螨的各生长期有效，亦能杀卵。对柑橘、梨、茶树、番茄、青椒、黄瓜、甘蓝、大豆、菜豆可能略有轻微的药害。

唑螨酯（fenpyroximate）

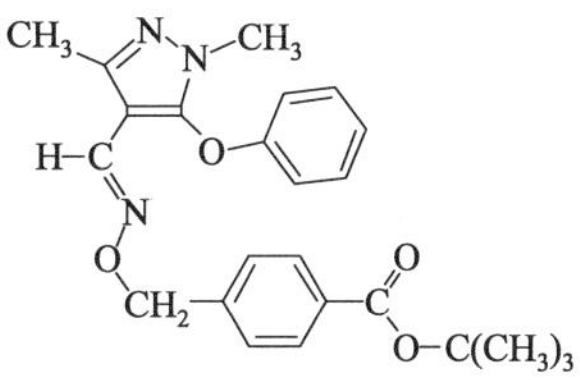

$C_{24}H_{27}N_3O_4$，421.5

其他中文名称 霸螨灵，杀螨王

其他英文名称 Danitron，NNI-850

化学名称 (E)-α-(1,3-二甲基-5-苯氧基吡唑-4-基亚甲基氨基氧)-4-甲基苯甲酸叔丁酯

CAS登录号 134098-61-6

理化性质 工业纯为97.0%，原药为白色晶体粉末。密度1.25g/cm^3（20℃）。熔点101.1～102.4℃。蒸气压 7.4×10^{-3}mPa（25℃）。$K_{ow}\lg P=5.01$（20℃）。Henry常数：

1.35×10^{-1}Pa·m^3/mol（计算值）。溶解度（25℃，g/L）：正己烷中3.5，二氯甲烷1307，三氯甲烷1197，四氢呋喃737，甲苯268，丙酮150，甲醇15.3，乙酸乙酯201，乙醇16.5；水中（pH 7，25℃）2.31×10^{-2}mg/L。稳定性：耐酸碱。

毒　性　原药急性经口LD_{50}（mg/kg）：大鼠480（雄）、245（雌）。急性经皮LD_{50}大鼠＞2000mg/kg。急性吸入LC_{50}（4h，mg/L）大鼠雄0.33、雌0.36。无作用剂量（NOEL）（mg/kg）：大鼠0.97（雄）、1.21（雌）。对兔皮肤无刺激性，兔眼睛有轻微刺激性。在试验剂量内，对试验动物无致突变、致畸和致癌作用。90d的喂养试验，对大鼠的经口无作用剂量为20mg/kg，对狗的无作用剂量为2mg/kg。2年的慢性毒性喂养试验，大鼠急性经口无作用剂量为25mg/kg。制剂急性经口LD_{50}：大鼠（雄）9000mg/kg，经皮＞2000mg/kg，急性吸入LC_{50}大鼠（雄）4.8mg/L。对眼和皮肤有轻微的刺激性。LD_{50}山齿鹑、野鸭＞2000mg/kg。饲喂LD_{50}（8d）山齿鹑、野鸭＞5000mg/L。鱼类：LC_{50}（96h）鲤鱼0.0055mg/L。水蚤EC_{50}（48h）：0.00328mg/L。海藻EC_{50}（72h）绿藻类9.98mg/L。蜜蜂LD_{50}（72h，μg/只）口服＞118.5，接触＞15.8。在50mg/L浓度下，对家蚕的致死率为零。母鸡LD_{50}＞5000mg/kg。其他：对食肉蜘蛛无毒性。在25～50mg/L剂量对普通草蛉、异色瓢虫、茧蜂、三突花蛛、拟环纹狼蛛、小花蝽、蓟马等有轻度负影响。

制　剂　97％、96％、95％原药，28％、20％、5％悬浮剂，5％乳油。

应　用　肟类杀螨剂。线粒体膜电子转移抑制剂，为触杀、胃毒作用较强的广谱性杀螨剂。该药对多种害螨有强烈的触杀作用，速效性好，持效期较长，对害螨的各个生育期均有良好防治效果，而且对蛹蜕皮有抑制作用。但与其他药剂无交互抗性。该药能与波尔多液等多种农药混用，但不能与石硫合剂等强碱性农药混用。防治对象：用于防治红叶螨、全爪螨和其他植食性螨类。注意事项：防止药液飘移至桑园，给蚕喂食了被污染的桑叶，会产生拒食现象。在树上的安全间隔期为25d。在害螨发生初期使用效果较好。在同一作物上，1年只能使用1次，最好与其他杀螨剂交替使用。不能与石硫合剂混用。

原药生产厂家　河南鹤壁陶英陶生物科技有限公司、绩溪农华生物科技有限公司、江苏东宝农药化工有限公司、江苏辉丰农化股份有限公司、江苏省南通功成精细化工有限公司、山东省联合农药工业有限公司、新沂市永诚化工有限公司、日本农药株式会社。

哒螨灵（pyridaben）

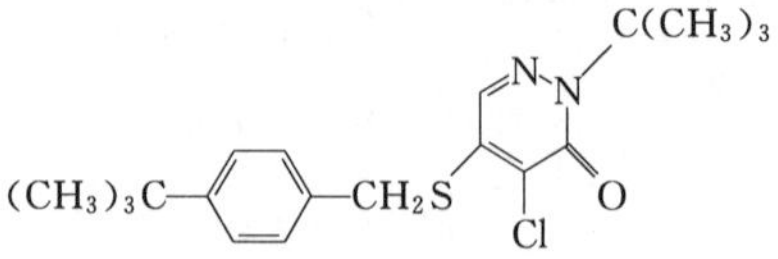

$C_{19}H_{25}ClN_2OS$，364.9

其他中文名称　哒螨酮，速螨酮，哒螨净

其他英文名称　Sanmite，Nexter，NCI-129

化学名称　2-叔丁基-5-(4-叔丁基苄硫基)-4-氯-2*H*-哒嗪-3-酮

CAS登录号　96489-71-3

理化性质 无色晶体。熔点 111～112℃。蒸气压＜0.01mPa（25℃）。K_{ow} lg$P$＝6.37（23±1℃，蒸馏水）。Henry 常数＜3×10^{-1} Pa·m^3/mol（计算值）。相对密度（20℃）1.2。溶解性：水 0.012mg/L（24℃）；丙酮 460，苯 110，环己烷 320，乙醇 57，正辛醇 63，己烷 10，二甲苯 390（g/L，20℃）。稳定性：在 50℃稳定 90d；对光不稳定；在 pH 5、7、9，25℃时，暗处 30d 不水解。

毒　性 急性经口 LD_{50}（mg/kg）：雄大鼠 1350，雌大鼠 820；雄小鼠 424，雌小鼠 383。大鼠和兔急性经皮 LD_{50}＞2000mg/kg；对兔皮肤和眼睛无刺激作用；对豚鼠皮肤无过敏性。急性吸入 LC_{50}（mg/L 空气）：雄大鼠 0.66，雌大鼠 0.62。NOEL 值 [mg/(kg·d)]：小鼠（78 周）0.81，大鼠（104 周）1.1。其他在染色体畸变试验（中国仓鼠）和微核试验（小鼠）中无诱变性。在 Ames 或 DNA 修复试验中无诱变性。鸟类：急性经口 LD_{50}（mg/kg）：山齿鹑＞2250，野鸭 LD_{50}＞2500。鱼类 LC_{50}（96h，μg/L）：虹鳟鱼 1.1～3.1，蓝鳃太阳鱼 1.8～3.3，鲤鱼（48h）8.3。水蚤 EC_{50}（48h）0.59μg/L。藻类：不会明显影响羊角月牙藻生长速度。蜜蜂：经口 LD_{50} 0.55μg/只。蠕虫 LC_{50}（14d）38mg/kg（土壤）。

制　剂 95%原药，30%、20%悬浮剂，15%、10%微乳剂，15%、10%水乳剂，20%、15%、10%、6%乳油，40%、20%、15%可湿性粉剂，20%粉剂。

应　用 非系统性杀虫杀螨剂。对各阶段害虫都有活性，尤其适用于幼虫和蛹时期。对害螨具有很强的触杀作用，但无内吸作用；对叶螨、全爪螨、小爪螨、瘿螨等食植性害螨均具有明显防治效果，对螨的各生育期（卵、幼螨、若螨、成螨）都有效；速效性好，在害螨接触药液 1h 内即被麻痹击倒，停止爬行或为害；而且持效期较长，在幼螨及第 1 若螨期使用，一般药效期可达 1 个月，甚至达 50d；药效不受温度影响，在 20～30℃时使用，都有良好防效；防治对噻螨酮、苯丁锡、三唑锡、三氯杀螨醇已产生耐药性的害螨种群，仍有高效。适用作物：柑橘、苹果、梨、山楂、棉花、烟草、蔬菜（茄子除外）及观赏植物。如用于防治柑橘和苹果红蜘蛛、梨和山楂等锈壁虱时，在害螨发生期均可施用（为提高防治效果最好在平均每叶 2～3 头时使用），安全间隔期为 15d。注意事项：花期使用对蜜蜂有不良影响。可与大多数杀虫剂混用，但不能与石硫合剂和波尔多液等强碱性药剂混用。一年最多使用 2 次。

原药生产厂家 湖北沙隆达股份有限公司、江苏百灵农化有限公司、江苏克胜集团股份有限公司、江苏蓝丰生物化工股份有限公司、江苏连云港立本农药化工有限公司、江苏扬农化工集团有限公司、南京红太阳股份有限公司、山东省联合农药工业有限公司、上海农药厂有限公司、浙江新安化工集团股份有限公司。

四螨嗪（clofentezine）

$C_{14}H_8Cl_2N_4$，303.1

其他中文名称 阿波罗

其他英文名称 Apollo，Brsclofantazin

化学名称 3,6-双(2-氯苯基)-1,2,4,5-四嗪

CAS登录号 74115-24-5

理化性质 洋红色晶体。熔点 183.0℃。蒸气压 1.4×10^{-4} mPa（25℃）。$K_{ow}\lg P=4.1$（25℃）。相对密度 1.52（20℃）。溶解度：水 2.5μg/L（pH 5，22℃）；其他溶剂（g/L，25℃）：二氯甲烷 37、丙酮 9.3、二甲苯 5、乙醇 0.5、乙酸乙酯 5.7。对光、热、空气稳定；水解（22℃），DT_{50}（h）为 248（pH 5）、34（pH 7）、4（pH 9）；水溶液暴露在自然光下 1 周内即可完全光解；不可燃。

毒　性 大鼠急性经口 LD_{50}＞5200mg/kg。大鼠急性经皮 LD_{50}＞2100mg/kg；对皮肤及眼无刺激。大鼠吸入 LC_{50}（4h）＞9mg/L 空气。NOEL：大鼠（2y）40mg/kg 饲料（2mg/kg）；狗（1y）50mg/kg 饲料（1.25mg/kg）。鸟类：急性经口 LD_{50}（mg/kg）：野鸭＞3000，山齿鹑＞7500。野鸭和山齿鹑饲喂 LC_{50}（8d）＞4000mg/kg。鱼类 LC_{50}（96h，mg/L）：虹鳟鱼＞0.015mg/L，蓝腮太阳鱼＞0.25（极限溶解度）。水蚤 LC_{50}（48h）＞1.45μg/L（极限溶解度）。藻类：在溶解度范围内对毯毛栅藻（*Scenedesmus pannonicus*）及其他水生生物无毒。蜜蜂：急性经口 LD_{50}＞252.6μg(a. i.)/只，接触 LC_{50}＞84.5μg(a. i.)/只。对蚯蚓无毒。对益虫毒害未知。

制　剂 98%、96%、95%、90%原药，500g/L、20%悬浮剂，80%、75%水分散粒剂，20%、10%可湿性粉剂。

应　用 为触杀型有机氮杂环类杀螨剂，对人、畜低毒，对鸟类、鱼虾、蜜蜂及捕食性天敌较为安全。对防治榆全爪螨的冬卵特别有效，而对食肉螨或各种益虫无影响。可用于柑橘、棉花、观赏植物和一些蔬菜作物。对螨卵有较好防效，对幼螨也有一定活性，对成螨效果差，持效期长，一般可达 50～60d，但该药作用较慢，一般用药后 2 周才能达到最高杀螨活性，因此使用该药时应做好螨害的预测预报。注意事项：主要作用杀螨卵，对幼螨也有一定效果，对成螨无效，所以在螨卵初孵用药效果最佳。在螨的密度大或温度较高时施用最好与其他成螨药剂混用，在气温低（15℃左右）和虫口密度小时施用效果好，持效期长。与噻螨酮有交互抗性，不能交替使用。

原药生产厂家 河北省石家庄市绿丰化工有限公司、河北省张家口长城农化（集团）有限责任公司、江苏省南通宝叶化工有限公司、山西绿海农药科技有限公司、浙江省杭州庆丰农化有限公司。

三磷锡（phostin）

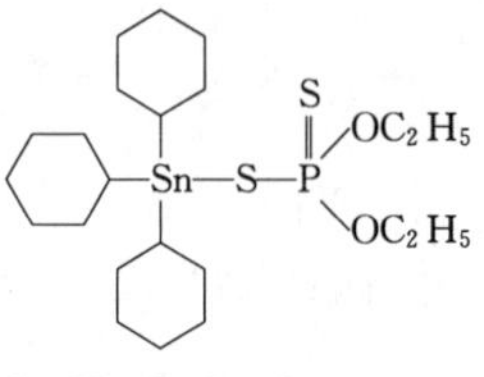

$C_{22}H_{43}O_2S_2PSn$，553.4

化学名称 三环己基锡 *O*,*O*-二乙基二硫代磷酸酯

理化性质 纯品为无色黏稠液体，原药为棕黄色黏稠液体。溶于一般有机溶剂，不溶于水。

毒　性 大鼠急性经口 LD_{50}：2285mg/kg。大鼠急性经皮 LD_{50}：2000.5mg/kg。

制　剂 30%乳油。

应　用 触杀型高效低毒的有机锡杀螨剂，对有机磷或其他药剂产生抗性的成螨、若螨、幼螨及卵都有很好的杀灭效果。该药持效期长，与其他同类药剂交互抗性小。注意事项：使用该产品前 1 周或后 1 周，不可使用波尔多液等碱性农药混用。收获前安全间隔期 21d。

嘧螨酯（fluacrypyrim）

$C_{20}H_{21}F_3N_2O_5$，426.4

其他中文名称 天达农

化学名称 甲基-(*E*)-2-{α-[2-异丙氧基-6-(三氟甲基)嘧啶-4-苯氧基]-*O*-甲苯基}-3-甲氧丙烯酸酯

CAS登录号 229977-93-9

理化性质 原药为白色无味固体。熔点 107.2～108.6℃。蒸气压 2.69×10^{-3} mPa（20℃）。$K_{ow}\lg P$ =4.51（pH 6.8，25℃）。Henry 常数：3.33×10^{-3} Pa·m³/mol（20℃，计算值）。相对密度 1.276。溶解度（g/L，20℃）：水中（pH 6.8）3.44×10^{-4}；其他溶剂中：二氯甲烷 579，丙酮 278，二甲苯 119，乙腈 287，甲醇 27.1，乙醇 15.1，乙酸乙酯 232，正己烷 1.84，正庚烷 1.60。稳定性：在 pH 4、7 稳定；DT_{50} 574d（pH 9）；水溶液光解 DT_{50} 26d。

毒　性 原药大鼠急性经口 LD_{50}>5000mg/kg（雌、雄）。大鼠急性经皮 LD_{50}>2000mg/kg（雌、雄）；对兔皮肤无刺激作用，对兔眼睛有轻微刺激作用。大鼠急性吸入 LC_{50}（4h）>5.09mg/L（雌、雄）。无作用剂量（mg/kg）：（24 月）雄大鼠 5.9，雌大鼠 61.7；（18 月）雄小鼠 20，对雌小鼠 30；（12 月）雌、雄性狗 10。日允许摄入量（日本）为 0.059mg/kg。对鸟类低毒，山齿鹑急性经口 LD_{50}>2250mg/kg，山齿鹑喂食急性毒性 LC_{50}>5620mg/L。鲤鱼 LC_{50} 为 0.195mg/L（96h）。水蚤 LC_{50} 为 0.094mg/L（48h）。羊角月牙藻 E_bC_{50} 为 0.0173mg/L（72h），E_rC_{50} 为 0.14mg/L（72h）。蜜蜂经口 LC_{50}>300mg/L，接触 LD_{50}>10μg/只。对蚯蚓 LC_{50} 为 23mg/kg（土壤）。

应　用 作用机理与特点：线粒体呼吸抑制剂即通过在细胞色素 b 和 c1 间电子转移抑制线粒体的呼吸。细胞核外的线粒体主要通过呼吸为细胞提供能量（ATP），若线粒体呼吸受阻，不能产生 ATP，细胞就会死亡。兼具触杀和胃毒作用，作用机理与目前常用的杀螨剂

不同，与目前市场上常用的杀螨剂无交互抗性；对红蜘蛛、白蜘蛛都有很高的活性；对害螨的各个虫态，包括卵、若螨、成螨均有防治效果；用于蔬菜和水果。

噻螨酮（hexythiazox）

$C_{17}H_{21}ClN_2O_2S$，352.9

其他中文名称 尼索朗

其他英文名称 Nissorun

化学名称 (4*RS*,5*RS*)-5-(4-氯苯基)-*N*-环己基-4-甲基-2-氧代-1,3-噻唑烷-3-基甲酰胺

CAS登录号 78587-05-0

理化性质 无色晶体。熔点108.0～108.5℃。蒸气压0.0034mPa（20℃）。K_{ow} lg$P$=2.53。Henry常数：2.40×10^{-3}Pa·m³/mol（计算值）。溶解度（20℃）：水0.5mg/L；氯仿1379，二甲苯362，甲醇206，丙酮160，乙腈28.6，己烷4（g/L）。对光、热、空气、酸碱稳定；温度低于300℃时稳定；光照其水溶液DT_{50}=16.7d；水溶液在pH=5、7、9时稳定。

毒　性 大鼠、小鼠急性经口LD_{50}>5000mg/kg。大鼠急性经皮LD_{50}>5000mg/kg；对兔眼有轻微刺激，对兔皮肤无刺激；对豚鼠皮肤无刺激。大鼠吸入LC_{50}（4h）>2mg/L空气。NOEL：大鼠（2y）23.1mg/kg，狗（1y）2.87mg/kg，大鼠（90d）70mg/kg（饲料）。无致畸，无突变。急性经口LD_{50}（mg/kg）：野鸭>2510，日本鹌鹑>5000。野鸭和山齿鹑经口LC_{50}（8d）>5620mg/kg。虹鳟鱼LC_{50}（96h）>300mg/L，蓝腮太阳鱼LC_{50}（96h）11.6mg/L。鲤鱼LC_{50}（48h）3.7mg/L。水蚤LC_{50}（48h）1.2mg/L。藻类E_rC_{50}（72h）月牙藻>72mg/L。对蜜蜂无毒，局部施用LD_{50}>200μg/只。

制　剂 98%、97.50%、97%、95%原药，3%水乳剂，5%乳油，5%可湿性粉剂。

应　用 噻螨酮是一种噻唑烷酮类新型杀螨剂，对植物表皮层具有较好的穿透性，但无内吸传导作用。对多种植物害螨具有强烈的杀卵、杀幼若螨的特性，对成螨无效，但对接触到药液的雌成虫所产的卵具有抑制孵化的作用。该药属于非感温型杀螨剂，在高温或低温时使用的效果无显著差异，持效期长，药效可保持50d左右。由于没有杀成螨活性，故药效发挥较迟缓。该药对叶螨防效好，对锈螨、瘿螨防效较差。在常用浓度下使用对作物安全，对天敌、蜜蜂及捕食螨影响很小。可与波尔多液、石硫合剂等多种农药混用。适用作物：柑橘、苹果、棉花、山楂。防治对象：红蜘蛛。注意事项：噻螨酮对成螨无杀伤作用，要掌握好防治适期，应比其他杀螨剂要稍早些使用。对柑橘锈螨无效，在用该药防治红蜘蛛时应注意锈螨的发生为害。残效期长。不宜与拟除虫菊酯、二嗪磷、甲噻硫磷混用。

原药生产厂家 江苏克胜集团股份有限公司、江苏润泽农化有限公司、山东科大创业生物

有限公司、浙江禾本农药化学有限公司、浙江省湖州荣盛农药化工有限公司、日本曹达株式会社。

联苯肼酯（bifenazate）

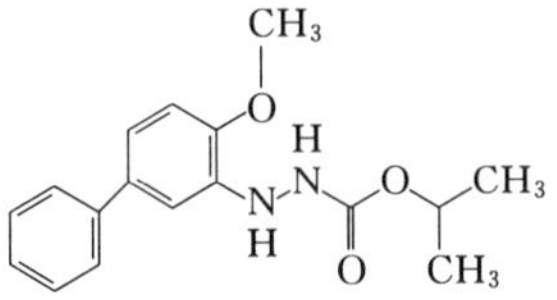

$C_{17}H_{20}N_2O_3$，300.4

其他英文名称 D2341

化学名称 3-(4-甲氧基联苯基-3-基)肼基甲酸异丙酯

CAS登录号 149877-41-8

理化性质 纯品为白色、无味晶体。熔点 123～125℃。蒸气压 3.8×10^{-4} mPa（25℃）。密度：1.31。$K_{ow}\lg P=3.4$（25℃，pH 7）。Henry 常数 1×10^{-3} Pa·m³/mol。水中溶解度（20℃，pH 值不确定，mg/L）2.06；其他溶剂中溶解度（g/L，25℃）：甲醇 44.7，乙腈 95.6，乙酸乙酯 102，甲苯 24.7，正己烷 0.232。在 20℃下稳定（贮存期大于 1 年）；水溶液 DT_{50}（25℃，d）：9.10（pH=4），5.40（pH=5），0.80（pH=7），0.08（pH=9）；25℃，pH=5 光照 DT_{50}：17h。pK_a 12.94（23℃）。闪点≥110℃。

毒　性 大鼠急性经口 LD_{50}>5000mg/kg。大鼠急性经皮 LD_{50}（24h）>5000mg/kg。大鼠吸入 LC_{50}（4h）>4.4mg/L。对兔眼睛和皮肤轻微刺激。NOEL [90d，mg/(kg·d)]：雄大鼠 2.7，雌大鼠 3.2，雄狗 0.9，雌狗 1.3；NOEL [1y，mg/(kg·d)]：雄狗 1.014，雌狗 1.051；NOEL [2y，mg/(kg·d)]：雄大鼠 1.0，雌大鼠 1.2；NOEL [78 周，mg/(kg·d)]：雄小鼠 1.5，雌小鼠 1.9。Ames 实验呈阴性，对大鼠、兔无致突变、致畸，对大鼠、小鼠无致癌性。鸟类：山齿鹑急性经口 LD_{50} 1142mg/kg；饲喂 LC_{50}（5d，mg/kg）：山齿鹑 2298，野鸭 726。鱼 LC_{50}（96h，mg/L）：虹鳟鱼 0.76，蓝腮太阳鱼 0.58。水蚤 EC_{50}（48h）：0.50mg/L。海藻：羊角月牙藻 E_bC_{50}（96h）0.90mg/L。其他水生生物 EC_{50}（96h）：东方牡蛎 0.42mg/L。蜜蜂：LD_{50}（48h，经口）>100μg/只，（接触）8.5μg/只。蚯蚓 LC_{50}（14d）>1250mg/kg。联苯肼酯对淡水鱼和软体动物高急性毒性。联苯肼酯对捕食螨如钝绥螨属、静走螨属无药害。对草蛉、丽蚜小蜂和步行虫无药害。

制　剂 97%原药，43%悬浮剂。

应　用 联苯肼酯是一种新型选择性叶面喷雾用杀螨剂。其作用机理为对螨类的中枢神经传导系统的一种 γ-氨基丁酸（GABA）受体的独特作用。非内吸性杀螨剂。主要防治活动期叶螨，但对一些其他螨类，尤其对二斑叶螨具有杀卵作用。实验室研究表明，联苯肼酯对捕食性益螨没有负面影响。对螨的各个发育阶段有效，具有杀卵活性和对成螨的击倒活性（48～72h）。对捕食性螨影响极小，非常适合于害虫的综合治理。对植物没有毒，效力持久。防治对象：用于苹果和葡萄防治苹果红蜘蛛、二斑叶螨，以及观赏植物的二斑叶螨。

原药生产厂家 浙江省上虞市银邦化工有限公司、美国科聚亚公司。

乙螨唑（etoxazole）

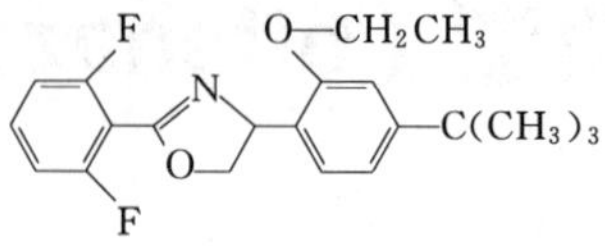

$C_{21}H_{23}F_2NO_2$，359.4

化学名称 （*RS*)-5-叔丁基-2-[2-(2,6-二氟苯基)-4,5-二氢-1,3-噁唑-4-基]苯乙醚

CAS登录号 153233-91-1

理化性质 纯品为白色晶体粉末。熔点101～102℃。蒸气压7.0×10^{-3}mPa（25℃）。密度1.24（20℃）。$K_{ow}\lg P=5.59$（25℃）。Henry常数：3.6×10^{-2}Pa·m³/mol（计算）。溶解度（20℃）：水中75.4μg/L；其他溶剂中（20℃，g/L）：甲醇90、乙醇90、丙酮300、环己酮500、乙酸乙酯250、二甲苯250、正己烷13、乙腈80、四氢呋喃750。稳定性：DT_{50}（20℃，d）9.6（pH 4），约150（pH 7），约190（pH 9）；在50℃下贮存30d不分解。闪点457℃（ASTM E 659）。

毒　性 急性经口LD_{50}（mg/kg）：大鼠＞5000，小鼠＞5000。大鼠急性经皮LD_{50}：＞2000mg/kg；对兔眼睛和皮肤无刺激；对豚鼠无皮肤致敏。大鼠急性吸入LC_{50}：＞1.09mg/L。NOEL大鼠（2y）4.01mg/(kg·d)。无致突变性。鸟类：急性经口LD_{50}野鸭＞2000mg/kg；亚急性经口LD_{50}（5d）山齿鹑＞5200mg/L。鱼类LC_{50}：蓝腮太阳鱼1.4g/L；日本鲤鱼（96h）＞0.89g/L，日本鲤鱼（48h）＞20mg/L；虹鳟鱼＞40mg/L。水蚤（3h）＞40mg/L。海藻：羊角月牙藻EC_{50}＞1.0mg/L。蜜蜂LD_{50}（口服和接触）＞200μg/只。对水生节肢动物的蜕皮有破坏作用。蠕虫NOEL：（14d）赤子爱胜蚓＞1000mg/L。

制　剂 93%原药，110g/L悬浮剂。

应　用 属于2,4-二苯基噁唑衍生物类化合物，是一种选择性触杀型杀螨剂。几丁质抑制剂，主要抑制螨和蚜虫的蜕皮过程，从而对螨从卵、幼虫到蛹不同阶段都有优异的触杀性。但对成虫的防治效果不是很好。对噻螨酮已产生抗性的螨类有很好的防治效果。防治对象：柑橘、棉花、苹果、花卉、蔬菜等作物上的叶螨、始叶螨、全爪螨、二斑叶螨、朱砂叶螨等螨类有卓越防效。

原药生产厂家 日本住友化学株式会社。

喹螨醚（fenazaquin）

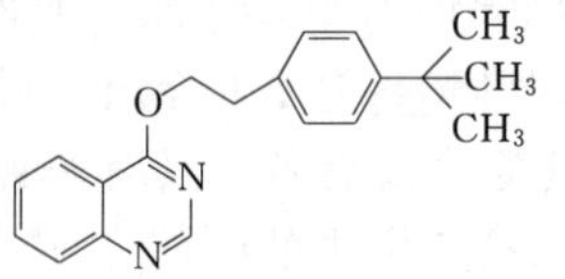

$C_{20}H_{22}N_2O$，306.4

化学名称 4-叔丁基苯乙基喹唑啉-4-基醚

CAS登录号 120928-09-8

理化性质 纯品无色晶体。熔点 77.5～80℃。蒸气压：3.4×10^{-6} Pa（25℃）。相对密度：1.16。$K_{ow}\lg P=5.51$（20℃）。Henry 常数：4.74×10^{-3} Pa·m^3/mol（计算）。溶解度：水中（mg/L，20℃）：0.102（pH 5、7），0.135（pH 9）；其他溶剂（g/L，20℃）：三氯甲烷＞500、甲苯 500、丙酮 400、甲醇 50、异丙醇 50、乙腈 33、正己烷 33。稳定性：水溶液中（pH=7，25℃）DT_{50} 15d。

毒　性 急性经口 LD_{50}（mg/kg）：大鼠雄 134、雌 138；小鼠雄 2449、雌 1480。兔急性经皮 LD_{50}＞5000mg/kg；对兔眼睛轻度刺激；对皮肤无刺激、致敏。大鼠吸入 LC_{50}（4h）：1.9mg/L 空气。NOEL：0.5mg/kg。无明显致突变、致畸、致癌性。鸟类急性经口 LD_{50}（mg/kg）：山齿鹑 1747，野鸭＞2000。急性饲喂 LC_{50}：山齿鹑、野鸭＞5000mg/L。鱼类 LC_{50}（96h，μg/L）：鳟鱼 3.8、蓝腮太阳鱼 34.1。水蚤 LC_{50}（48h）：4.1μg/L。蜜蜂 LD_{50}（接触）：8.18μg/只。蚯蚓 LC_{50}（14d）1.93mg/kg（土壤）。

制　剂 99%原药，95g/L 乳油。

应　用 喹螨醚是近年推出的新型专用杀螨剂。喹螨醚具有触杀及胃毒作用，可作为电子传递体取代线粒体中呼吸链的复合体Ⅰ，从而占据其与辅酶 Q 的结合位点导致害螨中毒。对成虫具有很好的活性，也具有杀卵活性，阻止若虫的羽化。在中国试验证明，喹螨醚对苹果害螨、柑橘红蜘蛛等害螨的各种螨态如夏卵、幼若螨和成螨都有很高的活性。药效发挥迅速，控制期长。适用作物：果园、蔬菜等。防治对象：喹螨特可防治近年为害上升的苹果二斑叶螨（白蜘蛛），尤其对卵效果更好。可防治多种害螨，尤其对苹果害螨防效卓越。目前已知可用来防治苹果红蜘蛛、山楂叶螨、柑橘红蜘蛛等，在我国台湾等地喹螨特主要用来防治二斑叶螨等。

原药生产厂家 美国高文国际商业有限公司。

丁氟螨酯（cyflumetofen）

$C_{24}H_{24}F_3NO_4$，447.4

化学名称 2-甲氧基乙基-(*RS*)-2-(4-叔丁基苯基)-2-氰基-3-氧-3-(2-三氟甲基苯基)丙酸酯

CAS登录号 400882-07-7

理化性质 白色无味固体。熔点 77.9～81.7℃，沸点 269.2℃（2.2kPa）。蒸气压＜5.9×10^{-3} mPa（25℃，含气饱和度方法，OECD 104）。$K_{ow}\lg P=4.3$（HPLC，OECD 117）。相对密度 1.229（20℃）。溶解度：水中 0.0281mg/L（pH 7，20℃）；其他溶剂（g/L，20℃）：正己烷 5.23，甲醇 99.9，丙酮、二氯甲烷、乙酸乙酯和甲苯＞500；稳定性：弱酸条件下稳定；水

中 DT_{50} 9d (pH 4)，5h (pH 7)，12min (pH 9) (25℃)；直到 293℃稳定。

毒　性　雌鼠急性经口 LD_{50}＞2000mg/kg。急性经皮 LD_{50}：大鼠＞5000mg/kg；对兔眼睛和皮肤没有刺激；对豚鼠皮肤过敏（最大化方法）。吸入毒性 LC_{50} 大鼠＞2.65mg/L。NOEL 值：大鼠 500mg/kg（饲料）；狗 30mg/(kg·d)。其他：对大鼠和兔没有致畸性；对大鼠没有生殖毒性；对大鼠和小鼠没有致癌性；没有诱导有机体突变的物质。鸟类：鹌鹑急性经口 LD_{50}＞2000mg/kg；鹌鹑 LC_{50} (5d)＞5000mg/kg（饲料）。鱼类：LC_{50} (96h，mg/L) 鲤鱼＞0.54，虹鳟鱼＞0.63。水蚤 EC_{50} (48h)＞0.063mg/L。水藻 E_bC_{50} (72h)＞0.037mg/L。蜜蜂：经口 LD_{50}＞591μg/只；接触＞102μg/只。蚯蚓 LD_{50}＞1020mg/kg（土壤）。其他有益生物：5mg/50g 饲料对蚕没有影响。实验室测定，200mg/L 下对蜱螨目、鞘翅目、膜翅目没有可见影响。

应　用　非内吸性杀螨剂，主要为触杀作用。对成螨 24h 内完全麻痹。对部分虫卵有作用，刚孵化的若满能被全部杀死。

乐杀螨（binapacryl）

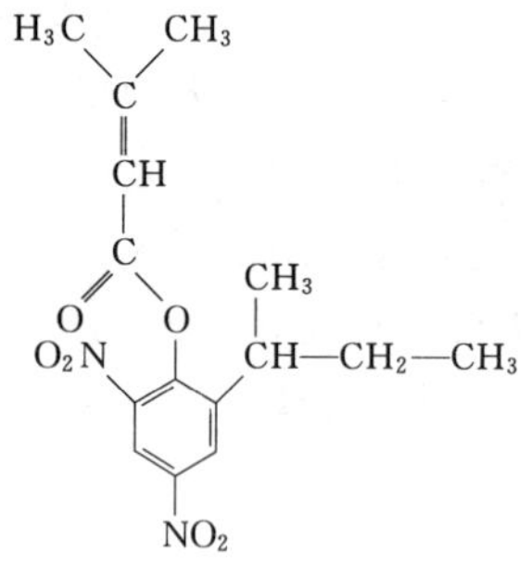

$C_{15}H_{18}N_2O_6$，322.3

其他英文名称　Acricid，Morocide，Endosan

化学名称　2-仲丁基-4,6-二硝基苯基-3-甲基-丁烯 2-酸酯

CAS 登录号　485-31-4

理化性质　无色晶体粉末。熔点 66～67℃（原药 65～69℃）。蒸气压 13mPa (60℃)。相对密度 1.2 (20℃)，原药 1.25～1.28 (20℃)。溶解度：水中约 1mg/L (pH 5，20℃)；其他溶剂 (g/L，20℃)：正己烷约 0.4，二氯甲烷、乙酸乙酯、甲苯＞500，甲醇约 21。稳定性：紫外光照射下缓慢分解；碱性和浓酸条件下不稳定；长期接触水会有微弱水解。

毒　性　急性经口 LD_{50} (mg/kg)：大鼠 150～225，雄小鼠 1600～3200，雌豚鼠 300，狗 450～640。兔和小鼠急性经皮 LD_{50}（丙酮溶液）750mg/kg；对眼睛有轻微的刺激。NOEL 值：2 年饲喂试验，大鼠 500mg/kg（饲料）、狗 50mg/kg（饲料），表明没有致病影响。鸡急性经口 LD_{50} 800mg/kg。鱼类 (mg/L)：孔雀鱼耐受剂量 0.5，鲤鱼 1.0，鲑鱼 2.0。对蜜蜂没有毒性。

应　用　非内吸性杀螨剂，有触杀作用。对各时期的螨都有效。也作为触杀型杀菌剂，抑制孢子萌发，从而阻止其再侵染。注意事项：高温使用时易产生药害，须使用低浓度；茶的新梢嫩叶、番茄幼苗和葡萄幼苗易产生药害，不宜使用。可与杀虫剂和酸性杀菌剂混用，但与有机磷化合物混用有药害。

禁用情况：印度。禁限用原因：1995 年 3 月确定被列入 PIC 名单。

氟螨嗪（diflovidazin）

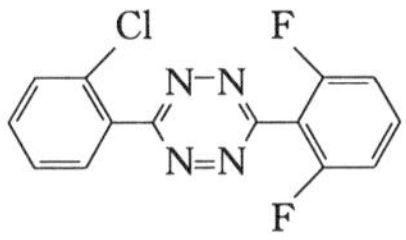

$C_{14}H_7ClF_2N_4$，304.7

化学名称 3-(2-氯苯基)-6-(2,6-二氟苯基)-1,2,4,5-四螨嗪

CAS登录号 162320-67-4

理化性质 无味，红紫色晶体。熔点（185.4±0.1）℃，沸点（211.2±0.05）℃。蒸气压<1×10^{-2}mPa（25℃）。$K_{ow}\lg P$=3.7±0.07（20℃）。相对密度 1.574±0.010。溶解度：水中（0.2±0.03）mg/L（20℃）；有机溶剂（g/L，20℃）：丙酮 24，甲醇 1.3，正己烷 168。稳定性：光照和空气中稳定；熔点以上分解；酸条件下稳定，pH >7 水解；DT_{50} 60h（pH 9，25℃，40%乙腈），在甲醇、丙酮和正己烷中稳定。闪点 425℃（闭杯）。

毒　性 急性经口 LD_{50}（mg/kg）：雄大鼠 979，雌大鼠 594。急性经皮：大鼠 LD_{50}>2000mg/kg；对兔眼睛刺激指数 15，皮肤刺激指数 0；对豚鼠皮肤无致敏性。吸入毒性：LC_{50}（4h）大鼠>5000mg/m^3。NOEL 值 [mg/(kg·d)]：NOAEL（2y，致癌性，取食）大鼠 9.18；（3 月）狗 10；（28d，皮肤）狗 500。其他：在 Ames、CHO 和微核试验中无诱导有机体突变的物质。急性经口 LD_{50}：日本鹌鹑>2000mg/kg。饲喂 LC_{50}（8d，mg/kg）日本鹌鹑>5118，野鸭>5093。虹鳟鱼 LC_{50}（96h）>400mg/L。水蚤 LC_{50}（48h）0.14mg/L。水藻：对羊角月牙藻没有毒性。蜜蜂 LD_{50}（经口和接触）>25μg/只。LC_{50} 蚯蚓>1000mg/kg（干土）。其他有益物种：对丽蚜小蜂和智利捕植螨无害（IOBC）。

应　用 该化合物作用机理独特，是一种具有转移活性的接触性杀卵剂，不仅对卵及成螨有优异的活性，而且使害螨在蛹期不能正常发育。使雌螨产生不健全的卵，导致螨的灭迹，对其天敌及环境安全。防治对象：柑橘全爪螨、锈壁虱、茶黄螨、朱砂叶螨和二斑叶螨等害螨。氟螨嗪对梨木虱、榆蛎盾蚧以及叶蝉类等害虫有很好的兼治效果。适用作物：柑橘、葡萄等果树和茄子、辣椒、番茄等茄科作物的螨害治理。注意事项：考虑到抗性治理，建议在一个生长季（春季、秋季），氟螨嗪的使用次数最多不超过 4 次。

三环锡（cyhexatin）

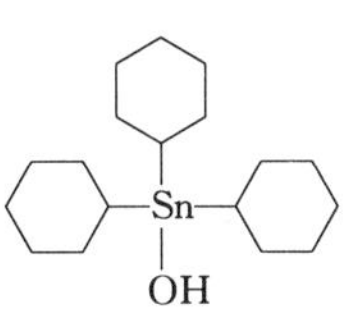

$C_{18}H_{34}OSn$，385.2

其他中文名称 杀螨锡，普特丹

其他英文名称 Plictran

化学名称 三环己基氢氧化锡

CAS 登录号 13121-70-5

理化性质 无色晶体。蒸气压：可以忽略（25℃）。K_{ow} lg$P$＝4.86。溶解度：水中<1mg/L（25℃）；有机溶剂（g/kg，25℃）：氯仿 216，甲醇 37，二氯甲烷 34，四氯化碳 28，苯 16，甲苯 10，二甲苯 3.6，丙酮 1.3。稳定性：100℃下弱酸（pH 6）至碱性条件下，在水悬浮液中稳定；紫外光照射降解。

毒　性 急性经口 LD_{50}（mg/kg）：大鼠 540，兔 500～1000，豚鼠 780。兔急性经皮 LD_{50}>2000mg/kg；对眼睛有刺激。NOEL 值［mg/(kg·d)］：(2y) 狗 0.75，小鼠 3，大鼠 1。急性经口 LD_{50}：鸡 650mg/kg。饲喂 LC_{50}（8d，mg/kg 饲料）：野鸭 3189，山齿鹑 520。LC_{50}（24h，mg/L）大嘴鲈鱼 0.06，金鱼 0.55。蜜蜂：推荐使用剂量对蜜蜂无毒（经皮 LD_{50} 0.032mg/只）。其他有益物种：推荐使用剂量对大多数捕食螨和昆虫无害。

应　用 作用机理与特点：非内吸性杀螨剂，触杀作用较强的广谱杀螨剂。氧化磷酸化抑制剂，通过干扰 ATP 的形成而起作用。对落叶果树、葡萄、蔬菜，庭院观赏植物安全，对柑橘果实，对温室观赏植物和蔬菜有轻微药害。具有速效性好，残效期长的特点。对光和雨水有较好的稳定性。在常用浓度下对作物安全。防治对象：用于防治果树、蔬菜、烟草、棉花观赏植物等植食性害螨。可杀灭幼螨、若螨、成螨和夏卵。尤其是对有机磷和有机氯农药已产生抗性的害螨更具有特效。注意事项：在我国取消登记。

禁用情况：瑞典（1987 年）、美国（1987 年）、英国（1987 年）、伯利兹（1988 年）、印度尼西亚（1988 年）、科威特（1980 年）、菲律宾（1983 年）、澳大利亚（1987 年）、奥地利（1989 年）、马来西亚（1987 年）、新西兰（1987 年）、泰国（1988 年）、中国（1987 年）、匈牙利（1987 年）、塞浦路斯（1988 年）。禁限用原因：1992 年 11 月因对兔致畸而列入 PIC 名单，后经 1994 年 JMPR 会议确认对兔致畸，于 1997 年 1 月 1 日不再列入 PIC 名单。

吡螨胺（tebufenpyrad）

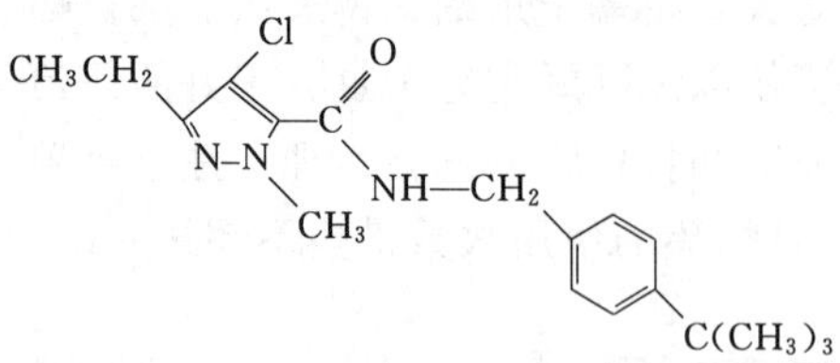

$C_{18}H_{24}ClN_3O$，333.9

其他中文名称 必螨立克

其他英文名称 Pyranica，Fenpyrad，Masai

化学名称 N-(4-叔丁苯甲基)-4-氯-3-乙基-1-甲基-5-吡唑甲酰胺

CAS 登录号 119168-77-3

理化性质 无色晶体。熔点 64～66℃（原药 61～62℃）。蒸气压$<1\times10^{-2}$mPa（25℃）。$K_{ow}\lg P=4.93$（25℃）。Henry 常数$<1.25\times10^{-3}$ Pa·m^3/mol（计算）。相对密度 1.0214。溶解度：水中 2.61mg/L（25℃）；其他溶剂：（g/L，25℃）正己烷 255，甲苯 772，二氯甲烷 1044，丙酮 819，甲醇 818，乙腈 785。稳定性 pH 4、7、9 不能水解；水溶液光解 DT_{50} 187d（pH 7，25℃）。

毒　性 急性经口 LD_{50}（mg/kg）：雄大鼠 595，雌大鼠 997，雄小鼠 224，雌小鼠 210。急性经皮 LD_{50} 雌雄大鼠 >2000mg/kg；对兔皮肤和眼睛没有刺激作用；豚鼠皮肤对其敏感。吸入毒性 LC_{50}（mg/m^3）：雄大鼠 2660，雌大鼠 >3090。NOEL 值：NOAEL 狗 1mg/(kg·d)，大鼠 20mg/L，小鼠 30mg/L。其他：没有诱导有机体突变的物质。急性经口 LD_{50} 山齿鹑>2000mg/kg。饲喂 LC_{50}（8d）野鸭和山齿鹑>5000mg/kg（饲料）。LC_{50}（96h）鲤鱼 0.018mg/L；LC_{50}（96h，流过）虹鳟鱼 0.030mg/L。水蚤 EC_{50}（48h）0.046mg/L。藻类：E_bC_{50}（72h）0.54mg/L。蜜蜂：对蜜蜂低毒。蚯蚓 LC_{50}（14d）：赤子爱胜蚓 68mg/kg。

应　用 作用机理与特点：属酰胺类杀螨剂。对各种螨类和螨的发育全期均有速效和高效，持效期长、毒性低、无内吸性，但具有渗透性。通过接触和取食作用。施用在叶片上引诱害螨移动到叶面，因此抑制害螨在叶背面产卵。与三氯杀螨醇、苯丁锡、噻唑螨酮等无交互抗性。防治对象：叶螨科（苹果全爪螨、橘全爪螨、棉叶螨、朱砂叶螨等）、跗线螨科（侧多跗线螨）、瘿螨科（苹果刺锈螨、葡萄锈螨等）、细须螨科（葡萄短须螨）、蚜科（桃蚜、棉蚜、苹果蚜）、粉虱科（木薯粉虱）。

华光霉素（nikkomycin）

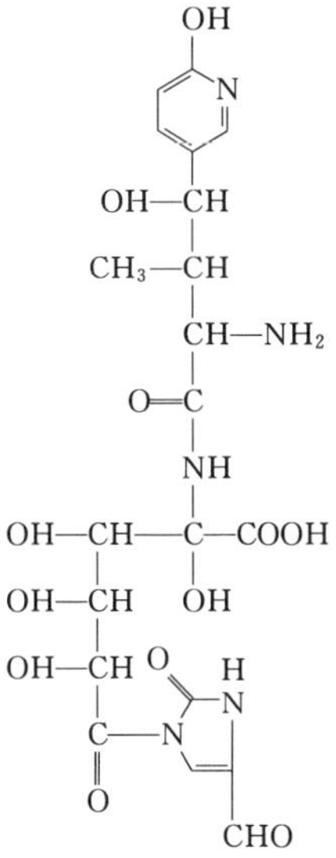

$C_{20}H_{25}N_5O_{10}$，495.5

其他中文名称 日光霉素，尼柯霉素

化学名称 2-[2-氨基-4-羟基-4-(5 羟基-2-吡啶)-3-甲基丁酰]氨基-6-(3-甲酰-4-咪唑啉酮-

5-)己糖醛酸盐酸盐

CAS 登录号 86003-55-6

理化性质 原粉为白色至浅黄色无定形粉末。熔点 166～168℃；溶于水和吡啶；不溶于丙酮、乙醇和非极性溶剂。在 pH 3～5 酸性溶液中稳定。制剂外观为褐色粉末，润湿时间≤2min，悬浮率≥70%，pH 2～4，水分≤4.5%。

毒　性 急性经口 LD_{50}：＞5000mg/kg。急性经皮 LD_{50}：＞10000mg/kg。

应　用 作用机理与特点：核苷肽类农用抗生素，它对螨类和农作物真菌有较好的防治作用。华光霉素的产生菌定名为唐德轮枝链霉菌 *S*-9（streptoverticilliumtendae *S*-9）。作用机理是其分子结构与细胞壁中几丁质合成的前体 *N*-乙酰葡萄糖胺相似，它可以通过细胞内几丁质合成酶竞争性抑制作用，阻止葡萄糖胺的转化，干扰了细胞几丁质的合成，导致抑制螨类和真菌的生长，对螨类天敌无影响。防治对象：适用于苹果、柑橘、山楂叶螨，蔬菜、茄子、菜豆、黄瓜二点叶螨等的防治，防效 80%以上。还可以防治西瓜枯萎病、炭疽病、韭菜灰霉病，苹果枝呋腐烂病，水稻穗颈病，番茄早疫病，白菜黑斑病，大葱紫斑病，黄瓜炭疽病，棉苗立枯病等。

第三章 CHAPTER 3

杀软体动物剂

氯代水杨胺（quinoid niclosamide）

其他中文名称 醌式氯硝柳胺钠盐，醌式氯硝柳胺

化学名称 醌式4′-硝基-2,5-二氯水杨酰苯胺化钠

理化性质 外观颜色为红褐色固体粉末。对光、碱、热稳定。熔点>300℃。可溶于水、乙醇，在水中的溶解度为1.4g/L，几乎不溶于乙醚。

毒　性 大鼠急性经口 LD_{50}>5000mg/kg。大鼠急性经皮 LD_{50}>5000mg/kg。

应　用 使螺窒息而死亡。

螺　　威

化学名称 (3β,16α)-28-氧代-D-吡喃(木)糖基-(1→3)-0-β-D-吡喃(木)糖基-(1→4)-0-6-脱氧-α-L-吡喃甘露糖基-(1→2)-β-D-吡喃(木)糖-17-甲羟基-16,21,22-三羟基齐墩果-12-烯

理化性质 螺威是从油茶科植物的种子中提取的五环三萜类物质，系植物源农药。有效成分熔点为233～236℃；溶解度：可溶于水、甲醇、乙醇、乙腈等极性大的溶剂，不溶于石油醚等大多数极性小的有机溶剂。稳定性：在通常贮存条件下稳定。

毒　性 螺威50%母药大鼠急性经口LD50>4640mg/kg；急性经皮LD50>2150mg/kg；对家兔皮肤无刺激性，眼睛轻度至中度刺激性；豚鼠皮肤变态反应（致敏）试验结果为弱致敏物（致敏率为0）；大鼠3个月亚慢性喂养毒性试验最大无作用剂量为30mg/(kg·d)；三项致突变试验：Ames试验、小鼠骨髓细胞微核试验、小鼠睾丸细胞染色体畸变试验均为阴性，未见致突变作用。

制　剂 50%母药，4%粉剂。

应　用 作用机理与特点：螺威易于与红细胞壁上的胆甾醇结合，生成不溶于水的复合物沉淀，破坏了血红细胞的正常渗透性，使细胞内渗透压增加而发生崩解，导致溶血现象，从

而杀死软体动物钉螺。

生产厂家 湖北金海潮科技有限公司（母药、粉剂）。

四聚乙醛（metaldehyde）

$C_8H_{16}O_4$，176.2

其他中文名称 密达，多聚乙醛，蜗牛散

其他英文名称 Meta

化学名称 2,4,6,8-四甲基-1,3,5,7-四氧杂环-辛烷

CAS登录号 108-62-3

理化性质 纯品为结晶粉末。熔点246℃，沸点112～115℃（升华，部分解聚）。蒸气压6.6×103mPa（25℃）。K_{ow} lg$P$＝0.12。Henry常数：3.5Pa·m^3/mol（计算值）。相对密度1.27（20℃）。溶解度（mg/L，20℃）：水222；甲苯530，甲醇1730。稳定性：高于112℃升华，部分解聚。闪点50～55℃（闭杯）。

毒　　性 急性经口LD_{50}（mg/kg）：大鼠283，小鼠425。大鼠急性经皮LD_{50}＞5000mg/kg；对兔眼无刺激；对豚鼠的皮肤也无刺激。大鼠吸入LC_{50}（4h）＞15mg/L（空气）。NOEL：NOAEL狗为10mg/kg（EPA RED）。鹌鹑急性经口LD_{50}为170mg/kg；饲喂LC_{50}（8d）为3460mg/L。虹鳟鱼LC_{50}（96h）＞75mg/L。水蚤EC_{50}（48h）＞90mg/L。水藻EC_{50}（96h）73.5mg/L。蜜蜂LD_{50}（μg/只）：经口＞87，接触＞113。蠕虫LC_{50}＞1000mg/L。对蚜虫无作用。对鸟类的影响：曾报道在使用四聚乙醛的区域，有鸟类死亡的现象。接触四聚乙醛的家禽有刺激性兴奋、发抖、肌肉痉挛、腹泻、呼吸急促等症状。对水中有机体无影响。对其他有机体的影响：含4%四聚乙醛小药丸诱饵对野生动物有毒害作用。在按照说明使用时，含6%四聚乙醛小药丸诱饵对蜜蜂无毒害作用。含四聚乙醛小药丸诱饵对狗有吸引作用，并可使狗死亡。宠物等需控制远离施药及储存区域。

制　　剂 99%、98%、96%原药，10%、6%、5%颗粒剂。

应　　用 具有触杀和胃毒活性的杀软体动物剂。四聚乙醛能够使目标害虫分泌大量的黏液，不可逆转的破坏它们的黏液细胞，进而因脱水而死亡。对福寿螺有一定的引诱作用，植物体不吸收该药，因此不会在植物体内积累。对水稻福寿螺、蔬菜、棉花和烟草上蜗牛、蛞蝓等软体动物有效。用药后蛞蝓便不能行动，在相对湿度低的情况下死亡。乙醛或仲醛（环状三聚物）都不具有这种生物活性。对人畜中等毒。防治对象：主要用于防治稻田福寿螺和蛞蝓。注意事项：在贮存期间如保管不好，容易解聚。忌用有焊锡的铁器包装。如遇低温（1.5℃以下）或高温（35℃以上）因蜗牛活动力弱，影响防治效果。施药后不要在地内践踏，若遇大雨，药粒被雨水冲入水中，也会影响药效，需补施。

原药生产厂家 海门兆丰化工有限公司、江苏省徐州诺特化工有限公司、上海生农生化制

品有限公司、浙江平湖农药厂。

瑞士龙沙有限公司。

杀螺胺（niclosamide）

$C_{13}H_8Cl_2N_2O_4$，327.1

其他中文名称 百螺杀，氯螺消，贝螺杀

其他英文名称 Bayluscid，Bayluscide，Clomazone

化学名称 *N*-(2-氯-4-硝基苯基)-2-羟基-5-氯苯甲酰胺

CAS登录号 杀螺胺 50-65-7；杀螺胺乙醇胺盐 1420-04-8

理化性质 纯品为无色晶体，原药为淡黄色至绿色粉末。熔点 230℃。蒸气压 8×10^{-8} mPa（20℃）。K_{ow} lg$P$=5.95（pH≤4.0），5.86（pH 5.0），5.63（pH 5.7），5.45（pH 6.0），4.48（pH 7.0），3.30（pH 8.0），2.48（pH 9.3）。Henry（Pa·m^3/mol，20℃）：5.2×10^{-6}（pH 4），1.3×10^{-7}（pH 7），6.5×10^{-10}（pH 9）。溶解度：在水中（mg/L，20℃）：0.005（pH 4），0.2（pH 7），40（pH 9）；能溶于常见有机溶剂，如乙醇和乙醚。在 pH 5～8.7、pK_a 5.6 下稳定。

毒　性 大鼠急性经口 LD_{50}≥5000mg/kg。大鼠急性经皮 LD_{50}>1000mg/kg；对兔眼有强烈刺激，兔皮肤长期接触有反应。大鼠吸入 LC_{50}（1h）为 20mg/L（空气）。NOEL（mg/kg）：（2y）雄大鼠 2000，雌大鼠 8000，小鼠 200；（1y）狗 100。没有相关的诱导或胚胎效应。野鸭：LD_{50}≥500mg/kg。圆腹雅罗鱼：LC_{50}（96h）0.1mg/L。水蚤 LC_{50}（48h）为 0.2mg/L。水藻（淡水藻）E_rC_{50} 为 5mg/L。对蜜蜂无显著致死效应。

制　剂 杀螺胺：98%、95%原药，25%悬浮剂，70%可湿性粉剂。杀螺胺乙醇胺盐：83.1%、70%可湿性粉剂。

应　用 触杀，胃毒作用。用于水田灭钉螺，有效浓度 0.3～1mg/L。并用于水处理，以干扰人类的血吸虫病的传染媒介。以田间浓度对植物无毒，也用于杀灭绦虫的成虫。注意事项：对鱼类、蛙、贝类有毒，使用时要多加注意。

原药生产厂家 杀螺胺：江苏百灵农化有限公司、江苏建农农药化工有限公司、江苏侨基生物化学有限公司、江苏省农药研究所股份有限公司。

杀螺胺乙醇胺盐：安徽东盛制药有限公司、江苏省吴江森亮化工有限公司、四川省化学工业研究设计院。

第四章 CHAPTER 4

杀鼠剂

磷化锌（zinc phosphide）

P_2Zn_3，258.1

其他中文名称 耗鼠尽

其他英文名称 Kilrat，Phosrin

化学名称 磷化锌

CAS登录号 1314-84-7

理化性质 无定形灰黑色粉末，有大蒜味。纯品中含磷24%，含锌76%，原药纯度为80%～95%。相对密度为4.65。熔点740℃。蒸气压在干燥状态下可以忽略不计。不溶于乙醇和水，可溶于碱、苯的二硫化碳等有机溶剂中。干燥条件下稳定，潮湿空气中慢慢分解出不愉快的气味。遇水分解，但作用很缓慢。遇酸分解，放出剧毒的磷化氢气体。浓硝酸和王水冷时能将磷化锌氧化，并发生大爆炸。

毒　性 急性经口 LD_{50}（mg/kg）：大鼠45.7，羊60～70；兔急性经皮 LD_{50} 2000～5000mg/kg；本品对兔眼睛和皮肤无刺激。NOEL值：大鼠2.0mg/kg。大鼠口服NOAEL（90d）：0.1mg/kg。鸟类急性经口 LD_{50}（mg/kg）：野鸭37.5，山齿鹑13.5，雉鸡9。对于家禽致死剂量7～17mg/kg。鱼类急性 LC_{50}（mg/L）：蓝鳃太阳鱼0.8，虹鳟鱼 LC_{50} 为0.5。

应　用 作用机理与特点：用于防治田鼠、地鼠及其他田间啮齿类动物。与胃酸作用产生磷化氢，磷化氢进入血液危害鼠的肝、肾和心脏。中毒动物24h内即可死亡，是急性杀鼠品种。初次使用适口性较好，中毒未死个体再遇此药时则明显据食。对其他哺乳动物和禽类有较高的毒性，中毒鼠尸体内残留的磷化氢可引起食肉动物2次中毒。注意事项：配制好的毒饵遇湿会不断放出有毒的磷化氢，必须密封装好。收集死鼠应烧掉或深埋。贮存于干燥阴凉处避免高温或与碱性物质混用。

原药生产厂家 昆明农药有限公司、山东东远生物科技有限公司、山东省济宁高新技术开发区永丰化工厂、山东省济宁圣城化工实验有限责任公司、山东省龙口市化工厂、山东圣鹏农药有限公司。

敌鼠（diphacinone）

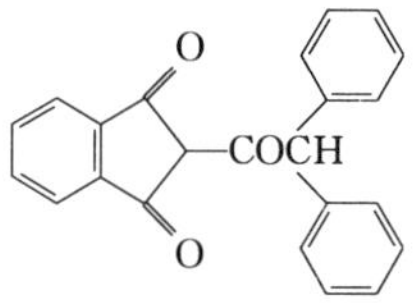

$C_{23}H_{16}O_3$，340.4

其他中文名称 野鼠净

其他英文名称 diphacin，Diphacins，Ramik，Yasodion

化学名称 2-(二苯基乙酰基)-2,3-二氢-1,3-茚二酮

CAS登录号 82-66-6

理化性质 黄色晶体（原药为黄色粉末）。熔点145～147℃。蒸气压1.37×10^{-5}mPa（25℃，原药）。K_{ow} $\lg P=4.27$。Henry常数1.55×10^{-5}Pa·m³/mol（计算）。相对密度为1.281。溶解度：几乎不溶于水（约0.3mg/kg）；有机溶剂（g/kg）：氯仿204，甲苯中73，二甲苯中50，丙酮中29，乙醇中2.1，庚烷中1.8；其盐可溶于碱溶液。pH 6～9时可稳定存在14d；水解<24h（pH 4）。光照下在水中迅速分解；338℃时分解（不沸腾）。pK_a酸性，能形成水溶性碱金属盐。

毒　性 急性经口LD_{50}（mg/kg）：大鼠2.3，小鼠50～300，家兔35，猫14.7，狗3～7.5，猪150。急性经皮LD_{50}：大鼠<200mg/kg。对皮肤和眼无刺激；对豚鼠皮肤无过敏现象。毒性吸入LC_{50}（4h）：大鼠<2mg/L空气（粉末）。NOEL值：慢性LD_{50}，大白鼠0.1mg/(kg·d)。Ames实验表明无诱导突变。鸟类急性经口LD_{50}：野鸭3158mg/kg。用诱饵［50mg(a.i.)/kg］进行56d的2次中毒试验表明，在可能出现的自然条件下，对雀鹰无危险。鱼类：LC_{50}（96h，mg/L）：虹鳟鱼2.6，蓝鳃太阳鱼7.5，河鲶2.1。水蚤LC_{50}（48h）：1.8mg/L。

应　用 作用机理与特点：主要是破坏血液中的凝血酶原，使之失去活性，同时使微血管变脆、抗张能力减退、血液渗透性增强。敌鼠是目前应用最广泛的第1代抗凝血杀鼠剂品种之一，具有靶谱广、适口性好、作用缓慢、效果好的特点。具有急和慢性毒力差别显著的特点。其急性毒力远小于慢性毒力，所以更适合于少量、多次投毒饵的方式来防治害鼠。防治对象：小鼠、大鼠、草原犬鼠、土松鼠、田鼠和其他啮齿类动物。

原药生产厂家 敌鼠钠盐：辽宁省大连实验化工有限公司、湖南丰田作物科学有限公司。

杀鼠灵（warfarin）

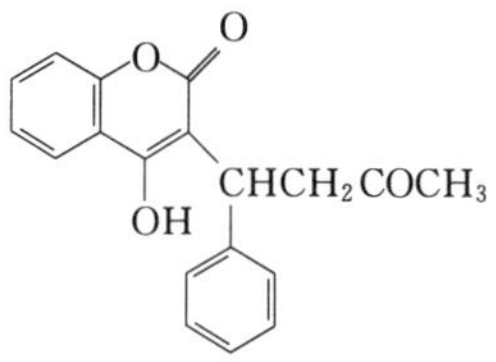

$C_{19}H_{16}O_4$，308.3

Chapter 1 Chapter 2 Chapter 3 Chapter 4 Chapter 5 Chapter 6 Chapter 7 Chapter 8

其他中文名称 杀鼠灵，华法令

其他英文名称 warfarine，coumafene，zoocoumarin

化学名称 3-(α-乙酰甲基苄基)-4-羟基香豆素

CAS登录号 81-81-2

理化性质 外消旋体为无色晶体。熔点161～162℃。蒸气压为1.5×10^{-3}mPa。溶解度(20℃)：水中17mg/L；极微溶于苯、乙醚、环己烷；中等溶于甲醇、乙醇、异丙醇；丙酮65g/L，氯仿56g/L，二氧六环100mg/L；在碱性溶液中形成水溶性的钠盐，25℃时溶解度400g/L；不溶于有机溶剂。本品有1个不对称的碳原子，形成2个异构体，即*S*-异构体和*R*-异构体，原药为异构体的混合物。稳定性很高，在强酸中稳定。

毒　性 属高毒杀鼠剂。急性经口LD_{50}（mg/kg）：大鼠为186，小鼠374；经口LD_{50}（5d，mg/kgd）：大鼠1，猪1，猫3，狗3，牛200。能抑制血液凝固造成器官损伤，在指导剂量下使用对人畜有轻微危害，使用时要小心谨慎，对幼猪敏感。对鸟类，家禽毒性相对较低。

制　剂 98％、97％原药，2.5％母药，0.05％、0.025％毒饵。

应　用 杀鼠灵属于4-羰基香豆素类的抗凝血灭鼠剂，是第一个用于灭鼠的慢性药物。与抗凝血药剂的作用机理基本相同，主要包括：一是破坏正常的凝血功能，降低血液的凝固能力。药剂进入机体后首先作用于肝脏，对抗维生素K_1，阻碍凝血酶原的生成。二是损害毛细血管，使血管变脆，渗透性增强。所以鼠服药后体虚弱、怕冷、行动缓慢，鼻、爪、肛门、阴道出血，并有内出血发生，最后由于慢性出血不止而死亡。防治对象：褐鼠、玄鼠和小鼠，持效期可达14d。注意事项：使用杀鼠灵毒饵应充分发挥其慢性毒性的特点，必须多次投饵。杀鼠灵对禽类比较安全，适宜在养禽场和动物园防治褐家鼠。收集死鼠应烧掉或深埋。

原药生产厂家 河北省张家口金赛制药有限公司（原药、母药）、江苏省泗阳县鼠药厂。

杀鼠醚（coumatetralyl）

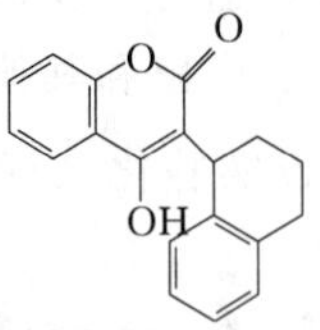

$C_{19}H_{16}O_3$，292.3

其他中文名称 立克命，毒鼠萘，追踪粉，杀鼠萘

化学名称 3-(1,2,3,4-四氢-1-萘基)-4-羟基香豆素

CAS登录号 5836-29-3

理化性质 纯品为无色或淡黄色晶体。熔点172～176℃（原药166～172℃）。蒸气压8.5×10^{-6}mPa（20℃）。$K_{ow}\lg P=3.46$。Henry常数1×10^{-7}Pa・m^3/mol（pH 5，20℃）。

溶解性（20℃）：水中pH 4.2时为4mg/L，pH 5时为20mg/L，pH 7时为425mg/L，pH 9时为100～200g/L；可溶于DMF，易溶于乙醇、丙酮；微溶于苯、甲苯、乙醚；氯仿中为50～100g/L，异丙醇中为20～50g/L。碱性条件下形成盐；≤150℃下稳定；在水中5d不水解（25℃）；DT_{50}>1y（pH 4～9）；水溶液暴露在日光或紫外光下迅速分解；DT_{50}为1h。pK_a 4.5～5.0。

毒　性　大鼠急性经口LD_{50}（mg/kg）：16.5，小鼠>1000，兔>500。对大鼠的亚慢性经口LD_{50}（5d）为0.3mg/(kg·d)。大鼠急性经皮LD_{50} 100～500mg/kg。急性吸入LC_{50}（4h，mg/m^3）：大鼠39，小鼠54。在指导剂量下使用对人畜危险轻微，但对幼猪敏感。鸟类急性经口（LC_{50}）：日本鹌鹑>2000mg/kg。急性吸入LC_{50}（8d）：母鸡>50mg/(kg·d)。鱼类LC_{50}（96h，mg/L）：孔雀鱼约1000，虹鳟鱼48，圆腹雅罗鱼67。水蚤的LC_{50}（48h）>14mg/L。水藻E_rC_{50}>18mg/L，E_bC_{50}（72h）15.2mg/L。

制　剂　98%原药，0.75%追踪粉剂，7.50%母液，7.50%母药，3.75%、0.75%母粉，0.04%饵剂，0.04%毒饵。

应　用　杀鼠醚的有效成分能破坏凝血机能，损害微血管引起内出血。慢性、广谱、高效，适口性好，一般无二次中毒现象。鼠类服药后出现皮下、内脏出血、毛硫松、肌色苍白、动作迟钝、衰弱无力等症，3～6d后衰竭而死，中毒症状与其他抗凝血药剂相似。据报道，杀鼠醚可以有效地杀灭对杀鼠灵产生抗性的鼠。这一点又不同于同类杀鼠剂鼠剂而类似于第2代抗凝血性杀鼠剂，如大隆、溴敌隆等。需要多次喂食来达到致死作用。

生产厂家　原药：江苏省泗阳县鼠药厂、拜耳有限责任公司、河北省张家口金赛制药有限公司。母粉：北京市隆华新业卫生杀虫剂有限公司、河北省张家口金赛制药有限公司、河北省张家口金赛制药有限公司。母液：河北省张家口金赛制药有限公司。母药：河北省张家口金赛制药有限公司。

溴敌隆（bromadiolone）

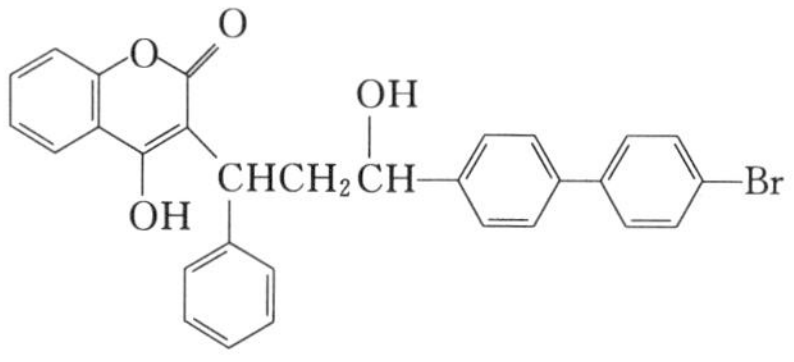

$C_{30}H_{23}BrO_4$，527.4

其他中文名称　乐万通

其他英文名称　Maki，Super Caid，Musal

化学名称　3-[3-(4-溴联苯-4-基)-3-羟基-1-苯丙基]-4-羟基香豆素

CAS登录号　28772-56-7

理化性质　黄色粉末。熔点196～210℃（96%）。蒸气压（20℃）0.002mPa。$K_{ow}\lg P$>5.00（pH 5），3.80（pH 7），2.47（pH 9）。相对密度1.45（20.5±0.5℃）。溶解度：水中（20±0.5℃，g/L）：>1.14×10^{-4}（pH 5），2.48×10^{-3}（pH 7），0.180（pH 9）；其

他溶剂 (g/L)：DMF 730，乙酸乙酯 25，乙醇 8.2；易溶于丙酮，微溶于氯仿，几乎不能溶于乙醚和环己烷。在 150℃以下稳定。闪点 218℃。

毒　性　急性经口 LD_{50} (mg/kg)：大鼠 1.31，小鼠 1.75；兔 1.00；狗＞10.0；猫＞25.0。急性经皮 LD_{50} (mg/kg)：兔 1.71，大鼠 23.31。急性吸入 LC_{50}：大鼠＜0.02mg/L。NOEL：口服 NOAEL (90d) 兔 0.5μg/(kg · d)；NOAEL 生殖与发育毒性 (2y) 大鼠 5μg/(kg · d)。其他：非致突变，非致染色体断裂，没发现致畸。鸟类急性经口 LD_{50}：日本鹌鹑 134mg/kg。鱼类 LC_{50} (96h)：虹鳟鱼 2.89mg/L。NOEC (96h) 1.78mg/L。蚤类 EC_{50} (48h) 5.79mg/L。NOEC (48h) 1.25mg/L。在指导剂量下对蜜蜂无毒。蠕虫 LC_{50}：蚯蚓＞1054mg/kg (干土)。

制　剂　98%、97%、95.80%、95%、92%原药，0.50%母液，0.50%、0.05%母药，0.50%母粉，0.01%饵粒，0.01%饵剂，0.02%、0.01%毒饵。

应　用　作用机理与特点：第 2 代慢性杀鼠剂，阻止凝血素的形成。作用于肝脏，对抗维生 K_1，降低血液凝固能力，阻碍凝血酶原的产生，破坏正常的血凝功能，损害毛细血管，使管壁渗透性增强。中毒鼠死于大出血。可防治褐家鼠和黑家鼠。对鼠类适口性好。注意事项：在害鼠对第 1 代抗凝血杀鼠剂未产生抗性之前不宜大面积推广，一旦发生抗性使用该药效果更好。

原药生产厂家　河北省张家口金赛制药有限公司、河南省普朗克生化工业有限公司、河南省商丘市大卫化工厂、江苏省泗阳县鼠药厂、辽宁省沈阳爱威科技发展股份有限公司、陕西秦乐药业化工有限公司、上海高伦现代农化股份有限公司、上海威敌生化（南昌）有限公司、圣丰科技（河南）有限公司、天津市天庆化工有限公司。

溴鼠灵（brodifacoum）

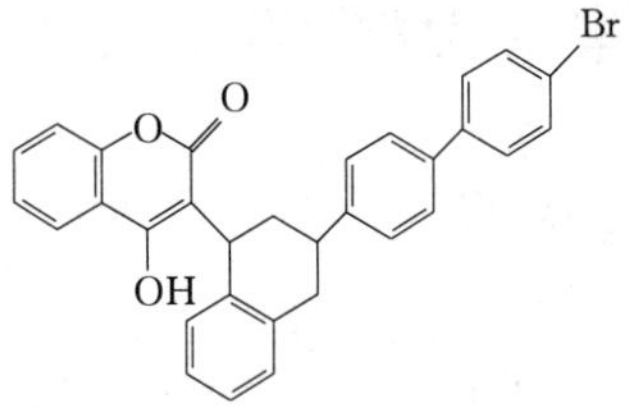

$C_{31}H_{23}BrO_3$，523.4

其他中文名称　溴联苯鼠隆，大隆

其他英文名称　Talon

化学名称　3-3-(4′-溴联苯-4-基)-1,2,3,4-四氢-1-萘基-4-羟基香豆素

CAS 登录号　56073-10-0

理化性质　纯品为白色粉末，原药为不标准的白色至浅黄褐色粉末。熔点 228～232℃。蒸气压＜0.001mPa (20℃)。$K_{ow}\lg P=8.5$。Henry 常数 (Pa · m^3/mol)：$<1\times10^{-1}$ (pH 5.2)，$<1\times10^{-3}$ (pH 7.4)，$<1\times10^{-5}$ (pH 9.3)。相对密度 1.42 (25℃)。溶解性 (20℃)，水中 (mg/L)：3.8×10^{-3} (pH 5.2)，0.24 (pH 7.4)，10 (pH 9.3)；有机溶剂

(g/L)：丙酮中 23，二氯甲烷中 50，甲苯中 7.2。为弱酸性不易形成水溶性盐类。稳定性：原药在 50℃下稳定，在直接日光下 30d 无损耗，溶液在紫外线照射下可降解。

毒　性　急性经口 LD_{50}（mg/kg)：雄大鼠 0.4，雄兔 0.2，雄小鼠 0.4，雌豚鼠 2.8，猫 25，狗 0.25～3.6。急性经皮 LD_{50}（mg/kg)：雌大鼠 3.16，雄大鼠 5.21；对兔子的皮肤和眼睛有轻微刺激。急性吸入 LC_{50}（4h，μg/L)：雄大鼠 4.86，雌大鼠 3.05。鸟类：急性经口 LD_{50}（mg/kg)：日本鹌鹑 11.6，鸡 4.5，野鸭 0.31。急性吸入 LC_{50}（40d，mg/L)：野鸭 2.7，山齿鹑 0.8。鱼 LC_{50}（96h，mg/L)：蓝腮太阳鱼 0.165，虹鳟鱼 0.04。水蚤：LC_{50}（48h)＞0.04mg（a.i.)/L。藻类 EC_{50}（72h)：羊角月牙藻＞0.04mg/L。蠕虫 LC_{50}（14d)＞99mg/kg（干土)。

制　剂　98%、95%、90%原药，0.50%母液，0.50%母药，0.01%饵粒，0.01%饵剂，0.01%饵块，0.01%毒饵。

应　用　溴鼠灵是第 2 代抗凝血杀鼠剂，作用机理类似于其他抗凝血剂，主要是阻碍凝血酶原的合成，损害微血管，导致大出血而死。具有急性和慢性杀鼠剂的双重优点，既可以作为急性杀鼠剂、单剂量使用防治鼠害；又可以采用小剂量、多次投饵的方式达到较好消灭害鼠的目的。适口性好，不会产生拒食作用，可以有效地杀死对第 1 代抗凝血剂产生抗性的鼠类。中毒潜伏期一般在 3～5d。猪、狗、鸟类对溴鼠隆较敏感，对其他动物则比较安全。注意事项：在鼠类对第 1 代抗凝血剂产生抗性以后再使用较为恰当。本品剧毒，有 2 次中毒现象，死鼠应烧掉或深埋。

原药生产厂家　河北省张家口金赛制药有限公司、江苏省泗阳县鼠药厂、辽宁省沈阳爱威科技发展股份有限公司、上海高伦现代农化股份有限公司、天津市天庆化工有限公司、浙江省慈溪市逍林化工有限公司。

氟鼠灵（flocoumafen）

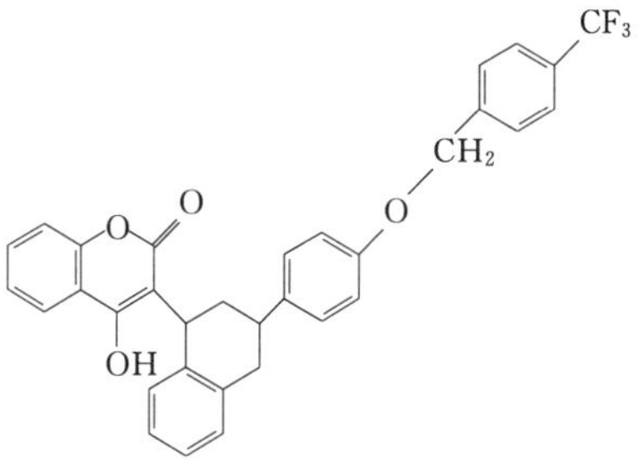

$C_{33}H_{25}F_3O_4$，542.6

其他中文名称　杀它仗，氟羟香豆素

其他英文名称　Storm，Stratagen

化学名称　3-[4-(4′-三氟甲基苄氧基)苯基-1,2,3,4-四氢-1-萘基]-4-羟基香豆素

CAS 登录号　90035-08-8

理化性质　白色固体。熔点 166.1～168.3℃。蒸气压＜1mPa（OECD 104，蒸汽压平衡

法）。$K_{ow}\lg P=6.12$。Henry 常数＜3.8Pa·m³/mol（计算）。相对密度 1.40。溶解度（20℃）：水中 0.114mg/L（pH 7）；有机溶剂（g/L）：正庚烷 0.3，乙腈 13.7，甲醇 14.1，正辛醇 17.4，甲苯 31.3，乙酸乙酯 59.8，二氯甲烷 146，丙酮 350。稳定性：不易水解；在 50℃于 pH7～9 贮存 4 周未检测到降解；250℃以下对热稳定。pK_a 4.5。

毒　性　急性经口 LD_{50}（mg/kg）：大鼠 0.25，狗 0.075～0.25。兔急性经皮 LD_{50} 为 0.87mg/kg。大鼠急性吸入 LC_{50}（4h）为 0.0008～0.007mg/L。鸟类急性经口（LD_{50}，mg/kg）：鸡＞100，日本鹌鹑＞300，野鸭 286。饲喂 LC_{50}（5d，mg/L）：山齿鹑 62，野鸭 12。鱼类 LC_{50}（96h，mg/L）：虹鳟鱼 0.067，蓝腮太阳鱼 0.112。在 50mg/kg 下对水生生物无毒。水蚤 EC_{50}（48h）0.170mg/L。其他水生菌 E_rC_{50}（72h）＞18.2mg/L。

制　剂　0.005％毒饵。

应　用　为非直接抗凝血剂。其作用机理与其他抗凝血性杀鼠剂类似，抑制维生素 K_1 的合成。对于其他抗凝血杀鼠剂有抗性的啮齿类有效。具有适口性好、毒性强、使用安全、灭鼠效果好的特点。除非吞食了过量毒饵，一般看不出有中毒症状；出血的症状可能要在几天后才发作。较轻的症状为尿中带血、鼻出血或眼分泌物带血、皮下出血、大便带血；如多处出血，则将有生命危险。严重的中毒症状为眼部和背部疼痛、神志昏迷、脑出血，最后由于内出血造成死亡。防治对象：可用于城市、工业和农业区防治鼠害，另外也可用于建筑物周围，对防治可可、棉花、油棕、水稻和甘蔗田中的鼠害非常有效。

生产厂家　巴斯夫欧洲公司（毒饵 0.005％）。

氯敌鼠钠盐（chlorophacinone Na）

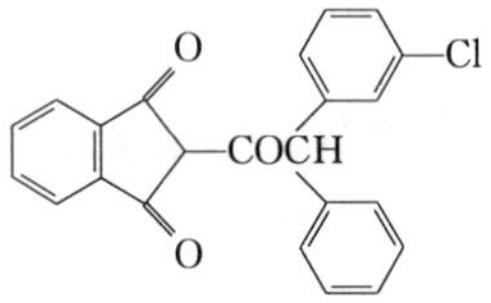

$C_{23}H_{15}ClO_3$，374.8

化学名称　2-(2-苯基-4-对氯苯基乙酰基)-1,3-茚满二酮钠盐

理化性质　原药为淡黄色粉末，可溶于水、乙醇不溶于丙酮等有机溶剂和植物油。

毒　性　大鼠急性经口 LD_{50} 为 108mg/kg。大鼠急性经皮 LD_{50} 为 1260mg/kg。对蜜蜂无毒。

应　用　破坏血液中的凝血酶原，使老鼠皮下及内脏出血死亡。为第一代抗凝血杀鼠剂，对鼠毒力大，适口性好，不易产生拒食性。

双甲苯敌鼠（bitolylacinone）

化学名称　2-[2′,2′-双(4-甲基苯基)乙酰基]-1,3-茚满二酮铵盐

理化性质　原药外观为黄色粉末状，无嗅无味，性质稳定。熔点：143～145℃。难溶于

水，易溶于三氯甲烷、乙醇等有机溶剂。强酸、强碱介质下不稳定。制剂外观为淡黄色液体。相对密度 0.7895（20℃），pH 5～6。

毒 性 大鼠急性经口 LD_{50}：34.8mg/kg。急性经皮 LD_{50}：681mg/kg。

应 用 作用机理与特点：属茚满二酮类抗凝血杀鼠剂，具有毒力强、用药少、适口性好、杀灭效果可靠、毒饵易于配制等特点。注意事项：高毒。特效解毒剂为 Vk 解毒。

氯鼠酮（chlorophacinone）

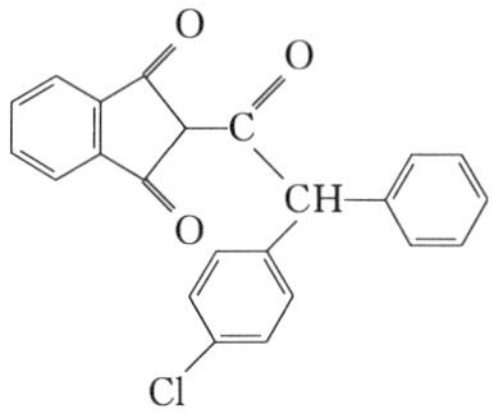

$C_{23}H_{15}ClO_3$，374.8

其他中文名称 鼠顿停，氯敌鼠

其他英文名称 Redentin，Caid，Rozol

化学名称 2-[2-(4-氯苯基)-2-苯基乙酰基]茚满-1,3-二酮

理化性质 淡黄色晶体。熔点 140℃。蒸气压 1×10^{-4}mPa（25℃）。相对密度：0.38g/cm^3（20℃）。溶解度：水中 100mg/L（20℃）；其他溶剂：易溶于甲醇、乙醇、丙酮、乙酸、乙酸乙酯、苯；微溶于正己烷和乙醚；溶于水碱，形成盐。稳定性：非常稳定，耐风化。pK_a 3.40（25℃）。

毒 性 急性经口 LD_{50} 大鼠 6.26mg/kg。对眼睛和皮肤没有刺激；通过皮肤有轻微的吸收。吸入毒性 LC_{50}（4h）大鼠 9.3μg/L。对鸟低毒。其他：对志愿者进行试验，20mg（a. i.）剂量下，2～4d 内凝血素水平降至 35%，但是 8d 后无需处理，恢复正常。鸟类 LC_{50}（30d，mg/L）：山齿鹑 95，野鸭 204。LC_{50}（96h）虹鳟鱼 0.35，蓝腮太阳鱼 0.62mg/L。水蚤 LC_{50}（48h）0.42mg/L。推荐剂量下对蜜蜂无毒。蚯蚓 LC_{50}＞1000mg/L。

应 用 破坏凝血机能，损害微血管，引起内出血。属第 1 代抗凝血型杀鼠剂，适口性好，靶谱广，对人畜安全，作用缓慢，毒性毒力强，适宜一次性投毒灭鼠。易溶于油，易浸入饵料中，适合野外使用。

莪术醇（curcumenol）

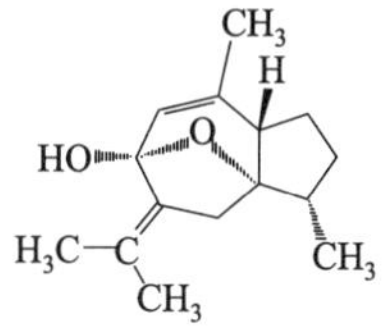

$C_{15}H_{22}O_2$，234.3

CAS登录号　19431-84-6

理化性质　浅黄色针状固体。熔点：142～144℃。不溶于水。

毒　性　大鼠急性经口 LD_{50}＞4640mg/kg。急性经皮 LD_{50} 2150mg/kg。

制　剂　92%原药，0.2%饵剂。

原药生产厂家　吉林延边天保生物制剂有限公司。

毒鼠强（tetramine）

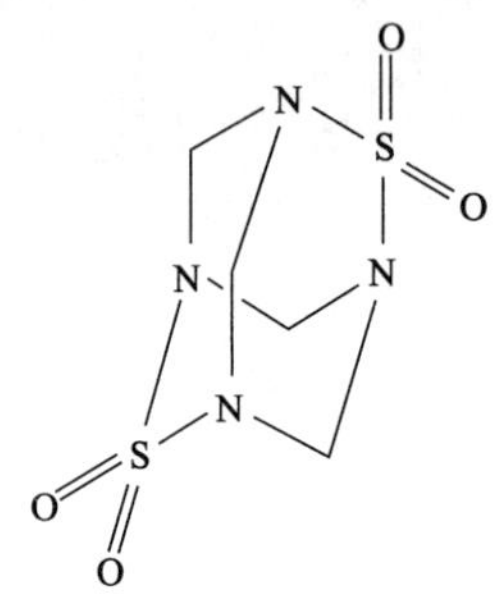

$C_4H_8N_4O_4S_2$，240.3

其他中文名称　四二四，没鼠命，三步倒，闻到死

化学名称　2,6-二硫-1,3,5,7-四氮三环-[3,3,1,1,3,7]癸烷-2,2,6,6-四氧化物

CAS登录号　80-12-6

理化性质　轻质粉末，纯品呈正方形晶体，无臭无味。在255～256℃时分解。不溶于水、乙醇、碱和酸；在丙酮、氯仿、冰醋酸中有一定溶解度；溶于二甲亚砜。化学性质稳定。

毒　性　大鼠急性经口 LD_{50} 0.1～0.3mg/kg。天敌：二次中毒，危险性很大，处理土壤后，生长的冷杉4年后结的树籽，仍可毒杀野兔。

应　用　我国已明令禁用。禁用情况：中国（1991年）。禁限用原因：高毒，引起二次中毒。

毒鼠碱（strychnine）

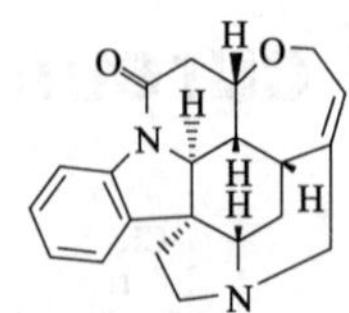

$C_{21}H_{22}N_2O_2$，334.4

其他中文名称　马钱子碱，土的卒

其他英文名称　Certox

CAS 登录号 57-24-9

理化性质 无色晶体。熔点 270～280℃（分解）；＞199℃（硫酸盐）。$K_{ow}\lg P$=4.0（pH 7）。溶解度：水中 143mg/L；其他溶剂（g/L）：苯 5.6，乙醇 6.7，氯仿 200；难溶于乙醚和汽油；硫酸盐溶解度：水中 30g/L（15℃）；溶于乙醇。稳定性：在 pH 5～9 光照下稳定；马钱子碱在水中与酸形成可溶盐。五水合硫酸盐在 100℃失去结晶水。pK_a 8.26。

毒　性 兔急性经皮 LD_{50}＞2000mg/kg。致死剂量（mg/kg）：大鼠 1～30；熊 0.5；人 30～60。饲喂 LC_{50}（mg/L）：山齿鹑 4000，野鸭 200。

应　用 杀鼠剂主要在小肠吸收。具有触杀、胃毒作用方式。

氟乙酰胺（fluoroacetamide）

FCH_2CONH_2

C_2H_4FNO，77.1

CAS 登录号 640-19-7

理化性质 无色晶体粉末。熔点 108℃。溶解度：易溶于水中；溶于丙酮，在乙醇中溶解度中等，难溶于脂肪族和芳香烃化合物。

毒　性 褐鼠急性经口 LD_{50} 约 13mg/kg。对大多数动物高毒。在水土中很稳定。

应　用 作用机理与特点：由于亚致死剂量，中度速效灭鼠剂不太可能导致中毒。主要作用于心脏，其次为对中枢神经系统的影响。注意事项：因其对人畜高毒，还能引起二次中毒。在中国禁用。

禁限用原因：1991 年列入 PIC 名单，5 个国家禁用，3 个国家限用，因其对人畜高毒，还能引起二次中毒。禁用情况：美国、中国（1982 年），墨西哥（1982 年），巴拿马（1987 年），泰国（1985 年）。限用情况：日本（1956 年，特许用），以色列（1967 年，特许用）。

鼠甘伏（gliftor）

$$Cl{-}CH_2{-}\underset{}{\overset{OH}{\overset{|}{C}}}H{-}CH_2{-}F \qquad F{-}CH_2{-}\overset{OH}{\overset{|}{C}}H{-}CH_2{-}F$$

Ⅰ：C_3H_6ClFO，112.5　　Ⅱ：$C_3H_6F_2O$，96.1

其他中文名称 伏鼠酸，甘氟

其他英文名称 Glyfluor

化学名称 1,3-二氟-2-丙醇（Ⅰ）；1-氯-3-氟-2-丙醇（Ⅱ）

CAS 登录号 8065-71-2

理化性质 无色或微黄色油状体。化合物（Ⅰ）的沸点为 127～128℃（或 58～60℃/5.33kPa）；化合物（Ⅱ）的沸点为 146～148℃；混合物的沸点为 120～132℃。能与水、乙醇、乙醚等互溶。较易挥发，在酸性溶液中稳定，在碱性溶液中能分解。

毒　性　急性经口 LD_{50}：>330mg/kg（小鼠）。

应　用　作用机理与特点：鼠甘伏在动物体内发生生物氧化后形成氟乙酸，最终破坏机体内主要的新陈代谢过程—三羧酸循环，影响神经系统和心血管系统。本品中毒有明显的几小时潜伏期。在我国未登记。

氟乙酸钠（sodium fluoroacetate）

FCH_2CO_2Na

$C_2H_2FNaO_2$，100.0

其他中文名称　一氟乙酸钠

其他英文名称　Yasoknock，Fratol

CAS 登录号　62-74-8

理化性质　无色、易吸湿粉末。熔点 200℃（分解）。蒸气压不挥发。易溶于水中。几乎不溶于乙醇、丙酮和石油原油。

毒　性　褐鼠急性经口 LD_{50} 0.22mg/kg。对其他所有哺乳动物高毒。NOEL 值：NOAEL（13 周）：大鼠 0.05mg/(kg·d)。

应　用　在我国未登记。禁用情况：德国、菲律宾、哥伦比亚、美国（撤销登记）。限用情况：新西兰。中国禁用。

毒鼠磷（phosacetim）

$C_{14}H_{13}Cl_2N_2O_2PS$，375.2

CAS 登录号　4104-14-7

理化性质　纯品为白色结晶粉末。熔点 104～106℃。不溶于水，极易溶解于氯化烃类溶剂、丙酮。微溶于乙醇、苯和乙醚。干燥环境下稳定，对碱不稳定。

毒　性　大鼠急性经口 LD_{50} 3.7～7.5mg/kg。大鼠急性经皮 LD_{50} 25mg/kg。

应　用　在我国未登记。国际上列入废旧农药名单。禁用情况：菲律宾，新西兰（未批准）。

毒鼠硅（silatrane）

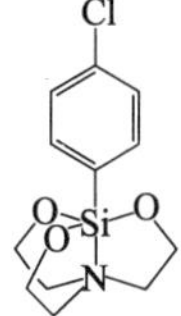

$C_{12}H_{16}ClNO_3Si$，285.8

化学名称 1-(4-氯苯基)-2,8,9-三氧代-5-氮-1-硅双环[3.3.3]十一烷

CAS登录号 29025-67-0

理化性质 白色结晶粉末。熔点230～235℃。味苦，难溶于水，易溶于苯、氯仿等有机溶剂。遇水能缓慢分解成无毒物。由对氯苯基三氯硅烷与三乙醇胺反应制成。

毒　性 口服急性LD_{50}（mg/kg）：1～4（褐家鼠），0.2～2.0（小家鼠），4.0（长爪沙鼠），3.7（黑线姬鼠），8.0（猫），14.0（猴）。

应　用 剧毒急性杀鼠剂。适口性较差。多数摄食毒饵之鼠在数分钟内痉挛死亡。二次中毒的危险小。使用浓度为0.5%～1.0%的黏附毒饵。宜现配现用。由于其剧毒，且药性发作太快，保存、使用需特别注意安全。

安妥（antu）

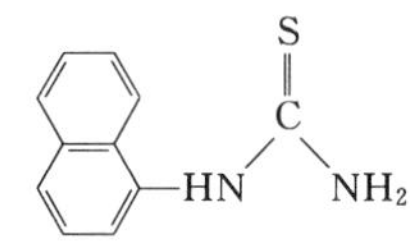

$C_{11}H_{10}N_2S$，202.3

其他英文名称 antua

化学名称 1-萘基硫脲

CAS登录号 86-88-4

理化性质 无色晶体（原药为蓝灰色粉末）。熔点198℃。溶解度：水中600mg/L（室温）；其他溶剂（g/L，室温）：丙酮24.3，三甘醇86。稳定性：暴露于空气和阳光下稳定。

毒　性 挪威大鼠急性经口LD_{50} 6～8mg/kg。对于其他种类大鼠毒性较低，存活大鼠产生抗性。急性经口LD_{50}（mg/kg）：猴4250，狗38。对家畜相对安全，对狗引起呕吐。对猪非常敏感。对人低毒。其他：萘胺作为杂质存在，是致癌物质。鸡对其非常敏感。

应　用 属慢性中毒型，对鼠有很强的胃毒作用，鼠类中毒后72h出现高峰。当鼠类吞食后肺组织遭到破坏，引起肺水肿，血糖增高，肝糖降低，体温下降，产生严重呼吸困难及口吞干燥，常需到洞外呼吸新鲜空气，找水喝，最后窒息而死，从病理现象看，中毒是由于细胞中的氧化酶被抑制的结果。

禁限用原因：产品杂质中含有致癌物萘胺。禁用国家：新西兰，菲律宾。

C型肉毒梭菌毒素

理化性质 肉毒梭菌分为A、B、C、D、E、F、G7个型，灭鼠采用C型。为大分子蛋白质。淡黄色透明液体，毒素液可溶于水，怕热怕光。

毒　性 大鼠急性经口 LD_{50}：1.71mg/kg。高毒

制　剂 100万毒价/mL水剂。

应　用 一种蛋白质神经毒素，可自胃肠道或呼吸道黏膜甚至皮肤破损处侵入，毒素被机体吸收后，经循环系统主要作用于中枢神经的颅神经核、外周神经与肌肉连接处，以及植物神经的终极，阻碍神经末梢乙酰胆碱的释放，因而引起胆碱能神经（脑干）支配区肌肉和骨骼肌的麻痹，产生软瘫现象，最后出现呼吸麻痹，导致死亡。注意事项：配制好的毒素液一般放在冰箱内冷冻保存，使用时要将毒素瓶放在0℃水中使其慢慢溶化不能用热水或加热溶解以防降低效果。拌制毒饵时不要在高温、阳光下搅拌，随拌随用。

原药生产厂家 青海生物药品厂（水剂）。

α-氯代醇（3-chloropropan-1,2-diol）

$$CH_2ClCH_2CH(OH)_2$$

$C_3H_7ClO_2$，110.5

其他中文名称 3-氯代丙二醇，α-氯代醇，α-氯甘油，克鼠星，3-氯甘油

理化性质 原药外观为无色液体，放置后成淡黄色。213℃分解，熔点为－40℃，密度1.317～1.321g/cm³。易溶于水和乙醇、乙醚、丙酮等大部分有机溶剂，微溶于甲苯，不溶于苯、四氯化碳和石油醚等非极性溶剂。常温下可稳定2年。

制　剂 80%原药，1%饵剂。

毒　性 大鼠急性经口 LD_{50}：92.6mg/kg。大鼠急性经皮 LD_{50}：1710mg/kg。

原药生产厂家 四川新洁灵生化科技有限公司。

CHAPTER 5

熏蒸剂

对二氯苯（*p*-dichlorobenzene）

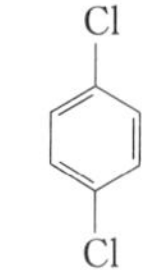

$C_6H_4Cl_2$，147.0

化学名称 1,4-二氯苯

CAS登录号 106-46-7

理化性质 无色结晶，有特异气味。熔点53℃，沸点173.4℃。密度1.4581。蒸气压133.3 Pa/25℃。25℃水中溶0.08g/L；稍溶于冷乙醇；易溶于有机溶剂。化学性质稳定，无腐蚀性。

制　剂 99.80%、99.50%原药，99%、98%、96%球剂，99.50%、99%、98%、96%片剂，99%、98%防蛀片剂，99.50%、98%防蛀剂。

应　用 用于家庭衣物防蛀防霉、仓贮害虫及卫生间除臭。

原药生产厂家 河北省邯郸市方鑫化工有限公司、江苏扬农化工集团有限公司、山东大成农药股份有限公司。

磷化氢（phosphine）

PH_3

H_3P，34.0

CAS登录号 7803-51-2

理化性质 无色、无味，可燃气体。熔点−132.5℃，沸点−87.4℃。蒸气压3.4×10^9mPa（20℃）。Henry常数33 269Pa·m³/mol。相对密度1.405kg/m³（相对于空气，

20℃)。溶解度：水中 26 cm^3/100mL (17℃)；其他溶剂（体积分数，18℃)：乙醇 0.5，乙醚 2，松木油 3.25；环已醇 285.6 cm^3/100mL (26℃)。稳定性：被氧化剂和大气中的氧气氧化成磷酸。闪点：在空气中自然，26.1～27.1mg/L 爆炸。

毒　性　通过皮肤没有吸收。吸入毒性：很强的吸入毒性。LC_{50} (4h) 大鼠 11mg/L (0.015mg/L)；10mg/m^3 6h，能够引起死亡；300mL（气体)/m^3 1h，对生命有危险；没有慢性毒性症状。鱼类 LC_{50} (96h)：虹鳟鱼 9.7×10^{-3}mg/L。水蚤 EC_{50} (24h)：0.2mg/L。

应　用　注意事项：磷化氢对大多数的金属度不腐蚀。建议不要用铝、轻合金和铜。Kel-F、Teflon、维顿和尼龙是合适的材料。所有管线及设备都要接地。所有电器设备都必须防爆、防火。压缩气体钢瓶只能由合格的压缩气体生产商重新充装。

氯化苦（chloropicrin）

$$\mathrm{Cl-C(Cl)(Cl)-N(=O)=O}$$

CCl_3NO_2，164.4

其他中文名称　氯化苦味酸，硝基氯仿

化学名称　三氯硝基甲烷

CAS 登录号　76-06-2

理化性质　纯品为有催泪作用无色液体。熔点－64℃，沸点 112.4℃/100.7kPa。蒸气压 3.2kPa (25℃)。Henry 常数：3.25×10^2 Pa・m^3/mol (25℃，计算)。相对密度 1.6558 (20℃)。溶解度 (g/L)：水中 2.27 (0℃)，1.62 (25℃)；能与大多有机溶剂相混，如丙酮、苯、乙醇、甲醇、四氯化碳、乙醚、二硫化碳。酸性介质中稳定，碱性条件下不稳定。

毒　性　急性经口 LD_{50}：大鼠 250mg/kg。对兔皮肤有剧烈刺激。吸入毒性：0.008mg/L（空气)，能够明确检测到；0.016mg/L，引起咳嗽、流泪；0.12mg/L，暴露 30～60min 致命。猫、豚鼠和兔暴露于 0.8mg/L 空气 20min，致命。鱼类：鲤鱼 TLm (48h) 0.168mg/L。水蚤 LC_{50} (3h) 0.91mg/L。

制　剂　99.5％液剂。

应　用　易挥发，扩散性强，挥发度随温度上升而增大。它所产生的氯化苦气体比空气重 5 倍。其蒸气经昆虫气门进入虫体，水解成强酸性物质，引起细胞肿胀和腐烂，并可使细胞脱水和蛋白质沉淀，造成生理机能破坏而死亡。对螨卵和休眠期的螨效果较差。对储粮微生物也有一定的抑制作用。用氯化苦灭鼠，是因其气体比空气重，而能沉入洞道下部杀灭害鼠。氯化苦气体在鼠洞中一般能保持数小时，随后被土壤吸收而失效。损伤毛细管和上皮细胞，使毛细管渗透性增加、血浆渗出，形成水肿。最终由于肺脏换气不良，造成缺氧，心脏负担加重，而死于呼吸衰竭。防治对象：主要用于熏蒸粮仓防治贮粮害虫，对常见的储粮害虫如米象、米蛾、拟谷盗、谷束、豆象等有良好杀伤力，对储粮微生物也有一定抑制作用。但只能熏原粮，不能熏加工粮。也可用于土壤熏蒸防治土壤病虫害和线虫，用于鼠洞熏杀鼠

类。氯化苦对皮肤和黏膜的刺激性很强，易诱致流泪、流鼻涕，故人畜中毒先兆易被察觉，因此使用此药比较安全。氯化苦在光的作用下可发生化学变化，毒性随之降低，在水中能迅速水解为强酸物质，对金属和动植物细胞均有腐蚀作用。注意事项：本剂的附着力较强，必须有足够的散气时间，才能使毒气散尽。加工粮、水果、蔬菜、种子和苗木等不能用该剂熏蒸。种子胚对氯化苦的吸收力最强，用氯化苦熏蒸后影响发芽率。种子含水量愈高，发芽率降低也愈多，所以谷类种子等不能用该剂熏蒸，其他种子熏蒸后要作发芽试验。熏蒸的起点温度为 12℃，温度最好在 20℃以上。

生产厂家 辽宁省大连绿峰化学股份有限公司（液剂）。

威百亩（metam-sodium）

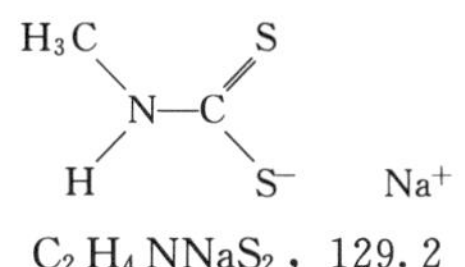

$C_2H_4NNaS_2$，129.2

其他中文名称 斯美地

化学名称 *N*-甲基二硫代氨基甲酸钠

CAS登录号 137-42-8

理化性质 无色晶体（二水合物）。没有熔点。蒸气压不挥发。$K_{ow}\lg P<1$（25℃）。相对密度 1.44（20℃）。溶解度：水中 722g/L（20℃）；有机溶剂：丙酮、乙醇、煤油、二甲苯<5g/L，几乎不溶于其他有机溶剂。稳定性：在浓缩水溶液中稳定，稀释后不稳定；酸和重金属盐促进其分解；光照下溶液 DT_{50} 1.6h（pH 7，25℃）；水解（25℃，h）DT_{50}：23.8（pH 5）、180（pH 7）、45.6（pH 9）。

毒　性 急性经口 LD_{50}（mg/kg）大鼠 896，小鼠 285；在土壤中形成的异硫氰酸甲酯对大鼠急性经口 LD_{50} 97mg/kg。兔急性经皮 LD_{50}：1300mg/kg；对眼睛有轻度刺激；对皮肤有腐蚀性；对皮肤或器官有任何接触应按照烧伤处理。吸入毒性：大鼠 LC_{50}（4h）>2.5mg/L（空气）；大鼠暴露 65d 试验（6h/d），NOEL 0.045mg/L（空气）。NOEL（90d）狗 1mg/kg（2y）小鼠 1.6mg/kg。其他：无生殖毒性作用；在动物实验中没有表现出有致癌作用。鸟类：山齿鹑急性经口 LD_{50} 500mg/kg；野鸭和日本鹌鹑饲喂 LC_{50}（5d）>5000mg/kg 饲料。鱼类：根据物种与实验条件，LC_{50} 0.1～100mg/L；LC_{50}（96h，mg/L）孔雀鱼 4.2，蓝鳃太阳鱼 0.39，虹鳟鱼 35.2。水蚤 EC_{50}（48h）2.3mg/L。藻类 EC_{50}（72h）0.56mg/L。直接使用对蜜蜂无毒。

制　剂 42%、35%水剂。

应　用 其活性是由于本品分解成异硫氰酸甲酯而产生，具有熏蒸作用。是一种杀菌、除草的土壤熏蒸剂，具有内吸作用，抑制细胞分裂和 DNA、RNA 蛋白质的合成及造成呼吸受阻，达到杀灭杂草的作用，能有效地防除烟苗床杂草。在种植作物前使用，用于防治土壤真菌、线虫、杂草种子、土壤昆虫。

生产厂家 ：水剂：利民化工股份有限公司、辽宁省沈阳丰收农药有限公司、山东鸿汇烟草用药有限公司。

磷化铝（aluminium phosphid）

AlP

AlP，58.0

其他中文名称 磷毒

化学名称 磷化铝

CAS登录号 20859-73-8

理化性质 深灰色或浅黄色晶体。熔点>1000℃。相对密度2.85（25℃）。稳定性：干燥条件下稳定，遇潮反应，遇酸剧烈反应生成磷化氢。

毒　性 大鼠急性经口 LD_{50} 8.7mg/kg。NOEL值：大鼠慢性经口NOAEL值0.043mg/kg。

制　剂 90%、85%原药，56%丸剂，56%片剂，85%、56%粉剂，85%大粒剂。

应　用 磷化铝吸水后产生有毒的磷化氢气体。磷化氢是高效广谱性熏蒸杀虫剂，主要用于熏蒸各种仓库害虫，也可用于灭鼠。磷化氢通过昆虫的呼吸系统进入虫体，作用于细胞线粒体的呼吸链和细胞色素氧化酶，抑制昆虫的正常呼吸使昆虫致死。氧气的含量对昆虫吸收磷化氢有重要作用。在无氧情况下磷化氢不易被昆虫吸入，不表现毒性，有氧情况下磷化氢可被吸入而使昆虫致死。昆虫在高浓度的磷化氢中会产生麻痹或保护性昏迷，呼吸降低。注意事项：粮油熏蒸后，至少散气10d方可出仓。磷化氢对金、银、钢等金属有腐蚀性。熏蒸时药片的片与片之间相距2 cm以上。本剂易吸潮释放出剧毒磷化氢气体，应避免吸入毒气。

原药生产厂家 安徽生力农化有限公司、江苏省南通正达农化有限公司、江苏省双菱化工集团有限公司、涟水永安化工有限公司、辽宁省沈阳丰收农药有限公司、山东省济宁高新技术开发区永丰化工厂、山东省济宁圣城化工实验有限责任公司、山东省龙口市化工厂。

磷化钙（calcium phosphide）

Ca_3P_2，182.2

化学名称 磷化钙

CAS登录号 7758-87-4

理化性质 红色至黑褐色颗粒，似蒜味。熔点>1600℃。蒸气压<1mPa。稳定性：干燥条件下稳定，遇潮反应，遇酸发生强烈反应，产生磷化氢。

应　用 用作熏蒸剂。注意事项：熏蒸成品粮时必须严防污染粮食，收集药渣应深埋在远离饮水水源处，不可乱丢乱放。

环氧乙烷（ethylene oxide）

$CH_2—CH_2$ (环氧结构，O 桥连)

C_2H_4O，44.1

其他中文名称 虫菌畏

其他英文名称 ETO，Oxirane

化学名称 环氧乙烷

CAS登录号 75-21-8

理化性质 为低黏度的无色液体。沸点 10.7℃，熔点 111℃。20℃时蒸气压为 146kPa。相对密度 0.8（4～7℃）。溶于水和大多数有机溶剂。当空气中含量大于 3%时易燃。能进行多种加成反应；但在水溶液中较稳定，慢慢变成乙二醇。相对来说无腐蚀性。

毒　性 刺激眼睛和鼻。浓度为 3000mg/L 的空间呼吸 30min 或更长时间是危险的。

应　用 药剂进入昆虫体后，转变为甲醛，并与组织内蛋白质的胺基结合，抑制氧化酶、去氢酶的作用，使昆虫中毒死亡。环氧乙烷的重要特点是杀菌力强，能杀灭各种细菌及其繁殖体及芽孢、真菌、病毒等。用于贮粮熏蒸杀虫，同时有杀真菌、杀细菌作用，对土壤微生物有显著杀灭作用。环氧乙烷虽然在杀虫方面曾被广泛运用，但因其对昆虫的毒力低于其他药剂和易燃爆性，作为杀虫剂的环氧乙烷常被溴甲烷和磷化氢所代替，但在杀菌方面，环氧乙烷一直起着不可替代的作用。在国内外被广泛用于调味料、塑料、卫生材料、化妆品原料、动物饲料、医疗器材、病房材料、原粮中植物病原真菌、羊毛、皮张等消毒灭菌。

硫酰氟（sulfuryl fluoride）

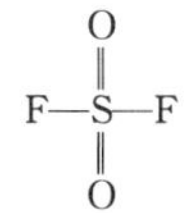

F_2O_2S，102.1

其他中文名称 熏灭净

其他英文名称 Vikane，Sultropene

化学名称 硫酰氟

CAS登录号 2699-79-8

理化性质 纯品为无色无味气体。熔点－136.7℃，沸点－55.2℃。相对密度（20℃）1.36。蒸气压 1.7×10^3kPa（21.1℃）。溶解度：水中 750mg/kg（25℃）；有机溶剂（25℃，L/L）：乙醇 0.24～0.27，甲苯 2.0～2.2，四氯化碳 1.36～1.38。

毒　性　大鼠急性经口 LD_{50} 100mg/kg。对兔皮肤和眼睛无刺激性。大鼠急性吸入 LC_{50}（4h）4.1mg/L（空气）。

制　剂　99.8%、99%原药，99%熏蒸剂，99.8%、99%气体制剂。

应　用　是一种优良的广谱性熏蒸杀虫剂，具有杀虫谱广、渗透力强、用药量少、解吸快、不燃不爆、对熏蒸物安全，尤其适合低温使用等特点。该药通过昆虫呼吸系统进入虫体，损害中枢神经系统而致害虫死亡，是一种惊厥剂。对昆虫胚后期毒性较高。防治对象：用于建筑物、运载工具和木制品的熏蒸，可防治蜚蠊目、鞘翅目、等翅目和鳞翅目、啮齿类。有植物毒性，但对杂草和作物种子发芽无大影响。注意事项：硫酰氟不适于熏蒸处理供人畜食用的农业食品原料、食品、饲料和药物，也不提倡用来处理植物、蔬菜、水果和块茎类，尤其是干酪和肉类等含蛋白质食品，因为硫酰氟在这些物质上的残留量高于其他熏蒸剂的残留。根据动物试验，推荐人体长期接触硫酰氟的安全质量浓度低于 5mg/L。

原药生产厂家　杭州茂宇电子化学有限公司、临海市利民化工有限公司、山东省龙口市化工厂。

溴甲烷（methyl bromide）

CH_3Br，94.9

其他中文名称　溴灭泰，甲基溴，溴代甲烷

其他英文名称　Metabrom

化学名称　溴甲烷

CAS 登录号　74-83-9

理化性质　室温下，纯品为无色、无味气体，在高浓度下具有氯仿气味。熔点－93℃，沸点 3.6℃。蒸气压 190kPa（20℃）。与冰水形成水合物，可溶于低级醇、醚、酯、酮、芳香族碳氢化合物、卤代烷、二硫化碳等大多数有机溶剂。稳定性：在水中水解很慢，在碱性介质中则水解很快。

毒　性　液体能烧伤眼睛和皮肤。大鼠吸入 LC_{50}（4h）3.03mg/L（空气）。对人类高毒，临界值为 0.019mg/L（空气）。在许多国家都要求接受过培训过的人员方可使用。山齿鹑急性经口 LD_{50} 73mg/kg。鱼 LC_{50}（96h）3.9mg/L。水蚤 EC_{50}（48h）2.6mg/L。对蜜蜂无伤害。

制　剂　99%原药，98%气体制剂。

应　用　溴甲烷进入生物体后，一部分由呼吸排出，一部分在体内积累引起中毒，直接作用于中枢神经系统和肺、肾、肝及心血管系统引起中毒。具有强烈的熏蒸作用，能杀死各种害虫的卵、幼虫、蛹和成虫，具有一定杀螨作用。沸点低，汽化快，在冬季低温条件下也能熏蒸，渗透力很强。防治对象：线虫，包括根结线虫，游离线虫和包囊线虫。杂草，一年生和多年生杂草。土壤真菌，细菌病害，包括枯萎病、黄萎病、

猝倒病、根腐病、疫病等。溴甲烷是在定植之前，密闭状态下使用的。用于场所熏蒸和仓库、面粉厂（碾米厂）的谷物和谷物加工品的熏蒸。也可用于土壤熏蒸，防治（除）真菌、线虫和杂草。

原药生产厂家 江苏省连云港死海溴化物有限公司、山东省昌邑市化工厂、浙江省临海市建新化工有限公司。

棉隆（dazomet）

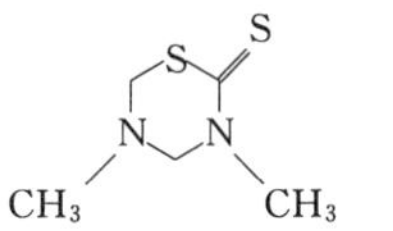

$C_5H_{10}N_2S_2$，162.3

其他中文名称 必速灭，二甲噻嗪，二甲硫嗪

其他英文名称 DMTT，Salvo，Mylone，Basamid

化学名称 3,5-二甲基-1,3,5-噻二嗪-2-硫酮

CAS登录号 533-74-4

理化性质 纯品为无色结晶（原药为接近白色到黄色的固体，带有硫黄的臭味），原药纯度≥94%。熔点：104～105℃（分解，原药）。蒸气压 0.58mPa（20℃），1.3mPa（25℃）。$K_{ow}\lg P=0.63$（pH 7）。Henry 常数：2.69×10^{-5} Pa·m³/mol。相对密度 1.36。溶解度：水中（20℃）3.5g/L；有机溶剂（g/kg，20℃）：环己烷 400、氯仿 391、丙酮 173、苯 51、乙醇 15、乙醚 6。稳定性：35℃以下稳定；50℃以上稳定性与温度和湿度有关；水解作用（25℃，h）DT_{50} 6～10（pH 5），2～3.9（pH 7），0.8～1（pH 9）。

毒　性 大鼠急性经口 LD_{50}：519mg/kg。大鼠急性经皮 LD_{50}＞2000mg/kg；粉剂制剂对兔皮肤和眼睛有刺激性；对豚鼠无致敏性。大鼠吸入 LC_{50}（4h）8.4mg/L（空气）。NOEL [mg/(kg·d)]：大鼠（90d）1.5，狗（1y）1，大鼠（2y）0.9。无致畸、致癌、致突变性。山齿鹑急性经口 LD_{50} 415mg/kg，LC_{50} 1850mg/kg，野鸭 LC_{50}＞5000mg/kg（饲料）。虹鳟鱼 LC_{50}（96h）0.16mg/L。水蚤 EC_{50}（48h）0.3mg/L。海藻 EC_{50}（96h）1.0mg/L。恶臭假单胞菌 EC_{10}（17h）1.8mg/L。直接接触对蜜蜂无毒，LD_{50}（经口）＞10μg/只，（接触）＞50μg/只。对寄生虫有毒（用作土壤杀菌剂）。

制　剂 98%原药，98%微粒剂。

应　用 作用机理与特点：利用降解产品，非选择性地抑制酶分解成异氰酸甲酯。播前土壤熏蒸剂。广谱杀线剂，兼治土壤真菌、地下害虫及杂草。易于在土壤及基质中扩散，不会在植物体内残留，杀线虫作用全面而持久，并能与肥料混用。不会在植物体内残留，但对鱼有毒性，且易污染地下水，南方应慎用。适用作物：果树、蔬菜（番茄、马铃薯、豆类、辣椒）、花生、烟草、茶树、林木等。防治对象：能有效地防治为害花生、蔬菜（番茄、马铃薯、豆类、椒）、草莓、烟草、茶、果树、林木等作物的线虫。此外对土壤昆虫、真菌（如镰孢属、腐霉属、丝核菌属和轮枝孢属真菌及墨色刺盘孢）和杂草亦有防治效果。棉隆可用于温室、苗床、育种室、混合肥料、盆栽植物基质及大田等土壤处理。颗粒剂也可室外施用，由土壤类型和靶标决定其用量。注意事项：使用时土壤温度应保持在6℃以上（12～18℃适宜），含水量保持在40%以上。对所有绿色植物均有药害，土壤处理时不能接触植物。若在假植苗床使用，必须等药剂全部散失再假植，一般需等2周，假植前翻松土壤2次，使药气消失后再假植。经该药处理过的土壤呈无菌状态，所以堆肥一定要在施药前加入。

原药生产厂家 江苏省南通施壮化工有限公司。

磷化镁（magnesium phosphide）

Mg_3P_2，134.9

其他中文名称 迪盖世

化学名称 磷化镁

CAS登录号 12057-74-8

理化性质 黄绿色晶体。熔点>750℃。相对密度2.055。稳定性：干燥条件下稳定，在空气中遇潮或与酸发生强烈反应，产生磷化氢气体。用作熏蒸剂，反应较磷化铝迅速。

毒　性 大鼠急性经口 LD_{50} 11.2mg/kg。

应　用 主要用于面粉厂、仓库、提升设备、容器、行李等以及加工食品、饲料、原粮等的空间熏蒸。该药遇水生成高毒的磷化氢气体，用其熏蒸可有效防除仓储烟草中的烟草甲虫。

第六章

CHAPTER 6

杀菌剂

硫黄（sulfur）

S

S，32.1

其他中文名称 磺黄粉

化学名称 硫

CAS登录号 7704-34-9

理化性质 黄色粉末，以多种同素异形体形式存在。熔点114.5℃（菱形112℃，单斜晶119℃），沸点444.6℃，蒸气压9.8×10^{-2}mPa（20℃），分配系数$K_{ow}\lg P=5.68$（pH 7），Henry常数0.05Pam^3/mol，相对密度2.07（菱形）。溶解性：水中0.063g/m^3（pH 7，20℃）；晶体溶于二硫化碳，非晶体不溶；微溶于乙醚和石油醚，易溶于热苯和丙酮。稳定性：常温下菱形硫稳定，在强碱中可形成硫化物，94～119℃形成同素异形体。

毒　性 大鼠急性经口＞5000mg/kg。大鼠急性经皮＞2000mg/kg。对皮肤和黏膜有刺激作用。大鼠吸入毒性LD_{50}（4h）＞5430mg/m^3。对人和动物几乎无毒。山齿鹑急性经口LC_{50}（8d）＞5000mg/L。对鱼无毒。水蚤LC_{50}（48h）＞665mg/L。藻类（*Ankistrodesmus bibraianus*）EC_{50}（72h）＞232mg/L。对蜜蜂无毒。蚯蚓LC_{50}（14d）＞1600mg/L。

制　剂 99%、99.50%原药，91%粉剂，45%、50%悬浮剂，80%水分散粒剂。

应　用 硫黄有杀虫、杀螨和杀菌作用，它对白粉菌科真菌孢子具有选择性，因此，多年来用作该科病害的保护性杀菌剂；同时，它对螨类也有选择毒性，因此也可以用于杀螨。其杀菌机制是作用于氧化还原体系细胞色素b和c之间电子传递过程，夺取电子，干扰正常的氧化—还原。其杀虫杀菌效力与粉粒大小有着密切关系，粉粒越细，杀菌力越大；但粉粒过细，容易聚结成团，不能很好分散，因而也影响喷粉质量和效力。除了某些对硫敏感的作物外，一般无植物药害。在温室气化用于防治白粉病时，应避免燃烧生成对植物有毒的二氧化硫。粉剂：主要用于防治小麦锈病、白粉病、褐斑病、葡萄白粉病、黄瓜白粉病、苹果白粉病、黑星病等。但对小麦锈病的效力不如石硫合剂。此外，还可防治马铃薯叶跳虫、蛴象、蓟马、介壳虫和螨类等。注意事项：①不宜与硫酸铜等金属盐药剂混用。②对黄瓜、大豆、马铃薯、桃、李、梨、葡萄敏感使用时应适当降低浓度及使用次数。

生产厂家 河北双吉化工有限公司、湖北省宜昌三峡农药厂、山东科大创业生物有限公司、巴斯夫欧洲公司、美国仙农有限公司。

氢氧化铜（copper hydroxide）

$Cu(OH)_2$

H_2CuO_2，97.6

其他中文名称 冠菌铜，可杀得

其他英文名称 Kocide 101，Champion，Blue Shield

化学名称 氢氧化铜

CAS登录号 20427-59-2

理化性质 蓝色粉末。分配系数 K_{ow} lg$P$＝0.44（在水中和正辛醇中相对溶解度），相对密度 3.717（20℃）。溶解度：水中 5.06×10^{-4} g/L（pH 6.5，20℃）；正庚烷 7010，对二甲苯 15.7，1，2-二氯乙烷 61.0，异丙醇 1640，丙酮 5000，乙酸乙酯 2570（μg/L）。稳定性：Cu^{2+} 为单原子，在常规的以碳为基础的农药溶液中，不能转化成相关的降解产物。长期存放，＞50℃氢氧化铜脱水，140℃分解。

毒　　性 大鼠急性经口 LD_{50}：489～1280mg/kg；兔急性经皮 LD_{50}＞3160mg/kg。对眼睛有强烈的刺激和腐蚀作用，对皮肤有轻微刺激。大鼠吸入 LC_{50}（4h）：0.56mg/L。无作用剂量 16～17mg/(kg·d)。野鸭急性经口 LD_{50}：223mg/kg。野鸭饲喂毒性 LC_{50}（8d）：219.7mg/(kg·d)。虹鳟鱼 LC_{50}（96h）：10mg/L。水蚤 EC_{50}（48h）：0.0422mg/L。藻类 EC_{50}：22.5mg /L。蜜蜂 LD_{50}：（经口）49.0μg/只；（接触）42.8μg/只。蚯蚓 LC_{50}（14d）＞677.3mg/kg（土壤）。

制　　剂 88%、89%原药，77%可湿性粉剂，38.50%、46%、53.80%、57.60%水分散粒剂、57.60%干粒剂，37.50%悬浮剂。

应　　用 本品为保护性杀菌剂。靠释放出铜离子与真菌体内蛋白质中的—SH，—NH_2，—COOH，—OH 等基团起作用，导致病菌死亡。注意事项：①与春雷霉素的混剂对苹果、葡萄、大豆和藕等作物的嫩叶敏感，因此一定要注意浓度，宜在下午 4 点后喷药。②不能与酸和多硫化钙混用。

生产厂家 河南省郑州志信农化有限公司、墨西哥英吉利工业公司、浙江瑞利生物科技有限公司。

王铜（copper oxychloride）

$3Cu(OH)_2\cdot CuCl_2$

$H_6Cl_2Cu_4O_6$，427.1

其他中文名称 氧氯化铜，碱式氯化铜

化学名称 氧氯化铜

CAS登录号 1332-40-7

理化性质 绿色或蓝绿色粉末。熔点240℃，蒸气压20℃可以忽略，相对密度3.64（20℃）。溶解度（mg/L）：水中1.19×10^{-3}g/L（pH 6.6），甲苯<11，二氯甲烷<10，正己烷<9.8，乙酸乙酯<11，甲醇<8.2，丙酮<8.4。稳定性：Cu^{2+}为单原子，在常规的以碳为基础的农药溶液中，不能转化成相关的降解产物。在这方面，铜不会发生水解和光解作用。在碱性条件下氧氯化铜加热分解，失去氯化氢，形成氧化铜。

毒　性 大鼠急性经口LD_{50} 950～1862mg/kg，大鼠急性经皮LD_{50}>2000mg/kg，吸入LC_{50}（4h）2.83mg/L。无作用剂量16～17mg/(kg·d)。

山齿鹑LC_{50}（8d）：167.3mg/(kg·d)；虹鳟鱼LC_{50}（96h）：0.217mg/L。水藻LC_{50}（48h）：0.29mg/L。藻类E_bC_{50}：56.3mg/L；E_rC_{50}>187.5mg/L。蜜蜂LD_{50}：（经口）18.1μg/只，（接触）109.9μg/只。蚯蚓LC_{50}（14d）>489.6mg/kg（土壤）。

制　剂 90%原药，47%、50%、70%可湿性粉剂，30%悬浮剂。

应　用 本品与波尔多液相同，对于不耐石灰碱性的作物亦能使用。它与波尔多液比较不仅可以喷洒，还可以撒粉；在喷洒时将粉剂同水简单混合即可。喷到作物上后能黏附在植物体表面，形成一层保护膜，不易被雨水冲刷。在一定湿度条件下释放出可溶性碱式氯化铜离子起杀菌作用。可防治水稻纹枯病、小麦褐色雪腐病、马铃薯疫病、夏疫病、番茄疫病、鳞纹病、瓜类霜霉病、炭疽病、苹果黑点病、柑橘黑点病、疮痂病、溃疡病、白粉病等。

注意事项：①与春雷霉素的混剂对苹果、葡萄、大豆和藕等作物的嫩叶敏感，因此一定要注意浓度，宜在下午4点后喷药。②不能与含汞化合物、硫代氨基甲酸酯杀菌剂混用。

原药生产厂家 江西禾益化工有限公司。

氧化亚铜（cuprous oxide）

Cu_2O

Cu_2O，143.1

其他中文名称 氧化低铜

其他英文名称 Caocobre，Copper-Sandox，Perenox，Yellow Cuprocide

化学名称 氧化亚铜

CAS登录号 1317-39-1

理化性质 本品为黄色至红色无定形粉末。熔点1235℃，沸点约1800℃（失氧），不溶于水和有机溶剂，溶于稀无机酸、氨水和氨盐水溶液中，化学性质稳定。氧化亚铜易被氧化生成氧化铜。对铝有腐蚀作用。

毒　性 大鼠急性经口LD_{50}：1500mg/kg。大鼠急性经皮LD_{50}>2000mg/kg。对皮肤有轻微到中度刺激作用。大鼠吸入毒性LC_{50}：5.0mg/L（空气）。无作用剂量：狗（1y）15mg/kg（饲料）。绵羊和牛对铜敏感，用药后的地块不允许放牧牲畜。对鸟类无毒。鱼毒

性 LC_{50} (48h)：幼年金鱼 60mg/L，成年金鱼 150mg/L，幼年孔雀鱼 60mg/L。水蚤毒性 LC_{50} (48h)：18.9μg/L。蜜蜂毒性 LD_{50} > 25μg/只。在正常使用条件下，对蚯蚓的危害和对土壤结构的影响可忽略不计。

制　剂　86.2%可湿性粉剂，86.2%水分散粒剂。

应　用　氧化铜是保护性杀菌剂，用于种子处理和叶面喷雾。拌种防治白粉病，叶斑病，枯萎病，疮痂病及瘤烂病，能用于菠菜、甜菜、番茄、胡椒、豌豆、南瓜、菜豆和甜瓜种子的浸种，也可喷洒防治果树病害。

生产厂家　河南省南阳市福来石油化学有限公司、天津市绿亨化工有限公司、挪威劳道克斯公司。

硫酸铜（copper sulfate）

$CuSO_4 \cdot 5H_2O$

$CuH_{10}O_9S$，249.7

其他中文名称　蓝矾，胆矾，五水硫酸铜

其他英文名称　Ebenso，Triangle，Vitrol，Sulfacop

化学名称　硫酸铜

CAS登录号　7758-99-8

理化性质　本品为蓝色结晶，含杂质多时呈黄色或绿色，无气味。熔点 147℃（脱水），相对密度 2.286（15℃），在水中的溶解度为 148（0℃），230.5（25℃），335（50℃），736（100℃）（均为 g/kg），在甲醇中为 156g/L（18 ℃），不溶于大多数其他溶剂。硫酸铜结晶在空气中缓慢风化。本品对铁有很强的腐蚀性。

毒　性　大鼠急性经口 LD_{50} 难以确定，因为进食会导致恶心。可造成严重的皮肤刺激。大鼠吸入 LC_{50} 为 1.48mg/kg。喂养试验，大鼠接受 500mg/kg（体重）饮食会造成体重下降，接受 1000mg/kg（饲料）会造成肝脏，肾脏和其他器官损害。由于其鱼毒性高，应用受到一定的限制。对鸟类毒性较低，最低致死剂量 LD_{50}：鸽子 1000mg/kg，鸭 600mg/kg。对鱼类的毒性较高。水蚤 EC_{50} （14d)：2.3mg/L；无抑制浓度为 0.10mg/L；对蜜蜂有毒。

制　剂　98%、96%、93%原药，27.12%悬浮剂。

应　用　硫酸铜具有较高的杀菌活性，并能抑制孢子的萌发，该药曾经一度被用于种子处理以防治小麦腥黑穗病，马铃薯晚疫病。由于它的毒性高，使用时要特别注意。目前，硫酸铜主要用来制备波尔多液。另外可用作水稻田除藻剂。

原药生产厂家　广东梅县侨韵废水处理厂、江西铜业集团（贵溪）新材料有限公司、莱芜钢铁集团新泰铜业有限公司、辽宁省沈阳丰收农药有限公司、山东省青岛奥迪斯生物科技有限公司、四川国光农化股份有限公司、天津市津绿宝农药制造有限公司。

碱式硫酸铜［copper sulfate（tribasic）］

$Cu_4(OH)_6SO_4$

$H_6Cu_4O_{10}S$，452.3

其他中文名称 绿得保，保果灵，杀菌特

CAS登录号 1344-73-6

理化性质 淡蓝色粉末，熔点＞360℃。相对密度 3.89（20℃），水中溶解度 1.06mg/L（20℃），可溶于稀酸类。

毒　性 大鼠急性经口 LD_{50}：100mg/kg。兔急性经皮 LD_{50}：＞8000mg/kg。大鼠吸入毒性 LC_{50}：2.56mg/kg。禽类急性经口 LD_{50}：山齿鹑 1150mg/kg。鱼类 LC_{50}（96h）：虹鳟鱼 0.18mg/L，鲤鱼＞6.79mg/L。水蚤 LC_{50}（48h）：17.4μg/L。藻类 E_bC_{50}（72h）：0.29mg/L。对蜜蜂有毒。

制　剂 95％、96％原药，70％水分散粒剂，30％、27.12％悬浮剂

应　用 本品为保护性杀菌剂，因其粒度细小，分散性好，耐雨水冲刷，悬浮剂还加有黏着剂，因此能牢固地黏附在植物表面形成一层保护膜，可用于防治梨黑星病，用药后果面光洁。

原药生产厂家 山东科大创业生物有限公司、保定农药厂。

波尔多液（Bordeaux mixture）

$CuSO_4 \cdot xCu(OH)_2 \cdot yCa(OH)_2 \cdot zH_2O$

化学组成 由硫酸铜和生石灰与适量的水配制成为一种硫酸钙复合体，其碱式硫酸铜是杀菌的主要有效成分。

CAS登录号 8011-63-0

理化性质 浅绿色，非常精细的粉末，不能自由流动。熔点：110～190℃分解。相对密度 3.12（20℃）。溶解性（mg/L）：水中 2.20×10^{-3}g/L（pH 6.8，20℃），甲苯＜9.6，二氯甲烷＜8.8，正己烷＜9.8，乙酸乙酯＜8.4，甲醇＜9.0，丙酮＜8.8。稳定性：Cu^{2+}为单原子，在常规的以碳为基础的农药溶液中，不能转化成相关的降解产物。

毒　性 大鼠急性经口 LD_{50}＞2302mg/kg，大鼠急性经皮 LD_{50}＞2000mg/kg，没有刺激性。吸入毒性 LC_{50}（4h）：雄鼠 3.98，雌鼠＞4.88mg/L。无作用剂量 16～17mg/(kg·d)。山齿鹑急性经口 LD_{50} 616mg/kg。山齿鹑饲喂 LC_{50}（8d）＞1369mg/kg。虹鳟鱼 LC_{50}（96h）＞21.39mg/L。水蚤 EC_{50}（48h）：1.87mg/(kg·d)。藻类 E_bC_{50}：0.011mg/(kg·d)；E_rC_{50}：0.041mg/(kg·d)。蜜蜂 LD_{50}：（经口）23.3μg/只，（接触）＞25.2μg/只。蚯蚓 LC_{50}（14d）＞195.5mg/kg（土壤）。

制　剂 85％、80％、78％可湿性粉剂，28％悬浮剂。

应　用　一种广谱性保护剂。药液喷在植物表面形成一层薄膜，黏着力强，不易被雨水冲刷。保护膜在一定温度下，释放出铜离子，破坏病菌细胞的蛋白质而起到杀菌作用。治疗作用较差。可用来防治疫病、炭疽病及霜霉病。如黄瓜炭疽病、细菌性角斑病，马铃薯晚疫病，番茄早疫病、晚疫病、灰霉病，辣椒炭疽病、软腐病，茄子绵疫病，菜豆炭疽病、细菌性疫病，莴苣霜霉病，黄瓜霜霉病、疫病、蔓枯病，葱类霜霉病、紫斑病，芹菜斑枯病、斑点病等。注意事项：广泛用于防治大田作物、蔬菜、果树和经济作物病害，在病原菌侵入寄主前施用最为适宜。对铜敏感的作物如李、桃、鸭梨、白菜、小麦、苹果、大豆等在潮湿多雨条件下，因铜的离解度增大和对叶表面渗透力增强，易产生药害。对石灰敏感的作物如茄科、葫芦科、葡萄、黄瓜、西瓜等，在高温干燥条件下易产生药害。

生产厂家　广东省英德广农康盛化工有限责任公司、天津市阿格罗帕克农药有限公司、江苏省通州正大农药化工有限公司、江苏龙灯化学有限公司。

井上石灰工业株式会社、美国仙农有限公司。

硫酸铜钙（copper calcium sulphate）

$CuSO_4 \cdot 3Cu(OH)_2 \cdot 3CaSO_4$

其他英文名称　Bordeaux Mixture Velles

CAS登录号　8011-63-0

理化性质　原药外观为绿色细粉末，密度0.75～0.95g/mL，熔点200℃。

毒　性　大鼠急性经口LD_{50}为2302mg/kg，大鼠急性经皮$LD_{50}>$2000mg/kg。

制　剂　98%原药，60%、77%可湿性粉剂。

应　用　本品为高效广谱、保护性杀菌剂，对苹果、梨、柑橘、马铃薯、番茄等多种作物的多种病害有良好的防治效果。

生产厂家　西班牙艾克威化学工业有限公司。

石硫合剂（lime sulfur）

CaS_x

其他中文名称　多硫化钙，石灰硫黄合剂，可隆

其他英文名称　lime sulphur，calium polysulfide

化学名称　多硫化钙

CAS登录号　1344-81-6

理化性质　深橙色液体，有硫化氢的难闻气味。相对密度>1.28（15.6℃）；溶于水。稳定性：遇酸和二氧化碳易分解，在空气中易氧化。

毒　性　对眼睛皮肤有刺激作用。

制　剂　29%水剂、45%结晶粉、45%固体

应　用　可作为保护性杀菌剂，能防治小麦锈病、白粉病、赤霉病，苹果炭疽病、白粉病、花腐病、黑星病，梨白粉病、黑斑病、黑星病，葡萄白粉病、黑痘病、褐斑病、毛颤病，柑橘疮痂病、黑点病、溃疡病，桃叶缩病、胴枯病、黑星病，柿黑星病、白粉病、栗锈病、芽枯病，蔬菜白粉病等。作为杀虫剂，可软化介壳虫的蜡质，防治落叶果树介壳虫、赤螨、柑橘螨、矢尖蚧、梨叶螨、黄粉虫、茶赤螨、桑蚧、蔬菜赤螨以及棉花、小麦作物上的螨等，还能用于防治家畜寄生螨等。注意事项：①施药时应按标签说明用药，因为不同植物对石硫合剂的敏感性差异很大，尤其是叶组织脆弱的植物，最易发生药害。②温度越高药害也越大。

生产厂家　贵州毕节闽黔化工有限公司、河北省保定市科绿丰生化科技有限公司、四川省川东农药化工有限公司、四川省宜宾川安高科农药有限责任公司、河北双吉化工有限公司、湖北省宜昌市三峡农药厂、山东省青岛农冠农药有限责任公司、四川省遂宁市川宁农药有限责任公司、辽宁省大连瓦房店市无机化工厂。

乙酸铜（copper acetate）

$$(CH_3COO)_2Cu$$

$C_4H_6CuO_4$，199.7

其他中文名称　醋酸铜

其他英文名称　Cupric acetate

CAS登录号　6046-93-1

理化性质　暗蓝色结晶或结晶性粉末。相对密度1.882，熔点115℃。加热至240℃分解。溶于水及乙醇，微溶于乙醚及甘油。

制　剂　95%原药，20%可湿性粉剂。

应　用　本品为杀菌剂。

原药生产厂家　山东潍坊双星农药有限公司。

络氨铜（cuammosulfate）

$$[Cu(NH_3)_4] \cdot SO_4$$

$C_{11}H_{12}N_4O_4S$，227.3

其他中文名称　抗枯宁，络氨铜，胶氨铜

其他英文名称　copric tetrammosulfate

化学名称　硫酸四氨络合铜

理化性质　蓝色正交晶体。相对密度1.81，熔点150℃（分解）。溶于乙醇和其他低级醇中，不溶于乙醚、丙酮、三氯甲烷、四氯化碳等有机溶剂。在热水中分解。制剂为深蓝色含

少量微粒结晶溶液，相对密度 1.05～1.25g/mL，pH 8.0～9.5。

毒　性　小鼠急性经口 LD_{50} 为 39812mg/kg，大鼠急性经皮 LD_{50} ＞21500mg/kg。

制　剂　15%、25%水剂，15%可溶水剂。

应　用　本品为杀菌剂，主要通过铜离子发挥杀菌作用铜离子与病原菌细胞膜表面上的 K^+、H^+ 等阳离子交换，使病原菌细胞膜上的蛋白质凝固，同时部分铜离子渗透入病原菌细胞内与某些酶结合影响其活性。络氨铜对对棉苗、西瓜等的生长具有一定的促进作用，起到一定的抗病和增产作用。

生产厂家　上海华亭化工厂有限公司。

琥胶肥酸铜

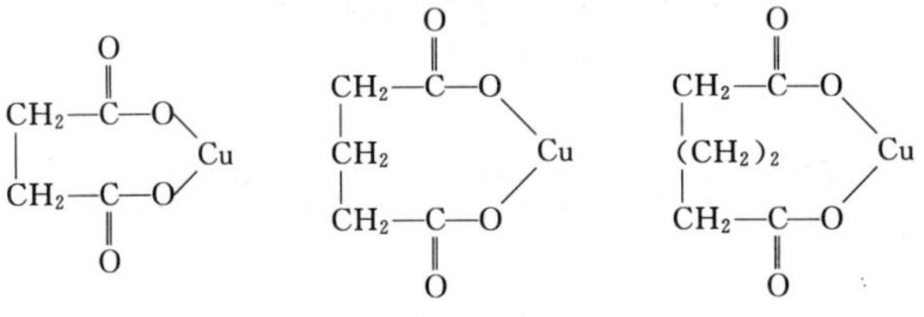

$(CH_2)_n(COO)_2Cu(n=2,3,4)$

其他中文名称　二元酸铜，丁戊己二元酸铜，琥珀酸铜

其他英文名称　DT

化学名称　丁二酸铜，戊二酸铜，己二酸铜

理化性质　本品是丁二酸、戊二酸和己二酸络合铜的混合物，纯品外观为淡蓝色粉末，相对密度 1.43～1.61，水中溶解度＜0.1%，中性时稳定。

毒　性　小鼠急性经口 LD_{50} 为 2646mg/kg。

制　剂　30%可湿性粉剂

应　用　本品为杀菌剂，可用于防治黄瓜细菌性角斑病，柑橘溃疡病，辣椒炭疽病，冬瓜枯萎病等。

生产厂家　北京好普生农药有限公司、黑龙江省齐齐哈尔市化工研究所、四川成都华西农药厂。

松脂酸铜（copper abietate）

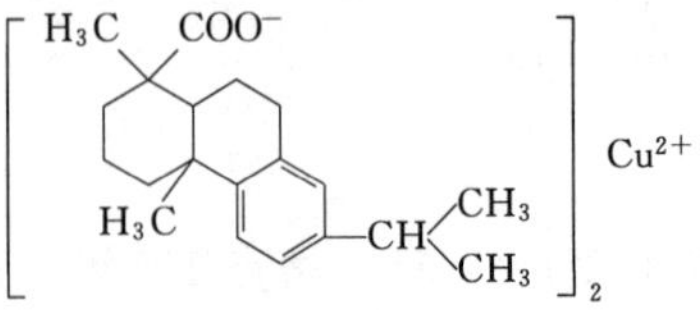

$C_{40}H_{54}CuO_4$，662.4

其他中文名称 去氢枞酸铜，绿乳铜

化学名称 1,2,3,4,4a,9,10,10a-八氢-1,4a-二甲基-7-(1-甲基乙基)-1-菲羧酸铜

CAS登录号 10248-55-2

理化性质 原药外观为浅绿色粉状物，相对密度0.207，熔点173～175℃，水中溶解度<1g/kg。

毒　性 大鼠急性经口LD_{50}为5946.3mg/kg，大鼠急性经皮LD_{50}>2100mg/kg。

制　剂 12%乳油。

应　用 本品为保护性杀菌剂，对真菌、细菌蛋白质的合成起抑制作用，致使菌体死亡。对农作物多种真菌病害有较好的防效。不宜与强酸或强碱农药和化学肥料混用；用于对铜离于敏感的作物需先进行试验。

原药生产厂家 珠海绿色南方保鲜总公司。

壬菌铜（cuppric nonyl phenolsulfonate）

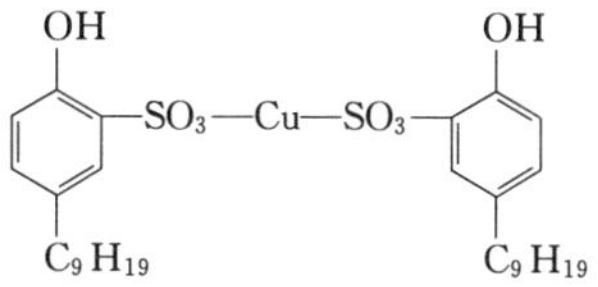

$C_{30}H_{46}O_8S_2Cu$，662.4

化学名称 对壬基苯酚磺酸铜

制　剂 92%原药，30%微乳剂

应　用 壬菌铜是广谱农用杀菌剂，该产品对蔬菜、瓜类、果树、花卉等农作物的霜霉病、炭疽病、白粉病、软腐病、细菌性角斑病、疫病等均具有防治效果。同时，该产品对植物病毒也有一定的抑制作用。

原药生产厂家 西安近代农药科技股份有限公司。

喹啉铜（oxine-copper）

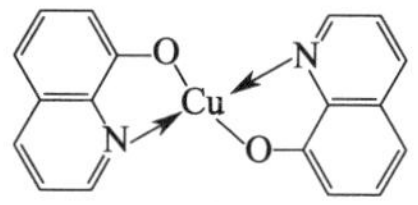

$C_{18}H_{12}CuN_2O_2$，351.9

其他中文名称 必绿

化学名称 8-羟基喹啉酮

CAS登录号 10380-28-6

理化性质 原药外观为黄绿色均匀疏松粉末。熔点：270时分解，蒸气压4.6×10^{-5}mPa

(25℃) (EEC A4)，分配系数 K_{ow} lg$P$=2.46 (蒸馏水，25℃)，Henry 常数 1.56×10^{-5} Pam^3/mol (计算值)，相对密度 1.687 (20℃)。溶解度：水中为 1.04mg/L (20℃)；正己烷 0.17，甲苯 45.9，二氯甲烷 410，丙酮 27.6，乙醇 150，乙酸乙酯 28.6 (均为 mg/L，20℃)。具有化学惰性，在 pH5～9 范围内稳定，在紫外光下不分解。pK_a 2.49 (24.5℃)。

毒　性　急性经口 LD_{50} (mg/kg)：雄大鼠 585，雌大鼠 500，雄性小鼠 1491，雌性小鼠 2724。大鼠急性经皮 LD_{50}>2000mg/kg。不刺激皮肤；对眼睛有刺激性 (兔)。大鼠吸入毒性 LC_{50} (4h)>0.94mg/L。无作用剂量 [mg/(kg·d)，2y]：雄大鼠 0.85，雌大鼠 1.11；(1y) 雄性和雌性狗 1mg/(kg·d)；(78 周) 雄性小鼠：8.13，雌性小鼠：10.2mg/(kg·d)。无致癌作用，没有致突变作用。未见致畸作用。禽类 LD_{50} (8d)：山齿鹑 618，野鸭>2000mg/kg。LC_{50} (8d)：山齿鹑 3428mg/kg，野鸭>2000mg/kg。鱼类 LC_{50} (96h)：蓝鳃太阳鱼 21.6μg/L，虹鳟鱼 8.94μg/L。水蚤 LC_{50} (48h)：177μg/L。藻类 EC_{50} (5d)：2.20～15.4μg/L。对蜜蜂无毒。

制　剂　98%、95%原药，50%可湿性粉剂，33.50%悬浮剂

应　用　一种广谱高效低残留的有机铜螯合物，对真菌细菌性等病毒具有良好预防和治疗作用。在作物表面形成一层严密的保护膜，抑制病菌萌发和侵入从而达到防病治病的目的，对作物安全。

原药生产厂家　中国台湾嘉泰企业股份有限公司、中国台湾兴农股份有限公司、浙江海正化工股份有限公司。

噻菌铜 (thiodiazole copper)

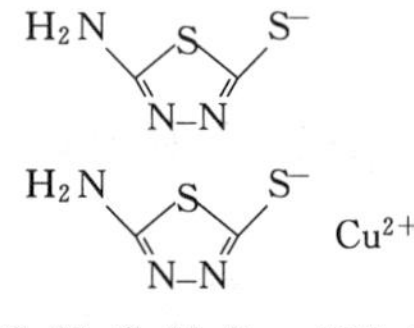

$C_4H_4CuN_6S_4$，327.9

其他中文名称　龙克菌

化学名称　2-氨基-5-巯基-1,3,4-噻二唑铜

毒　性　原药雄性大鼠急性经口 LD_{50}>2150mg/kg；原药大鼠急性经皮 LD_{50}>2000mg/kg；无致生殖细胞突变作用；AMES 实验，原药的致突变作用为阴性；在实验所使用剂量下，无致微核作用；亚慢性经口毒性的最大无作用剂量为 20.16mg/(kg·d)；原药对皮肤无刺激性，对眼睛有轻度刺激。对人、畜、鱼、鸟、蜜蜂、青蛙、有益生物、天敌和农作物安全。

制　剂　95%原药，20%悬浮剂

应　用　主要防治植物细菌性病害，已经试验示范推广登记的作物病害包括水稻白叶枯病、细菌性条斑病、柑橘溃疡病、柑橘疮痂病、白菜软腐病、黄瓜细菌性角斑病、西瓜枯萎病、香蕉叶斑病、茄科青枯病。

原药生产厂家 浙江龙湾化工有限公司。

噻 森 铜

$C_5H_4CuN_6S_4$，339.9

化学名称 *N*,*N*′-甲亚基-双(2-氨基-5-巯基-1,3,4-噻二唑)铜

毒 性 大鼠急性经口 LD_{50}＞200mg/kg,大鼠急性经皮 LD_{50}＞5000mg/kg,对兔子眼睛有轻度刺激,对兔皮肤无刺激。

制 剂 95%原药,20%悬浮剂

应 用 主要防治水稻白叶枯病、细菌性条斑病、白菜软腐病、茄科青枯病、柑橘疮痂病。

原药生产厂家 浙江东风化工有限公司。

噻唑锌（zinc thiozole）

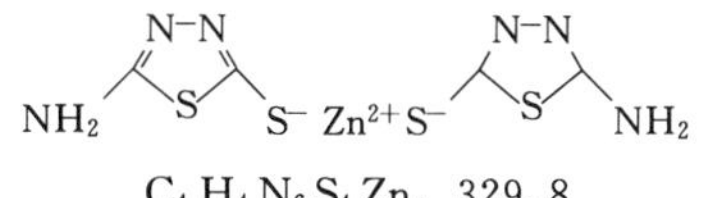

$C_4H_4N_6S_4Zn$，329.8

化学名称 双(2-氨基-1,3,4-噻二唑-5-硫醇)锌

理化性质 灰白色粉末，熔点＞300℃，不溶于水和有机溶剂，在中性、弱碱性条件下稳定。

毒 性 大鼠急性经口 LD_{50}＞ 5000mg/kg（制剂），大鼠急性经皮 LD_{50}＞ 5000mg/kg（制剂）。

制 剂 95%原药，20%悬浮剂

应 用 杀菌剂。噻唑锌的结构由 2 个基团组成杀菌。一是噻唑基团，在植物体外对细菌无抑制力，但在植物体内却是高效的治疗剂，药剂在植株的孔纹导管中，细菌受到严重损害，其细胞壁变薄继而瓦解，导致细菌的死亡。二是锌离子，具有既杀真菌又杀细菌的作用。药剂中的锌离子与病原菌细胞膜表面上的阳离子（H^+，K^+等）交换，导致病菌细胞膜上的蛋白质凝固杀死病菌；部分锌离子渗透进入病原菌细胞内，与某些酶结合，影响其活性，导致机能失调，病菌因而衰竭死亡。在 2 个基团的共同作用下，杀病菌更彻底，防治效果更好，防治对象更广泛。白菜防治软腐细菌性病害，黑斑病、炭疽病、锈病、白粉病、缺锌老化叶，花生防治花生青枯病、死棵烂根病、花生叶斑病，水稻防治僵苗、黄秧烂秧、细菌性条斑病、白叶枯病、纹枯病、稻瘟病、缺锌火烧苗，黄瓜防治细菌性角斑病、溃疡病、霜霉病、靶标病、黄点病、缺锌黄化叶；可钝化病毒，番茄防治细菌性溃疡病、晚疫病、褐斑病、炭疽病、缺锌小叶病，钝化病毒。

原药生产厂家 浙江新农化工股份有限公司。

田安（MAFA）

$(CH_3AsO_3)_2FeNH_4$

$C_2H_{10}As_2FeNO_6$，349.8

其他中文名称 胂铁铵，甲基胂酸铁铵

其他英文名称 Arsonate，Fama

化学名称 甲基胂酸铁铵

理化性质 纯品为棕色粉末。工业品为棕红色水溶液。有氨臭味，对酸碱均不稳定，遇强碱分解逸出氨气，沉淀出褐色的甲基胂酸铁及氢氧化铁。遇酸则先有沉淀析出，而后缓慢溶解并离解。pH8～9时对光和热稳定。

毒　性 大鼠急性经口 LD_{50} 为1000mg/kg；小白鼠急性经口 LD_{50} 为707mg/kg。

制　剂 5%水剂

应　用 主要用于防治水稻纹枯病、葡萄炭疽病、白腐病、白粉病、西瓜炭疽病、人参斑点病和苹果病害等。与有机磷农药混用时，要用时现混配。葡萄近采摘期不要使用以防药害。

生产厂家 广东省罗定市永安化工有限责任公司。

辛　菌　胺

理化性质 主要成分是二正辛基二乙烯三胺，具有3个同分异构体，其中以 *N*,*N'*-二正辛基二乙烯三胺为主。

制　剂 辛菌胺40%、30%母药，辛菌胺醋酸盐1.8%、1.20%水剂

应　用 本品可用于果树、蔬菜、瓜类、棉花、水稻、小麦、玉米、大豆、油菜、药材、生姜等多种作物由细菌、病毒、真菌引起的多种病害的防治。

生产厂家 陕西省西安嘉科农化有限公司、山东胜邦绿野化学有限公司。

寡雄腐霉（*Pythium Oligandrum*）

制　剂 500万孢子/克原药，100万孢子/克可湿性粉剂

应　用 寡雄腐霉（*Pythium Oligandrum*）是自然界中存在的一种攻击性很强的寄生真菌，能在多种农作物根围定殖，不仅不会对作物产生致病作用，而且还能抑制或杀死其他致病真菌和土传病原菌，诱导植物产生防卫反应，减少病原菌的入侵；同时，寡雄腐霉产生的分泌物及各种酶，是植物很好的促长活性剂，能促进作物根系发育，提高养分吸收。

寡雄腐霉是卵菌纲霜霉目腐霉科腐霉属中的一种重寄生有益真菌，在自然界中广泛分

布，以寄生为主兼性腐生，即以对致病真菌的寄生为其获得营养的主要途径，是 20 多种常见植物致病真菌的天敌。寡雄腐霉可以有效防治由疫霉属、灰霉菌属、轮枝菌属、镰刀菌、盘核霉、丝核菌属、链格孢属、腐霉属、葡萄孢霉、蠕孢菌、根串珠霉菌属、粉痂菌属等真菌引起的枯萎病、黄叶病、冠腐病、炭疽病、黑星病、叶斑病、白粉病、霜霉病、黑痘病、灰霉病、褐斑病、黑腐病、晚疫病、早疫病、稻瘟病、纹枯病、菌核病、疫霉病、恶苗病、叶鞘黑点病、叶鞘网斑病、黑霉病、叶尖枯病、赤霉病、疫病、茎腐病、青霉病、黑斑病、花叶病、黑锈病、黑点病、枝枯病、根肿病、油壶病、黑茎病、软腐病、斑枯病、白绢病、青枯病、蛇眼病、褐斑病、果腐病、根腐病、蔓枯病等病害。

生产厂家 捷克生物制剂国际股份有限公司。

多黏类芽孢杆菌（*Paenibacillus polymyza*）

其他中文名称 康地蕾得

理化性质 淡黄褐色细粒，相对密度 0.42，有效成分可在水中溶解。

毒　性 大鼠急性经口 LD_{50}＞5000mg/kg，大鼠急性经皮 LD_{50}＞2000mg/kg。

制　剂 5×10^9 cfu/g 原药，1.0×10^9 cfu/g 可湿性粉剂，1.0×10^7 cfu/g 细粒剂

应　用 该药属于微生物农药，对植物细菌性青枯病有良好的防效。通过灌根可有效防治植物细菌性和真菌性土传病害，同时可使植物叶部的细菌和真菌病害明显减少；通过喷施可有效防治植物叶部的细菌和真菌病害；对细菌性土传病害植物青枯病具有很好得防治效果，在收获后期，对番茄、茄子、辣椒、烟草和生姜青枯病（姜瘟病）的田间防效较好，康地蕾得对真菌性土传病害——植物枯萎病也具有很好得防治效果，在收获后期对西瓜、番茄、辣椒、黄瓜病、甜瓜、苦瓜。冬瓜和香蕉等枯萎病，对芋头软腐病、番茄猝倒病、番茄立枯病、玉竹根腐病、花卉根腐病、百合疫病、西瓜炭疽病、西瓜疫病、西瓜蔓枯病和烟草赤星病也具有很好得防治作用。

生产厂家 北京绿野大地重茬技术开发有限公司、上海富众（亚平宁）生物科技发展有限公司、浙江省桐庐汇丰生物化工有限公司。

枯草芽孢杆菌（*Bacillus subtilis*）

其他中文名称 华夏宝

其他英文名称 Y1336，BS-208

理化性质 制剂外观为彩色（紫红、普兰、金黄等），相对密度 1.15～1.18，酸碱度 5～8，悬浮率 75％，无可燃性，无爆炸性，冷热稳定性合格，常温贮存能稳定 1 年。

毒　性 大鼠暴露于 10^8 cfu 无毒性、无致病性。兔急性经皮 LD_{50}＞2g/kg。吸入毒性：大鼠暴露于 10^8 cfu 无毒。对山齿鹑幼雏 4×10^{11} 孢子/kg 饲喂 5d 无致病性、无毒性。山齿鹑急性经口 LD_{50}＞5000mg/kg。虹鳟鱼 LC_{50}（96h）：2.5×10^8 cfu/L。水蚤 EC_{50}：108mg/

L。蜜蜂 LC_{50}（5d，经口）5663mg/L。蚯蚓 LC_{50} ＞1000mg/kg（干土）。对瓢虫和草蛉 LC_{50}＞60000mg/L（1.2×10^9 cfu/mL），瓢虫 NOEC 值＞60000mg/L，草蛉 600mg/L。

制　剂　10000 亿活芽孢/克、2000 亿孢子/克、1000 亿活芽孢/克母药，1000 亿芽孢/克、200 亿孢子/克、100 亿活芽孢/克、10 亿活芽孢/克可湿性粉剂

应　用　农用杀菌剂。系微生物源杀菌剂具有防治作物病害的广谱性产品喷洒在作物叶片上其芽孢利用叶面上的营养和水分能在叶片上生存和繁殖迅速占领整个叶片表面同时分泌具有杀菌作用的活性物有效排斥抑制病菌的侵染达到理想的防病效果。注意事项：①宜密封避光，在低温（15℃左右）条件贮藏。②在分装或使用前，将本品充分摇匀。③包衣用种子，需经加工精选达到国家等级良种标准，且含水量宜低于国标 1.5 百分点左右。④不能与含铜物质、402 或链霉素等杀菌剂混用。⑤若黏度过大，包衣时可适量冲水稀释，但包衣后种子贮存含水量不能超过国标。⑥本产品保质期 1 年，包衣后种子可贮存一个播种季节。若发生种子积压，可经浸泡冲洗后转作饲料。

母药厂家登记　福建浦城绿安生物农药有限公司、湖北康欣农用药业有限公司、湖北省武汉天惠生物工程有限公司、德强生物股份有限公司。

蜡质芽孢菌（*Bacillus cereus*）

其他中文名称　叶扶力，叶扶力 2 号，BC752 菌株

理化性质　与假单孢菌形成的混合制剂外观为淡黄色或浅棕色乳液状，略有黏性有特殊腥味。密度为 1.08g/cm^3，pH 值 6.5～8.4。45℃以下稳定。

毒　性　急性经口 LD_{50}：175 亿孢子/千克（小鼠，制剂 2 号），急性经皮 LD_{50}：36 亿孢子/千克（小鼠，制剂 2 号）。

应　用　农用杀菌剂。

注意事项：①施药后 24h 内如遇大雨必须重施。②发病较重时，可增大使用深度和增加使用次数。③宜存放于阴凉通风处，打开即用，勿再存放。

荧光假单胞杆菌（*Pseudomonas fluorescens*）

其他中文名称　青萎散

理化性质　制剂外观为灰色粉末，pH 值 6.0～7.5。

毒　性　大鼠急性经口 LD_{50}＞5000mg/kg（制剂），大鼠急性经皮 LD_{50}＞5000mg/kg（制剂）。

制　剂　6000 亿孢子/克母药、3000 亿孢子/克粉剂

应　用　农用杀菌剂。该产品是通过 PFI 拮抗细菌的营养竞争位点占领等保护植物免受病原菌的侵染。本产品主要用于番茄、烟草等植物青枯病的防治，并能催芽、壮苗，促使植物生长，具有防病和菌肥的双重作用。

注意事项：拌种过程中避开阳关直射，灌根时使药液尽量顺垄进入根区。本品严禁于其

他杀菌剂和化学农药混用。

母药生产厂家 江苏省常州兰陵制药有限公司。

木霉菌（*Trichoderma* sp.）

其他中文名称 生菌散，灭菌灵，特立克，木霉素

化学名称 木霉菌

理化性质 为半知菌类丛梗孢目丛梗孢科木霉属真菌孢子。真菌活孢子不少于1.5亿/克，淡黄色至黄褐色粉末，pH值6～7。

毒　性 大鼠急性经口 LD_{50} >2150mg/kg，大鼠急性经皮 LD_{50} >4640mg/kg。水生生物：斑马鱼 LD_{50} >3200mg/kg。

制　剂 300亿、25亿活孢子/克母药，3亿、2亿、1亿活孢子/克水分散粒剂

应　用 农用杀菌剂。注意事项：勿与碱性农药混用。贮存于阴凉干燥处，切忌阳光直射。

母药生产厂家 山东泰诺药业有限公司、美国拜沃股份有限公司。

公主岭霉素

其他中文名称 农抗109

理化性质 生产菌为不吸水链霉菌公主岭新变种（*S. ahygroscopicus gongzhulgensis* n. var），含有脱水放线酮，异放线酮，奈良霉素-B，制霉菌素，苯甲酸，荧光霉素等有效成分。原药为无定型淡黄色粉末，易溶于甲醇、乙醇、二甲基甲酰胺（DMF）和二甲基亚砜等强极性有机溶剂，在丙酮、氯仿、二氯甲烷和四氢呋喃等中等极性有机溶剂中溶解能力也相当好，在吡啶、乙酸乙酯、醋酸异戊酯等弱性有机溶剂中也有一定溶解度，但不溶于直链烷烃或环烷烃。

毒　性 小鼠急性经口 LD_{50} >130mg/kg（经口和注射）。

应　用 主要用于种子处理，防治高粱散黑穗病、坚黑穗病、小麦光腥黑穗病等，此外，对苹果灰斑病、梨赤星病、大豆紫斑病、棉花炭疽病、玉米圆斑病、水稻恶苗病、蔬菜立枯病等植物病害有效。

宁南霉素（ningnanmycin）

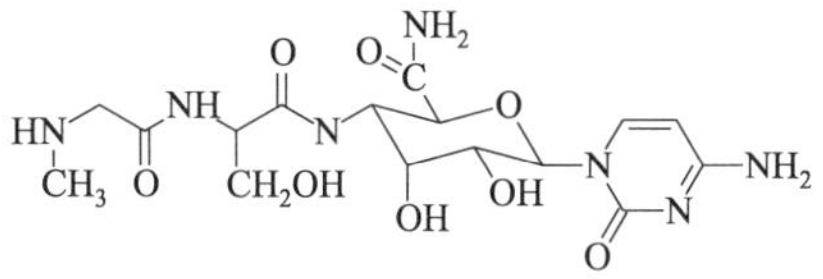

$C_{16}H_{23}O_8N_7$，441.4

化学名称 1-(4-肌氨酰胺-L-丝氨酰胺-4-脱氧-β-D-吡喃葡萄糖醛酰胺)胞嘧啶

理化性质 其游离碱为白色粉末，熔点：195℃（分解），易溶于水，可溶于甲醇，微溶于醇，难溶于丙酮、乙酯、苯等有机溶剂，pH3.0～5.0较为稳定，在碱性时易分解失去活性。制剂外观为褐色液体，带酯香，无臭味，沉淀<2%，pH3.0～5.0。遇碱易分解。

毒 性 大鼠急性经口 LD_{50}>5492mg/kg，大鼠急性经皮 LD_{50}>1000mg/kg。

制 剂 40%母药，8%、2%水剂，10%可溶粉剂

应 用 宁南霉素是一种胞嘧啶核甘肽型广谱抗生素杀菌剂，具有预防、治疗作用。对烟草花叶病毒病有良好的防治效果，具有抗雨水冲刷，毒性低等特点。

原药生产厂家 德强生物股份有限公司。

梧 宁 霉 素

其他中文名称 四霉素，11371抗生素

化学名称 梧宁霉素为不吸水链霉菌梧州亚种的发酵代谢物，含有4个组分，即梧宁霉素 A_1、A_2、B和C，均属大环内酯类四烯抗生素。

理化性质 梧宁霉素A易溶于碱性水、吡啶和醋酸中，不溶于水、苯、氯仿、乙醚等有机溶剂。无明显熔点，晶粉在140～150℃开始变红，250℃以上分解。梧宁霉素B为白色长方晶体，溶于碱性溶液，微溶于一般有机溶剂。对光、热、酸、碱稳定。梧宁霉素C为白色针状结晶，熔点140℃。溶于大多数有机溶剂。

毒 性 大鼠急性经口 LD_{50}为4000mg/kg。

应 用 农用杀菌剂。对半知菌亚门真菌有杀灭作用，尤其对苹果斑点落叶病，犁黑星病，葡萄白腐病、白粉病，桃褐腐病有效。本品内含多种肽嘧啶核苷酸，能提高作物抗病能力和优化作物品质，及提高果实表面光泽度。

武夷菌素（wuyiencin）

NH_2 N O O N O HOH_2C O OH OH

化学名称 武夷菌素

理化性质 又称BO-10，产生菌为不吸水链霉菌武夷变种（*S. ahygroscopicus var wuyiensis* n. var)，是由中国农业科学院植保所研制成功的一种内吸性杀菌农用抗生素。制剂外观为棕色液体，相对密度为1.090～1.130，pH值5.0～7.0。

毒 性 小鼠急性经口 LD_{50}>10000mg/kg，属于相对无毒；蓄积性毒性试验，蓄积系

数>5，无明显蓄积性。BO-10 喂养大鼠 90d，对大鼠生长、肝肾功能以及主要脏器镜检，实验组与对照组无明显差异，BO-10 对大鼠最大无作用剂量为 5g/kg，无致畸、致突变效应。

应　用　本品为广谱性生物杀菌剂。对多种植物病原真菌具有较强的抑制作用。对水稻白叶枯病、水稻纹枯病、稻瘟病、棉花红萎病、棉花枯萎病、小麦赤霉病、番茄叶霉病、黄瓜白粉病等有较好的防治作用。

中生菌素（zhongshengmycin）

$C_{19}H_{34}N_6O_7$，458.5

其他中文名称　中生霉素，克菌康

CAS 登录号　861228-39-9

理化性质　产生菌为中国农科院生物防治研究所从海南的土壤中分离而得的浅灰色链霉菌海南变种（*S. lavendulae var heanensis* n. var），纯品为白色粉末，原药为浅黄色粉末，易溶于水，微溶于乙醇。在酸性介质中，低温条件下稳定，熔点 173～190℃，100%溶于水。制剂为褐色液体，pH 值为 4。

毒　性　雄性小鼠急性经口 LD_{50} 为 316mg/kg，大鼠急性经皮 LD_{50} 为 2000mg/kg。

制　剂　12%母药，3%可湿性粉剂

应　用　中生菌素为 *N*-糖苷类抗生素，其抗菌谱广，能够抗革兰阳性，阴性细菌，分枝杆菌，酵母菌及丝状真菌。对烟草青枯病、角斑病、野火病、大白菜软腐病、白菜黑腐病、黄瓜角斑病、水稻白叶枯病及小麦赤霉病有防效。

原药生产厂家　福建凯立生物制品有限公司。

井冈霉素（validamycin）

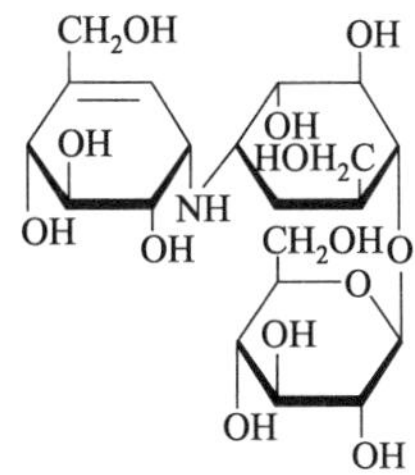

$C_{20}H_{35}O_{13}N$，497.5

其他中文名称　有效霉素

其他英文名称 validac，Valimon

化学名称 *N*-[(1*S*)(1,4,6/5)-3-羟甲基-4,5,6-三羟基-2-环己烯基][*O*-β-D 吡喃葡萄糖基-(1→3)]-1*S*-(1,2,4/3,5)-2,3,4-三羟基-5-羟甲基-环己基胺

CAS 登录号 37248-47-8

理化性质 由水链霉菌井冈变种产生的水溶性抗生素—葡萄糖苷类化合物。共有 6 个组分，主要活性物质为井冈霉素 A 和 B。纯品为无色无味吸湿性粉末。熔点 125.9℃；蒸气压＜2.6×10^{-3}mPa (25℃)。分配系数 K_{ow} lg$P$＝－4.21（计算值）。溶解度：很快溶于水，溶于甲醇，二甲基甲酰胺，二甲基亚砜，微溶于乙醇和丙酮，难溶于乙醚和乙酸乙酯，室温下中性和碱性介质中稳定，酸性介质中不太稳定。

毒　性 大鼠急性经口 LD_{50}＞20000mg/kg，大鼠急性经皮 LD_{50}＞5000mg/kg。不刺激皮肤（兔）。无皮肤致敏性（豚鼠）。吸入毒性 LC_{50}（4h 大鼠）＞ 5mg/L（空气）。90d 喂养试验，大鼠接受 1000mg/kg（饲料）和小鼠接受 2000mg/kg（饲料）无不良影响。在 2 年喂养试验中，大鼠接受 40.4mg/kg（体重）每天饲料无不良影响。无致畸性。

水生生物：LC_{50} (72h) 鲤鱼＞ 40mg/L，水蚤 LC_{50}（24h 淡水枝角水蚤）＞ 40mg/L，对蜜蜂无毒。

制　剂 10%、5%、4%、3%水剂，20%、10%、5%、3%可溶粉剂。

应　用 保护、治疗。是内吸作用很强的农用抗菌素，当水稻纹枯病菌的菌丝接触到井冈霉素后，能很快被菌体细胞吸收并在菌体内传导，干扰和抑制菌体细胞正常生长发育，从而起到治疗作用。井冈毒素也可用于防治小麦纹枯病、稻曲病等。

原药生产厂家 江苏绿叶农化有限公司、武汉科诺生物科技股份有限公司、浙江钱江生物化学股份有限公司、浙江省桐庐汇丰生物化工有限公司。

多抗霉素（polyoxin）

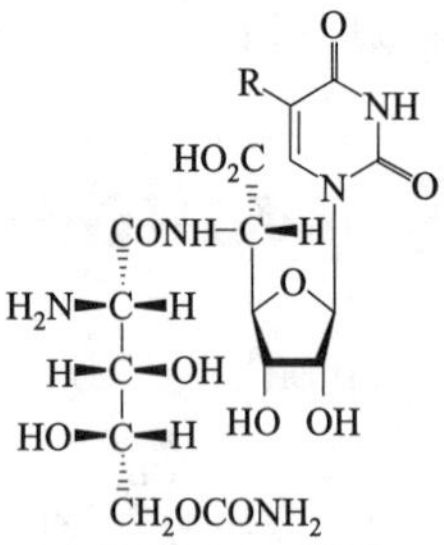

polyoxin B：R＝—CH_2OH，$C_{17}H_{25}N_5O_{13}$，507.4

polyoxorim：R＝—CO_2H，$C_{17}H_{23}N_5O_{14}$，521.4

其他中文名称 多氧霉素，多效霉素，保利霉素，宝丽安，科生霉素，灭腐灵，多克菌

其他英文名称 Piomyc，Polyox AL（用于 polyox B），Polox Z（用于 polyox D 的锌盐）

化学名称 本品是肽嘧啶核苷类抗生素，含有 A～N 14 种不同同系物的混合物。我国多

抗霉素是金色产色链霉素（*Streptomyces aureochromogenes*）产生的代谢物，主要成分是多抗霉素（$C_{23}H_{32}N_6O_{14}$）和多抗霉素 B（$C_{17}H_{25}N_5O_{13}$），含量为 84%。

多抗霉素 B：5-(2-氨基-5-*O*-氨基甲酰基-2-脱氧-*L*-木质酰胺基)-1,5-二脱氧-1-(1,2,3,4-四氢-5-羟基甲基 2,4-二氧代嘧啶-1-基)-*β*-*D*-别呋喃糖醛酸。

多抗霉素：5-(2-氨基-5-*O*-氨基甲酰基-2-脱氧-*L*-木质酰胺基)-1-(5-羧基-1,2,3,4-四氢-2,4-二氧代嘧啶-1-基)-*β*-*D*-别呋喃糖醛酸。

CAS 登录号 11113-80-7

理化性质 为无色针状结晶，熔点 180℃。系可可链霉菌阿苏变种（*S. cacaoi* var. *asoensis*）所产生的代谢物，主要成分为多抗霉素 B，纯品为无定形结晶。熔点 160℃以上（分解）。原药含多氧霉素 B 22%～25%，为浅褐色粉末，相对密度 0.10～0.20，分解温度 149～153℃，pH2.5～4.5，水分含量小于 3%，细度大于 149μm 的小于 25%。对紫外线稳定。在酸性和中性溶液中稳定，但在碱性溶液中不稳定。

① 多抗霉素 B（polyoxin B）。灰白色粉末。熔点＞188℃（分解），蒸气压＜1.33×10^5 mPa（20，30，40℃），分配系数 $K_{ow}\lg P=-1.21$，相对密度 0.536（23℃）。溶解度：水中为＞1kg/L（20℃）；丙酮 13.5，甲醇 2250，甲苯，二氯甲烷，乙酸乙酯＜0.65（均为 mg/L，20℃）。在酸性和中性溶液中稳定，但在碱性溶液中不稳定。

② 多抗霉素（polyoxorim）。无色结晶。熔点＞180℃（分解），蒸气压＜1.33×10^5 mPa（20，30，40℃），分配系数 $K_{ow}\lg P=-1.45$，Henry 常数约 $2Pam^3/mol$（30℃，计算值），相对密度 0.838（23℃）。溶解度：水中为 35.4g/L（pH 3.5，30℃）；丙酮 0.011，甲醇 0.175，甲苯，二氯甲烷＜0.0011（均为 g/L，20℃）。具有吸湿性，因此应存放在密闭容器在干燥条件下。

毒　性 polyoxin B：急性经口 LD_{50}（mg/kg）：雄大鼠 21000，雌大鼠 21200，雄小鼠 27300，雌小鼠 22 500。大鼠急性经皮 LD_{50}＞2000mg/kg。对大鼠皮肤黏膜无刺激性。大鼠吸入毒性 LC_{50}（6h）：10mg/L 空气。禽类野鸭急性经口 LD_{50}＞2000mg/kg。鲤鱼 LC_{50}（96h）＞100mg/L。水蚤 LC_{50}（48h）：0.257mg/L。藻类羊角月芽藻 E_bC_{50}（72h）＞100mg/L。蜜蜂 LD_{50}（48h，经口）＞149.543μg/只。

Polyoxorim：大鼠急性经口 LD_{50}：雄性和雌性大鼠＞9600mg/kg。大鼠急性经皮 LD_{50}＞750mg/kg。吸入毒性 LC_{50}（4h）：雄大鼠 2.44，雌大鼠 2.17mg/L（空气）。无作用剂量：50mg/(kg·d)。

禽类野鸭 LD_{50}＞2150mg/kg。鱼类 LC_{50}（96h）：鲤鱼＞100，虹鳟鱼 5.06mg/L。水蚤 LC_{50}（48h）：4.08mg/L。藻类羊角月芽藻 E_bC_{50}（72h）＞100mg/L。蜜蜂 LD_{50}（96h，经口）＞28.774μg/只。

制　剂 35%、34%、32%原药，10%、3%、1.50%可湿性粉剂，3%、1%、0.30%水剂

应　用 多抗霉素是核苷酸类化合物，多抗霉素 B 对于链格孢、稻纹枯病菌、宫部旋孢腔菌均有良好防效。其中，防治水稻纹枯病尤为有效。还能防治苹果火疫病以及由交链孢菌对

梨引起的病害、黄瓜白粉病和番茄花腐病等。对由发酵生产的酒制品无不良影响。多氧霉素D对立枯丝核菌的所有生物型均有保护性杀菌作用。

原药生产厂家 湖北省武汉天惠生物工程有限公司、绩溪农华生物科技有限公司、吉林省延边春雷生物药业有限公司、辽宁科生生物化学制品有限公司、山东科大创业生物有限公司、山东省乳山韩威生物科技有限公司、山东省潍坊天达植保有限公司、山东省烟台博瑞特生物科技有限公司、山东玉成生化农药有限公司、陕西绿盾生物制品有限责任公司、日本科研制药株式会社。

春雷霉素（kasugamycin）

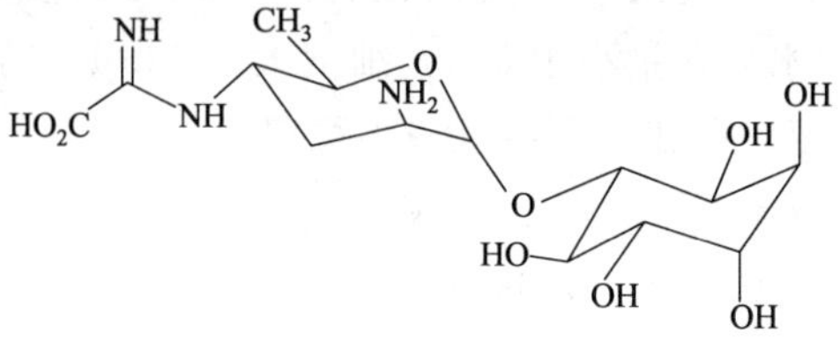

$C_{14}H_{25}N_3O_9$，379.4

其他中文名称 春日霉素，加收米，加收热必，加瑞农，嘉赐霉素

其他英文名称 Kasum，Kasurabcide，Kasum-Bordeaux

化学名称 1L-1,3,4/2,5,6-1-脱氧-2,3,4,5,6-五羟基环己基 2-氨基-2,3,4,6-四脱氧-4-(α-亚胺基甘氨酸基)-α-D-阿拉伯糖己吡喃糖苷

CAS登录号 6980-18-3

理化性质 其盐酸盐为白色结晶，熔点 202～204℃（分解），蒸气压＜1.3×10^{-2} mPa（25℃），分配系数 $K_{ow}\lg P$＜1.96（pH 5，23℃），Henry 常数 ＜2.9×10^{-8} Pam^3/mol（计算值），相对密度 0.43g/cm^3（25℃）。溶解度：水中为 207（pH 5），228（pH 7），438（pH 9）（g/L，25℃）；甲醇中为 2.76，丙酮，二甲苯＜1（mg/kg，25℃）。在室温下非常稳定。在弱酸稳定，但强酸和碱中不稳定。半衰期（50℃）：47d（pH 5），14d（pH 9）。

毒　性 春雷霉素盐酸盐水合物：雄大鼠急性经口 LD_{50}＞5000mg/kg。兔急性经皮 LD_{50}＞2000mg/kg。对兔眼睛无刺激。对皮肤没有致敏性。大鼠吸入毒性 LC_{50}（4h）＞2.4mg/L。大鼠（2y）无作用剂量：300mg/L。在试验剂量内对动物无致畸、致癌、致突变作用。对生殖无影响。雄性日本鹌鹑急性经口 LD_{50}＞4000mg/kg。鱼类 LC_{50}（48h）：鲤鱼和金鱼＞40mg/L。水蚤 LC_{50}（6h）＞40mg/L。蜜蜂 LD_{50}（接触）＞40μg/只。

制　剂 70%、65%、55%原药，6%、4%、2%可湿性粉剂，2%水剂。

应　用 对水稻上的稻瘟病有优异防效；还可用于防治甜菜上的甜菜生尾孢，马铃薯上的胡萝卜软欧文氏菌，菜豆上的栖菜豆假单孢菌。与氧氯化铜混用可防治柠檬上的柑橘黄单孢菌。

原药生产厂家 河北博嘉农业有限公司、华北制药股份有限公司、绩溪农华生物科技有限公司、吉林省延边春雷生物药业有限公司、山东省烟台博瑞特生物科技有限公司、陕西绿盾生物制品有限责任公司、陕西美邦农药有限公司、日本北兴化学工业株式会社。

链霉素（streptomycin）

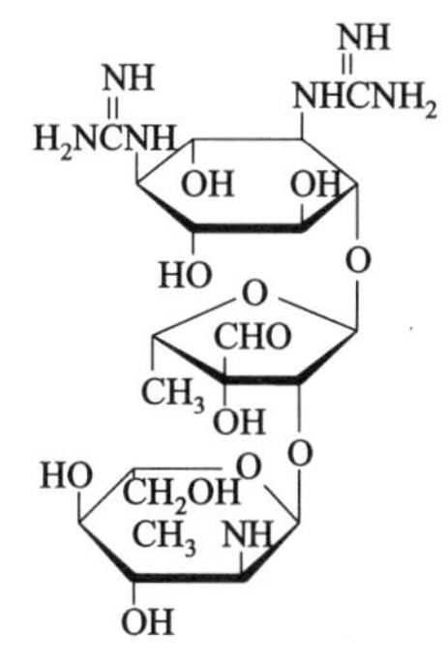

链霉素：$C_{21}H_{39}N_7O_{12}$，581.6

链霉素倍半硫酸盐：$C_{42}H_{84}N_{14}O_{36}S_3$，1457.3

其他中文名称 农用硫酸链霉素

化学名称 *O*-2-去氧-2-甲氨基-*α*-*L*-吡喃葡萄糖基-(1→2)-*O*-5-去氧-3-C-甲酰基-*α*-*L*-来苏呋喃糖基(1→4)-*N*-3,*N*-3-二氨基-D-链霉胺。

CAS登录号 3810-74-0

理化性质 链霉素是从 *Streptomycesgriseus* 发酵得到，以倍半硫酸盐的形式分离出来，为灰白色粉末。溶解度（g/L）：水中＞20（pH 7，28℃），乙醇 0.9，甲醇＞20，石油醚 0.02。对光稳定，在浓酸碱下分解。

毒　性 ① 链霉素　小鼠急性经口 LD_{50}＞10000mg/kg。小鼠急性经皮 LD_{50}（mg/kg）：400（雄），325（雌）。可能会引起过敏性皮肤反应。

② 链霉素倍半硫酸盐　急性经口 LD_{50}（mg/kg）：大鼠 9000，小鼠 9000，仓鼠 400。禽类无毒。鱼类轻微毒性。蜜蜂无毒。

制　剂 72%可溶粉剂

应　用 链霉素为杀细菌剂。可有效地防治植物的细菌病害，例如苹果、梨火疫病；烟草野火病、蓝霉病；白菜软腐病；番茄细菌性斑腐病、晚疫病；马铃薯种薯腐烂病、黑胫病，黄瓜角斑病、霜霉病、菜豆霜霉病、细菌性疫病，芹菜细菌性疫病，芝麻细菌性叶斑病。

原药生产厂家 河北三农农用化工有限公司。

长川霉素（SPRI-2098）

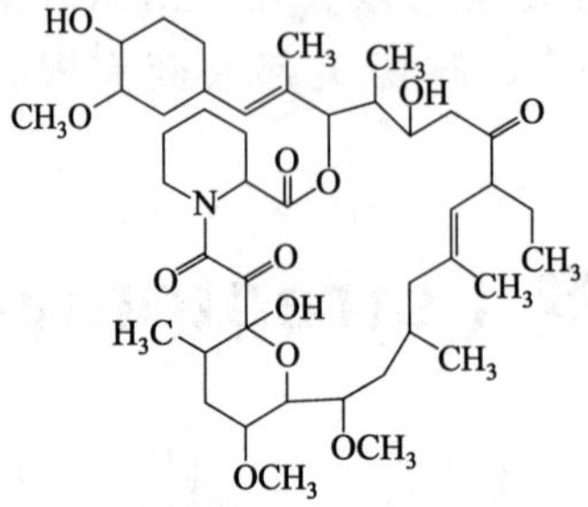

$C_{43}H_{69}NO_{12}$，792.0

CAS登录号 104987-12-4

理化性质 外观为白色或淡黄色粉末。熔点163～164℃。溶解于甲醇、乙腈、丙酮、乙酸乙酯等大部分溶剂，微溶于水。

毒　性 大鼠急性经口 LD_{50}：270/126mg/kg，（雄/雌制剂），大鼠急性经皮 LD_{50}＞2000mg/kg（制剂）。

制　剂 1%乳油

应　用 杀菌剂。

原药生产厂家 浙江海正化工股份有限公司。

金核霉素（aureonucleomycin）

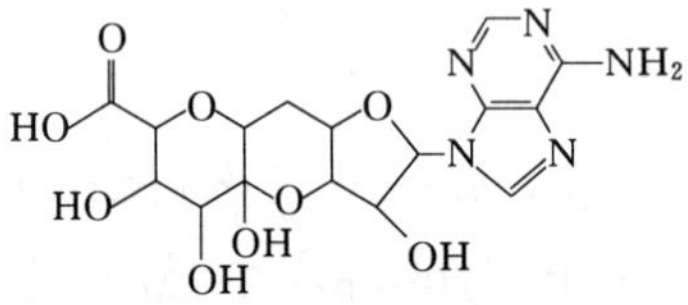

$C_{16}H_{19}N_5O_9$，425.4

化学名称 2-(6-氨基-9-*H*-嘌呤基)-3,4a,5,6-四羟基十氢呋喃[3,2-6]并吡喃[2,3-*e*]并吡喃-7-甲酸

理化性质 原药外观为白色或灰白色结晶，熔点146℃。分解变褐色。溶于二甲基甲酰胺、四氢呋喃，微溶于水、甲醇、乙醇、丙酮。在酸性条件下稳定，在碱性条件下易分解。

毒　性 大鼠急性经口 LD_{50}＞5000mg/kg(制剂)，急性经皮 LD_{50}＞2000mg/kg(制剂)。

应　用 农用抗生素。预防和治疗柑橘溃疡病、水稻白叶枯病和细菌性条斑病等细菌性病害。

嘧肽霉素（cytosinpeptidemycin）

$C_{19}H_{27}N_7O_{10}$，513.5

其他中文名称 博联生物菌素

化学名称 胞嘧啶核苷肽

理化性质 由一种链霉菌新变种产生的嘧啶核苷肽类新型抗病毒农用抗生素，外观为稳定的褐色均相液体，无可见的悬浮物和沉淀物。熔点 195℃。对光热酸稳定，在碱性状态不稳定。

毒　性 大鼠急性经口 LD_{50} ＞10000mg/kg(制剂)，大鼠急性经皮 LD_{50} ＞10000mg/kg(制剂)。

制　剂 30%母药，6%水剂

应　用 能抑制植物病毒在蔬菜瓜果作物上增殖，并能调节促进植物生长发育。对 TMV、CMV、PVY、大豆花叶病毒（SMV）、玉米矮花叶病毒（MDMV）、芜菁花叶病毒（TuMV）均有一定的防治效果，具有很大的有开发潜力。

原药生产厂家 辽宁省大连奥德植保药业有限公司。

申嗪霉素（phenazino-1-carboxylic acid）

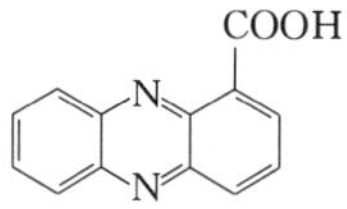

$C_{13}H_8N_2O_2$，224.2

其他中文名称 农乐霉素

化学名称 吩嗪-1-羧酸

理化性质 制剂外观为可流动易测量体积的悬浮液体。存放过程中可能出现沉淀，但经手摇动应恢复原状。不应有结块。熔点 241～242℃；溶于醇、醚、氯仿、苯，微溶于水；在偏酸性及中性条件下稳定。

毒　性 大鼠急性经口 LD_{50}＞5000mg/kg(制剂)，大鼠急性经皮 LD_{50}＞2000mg/kg(制剂)。

制　剂 95%原药，1%悬浮剂

应　用 广谱抑制各种农作物病原真菌，对黄瓜和西瓜的枯萎病、甜瓜的蔓枯病、辣椒的根腐病等有预防和治疗作用。

生产厂家 上海农乐生物制品股份有限公司。

嘧啶核苷类抗菌素

其他中文名称 抗霉菌素 120，120 农用抗菌素，农抗 120

其他英文名称 TF-120

化学名称 嘧啶核苷

理化性质 纯品为白色粉末，熔点：165～167℃(分解)。溶解度：易溶于水，难溶于有机溶剂，室温下中性和酸性介质中稳定，碱性介质中不稳定。

毒　性　小鼠急性静脉注射 LD_{50} 为 124.4 mg/kg。

制　剂　6%、2%、4%水剂

应　用　广谱抗真菌农用抗生素，兼具预防和治疗作用，主要用于防治瓜类、烟草、苹果、葡萄、小麦、水稻、玉米等作物的白粉病、炭疽病、枯萎病、纹枯病等病害。同时，对小麦锈病、柑橘疮痂病、苹果腐烂病也有效。

原药生产厂家　陕西绿盾生物制品有限责任公司、上海威敌生化（南昌）有限公司、浙江省桐庐汇丰生物化工有限公司。

菇类蛋白多糖

$$(C_6H_{12}O_6)_m \cdot (C_5H_{10}O_5)_n RNH_2$$

其他中文名称　真菌多糖，抗毒剂 1 号

化学名称　主要成分是菌类多糖，其结构中含有葡萄糖、甘露糖、半乳糖、木糖并挂有蛋白质片段。

理化性质　原药为乳白色粉末，溶于水，制剂外观为深棕色，稍有沉淀，无异味，pH 值为 4.5～5.5，常温贮存稳定，不宜与酸碱性药剂相混。

毒　性　大鼠急性经口 LD_{50} ＞5000mg/kg，大鼠急性经皮 LD_{50} ＞5000mg/kg。

制　剂　0.5%水剂

应　用　该药为生物制剂，为预防型抗病毒剂。对病毒起抑制作用的主要组分系食用菌菌体代谢所产生的蛋白多糖，蛋白多糖用作抗病毒剂在国内为首创。由于制剂内含丰富的氨基酸，因此施药后不仅抗病毒还有明显的增产作用。

生产厂家　山东圣鹏农药有限公司。

腐植酸（humus acid）

其他英文名称　HA-Cu

理化性质　一种多元的有机酸混合而成，无定形结构。它们可以和金属离子反应形成螯合物，这些螯合物在碱性溶液中化学性质较稳定。与福美胂组成 843 康复剂，康复剂原药为黄绿色粉末，熔点 224～226℃，不溶于水，微溶于甲醇、丙酮。

毒　性　急性经口 LD_{50} ＞4640mg/kg(制剂)，大鼠急性经皮 LD_{50} ＞843mg/kg(制剂)。对眼有刺激作用。

应　用　农用杀菌剂。不得与酸性农药混合使用。

原药生产厂家　兰州润泽生化科技有限公司、山东省烟台绿云生物化学有限公司。

混合脂肪酸（mixed aliphatic acid）

其他中文名称 83 增抗剂，耐病毒诱导剂

化学名称 混合脂肪酸，为 C_{13}～C_{15}脂肪酸混合物

理化性质 一种脂肪酸混合物，主要含 C_{13}～C_{15}脂肪酸。外观为乳黄色液体。

毒　性 急性经口 LD_{50}＞9580mg/kg(制剂)。

应　用 保护，抗病毒诱导剂。可用于防治植物病毒病，并对植物生长有刺激作用。

生产厂家 北京市东旺农药厂。

氨基寡糖素（oligosaccharins）

$(C_6H_{11}O_4N)_n$ （$n \geqslant 2$）

其他中文名称 好普

化学名称 (1-4)-2-氨基-2-脱氧-D-寡聚糖

理化性质 原药外观为黄色或淡黄色粉末，密度 1.002g/cm^3(20℃)，熔点 190～194℃。制剂为淡黄色（或绿色）稳定的均相液体，密度 1.003g/cm^3(20℃)，pH3.0～4.0。

毒　性 大鼠急性经口 LD_{50}＞5000mg/kg(制剂)，大鼠急性经皮 LD_{50}＞5000mg/kg(制剂)。

制　剂 7.5%母药，5%、3%、2%、0.5%水剂

应　用 该药属微生物代谢提取的一种具有抗病作用的杀菌剂，对某些病菌的生长有抑制作用，如影响真菌孢子萌发，诱发菌丝形态发生变异，菌丝的胞内生化反应发生变化等；诱导植物产生抗病性的机理主要是激发植物基因表达产生具有抗菌作用的几丁酶葡聚糖酶保素及 PR 蛋白等，同时具有抑制病菌的基因表达，使菌丝的生理生化发生变异生长受到抑制同时还能刺激生长。

原药生产厂家 辽宁大连凯飞化学股份有限公司。

几丁聚糖（chitosan）

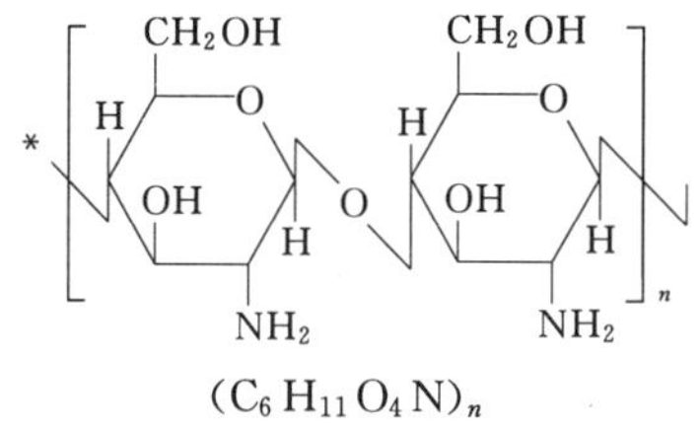

$(C_6H_{11}O_4N)_n$

其他中文名称 甲壳素

化学名称 (1,4)-2-氨基-2-脱氧-*β*-*D*-葡聚糖

CAS登录号 9012-76-4

理化性质 产品为白色,略有珍珠光泽,呈半透明片状固体。几丁聚糖为阳离子聚合物,化学稳定性好,约185℃分解,无毒,不溶于水和碱液,可溶解于硫酸、有机酸(如1%醋酸溶液)及弱酸水溶液。

毒　性 大鼠急性经口 LD_{50}＞5000mg/kg(制剂), 大鼠急性经皮 LD_{50}＞5000mg/kg(制剂)。

制　剂 2%水剂, 0.5%悬浮种衣剂

应　用 该药属从海洋甲壳类动物中提取的一种具有抗病作用的杀菌剂, 同时还能刺激作物生长。

生产厂家 成都特普科技发展有限公司、青岛中达农业科技有限公司。

葡聚烯糖

其他中文名称 引力素

理化性质 原药外观为白色粉末状固体, 熔点78～81℃, 水中溶解度＞100g/L, 4℃时可储存2年以上, 不可与强酸、碱类的物质混合。

毒　性 原药大鼠急性经口 LD_{50}＞4640mg/kg, 大鼠急性经皮 LD_{50}＞4640mg/kg。

制　剂 95%原药, 0.5%可溶粉剂

应　用 植物诱导剂。可以诱导植物产生能杀灭病原菌的植保素, 减少多种作物病害的发生; 还可作为生长调节因子有效促进植物生长、分枝、开花、结果等各项代谢活动, 提高作物产量。能有效钝化病毒, 对多种病毒引起的病害有很好的防治效果: 同时还能促进光合作用, 增加糖分和维生素的累积, 提高作物自身免疫力和防卫反应。增强作物的抗逆性, 有效促进作物生长、分枝、开花、结果等。可以抑制花叶病毒等多种病害的早期定殖、增殖和扩展, 而且还能钝化作物体外的病毒原, 抑制病毒的长距离扩展。同时, 葡聚烯糖还可用于农作物的贮存, 延长蔬菜果品的保鲜期, 并能保持果实原有风味。

原药生产厂家 中农华大(北京)科技发展有限公司。

丁子香酚(eugenol)

HO

OCH_3

$C_{10}H_{12}O_2$, 164.2

化学名称 4-烯丙基-2-甲氧基苯酚

CAS登录号 97-53-0

理化性质 原药外观为无色到淡黄色液体，在空气中转变为棕色，并变成黏稠状。相对密度1.0664(20℃)，沸点253～254℃。微溶于水0.427g/L，溶于乙醇、乙醚、氯仿、冰醋酸、丙二醇。制剂外观为稳定均相液体，无可见的悬浮物各沉淀物，pH5.0～7.0。

毒　性 大鼠急性经口 LD_{50}＞5000mg/kg(制剂)，大鼠急性经皮 LD_{50}＞10000mg/kg(制剂)。

制　剂 2.1%水剂，0.3%可溶液剂

应　用 该药是从丁香等植物中提取杀菌成分，用于防治番茄灰霉病。

生产厂家 河北省保定市亚达化工有限公司、河南省博爱惠丰生化农药有限公司、辽宁省大连永丰农药厂、山东亿嘉农化有限公司。

香芹酚（carvacrol）

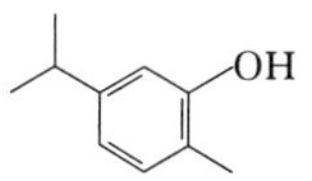

$C_{10}H_{14}O$，150.2

其他中文名称 真菌净

化学名称 2-甲基-5-异丙基苯酚

CAS登录号 499-75-2

理化性质 外观为绿色液体，沸点为237～238℃，微溶于乙醚、乙醇和碱性溶剂。制剂为稳定的均相液体，无可见悬浮物和沉淀物。相对密度1.1，pH值4.0～6.5。可与酸性农药混用。

毒　性 大鼠急性经口 LD_{50}＞5000mg/kg(制剂)，大鼠急性经皮 LD_{50}＞5000mg/kg(制剂)。

应　用 由多种中草药经提取加工而成的植物农药，预防和治疗黄瓜灰霉病、水稻稻瘟病。

生产厂家 辽宁省大连永丰农药厂。

代森锰锌（mancozeb）

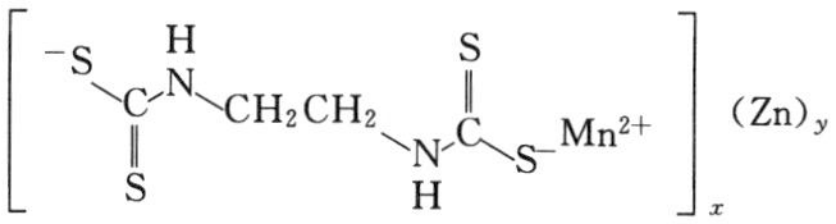

$x:y=1:0.091$

$[C_4H_6MnN_2S_4]_xZn_y$

其他中文名称 大生

其他英文名称 Dithane，Manzate

化学名称 1,2-亚乙基双二硫代氨基甲酸锰与锌盐的多元配位化合物

CAS登录号 8018-01-7

理化性质 代森锰锌活性成分不稳定，原药不进行分离，直接做成各种制剂。原药为灰黄色粉末，约172℃时分解，无熔点，蒸气压<1.33×10^{-2} mPa(20℃，估计值)，分配系数$K_{ow}\lg P=0.26$，Henry常数<5.9×10^{-4} Pa·m^3/mol(计算值)，相对密度1.99(20℃)。水中溶解度为6.2mg/L(pH 7.5，25℃)；在大多数有机溶剂中不溶解；可溶于强螯合剂溶液中，但不能回收。稳定性：在密闭容器中及隔热条件下可稳定存放2年以上。乙撑双（二硫代氨基甲酸盐）在环境中可迅速水解、氧化、光解及代谢。

毒　性 大鼠急性经口LD_{50}>5000mg/kg。急性经皮LD_{50}：大鼠>10000，兔>5000mg/kg。连续接触对皮肤有刺激性。在极高剂量下，会引起试验动物生育有障碍；产品中的微量杂质及代森锰锌降解产物乙撑硫脲，会引起试验动物甲状腺肿大、肿瘤和生育缺失。大鼠吸入毒性LC_{50}(4h)>5.14mg/L。大鼠（2y）无作用剂量：4.8mg/(kg·d)。

禽类急性经口LD_{50}(10d，mg/kg)：野鸭>5500，日本鹌鹑5500，紫翅椋鸟>2400。鱼类LC_{50}(96h，溢流)：虹鳟鱼1.0mg/L，蓝鳃太阳鱼>3.6mg/L。水蚤EC_{50}(48h，溢流)：3.8mg/L。藻类羊角月芽藻EC_{50}(120h)：0.044mg/L。蜜蜂LD_{50}：（经口）>209μg/只，(接触)>400μg/只。蚯蚓LC_{50}(14d)>1000mg/kg(土壤)。

制　剂 96%、90%、88%原药，80%水分散粒剂，80%、70%、50%可湿性粉剂。

应　用 一种广谱保护性杀菌剂。代森锰锌的杀菌机制是多方面的，但其主要为抑制菌体内丙酮酸的氧化，和参与丙酮酸氧化过程的二硫辛酸脱氢酶中的硫氢基结合，代森类化合物先转化为异硫氰酯，其后再与硫氢基结合，主要的是异硫氰甲酯和二硫化乙撑双胺硫代甲酰基，这些产物的最重要毒性反应也是蛋白质体（主要是酶）上的—SH基，反应最快最明显的辅酶A分子上的SH基与复合物中的金属键结合。对藻菌纲的疫菌属、半知菌类的尾孢属，壳二孢属等引起的多种作物病害，如对花生云纹斑病、棉花铃疫病、甜菜褐斑病、对橡胶炭疽病、人参叶斑病、蚕豆赤斑病等均有很好的防治效果。

原药生产厂家 河北贺森化工有限公司、河北双吉化工有限公司、河南省浚县绿宝农药厂、江苏百灵农化有限公司、江苏省南通宝叶化工有限公司、江苏省南通德斯益农化工有限公司、利民化工股份有限公司、辽宁省沈阳丰收农药有限公司、山东天成农药有限公司、山东潍坊润丰化工有限公司、山东潍坊双星农药有限公司、陕西安德瑞普生物化学有限公司、陕西省西安近代农药科技股份有限公司、陕西省西安市植丰农药厂、四川福达农用化工有限公司、四川国光农化股份有限公司、四川省成都海宁化工实业有限公司、天津人农药业有限责任公司、天津市津绿宝农药制造有限公司、天津市施普乐农药技术发展有限公司、浙江省东阳市东农化工有限公司、郑州先利达化工有限公司。

保加利亚艾格利亚有限公司、美国杜邦公司、美国默赛技术公司、美国仙农有限公司、陶氏益农农业科技（中国）有限公司、新西兰塔拉纳奇化学有限公司、印度联合磷化物有限公司、印度赛博罗有机化学古吉拉特有限公司、印度印地菲尔化学公司。

代森锌（zineb）

$$\left[\begin{array}{c} {}^{-}S-C(=S)-NH-CH_2CH_2-NH-C(=S)-S^{-}\ Zn^{2+} \end{array} \right]_x$$

$C_4H_6N_2S_4Zn$，275.8

其他英文名称 ZEB

化学名称 1,2-亚乙基双（二硫代氨基甲酸锌）

CAS登录号 12122-67-7

理化性质 原药为白色至淡黄色的粉末，157℃下分解。工业品含量达95%以上。闪点：90℃。溶解度：在水中仅溶解10mg/L，不溶于大多数有机溶剂，微溶于吡啶中。稳定性：自燃温度149℃；对光、热、湿气不稳定，容易分解，放出二硫化碳，故代森锌不宜放在潮湿和高温地方。代森锌分解产物中有乙撑硫脲，其毒性较大。

毒　性 大鼠急性经口 LD_{50}＞5200mg/kg。大鼠急性经皮 LD_{50}＞6000mg/kg。对皮肤和黏膜有刺激性。制剂中的杂质及分解产物亚乙基硫脲在极高剂量下会使试验动物出现甲状腺病变，产生肿瘤及生育不能等症状。鱼类 LC_{50} 河鲈鱼2mg/L。蜜蜂 LD_{50}（经口、接触）：100μg/只。

制　剂 90%原药，65%水分散粒剂，80%、65%可湿性粉剂

应　用 代森锌对多种作物都具有保护性杀菌作用，是用于叶部的保护性杀菌剂。除对代森锌敏感的品系外，一般是无植物毒性的。主要用于防治麦类、水稻、果树、蔬菜和烟草等多种作物的病害，如麦类锈病、赤霉病；水稻稻瘟病、纹枯病、白叶枯病；玉米大斑病；苹果和梨的赤星病、黑点病、花腐病、褐斑病、黑星病；桃树炭疽病、缩叶病、穿孔病、杏和李树的菌核病、枯梗病、细菌性穿孔病；葡萄霜霉病、黑痘病、茶树赤星病、白星病、炭疽病、烟草立枯病、野大病、赤星病、炭疽病；花生及甜菜褐斑病；马铃薯疫病、疮痂病、黑肿病、轮腐病、番茄疫病、褐纹病、炭疽病、斑点病，黄瓜霜霉病以及白菜、萝卜、芜菁、花椰菜等软腐病、黑斑病、白斑病、炭疽病等。对桔锈螨也有效。

原药生产厂家 河北双吉化工有限公司、利民化工股份有限公司、辽宁省沈阳丰收农药有限公司、四川福达农用化工有限公司、四川国光农化股份有限公司、天津京津农药有限公司、天津市津绿宝农药制造有限公司、天津市施普乐农药技术发展有限公司。

保加利亚艾格利亚有限公司。

代森铵（amobam）

$$\begin{array}{l} CH_2NHCSSNH_4 \\ | \\ CH_2NHCSSNH_4 \end{array}$$

$C_4H_{14}N_4S_4$，246.4

其他中文名称 铵乃浦

其他英文名称 Staless，Chem-O-bam，Dithane staless，Ambam

化学名称 亚乙基双二硫代氨基甲酸铵

CAS登录号 3566-10-7

理化性质 熔点：72.5～72.8℃。易溶于水，不溶于二甲苯。

毒　性 代森铵不污染作物，对人畜低毒且无刺激性。对大白鼠口服急性中毒 LD_{50} 为 450mg/kg。

制　剂 45%水剂

应　用 可以防治作棉花苗期炭疽病、立枯病、黄萎病；黄瓜霜霉病、梨黑星病、烟草黑胫病、菊黑锈病、白锈病等；也可用作马铃薯、番茄、蔬菜的叶用杀菌剂。

原药生产厂家 河北双吉化工有限公司、利民化工股份有限公司。

代森联（metiram）

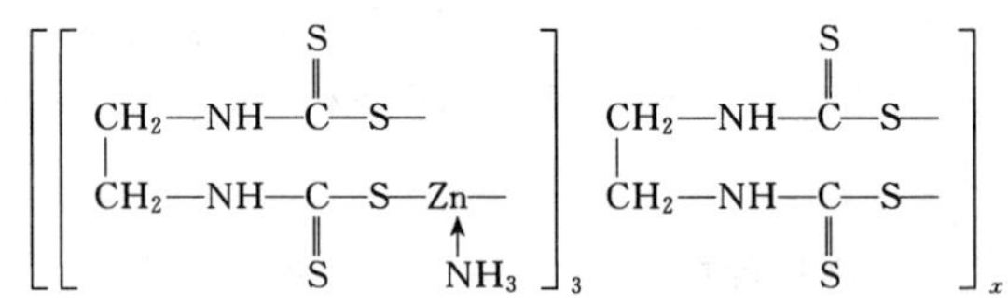

$(C_{16}H_{33}N_{11}S_{16}Zn_3)_x$，$(1088.8)_x$

其他中文名称 品润

化学名称 亚乙基双二硫代氨基甲酸锌聚（亚乙基秋拉姆二硫化物）

CAS登录号 9006-42-2

理化性质 原药为黄色的粉末，156℃下分解，工业品含量达95%以上，蒸气压<0.010mPa(20℃)，分配系数 K_{ow} lg$P$=0.3(pH 7)，Henry常数<5.4×10^{-3} Pa·m^3/mol(计算值)，相对密度1.860(20℃)。溶解度：不溶于水和大多数有机溶剂（例如乙醇，丙酮，苯），溶于吡啶中并分解。稳定性：在30℃以下稳定；水解 DT_{50} 17.4h(pH 7)。

毒　性 大鼠急性经口 LD_{50}>5000mg/kg。大鼠急性经皮 LD_{50}>2000mg/kg。大鼠吸入毒性 LC_{50}(4h)>5.7 mg/L（空气）。大鼠（2y）无作用剂量：3.1mg/kg。禽类鹌鹑 LD_{50}>2150mg/kg。鱼类虹鳟鱼 LC_{50}(96h)：0.33mg/L(测量平均值)。水蚤 EC_{50}(48h)：0.11mg/L(测量平均值)。藻类绿藻 EC_{50}(96h)：0.3mg/L；蜜蜂 LD_{50}(经口，接触)>80μg/只。蚯蚓 LC_{50}(14d)>1000mg/L。

制　剂 85%原药，70、60%水分散粒剂，70%可湿性粉剂

应　用 可以防治作棉花苗期炭疽病、立枯病、黄萎病；黄瓜霜霉病、梨黑星病、烟草黑胫病、菊黑锈病、白锈病等；也可用作马铃薯、番茄、蔬菜的叶用杀菌剂。

原药生产厂家　江苏省南通宝叶化工有限公司、巴斯夫欧洲公司。

丙森锌（propineb）

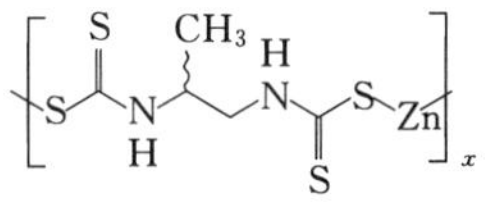

$(C_5H_8N_2S_4Zn)_x$，$(289.8)_x$

其他中文名称　安泰生

其他英文名称　Antracol

化学名称　丙烯基双二硫代氨基甲酸锌

CAS 登录号　12071-83-9

理化性质　丙森锌为白色或微黄色粉末，在 150℃以上分解，在 300℃左右仅有少量残渣留下，蒸气压＜1.6×10^{-7} mPa(20℃)，相对密度 1.813g/mL(23℃)。溶解度：水中为＜0.01g/L(20℃)；甲苯，己烷，二氯甲烷＜0.1g/L。在干燥低温条件下贮存时稳定；水解(22℃)半衰期（估算值）：1d(pH 4)，约 1d(pH 7)，大于 2d(pH 9)。

毒　性　急性经口 LD_{50}(mg/kg)：大鼠＞5000，兔＞2500。大鼠急性经皮 LD_{50}＞5000mg/kg。对兔眼睛和皮肤无刺激作用。大鼠吸入毒性 LC_{50}(4h)：2420mg/m^3(空气)。2年无作用剂量[mg/(kg·d)]：大鼠：2.5，小鼠 106，狗 25。禽类日本鹌鹑 LD_{50}＞5000mg/kg。鱼类 LC_{50}(96h)：虹鳟鱼 0.4mg/L，高体雅罗鱼 133mg/L。水蚤 LC_{50}(48h)：4.7mg/L。藻类 E_rC_{50}(96h)：2.7mg/L。对蜜蜂无毒，LD_{50}(接触)＞164μg/只。

制　剂　89%、85%原药，80%母粉，80%、70%可湿性粉剂，80%、70%水分散粒剂。

应　用　丙森锌是一种速效、长残留、广谱的保护性杀菌剂。其杀菌机制为抑制病原菌体内丙酮酸的氧化。该药剂对蔬菜、葡萄、烟草和啤酒花等作物的霜霉病以及番茄和马铃薯的早、晚疫病均有优良的保护性作用，并且对白粉病、锈病和葡萄孢属的病害也有一定的抑制作用。在推荐剂量下对作物安全。

原药生产厂家　利民化工股份有限公司、江苏剑牌农药化工有限公司、江苏省南通宝叶化工有限公司。

福美双（thiram）

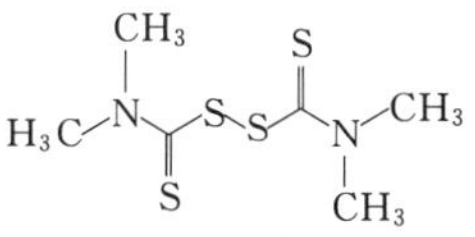

$C_6H_{12}N_2S_4$，240.4

其他中文名称 秋兰姆，赛欧散

其他英文名称 Arasan，Tersan，Pomarsol，Fernasan，TMTD，thiuram

化学名称 四甲基秋兰姆二硫化物

CAS登录号 137-26-8

理化性质 无色结晶。熔点155～156℃，蒸气压2.3mPa(25℃)，分配系数$K_{ow}\lg P$=1.73，Henry常数$3.3\times10^{-2}Pa\cdot m^3/mol$。相对密度1.29(20℃)。溶解度：水中为18mg/L(室温)；乙醇<10，丙酮80，氯仿230，正己烷0.04，二氯甲烷170，甲苯18，异丙醇0.7(均为g/L，20℃)。稳定性在酸性介质下或长时间暴露在湿热环境或空气中会降解。DT_{50}(估算值，22℃)128d(pH 4)，18d(pH 7)，9h(pH 9)。

毒　性 急性经口LD_{50}(mg/kg)：大鼠2600，小鼠1500～2000，兔210。大鼠急性经皮LD_{50}>2000mg/kg。轻度刺激皮肤，对眼睛有中度刺激。对豚鼠皮肤有致敏性。吸入毒性LC_{50}(4h)：大鼠4.42mg/L(空气)。无作用剂量：大鼠（2y）1.5mg/(kg·d)，狗（1y）0.75mg/(kg·d)。禽类急性经口LD_{50}(mg/kg)：雄环颈雉673，野鸭>2800，星椋鸟>100。鱼类LC_{50}(96h)：蓝鳃太阳鱼0.13mg/L，虹鳟鱼0.046mg/L。水蚤LC_{50}(48h)：0.011mg/L。藻类羊角月芽藻EC_{50}(72h)：0.065mg/L。蜜蜂LD_{50}(经口、接触)>100μg/只。蚯蚓LC_{50}(14d)：540mg/kg(土壤)。

制　剂 96%、95%原药，80%水分散粒剂，50%可湿性粉剂。

应　用 福美双是用于叶部或种子处理的保护性杀菌剂，对植物无药害。用于防治麦类条纹病、腥黑穗病、坚黑穗病；玉米、亚麻、蔬菜、糖萝卜、针叶树立枯病、烟草根腐病；蚕豆褐色斑点病、黄瓜霜霉病、炭疽病；梨黑星病、苹果黑点病、桃棕腐病。浸种后拌种可防甘蓝黑胫病、茄子炭疽病等。此外，它对甲虫还有忌避作用。

原药生产厂家 河北冠龙农化有限公司、河北省石家庄市绿丰化工有限公司、河北赞峰生物工程有限公司、江苏省南通宝叶化工有限公司、江苏省镇江振邦化工有限公司、辽宁省营口雷克农药有限公司、美国科聚亚公司、山东省烟台鑫润精细化工有限公司、天津市捷康化学品有限公司、天津市农药研究所、天津市兴果农药厂。

比利时特胺有限公司、新加坡利农私人有限公司。

福美锌（ziram）

$$[(CH_3)_2NCS_2]_2Zn$$

$$C_6H_{12}N_2S_4Zn,\ 305.8$$

其他英文名称 Milbam，Zerlate，Fuklas Aaprotect

化学名称 双（二甲基二硫代氨基甲酸）锌

CAS登录号 137-30-4

理化性质 灰白色粉末。熔点246℃，蒸气压1.8×10^{-2}mPa(99%，25℃)，分配系数$K_{ow}\lg P$=1.65(20℃)，相对密度1.66(25℃)。溶解度：水中为0.97～18.3mg/L(20℃)；

丙酮 2.3，甲醇 0.11，甲苯 2.33，正己烷 0.07(均为 g/L，20℃)。稳定性：遇酸分解。水解 DT_{50}<1h(pH 5)，18h(pH 7)。

毒　性　大鼠急性经口 LD_{50}：2068mg/kg。兔急性经皮 LD_{50}>2000mg/kg。对皮肤和黏膜有刺激性。对眼睛有强刺激性；对皮肤有致敏性（豚鼠）。大鼠吸入毒性 LC_{50}(4h)：0.07mg/L。大鼠（1y）无作用剂量：5mg/(kg·d)。禽类山齿鹑 LD_{50}：97mg/kg。鱼类虹鳟鱼 LC_{50}(96h)：1.9mg/L。水蚤 EC_{50}(48h)：0.048mg/L。藻类：0.066mg/L。对蜜蜂无毒，LD_{50}>100μg/只。蚯蚓 LC_{50}(7d)：190mg/kg（土壤）。

制　剂　95%原药，80%水分散粒剂，72%可湿性粉剂。

应　用　防治苹果花腐病、黑点病、白粉病；柑橘溃疡病、疮痂病、梨黑斑病、赤星病、黑星病、葡萄脱腐病、褐斑病、白粉病；番茄褐色斑点病。

原药生产厂家　河北冠龙农化有限公司、天津市捷康化学品有限公司。

福美胂（asomate）

$C_9H_{18}AsN_3S_6$，435.5

其他中文名称　阿苏妙，三福胂

化学名称　三（*N*-二甲基二硫代氨基甲酸）胂

理化性质　原药为黄绿色棱柱状结晶，熔点 224～226℃；不溶于水，微溶于丙酮、甲醇中，在沸腾的苯中可溶解 60%。

应　用　有预防和治疗作用。对黄瓜、甜瓜和草莓的白粉病有效，对稻瘟病也有预防作用。不能与砷酸钙、砷酸铬、波尔多液混用。

生产厂家　天津市施普乐农药技术发展有限公司、天津市农药研究所、山东德州大成农药有限公司。

福美甲胂（urbacid）

$C_7H_{15}AsN_2S_4$，330.4

其他中文名称 退菌特（混剂）

其他英文名称 Tuzet（混剂）

化学名称 双-(二甲基二硫代氨基甲酰硫基）甲基胂

CAS登录号 2445-07-0

理化性质 原药为无色无味的结晶固体，熔点144℃，挥发性较低。不溶于水，溶于大多数有机溶剂。

毒　性 大鼠急性经口 LD_{50} 为175mg/kg。

应　用 保护性杀菌剂。可用于防治稻纹枯病，苹果黑点病，梨黑星病，葡萄晚腐病及做种子处理剂。

原药生产厂家 河北赞峰生物工程有限公司、青岛双收农药化工有限公司、陕西汤普森生物科技有限公司、天津市农药研究所。

三苯基醋酸锡（fentin acetate）

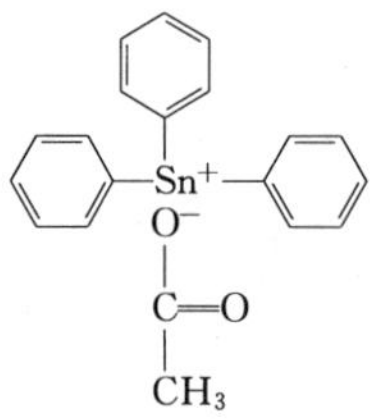

$C_{20}H_{18}O_2Sn$，409.0

其他中文名称 薯瘟锡

其他英文名称 Brestan，Super-Tin，Suzu-H，Brestanid，Farmatin，Agri Tin，Anticercospora，Duter，Keytin

化学名称 三苯基醋酸锡

CAS登录号 668-34-8

理化性质 三苯基醋酸锡为白色无味结晶，熔点121～123℃，蒸气压1.9mPa(60℃)，分配系数 $K_{ow}\lg P=3.54$，Henry常数 2.96×10^{-4} Pa·m^3/mol(20℃)，相对密度1.5(20℃)。溶解度：水中9mg/L(20℃，pH值5)；乙醇22，乙酸乙酯82，正己烷5，二氯甲烷460，甲苯89(均为g/L，20℃)。工业品纯度为90～95%，熔点120～125℃，置于干燥处贮存稳定，当暴露于空气和阳光下较易分解。最后形成不溶性锡化合物，能与一般农药混用，但不能与油乳剂混用。

毒　性 大鼠急性经口 LD_{50}：140～298mg/kg。兔急性经皮 LD_{50}：127mg/kg。吸入 LC_{50}(4h)：雄大鼠0.044mg/L，雌大鼠0.069mg/L(空气)。对黏膜有刺激性。以含4mg/kg药剂的饲料喂狗和豚鼠2年没产生病症。鹌鹑 LD_{50} 为77.4mg/kg。鱼毒性 LC_{50}(48h)：对黑头呆鱼0.071mg/L；水蚤 C_{50}(48h)：10μg/L；藻类 LC_{50}(72h)：32μg/L；对蜜蜂没有毒

性。蚯蚓 LD_{50}(14d)：128mg/kg。

应　用　三苯基醋酸锡为保护性杀菌剂，可用来防治甜菜褐斑病，马铃薯晚疫病，大豆病害如大豆炭疽病，大豆黑点病，大豆褐纹病及大豆紫斑病。对一些水稻真菌性病害，如稻瘟病，稻条斑病，稻胡麻斑病也有较好的效果。对蔬菜病害如洋葱黑斑病，芹菜叶枯病，菜豆炭疽病，胡萝卜斑点病等；对一些经济作物的病害如可可的棕榈疫霉病，咖啡的咖啡生尾孢病也都有防效。除了上述杀菌作用外，还对稻田中的藻类及水蜗牛也有一定防治作用。此外，对于某些害虫还有一定的忌避和拒食作用。

甲　羟　鎓

$(C_5H_{12}OClN)_3$

$C_{15}H_{36}Cl_3D_3N_3$，412.5

其他中文名称　强力杀菌剂

化学名称　聚 *N*，*N*-二甲基-2-羟基丙基铵氯化物

理化性质　纯品为白色固体，无味，无固定熔点与沸点。纯度 98%，吸水性强，常因吸湿呈胶状物。易溶于水，乙醇等极性有机溶剂。难溶于苯等非极性溶剂，其水溶液呈弱碱性，化学性质稳定。无水解作用。原药为无色或微黄色黏稠液，有异味，相对密度 1.96。

毒　性　大鼠急性经口 LD_{50} 为 2050mg/kg(制剂)，大鼠急性经皮 LD_{50}＞2000mg/kg(制剂)。

应　用　季铵盐类杀菌剂，杀菌谱广低毒、具有内吸作用，浸种、喷施防治棉花立枯病和棉花炭疽病。

三氮唑核苷（ribavirin）

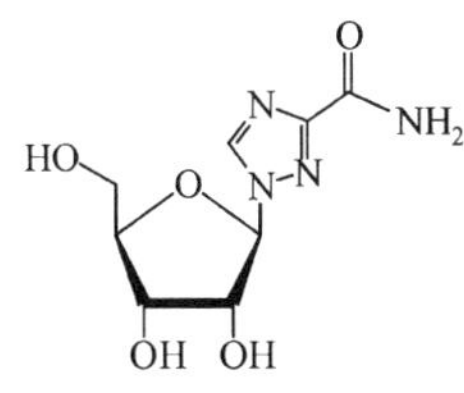

$C_8H_{12}N_4O_5$，244.2

其他中文名称　病毒必克

化学名称　1-*β*-D-呋喃核糖-1,2,4-三唑-3-酰胺

理化性质　原药为白色结晶粉末，无臭无味，易溶于水，微溶于乙醇，熔点 205℃，对水、光、空气、弱酸弱碱均稳定。

毒　性　大鼠急性经口 LD_{50}＞10000mg/kg；大鼠急性经皮 LD_{50}＞10000mg/kg。

应　用　季铵盐类杀菌剂，杀菌谱广低毒、具有内吸作用，浸种、喷施防治棉花立枯病和棉花炭疽病。

乙蒜素（ethylicin）

$$C_2H_5-\overset{\overset{O}{\|}}{\underset{\underset{O}{\|}}{S}}-SC_2H_5$$

$C_4H_{10}O_2S_2$，154.2

其他中文名称 抗菌剂402

化学名称 乙烷硫代磺酸乙酯

CAS登录号 682-91-7

理化性质 纯品为无色或微黄色油状液体，有大蒜臭味。可溶多种有机溶剂。化学性质稳定。

毒　性 大鼠急性经口 LD_{50} 为140mg/kg(制剂)，大鼠急性经皮 LD_{50}＞80mg/kg(制剂)。

制　剂 90％原药，80％、20％乳油，15％可湿性粉剂。

应　用 广谱性杀菌剂，且能促进作物生长发育。

原药生产厂家 河南省大地农化有限责任公司、河南省开封田威生物化学有限公司。

溴硝醇（bronopol）

$$HOCH_2-\overset{\overset{Br}{|}}{\underset{\underset{NO_2}{|}}{C}}-CH_2OH$$

$C_3H_6BrNO_4$，200.0

其他中文名称 拌棉醇，溴硝丙二醇

其他英文名称 Bronotak，Bronocot

化学名称 2-溴-2-硝基-1,3-丙二醇

CAS登录号 52-51-7

理化性质 溴硝醇为无色至淡黄棕色无味的结晶固体，熔点130℃，蒸气压1.68mPa(20℃)。溶解度：水中为250g/L(22℃)；乙醇500，异丙醇250，丙二醇143，丙三醇10，液体石蜡＜5(均为g/L，23～24℃)；易溶于丙酮、乙酸乙酯，微溶于三氯甲烷、乙醚和苯，不溶于石油醚。工业品纯度高于90％，具有轻微的吸湿性，在一般条件下贮存稳定。对铝容器有腐蚀性。

毒　性 急性经口 LD_{50}(mg/kg)：大鼠180～400，小鼠250～500，狗250。大鼠急性经皮 LD_{50}＞1600mg/kg。中度皮肤刺激性；轻度眼刺激性（兔）。大鼠吸入毒性 LC_{50}(6h)＞5mg/L空气。大鼠（72d）无作用剂量：1000mg/kg(饲料)。禽类野鸭急性经口 LD_{50}：

510mg/kg。鳟鱼 LC_{50}(96h)：20.0mg/L。水蚤 LC_{50}(48h)：1.4mg/L。

制　剂　95%原药，20%可湿性粉剂

应　用　本品具有广泛的杀菌和抑菌作用，可防治多种植物上的细菌性病害。用作棉花种子处理剂可防治因甘蓝黑腐病黄杆菌所引起的棉花黑臂病或细菌性雕枯病具有特效。对棉花无药害。也可用作工业杀细菌剂，如冷却塔用杀细菌剂。

原药生产厂家　辽宁丹东市农药总厂。

二硫氰基甲烷（methane dithiocyanate）

NCS—CH_2-SCN

$C_3H_2N_2S_2$，130.2

其他中文名称　浸种灵

其他英文名称　diisothiocyanatomethane，MBT

化学名称　双异硫氰酸甲酯

理化性质　二硫氰基甲烷为棕黄色针状晶体，有刺激性气味，熔点 101～103℃，易溶于二甲基甲酰胺，不易溶于一般有机溶剂，在水中溶解度为 2.3g/L，在碱性及紫外线下易分解。

毒　性　二硫氰基甲烷小鼠急性经口 LD_{50} 为 50.19mg/kg。大鼠急性经皮 LD_{50} 约 292mg/kg。

应　用　主要用于稻、麦种子处理，防治种传细菌、真菌病害。如水稻恶苗病和干尖线虫病、大麦条纹病、坚黑穗病和网斑病。同时也可作为柑橘收获后的杀菌保鲜处理、甘薯等繁殖材料以及土壤的消毒处理等。

溴菌腈（bromothalonil）

$$Br—CH_2—\underset{\underset{Br}{|}}{\overset{\overset{CN}{|}}{C}}—CH_2—CH_2—CN$$

$C_6H_6Br_2N_2$，265.9

其他中文名称　休菌清

化学名称　2-溴-2-(溴甲基) 戊二腈

CAS 登录号　35691-65-7

理化性质　原药外观为白色或浅黄色晶体，熔点 52.5～54.5℃，难溶于水，易溶于醇、苯等有机溶剂。

毒　性　大鼠急性经 LD_{50}：681mg/kg，大鼠急性经皮 LD_{50} >10000mg/kg。水生生物

Chapter 1 Chapter 2 Chapter 3 Chapter 4 Chapter 5 Chapter 6 Chapter 7 Chapter 8

LC_{50}：蓝鳃太阳鱼 4.09mg/L，虹鳟鱼 1.75mg/L。野鸭 LC_{50}＞1000mg/L。本品对皮肤和黏膜有刺激作用，无全身中毒报道。

制　剂　95%原药，25%可湿性粉剂，25%乳油。

应　用　一种广谱、低毒、防霉、灭藻杀菌剂。能抑制和铲除细菌、真菌和藻类的生长，适用于纺织品、皮革等防腐、防霉，工业用水灭藻。对农作物病害有较好的防治效果，特别对炭疽病有特效。

生产厂家　江苏托球农化有限公司、天津中科益农生物科技有限公司。

克　菌　壮

$$(CH_2CH_2O)_2\overset{\overset{S}{\|}}{P}SNH_4$$

$C_4H_{14}NO_2PS_2$，203.3

其他中文名称　二乙基二硫代磷酸铵盐

其他英文名称　NF-133

化学名称　*O*，*O*-二乙基二硫代磷酸铵盐

理化性质　纯品白色固体，工业品灰白色至土黄色，熔点 180～182℃，易溶于水、乙醇、丙酮等有机溶剂，在弱碱性和中性中稳定。

毒　性　大鼠急性经口 LD_{50} 为 7636mg/kg，大鼠急性经皮 LD_{50}＞10000mg/kg。Ames 法试验为阴性。

应　用　本品为保护性杀菌剂，主要用于水稻白叶枯病和柑橘溃疡病、苹果轮纹病的防治，对水稻细菌性条斑病、纹枯病亦有很高的防效。并能作为植物生长调节剂，对水稻、小麦、蔬菜等有刺激生长的作用和增产效果。

异稻瘟净（iprobenfos）

$$C_6H_5-CH_2S\overset{\overset{O}{\|}}{P}[OCH(CH_3)_2]_2$$

$C_{13}H_{21}O_3PS$，288.3

其他中文名称　丙基喜乐松

其他英文名称　IBP，Kitaz P

化学名称　*S*-苄基-*O*，*O*-二异丙基硫代磷酸酯

CAS 登录号　26087-47-8

理化性质　亮黄色液体，沸点 187.6℃/1862Pa，蒸气压 12.2mPa（25℃），分配系数 $K_{ow}\lg P$＝3.37（pH 7.1，20℃），相对密度 1.100（20℃）。溶解度：水中为 430mg/L（20℃）；

正己烷、甲苯、二氯甲烷、丙酮、甲醇、乙酸乙酯中>500g/L(20℃)。

毒　性　急性经口 LD_{50}(mg/kg)：雄大鼠 790，雌大鼠 680，雄小鼠 1710，雌小鼠 1950。小鼠急性经皮 LD_{50}：4000mg/kg。雄性和雌性大鼠吸入毒性 LC_{50}(4h)>5.15mg/L(空气)。2 年无作用剂量：雄大鼠 3.54mg/(kg・d)，雌大鼠 4.35mg/(kg・d)。禽类公鸡急性经口 LD_{50}：705mg/kg。鱼类鲤鱼 LC_{50}(96h)：18.2mg/L。水蚤 EC_{50}(48h)：0.815mg/L。藻类羊角月芽藻 E_bC_{50}(72h)：6.05mg/L。蜜蜂 LD_{50}(48h)：37.34μg/只。

制　剂　95%原药，40%乳油

应　用　有机磷杀菌剂。主要干扰细胞膜透性，阻止某些亲脂几丁质前体通过细胞质膜，使几丁质的合成受阻碍，细胞壁不能生长，抑制菌体的正常发育。具有良好内吸杀菌作用。它由根部及水面下的叶鞘吸收，并分散到稻体各部。主要用于防治稻瘟病、纹枯病、小球菌核病。

原药生产厂家　浙江嘉化集团股份有限公司、浙江泰达作物科技有限公司。

甲基立枯磷（tolclofos methyl）

$C_9H_{11}Cl_2O_3PS$，301.1

其他中文名称　利克菌，立枯磷

其他英文名称　Rizolex，S-3349

化学名称　*O*-2,6-二氯-对甲苯基-*O*,*O*-二甲基硫代磷酸酯

CAS 登录号　57018-04-9

理化性质　纯品为无色结晶（原药为无色至浅棕色固体），熔点 78～80℃，蒸气压 57mPa(20℃)，分配系数 $K_{ow}\lg P=4.56$(25℃)。溶解度：水中为 1.10mg/L(25℃)；正己烷 3.8%，二甲苯 36.0%，甲醇 5.9%。对光、热和潮湿均较稳定。

毒　性　大鼠急性经口 LD_{50}：5000mg/kg。大鼠急性经皮 LD_{50}>5000mg/kg。对兔皮肤和眼睛无刺激性。大鼠吸入毒性 LC_{50}>3320mg/m³。禽类野鸭和山齿鹑急性经口 LD_{50}>5000mg/kg。鱼类蓝鳃太阳鱼 LC_{50}(96h)>720μg/L。

制　剂　95%原药，20%乳油

应　用　本剂为适用于防治土传病害的广谱内吸性杀菌剂，主要起保护作用，其吸附作用较强，不易流失，持效期较长。对半知菌类、担子菌纲和子囊菌纲等各种病原菌均有很强的杀菌活性，如棉花、马铃薯、甜菜和观赏植物上的立枯丝核菌、齐整小核菌、伏革菌属和核瑚菌属。对苗立枯病菌、菌核病菌、雪腐病菌等有卓越的杀菌作用，对五氯硝基苯产生抗性的苗立枯病菌也有效。其吸附作用强，不易流失，在土壤中有一定持效期。施药方法有毒土、拌种、浸渍、土壤洒施。本品对马铃薯茎腐病和黑斑病有特效。

原药生产厂家 江苏省连云港市东金化工有限公司。

敌瘟磷（edifenphos）

$$C_6H_5-S-\overset{O}{\overset{\|}{P}}(OCH_2CH_3)-S-C_6H_5$$

$C_{14}H_{15}O_2PS_2$，310.4

其他中文名称 稻瘟光，克瘟散，护粒松

其他英文名称 Hosan，EDDP，Bayer 78418

化学名称 *O*-乙基-*S*,*S*-二苯基二硫代磷酸酯

CAS登录号 17109-49-8

理化性质 原药为黄色至浅棕色透明液体，带有硫醇的臭味，沸点 154℃/1Pa，蒸气压 3.2×10^{-2} mPa(20℃)，分配系数 $K_{ow}\lg P=3.83$(20℃)，Henry 常数 2×10^{-4} Pa・m^3/mol (20℃)，相对密度 1.251g/cm^3 (20℃)。溶解度：水中为 56mg/L(20℃)；正己烷 20～50，二氯甲烷、异丙醇、甲苯 200(均为 g/L，20℃)。在 25℃，pH7 时，半衰期为 19d。

毒　性 急性经口 LD_{50}(mg/kg)：大鼠 100～260，小鼠 220～670，豚鼠和兔 350～400。大鼠急性经皮 LD_{50}：700～800mg/kg。对兔皮肤和眼睛无刺激性。大鼠吸入毒性 LC_{50} (4h)：0.32～0.36mg/L 空气（喷雾）。禽类急性经口 LD_{50}：山齿鹑 290mg/kg，野鸭 2700mg/kg。鱼类 LC_{50}(96h，[0.039μ/(mg/kg)])：虹鳟鱼 0.43，蓝鳃太阳鱼 0.49，鲤鱼 2.5mg(a.i.)/L。水蚤 LC_{50}(48h)：0.032μg/L。对蜜蜂无毒。

制　剂 94%原药，30%乳油

应　用 有机磷酸酯类杀菌剂，对水稻稻瘟病有良好的预防和极佳的防治作用。其作用机制为对稻瘟病病菌的几丁质合成和脂质代谢有抑制作用，主要是破坏病菌的细胞结构，并影响病菌细胞壁的形成。适用水稻、谷子、玉米、小麦等作物。防治水稻稻瘟病、水稻纹枯病、水稻胡麻斑病、水稻小球菌核病、粟瘟病、玉米大、小斑病和小麦赤霉病等。

原药生产厂家 兴农股份有限公司

三乙膦酸铝（fosetyl-alumium）

$$\left(CH_3CH_2O-\overset{O}{\overset{\|}{\underset{H}{\underset{|}{P}}}}-O\right)_3Al$$

$C_6H_{18}AlO_9P_3$，354.1

其他中文名称 乙膦铝，疫霉灵，疫霜克霉，霉菌灵

其他英文名称 fosetyl-alumium

CAS登录号 39148-9

CAS登录号 39148-24-8

理化性质 纯品为白色无味结晶。熔点215℃。分配系数K_{ow}lg$P$=−2.1～−2.7(23℃)。相对密度1.529(99.1%)，1.54(97.6%)（均为20℃）。溶解度：水中为111.3g/L(pH 6，20℃)；甲醇中为807，丙酮6，乙酸乙酯<1(均为mg/L，20℃)。稳定性：遇强致，强碱分解。一般条件下稳定。pK_a 4.7(20℃)。

毒　性 大鼠急性经口LD_{50}>7080mg/kg。大鼠和兔急性经皮LD_{50}>2000mg/kg。对皮肤无刺激性。大鼠吸入毒性LC_{50}(4h)>5.11mg/L空气。狗（2y）无作用剂量：300mg/(kg·d)。未见致畸作用，没有致突变作用。无致癌作用。禽类山齿鹑急性经口LD_{50}>8000mg/kg。鱼类LC_{50}(96h)：虹鳟鱼>122mg/L，蓝鳃太阳鱼>60mg/L。水蚤LC_{50}(48h)>100mg/L。藻类毯毛栅藻EC_{50}(90h)：21.9mg/L。蜜蜂LD_{50}(96h)：(经口)>461.8μg/只，(接触)>1000μg/只。蚯蚓LC_{50}(14d)>1000mg/kg。

制　剂 95%原药，90%可溶粉剂，80%水分散粒剂，80%、40%可湿性粉剂。

应　用 三乙膦酸铝是一种磷酸盐类内吸性杀菌剂，其作用机理是抑制病原真菌的孢子的萌发或阻止孢子的菌丝体的生长，该产品时广谱杀菌剂，能够迅速地被植被的根，叶吸收，在植物体双向传导，既能通过根部和基部茎叶吸收后向上输导，也能从上部叶片吸收后向基部叶片输导。药剂只有在植株体内才能发挥防病作用，离体条件下对病菌的抑制作用很小，其防病原理认为是药剂刺激寄主植物的防御系统而防病。

对藻菌亚门中的霜霉属、疫霉属病原真菌、单轴病菌引起的病害如蔬菜、果树霜霉病、疫病、菠萝心腐病、柑橘根腐病、茎溃病、草莓茎腐病、红髓病有效。专门保护和治疗蔬菜，花卉，棉花和橡胶上的霜霉病，疫病，也常用来治疗烟草黑胫病。主要有喷洒，灌根，浸种或拌种等施用方法。本品易潮结，应置于干燥密封处保存，遇结块不影响使用效果。勿与酸性、碱性农药混用。黄瓜、白菜上使用浓度偏高时易产生药害。

原药生产厂家 河北省石家庄市深泰化工有限公司、江苏省金坛市兴达化工厂、江苏省镇江江南化工有限公司、利民化工股份有限公司、辽宁省海城市农药一厂、山东大成农药股份有限公司、上海艾科思生物药业有限公司、天津人农药业有限责任公司、天津市施普乐农药技术发展有限公司、浙江嘉华化工有限公司、浙江兰溪巨化氟化学有限公司、浙江省湖州荣盛农药化工有限公司。

德国拜耳作物科学公司。

乙霉威（diethofencarb）

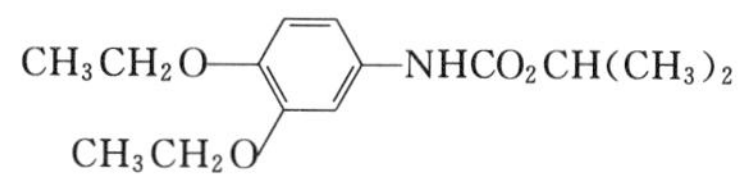

$C_{14}H_{21}NO_4$，267.3

其他中文名称 硫菌霉威，保灭灵，万霉灵，抑菌威

其他英文名称 Sumico，Powmyl，S-165，S-1605，S-32165

化学名称 3,4-二乙氧基苯基氨基甲酸异丙酯

CAS登录号 87130-20-9

理化性质 纯品为白色结晶（原药为无色至浅褐色固体），熔点 100.3℃，蒸气压 9.44×10^{-3}mPa(25℃)，分配系数 $K_{ow}\lg P=3.02$(25℃)，Henry 常数 9.17×10^{-5}Pa·m³/mol(计算值，25℃)，相对密度 1.19(23℃)。溶解度：水中为 27.64mg/L(25℃)；正己烷 1.3，甲醇 101，二甲苯 30(均为 g/kg，20℃)。闪点 140℃。

毒　性 大鼠急性经口 LD_{50}＞5000mg/kg。大鼠急性经皮 LD_{50}＞5000mg/kg。大鼠吸入毒性 LC_{50}（4h）＞1050mg/m³。没有致突变作用。禽类山齿鹑和野鸭急性经口 LD_{50}＞2250mg/kg。鱼类虹鳟鱼 LC_{50}（96h）＞18mg/L。水蚤 LC_{50}（3h）＞10mg/L。蜜蜂 LC_{50}：20μg/只（接触）。

制　剂 95％原药

应　用 一种与多菌灵有负交互抗性的杀菌剂。药剂进入菌体细胞后与菌体细胞内的微管蛋白结合，从而影响细胞的分裂。这种作用方式与多菌灵很相似，但二者不在同一作用点。如灰霉菌一旦对多菌灵产生抗药性，而对乙霉威很敏感。相反，对多菌灵敏感的灰霉菌，乙霉威则表现为无抑菌活性。本剂一般不做单剂使用，而与多菌灵、甲基硫菌灵（甲基托布津）或速克灵等药剂混用防治灰霉病。

原药生产厂家 江苏省新沂中凯农用化工有限公司、江苏蓝丰生物化工股份有限公司、日本住友化学株式会社。

缬霉威（iprovalicarb）

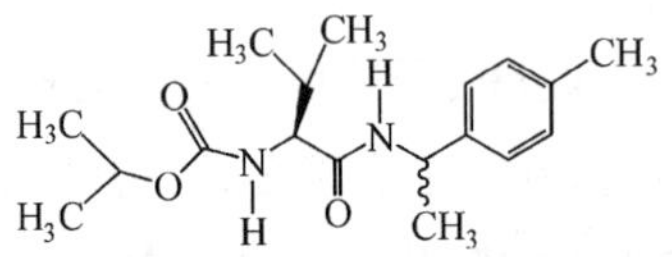

$C_{18}H_{28}N_2O_3$，320.4

其他中文名称 异丙菌胺

其他英文名称 Melody，Positon

化学名称 (SR/SS)-[2-甲基-1-[1-(对-甲基苯基)-乙基氨基甲酰基]丙基]氨基甲酸异丙酯

CAS登录号 140923-17-7

理化性质 白色至黄色粉末。熔点 183℃(*SR*)；199℃(*SS*)；163～165℃(混合物)。蒸气压 4.4×10^{-5}(*SR*)-；3.5×10^{-5}(*SS*)-；7.7×10^{-5}(混合物)（mPa，20 ℃）。分配系数 $K_{ow}\lg P=3.2$(*SR*) 和（*SS*）非对映异构体（25℃），Henry 常数 1.3×10^{-6}(*SR*)-；1.6×10^{-6}(*SS*)-(Pa·m³/mol，20℃，计算值)，相对密度 1.11(20℃)。溶解度：水中为 11.0[(*SR*) -非对映异构体]，6.8[(*SS*)-非对映异构体]mg/L(20℃)；在二氯甲烷 97(*SR*)、35(*SS*)-；甲苯 2.9(*SR*)、2.4(*SS*)-；丙酮 22(*SR*)、19(*SS*)-；正己烷 0.06(*SR*)、0.04(*SS*)-；异丙醇 15(*SR*)-，13(*SS*)-(g/L，20℃)。

毒　性　大鼠急性经口 LD_{50}>5000mg/kg；大鼠急性经皮 LD_{50}(24h)>5000mg/kg。本品对兔眼睛和皮肤无刺激。无皮肤致敏（豚鼠）。大鼠吸入 LC_{50}>4977mg/m^3(空气)。鸟类急性经口：北美鹑 LD_{50}>2000mg/kg；鱼 LC_{50}(96h) 虹鳟鱼>22.7，翻车鱼>20.7mg/l。水蚤 EC_{50}值（48h)>19.8mg/L。藻类 Eb/rC_{50}(72h)，绿藻（羊角月牙)>10.0mg/L。蜜蜂 LD_{50}为蜜蜂（48h)（经口)>199μg/蜜蜂；（接触)>200μg/蜂。蠕虫 LC_{50}(14d) 对赤子爱胜蚓>1000mg/kg(干土)。

制　剂　95%原药

应　用　缬霉威为氨基酸酯类衍生物，具有独特的全新仿生结构使其作用机理区别于其他防治卵菌纲的杀菌剂。其作用机理为作用于真菌细胞壁和蛋白质的合成，能抑制孢子的侵染和萌发，同时能抑制菌丝体的生长，导致其变形、死亡。针对霜霉科和疫霉属真菌引起的病害具有很好的治疗和铲除作用。适宜作物为葡萄、马铃薯、番茄、黄瓜、柑橘、烟草等。防治霜霉病、疫病等。对作物、人类、环境安全。本品既可用于茎叶处理，也可用于土壤处理（防治土传病害）。

原药生产厂家　德国拜耳作物科学公司。

霜霉威（propamocarb）

$(CH_3)_2N\ (CH_2)_3NHCO_2\ (CH_2)_2CH_3$

$C_9H_{20}N_2O_2$，188.3

$(CH_3)_2N\ (CH_2)_3NHCO_2\ (CH_2)\ CH_3 \cdot HCl$

$C_9H_{21}ClN_2O_2$，224.7

其他中文名称　丙酰胺，霜霉威盐酸盐，普力克

其他英文名称　Previcur N，SN66752，propamocarb hydrochloride

化学名称　3-(二甲基氨基）丙基氨基甲酸丙酯

CAS 登录号　24579-73-5，25606-41-1（盐酸盐）

理化性质　霜霉威盐酸盐为无色结晶固体。熔点：64.2℃，蒸气压 3.8×10^{-2} mPa(20℃)，分配系数 $K_{ow}\lg P=-1.21$(pH 7)，Henry 常数<1.7×10^{-8} Pa・m^3/mol(20℃，计算值)，相对密度 1.085g/mL(20℃)。溶解度：水中为>500g/L(pH 1.6～9.6，20℃)；甲醇中为 656，二氯甲烷>626，丙酮 560.3，乙酸乙酯 4.34，甲苯 0.14，己烷<0.01(均为 g/L，20℃)。易光解，易水解。对金属有轻度腐蚀性。

毒　性　霜霉威盐酸盐急性经口毒性 LD_{50}：大鼠 2000～2900mg/kg，小鼠 2650～2800mg/kg，狗约 1450mg/kg。大鼠和兔急性经皮 LD_{50}>3000mg/kg。大鼠急性吸入毒性 LC_{50}(4h)>5.54mg/L(空气)。不刺激皮肤和眼睛（兔），在 2 年喂养试验中，大鼠接受 26～32mg/kg 体重每天饲料无不良影响。Ames 和微核试验阴性。无致畸作用（大鼠和兔)，无生殖，发育毒性或致癌作用。

野鸭和鹌鹑急性经口 LD_{50}>1842mg/kg。鱼毒性 LC_{50}(96h)：蓝鳃太阳鱼>92mg/L，虹鳟鱼>99mg/L。水蚤 LC_{50}(48h)：106mg/L。对蜜蜂 LD_{50}>84μg/只。对蚯蚓 LD_{50}

(14d)＞660mg/kg 土壤。

制　剂　98%原药，35%水剂，722g/L 水剂。

应　用　霜霉威盐酸盐是一种施用于土壤的内吸性杀菌剂，但也适合用于浸渍处理（对球茎和根茎）和种子保护剂。对丝囊霉、盘梗霉、霜霉、疫霉、假霜霉、腐霉有效。有阻止病菌产生和形成孢子的效果，在杆物根部处理能迅速进入根部，不仅防治根部病害，同时能迅速上移到顶部，对地面植物的病害也能进行有效快速防治。与其他杀菌剂无交互抗性，作用机制独特，不易产生抗药性。对防治农作物、特别是蔬菜、果树的霜霉病、疫病、晚疫病、猝倒病、黑痉病有优异的防治效果。可叶面喷雾和土壤处理。

原药生产厂家　江苏宝灵化工股份有限公司、江苏蓝丰生物化工股份有限公司、山东省联合农药工业有限公司、陕西恒田化工有限公司、陕西省西安近代农药科技股份有限公司、天津市施普乐农药技术发展有限公司、浙江一帆化工有限公司。

比利时农化公司、德国拜耳作物科学公司。

多菌灵（carbendazim）

$C_9H_9N_3O_2$，191.2

其他中文名称　棉萎灵，枯萎立克，贝芬替

其他英文名称　Bavist，Derosal，Delsene，BAS 346F，Hoe 17411，MBC，BMC

化学名称　苯并咪唑-2-基氨基甲酸甲酯

CAS登录号　10605-21-7

理化性质　纯品为无色固体。熔点 302～307℃（分解）。蒸气压 0.09mPa（20℃），0.15mPa(25℃)，1.3mPa(50℃)。分配系数 $K_{ow}\lg P$=1.38(pH 5)，1.51(pH 7)，1.49(pH 9)。Henry 常数 3.6×10^{-3} Pa·m^3/mol(pH 7，计算值)。相对密度 1.45(20℃)。溶解度(24℃)：水中为 29mg/L(pH 4)，8mg/L(pH 7)，7mg/L(pH 8)；二甲基甲酰胺 5，丙酮 0.3，乙醇 0.3，三氯甲烷 0.1，乙酸乙酯 0.135，二氯甲烷 0.068，苯 0.036，环己烷＜0.01，乙醚＜0.01，己烷 0.0005(均为 g/L，24℃)。

毒　性　急性经口 LD_{50}：大鼠 6400mg/kg，狗＞2500mg/kg。急性经皮 LD_{50}：兔＞10000mg/kg，大鼠＞2000mg/kg。对皮肤和眼睛无刺激性（兔）。对豚鼠皮肤无致敏性。吸入试验（4h）：悬浮剂（10g/L 水）对大鼠、兔、豚鼠及猫均无不良作用。无作用剂量(2y)：狗 300mg/kg。禽类鹌鹑急性经口 LD_{50}：5826～15595mg/kg。鱼类 LC_{50}(96h，mg/L)：鲤鱼 0.61，虹鳟鱼 0.83，蓝鳃太阳鱼＞17.25，孔雀鱼＞8。水蚤 LC_{50}(48h)：0.13～0.22mg/L。藻类 EC_{50}(72h)：铜在淡水藻 419mg/L，羊角月芽藻 1.3mg/L。蜜蜂 LD_{50}＞50μg/只（接触）。蚯蚓 LC_{50}（4 周）：6mg/kg(土壤)。

制　剂　98%、95%、92%原药，500g/L、40%悬浮剂，75%、50%水分散粒剂，80%、

50%、25%可湿性粉剂。

应　用　多菌灵为广谱内吸性杀真菌剂，对子囊菌纲的某些病原菌和半知菌类中的大多数病原真菌有效。作用机制是干扰细胞的有丝分裂过程。能防治由立枯丝核菌引起的棉花苗期立枯病，黑根霉引起的棉花烂铃病、花生黑斑病、小麦网腥黑粉病、小麦散黑粉病、燕麦散黑粉病、小麦颖枯病、谷类胫腐病、麦类白粉病，苹果、梨、葡萄、桃的白粉病，烟草炭疽病，番茄褐斑病、灰霉病，葡萄灰霉病，甘蔗凤梨病，甜菜褐斑病，水稻稻瘟病、纹枯病、胡麻斑病。

原药生产厂家　安徽广信集团铜陵化工有限公司、安徽广信农化股份有限公司、湖北蕲农化工有限公司、湖南国发精细化工科技有限公司、江苏百灵农化有限公司、江苏辉丰农化股份有限公司、江苏蓝丰生物化工股份有限公司、江苏瑞邦农药厂有限公司、江苏省江阴凯江农化有限公司、江苏省江阴市农药二厂有限公司、江苏省太仓市农药厂有限公司、江苏扬农化工集团有限公司、连云港市金囤农化有限公司、宁夏三喜科技有限公司、山东华阳科技股份有限公司、山东潍坊润丰化工有限公司、允发化工（上海）有限公司。

丙硫多菌灵（albendazole）

C_3H_7S —（苯并咪唑，N，N—H）—$NHCOOCH_3$

$C_{12}H_{15}N_3S$，233.3

其他中文名称　施宝灵，丙硫咪唑

化学名称　5-(丙硫基)-1*H*-苯并咪唑-2-基氨基甲酸甲酯

理化性质　纯品外观为白色粉末，无臭无味，熔点 206～212℃，熔融时分解。微溶于乙醇、氯仿、热稀盐酸和稀硫酸，溶于冰醋酸，在水中不溶。

毒　性　大鼠急性经口 LD_{50} 为 4287mg/kg，大鼠急性经皮 LD_{50} 为 608mg/kg。对眼睛有轻微刺激作用。

应　用　本品具有保护和治疗作用，对病原菌孢子萌发有较强的抑制作用，可有效地防治霜霉科、白粉科和腐霉科引起的病害。

苯菌灵（benomyl）

$CONH(CH_2)_3CH_3$ —N（苯并咪唑）—$NHCO_2CH_3$

$C_{14}H_{18}N_4O_3$，290.3

其他中文名称　苯莱特，苯乃特，免赖得

其他英文名称　Benlate，T1991，D1991，du Pont 1991，Tersan 1991，Fungicide 1991

化学名称 1-正丁氨基甲酰-2-苯并咪唑氨基甲酸甲酯

CAS登录号 17804-35-2

理化性质 纯品为无色结晶固体。熔点：140℃(分解)。蒸气压<5.0×10^{-3}mPa(25℃)。分配系数$K_{ow}\lg P$=1.37。Henry常数<4.0×10^{-4}(pH 5)，<5.0×10^{-4}(pH 7)，<7.7×10^{-4}(pH 9)（均为Pa·m^3/mol，计算值）。溶解度水中为3.6(pH 5)，2.9(pH 7)，1.9(pH 9)（均为mg/L，室温）。三氯甲烷94，二甲基甲酰胺53，丙酮18，二甲苯10，乙醇4，庚烷0.4(均为g/kg，25℃)。水解DT_{50}：3.5h(pH 5)，1.5h(pH 7)，<1h(pH 9)(25℃)。

毒　性 大鼠急性经口LD_{50}>5000mg/kg。兔急性经皮LD_{50}>5000mg/kg。对皮肤刺激性可以忽略，对眼有轻微刺激（兔）。大鼠吸入毒性LC_{50}(4h)>2mg/L(空气)。无作用剂量(2y)：大鼠>2500mg/kg；狗500mg/kg。野鸭和山齿鹑饲喂LC_{50}(8d)>10000mg/kg。鱼类LC_{50}(96h)：虹鳟鱼0.27mg/L，金鱼4.2mg/L。孔雀鱼LC_{50}(48h)：3.4mg/L。水蚤LC_{50}(48h)：640μg/L。藻类E_bC_{50}：(72h)2.0mg/L，(120h)3.1mg/L。对蜜蜂无毒，LD_{50}(接触)>50μg/只。蚯蚓LC_{50}(14d)：10.5mg/kg。

制　剂 95%原药，50%可湿性粉剂。

应　用 苯菌灵为内吸性杀菌剂，具有保护、铲除和治疗作用。对谷类作物、葡萄、仁果及核果类、水稻及蔬菜上的子囊菌纲、半知菌纲及某些担子菌纲的真菌引起的病害有防效。还可用于防治螨类，主要用作杀卵剂。用于收获前及收获后喷雾及浸渍，可防止水果及蔬菜的腐烂。在某些条件下，在土壤、植物及动物体内可以形成多菌灵。苯菌灵能防治梨、葡萄、苹果的白粉病，梨黑星病，桃灰星病，葡萄褐斑病，苹果黑星病，小麦赤霉病，油菜菌核病，稻瘟病，棉花立枯病。

原药生产厂家 湖南国发精细化工科技有限公司、江苏蓝丰生物化工股份有限公司、江苏省太仓市农药厂有限公司、江苏安邦电化有限公司、江苏省江阴凯江农化有限公司。

甲基硫菌灵（thiophanate methyl）

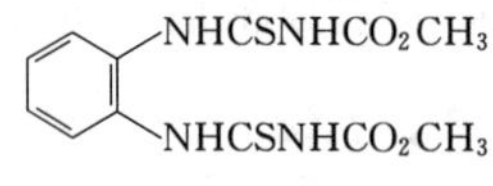

$C_{12}H_{14}N_4O_4S_2$，342.4

其他中文名称 甲基托布津

其他英文名称 Tops M，Cercob M，Mildothane，Cycos，NF44

化学名称 4,4′-(邻苯基)二(3-硫代脲基甲酸二甲酯)

CAS登录号 23564-05-8

理化性质 纯品为无色结晶固体，熔点195℃(分解)，不溶于水，难溶于大多数有机溶剂。

毒　性 大鼠急性经口LD_{50}>15000mg/kg。大鼠急性经皮LD_{50}>15000mg/kg。

制　剂　97%、95%、92%原药，80%、70%水分散粒剂，70%、50%可湿性粉剂，3%糊剂，500g/L悬浮剂。

应　用　甲基硫菌灵是一种广谱杀菌剂，具有向顶性传导功能，对多种病害有预防和治疗作用。用于禾谷类、蔬菜、果树和某些经济作物病害的防治，喷洒防治麦类赤霉病、白粉病、水稻稻瘟病和纹枯病、油菜菌核病、甜菜褐斑病、瓜类白粉病、炭疽病和灰霉病、豌豆白粉病和褐斑病。

原药生产厂家　安徽广信农化股份有限公司、河南省郑州志信农化有限公司、湖南国发精细化工科技有限公司、江苏百灵农化有限公司、江苏蓝丰生物化工股份有限公司、江苏省江阴凯江农化有限公司、江苏省太仓市农药厂有限公司、江西省海利贵溪化工农药有限公司、宁夏三喜科技有限公司、山东华阳科技股份有限公司、陕西亿农高科药业有限公司、浙江泰达作物科技有限公司。

美国默赛技术公司、日本曹达株式会社、新加坡利农私人有限公司。

霜脲氰（cymoxanil）

$$CH_3CH_2NHCONHCOC(CN){=}NOCH_3$$

$C_7H_{10}N_4O_3$，198.2

其他中文名称　清菌脲，菌疫清，霜疫清，克露（混剂）

其他英文名称　Curzate，DPX-3217

化学名称　1-(2-氰基-2-甲氧基亚胺基)-3-乙基脲

CAS登录号　57966-95-7

理化性质　纯品为无色结晶固体，熔点160～161℃，蒸气压0.15mPa(20℃)，分配系数$K_{ow}\lg P=0.59$(pH 5)、0.67(pH 7)，Henry常数3.8×10^{-5}(pH 7)、3.3×10^{-5}(pH 5)(Pa·m³/mol，计算值)，相对密度1.32(25℃)。溶解度：水中890mg/kg(pH 5，20℃)；正己烷0.037，甲苯5.29，乙腈57，乙酸乙酯28，正辛醇1.43，甲醇22.9，丙酮62.4，二氯甲烷133.0(均为g/L，20℃)。水解半衰期DT_{50}：148d(pH 5)，34h(pH 7)，31min(pH 9)。水性光解半衰期DT_{50}：1.8d(pH 5)。pK_a 9.7(分解)。

毒　性　大鼠急性经口LD_{50}：雄760mg/kg，雌1200mg/kg。对大白兔、大鼠急性经皮$LD_{50}>2000$mg/kg。不刺激眼睛，对皮肤有轻微刺激（豚鼠）。对皮肤没有致敏性。大鼠吸入毒性LC_{50}(4h)：雄，雌>5.06mg/L(空气)。野鸭和鹌鹑急性经口$LD_{50}>2250$mg/kg。鱼毒性LC_{50}(96h，mg/L)：虹鳟鱼61，蓝鳃太阳鱼29，鲤鱼91。水蚤LC_{50}(48h)：27mg/L，其他水生生物LC_{50}(96h)：牡蛎>46.9mg/L，糠虾>44.4mg/L。对蜜蜂无毒性，LD_{50}(48h)：>25μg/只(接触)，>1000mg/L(经口)。蚯蚓LC_{50}(14d)>2208mg/kg(土壤)。

制　剂　98%、97%、96%、94%原药

应　用　杀菌剂，有内吸作用，与保护性杀菌剂混用能提高残留活性。对霜霉目真菌（疫霉属、霜霉属、单轴霉属）有效，如防治马铃薯晚疫病和葡萄霜霉病。

原药生产厂家 甘肃华实农业科技有限公司、河北省万全农药厂、江苏省南通施壮化工有限公司、利民化工股份有限公司、宁夏裕农化工有限责任公司、陕西省西安文远化学工业有限公司、上海升联化工有限公司、泰州百力化学有限公司、浙江省绍兴市东湖生化有限公司。美国杜邦公司。

双胍三辛烷基苯磺酸盐 (iminoctadine tris (albesilate))

双胍三辛烷：$C_{18}H_{41}N_7$，355.7

双胍三辛烷基苯磺酸盐：$C_{72}H_{131}N_7O_9S_3$（平均），1335（平均）

其他中文名称 百可得

其他英文名称 Belkute

化学名称 1′1-亚氨基(辛基亚甲基)双胍三(烷基苯基磺酸盐)

CAS登录号 13516-27-3

理化性质 原药为棕色固体。熔点92～96℃，蒸气压<1.6×10^{-1}mPa(60℃)，分配系数$K_{ow}\lg P$=2.05(pH 7)，相对密度1.076。溶解度：水中为6mg/L(20℃)；甲醇中为5660，乙醇3280，异丙醇1800，苯0.22，丙酮0.55(均为g/L)；不溶于乙腈、二氯甲烷、正己烷、二甲苯、乙酸乙酯（20℃）。

毒　　性 急性经口LD_{50}(mg/kg)：大鼠1400，雄小鼠4300，雌小鼠3200。大鼠急性经皮LD_{50}>2000mg/kg。对眼睛和皮肤有轻微刺激（兔）。对豚鼠皮肤无致敏性。大鼠吸入毒性LC_{50}(4h)：1.0mg/L。大鼠无作用剂量：0.9mg/(kg·d)。禽类日本鹌鹑急性经口LD_{50}：1827mg/kg。鱼类LC_{50}(48h)：虹鳟鱼4.5mg/L，鲤鱼1.09mg/L。水蚤LC_{50}(48h)：0.41mg/L。藻类近头状伪蹄形藻E_rC_{50}(72h)：0.0099mg/L。蜜蜂LD_{50}(经口、接触)>100μg/只。蚯蚓LC_{50}>1000mg/L。

制　　剂 90%原药，40%可湿性粉剂。

应　　用 一种广谱性的杀真菌剂，局部渗透性强，对某些病原真菌有很高的生长抑制活性。其作用方式是抑制病菌类脂的生物合成。

原药生产厂家 日本曹达株式会社。

邻苯基苯酚 (2-phenylphenol)

$C_{12}H_{10}O$，170.1

其他中文名称 联苯酚

化学名称 2-苯基苯酚

CAS登录号 90-43-7

理化性质 为白色或浅黄色或淡红色粉末、薄片或块状物，具有微弱的酚味。熔点55.5～57.5℃，沸点283～286℃(0.1MPa)，相对密度1.213(20℃)，闪点123.9℃。微溶于水，易溶于甲醇、丙酮、苯、二甲苯、三氯乙烯、二氯苯等有机溶剂。邻苯基苯酚钠盐简称SOPP，为白色薄片或块状物或淡红色粉末，极易溶于水。

毒　性 大鼠急性经口LD_{50}：1470mg/kg，急性经皮LD_{50}＞2000mg/kg。对眼睛、皮肤有刺激性。

应　用 邻苯基苯酚及其钠盐有广谱的杀菌除霉能力，而且低毒无味，是较好的防腐剂，可用于水果蔬菜的防霉保鲜，特别适用于柑橘类的防霉，也可用于处理柠檬、菠萝、瓜、果、梨、桃、番茄、黄瓜等，可使腐烂降到最低限度。英、美、加拿大等国被允许使用的水果范围更大，包括苹果等。邻苯基苯酚及其钠盐作为防腐杀菌剂还可用于化妆品、木材、皮革、纤维和纸张等，一般使用浓度为0.15%～1.5%。美国环境保护局（EPA）允许使用的以邻苯基苯酚或其钠盐为主要成分的杀菌皂、杀菌除臭洗剂。

五氯酚（PCP）

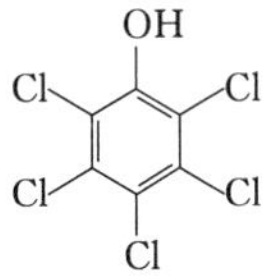

C_6HCl_5O，266.3

其他中文名称 五氯苯酚，五二扑（混剂）

其他英文名称 pentachlorophenol

化学名称 五氯苯酚

CAS登录号 87-86-5

理化性质 无色晶体，有苯酚味，熔点191℃，沸点309～310℃(分解)，蒸气压16Pa(100℃)，相对密度1.98(22℃)。水中溶解度为80mg/L(30℃)，易溶于大多数有机溶剂，例如丙酮215g/L(20℃)，微溶于四氯化碳和石蜡，其钠盐、钙盐、镁盐溶于水，相当稳定，不易潮解。存在渗漏污染地下水的危险。

毒　性 大鼠急性经口LD_{50}为210mg/kg。对皮肤黏膜有刺激性。

应　用 保护。五氯酚不溶于水，化学性质稳定，残效期长，是良好的木材防腐剂，主要用于铁道枕木的防腐。

百菌清（chlorothalonil）

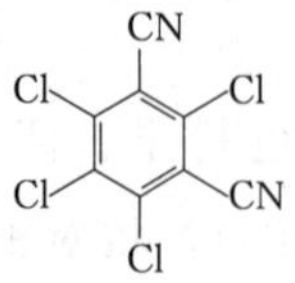

$C_8Cl_4N_2$，265.9

其他中文名称 克菌灵，达科宁

其他英文名称 Daconil，Forturf

化学名称 四氯-1,3-苯二甲腈(四氯间苯二腈)

CAS登录号 87-86-5

理化性质 纯品为白色无味的结晶。熔点252.1℃，沸点350℃/760mmHg，蒸气压0.076mPa(25℃)，分配系数K_{ow} lg$P$=2.92(25℃)，Henry常数2.50×10^{-2} Pa·m^3/mol(25℃)，相对密度1.732(20℃)。溶解度：水中为0.81mg/L(25℃)；丙酮20.9，二氯乙烷22.4，乙酸乙酯13.8，庚烷0.2，甲醇1.7，二甲苯74.4(均为g/L)。在通常贮存条件下稳定，对碱和酸性水溶液以及对紫外光线的照射都稳定。

毒　性 大鼠急性经口LD_{50}＞5000mg/kg。大鼠急性经皮LD_{50}＞5000mg/kg。对眼睛有强刺激性；对皮肤有中度刺激性（兔）。大鼠吸入毒性LC_{50}：0.52mg/L(1h)，0.10mg/L(4h)。禽类野鸭急性经口LD_{50}＞4640mg/kg。野鸭和山齿鹑LC_{50}(5d)＞10000mg/kg。鱼类LC_{50}(96h)：虹鳟鱼47μg/L，蓝鳃太阳鱼59μg/L。水蚤EC_{50}(48h)：70μg/L。藻类羊角月芽藻EC_{50}(120h)：210μg/L。蜜蜂LD_{50}：＞63μg/只（经口），＞101μg/只（接触）。蚯蚓LC_{50}(14d)＞404mg/kg(土壤)。

制　剂 98.50%、98%、96%原药，75%水分散粒剂，720g/L悬浮剂，40%、10%烟剂，40%悬浮剂。

应　用 百菌清是一广谱杀菌剂，可用于防治扁豆炭疽病，卷心菜交链孢菌叶斑病，胡萝卜和芹菜的早期枯萎及后期枯萎病，茎基腐烂病和菌核病。也能防治黄瓜炭疽病、白粉病，番茄早期枯萎病，灰叶病，花生尾孢叶斑及锈斑病及甜菜尾孢叶斑病等。

原药生产厂家 安徽中山化工有限公司、河南省郑州志信农化有限公司、湖南南天实业股份有限公司、湖南省临湘市化学农药厂、湖南沅江赤蜂农化有限公司、江苏百灵农化有限公司、江苏省新河农用化工有限公司、江苏维尤纳特精细化工有限公司、江阴苏利化学有限公司、利民化工股份有限公司、山东大成农药股份有限公司、山东潍坊润丰化工有限公司、泰州百力化学有限公司、云南天丰农药有限公司、允发化工（上海）有限公司。

瑞士先正达作物保护有限公司、新加坡利农私人有限公司。

四氯苯酞（phthalide）

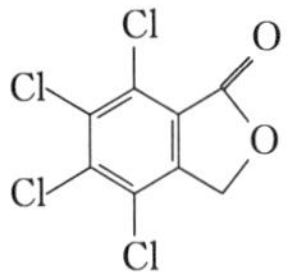

$C_8H_2Cl_4O_2$，271.9

其他中文名称 热必斯，稻瘟酞，氯百杀

其他英文名称 Rabcide，KF-32，Bayer 96610，TCP，fthalide

化学名称 4,5,6,7-四氯苯酞

CAS登录号 27355-22-2

理化性质 无色结晶固体。熔点 209～210℃，蒸气压 3×10^{-3} mPa(23℃)，分配系数 $K_{ow}\lg P=3.01$，Henry 常数 3.3×10^{-4} Pa·m³/mol(计算值)。溶解度：水中为 2.5mg/L(25℃)；丙酮 8.3，苯 16.8，二氧六环 14.1，乙醇 1.1，四氢呋喃 19.3(均为 g/L，25℃)。

毒　性 小鼠急性经口 LD_{50}＞10000mg/kg。小鼠急性经皮 LD_{50}＞10000mg/kg。对兔眼睛和皮肤没有刺激性。大鼠吸入毒性 LC_{50}(4h)＞4.1g/m³。2 年无作用剂量：大鼠 2000mg/kg，小鼠 100mg/kg。鱼类幼鲤鱼 LC_{50}(48h)＞135mg/L。水蚤 LC_{50}(3h)＞40mg/L。藻类羊角月芽藻 EC_{50}(96h)＞1000mg/L。对蜜蜂无毒，LD_{50}(接触)＞0.4mg/只。蚯蚓 LC_{50}(14d)＞2000mg/kg(基质)。对桑蚕的毒性较低，但连续供喂桑蚕时，至第 5 天后茧的重量会大为减轻，因此在桑园附近使用时必须注意。四氯苯酞虽为有机氯农药，但试验证明它不产生二次药害。在植物体内和土壤中一般经过 180 天几乎全部被分解为可溶于水的无害物质。因此，在土壤、稻草、肥堆里的残留极低，可以安全施用。

应　用 杀菌剂，用于防治水稻白叶枯病，也可用于预防稻瘟病。

五氯硝基苯（quintozene）

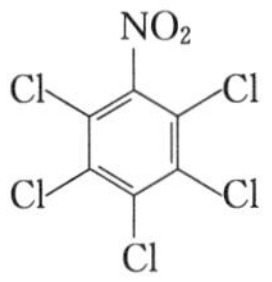

$C_6Cl_5NO_2$，295.3

其他中文名称 土粒散，掘地坐，把可塞的

其他英文名称 Botrilex，Tritisan，Folosan，Terrachlor，Brassicol，PCNB

化学名称 五氯硝基苯

CAS登录号 82-68-8

理化性质 原药为无色针状结晶。熔点 143～144℃，沸点 328℃（稍有分解），蒸气压 12.7mPa(25℃)，分配系数 K_{ow} lg$P$ = 5.1，密度 1907kg/m^3（21℃）。溶解度：水中为 0.1mg/L(20℃)；甲苯 1140，甲醇 20，庚烷 30(均为 g/L)。

毒　性 大鼠急性经口 LD_{50} ＞5000mg/kg。兔急性经皮 LD_{50} ＞5000mg/kg。对皮肤没有刺激性，对眼睛有轻微刺激性（兔）。大鼠吸入毒性 LC_{50}(4h)＞1.7mg/L。无作用剂量：大鼠 1mg/(kg · d)　(2y)，狗 3.75mg/(kg · d)（1y)。禽类野鸭 LD_{50}：2000mg/kg。鱼类 LC_{50}(96h)：虹鳟鱼 0.55mg/L，蓝鳃太阳鱼 0.1mg/L。水蚤 LC_{50}(48h)：0.77mg/L。蜜蜂 LD_{50}(接触)＞100μg/只。

制　剂 95%原药，40%、20%粉剂，40%种子处理干粉剂，15%悬浮种衣剂。

应　用 用作拌种剂或进行土壤处理，可以防治棉花立枯病、猝倒病、炭疽病、褐腐病、红腐病，小麦腥黑穗病，杆黑粉病，高粱腥黑穗病，马铃薯疮痂病、菌核病，甘蓝根肿病，莴苣灰霉病、菌核病、基腐病、褐腐病以及胡萝卜、糖萝卜和黄瓜立枯病，菜豆猝倒病、丝菌核病，四季豆种子腐烂病、根腐病，大蒜白腐病、番茄及胡椒的南方疫病，葡萄黑豆病，桃、梨、褐腐病等，对水稻纹枯病也有很好的防治效果。

原药生产厂家 山西三立化工有限公司。

氰烯菌酯（phenamacril）

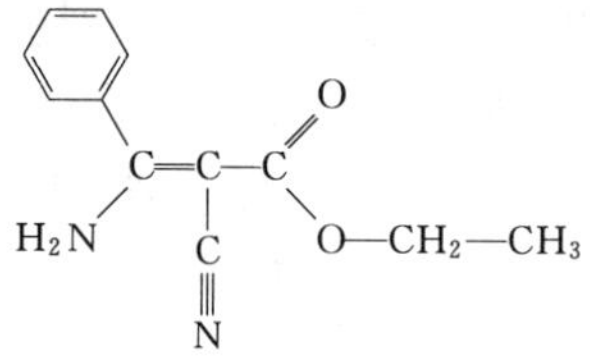

$C_{12}H_{12}N_2O_2$，216.2

化学名称 (2EZ)-3-氨基-2-氰基-3-苯基丙烯酸乙酯

理化性质 原药外观为白色固体粉末。熔点 123～124℃，蒸气压（25℃）4.5×10^{-5} Pa。溶解度（20℃）：难溶于水、石油醚、甲苯，易溶于氯仿、丙酮、二甲基亚砜、N,N-二甲基甲酰胺（DMF）。稳定性：在酸性、碱性介质中稳定，对光稳定。

毒　性 原药大鼠急性经口 LD_{50} ＞5000mg/kg，急性经皮 LD_{50} ＞5000mg/kg，对大耳白兔皮肤、眼睛均无刺激性，豚鼠皮态反应（致敏）试验结果为弱致敏物（致敏率为 0)；原药大鼠 13 周亚慢性喂养试验最大无作用剂量：雄性 44mg/(kg · d)，雌性为 47mg/(kg · d)；Ames 试验、小鼠骨髓细胞微核试验、小鼠骨髓细胞染色体畸变试验结果均为阴性，未见致突变作用。该药对鱼、鸟为中毒，蜜蜂和家蝉低毒。在鸟类保护区禁用本品；使用时注意对蜜蜂的保护。

应　用 氰烯菌酯属 2-氰基丙烯酸酯类杀菌剂，对镰刀菌类引起的病害有效，具有保护作用和治疗作用。通过根部被吸收，在叶片上有向上输导性，面向叶片下部及叶片间的输导性较差。氰烯菌酯对小麦赤霉病有较好的防治效果。对作物安全。

敌磺钠（fenaminosulf）

$(CH_3)_2N-C_6H_4-N{=}N-SO_2ONa$

$C_8H_{10}N_3NaO_3S$，251.2

其他中文名称 敌克松，地克松

其他英文名称 Lesan，Dexon，Bayer 22555，Bayer 5072

化学名称 4-二甲基氨基苯重氮磺酸钠

CAS登录号 140-56-7

理化性质 原药是黄棕色无味的粉末，200℃以上分解。20℃时在水中的溶解度为40g/kg。溶于二甲基甲酰胺、乙醇，但不溶于乙醚、苯、石油醚。其水溶液遇光分解。

毒　性 大鼠急性经口LD_{50}为60mg/kg；大鼠急性经皮LD_{50}＞100mg/kg。

制　剂 90%原药，70%、50%可溶性粉剂，45%粉剂，1.5%、1%可湿性粉剂。

应　用 敌磺钠是一种选择性种子处理剂和土壤处理剂，对多种土传和种传病害有良好防治效果，对病害防治以保护作用为主，兼有治疗作用。可防治甜菜、蔬菜、菠萝、果树等的子苗猝倒病、根腐病和茎腐病，粮食作物的小麦网腥及小麦光腥黑穗病。施用后经根、茎吸收并传导。药剂遇光易分解，使用时应注意。

原药生产厂家 辽宁省丹东市农药总厂。

邻酰胺（mebenil）

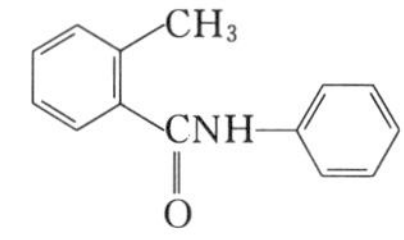

$C_{14}H_{13}NO$，211.3

其他中文名称 苯萎灵，灭萎灵，保苗灵（混剂）

其他英文名称 BAS 305F，BAS 3050F，BAS 3053F

化学名称 邻-甲基苯酰代苯胺

CAS登录号 7055-03-0

理化性质 纯品为结晶固体。熔点125℃，蒸气压4.4×10^3mPa(20℃)。溶于大多数有机溶剂中，如丙酮、二甲基甲酰胺、二甲基亚砜、乙醇、甲醇。难溶于水，对酸、碱、热均较稳定。

毒　性 大鼠急性经口LD_{50}为6000mg/kg；对皮肤无明显刺激。

应　用 对担子菌纲有抑制效果，特别是对小麦锈病、谷物锈病、马铃薯立枯病、小麦菌核性根腐病及丝核菌引起的其他根部病害均有防治效果。还能用于防治水稻纹枯病。

灭锈胺（mepronil）

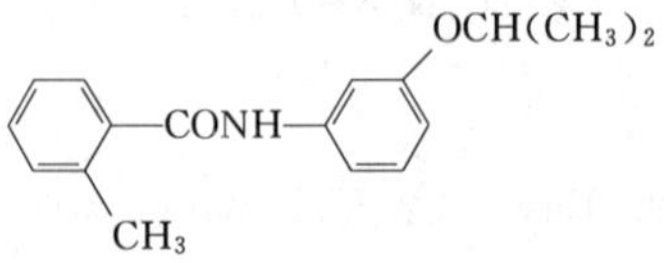

$C_{17}H_{19}NO_2$，269.3

其他中文名称 纹达克，灭普宁，担菌宁，丙邻胺

其他英文名称 Basitac，BI2459，KCO-1

化学名称 3-异丙氧基-2-甲基苯甲酰苯胺

CAS登录号 55814-41-0

理化性质 纯品为无色晶体。熔点92～93℃，沸点276.5℃/3990Pa，蒸气压0.056mPa(20℃)，分配系数$K_{ow}\lg P=3.66$，相对密度1.138(20℃)。Henry常数1.19×10^{-3} Pa·m^3/mol(计算值)。溶解度：水中为12.7mg/L(20℃)；丙酮>500，甲醇>500，正己烷1.1，苯282(均为g/L，20℃)。在水、弱酸和弱碱性（pH5～9）介质中稳定，对光、热稳定，在强碱性介质中水解。闪点225℃。

毒　性 大鼠和小鼠急性经口LD_{50}>10000mg/kg。大鼠和小鼠急性经皮LD_{50}>10000mg/kg。对皮肤和眼睛无刺激性（兔）。对豚鼠皮肤无致敏性。大鼠吸入毒性LC_{50}(6h)>1.32mg/L。2年无作用剂量[mg/(kg·d)]：雄大鼠5.9，雌大鼠72.9，雄小鼠13.7，雌小鼠17.8。没有致突变作用，未见致畸作用（大鼠和兔）。禽类山齿鹑、野鸭急性经口LD_{50}>2000mg/kg。鱼类LC_{50}(96h)：鲤鱼7.48mg/L，虹鳟鱼10mg/L。水蚤EC_{50}(48h)：4.27mg/L。藻类羊角月芽藻E_bC_{50}(72h)：2.64mg/L。蜜蜂LD_{50}：>0.1mg/只（经口），>1mg/只（接触）。

应　用 本品对由担子菌纲菌引起的病害有高效，尤其防治水稻、黄瓜和马铃薯上的立枯丝核菌，对小麦上的隐匿柄锈菌和肉孢核瑚菌也有较好防效，如水稻纹枯病、小麦根腐病和锈病、梨树锈病、棉花立枯病。本品持效期长，无药害，可水面、土壤中施用，也可用于种子处理。本品也是良好的木材防腐、防霉剂。

氟酰胺（flutolanil）

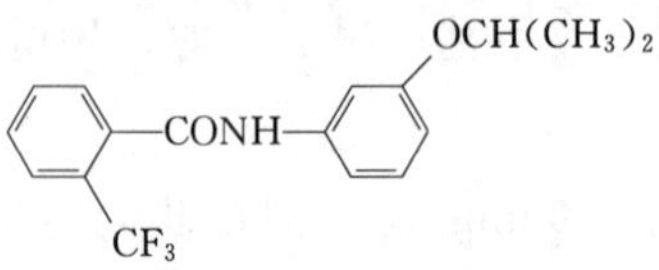

$C_{17}H_{16}F_3NO_2$，323.3

其他中文名称 氟纹胺，望佳多，福多宁

其他英文名称 Moncut，NNF136

化学名称 α,α,α-三氟-3′-异丙氧基-邻苯甲酰苯胺

CAS登录号 66332-96-5

理化性质 本品为无色晶体。熔点104～105℃，蒸气压6.5×10^{-3}mPa(25℃)，分配系数$K_{ow}\lg P=3.7$，Henry常数1.65×10^{-5}Pa·m^3/mol(计算值)，相对密度1.32(20℃)。溶解度：水中为6.53mg/L(20℃)；丙酮1439，甲醇832，乙醇374，氯仿674，苯135，二甲苯29(均为g/L，20℃)。在酸碱介质中稳定（pH 3～11)。

毒　性 急性经口LD_{50}：大鼠和小鼠>10000mg/kg。急性经皮LD_{50}：大鼠和小鼠>5000mg/kg。对皮肤和眼睛无刺激性（兔）。对豚鼠皮肤无致敏性。大鼠吸入毒性LC_{50}>5.98mg/L。2年无作用剂量：雄大鼠8.7mg/(kg·d)，雌大鼠10.0mg/(kg·d)。没有致突变作用。禽类山齿鹑、野鸭急性经口LD_{50}>2000mg/kg。鱼类LC_{50}(96h，mg/L)：蓝鳃太阳鱼>5.4，虹鳟鱼5.4，鲤鱼3.21。水蚤EC_{50}(48h)>6.8mg/L。对蜜蜂无毒，LD_{50}(48h)：>208.7μg/只（经口），>200μg/只（接触）。蚯蚓LC_{50}(14d)>1000mg/kg土壤。

制　剂 98%、97.5%原药，20%可湿性粉剂。

应　用 本品属酰苯胺类杀菌剂，具有内吸杀菌活性，用以防治某些担子菌纲真菌。防治丝核菌引起的水稻纹枯病，对果树、蔬菜无药害。

原药生产厂家 泰州百力化学有限公司、日本农药株式会社。

水杨菌胺（trichlamide）

$C_{13}H_{16}Cl_3NO_3$，340.6

化学名称 N-(1-丁氧基-2,2,2,-三氯乙基)水杨酰胺

CAS登录号 70193-21-4

理化性质 无色晶体，熔点73～74℃，蒸气压<10mPa(20℃)，水中溶解度为6.5mg/L。易溶于丙酮、乙醇、苯。在≤70℃时稳定，对光稳定。

毒　性 小鼠急性经口LD_{50}>5000mg/kg。小鼠急性经皮LD_{50}>5000mg/kg。对兔眼睛无刺激。2年无作用剂量：雄大鼠0.361mg/(kg·d)，雌大鼠0.431mg/(kg·d)，雄性狗

10mg/(kg·d)，雌性狗 2mg/(kg·d)。未见致畸作用。

应　用　水杨菌胺对真菌和细菌均有杀灭能力，可防治瓜类、豆类枯萎病、立枯病、炭疽病、疫病等真菌性病害，还可用作土壤消毒剂。

甲霜灵（metalaxyl）

$CH_3OCH_2C(=O)N(C_6H_3(CH_3)_2)CH(CH_3)CO_2CH_3$

$C_{15}H_{21}NO_4$，279.3

其他中文名称　雷多米尔，阿普隆，瑞毒霉，甲霜安，灭达乐，瑞毒霜

其他英文名称　Apron，Ridomil，Fubol，CGA 48988

化学名称　*N*-(2-甲氧基甲乙酰基)-*N*-(2,6-二甲苯基)外消旋氨基丙酸甲酯

CAS 登录号　57837-19-1

理化性质　纯品为无色结晶。熔点 71.8～72.3℃，沸点 295.9℃/101kPa，蒸气压 0.75mPa(25℃)，分配系数 K_{ow}lg$P$=1.75(25℃)，Henry 常数 1.6×10^{-5} Pa·m^3/mol(计算值)，相对密度 1.20(20℃)。溶解度：水中为 8.4g/L(22℃)；乙醇 400，丙酮 450，甲苯 340，正己烷 11，正辛醇 68(均为 g/L，25℃)。300℃以下稳定。水解 DT_{50}(计算值，20℃) ＞200d(pH 1)，115d(pH 9)，12d(pH 10)。

毒　性　急性经口 LD_{50}(mg/kg)：大鼠 633，小鼠 788，兔 697。大鼠急性经皮 LD_{50}＞3100mg/kg。对兔眼及皮肤有轻度刺激性。大鼠吸入毒性 LC_{50}(4h)＞3600mg/m^3。无作用剂量：（6 月）狗 7.8mg/(kg·d)。禽类 LD_{50}：日本鹌鹑（7d）923mg/kg，野鸭（8d）1466mg/kg。LC_{50}(8d)：日本鹌鹑、山齿鹑、野鸭＞10000mg/kg。鱼类 LC_{50}(96h)：虹鳟鱼、鲤鱼、蓝鳃太阳鱼＞100mg/L。水蚤 LC_{50}(48h)＞28mg/L。藻类铜在淡水藻 IC_{50}(5d)：33mg/L。对蜜蜂无毒，LD_{50}(48h)：＞200μg/只（接触），269.3μg/只（经口）。蚯蚓 LC_{50}(14d)＞1000mg/kg(土壤)。

制　剂　98%、97%、95%原药，35%种子处理干粉剂。

应　用　本品为内吸性杀菌剂，适用于由空气和土壤带菌病害的预防和治疗，特别适合于防治各种气候条件下由霜霉目真菌引起的病害。如马铃薯晚疫病、葡萄霜霉病、烟草霜霉病、啤酒花霜霉病和莴苣霜霉病。

原药生产厂家　江苏宝灵化工股份有限公司、江苏省南通金陵农化有限公司、江苏省南通润鸿生物化学有限公司、江西禾益化工有限公司、南通维立科化工有限公司、山东禾宜生物科技有限公司、山东潍坊润丰化工有限公司、上虞颖泰精细化工有限公司、浙江东风化工有限公司、浙江禾本农药化学有限公司、浙江一帆化工有限公司、新西兰塔拉纳奇化学有限公司。

精甲霜灵（metalaxyl-M）

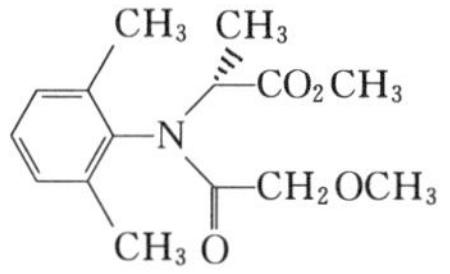

$C_{15}H_{21}NO_4$，279.3

其他中文名称 高效甲霜灵

化学名称 *N*-(2-甲氧基乙酰基)-*N*-(2,6-二甲苯基)-D-丙氨酸甲酯

CAS登录号 70630-17-0

理化性质 外观浅棕色黏稠透明液体。纯品在270左右时热分解。熔点－38.7℃，沸点270℃(分解)，蒸气压3.3mPa(25℃)，分配系数$K_{ow}\lg P=1.71$(25℃)，Henry常数3.5×10^{-5}Pa·m³/mol(计算值)，相对密度1.125(20℃)。溶解度：水中为26g/L(25℃)，正己烷59g/L；可与丙酮、乙酸乙酯、甲醇、二氯甲烷、甲苯、正辛醇溶混。

毒　性 急性经口LD_{50}：雄大鼠953mg/kg，雌大鼠375mg/kg。大鼠急性经皮LD_{50}＞2000mg/kg。本品对兔皮肤无刺激，对眼睛有强烈的刺激（兔）。对豚鼠皮肤无致敏性。大鼠吸入毒性LC_{50}(4h)＞2290mg/m³。无作用剂量：（6月）狗7.4mg/(kg·d)，（2y）大鼠13mg/(kg·d)。鹌鹑LD_{50}：981～1419mg/kg。虹鳟（96h）LC_{50}＞100mg/L。水蚤LC_{50}(48h)＞100mg/L。

制　剂 92%、91%、90%原药，350g/L种子处理乳剂。

应　用 精甲霜灵是第一个上市的具有立体旋光活性的杀菌剂，是甲霜灵杀菌剂两个异构体中的一个。可用于种子处理、土壤处理及茎叶处理。在获得同等防效的情况下只需甲霜灵用量的一半，增加了对环境和使用者的安全性。同时，精甲霜灵还具有更快的土壤降解速度。

原药生产厂家 江苏宝灵化工股份有限公司、江苏中旗化工有限公司、浙江禾本农药化学有限公司、浙江一帆化工有限公司。

瑞士先正达作物保护有限公司。

苯霜灵（benalaxyl）

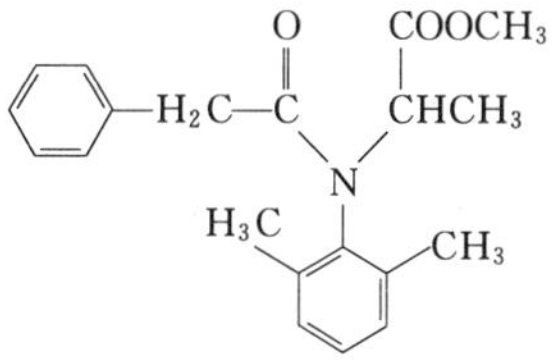

$C_{20}H_{23}NO_3$，325.4

其他英文名称 Galben(Farmoplant)

化学名称 *N*-苯乙酰基-*N*-2,6-二甲苯基-DL-丙氨酸甲酯

CAS登录号 71626-11-4

理化性质 纯品为白色固体。熔点 78～80℃，蒸气压 0.66mPa(25℃)，分配系数 $K_{ow}\lg P$=3.54(20℃)，Henry 常数 6.5×10^{-3}Pa·m^3/mol(20℃，计算值)，相对密度 1.181(20℃)。溶解度：水中为 28.6mg/L(20℃)；丙酮、甲醇、乙酸乙酯、二氯乙烷、二甲苯＞250，庚烷＜20(均为 g/kg，22℃)。稳定性较好。DT_{50} 86d(pH 9，25℃)。

毒　性 急性经口 LD_{50}：大鼠 4200mg/kg，小鼠 680mg/kg。大鼠急性经皮 LD_{50}＞5000mg/kg。对皮肤和眼睛无刺激性（兔）。对豚鼠皮肤无致敏性。大鼠吸入毒性 LC_{50}(4h)＞4.2mg/L(空气)。无作用剂量：大鼠 100mg/kg(2y)，小鼠 250mg/kg(1.5y)；狗 200mg/kg(1y)。无致癌作用，没有致突变作用，未见致畸作用。禽类急性经口 LD_{50}：野鸭＞4500mg/kg，山齿鹑＞5000mg/kg。鱼类 LC_{50}(96h，mg/L)：虹鳟鱼 3.75，金鱼 7.6，孔雀鱼 7.0，鲤鱼 6.0。水蚤 LC_{50}(48h)：0.59mg/L。藻类羊角月芽藻 EC_{50}(96h)：2.4mg/L。对蜜蜂无毒，LD_{50}＞100μg/只。蚯蚓 LC_{50}(48h)：0.0053mg/cm^2。

应　用 本品属 2，6-二甲代苯胺类杀菌剂，主要用于防治葡萄霜霉病，马铃薯、草莓和番茄上的疫霉菌，烟草、洋葱和大豆上的霜霉菌，瓜类霜霉病、莴苣盘梗霉，以及观赏植物上的丝襄菌和腐霉菌等。

苯酰菌胺（zoxamide）

$C_{14}H_{16}Cl_3NO_2$，336.6

其他英文名称 Zoxium(单剂)，Gay-el，Electis(苯酰菌胺与代森锰锌的混剂)

化学名称 (*RS*)-3,5-二氯-*N*-(3-氯-1-乙基-1-甲基-2-氧代丙基)-4-甲基苯甲酰胺

CAS登录号 156052-68-5

理化性质 纯品熔点 159.5～161℃，蒸气压＜1×10^{-2}mPa(45℃)，分配系数 $K_{ow}\lg P$=3.76(20℃)。水中的溶解度 0.681mg/L(20℃)。水中的水解半衰期为 15d(pH4 和 pH7)、8d(pH9)，水中光解半衰期为 7.8d，土壤中半衰期为 2～10d。

毒　性 大鼠急性经口 LD_{50}＞5000mg/kg，大鼠急性经皮 LD_{50}＞2000mg/kg，大鼠急性吸入 LC_{50}(4h)＞5.3mg/L。对兔皮肤和眼睛均无刺激作用，对豚鼠皮肤有刺激性。诱变试验（4 种试验）：阴性。致畸试验（兔，大鼠）：无致畸性。繁殖试验（兔，大鼠）：无副作用。慢性毒性/致癌试验：无致癌性。野鸭和山齿鹑急性经口 LC_{50}＞5250mg/kg。鳟鱼 LC_{50}(96h)：160μg/L。蜜蜂 LD_{50}＞100μg/只（经口、接触）。蚯蚓 LC_{50}(14d)＞1070mg/kg(土壤)。

应　用　苯酰菌胺的作用机制在卵菌纲杀菌剂中是很独特的，它通过微管蛋白 β-亚基的结合和微管细胞骨架的破裂来抑制菌核分裂。苯酰菌胺不影响游动孢子的游动、孢囊形成或萌发。伴随着菌核分裂的第一个循环，芽管的伸长受到抑制，从而阻止病菌穿透寄主植物。适宜作物与安全性：马铃薯、葡萄、黄瓜、辣椒、菠菜等。在推荐剂量下对多种作物都很安全，对哺乳动物低毒，对环境安全。卵菌纲杀菌剂。主要用于防治卵菌纲病害如马铃薯和番茄晚疫病，黄瓜霜霉病和葡萄霜霉病等；对葡萄霜霉病有特效。离体试验表明苯酰菌胺对其他真菌病原体也有一定活性，推测对甘薯灰霉病，莴苣盘梗霉，花生褐斑病。白粉病等有一定的活性。

稻瘟酰胺（fenoxanil）

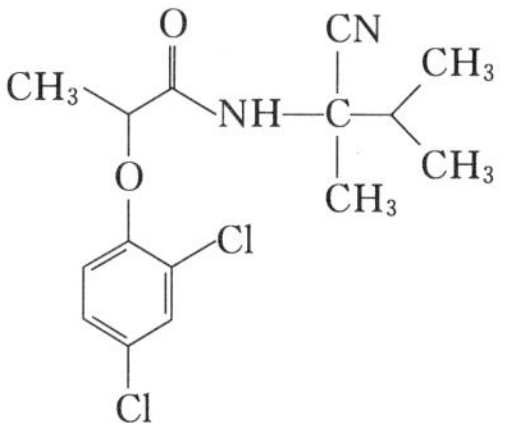

$C_{15}H_{18}Cl_2N_2O_2$，329.2

其他英文名称　Achieve，Achi-Bu，Helmet

化学名称　*N*-(1-氰基-1,2-二甲基丙基)-2-(2,4-二氯苯氧基)丙酰胺

CAS登录号　115852-48-7

理化性质　纯品为白色固体。熔点 69.0～71.5℃，蒸气压（0.21±0.021）×10^{-4} mPa(25℃)，分配系数 $K_{ow}\lg P$＝3.53±0.02(25℃)，相对密度 1.23(20℃)。水中溶解度为 30.7±0.3×10^{-3}g/L(20℃)。易溶于大多数有机溶剂。

毒　性　急性经口 LD_{50}(mg/kg)：雄大鼠＞5000，雌大鼠 4211，小鼠＞5000。大鼠急性经皮 LD_{50}＞2000mg/kg。对皮肤和眼睛无刺激性（兔）。对豚鼠皮肤无致敏性。大鼠吸入毒性 LC_{50}(4h)＞5.18mg/L。无作用剂量：NOAEL(1y) 狗 1mg/kg；(2y) 雄大鼠 0.698mg/kg，雌大鼠：0.857mg/kg。没有致突变作用。未见致畸作用。禽类鹌鹑急性经口 LD_{50}＞2000mg/kg。鱼类鲤鱼 LC_{50}(96h)：10.2mg/L。水蚤 EC_{50}(48h)：6.0mg/L。藻类羊角月芽藻 EC_{50}(72h)＞7.0mg/L。蚯蚓 LC_{50}(14d)：71mg/kg(土壤)。

制　剂　40%悬浮剂，20%可湿性粉剂。

应　用　氰菌胺主要用于防治水稻稻瘟病，包括叶瘟和穗瘟。对水稻穗瘟病防效优异；茎叶处理，耐雨水冲刷性能佳，持效期长，这都源于氰菌胺良好的内吸活性，用药后 14 天仍可保护新叶免受病害侵染；抑制继发性感染，在水稻抽穗前 5～30 天水中施药，施药后氰菌胺的活性可持续 50～60 天，或持续到水稻抽穗后 30～40 天；药效不受环境和土壤如渗水田的影响。适用范围广，且使用方便，即可撒施，也可灌施，还可茎叶喷雾。

原药生产厂家　江苏丰登农药有限公司、山东京博农化有限公司。

双炔酰菌胺（mandipropamid）

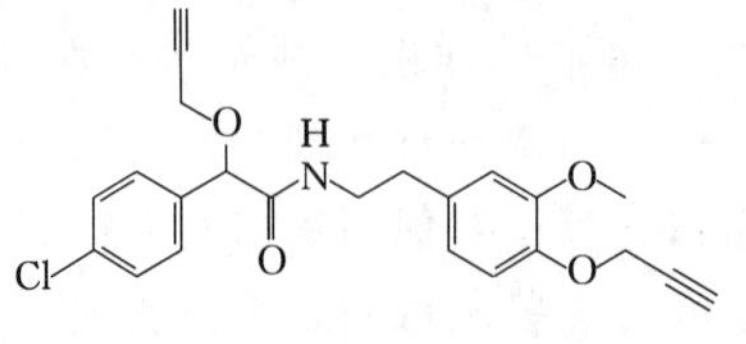

$C_{23}H_{22}ClNO_4$，411.9

其他中文名称 瑞凡

其他英文名称 mandipropamide，NOA446510

化学名称 2-(4-氯苯基)-*N*-[2-(3-甲氧基-4-丙-2-炔基氧基-苯基)-乙基]-2-丙-2-炔氧基-乙酰胺

CAS 登录号 374726-62-2

理化性质 淡棕色粉末。熔点 96.4～97.3℃，沸点大约 200℃开始热分解，蒸气压＜9.4×10^{-7}Pa(25℃)，分配系数 $K_{ow}\lg P$＝3.2(25℃)，水中溶解度 4.2mg/L(25℃)。

毒　性 大鼠急性经口 LD_{50}＞5000mg/kg，大鼠急性经口 LD_{50}＞2000mg/kg，大鼠急性吸入 LC_{50}＞5000mg/kg，兔眼睛有轻微刺激，兔皮肤有中度刺激，通过大鼠试验无致突变、致畸、致癌作用，亦无神经毒害，对大鼠的繁殖无影响，大鼠体内代谢可快速吸收和排出。鸟类山齿鹑急性经口 LD_{50}＞5000mg/kg。虹鳟鱼 LC_{50}＞2.9mg/L。蜜蜂触杀和经口 LD_{50}＞200μg/只，蚯蚓 LC_{50}＞1000mg/kg。环境降解效应：在 pH 4～9 水溶液中稳定。水中光解 DT_{50} 1.7d(pH＝7，25℃)。土壤降解半衰期 17d(范围 2～29d)。

制　剂 93%原药，23.4%悬浮剂。

应　用 双炔酰菌胺对抑制孢子的萌发具有较高活性。同时也抑制菌丝体的成长与孢子的形成，对靶标病原体，双炔酰菌胺最好是用作预防性喷洒，但在潜伏期中也可以提供治疗作用。双炔酰菌胺对植物表面的蜡质层具有很高的亲和力。当喷洒到植物表面且沉淀干燥后，大部分活性成分被蜡质层吸附，并且很难被雨水冲洗掉。一小部分活性成分渗透到植物组织中，由于其本身活性高，被吸收到植物组织中的这部分足以抑制菌丝体的成长，从而保护整个叶片不受病害侵染。这些性质保证它稳定高效，持效期长。

原药生产厂家 瑞士先正达作物保护有限公司。

氟吡菌胺（fluopicolide）

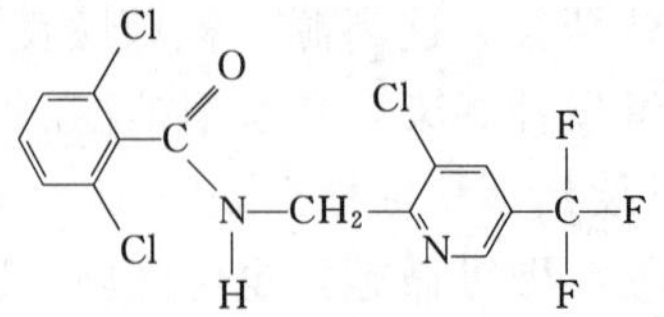

$C_{14}H_8Cl_3F_3N_2O$，383.6

其他中文名称 银法利

其他英文名称 Profiler，Trivia

化学名称 2,6-二氯-*N*-[3-氯-5-(三氟甲基)-2-吡啶甲基]苯甲酰胺

CAS 登录号 239110-15-7

理化性质 氟吡菌胺为苯甲酰胺类化合物。纯品为米色粉末状微细晶体，工业原药是米色粉末。相对密度（30℃）1.65，在常压下沸点不可测，熔点 150℃，分解温度 320℃。蒸气压：3.03×10Pa(20℃)，8.03×10^{-7}Pa(25℃)。室温下，水中溶解度约 4mg/L；有机溶剂溶解度（20℃，mg/L）：乙醇 19.2，正己烷 0.20，甲苯 20.5，二氯甲烷 126，丙酮 74.7，乙酸乙酯 37.7，二甲基亚砜 183。氟吡菌胺在常温以及各 pH 条件下，在水中稳定（水解半衰期可达 365d）。对光照也较稳定。

毒　性 氟吡菌胺原药大鼠急性经口、经皮 $LD_{50}>5000$mg/kg；对兔皮肤无刺激性，兔眼睛有轻度刺激性；豚鼠皮肤无致敏性；大鼠 90d 亚慢性饲喂试验最大无作用剂量为 100mg/kg(饲料浓度)；3 项致突变试验：Ames 试验、小鼠骨髓细胞微核试验、染色体畸变试验结果均为阴性；未见致突变性；在试验剂量内大鼠未见致畸、致癌作用。

制　剂 97%原药。

应　用 氟吡菌胺为酰胺类广谱杀菌剂，对卵菌纲真菌病菌有很高的生物活性，具有保护和治疗作用。氟吡菌胺有较强的渗透性。能从叶片上表面向下面渗透，从叶基向叶尖方向传导。对幼芽处理后能够保护叶片不受病菌侵染。还能从根部沿植株木质部向整株作物分布，但不能沿韧皮部传导。

原药生产厂家 德国拜耳作物科学公司。

啶酰菌胺（boscalid）

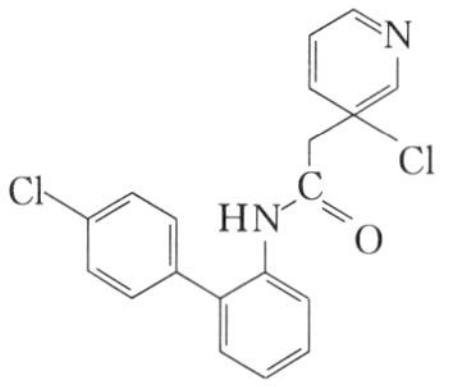

$C_{18}H_{12}Cl_2N_2O$，343.2

其他英文名称 Cantus，Endura，BAS 510F

化学名称 2-氯-*N*-(4′-氯联苯-2-基)烟酰胺

CAS 登录号 188425-85-6

理化性质 啶酰菌胺纯品为白色无嗅结晶状固体。熔点 142.8～143.8℃，蒸气压 7.2×10^{-4}mPa(20℃)，分配系数 $K_{ow}\lg P=2.96$。20℃水中溶解度 4.64mg/L；正庚烷中<10，甲醇 40～50，丙酮 160～200(均为 g/L，20℃)。稳定性：在 pH4、pH5、pH7 和 pH9 水中稳定。

毒　性　大鼠急性经口 LD_{50} ＞5000mg/kg，大鼠急性经皮 LD_{50} ＞2000mg/kg，对皮肤和眼睛无刺激。鹌鹑饲喂 LD_{50} ＞2000mg/kg。虹鳟鱼 LC_{50}（96h）：2.7mg/L。水蚤 EC_{50} 值 5.33mg/L。藻类近头状伪蹄形藻（*Pseudokirchneriella subcapitata*）E_rC_{50}（96h）为 3.75mg/L。蜜蜂的 NOEC：166μg/蜜蜂（经口），200μg/只（接触）。对蚯蚓 LC_{50} 为 1000mg/kg（干土）。

制　剂　96%原药，50%水分散粒剂。

应　用　保护性杀菌剂，要在发病初期施用。有广谱的杀菌活性，对疫霉病、腐菌核病、黑斑病、黑星病和其他的病原体病害有良好的防治效果，除了杀菌活性外，啶酰菌胺还显示出对红蜘蛛等的杀螨活性。具体病害如黄瓜灰霉病、腐烂病、霜霉病、炭疽病、白粉病、茎部腐烂病，番茄晚疫病，苹果黑星病、叶斑病，梨黑斑病、锈病，水稻稍痛病、纹枯病，燕麦冠诱病，葡萄灰霉病、霜霉病，柑橘疮痂病、灰霉病，马铃薯晚疫病，草坪斑点病。具体螨类如柑橘红蜘蛛、石竹锈螨、神泽叶螨等。耐雨水冲刷，持效期长。适宜作物葡萄、苹果、梨、柑橘、小麦、大豆、马铃薯、番茄、黄瓜、水稻、茶、草坪等。

原药生产厂家　巴斯夫欧洲公司。

氟吡菌酰胺（fluopyram）

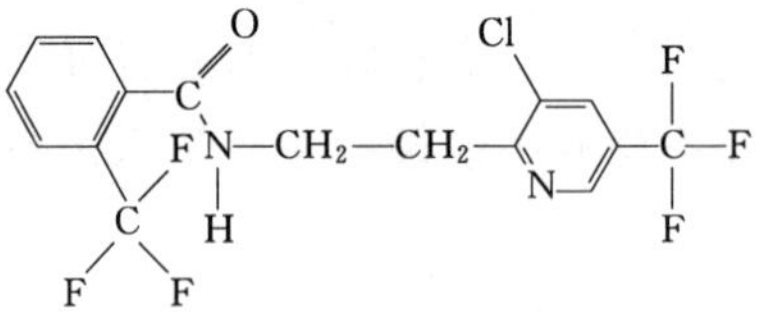

$C_{16}H_{11}ClF_6N_2O$，396.7

化学名称　*N*-[2-[3-氯-5-(三氟甲基)-2-吡啶基]乙基]-α,α,α-三氟-邻甲苯酰胺

CAS登录号　658066-35-4

应　用　一种广谱型杀菌剂。可用于防治70多种作物如葡萄树、鲜食葡萄、梨果、核果、蔬菜以及大田作物等的多种病害，包括灰霉病、白粉病、菌核病、褐腐病。

原药生产厂家　德国拜耳作物科学公司。

噻呋酰胺（thifluzamide）

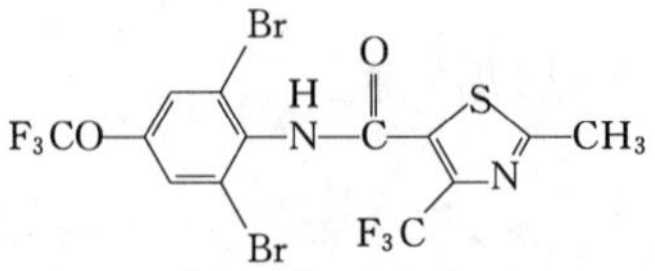

$C_{13}H_6Br_2F_6N_2O_2S$，528.1

其他中文名称　千斤丹，宝穗

化学名称　*N*-[2,6-二溴-4-(三氟甲氧基)苯基]-2-甲基-4-(三氟甲基)-5-噻唑甲酰胺

CAS登录号 130000-40-7

理化性质 白色或浅褐色粉末。熔点 177.9～178.6℃，蒸气压 1.008×10^{-6}mPa(20℃)，分配系数 $K_{ow}\lg P=4.16$(pH 7)，Henry常数 3.3×10^{-7}Pa·m^3/mol(pH 5.7，20℃，计算值)，相对密度 2.0(26℃)。溶解性：水中 1.6mg/L(pH 5.7)，7.6mg/L(pH 9)（20℃）。稳定性：pH 5.0～9.0 不易水解。pK_a 11.0～11.5(20℃)。闪点＞177℃。

毒　性 大鼠及小鼠急性经口 LD_{50}＞6500mg/kg。兔急性经皮 LD_{50}＞5000mg/kg，对兔眼睛和皮肤有轻微刺激性。大鼠吸入毒性 LC_{50}(4h)＞5g/L。无作用剂量：大鼠每天 1.4mg/kg，狗每天 10mg/kg。

禽类三齿鹑和野鸭急性经口 LD_{50}＞2250mg/kg。三齿鹑和野鸭饲喂毒性 LC_{50}＞5620mg/kg。鱼类 LC_{50}(96h，mg/L)：蓝腮太阳鱼 1.2，虹鳟鱼 1.3，鲤鱼 2.9。水蚤 EC_{50}(48h)：1.4mg/L。海藻绿藻 EC_{50}：1.3mg/L。蜜蜂：急性经口 LD_{50}＞1000mg/L，接触毒性＞100μg/只。蠕虫 LC_{50}＞1250mg/kg。

制　剂 96%原药，240g/L 悬浮剂。

应　用 一种新的噻唑羧基 *N*-苯酰胺类杀菌剂，可防治多种植物病害，特别是担子菌丝核菌属真菌所引起的病害。它具有很强的内吸传导性，适用于叶面喷雾、种子处理和土壤处理等多种施药方法，成为防治水稻、花生、棉花、甜菜、马铃薯和草坪等多种作物病害的优秀杀菌剂。适用作物：水稻。防治对象：水稻纹枯病。防治水稻纹枯病于水稻分蘖末期至孕穗初期对水喷雾。

原药生产厂家 美国陶氏益农公司。

克菌丹（captan）

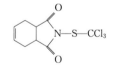

$C_9H_8Cl_3NO_2S$，300.6

其他中文名称 开普顿

其他英文名称 captane

化学名称 3a,4,7,7a-四氢-2-(三氯甲基硫)-1*H* 异吲哚-1,3-(2*H*)-二酮

CAS登录号 133-06-2

理化性质 无色晶体。熔点 178℃，蒸气压＜1.3mPa(25℃)，分配系数 $K_{ow}\lg P=2.8$(25℃)，Henry常数 3×10^{-4}(pH 5)、2×10^{-4}(pH 7)（Pa·m^3/mol，计算值），相对密度 1.74(26℃)。溶解度：水中为 3.3mg/L(25℃)；二甲苯 20，三氯甲烷 70，丙酮 21，环己酮 23，二氧六环 47，苯 21，甲苯 6.9，异丙醇 1.7，乙醇 2.9，乙醚 2.5(均为 g/kg，26℃)。稳定性：DT_{50} 32.4h(pH 5)，8.3h(pH 7)，＜2m(pH 10)（20℃）。

毒　性 大鼠急性经口 LD_{50}：9000mg/kg。兔急性经皮 LD_{50}＞4500mg/kg。对眼睛有腐

蚀性，对皮肤有中度刺激性（兔）。无作用剂量：大鼠 12.5mg/(kg·d)（3 代），大鼠 2000mg/kg(2y)，狗 4000mg/kg。无致畸致癌致突变作用。

禽类急性经口 LD_{50}：野鸭＞5000mg/kg，山齿鹑 2000～4000mg/kg。鱼类蓝鳃太阳鱼 LC_{50}(96h)：0.072mg/L。水蚤 LC_{50}(48h)：7～10mg/L。蜜蜂 LD_{50}：91μg/只（经口），788μg/只（接触）。

制　剂　95%、92%原药，80%水分散粒剂，50%可湿性粉剂，450g/L 悬浮种衣剂。

应　用　可防治果树蔬菜作物上的多种病害，也可作为种子处理剂或灌根防治茎枯病、立枯病、黑斑病。对苹果和梨的某些品种有药害，对莴苣、芹菜、番茄种子有影响。

原药生产厂家　广东省英德广农康盛化工有限责任公司，以色列马克西姆化学公司。

菌核净（dimetachlone）

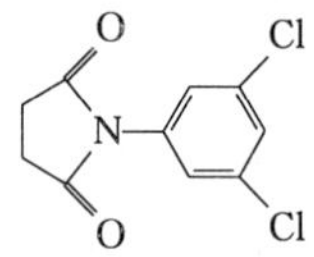

$C_{10}H_7Cl_2NO_2$，251.1

其他中文名称　纹枯利

其他英文名称　dimethachlon，Ohric，S-47127

化学名称　*N*-3,5-二氯苯基丁二酰亚胺

CAS 登录号　24096-53-5

理化性质　纯品为白色结晶粉末，熔点 136.5～138℃，易溶于丙酮、环己酮，稍溶于二甲苯，难溶于水。

毒　性　小鼠急性经口 LD_{50} 为 1250mg/kg。

制　剂　40%可湿性粉剂。

应　用　保护性杀菌剂，有一定内吸治疗作用。主要用于防治水稻纹枯病和油菜菌核病、烟草赤星病。

原药生产厂家　江西禾益化工有限公司。

腐霉利（procymidone）

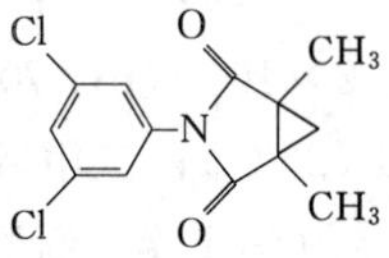

$C_{13}H_{11}Cl_2NO_2$，284.1

其他中文名称　速克灵，二甲菌核利，扑灭宁，杀霉利

其他英文名称 Sumisclex，Sumilex，S-7131

化学名称 *N*-(3,5-二氯苯基)-1,2-二甲基-环丙烷-1,2-二酰胺

CAS登录号 32809-16-8

理化性质 纯品为白色结晶。熔点 166～166.5℃，蒸气压 18mPa(25℃)、10.5mPa(20℃)，分配系数 $K_{ow}\lg P=3.14$(26℃)，相对密度 1.452(25℃)。溶解度：水中为 4.5mg/L(25℃)；微溶于乙醇；丙酮 180，二甲苯 43，三氯甲烷 210，二甲基甲酰胺 230，甲醇 16(均为 g/L，25℃)。对日光和高湿度条件下仍稳定。

毒　性 急性经口 LD_{50}：雄大鼠 6800mg/kg，雌大鼠 7700mg/kg。大鼠急性经皮 LD_{50}＞2500mg/kg。对皮肤和眼睛无刺激性（兔）。大鼠吸入毒性 LC_{50}(4h)＞1500mg/m^3。无作用剂量：狗 3000mg/kg(90d)；雄大鼠 1000mg/kg(2y)，雌大鼠 300mg/kg。无致畸致癌致突变作用。鱼类 LC_{50}(96h)：蓝鳃太阳鱼 10.3mg/L，虹鳟鱼 7.2mg/L。对蜜蜂无毒。

制　剂 98.50%原药、80%水分散粒剂 80%，50%可湿性粉剂，20%悬浮剂，15%、10%烟剂。

应　用 内吸性杀真菌剂，对葡萄孢属和核盘菌属真菌有特效，能防治果树、蔬菜作物的灰霉病、菌核病，对苯丙咪唑产生抗性的真菌亦有效。使用后保护效果好、持效期长，能阻止病斑发展蔓延。在作物发病前或发病初期使用，可取得满意效果。适用于果树、蔬菜、花卉等的菌核病、灰霉病、黑星病、褐腐病、大斑病的防治。

原药生产厂家 江西禾益化工有限公司、如东县华盛化工有限公司、陕西亿农高科药业有限公司、四川省宜宾川安高科农药有限责任公司、浙江省温州农药厂。日本住友化学株式会社。

戊菌隆（pencycuron）

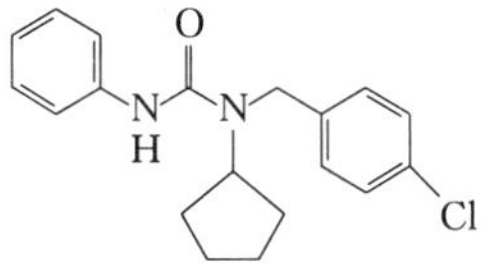

$C_{19}H_{21}ClN_2O$，328.8

其他中文名称 禾穗宁，万菌宁

其他英文名称 Monceren

化学名称 1-(4-氯苄基)-1-环戊基-3-苯基脲

CAS登录号 66063-05-6

理化性质 纯品为无色晶体。熔点：128℃(晶型 A)，132℃(晶型 B)。蒸气压 5×10^{-7}mPa(20℃，外推法)。分配系数 $K_{ow}\lg P=4.7$(20℃)。Henry 常数 5×10^{-7}Pa·m^3/mol(20℃)。相对密度 1.22(20℃)。溶解度：水中为 0.3mg/L(20℃)；二氯甲烷＞250，正辛醇 16.7，庚烷 0.23(均为 g/L，20℃)。水解 DT_{50} 64～302d(25℃)。

毒　性　大鼠急性经口 LD_{50}＞5000mg/kg。小鼠急性经皮 LD_{50}(24h)＞2000mg/kg。对皮肤和眼睛无刺激性（兔）。对皮肤没有致敏性。大鼠吸入毒性 LC_{50}(4h)：＞268mg/m^3 空气（喷雾），＞5130mg/m^3 空气（粉尘）。2 年大鼠无作用剂量：1.8mg/kg，未见致畸作用，无致癌作用，没有致突变作用。

禽类山齿鹑 LD_{50}＞2000mg/kg。鱼类 LC_{50}(96h)：虹鳟鱼＞690mg/L(11℃)，蓝鳃太阳鱼 127mg/L(19℃)。水蚤 EC_{50}(48h)：0.27mg/L。藻类铜在淡水藻 E_rC_{50}(72h)：1.0mg/L。蜜蜂 LD_{50}：＞98.5μg/只（经口），＞100μg/只（接触）。蚯蚓 LC_{50}(14d)＞1000mg/kg（土壤）。

应　用　脲类杀菌剂，无内吸性，对立枯丝菌引起的病害有特殊作用。用于水稻、马铃薯、蔬菜、观赏植物防治水稻纹枯病、马铃薯黑痣病等。

丙烷脒（propamidine）

$H_2N-C(=NH)-C_6H_4-O-CH_2CH_2CH_2-O-C_6H_4-C(=NH)-NH_2$

$C_{17}H_{20}N_4O_2$，312.4

其他中文名称　恩泽霉

其他英文名称　Monceren

化学名称　1,3-二(4-脒基苯氧基)丙烷

理化性质　原药外观为白色到微黄色固体。熔点 188～189℃，蒸气压＜1.0×10^{-6}Pa，20℃时溶解度：水 100g/L，甲醇 150g/L；不溶于苯、甲苯。稳定性：酸性条件下稳定，碱性条件下分解，对光、热稳定。

毒　性　大鼠急性经口 LD_{50}：681mg/kg(雌)；1470mg/kg（雄），大鼠急性经皮 LD_{50}＞4640mg/kg。无致畸、致突变、致癌作用。丙烷脒对鲤鱼 LC_{50} 为 72.4mg/L；蜜蜂 LD_{50} 为 58.9μg/只；家蚕 LD_{50} 为 114.4mg/kg(桑叶)。

应　用　杀菌剂。对多种植物病菌具有独特治疗和预防作用，可在植物体内吸收、分布和代谢，具有保护和治疗双重功效。可有效防治番茄、黄瓜、草莓等作物上的灰霉病菌。

氟啶胺（fluazinam）

[结构式：3-氯-5-三氟甲基吡啶-2-基-NH-（2,6-二硝基-3-氯-4-三氟甲基苯基）]

$C_{13}H_4Cl_2F_6N_4O_4$，465.1

其他中文名称　福农帅

其他英文名称　Frowncide，Shirlan

化学名称 3-氯-N-(3-氯-5-三氟甲基-2-吡啶基)-α,α,α-三氟-2,6-二硝基-对甲基苯胺

CAS登录号 79622-59-6

理化性质 为黄色结晶固体。熔点：生产标准117℃(99.8%)，119℃(96.6%)。蒸气压7.5mPa(20℃)。分配系数$K_{ow}\lg P$=4.03。Henry常数6.71×10^{-1}Pa·m^3/mol(计算值)。相对密度1.81(20℃)。溶解性：正己烷8，丙酮853，甲苯451，二氯甲烷675，乙酸乙酯722，甲醇192(g/L,25℃)。稳定性：在酸碱环境下稳定，对热稳定，水解半衰期DT_{50} 42d(pH 7)，6d(pH 9)，光解半衰期DT_{50} 2.5d(pH 5)。pKa 7.34(20℃)。

毒　性 急性经口LD_{50}(mg/kg)：雄大鼠4500，雌大鼠4100。大鼠急性经皮LD_{50}>2000mg/kg，对兔眼睛有刺激性，对皮肤有轻微刺激性。原药对豚鼠皮肤有刺激性。大鼠吸入毒性LC_{50}：0.463mg/L。狗的无作用剂量为每天1.0mg/kg，雄大鼠1.9mg/kg；对雄小鼠致癌剂量为每天1.1mg/kg。

禽类急性经口LD_{50}：三齿鹑1782mg/kg，野鸭≥4190mg/kg。虹鳟鱼LC_{50}(96h)：0.036mg/L。水蚤LC_{50}(48h)：0.22mg/L。海藻羊角月牙藻EC_{50}(96h)：0.16mg/L。蜜蜂：急性经口LD_{50}>100μg/只，接触毒性>200μg/只。蠕虫：LC_{50}(28d)>1000mg/kg。

制　剂 97%、94.5%原药，500g/L悬浮剂80%。

应　用 线粒体氧化磷酰化解偶联剂。通过抑制孢子的萌发、菌丝突破、生长和孢子形成而抑制所有阶段的感染过程。氟啶胺的杀菌谱广，其效果优于常规保护性杀菌剂，例如对交链孢属、葡萄孢属、疫霉属、单轴霉属、核盘菌属和黑星菌属非常有效，对抗苯并咪唑类和二甲酰亚胺类杀菌剂的灰葡萄孢菌也有良好的效果，耐雨水冲刷，持效期长，兼有优良的控制植食性螨类的作用，对十字花科植物根肿病有卓越的防效，对根霉菌引起的水稻猝倒病有很好的防效。

适宜葡萄、苹果、梨、柑橘、小麦、大豆、马铃薯、番茄、黄瓜、水稻、茶、草坪等作物。氟啶胺有光谱的杀菌活性，对疫霉病、腐菌核病、黑斑病、黑星病和其他病原体病害有良好的防治效果。除了杀菌活性外，氟啶胺还显示出对红蜘蛛等的杀螨活性。具体病害如黄瓜灰霉病、腐烂病、霜霉病、炭疽病、白粉病、茎部腐烂病，番茄晚疫病，苹果黑星病、叶斑病，梨黑斑病、锈病，水稻稻瘟病、纹枯病，燕麦冠锈病，葡萄灰霉病，霜霉病，柑橘疮痂病、灰霉病，马铃薯晚疫病，草莓斑点病。具体螨类如柑橘红蜘蛛、石竹锈螨、神泽叶螨等。

原药生产厂家 江苏优士化学有限公司、山东绿霸化工股份有限公司、浙江禾田化工有限公司。

日本石原产业株式会社。

氯苯嘧啶醇（fenarimol）

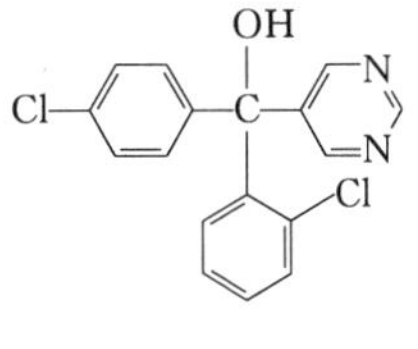

$C_{17}H_{12}Cl_2N_2O$，331.2

其他中文名称 乐必耕

其他英文名称 Rubigan，dode，Rimid，Fenzol

化学名称 (±)-2,4′-二氯-α-(嘧啶-5-基)-二苯甲基醇

CAS登录号 60168-88-9

理化性质 为灰白色晶体。熔点117～119℃，蒸气压0.065mPa(25℃)，分配系数$K_{ow}\lg P$=3.69(pH 7，25℃)，Henry常数1.57×10^{-3} Pa・m^3/mol(计算值)，相对密度1.40。溶解性：水中13.7mg/L(pH 7，25℃)；丙酮151，甲醇98.0，二甲苯33.3(g/L，20℃)；易溶于大多数有机溶剂，但是微溶于正己烷。稳定性：光照下迅速光解，水解半衰期DT_{50}：12h。温度≥52℃(pH 3～9)水解稳定。

毒　性 急性经口LD_{50}(mg/kg)：大鼠2500，小鼠4500，狗>200。兔急性经皮LD_{50}>2000mg/kg，对兔眼睛有轻微刺激性，对皮肤无刺激性。吸入毒性：大鼠暴露在含原药2.04mg/L的空气中1h未见不良反应。2年饲喂毒性试验，大鼠的无作用剂量25mg/kg，小鼠的无作用剂量600mg/kg。

禽类　三齿鹑急性经口LD_{50}>2000mg/kg。鱼类LC_{50}(96h)：虹鳟鱼4.1mg/L，蓝腮太阳鱼5.7mg/L。水蚤EC_{50}(48h)0.82mg/L，无作用剂量0.30mg/L。海藻铜在淡水藻E_rC_{50}：5.1mg/L，无作用剂量0.59mg/L。蜜蜂：急性经口LD_{50}(48h)>10μg/只，接触毒性>100μg/只。对蚯蚓无毒性。

应　用 氯苯嘧啶醇是一种用于叶面喷洒的具有预防、治疗作用的杀菌剂，通过干扰病原菌甾醇及麦角甾醇的形成，从而影响正常生长发育。氯苯嘧啶醇不能抑制病原菌的萌发，但是能抑制病原菌菌丝的生长、发育，致使不能浸染植物组织。氯苯嘧啶醇可以防治苹果白粉病、梨黑星病等多种病害，并可以与一些杀菌剂、杀虫剂、生长调节剂混合使用。

适宜作物与安全性：对果树如石榴、核果、板栗、梨、苹果、梅、芒果等，葡萄、草莓、葫芦、茄子、辣椒、番茄、甜菜、花生、玫瑰和其他园艺作物等；正确使用无药害作用，过量会引起叶子生长不正藏和呈暗绿色。防治白粉病、黑星病、炭疽病、黑斑病、褐斑病、锈病、轮纹病等多种病害。

氯苯嘧啶醇是一种用于叶面喷洒的具有预防、治疗和铲除作用的杀菌剂，主要用于防治苹果白粉病、梨黑星病、葡萄和蔷薇的白粉病等多种病害，并可以与一些杀菌剂、杀虫剂、植物生长调节剂混合使用。使用间隔期为10～14d。可与多种杀菌剂桶混。

嘧菌环胺（cyprodinil）

NH N N CH_3

$C_{14}H_{15}N_3$，225.3

其他英文名称 Chorus，Stereo，Switch，Unix

化学名称 4-环丙基-6-甲基-N-苯基嘧啶-2-胺

CAS登录号 121552-61-2

理化性质 纯品为粉状固体，有轻微气味。熔点 75.9℃。蒸气压（25℃）：5.1×10^{-1}mPa(结晶体 A)，4.7×10^{-1}mPa(结晶体 B)。分配系数 $K_{ow}\lg P$(25℃)：3.9(pH5)，4.0(pH7)，4.0(pH9)；Henry 常数 6.6×10^{-3}to7.2×10^{-3}Pa·m^3/mol(计算值，与晶型有关)，相对密度 1.21(20℃)。溶解度（g/L，25℃）：水中 0.02(pH5)，0.013(pH7)，0.015(pH9)；乙醇 160，丙酮 610，甲苯 440，正己烷 26，正辛醇 140。水解稳定性：pH 值 4～9范围内（25℃）≫1y，水中光解 DT_{50} 21d(蒸馏水)，13d(pH 7.3)。离解常数 p*K*a 4.44。

毒　性 大鼠急性经口 LD_{50}＞2000mg/kg。大鼠急性经皮 LD_{50}＞2000mg/kg。对眼睛和皮肤无刺激性（兔）。皮肤致敏（豚鼠）。大鼠吸入 LC_{50}(4h)＞1200mg/m^3(空气)。NOEL(2y) 为大鼠 3mg/(kg·d)；小鼠 196mg/(kg·d)（1.5y）；犬 65mg/(kg·d)（1y）。其他无致突变，无致畸和非致癌。鸟类野鸭急性 LD_{50}＞500mg/kg。鱼毒 LC_{50}(96h)：虹鳟鱼 2.41mg/L，蓝腮太阳鱼 2.17mg/L（静态）和 3.2mg/L(动态)。水蚤 EC_{50}(48h)：0.033mg/L。藻类近头状伪蹄形藻 EbC_{50}(72h) 为 2.6mg/L。蜜蜂 LD_{50}(48h，口服和接触)＞100μg/只。蚯蚓 LC_{50}(14d)：192mg/kg。

制　剂 99%、98%、95%原药。

应　用 嘧菌环胺具有保护、治疗、叶片穿透及根部内吸活性。叶面喷雾或种子处理，也可做大麦种衣剂用药。主要用于防治灰霉病、白粉病、黑星病、盈枯病以及小麦眼纹病等。适宜作物小麦、大麦、葡萄、草莓、果树、蔬菜、观赏植物等。

原药生产厂家 江苏丰登农药有限公司、江苏中旗化工有限公司、上虞颖泰精细化工有限公司。瑞士先正达作物保护有限公司。

嘧霉胺（pyrimethanil）

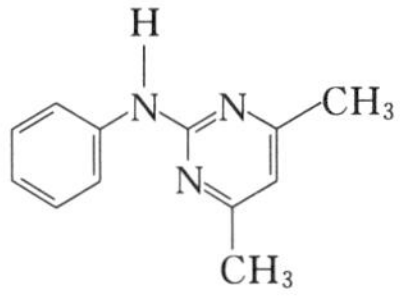

$C_{12}H_{13}N_3$，199.3

其他中文名称 施佳乐

其他英文名称 Scala

化学名称 *N*-(4,6-二甲基嘧啶-2-基)苯胺

CAS登录号 53112-28-0

理化性质 无色晶体。熔点 96.3℃，蒸气压 2.2mPa(25℃)，分配系数 $K_{ow}\lg P=2.84$(pH 6.1，25℃)，Henry 常数 3.6×10^{-3}Pa·m^3/mol(计算值)，相对密度 1.15(20℃)。溶解性：水中 0.121g/L(pH 6.1，25℃)；丙酮 389，乙酸乙酯 617，甲醇 176，二氯甲烷 1000，正己烷 23.7，甲苯 412(g/L，20℃)。稳定性：适当的 pH 范围内在水中稳定，54℃

可以保存 14d。p*K*a 3.52(20℃)。

毒　性　急性经口 LD_{50} (mg/kg)：大鼠 4150～5971，小鼠 4665～5359。大鼠急性经皮 LD_{50} >5000mg/kg，对兔眼睛和皮肤无刺激性。大鼠吸入毒性 LC_{50} (4h)>1.98mg/L。大鼠（90d）的无作用剂量每天 5.4mg/kg，大鼠（2y）的无作用剂量每天 17mg/kg。对兔子和大鼠无致畸致突变作用。

禽类：三齿鹑和野鸭急性经口 LD_{50} >2000mg/kg，饲喂毒性野鸭和三齿鹑 LC_{50} (5d)>5200mg/kg。鱼类 LC_{50} (96h)：镜鲤 35.4mg/L，虹鳟鱼 10.6mg/L。水蚤 EC_{50} (48h)：2.9mg/L；无作用剂量 0.30mg/L。海藻 E_bC_{50} (96h)：1.2mg/L；E_rC_{50} (96h)5.84mg/L。蜜蜂：急性经口和接触毒性 LD_{50} >100μg/只。蚯蚓 LC_{50} (14d)：625mg/kg(干土)。

制　剂　98%、96%、95%原药，80%、70%水分散粒剂，400g/L 悬浮剂，40%、37%、20%悬浮剂，40%、25%、20%可湿性粉剂。

应　用　嘧霉胺是一种新型杀菌剂，属苯氨基嘧啶类。其作用机理独特，通过抑制病菌浸染酶的产生从而阻止病菌的侵染并杀死病菌。由于其作用机理与其他杀菌剂不同，因此，嘧霉胺尤其对常用的非苯氨基嘧啶类杀菌剂已产生抗药性的灰霉病菌有效。嘧霉胺同时具有内吸传导和熏蒸作用，施药后迅速达到植株的花、幼果等喷雾无法达到的部位杀死病菌，药效更快、更稳定。嘧霉胺的药效对温度不敏感，在相对较低的温度下施用，其保护及治疗效果同样好。适用番茄、黄瓜、韭菜等蔬菜以及葡萄、草莓、豆类、苹果、梨等作物。对灰霉病有特效。可防治黄瓜灰霉病、番茄灰霉病、葡萄灰霉病、草莓灰霉病、豌豆灰霉病、韭菜灰霉病等。还用于防治梨黑星病、苹果黑星病和斑点落叶病。

原药生产厂家　河北三农农用化工有限公司、河北希普种衣剂有限责任公司、江苏常隆农化有限公司、江苏丰登农药有限公司、江苏耕耘化学有限公司、江苏快达农化股份有限公司、江苏生花农药有限公司、江苏省昆山瑞泽农药有限公司、利民化工股份有限公司、山东京博农化有限公司、山东省烟台科达化工有限公司、天津市施普乐农药技术发展有限公司、浙江禾本农药化学有限公司。

德国拜耳作物科学公司。

氯溴异氰尿酸（chloroisobromine cyanuric acid）

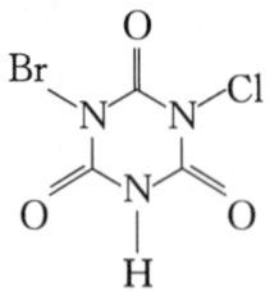

$C_3HO_3N_3ClBr$，244.4

其他中文名称　消菌灵

化学名称　氯溴异氢尿酸

理化性质　原药外观为白色粉末，易溶于水。

毒　性　大鼠急性经口 LD_{50}：750mg/kg；大鼠急性经皮 LD_{50}：750mg/kg。

制　剂　90%原药，50%可溶粉剂。

应　用　消毒。对作物的细菌、真菌、病毒具有强烈的杀灭、内吸和保护双重功能，该药喷施在作物表面能慢慢地释放 Cl^- 和 Br^-，形成次氯酸（HOCl）溴酸（HOBr），因此具有强烈的杀菌作用。

原药生产厂家　河南银田精细化工有限公司。

二氯异氰尿酸钠（sodium dichloroisocyanurate）

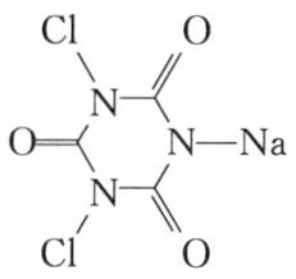

$C_3Cl_2N_3NaO_3$，220.0

其他中文名称　优氯特，优氯克霉灵

化学名称　二氯异氰尿酸钠

理化性质　白色粉末。

毒　性　小鼠急性经口 LD_{50}>12270mg/kg(制剂)。对人基本无毒。

制　剂　91%原药，50%、40%、20%可溶粉剂。

应　用　对人、畜、禽等动物性病原细菌的繁殖体、芽孢、真菌和病毒，对鱼、虾池中的细菌、真菌、病毒及部分原虫，对蔬菜、瓜类，果树，小麦、水稻、花生、棉花等田间作物的病原细菌、真菌、病毒均有极强的杀灭能力。对食用菌栽培过程中易发生的霉菌及多种病害有较强的消毒和杀菌能力。

原药生产厂家　山西康派伟业生物科技有限公司。

十三吗啉（tridemorph）

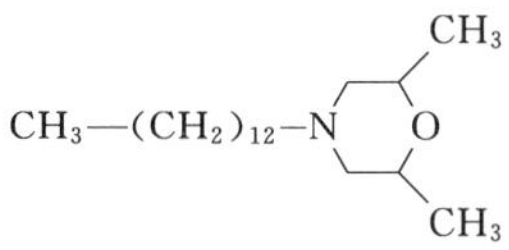

$CH_3—(CH_2)_{12}—N$（2,6-二甲基吗啉环）

$C_{19}H_{39}NO$，297.5

其他中文名称　克啉菌，克力星

其他英文名称　Calix，Tridecyldimethyl morphole

化学名称　2,6-二甲基-4-十三烷基吗啉

CAS登录号　81412-43-3

理化性质　黄色油状液体，有类似胺的臭味。沸点 134℃/0.4mmHg(原药)，蒸气压

12mPa(20℃)，分配系数 K_{ow} lg$P$=4.20(pH 7，22℃)，Henry 常数 3.2Pa·m^3/mol(计算值)，相对密度 0.86(原药，20℃)。溶解性：水中 1.1mg/L(pH 7，20℃)；易溶于乙醇、丙酮、乙酸乙酯、环己烷、乙醚、苯、三氯甲烷和橄榄油。稳定性：温度≤50℃稳定。

毒　性　大鼠急性经口 LD_{50}：480mg/kg。大鼠急性经皮 LD_{50}>4000mg/kg，对兔眼睛无刺激性，对皮肤有刺激性。大鼠吸入毒性 LC_{50}(4h)：4.5mg/L。2 年饲喂毒性试验，雌大鼠无作用剂量 2mg/kg，雄大鼠 4.5mg/kg，狗 1.6mg/kg。

禽类：急性经口 LD_{50}：鹌鹑 1388，鸭>2000mg/kg。鳟鱼 LC_{50}(96h)：3.4mg/L。水蚤 LC_{50}(48h)：1.3mg/L。海藻 EC_{50}(96h)：0.28mg/L。蜜蜂 LD_{50}(24h)>200μg/只。蚯蚓 LC_{50}(14d)：880mg/kg。

制　剂　99%、95%原药，95%、86%油剂，750g/L 乳油。

应　用　十三吗啉是一种具有保护和治疗作用的广谱性内吸杀菌剂，能被植物的根、茎、叶吸收，对担子菌、子囊菌和半知菌引起的多种植物病害有效，主要是抑制病菌的麦角甾醇的生物合成。

适用小麦、大麦、黄瓜、马铃薯、豌豆、香蕉、茶树、橡胶树等作物。防治小麦、大麦白粉病、叶锈病和条锈病；黄瓜、马铃薯、豌豆白粉病、橡胶树白粉病、香蕉叶斑病。

原药生产厂家　江苏联合农用化学有限公司、浙江世佳科技有限公司、江苏飞翔化工股份有限公司、上海生农生化制品有限公司、南通维立科化工有限公司。

烯酰吗啉(dimethomorph)

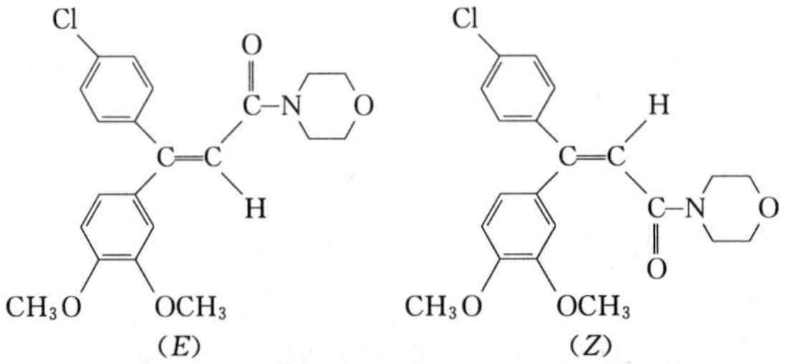

(E)　(Z)

$C_{21}H_{22}ClNO_4$，387.9

其他中文名称　安克，安克·锰锌(混剂)

化学名称　(E,Z)-4-[3-(4-氯苯基)-3-(3,4-二甲氧基苯基)丙烯酰基]吗啉(Z 与 E 的比一般为 4∶1)

CAS 登录号　110488-70-5

理化性质　白色粉末或晶体。熔点 125.2~149.2℃，(E)-异构体 136.8~138.3℃；(Z)-异构体 166.3~168.5℃。蒸气压：(E)-异构体 9.7×10^{-4} mPa；(Z)-异构体 1.0×10^{-3} mPa(25℃)。分配系数 K_{ow} lg$P$：2.63(E)-异构体；2.73 (Z)-异构体 (20℃)。Henry 常数：(E)-异构体 5.4×10^{-6} Pa·m^3/mol，(Z)-异构体 2.5×10^{-5} Pa·m^3/mol。密度 1318kg/m^3(20℃)。溶解性：水中 81.1(pH 4)，49.2(pH 7)，41.8(pH 9) (mg/L，20℃)；正己烷 0.076(E)，0.036(Z)；甲苯 39.0(E)，10.5(Z)；二氯甲烷 296(E)，165(Z)；乙酸乙酯

39.9(*E*)，8.4(*Z*)；丙酮 84.1(*E*)，16.3(*Z*)；甲醇 31.5(*E*)，7.5(*Z*) (g/L)；正己烷 0.11，甲醇 39，乙酸乙酯 48.3，甲苯 49.5，丙酮 100，二氯甲烷 461[(*E*,*Z*),g/L]。稳定性：在一般条件下水解稳定，黑暗条件下稳定性>5y，(*E*)-和(*Z*)-同分异构体在光照条件下可以相互转化。pK_a=1.305(计算值)。

毒　性　大鼠急性经口 LD_{50}(mg/kg)：3900(*E*，*Z*)，>5000(*Z*)，4472(*E*)。大鼠急性经皮 LD_{50}>2000mg/kg，对兔眼睛和皮肤无刺激性。大鼠吸入毒性 LC_{50}(4h)>4.2mg/L。大鼠无作用剂量（2 年）饲喂 200mg/kg(每天 9mg/kg)，狗无作用剂量（1 年)450mg/kg(每天 15mg/kg)。2 年实验研究对大鼠和小鼠无致癌作用。

禽类：野鸭和三齿鹑急性经口 LD_{50}>2000mg/kg，三齿鹑 LC_{50}(5d)>5200mg/L。鱼类 LC_{50}(96h，mg/L)：蓝腮太阳鱼>25，鲤鱼 14，虹鳟鱼 6.2。水蚤 LC_{50}(48h)>10.6mg/L。海藻铜在淡水藻 EC_{50}(96h)：29.2mg/L。蜜蜂 LD_{50}(48h)：>32.4μg/只(经口)，>102μg/只（接触）。蚯蚓 EC_{50}>1000mg/kg。

制　剂　97%、96%、95%原药，80%水分散粒剂，50%泡腾片剂，50%、40%水分散粒剂，50%、25%可湿性粉剂，25%微乳剂，25%、20%、10%悬浮剂。

应　用　烯酰吗啉具有很好的保护性和抑制孢子萌发活性的内吸性杀菌剂。通过抑制卵菌细胞壁的形成而起作用。只有 *Z* 型异构体有活性，但是由于光照下，两异构体间可迅速相互转变，因此 *Z* 型异构体在应用上与 *E* 型异构体是一样的。尽管如此田间总防效仅为总量的 80%。适宜黄瓜、葡萄、马铃薯、荔枝、辣椒、十字花科蔬菜、烟草、苦瓜等作物。防治黄瓜霜霉病、辣椒疫病、葡萄霜霉病、烟草黑胫病、十字花科蔬菜霜霉病、荔枝霜疫霉病等。为了降低抗性产生的几率，通常与保护性杀菌剂混用。

原药生产厂家　安徽丰乐农化有限责任公司、河北冠龙农化有限公司、江苏长青农化股份有限公司、江苏常隆农化有限公司、江苏耕耘化学有限公司、江苏辉丰农化股份有限公司、辽宁省沈阳丰收农药有限公司、青岛双收农药化工有限公司、山东先达化工有限公司、四川省宜宾川安高科农药有限责任公司。

巴斯夫欧洲公司。

氟吗啉（flumorph）

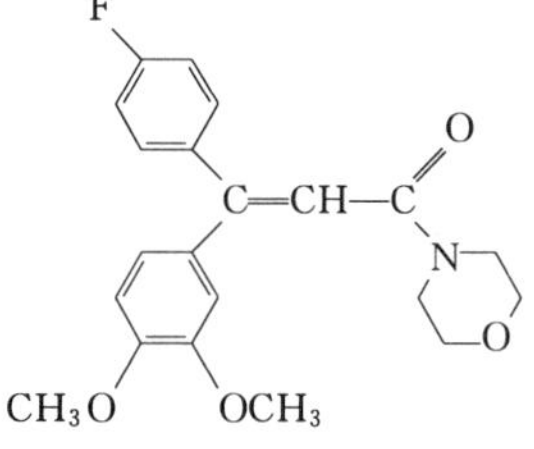

$C_{21}H_{22}FNO_4$，371.4

其他英文名称　SYP-190

化学名称　(*Z*,*E*)4-[3-(4-氟苯基)-3-(3,4-二甲氧基苯基)丙烯酰]吗啉

CAS 登录号　211867-47-9

理化性质 (*Z*)-和(*E*)-异构体的混合物(50∶50)。无色晶体。熔点：105～110℃。分配系数 K_{ow} lg$P$ = 2.20。易溶于丙酮和乙酸乙酯。一般条件下，水解、光解、热稳定(20～40℃)。

毒　性 急性经口 LD_{50}(mg/kg)：雄大鼠＞2710，雌大鼠＞3160。雌雄大鼠急性经皮 LD_{50}：2150mg/kg，对兔眼睛和皮肤无刺激性。雄大鼠无作用剂量（2年）每天63.64mg/kg，雌大鼠每天16.65mg/kg。无致畸、致癌、致突变作用。

禽类：日本鹌鹑急性经口 LD_{50}(7d)＞5000mg/kg。鲤鱼 LC_{50}(96h)：45.12mg/L。蜜蜂 LD_{50}(24h，接触)＞170μg/只。

制　剂 95%原药，20可湿性粉剂。

应　用 具体作用机理还在研究中。因氟原子特有的性能如模拟效应、电子效应、阻碍效应、渗透效应，因此使含有氟原子的氟吗啉的防病杀菌效果倍增，活性显著高于同类产品。适宜作物和安全性：葡萄、板蓝根、烟草、啤酒花、谷子、甜菜、花生、大豆、马铃薯、番茄、黄瓜、白菜、南瓜、甘蓝、大蒜、大葱、辣椒及其他蔬菜，橡胶、柑橘、鳄梨、菠萝、荔枝、可可、玫瑰、麝香推荐剂量下对作物安全，无药害。对地下水、环境安全。防治对象：主要用于防治卵菌纲病菌引起的病害如霜霉病、晚疫病、霜疫病等。如黄瓜霜霉病、葡萄霜霉病、白菜霜霉病、番茄晚疫病、马铃薯晚疫病、辣椒疫病、荔枝霜疫霉病、大豆疫霉根腐病等。氟吗啉为新型高效杀菌剂，具有很好的保护、治疗、铲除、渗透、内吸活性，治疗活性显著。主要用于茎叶喷雾。

原药生产厂家 沈阳科创化学品有限公司。

盐酸吗啉胍（moroxydine hydrochloride）

O(CH₂CH₂)₂N—C(=NH)—NH · C(=NH)—NH_2(HCl)

$C_6H_{14}ClN_5O$，207.7

化学名称 盐酸吗啉胍

CAS登录号 3160-91-6

理化性质 白色结晶状粉末，熔点206～212℃，易溶于水。

毒　性 大鼠急性经口 LD_{50}＞5000mg/kg，急性经皮 LD_{50}＞10000mg/kg。对人体未见毒性反应。

制　剂 80%水分散粒剂，50%可溶片剂，20%可湿性粉剂，20%悬浮剂，5%可溶粉剂。

应　用 一种广谱、低毒病毒防治剂。稀释后的药液喷施到植物叶面后，药剂可通过水气孔进入植物体内，抑制或破坏核酸和脂蛋白的形成，阻止病毒的复制过程，起到防治病毒的作用。

生产厂家 陕西美邦农药有限公司、江西劲农化工有限公司、上海惠光化学有限公司。

萎锈灵（carboxin）

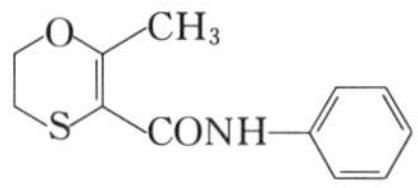

$C_{12}H_{13}NO_2S$，235.3

其他英文名称 Vitavax

化学名称 5,6-二氢-2-甲基-1,4-氧硫杂环己二烯-3-甲酰苯胺

CAS登录号 5234-68-4

理化性质 白色晶体（原药为浅黄色粉末，有轻微硫黄臭味）。熔点 91～92℃，蒸气压 0.020mPa(25℃)，分配系数 $K_{ow}\lg P=2.3$，Henry 常数 3.24×10^{-5} Pa·m³/mol(计算值)，相对密度 1.45。溶解性：水中 0.147g/L(20℃)；丙酮 221.2，甲醇 89.3，乙酸乙酯 107.7 (g/L，20℃)。稳定性：pH 5，pH 7 和 pH 9(25℃) 光解稳定，光照条件下水溶液中 DT_{50} 1.54h(pH 7，25℃)。$pK_a<0.5$。

毒　性 大鼠急性经口 LD_{50} 为 2864mg/kg。对兔眼睛和皮肤无刺激性。大鼠吸入毒性 LC_{50}(4h)>4.7mg/L。大鼠（2 年）无作用剂量：每天 1mg/kg。

禽类：三齿鹑急性经口 LD_{50}：3302mg/kg。野鸭和三齿鹑 LC_{50}(8d)>5000mg/L。鱼类 LC_{50}(96h)：蓝腮太阳鱼 3.6mg/L，虹鳟鱼 2.3mg/L。水蚤 LC_{50}(48h)>57mg/L。海藻近头状伪蹄形藻 EC_{50}(5d)：0.48mg/L。蜜蜂 LD_{50}(急性经口和接触)>100μg/只。蚯蚓 LC_{50}(14d)：500～1000mg/L。

制　剂 98%、7.90%原药。

应　用 萎锈灵为选择性内吸杀菌剂，它能渗入萌芽的种子而杀死种子内的病菌。萎锈灵对植物生长有刺激作用，并能使小麦增产。

适宜小麦、大麦、燕麦、水稻、棉花、花生、大豆、蔬菜、玉米、高粱等多种作物以及草坪等。20%萎锈灵乳油 100 倍液对麦类可能有轻微危害。药剂处理过的种子不可食用或作饲料。萎锈灵为内吸性杀菌剂，用来处理小麦和大麦种子以防治小麦散黑穗病或大麦真散黑穗病。对防治丝核菌很有效，因此它特别适用于作棉花、花生、蔬菜和甜菜的种子处理剂，能防治小麦叶锈病、豆锈病、棉花立枯病、黄萎病。亦可作为木材防腐剂。勿与碱性和酸性药品接触。主要用于拌种。

原药生产厂家 安徽丰乐农化有限责任公司、广东省英德广农康盛化工有限责任公司、陕西省西安文远化学工业有限公司、陕西恒田化工有限公司、江苏辉丰农化股份有限公司、新沂市永诚化工有限公司。美国科聚亚公司。

二氰蒽醌（dithianon）

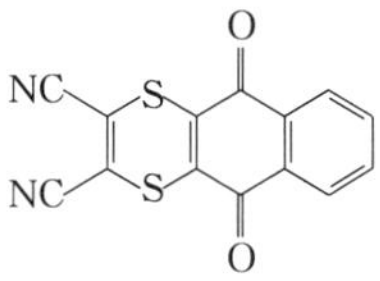

$C_{14}H_4N_2O_2S_2$，296.3

其他中文名称 二噻农

化学名称 2,3-二腈基-1,4-二硫代蒽醌

CAS登录号 3347-22-6

理化性质 深褐色晶体，有铜的光泽（原药为浅褐色）。熔点：215～216℃，蒸气压 2.7×10^{-6}mPa(25℃)，分配系数 K_{ow}lg$P$=3.2，Henry 常数 5.71×10^{-6}Pa·m^3/mol(计算值)，密度 1576kg/m^3(20℃)。溶解性：水中 0.14mg/L(pH 7，20℃)；三氯甲烷 12，丙酮 10，苯 8(g/L，20℃)；微溶于甲醇和乙酸乙酯。稳定性：在碱性、强酸和长时间加热条件下易分解，DT_{50} 12.2h(pH 7，25℃)，80℃以下稳定，水溶液（0.1mg/L）在人造阳光下 DT_{50} 为 19h。

毒　性 急性经口 LD_{50}：大鼠 300mg/kg，豚鼠 115mg/kg。大鼠急性经皮 LD_{50} > 2000mg/kg，对兔眼睛有轻微刺激，对皮肤无刺激性。大鼠吸入毒性 LC_{50}(4h)：0.33mg/L。大鼠无作用剂量（2y)20mg/kg，狗 40mg/kg，小鼠每天 2.8mg/kg。

禽类：急性经口 LD_{50}：雄鹌鹑 430 mg/kg，雌鹌鹑 290mg/kg。鲤鱼 LC_{50}(96h)：0.1mg/L。水蚤 LC_{50}(24h)：2.4mg/L。海藻 EC_{50}(96h)：12mg/L。蜜蜂 LD_{50}>0.1mg/只(接触)。蠕虫 LC_{50}：(7d)588.4mg/kg(土壤)，(14d)578.4mg/kg(土壤)。

制　剂 95%原药，66%水分散粒剂，22.70%悬浮剂。

应　用 具有多作用机理，通过与含硫基团反应和干扰细胞呼吸而抑制一系列真菌酶，最后导致病害死亡。具有很好的保护活性的同时，也有一定的治疗活性。

适宜果树薄款仁果和核果如苹果、梨、桃、杏、樱桃、柑橘、咖啡、葡萄、草莓、啤酒花等作物。在推荐剂量下尽管对大多数果树安全，但是对某些苹果树品种有药害。除了对白粉病无效外，几乎可以防治所有果树病害如黑星病、霉点病、叶斑病、锈病、炭疽病、疮痂病、霜霉病、褐腐病等。主要是茎叶处理。

原药生产厂家 江苏辉丰农化股份有限公司、江西禾益化工有限公司。

抑霉唑（imazalil）

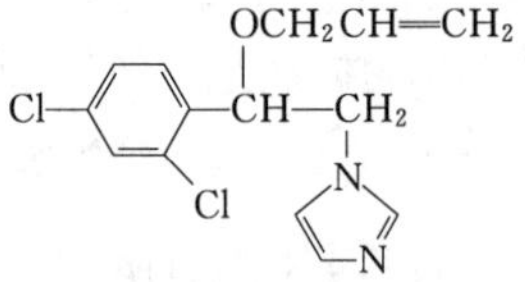

$C_{14}H_{14}Cl_2N_2O$，297.2

其他中文名称 万得利，戴唑霉，戴寇唑，依灭列

其他英文名称 imazalil，chloramizol，enilconazole，Fungaflor，Fungaz，Fecundal，Magnate，Deccozil，R 23979

化学名称 (±)-1-(β-烯丙氧基-2,4-二氯苯乙基)咪唑

CAS登录号 35554-44-0

理化性质 抑霉唑为浅黄色结晶固体。熔点 52.7℃，沸点＞340℃，蒸气压 0.158mPa (20℃)，分配系数 $K_{ow}\lg P$=3.82(pH 9.2 缓冲液)，Henry 常数 2.6×10^{-4} Pa·m^3/mol(计算值)，密度 1.348g/mL(26℃)。溶解度：水中为 0.0951(pH 5)，0.0224(pH 7)，0.0177 (pH 9)（均为 g/100mL)；丙酮、二氯甲烷、乙醇、甲醇、异丙醇、二甲苯、甲苯、苯＞500，已烷 19(均为 g/L，20℃)。易溶于庚烷、石油醚。在正常贮存条件下对光稳定。抑霉唑硫酸氢盐为无色到米色粉末，与水、醇类任意混溶，微溶于非极性有机溶剂。

毒　性 急性经口 LD_{50}：大鼠 227～343mg/kg，狗＞640mg/kg。大鼠急性经皮 LD_{50}：4200～4880mg/kg。对眼睛有强烈刺激性，对皮肤无刺激性（兔）。大鼠吸入毒性 LC_{50} (4h)：2.43mg/L。无作用剂量：(2y) 大鼠 2.5mg/(kg·d)，(1y) 狗 2.5mg/kg。

禽类：LD_{50}：环颈雉 2000mg/kg，鹌鹑 510mg/kg。野鸭 LC_{50}(8d)＞2510mg/kg。鱼类 LC_{50}(96h)：虹鳟鱼 1.5mg/L，蓝鳃太阳鱼 4.04mg/L。水蚤 LC_{50}(48h)：3.5mg/L。藻类 EC_{50}：0.87mg/L。对蜜蜂无毒，LD_{50}：40μg/只（经口）。蚯蚓 LC_{50}：541mg/kg(土壤)。

制　剂 98%、95%原药，5%、50%、500g/L 乳油，5%烟剂，0.10%涂抹剂。

应　用 抑霉唑是一种内吸性杀菌剂，对侵袭水果、蔬菜和观赏植物的许多真菌病害都有防效。由于它对长蠕孢属、镰孢属和壳针孢属真菌具有高活性，推荐用作种子处理剂，防治谷物病害。对柑橘、香蕉和其他水果喷施或浸渍（在水或蜡状乳剂中）能防治收获后水果的腐烂。抑霉唑对抗多菌灵的青霉菌品系有高的防效。

原药生产厂家 一帆生物科技集团有限公司。

比利时杨森制药公司、以色列马克西姆化学公司。

咪鲜胺（prochloraz）

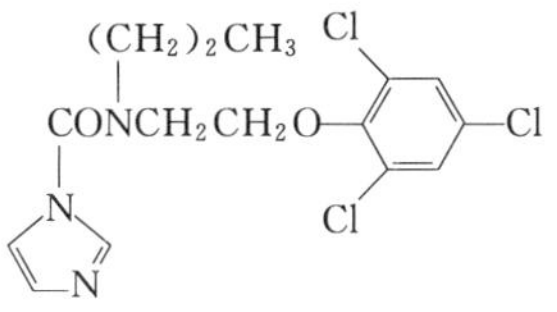

$C_{15}H_{16}Cl_3N_3O_2$，376.7

其他中文名称 施保克，施保功（prochloraz-managanese)，扑霉灵，丙灭菌，咪鲜安，扑克拉

其他英文名称 Spartak，BTS 40542

化学名称 *N*-丙基-*N*-〔2-(2,4,6-三氯苯氧基)乙基〕咪唑-1-甲酰胺

CAS 登录号 67747-09-5

理化性质 纯品为无色结晶固体。熔点 46.3～50.3℃(＞99%)，蒸气压 1.5×10^{-1} mPa (25℃)、9.0×10^{-2} mPa(20℃)，分配系数 $K_{ow}\lg P$=3.53(pH 6.7，25℃)，Henry 常数 1.64×10^{-3} Pa·m^3/mol(计算值)，相对密度 1.42(20℃)。水中溶解度为 34.4mg/L(25℃)，易溶于大多数有机溶剂，例如甲苯，二氯甲烷，二甲基亚砜，丙酮，乙酸乙酯，甲醇，异丙

醇>600，正己烷 7.5(均为 g/L，25℃)。

毒 性 急性经口 LD_{50}：大鼠 1600～2400mg/kg，小鼠 2400mg/kg。大鼠急性经皮 LD_{50}>2100mg/kg。对皮肤无刺激性（兔）。对眼睛有轻微刺激性（兔）。大鼠吸入毒性 LC_{50}(4h)>2.16mg/L（空气）。无作用剂量：(2y) 狗 4mg/(kg·d)。

禽类：急性经口 LD_{50}：山齿鹑 662mg/kg，野鸭>1954mg/kg。鱼类 LC_{50}(96h)：虹鳟鱼 1.5mg/L，蓝鳃太阳鱼 2.2mg/L。水蚤 LC_{50}(48h)：4.3mg/L。藻类羊角月芽藻 E_bC_{50}(72h)：0.1mg/L，E_rC_{50} 1.54mg/L。蜜蜂 LD_{50}：141μg/只（96h，接触），>101μg/只(48h，经口)。蚯蚓 LC_{50}>1000mg/kg(土壤)。

制 剂 咪鲜胺 98%、97%、95%原药，45%、20%微乳剂，45%、25%、10%、450g/L 水乳剂，450g/L、250g/L、25%乳油，0.50%悬浮种衣剂；咪鲜胺锰盐 98%、97%原药，60%、50%可湿性粉剂；咪鲜胺铜盐 98%原药。

应 用 咪鲜胺是一种广谱杀菌剂，对大田作物、水果、蔬菜、草皮及观赏植物上的多种病害具有治疗和铲除作用。用于谷类作物可防治假尾孢属、核腔菌属、喙孢属及壳针孢属真菌，对早期的眼点病、叶斑病和白粉病有效。用于油籽葡萄可防治链格孢属、葡萄孢属、假尾孢属、埋核盘菌属、核盘菌属真菌。防治豆科植物上的壳二孢属、葡萄孢属，甜菜上的生尾孢属和白粉菌属。种子处理对于禾谷类作物上旋孢腔菌属、镰孢属、核腔菌属、壳针孢属菌引起的病有防治作用。对于水果、蔬菜在收获前喷施或收获后用咪鲜胺溶液浸渍以防贮存期的腐烂。此外可防治花椰菜叶斑病，水稻稻瘟病。

原药生产厂家 (1) 咪鲜胺：江苏常隆农化有限公司、江苏辉丰农化股份有限公司、江苏绿叶农化有限公司、江苏省南通江山农药化工股份有限公司、南京红太阳股份有限公司、南通维立科化工有限公司、陕西秦丰农化有限公司、沈阳科创化学品有限公司、浙江省杭州庆丰农化有限公司、浙江省乐斯化学有限公司、浙江省绍兴市东湖生化有限公司。德国拜耳作物科学公司、以色列马克西姆化学公司。

(2) 咪鲜胺锰盐：江苏辉丰农化股份有限公司、江苏省南通江山农药化工股份有限公司、浙江省杭州庆丰农化有限公司、南京红太阳股份有限公司。

(3) 咪鲜胺铜盐：江苏辉丰农化股份有限公司。

氟菌唑（triflumizole）

Cl
$CH_2OCH_2CH_2CH_3$
F_3C N=C
N
N

$C_{15}H_{15}ClF_3N_3O$，345.7

其他中文名称 特富灵，三氟咪唑

其他英文名称 Condor，Duotop，Procure，Trifme，NF114

化学名称 (*E*)-4-氯-α,α,α-三氟-*N*-(1-咪唑-1-基-2-丙氧亚乙基)邻甲苯胺

CAS登录号 99387-89-0

理化性质 纯品为无色结晶。熔点63.5℃。蒸气压0.191mPa(25℃)。分配系数$K_{ow}\lg P$=5.06(pH 6.5)，5.10(pH 6.9)，5.12(pH 7.9)。Henry常数6.29×10^{-3} Pa·m^3/mol(25℃，计算值)。溶解度：水中为0.0102g/L(pH 7，20℃)；三氯甲烷2220，己烷17.6，二甲苯639，丙酮1440，甲醇496(均为g/L，20℃)。p*K*a 3.7(25℃)。

毒　性 急性经口LD_{50}：雄大鼠715mg/kg，雌大鼠695mg/kg。大鼠急性经皮LD_{50}>5000mg/kg。轻度眼刺激性，对皮肤无刺激作用。大鼠吸入毒性LC_{50}(4h)>3.2mg/L(空气)。大鼠(2y)无作用剂量：3.7mg/kg。

禽类：急性经口LD_{50}：雄日本鹌鹑2467mg/kg，雌日本鹌鹑4308mg/kg。鱼类鲤鱼LC_{50}(96h)：0.869mg/L。水蚤LC_{50}(48h)：1.71mg/L。藻类E_rC_{50}(72h)：1.29mg/L。蜜蜂LD_{50}：0.14mg/只。

制　剂 97%、95%原药，30%可湿性粉剂。

应　用 本品为甾醇脱甲基化抑制剂，具有保护和治疗作用的内吸杀菌剂。可防治仁果上的胶锈菌属和黑星菌属菌，果实和蔬菜上的白粉菌科、镰孢霉属、煤绒菌属和链核盘菌属菌；也可有效地防治禾谷类上的长蠕孢属、腥黑粉菌属和黑粉菌属菌。如拌麦类种子可防治黑穗病、白粉病和条纹病。

原药生产厂家 浙江禾本农药化学有限公司、上海生农生化制品有限公司。日本曹达株式会社。

氰霜唑(cyazofamid)

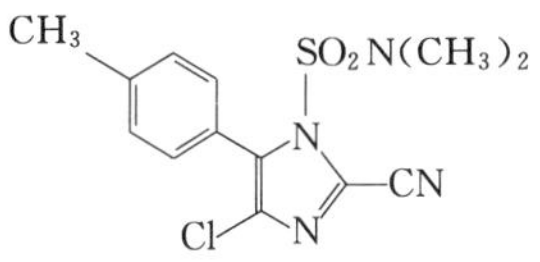

$C_{13}H_{13}ClN_4O_2S$，324.8

化学名称 4-氯-2-氰基-5-对甲基苯基-咪唑-1-*N*,*N*-二甲基磺酰胺

CAS登录号 120116-88-3

理化性质 白色无味粉末。熔点152.7℃，蒸气压<1.3×10^{-2} mPa(35℃)，分配系数$K_{ow}\lg P$=3.2(25℃)，Henry常数<4.03×10^{-2} Pa·m^3/mol(20℃，计算值)，相对密度1.446(20℃)。溶解度：水中为0.121(pH 5)，0.107(pH 7)，0.109(pH 9)(均为mg/L，20℃)；丙酮41.9，甲苯5.3，二氯甲烷101.8，己烷0.03，乙醇1.54，乙酸乙酯15.63，乙腈29.4，异丙醇0.39(均为g/L，20℃)。水中DT_{50}：24.6d(pH 4)，27.2d(pH 5)，24.8d(pH 7)。

毒　性 急性经口LD_{50}：大鼠、小鼠>5000mg/kg。大鼠急性经皮LD_{50}>2000mg/kg。对兔眼睛、皮肤无刺激，对豚鼠皮肤无致敏性。大鼠吸入毒性LC_{50}>5.5mg/L。雄大鼠无作用剂量：500mg/L[17mg/(kg·d)]。

禽类：急性经口 LD_{50}：鹌鹑、野鸭＞2000mg/kg。鱼类 LC_{50}（96h）：虹鳟鱼＞0.510mg/L，鲤鱼＞0.14mg/L。水蚤 EC_{50}（48h）＞0.14mg/L。藻类羊角月芽藻 E_bC_{50}（72h）：0.025mg/L。蜜蜂 LD_{50}：＞151.7μg/只（经口），＞100μg/只（接触）。蚯蚓 LC_{50}（14d）＞1000mg/kg。

制　剂　93.5%原药，100g/L 悬浮剂。

应　用　保护性杀菌剂，对卵菌纲病原菌如疫霉菌、霜霉菌、假霜霉菌、腐霉菌等具有很高的活性，作用机制是阻断卵菌纲病菌体内线粒体细胞色素 bc1 复合体的电子传递来干扰能量的供应，其结合部位为酶的 Q1 中心，与其他杀菌剂无交叉抗性。其对病原菌的高选择活性可能是由于靶标酶对药剂的敏感程度差异造成的。对卵菌纲真菌如霜霉菌、假霜霉菌、疫霉菌、腐霉菌以及根肿菌纲的芸苔根肿菌具有很高的生物活性。于发病前或发病初期使用，一般喷雾 3 次，间隔 7～10d，具有较好的保护作用，耐雨水冲刷，对作物安全未见药害。

原药生产厂家　日本石原产业株式会社。

噻菌灵（thiabendazole）

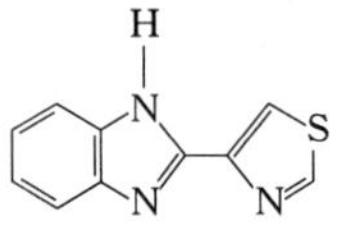

$C_{10}H_7N_3S$，201.3

其他中文名称　特克多，涕灭灵，硫苯唑，腐绝

其他英文名称　Mertect，Tecto，Storite，TBZ，MK360

化学名称　2-(1,3-噻唑-4-基)苯并咪唑

CAS 登录号　148-79-8

理化性质　白色无味粉末。熔点 297～298℃，蒸气压 5.3×10^{-4} mPa(25 ℃)，分配系数 $K_{ow}\lg P=2.39$(pH 7，25℃)，Henry 常数 3.7×10^{-6} Pa · m^3/mol，相对密度 1.3989。溶解度：水中为 0.16(pH 4)，0.03(pH 7)，0.03(pH 10)（均为 g/L，20℃）；庚烷＜0.01，二甲苯 0.13，甲醇 8.28，二氯乙烷 0.81，丙酮 2.43，乙酸乙酯 1.49，正辛醇 3.91(均为 g/L，20℃)。在水、酸、碱性溶液中均稳定。

毒　性　急性经口 LD_{50}(mg/kg)：小鼠 3600，大鼠 3100，兔≥3800。兔急性经皮 LD_{50}＞2000mg/kg。对兔眼睛无刺激。对豚鼠皮肤无致敏性。大鼠吸入毒性 LC_{50}＞0.5mg/L。无作用剂量：(2y) 大鼠：10mg/(kg · d)。

禽类：山齿鹑急性经口 LD_{50}＞2250mg/kg。鱼类 LC_{50}(96h)：蓝鳃太阳鱼 19mg/L，虹鳟鱼 0.55mg/L。水蚤 EC_{50}(48h)：0.81mg/L。对蜜蜂无毒。蚯蚓 LC_{50}＞500mg/kg(土壤)。

制　剂　99%、98.50%、98%原药，50%、45%、42%、15%悬浮剂，40%可湿性粉剂。

应　用　本品为内吸性杀菌剂，对多种作物的真菌病害，如水稻、小、大豆、甘蓝、马铃薯、西红柿、烟草、葡萄、香蕉、仁果类、蘑菇、观赏植物、草坪上的曲霉属、葡萄孢属、长喙壳属、尾孢属、刺盘孢属、间座壳属、镰孢属、赤霉病、盘长孢属、节卵孢属、青霉属、茎点霉属、丝核菌属、核盘菌属、壳针孢属、轮枝孢属等真菌病害有效。还可防治水果及蔬菜的贮藏病害。还可用于医药及兽药作驱虫剂。

原药生产厂家 河南省安阳市红旗药业有限公司、江苏百灵农化有限公司、江苏嘉隆化工有限公司、江苏常隆农化有限公司、江苏省徐州诺恩农化有限公司、江苏省徐州诺特化工有限公司、上虞颖泰精细化工有限公司、台湾隽农实业股份有限公司。

瑞士先正达作物保护有限公司。

稻瘟酯（pefurazoate）

$CH_3CH_2CHCO_2(CH_2)_3CH{=}CH_2$

$C_{18}H_{23}N_3O_4$，345.4

其他中文名称 净种灵

其他英文名称 Healthied，UR 0003，UHF 8615

化学名称 戊-4-烯基 *N*-糠基-*N*-咪唑-1-基羰基-*DL*-高丙氨酸酯

CAS 登录号 101903-30-4

理化性质 本品为淡棕色液体。沸点 235℃(分解)，蒸气压 0.648mPa(23℃)，分配系数 $K_{ow}\lg P=3$，Henry 常数 5.0×10^{-4} Pa·m^3/mol(计算值)，20℃相对密度 1.152。溶解度：水中为 443mg/L(25℃)；正己烷 12.0，环己烷 36.9，二甲基亚砜，乙醇，丙酮，乙腈，氯仿，乙酸乙酯，甲苯>1000(均为 g/L，25℃)。稳定性：40℃放置 90d 后分解 1%；在酸性条件下稳定，在碱性和阳光下稍不稳定。

毒　性 急性经口 LD_{50}(mg/kg)：雄大鼠 981，雌大鼠 1051，雄小鼠 1299，雌小鼠 946。大鼠急性经皮 LD_{50}>2000mg/kg。对兔眼睛无刺激。对豚鼠皮肤无致敏性。大鼠吸入毒性 LC_{50}：>3450mg/m^3。大鼠 90d 无作用剂量：50mg/kg。未见致畸作用（大鼠、兔）。

禽类：急性经口 LD_{50}：日本鹌鹑 2380mg/kg，雏鸡 4220mg/kg。鱼类 LC_{50}(48h，mg/L)：虹鳟鱼 4.0，蓝鳃太阳鱼 12.0，鲤鱼 16.9，将科鱼 12.0，金鱼 20.0，泥鳅 15.0。水蚤 LC_{50}(6h)>100mg/L。蜜蜂 LD_{50}>100μg/只。

应　用 本品属咪唑类杀菌剂，对种传的病原真菌，特别是由串珠镰孢引起的水稻恶苗病、由稻梨孢引起的稻瘟病和宫部旋孢腔菌引起的水稻胡麻叶斑病有卓效。本品能防治子囊菌纲、担子菌纲和半知菌纲致病真菌。

异菌脲（iprodione）

$C_{13}H_{13}Cl_2N_3O_3$，330.2

其他中文名称 扑海因，依扑同

其他英文名称 Rovral，26019RP，ROP500F，NRC910，LFA2043，FA2071，glycophene

化学名称 3-(3,5-二氯苯基)-*N*-异丙基-2,4-氧代咪唑烷-1-羧酰胺

CAS登录号 36734-19-7

理化性质 纯品是白色、无味、无吸湿性结晶。熔点134℃，蒸气压5×10^{-4}mPa(25℃)，分配系数$K_{ow}\lg P=3.0$(pH 3)，Henry常数0.7×10^{-5}Pa·m^3/mol(计算值)，相对密度1.00(20℃)。溶解度：水中为13mg/L(20℃)；正辛醇10，乙腈168，甲苯150，乙酸乙酯225，丙酮342，二氯甲烷450，己烷0.59(均为g/L，20℃)。在一般条件下贮存稳定，在紫外光下降解，特别是其水溶液。DT_{50}：1～7d(pH 7)，<1h(pH 9)。

毒　性 大鼠和小鼠急性经口LD_{50}>2000mg/kg。大鼠和兔急性经皮LD_{50}>2000mg/kg。对皮肤和眼睛无刺激性（兔）。大鼠吸入毒性LC_{50}(4h)>5.16mg/L(空气)。无作用剂量：大鼠150mg/kg(2y)；狗18mg/kg(1y)。

禽类：急性经口LD_{50}：山齿鹑>2000mg/kg，野鸭>10400mg/kg。鱼类LC_{50}(96h)：虹鳟鱼4.1mg/L，蓝鳃太阳鱼3.7mg/L。水蚤LC_{50}(48h)：0.25mg/L。藻类羊角月芽藻EC_{50}(120h)：1.9mg/L。蜜蜂LD_{50}>0.4mg/只（接触）。蚯蚓LC_{50}>1000mg/kg(土壤)。

制　剂 96%、95%原药，500g/L、255g/L、25%悬浮剂，50%可湿性粉剂。

应　用 本品为接触杀菌剂。对灰葡萄孢、丛梗孢属、核盘菌属、小菌核菌属，交链孢属所引起的病害有防效。种子处理对由禾蠕孢和小麦网腥黑粉菌引起的黑穗病有防效，处理马铃薯种子对由立枯丝核菌引起的黑痣病有防效。

原药生产厂家 兴农药业（中国）有限公司、江苏常隆农化有限公司、江苏快达农化股份有限公司、江西禾益化工有限公司、江苏蓝丰生物化工股份有限公司、江苏辉丰农化股份有限公司、江苏中旗化工有限公司。

新加坡生达有限公司、德国拜耳作物科学公司。

三唑酮（triadimefon）

Cl—C6H4—O—CH(—N1,2,4-三唑基)—COC(CH_3)$_3$

$C_{14}H_{16}ClN_3O_2$，293.8

其他中文名称 百里通，百菌酮，粉锈宁

其他英文名称 Bayleton，BAY MEB 6447

化学名称 1-(4-氯苯氧基)-3,3-二甲基-1-(1*H*-1,2,4-三氮唑-1-基)丁酮

CAS登录号 43121-43-3

理化性质 本品为无色固体。熔点 82.3℃，蒸气压 0.02mPa(20℃)，0.06mPa(25℃)，分配系数 K_{ow} lg$P$=3.11，Henry 常数 9×10^{-5} Pa·m^3/mol(20℃)，相对密度 1.283 (21.5℃)。溶解度：水中为 64mg/L(20℃)；溶于大多数有机溶剂；二氯甲烷、甲苯>200，异丙醇 99，己烷 6.3(均为 g/L，20℃)。水解 DT_{50}(25℃)>30d(pH 5、pH7 和 pH9)。

毒　性 急性经口 LD_{50}(mg/kg)：大鼠和小鼠约 1000，兔 250～500，狗>500。大鼠急性经皮 LD_{50}>5000mg/kg。对眼睛有中度刺激性，对皮肤没有刺激性（兔）。大鼠吸入毒性 LC_{50}(4h)>3.27mg/L(粉尘)，>0.46mg/L(喷雾)。无作用剂量：（2y）大鼠 300mg/kg，小鼠 50mg/kg，狗 330mg/kg。

禽类：山齿鹑急性经口 LD_{50}>2000mg/kg。鱼类 LC_{50}(96h)：蓝鳃太阳鱼 10.0mg/L，虹鳟鱼 4.08mg/L。水蚤 LC_{50}(48h)：7.16mg/L。藻类铜在淡水藻 E_rC_{50}：2.01mg/L。

制　剂 95%原药，500g/L 悬浮剂，15%烟雾剂，20%、15%水乳剂，20%乳油，25%、15%、10%可湿性粉剂。

应　用 三唑酮是内吸性杀菌剂。三唑酮的杀菌机制原理极为复杂，主要是抑制菌体麦角甾醇的生物合成，因而抑制或干扰菌体附着孢及吸器的发育，菌丝的生长和孢子的形成。三唑酮对某些病菌在活体中活性很强，但离体效果很差。对菌丝的活性比对孢子强。能防治蔬菜、谷物、咖啡、苹果、梨、柑橘、葡萄和花卉等的白粉病和锈病。药剂拌种能防治春、冬小麦和春大麦的白粉病，春大麦散黑粉病，小麦茎枯病和大麦条纹病。施土壤中能防治由香草黑粉菌引起的六月禾条黑粉病和由水草条黑粉菌引起的秆黑粉病。还能防治甜菜白粉病。

原药生产厂家 江苏建农农药化工有限公司、江苏剑牌农药化工有限公司、江苏七洲绿色化工股份有限公司、江苏省盐城利民农化有限公司、江苏省张家港市第二农药厂有限公司、四川省化学工业研究设计院。

德国拜耳作物科学公司、美国默赛技术公司。

三唑醇（triadimenol）

Cl—C6H4—O—CH(—1,2,4-三唑-1-基)—CH(OH)C(CH3)3

$C_{14}H_{18}ClN_3O_2$，295.8

其他中文名称 百坦，羟锈宁，三泰隆

其他英文名称 Baytan，BAY KWG 0519

化学名称 (1*RS*,2*RS*;1*RS*,2*SR*)-1-(4-氯苯氧基)-3,3-二甲基-1-(1*H*-1,2,4-三唑-1-基)丁-2-醇

CAS 登录号 55219-65-3

理化性质 纯品为无色结晶。熔点：非对映异构体 A 138.2℃，非对映异构体 B 133.5℃，

共晶体（A＋B）110℃（原药 103～120℃）。蒸气压 A：6×10^{-4}mPa；B：4×10^{-4}mPa（20℃）。分配系数 $K_{ow}\lg P$：A3.08；B3.28（25℃）。Henry 常数 A：3×10^{-6}，B：4×10^{-6}（$Pa\cdot m^3/mol$，20℃）。相对密度 A：1.237；B：1.299（22 ℃）。溶解度水中为 A：56mg/L；B：27mg/L（20℃）。异丙醇 140，己烷 0.45，庚烷 0.45，二甲苯 18，甲苯 20～50（均为 g/L，20℃）。稳定性：非对映异构体水解 DT_{50}（20℃）＞1y（pH 4、pH7、pH9）。

毒　性　急性经口 LD_{50}：大鼠约 700mg/kg，小鼠约 1300mg/kg。大鼠急性经皮 LD_{50}＞5000mg/kg。对兔眼睛无刺激。对皮肤没有致敏性。大鼠吸入毒性 LC_{50}（4h）＞0.95mg/L 空气（喷雾）。无作用剂量：大鼠 125mg/kg（2y），狗 600mg/kg，雄小鼠 80mg/kg，雌小鼠 400mg/kg。

禽类：山齿鹑急性经口 LD_{50}＞2000mg/kg。鱼类 LC_{50}（96h）：高体雅罗鱼 17.4mg/L，虹鳟鱼 21.3mg/L。水蚤 LC_{50}（48h）：51mg/L。对蜜蜂无毒。蚯蚓 LC_{50}：774mg/kg（干土）。

制　剂　97％、95％原药，25％干拌剂，25％乳油，15％、10％可湿性粉剂

应　用　广谱性拌种杀菌剂，具有内吸性，能杀灭附于种子表面和内部的病原菌。其杀菌作用是影响真菌麦角甾醇的生物合成。用于防治禾谷类作物的白粉病和黑粉病。如防治小麦散黑穗病、网腥黑穗病、根腐病，大麦散黑穗病、锈病、叶条纹病、网斑病等，兼有保护和治疗作用。处理禾谷类作物种子，对种子上带有的黑粉菌，如，小麦网腥黑粉菌和大麦坚黑粉菌的效果良好。能有效地防治春大麦散黑穗病、燕麦散黑穗病、小麦网腥黑穗病，大麦网斑病，小麦根腐病，燕麦叶斑病和苗期凋萎病。

原药生产厂家　江苏剑牌农药化工有限公司、江苏省盐城利民农化有限公司、江苏七洲绿色化工股份有限公司、山东滨农科技有限公司。德国拜耳作物科学公司。

烯唑醇（diniconazole）

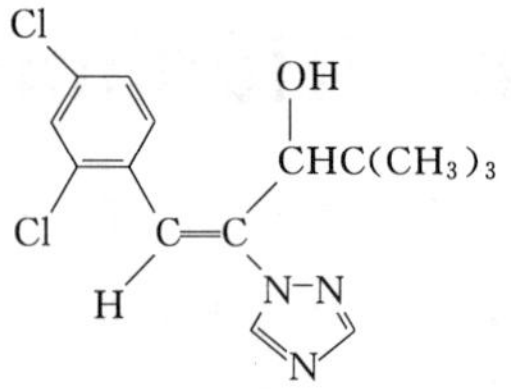

Cl
OH
$CHC(CH_3)_3$
Cl
C═C
H
N-N
N

$C_{15}H_{17}Cl_2N_3O$，326.2

其他中文名称　速保利，达克利，灭黑灵，特灭唑，特普唑，壮麦灵

其他英文名称　Spotless，S 3308L，XF 779

化学名称　(*E*)-(*RS*)-1-(2,4-二氯苯基)-4,4-二甲基-2-(1*H*-1,2,4-三唑-1-基)戊-1-烯-3-醇

CAS 登录号　83657-24-3

理化性质　原药为无色结晶固体。熔点 134～156℃。蒸气压 2.93mPa（20℃），4.9mPa（25℃）。分配系数 $K_{ow}\lg P=4.3$（25℃）。相对密度 1.32（20℃）。溶解度水中为 4mg/L（25℃）；丙酮，甲醇 95，二甲苯 14，己烷 0.7（均为 g/kg，25℃）。稳定性：在通常贮存条

件下稳定，对热、光和潮湿稳定。

毒　性　急性经口 LD_{50}：雄大鼠 639mg/kg，雌大鼠 474mg/kg。大鼠急性经皮 LD_{50} > 5000mg/kg。对皮肤无刺激作用，对眼睛有轻微刺激（兔）。对豚鼠皮肤无致敏性。大鼠吸入毒性 LC_{50}(4h)>2770mg/m^3。

禽类：急性经口 LD_{50}：山齿鹑 1490mg/kg，野鸭>2000mg/kg。鱼类 LC_{50}(96h)：虹鳟鱼 1.58mg/L，鲤鱼 4.0mg/L。蜜蜂 LD_{50}>20μg/只（接触）。

制　剂　烯唑醇：95、96%、92%、85%、80%原药，50%水分散粒剂，5%微乳剂，5%种子处理干粉剂，25%、12.50%、10%乳油，12.50%可湿性粉剂。

R-烯唑醇：74.5%原药，5%种子处理干粉剂，12.50%可湿性粉剂。

应　用　本品属唑类杀菌剂，是甾醇脱甲基化抑制剂，具有广谱和内吸活性，有预防和治疗作用。叶面施药可防治葡萄、禾谷类作物和水果上的白粉病菌和黑星病菌，种子处理可防治禾谷类的腥黑粉菌和黑粉菌，也可推荐防治蔷薇上的短尖多胞锈菌和蔷薇单丝壳菌、花生叶斑病菌、香蕉上的香蕉球腔菌和咖啡上的锈菌目菌。

原药生产厂家　烯唑醇：江苏剑牌农药化工有限公司、江苏托球农化有限公司、江苏省盐城利民农化有限公司、江苏常隆农化有限公司、辽宁省沈阳丰收农药有限公司、江苏建农农药化工有限公司、江苏七洲绿色化工股份有限公司。

R-烯唑醇：江苏剑牌农药化工有限公司。

己唑醇（hexaconazole）

$C_{14}H_{17}Cl_2N_3O$，314.2

化学名称　(*RS*)-2-(2,4-二氯苯基)-1-(1*H*-1,2,4-三唑-1-基)-己-2-醇

CAS登录号　79983-71-4

理化性质　原药>85%，白色结晶固体。熔点 110～112℃，蒸气压 0.018mPa(20℃)，密度约 1.29g/cm^3(25℃)。溶解度（20℃）：水中 0.017mg/L，甲醇 246g/L，丙酮 164g/L，乙醇 120g/L，甲苯 59g/L，己烷 0.8g/L。稳定性：常温下可以保存 6 年，光解、水解稳定。

毒　性　急性经口 LD_{50}：雄大鼠 2189mg/kg，雌大鼠 6071mg/kg。大鼠急性经皮 LD_{50} > 2g/kg，对兔眼有轻微刺激作用，对皮肤无刺激作用。大鼠 4h 吸入毒性 LC_{50}>5.9mg/L。进行 2 年吸入毒性研究，大鼠未见不良反应的剂量为 10mg/kg，小鼠为 40mg/kg。无致畸作用。

禽类：野鸭急性经口 LD_{50}>4000mg/kg，鱼类 LD_{50}(96h，mg/L)：虹鳟鱼 3.4，镜鲤 5.94，红鲈 5.4。水蚤 LC_{50}(48h)：2.9mg/L。蜜蜂 LD_{50}>0.1mg/只（经口和接触）。蠕虫 LC_{50}(14d)：414mg/kg。

制　剂　95%原药，50g/L、40%、30%、25%、10%、5%悬浮剂，10%微乳剂，50%水分散粒剂，10%乳油，50%可湿性粉剂。

应　用　属唑类杀菌剂，甾醇脱甲基化抑制剂，对真菌尤其是担子菌门和子囊菌门引起的病害有广谱性的保护和治疗作用。破坏和阻止病菌的细胞膜重要组成成分麦角甾醇的生物合成，导致细胞膜不能形成，使病菌死亡。具有内吸、保护和治疗活性。

适宜果树如苹果、葡萄、香蕉，蔬菜（瓜果、辣椒等），花生，咖啡，禾谷类作物和观赏植物等作物。在推荐剂量下使用，对环境、作物安全，但有时对某些苹果品种有药害。有效地防治子囊菌、担子菌和半知菌所致病害，尤其是对担子菌纲和子囊菌纲引起的病害如白粉病、锈病、黑星病、褐斑病、炭疽病等有优异的保护和铲除作用。对水稻纹枯病有良好防效。

原药生产厂家　江苏丰登农药有限公司、江苏连云港立本农药化工有限公司、江苏七洲绿色化工股份有限公司、江苏省盐城利民农化有限公司、浙江威尔达化工有限公司。

戊唑醇（tebuconazole）

$Cl-C_6H_4-CH_2-CH_2-C(OH)(CH_2-N_{triazole})-C(CH_3)_3$

$C_{16}H_{22}ClN_3O$，307.8

其他中文名称　立克秀

其他英文名称　Raxil，Folicur，Horizon，Lynx

化学名称　(*RS*)-1-对-氯苯基-4,4-二甲基-3-(1*H*-1,2,4-三唑-1-基甲基)戊-3-醇

CAS登录号　107534-96-3

理化性质　外消旋化合物，无色晶体。熔点105℃，蒸气压1.7×10^{-3}mPa(20℃)，分配系数$K_{ow}\lg P=3.7$(20℃)，Henry常数1×10^{-5}Pa·m^3/mol(20℃)，密度1.25g/cm^3(26℃)。溶解性：水36mg/L(pH 5～9，20℃)；二氯甲烷>200g/L，正己烷<0.1g/L，异丙醇、甲苯50～100g/L(20℃)。稳定性：高温下稳定，在无菌条件下，纯水中易光解和水解，水解DT_{50}>1y(pH 4～9，22℃)。

毒　性　大鼠雄性急性经口LD_{50}为4000mg/kg，雌大鼠急性经口LD_{50}为1700mg/kg，小鼠急性经口LD_{50}约为3000mg/kg。大鼠急性经皮LD_{50}为>5000mg/kg，对兔皮肤无刺激，对眼有轻微刺激。大鼠吸入毒性LC_{50}(4h)：0.37mg/L(气雾剂)，>5.1mg/L(粉剂)。2年饲喂毒性研究，未见不良反应的剂量大鼠为300mg/kg，狗100mg/kg，小鼠20mg/kg(饲料喂食)。

禽类：急性经口LD_{50}：雄性日本鹌鹑4438mg/kg，雌性日本鹌鹑2912mg/kg，三齿鹑1988mg/kg。LC_{50}(5d)：野鸭>4816mg/kg，三齿鹑>5000mg/kg。鱼毒LD_{50}(96h)：虹鳟

鱼 4.4mg/L、蓝鳃太阳鱼 5.7mg/L。水蚤 LC_{50}(48h)：4.2mg/L。海藻羊角月牙藻 E_rC_{50}(72h，静止)：3.80mg/L。蜜蜂 LD_{50}(48h)：83μg/只（经口），>200μg/只（接触）。蚯蚓 LC_{50}(14d)：1381mg/kg。

制 剂 98%、97%、96%、95%、91%原药，2%湿拌种剂，6%种子处理悬浮剂，80g/L悬浮种衣剂，43%、30%悬浮剂，6%微乳剂，25%、12.50%水乳剂，2%湿拌种剂，25%乳油，25%可湿性粉剂。

应 用 本品属三唑类杀菌剂，是甾醇脱甲基化抑制剂。抑制病菌细胞膜上麦角甾醇的去甲基化，使病菌无法形成细胞膜，从而杀死病菌。戊唑醇具有内吸性，即可杀灭附着在种子和植物叶部表面的病菌，也可在植物内向顶传导杀灭作物内部的病菌。用于重要经济作物的种子处理或叶面喷洒的高效杀菌剂。

适宜小麦、大麦、燕麦、黑麦、玉米、高粱、花生、香蕉、葡萄、茶、果树等作物。可以防治白粉菌属、柄锈菌属、喙孢属、核腔菌属和壳针孢属引起的病害如小麦的白粉病、散黑穗病、纹枯病、雪腐病、全蚀病、腥黑穗病，大麦云纹病、散黑穗病、纹枯病，玉米丝黑穗病，高粱丝黑穗病，大豆锈病，油菜菌核病，香蕉叶斑病，茶饼病，苹果斑点落叶病，梨黑星病害葡萄灰霉病等。

原药生产厂家 安徽华星化工股份有限公司、海南正业中农高科股份有限公司、吉林省吉化集团农药化工有限责任公司、江苏百灵农化有限公司、江苏常隆农化有限公司、江苏丰登农药有限公司、江苏好收成韦恩农化股份有限公司、江苏建农农药化工有限公司、江苏剑牌农药化工有限公司、江苏克胜集团股份有限公司、江苏绿叶农化有限公司、江苏南京常丰农化有限公司、江苏七洲绿色化工股份有限公司、江苏射阳黄海农药化工有限公司、江苏省南通派斯第农药化工有限公司、江苏省农用激素工程技术研究中心有限公司、江苏省农药研究所股份有限公司、江苏省盐城利民农化有限公司、江苏省张家港市第二农药厂有限公司、江苏托球农化有限公司、江苏中旗化工有限公司、山东滨农科技有限公司、山东禾宜生物科技有限公司、山东华阳科技股份有限公司、山东省联合农药工业有限公司、山东潍坊润丰化工有限公司、山东潍坊双星农药有限公司、山东中石药业有限公司、山东省淄博新农基农药化工有限公司、陕西美邦农药有限公司、陕西西大华特科技实业有限公司、上海禾本药业有限公司、上海生农生化制品有限公司、上虞颖泰精细化工有限公司、沈阳科创化学品有限公司、泰州百力化学有限公司、天津人农药业有限责任公司、浙江省杭州宇龙化工有限公司、浙江省宁波中化化学品有限公司、浙江省上虞市银邦化工有限公司、浙江威尔达化工有限公司。

德国拜耳作物科学公司、以色列马克西姆化学公司。

亚胺唑（imibenconazole）

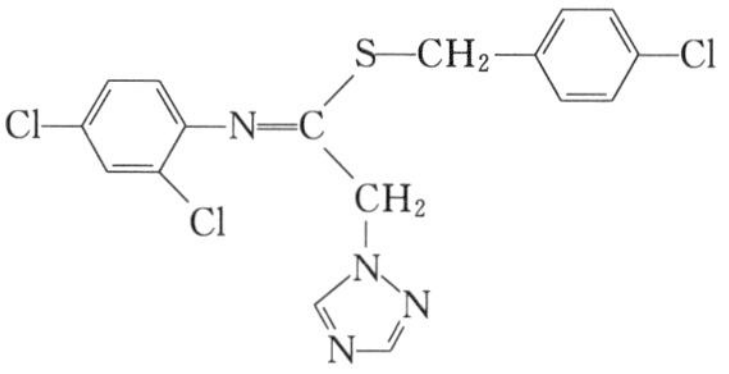

$C_{17}H_{13}Cl_3N_4S$，411.7

其他中文名称 霉能灵，酰胺唑

其他英文名称 Manage，HF-6305，HF-8505

化学名称 *S*-(4-氯苄基)-*N*-2,4-二氯苯基-2-(1*H*-1,2,4-三唑-1-基)硫代乙酰亚胺酯

CAS登录号 86598-92-7

理化性质 浅黄色晶体。熔点 89.5～90℃，蒸气压 8.5×10^{-5} mPa(25℃)，分配系数 $K_{ow}\lg P=4.94$，溶解性：水 1.7mg/L(25℃)；丙酮 1063，苯 580，二甲苯 250，甲醇 120 (均为 g/L，25℃)。稳定性：在弱碱性条件下稳定，在酸性和强碱条件下不稳定。DT_{50} (25℃)：＜1d(pH 1)，6d(pH 5)，88d(pH 7)，92d(pH 9)，＜1d(pH 13)。

毒　性 大鼠急性经口 LD_{50}：＞2800mg/kg(雄)，3000mg/kg(雌)；小鼠LD_{50}＞5000mg/kg。大鼠急性经皮 LD_{50}＞2000mg/kg，对兔眼睛有轻微刺激，对皮肤无刺激，对豚鼠皮肤有轻微刺激。大鼠空气吸入毒性 LC_{50}(4h)＞1020mg/m³。2 年饲喂毒性研究，未见不良反应的剂量大鼠为 100mg/kg。无致畸作用。

禽类：三齿鹑和野鸭急性经口毒性 LD_{50}＞2250g/kg。鱼类 LC_{50}(96h，mg/L)：虹鳟鱼 0.67，蓝鳃太阳鱼 1.0，鲤鱼 0.84。水蚤 LC_{50}(6h)＞100mg/L。海藻 EC_{50}＞1000mg/L。蜜蜂 LD_{50}：急性经口＞125μg/只，接触毒性＞200μg/只。蠕虫：LC_{50}＞1000mg/kg(土壤)。

制　剂 15%、5%可湿性粉剂。

应　用 亚胺唑是广谱新型杀菌剂，具有保护和治疗作用。亚胺唑喷到作物上后能快速渗透到植物体内，耐雨水冲刷。主要作用机理是破坏和阻止病菌的细胞膜重要组成成分麦角甾醇的生物合成，从而破坏细胞膜的形成，导致病菌死亡。亚胺唑是广谱性三唑类杀菌剂，能有效地防治子囊菌、担子菌和半知菌所致病害。对藻状菌真菌无效。亚胺唑是防治果树、蔬菜等作物的多种真菌性病害的药剂，尤其对柑橘疮痂病、葡萄黑痘病、梨黑星病具有显著的防治效果。防治柑橘树疮痂病、梨黑星病。适用作物：果树、蔬菜。

生产厂家 广东省江门市植保有限公司，日本北兴化学工业株式会社。

联苯三唑醇（bitertanol）

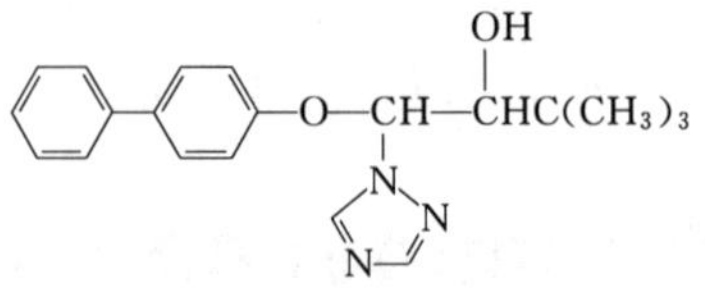

$C_{20}H_{23}N_3O_2$，337.4

其他中文名称 双苯三唑醇，百科灵

其他英文名称 Baycor，Bay KWG 0599，biloxazol，Sibutol

化学名称 (1*RS*,2*RS*;1*RS*,2*RS*)-1-(联苯-4-基氧)-3,3-二甲基-1-(1*H*-1,2,4-三唑-1-基)-2-丁醇

CAS登录号 70585-36-3

理化性质 白色粉末（原药，白色至黄褐色晶体有轻微臭味）。熔点：138.6℃(A)，147.1℃(B)，118℃(A和B共溶物)。蒸气压：2.2×10^{-7}mPa(A)，2.5×10^{-6}mPa(B)(20℃)。分配系数 $K_{ow}\lg P$=4.1(A)，4.15(B)(20℃)。Henry常数：2×10^{-8}Pa·m^3/mol(A)，5×10^{-7}Pa·m^3/mol(B)(20℃)。相对密度：1.16(20℃)。溶解性：水2.7(A)，1.1(B)，3.8(共溶物)(mg/L，20℃，不受pH值影响)。二氯甲烷>250，异丙醇67，二甲苯18，正辛醇53(均为共溶物，g/L，20℃)。稳定性：在中性、酸性和碱性条件下稳定，在弱碱性条件下稳定，在酸性和强碱条件下不稳定，DT_{50}在25℃>1年(pH 4，pH7和pH9)。

毒　性 急性经口 LD_{50}(mg/kg)：大鼠>5000，小鼠4300，狗>5000。大鼠急性经皮 LD_{50}>5000mg/kg，对兔眼睛和皮肤有轻微刺激。大鼠空气吸入毒性 LC_{50}(4h)：>0.55mg/L(气雾剂)，>1.2mg/L(粉剂)。2年饲喂毒性研究，未见不良反应的剂量大鼠和小鼠为100mg/kg。

禽类：急性经口毒性 LD_{50}：三齿鹑776mg/kg，野鸭>2000mg/kg；LC_{50}(5d)：野鸭>5000，三齿鹑808mg/kg。鱼类 LC_{50}(96h)：虹鳟鱼2.14mg/L，蓝鳃太阳鱼3.54mg/L。水蚤 LC_{50}(48h)：1.8～7mg/L。海藻铜在淡水藻 EC_{50}(5d)：6.52mg/L。蜜蜂：急性经口 LD_{50}>104.4μg/只，接触毒性>200μg/只。蠕虫 LC_{50}(14d)>1000mg/kg(干土)。

制　剂 97%原药，25%可湿性粉剂。

应　用 主要是抑制构成真菌膜所必需的成分麦角甾醇，使受害真菌体内出现甾醇中间体的积累，而麦角甾醇则逐渐下降并耗尽，从而干扰细胞膜的合成，使细胞变形、菌丝膨大、分枝畸形、生长受抑制。为广谱、渗透性杀菌剂，具有很好的保护治疗和铲除作用。对锈病、白粉病、黑星病、叶斑病均有较好的防效。

原药生产厂家 江苏剑牌农药化工有限公司，德国拜耳作物科学公司。

腈苯唑(fenbuconazole)

$C_{19}H_{17}ClN_4$，336.8

其他中文名称 应得，唑菌腈

化学名称 4-(4-氯苯基)-2-苯基-2-(1*H*-1,2,4-三唑-1-甲基)丁腈

CAS登录号 114369-43-6

理化性质 白色固体，伴有微弱硫黄臭味。熔点：126.5～127℃，沸点：300℃以上不稳定，蒸气压 3.4×10^{-1}mPa(25℃)，分配系数 $K_{ow}\lg P$=3.23(25℃)，Henry常数13.01×

10^{-5} Pa·m^3/mol，密度 1.27g/cm^3(20℃)。溶解性：水 3.77mg/L(25℃)；丙酮和 1,2-二氯乙烷>250，乙酸乙酯 132，甲醇 60.9，辛醇 8.43，二甲苯 26.0，正庚烷 0.0677(均为 g/L，20℃)。稳定性：无菌条件下，氙气灯照射，不易光解，可保存 30d(pH 7，25℃)，pH5、pH7、pH9 在无菌条件下不易水解，热稳定性达到 300℃。

毒　性　大鼠急性经口 LD_{50} 为 2000mg/kg。大鼠急性经皮 LD_{50} >5000mg/kg，对眼睛和皮肤无刺激性（原药）。但乳油对兔的眼睛和皮肤有强烈的刺激作用。大鼠空气吸入毒性 LC_{50}(4h)>2.1mg/L(原药)，每日摄入 6.3mg/kg 对生殖无影响，每日摄入 30mg/kg 对生长无影响。通过实验，对大鼠生殖和胎儿的毒性剂量小于母体的毒性剂量。通过长期胃毒试验，对生殖和致癌未见不良反应剂量为 3mg/kg。在其他试验中未见致畸作用。

禽类：饲喂毒性 LC_{50}(8d)：三齿鹑 4050mg/kg，野鸭 21102110mg/kg；三齿鹑 LC_{50}(21d)：2150mg/kg。鱼类 LC_{50}(96h)：虹鳟鱼 1.5mg/L，蓝鳃太阳鱼 1.68mg/L。长期饲喂，虹鳟鱼的无作用剂量为 0.33mg/L。水蚤 EC_{50}(急性)：2.2mg/L，无作用剂量为 0.078mg/L。海藻羊角月牙藻 EC_{50}(5d)：0.47mg/L。其他水生动植物：对摇蚊属昆虫进行沉积物毒性测试无作用剂量为 1.73mg/L。蜜蜂急性经口 LC_{50}(96h，粉剂)>0.29mg/只。蚯蚓 LC_{50}(14d)：98mg/kg。

制　剂　24%悬浮剂

应　用　属麦角甾醇生物合成抑制剂（EBI)。内吸传导型杀菌剂，能抑制病原菌苗丝的伸长，可阻止已发芽的病菌孢子侵入作物组织。在病菌潜伏期使用，能阻止病菌的发育，在发病后使用，能使下一代孢子变形，失去继续传染能力，对病害既有预防作用又有治疗作用。为兼具保护、治病和杀灭作用的内吸性广谱杀菌剂。

适宜禾谷类作物、水稻、甜菜、葡萄、香蕉、果树如桃、苹果等作物。腈苯唑对禾谷类作物的壳针孢属、柄锈菌属和黑麦喙孢，甜菜上的甜菜生尾孢，葡萄上的葡萄孢属、葡萄球座菌和葡萄钩丝壳，核果上的丛梗孢属，果树上如苹果黑星菌等以及对大田作物、水稻、香蕉、蔬菜和园艺作物的许多病害均有效，还有香蕉叶斑病等。腈苯唑既可作叶面，也可作种子处理剂。

生产厂家　广东德利生物科技有限公司，美国陶氏益农公司。

腈菌唑（myclobutanil）

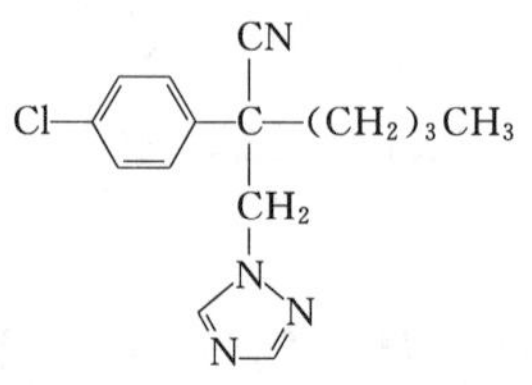

$C_{15}H_{17}ClN_4$，288.8

其他英文名称　Systhane

化学名称　2-(4-氯苯基)-2-(1*H*-1,2,4-三唑-1-甲基)己腈

CAS登录号 88671-89-0

理化性质 白色无味结晶固体，原药浅黄色固体。熔点 63～68℃（原药），沸点 202～208℃（133.3Pa），蒸气压 0.213mPa（25℃），分配系数 K_{ow} lg$P$=2.94（pH 7～8，25℃），Henry 常数 4.33×10^{-4}Pa·m^3/mol（计算值）。溶解性：水 142（mg/L，25℃）；溶于普通有机溶剂，如酮类，酯类，醇类和芳香烃，溶解度为 50～100g/L。不溶于脂肪烃。稳定性：正常储存条件下的稳定。水溶液暴露在光线下分解，DT_{50} 222d（无菌水），0.8d（敏化无菌水），25d（池塘水）；不水解 28d（28℃）（pH 5，pH7 和 pH 9）。

毒　性 雄大鼠急性经口 LD_{50} 为 1870mg/kg，雌大鼠 2090mg/kg。兔急性经皮 LD_{50}＞5000mg/kg，对皮肤无刺激性；对兔的眼睛有一定的刺激作用。大鼠空气吸入毒性 LC_{50}：5.1mg/L。饲喂毒性（90d），对狗的无作用剂量为 3.1mg/kg，对大鼠生殖影响的无作用剂量为 14.7mg/kg。对大鼠和兔子无致畸作用。

禽类：急性经口 LD_{50}：三齿鹑 210mg/kg，灰山鹑 1635mg/kg。饲喂毒性 LC_{50}（8d）：三齿鹑和野鸭＞5000mg/kg。鱼类 LC_{50}（96h）：虹鳟鱼 2.0mg/L，蓝鳃太阳鱼 2.4mg/L。水蚤 EC_{50}（48h）：11mg/L。海藻羊角月牙藻 EC_{50}（96h）：2.4mg/L。蜜蜂：无毒，急性经口 LD_{50} 171μg/只，接触毒性 200μg/只。蚯蚓 LC_{50}：99mg/kg，对蚯蚓生殖影响的无作用剂量＞10.3mg/kg。

制　剂 96%、95%、94%原药，40%悬浮剂，12.50%、2.50%微乳剂，12.50%水乳剂，25%、12.50%、12%、10%、5%乳油，40%可湿性粉剂。

应　用 属三唑类杀菌剂，是甾醇脱甲基化抑制剂，具有内吸性、保护性和治疗性，杀菌谱广。对子囊菌、担子菌、核盘菌均有较高防效。有较强的内吸性，杀菌谱广，药效高，持效期长。具有预防和治疗作用。适宜苹果、梨、核果、葡萄、葫芦、园艺观赏作物、小麦、大麦、燕麦、棉花和水稻等作物，对作物安全。防治白粉病、黑星病、腐烂病、锈病等。

原药生产厂家 湖北仙隆化工股份有限公司、江苏耕耘化学有限公司、江苏生花农药有限公司、山东省联合农药工业有限公司、沈阳科创化学品有限公司、台州市大鹏药业有限公司、浙江一帆化工有限公司、镇江建苏农药化工有限公司。

美国陶氏益农公司。

丙环唑（propiconazol）

Cl　Cl　O　O　$CH_3CH_2CH_2$　CH_2　N　N　N

$C_{15}H_{17}Cl_2N_3O_2$，342.2

其他中文名称 敌力脱，必扑尔

化学名称 (±)-1-[2-(2,4-二氯苯基)-4-丙基-1,3-二氧戊环-2-甲基]-1*H*-1,2,4-三唑

CAS登录号 60207-90-1

理化性质 原药为黄色黏稠液体，有臭味。沸点：99.9℃(0.32Pa)，120℃(1.9Pa)，>250℃(101kPa)。蒸气压：2.7×10^{-2}mPa(20℃)，5.6×10^{-2}mPa(25℃)。分配系数$K_{ow}\lg P$=3.72(pH 6.6，25℃)。Henry常数9.2×10^{-5}Pa·m³/mol(20℃，计算值)。相对密度1.29(20℃)。溶解性：水100mg/L(20℃)，正庚烷47g/L，完全溶于丙酮、甲苯、正辛醇和乙醇（25℃)。稳定性：温度达到320℃时稳定，不易光解和水解。p*K*a 1.09(弱碱)。

毒　性 急性经口LD_{50}：大鼠1517mg/kg，小鼠1490mg/kg。急性经皮LD_{50}：大鼠>4000mg/kg，兔>6000mg/kg，对兔皮肤和眼睛无刺激性。大鼠空气吸入毒性LC_{50}(4h)>5800mg/m³。2年毒性饲养试验，大鼠无作用剂量每天3.6mg/kg，小鼠每天10mg/kg；1年饲喂试验，狗的无作用剂量每天1.9mg/kg。无致畸致癌作用。

禽类：急性经口LD_{50}(mg/kg)：日本鹌鹑2223，三齿鹑2825，野鸭>2510，北京鸭>6000。饲喂毒性LC_{50}(5d，mg/kg)：日本鹌鹑>10 000，三齿鹑>5620，野鸭>5620，北京鸭>10000。鱼类LC_{50}(96h，mg/L)：鲤鱼6.8，虹鳟鱼4.3，金雅罗鱼5.1。水蚤EC_{50}(48h)：10.2mg/L。海藻近头状伪蹄形藻EC_{50}(3d，250EC)：2.05mg/L。蜜蜂：急性经口和接触毒性LD_{50}>100μg/只。蚯蚓LC_{50}(14d)：686mg/kg(干土)。

制　剂 95%、93%、90%原药，55%、50%、40%微乳剂，250g/L乳油，70%、50%、25%乳油。

应　用 丙环唑是一种具有保护和治疗作用的内吸性三唑类杀菌剂，属麦角甾醇生物合成的抑制剂。麦角甾醇在真菌细胞膜的构成中起重要作用，丙环唑通过干扰C_{14}-去甲基化而妨碍真菌体内麦角甾醇的生物合成，从而破坏真菌的生长繁殖，起到保护和治疗作用。可被根、茎、叶部吸收，并能很快地在植株体内向上传导。丙环唑可以防治子囊菌、担子菌和半知菌所引起的病害，特别是对小麦根腐病、白粉病、水稻恶苗病具有较好的防治效果，但对卵菌病害无效。丙环唑残效期在1个月左右。

适用香蕉、小麦作物。可有效地防治大多数高等真菌引起的病害，如对香蕉叶斑病有特效，对小麦纹枯病、叶枯病、白粉病、锈病都有良好的防治效果。茎叶喷雾。

原药生产厂家 安徽丰乐农化有限责任公司、海南正业中农高科股份有限公司、河南省郑州志信农化有限公司、江苏百灵农化有限公司、江苏常隆化工有限公司、江苏丰登农药有限公司、江苏七洲绿色化工股份有限公司、江苏省南通润鸿生物化学有限公司、江苏省太仓市农药厂有限公司、江苏省盐城利民农化有限公司、江苏新港农化有限公司、江西禾益化工有限公司、利尔化学股份有限公司、辽宁省沈阳东大迪克化工药业有限公司、山东东泰农化有限公司、山东省招远三联化工厂陕西白鹿农化有限公司、山东潍坊润丰化工有限公司、山东潍坊双星农药有限公司、山西绿海农药科技有限公司、陕西西大华特科技实业有限公司、上海生农生化制品有限公司、上海威敌生化（南昌）有限公司、天津人农药业有限责任公司河北世纪农药有限公司、温州绿佳化工有限公司、新加坡利农私人有限公司、浙江禾本农药化学有限公司、浙江省宁波中化化学品有限公司。

美国陶氏益农公司、瑞士先正达作物保护有限公司。

氟硅唑（flusilazole）

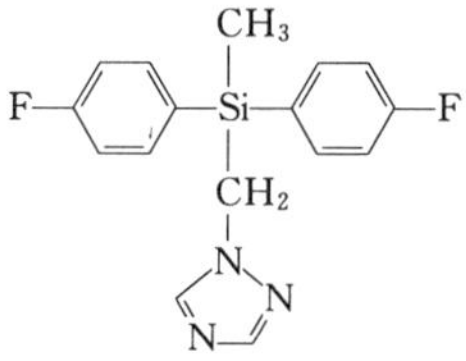

$C_{16}H_{15}F_2N_3Si$，315.4

其他中文名称 克菌星，新星，福星

其他英文名称 Nustar，Olymp

化学名称 双(4-氟苯基)甲基(1*H*-1,2,4-三唑-1-基亚甲基)硅烷

CAS登录号 85509-19-9

理化性质 白色无味晶体。熔点 53～55℃，蒸气压 3.9×10^{-2}mPa(25℃)（饱和气体），分配系数 $K_{ow}\lg P=3.74$(pH 7，25℃)，Henry 常数 2.7×10^{-4}Pa·m^3/mol(pH 8，25℃，计算值)，相对密度 1.30(20℃)。溶解性（mg/L，20℃）：水 45(pH 7.8)，54(pH 7.2)，900(pH 1.1)；易溶于（>2kg/L）有机溶剂。稳定性：在一般条件下稳定性超过 2 年，对光和高温（温度达 310℃）稳定。p*K*a 2.5(弱碱)。

毒　性 雄大鼠急性经口 LD_{50}为 1100mg/kg，雌大鼠 674mg/kg。兔急性经皮 LD_{50}>2000mg/kg，对皮肤和眼睛有轻微刺激性。吸入毒性 LC_{50}(4h，mg/L)：雄大鼠 27，雌大鼠 3.7。2 年毒性饲养试验，大鼠无作用剂量 10mg/kg；1 年饲喂试验，狗无作用剂量 5mg/kg (0.2mg/kg)；1.5 年饲喂试验，小鼠无作用剂量为 25mg/kg。无致畸作用。

禽类：急性经口 LD_{50}：野鸭>1590mg/kg。鱼类 LC_{50}(96h)：虹鳟鱼 1.2mg/L，蓝腮太阳鱼 1.7mg/L。水蚤 LC_{50}(48h)：3.4mg/L。蜜蜂：无毒，急性经口和接触毒性 LD_{50}>150μg/只。

制　剂 95%、93%、92%原药，30%、25%、10%、8%微乳剂，25%、10%水乳剂，10%水分散粒剂，40%乳油，20%可湿性粉剂。

应　用 属于甾醇脱甲基化抑制剂，破坏和阻止病菌的细胞膜重要组成成分麦角甾醇的生物合成，导致细胞膜不能形成，使病菌死亡。具有内吸性、保护性和治疗活性。

适宜苹果、梨、黄瓜、番茄和禾谷类作物等作物。梨肉的最大残留限量为 0.05μg/g，梨皮为 0.5μg/g. 安全间隔期为 18d，为了避免病菌对氟硅唑产生抗性，一个生长季内使用次数不宜超过 4 次，应与其他保护性药剂交替使用。可用于防治子囊菌纲、担子菌纲和半知菌类真菌引起的多种病害，如苹果黑星病、白粉病，禾谷类的麦类核腔菌、壳针孢菌、葡萄钩丝壳菌、葡萄球座菌引起的病害如眼点病、颖枯病、白粉病、锈病和叶斑病等，以及甜菜上的多种病害。对梨、黄瓜黑星病，花生叶斑病，番茄叶霉病也有效。持效期约 7d。

氟硅唑对许多经济上重要的作物多种病害具有优良防效。在多变的气候条件和防治病害有效剂量下没有药害。对主要的禾谷类病害包括斑点病、颖枯病、白粉病、锈病和叶斑病，施药 1～2 次；对叶、穗病害施药 2 次，一般能获得较好的防治效果。

原药生产厂家 安徽华星化工股份有限公司、海南正业中农高科股份有限公司、江苏建农农药化工有限公司、江苏中旗化工有限公司、江西禾益化工有限公司、山东澳得利化工有限公司、山东禾宜生物科技有限公司、陕西恒润化学工业有限公司、天津久日化学工业有限公司、浙江一帆化工有限公司。

美国杜邦公司。

苯醚甲环唑（difenoconazole）

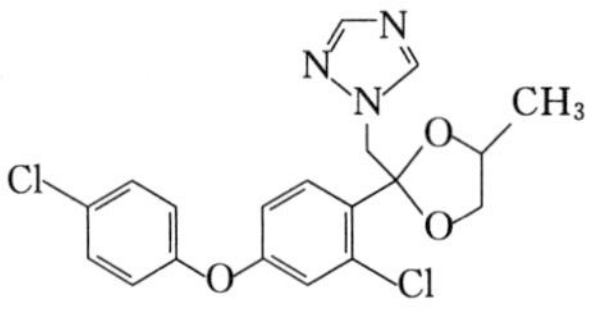

$C_{19}H_{17}Cl_2N_3O_3$，406.3

其他中文名称 世高，敌萎丹

其他英文名称 CGA169374

化学名称 3-氯-4-[4-甲基-2-(1*H*-1,2,4-三唑-1-基甲基)-1,3-二噁戊烷-2-基]苯基-4-氯苯基醚

CAS 登录号 119446-68-3

理化性质 *cis*-体和 *trans*-体比为(0.7∶1)～(1.5∶1)。白色或浅米色晶体。熔点 82.0～83.0℃，沸点 100.8℃/3.7mPa，蒸气压 3.3×10^{-5} mPa(25℃)，分配系数 $K_{ow}\lg P=4.4$(25℃)，Henry 常数 8.94×10^{-7} Pa·m^3/mol(25℃，计算值)，相对密度 1.40(20℃)。溶解性：水中 15mg/L(25℃)；丙酮、二氯甲烷、甲苯、甲醇和乙酸乙酯中溶解度＞500，正己烷 3，辛醇 110(g/L，25℃)。稳定性：温度达到 150℃稳定，不易水解。p*K*a 1.1。

毒　性 大鼠急性经口 LD_{50} 为 1453mg/kg，小鼠＞2000mg/kg。兔急性经皮 LD_{50}＞2010mg/kg，对兔皮肤和眼睛无刺激性。大鼠吸入毒性 LC_{50}(4h)≥3300mg/m^3。2 年毒性饲养试验，大鼠无作用剂量每天 1.0mg/kg；1 年饲喂试验，狗的无作用剂量每天 3.4mg/kg，1.5 年饲喂试验，小鼠无作用剂量每天为 4.7mg/kg。无致畸致癌作用。

禽类：急性经口 LD_{50}(9～11d)：野鸭＞2150，日本鹌鹑＞2000mg/kg。饲喂毒性 LC_{50}(5d)：三齿鹑 4760mg/L，野鸭＞5000mg/L。鱼类 LC_{50}(96h)：虹鳟鱼 1.1mg/L，蓝腮太阳鱼 1.3mg/L。水蚤 EC_{50}(48h)：0.77mg/L。海藻铜在淡水藻 EC_{50}(72h)：0.03mg/L。蜜蜂：无毒，急性经口毒性 LD_{50}＞187μg/只，接触毒性＞100μg/只。蚯蚓 LC_{50}＞610mg/kg(干土)。

制　剂 97%、95%、92% 原药，40%、25%、10% 悬浮剂，30 克/升悬浮种衣剂，

30%、25%、20%、10%微乳剂，37%、30%、20%、15%、10%水分散粒剂，30%、25%乳油，25%、20%、10%、5%水乳剂，30%、12%、10%可湿性粉剂。

应　用　苯醚甲环唑具有保护、治疗和内吸活性，是甾醇脱甲基化抑制剂，抑制细胞壁甾醇的生物合成，可阻止真菌的生长。杀菌谱广。叶面处理或者种子处理可提高作物的产量和保证品质。

适宜番茄、甜菜、香蕉、禾谷类作物、水稻、大豆、园艺作物及各种蔬菜等作物。对小麦、大麦进行茎叶（小麦株高24～42cm）处理时，有时叶片会出现变色现象，但不会影响产量。对子囊菌亚门、担子菌亚门和包括链格孢属、壳二孢属、尾孢霉属、刺盘孢属、球座菌属、茎点霉属、柱隔孢属、壳针孢属、黑星菌属在内的半知菌、白粉菌科，锈菌目和某些种传病原菌有持久的保护和治疗活性，同时对甜菜褐斑病，小麦颖枯病、叶枯病、锈病和有几种致病菌引起的霉病，苹果黑星病、白粉病，葡萄白粉病，马铃薯早疫病，花生叶斑病、网斑病等均有较好的治疗效果。

原药生产厂家　河南省开封田威生物化学有限公司、河南省郑州豫珠新技术实验厂、绩溪农华生物科技有限公司、江苏丰登农药有限公司、江苏耕耘化学有限公司、山东东泰农化有限公司、山东潍坊双星农药有限公司、陕西西大华特科技实业有限公司、上海生农生化制品有限公司、浙江博仕达作物科技有限公司、浙江禾本农药化学有限公司、浙江乐吉化工股份有限公司、浙江省杭州宇龙化工有限公司、浙江一帆化工有限公司。

瑞士先正达作物保护有限公司。

灭菌唑（triticonazole）

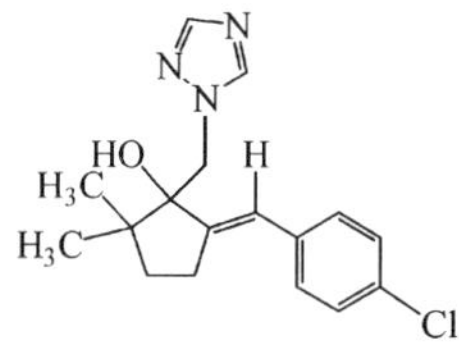

$C_{17}H_{20}ClN_3O$，317.8

其他中文名称　扑力猛

其他英文名称　Alios，Concept，Premis B，Rral

化学名称　(*RS*)-(*E*)-5-(4-氯亚苄基)-2,2-二甲基-1-(1*H*-1,2,4-三唑-1-基甲基)环戊醇

CAS登录号　131983-72-7

理化性质　外消旋混合物，95%纯品。白色粉末，无味（22℃）。熔点139～140.5℃。蒸气压<1×10⁻⁵mPa(50℃)。分配系数$K_{ow}\lg P=3.29$(20℃)。Henry常数3×10^{-5}Pa·m³/mol(计算值)。相对密度1.326～1.369(20℃)。溶解性：水9.3mg/L(20℃)，不受pH影响。稳定性：温度达到180℃稍微分解。

毒　性　大鼠急性经口$LD_{50}>2000$mg/kg。大鼠急性经皮$LD_{50}>2000$mg/kg，对皮肤和眼睛无刺激性。大鼠吸入毒性$LC_{50}>5.6$mg/L。大鼠无作用剂量750mg/L(雄大鼠和雌大鼠每天分别为29.4mg/kg、38.3mg/kg)；狗2.5mg/kg。

禽类：急性经口 LD_{50}：三齿鹑＞2000mg/kg。对虹鳟鱼低毒，LC_{50}＞3.6mg/L。水蚤 LC_{50}(48h)：9mg/L。海藻铜在淡水藻 EC_{50}(96h)＞1.0mg/L。对蜜蜂急性经口和接触毒性 LD_{50}＞100μg/只。蠕虫 LC_{50}(14d)＞1000mg/kg。

制　剂　95%原药，28%、25%悬浮种衣剂。

应　用　甾醇生物合成中 C-14 脱甲基化酶抑制剂。主要用作种子处理剂。

适宜禾谷类作物、豆科作物、果树如苹果等作物。推荐剂量下对作物安全、无药害。防治镰孢（霉）属、柄锈菌属、麦类核腔菌属、黑粉菌属、腥黑粉菌属、白粉菌属、圆核腔菌、壳针孢属、柱隔孢属等引起的病害如白粉病、锈病、黑腥病、网斑病等。主要用于防治禾谷类作物、豆科作物、果树病害，对种传病害有特效。可种子处理、也可茎叶喷雾，持效期长达 4～6 周。

原药生产厂家　巴斯夫欧洲公司。

四氟醚唑（tetraconazole）

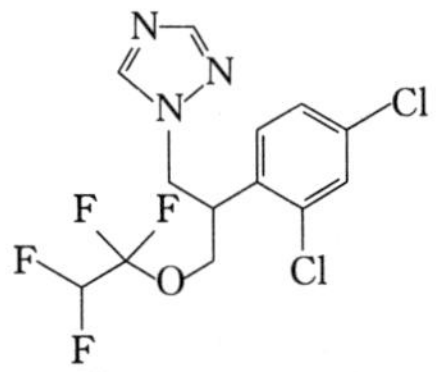

$C_{13}H_{11}Cl_2F_4N_3O$，372.1

其他中文名称　氟醚唑，朵麦克

其他英文名称　Domark，Eminent，Lospel

化学名称　(±)-2-(2,4-二氯苯基)-3-(1*H*-1,2,4-三唑-1-基)丙基-1,1,2,2,-四氟乙基醚

CAS 登录号　112281-77-3

理化性质　黏稠油状物。240℃分解，蒸气压 1.6mPa(20℃)，密度 201.4328g/mL。溶解性（20℃）：水 150mg/L；易溶于丙酮、二氯甲烷、甲醇。其水溶液对日光稳定，稀溶液在 pH 值 5～9 条件下稳定，对铜有轻微腐蚀性。

毒　性　雄大鼠急性经口 LD_{50} 为 1250mg/kg，雌大鼠急性经口 LD_{50} 为 1031mg/kg，大鼠急性经皮 LD_{50}＞2g/kg。无致突变性，Ames 试验无诱变性。鹌鹑 LC_{50}(8d)：650mg/kg(饲料)，野鸭 LD_{50}(8h) 为 422mg/kg(饲料)。鱼毒 LC_{50}(96h)：蓝鳃 4.0mg/L，虹鳟 4.8mg/L。水蚤 LC_{50}(48h)：3.0mg/L。蜜蜂 LD_{50}(经口)＞130μg/蜂。

制　剂　95%、94%原药，4%水乳剂。

应　用　可以防治白粉菌属、柄锈菌属、喙孢属、核腔菌属和壳针孢属菌引起的病害如小麦白粉病、小麦散黑穗病、小麦锈病、小麦腥黑穗病、小麦颖枯病、大麦云纹病、大麦散黑穗病、大麦纹枯病、玉米丝黑穗病、高粱丝黑穗病、瓜果白粉病、香蕉叶斑病、苹果斑点落叶病、梨黑星病和葡萄白粉病等。既可茎叶处理，也可作种子处理使用。适宜作物禾谷类作物如小麦、大麦、燕麦、黑麦等；果树如香蕉、葡萄、梨、苹果等；蔬菜如瓜类、甜菜，观赏植物等。

原药生产厂家 浙江省杭州宇龙化工有限公司，意大利意赛格公司。

戊菌唑（penconazole）

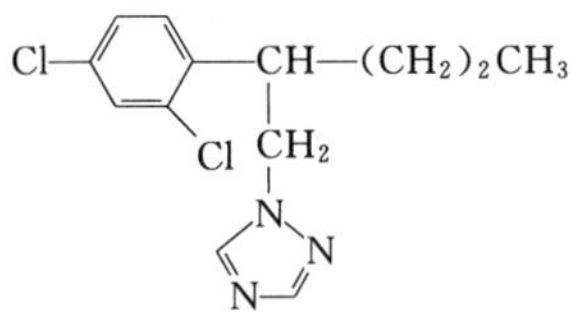

$C_{13}H_{15}Cl_2N_3$，284.2

其他中文名称 配那唑，果壮，笔菌唑

其他英文名称 Award，CGA 71818，Topas，Topaz，Toraze

化学名称 1-[2-(2,4-二氯苯基)戊基]-1*H*-1,2,4-三唑

CAS登录号 66246-88-6

理化性质 外观为无色结晶粉末。熔点 60.3～61.05℃。沸点 >360 ℃；99.2 ℃/1.9Pa 蒸气压：0.017mPa(20℃)，0.37mPa(25℃)。分配系数 $K_{ow}\lg P$=3.72(pH5.7，25℃)。相对密度 1.30(20 ℃)，水中溶解度 73mg/L(25℃)；有机溶剂中溶解度（g/L，25℃)：乙醇中 730，丙酮中 770，甲苯中 610，正己烷中 24，正辛醇中 400。稳定性：水中稳定，温度至 350℃仍稳定，不分解。

毒　　性 原药大鼠急性经口 LD_{50}：2125mg/kg，急性经皮 LD_{50}>3000mg/kg，急性吸入 LC_{50}(4h)>4000mg/m^3，对家兔眼睛和皮肤无刺激性，豚鼠皮肤无致敏性，雄大鼠 3 个月喂养亚慢性毒性试验最大无作用剂量为 300mg/kg，大鼠 2 年慢性喂养毒性试验最大无作用剂量为 3.8mg/(kg・d)，未见对试验动物致畸、致突变和致癌作用。戊菌唑在干燥土壤中半衰期 DT_{50} 133～343d；自然光照下光解半衰期 DT_{50} 为 4d。

LC_{50}(96h)：虹鳟鱼 1.7～4.3mg/L，鲤鱼 3.8～4.6mg/L，蓝鳃太阳鱼 2.1～2.8mg/L，日本鹌鹑 LD_{50}(8d)：2424mg/kg，野鸭 LD_{50}(8d)>1590mg/kg。对蜜蜂基本无毒害。蚯蚓 LD_{50}(14d)>1000mg/kg。喷药时应避开蜜蜂采蜜季节，切勿使该药剂污染水源、池塘，以及桑蚕等。

制　　剂 95%原药，10%乳油。

应　　用 一种兼具保护、治疗和铲除作用的内吸性三唑类杀菌剂，主要作用机理是甾醇脱甲基化抑制剂，破坏和阻止病菌的细胞膜重要组成成分麦角甾醇的生物合成，导致细胞膜不能形成，使病菌死亡。由于具有很好的内吸性，因此可迅速地被植物吸收，并在内部传导；具有很好的保护和治疗活性。适宜作物与安全性果树如苹果、葡萄、梨、香蕉，蔬菜和观赏植物等。能有效地防治子囊菌、担子菌和半知菌所致病害尤其对白粉病、黑星病等具有优异的防效。

原药生产厂家 江苏七洲绿色化工股份有限公司，意大利艾格汶生命科学有限公司。

种菌唑（ipconazole）

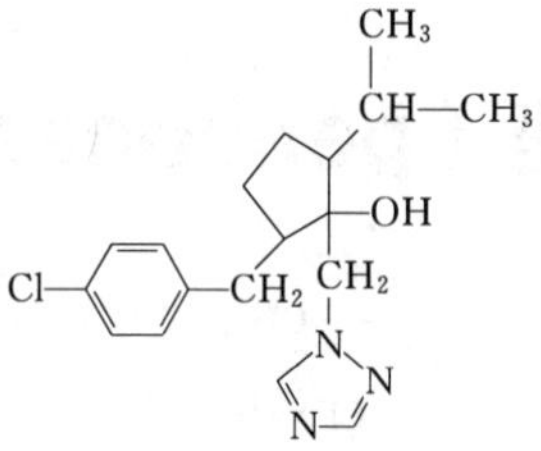

$C_{18}H_{24}ClN_3O$，333.9

其他英文名称 Techlead，KNF-317

化学名称 (1*RS*,2*SR*,5*RS*;1*RS*,2*SR*,5*SR*)-2-(4-氯苄基)-5-异丙基-1-(1*H*-1、2、4-三唑-1-基甲基)环戊醇

CAS登录号 125225-28-7

理化性质 外观为白色结晶。熔点 88～90℃。蒸气压：3.58×10^{-6} Pa(1*RS*，2*SR*，5*RS*)，6.99×10^{-6} Pa(1*RS*，2*SR*，5*SR*)。分配系数 $K_{ow}\lg P=4.24$(20℃)。水中溶解度：6.93mg/L(20℃)。

毒　性 原药大鼠急性经口 LD_{50} 为 1338mg/kg，急性经皮 LD_{50}＞2000mg/kg；对家兔眼睛和皮肤无刺激性；未见对试验动物致畸、致突变和致癌作用。对鲤鱼 LC_{50}(48h)：2.5mg/L，对鸟类、蜜蜂、蚯蚓基本无毒害。

制　剂 97%原药。

应　用 防治恶苗病、麻斑病和稻瘟病；用于水稻种子处理。

原药生产厂家 美国科聚亚公司。

粉唑醇（flutriafol）

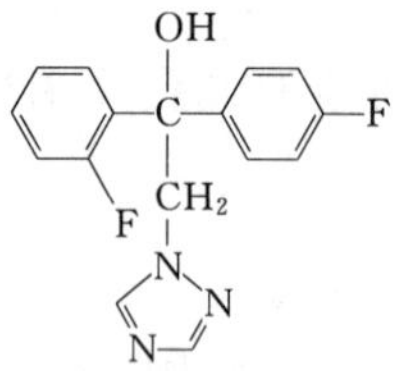

$C_{16}H_{13}F_2N_3O$，301.3

其他英文名称 Impact

化学名称 2,4′-二氟-α-(1*H*-1,2,4-三唑-1基甲基)二苯基甲醇

CAS登录号 76674-21-0

理化性质 纯品为白色晶状固体。熔点 130℃。蒸气压 7.1×10^{-6} mPa(20℃)。水中溶解

度（20～23℃）；130mg/L(pH 7，20℃)，有机溶剂中溶解度（g/L）：丙酮 190、甲醇 69、二氯甲烷 150、二甲苯 12。

毒　性　大鼠急性经口 LD_{50}：雄 1140mg/kg，雌 1480mg/kg；急性经皮 LD_{50} 大于 1000mg/kg。对兔眼睛轻微刺激。在哺乳动物细胞中进行的试验表明，无诱变性。雌性野鸭急性经口 LD_{50} ＞5000mg/kg。野鸭饲料 LC_{50} (5d) 3940mg/kg，日本鹌鹑 6350mg/kg。鱼 LC_{50} (96h)：虹鳟鱼 61mg/L，镜鲤 77mg/L。水蚤 LC_{50} (48h) 78mg/L。蜜蜂低毒。急性口服 LD_{50} ＞5μg/蜂。蠕虫 LC_{50} (14d)＞1000mg/kg。

制　剂　95%原药，250g/L、125g/L 悬浮剂，25%、12.50%悬浮剂，80%可湿性粉剂。

应　用　一种广谱性内吸杀菌剂，作用机制为抑制菌体麦角甾醇生物合成，特别强烈抑制 24-亚甲基二氢羊毛甾醇碳 14 位的脱甲基作用，导致病菌死亡。

适宜作物为玉米、小麦、花生、苹果、梨、黑穗醋栗、咖啡、蔬菜、花卉等。推荐剂量下对作物安全。具有保护、治疗、铲除和内吸向顶传导作用，常作为种子处理剂防治种传病害。可防治子囊菌、担子菌和半知菌引起的许多真菌病害。对子囊菌和担子菌有特效，适用于防治麦类散黑穗病、腥黑穗病、坚黑穗病、白粉病、条锈病、叶锈病、秆锈病、云纹病、叶枯病，玉米、高粱丝黑穗病，花生揭斑病、黑斑病，苹果白粉病、锈病，梨黑星病，黑穗醋栗白粉病以及咖啡、蔬菜等的白粉病、锈病等病害。

原药生产厂家　江苏瑞邦农药厂有限公司、江苏七洲绿色化工股份有限公司、江苏丰登农药有限公司、浙江世佳科技有限公司、江苏建农农药化工有限公司、江苏省张家港市第二农药厂有限公司、上虞颖泰精细化工有限公司、江苏射阳黄海农药化工有限公司、岳阳迪普化工技术有限公司、兴农药业（中国）有限公司。

氟环唑（epoxiconazole）

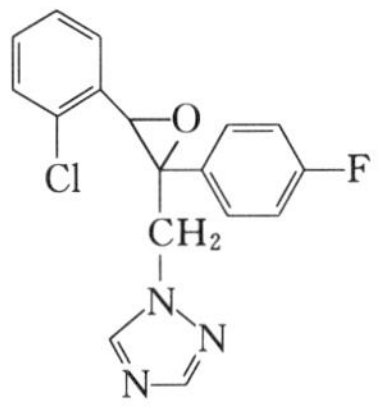

$C_{17}H_{13}ClFN_3O$，329.8

其他中文名称　欧博

其他英文名称　Opus

化学名称　(2*RS*,3*SR*)-1-[3-(2-氯苯基)-2,3-环氧-2-(4-氟苯基)丙基]-1-氢-1,2,4-三唑

CAS 登录号　106325-08-0

理化性质　熔点 136.2℃，相对密度 1.384(25℃)。溶解度（20℃，mg/L）：水 6.63，丙酮 14.4，二氯甲烷 29.1。稳定性：在 pH 值为 7 和 pH 值为 9 的条件下 12 天不水解。

毒　性　原药大鼠急性经口 LD_{50} ＞5000mg/kg，急性经皮 LD_{50} ＞2000mg/kg，急性吸入

LC_{50}(4h)>5.3mg/L(空气)；对家兔眼睛和皮肤无刺激性；未见对试验动物致畸、致突变和致癌作用。

鸟类：鹌鹑急性经口 LD_{50}(8d)>2000mg/kg，虹鳟鱼 LC_{50}(96h)：2.2～4.6mg/L，蓝鳃太阳鱼 LC_{50}(96h)：4.6～6.8mg/L。水蚤的 LC_{50}(48h)：8.7mg/L。藻类绿藻 EC_{50}(72h)为 2.3mg/L。对蜜蜂 LD_{50} 为 100μg/只。蚯蚓 LD_{50}(14d)>1000mg/kg。

制　剂　96%、95%、92%原药，30%、12.5%悬浮剂，70%、50%水分散粒剂，75g/L乳油。

应　用　一种内吸性三唑类杀菌剂，其活性成分氟环唑抑制病菌麦角甾醇的合成，阻碍病菌细胞壁的形成。氟环唑可提高作物的凡丁质酶活性，导致真菌吸器的收缩，抑制病菌侵入，这是氟环唑在所有三唑类产品中独一无二的特性。对香蕉、葱蒜、芹菜、菜豆、瓜类、芦笋、花生、甜菜等作物上的叶斑病、白粉病、锈病以及葡萄上的炭疽病、白腐病等病害有良好的防效。本品内吸性强，可迅速被植株吸收并传导至感病部位，使病害侵染立即停止，局部施药防治彻底。持效期极佳，如在谷物上的抑菌作用可达 40 天以上，卓越的持留效果，降低了用药次数及劳力成本。既能有效控制病害，又能通过调节酶的活性提高作物自身生化抗病性，使作物本身的抗病性大大增强。

原药生产厂家　沈阳科创化学品有限公司，巴斯夫欧洲公司。

乙烯菌核利（vinclozolin）

$C_{12}H_9Cl_2NO_3$，286.1

其他中文名称　农利灵，烯菌酮，免克宁

其他英文名称　Ronilan，Ornal，BAS352F

化学名称　3-(3,5-二氯苯基)-5-甲基-5-乙烯基-1,3-噁唑烷-2,4-二酮

CAS 登录号　50471-44-8

理化性质　白色结晶固体。熔点 108℃（原药），沸点 131℃/0.05mmHg，蒸气压 0.13mPa(20℃)，分配系数 $K_{ow}\lg P=3$(pH 7)，Henry 常数 $1.43\times10^{-2}Pa\cdot m^3/mol$(计算值)，相对密度 1.51。溶解度：水中为 2.6mg/L(20℃)；甲醇 1.54，丙酮 33.4，乙酸乙酯 23.3，庚烷 0.45，甲苯 10.9，二氯甲烷 47.5(均为 g/100 mL，20℃)。在室温水中以及在 0.1mol/L 的盐酸中稳定，但在碱性溶液中缓慢水解。

毒　性　大鼠和小鼠急性经口 LD_{50}>15000mg/kg，豚鼠约 8000mg/kg。大鼠急性经皮 LD_{50}>5000mg/kg。大鼠吸入毒性 LC_{50}(4h)>29.1mg/L(空气)。无作用剂量：大鼠 1.4mg/kg(2y)；狗 2.4mg/kg(1y)。

禽类：鹌鹑急性经口 LD_{50}>2510mg/kg。鹌鹑 LC_{50}>5620mg/kg。鱼类 LC_{50}(96h, mg/L)：鳟鱼 22～32，孔雀鱼 32.5，蓝鳃太阳鱼 50。水蚤 LC_{50}(48h)：4.0mg/L。对蜜蜂无毒，LD_{50}＞200mg/只。对蚯蚓无毒。

制　剂　96％原药，50％水分散粒剂。

应　用　广谱的保护性和触杀性杀菌剂，对葡萄等果树、蔬菜、观赏植物等植物上由灰葡萄孢属、核盘菌属、链核盘菌属等病原真菌引致的病害具有显著的预防和治疗作用。乙烯菌核利是一种专用于防治灰霉病、菌核病的杀菌剂。对病害作用是干扰细胞核功能，并对细胞膜和细胞壁有影响，改变膜的渗透性，使细胞破裂。本品为对灰葡萄孢、核盘菌及链核盘属真菌有效的选择性杀菌剂。可用于葡萄、蛇麻、观赏植物、草莓、核果、及蔬菜。

原药生产厂家　巴斯夫欧洲公司。

噁唑菌酮（famoxadone）

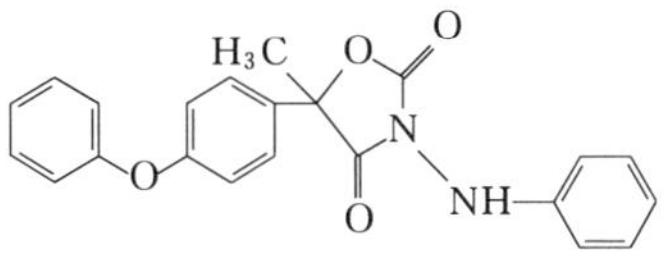

$C_{22}H_{18}N_2O_4$，374.4

其他中文名称　易保，抑快净

化学名称　3-苯氨基-5-甲基-5-(4-苯氧基苯基)-1,3-唑啉-2,4-二酮

CAS登录号　131807-57-3

理化性质　乳白色粉末。熔点 141.3～142.3℃，蒸气压 6.4×10^{-4}mPa(20℃)，分配系数 $K_{ow}\lg P$=4.65(pH 7)，Henry 常数 4.61×10^{-3} Pa・m^3/mol(计算值，20℃)，相对密度 1.31(22℃)。溶解度：水中为 52(pH 7.8～8.9)，243(pH 5)，111(pH 7)，38(pH 9)（均为 μg/L，20℃)；丙酮 274，甲苯 13.3，二氯甲烷 239，己烷 0.048，甲醇 10，乙酸乙酯 125.0，正辛醇 1.78，乙腈 125(均为 g/L，25℃)。固体原药在 25℃或 54℃避光条件下 14d 稳定。避光条件下水中 DT_{50}为 41d(pH 5)，2d(pH 7)，0.0646d(pH 9)（25℃)；日光下水中 DT_{50}为 4.6d(pH 5，25℃)。

毒　性　大鼠急性经口 LD_{50}＞5000mg/kg，大鼠急性经皮 LD_{50}＞2000mg/kg。本品对兔眼睛和皮肤轻微刺激。对豚鼠皮肤无致敏性。大鼠吸入毒性 LC_{50}(4h)＞5.3mg/L。无作用剂量 [mg/(kg・d)]：雄大鼠 1.62，雌大鼠 2.15，雄小鼠 95.6，雌小鼠 130，雄性狗 1.2，雌性狗 1.2。

禽类：山齿鹑急性经口 LD_{50}＞2250mg/kg。鱼类 LC_{50}(96h)：虹鳟鱼 0.011mg/L，鲤鱼 0.17mg/L。水蚤 EC_{50}(48h)：0.012mg/L。藻类羊角月芽藻 E_bC_{50}(72h)：0.022mg/L。蜜蜂 LD_{50}＞25μg/只；LC_{50}(48h)＞1000mg/L。蚯蚓 LC_{50}(14d)：470mg/kg(土壤)。

制　剂　98％原药，78.50％母药。

应　用　新型高效、广谱杀菌剂。适宜作物如小麦、大麦、豌豆、甜菜、油菜、葡萄、马铃薯、爪类、辣椒、番茄等。主要用于防治子囊菌纲、担子菌纲、卵菌亚纲中的重要病害如白粉病、锈病、颖枯病、网斑病、霜霉病、晚疫病等。与氟硅唑混用对防治小麦颖枯病、网斑病、白粉病、锈病效果更好。具有亲脂性，喷施作物叶片上后，易黏附，不被雨水冲刷特效。

原药生产厂家 美国杜邦公司。

噁霉灵（hymexazol）

CH_3—(5-甲基异噁唑-3-醇结构式)—OH

$C_4H_5NO_2$，99.1

其他中文名称 土菌消，立枯灵，F-319，SF-6505

其他英文名称 Tachigaren，hydroxy-isoxazcle

化学名称 5-甲基异噁唑-3-醇

CAS登录号 10004-44-1

理化性质 原药为无色晶体。熔点86～87℃，沸点（202±2)℃，蒸气压182mPa(25℃)，分配系数$K_{ow}\lg P$=0.480(不确定pH)，Henry常数2.77×10^{-4}Pa·m^3/mol(20℃，计算值)，相对密度0.551。溶解性：水中65.1(纯水)，58.2(pH 3)，67.8(pH 9)（g/L，20℃)；丙酮730，二氯甲烷602，正己烷12.2，甲苯、甲醇176，乙酸乙酯437(g/L，20℃)。在碱性条件下稳定，酸性条件下相对稳定，对光和热稳定。pKa 5.92(20℃)。闪点：(205±2)℃。

毒　性 急性经口LD_{50}(mg/kg)：雄大鼠4678，雌大鼠3909，雄小鼠2148，雌小鼠1968。大鼠急性经皮LD_{50}>10 000mg/kg，兔子急性经皮LD_{50}>2000mg/kg，对眼睛和黏膜有刺激性，对皮肤无刺激性。大鼠吸入毒性LC_{50}(4h，14d)>2.47mg/L。2年毒性试验，雄大鼠无作用剂量19，雌大鼠无作用剂量20，狗15mg/(kg·d)。无致畸、致癌、致突变作用。

禽类：急性经口LD_{50}：日本鹌鹑1085mg/kg，野鸭>2000mg/kg。虹鳟鱼LC_{50}(96h)：460mg/L。水蚤EC_{50}(48h)：28mg/L。海藻无作用剂量为29mg/L。对蜜蜂无毒，急性经口和接触毒性LD_{50}>100μg/只。蠕虫LC_{50}(14d)>15.7mg/L。

制　剂 99%、95%原药，70%种子处理干粉剂，30%、15%、8%水剂，70%可湿性粉剂，70%可溶粉剂，0.10%颗粒剂。

应　用 一种内吸性杀菌剂，同时又是一种土壤消毒剂，对腐霉病、镰刀菌等引起的猝倒病有较好的预防效果。作为土壤消毒剂，噁霉灵与土壤中的铁、铝离子结合，抑制孢子的萌发。噁霉灵能被植物的根吸收及在根系内移动，在植株内代谢产生两种糖苷，对作物有提高生理活性的效果，从而能促进植株生长、根的分蘖、根毛的增加和根的活性提高。对水稻生理病害亦有好的药效。因对土壤中病原菌以外的细菌、放线菌的影响很小，所以对土壤中微生物的生态不产生影响，在土壤中能分解成毒性很低的化合物，对环境安全。噁霉灵常与福美双混配，用于种子消毒和土壤处理。适用作物：甜菜、水稻。防治对象：立枯病。

原药生产厂家 东方润博农化（山东）有限公司、河北冠龙农化有限公司、黑龙江企达农药开发有限公司、吉林省延边绿洲化工有限责任公司、吉林省延边西爱斯开化学农药厂、江苏金浦北方氯碱化工有限公司、青岛星牌作物科学有限公司、山东省潍坊天达植保有限公司、山东省烟台鑫润精细化工有限公司、山东亿尔化学有限公司、天津市迎新农药有限公司、威海韩孚生化药业有限公司、浙江省上虞市银邦化工有限公司。

日本三井化学。

噁霜灵（oxadixyl）

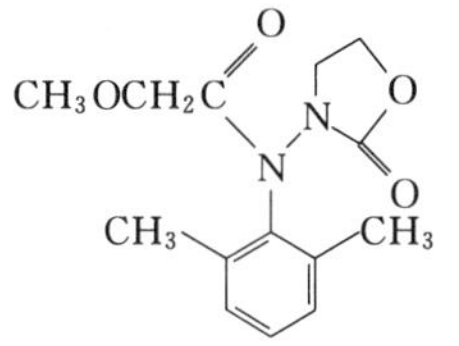

$C_{14}H_{18}N_2O_4$，278.3

其他中文名称 杀毒矾，噁唑烷酮

其他英文名称 Sandofan

化学名称 2-甲氧基-*N*-(2-氧代-1,3-噁唑烷-3-基)乙酰-2′,6′-二甲基代苯胺

CAS登录号 77732-09-3

理化性质 本品为无色晶体。熔点 104～105℃，蒸气压 0.0033mPa(20℃)，分配系数 $K_{ow}\lg P$=0.65～0.8(22～24℃)，Henry 常数 2.70×10^{-7} Pa·m^3/mol(计算值)，密度 0.5kg/L。溶解度：水中为 3.4g/kg(25℃)；丙酮 344，二甲基亚砜 390，甲醇 112，乙醇 50，二甲苯 17，乙醚 6(均为 g/kg，25℃)。稳定性：70℃贮存，稳定 2～4 周；其水溶液在 pH5～9、室温下稳定。

毒　性 急性经口 LD_{50}：雄大鼠 3480mg/kg，雌大鼠 1860mg/kg。大鼠和兔急性经皮 LD_{50}>2000mg/kg。对皮肤和眼睛无刺激性（兔）。对豚鼠皮肤无致敏性。大鼠吸入毒性 LC_{50}(6h)>5.6mg/L（空气）。无作用剂量：狗 500mg/kg(1y)。

禽类：野鸭急性经口 LD_{50}>2510mg/kg。鱼类 LC_{50}(96h，mg/L)：鲤鱼>300，虹鳟鱼>320，蓝鳃太阳鱼 360。水蚤 LC_{50}(48h)：530mg/L。藻类铜在淡水藻 IC_{50}：46mg/L。蜜蜂 LD_{50}：>200μg/只（经口），>100μg/只（接触）。蚯蚓 LD_{50}(14d)>1000[mg(a.i.)/kg(土壤)]。

制　剂 96%原药。

应　用 本品属 2,6-二甲代苯胺类杀菌剂，对霜霉目病原菌具有很高防效，有保护和治疗作用，持效期长。可与代森锰锌、灭菌丹及铜制剂混用。

原药生产厂家 江苏省江阴凯江农化有限公司、天津市施普乐农药技术发展有限公司、江苏中旗化工有限公司、江苏常隆农化有限公司，陕西省西安近代农药科技股份有限公司，瑞士先正达作物保护有限公司。

啶菌噁唑

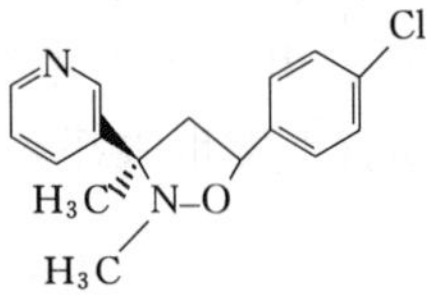

$C_{16}H_{17}ClN_2O$，288.8

化学名称 *N*-甲基-3-(4-氯)苯基-5-甲基-5-吡啶-3-基-异噁唑啉

理化性质 纯品为浅黄色黏稠油状物，低温时有固体析出，易溶于丙酮、乙酸乙酯、氯仿、乙醚，微溶于石油醚，不溶于水。在水中、日光或避光下稳定。

毒　性 属低毒杀菌剂，原药大鼠急性经口 LD_{50}：雄性为 2000mg/kg，雌性为 1700mg/kg；大鼠急性经皮 LD_{50}：雄、雌性均大于 2000mg/kg；对皮肤、眼无刺激性；Ames 试验呈阴性，无致畸、致突变作用。

制　剂 90％原药，25％乳油。

应　用 杀菌活性高、治疗及保护作用兼备、内吸传导性好，对蔬菜、果树等作物灰霉病防治效果卓越，且与常规防治药剂没有交互抗性。能有效控制由灰葡萄孢引起的黄瓜、番茄、草莓、葡萄、韭菜、圆葱多种植物的灰霉病，还可用于防治番茄叶霉病、黄瓜黑星病、苹果斑点落叶病、梨黑星病、花生褐斑病等植物病害。

原药生产厂家 沈阳科创化学品有限公司。

螺环菌胺（spiroxamine）

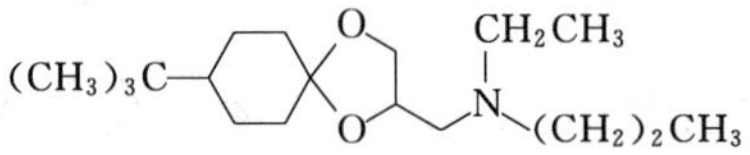

$C_{18}H_{35}NO_2$，297.5

化学名称 *N*-乙基-*N*-丙基-8-叔丁基-1,4-二氧杂螺[4.5]癸烷-2-甲胺

理化性质 原药为浅棕色油状液体。沸点：约 120℃分解，蒸气压 A：9.7mPa(20℃)；B：17mPa(25℃)，分配系数 $K_{ow}\lg P$：A2.79；B2.92(不确定 pH)，Henry 常数：A2.5×10^{-3}，B5.0×10^{-3} Pa·m^3/mol(20℃，计算值)，相对密度均为 0.0.930。溶解性：水中 A 和 B 的混合物：$>200\times10^3$ mg/L(pH 3，20℃)；A：470(pH 7)，14(pH 9)；B：340(pH 7)，10(pH 9)(mg/L，20℃)；A 和 B 的混合物在正己烷、甲苯、二氯甲烷、异丙醇、正辛醇、乙二醇、丙酮和二甲基甲酰胺中>200g/L(20℃)。稳定性：水解和光降解稳定。

毒　性 急性经口 LD_{50}(mg/kg)：雄大鼠 595，雌大鼠 500～560，雄大鼠急性经皮$LD_{50}>$1600mg/kg，雌大鼠急性经皮 LD_{50} 约 1068mg/kg，对眼睛无刺激性，对皮肤有刺激性(兔)。大鼠吸入毒性 LC_{50}(4h) 约 2772mg/m^3。无致畸、致癌、致突变作用。

禽类：急性经口 LD_{50}：日本鹌鹑 565mg/kg。虹鳟鱼 LC_{50}(96h)：18.5mg/L。水蚤 EC_{50}：6.1mg/L。藻类 ErC_{50}：铜在淡水藻 0.012mg/L(96h)，蜜蜂 LD_{50}(经口)＞100μg/蜜蜂；(接触) 4.2μg/蜜蜂。蠕虫 LC_{50}≥1000mg/kg(土壤)。

应　用 甾醇生物合成抑制剂，主要抑制 C-14 脱甲基化酶的合成。防治对象为小麦白粉病和各种锈病、对白粉病特别有效。作用速度快且持效期长，兼具保护和治疗作用，既可以单独使用，又可以和其他杀菌剂混配以扩大杀菌谱。适宜作物为小麦和大麦。推荐剂量下对作物安全、无药害。

咯菌腈（fludioxonil）

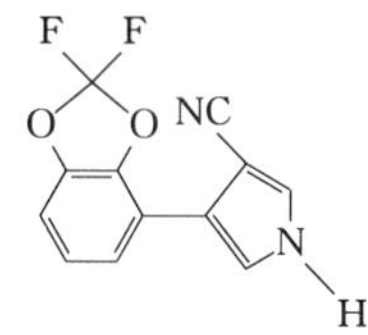

$C_{12}H_6F_2N_2O_2$，248.2

其他中文名称 适乐时

化学名称 4-(2，2-二氟-1，3-苯并二氧戊环-4-基) 吡咯-3-腈

CAS 登录号 131341-86-1

理化性质 浅黄色晶体。熔点 199.8℃，蒸气压 3.9×10^{-4}mPa(25℃)，分配系数 $K_{ow}\lg P$=4.12(25℃)，Henry 常数 5.4×10^{-5}Pa·m³/mol(计算值)，相对密度 1.54(20℃)。溶解性：水中 1.8mg/L(25℃)；丙酮 190，乙醇 44，甲苯 2.7，正辛醇 20，正己烷 0.01(g/L，25℃)。稳定性：25℃，pH 5～9 条件下不易发生水解。pKa_1＜0，pKa_2 14.1。

毒　性 大鼠和小鼠急性经口 LD_{50}＞5000mg/kg。大鼠急性经皮 LD_{50}＞2000mg/kg，对兔眼睛和皮肤无刺激性。大鼠吸入毒性 LC_{50}(4h)＞2600mg/m³。饲喂无作用剂量：大鼠(2y) 每天 40mg/kg，小鼠 (1.5y) 每天 112mg/kg，狗 (1y) 每天 3.3mg/kg。

禽类：野鸭和三齿鹑急性经口 LD_{50}＞2000mg/kg，野鸭和三齿鹑 LC_{50}＞5200mg/L。鱼类 LC_{50}(96h，mg/L)：蓝腮太阳鱼 0.74，鲶鱼 0.63，鲤鱼 1.5，虹鳟鱼 0.23。水蚤 LC_{50}(48h)：0.40mg/L。海藻 EC_{50}(72h)：0.93mg/L。对蜜蜂无毒，LD_{50}(48h，经口和接触)＞100μg/只。蚯蚓 LC_{50}(14d)＞1000mg/kg(土壤)。

制　剂 95％原药，25g/L 悬浮种衣剂，50％可湿性粉剂。

应　用 咯菌腈对子囊菌、担子菌、半知菌的许多病原菌有非常好的防效。当用咯菌腈处理种子时，有效成分在处理时及种子发芽时只有很小量内吸，但却可以杀死种子表面及种皮内的病菌。有效成分在土壤中不移动，因而在种子周围形成一个稳定而持久的保护圈。持效期可长达 4 个月以上。

咯菌腈处理种子安全性极好，不影响种子出苗，并能促进种子提前出苗。咯菌腈在推荐剂量下处理的种子在适宜条件下存放 3 年不影响出芽率。适用作物：小麦、大麦、玉米、棉花、大豆、花生、水稻、油菜、马铃薯、蔬菜等。防治对象：小麦腥黑穗病、雪腐病、雪霉病、纹枯病、根腐病、全蚀病、颖枯病、秆黑粉病；大麦条纹病、网斑病、坚黑穗病、雪腐病；玉米青枯病、茎基腐病、猝倒病；棉花立枯病、红腐病、炭疽病、黑根病、种子腐烂病；大豆立枯病、根腐病（镰刀菌引起）；花生立枯病、茎腐病；水稻噁苗病、胡麻叶斑病、早期叶瘟病、立枯病；油菜黑斑病、黑胫病；马铃薯立枯病、疮痂病；蔬菜枯萎病、炭疽病、褐斑病、蔓枯病。

咯菌腈悬浮种衣剂拌种均匀，成膜快，不脱落，既可供农户简易拌种使用，又可供种子行业批量机械化拌种处理。

原药生产厂家 瑞士先正达作物保护有限公司。

硅噻菌胺（silthiofam）

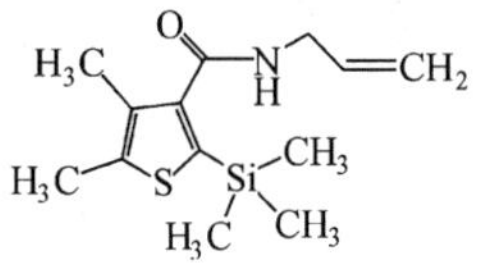

$C_{13}H_{21}NOSSi$，267.5

其他中文名称 全食净

其他英文名称 Silthiopham

化学名称 *N*-烯丙基-4,5-二甲基-2-三甲基硅烷基噻吩-3-羧酰胺

CAS登录号 175217-20-6

理化性质 白色结晶粉末。熔点 86.1～88.3℃，蒸气压 8.1×10^{1} mPa(20℃)，分配系数 $K_{ow}\lg P=3.72$(20℃)，Henry 常数 5.4×10^{-1} Pa·m³/mol，相对密度 1.07(20℃)。溶解性：水中 39.9mg/L(20℃)；正庚烷 15.5，对二甲苯、1,2-二氯乙烷、甲醇、丙酮和乙酸乙酯>250(g/L，20℃)。稳定性（25℃）：DT_{50} 61d(pH 5)，448d(pH 7)，314d(pH 9)。

毒　性 大鼠急性经口 LD_{50}>5000mg/kg。大鼠急性经皮 LD_{50}>5000mg/kg，对兔眼睛和皮肤无刺激性。大鼠吸入毒性 LC_{50}>2.8mg/L。无作用剂量：大鼠（2 年喂养）每天 6.42mg/kg，小鼠（18 月）每天 141mg/kg，狗（90d）每天 10mg/kg。

禽类：三齿鹑急性经口 LD_{50}>2250mg/kg。LC_{50}（5d）：三齿鹑>5670，野鸭>5400mg/kg。鱼类 LC_{50}(96h)：蓝腮太阳鱼 11mg/L，虹鳟鱼 14mg/L。水蚤 LC_{50}(48h)：14mg/L。绿藻 E_bC_{50}(120h)：6.7mg/L，E_rC_{50}(120h)：16mg/L。蜜蜂 LD_{50}：>104μg/只（经口），>100μg/只（接触）。蠕虫 LC_{50}(14d)：66.5mg/kg(土壤)。

制　剂 97.70%原药，125g/L 悬浮剂。

应　用 具体作用机理尚不清楚，与三唑类、甲氧丙烯酸酯类的作用机理不同，研究表明其是能量抑制剂：可能是 ATP 抑制剂。具有良好的保护活性，残效期长。适宜的作物及安全性：小麦。对作物、哺乳动物、环境安全。防治对象：小麦全蚀病。主要作种子处理。

原药生产厂家 美国孟山都公司。

噻霉酮（benziothiazolinone）

C_7H_5NOS，151.2

其他中文名称 菌立灭

化学名称 1,2-苯并异噻唑啉-3-酮

理化性质 原药外观为微黄色粉末，熔点158℃，相对密度0.8，20℃水中溶解度为4g/L。

毒　性 大鼠急性经口 LD_{50} 为1100mg/kg，大鼠急性经口 LD_{50} 为1000mg/kg。

制　剂 95%原药，1.60%涂抹剂，1.50%水乳剂，3%可湿性粉剂。

应　用 该药是一种新型、广谱杀菌剂，对真菌性病害具有预防和治疗作用。在杀菌过程中，噻霉酮系列产品可同时做到：①破坏病菌细胞核结构，使其失去心脏部位而衰竭死亡；②干扰病菌细胞的新陈代谢，使其生理紊乱，最终导致死亡。将病菌彻底杀死，而达到铲除病害的理想效果。主要用于防治黄瓜霜霉病、梨黑星病、苹果疮痂病、柑橘炭疽病、葡萄黑痘病等对多种细菌、真菌性病害均有特效。

原药生产厂家 陕西西大华特科技实业有限公司。

烯丙苯噻唑（probenazole）

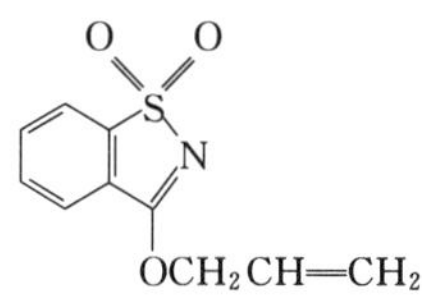

$C_{10}H_9NO_3S$，223.3

其他中文名称 好米得

化学名称 3-烯丙氧基-1,2-苯并异噻唑-1,1-二氧化物

CAS登录号 27605-76-1

理化性质 无色晶体。熔点138～139℃。水中溶解度150mg/L；易溶于丙酮、DMF和三氯甲烷，微溶于甲醇、乙醇、乙醚和苯；难溶于正己烷和石油醚。

毒　性 急性经口 LD_{50}(mg/kg)：大鼠2030，小鼠2750～3000。大鼠急性经皮 LD_{50} > 5000mg/kg。大鼠慢性毒性试验，无作用剂量110mg/kg，无致突变作用，600mg/kg喂食大鼠，无致畸作用。鲤鱼 LC_{50}(48h) 为6.3mg/L。

制　剂 95%原药，8%颗粒剂。

应　用 水杨酸免疫系统促进剂。在离体试验中，稍有抗微生物活性。处理水稻，促进根

系的吸收，保护作物不受稻瘟病病菌和稻白叶枯病菌的侵染。适宜作物：水稻。防治对象：稻瘟病、白叶枯病。通常在移植前以粒剂 2.4～3.2kg(a.i.)/hm^2 施于水稻或者 1.6～2.4g/育苗箱（30cm×60cm×3cm），如以 750g(a.i.)/hm^2 防治水稻稻瘟病，其防效可达97%，可广泛保护和根除大田作物、果树、草场、蔬菜病菌。离体试验中稍有抗微生物活性。处理水稻促进根系吸收，保护作物不受稻瘟病菌和稻白叶枯病菌的侵染。

原药生产厂家 江苏省苏州联合伟业科技有限公司、天津市鑫卫化工有限责任公司、日本明治制果株式会社。

拌种灵（amicarthiazol）

$C_{11}H_{11}N_3OS$，233.3

其他英文名称 Sidvax，F-849

化学名称 2-氨基-4-甲基-5-甲酰苯氨基噻唑

理化性质 无色无味结晶，熔点 222～224℃，易溶于二甲基甲酰胺、乙醇、甲醇。不溶于水和非极性溶剂。遇碱分解，遇酸生成相应的盐，270～285℃分解。

毒　性 大鼠急性经口 LD_{50}：817mg/kg，急性经皮 LD_{50}＞3200mg/kg。

制　剂 90%原药，40%可湿性粉剂。

应　用 具有内吸性，拌种后可进入种皮或种胚，杀死种子表面及潜伏在种子内部的病原菌；同时也可在种子发芽后进入幼芽和幼根，从而保护幼苗免受土壤病原菌的侵染。经药剂处理过的种子应妥善保存，以免人畜误食。用药时应注意安全防护。

原药生产厂家 江苏省南通江山农药化工股份有限公司。

土菌灵（etridiazole）

$C_5H_5Cl_3N_2OS$，247.5

化学名称 3-三氯甲基-1,2,4-噻二唑-5-基乙醚

CAS登录号 2593-15-9

理化性质 浅黄色液体，具有持久性气味。熔点 19.9℃，沸点 95℃/1mmHg，相对密度 1.503，分配系数 K_{ow} lg$P$＝3.37，室温下蒸气压 13.3mPa。水中溶解度 117mg/L(25℃)；溶于乙醇，甲醇，芳烃，乙腈，正己烷，二甲苯。水解 DT_{50} 为 12d(pH 值 6，45℃)，103d(pH 值 6，25℃)。pKa 值 2.77，弱碱性。

毒　性　大鼠急性经口 LD_{50}：1028mg/kg。兔急性经皮 LD_{50}＞5000mg/kg。对兔皮肤无刺激性，眼睛有中度刺激性，为皮肤致敏物。大鼠吸入 LD_{50}(4h)＞5mg/kg。狗 1 年亚慢性喂养试验最大无作用剂量：4mg/(kg·d)。

禽类：急性经口 LD_{50}：鹌鹑 560mg/kg，鸭 1640mg/kg。饲喂 LC_{50}(4d)：鹌鹑＞5000mg/kg，鸭 1650mg/kg。虹鳟鱼 LC_{50}(96h)：2.4mg/L。水蚤 LC_{50}(48h)：3.1mg/L，藻类羊角月牙藻 EC_{50}(5d) 为 0.072mg/L。蚯蚓 LC_{50}(14d)：247mg/kg(干土)。对有益节肢动物无害。

制　剂　96%原药。

应　用　触杀性杀菌剂，可作土壤和种子处理，防治由丝核菌、腐霉菌和镰刀菌引起的棉花苗期病害。保护黄瓜、西瓜、葱蒜、番茄、辣椒、茄子等蔬菜及棉花、水稻等多种作物，治疗猝倒病、炭疽病、枯萎病、病毒病等，对病原真菌、细菌、病毒及类菌体都有良好的杀灭效果，尤其对土壤中残留的病原菌，具有良好的触杀作用。

原药生产厂家　广东省英德广农康盛化工有限责任公司。

噻唑菌胺（ethaboxam）

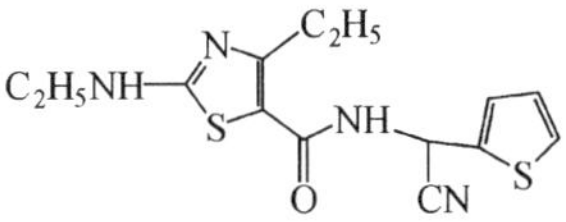

$C_{14}H_{16}N_4OS_2$，320.4

其他英文名称　Guardian

化学名称　(*RS*)-*N*-(α-氰基-2-噻吩甲基)-4-乙基-2-(乙胺基)噻唑-5-甲酰胺

CAS 登录号　162650-77-3

理化性质　白色结晶粉末。熔点 185℃(分解)。蒸气压 8.1×10^{-2}mPa(25℃)。分配系数 $K_{ow}\lg P$＝2.73(pH 4)，2.89(pH 7)。相对密度 1.28(24℃)。溶解性：水中 4.8mg/L(20℃)、12.4mg/L(25℃)；二甲苯 0.14，正辛醇 0.37，1,2-二氯乙烷 2.9，乙酸乙酯 11，甲醇 18，丙酮 40(g/L，20℃)；正庚烷 0.39mg/L。54℃条件下可保存 14d。p*K*a 3.6。

毒　性　大鼠及小鼠急性经口 LD_{50}＞5000mg/kg。大鼠急性经皮 LD_{50}＞5000mg/kg，对兔眼睛和皮肤无刺激性。吸入毒性 LC_{50}＞4.89mg/L。大鼠无作用剂量 30mg/kg，导致雄大鼠慢性毒性和致癌的无作用剂量为 5.5mg/kg。Ames 试验表明无潜在的致突变作用。对大鼠和兔子无致畸作用。

禽类：三齿鹑急性经口 LD_{50}＞5000mg/kg。鱼类 LC_{50}(96h)：蓝腮太阳鱼＞2.9，虹鳟鱼 2.0mg/L。海藻羊角月芽藻 EC_{50}(120h)＞3.6mg/L。蜜蜂 LD_{50}＞100μg/只。蠕虫LD_{50}＞1000mg/L。

应　用　噻唑菌胺对疫霉菌生活史中菌丝体生长和孢子的形成两个阶段有很高的抑制效果，但对疫霉菌孢子囊萌发、孢囊的生长以及游动孢子几乎没有任何活性，这种作用机制区别于同类其他杀菌剂作用机制。

适宜作物：葡萄、马铃薯以及瓜类等，主要用于防治卵菌纲病原菌引起的病害如葡萄霜霉病和马铃薯晚疫病等。温室和田间大量试验结果表明：噻唑菌胺对卵菌纲类病害如葡萄霜霉病、马铃薯晚疫病、瓜类霜霉病等具有良好的预防、治疗和内吸活性。根据使用作物、病害发病程度，其使用剂量通常为 100～250g(a. i.)/hm^2。在大田应用时，施药时间间隔通常为 7～10d，防治葡萄霜霉病、马铃薯晚疫病时推荐使用剂量分别为 200、250g(a. i.)/hm^2。

叶枯唑（bismerthiazol）

HS—(1,3,4-噻二唑)—NH—CH₂—NH—(1,3,4-噻二唑)—SH

$C_5H_6N_6S_4$，278.4

其他中文名称 噻枯唑，敌枯宁，叶枯宁

化学名称 *N*,*N*′-亚甲基-双(2-氨基-5-巯基-1,3,4-噻二唑)

CAS登录号 79319-85-0

理化性质 白色或浅黄色粉末，熔点为 189～191℃。微溶于水，易溶于有机溶剂如甲醇、吡啶等。

毒　性 急性经口 LD_{50}：大鼠 3160～8250mg/kg，小鼠 3180～6200mg/kg，大鼠（2 年）无作用剂量＜0.25mg/kg。水生生物 TLm(鲤鱼)：500mg/L。

铜盐毒性：大鼠急性经口 LD_{50}＞2000mg/kg，大鼠急性经皮 LD_{50}＞5000mg/kg，对皮肤无刺激性，对眼睛有轻微刺激性（兔）。

制　剂 20％可湿性粉剂。

应　用 主要用于防治植物细菌性病害，是防治水稻白叶枯病、水稻细菌性条斑病、柑橘溃疡病的良好药剂。该药剂内吸性强，具有预防和治疗作用，持效期长，药效稳定，对作物无药害。本剂不适宜作毒土使用，最好用弥雾方式施药。不可与碱性农药混用。于发病初期及齐穗期喷雾，可防治水稻白叶枯病和水稻细菌性条斑病等。

生产厂家 安徽省铜陵福成农药有限公司、湖北蕲农化工有限公司、湖北省天门易普乐农化有限公司、江西禾益化工有限公司、四川迪美特生物科技有限公司、四川省化学工业研究设计院、山东省德州天邦农化有限公司、陕西上格之路生物科学有限公司、温州绿佳化工有限公司、浙江省温州农药厂、浙江省温州市展农化工农药厂、浙江龙湾化工有限公司、浙江东风化工有限公司、一帆生物科技集团有限公司。

三环唑（tricyclazole）

（结构式：S, N, N, N, CH₃）

$C_9H_7N_3S$，189.2

其他中文名称 比艳，克瘟唑，三唑苯噻

其他英文名称 Beam，Bim，Blascide

化学名称 5-甲基-[1,2,4]-三唑并[3,4-b][1,3]苯并噻唑

CAS 登录号 41814-78-2

理化性质 结晶固体。熔点 184.6～187.2℃，沸点 275℃，蒸气压 5.86×10^{-4} mPa (20℃)，分配系数 $K_{ow}\lg P=1.42$，Henry 常数 1.86×10^{-7} Pa · m^3/mol(20℃，计算值)，相对密度 1.4(20℃)。溶解性：纯水中 0.596g/L(20℃)；丙酮 13.8，甲醇 26.5，二甲苯 4.9(g/L，20℃)。52℃(试验最高储存温度) 稳定存在，对紫外线照射相对稳定。

毒　性 急性经口 LD_{50}(mg/kg)：大鼠 314，小鼠 245，狗＞50。兔急性经皮 LD_{50}＞2000mg/kg，对兔眼睛有轻微刺激，对皮肤无刺激性。大鼠吸入毒性 LC_{50}(1h)：0.146mg/L。大鼠无作用剂量 (2y 喂养) 9.6mg/kg，小鼠 6.7mg/kg，狗 (1y 喂养) 5mg/kg。

禽类：野鸭和三齿鹑急性经口 LD_{50}＞100mg/kg。鱼类 LC_{50}(96h，mg/L)：蓝腮太阳鱼 16.0，虹鳟鱼 7.3。水蚤 LC_{50}(48h)＞20mg/L。

制　剂 96%、95%原药，20%悬浮剂，80%、75%水分散粒剂，75%、20%可湿性粉剂。

应　用 一种具有较强内吸性的保护性三唑类杀菌剂，能迅速被水稻根、茎、叶吸收，并输送到植株各部。三环唑抗冲刷力强，喷药 1h 后退而不需补喷药。主要是抑制孢子萌发和附着胞形成，从而有效地阻止病菌侵入和减少稻瘟病菌孢子的产生。适用作物：水稻。防治对象：稻瘟病。叶瘟应力求在稻瘟病初发阶段普遍蔓延之前施药。一般地块如发病点较多，有急性型病斑出现，或进入田间检查比较容易见到病斑，则应全田施药。对生育过旺、土地过肥、排水不良以及品种为高度易感病型的地块，在症状初发时 (有病斑出现) 应立即全田施药。

原药生产厂家 杭州禾新化工有限公司、江苏长青农化股份有限公司、江苏丰登农药有限公司、江苏耕耘化学有限公司、江苏粮满仓农化有限公司、江苏省南通润鸿生物化学有限公司、四川迪美特生物科技有限公司、四川省化学工业研究设计院、浙江省东阳市东农化工有限公司、浙江省杭州南郊化学有限公司。

噻 菌 茂

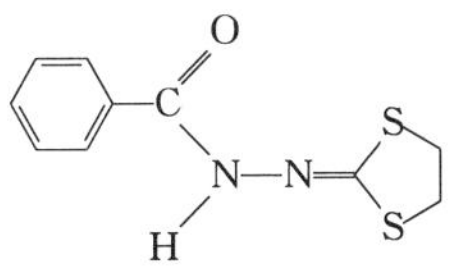

$C_{10}H_{10}N_2OS_2$，238.2

其他中文名称 青枯灵

化学名称 2-苯甲酰肼-1,3-二噻茂烷

理化性质 熔点 145～146℃，易溶于二甲亚砜，溶于三氯甲烷、丙酮、二氯甲烷，能溶于甲醇，难溶于石油醚、正己烷、水等。

应　用 杀菌剂。

稻瘟灵（isoprothiolane）

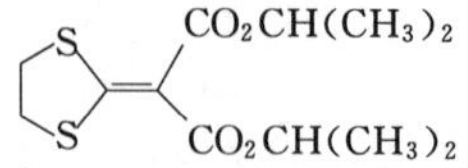

$C_{12}H_{18}O_4S_2$，290.4

其他中文名称 富士一号

其他英文名称 Fuji one，IPT

化学名称 1,3-二硫-2-亚戊环基丙二酸二异丙酯

CAS登录号 50512-35-1

理化性质 无色无味晶体（原药为黄色固体，有刺激性气味）。熔点54.6～55.2℃，沸点175～177℃/0.4kPa，蒸气压4.93×10^{-1}mPa(25℃)，分配系数$K_{ow}\lg P=2.8$(40℃)，Henry常数$2.95\times10^{-3}Pa\cdot m^3/mol$(计算值)，相对密度1.252(20℃)。溶解性：水中48.5mg/L(20℃)；甲醇1512，乙醇761，丙酮4061，三氯甲烷4126，苯2765，正己烷10，乙腈3932(g/L，25℃)。稳定性：pH 5.0～9.0在酸碱环境下稳定，对光热稳定。

毒　性 急性经口LD_{50}(mg/kg)：雄大鼠1190，雌大鼠1340，雄小鼠1350，雌小鼠1520。大鼠急性经皮$LD_{50}>10250$mg/kg，对兔眼睛有轻微刺激性，对皮肤无刺激性。大鼠吸入毒性LC_{50}(4h)>2.77mg/L。2年毒性试验，雄大鼠无作用剂量每天10.9，雌大鼠每天12.6mg/kg。Ames试验无致突变作用。

禽类：急性经口LD_{50}：雄性日本鹌鹑4710mg/kg，雌性日本鹌鹑4180mg/kg。鱼类LC_{50}：虹鳟鱼（48h）6.8mg/L，鲤鱼（96h）11.4mg/L。水蚤EC_{50}(48h)：19.0mg/L。海藻近头状伪蹄形E_bC_{50}(72h)：4.58mg/L。蜜蜂：急性经口和接触毒性$LD_{50}>100\mu g$/只。蚯蚓LC_{50}(14d)：440mg/kg。

制　剂 98%、95%原药，40%、30%乳油，40%、30%可湿性粉剂。

应　用 本品为内吸杀菌剂，对稻瘟病有特效。水稻植株吸收药剂后累积于叶组织，特别集中于穗轴与枝梗，从而抑制病菌侵入，阻碍病菌脂质代谢，抑制病菌生长，起到预防与治疗作用。持效期长，耐雨水冲刷，大面积使用还可兼治稻飞虱，对人、畜安全，对作物无药害。

原药生产厂家 湖南衡阳莱德生物药业有限公司、江苏中旗化工有限公司、泸州东方农化有限公司、四川省成都海宁化工实业有限公司、四川省川东农药化工有限公司、四川省化学工业研究设计院、四川省化学工业研究设计院广汉试验厂、浙江菱化实业股份有限公司、日本农药株式会社。

嘧菌酯（azoxystrobin）

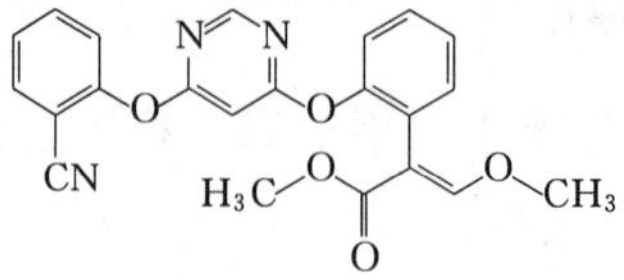

$C_{22}H_{17}N_3O_5$，403.4

其他中文名称 阿米西达，安灭达

其他英文名称 Amistar

化学名称 (E)-2-[2-[6-(2-氰基苯氧基)嘧啶-4-基氧]苯基]-3-甲氧基丙烯酸甲酯

CAS 登录号 131860-33-8

理化性质 白色固体。熔点 116℃(原药 114～116℃)，蒸气压 1.1×10^{-7} mPa(20℃)，分配系数 $K_{ow}\lg P=2.5$(20℃)，Henry 常数 7.3×10^{-9} Pa·m^3/mol(计算值)，相对密度 1.34(20℃)。溶解性：水中 6mg/L(20℃)；正己烷 0.057，正辛醇 1.4，甲醇 20，甲苯 86，乙酸乙酯 130，乙腈 340，二氯甲烷 400(g/L，20℃)。稳定性：水溶液中光解半衰期为 2 周，pH 5～7，室温下水解稳定。

毒　性 急性经口 LD_{50}：大鼠和小鼠＞5000mg/kg。大鼠急性经皮 LD_{50}＞2000mg/kg，对兔眼睛和皮肤有轻微刺激性。吸入毒性 LC_{50}(4h)：雄大鼠 0.96mg/L，雌大鼠 0.69mg/L。大鼠（2 年喂养）无作用剂量：每天 18mg/kg。

禽类：野鸭和三齿鹑急性经口 LD_{50}＞2000mg/kg。野鸭三齿鹑 LC_{50}(5d)＞5200mg/kg。鱼类 LC_{50}(96h，mg/L)：蓝腮太阳鱼 1.1，虹鳟鱼 0.47，鲤鱼 1.6。水蚤 EC_{50}(48h)：0.28mg/L。藻类羊角月芽藻 EC_{50}(120h)：0.12mg/L。蜜蜂 LD_{50}：＞25μg/只（经口），＞200μg/只（接触）。蚯蚓 LC_{50}(14d)：283mg/kg(土壤)。

制　剂 98%、97.50%、95%、93%原药，25%悬浮剂，50%水分散粒剂。

应　用 线粒体呼吸抑制剂，即通过在细胞色素 b 和 c_1 间电子转移抑制线粒体的呼吸。细胞核外的线粒体主要通过呼吸为细胞提供能量（ATP)，若线粒体呼吸受阻，不能产生 ATP，细胞就会死亡。作用于线粒体呼吸的杀菌剂较多，但甲氧基丙烯酸酯类化合物作用的部位（细胞色素 b）与以往所有杀菌剂均不同，因此防治对甾醇抑制剂、苯基酰胺类、二羧酰胺类和苯并咪唑类产生抗性的菌株有效。

适宜禾谷类作物、水稻、花生、葡萄、马铃薯、蔬菜、咖啡、果树（柑橘、苹果、香蕉、桃、梨等)、草坪等。推荐剂量下对作物安全、无药害，但对某些苹果品种有药害，对地下水、环境安全。嘧菌酯具有广谱的杀菌活性，对几乎所有真菌钢（子器菌纲、担子菌纲、卵菌纲）和半知菌类病害如白粉病、锈病、颖枯病、网斑病、黑星病、霜霉病、稻瘟病等数十种病害均有很好的活性。

嘧菌酯为新型高效杀菌剂，具有保护、治疗、铲除、渗透、内吸活性。可用于茎叶喷雾、种子处理；也可进行土壤处理。

原药生产厂家 上海禾本药业有限公司、上虞颖泰精细化工有限公司、泰州百力化学有限公司、英国先正达有限公司。

烯肟菌酯（enestrobur）

CH3 N O Cl H3C O O O CH3

$C_{22}H_{22}ClNO_4$，399.9

其他中文名称 佳斯奇

化学名称 3-甲氧基-2-[2-((((1-甲基-3-(4-氯苯基)-2-丙烯基亚基)氨基)氧基)甲基)苯基]丙烯酸甲酯

理化性质 白色晶体，原药浅黄色油状物，不溶于水，易溶于丙酮、三氯甲烷、乙酸乙酯。

毒　性 急性经口 LD_{50}：雄大鼠 926mg/kg，雌大鼠 749mg/kg。兔急性经皮 LD_{50}＞2000mg/kg，对眼睛有轻微刺激作用，对皮肤无刺激作用。

制　剂 90%原药，25%乳油。

应　用 该品种具有杀菌谱广、活性高、毒性低、与环境相容性好等特点，是以天然抗生素为先导化合物开发的新型农药，属甲氧基丙烯酸酯类杀菌剂。此类药剂的作用原理是抑制真菌线粒体的呼吸，通过细胞色素 bc1 复合体的 Q0 部位的结合，抑制线粒体的电位传递，从而破坏病菌能量合成，起到杀菌作用。对由鞭毛菌、结合菌、子囊菌、担子菌及半知菌引起的病害均有很好的防治作用。能有效地控制黄瓜霜霉病、葡萄霜霉病、番茄晚疫病、小麦白粉病、马铃薯晚疫病及苹果斑点落叶病的发生与危害，与苯基酰胺类杀菌剂无交互抗性。

原药生产厂家 沈阳科创化学品有限公司。

烯肟菌胺

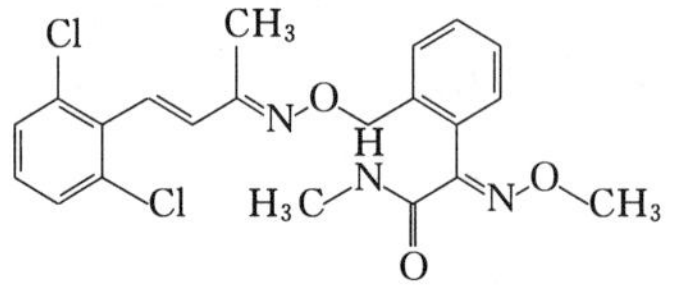

$C_{21}H_{21}Cl_2N_3O_4$，450.3

化学名称 *N*-甲基-2-[((((1-甲基-3-(2′,6′-二氯苯基)-2-丙烯基)亚氨基)氧基)甲基)苯基]-2-甲氧基亚氨基乙酰胺

毒　性 大鼠急性经口 LD_{50}＞4640mg/kg；大鼠急性经皮 LD_{50}＞2000mg/kg。

制　剂 98%原药，5%乳油。

应　用 烯肟菌胺杀菌谱广、活性高，具有保护和治疗作用。与环境相容性好，低毒，无致癌、致畸作用。适宜麦类、瓜类、水稻、蔬菜等作物。烯肟菌胺对由鞭毛菌、结合菌、子囊菌、担子菌及半知菌引起的多种病害有良好的防治作用。如对黄瓜白粉病，小麦白粉病、叶锈病、条锈病，具有非常优异的防治效果；能有效控制黄瓜霜霉病、葡萄霜霉病等植物病害的发生与危害。此外，对水稻稻瘟病、玉米小斑病、棉花黄萎病、油菜菌核病、番茄叶霉病、黄瓜灰霉病、黄瓜黑星病具有很高的离体杀菌活性。对水稻纹枯病、水稻嗯苗病、小麦赤霉病、小麦根腐病、辣椒疫病、苹果树斑点落叶病也有一定防效。

原药生产厂家 沈阳科创化学品有限公司。

苯醚菌酯

$C_{20}H_{22}O_4$，326.4

化学名称 (*E*)-2-[2-(2,5-二甲基苯氧基)-苯基]-3-甲氧基丙烯酸甲酯

理化性质 纯品外观为白色粉末。熔点 108～110℃，25℃蒸气压 1.5×10^{-6} Pa，分配系数（正辛醇/水）3.382×10^{4}（25℃）。溶解度（g/L，20℃）：水中 3.60×10^{-3}，甲醇中 15.56，乙醇中 11.04，二甲苯中 24.57，丙酮中 143.61。在酸性介质中易分解；对光稳定。

毒　性 原药大鼠急性经口 LD_{50} 大于 5000mg/kg，对大鼠急性经皮试验 LD_{50} 大于 2000mg/kg。对家兔眼睛和皮肤均无刺激。本品对鱼等水生生物有毒。

应　用 苯醚菌酯为甲氧基丙烯酸甲酯类广谱、内吸杀菌剂，杀菌活性较高，兼具保护和治疗作用，可用于防治白粉病、霜霉病、炭疽病等病害。

唑菌酯（pyraoxystrobin）

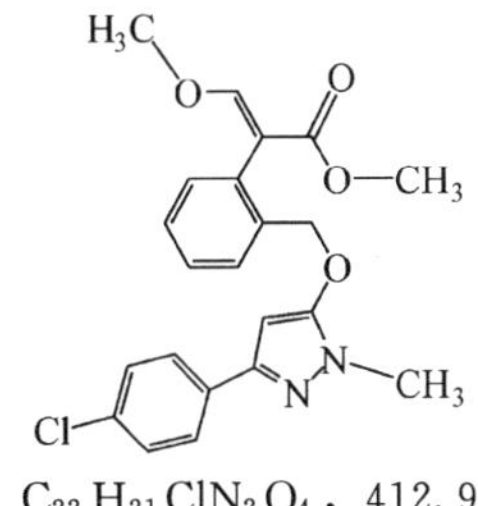

$C_{22}H_{21}ClN_2O_4$，412.9

化学名称 (2*E*)-2-(2-{[3-(4-氯苯基)-1-甲基吡唑-5-基]氧甲基}苯基)-3-甲氧基丙烯酸甲基

制　剂 95%原药，20%悬浮剂。

应　用 甲氧基丙烯酸酯类杀菌剂，具有广谱的杀菌活性，可有效防治黄瓜霜霉病、小麦白粉病；对油菜菌核病、葡萄白腐病、苹果轮纹病、苹果斑点落叶病等也具有良好的抑菌活性，是高效低毒杀菌剂。

原药生产厂家 沈阳科创化学品有限公司。

丁香菌酯（coumoxystrobin）

$C_{26}H_{28}O_6$，436.5

化学名称 (*E*)-2-(2-((3-丁基-4-甲基-香豆素-7-基氧基)甲基)苯基)-3-甲氧基丙烯酸甲酯

制　剂 96%原药，20%悬浮剂。

应　用 杀菌谱广，对瓜果、蔬菜、果树霜霉病、晚疫病、黑星病、炭疽病、叶霉病有效；同时对苹果树腐烂病、轮纹病、炭疽病，棉花枯萎病，水稻瘟疫病、枯纹病，小麦根腐病，玉米小斑病亦有效。

原药生产厂家 吉林省八达农药有限公司。

肟菌酯（trifloxystrobin）

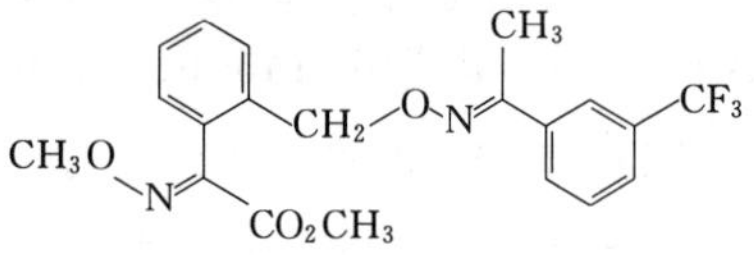

$C_{20}H_{19}F_3N_2O_4$，408.4

化学名称 (*E*)-甲氧基亚氨基-[(*E*)-*α*-[[1-[3-(三氟甲基)苯基]亚乙基氨基]氧甲基]苯基]乙酸甲酯

CAS登录号 141517-21-7

理化性质 白色固体。熔点 72.9℃，沸点 312℃(在 285℃时开始分解)，蒸气压 3.4×10^{-3}mPa(25℃)，分配系数 $K_{ow}\lg P=4.5$(25℃)，Henry 常数 2.3×10^{-3} Pa · m^3/mol (25℃，计算值)，相对密度 1.36(21℃)。水中溶解度为 610μg(25℃)，易溶于丙酮、二氯甲烷、乙酸乙酯。稳定性：水解 DT_{50} 27.1h(pH 9)，11.4 周（pH 7)；在 pH 5 稳定（20℃)。

毒　性 大鼠急性经口 LD_{50}＞5000mg/kg。大鼠急性经皮 LD_{50}＞2000mg/kg。对皮肤和眼睛无刺激性（兔）。可能引起皮肤接触过敏。老鼠吸入 LC_{50}＞4650mg/m^3。2 年大鼠无作用剂量：9.8 mg/(kg · d)，无致突变、致畸、致癌性，没有对生殖产生不利影响。

鸟类急性 LD_{50}：山齿鹑＞2000mg/kg(口服)，野鸭＞2250mg/kg。山齿鹑和野鸭膳食 LC_{50}＞5050mg/kg。LC_{50}(96h)：虹鳟鱼 0.015mg/L，蓝腮太阳鱼 0.054mg/L。水蚤 LC_{50}(48h)：0.016mg/L。藻类铜在淡水藻 EbC_{50} 为 0.0053mg/L。蜜蜂 LD_{50}(口服和接触)＞200μg/只。蚯蚓 LC_{50}(14d)＞1000mg/kg(土壤)。

制　剂 96%原药。

应　用 肟菌酯属于甲氧基丙烯酸酯类杀菌剂，它是一种呼吸抑制剂，通过锁住细胞色素 b 与 c_1 之间的电子传递而阻止细胞 ATP 合成，从而抑制其线粒体呼吸而发挥抑菌作用。对子囊菌类、半知菌类、担子菌类和卵菌纲等真菌都有良好的活性。具有化学动力学特性的杀菌剂，它能被植物蜡质层强烈吸附，对植物表面提供优异的保护活性。肟菌酯对几乎所有真菌纲（子囊菌纲，担子菌纲，卵菌纲和半知菌类）病害如白粉病、锈病、颖枯病、网斑病、稻瘟病等有良好的活性。其特点具有高效、广谱、保护、治疗、铲除、渗透、内吸活性外，还具有耐冲刷，持效期长等特性；主要用于葡萄、苹果、小麦、花生、香蕉、蔬菜等进行茎叶处理。

原药生产厂家 德国拜耳作物科学公司。

醚菌酯（kresoxim-methyl）

$C_{18}H_{19}NO_4$，313.4

其他中文名称 翠贝

化学名称 (*E*)-2-甲氧亚氨基-[2-(邻甲基苯氧基甲基)苯基]乙酸甲酯

CAS登录号 143390-89-0

理化性质 白色晶体，有芳香气味。熔点 101.6～102.5℃，蒸气压 2.3×10^{-3} mPa (20℃)，分配系数 $K_{ow}\lg P=3.4$(pH 7，25℃)，Henry 常数 3.6×10^{-4} Pa·m^3/mol(20℃)，密度 1.258 kg/L(20℃)。溶解性：水中 2mg/L(20℃)；正庚烷 1.72，甲醇 14.9，丙酮 217，乙酸乙酯 123，二氯甲烷 939(g/L，20℃)。稳定性：水解半衰期 DT_{50} 34d(pH 7)，7h(pH 9)；pH 5 相对稳定。

毒　性 急性经口 LD_{50}：大鼠和小鼠＞5000mg/kg。大鼠急性经皮 LD_{50}＞2000mg/kg，对兔眼睛和皮肤有轻微刺激性。大鼠吸入毒性 LC_{50}(4h)＞5.6mg/L。3 个月慢性毒性饲喂试验，雄大鼠无作用剂量 2000mg/L(每天 146mg/kg)，雌大鼠 500mg/L(每天 43mg/kg)。

禽类：鹌鹑急性经口 LD_{50}(14d)＞2150mg/kg；野鸭和三齿鹑 LC_{50}(8d)＞5000mg/L。鱼类 LC_{50}(96h)：蓝腮太阳鱼 0.499mg/L，虹鳟鱼 190μg/L。水蚤 EC_{50}(48h)：0.186mg/L。蜜蜂 LD_{50}(48h)：＞14μg/只（经口），＞20μg/只（接触）。蠕虫 LC_{50}＞937mg/kg。

制　剂 95%、94%原药，40%、30%悬浮剂，60%、50%水分散粒剂，50%、30%可湿性粉剂。

应　用 属线粒体呼吸抑制剂，可作用于细胞色素 bc_1 复合体上，其位于线粒体膜上，线粒体是细胞能量供应的“电站”，以 ATP 的形式提供能量，它是细胞新陈代谢一个极其重要的过程。醚菌酯阻断病菌线粒体呼吸链的电子传递过程，从而抑制病菌细胞能量的供应，病菌细胞因缺乏能量而死亡。

适宜禾谷类作物、水稻、马铃薯、苹果、梨、南瓜、葡萄等。推荐剂量下对作物安全、无药害、对环境安全。对子囊菌纲、担子菌纲、半知菌和卵菌纲等致病真菌引起的大多数病害具有保护、治疗和铲除活性的作用。

原药生产厂家 安徽华星化工股份有限公司、江苏耘农化工有限公司、山东京博农化有限公司、巴斯夫欧洲公司。

吡氟菌酯

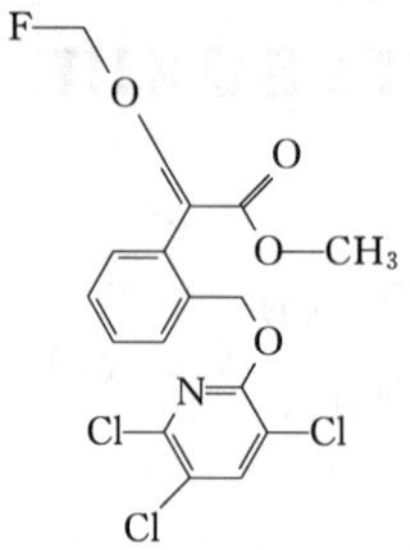

$C_{17}H_{13}Cl_3FNO_4$，488.7

其他英文名称 ZJ2211

化学名称 3-氟甲氧基-2-[2-(3,5,6-三氯吡啶基-2-氧基甲基)-苯基]-丙烯酸甲酯

应　用 属于甲氧基丙烯酸酯类杀菌剂，对黄瓜霜霉病、白粉病有很好地预防效果，但治疗效果较差，因此该药剂需在发病初期使用才能达到理想的防治效果。

吡唑醚菌酯（pyraclostrobin）

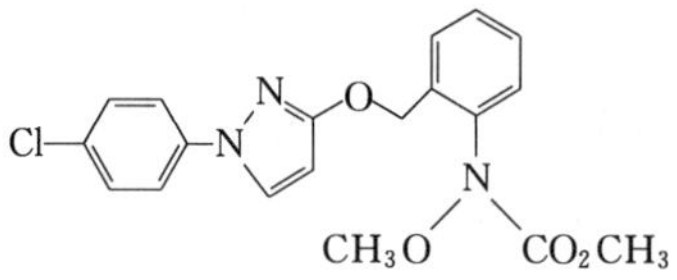

$C_{19}H_{18}ClN_3O_4$，387.8

其他中文名称 唑菌胺酯，百克敏，凯润

其他英文名称 F500

化学名称 *N*-[2-[[1-(4-氯苯基)吡唑-3-基]氧甲基]苯基]-*N*-甲氧基氨基甲酸甲酯

CAS登录号 175013-18-0

理化性质 纯品外观为白色至浅米色无味结晶体。熔点63.7～65.2℃，蒸气压（20～25℃）：2.6×10^{-8}Pa，溶解度（20℃，g/100mL）：水（蒸馏水）0.000 19，正庚烷0.37，甲醇10，乙腈≥50，甲苯、二氯甲烷≥57，丙酮、乙酸乙酯≥65，正辛醇2.4，DMF＞43；正辛醇/水。分配系数 $K_{ow}\lg P$4.18(pH 6.5)。

毒　性 原药大鼠急性经口 LD_{50}＞5000mg/kg。急性经皮 LD_{50}＞2000mg/kg。急性吸入 LC_{50}(4h)＞0.31mg/L；对兔眼睛、皮肤无刺激性：豚鼠皮肤致敏试验结果为无致敏性，大鼠3个月亚慢性喂饲试验最大无作用剂量：雄性大鼠为9.2mg/(kg·d)，雌性大鼠为12.9mg/(kg·d)。三项致突变试验：Ames试验、小鼠骨髓细胞微核试验、生殖细胞染色体畸变试验均为阴性。未见致突变作用，大鼠致畸试验未见致畸性，大鼠2年慢性喂饲试验最大无作用剂量：雄性大鼠为3.4mg/(kg·d)，雌性大鼠为4.6mg/(kg·d)；大鼠、小鼠致癌试验结果未见致癌性。

鹌鹑急性经口 LD_{50} ＞2000mg/kg。鱼 LC_{50}（96h）虹鳟鱼 0.006mg/L。水蚤 EC_{50} 值（48h）0.016mg/L。藻类 EC_{50}（96h）＞0.843mg/L。蜜蜂 LD_{50}（经口）310μg/蜂。蠕虫 LC_{50}：566 mg/kg(土壤)。

制　剂　95％原药，25％乳油。

应　用　吡唑醚菌酯为新型广谱杀菌剂。作用机理为线粒体呼吸抑制剂。使线粒体不能产生和提供细胞正常代谢所需能量，最终导致细胞死亡。它能控制子囊菌纲、担子菌纲、半知菌纲、卵菌纲等大多数病害。对孢子萌发及叶内菌丝体的生长有很强的抑制作用，具有保护和治疗活性。具有渗透性及局部内吸活性，持效期长，耐雨水冲刷。被广泛用于防治小麦、水稻、花生、葡萄、蔬菜、马铃薯、香蕉、柠檬、咖啡、核桃、茶树、烟草和观赏植物、草坪及其他大田作物上的病害。

原药生产厂家　巴斯夫欧洲公司。

第七章 CHAPTER 7

除草剂

2甲4氯（MCPA）

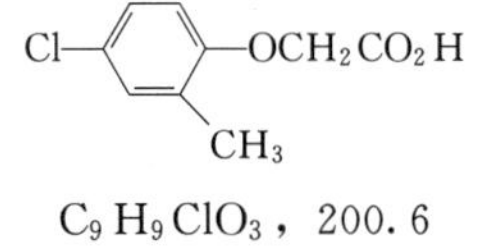

$C_9H_9ClO_3$，200.6

$C_9H_8ClNaO_3$（钠盐），222.6

化学名称 2-甲基-4-氯苯氧乙酸

CAS登录号 94-74-6

理化性质 灰白色晶体，有芳香气味（原药）。熔点：119～120.5℃，115.4～116.8℃(99.5%)。蒸气压：2.3×10^{-2}mPa(20℃)；4×10^{-1}mPa(32℃)；4mPa(45℃)。$K_{ow}\lg P$ = 2.75(pH 1)，0.59(pH 5)，－0.71(pH 7)（25℃）。Henry 常数：5.5×10^{-5}Pa·m³/mol（计算值）。相对密度：1.41(23.5℃)。溶解性：水中 0.395(pH 1)、26.2(pH 5)、293.9(pH 7)、320.1(pH 9)（g/L，25℃）；乙醚 770、甲苯 26.5、二甲苯 49、丙酮 487.8、正庚烷 5、甲醇 775.6、二氯甲烷 69.2、正辛醇 218.3、正己烷 0.323(g/L，25℃)。稳定性：对酸很稳定，可形成水溶性碱金属盐和胺盐，遇硬水析出钙盐和镁盐，光解 DT_{50} 24d(25℃)。pK_a 3.73(25℃)。

毒　性 急性经口 LD_{50}大鼠 962～1470mg/kg。大鼠急性经皮 LD_{50}＞4000mg/kg，对兔眼睛有严重的刺激性，对皮肤没有刺激性。吸入毒性 LC_{50}(4h)：大鼠＞6.36mg/L。2 年慢性毒性饲喂试验，大鼠无作用剂量 20mg/L [1.25mg/(kg·d)]，小鼠 100mg/L（每天 18mg/kg)。急性经口 LD_{50}(14d)：三齿鹑 377mg/kg；LC_{50}(5d)：野鸭和三齿鹑＞5620mg/L。鱼：LC_{50}(96h，mg/L，MCPA 盐溶液）蓝腮太阳鱼＞150，鲤鱼 317，虹鳟鱼 50～560。水蚤：EC_{50}(48h)＞190mg/L。海藻：羊角月芽藻＞392mg/L。蜜蜂：LD_{50}经口和接触＞200μg/只。蠕虫：蚯蚓 LC_{50} 325mg/kg（干土）。

制　剂 96%、95%、94%原药，56%可溶粉剂，13%水剂。

应　用 2 甲 4 氯为苯氧乙酸类选择性激素型除草剂，易为根部和叶部吸收和传导，主要用于水稻、小麦、豌豆草坪和非耕作区中芽后防除多种一年生和多年生阔叶杂草。

原药生产厂家 黑龙江省佳木斯黑龙农药化工股份有限公司、江苏联合农用化学有限公司、澳大利亚纽发姆有限公司、巴斯夫欧洲公司。

2,4-滴（2,4-D）

Cl—(苯环)—OCH_2CO_2H，2-位 Cl

$C_8H_6Cl_2O_3$，221.0

中文其他名称 杀草快，大豆欢

英文通用名称 2,4-D

化学名称 2,4-二氯苯氧乙酸

CAS登录号 94-75-7

理化性质 无色粉末，有石炭酸臭味。熔点：140.5℃。蒸气压：1.86×10^{-2} mPa（25℃）。$K_{ow}\lg P=2.58\sim2.83$（pH 1），$0.04\sim0.33$（pH 5）；-0.75（pH 7）。Henry常数：1.32×10^{-5} Pa·m^3/mol（计算值）。密度1.508（20℃）。溶解性：水中311（pH 1，g/L，25℃）；乙醇1250、乙醚243、庚烷1.1、甲苯6.7、二甲苯5.8（g/L，20℃）；辛醇120g/L（25℃）；不溶于石油醚。稳定性：是一种强酸，可形成水溶性碱金属盐和胺盐，遇硬水析出钙盐和镁盐，光解 DT_{50} 7.5d（模拟光照）。pK_a2.73。

毒性 急性经口 LD_{50}（mg/kg）：大鼠639～764，小鼠138。急性经皮 LD_{50}（mg/kg）：大鼠>1600，兔>2400，对兔眼睛有刺激性，对皮肤没有刺激性。吸入毒性 LC_{50}（24h）：大鼠>1.79mg/L。2年慢性毒性饲喂试验，大鼠和小鼠无作用剂量5mg/kg，狗（1年）1mg/kg。急性经口 LD_{50}（mg/kg）：野鸭>1000，日本鹌鹑668，鸽子668，野鸡472；LC_{50}（96h）：野鸭>5620mg/L。鱼：LC_{50}（96h）虹鳟鱼>100mg/L。水蚤：LC_{50}（21d）235mg/L。海藻：EC_{50}（5d）：羊角月芽藻33.2mg/L。蜜蜂：无毒，LD_{50} 经口104.5μg/只。蠕虫：蚯蚓 LC_{50}（7d）860mg/kg，无作用剂量（14d）100g/kg。

制剂 98%、97%、96%原药

应用 2,4-滴及其盐或酯是内吸性除草剂，主要用于苗后茎叶处理，广泛用于防除小麦、大麦、玉米、谷子、燕麦、水稻、高粱、甘蔗、禾本科牧草等作物田中的阔叶杂草，如车前和婆婆纳属等。

原药生产厂家 安徽华星化工股份有限公司、重庆双丰化工有限公司、河北省万全农药厂、黑龙江省佳木斯黑龙农药化工股份有限公司、江苏辉丰农化股份有限公司、江苏省常州永泰丰化工有限公司、捷马化工股份有限公司、辽宁省大连松辽化工有限公司、南京保丰农药有限公司、南京华洲药业有限公司、山东侨昌化学有限公司、山东潍坊润丰化工有限公司、四川国光农化股份有限公司。

禾草灵（diclofop-methyl）

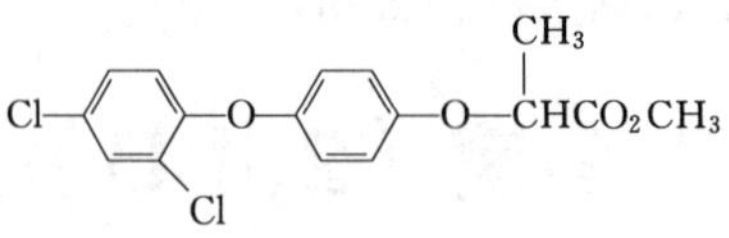

$C_{16}H_{14}Cl_2O_4$，341.2

其他中文名称 伊洛克桑，麦歌，草扫除

其他英文名称 Hoe 23408，Hoe-Grass，Hoegrass，Hoelon，IUoxan，Illoxan

化学名称 (*RS*)-2-[4-(2,4-二氯苯氧基)苯氧基] 丙酸甲酯

CAS登录号 51338-27-3

理化性质 无色晶体。熔点：39～41℃，蒸气压：0.25mPa(20℃)；7.7mPa(50℃)（蒸气压平衡）。K_{ow}lg$P$=4.58。Henry 常数：2.19×10^{-1}Pa·m^3/mol（计算值，20℃）。相对密度：1.30(40℃)。溶解度：水中 0.8mg/L(pH 5.7，20℃)。丙酮、二氯甲烷、二甲基亚砜、乙酸乙酯、甲苯＞500g/L；聚乙二醇 148、甲醇 120、异丙醇 51、正己烷 50(g/L，20℃)。稳定性：对光稳定。水中 DT_{50}(25℃) 363d(pH 5)，31.7d(pH 7)，0.52d(pH 9)。

毒　性 急性经口 LD_{50}(mg/kg)：大鼠 481～693，狗 1600。急性经皮 LD_{50} 大鼠＞5000mg/kg。吸入毒性：LC_{50}大鼠＞1.36mg/L(空气)。无作用剂量：大鼠（2y)0.1mg/kg；狗（15 月)0.44mg/kg。急性经口 LD_{50}：日本鹌鹑＞10000mg/kg；饲喂毒性 LC_{50}(5d) 三齿鹑＞1600，野鸭＞1100mg/kg。鱼 LC_{50}(96h)：虹鳟鱼 0.23mg/L。水蚤：LC_{50}(48h) 0.23mg/L。海藻：EC_{50}铜在淡水藻（72h)1.5mg/L，羊角月芽藻（120h)0.53mg/L。蜜蜂：对蜜蜂无毒。田间条件下使用剂量 1.134kg(a.i.)/hm^2。蠕虫 LC_{50}(14d)：蚯蚓＞1000mg/kg(土壤)。

制　剂 97%、95%原药，36%、28%乳油。

应　用 禾草灵为苗后茎叶处理剂，可被植物的根、茎、叶吸收，主要作用于植物的分生组织，具有局部的内吸作用，但传导性差。对双子叶植物和麦类作物安全。可有效的防除小麦、大麦、青稞、黑麦、大豆、花生、油菜、马铃薯、甜菜、蚕豆等作物田中的一年生禾本科杂草如野燕麦、牛筋草、金狗尾草、秋稷、千金子属等。

原药生产厂家 鹤岗市旭祥禾友化工有限公司、捷马化工股份有限公司、浙江一帆化工有限公司。

氰氟草酯（cyhalofop-butyl）

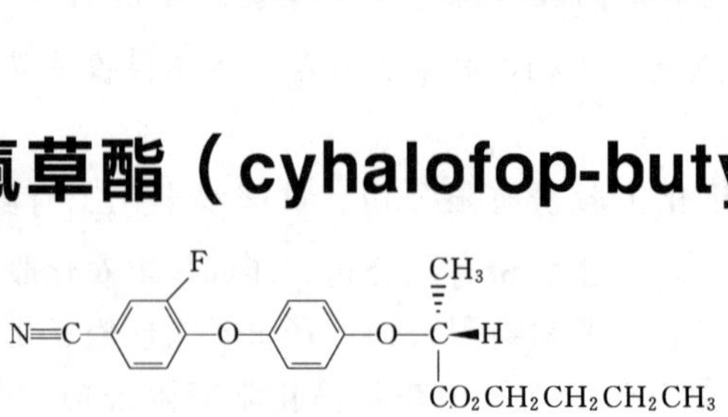

$C_{20}H_{20}FNO_4$，357.4

其他中文名称 千金

其他英文名称 Clincher

化学名称 (*R*)-2-[4-(4-氰基-2-氟苯氧基)苯氧基]-丙酸丁酯

CAS登录号 122008-85-9

理化性质 白色结晶固体。熔点：49.5℃，沸点＞270℃。蒸气压：5.3×10^{-2} mPa(25℃)。$K_{ow}\lg P$＝3.31(25℃)。Henry常数：9.51×10^{-4} Pa·m^3/mol（计算值）。密度：1.172(20℃)。溶解性：水0.44(无缓冲液)、0.46(pH 5)，0.44(pH 7.0)（mg/L，20℃），乙腈＞250，正庚烷6.06，正辛醇16.0，二氯乙烷＞250，甲醇＞250，丙酮＞250，乙酸乙酯250(g/L，20℃)。稳定性：pH 4稳定，pH 7水解缓慢，在pH 1.2或pH 9，分解迅速。

毒　性 急性经口LD_{50}：大鼠、雌小鼠＞5000mg/kg。大鼠急性经皮LD_{50}＞2000mg/kg，对皮肤和眼睛无刺激性（兔），对豚鼠皮肤不敏感。空气吸入毒性：LC_{50}(4h，鼻吸入）大鼠＞5.63mg/L。无作用剂量：雄大鼠0.8mg/(kg·d)，雌大鼠2.5mg/(kg·d)。无致畸致突变作用。对鱼和其他水生物高毒，急性经口LD_{50}野鸭和山齿鹑＞5620mg/kg，饲喂LC_{50}：野鸭和山齿鹑＞2250mg/L。鱼LC_{50}(96h)：虹鳟鱼＞0.49，蓝腮太阳鱼0.76mg/L。水蚤：LC_{50}＞100mg/L。海藻：EC_{50}(72h）羊角月芽藻＞1mg/L。蜜蜂：LD_{50}(48h)＞100μg/只。蠕虫LD_{50}(14d)：＞1000mg/kg。

制　剂 97.40%、95%原药，10%微乳剂，100g/L、10%水乳剂，100g/L、20%、15%、10%乳油。

应　用 氰氟草酯是芳氧苯氧丙酸类除草剂中唯一对水稻具有高度安全性的品种，和该类其他品种一样，也是内吸传导性除草剂。由植物体的叶片和叶鞘吸收，韧皮部传导，积累于植物体的分生组织区，抵制乙酰辅酶A羧化酶（ACCase)，使脂肪酸合成停止，细胞的生长分裂不能正常进行，膜系统等含脂结构破坏，最后导致植物死亡。从氰氟草酯被吸收到杂草死亡比较缓慢，一般需要1～3周。杂草在施药后的症状如下：四叶期的嫩芽萎缩，导致死亡。二叶期的老叶变化极小，保持绿色。适宜水稻（移栽和直播），对水稻等具有优良的选择性，选择性基于不同的代谢速度，在水稻体内，氰氟草酯可被迅速降解为对乙酰辅酶A羧化酶无活性的二酸态，因而对水稻具有高度的安全性。因其在土壤中和典型的稻田水中降解迅速，故对后茬作物安全。主要用于防除重要的禾本科杂草。氰氟草酯对千金子高效，对低龄稗草有一定的防效，还可防除马唐、双穗雀稗、狗尾草、牛筋草、看麦娘等。对莎草科杂草和阔叶杂草无效。该药对水生节肢动物毒性大，避免流入水产养殖场所。其与部分阔叶除草剂混用时有可能会表现出拮抗作用，表现为氰氟草酯药效降低。

原药生产厂家 江苏辉丰农化股份有限公司、山东绿霸化工股份有限公司、美国陶氏益农公司。

吡氟禾草灵（fluazifop-butyl）

F_3C–(吡啶环，N)–O–(苯环)–O–C(CH_3)(H)–$CO_2(CH_2)_3CH_3$

$C_{19}H_{20}F_3NO_4$，383.4

其他中文名称 稳杀得，氟草除，氟吡醚

化学名称 (*RS*)-2-[4-(5-三氟甲基-2-吡啶氧基)苯氧基]丙酸丁酯

CAS登录号 69806-50-4

理化性质 淡黄色液体。熔点：13℃（原药 10℃）。沸点：165℃/2.66Pa。蒸气压：0.055mPa(20℃)。K_{ow} lg$P$=4.5。Henry 常数：2.11×10^{-2} Pa·m^3/mol（计算值）。相对密度：1.21(20℃)。溶解度：水中 1mg/L(pH 6.5)。易溶于丙酮、环己酮、正己烷、甲醇、二氯甲烷和二甲苯，丙二醇 24g/L(20℃)。稳定性：25℃保存 3 年，37℃可保存 6 个月。酸性和中性条件下稳定，碱性条件下迅速水解（pH 9）。

毒　性 急性经口 LD_{50}(mg/kg)：雄大鼠>3030，雌大鼠 3600，雄小鼠 1600，雌小鼠 1900，雄豚鼠 2659，兔 621。急性经皮 LD_{50}(mg/kg)：大鼠>6050，兔>2420。对皮肤中度刺激，对眼睛没有刺激性（兔），皮肤中度敏感（豚鼠）。吸入毒性 LC_{50}(4h)：大鼠>5.24mg/L。无毒性影响饲喂试验，狗（1y）5mg/(kg·d)，大鼠（90d）100mg/kg，小鼠(2y)5mg/kg。急性经口 LD_{50}：野鸭>17000mg/kg；饲喂毒性 LC_{50}(5d)：野鸭>25000mg/kg。鱼 LC_{50}(96h，mg/L)：虹鳟鱼 1.37，镜鲤 1.31，蓝腮太阳鱼 0.53。水蚤：LC_{50}(24h)>316mg/L。蜜蜂：对蜜蜂低毒。

制　剂 35%乳油。

应　用 吡氟禾草灵是选择性苗后茎叶处理除草剂，施药后通过植物茎叶吸收，在体内进行有限的传导，通过破坏细胞膜的完整性而导致细胞内含物的流失，最后便杂草干枯死亡。在充足光照条件下，施药后 2～3 天，敏感的阔叶杂草叶片出现灼伤斑，并逐渐扩大，整个叶片变枯，最后全株死亡。本品施入土壤易被微生物降解。大豆对吡氟禾草灵有耐药性，但在不利于大豆生长发育的环境条件下，如高温、低洼地排水不良、低温、高湿、病虫危害等，易造成药害，症状为叶片皱缩，有灼伤斑点，一般 1 周后大豆恢复正常生长，对产量影响不大。适用作物：大豆、花生。在其他国家登记作物有大豆、花生、棉花、观赏植物、木本植物。防治对象：苍耳、苘麻、龙葵、铁苋菜、狼把草、鬼针草、野西瓜苗、水棘针、香薷、反枝苋、凹头苋、刺苋、地肤、荠菜、遏蓝菜、曼陀罗、辣子草、藜、小藜、豚草、艾叶破布草、粟米草、田芥菜、马齿苋、大果田菁、鸭跖草、刺黄花稔、地锦草、猩猩草、鳢肠、酸模叶蓼、柳叶刺蓼、节蓼、卷茎蓼等一年生阔叶杂草。在干旱条件下对苘麻、苍耳、藜的药效明显下降。

精吡氟禾草灵（fluazifop-*P*-butyl）

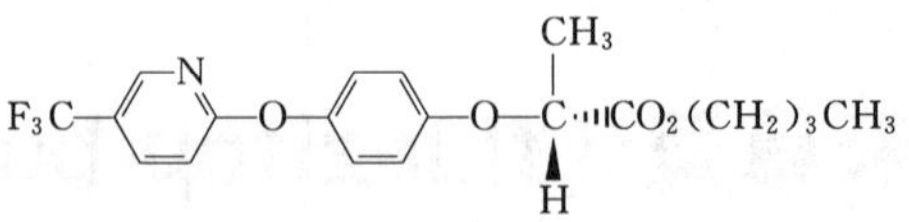

$C_{19}H_{20}F_3NO_4$，383.4

其他中文名称 精稳杀得

化学名称 (*R*)-2-[4-(5-三氟甲基-2-吡啶氧基)苯氧基]丙酸丁酯

CAS登录号 79241-46-6

理化性质 无色液体。熔点：－15℃。沸点：199.8℃/20Pa。蒸气压：4.14×10^{-1} mPa (25℃)。K_{ow} lg$P$＝4.95(20℃)。Henry常数：1.1×10^{-2} Pa·m^3/mol。相对密度：1.22 (20℃)。溶解度：水中1.75mg/L(25℃)。易溶于丙酮，正已烷，甲醇，二氯甲烷，乙酸乙酯，甲苯和二甲苯。稳定性：对紫外光稳定，水解DT_{50}＞120d(pH 4)，35d(pH 5)，17d (pH 7)，0.2h(pH 9)。pK_a＝－3.1（计算值），闪点83℃。

毒　性 急性经口LD_{50}(mg/kg)：雄大鼠3680，雌大鼠2451。急性经皮LD_{50}：兔＞2000mg/kg。对皮肤轻微刺激，对眼睛中度刺激（兔）。无皮肤过敏反应（豚鼠）。吸入毒性LC_{50}(4h)：大鼠＞6.06mg/L。无作用剂量：大鼠（2y）1.0mg/(kg·d)；狗(1y)25mg/(kg·d)；大鼠(90d)9.0mg/(kg·d)(100mg/kg)。多代研究(大鼠)0.9mg/(kg·d)(10mg/kg)；发育毒性：试验大鼠5mg/(kg·d)，兔30mg/(kg·d)。急性经口LD_{50}：野鸭＞3500mg/kg。鱼LC_{50}(96h)：虹鳟鱼1.3mg/L。水蚤EC_{50}(48h)：＞1.0mg/L。海藻E_bC_{50}(72h)：舟形藻0.51mg/L。EC_{50}(14d) 浮萍＞1.4mg/L。蜜蜂：对蜜蜂低毒。LD_{50}(经口和接触)＞0.2mg/只。蠕虫LC_{50}：＞1000mg/kg。

制　剂 85.70%、92%、90%原药，150g/L、15%乳油，52%母液。

应　用 作用剂量及特点：参阅吡氟禾草灵。由于稳杀得结构中丙酸的α-碳原子为不对称碳原子，所以有R-体和S-体结构型两种光学异构体，其中S-体没有除草活性。精吡氟禾草灵是除去了非活性部分的精制品（即R-体）。用15%精吡氟禾草灵乳油和35%稳杀得乳油相同商品量时，其除草效果一致。适用作物：大豆、甜菜、油菜、马铃薯、亚麻、豌豆、蚕豆、菜豆、烟草、西瓜、棉花、花生、叶蔬菜等多种作物及果树、林业苗圃、幼林抚育等。在其他国家登记作物：大豆、棉花、大蒜、洋葱、辣椒、柑橘、甘薯、莴苣、核果类果树、小浆果树、落叶果树、亚热带果树、洋蓟、胡萝卜、萝卜。防治对象：稗草、野燕麦、狗尾草、金色狗尾草、牛筋草、看麦娘、千金子、画眉草、雀麦、大麦属、黑麦属、稷属、早熟禾、狗牙根、双穗雀稗、假高粱、芦苇、野黍、白茅、匍匐冰草等一年生和多年生禾本科杂草。

原药生产厂家 黑龙江省佳木斯黑龙农药化工股份有限公司、江苏东宝农药化工有限公司、江苏中旗化工有限公司、南京华洲药业有限公司、山东滨农科技有限公司、山东绿霸化工股份有限公司、山东侨昌化学有限公司、浙江省宁波中化化学品有限公司、浙江泰达作物科技有限公司、浙江永农化工有限公司、日本石原产业株式会社。

氟吡甲禾灵（haloxyfop-methyl）

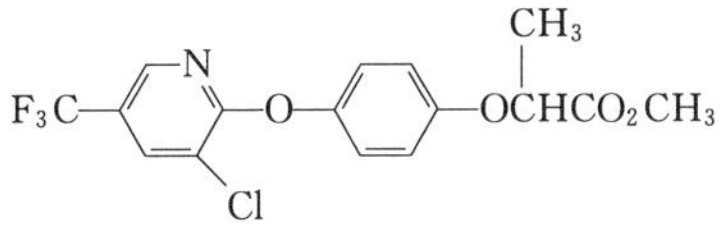

$C_{16}H_{13}ClF_3NO_4$，375.7

其他中文名称 盖草能(酸)

化学名称 (*RS*)-2-[4-(3-氯-5-三氟甲基-2-吡啶氧基)苯氧基]丙酸甲酯

CAS登录号 69806-34-4

理化性质 氟吡甲禾灵：无色晶体。熔点：55～57℃。蒸气压：0.80mPa(25℃)。K_{ow} lg$P$=4.07。Henry 常数：3.23×10^{-2} Pa·m^3/mol（计算值）。溶解度：水中 9.3mg/L(25℃)。乙腈 4.0，丙酮 3.5，二氯甲烷 3.0，二甲苯 1.27(kg/kg，20℃)。

毒　性 急性经口 LD_{50}(mg/kg)：雄大鼠 393，雌大鼠 599。急性经皮 LD_{50}兔＞5000mg/kg。对皮肤无刺激性；对眼睛中度刺激性（兔）。饲喂毒性 LC_{50}(8d)：野鸭和三齿鹑＞5620mg/kg。鱼 LC_{50}(96h)：虹鳟鱼 0.38mg/L。水蚤 LC_{50}：(48h)4.64mg/L。蜜蜂 LD_{50}(接触，48h)：＞100μg/只。

制　剂 94%原药，108g/L 乳油。

应　用 氟吡甲禾灵是一种苗后选择性除草剂，茎叶处理后能很快被禾本科杂草的叶子吸收，传导至整个植株，积累于植物分生组织，抑制植物体内乙酰辅酶 A 羧化酶，导致脂肪酸合成受阻而杀死杂草。喷洒落入土壤中的药剂易被根部吸收，也能起杀草作用。氟吡甲禾灵结构中丙酸甲酯 α-碳为不对称碳原子，故存在 *R* 和 *S* 两种光学异构体，其中 *S* 体没有除草活性，对从出苗到分蘖、抽穗初期的一年生和多年生禾本科杂草有很好的防除效果，对阔叶草和莎草无效。对阔叶作物安全。适用作物：大豆、棉花、花生、油菜、甜菜、亚麻、烟草、向日葵、豌豆、茄子、辣椒、甘蓝、胡萝卜、萝卜、白菜、马铃薯、芹菜、胡椒、南瓜、西瓜、黄瓜、莴苣、菠菜、番茄，以及果园、茶园、桑园等。在其他国家登记作物：大豆、油菜、甜菜、亚麻、花生、棉花、豌豆等阔叶作物。防治对象：野燕麦、稗草、马唐、狗尾草、牛筋草、野黍、早熟禾、千金子、看麦娘、黑麦草、旱雀麦、大麦属、匍匐冰草、芦苇、狗牙根、假高粱等一年生和多年生禾本科杂草。使用方法：一般来说，从禾本科杂草出苗到抽穗都可以施药。在杂草 3～5 叶，生长旺盛时施药最好，此时杂草对右旋吡氟乙草灵最为敏感，且杂草地上部分较大，易接受到较多雾滴。在杂草叶龄较大时，适当加大药量也可达到很好防效。应尽量在禾本科杂草出齐后用药。

原药生产厂家 江苏扬农化工集团有限公司。

精噁唑禾草灵（fenoxaprop-*P*-ethyl）

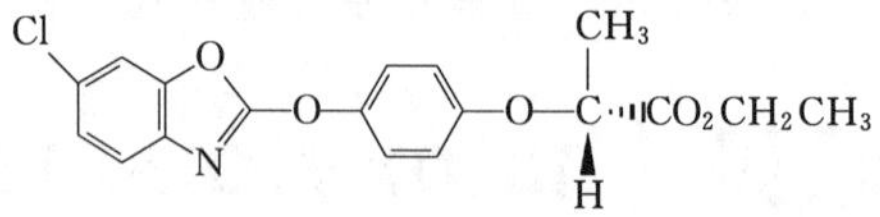

$C_{18}H_{16}ClNO_5$，361.8

其他中文名称 骠马，威霸

其他英文名称 Whip，Whip Rice，Puma Ruper，Hoe-046360(酸)，Hoe-33171(乙酯)，fenoxaprop-P(酸)

化学名称 (*R*)-2-[4-(6-氯-1,3-苯并噁唑-2-氧基)苯氧基]丙酸乙酯

CAS登录号 71283-80-2

理化性质 白色无味固体。熔点：89～91℃。蒸气压：5.3×10^{-4} mPa(20℃)。K_{ow} lg$P$=4.58。Henry常数：2.74×10^{-4} Pa·m^3/mol（计算值）。相对密度：1.3(20℃)。溶解度：水中0.7mg/L(pH 5.8，20℃)。丙酮，甲苯和乙酸乙酯>200，甲醇43(g/L，20℃)。稳定性：50℃稳定保存90d，对光稳定。

毒　性 急性经口LD_{50}(mg/kg)：大鼠3150～4000，小鼠>5000。急性经皮LD_{50}：大鼠>2000mg/kg。吸入毒性LC_{50}(4h)：大鼠>1.224mg/L(空气)。无作用剂量(90d)：大鼠0.75mg/(kg·d)(10mg/L)，小鼠1.4mg/(kg·d)(10mg/L)，狗15.9mg/(kg·d)(400mg/L)。急性经口LD_{50}：三齿鹑>2000mg/kg。鱼LC_{50}(96h，mg/L)：蓝腮太阳鱼0.58，虹鳟鱼0.46。水蚤LC_{50}(48h)：0.56(pH 8.0～8.4)，2.7（pH 7.7～7.8）mg/L。海藻LC_{50}(72h)：铜在淡水藻0.51mg/L。蜜蜂LC_{50}：（经口）>199μg/只；（接触）>200μg/只。蠕虫：LC_{50}(14d)蚯蚓>1000mg/kg(土壤)。

制　剂 95%、92%原药，69g/L、7.50%、6.90%水乳剂，80.5g/L、10%乳油。

应　用 作用特点：有效成分中除去了非活性部分（*S*-体）的精制（*R*-体），精噁唑禾草灵属选择性、内吸传导型苗后茎叶处理剂。有效成分被茎叶吸收后传导到叶基、节间分生组织、根的生长点，迅速转变成苯氧基的游离酸，抑制脂肪酸进行生物合成，损坏杂草生长点、分生组织，作用迅速，施药后2～3d内停止生长，5～7d心叶失绿变紫色，分生组织变褐，然后分蘖基部坏死，叶片变紫逐渐枯死。在耐药性作物中分解成无活性的代谢物而解毒。适用作物：大田作物如豆类、小麦、花生、油菜、棉花、亚麻、烟草、甜菜、马铃薯、苜蓿属植物、向日葵、巢菜、甘薯；蔬菜：茄子、黄瓜、大蒜、洋葱、胡萝卜、芹菜、甘蓝、花椰菜、香菜、南瓜、菠菜、番茄、芦笋；水果、干果：苹果、梨、李、草莓、扁桃、樱桃、柑橘、可可、咖啡、无花果、棒子、菠萝、覆盆子、红醋栗、茶、葡萄及多种其他作物。其他作物：精噁唑禾草灵亦可酌量用予各种药用植物、观赏植物、芳香植物、木本植物等。在其他国家登记作物：大豆、棉花、马铃薯、甜菜、花生、油菜、亚麻、水稻、小麦等。防治对象：每亩用50～60mL（有效成分3.45～4.14g）可防除的杂草种类如看麦娘、鼠尾看麦娘、草原看麦娘、风剪股颖、野燕麦、自生燕麦、不实燕麦、被粗伏毛燕麦、具绿毛臂形草、车前状臂形草、阔叶臂形草、褐色蒺藜草、有刺蒺藜草、多指虎尾草、埃及龙爪草、升马唐、淡褐色双稃草、芒稷、稗、非洲蟋蟀草、蟋蟀草、大画眉草、弯叶画眉草、智利画眉草、细野黍、野黍、皱纹鸭嘴草、簇生千金子、虮子草、毛状黍、秋稷、簇生黍、大黍、稷、特克萨斯稷、具刚毛狼尾草、加那利群岛虉草；怪状虉草、普通早熟禾、大狗尾草、莠狗尾草、枯死状狗尾草、轮生狗尾草、绿色狗尾草、白绿色粗壮狗尾草、紫绿色粗壮狗尾草、野高粱、种子繁殖的假高粱、轮生花高粱、普通高粱、酸草、芦节状香蒲、自生玉米。使用方法：每亩用70mL（有效成分4.83g）可防除的杂草种类，如沼泽生剪股颖、细弱剪股颖、俯仰马唐、平展马唐、马唐、匍茎剪股颖、有缘毛马唐、蓝马唐、止血马唐、大麦、羊齿叶状乱子草、细穗葫草、金狗尾草、苏丹草、有疏毛雀稗、罗氏草、假高粱。每亩用80mL（有效成分5.52g）可防除的杂草种类：狗牙根、邵氏雀稗、黑麦属、狼尾草、芒属、海滨雀稗。

原药生产厂家 安徽丰乐农化有限责任公司、安徽华星化工股份有限公司、合肥久易农业开发有限公司、江苏天容集团股份有限公司、江苏中旗化工有限公司、捷马化工股份有限公司、山东京博农化有限公司、沈阳科创化学品有限公司、浙江海正化工股份有限公司、浙江省杭州宇龙化工有限公司、德国拜耳作物科学公司。

炔草酯（clodinafop-propargyl）

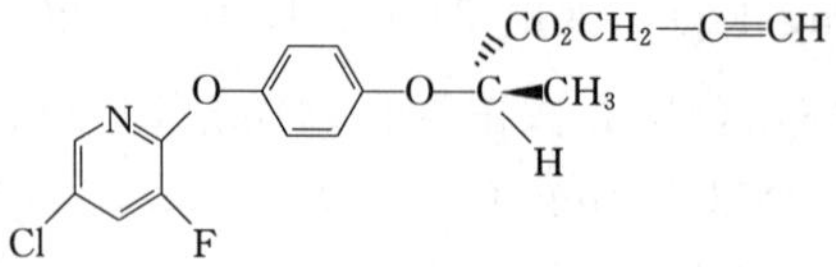

$C_{17}H_{13}ClFNO_4$，349.7

化学名称 (*R*)-2-[4-(5-氯-3-氟-2-吡啶氧基)-苯氧基]-丙酸炔丙基酯

CAS登录号 105512-06-9

理化性质 无色晶体。熔点：59.5℃(原药 48.2～57.1℃)。蒸气压：3.19×10^{-3} mPa (25℃)。$K_{ow}\lg P=3.9$(25℃)。Henry 常数：2.79×10^{-4} Pa·m³/mol（计算值）。密度：1.37(20℃)。溶解性：水 4.0mg/L(pH 7，25℃)，乙醇 97，丙酮 880，甲苯 690，正己烷 0.0086，正辛醇 25(g/L，25℃)。稳定性：50℃在酸性介质中相对稳定，在碱性介质中水解；DT_{50}(25℃)64h(pH 值 7)，2.2h(pH 值 9)。

毒　性 急性经口 LD_{50}：雌大鼠 2271，雄大鼠 1392，小鼠＞2000mg/kg。急性经皮 LD_{50}：大鼠＞2000mg/kg，对皮肤和眼睛无刺激性（兔），对豚鼠皮肤敏感。空气吸入毒性 LC_{50}(4h，鼻吸入)：大鼠 2.325mg/L。无作用剂量：大鼠(2y)0.35mg/(kg·d)；小鼠(18月)1.2mg/(kg·d)；狗(1y)3.3mg/(kg·d)，雌性 1000mg/L[30.3mg/(kg·d)]。急性经口 LD_{50}(mg/kg)：野鸭＞2000，山齿鹑＞1455。鱼 LC_{50}(96h)：虹鳟鱼 0.39，鲤鱼 0.46，鲶鱼 0.43mg/L。水蚤 LC_{50}(48h)：＞74mg/L。海藻 EC_{50}(96～120h)：铜在淡水藻 25mg/L。蜜蜂 LD_{50}(接触，48h)：＞100μg/只。

制　剂 95%原药，15%微乳剂，8%乳油，20%、15%可湿性粉剂。

应　用 该除草剂属芳氧苯氧丙酸类除草剂，能有效抑制类酯的生物合成为乙酰辅敏 A 羟化酶抑制剂，本品在土壤中很快降解为游离酸苯基和吡啶部分进入土壤。本品能防治小麦田鼠尾看麦娘、燕麦草、黑麦草、普通早熟禾狗尾草等禾本科杂草。

原药生产厂家 江苏中旗化工有限公司、浙江省杭州宇龙化工有限公司、浙江永农化工有限公司、岳阳迪普化工技术有限公司、利尔化学股份有限公司、瑞士先正达作物保护有限公司。

喹禾灵（quizalofop-ethyl）

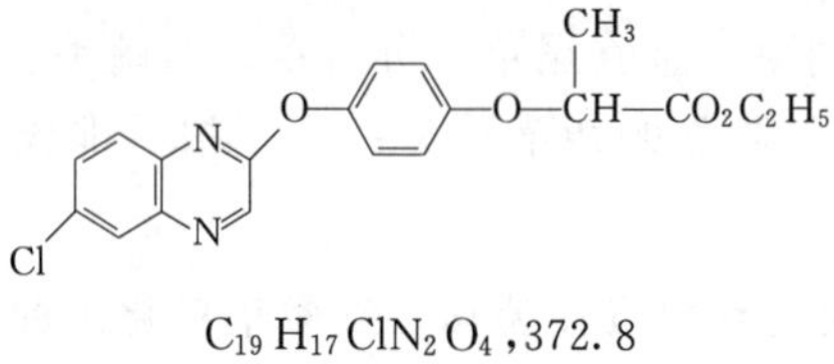

$C_{19}H_{17}ClN_2O_4$，372.8

其他中文名称 禾草克

其他英文名称 NC-302，All-in-one，Assure，Pilor，Tarqa

化学名称 (*RS*)-2-[4-(6-氯喹噁啉-2-氧基)苯氧基]丙酸乙酯

CAS登录号 76578-14-8

理化性质 无色晶体。熔点：91.7～92.1℃。沸点：220℃/2.66Pa。蒸气压：8.65×10^{-4}mPa(20℃)。K_{ow} lg$P$=4.28(23℃±1℃，蒸馏水)。Henry 常数：1.07×10^{-3}Pa·m^3/mol(20℃)。相对密度：1.35(20℃)。溶解度：水中 0.3mg/L(20℃)；苯 290，二甲苯 120，丙酮 111，乙醇 9，正己烷 2.6(g/L，20℃)。稳定性：50℃保存 90d，有机溶剂 40℃保存 90d，对光不稳定（DT_{50} 10～30d），pH 3～7 稳定。

毒　性 急性经口 LD_{50}(mg/kg)：雄大鼠 1670，雌大鼠 1480，雄小鼠 2360，雌小鼠 2350。急性经皮 LD_{50}：大鼠和小鼠＞5000mg/kg。对兔皮肤和眼睛没有刺激性。吸入毒性 LC_{50}(4h)：大鼠 5.8mg/L。无作用剂量：大鼠（104 周）0.9mg/(kg·d)；小鼠(78 周) 1.55mg/(kg·d)；狗(52 周)13.4mg/(kg·d)。对大鼠和兔无致突变致畸作用。急性经口 LD_{50}野鸭和三齿鹑＞2000mg/kg。鱼 LC_{50}(96h)：虹鳟鱼 10.7，蓝腮太阳鱼 2.8mg/L。水蚤 LC_{50}(96h)：2.1mg/L。海藻 EC_{50}(96h)：绿藻＞3.2mg/L。蜜蜂：LD_{50}(接触)＞50μg/只。

制　剂 95%原药，10%乳油。

应　用 芽后除草剂，选择性地防除一年生和多年生杂草，主要用于阔叶作物，而且在任何气候条件下对禾本科杂草有极好的除草活性，对阔叶作物安全。用于棉花、亚麻、油菜、花生、马铃薯、大豆、甜菜、向日葵和蔬菜田中，能有效地防除一年生禾本科杂草和苗期多年生杂草；也能有效地防除多年生禾本科杂草，如宿根高粱、狗牙根、冰草。叶面施药后，杂草植株发黄，2 天内停止生长，施药后 5～7 天，嫩叶和节上初生组织变枯，14 天内植株枯死。

原药生产厂家 江苏省南通江山农药化工股份有限公司。

精喹禾灵（quizalofop-*P*-ethyl）

$C_{19}H_{17}ClN_2O_4$，372.8

其他中文名称 精禾草克

化学名称 (*R*)-2-[4-(6-氯喹喔啉-2-氧基)苯氧基]丙酸

CAS登录号 100646-51-3

理化性质 白色结晶，无味固体。熔点：76.1～77.1℃。沸点：220℃/26.6Pa。蒸气压：

1.1×10^{-4}mPa(20℃)。K_{ow} lg$P$=4.61(23℃±1℃)。Henry 常数：6.7×10^{-5}Pa·m^3/mol(计算值)。相对密度：1.36g/cm^3。溶解度：水中 0.61mg/L(20℃)。丙酮，乙酸乙酯和二甲苯>250，1,2-二氯乙烷>1000(g/L，22～23℃)；甲醇 34.87，正庚烷 7.168(g/L，20℃)。稳定性：中性和酸性条件下稳定，碱性条件下不稳定；DT_{50}<1d(pH 9)。高温条件下有机溶剂中稳定。

毒　性　急性经口 LD_{50}(mg/kg)：雄大鼠 1210，雌大鼠 1182，雄小鼠 1753，雌小鼠 1805。无作用剂量(90d)：大鼠 7.7mg/(kg·d)。急性经口 LD_{50}：野鸭和三齿鹑>2000mg/kg。鱼 LC_{50}(96h)：虹鳟鱼>0.5mg/L。水蚤 LC_{50}(48h)：0.29mg/L。蠕虫：LC_{50}>1000mg/kg。

制　剂　95%、92%原药，20.80%悬浮剂，10.80%水乳剂，35%、17.50%、15%、10.80%、10%、8.80%、5%乳油。

应　用　精喹禾灵是一种高度选择性的新型旱田茎叶处理剂，在禾本科杂草和双子叶作物间有高度的选择性，对阔叶作物出的禾本科杂草有很好的防效。精喹禾灵与禾草克相比，提高了被植物吸收速度和在植株内的移动性，所以作用速度更快，药效更加稳定，不易受雨水、气温及湿度等环境条件的影响。精喹禾灵药效提高了近 1 倍，亩用量减少，对环境更加安全。精喹禾灵在土壤中降解半衰期在 1d 之内，降解速度快，主要以微生物降解为主。精喹禾灵适用于大豆、甜菜、油菜、马铃薯、亚麻、豌豆、蚕豆、烟草、西瓜、棉花、花生、阔叶蔬菜等多种作物及果树、林业苗圃、幼林抚育、苜蓿等。在其他国家登记作物：大豆、棉花。防治对象：野燕麦、稗草、狗尾草、金狗尾草、马唐、野黍、牛筋草、看麦娘、画眉草、千金子、雀麦、大麦属、多花黑麦草、毒麦、稷属、早熟禾、双穗雀稗、狗牙根、白茅、匍匐冰草、芦苇等一年生和多年生禾本科杂草。

原药生产厂家　安徽丰乐农化有限责任公司、安徽华星化工股份有限公司、吉林省吉化集团农药化工有限责任公司、江苏丰山集团有限公司、江苏蓝丰生物化工股份有限公司、江苏省南通嘉禾化工有限公司、江苏省南通江山农药化工股份有限公司、江苏天容集团股份有限公司、辽宁省大连松辽化工有限公司、辽宁天一农药化工有限责任公司、日本日产化学工业株式会社、山东丰泽化工有限公司、山东京博农化有限公司、山东潍坊润丰化工有限公司、山东亿邦生物科技有限公司、浙江海正化工股份有限公司。

喹禾糠酯（quizalofop-*P*-tefuryl）

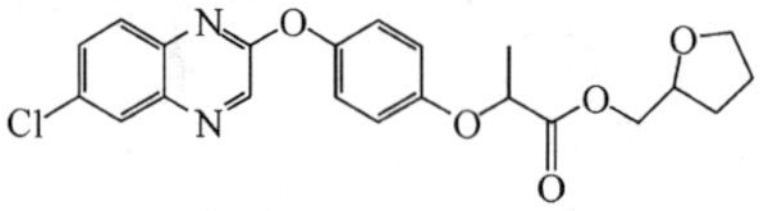

$C_{22}H_{21}ClN_2O_5$，428.9

化学名称　(R)-2-[4-(6-氯喹喔啉-2-基氧基)苯氧基]丙酸乙酯

CAS 登录号　119738-06-6

理化性质　白色固体粉末；原药是橘黄色蜡状固体。熔点：58.3℃。沸点：213℃沸腾前分解。蒸气压：7.9×10^{-3}mPa(25℃)。K_{ow} lg$P$=4.32(25℃)。Henry 常数：<9.0×10^{-4}

Pa·m^3/mol（计算值，25℃）。相对密度：1.34(20.5℃)。溶解度：水中 3.1mg/L(pH 4.4 和 pH 7.0，25℃)。甲苯 652，正己烷 12，甲醇 64(mg/L，25℃)。稳定性：稳定性≥14d (55℃)；包装产品稳定性≥2y(25℃)。光解 DT_{50}：25.3h(氙弧灯)，2.4h(氙气灯)。水解 DT_{50}(22℃)：8.2d(pH 5.1)，18.2d(pH 7.0)，7.2h(pH 9.1)。

毒　性　急性经口 LD_{50}：大鼠 1012mg/kg。急性经皮 LD_{50}：兔>2000mg/kg。对眼睛中度刺激，对皮肤无刺激性（兔）。吸入毒性 LC_{50}(4h，通过呼吸)：大鼠>3.9mg/L(空气)。慢性毒性饲喂试验，无作用剂量大鼠（2y)1.3mg/(kg·d)；小鼠(18 月)1.7mg/(kg·d)；狗(1y)25～30mg/(kg·d)。急性经口 LD_{50} 三齿鹑和野鸭>2150mg/kg。LC_{50}（8d）三齿鹑和野鸭>5000mg/L。鱼 LC_{50}(96h)：鳟鱼 0.51mg/L，太阳鱼 0.23mg/L。水蚤 LC_{50}(48h)：>1.5mg/L。海藻 E_bC_{50} 和 E_rC_{50}(72h)：羊角月芽藻>1.9mg/L。其他水生植物 E_bC_{50}(72h)：舟形藻 0.6mg/L；E_rC_{50}(72h) 舟形藻 1.3mg/L。EC_{50}(14d) 浮萍 2.1mg/L。蜜蜂：LD_{50}(经口 48h)：16.8μg/只；(接触 48h)>100μg/只。蠕虫：LC_{50}(14d)>500mg/kg（干土)。

制　剂　95%原药，40g/L 乳油。

应　用　乙酰辅酶 A 羧化酶抑制剂。茎叶处理后能很快被禾本科杂草茎叶吸收，传导至整个植株的分生组织，抑制脂肪酸的合成，阻止发芽和根茎生长而杀死杂草。喹禾康酯在杂草体内持效期较长，喷药后杂草很快停止生长，3～5d 心叶基部变褐，5～10d 杂草出现明显变黄坏死，14～21d 内整株死亡。适用作物与安全性：大豆、花生、马铃薯、亚麻、豌豆、蚕豆、向日葵、西瓜、棉花、苜蓿、阔叶蔬菜及果树、林业苗圃、幼林抚育等。在土壤中半衰期小于 6h，在土壤中不淋溶。防除对象：主要防除阔叶作物田中一年生和多年生禾本科杂草如稗草、狗尾草、金狗尾草、野燕麦、马唐、看麦娘、硬草、千金子、牛筋草、雀麦、棒头草、剪股颖、画眉草、野黍、大麦属、多花黑麦属、稷属、狗牙根、白茅、葡萄冰草、芦苇、双穗雀稗、龙爪茅、假高粱等。使用方法：阔叶作物秒后禾本科杂草 3～5 叶期，全田施药或苗带施药均可。配液量为人工每亩 23～30L，拖拉机 5～10L。土壤水分、空气相对湿度较高时有利于杂草堆除草剂的吸收。长期干旱无雨，低温和空气相对湿度低于 65% 时不宜施药。一般选择早晚气温低、湿度高、风小时施药。晴天 9～16 时不宜施药，药后 1h 内应无雨。长期干旱，近期无雨，待雨后田间水分和湿度改善后再施药或有灌水条件的灌水后再施药。

原药生产厂家　上虞颖泰精细化工有限公司、美国科聚亚公司。

噁唑酰草胺（metamifop）

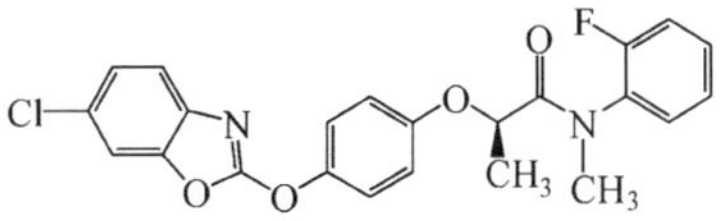

$C_{23}H_{18}ClFN_2O_4$，440.9

化学名称　(*R*)-2-[(4-氯-1,3-苯并噁唑-2-基氧)苯氧基]-2′-氟-*N*-甲基丙酰基苯胺

CAS 登录号　256412-89-2

理化性质　纯品浅褐色，无味粉末。熔点：77.0～78.5℃。蒸气压：1.51×10^{-1} mPa

(25℃)。K_{ow}lg$P$=5.45(pH 7,20℃)。Henry 常数:6.35×10^{-2} Pa·m^3/mol(20℃)。密度:1.39。溶解性:水 6.87×10^{-4}g/L(pH 7,20℃)。丙酮,1,2-二氯乙烷,乙酸乙酯,甲醇和二甲苯>250,正庚烷 2.32,正辛醇 41.9(g/L,20℃)。稳定性:54℃稳定。

毒　性　急性经口 LD_{50}:大鼠>2000mg/kg。急性经皮 LD_{50}:大鼠>2000mg/kg。对皮肤无刺激作用;对眼睛有轻微刺激,能引起皮肤接触敏感性。空气吸入毒性:LC_{50}(4h)大鼠>2.61mg/L。无致突变、染色体突变、细胞突变作用。鱼 LC_{50}(96h):虹鳟鱼 0.307mg/L。水蚤 EC_{50}(48h):0.288mg/L。海藻:EC_{50}(48h)>2.03mg/L。蜜蜂:LD_{50}(接触和经口)>100μg/只。蠕虫:LC_{50}蚯蚓>1000mg/L。

制　剂　96%原药,10%乳油。

应　用　噁唑酰草胺属 ACC 酶抑制剂,能抑制植物脂肪酸的合成。用药后几天内敏感品种出现叶面退绿,抑制生长,有些品种在施药后 2 周出现干枯,甚至死亡。防除对象:可防除大多数一年生禾本科杂草,与大多数此类除草剂不同的是,噁唑酰草胺对水稻安全,可有效防除水稻田主要杂草,如稗草、千金子、马唐和牛筋草,主要用于移栽和直播稻田除草。噁唑酰草胺低毒,对环境安全,有广泛的可混性。

原药生产厂家　江苏联化科技有限公司、韩国东部高科技株式会社。

乳氟禾草灵(lactofen)

$C_{19}H_{15}ClF_3O_7$,581.9

其他中文名称　克阔乐

其他英文名称　Cobra,PPG-844

化学名称　*O*-[5-(2-氯-α,α,α-三氟-对-甲苯氧基)-2-硝基苯甲酰]-DL-乳酸乙酯

CAS 登录号　77501-63-4

理化性质　黑褐色至棕褐色。熔点:44~46℃。蒸气压:9.3×10^{-3} mPa(20℃)。Henry 常数:4.56×10^{-3} Pa·m^3/mol(20℃,计算值)。相对密度:1.391(25℃)。溶解度:水中<1mg/L(20℃)。稳定性:可稳定保存 6 个月。闪点 93℃。

毒　性　急性经口 LD_{50}:大鼠>5000mg/kg。急性经皮 LD_{50}:大鼠 2000mg/kg,制剂对眼睛有严重的刺激性。吸入毒性:LC_{50}(4h)大鼠>5.3mg/L。无作用剂量:狗 0.79mg/kg。鹌鹑 LD_{50}>2510mg/kg,野鸭和鹌鹑 LC_{50}>5620mg/L。鱼 LC_{50}(96h):蓝腮太阳鱼和虹鳟鱼>100μg/L。水蚤:LD_{50}>100μg/L。蜜蜂:LD_{50}(接触)>160μg/只。

制　剂　95%、85%、80%原药,24%乳油。

应　用　作用特点:乳氟禾草灵是选择性苗后茎叶处理除草剂,施药后通过植物茎叶吸

收，在体内进行有限的传导，通过破坏细胞膜的完整性而导致细胞内含物的流失，最后便杂草干枯死亡。在充足光照条件下，施药后2～3天，敏感的阔叶杂草叶片出现灼伤斑，并逐渐扩大，整个叶片变枯，最后全株死亡。本品施入土壤易被微生物降解。大豆对乳氟禾草灵有耐药性，但在不利于大豆生长发育的环境条件下，如高温、低洼地排水不良、低温、高湿、病虫危害等，易造成药害，症状为叶片皱缩，有灼伤斑点，一般1周后大豆恢复正常生长，对产量影响不大。适用作物：大豆、花生。在其他国家登记作物：大豆、花生、棉花、观赏植物、木本植物。防治对象：苍耳、苘麻、龙葵、铁苋菜、狼把草、鬼针草、野西瓜苗、水棘针、香薷、反枝苋、凹头苋、刺苋、地肤、荠菜、遏蓝菜、曼陀罗、辣子草、藜、小藜、豚草、艾叶破布草、粟米草、田芥菜、马齿苋、大果田菁、鸭跖草、刺黄花稔、地锦草、猩猩草、鳢肠、酸模叶蓼、柳叶刺蓼、节蓼、卷茎蓼等一年生阔叶杂草。在干旱条件下对苘麻、苍耳、藜的药效明显下降。

原药生产厂家 黑龙江省佳木斯市恺乐农药有限公司、江苏长青农化股份有限公司、江苏中旗化工有限公司、山东省青岛瀚生生物科技股份有限公司、上虞颖泰精细化工有限公司。

乙氧氟草醚（oxyfluorfen）

F_3C—[苯环(2-Cl)]—O—[苯环(3-OCH_2CH_3, 4-NO_2)]

$C_{15}H_{11}ClF_3NO_4$，361.7

其他中文名称 氟硝草醚，果尔，割草醚

其他英文名称 Goal

化学名称 2-氯-α，α，α-三氟-*p*-甲苯基-3-乙氧基-4-硝基苯基醚

CAS登录号 42874-03-3

理化性质 橘黄色结晶固体。熔点：85～90℃（原药65～84℃）。沸点：358.2℃（分解）。蒸气压：0.0267mPa（25℃）。K_{ow} lg$P$=4.47。Henry常数：8.33×10^{-2}Pa·m³/mol（25℃，计算值）。相对密度：1.35（73℃）。溶解度：水中0.116mg/L（25℃）。易溶于多数有机溶剂，丙酮72.5，环己酮、异丙醇61.5，二甲基甲酰胺>50，三氯甲烷50～55，异亚丙基丙酮40～50（g/100g，25℃）。稳定性：pH 5～9（25℃）保存28d无明显水解，紫外照射迅速分解，DT_{50} 3d（室温），50℃稳定。

毒　性 急性经口LD_{50}：大鼠和狗>5000mg/kg。急性经皮LD_{50}：兔>10000mg/kg。对眼睛中度刺激性；对皮肤中度刺激（兔）。吸入毒性：LC_{50}（4h）大鼠>5.4mg/L。无作用剂量（20月，mg/kg）：小鼠2[0.3mg/（kg·d）]，大鼠40，狗100。急性LD_{50}：三齿鹑>2150mg/kg；饲喂毒性LC_{50}（8d）：野鸭和三齿鹑>5000mg/L。鱼LC_{50}（96h，mg/L）：蓝腮太阳鱼0.2，鳟鱼0.41。水蚤：LC_{50}（48h）1.5mg（a.i.）/L。蜜蜂：对蜜蜂无毒，0.025mg（a.i.）/只。蠕虫：无毒，急性LC_{50}>1000mg/kg（干土）。

制　剂 97%、95%原药，2%颗粒剂，25%悬浮剂，24%、23.50%、20%乳油。

应　用　作用特点：乙氧氟草醚是一种触杀型除草剂，在有光的情况下发挥杀草作用。主要通过胚芽鞘、中胚轴进入植物体内，经根部吸收较少，并有微量通过根部向上运输进入叶部。苗前和苗后早期施用效果最好，能防除阔叶杂草、莎草及稗，但对多年生杂草只有抑制作用。在水田里，施入水层中后在24h内沉降在土表，水溶性极低，移动性较小，施药后很快吸附于0～3cm表土层中，不易垂直向下移动，3周内被土壤中的微生物分解成二氧化碳，在土壤中半衰期为30d左右。适用作物：水稻、麦类、棉花、大蒜、洋葱、茶园、果园、幼林抚育。在其他国家登记作物：棉花、芸薹属、辣根、观赏植物、油菜、薄荷、洋葱、小浆果、坚果果树、亚热带果树、落叶果树、洋蓟。防治对象：①水田稗草、异型莎草、鸭舌草、陌上菜、节节菜、牛毛毡、日照飘拂草、碎米莎草、泽泻、三蕊沟繁缕、半边连、水苋菜、千金子等。对水绵、水芹、萤蔺、矮慈姑、尖瓣花有较好的药效。②旱田龙葵、苍耳、藜、马齿苋、田菁、曼陀罗、柳叶刺蓼、酸模叶蓼、繁缕、苘麻、反枝苋、凹头苋、刺黄花稔、酢浆草、锦葵、野芥、轮生粟米草、千里光、荨麻、辣子草、看麦娘、硬草、一年生甘薯属、一年生苦苣菜。

原药生产厂家　池州飞昊达化工有限公司、江苏省南通嘉禾化工有限公司、江苏中旗化工有限公司、江苏中意化学有限公司、山东侨昌化学有限公司、上海生农生化制品有限公司、上虞颖泰精细化工有限公司、岳阳迪普化工技术有限公司、浙江禾本农药化学有限公司、浙江兰溪巨化氟化学有限公司、浙江龙湾化工有限公司、浙江一帆化工有限公司、美国陶氏益农公司、新西兰塔拉纳奇化学有限公司。

甲羧除草醚（bifenox）

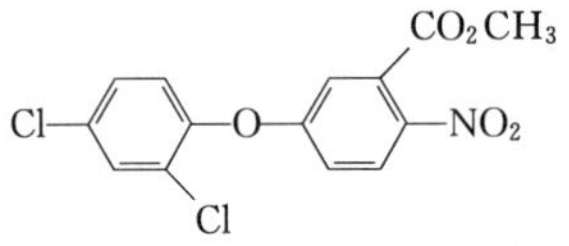

CO_2CH_3; Cl; O; NO_2; Cl

$C_{14}H_9Cl_2NO_5$，342.1

其他中文名称　茅毒、治草醚

其他英文名称　Modown、plodown、Mc-4379

化学名称　5-(2,4-二氯苯氧基)-2-硝基苯甲酸甲酯

CAS登录号　42576-02-3

理化性质　纯品黄色晶体，伴有轻微的芳香气味。熔点：84～86℃。蒸气压：0.32mPa(30℃)。$K_{ow}\lg P=4.5$。Henry常数：1.14×10^{-2} Pa·m³/mol。密度：0.65g/mL(堆积密度)。溶解性：水0.35mg/L(25℃)；丙酮400，二甲苯300，乙醇＜50(g/kg，25℃)；微溶于脂肪烃。稳定性：175℃稳定，290℃以上分解，22℃ pH 5.0～7.3水溶液中稳定，pH 9.0迅速水解。饱和水溶液中DT_{50} 24min(250～400nm)。

毒　性　急性经口LD_{50}(mg/kg)：大鼠＞5000（原药），小鼠4556。急性经皮LD_{50}：兔＞2000mg/kg。对皮肤和眼睛无刺激性。空气吸入毒性LC_{50}：大鼠＞0.91mg/L。无作用剂量(2y)：大鼠80，狗145，小鼠30[均为mg/(kg·d)]。无致畸致突变作用。饲喂毒性LC_{50}(8d)：鸭子＞5000mg/kg。鱼LC_{50}(96h)：虹鳟鱼＞0.67，蓝鳃太阳鱼＞0.27mg/L。水蚤

LC_{50}(48h)：0.66mg/L。蜜蜂：LD_{50}（接触）＞1000μg/只。蠕虫：EC_{50}和无作用剂量＞1000mg/kg。

制　剂　97％原药

应　用　触杀型芽前土壤处理剂，具有杀草谱广，施药量少，土壤适应性强，不受气温影响等特点。药剂被杂草幼芽吸收，破坏杂草的光合作用。适用于大豆、水稻、高粱、玉米、小麦等作物防除稗草、千金子、鸭跖草、苋菜、本氏蓼、藜、马齿苋、苘麻、苍耳、鸭舌草、泽泻、龙葵、地肤等杂草。

原药生产厂家　江苏辉丰农化股份有限公司。

三氟羧草醚（acifluorfen-sodium）

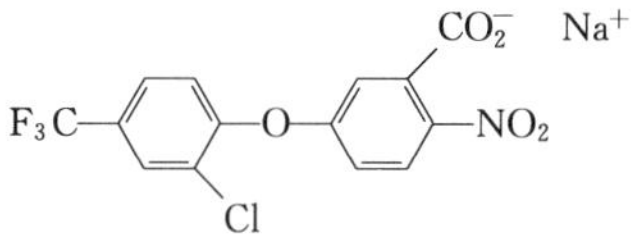

$C_{14}H_7ClF_3NNaO_5$，383.6

其他中文名称　杂草焚、达克尔、达克果

其他英文名称　Tackle、Blazer

化学名称　5-(2-氯-α,α,α-三氟-对-甲苯氧基)-2-硝基苯甲酸钠

CAS登录号　62476-59-9

理化性质　浅褐色固体。熔点：142～160℃。蒸气压：＜0.01mPa(20℃)。相对密度：1.546。溶解度：水中120mg/L(23～25℃)（原药）。丙酮600，乙醇500，二氯甲烷50，二甲苯，煤油＜10（g/kg，25℃）。稳定性：235℃分解酸碱条件下稳定（pH 3～9，40℃），紫外光照射易分解，DT_{50} 110h。三氟羧草醚钠盐固体中三氟羧草醚钠盐一般不能单独存在，但经常在水溶液中存在。白色固体。熔点：274～278℃（分解）。蒸气压：＜0.01mPa(25℃)。K_{ow} $\lg P=1.19$(pH 5，25℃)。Henry常数：＜6.179×10^{-9} Pa·m^3/mol(25℃，计算值)。相对密度：0.4～0.5。溶解度：水中(无缓冲液)62.07，(pH 7)60.81，(pH 9)60.71(g/100g，25℃)。辛醇5.37，甲醇64.15，正己烷＜5×10^{-5}(g/100mL，25℃)。稳定性：20～25℃，水溶液稳定性＞2y。pK_a 3.86±0.12

毒　性　三氟羧草醚急性经口LD_{50}(mg/kg,液体原药)：大鼠1540，雌小鼠1370，兔1590。急性经皮LD_{50}：兔＞2000mg/kg。对眼睛有严重刺激，对皮肤中等刺激（兔）（液体原药）。吸入毒性：LC_{50}(4h）大鼠＞6.91mg/L(空气）（液体制剂）。无作用剂量大鼠（2代）：1.25mg/kg；无作用剂量小鼠7.5mg/L(液体原药)。无致突变作用。急性经口LD_{50}三齿鹑325mg/kg。LC_{50}(8d）三齿鹑和野鸭＞5620mg/kg。鱼：LC_{50}(96h）虹鳟鱼17，蓝腮太阳鱼62mg/L。水蚤：EC_{50}(48h)77mg/L。海藻(μg/L)：EC_{50}羊角月芽藻＞260，水华鱼腥藻＞350。蠕虫：LC_{50}(14d）蚯蚓＞1800mg/kg。

制　剂　96％、95％、88％、80％原药，28％微乳剂，21.40％水溶液，21％、14.80％

水剂。

应　用　氟羧草醚是一种触杀性除草剂，苗后早期处理，可被杂草茎、叶吸收，作用方式为触杀，能促使气孔关闭，借助于光发挥除草活性，增高植物体温度引起坏死，并抑制线粒体电子的传递，以引起呼吸系统和能量生产系统的停滞，抑制细胞分裂使杂草死亡。杂草和大豆间的选择性主要是剂量，其次是品种。用量过高或高温、干旱条件下大豆易受药害，轻者叶片皱缩，出现枯斑，严重的整个叶片枯焦。三氟羧草醚对大豆的药害为触杀性药害，不抑制大豆生长，恢复快，对产量影响甚微。适用作物：大豆。在其他国家登记作物：花生、水稻、大豆。防治对象：龙葵、酸模叶蓼、柳叶刺蓼、节蓼、铁苋菜、反枝苋、凹头苋、刺苋、鸭跖草、水棘针、豚草、苘麻、藜（2 叶期以前）、苍耳（2 叶期以前）、曼陀罗、粟米草、马齿苋、裂叶牵牛、圆叶牵牛、卷茎蓼、香薷、狼把草、鬼针草等一年生阔叶杂草，对多年生的苣荬菜、刺儿菜、大蓟、问荆等有较强的抑制作用。使用方法：适于大豆苗后 3 片复叶期以前，阔叶杂草 2～4 叶期，一般株高 5～10cm 时使用。施药过晚，大豆 3 片复叶期以后施药药效不好，不仅对苍耳、藜、鸭跖草效果不佳，而且大豆抗性减弱，加重药害，造成贪青晚熟减产。

原药生产厂家　江苏长青农化股份有限公司、辽宁省大连松辽化工有限公司、辽宁省大连瑞泽农药股份有限公司、山东省青岛瀚生生物科技股份有限公司、上虞颖泰精细化工有限公司。

乙羧氟草醚（fluoroglycofen-ethyl）

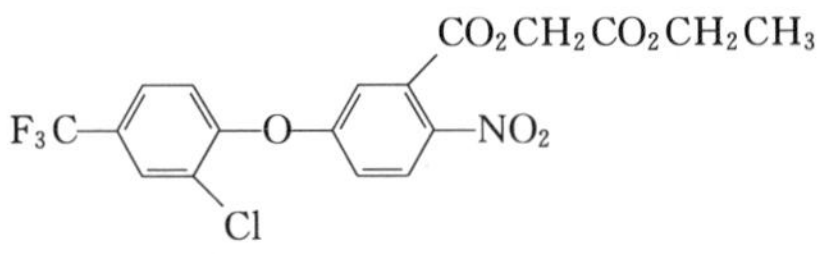

$CO_2CH_2CO_2CH_2CH_3$
F_3C—⟨苯环(Cl)⟩—O—⟨苯环⟩—NO_2

$C_{18}H_{13}ClF_3NO_7$，447.8

其他中文名称　克草特

化学名称　*O*-[5-(2-氯-4-三氟甲基苯氧基)-2-硝基苯甲酰基]羟基乙酸乙酯

CAS 登录号　77501-60-1

理化性质　纯品深琥珀色固体。熔点：65℃。$K_{ow}\lg P=3.65$。密度：1.01(25℃)。溶解性：水 0.6mg/L(25℃)。易溶于有机溶剂（正己烷除外）。稳定性：水溶液中 0.25mg/L (22℃)；DT_{50} 231d(pH 值 5)，15d(pH 值 7)，0.15d(pH 值 9)；紫外光条件下水悬浮液迅速分解。

毒　性　急性经口 LD_{50}：大鼠 1500mg/kg。急性经皮 LD_{50}：兔＞5000mg/kg。对皮肤和眼睛有轻微刺激（兔）。空气吸入毒性 LC_{50}(4h)：大鼠＞7.5mg。无作用剂量：（1y）狗 320mg/kg。无致畸作用。急性经口 LD_{50}：山齿鹑＞3160mg/kg；饲喂毒性 LC_{50}(8d)：野鸭和山齿鹑＞5000mg(a.i.)/kg。鱼 LC_{50}(96h，mg/L)：蓝鳃太阳鱼 1.6，鳟鱼 23。水蚤：LC_{50}(48h)30mg/L。蜜蜂：LD_{50}(接触)＞100μg/只。

制　剂　95%原药，10%微乳剂，20%、15%、10%乳油。

应　用　作用机理与特点：原卟啉原氧化酶抑制剂。一旦被植物吸收，只有在光照条件下，才发挥效力。该化合物同分子氯反应，生成对植物细胞具有毒性的四吡咯化合物，积聚而发生作用。积聚过程中，使植物细胞膜完全消失，然后引起细胞内含物渗漏。最终导致杂草死亡。适用作物：小麦、大麦、花生、大豆和水稻。防除对象：可防除阔叶杂草和禾本科杂草如猪殃殃、婆婆纳、堇菜、苍耳属和甘蓝属杂草等。该药剂对多年生杂草无效。苗后使用防除阔叶杂草，所需剂量相对较低。虽然该药剂苗前施用对敏感的双子叶杂草也有一些活性，但剂量必须高于苗后剂量的 2～10 倍。

原药生产厂家　江苏长青农化股份有限公司、江苏连云港立本农药化工有限公司、江苏省农药研究所股份有限公司、内蒙古宏裕科技股份有限公司、山东省青岛瀚生生物科技股份有限公司。

氟磺胺草醚（fomesafen）

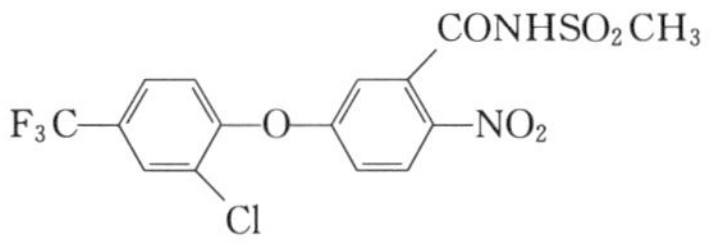

$CONHSO_2CH_3$　F_3C　O　NO_2　Cl

$C_{15}H_{10}ClF_3N_2O_6S$，438.8

其他中文名称　虎威、北极星、氟磺草、除豆莠

其他英文名称　Flex、*PP*-021

化学名称　5-(2-氯-α,α,α-三氟对甲苯氧基)-*N*-甲磺酰基-2-硝基苯甲酰胺

CAS 登录号　72178-02-0

理化性质　白色晶体。熔点：219℃。蒸气压：＜4×10^{-3}mPa(20℃)。K_{ow} lg$P$＝2.9(pH 1)，＜2.2(pH 4～10)。Henry 常数：＜2×10^{-7} Pa・m^3/mol(pH 7，20℃)。相对密度：1.61(20℃)。溶解度：纯水 50，＜10(pH 1～2)，10000(pH 9) (mg/L，20℃)。稳定性：50℃至少可保存 6 个月，光照条件下易分解。pK_a 2.83(20℃)。

毒　性　急性经口 LD_{50}(mg/kg)：雄大鼠 1250～2000，雌大鼠 1600。急性经皮 LD_{50}：兔＞1000mg/kg。对皮肤和眼睛中度刺激性(兔)。无皮肤过敏反应(豚鼠)。吸入毒性 LC_{50} (4h)：雄大鼠 4.97mg/L。无作用剂量：大鼠(2y)5mg/(kg・d)；小鼠(18 月)1mg/(kg・d)；狗(6 月)1mg/(kg・d)。发育毒性试验，兔无作用剂量 2.5mg/(kg・d)。急性经口 LD_{50}野鸭＞5000mg/kg；饲喂毒性 LC_{50}(5d)：野鸭和三齿鹑＞20000mg/kg。鱼 LC_{50}(96h)：虹鳟鱼 170，蓝腮太阳鱼 1507mg/L。水蚤：EC_{50}(48h)0.33g/L。海藻：EC_{50} 170μg/L。蜜蜂：对蜜蜂低毒，LD_{50}（经口）≥50μg/只，（接触）≥100μg/只。蠕虫：LC_{50}（14d）＞1000mg/kg。

制　剂　98%、97%、95%、85%原药，30%、12.8%微乳剂，280g/L、25%、18%、16.8%水剂，20%、12.8%乳油。

应　用　氟磺胺草醚是一种选择性除草剂，具有杀草谱宽、除草效果好、对大豆安全，对环境及后茬作物安全（推荐剂量下）等优点。大豆苗前苗后均可使用。杂草茎、叶及根均可吸收，破坏其光合作用，叶片黄化或有枯斑，迅速枯萎死亡。苗后茎叶处理 4～6h 有雨亦不降低其杀草效果。残留叶部的药液被雨水冲入土壤中或喷洒落入土壤的药剂会被杂草根部吸收而杀死杂草。大豆根部吸收药剂后能迅速降解：播后苗前或苗后施药对大豆均安全，偶然见到暂时的叶部触杀性损害，不影响生长和产量。适用作物：用于大豆田、果树、橡胶种植园、豆科覆盖作物。防治对象：麻、狼把草、鬼针草、铁苋菜、反枝苋、凹头苋、刺苋、豚草、芸苔属、田旋花、荠菜、决明、青葙、藜、小藜、蒿属、刺儿菜、大蓟、柳叶刺蓼、酸模叶蓼、节蓼、卷茎蓼、红蓼、萹蓄、鸭跖草、曼陀罗、辣子草、裂叶牵牛、粟米草、马齿苋、刺黄花稔、野芥、猪殃殃、酸浆属、苍耳、水棘针、香薷、龙葵、高田菁、车轴草属、欧荨麻、鳢肠、自生油菜等一年生和多年生阔叶杂草。在推荐剂量对禾本科杂草防效差。使用方法：苗后一年生阔叶杂草 2～4 叶期。大多数杂草出齐时茎叶处理，过早施药杂草出苗不齐，后出苗的杂草还需再施一遍药或采取其他灭草措施；过晚施药杂草抗性增强，需增加用药量。

原药生产厂家 福建三农集团股份有限公司、黑龙江省佳木斯市恺乐农药有限公司、江苏百灵农化有限公司、江苏长青农化股份有限公司、江苏蓝丰生物化工股份有限公司、江苏连云港立本农药化工有限公司、江苏联化科技有限公司、江苏省南通派斯第农药化工有限公司、江苏新港农化有限公司、江苏中旗化工有限公司、辽宁省大连瑞泽农药股份有限公司、辽宁省大连松辽化工有限公司、青岛双收农药化工有限公司、山东京博农化有限公司、山东侨昌化学有限公司、山东神星药业有限公司、山东省青岛丰邦农化有限公司、山东省青岛瀚生生物科技股份有限公司、山东先达化工有限公司、山东中农民昌化学工业有限公司、上虞颖泰精细化工有限公司。

地乐酚（dinoseb）

$C_{10}H_{12}N_2O_5$，240.2

其他英文名称 Premerge，Aretit，Lvosit

化学名称 2,4-二硝基-6-仲丁基酚

CAS 登录号 88-85-7

理化性质 纯品橘黄色固体(原药，橙棕色固体)。熔点：38～42℃(原药 30～40℃)。蒸气压：0.13mPa(室温)。$K_{ow}\lg P$=2.29。Henry 常数：6.0×10^{-4} Pa·m^3/mol(20℃，计算值)。密度：1.265(45℃)。溶解性：水 52mg/L(20℃)，溶于大多数有机溶剂，乙醇 480，庚烷 270(均为 g/kg)。pK_a 4.62，闪点 177℃。

毒　性 急性经口 LD_{50}(mg/kg)：大鼠 58，豚鼠 25。急性经皮 LD_{50}(mg/kg)：兔 80～200，豚鼠 500。对眼睛和皮肤中度刺激(兔)。6 个月无作用剂量饲喂试验，大鼠饲喂

100mg/kg 无致病影响。急性经口 LD_{50} 鸡 26mg/kg；饲喂毒性 LC_{50}(5d，mg/kg)：日本鹌鹑 409，环颈雉 515。鱼：对鱼高毒。蜜蜂：对蜜蜂高毒。

应　用　杀虫剂、杀螨剂和除草剂，主要用于防治柑橘、苹果、梨等的蚧类、蚜虫和红蜘蛛，并有良好的杀螨卵效果。但对嫩叶易产生药害，宜在果树休眠期内使用。应用于花生、马铃薯、大麦、小麦、裸麦、燕麦、玉米、大蒜、洋葱、大豆、菜豆、豌豆、亚麻等作物芽前土壤处理防治马唐、莎草、稗草、宝盖草、马齿苋、繁缕、田旋花、狗尾草、红辣蓼、荠、藜、豚草和野萝卜等一年生杂草。

麦草畏（dicamba）

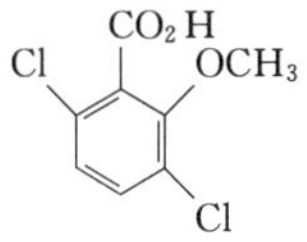

$C_8H_6Cl_2O_3$，221.0

其他中文名称　百草敌

其他英文名称　Banvel，Mediben，MDBA

化学名称　2-甲氧基-3,6-二氯苯甲酸

CAS 登录号　1918-00-9

理化性质　纯品为白色结晶（原药为淡黄色结晶固体）。熔点 114～116℃，沸点＞200℃，蒸气压 1.67mPa(25℃，计算值)，K_{ow} $\lg P=-0.55$(pH 5.0)、-1.88(pH 6.8)、-1.9(pH 8.9)，Henry 常数 1.0×10^{-4} $Pa\cdot m^3/mol$，相对密度 1.488(25℃)。水中溶解度(g/L，25℃)：6.6(pH 1.8)，＞250(pH 4.1、pH 6.8、pH 8.2)；其他溶剂中溶解度（g/L，25℃)：甲醇、乙酸乙酯、丙酮＞500，二氯甲烷 340，甲苯 180，正己烷 2.8，辛醇 490。正常状态下具有抗氧化和抗水解作用。酸、碱条件下稳定。约 200℃分解。

毒　性　大鼠急性经口 LD_{50}：707mg/kg，急性经皮 LD_{50}＞2000mg/kg。对兔眼有强烈的刺激和腐蚀性，对兔皮肤无刺激性。对豚鼠无皮肤致敏性。急性吸入 LC_{50}(4h，mg/L)：雌大鼠 5.19。无作用剂量：大鼠(2y)110mg/(kg·d)，狗(1y)52mg/(kg·d)。发育无作用剂量：兔 30mg/(kg·d)，大鼠 160mg/(kg·d)。生殖无作用剂量：大鼠 50mg/(kg·d)。野鸭急性经口 LD_{50}：373mg/kg。野鸭、山齿鹑 LC_{50}(8d)＞10000mg/kg(饲料)。鱼毒 LC_{50}(96h)：虹鳟鱼、蓝鳃太阳鱼 135mg/L。水蚤 LC_{50}(48h)：120.7mg/L。藻类 LC_{50}＞3.7～41mg/L。对蜜蜂无毒性，LD_{50}＞100μg/只(经口、接触)。蠕虫 LC_{50}(14d)＞1000mg/kg(土壤)。

制　剂　98％、97.50％、95％、90％、80％原药，48％水剂。

应　用　具有内吸传导作用的激素类除草剂。对一年生和多年生阔叶杂草有显著防除效果。麦草畏用于苗后喷雾，药剂能很快被杂草的叶、茎、根吸收，通过韧皮部及木质部向上下传导，多集中在分生组织及代谢活动旺盛的部位，阻碍植物激素的正常活动，从而使其死亡，禾本科植物吸收药剂后能很快地进行代谢分解使之失效，故表现较强的抗药性，对小麦、玉米、谷子、水稻等禾本科作物比较安全。麦草畏在土壤中经微生物较快分解后消失。用后一般 24h 阔叶杂草即会出现畸形卷曲症状，15～20d 死亡。适用小麦、玉米、芦苇、谷子、水稻等作物。防治一年生及多年生阔叶杂草，如猪殃殃、大巢菜、荞麦蔓、藜、牛繁缕、播娘蒿、苍耳、薄塑草、田旋花、刺儿菜、问荆、鳢肠、萹蓄、香薷、蓼、荠菜、繁缕等 200 多种阔叶杂草。小麦 3 叶期以前拔节以后及玉米抽雄花前 15 天内禁止使用麦草畏。大风天不宜喷施麦草畏，以防随风飘移到邻近的阔叶作物上，伤害邻近的阔叶作物。麦草畏的有效成分，主要通过茎叶吸收，根系吸收很少，所以喷雾时要均匀周到，防止漏喷和重喷。麦草畏在正常施药后，小麦、玉米苗初期有匍匐、倾斜或弯曲现象，一般经 1 周后即可恢复正常。

原药生产厂家 安徽华星化工股份有限公司、江苏省激素研究所股份有限公司、江苏生花农药有限公司、江苏太仓市农药厂有限公司、江苏扬农化工股份有限公司、江苏优士化学有限公司、江苏中旗化工有限公司、山东潍坊润丰化工有限公司、浙江禾本农药化学有限公司、浙江升华拜克生物股份有限公司、瑞士先正达作物保护有限公司。

五氯酚钠（PCP-Na）

C_6Cl_5NaO，288.3

化学名称 五氯酚钠

CAS登录号 131-52-2

理化性质 纯品为白色针状结晶，熔点 170～174℃。易溶于水（水中溶解度 33g/100g）和甲醇。水溶液呈碱性，光下易分解，易吸潮。

毒　性 大鼠急性经口 LD_{50}：(126±40)mg/kg；急性经皮 LD_{50}：250mg/kg。五氯酚钠的毒性主要是刺激呼吸道黏膜或对皮肤的刺激，可引起皮炎及支气管炎、哮喘等疾病。使用不当可自皮肤吸收中毒致死。对鱼类毒性大，水中 0.1～0.5mg/L 鱼即死亡。

制　剂 65%可溶粉剂。

应　用 属非选择性接触型除草剂，收获前的脱叶剂、木材防腐剂，还可用于杀灭血吸虫的中间宿主钉螺，防治血吸虫病。对农作物毒性较大，水田用药 2～3d 后方可插秧。

原药生产厂家 湖南京西祥隆化工有限公司。

溴苯腈（bromoxynil）

$C_7H_3Br_2NO$，276.9

其他中文名称 伴地农

其他英文名称 Pardner, Brominil, Buctril, Brominal, Bronate, MB10064, 16272RP, Butilchlorofos

化学名称 3,5-二溴-4-羟基苯腈

CAS登录号 1689-84-5

理化性质 纯品为白色晶体粉末。熔点：194～195℃（135℃/20Pa 升华）；原药 188～192℃。约 270℃分解，蒸气压 1.7×10^{-1}mPa(25℃)，$K_{ow}\lg P=1.04$(pH 7)，Henry 常数 5.3×10^{-4} Pa・m^3/mol（计算值），相对密度 2.31。水中溶解度 89～90mg/L(pH 7，25℃)；其他溶剂中溶解度(g/L，25℃)：二甲基甲酰胺 610，四氢呋喃 410，丙酮、环己酮 170，甲醇 90，乙醇 70，矿物油＜20，苯 10。稀释的碱、酸条件下非常稳定。对紫外线稳定。低于熔点热稳定。pK_a 3.86。

毒　性 急性经口 LD_{50}(mg/kg)：大鼠 81～177，小鼠 110，兔 260，狗约 100。急性经皮 LD_{50}(mg/kg)：大鼠＞2000，兔 3660。对兔皮肤和眼睛无刺激性。对豚鼠皮肤有致敏性。大鼠急性吸入 LC_{50}(4h)：0.15～0.38mg/mL。无作用剂量：大鼠(2y)20mg/kg，狗(1y)1.5mg/kg，小鼠(1y)1.3mg/kg。山齿鹑急性经口 LD_{50}：217mg/kg。饲喂 LC_{50}(5d，mg/kg)：山齿鹑 2080，野鸭 1380。鱼毒 LC_{50}(96h)：蓝鳃太阳鱼 29.2mg/L。水蚤 LC_{50}(48h)：12.5mg/L。藻类 EC_{50}(96h，mg/L)：淡水藻 44，羊角月牙藻 0.65。蜜蜂 LD_{50}(48h)：150μg/只(接触)，5μg/只(经口)。蠕虫 LD_{50}(14d)：45mg/kg。

制　剂 97%原药，80%可溶粉剂。

应　用 该药为选择性苗后茎叶处理触杀型苯腈类除草剂，主要由叶片吸收，在植物体内进行极有限的传导，通过抑制光合作用的各个过程使植物组织迅速坏死，从而达到杀草目的，气温较高时加速叶片枯死。溴苯腈适用小麦、大麦、黑麦、玉米、高粱、甘蔗、水稻、陆稻、亚麻、葱、蒜、韭菜、草坪及禾本科牧草等作物。溴苯腈是专用于防除阔叶杂草的除草剂，可有效地防除旱作物田里的藜、猪毛菜、地肤、播娘蒿、荠、葶苈、遏蓝菜、蓼、萹蓄、卷茎蓼、龙葵、母菊、矢车菊、豚草、千里光、婆婆纳、苍耳、鸭跖草、野罂粟、麦家公、麦瓶草和水稻田里的疣草、水竹叶等。溴苯腈已被广泛地单独使用或与 2,4-滴丁酯、2 甲 4 氯、百草敌、禾草灵、野燕枯及阿特拉津、烟嘧磺隆等一些除草剂混合使用。实际制剂应用的多为辛酰溴苯腈，使用同上。勿在高温天气或气温低于 8℃或在近期内有严重霜冻的情况下用药，施药后需 6h 内无雨。不宜与碱性农药混用，不能与肥料混用。

原药生产厂家 江苏辉丰农化股份有限公司、江苏联合农用化学有限公司。

三甲苯草酮（tralkoxydim）

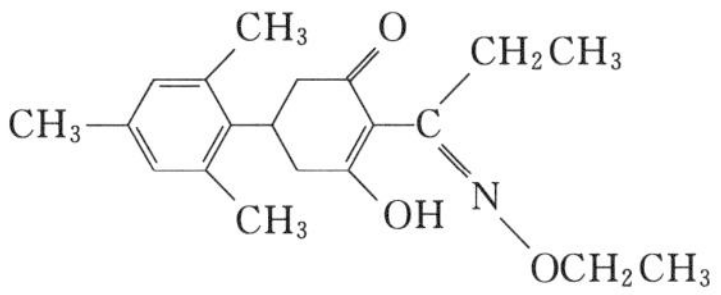

$C_{20}H_{27}NO_3$，329.4

化学名称 2-[1-(乙氧基氨基)丙基]-3-羟基-5-(2,4,6-三甲苯基)环己烯-2-酮

CAS登录号 87820-88-0

理化性质 纯品无色无味固体。熔点：106℃(原药99～104℃)。蒸气压：3.7×10^{-4}mPa(20℃)。$K_{ow}\lg P=2.1$(20℃，纯净水)。Henry常数：2×10^{-5}Pa·m^3/mol(纯净水)。相对密度：1.16(25℃)。溶解性：水6(pH 5)，6.7(pH 6.5)，9800(pH 9)(mg/L，20℃)；正己烷18，甲醇25，丙酮89，乙酸乙酯110，甲苯213，二氯甲烷＞500(g/L，24℃)。稳定性：＞12周(15～25℃)，4周(50℃)；DT_{50}(25℃) 6d(pH 5)，113d(pH 7)；28d后，87%无改变(pH 9)。pK_a4.3(25℃)。

毒　性 急性经口LD_{50}(mg/kg)：雄大鼠1258，雌大鼠934，雄兔＞519。急性经皮LD_{50}：大鼠＞2000mg/kg，对皮肤和眼睛中度刺激(兔)，对皮肤无敏感性(豚鼠)。空气吸入毒性LC_{50}(4h)：大鼠＞3.5mg/L。无作用剂量：大鼠(90d) 20.5mg/kg；狗(1y)5mg/kg。急性经口LD_{50}：野鸭＞3020mg/kg；饲喂毒性LC_{50}(5d，mg/kg)：野鸭＞7400，鹌鹑6237。鱼LC_{50}(96h，mg/L)：镜鲤＞8.2，蓝鳃太阳鱼＞6.1，虹鳟鱼＞7.2。水蚤：EC_{50}(48h)＞175mg/L。海藻：EC_{50}(120h) 7.6mg/L。其他水生动植物EC_{50}(14d)：膨胀浮萍1.0mg/L。蜜蜂：LD_{50}(接触)＞0.1mg/只，经口0.054mg/只。蠕虫：LC_{50}(14d) 87mg/kg。

制　剂 97%原药。

应　用 ACCase抑制剂。叶面施药后迅速被植株吸收和转移，在韧皮部转移到生长点，在此抑制新芽的生长，杂草先失绿，后变色枯死，一般3～4周内完全枯死。适用作物：小麦和大麦。即使在2倍于推荐剂量下制剂应用，对小麦、大麦安全，包括硬质小麦。防除对象：鼠尾看麦娘、看麦娘、风草、野燕麦、燕麦、瑞士黑麦草、狗尾草等。

原药生产厂家 沈阳科创化学品有限公司。

烯草酮(clethodim)

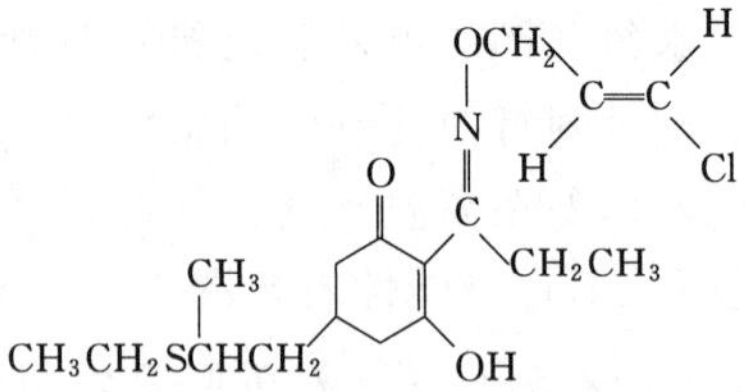

$C_{17}H_{26}ClNO_3S$，359.9

其他中文名称 赛乐特，收乐通

其他英文名称 Select

化学名称 (5*RS*)-2-[(*E*)-1-[(*E*)-3-氯烯丙氧基亚氨基]丙基]-5-[(2*RS*)-2-(乙硫基)丙基]-3-羟基环己-2-烯-1-酮

CAS登录号 99129-21-2

理化性质 纯品为透明、琥珀色液体。蒸气压 $<1\times10^{-2}$ mPa(20℃)，相对密度 1.14(20℃)。溶于大多数有机溶剂。水解 DT_{50}(d)：28(pH 5)，300(pH 7)，310(pH 9)。光解 DT_{50}(pH 5、pH 7、pH 9)：1.7～9.6d(无光敏剂)，0.5～1.2d(有光敏剂)。

毒 性 急性经口 LD_{50}(mg/kg)：雄大鼠 1630，雌大鼠 1360，雄小鼠 2570，雌小鼠 2430。兔急性经皮 $LD_{50}>$5000mg/kg。对兔皮肤有中等刺激性。对豚鼠皮肤无致敏性。大鼠急性吸入 LC_{50}(4h)$>$3.9mg/L(喷雾)。无作用剂量［mg/(kg·d)］：小鼠 30、大鼠 16、狗 1。山齿鹑 $LD_{50}>$2000mg/kg。野鸭饲喂 $LC_{50}>$6000mg/kg。鱼毒 LC_{50}(96h，mg/L)：虹鳟鱼 67，蓝鳃太阳鱼$>$120。水蚤 LC_{50}(48h)$>$120mg/L，无作用剂量 60mg/L。淡水藻 EC_{50}(5d)：57.8mg/L。蜜蜂 $LD_{50}>100\mu g$/只(接触)。蠕虫 LC_{50}：454mg/kg(土壤)。

制 剂 95%、94%、93%、90%原药，30%、24%、12%乳油，70%、37%母液。

应 用 内吸传导型茎叶处理除草剂，有优良的选择性。对禾本科杂草具有很强的杀伤作用，对双子叶作物安全。茎叶处理后经叶迅速吸收，传导到分生组织，在敏感植物中抑制支链脂肪酸和黄酮类化合物的生物合成而起作用，使其细胞分裂遭到破坏，抑制植物分生组织的活性，使植株生长延缓。在施药后 1～3 周内植株退绿坏死，随后叶干枯而死亡，对大多数一年生、多年生禾本科杂草有效，在抗性植物体内能迅速降解，形成极性产物，而迅速丧失活性。对双子叶植物、莎草活性很小或无活性。适用于大豆、油菜、花生、棉花、亚麻、烟草、甜菜、马铃薯、向日葵、甘薯、红花、油棕、紫花苜蓿、白三叶草、大蒜、黄瓜、洋葱、辣椒、番茄、菠菜、芹菜、胡萝卜、萝卜、菊苣、韭菜、莴苣、南瓜、草莓、西瓜、豆类、葡萄、梨、桃、柑橘、苹果、菠萝等作物。可防治稗草、野燕麦、狗尾草、金狗尾草、大狗尾草、马唐、早熟禾、多花千金子、虮子草、狗牙根、龙牙茅、生马唐、止血马唐、看麦娘、毒麦、洋野黍、黍、特克萨斯稷、宽叶臂形草、牛筋草（蟋蟀草）、葡萄冰草、芒稗、红稻、罗氏 草、野高粱、假高粱、野黍、多枝乱子草、自生玉米、芦苇。

原药生产厂家 河北省沧州科润化工有限公司、河北万全宏宇化工有限责任公司、河北万全力华化工有限责任公司、衡水景美化学工业有限公司、江苏长青农化股份有限公司、江苏辉丰农化股份有限公司、江苏七洲绿色化工股份有限公司、江苏省农用激素工程技术研究中心有限公司、江苏中旗化工有限公司、辽宁省大连瑞泽农药股份有限公司、山东先达化工有限公司、沈阳科创化学品有限公司、一帆生物科技集团有限公司、浙江省上虞市银邦化工有限公司。

烯禾啶（sethoxydim）

O; $CH_2CH_2CH_3$; CH_2; C; $CH_3CH_2S—CH$; OH; N; CH_3; OCH_2CH_3

$C_{17}H_{29}NO_3S$，327.5

其他中文名称 拿捕净，硫乙草灭，乙草丁

其他英文名称 Nabu

化学名称 (±)-(*EZ*)-2-[1-(乙氧基亚氨基)丁基]-5-[2-(乙硫基)丙基]-3-羟基环己-2-烯酮

CAS登录号 74051-80-2

理化性质 纯品为油性，无臭液体。沸点>90℃(0.4×10^{-5}kPa)，蒸气压<0.013mPa(25℃)，$K_{ow}\lg P$=4.51(pH 5)、1.65(pH 7)，相对密度1.043(25℃)。水中溶解度(mg/L，20℃)：25(pH 4)，4700(pH 7)；溶于大多数有机溶剂，丙酮、苯、乙酸乙酯、正己烷、甲醇>1kg/kg(25℃)。正常储存条件下产品稳定至少2年。10mg/L、12h/d 氙气灯照明，DT_{50}为5.5d(pH 8.7，25℃)。

毒　性 急性经口LD_{50}(mg/kg)：雄大鼠3200，雌大鼠2676，雄小鼠5600，雌小鼠6300。大、小鼠急性经皮LD_{50}>5000mg/kg。对兔皮肤和眼睛无刺激性。无皮肤致敏性。大鼠急性吸入LC_{50}(4h)>6.28mg/L(空气)。无作用剂量：大鼠(2y) 17.2mg/(kg·d)，小鼠(2y) 13.7mg/(kg·d)。日本鹌鹑急性经口或饲喂LD_{50}>5000mg/kg。鱼毒LC_{50}(48h)：鲤鱼23、鳟鱼30(mg/L，原药)。水蚤LC_{50}(48h)>100mg/L。藻类E_rC_{50}：羊角月牙藻>100mg/L。对蜜蜂无明显危害。

制　剂 96%、95%、94%原药，25%、20%、12.50%乳油，50%母药。

应　用 环己烯酮类除草剂，选择性强的内吸传导型茎叶处理剂，能被禾本科杂草茎叶迅速吸收，并传导到顶端和节间分生组织，使其细胞分裂遭到破坏。由生长点和节间分生组织开始坏死，受药植株3天后停止生长，7天后新叶褪色或出现花青素色，2~3周内全株枯死。在禾本科与双子叶植物间选择很高，对阔叶作物安全。适用大豆、棉花、油菜、花生、甜菜、亚麻、马铃薯、阔叶蔬菜、果园、苗圃等。可防治稗草、野燕麦、狗尾草、马唐、牛筋草、看麦娘、野黍、臂形草、黑麦草、稷属、早雀麦、自生玉米、自生小麦、狗牙根、芦苇、冰草、假高粱、白茅等一年生和多年生禾本科杂草。大豆、油菜、西瓜、甜瓜等苗后禾本科杂草3~5叶期使用。在单双子叶杂草混生地，拿捕净应与其他防除阔叶草的药剂混用，以免除去单子叶草后，造成阔叶草过分生长。喷药后应注意防止药雾飘移到临近的单子叶作物上。

原药生产厂家 河北省沧州科润化工有限公司、河北万全力华化工有限责任公司、山东先达化工有限公司、沈阳科创化学品有限公司。

吡喃草酮（tepraloxydim）

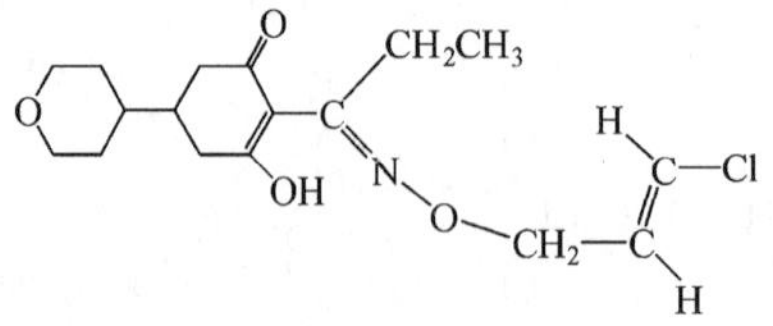

$C_{17}H_{24}ClNO_4$，341.8

其他中文名称 快捕净

化学名称 (*EZ*)-(*RS*)-2-{1-[(2*E*)-3-氯烯丙氧基亚氨基]丙基}-3-羟基-5-四氢吡喃-4-基环

己-2-烯-1-酮

CAS登录号 149979-41-9

理化性质 纯品为白色、无味粉末。熔点74℃，蒸气压1.1×10^{-2}mPa(20℃)，纯水中溶解度0.43g/L(20℃)，pK_a 4.58(20℃)。

毒　性 大鼠急性经口LD_{50}约5000mg/kg，急性经皮LD_{50}＞2000mg/kg。对兔皮肤和黏膜无刺激性。对豚鼠皮肤无致敏性。大鼠急性吸入LC_{50}(4h)＞5.1mg/L。鹌鹑LD_{50}＞2000mg/kg。虹鳟鱼LC_{50}(96h)＞100mg/L。水蚤EC_{50}(48h)＞100mg/L。藻类EC_{50}(72h)：绿藻76mg/L。蜜蜂LD_{50}＞200μg/只(经口、接触)。蚯蚓LC_{50}(14d)＞1000mg/kg(土壤)。

应　用 环己烯酮类苗后茎叶处理剂。用于大豆、棉花、油菜及其他阔叶作物田的苗后除草。对阔叶杂草无效，在阔叶杂草多的田块需与防阔叶杂草的除草剂混用或搭配使用。

磺草酮（sulcotrione）

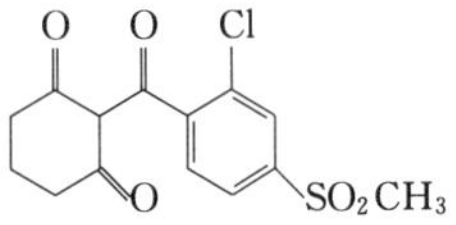

$C_{14}H_{13}ClO_5S$，328.8

其他英文名称 Mikado

化学名称 2-(2-氯-4-甲磺酰苯甲酰基)环己烷-1,3-二酮

CAS登录号 99105-77-8

理化性质 白色固体，熔点：139℃(原药131～139℃)。蒸气压：5×10^{-3}mPa(25℃)。K_{ow} lg$P$＜0(pH 7和pH 9)。Henry常数：9.96×10^{-6}Pa·m³/mol（计算值)。溶解度：水中167mg/L(pH 4.8，20℃)。溶于二氯甲烷，丙酮和氯苯。稳定性：水中、日光或避光下稳定，耐热温度达到80℃。pK_a 3.13(23℃)。

毒　性 急性经口LD_{50}：大鼠＞5000mg/kg。急性经皮LD_{50}：兔＞4000mg/kg。皮肤吸收率低，对皮肤无刺激性，对眼睛有中度刺激（兔）。吸入毒性LC_{50}(4h)：大鼠＞1.6mg/L。无作用剂量大鼠(2y) 100mg/L[0.5mg/(kg·d)]。对大鼠和兔无致畸作用，无遗传毒性。急性经口LD_{50}(mg/kg)：三齿鹑＞2111，野鸭＞1350，饲喂毒性LC_{50}：三齿鹑和野鸭＞5620mg/kg。鱼LC_{50}(mg/L 96h)：虹鳟鱼227，镜鲤240。水蚤：EC_{50}(48h)＞848mg/L。海藻：EC_{50}(96h) 羊角月芽藻3.5mg/L。E_rC_{50}(72h) 水华鱼腥藻54mg/L。蜜蜂：对蜜蜂低毒，LD_{50}(经口)＞50μg/只；接触＞200μg/只。蠕虫LC_{50}(14d)：蚯蚓＞1000mg/kg(土壤)。

制　剂 98%原药，26%悬浮剂，15%水剂。

应　用 对羟基苯基丙酮酸酯双氧化酶抑制剂即HPPD抑制剂作用。其作用特点是杂草幼根吸收传导而起作用，敏感杂草吸收了此药之后，通过抑制对羟基苯基丙酮酸酯双氧化酶的合成，导致酪氨酸的积累，使质体醌和生育酚的生物合成受阻，进而影响到类胡萝卜素的生物合成，杂草出现白化后死亡。适用作物与安全性：是一种用于防除玉米田阔叶杂草及禾本科杂草的酮类除草剂。在正常轮作，对冬麦、大麦、冬油菜、马铃薯、甜菜、豌豆和菜豆等安全。可防除马唐、学根草、锡兰稗、洋野黍、藜、苘、龙葵、蓼、酸膜叶蓼。使用方法：由于其作用于类胡萝卜素合成，从而排除与三嗪类除草剂的交互抗性，可单用、混用或连续施用防除玉米田杂草。芽后施用，对玉米安全，未发现任何药害，但生长条件较差时，玉米叶会有短暂的脱色症状，对玉米生长和产量无影响。

原药生产厂家 江苏长青农化股份有限公司、江苏中旗化工有限公司、上虞颖泰精细化工有限公司、沈阳科创化学品有限公司。

甲基磺草酮（mesotrione）

$C_{14}H_{13}NO_7S$，339.3

其他中文名称 米斯通

化学名称 2-(4-甲磺酰基-2-硝基苯甲酰基)环己烷-1,3-二酮

CAS登录号 104206-82-8

理化性质 纯品浅黄色固体。熔点：165℃。蒸气压：$<5.69\times10^{-3}$mPa(20℃)。$K_{ow}\lg P=0.11$(不含缓冲液)。Henry常数：$<5.1\times10^{-7}$Pa·m^3/mol(20℃，计算值)。相对密度：1.49(20℃)。溶解性：水0.16(无缓冲液)，2.2(pH 4.8)，15(pH 6.9)，22(pH 9)(g/L，20℃)；乙腈117.0，丙酮93.3，1,2-二氯乙烷66.3，乙酸乙酯18.6，甲醇4.6，甲苯3.1，二甲苯1.6，正庚烷<0.5(g/L，20℃)。稳定性：水解稳定(pH 4～9，25℃和50℃)。pK_a3.12。

毒　性 急性经口LD_{50}：雄性和雌性大鼠>5000mg/kg。急性经皮LD_{50}：雄性和雌性大鼠>2000mg/kg，对皮肤和眼睛无刺激性（兔），对皮肤无敏感性（豚鼠）。空气吸入毒性LC_{50}(4h)：雄性和雌性大鼠>5mg/L。无作用剂量[90d，mg/(kg·d)]大鼠0.24，小鼠61.5。急性经口LD_{50}：山齿鹑>2000mg/kg；饲喂毒性LC_{50}：山齿鹑和野鸭>5200mg/kg。鱼LC_{50}(96h)：蓝鳃太阳鱼和虹鳟鱼>120mg/L。海藻：LC_{50}/EC_{50}(120h)羊角月芽藻3.5mg/L。其他水生动植物：LC_{50}(14d)膨胀浮萍0.0077mg/L。蜜蜂：LD_{50}(经口)>11μg/只；接触>9.1μg/只。蠕虫：无作用剂量≥1000mg/kg。

制　剂 95%原药。

应　用 抑制对一羟基丙酮酸双加氧酶（HPPD）的活性，HPPD可将氨基酸络氨酸转化为质体醌。质体醌是八氢番茄红素去饱和酶的辅助因子，是类胡萝卜素生物合成的关键酶。使用甲基磺草酮3～5d内植物分生组织出现黄化症状随之引起枯斑，两周后遍及整株植物。具有弱酸性，在大多数酸性土壤中，能紧紧吸附在有机物质上；在中性或碱性土壤中，以不易被吸收的阴离子形式存在。温度高，有利于甲基磺草酮药效发挥；施药后1h降雨，对甲

基磺草酮药效无影响。适用作物：玉米。防治对象：一年生阔叶杂草+部分禾本科杂草（对阔叶防效优于禾本科）。对环境友好，本品能快速广泛地降解，并且最终代谢产物为二氧化碳，土壤中的半衰期平均值为 9d，具有在土壤中快速降解，以及用量低等特点。

原药生产厂家 辽宁省丹东市农药总厂。

敌稗（propanil）

Cl—⟨苯环⟩—NHCOCH₂CH₃（3-位 Cl）

$C_9H_9Cl_2NO$，218.1

其他中文名称 斯达姆，除草灵

其他英文名称 Stam F34、DCPA

化学名称 3′,4′-二氯丙酰代苯胺

CAS登录号 709-98-8

理化性质 无色无味晶体(原药深灰色结晶固体)。熔点：91.5℃，沸点：351℃。蒸气压：0.02mPa(20℃)；0.05mPa(25℃)。K_{ow} $\lg P=3.3$(20℃)。相对密度：1.41g/cm³(22℃)。溶解度：水中 130mg/L(20℃)，异丙醇，二氯甲烷＞200，甲苯 50～100，正己烷＜1(g/L，20℃)。苯 7×10^4，丙酮 1.7×10^6，乙醇 1.1×10^6(mg/L，25℃)。稳定性：敌稗及其降解物(3,4-二氯苯胺）在强酸和碱性条件下水解；正常 pH 值范围内稳定，DT_{50}(22℃)≫1y(pH 4，pH 7，pH 9)。光照条件下水溶液中迅速降解，光降解 DT_{50} 12～13h。

毒　性 急性经口 LD_{50}(mg/kg）大鼠＞2500，小鼠 1800。急性经皮 LD_{50}(24h）大鼠＞5000mg/kg。对皮肤和眼睛无刺激性（兔）。无皮肤过敏反应（豚鼠）。吸入毒性 LC_{50}(4h)：大鼠＞1.25mg/L(空气)。无作用剂量(2y，mg/kg)：大鼠 400，狗 600。急性经口 LD_{50}(mg/kg)：野鸭 375，三齿鹑 196；饲喂毒性 LC_{50}(5d，mg/L)：野鸭 5627，三齿鹑 2861。鱼 LC_{50}(48h)：鲤鱼 8～11mg/L。水蚤：LC_{50}(48h) 4.8mg/L。

制　剂 98%、97%、96%、95%、92%、90%原药，34%、16%乳油。

应　用 作用机理与特点：敌稗是一种具有高度选择性的触杀型除草剂。敌稗的作用是破坏植物的光合作用，抑制呼吸作用与氧化磷酸化作用，干扰核酸与蛋白质合成等，使受害植物的生理机能受到影响，加速失水，叶片逐渐干枯，最后死亡。敌稗在水稻体内被酰胺水解酶迅速分解成无毒物质（水稻对敌稗的降解能力比稗草大 20 倍），因而对水稻安全。随着水稻叶龄的增加，对敌稗的耐药力也增大，但稻苗超过四叶期容易受害，可能这时稻苗正值离乳期，耐药力减弱。敌稗遇土壤分解失效，宜作茎叶处理剂，以二叶期稗草最为敏感。对稻苗安全而对稗草有很强的触杀作用。防治对象：主要用于水稻秧田、直播田及本田防除稗草、牛毛毡。也可用于旱田防除马唐、狗尾草、水马齿、鸭舌划、野苋、看麦娘等禾本科杂草幼苗。对四叶萍、眼子菜、野荸荠等基本无效。

原药生产厂家 黑龙江省鹤岗市旭祥禾友化工有限公司、清华紫光英力农化有限公司、捷

马化工股份有限公司、辽宁省沈阳丰收农药有限公司、山东潍坊润丰化工有限公司。

甲草胺（alachlor）

$C_{14}H_{20}ClNO_2$，269.8

其他中文名称 拉索，澳特拉索，草不绿，杂草锁

其他英文名称 Lasso，CP50144、Otraxal

化学名称 2-氯代-2′,6′-二乙基-*N*-甲氧甲基乙酰苯胺

CAS 登录号 15972-60-8

理化性质 黄白色至酒红色，无味固体（室温）；黄色至红色液体(>40℃)。熔点：40.5～41.5℃。沸点：100℃/0.0026kPa。蒸气压：2.7mPa(20℃)；5.5mPa(25℃)。K_{ow} lg$P$=3.09。Henry 常数：4.3×10^{-3} Pa·m^3/mol（计算值）。相对密度：1.1330(25℃)。溶解度：水中 170.31mg/L(pH 7，20℃)，溶于二乙醚，丙酮，苯，三氯甲烷，乙醇和乙酸乙酯；微溶于庚烷。稳定性：(pH 5，pH 7 和 pH 9) DT_{50}>1y，对紫外光稳定，105℃分解。闪点 137℃(闭杯)，160℃(开杯)。

毒　性 急性经口 LD_{50}：大鼠 930～1350mg/kg。急性经皮 LD_{50}：兔 13300mg/kg。对皮肤和眼睛无刺激性（兔），接触豚鼠皮肤有敏感性反应。吸入毒性：LC_{50}(4h) 大鼠>1.04mg/L(空气)。无作用剂量：大鼠(2y) 2.5mg/(kg·d)；狗(1y)≤1mg/(kg·d)。急性经口 LD_{50}三齿鹑 1536mg/kg。LC_{50}(5d) 野鸭和三齿鹑>5620mg/kg。鱼：LC_{50}(96h) 虹鳟鱼 5.3，蓝腮太阳鱼 5.8mg/L。水蚤：EC_{50}(48h) 13mg/L。海藻：TL_{50}(72h) 羊角月芽藻 12μg/L。蜜蜂：LD_{50}(48h，接触) >100μg/只；经口>94μg/只。蠕虫：LC_{50}(14d) 蚯蚓：387mg/kg（干土）。

制　剂 97%、95%、92%原药，480g/L、43%乳油。

应　用 甲草胺是酰胺类选择性芽前除草剂，可被植物幼芽吸收（单子叶植物为胚芽鞘、双子叶植物为下胚轴)，吸收后向上传导；种子和根也吸收传导，但吸收量较少，传导速度慢。出苗后主要靠根吸收向上传导。甲草胺进入植物体内抑制蛋白酶活性，使蛋白质无法合成，造成芽和根停止生长，使不定根无法形成。如果土壤水分适宜，杂草幼芽期不出土即被杀死。症状为芽鞘紧包生长点，稍变粗，胚根细而弯曲，无须根，生长点逐渐变褐色至黑色烂掉。如土壤水分少，杂草出土后随着雨、土壤湿度增加，杂草吸收药剂后，禾本科杂草心叶卷曲至整株枯死，阔叶杂草叶皱缩变黄，整株逐渐枯死。大豆、玉米、花生对甲草胺有较强的抗药性。也可在棉花、甘蔗、油菜、烟草、洋葱和萝卜等作物地中使用，能有效地防治大多数一年生禾本科和某些双子叶杂草。适用作物：大豆、花生、棉花。在其他国家登记作物：玉米、花生、大豆、观赏植物。防治对象：防除各种一年生禾本科杂草，如稗草、狗尾草、马唐、稷、牛筋草、看麦娘、早熟禾、千金子、野黍、画眉草等。莎草科和阔叶草，如

碎米莎草、异型莎草、柳叶刺蓼、酸模叶蓼、荠菜、反枝苋、藜、龙葵、辣子草、豚草、马齿苋、鸭跖草、繁缕、菟丝子等。

原药生产厂家 江苏常隆农化有限公司、江苏省南通江山农药化工股份有限公司、南通维立科化工有限公司、山东滨农科技有限公司、山东东营胜利绿野农药化工有限公司、山东侨昌化学有限公司、山东潍坊润丰化工有限公司、山东中石药业有限公司、上虞颖泰精细化工有限公司、信阳信化化工有限公司、兴农药业（中国）有限公司、浙江省杭州庆丰农化有限公司。

乙草胺（acetochlor）

$C_{14}H_{20}ClNO_2$，269.8

其他中文名称 乙基乙草安，禾耐斯，消草安

其他英文名称 Harness

化学名称 2-氯-2′-乙基-6′-甲基-*N*-乙氧甲基乙酰基苯胺

CAS 登录号 34256-82-1

理化性质 纯品为透明黏稠液体（原药为红葡萄酒色或黄色至琥珀色）。熔点：10.6℃。沸点：172℃/665Pa。蒸气压：2.2×10^{-2}mPa(20℃)，4.6×10^{-2}mPa(25℃)。K_{ow} lg$P$=4.14(20℃)。相对密度：1.1221(20℃)。溶解度：水中282mg/L(20℃)。溶于甲醇，1,2-二氯乙烷，对二甲苯，正庚烷，丙酮和乙酸乙酯。稳定性：20℃稳定性超过2y。

毒　性 急性经口 LD_{50}：大鼠2148mg/kg。急性经皮 LD_{50}：兔4166mg/kg。对皮肤和眼睛无刺激性（兔）。吸入毒性 LC_{50}(4h)：大鼠>3.0mg/L(空气)。无作用剂量：大鼠(2y) 11mg/(kg·d)；狗(1y) 2mg/(kg·d)。急性经口 LD_{50}(mg/kg)：三齿鹑928，野鸭>2000；饲喂毒性 LC_{50}(5d)：三齿鹑和野鸭>5620mg/kg。鱼 LC_{50}(96h，mg/L)：虹鳟鱼0.36，蓝腮太阳鱼1.3。水蚤 LC_{50}(48h)：8.6mg/L。海藻：E_rC_{50}(72h) 绿藻(羊角月芽藻) 0.52μg/L；E_rC_{50}(5d) 蓝藻(水华鱼腥藻) 110mg/L。蜜蜂 LD_{50}(48h)：接触>200μg/只；经口>100μg/只。蠕虫：蚯蚓 LC_{50}(14d) 211mg/kg。

制　剂 95%、94%、93%、92%原药，50%微乳剂，50%、48%、40%水乳剂，999g/L、990g/L、880g/L、90%、89%、88%、81.5%、50%乳油，20%可湿性粉剂。

应　用 乙草胺可被植物的幼芽吸收，如单子叶植物的胚芽鞘，双子叶植物的下胚轴，吸收后向上传导。种子和根也吸收传导，但吸收量较少，传导速度慢。出苗后主要靠根吸收向上传导。乙草胺进入植物体内抑制蛋白酶的生成，使幼芽、幼根停止生长。如果田间水分适宜，幼芽未出土即被杀死；如果土壤水分少，杂草出土后随土壤湿度增大，杂草吸收药剂后而起作用。禾本科杂草表现心叶卷曲萎缩，其他叶皱缩，整株枯死。阔叶杂草叶皱缩变黄，整株枯死。大豆等耐药性作物吸收乙草胺在体内迅速代谢为无活性物质，在正常

自然条件下对作物安全，在低温条件下对大豆等作物生长有抑制作用，叶皱缩，根减少。持效期 1.5 个月。在土壤中通过微生物降解，对后茬作物无影响。适用作物：大豆、玉米、花生、移栽油菜、棉花及甘蔗田。防治对象：稗草、狗尾草、马唐、牛筋草、稷、看麦娘、早熟禾、千金子、硬草、野燕麦、臂形草、金狗尾草、棒头草等一年生禾本科杂草和一些小粒种子的阔叶杂草，如藜、反枝苋、酸模叶蓼、柳叶刺蓼、小藜、鸭跖草、菟丝子、萹蓄、节蓼、卷茎蓼、铁苋菜、繁缕、野西瓜苗、香薷、水棘针、狼把草、鬼针草、鼬瓣花等。

原药生产厂家 安徽中山化工有限公司、广东省英德广农康盛化工有限责任公司、河南颖泰化工有限责任公司、吉林金秋农药有限公司、吉林省吉化集团农药化工有限责任公司、江苏安邦电化有限公司、江苏百灵农化有限公司、江苏常隆农化有限公司、江苏连云港立本农药化工有限公司、江苏绿利来股份有限公司、江苏省南通江山农药化工股份有限公司、江苏省南通派斯第农药化工有限公司、江苏省新沂中凯农用化工有限公司、江苏腾龙生物药业有限公司、辽宁省大连瑞泽农药股份有限公司、辽宁省大连润泽农化有限公司、辽宁省大连松辽化工有限公司、内蒙古宏裕科技股份有限公司、南通维立科化工有限公司、山东滨农科技有限公司、山东大成农药股份有限公司、山东德浩化学有限公司、山东华阳科技股份有限公司、山东侨昌化学有限公司、山东胜邦绿野化学有限公司、山东潍坊润丰化工有限公司、山东中石药业有限公司、上虞颖泰精细化工有限公司、天津市绿农生物技术有限公司、无锡禾美农化科技有限公司、信阳信化化工有限公司、浙江省杭州庆丰农化有限公司、郑州兰博尔科技有限公司。

丙草胺（pretilachlor）

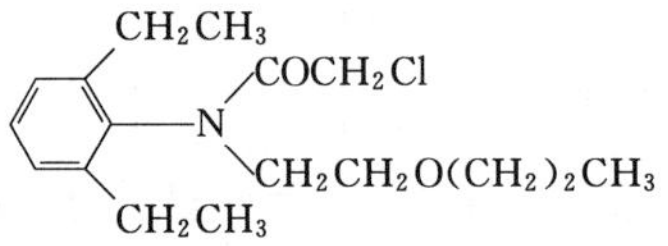

CH_2CH_3
$COCH_2Cl$
N
$CH_2CH_2O(CH_2)_2CH_3$
CH_2CH_3

$C_{17}H_{26}ClNO_2$，311.9

其他中文名称 扫弗特

其他英文名称 Sofit

化学名称 2-氯-2′,6′-二乙基-*N*-(2-丙氧基乙基)乙酰基苯胺

CAS登录号 51218-49-6

理化性质 无色液体。熔点：−72.6℃，沸点：55.0℃/27mPa(低沸点下开始分解)。蒸气压：6.5×10^{-1}mPa(25℃)。K_{ow} lg$P$=3.9(pH 7.0)。Henry 常数：2.7×10^{-3}Pa·m^3/mol。相对密度：1.076(20℃)。溶解度：水中 74mg/L(25℃)。易溶于丙酮，二氯甲烷，乙酸乙酯，正己烷，甲醇，辛醇和甲苯（25℃）。稳定性：水溶液中稳定，DT_{50}（计算值）(30℃)>200d(pH 1～9)，14d(pH 13)。闪点 129℃。

毒　性 急性经口 LD_{50}(mg/kg)：大鼠 6099，小鼠 8537，兔>10000。急性经皮 LD_{50}：大鼠>3100mg/kg。对皮肤有刺激性，对眼睛没有刺激性（兔）。吸入毒性 LC_{50}(4h)：大

鼠>2.8mg/L(空气)。无作用剂量(2y)：大鼠 30mg/L[1.85mg/(kg·d)]，小鼠 300mg/L[52.0mg/(kg·d)]；狗(0.5y) 300mg/L[12mg/(kg·d)]。对鸟无毒，LD_{50}日本鹌鹑>10000mg/kg。鱼：LC_{50}(96h，mg/L) 虹鳟鱼 1.6，鲤鱼 2.8。水蚤：LC_{50}(48h) 7.3mg/L。海藻：羊角月芽藻 EC_{50} 0.0028mg/L。蜜蜂：LD_{50}(接触)>200μg/只。蠕虫：LD_{50}(14d) 686mg/kg。

制　剂　98%、96%、95%、94%原药，50%水乳剂，52%、50%、30%乳油。

应　用　作用机理与特点：丙草胺经过植物的下胚轴及芽鞘吸收，根部吸收很少，不影响种子发芽，只能使幼苗中毒。中毒的症状为初生叶不出土或从芽鞘侧面伸出，扭曲不能正常伸展，生长发育停止，不久死亡。丙草胺是通过影响细胞膜的渗透性，使离子吸收减少，膜渗漏，细胞的有效分裂被抑制，同时抑制蛋白质的合成和多糖的形成，也间接影响光合作用和呼吸作用。水稻本身具有分解瑞飞特成为无活性物质的能力。2～3 周后秧苗即能很快分解丙草胺，但幼芽状态的水稻这种能力不足，不能迅速分解。适用作物：水稻田专用除草剂，适用于移栽稻田和抛秧田。防治对象：稗草、千金子等一年生禾本科杂草，兼治部分一年生阔叶草和莎草，如鳢肠、陌上菜、鸭舌草、丁香蓼、节节菜、碎米莎草、异型莎草、牛毛毡、萤蔺、四叶萍、尖瓣花等。

原药生产厂家　安徽中山化工有限公司、黑龙江省哈尔滨利民农化技术有限公司、湖南省临湘市化学农药厂、江苏长青农化股份有限公司、江苏常隆农化有限公司、江苏丰山集团有限公司、江苏联合农用化学有限公司、江苏绿利来股份有限公司、辽宁省大连松辽化工有限公司、内蒙古宏裕科技股份有限公司、南通维立科化工有限公司、山东滨农科技有限公司、山东侨昌化学有限公司、山东潍坊润丰化工有限公司、山东中石药业有限公司、信阳信化化工有限公司、浙江省杭州庆丰农化有限公司。

瑞士先正达作物保护有限公司。

丁草胺（butachlor）

（2,6-二乙基苯基，N 上连 $COCH_2Cl$ 和 $CH_2O(CH_2)_3CH_3$）

$C_{17}H_{26}ClNO_2$，311.8

其他中文名称　马歇特，灭草特，去草胺，丁草锁

其他英文名称　Machete

化学名称　*N*-丁氧甲基-2-氯-2′,6′-二乙基乙酰基苯胺

CAS 登录号　23184-66-9

理化性质　淡黄色或紫色有甜香气味的液体。熔点：−2.8～1.7℃。沸点：156℃/66.5Pa。蒸气压：2.4×10^{-1} mPa(25℃)。Henry 常数：3.74×10^{-3} Pa·m^3/mol（计算值）。相对密度：1.076(25℃)。溶解度：水中 20mg/L(20℃)。溶于多数有机溶剂，包括二乙醚，丙酮，苯，乙醇，乙酸乙酯和正己烷。稳定性：≥165℃分解，对紫外光稳定。闪

点>135℃(塔格闭杯试验)。

毒　性　急性经口 LD_{50}(mg/kg)：大鼠 2000，小鼠 4747，兔>5010。急性经皮 LD_{50}：兔>13000mg/kg。对皮肤中度刺激，对眼睛无刺激作用（兔）。豚鼠皮肤表现敏感。吸入毒性 LC_{50}(4h)：大鼠>3.34mg/L(空气)。无作用剂量：大鼠 100mg/kg，小鼠 50mg/kg。急性经口 LD_{50}：野鸭>4640mg/kg；饲喂毒性 LC_{50}(5d)：野鸭>10000，三齿鹑 6597mg/kg。鱼 LC_{50}（96h)：虹鳟鱼 0.52，蓝鳃太阳鱼 0.44，鲤鱼 0.574mg/L。水蚤：LC_{50}（48h) 2.4mg/L。海藻 E_rC_{50}(72h)：绿藻(羊角月芽藻)>2.7μg/L；E_bC_{50}(72h) 1.8μg/L。蜜蜂：LD_{50}(48h，接触)>100μg/只；经口>90μg/只。

制　剂　95%、93%、92%、90%、85%、80%原药，50%微乳剂，25%微囊悬浮剂，10%微粒剂，600g/L、40%水乳剂，90%、85%、81.50%、80%、60%、50%乳油，5%颗粒剂。

应　用　作用机理与特点：丁草胺是酰胺类选择性芽期除草剂。主要通过杂草幼芽和幼小的次生根吸收，抑制体内蛋白质合成，使杂草幼株肿大、畸形，色深绿，最终导致死亡。可用于水田和旱地防除以种子萌发的禾本科杂草。一年生莎草及一些一年生阔叶杂草，如稗草、千金子、异型莎草、碎米莎草、牛毛毡等有良好的防效。对鸭舌草，节节草、尖瓣花和萤蔺等有较好预防作用。对水三棱、扁秆藨草、野慈姑等多年生杂草则无明显防效。只有少量丁草胺能被稻苗吸收，而且在体内迅速完全分解代谢，因而稻苗有较大的耐药力。丁草胺在土壤中稳定性小，对光稳定，能被土壤微生物分解。持效期为 30～40 天，对下茬作物安全。适用作物：移栽水稻田、水稻旱育秧田。防治对象：可防除以种子萌发的禾本科杂草。一年生莎草及一些一年生阔叶杂草如稗草、千金子、异型莎草、碎米莎草、牛毛毡等。对鸭舌草、节节草。尖瓣花和萤蔺等有良好预防作用。对水三棱、野慈姑等多年生杂草则无明显防效。

原药生产厂家　广西易多收生物科技有限公司、河池农药厂、黑龙江省哈尔滨利民农化技术有限公司、吉林省吉化集团农药化工有限责任公司、江苏常隆农化有限公司、江苏绿利来股份有限公司、江苏省南通江山农药化工股份有限公司、辽宁省大连瑞泽农药股份有限公司、辽宁省大连瑞泽农化有限公司、内蒙古宏裕科技股份有限公司、南通维立科化工有限公司、山东滨农科技有限公司、山东德浩化学有限公司、山东侨昌化学有限公司、山东胜邦绿野化学有限公司、山东潍坊润丰化工有限公司、山东中石药业有限公司、天津市绿农生物技术有限公司、无锡禾美农化科技有限公司、信阳信化化工有限公司、兴农药业（中国）有限公司、允发化工（上海）有限公司、浙江省杭州庆丰农化有限公司。

异丙草胺（propisochlor）

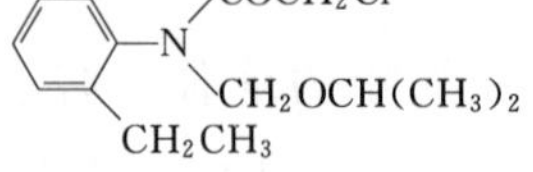

CH_3　$COCH_2Cl$　N　$CH_2OCH(CH_3)_2$　CH_2CH_3

$C_{15}H_{22}ClNO_2$，283.8

其他中文名称　普乐宝

其他英文名称 Proponit

化学名称 *N*-(2-乙基-6-甲基苯基)-*N*-(异丙氧基甲基)-氯乙酰胺

CAS登录号 86763-47-5

理化性质 浅褐色至紫色芳香油。熔点：21.6℃，沸点：243℃分解。蒸气压：4mPa(20℃)。$K_{ow}\lg P$=3.50(20℃)。Henry常数：$6.17\times10^{-3}Pa \cdot m^3/mol$（计算值）。相对密度：$1.097g/cm^3$(20℃)。溶解度：水中184mg/L(20℃)。溶于多数有机溶剂。稳定性：50℃(pH 4，pH 7，pH 9) 5d后水解稳定。

毒　性 急性经口LD_{50}(mg/kg)：雄大鼠3433，雌大鼠2088。急性经皮LD_{50}：雌雄大鼠>2000mg/kg。吸入毒性LC_{50}：雌雄大鼠>$5000mg/m^3$。无作用剂量(90d)：大鼠250mg/(kg·d)。急性经口LD_{50}(mg/kg)：野鸭2000，日本鹌鹑688。LC_{50}(8d)：鹌鹑和野鸭5000mg/kg。鱼LC_{50}(96h)：鲤鱼7.94，虹鳟鱼0.25mg/L。水蚤：LC_{50}(96h) 6.19mg/L。海藻：EC_{50}羊角月芽藻2.8μg/L。蜜蜂：无毒，LD_{50}(经口和接触) 100μg/只。蠕虫：无毒。

制　剂 90%原药，900g/L、72%、70%、50%乳油，30%可湿性粉剂。

应　用 异丙草胺是酰胺类除草剂，植物幼芽吸收，进入植物体内抑制蛋白酶合成，芽和根停止生长，不定根无法形成。单子叶植物通过胚芽鞘，双子叶植物则经下胚轴吸收，然后向上传导，种子和根也吸收传导，但吸收量较少，传导速度慢，出苗后要靠根吸收向上传导。如果土壤水分适宜，杂草幼芽期不出土即被杀死。症状为芽鞘紧包生长点，稍变粗，胚根细而弯曲，无须根，生长点逐渐变褐至黑色腐烂，如土壤水分少，杂草出土后随着降雨土壤湿度增加，杂草吸收异丙草胺后禾本科杂草心叶扭曲、萎缩，其他叶子皱缩，整株枯死；阔叶杂草叶皱缩变黄，整株枯死。适用作物：大豆、玉米、甜菜、花生、马铃薯、向日葵、豌豆、洋葱、苹果、葡萄等。在其他国家登记作物：大豆、玉米、花生、甜菜、马铃薯、向日葵、豌豆、洋葱。防治对象：稗草、狗尾草、金狗尾草、牛筋草、马唐、画眉草、秋稷、早熟禾、藜、反枝苋、龙葵、鬼针草、猪毛菜、香薷、水棘针等，对鸭跖草、柳叶刺蓼、酸模叶蓼、苘麻、卷茎蓼有较好的防除效果。使用方法：大豆、玉米播前或播后苗前施药，播后苗前最好播后随即施药，一般应在播后3d之内施完药，北方也可秋施。

原药生产厂家 河北宣化农药有限责任公司、江苏常隆农化有限公司、江苏绿利来股份有限公司、江苏省新沂中凯农用化工有限公司、辽宁省大连松辽化工有限公司、内蒙古宏裕科技股份有限公司、青岛双收农药化工有限公司、山东大成农药股份有限公司、山东侨昌化学有限公司、山东胜邦绿野化学有限公司、山东中石药业有限公司、无锡禾美农化科技有限公司。

异丙甲草胺（metolachlor）

CH_2CH_3 / $COCH_2Cl$ / N / $CHCH_2OCH_3$ / CH_3 / CH_3

$C_{15}H_{22}ClNO_2$，283.8

其他中文名称 都尔，稻乐思

其他英文名称 Dual，Bicep，Milocep

化学名称 2-氯-6′-乙基-*N*-(2-甲氧基-1-甲基乙基)乙酰-邻苯胺

CAS登录号 51218-45-2

理化性质 为无色液体，沸点100℃/0.133 Pa，蒸气压1.7mPa(20℃)。溶解度(20℃)：水中为530mg/L，易溶于苯、二氯甲烷、己烷、甲醇、辛醇。300℃下稳定，20℃下不水解。DT_{50}(预测值)>200d(pH 1～9)，土壤中降解DT_{50} 30d。(1*S*)-和(1*R*)-同分异构体的外消旋混合物，无色至浅棕色液体。熔点：－62.1℃。沸点：100℃/0.133Pa。蒸气压：4.2mPa(25℃)。K_{ow} $\lg P=2.9$(25℃)。Henry常数：2.4×10^{-3} Pa·m^3/mol（计算值）。相对密度：1.12(20℃)。溶解度：水中488mg/L(25℃)。易溶于苯，甲苯，乙醇，丙酮，二甲苯，正己烷，二甲基甲酰胺，二氯乙烷，环己酮，甲醇，辛醇和二氯甲烷。溶于乙二醇，丙二醇和石油醚。稳定性：275℃稳定，强碱和强酸条件下水解，DT_{50}（计算值）>200d(pH 2～10)。闪点190℃。

毒　性 急性经口LD_{50}(mg/kg)：雌大鼠1063，雄大鼠1936。急性经皮LD_{50}：大鼠>5050mg/kg。对皮肤和眼睛中度刺激（兔）。可引起豚鼠皮肤敏感。吸入毒性LC_{50}(4h)：大鼠>2.02mg/L(空气)。无作用剂量(90d)：大鼠300mg/kg[15mg/(kg·d)]，小鼠100mg/kg[100mg/(kg·d)]，狗300mg/kg[9.7mg/(kg ·d)]。急性经口LD_{50}：野鸭和三齿鹑>2150mg/kg；饲喂毒性LC_{50}(8d)：三齿鹑和野鸭>10000mg/kg。鱼LC_{50}(96h)：虹鳟鱼3.9，鲤鱼4.9，蓝腮太阳鱼10mg/L。水蚤：LC_{50}(48h)25mg/L。海藻：EC_{50}铜在淡水藻0.1mg/L。蜜蜂：LD_{50}(经口和接触)>110μg/只。

制　剂 97%、96%、95%、93%原药，960g/L、88%、79%、72%、70%乳油。

应　用 异丙甲草胺主要通过植物的幼芽即单子叶植物的胚芽鞘、双子叶植物的下胚轴吸收向上传导，种子和根也吸收传导，但吸收量较少，传导速度慢。出苗后主要靠根吸收向上传导，抑制幼芽与根的生长。敏感杂草在发芽后出土前或刚刚出土即中毒死亡，表现为芽鞘紧包着生长点，稍变粗，胚根细而弯曲，无须根、生长点逐渐变褐色。黑色烂掉。如果土壤墒情好，杂草被杀死在幼芽期；如果土壤水分少，杂草出土后随着降雨土壤湿度增加，杂草吸收异丙甲草胺，禾本科草心叶扭曲、萎缩，其他叶皱缩后整株枯死。阔叶杂草叶皱缩变黄整株枯死。因此施药应在杂草发芽前进行。适用作物：大豆、玉米、花生、马铃薯、棉花、甜菜、油菜、向日葵、亚麻、红麻、芝麻、甘蔗等旱田作物，也可在姜和白菜等十字花科。茄科蔬菜和果园、苗圃使用。防治对象：稗草、狗尾草、金狗尾草、牛筋草、早熟禾、野黍、画眉草、臂形草、黑麦草、稷、虎尾草、鸭跖草、芥菜、小野芝麻、油莎草（在沙质土和壤质土中）、水棘针、香薷、菟丝子等，对柳叶刺蓼、酸模叶蓼、萹蓄、鼠尾看麦娘、宝盖草、马齿苋、繁缕、藜、小藜、反枝苋、猪毛菜、辣子草等有较好的防除效果。

原药生产厂家 安徽中山化工有限公司、江苏百灵农化有限公司、江苏常隆农化有限公司、江苏辉丰农化股份有限公司、江苏蓝丰生物化工股份有限公司、江苏连云港立本农药化工有限公司、江苏省南通江山农药化工股份有限公司、辽宁省大连瑞泽农药股份有限公司、内蒙古宏裕科技股份有限公司、瑞士先正达作物保护有限公司、山东滨农科技有限公司、山东侨昌化学有限公司、山东潍坊润丰化工有限公司、山东中石药业有限公司、上虞颖泰精细化工有限公司、浙江省杭州庆丰农化有限公司。

毒草胺（propachlor）

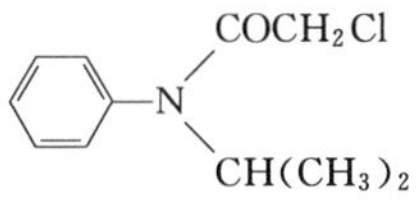

$C_{11}H_{14}ClNO$，211.7

其他英文名称 Ramrod，CP31393

化学名称 *N*-异丙基-*N*-苯基-氯乙酰胺

CAS登录号 1918-16-7

理化性质 纯品为浅棕色固体。熔点77℃(原药67～76℃)，沸点110℃/3.99Pa，蒸气压10mPa(25℃)，K_{ow} lg$P$=1.4～2.3，Henry常数3.65×10^{-3}Pa·m^3/mol（计算值），相对密度1.134(25℃)。水中溶解度580mg/L(25℃)；其他溶剂中溶解度(g/kg，25℃)：丙酮448，苯737，甲苯342，乙醇408，二甲苯239，氯仿602，四氯化碳174，乙醚219。微溶于脂肪烃。pH 5、pH 7、pH 9，25℃在无菌水溶液中水解稳定。在碱性和强酸性条件下分解，170℃分解。紫外线下稳定。闪点173.8℃。

毒　性 大鼠急性经口LD_{50}：550～1800mg/kg。兔急性经皮LD_{50}＞20000mg/kg。对兔有轻微的皮肤刺激和中度眼刺激。大鼠急性吸入LC_{50}(4h)＞1.2mg/L。无作用剂量：大鼠(2y) 5.4mg/(kg·d)，小鼠(18mo) 14.6mg/(kg·d)，狗(1y) 8.62mg/(kg·d)。无致突变、致癌、致畸性。山齿鹑急性经口LD_{50}：91mg/kg。山齿鹑、野鸭LC_{50}(8d)＞5620mg/kg(饲料)。鱼毒LC_{50}(96h，mg/L)：蓝鳃太阳鱼＞1.4，虹鳟鱼0.17，鲤鱼0.623。水蚤LC_{50}(48h)：7.8mg/L。羊角月牙藻(72h，mg/L)：E_bC_{50} 0.015，E_rC_{50} 23；水华鱼腥藻(72h，mg/L)：E_bC_{50} 10，E_rC_{50} 13；硅藻(72h，mg/L)：E_bC_{50} 1.5，E_rC_{50}＞3.7；中肋骨条藻(72h，mg/L)：E_bC_{50} 0.048，E_rC_{50} 0.031。蜜蜂LC_{50}(48h)＞197μg/只(经口)，＞200μg/只(接触)。蚯蚓EC_{50}(14d)：217.9mg/kg(土壤)。

应　用 苗前及苗后早期施用的除草剂。可用于防除玉米、棉花、花生、大豆、甘蔗和某些蔬菜包括十字花科、洋葱、菜豆、豌豆等作物田中一年生禾本科和某些阔叶杂草。

精异丙甲草胺（*S*-metolachlor）

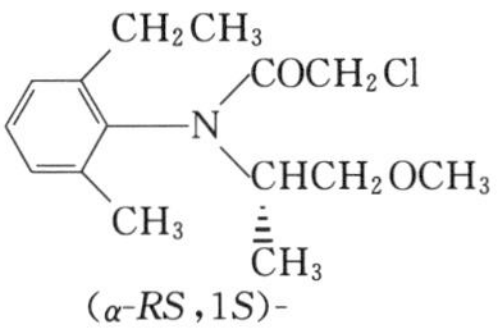

(α-*RS*,1*S*)- 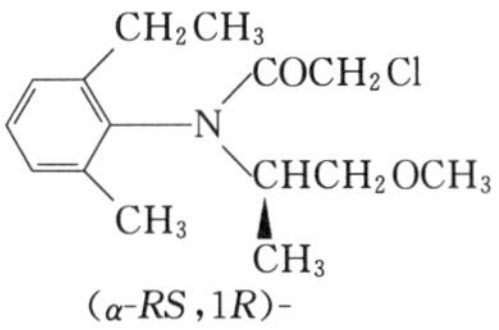　　(α-*RS*,1*R*)-

$C_{15}H_{22}ClNO_2$，283.8

其他中文名称 金都尔

化学名称 2-乙基-6-甲基-*N*-(1′-甲基-2′-甲氧乙基)氯代乙酰基苯胺

CAS登录号 87392-12-9

理化性质 纯品浅黄色至褐色液体，伴有非特异性气味。熔点：−61.1℃。蒸气压：3.7mPa(25℃)。K_{ow} lg$P$=3.05(pH 值 7，25℃)。Henry 常数：2.2×10^{-3} Pa·m^3/mol (25℃)。密度：1.117(20℃)。溶解性：水 480mg/L(pH 值 7.3，25℃)。完全溶于正己烷，甲苯，二氯甲烷，甲醇，正辛醇，丙酮和醋酸乙酯。稳定性：水解稳定(pH 值 4～9，25℃)。

毒　性 急性经口 LD_{50}：大鼠 2600mg/kg。急性经皮 LD_{50}：兔>2000mg/kg。对皮肤和眼睛无刺激性（兔），接触皮肤可引起皮肤过敏（豚鼠）。空气吸入毒性 LC_{50}(4h)：大鼠>2910mg/m^3。无作用剂量(1y)：狗 9.7mg/(kg·d)。急性经口 LD_{50}：山齿鹑和野鸭>2510mg/kg；饲喂毒性 LC_{50}(8d)：山齿鹑和野鸭>5620mg/L。鱼 LC_{50}(96h)：虹鳟鱼 1.23，蓝鳃太阳鱼 3.16mg/L。水蚤：LC_{50}(48h)11.24～26.00mg/L。蜜蜂 LD_{50}：经口>0.085 mg/只；接触>0.2 mg/只。

制　剂 96%原药，960g/L 乳油。

应　用 选择性芽前除草剂，主要用于玉米、大豆、花生、甘蔗，也可用于非沙性土壤的棉花、油菜、马铃薯和洋葱、辣椒、甘蓝等作物，防治一年生杂草和某些阔叶杂草。在出芽前作土面处理。

原药生产厂家 先正达作物保护有限公司。

克草胺（ethachlor）

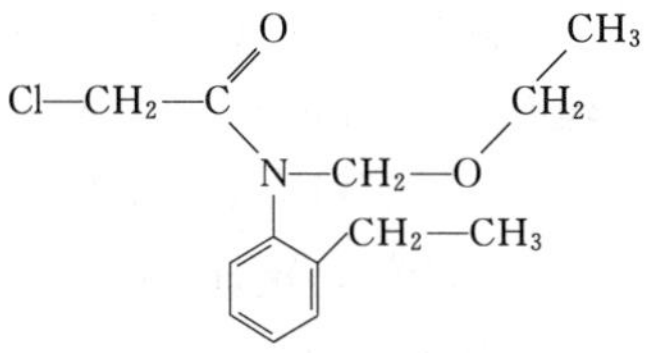

$C_{13}H_{18}ClNO_2$，255.7

化学名称 *N*-(2-乙基苯基)-*N*-(乙氧基甲基)-氯乙酰胺

理化性质 原药为红棕色油状液体。密度：1.058(35℃)。沸点：200℃(2.67kPa)。溶解情况：不溶于水，可溶于丙烷、二氯丙烷、乙酸、乙醇、苯、二甲苯等有机溶剂。

毒　性 原药对雌小白鼠急性经口毒性 LD_{50} 为 774mg/kg，雄小白鼠 464mg/kg。对眼睛和黏膜有刺激作用。Ames 试验和染色体畸变分析试验为阴性。

制　剂 95%原药，47%乳油。

应　用 选择性芽前土壤处理除草剂，效果与杂草出土前后的土壤湿度有关，持效期 40 天左右。用于水稻插秧田防除稗草、牛毛草等稻田杂草，也可用于覆膜或有灌溉条件的花生、棉花、芝麻、玉米、大豆、油菜、马铃薯及十字花科、茄科、豆科、菊科、伞形花科多种蔬菜用，防除一年生单子叶和部分阔叶杂草。水稻田，水稻插秧后4～7d稻秧完全缓央后施药，与潮湿细土或化肥混合均匀后均匀撒施，施药要及时，否则易产生药害和降低防效。旱田还可以与绿麦隆、扑草净混用。本药剂活性高于丁草胺，安全性低于丁草胺，故应严格掌握施药时间和用药量；不宜在水稻秧田、直播田及小苗、弱苗及漏水得本田使用；水稻芽期和黄瓜、菠菜、高粱、谷子等对克草胺敏感，不宜使用。

原药生产厂家 辽宁省大连瑞泽农药股份有限公司。

吡唑草胺（metazachlor）

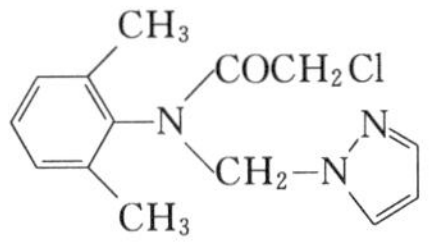

$C_{14}H_{16}ClN_3O$，277.8

化学名称 *N*-(2,6-二甲基苯基)-*N*-(吡唑-1-甲基)-氯乙酰胺

CAS登录号 67129-08-2

理化性质 纯品黄色晶体（原药）。蒸气压：0.093mPa(20℃)。$K_{ow}\lg P$=2.13(pH值7，22℃)。相对密度：1.31(20℃)。溶解性：水430mg/L(20℃)；丙酮，三氯甲烷>1000，乙酸乙酯590，乙醇200(g/kg，20℃)。稳定性：40℃至少可保存2年。

毒　性 急性经口LD_{50}大鼠：2150mg/kg。急性经皮LD_{50}：大鼠>6810mg/kg，对皮肤和眼睛没有刺激性（兔），对皮肤有敏感作用（豚鼠）。空气吸入毒性LC_{50}(4h)：大鼠>34.5mg/L。无作用剂量(2y) 大鼠17.6mg/kg。无致突变作用。急性经口LD_{50}山齿鹑>2000mg/kg。LC_{50}山齿鹑和野鸭>5000mg/kg。鱼LC_{50}(96h)：虹鳟鱼8.5mg/L。水蚤：LC_{50}(48h) 33.7mg/L。海藻：E_rC_{50}(72h) 绿藻0.032mg/L。蜜蜂：急性LD_{50}经口>85.3μg/只。蠕虫：LC_{50}(14d)>1000mg/kg(干土)。

制　剂 98%、97%原药，500g/L悬浮剂。

应　用 属乙酰苯胺类除草剂，可防除禾本科杂草和双子叶杂草，为芽前低毒除草剂。

原药生产厂家 河北省万全农药厂、江苏蓝丰生物化工有限公司、上虞颖泰精细化工有限公司。

杀草胺（ethaprochlor）

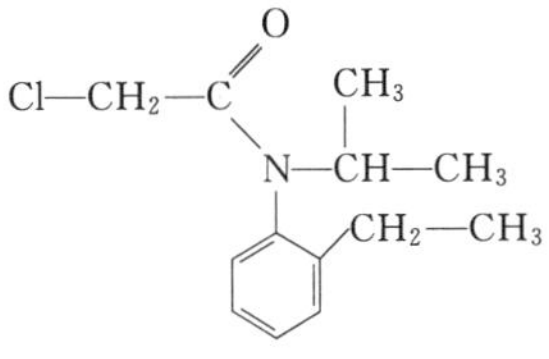

$C_{13}H_{18}ClNO$，239.7

化学名称 2-乙基-*N*-异丙基-α-氯代乙酰基苯胺

理化性质 纯品为白色结晶，熔点 38～40℃，沸点 159～161℃(798Pa)。原粉为棕红色粉末，难溶于水，易溶于乙醇、丙酮、二氯乙烷、苯、甲苯。在一般情况下对稀酸稳定，对强碱不稳定。

毒　性 低毒，对鱼类有毒。

制　剂 50%乳油。

应　用 选择性芽前土壤处理剂，可杀死萌芽前期的杂草。药剂主要通过杂草幼芽吸收，其次是根吸收。作用原理是抑制蛋白质的合成，使根部受到强烈抑制而产生瘤状畸形，最后枯死。杀草胺不易挥发，不易光解，在土壤中主要被微生物降解，持效期 20d 左右。杀草胺的除草效果与土壤含水量有关，因此该药若在旱田使用，适于在地膜覆盖栽培田、有灌溉条件的田块以及夏季作物及南方的旱田制剂应用。也可用于大豆、花生、棉花、玉米、油菜和多种蔬菜等旱地作物。可防除一年生单子叶杂草、莎草和部分双子叶杂草，如稗草、鸭舌草、水马齿苋、三棱草、牛毛草、马唐、狗尾草、灰菜等。

原药生产厂家 浙江威尔达化工有限公司（制剂）。

苯噻酰草胺（mefenacet）

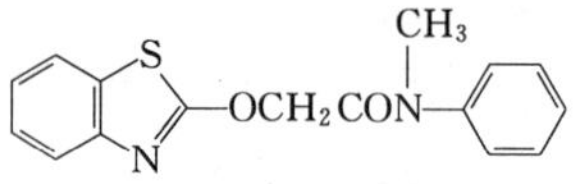

$C_{16}H_{14}N_2O_2S$，298.4

其他中文名称 环草胺

其他英文名称 Hinochloa，Rancho

化学名称 2-(1,3-苯并噻唑-2-基氧)-*N*-甲基乙酰基苯胺

CAS登录号 73250-68-7

理化性质 无色无味晶体。熔点：134.8℃。蒸气压：6.4×10^{-4} mPa(20℃)；11mPa(100℃)。K_{ow} lg*P*=3.23。Henry 常数：4.77×10^{-5} Pa·m³/mol(20℃，计算值)。溶解度：水中 4mg/L(20℃)。二氯甲烷>200，正己烷 0.1～1.0，甲苯 20～50，异丙醇 5～10(g/L，20℃)。稳定性：对光稳定，30℃可保存 6 个月，pH 4～9 水解稳定。

毒　性 急性经口 LD_{50}：大鼠、小鼠和狗>5000mg/kg。急性经皮 LD_{50}：大鼠和小鼠>5000mg/kg。对皮肤和眼睛无刺激性（兔）。吸入毒性 LC_{50}(4h)：大鼠>0.02mg/L。无作用剂量(2y)：大鼠 100mg/kg，小鼠 300mg/kg。LC_{50}(5d) 三齿鹑>5000mg/kg。鱼 LC_{50}(96h)：鲤鱼 6.0，鳟鱼 6.8，水生生物 11.5mg/L。水蚤：LC_{50}(48h) 1.81mg/L。海藻：EC_{50}(96h) 铜在淡水藻 0.18mg/L。蠕虫 LC_{50}(28d)：蚯蚓>1000mg/kg。

制　剂 95%原药，88%、50%可湿性粉剂。

应　用 酰苯胺类除草剂，是细胞生长和分裂抑制剂。主要用于移栽稻田，防除禾本科杂草，对稗草特效，对水稻田一年生杂草、牛毛毡、瓜皮草、泽泻、眼子菜、萤蔺、水莎草等亦有防效。对移植水稻有优异的选择性，土壤对本品吸附力强，渗透少，在一般水田条件下，施药量大部分分布在表层 1cm 以内，形成处理层，秧苗的生长不要与此层接触，持效期在 1 个月以上。在移植水稻田防除一年生杂草和牛毛毡时，在移植后 3d（稗草 2 叶期）、3～14d（稗草 3 叶期或稗草 3.5 叶期）施药，施药方法为灌水撒施。

原药生产厂家 广东省江门市大光明农化有限公司、湖南海利化工股份有限公司、江苏常隆农化有限公司、江苏快达农化股份有限公司、江苏蓝丰生物化工股份有限公司、辽宁省大连瑞泽农药股份有限公司、辽宁省丹东市农药总厂、美丰农化有限公司。

炔苯酰草胺（propyzamide）

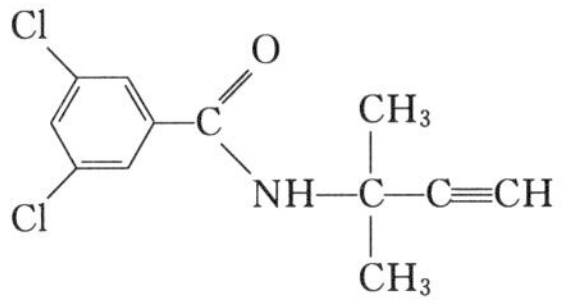

$C_{12}H_{11}Cl_2NO$，256.1

其他中文名称 拿草特

化学名称 *N*-(1,1-二甲基炔丙基)-3,5-二氯-苯甲酰胺

CAS登录号 23950-58-5

理化性质 纯品无色无味粉末。熔点：155～156℃。蒸气压：0.058mPa(25℃)。$K_{ow}\lg P$=3.3。Henry 常数：$9.90\times10^{-4}Pa\cdot m^3/mol$（计算值）。溶解性：水 15mg/L(25℃)，甲醇、异丙醇 150，环己酮、甲基乙基酮 200，二甲基亚砜 330(g/L)。中度溶于苯，二甲苯和四氯化碳，微溶于石油醚。稳定性：熔点以上分解，土壤覆膜易降解，光照条件下 DT_{50} 13～57d，溶液中 28d(pH 值 5～9，20℃)＜10%。

毒　性 急性经口 LD_{50}(mg/kg)：雄大鼠 8350，雌大鼠 5620，狗＞10000。急性经皮 LD_{50}：兔＞3160mg/kg，对皮肤和眼睛有轻微刺激。空气吸入毒性：LC_{50}大鼠＞5.0mg/L。无作用剂量(2y) 大鼠 8.46mg/kg，狗 300mg/kg；大鼠 200mg/kg，小鼠 13mg/kg。急性经口 LD_{50}(mg/kg)：日本鹌鹑 8770，野鸭＞14；饲喂毒性 LC_{50}(8d)：山齿鹑和野鸭＞10000mg/L。鱼：LC_{50}(96h，mg/L) 虹鳟鱼＞4.7，鲤鱼＞5.1。水蚤：LC_{50}(48h)＞5.6mg/L。蜜蜂：对蜜蜂没有伤害；LD_{50}＞100μg/只。蠕虫 LC_{50}：蚯蚓＞346mg/L。

制　剂 97%、96%、95%原药，50%可湿性粉剂。

应　用 炔苯酰草胺是一种内吸传导选择性酰胺类除草剂，其作用机理是通过根系吸收传导，干扰杂草细胞的有丝分裂。主要防治单子叶杂草，对阔叶作物安全。在土壤中的持效期可达 60d 左右。可有效控制杂草的出苗，即使出苗后，仍可通过芽鞘吸收药剂死亡。一般播后芽前比苗后早期用药效果好。

原药生产厂家 江苏绿叶农化有限公司、江苏中旗化工有限公司、瑞邦农化（江苏）有限公司。

四唑酰草胺（fentrazamide）

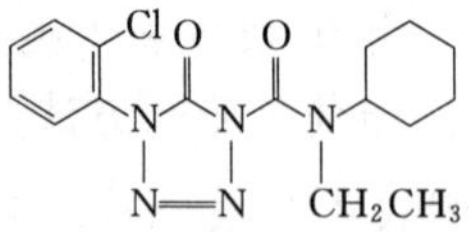

$C_{16}H_{20}ClN_5O_2$，349.8

化学名称 4-(2-氯苯基)-5-氧代-4,5-二氢四唑-1-(*N*-环己基-*N*-乙基)甲酰胺

CAS登录号 158237-07-1

理化性质 纯品为无色结晶体。熔点 79℃，蒸气压 5×10^{-5} mPa(20℃)，$K_{ow}\lg P=3.60$(20℃)，Henry 常数 7×10^{-6} Pa·m³/mol（计算值），相对密度 1.30(20℃)。水中溶解度 2.3mg/L(20℃)；其他溶剂中溶解度（g/L，20℃）：正庚烷 2.1，异丙醇 32，二氯甲烷、二甲苯＞250。水中半衰期 DT_{50}(25℃)：＞300d(pH 5)，＞500d(pH 7)，70d(pH 9)。光解稳定性（25℃）：DT_{50}纯水中约 20d，天然水中约 10d。

毒　性 大鼠急性经口 LD_{50}＞5000mg/kg。大鼠急性经皮 LD_{50}＞5000mg/kg。对兔眼睛和兔皮肤无刺激。对豚鼠皮肤无致敏性。大鼠吸入 LC_{50}＞5000mg/m³。无作用剂量（mg/kg）：大鼠 10.3，小鼠 28.0，狗 0.52。无诱变或致畸性。日本鹌鹑、山齿鹑急性经口 LD_{50}(14d)＞2000mg/kg。鱼毒 LC_{50}(96h，mg/L)：鲤鱼 3.2，虹鳟鱼 3.4。水蚤 LC_{50}(24h)＞10mg/L。绿藻类 EC_{50}(72h)：6.04μg/L；对藻类无长期影响，迅速恢复。蜜蜂 LD_{50}＞150μg/只（局部）。蚯蚓 LC_{50}(14d)＞1000mg/kg（干土）。

应　用 四唑啉酮类水田除草剂。可被植物的根、茎、叶吸收并传导到根和芽顶端的分生组织，抑制其细胞分裂，生长停止，组织变形，使生长点、节间分生组织坏死，心叶由绿变紫色，基部变褐色而枯死，从而发挥除草作用。对杂草有高度的选择性，对水稻安全，并有良好的保护环境和生态的特性。适用水稻（移栽田、抛秧田、直播田）作物。防治禾本科杂草（稗草、千金子）、莎草料杂草（异型莎草、牛毛毡）和阔叶杂草（鸭舌草）等。

吡氟酰草胺（diflufenican）

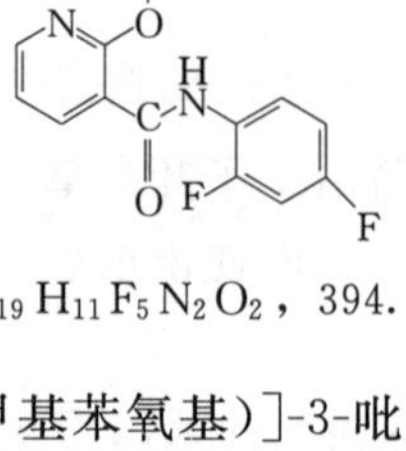

$C_{19}H_{11}F_5N_2O_2$，394.3

化学名称 2′,4′-二氟-[2-(3-三氟甲基苯氧基)]-3-吡啶酰苯胺

CAS登录号 83164-33-4

理化性质 纯品白色结晶固体。熔点：159.5℃。蒸气压：4.25×10^{-3}mPa(25℃)。K_{ow} lg$P$=4.2。Henry 常数：1.18×10^{-2}Pa·m^3/mol(20℃，计算值)。相对密度：1.54。溶解性：水<0.05mg/L(25℃)。溶于大多数有机溶剂如丙酮 72.2，乙酸乙酯 65.3，甲醇 4.7，乙腈 17.6，二氯甲烷 114.0，正庚烷 0.75，甲苯 35.7，正辛醇 1.9(g/L，20℃)。稳定性：22℃，pH 值 5，pH7 和 pH9 在水溶液中稳定，光解稳定。

毒　性 急性经口 LD_{50}(mg/kg)：大鼠>5000，狗>5000，兔>5000。急性经皮 LD_{50}：大鼠>2000mg/kg，对皮肤和眼睛无刺激性（兔）。空气吸入毒性 LC_{50}(4h)：大鼠>5.12mg/L。无作用剂量：14d 急性毒性试验，大鼠 1600mg/kg 无严重影响；90d 饲喂试验对狗无作用剂量 1000mg/(kg·d)，大鼠 500mg/L；慢性毒性试验研究，大鼠［23.3mg/(kg·d)］和小鼠［62.2mg/(kg·d)］无作用剂量 500mg/kg。急性经口 LD_{50}(mg/kg)：鹌鹑>2150，野鸭>4000。鱼：LC_{50}(96h) 虹鳟鱼>108.8，鲤鱼 98.5μg/L。水蚤：LC_{50}(48h) 0.24mg/L。海藻：E_rC_{50}(72h) 0.00045mg/L。蜜蜂：对蜜蜂无接触毒性。蠕虫：无毒性。

制　剂 98%、97%原药。

应　用 在杂草发芽前后施用可在土表形成抗淋溶的药土层，在作物整个生长期保持活性。当杂草萌发通过药土层幼芽或根系均能吸收药剂，本剂具有抑制类胡萝卜素生物合成作用，吸收药剂的杂草植株中类胡萝卜素含量下降，导致叶绿素被破坏，细胞膜破裂，杂草则表现为幼芽脱色或白色，最后整株萎蔫死亡。适用作物及防除对象：在小麦、水稻、某些豆科作物（如白羽扁豆及春播豌豆)、胡萝卜、向日葵等作物田中的大部分阔叶杂草。使用方法：吡氟草胺在冬小麦芽前和芽后早期施用对小麦生长安全，但芽前施药时如遇持续大雨，尤其是芽期降雨，可以造成作物叶片暂时脱色，但一般可以恢复。

原药生产厂家 江苏辉丰农化股份有限公司、江苏省南通嘉禾化工有限公司、江苏中旗化工有限公司、上海生农生化制品有限公司、沈阳科创化学品有限公司。

敌草胺（napropamide）

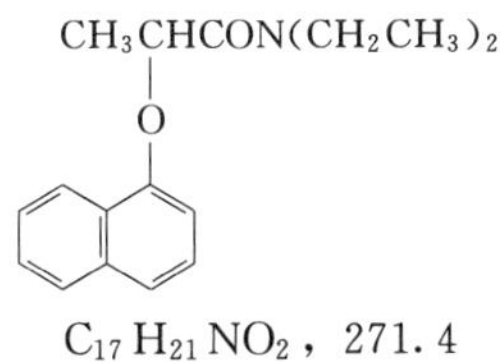

$C_{17}H_{21}NO_2$，271.4

其他中文名称 大惠利，萘丙酰草胺，草萘胺，萘丙胺，萘氧丙草胺

其他英文名称 Devrinol，Napropamide

化学名称 (*RS*)-*N*,*N*-二乙基-2-(1-萘基氧)丙酰胺

CAS 登录号 15299-99-7

理化性质 无色晶体（原药，褐色固体）。熔点：74.8～75.5℃（原药 68～70℃）。蒸气压：0.023mPa(25℃)。K_{ow} lg$P$=3.3(25℃)。Henry 常数：8.44×10^{-4}Pa·m^3/mol（计算

值)。相对密度：1.1826。溶解度：水中 7.4mg/L(25℃)；丙酮、乙醇>1000；二甲苯 555，煤油 45，正己烷 15(g/L，20℃)。稳定性：100℃储藏 16h 稳定，40℃ pH 4～10 情况下不分解，将其水溶液暴露于模拟阳光下 DT_{50} 25.7min。

毒　性　急性经口 LD_{50}(mg/kg)：雄大鼠>5000（原药），雌大鼠 4680。急性经皮 LD_{50}(mg/kg)：兔>4640，豚鼠>2000，对眼睛中度刺激性，对皮肤没有刺激性（兔），无皮肤过敏反应（豚鼠)。吸入毒性 LC_{50}(4h)：大鼠>5mg/L。无作用剂量：大鼠(2y) 30mg/(kg·d)；狗(90d) 40mg/(kg·d)；发育毒性试验，大鼠和兔无作用剂量 1000mg/(kg·d)；多代毒性试验研究，大鼠 30mg/(kg·d)。急性经口 LD_{50}：三齿鹑>2250mg/kg。鱼 LC_{50}(96h)：蓝腮太阳鱼 13～15，虹鳟鱼 9.4，金鱼>10mg/L。水蚤：EC_{50}(48h) 24mg/L。海藻：EC_{50}(96h) 小球藻 4.5mg/L。蜜蜂：LD_{50}>100μg/只。蠕虫：LC_{50}>799mg/kg(干土)。

制　剂　96%、94%原药，50%水分散粒剂，20%乳油，50%可湿性粉剂，50%干悬浮剂。

应　用　作用机理：细胞分裂抑制剂。*R*(－) 异构体对某些杂草的活性是 *S*(＋) 异构体的 8 倍。适用作物：芦笋、白菜、柑橘、葡萄、菜豆、油菜、青椒、向日葵、烟草、番茄、禾谷类作物、果园、树木、葡萄和草坪，豌豆和蚕豆对其亦有较好的耐药性。防除对象：主要用于防除一年生和多年生禾本科杂草及主要的阔叶杂草。也可防除禾谷类作物、树木、葡萄和草坪中阔叶杂草如母菊、繁缕、蓼、婆婆纳和堇菜等杂草。但要防除早熟禾则需要与其他除草剂混用。

原药生产厂家　江苏快达农化股份有限公司、四川省宜宾川安高科农药有限责任公司、印度联合磷化物有限公司。

二甲戊乐灵（pendimethalin）

NO_2
CH_3 —NHCH$(CH_2CH_3)_2$
CH_3 NO_2

$C_{13}H_{19}N_3O_4$，281.3

其他中文名称　施田补，二甲戊灵，胺硝草，除草通

其他英文名称　Stomp，Penoxalin，Prowl，Herbadox

化学名称　*N*-(1-乙基丙基)-2,6-二硝基-3,4-二甲基苯胺

CAS 登录号　40487-42-1

理化性质　橘黄色晶体。熔点：54～58℃。蒸气压：1.94mPa(25℃)。K_{ow} lg$P$=5.2。Henry 常数：2.728Pa·m^3/mol(25℃)。相对密度：1.19(25℃)。溶解度：水中 0.33mg/L(pH 7，20℃)，丙酮，二甲苯和二氯甲烷>800，正己烷 48.98(g/L，20℃)。易溶于苯，甲苯和三氯甲烷。微溶于石油醚和汽油。稳定性：大于 5℃小于 130℃稳定，在酸碱条件下稳定，光照下缓慢分解，DT_{50}水中<21d。pK_a 2.8。

毒　性　急性经口 LD_{50}(mg/kg)：大鼠>5000，雄小鼠 3399，雌小鼠 2899，兔>5000，狗>5000。急性经皮 LD_{50}：兔>2000mg/kg。对皮肤和眼睛无刺激性（兔）。吸入毒性：LC_{50}大鼠>320mg/L。无作用剂量：狗(2y) 12.5mg/kg，大鼠(14d) 10mg/kg。急性 LD_{50} 野鸭 1421mg/kg，饲喂毒性 LC_{50}(8d) 三齿鹑 4187mg/kg。鱼 LC_{50}(96h)：虹鳟鱼 0.14mg/L，蓝腮太阳鱼 0.2mg/L。水蚤：EC_{50}（48h） 0.28mg/L。蜜蜂：LD_{50} >101.2μg/只。蠕虫：EC_{50}(14d)>1000mg/L。

制　剂　98%、96%、95%、92%、90%原药，34%、33%、30%乳油。

应　用　作用机理与特点：二甲戊乐灵为二硝基甲苯胺类除草剂，主要是抑制分生组织细胞分裂，不影响杂草种子的萌发，而是在杂草种子萌发过程中幼芽。茎和根吸收药剂后而起作用，双叶植物吸收部位为下胚轴，单子叶植物为幼芽。其受害症状是幼芽和次生根被抑制。适用作物：大豆、玉米、棉花、豌豆、花生、烟草、甘蔗、马铃薯、蔬菜等。在其他国家登记作物：豆类、棉花、玉米、大豆、花生、洋葱、水稻、甘蔗、向日葵、烟草、柑橘、马铃薯、落叶果树、大蒜、坚果类果树、鹰嘴豆等。防治对象：稗草、光头稗、狗尾草、金狗尾草、马唐、早熟禾、看麦娘、鼠尾看麦娘、画眉草属、光叶稷、稷、毛线稷、牛筋草、臂形草属、异型莎草、荠菜、猪殃殃、萹蓄、酸模叶蓼、柳叶刺蓼、卷茎蓼、藜、繁缕、地肤、马齿苋、反枝苋、凹头苋、龙爪茅。

原药生产厂家　河北省万全农药厂、吉林省吉化集团农药化工有限责任公司、江苏省苏州联合伟业科技有限公司、江苏中意化学有限公司、涟水永安化工有限公司、辽宁省大连瑞泽农药股份有限公司、南京华洲药业有限公司、山东滨农科技有限公司、山东华阳科技股份有限公司、山东胜邦绿野化学有限公司、山东省青岛瀚生生物科技股份有限公司、山东天成农药有限公司、山东潍坊润丰化工有限公司、沈阳科创化学品有限公司、印度联合磷化物有限公司、浙江禾本农药化学有限公司、浙江省乐斯化学有限公司、浙江省宁波中化化学品有限公司、浙江新农化工股份有限公司。

巴斯夫欧洲公司、印度瑞利有限公司。

氟乐灵（trifluralin）

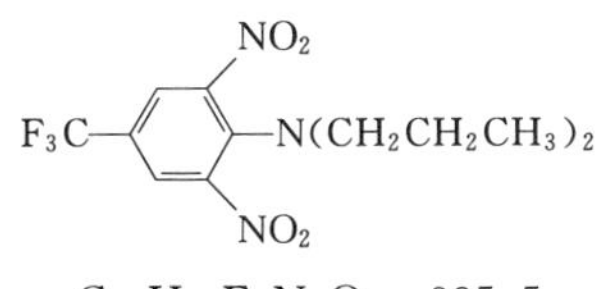

$C_{13}H_{16}F_3N_3O_4$，335.5

其他中文名称　特福力，氟特力，氟利克

其他英文名称　Treflan，Flutrix，Triflurex，Elancolan

化学名称　α,α,α-三氟-2,6-二硝基-*N*,*N*-二丙基对甲苯胺

CAS 登录号　1582-09-8

理化性质　橘黄色晶体。熔点：48.5～49℃（原药 43～47.5℃）。沸点：96～97℃/24Pa。蒸气压：6.1mPa(25℃)。K_{ow} lg$P$=4.83(20℃)。Henry 常数：15Pa·m³/mol（计算值）。

相对密度：1.36(22℃)。溶解度：水中0.184(pH 5)，0.221(pH 7)，0.189(pH 9)（mg/L)；原药0.343(pH 5)，0.395(pH 7)，0.383(pH 9)（mg/L)。丙酮，三氯甲烷，乙腈，甲苯，乙酸乙酯＞1000，甲醇33～40，正己烷50～67(g/L，25℃)。稳定性：52℃稳定，pH 3，6和9(52℃）水解稳定，紫外光照射下分解。

毒　性　急性经口LD_{50}：大鼠＞5000mg/kg。急性经皮LD_{50}：兔＞5000mg/kg。对皮肤无刺激性，对眼睛有轻微刺激（兔)。吸入毒性：LC_{50}(4h）大鼠＞4.8mg/L。无作用剂量：2y饲喂试验，低剂量813mg/kg饲喂大鼠可引起肾结石，小鼠73mg/(kg・d)。急性经口LD_{50}：三齿鹑＞2000mg/kg；饲喂毒性LC_{50}(5d)：三齿鹑和野鸭＞5000mg/kg。鱼LC_{50}(96h)：虹鳟鱼0.088，蓝腮太阳鱼0.089mg/L。水蚤LC_{50}(48h)：0.245mg/L；无作用剂量(21d）0.051mg/L。海藻：EC_{50}(7d）羊角月芽藻12.2mg/L；无作用剂量5.37mg/L。蜜蜂：LD_{50}(经口和接触)＞100μg/只。蠕虫：LC_{50}(14d)＞1000mg/kg（干土)。

制　剂　97％、96％、95％原药，48％乳油，55％母液。

应　用　作用机理与特点：氟乐灵是通过杂草种子在发芽生长穿过土层过程中被吸收的。主要是被禾本科植物的芽鞘、阔叶植物的下胚轴吸收，子叶和幼根也能吸收，但吸收后很少向芽和其他器官传导。出苗后植物的茎和叶不能吸收。进入植物体内影响激素的生成或传递而导致其死亡。药害症状是抑制生长，根尖与胚轴组织显著膨大，幼芽和次生根的形成显著受抑制，受害后植物细胞停止分裂，根尖分生组织细胞变小。厚而扁，皮层薄壁组织中的细胞增大，细胞壁变厚，由于细胞中的液胞增大，使细胞丧失极性，产生畸形，单子叶杂草的幼芽如稗草呈“鹅头”状，双子叶杂草下胚轴变粗变短、脆而易折。受害的杂草有的虽能出土，但胚根及次生根变粗，根尖肿大，呈鸡爪状，没有须根，生长受抑制。用药量过高，在低洼地湿度大、温度低大豆幼苗下胚轴肿大，生育过程中根瘤受抑制。适用作物：大豆、向日葵、棉花、花生、油菜、马铃薯、胡萝卜、芹菜、番茄、茄子、辣椒、甘蓝、白菜等作物。防治对象：稗草、野燕麦、狗尾草、金狗尾草、马唐、牛筋草、千金子、大画眉草、早熟禾、雀麦、马齿苋、藜、萹蓄、繁缕、猪毛菜、蒺藜等一年生禾本科和小粒种子的阔叶杂草。

原药生产厂家　江苏百灵农化有限公司、江苏丰山集团有限公司、江苏连云港立本农药化工有限公司、江苏腾龙生物药业有限公司、捷马化工股份有限公司、南京华洲药业有限公司、青海绿原生物工程有限公司、山东滨农科技有限公司、山东侨昌化学有限公司、山东省济南绿邦化工有限公司、山东省青岛瀚生生物科技股份有限公司、山东潍坊润丰化工有限公司、浙江一帆化工有限公司、镇江建苏农药化工有限公司。

美国陶氏益农公司、以色列阿甘化学公司。

氨氟乐灵（prodiamine）

H_2N、NO_2、F_3C—、—$N(CH_2CH_2CH_3)_2$、NO_2

$C_{13}H_{17}F_3N_4O_4$，350.3

化学名称 *N*,*N*-二丙基-4-三氟甲基-5-氨基-2,6-三硝基苯胺

CAS登录号 29091-21-2

理化性质 无味，橙黄色粉末。熔点：122.5～124℃。蒸气压：0.029mPa(25℃)。K_{ow} lg$P$=4.10±0.07(25℃，无稳定 pH 值)。Henry 常数：5.5×10^{-2} Pa·m^3/mol(20℃)。密度：1.41(25℃)。溶解性：水 0.183 mg/L(pH 7.0，25℃)；丙酮 226，二甲基甲酰胺 321，二甲苯 35.4，异丙醇 8.52，正庚烷 1.00，*N*-辛醇 9.62(g/L，20℃)。稳定性：对光中度稳定，194℃分解。

毒　性 急性经口 LD_{50}：大鼠＞5000mg/kg。急性经皮 LD_{50}：大鼠＞2000mg/kg，对眼睛中度刺激，对皮肤无刺激性（兔），对豚鼠皮肤不敏感。空气吸入毒性：LC_{50}(4h) 大鼠＞0.256mg/m^3（最大值）。无作用剂量：狗(1y) 6mg/(kg·d)，小鼠(2y) 60mg/(kg·d)，大鼠(2y) 7.2mg/(kg·d)。急性经口 LD_{50}山齿鹑＞2250mg/kg，饲喂 LC_{50}(8d)：山齿鹑和野鸭＞10000mg/(kg·d)。鱼 LC_{50}(96h，μg/L)：虹鳟鱼＞829、蓝腮太阳鱼＞552。水蚤：LC_{50}(48h)＞658μg/L。海藻：EC_{50}(24～96h) 3～10μg/L。蜜蜂：LD_{50}＞100μg/只。

制　剂 97％原药，65％水分散粒剂。

应　用 是选择性芽前土壤处理剂，主要通过杂草的胚芽鞘与胚轴吸收。对已出土杂草无效。对禾本科和部分小粒种子的阔叶杂草有效，持效期长。适用于棉花、大豆、油菜、花生、土豆、冬小麦、大麦、向日葵、胡萝卜、甘蔗、番茄、茄子、辣椒、卷心菜、花菜、芹菜及果树、桑树、瓜类等作物，防除稗草、马唐、牛筋草、石茅高粱、千金子、大画眉草、早熟禾、雀麦、硬草、棒头草、苋、藜、马齿苋、繁缕、蓼、萹蓄、蒺藜等1年禾本科和部分阔叶杂草。

原药生产厂家 泸州东方农化有限公司、迈克斯（如东）化工有限公司。

仲丁灵（butralin）

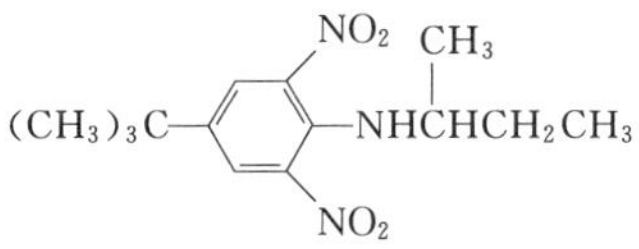

$C_{14}H_{21}N_3O_4$，295.3

其他中文名称 丁乐灵，地乐胺，双丁乐灵，止芽素

其他英文名称 Dibutralin，Amchem70-25，Amexine，Tamex

化学名称 *N*-仲丁基-4-叔丁基-2,6-二硝基苯胺

CAS登录号 33629-47-9

理化性质 纯品橘黄色晶体，有轻微的芳香气味。熔点：60℃（原药，59℃）。蒸气压：0.77mPa(25℃)。K_{ow}lg$P$=4.93(23±2℃)。Henry 常数：7.58×10^{-1} Pa·m^3/mol（计算值）。相对密度：1.063(25℃)。溶解性：水 0.3mg/L(25℃)；正庚烷 182.8，二甲苯 668.8，二氯甲烷 877.7，甲醇 68.3，丙酮 773.3，乙酸乙酯 718.4(g/L，20℃)。稳定性：

253℃分解，水解稳定；DT_{50}>1y。光解 DT_{50} 13.6d(pH 值 7，25℃)。

毒　性　急性经口 LD_{50}(mg/kg 原药)：雄大鼠 1170，雌大鼠 1049。急性经皮 LD_{50}：兔≥2000mg/kg（原药），对皮肤有轻微刺激，对眼睛有中度刺激（兔），对皮肤无敏感性。空气吸入毒性 LC_{50}：大鼠>9.35mg/L。无作用剂量(2y) 大鼠 500mg/L[20～30mg/(kg·d)]。急性经口 LD_{50}(mg/kg)：山齿鹑>2250，日本鹌鹑>5000；饲喂毒性 LC_{50}(8d)：山齿鹑和野鸭>10000mg/kg。鱼 LC_{50}(96h，mg/L)：蓝鳃太阳鱼 1.0，虹鳟鱼 0.37。水蚤：EC_{50}(48h) 0.12mg/L。海藻：EC_{50}(5d) 羊角月芽藻 0.12mg/L。蜜蜂：LD_{50}经口 95μg/只；接触 100μg/只。蠕虫：急性 LC_{50}>1000mg/kg(土壤)。

制　剂　96%、95%原药，48%、37.30%、36%乳油。

应　用　该药为选择性萌芽前除草剂。其作用与氟乐灵相似，药剂进入植物体内后，主要抑制分生组织的细胞分裂，从而抑制杂草幼芽及幼根的生长，导致杂草死亡。适用作物及防除对象：适用于大豆、棉花、水稻、玉米、向日葵、马铃薯、花生、西瓜、甜菜、甘蔗等作物田中防除稗草、牛筋草、马唐，狗尾草等一年生单子叶杂草及部分双子叶杂草。对大豆田菟丝子也有较好的防除效果。亦可用于控制烟草腋草生长。防除菟丝子时，喷雾要均匀周到，使缠绕的菟丝子都能接触到药剂。作烟草抑芽及使用时，不宜在植株太湿，气温过高，风速太大时使用。避免药液与烟草叶片直接接触。已经被抑制的腋芽不要人为摘除，避免再生新腋芽。

原药生产厂家　甘肃省张掖市大弓农化有限公司、江西盾牌化工有限责任公司、山东滨农科技有限公司、山东鸿汇烟草用药有限公司、山东华阳和乐农药有限公司、山东侨昌化学有限公司。

禾草丹（thiobencarb）

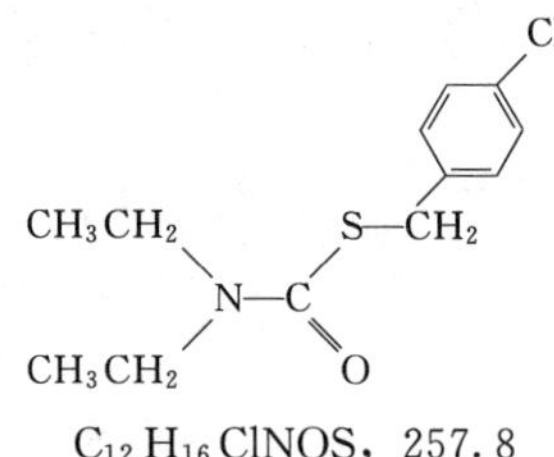

$C_{12}H_{16}ClNOS$，257.8

其他中文名称　杀草丹，灭草丹，稻草完，除田莠

其他英文名称　Benthiocarb，Saturn，Bolero

化学名称　*S*-[(4-氯苯基)甲基]二乙基硫代氨基甲酸酯

CAS 登录号　28249-77-6

理化性质　纯品无色液体，有芳香气味。熔点：3.3℃。蒸气压：2.39mPa(23℃)。K_{ow} lg$P$=4.23(pH 值 7.4，20℃)。密度：1.167(20℃)。溶解性：水 16.7mg/L(20℃)；丙酮、甲醇、正己烷、甲苯、二氯甲烷、乙酸乙酯均大于 500g/L。稳定性：150℃稳定，水解 DT_{50}>1y(25℃，pH4，pH7 和 pH9)，光解 DT_{50} 3.6d（自来水），3.7d(蒸馏水)（25℃）。

闪点＞100℃。

毒　性　急性经口 LD_{50}（mg/kg）：雄大鼠 1033，雌大鼠 1130，雄小鼠 1102，雌小鼠 1402。急性经皮 LD_{50}：兔和大鼠＞2000mg/kg，对皮肤和眼睛无刺激性。空气吸入毒性：LC_{50}(4h) 大鼠＞2.43mg/L。无作用剂量：雄大鼠(2y) 0.9mg/(kg·d)，雌大鼠(2y) 1.0mg/(kg·d)；狗(1y) 1.0mg/(kg·d)。无致畸、致突变、致癌作用。急性经口 LD_{50}(mg/kg)：鸡 2629，山齿鹑 7800，野鸭＞10000；饲喂毒性 LC_{50}(8d)：野鸭和山齿鹑＞5000mg/kg。鱼：LC_{50}（96h，mg/L）鲤鱼 0.98，虹鳟鱼 1.1；黑头呆鱼无作用剂量 0.026mg/L。水蚤：LC_{50}（48h）1.1mg/L；21d 无作用剂量 0.072mg/L。海藻：E_bC_{50}(72h) 绿藻 0.038mg/L；E_rC_{50}(24～72h) 0.020mg/L；EC_{50}(120h，mg/L) 淡水藻＞3.1，舟形藻 0.38，羊角月芽藻 0.017，硅藻 0.073。其他水生动植物：EC_{50}(14d) 膨胀浮萍 0.99mg/L。蜜蜂：LD_{50}(经口，48h)＞100μg/只。蠕虫：LC_{50}(14d)874mg/L。

制　剂　93％原药，90％、50％乳油。

应　用　为氨基甲酸酯类选择性内吸传导型土壤处理除草剂，可被杂草的根部和幼芽吸收，特别是幼芽吸收后转移到植物体内，对生长点有很强的抑制作用。禾草丹阻碍 α-淀粉酶和蛋白质合成，对植物细胞的有丝分裂也有强烈抑制作用，因而导致萌发的杂草种子和萌发初期的杂草枯死。稗草吸收传导禾草丹的速度比水稻要快，而在体内降解禾草丹的速度比水稻要慢，这是形成选择性的生理基础。此类除草剂能迅速被土壤吸附，因而随水分的淋溶性小，一般分布在土层 2 厘米处。土壤的吸附作用减少了由蒸发和光解造成的损失。在土壤中半衰期，通气良好条件下为 2～3 周，厌氧条件下则为 6～8 个月。能被土壤微生物降解，厌氧条件下被土壤微生物形成的脱氯禾草丹，能强烈地抑制水稻生长。防除对象：萤蔺、鸭舌草、雨久花、陌上菜、稗草、千金子、异型莎草、碎米莎草、牛毛毡、日照飘浮草、毋草等。使用时期：旱育秧田在水稻播种后出苗前土壤封闭处理或水稻苗 1 叶后稗草 1.5 叶前；移栽田、抛秧田、摆栽田在插后 3～10 天，稗草 2 叶期以前施药。

原药生产厂家　江苏傲伦达科技实业股份有限公司、日本组合化学工业株式会社。

禾草敌（molinate）

$C_9H_{17}NOS$，187.3

其他中文名称　禾大壮，禾草特，草达灭，环草丹，杀克尔

其他英文名称　Ordram

化学名称　*N*,*N*-(1,6-亚己基)硫代氨基甲酸-*S*-乙酯

CAS 登录号　2212-67-1

理化性质　透明液体，伴有芳香气味（原药是琥珀色液体）。熔点：＜－25℃。沸点：277.5～278.5℃。蒸气压：500mPa(25℃)。K_{ow} lg$P$＝2.86(pH 7.85～7.94，23℃)。Henry 常数：0.687Pa·m^3/mol（计算值，25℃）。相对密度：1.0643(20℃)。溶解度：水中（无缓冲液）1100mg/L。易溶于多数一般有机溶剂如丙酮，甲醇，乙醇，煤油，乙酸乙酯，正辛醇，二氯甲烷，正己烷，甲苯，氯苯，二甲苯。稳定性：室温下可保存 2 年，120℃可保存 1 个月。酸性和碱性条件下水解稳定（40℃，pH 5～9），对光不稳定。闪点>100℃。

毒　性　急性经口 LD_{50}：大鼠 483mg/kg。急性经皮 LD_{50}：大鼠 4350mg/kg。对皮肤和眼睛无刺激性（兔）。吸入毒性：LC_{50}(4h) 大鼠 1.39mg/L。无作用剂量：大鼠(90d) 和狗(1y) 1mg/(kg·d)。急性经口 LD_{50}：野鸭 389mg/kg；饲喂毒性 LC_{50}（12d）：野鸭 2500mg/kg。鱼：LC_{50}（96h）虹鳟鱼 16.0mg/L。水蚤：LC_{50}（48h）14.9mg/L。海藻：E_bC_{50}(96h) 羊角月芽藻 0.22mg/L，E_rC_{50}(96h) 0.5mg/L。蜜蜂：急性经口 LD_{50}>11μg/只。蠕虫：LC_{50}(14d) 289mg/kg。

制　剂　99%原药，90.9%乳油。

应　用　为防除稻田稗草的选择性除草剂，土壤处理兼茎叶处理。施于田中后，由于密度大于水，而沉降在水与泥的界面，形成高浓度的药层。杂草通过药层时，能迅速被初生根、尤其被芽鞘吸收，并积累在生长点的分生组织，阻止蛋白质合成。禾大壮还能抑制 α-淀粉酶活性，阻止或减弱淀粉的水解，使蛋白质合成及细胞分裂失去能量供给。受害的细胞膨大，生长点扭曲而死亡。经过催芽的稻种播于药层之上，稻根向下穿过药层吸收药量少；芽鞘向上生长不通过药层，因而不会受害。适用作物：水稻。在其他国家登记作物：水稻。防治对象：稗草。禾大壮对防除 1～4 叶期的各种生态型稗草都有效，用药早时对牛毛毡及碎米莎草也有效，对阔叶草无效。由于禾大壮杀草谱窄，在同时防治其他种类杂草时，注意与其他除草剂合理混用。由于禾大壮具有防除高龄稗草、施药适期宽、对水稻极好的安全性及促早熟增产等优点，适用于水稻秧田、直播田及插秧本田。同防除阔叶草除草剂混用，易于找到稻田一次性除草的最佳时机，是稻田一次性除草配方中最好的除稗剂。在新改水田、整地不平地块、水层过深、弱苗情况下及早春低温冷凉地区（特别是我国北方稻区）对水稻均安全，并且施药时期同水稻栽培管理时期相吻合。施药时无须放水，省工、省水、省时。

原药生产厂家　江苏傲伦达科技实业股份有限公司、连云港分公司、江苏省南通泰禾化工有限公司、天津市施普乐农药技术发展有限公司。

灭草敌（vernolate）

$$(CH_3CH_2CH_2)_2NCOSCH_2CH_2CH_3$$

$C_{10}H_{21}NOS$，203.3

其他中文名称　卫农，灭草猛

其他英文名称　R-1607，Vemam，Stabam

化学名称　*S*-丙基二丙基硫代氨基甲酸酯

CAS 登录号　1929-77-7

理化性质　无色液体，伴有芳香气味（原药清黄色液体）。沸点：150℃/3.99 kPa。蒸气压：1.39Pa(25℃)。K_{ow} lg$P$=3.84(20℃)。密度 0.952g/mL(20℃)。溶解度：水中 90mg/L(20℃)。易溶于有机溶剂，如二甲苯、甲基异丁基酮、煤油、丙酮、乙醇。稳定性：中性条件下稳定，酸性和碱性条件下相对稳定，DT_{50} 13d(pH 7，40℃)，200℃稳定，对紫外光稳定。闪点 121℃。

毒　性　急性经口 LD_{50}(mg/kg)：雄大鼠 1500，雌大鼠 1550。急性经皮 LD_{50}：兔>5000mg/kg。对皮肤和眼睛无刺激性（兔）。无皮肤过敏反应（豚鼠）。吸入毒性：LC_{50}(4h) 大鼠>5mg/L。无作用剂量：大鼠(2 代) 1mg/kg，无作用剂量(90d) 大鼠 32mg/kg，狗 38mg/(kg·d)。饲喂毒性 LC_{50}(7d)：三齿鹑 12000mg/kg。鱼：LC_{50}(96h，mg/L) 虹鳟鱼 4.6，蓝腮太阳鱼 8.4。蜜蜂：对蜜蜂无毒 0.011mg/只。

应　用　作用机理与特点：选择性土壤处理剂。在杂草种子发芽出土过程中，通过幼芽及根吸收药剂，并在植物体内传导，抑制和破坏敏感植物细胞的核糖核酸和蛋白质的合成，致使杂草叶部分生组织的生长受抑制。受害杂草多数在出土前的幼苗期生长点被破坏而死亡，少数受害轻的杂草虽能出土，但幼叶卷曲变形，茎肿大，不能正常生长，大豆和花生也吸收药剂，并能转移到叶和茎中。大豆吸收药剂的量 48h 达到最大值，而药剂在根和茎中的浓度比叶片高，6～7d 被降解。其选择性是由分解代谢能力的差异及位差选择等造成。

哌草丹（dimepiperate）

N—COS—C(CH_3)(CH_3)—(苯基)

$C_{15}H_{21}NOS$，263.4

其他中文名称　优克稗，哌啶酯

其他英文名称　Yukamate，MY-93

化学名称　*S*-(α,α-二甲基苄基)哌啶-1-硫代甲酸酯

CAS登录号　61432-55-1

理化性质　蜡状固体。熔点：38.8～39.3℃。沸点：164～168℃/99.8 Pa。蒸气压：0.53mPa(30℃)。K_{ow} lg$P$=4.02。相对密度：1.08(25℃)。溶解度：水中 20mg/L(25℃)。丙酮 6.2，三氯甲烷 5.8，环己酮 4.9，乙醇 4.1，正己烷 2.0(kg/L，25℃)。稳定性：稳定性>1y(30℃)，pH 1 和 pH 14 水溶液中稳定。

毒　性　急性经口 LD_{50}(mg/kg)：雄大鼠 946，雌大鼠 959，雄小鼠 4677，雌小鼠 4519。急性经皮 LD_{50}：大鼠>5000mg/kg。对皮肤和眼睛无刺激性（兔），无皮肤敏感性（豚鼠）。吸入毒性：LC_{50}(4h) 大鼠>1.66mg/L。无作用剂量：大鼠(2y) 0.104mg/kg。急性经口 LD_{50} 雄日本鹌鹑>2000，鸡>5000mg/kg。鱼：LC_{50}(48h) 鲤鱼 5.8，虹鳟鱼 5.7mg/L。水蚤：LC_{50}(3h) 40mg/L。

制　剂　96%原药。

应　用　作用机理与特点：哌草丹为类脂合成抑制剂（不是 ACC 酶抑制剂），属内吸传导

型稻田选择性除草剂。哌草丹是植物内源生长素的拮抗剂，可打破内源生长素的平衡，进而使细胞内蛋白质合成受到阻碍，破坏细胞的分裂，致使生长发育停止。药剂由根部和茎叶吸收后传导至整个植株，茎叶有浓绿变黄、变褐、枯死，此过程约需 1～2 周。适用作物与安全性：水稻秧田、查秧田、直播田、旱直播田。哌草丹在稗草和水稻体内的吸收与传递速度有差异，此外能在稻株内与葡萄糖结成无毒的糖苷化合物，在稻田中迅速分解，这是形成选择性的生理基础。防除对象：防除稗草及牛毛草，对水田其他杂草无效。对防除 2 叶期以前的稗草效果突出，应注意不要错过施药适期。当稻田草相复杂时，应与其他除草剂混合使用。

原药生产厂家 浙江乐吉化工股份有限公司。

磺草灵（asulam）

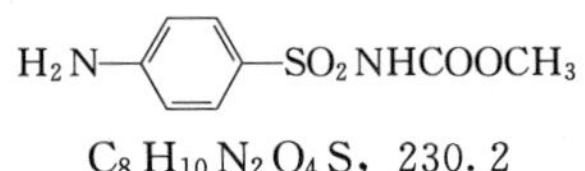

$C_8H_{10}N_2O_4S$，230.2

其他中文名称 亚速烂

化学名称 对氨基苯磺酰氨基甲酸甲酯

CAS 登录号 3337-71-1

理化性质 无色晶体。熔点：142～144℃(分解)。蒸气压：<1mPa(20℃)。Henry 常数：<5.8×10^{-5} Pa·m^3/mol（20℃，计算值)。溶解度：水中 4g/L(20～25℃)；二甲基甲酰胺>800，丙酮 340，甲醇 280，丁酮 280，乙醇 120，烃和氯代烃<20(g/L，20～25℃)。稳定性：沸水稳定性≥6h，pH 8.5，室温>4y。pK_a 4.82（水溶性盐）。

毒　性 急性经口 LD_{50}：大鼠、小鼠、兔和狗>4000mg/kg。急性经皮 LD_{50}：大鼠>1200mg/kg。吸入毒性：LC_{50}(6h) 大鼠>1.8mg/L(空气)。无作用剂量：90d 饲喂试验，大鼠 400mg/kg 喂食无明显副作用。无致畸作用。急性经口 LD_{50}：野鸭和鸽子>4000mg/kg。鱼 LC_{50}(96h，mg/L)：虹鳟鱼和金鱼>5000，蓝腮太阳鱼>3000。蜜蜂：对蜜蜂无毒。

制　剂 95%原药，36.2%水剂。

应　用 通过敏感植株的叶和根吸收，引起缓慢褪绿，妨碍细胞分裂与膨胀。芽后施用，防除牧场和落叶果园中酸模、牧场和林地中的欧洲绒毛蕨、亚麻田中野燕麦；可防除甘蔗田中禾本科杂草。

原药生产厂家 江苏省南通泰禾化工有限公司。

野麦畏（triallate）

$C_{10}H_{16}Cl_3NOS$，304.7

其他中文名称 阿畏达、燕麦畏

其他英文名称 Avadex BW

化学名称 S-2,3,3-三氯烯丙基-二异丙基硫代氨基甲酸酯

CAS登录号 2303-17-5

理化性质 暗黄色至褐色固体（>30℃，褐色黑褐色液体）。熔点：29～30℃。沸点：117℃/40mPa。蒸气压：16mPa(25℃)。K_{ow} lg$P$=4.6。相对密度：1.273(25℃)。溶解度：水中4mg/L(25℃)。易溶于一般有机溶剂，如丙酮、二乙醚、乙酸乙酯、乙醇、苯和庚烷。稳定性：常规条件下稳定。pH 4和pH 7(50℃)水解稳定，DT_{50} 2.2d(50℃)，9d(40℃)，52d(25℃)（pH 9），对光稳定，温度>200℃分解。闪点>150℃（闭杯）。

毒　性 急性经口LD_{50}：大鼠1100mg/kg。急性经皮LD_{50}：兔8200mg/kg。对皮肤和眼睛有轻微刺激（兔），无皮肤过敏反应。吸入毒性：空气中5.3mg/L 12h对大鼠无害。无作用剂量：小鼠(2y) 20mg/kg，大鼠(2y) 50mg/kg，狗(1y) 2.5mg/kg。急性经口LD_{50}：三齿鹑>2251mg/kg；饲喂毒性LC_{50}(8d)：野鸭和三齿鹑>5620mg/kg。鱼LC_{50}(96h，mg/L)：虹鳟鱼1.2，蓝腮太阳鱼1.3。水蚤：LC_{50}(48h) 0.43mg/L。海藻：EC_{50}(96h) 羊角月芽藻0.12mg/L。蜜蜂：对蜜蜂无毒。

制　剂 97%、94%原药，400g/L、37%乳油。

应　用 类脂合成抑制剂，但不是ACC酶抑制剂。野燕麦在萌芽通过土层时，主要由芽鞘或第一片叶子吸收药剂，并在体内传导，生长点部位最为敏感，影响细胞的有丝分裂和蛋白质合成，抑制细胞伸长，芽鞘顶端膨大，鞘顶空心，致使野燕麦不能出土而死亡。而出苗后的野燕麦，有根部吸收药剂，野燕麦吸收药剂中毒后，停止生长，叶片深绿，心叶干枯死亡。适用作物与安全性：小麦、大麦、青稞、油菜、豌豆、蚕豆、亚麻、甜菜、大豆等。野麦畏在土壤中主要为土壤微生物所分解，故对环境和地下水安全。播种深度与药效、药害关系很大。小麦萌发24h后便有分解野麦畏的能力，而且随生长发育抗药性逐渐增强，因而小麦有较强的耐药性。如果小麦种子在药层之中直接接触药剂，则会产生药害。防治对象：野燕麦、看麦娘、黑麦草等杂草。野麦畏挥发性强，其蒸气对野燕麦也有作用，施药后要及时混土。

原药生产厂家 江苏傲伦达科技实业股份有限公司，连云港分公司，江苏省南通泰禾化工有限公司。

甜菜宁（phenmedipham）

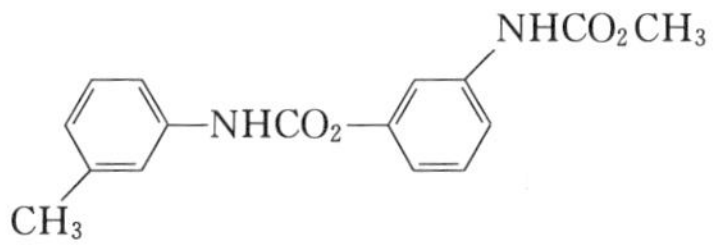

$C_{16}H_{16}N_2O_4$，300.3

其他中文名称 凯米丰，苯敌草

其他英文名称 Betanal，Kemifam

化学名称 3-(3-甲基氨基甲酰氧)苯氨基甲酸甲酯

CAS登录号 13684-63-4

理化性质 无色晶体。熔点：143～144℃（原药，140～144℃）。蒸气压：7×10^{-7} mPa（25℃）。K_{ow} lg$P$=3.59(pH 3.9)。Henry 常数：5×10^{-8} Pa·m^3/mol（计算值）。相对密度：0.34～0.54(20℃)。溶解度：水中 4.7mg/L(室温)，1.8mg/L(pH 3.4，20℃)。溶于有机溶剂。环己酮 200，甲醇 50，三氯甲烷 20，苯 2.5，正己烷 0.5，二氯甲烷 16.7，乙酸乙酯 56.3，甲苯 0.97，2,2,4-三甲基戊烷 1.16(g/L，20℃)。稳定性：200℃以上稳定，酸性条件下稳定，碱性和中性条件下水解，DT_{50}（22℃）50d(pH 5)，14.5h(pH 7)，10min(pH 9)。280nm(pH 3.8) 照射分解，DT_{50} 9.7d。pKa<0.1。

毒　性 急性经口 LD_{50}(2y，mg/kg)：大鼠和小鼠>8000，豚鼠和狗>4000。急性经皮 LD_{50}(2y，mg/kg)：兔 1000，大鼠 2500。无皮肤过敏反应。吸入毒性：LC_{50}(4h) 大鼠>7.0mg/L。无作用剂量：大鼠(2y) 60mg/kg[3mg/(kg·d)]，大鼠(90d) 150mg/kg[13mg/(kg·d)]。急性经口 LD_{50}(mg/kg)：鸡>2500，野鸭>2100；饲喂毒性 LC_{50}(8d)：野鸭和三齿鹑>6000mg/kg。鱼 LC_{50}(96h，mg/L)：虹鳟鱼 1.4～3.0，蓝腮太阳鱼 3.98。LC_{50}(96h) 小丑鱼：16.5mg/L(15.9%乳油)。水蚤：LC_{50}(72h) 3.8mg/L。海藻：IC_{50}(96h) 0.13mg/L。蜜蜂：对蜜蜂无毒，LD_{50}（经口）>23μg/只，（接触）50μg/只。蠕虫：EC_{50}(14d)>156mg/kg(土壤)。

制　剂 97%、96%原药，16%乳油。

应　用 作用机理与特点：光合作用抑制剂。甜菜宁为选择性苗后茎叶处理剂。对甜菜田许多阔叶杂草有良好的防除效果，对甜菜安全性高。杂草通过茎叶吸收，传导到各部分。其主要作用是组织合成三磷酸腺苷和还原型烟酰胺腺嘌呤磷酸二苷之前的希尔反应中的电子传递作用，从而使杂草的光合同化作用遭到破坏。适用作物：甜菜作物特别是糖用甜菜，草莓。甜菜对进入体内的甜菜宁可进行水解代谢，使之转化为无害化合物，从而获得选择性。甜菜宁药效受土壤类型和湿度影响较小。防治对象：主要用于防除大部分阔叶杂草如藜属、豚草属、牛舌草、鼬瓣花、野芝麻、野萝卜、繁缕、荞麦蔓等，但是苋、蓼等双子叶杂草耐药性强，对禾本科杂草和未萌发的杂草无效。主要通过叶面吸收，土壤施药作用小。使用方法：苗后用于甜菜作物，特别是糖甜菜田中除草，在大部分阔叶杂草发芽后会 2～4 真叶前用药，一次性用药或低量分次施药方法进行处理，在气候条件不好、干旱、杂草出苗不齐的情况下宜于低剂量分次用药。也可用于草莓田除草，高温高湿有助于杂草叶片吸收。可与其他防除单子叶杂草的除草剂混用。

原药生产厂家 江苏好收成韦恩农化股份有限公司、浙江东风化工有限公司、浙江永农化工有限公司、德国拜耳作物科学公司。

氯苯胺灵（chlorpropham）

（3-氯苯基）$-NHCO_2CH(CH_3)_2$

Cl

$C_{10}H_{12}ClNO_2$，213.7

其他中文名称 戴科，土豆抑芽粉

其他英文名称 Decco，CIPC，Sprout，Inhibitor

化学名称 3-氯氨基甲酸异丙基酯

CAS登录号 101-21-3

理化性质 乳白色晶体。熔点：41.4℃（原药，38.5～40℃）。沸点：256～258℃（>98%）。蒸气压：24mPa（20℃，98%）。K_{ow} lg$P$ = 3.79（pH 4，20℃）。Henry 常数：0.047Pa·m^3/mol(20℃)。相对密度：1.180(30℃)。溶解度：水中 89mg/L(25℃)。溶于多数有机溶剂，如酒精、酮、酯类、氯代烃等。微溶于矿物油（如煤油 100g/kg）。稳定性：对紫外光稳定，150℃以上分解，酸碱条件下缓慢水解。

毒　性 急性经口 LD_{50}：大鼠 4200mg/kg。急性经皮 LD_{50}：大鼠>2000mg/kg。对皮肤和眼睛无刺激性。无皮肤过敏反应（豚鼠）。吸入毒性：LC_{50}(4h) 大鼠>0.5mg/L(气雾剂通过鼻子呼吸)。无作用剂量：经口狗(60w) 5mg/(kg·d)，大鼠(28d) 30mg/(kg·d)，小鼠(78 周) 33mg/(kg·d)。大鼠(2y) 24mg/(kg·d)。急性经口 LD_{50} 野鸭>2000mg/kg；饲喂毒性 LC_{50}>5170mg/kg。鱼：LC_{50}(48h) 蓝腮太阳鱼 12mg/L。LC_{50}(96h) 虹鳟鱼 7.5mg/L。水蚤：EC_{50}(48h) 4mg/L。海藻：EC_{50}(96h) 羊角月芽藻 3.3mg/L。E_bC_{50} 舟形藻 1.0mg/L。蜜蜂：对蜜蜂无毒，LD_{50}(经口) 466μg/只，(接触)89μg/只。蠕虫：LC_{50} 66mg/kg。

制　剂 99%、98.5%原药，2.5%粉剂，49.65%热雾剂。

应　用 是一种植物生长调节剂，通过马铃薯表皮或芽眼吸收，在薯块内传导，强烈抑制淀粉酶的活性，抑制植物 RNA，蛋白质合成，干扰氧化磷酸化和光合作用，破坏细胞分裂；同时氯苯胺灵也是一种高度选择性苗前或苗后早期除草剂，能被禾本科杂草芽鞘吸收，以根部吸收为主，也可以被叶片吸收，在体内可向上、向下双向传导。适用作物：马铃薯、果树、小麦、玉米、大豆、向日葵、水稻、胡萝卜、菠菜、甜菜等。使用方法：马铃薯抑芽，在收获的马铃薯损伤自然愈合后，出芽前（不论是否过了休眠期）的任何时间均可施用于成熟、健康、表面干净的马铃薯上，或把药混细土均匀撒于马铃薯上。

原药生产厂家 江苏省南通泰禾化工有限公司、四川国光农化股份有限公司、美国仙农有限公司。

甜菜安（desmedipham）

$C_{16}H_{16}N_2O_4$，300.3

化学名称 3-[苯基氨基甲酰氧基] 苯基氨基甲酸乙酯

CAS登录号 13684-56-5

理化性质 纯品无色晶体。熔点：120℃。蒸气压：4×10^{-5}mPa(25℃)。$K_{ow}\lg P=3.39$(pH 值 5.9)。Henry 常数：4.3×10^{-7}Pa·m³/mol。相对密度：0.536。溶解性：水 7mg/L(pH 值 7，20℃)。易溶于极性有机溶剂如丙酮 400，甲醇 180，乙酸乙酯 149，三氯甲烷 80，二氯乙烷 17.8，苯 1.6，甲苯 1.2，正己烷 0.5(g/L，20℃)。稳定性：酸性条件下稳定，碱性和中性条件下水解，70℃稳定保存 2 年；pH 值 3.8 光解半衰期 DT_{50} 224h；pH 值 5 下水解半衰期 DT_{50} 70d，20h(pH 值 7)，10 min(pH 值 9)。

毒 性 急性经口 LD_{50} (mg/kg)：大鼠＞10250，小鼠＞5000。急性经皮 LD_{50}：兔＞4000mg/kg，对皮肤无敏感性。空气吸入毒性：LC_{50}(4h) 大鼠＞7.4mg/L。无作用剂量[2y，mg/(kg·d)] 大鼠 3.2，小鼠 22。LC_{50}(14d)：山齿鹑和野鸭＞2000mg/kg；饲喂毒性 LC_{50}(8d)：山齿鹑和野鸭＞5000mg/kg。鱼：LC_{50}(96h，mg/L) 虹鳟鱼 1.7，蓝鳃太阳鱼 3.2。水蚤：LC_{50}(48h) 1.88mg/L。海藻：IC_{50}(72h) 0.061mg/L。蜜蜂：对蜜蜂无毒；LD_{50}＞50μg/只。蠕虫：LC_{50}(14d) 466.5mg/kg(干土)。

制 剂 96%原药，16%乳油。

应 用 光合作用抑制剂，二氨基甲酸酯类除草剂。芽后防除阔叶杂草，如反枝苋等。适用于甜菜作物，特别是糖甜菜。用于甜菜苗后，控制阔叶杂草，通常于甜菜宁混用。

原药生产厂家 江苏好收成韦恩农化股份有限公司、浙江东风化工有限公司、浙江永农化工有限公司。

燕麦灵（barban）

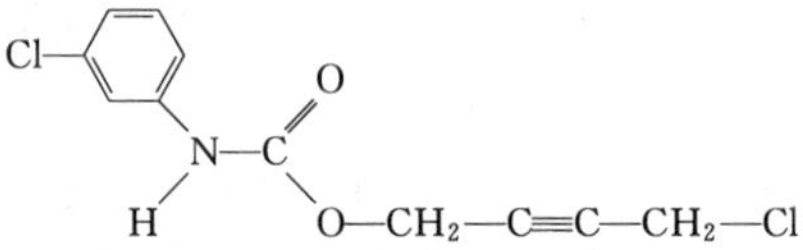

$C_{11}H_9Cl_2NO_2$，258.1

其他中文名称 巴尔板、氯炔草灵

其他英文名称 Neoban、Carbyne、Oatax

化学名称 4-氯-2-丁炔基-*N*-(3-氯苯基)氨基甲酸酯

CAS 登录号 101-27-9

理化性质 纯品透明固体。熔点：75～76℃ (原药，60℃)。蒸气压：0.05mPa(25℃)。Henry 常数：1.17×10^{-3}Pa·m³/mol (计算值)。密度：1.403(25℃，原药)。溶解性：水 11mg/L(25℃)；苯 327，1,2-二氯乙烷 546，正己烷 1.4，煤油 3.9，二甲苯 279(g/L，25℃)。稳定性：原药 224℃分解。常规条件下使用稳定。

毒 性 急性经口 LD_{50}：大鼠 1376～1429mg/kg。急性经皮 LD_{50}(mg/kg)：兔＞20000，大鼠＞1600，对兔皮肤中度刺激。空气吸入毒性：LC_{50}(4h) 大鼠＞28mg/L。无作用剂量(2y，mg/kg)：大鼠 150，狗 5。饲喂毒性 LC_{50}(8d)：野鸭和山齿鹑＞10000mg/kg。鱼 LC_{50}(96h，mg/L)：虹鳟鱼 0.6，蓝鳃太阳鱼 1.2，金鱼和孔雀鱼 1.3。蜜蜂：对蜜蜂无毒。

应　用　内吸选择性除草剂，对野燕麦有特效。药剂由叶吸收后进入植物体内，传导至生长点。破坏细胞有丝分裂，造成细胞壁破裂，生长锥分生组织肿大，产生巨型细胞，阻止叶腋分蘖和生长点生长。燕麦灵抑制氧化磷酸化，蛋白质和 RNA 的合成，从而起到毒杀作用。施药后一周，野燕麦呈明显中毒症状，停止生长发育，叶色深绿，叶片变厚变短，心叶干枯，约一个月后死亡。有少数植株能恢复生长，出现新的分蘖，但生长弱小，结实率大大降低。野燕麦 1 叶 1 心至 2 叶 1 心能被微生物分解，燕麦灵主要用于小麦、大麦、青稞田防治野燕麦、看麦娘、早熟禾等，对阔叶草无效。选择性芽后除草剂，对禾本科杂草有选择性。防治野燕麦有高效，对蓼科杂草也有效。施药于茎叶迅速被吸收，使杂草枯死。在小麦、大麦、亚麻、大豆、扁豆、甜菜等作物田，于野燕麦发芽后施药具有优异的选择性杀草效力。此外，也可防治野稞麦、看麦娘、酸模、水蓼、春蓼、早熟禾、荞麦、多花黑麦草等。一般对阔叶杂草无效。

草甘膦（glyphosate）

$$HO_2CCH_2NHCH_2\overset{\overset{\displaystyle O}{\|}}{P}(OH)_2$$

$C_3H_8NO_5P$，169.1

其他中文名称　农达，镇草宁

其他英文名称　Roundup，Spark

化学名称　*N*-(膦羧甲基)甘氨酸

CAS 登录号　1071-83-6

理化性质　草甘膦：纯品为无味、白色晶体。200℃分解，蒸气压 1.31×10^{-2} mPa (25℃)，K_{ow} lg$P$<−3.2(pH 2～5，20℃)，Henry 常数<2.1×10^{-7} Pa・m^3/mol（计算值)，相对密度 1.705(20℃)。水中溶解度 10.5g/L(pH 1.9，20℃)。几乎不溶于普通有机溶剂，如丙酮，乙醇，二甲苯。碱金属和胺盐容易溶于水。草甘膦及其盐类为非挥发性，无光化学降解，在空气中稳定。pH3、pH6、pH9(5～35℃）时的水溶液稳定。pK_a：2.34 (20℃)，5.73(20℃)，10.2(25℃)。不易燃。草甘膦铵盐：纯品为无味、白色晶体，高于 190℃时分解，蒸气压 9×10^{-3} mPa(25℃)，K_{ow} lg$P$<−3.7，Henry 常数 1.16×10^{-8} Pa・m^3/mol（计算值)，相对密度 1.433(22℃)。水中溶解度(pH 3.2，20℃)：(144±19)g/L。几乎不溶于有机溶剂。草甘膦铵盐为非挥发性。50℃，pH 值 4、pH7、pH9 时稳定至少 5d，不易燃。

毒　性　草甘膦　急性经口 LD_{50}(mg/kg)：大鼠>5000，小鼠>10000。兔急性经皮 LD_{50}> 5000mg/kg。对兔眼睛有刺激、皮肤无刺激。对豚鼠皮肤无致敏性。大鼠急性吸入 LC_{50} (4h)>4.98mg/L(空气)。无作用剂量：大鼠(2y) 饲喂 410mg/(kg・d)、狗(1y) 饲喂 500mg/(kg・d) 无不良影响。无致突变、致癌、致畸性，无毒性。山齿鹑急性经口 LD_{50}> 3851mg/kg。鹌鹑、野鸭 LC_{50}(5d)>4640mg/kg(饲料)。鱼毒 LC_{50}(96h，mg/L)：鳟鱼 86，蓝鳃太阳鱼 120，红鲈鱼>1000。水蚤 LC_{50}(48h)：780mg/L。羊角月芽藻 E_bC_{50}(mg/L)：485(72h)，13.8(7d)；E_rC_{50}(72h)：460mg/L。中肋骨条藻 EC_{50}(mg/L)：1.3(96h)，

0.64(7d)。蜜蜂 LD_{50}(48h) ＞100μg/只(接触、经口)。

草甘膦铵盐　大鼠急性经口 LD_{50} 4613mg/kg。兔急性经皮 LD_{50}＞5000mg/kg。对兔眼睛有轻微刺激、皮肤无刺激。大鼠吸入 LC_{50}＞1.9mg/L(空气)。

制　剂　草甘膦：97%、96%、95%、93%、90%原药，62%、41%、30%水剂，75.70%、70%、60%、50%可溶粒剂，58%、50%、30%可溶粉剂；草甘膦铵盐：87%原药、68%水溶粒剂、33%水剂、86%、80%、75.70%、74.70%、70%、69.30%、68%、58%、50%可溶粒剂，80%、65%、50%、30%可溶粉剂。

应　用　草甘膦为内吸传导型广谱灭生性除草剂。主要通过抑制植物体内烯醇丙酮基莽草素磷酸合成酶，从而抑制莽草素向苯丙氨酸、酪氨酸及色氨酸的转化，使蛋白质的合成受到干扰导致植物死亡。它不仅能通过茎叶传导到地下部分，而且在同一植株的不同分蘖间也能进行传导，对多年生深根杂草的地下组织破坏力很强，能达到一般农业机械无法达到的深度。草甘膦杀草谱很广，对40多科的植物有防除作用，包括单子叶和双子叶。一年生和多年生、草本和灌木等植物。适用柑橘园、桑、茶、棉田、免耕玉米、橡胶园、水田田埂、免耕直播水稻等作物。可防除一年生、多年生禾本科杂草、莎草科和阔叶杂草。对百合科、旋花科和豆科的一些杂草抗性较强，但只要加大剂量，仍然可以有效防除。草甘磷入土后很快与铁、铝等金属离子结合而失去活性，对土壤中潜藏的种子和土壤微生物无不良影响。草甘膦对作物的绿色部分会产生药害，喷雾时切勿将药液喷到作物上。桑园一般不宜在高温时喷雾，以防药液蒸腾致使落叶。在矮秆或无杆密植桑园施药，应防止喷到桑树上，否则会出现狭长叶和皱缩叶。草甘膦铵盐是草甘膦与氨进行中和反应得到的，草甘膦铵盐一般指草甘膦的单铵盐。草甘膦铵盐与草甘膦的作用机理、适用作物、防除对象相同。它的特点是完全溶于水。

原药生产厂家　安徽丰乐农化有限责任公司、安徽广信集团铜陵化工有限公司、安徽广信农化股份有限公司、安徽国星生物化学有限公司、安徽华星化工股份有限公司、安徽锦邦化工股份有限公司、安徽省皖西益农农化厂、安徽中山化工有限公司、北京沃特瑞尔科技发展有限公司、重庆丰化科技有限公司、重庆农药化工（集团）有限公司、重庆双丰化工有限公司、福建三农集团股份有限公司、甘肃省张掖市大弓农化有限公司、广安诚信化工有限责任公司、广东立威化工有限公司、广西国泰农药有限公司、广西平乐农药厂、广西壮族自治区化工研究院、海南正业中农高科股份有限公司、邯郸市新阳光化工有限公司、杭州禾新化工有限公司、河北德农生物化工有限公司、河北昊阳化工有限公司、河北奇峰化工有限公司、河北省邯郸市瑞田农药有限公司、河北省石家庄宝丰化工有限公司、河北新兴化工有限责任公司、河南省鹤壁市农林制药有限公司、河南省开封市丰田化工、河南省西华县农药厂、河南省淅川县丰源农药有限公司、河南省郑州志信农化有限公司、湖北沙隆达股份有限公司、湖北省武汉中鑫化工有限公司、湖北省宜昌三峡农药厂、湖北泰盛化工有限公司、湖北仙隆化工股份有限公司、湖南衡阳莱德生物药业有限公司、湖南省永州广丰农化有限公司、湖南省株洲邦化化工有限公司、江苏安邦电化有限公司、江苏百灵农化有限公司、江苏长青农化股份有限公司、江苏常隆农化有限公司、江苏东宝农药化工有限公司、江苏丰山集团有限公司、江苏好收成韦恩农化股份有限公司、江苏辉丰农化股份有限公司、江苏克胜集团股份有限公司、江苏快达农化股份有限公司、江苏蓝丰生物化工股份有限公司、江苏七洲绿色化工股份有限公司、江苏瑞邦农药厂有限公司、江苏省常熟市农药厂有限公司、江苏省激素研究所股份有限公司、江苏省江阴市农药二厂有限公司、江苏省南通飞天化学实业有限公司、江苏省南通利华农化有限公司、江苏省南通泰禾化工有限公司、江苏省太仓市农药厂有限公司、江苏省无锡龙邦化工有限公司、江苏省镇江江南化工有限公司、江苏苏州佳辉化工有限公司、江苏腾龙生物药业有限公司、江苏银燕化工股份有限公司、江苏优士化学有限公司、江苏中旗化工有限公司、江苏中意化学有限公司、江西金龙化工有限公司、捷马化工股份有限公司、利尔化学股份有限公司、南京华洲药业有限公司、南通维立科化工有限公司、宁夏格瑞精细化工有限公司、宁夏垦原生物化工科技有限公司、宁夏三喜科技有限公司、日照市邦化生物科技有限公司、山东滨农科技有限公司、山东大成农药股份有限公司、山东德浩化学有限公司、山东京博农化有限公司、山东侨昌化学有限公司、山东胜邦绿野化学有限公司、山东省莱阳市星火农药有限公司、山东潍坊润丰化工有限公司、山东潍坊润丰化工有限公司、山东亿尔化学有限公司、山东中禾化学有限公司、山东中农民昌化学工业有限公司、上海沪江生化有限公司、上海升联化工有限公司、四川迪美特生物科技有限公司、四川华英化工有限责任公司、四川省川东农药化工有限公司、四会市润土作物科学有限公司、天津人农药业有限责任公司、威海韩孚生化药业有限公司、许昌东方化工有限公司、云南天丰农药有限公司、允发化工（上海）有限公司、浙江拜克开普化工有限公司、浙江德清邦化化工有限公司、浙江嘉化集团股份有限公司、浙江金帆达生化股份有限公司、浙江乐吉化工股份有限公司、浙江省长兴第一化工有限公司、浙江省杭州庆丰农化有限公司、浙江省上虞市银邦化工有限公司、浙江世佳科技有限公司、浙江新安化工集团股份有限公司。

澳大利亚纽发姆有限公司、马来西亚护农（马）私人有限公司、美国孟山都公司、新加坡利农私人有限公司、印度伊克胜作物护理有限公司、英国先正达有限公司。

莎稗磷（anilofos）

$$\mathrm{Cl-C_6H_4-N(CH(CH_3)_2)COCH_2SP(=S)(OCH_3)_2}$$

$C_{13}H_{19}ClNO_3PS_2$，367.8

其他中文名称 阿罗津

其他英文名称 Arozin，Rico

化学名称 *S*-4-氯-*N*-异丙基苯基氨基甲酰基甲基-*O*,*O*-二甲基二硫代磷酸酯

CAS登录号 64249-01-0

理化性质 纯品为白色结晶固体。熔点50.5～52.5℃，蒸气压2.2mPa(60℃)，K_{ow} lg$P$=3.81，相对密度1.27(25℃)。水中溶解度13.6mg/L(20℃)；其他溶剂中溶解度（g/L）：丙酮、氯仿、甲苯>1000，苯、乙醇、二氯甲烷、乙酸乙酯>200，正己烷12。22℃，pH 5～9稳定，150℃分解。对光不敏感。

毒　性 急性经口LD_{50}(mg/kg)：雄大鼠830，雌大鼠472。大鼠急性经皮LD_{50}>2000mg/kg。对皮肤和黏膜有轻微刺激性。急性吸入LC_{50}(4h)：26mg/L(空气)。急性经口LD_{50}(mg/kg)：雄日本鹌鹑3360，雌日本鹌鹑2339，雄鸡1480，雌鸡1640。鱼毒LC_{50}

(96h，mg/L)：金鱼 4.6，鳟鱼 2.8。水蚤 LC_{50}(3h)＞56mg/L。蜜蜂 LD_{50}：0.66μg/只(接触)。

制　剂　94%、90%原药，30%乳油。

应　用　属于低毒、具有选择性内吸传导型有机磷类除草剂。通过植物的幼芽和地中茎吸收，抑制细胞分裂和伸长，对正在发芽的杂草效果较好，对已长大的杂草效果较差。杂草受药害后生长停止，叶片深绿，有时脱色，叶片变短而厚，极易折断，杂草心叶不易抽出，最后整株枯死。适用于移栽稻田作物。防除一年生禾本科杂草和莎草，如稗草、光头稗、千金子、碎米莎草、异型莎草、飘浮草等。出现稻株叶色浓绿、严重时叶成筒状或心叶扭曲、抑制分蘖、植株明显矮化等药害症状后要迅速采取洗田措施缓解药害，洗田后再建立水层，施速效氮肥（硫酸铵等）、生物肥，促进水稻生长。

原药生产厂家　湖南国发精细化工科技有限公司、辽宁省大连松辽化工有限公司、山东滨农科技有限公司、上海农药厂有限公司、沈阳科创化学品有限公司。

德国拜耳作物科学公司、印度格达化学有限公司。

草铵磷（glufosinate-ammonium）

$$CH_3-\overset{\overset{\displaystyle O}{\|}}{\underset{\underset{\displaystyle O^-}{|}}{P}}-CH_2-CH_2-CH\begin{matrix} NH_2 \\ \\ CO_2H \end{matrix} \quad NH_4^+$$

glufosinate-ammonium：$C_5H_{15}N_2O_4P$，198.2

化学名称　4-(羟基(甲基)膦酰基)-D/L-高丙氨酸

CAS登录号　51276-47-2

理化性质　glufosinate-ammonium 纯品结晶固体，稍有刺激性气味。熔点：215℃。蒸气压：＜3.1×10^{-2}mPa(50℃)。$K_{ow}\lg P$＜0.1(pH 值 7，22℃)。密度：1.4(20℃)。溶解性：水＞500g/L(pH 值 5～9，20℃)；丙酮 0.16，乙醇 0.65，乙酸乙酯 0.14，甲苯 0.14，正己烷 0.2(g/L，20℃)。稳定性：对光稳定，pH 值 5，pH7 和 pH9 水解稳定。

毒　性　急性经口 LD_{50}(mg/kg)：雄大鼠 2000，雌大鼠 1620，雄大鼠 431，雌大鼠 416，狗 200～400。急性经皮 LD_{50}(mg/kg)：雄大鼠＞4000，雌大鼠 4000，对皮肤和眼睛无刺激性。空气吸入毒性：LC_{50}(4h，mg/L)：雄大鼠 1.26，雌大鼠 2.60（粉剂）；大鼠＞0.62（喷雾）。无作用剂量(2y)：大鼠 2mg/(kg·d)。饲喂毒性 LC_{50}(8d)：日本鹌鹑＞5000mg/kg。鱼：LC_{50}(96h，mg/L) 虹鳟鱼 710，鲤鱼、蓝腮太阳鱼、金鱼＞1000。水蚤：LC_{50}(48h) 560～1000mg/L。海藻：LD_{50}(mg/L) 铜在淡水藻≥1000，羊角月芽藻 37。蜜蜂：对蜜蜂无毒，LD_{50}＞100μg/只。蠕虫：LD_{50} 蚯蚓＞1000mg/kg(土壤)。

应　用　属膦酸类除草剂，是谷氨酰胺合成抑制剂，非选择性（灭生性）触杀型除草剂。用于果园、葡萄园、非耕地、马铃薯田等防治一年生和多年生双子叶及禾本科杂草，如鼠尾看麦娘、马唐、稗、野生大麦、多花黑麦草、狗尾草、金狗尾草、野小麦、野玉米。

氯酰草膦

化学名称 *O*,*O*-二甲基-1-(2,4 二氯苯氧基乙酰氧基)乙基膦酸酯

CAS登录号 215655-76-8

理化性质 原药为淡黄色液体，25℃时溶解度(g/L)：水中 0.97，正已烷 4.31，与丙酮、乙醇、氯仿、甲苯、二甲苯混溶；密度(g/cm^3，25℃）为 1.371；常温下对光热稳定，在一定的酸碱强度下易分解。

毒　性 急性经口 LD_{50}：大鼠(雄/雌）1467.53/1711.06mg/kg，急性经皮 LD_{50}：大鼠(雄/雌)＞2000mg/kg。

应　用 为新型的丙酮酸脱氢酶系抑制剂。能有效防除玉米、麦田、草坪、果园和茶园的阔叶杂草及部分单子叶杂草。

双丙氨膦（bilanafos-sodium）

bilanafos：$C_{11}H_{22}N_3O_6P$，323.3，35597-43-4

bilanafos-sodium：$C_{11}H_{21}N_3NaO_6P$，345.3，71048-99-2

其他中文名称 好必思

化学名称 *L*-2 氨基-4-[(羟基)(甲基)氧膦基]丁酰-*L*-丙氨酰-*L*-丙氨酸钠盐

理化性质 bilanafos-sodium 纯品无色晶体。熔点：160℃（分解)。溶解性：水 687g/L；甲醇＞620g/L；丙酮，正已烷，甲苯，二氯甲烷和乙酸乙酯＜0.01g/L。稳定性：pH 值 4，pH7 和 pH9 在水中稳定。

毒　性 bilanafos-sodium 急性经口 LD_{50}(mg/kg)：雄大鼠 268，雌大鼠 404。急性经皮 LD_{50}：大鼠＞3000mg/kg，对皮肤和眼睛无刺激性（兔)。空气吸入毒性：LC_{50}(mg/L）雄大鼠 2.57，雌大鼠 2.97。急性经口 LD_{50}：鸡＞5000mg/kg。鱼：LC_{50}(48h）鲤鱼＞1000mg/L。水蚤：LC_{50}(3h)＞5000mg/L。蠕虫：推荐剂量下对蚯蚓没有影响。

制　剂 75%原药。

应　用 双丙氨磷属于膦酸酯类除草剂，是谷酰胺合成抑制剂。通过抑制植物体内谷酰胺合成酶，导致氨的积累，从而抑制光合作用中的光合磷酸化。因在植物体内主要代谢物为草胺磷的 L-异构体，故显示类似的生物活性。适用作物：果园、菜园、面耕地及非耕地。在土壤中的半衰期为 20～30d，而 80%在 30～45d 内降解。防除对象：主要用于非耕地，防除一年生或某些多年生禾本科杂草和某些阔叶杂草如荠菜、猪殃殃、雀舌草、繁缕、婆婆纳、

冰草、看麦娘、野燕麦、藜、莎草、稗草、早熟禾、马齿苋、狗尾草、车前、蒿、田旋花、问荆等。另外，双丙氨磷进入土壤中即失去活性，只宜作茎叶处理。除草作用比草甘膦快，比百草枯慢。易代谢和生物降解。因此使用安全。

原药生产厂家 华北制药集团爱诺有限公司。

氟烯草酸（flumiclorac-pentyl）

$C_{21}H_{23}ClFNO_5$，423.9

其他中文名称 利收，阔氟胺

化学名称 [2-氯-5-(环己-1-烯-1,2-二甲酰亚氨基)-4-氟苯氧基]乙酸戊酯

CAS登录号 87546-18-7

理化性质 纯品为卤化物气味的米色固体。熔点 88.9～90.1℃，蒸气压 <0.01mPa (22.4℃)，K_{ow} lg$P$=4.99(20℃)，Henry 常数<2.2×10^{-2} Pa·m^3/mol（计算值），密度 1.33 g/mL(20℃)。水中溶解度 0.189mg/L(25℃)；其他溶剂中溶解度（g/L)：甲醇 47.8，正己烷 3.28，正辛醇 16.0，丙酮 590。水解稳定性：DT_{50} 4.2d(pH 5)，19h(pH 7)，6min (pH 9)。闪点 68℃。

毒　性 大鼠急性经口 LD_{50}>5.0 g/kg。兔急性经皮 LD_{50}>2.0g/kg。对兔皮肤和眼睛有中度刺激。对豚鼠皮肤无致敏性。大鼠急性吸入 LC_{50}：5.51mg/L。狗无作用剂量 100mg/kg。山齿鹑急性经口 LD_{50}>2250mg/kg。山齿鹑、野鸭饲喂 LC_{50}>5620mg/kg。鱼毒 LC_{50} (mg/L)：虹鳟鱼 1.1，蓝鳃太阳鱼 13～21。水蚤 LC_{50} (48h)>38.0mg/L。蜜蜂 LD_{50}> 196μg/只(接触)。

制　剂 99.2%原药，100g/L 乳油。

应　用 酞酰亚胺类除草剂。一种选择性苗后茎叶处理剂，可以被杂草茎叶吸收，药剂在光照条件下才能发挥杀草作用，但并不影响光合作用的希尔反应，是通过对原卟啉氧化酶的抑制而发挥除草作用。适用作物大豆，可以防治一年生阔叶杂草，于杂草 2～4 叶期茎叶喷洒。药剂稀释后要立即施用，不要长时间搁置。在干燥的情况下防效低，不宜施用。如果 8h 内有雨，也不要施用。喷药时应注意避免药液飘移至周围作物上，宜在无风时施药。

原药生产厂家 日本住友化学株式会社。

敌草隆（diuron）

$C_9H_{10}Cl_2N_2O$，233.1

其他英文名称 Marmex、Lucenit

化学名称 3-(3,4-二氯苯基)-1,1-二甲基脲

CAS登录号 330-54-1

理化性质 无色晶体。熔点：158～159℃。蒸气压：1.1×10^{-3}mPa(25℃)。K_{ow} lg$P$=2.85±0.03(25℃)。相对密度：1.48 。溶解度：水中37.4mg/L(25℃)。丙酮53，硬脂酸丁酯1.4，苯1.2(g/kg，27℃)，微溶于烃。稳定性：常温中性条件下稳定，温度升高易水解，在酸性和碱性条件下易水解，温度180～190℃分解。

毒　性 急性经口LD_{50}：大鼠>2000mg/kg。急性经皮LD_{50}：兔>2000mg/kg(80%水分散粒剂)。对眼睛中度刺激（兔），对皮肤无接触性刺激（50%乳油）(豚鼠)，无皮肤敏感性(豚鼠)。吸入毒性：LC_{50}(4h) 大鼠>7mg/L。无作用剂量：狗(2y) 25mg/L[雄性1.0mg/(kg·d)，雌性1.7mg/(kg·d)]。经口LD_{50}(14d)：三齿鹑1104mg/kg；饲喂毒性LC_{50}(8d，mg/L)：三齿鹑1730，日本鹌鹑>5000，野鸭5000，野鸡>5000。鱼：LC_{50}(96h) 虹鳟鱼14.714mg/L。水蚤：EC_{50}(48h) 1.4mg/L。海藻：EC_{50}(120h) 羊角月芽藻0.022mg/L。蜜蜂：对蜜蜂无毒，LD_{50}(接触) 145mg/kg。蠕虫LC_{50}(14d)>400mg/kg。

制　剂 98.50%、98.40%、98%、97%、95%原药，20%悬浮剂，80%水分散粒剂，80%、50%、25%可湿性粉剂。

应　用 可被植物的根叶吸收，以根系吸收为主。杂草根系吸收药剂后，传到地上叶片中，并沿着叶脉向周围传播。抑制光合作用中的希尔反应，该药杀死植物需光照。使受害杂草从叶尖和边缘开始褪色，终至全叶枯萎，不能制造养分，饥饿而死。

原药生产厂家 安徽广信农化股份有限公司、鹤岗市旭祥禾友化工有限公司、黑龙江省鹤岗市清华紫光英力农化有限公司、江苏常隆农化有限公司、江苏嘉隆化工有限公司、江苏快达农化股份有限公司、江苏蓝丰生物化工股份有限公司、捷马化工股份有限公司、辽宁省沈阳丰收农药有限公司、宁夏三喜科技有限公司、宁夏三喜科技有限公司、美国杜邦公司。

绿麦隆（chlorotoluron）

CH_3—(苯环)—$NHCON(CH_3)_2$，Cl

$C_{10}H_{13}ClN_2O$，212.7

其他英文名称 Dicuran

化学名称 3-(3-氯-4-甲基苯基)-1,1-二甲基脲

CAS登录号 15545-48-9

理化性质 白色粉末。熔点：148.1℃。蒸气压：0.005mPa(25℃)。K_{ow} lg$P$=2.5(25℃)。Henry常数：1.44×10^{-5}Pa·m^3/mol（计算值）。密度：1.40g/cm^3(20℃)。溶解度：水中74mg/L(25℃)，丙酮54，二氯甲烷51，乙醇48，甲苯3.0，正己烷0.06，正辛

醇 24，乙酸乙酯 21(g/L，25℃)。稳定性：对热和紫外光稳定，在强酸和强碱条件下缓慢水解，DT_{50}（计算值）>200d(pH 5，pH 7，pH 9，30℃)。

毒　性　急性经口 LD_{50}：大鼠>5000mg/kg。急性经皮 LD_{50}：大鼠>2000mg/kg。皮肤和眼睛无刺激性（兔），无皮肤过敏反应（豚鼠）。吸入毒性：LC_{50}(4h) 大鼠>5.3mg/L。无作用剂量(2y)：大鼠 100mg/L[4.3mg/(kg·d)]，小鼠 100mg/L[11.3mg/(kg·d)]。饲喂毒性 LC_{50}(8d，mg/L)：野鸭>6800，日本鹌鹑>2150，野鸡>10000。鱼：LC_{50}(96h，mg/L) 虹鳟鱼 35，蓝腮太阳鱼 50，鲫鱼>100，孔雀鱼>49。水蚤：LC_{50}(48h) 67mg/L。海藻：EC_{50}(72h) 铜在淡水藻 0.024mg/L。蜜蜂：LD_{50}(48h)（经口和接触）>100μg/只。

制　剂　95%原药，25%可湿性粉剂。

应　用　通过植物的根系吸收，并有叶面触杀作用，是植物光合作用电子传递抑制剂。对多种禾本科及阔叶杂草有效，但对田旋花、问荆、锦葵等杂草无效，对小麦、大麦、青稞等基本安全，施药不均稍有药害，药效受气温、土壤湿度、光照等因素影响较大。

原药生产厂家　江苏快达农化股份有限公司。

异丙隆（isoproturon）

$(CH_3)_2CH$—⟨苯环⟩—$NHCON(CH_3)_2$

$C_{12}H_{18}N_2O$，206.3

其他英文名称　Alon，Arelon，Graminon，Tolkan

化学名称　3-(4-异丙基苯基)-1,1-二甲基脲

CAS登录号　34123-59-6

理化性质　无色晶体。熔点：158℃（原药 153～156℃）。蒸气压：3.15×10^{-3} mPa(20℃)；8.1×10^{-3}mPa(25℃)。K_{ow} $\lg P=2.5$(20℃)。Henry 常数：1.46×10^{-5} Pa·m³/mol。相对密度：1.2(20℃)。溶解度：水中 65mg/L(22℃)；甲醇 75，二氯甲烷 63，丙酮 38，苯 5，二甲苯 4，正己烷 0.2(g/L，20℃)。稳定性：对光稳定，酸碱环境下稳定，强碱条件下加热水解，DT_{50} 1560d(pH 7)。

毒　性　急性经口 LD_{50}(mg/kg)：大鼠 1826～2417，小鼠 3350。急性经皮 LD_{50}：大鼠>2000mg/kg。皮肤和眼睛无刺激性（兔）。吸入毒性：LC_{50}(4h) 大鼠>1.95mg/L（空气）。无作用剂量(90d)：大鼠 400mg/kg，狗 50mg/kg，大鼠(2y) 80mg/kg。急性经口 LD_{50}(mg/kg)：日本鹌鹑 3042～7926，鸽子>5000。鱼：LC_{50}(96h，mg/L) 水生生物 129，蓝腮太阳鱼>100，孔雀鱼 90，虹鳟鱼 37，鲤鱼 193。水蚤：LC_{50}(48h) 507mg/L。海藻：LC_{50}(72h) 0.03mg/L。蜜蜂：对蜜蜂无毒；LD_{50}(48h，经口)50～100μg/只。蠕虫：LC_{50}(14d) 蚯蚓>1000mg/kg（干土）。

制　剂　97%、95%原药，50%悬浮剂，75%、70%、50%、25%可湿性粉剂。

应　用　异丙隆是光合作用电子传递抑制剂，属取代脲类选择性苗前、苗后除草剂，亦具有选择内吸活性。药剂主要经杂草根和茎叶吸收，在导管内随水分向上传导至叶，多分布叶

尖和叶缘，在绿色细胞内发挥作用，干扰光合作用的进行。在光照下不能放出氧和二氧化碳，有机物生成停止，敏感杂草因饥饿而死亡。阳光充足、温度高、土壤湿度大时有利于药效的发挥，干旱时药效差。症状是敏感杂草叶尖、叶缘褪绿，叶黄，最后枯死。耐药性作物和敏感杂草因对药剂的吸收、传导和代谢速度不同而具有选择性。异丙隆在土壤中因位差和对种子发芽和根无毒性，只有在种子内贮存的养分耗尽后，敏感杂草才死亡。适用作物与安全性：通常用于冬或春小、大麦田除草，也可用于玉米等作物。异丙隆在土壤中被微生物降解，在水中溶解度高，易淋溶，在土壤中持效性比其他取代脲类更短，半衰期 20d 左右。秋季持效期 2～3 个月。防除对象：主要用于防除一年生禾本科杂草和许多一年生阔叶杂草如马唐、早熟禾、看麦娘、小藜、春蓼、兰堇、田芥菜、萹蓄、大爪草、风剪股颖、黑麦草属、繁缕及苋属、矢车菊属等。

原药生产厂家 江苏快达农化股份有限公司、江苏省江阴凯江农化有限公司、宁夏三喜科技有限公司。

利谷隆（linuron）

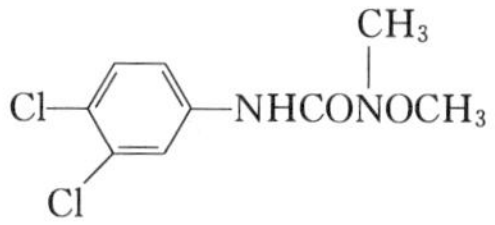

Cl—(3,4-二氯苯基)—NHCON(CH_3)OCH_3（3-位 Cl）

$C_9H_{10}Cl_2N_2O_2$，249.10

化学名称 3-(3,4-二氯苯基)-1-甲氧基-1-甲基脲

CAS 登录号 330-55-2

理化性质 无色晶体。熔点：93～95℃。蒸气压：0.051mPa(20℃)，7.1mPa(50℃)。$K_{ow}\lg P=3.00$。Henry 常数：2.0×10^{-4} Pa·m^3/mol(20℃)。相对密度：1.49(20℃)。溶解度：水中 63.8mg/L(20℃，pH 7)；丙酮 500，苯，乙醇 150，二甲苯 130(g/kg，25℃)。易溶于二甲基甲酰胺（DMF）、三氯甲烷和二乙醚，中度溶于芳香烃，微溶于脂肪烃。稳定性：pH5，pH7，pH9 水溶液稳定，DT_{50}>1000d。

毒　性 急性经口 LD_{50}：大鼠 1500～5000mg/kg。急性经皮 LD_{50}：大鼠>2000mg/kg。对皮肤中度刺激（兔）。无皮肤过敏反应（豚鼠）。吸入毒性：LC_{50}(4h) 大鼠>4.66mg/L(空气)。无作用剂量：狗(1y) 25mg/L。急性经口 LD_{50}：三齿鹑 940mg/kg；饲喂毒性 LC_{50}(8d，mg/L)：野鸭 3083，野鸡 3438，日本鹌鹑>5000。鱼：LC_{50}(96h) 虹鳟鱼 3.15mg/L。水蚤：LC_{50}(48h，mg/L) 0.75、0.12。海藻：0.015mg/L。蜜蜂：LD_{50}(经口)>1600μg/只。

制　剂 97%原药，500g/L 悬浮剂。

应　用 利谷隆为取代脲类除草剂，具有内吸传导和触杀作用。药效高，但选择性差。土壤黏粒及有机质对本品吸附力强，因此肥沃黏土应比沙质薄瘦地块用量大。防除对象：利谷隆对一年生禾本科杂草，如马唐、狗尾草、克、蓼等有很好的防除效果，适于芹菜、豆科菜田、胡萝卜、马铃薯、葱等菜田。使用方法：多在播种后至出苗前进行土壤处理，有机质含量过高或过低的土壤不宜使用本品，可考虑改用其他除草剂。

原药生产厂家 江苏快达农化股份有限公司、江苏瑞邦农药厂有限公司、迈克斯（如东）化工有限公司。

杀草隆（daimuron）

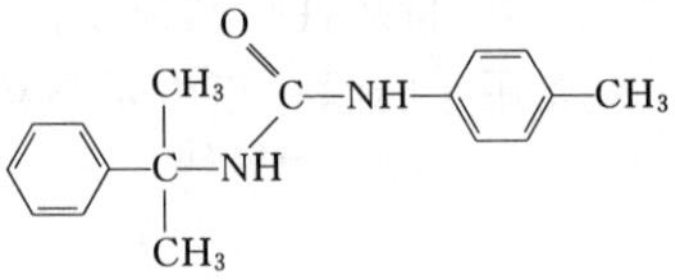

$C_{17}H_{20}N_2O$，268.4

其他中文名称 莎扑隆

其他英文名称 Showrone

化学名称 1-(1-甲基-1-苯乙基)-3-对甲苯基脲

CAS登录号 42609-52-9

理化性质 无色无味针状结晶体。熔点：203℃。蒸气压：4.53×10^{-4}mPa(25℃)。K_{ow} lg$P$=2.7。相对密度：1.108(20℃)。溶解度：水中1.2mg/L(20℃)；丙酮16，甲醇10，苯0.5，正己烷0.03(g/L，20℃)。稳定性：对热和光稳定，pH 4～9稳定。

毒　性 急性经口LD_{50}：大鼠和小鼠>5000mg/kg。急性经皮LD_{50}：大鼠>2000mg/kg，对皮肤无刺激性。吸入毒性：LC_{50}（4h）大鼠3250mg/m^3。无作用剂量：雄性狗（1y）30.6mg/kg，雄大鼠[90d，mg/(kg·d)] 3118，雌大鼠3430，雄小鼠1513，雌小鼠1336。1000mg/kg对大鼠和兔无致畸作用。急性经口LD_{50}：三齿鹑>2000mg/kg。LC_{50}(5d) 三齿鹑>5000mg/L。鱼：LC_{50}(48h) 鲤鱼>40mg/L。水蚤：LC_{50}(3h)>40mg/L。

应　用 该药不似其他取代脲类除草剂能抑制光合作用，而是细胞分裂抑制剂。抑制根和地下茎的伸长，从而抑制地上部分的生长。主要用于水稻、亦可用于棉花、玉米、小麦、大豆、胡萝卜、甘薯、向日葵、桑树、果树等，防除扁秆藨草、异型莎草、牛毛草、萤蔺、日照飘拂草、香附子等莎草科杂草，对稻田稗草也有一定的效果，对其他禾本科杂草和阔叶杂草无效。

氟草隆（fluometuron）

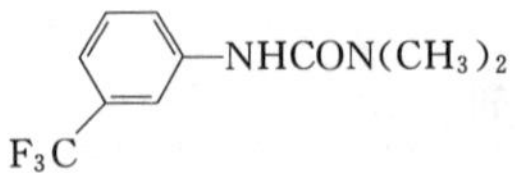

$C_{10}H_{11}F_3N_2O$，232.2

其他中文名称 伏草隆，棉草伏，高度蓝

化学名称 1,1-二甲基-3-(α,α,α-三氟间甲苯基)-脲

CAS登录号 2164-17-2

理化性质 纯品白色晶体。熔点：163～164.5℃。蒸气压：0.125mPa(25℃)；0.33mPa(30℃)。$K_{ow}\lg P$=2.38。相对密度：1.39(20℃)。溶解性：水 110mg/L(20℃)；甲醇 110，丙酮 105，二氯甲烷 23，正辛醇 22，正己烷 0.17(g/L，20℃)。稳定性：20℃在酸性中性和碱性条件下稳定，紫外光照射下分解。

毒　性 急性经口 LD_{50}：大鼠＞6000mg/kg。急性经皮 LD_{50}(mg/kg)：大鼠＞2000，兔＞10000，对皮肤和眼睛中度刺激（兔），对皮肤无敏感性。无作用剂量[2y，mg/(kg·d)] 大鼠 19，小鼠 1.3；狗(1y) 10。野鸭 LD_{50} 2974mg/kg；饲喂毒性 LC_{50}(8d，mg/kg) 日本鹌鹑 4620，野鸭 4500，环颈雉 3150。鱼：LC_{50}(96h，mg/L) 虹鳟鱼 30，蓝鳃太阳鱼 48，鲶鱼 55。水蚤：LC_{50}(48h) 10mg/L。海藻：EC_{50}(3d) 0.16mg/L。蜜蜂：LD_{50}(经口)＞155μg/只；(局部)＞190μg/只。蠕虫：LC_{50}(14d) 蚯蚓＞1000mg/kg(土壤)。

应　用 内吸传导型旱地除草剂。杂草通过根部吸收，抑制光合作用。用于棉花、玉米、甘蔗、果树防除一年生禾本科杂草和阔叶草，如稗草、蟋蟀草、早熟禾、马唐、苦荬菜、莎草、看麦娘、苋菜、狗尾草、藜、马齿苋、千金子等。伏草隆为土壤处理剂，如棉花育苗在移栽前施药，用 80%可湿性粉剂 15～23 g/100m²，对水喷雾土表；直播棉花在播后 4～5d，用量 80%可湿性粉 15～18.8g/100m²，对水喷雾土表。

丁噻隆（tebuthiuron）

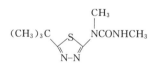

$C_9H_{16}N_4OS$，228.3

其他中文名称 特丁噻草隆

其他英文名称 Brulan，Spike，Perflan

化学名称 *N*-(5-叔丁基-1,3,4-噻二唑-2-基)-*N*,*N'*-二甲基脲

CAS登录号 34014-18-1

理化性质 无色无味固体。熔点：162.85℃。蒸气压：0.04mPa(25℃)。$K_{ow}\lg P$=1.82(20℃)。溶解性：水 2.5g/L(20℃)，苯 3.7，正己烷 6.1，乙二醇甲醚 60，乙腈 60，丙酮 70，甲醇 170，三氯甲烷 250(g/L，25℃)。稳定性：52℃稳定（最高存储试验），pH 值 5～9 水介质中稳定。水解 DT_{50}(25℃)＞64d(pH 值 3、pH6 和 pH9)。

毒　性 急性经口 LD_{50}：雄小鼠 528，雌小鼠 620，雄大鼠 477，雌大鼠 387，兔 286，狗＞500，猫＞200mg/kg。急性经皮 LD_{50}：兔＞5000mg/kg，对皮肤和眼睛无刺激性。空气吸入毒性：LC_{50} 大鼠 3.696mg/L。无作用剂量：大鼠(2y) 40mg/kg（饲料）；大鼠 80mg/(kg·d)。急性经口 LD_{50} 鸡、山齿鹑和野鸭＞500mg/kg。鱼：LC_{50}(96h，mg/L) 虹鳟鱼 144，金鱼和黑头呆鱼＞160，蓝腮太阳鱼 112。水蚤：LC_{50} 297mg/L。海藻：EC_{50} 鱼

腥藻 4.06，舟形藻 0.081，羊角月牙藻 0.05 mg/L。蜜蜂：LD_{50}>100μg/只。

制　剂　97%、95%原药。

应　用　可在大麦、小麦、棉花、甘蔗、胡萝卜田中防除一年生杂草。

原药生产厂家　江苏省盐城南方化工有限公司、浙江禾田化工有限公司。

苄草隆（cumyluron）

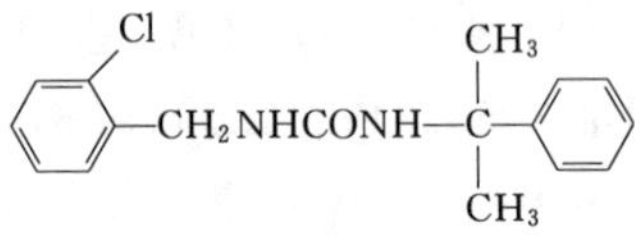

$C_{17}H_{19}ClN_2O$，302.8

其他中文名称　可灭隆

化学名称　1-(2-氯苄基)-3-(1-甲基-苯乙基)脲

CAS登录号　99485-76-4

理化性质　纯品为白色无味结晶固体。熔点 166～167℃，蒸气压 8.0×10^{-12}mPa(25℃)，$K_{ow}\lg P$=2.61，相对密度 1.22(20℃)。水中溶解度 0.879mg/L(pH 6.7，20.0±0.5℃)；其他溶剂中溶解度（g/L，20.0±0.5℃）：丙酮 11.0，甲醇，14.4，己烷 0.00357，苯 1.4，二甲苯 0.352。稳定性：150℃稳定，1500d(pH 5.0)，2830d（pH 9.0）。

毒　性　急性经 LD_{50}(mg/kg)：雄大鼠 2074，雌大鼠 961。急性经皮 LD_{50}：大鼠和小鼠>2000mg/kg。大鼠急性吸入 LC_{50}>6.21mg/L。无致畸致突变作用。急性经口鹌鹑 LC_{50}>5620mg/L。鱼毒 LC_{50}(96h)：鲤鱼>50，虹鳟鱼>10mg/L。蚤 LC_{50}(24h)：淡水枝角水蚤>50mg/L。藻 E_bC_{50}(72h)：羊角月牙藻>55mg/L。蜜蜂 LC_{50}经口>200mg/L。

应　用　主要用于水稻（移栽和直播）田苗前防除重要的一年生和多年生禾本科杂草。

环丙嘧磺隆（cyclosulfamuron）

$C_{17}H_{19}N_5O_6S$，421.4

其他中文名称　金秋

化学名称　1-{[2-(环丙基羰基)苯基]氨基磺酰基}-3-(4,6-二甲氧-2-嘧啶基)脲

CAS登录号　136849-15-5

理化性质　灰白色固体。熔点：149.6～153.2℃（原药）。蒸气压：2.2×10^{-2} mPa

(20℃)。K_{ow} lg$P$=2.045(pH 5)，1.69(pH 6)，1.41(pH 7)，0.7(pH 8)（25℃）。相对密度：0.624(20℃)。溶解度：水中 0.17(pH 5)，6.52(pH 7)，549(pH 9)（mg/L，25℃）。稳定性：DT_{50} 0.33d(pH 5)，1.68d(pH 7)，1.66d(pH 9)；18mo(25℃)，12mo(36℃)，3mo(45℃)。pK_a 5.04。

毒　性　急性经口 LD_{50}：大鼠和小鼠>5000mg/kg。急性经皮 LD_{50}：兔>4000mg/kg。对皮肤无刺激性，对眼睛中度刺激（兔）。吸入毒性：LC_{50}(4h）大鼠>5.2mg/L。无作用剂量：大鼠(2y) 1000mg/kg[50mg/(kg·d)]，狗(1y) 100mg/kg[3mg/(kg·d)]。无致突变作用。急性经口 LD_{50} 鹌鹑>1880mg/kg；饲喂毒性 LC_{50}(8d) 鹌鹑>5010mg/kg。鱼：LC_{50} 鲤鱼（72h)>50mg/L，鳟鱼(96h)>7.7，蓝腮太阳鱼>8.2mg/L。水蚤：LC_{50}(48h)>9.1mg/L。海藻：EC_{50}(72h) 0.44μg/L。蜜蜂：急性 LD_{50}(24h，经口)>99μg/只，（接触)>106μg/只。蠕虫：892mg/kg 对蠕虫无影响。

应　用　环丙嘧磺隆能被杂草根和叶吸收，在植株体内迅速传导，阻碍缬氨酸、异亮氨酸、亮氨酸合成，抑制细胞分裂和生长；敏感杂草吸收药剂后，幼芽和根迅速停止生长，幼嫩组织发黄，随后枯死。杂草吸收药剂到死亡有个过程，一般一年生杂草 5～15d。多年生杂草要长一些；有时施药后杂草仍呈绿色，多年生杂草不死，但已停止生长，失去与作物竞争能力。适用作物：水稻。在其他国家登记作物：水稻。防治对象：雨久花、眼子菜、鸭舌草、节节菜、毋草、泽泻、慈姑、陌上菜、尖瓣花、野慈姑、狼把草、异型莎草、莎草、牛毛毡、碎米莎草、萤蔺、水绵、小茨藻。使用方法：东北、西北水稻移栽田，插后 7～10d 直播田播种后 10～15d 施药。沿海、华南、西南及长江流域，水稻移栽田插后 3～6d，水稻直播田播种后 2～7d 施药。环丙嘧磺隆施后能迅速吸附于土壤表层，形成非常稳定的药层，稻田漏水、漫灌、串灌、降大雨仍能获得良好的药效。

乙氧磺隆（ethoxysulfuron）

$C_{17}H_{22}SO_6$，398.39

其他中文名称　太阳星

化学名称　3-(4,6-二甲氧基嘧啶-2-基)-1-(2-乙氧基苯氧基磺酰基)脲

CAS登录号　126801-58-9

理化性质　白色至米色粉末。熔点：144～147℃。蒸气压：6.6×10^{-2}mPa(20℃)。K_{ow} lg$P$=2.89(pH 3)，0.004(pH 7)，−1.2(pH 9)（20℃）。Henry 常数：（计算值）1.00×10^{-3}(pH 5)；1.94×10^{-5}(pH 7)；2.73×10^{-6}(pH 9) Pa·m^3/mol(20℃)。相对密度：1.44(20℃)。溶解度：水中 26(pH 5)mg/L，1353(pH 7)mg/L，9628(pH 9)mg/L(20℃)；正己烷 0.006，甲苯 2.5，丙酮 36.0，乙酸乙酯 14.1，二氯甲烷 107.0，甲醇 7.7，异丙醇

1.0，聚乙二醇 22.5，二甲基亚砜>500.0(g/L，20℃)。稳定性：水解 DT_{50} 65d(pH 5)，259d(pH 7)，331d(pH 9)。pK_a 5.28。

毒　性　急性经口 LD_{50}：大鼠>3270mg/kg。急性经皮 LD_{50}：大鼠>4000mg/kg，对皮肤和眼睛无刺激性（大鼠），无皮肤过敏反应。吸入毒性：LC_{50} 大鼠>3.55mg/L。无作用剂量大鼠 3.9mg/(kg·d)。急性经口 LD_{50}：日本鹌鹑和三齿鹑>2000mg/kg；饲喂毒性 LC_{50}：日本鹌鹑和野鸭>5000mg/kg。鱼 LC_{50}(mg/L)：斑马鱼 672，鲤鱼>85.7，虹鳟鱼>80.0。水蚤：EC_{50} 307mg/L。海藻：E_bC_{50} 铜在淡水藻 0.19mg/L。蜜蜂：EC_{50} 经口>200μg/只，接触>1000μg/只。蠕虫：LC_{50}>1000mg/kg(土壤)。

制　剂　95%原药，15%水分散粒剂。

应　用　乙酰乳酸合成酶（ALS）抑制剂。通过杂草根和叶吸收，在植株体内传导，杂草即停止生长，而后枯死。适用作物与安全性：小麦、水稻（插秧稻、抛秧稻、直播稻、秧田）、甘蔗等。对小麦、水稻、甘蔗等安全。且对后茬作物无影响。防治对象：主要用于防除阔叶杂草、莎草科杂草及藻类如鸭舌草、青苔、雨久花、水绵、飘拂草、牛毛毡、水莎草、异型莎草、碎米莎草、萤蔺、泽泻、鳢肠、野荸荠、眼子菜、水苋菜、丁香蓼、四叶蘋、狼把草、鬼针草、草龙、节节菜、矮慈姑等。

原药生产厂家　德国拜耳作物科学公司。

酰嘧磺隆（amidosulfuron）

CH_3SO_2—N(CH_3)—$SO_2NHCONH$—(4,6-二甲氧基嘧啶-2-基)

$C_9H_{15}N_5O_7S_2$，369.4

其他中文名称　好事达

其他英文名称　Hoestar

化学名称　1-(4,6-二甲氧基嘧啶-2-基)-3-(*N*-甲基甲磺酰胺磺酰基)脲

CAS 登录号　120923-37-7

理化性质　纯品为白色结晶粉末。熔点 160～163℃，蒸气压 2.2×10^{-2} mPa(25℃)，K_{ow} lg$P$=1.63(pH 2，20℃)，Henry 常数 5.34×10^{-4} Pa·m^3/mol(20℃)，相对密度 1.5。水中溶解度(mg/L，20℃)：3.3(pH 3)，9(pH 5.8)；其他溶剂中溶解度（g/L，20℃)：异丙醇 0.099，甲醇 0.872，丙酮 8.1。稳定性：在原装未开封容器中，(25±5)℃稳定 2 年。水解 DT_{50}(25℃)：33.9d(pH 5)，365d(pH 7)，365d(pH 9)。pK_a 3.58。

毒　性　大、小鼠急性经口 LD_{50}≥5000mg/kg。大鼠急性经皮 LD_{50}>5000mg/kg。大鼠急性吸入 LC_{50}(4h)>1.8mg/L（空气）。雄大鼠(2y) 无作用剂量：400mg/kg（饲料）。野鸭、山齿鹑 LD_{50}>2000mg/kg。虹鳟鱼 LC_{50}(96h)>320mg/L。水蚤 LC_{50}(48h)：36mg/L。淡水藻 E_bC_{50}(72h)：47mg/L。蜜蜂急性经口 LD_{50}>1000μg/只。蚯蚓 LC_{50}(14d)>

1000mg/kg。

制　剂　97%原药。

应　用　乙酰乳酸合成酶（ALS）抑制剂。通过杂草根和叶吸收，在植株体内传导，杂草即停止生长、叶色褪绿，而后枯死。施药后的除草效果不受天气影响，效果稳定。低毒、低残留、对环境安全。适用作物与安全性：禾谷类作物如春小麦、冬小麦、硬质小麦、大麦、裸麦、燕麦等，以及草坪和牧场。因其在作物中迅速代谢为无害物，故对禾谷类作物安全，对后茬作物如玉米等安全。因该药剂不影响一般轮作，施药后若作物遭到意外毁坏（如霜冻），可在15d后改种任何一种春季谷类作物如大麦、燕麦等或其他替代作物如马铃薯、玉米、水稻等。防治对象：酰嘧磺隆具有广谱除草活性，可有效防除麦田多种恶性阔叶杂草如猪殃殃、播娘蒿、荠菜、苋、苣荬菜、田旋花、独行菜、野萝卜、本氏蓼、皱叶酸模等。对猪殃殃有特效。

原药生产厂家　德国拜耳作物科学公司。

单嘧磺酯（monosulfuron-ester）

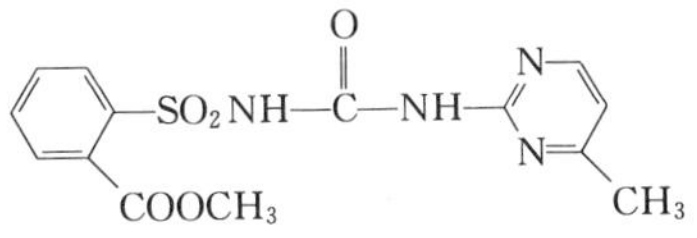

$C_{14}H_{14}N_4O_5S$，350.1

其他中文名称　麦庆

化学名称　*N*-[2′-(4′-甲基)嘧啶基]-2-甲酸甲酯基苯磺酰脲

理化性质　外观为白色或浅黄色结晶或粉末。纯品熔点179～180℃；分解温度>200℃；溶解度（g/L，20℃）：易溶于*N*，*N*-二甲基甲酰胺（24.68），可溶于四氢呋喃（4.83）、丙酮（2.09），微溶于甲醇（0.30），不溶于水（0.06），碱性条件下可溶于水。稳定性：在中性或弱碱性条件下稳定，在强酸或强碱条件下易发生水解。

毒　性　大鼠急性经口和经皮LD_{50}>1000mg/kg，对兔皮肤无刺激性，对兔眼睛有轻度刺激性；对豚鼠皮肤致敏性试验结果属于弱致敏物。大鼠3个月亚慢性饲喂试验最大无作用剂量：雄性为161mg/(kg·d)，雌性为231mg/(kg·d)，无致畸致突变作用。10%单嘧磺酯可湿性粉剂急性经口LD_{50}>5000mg/kg，急性经皮LD_{50}>2000mg/kg，对皮肤无刺激性，对眼有轻度刺激，对蜜蜂、鹌鹑、斑马鱼低毒，对桑蚕无毒。

应　用　单嘧磺酯为高效磺酰脲类除草剂、其作用机理为ALS（乙酰乳酸合成酶，植物体内合成支链氨基酸所需要的一种酶）合成的抑制剂，阻碍植物体内支链氨基酸的生物合成，导致植物细胞的合成受阻，最后枯萎、死亡。具有内吸、传导性，可以通过植物根、茎、叶吸收，进入植物体内，并在植物体内传导。适用于小麦田除草，可有效防除小麦田常见的一年生阔叶杂草。经田间药效试验结果表明，10%单嘧磺酯可湿性粉剂对小麦田一年生阔叶杂草如播娘篙、糖芥、密花香薷等有较好的防除效果，而对荞麦蔓、藜等防除效果较差。

单嘧磺隆（monosulfuron）

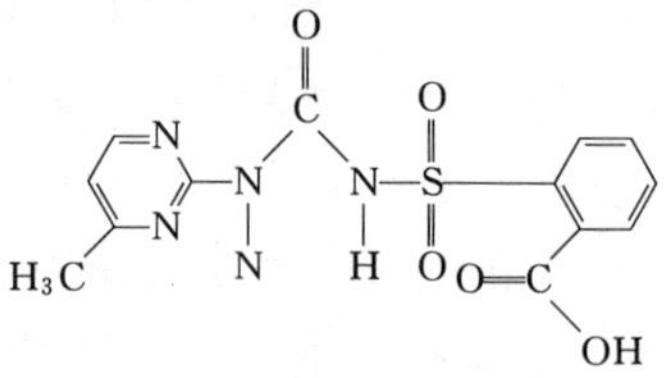

$C_{13}H_{12}N_4O_5S$，336.3

其他中文名称 麦谷宁，谷友、谷草灵

化学名称 2-(4-甲基嘧啶-2-基氨基甲酰氨基磺酰基)苯甲酸

理化性质 原药外观为淡黄色或白色粉末，熔点：191.0～191.3℃。不溶于大多数有机溶剂，易溶于 *N*，*N*-二甲基甲酰胺，微溶于丙酮，碱性条件下可溶于水。制剂外观为均匀疏松的白色粉末，无团块。pH 6.0～8.0。不可与碱性农药混用。

毒　性 大鼠急性经口 LD_{50}＞4640mg/kg，急性经皮 LD_{50}：2000mg/kg。

制　剂 90％原药，10％可湿性粉剂。

应　用 该药是一种新型磺酰脲类除草剂。药剂由植物初生根及幼嫩茎叶吸收，通过抑制乙酰乳酸合成酶来阻止支链氨基酸，导致杂草死亡。具有用量低、毒性低等优点。对双子叶杂草和大部分单子叶杂草均有较好的除草效果，尤其对华北地区的难治杂草碱茅防效很好，对目前尚无很好防治药剂的谷子地杂草也有显著效果。单嘧磺酯对麦田、玉米田杂草如藜、萹蓄、野芥菜等有良好的防除效果，对小麦后茬作物玉米非常安全，这一特点明显优于其他磺酰脲类除草剂。

原药生产厂家 天津市绿保农用化学科技开发有限公司。

甲嘧磺隆（sulfometuron-methyl）

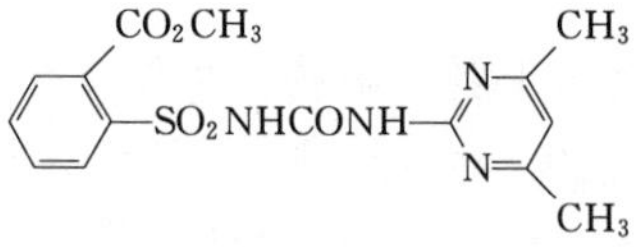

$C_{15}H_{16}N_4O_5S$，364.4

其他中文名称 森草净，傲杀，嘧磺隆

化学名称 2-(4,6-二甲基嘧啶-2-基氨基甲酰氨基磺酰基)苯甲酸甲酯

CAS登录号 74222-97-2

理化性质 无色固体（原药）。熔点：203～205℃。蒸气压：7.3×10^{-11} mPa(25℃)。K_{ow} lg*P*＝1.18(pH 5)，－0.51(pH 7)。Henry 常数：1.2×10^{-13} Pa·m^3/mol(25℃)。相对密度：1.48。溶解度：水中 244mg/L(pH 7，25℃)。丙酮 3300，乙腈 1800，乙酸乙酯

650，二乙醚 60，正己烷<1，甲醇 550，二氯甲烷 15000，二甲基亚砜 32000，辛醇 140，甲苯 240(mg/kg，25℃)。稳定性：pH 7～9 水解稳定，DT_{50} 18d(pH 5)。pK_a 5.2。

毒　性　急性经口 LD_{50}：雄大鼠>5000mg/kg。急性经皮 LD_{50}：兔>2000mg/kg。对皮肤和眼睛有轻微刺激性（兔），无皮肤敏感性（豚鼠）。吸入毒性：LC_{50}(4h) 大鼠>11mg/L(空气)。无作用剂量：大鼠(2y) 50mg/kg。急性经口 LD_{50}(mg/kg)：野鸭>5000，三齿鹑>5620。鱼：LC_{50}(96h) 虹鳟鱼和蓝腮太阳鱼>12.5mg/L。水蚤：LC_{50}>12.5mg/L。蜜蜂：接触 LD_{50}>100μg/只。

制　剂　98%、95%原药，75%水分散粒剂，10%悬浮剂，10%可湿性粉剂。

应　用　甲嘧磺隆属磺酰脲类、内吸传导型、苗前、苗后灭生性除草剂，通过抑制乙酰乳酸合成酶活性，而使植物体内支链氨基酸合成受阻碍，抑制植物和根部生长端端细胞分裂，从而阻止植物生长，植株显现显著的紫红色，失绿坏死。除草灭灌谱广，活性高，可使杂草根、茎、叶彻底坏死。渗入土壤后发挥芽前活性，抑制杂草种子萌发，叶面处理后立即发挥芽后活性。施药量视土壤类型及杂草、灌木种类而异。残效长达数月甚至 1 年以上。适用作物与安全性：甲嘧磺隆用于林地，开辟森林防火隔离带，伐木后林地清理、荒地垦前、休闲非耕地、到路边荒地除草灭灌。针叶苗圃和幼林抚育对短叶松、长叶松、多脂松、沙生松、湿地松、油松等和几种云杉安全，对花旗杉、大冷杉、美国黄松有药害。对针叶树以外的各种植物包括农作物、观赏植物、绿化落叶树木等均可造成药害。防除对象：适用于林木防除一年生和多年生禾本科杂草以及阔叶杂草，对阿拉伯高粱有特效，防除的杂草有丝叶泽兰、羊茅、柳兰、一枝黄花、小飞蓬、六月禾、油莎草、黍、豚草、荨麻叶泽兰、黄香草木樨等。

原药生产厂家　江苏省激素研究所股份有限公司、迈克斯（如东）化工有限公司、陕西省西安近代农药科技股份有限公司、上海杜邦农化有限公司、美国杜邦公司。

氯嘧磺隆（chlorimuron-ethyl）

$C_{15}H_{15}N_4O_6S$，414.8

其他中文名称　豆磺隆，豆威，氯嗪磺隆，乙氯隆

化学名称　2-(4-氯-6-甲氧基嘧啶-2-基氨基甲酰氨基磺酰基)苯甲酸乙酯

CAS登录号　74222-97-2

理化性质　无色晶体。熔点：181℃。蒸气压：4.9×10^{-7} mPa(25℃)。K_{ow} lg$P$=0.11(pH 7)。Henry 常数：1.7×10^{-10} Pa·m^3/mol(pH 7)。相对密度：1.51(25℃)。溶解度：水中 9(pH 5)，1200(pH 7)（mg/L，25℃)。稳定性：水解 DT_{50} 17～25d(pH 5，25℃)。pK_a 4.2。

毒　性　急性经口 LD_{50}：大鼠 4102mg/kg。急性经皮 LD_{50}：兔>2000mg/kg。对皮肤和

眼睛无刺激性（兔）。无皮肤过敏反应（豚鼠）。吸入毒性：LC_{50}（4h）大鼠＞5mg/L（空气）。无作用剂量：大鼠（2y）250mg/kg[12.5mg/(kg·d)]，狗（1y）250mg/kg[6.25mg/(kg·d)]。急性经口 LD_{50}（14d）：野鸭＞2510mg/kg；饲喂毒性 LC_{50} 野鸭和三齿鹑＞5620mg/L。鱼：LC_{50}（96h）鳟鱼＞1000，蓝腮太阳鱼＞100mg/L。水蚤：LC_{50}（48h）1000mg/L。蜜蜂：LD_{50}（48h）＞12.5μg/只。

制　剂　96%、95%、90%原药。

应　用　属磺酰脲类内吸除草剂，抑制支链氨基酸合成，使细胞分裂停止。大豆对其耐性极高。主要通过杂草根、芽吸收并迅速传导，控制杂草的生长。药后3～5天生长点失绿、坏死。土壤有机含量和酸碱度影响其除草效果，有机质含量越高或碱性越强药效越差。主要用于大豆田防除苍耳、狼巴草、鼬瓣花、香薷、苘麻、鬼针草、大叶藜、野薄荷等。对繁缕、鸭舌草、龙葵等效果不好。大豆播后苗前土壤处理或苗后茎叶处理。

原药生产厂家　河北宣化农药有限责任公司、江苏常隆化工有限公司、江苏省激素研究所股份有限公司、江苏天容集团股份有限公司、辽宁省大连瑞泽农药股份有限公司、辽宁省沈阳丰收农药有限公司、沈阳科创化学品有限公司、天津市绿农生物技术有限公司。

胺苯磺隆（ethametsulfuron）

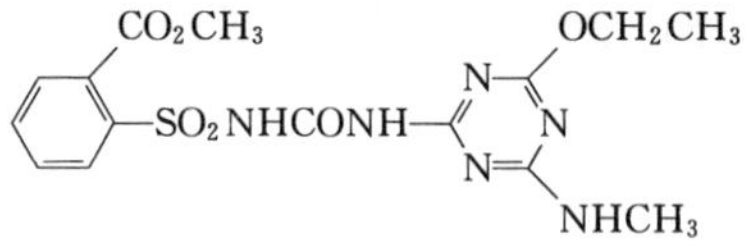

$C_{15}H_{18}N_6O_5S$，410.4

其他中文名称　金星，油磺隆，莱王星

其他英文名称　Muster，DPX-A7881

化学名称　2-[(4-乙氧基-6-甲氨基-1,3,5-三嗪-2-基)氨基甲酰基氨基磺酰基]苯甲酸甲酯

CAS登录号　111353-84-5

理化性质　白色，无味，结晶固体。熔点：194℃。蒸气压：7.73×10^{-10} mPa(25℃)。K_{ow} lg$P$=0.89(pH 7)，1.588(pH 5)。Henry常数：＜1×10^{-8} Pa·m^3/mol(pH 5，20℃)；＜1×10^{-9} Pa·m^3/mol(pH 6，20℃)。相对密度：1.6。溶解度：水中1.7(pH 5)，50(pH 7)，410(pH 9)（mg/L，25℃），丙酮1.6，乙腈0.83，乙醇0.17，甲醇0.35，二氯甲烷3.9，乙酸乙酯0.68(g/L)。稳定性：pH 7和pH 9稳定，pH 5迅速水解，DT_{50} 41d，光解不是主要的降解途径。pK_a 4.6。

毒　性　急性经口 LD_{50}：大鼠＞5000mg/kg。急性经皮 LD_{50}：兔＞2000mg/kg。对皮肤无刺激性，对眼睛中度刺激（兔）。无皮肤敏感性（豚鼠）。吸入毒性：LC_{50}（4h）大鼠＞5.7mg/L(空气)。无作用剂量：大鼠和小鼠(90d)＞5000mg/L，大鼠（2y）500mg/L，狗（1y）3000mg/L，小鼠(18mo)＞5000mg/L。对大鼠无致癌、致突变、无致畸作用。急性经口 LD_{50}(mg/kg)：三齿鹑2500，野鸭＞2250；饲喂毒性 LC_{50}（8d）：三齿鹑和野鸭＞

5620mg/kg。鱼：LC_{50}(96h) 蓝腮太阳鱼和虹鳟鱼>600mg/L。水蚤：LC_{50}(48h)>550mg/L。海藻：无作用剂量羊角月芽藻 0.5mg/L。蜜蜂：急性接触毒性>12.5μg/只。

制　剂　96%、95%原药，20%水分散粒剂，25%、5%可湿性粉剂，20%可溶粉剂。

应　用　磺酰脲类除草剂，是侧链氨基酸合成抑制剂，抑制乙酰乳酸合成酶。防除油菜田野芥菜和其他阔叶杂草。本品在高剂量下对春播作物有危害，秋天应停止施用，春天施药量较低，温暖的气候有利于该药的分解，对轮种作物安全。可防除十字花科杂草和其他一些主要阔叶杂草，在低剂量下可防除母菊、野芝麻、绒毛蓼、春蓼、野芥菜、黄鼬瓣花、苋菜和繁缕。添加表面活性剂可提高其除草活性。本品通过植物的根和叶吸收，施药后杂草立即停止生长，1～3 周后出现坏死症状。

原药生产厂家　安徽华星化工股份有限公司、湖南海利化工股份有限公司、江苏省激素研究所股份有限公司、江苏天容集团股份有限公司、辽宁省大连瑞泽农药股份有限公司、沈阳科创化学品有限公司。

醚磺隆（cinosulfuron）

[结构式：苯环-$SO_2NHCONH$-(4,6-二甲氧基-1,3,5-三嗪-2-基)，苯环邻位 $OCH_2CH_2OCH_3$；三嗪环上两个 OCH_3]

$C_{15}H_{19}N_5O_7S$，413.4

其他中文名称　甲醚磺隆，莎多伏

其他英文名称　Setoff，CGA-142464

化学名称　1-(4,6-二甲氧基-1,3,5-三嗪-2-基)-3-[2-(2-甲氧基乙氧基)苯基]磺酰脲

CAS 登录号　94593-91-6

理化性质　无色结晶粉末。熔点：127.0～135.2（纯品）。蒸气压：<0.01mPa(25℃)。K_{ow} $\lg P$=2.04(pH 2.1，25℃)。Henry 常数：<1×10^{-6} Pa·m^3/mol(pH 6.7，计算值)。相对密度：1.47(20℃)。溶解度：水中 120(pH 5.0)，4000(pH 6.7)，19000(pH 8.1)(mg/L，25℃)；丙酮 36000，乙醇 1900，甲苯 540，正辛醇 260，正己烷<1(mg/L，25℃)。稳定性：温度高于熔点分解，pH 7～10 水解稳定，pH 3～5 水解。pK_a 4.72。

毒　性　急性经口 LD_{50}：大鼠和小鼠>5000mg/kg。急性经皮 LD_{50}：大鼠>2000mg/kg，对眼睛和皮肤无刺激性（兔），无皮肤敏感性（豚鼠）。吸入毒性：LC_{50}(4h) 大鼠>5mg/L（空气）。无作用剂量（mg/L)：大鼠(2y) 400，小鼠(2y) 60，狗(1y) 2500。急性经口 LD_{50}：日本鹌鹑>2000mg/kg。鱼：LC_{50}(96h) 虹鳟鱼>100mg/L。水蚤：LC_{50}(48h) 2500mg/L。海藻：EC_{50}(72h) 铜在淡水藻 4.8mg/L。蜜蜂：无毒，LD_{50} 经口和接触>100μg/只。蠕虫：LC_{50} (14d) 蚯蚓 1000mg/kg。

制　剂　92%原药，10%可湿性粉剂。

应　用　醚磺隆主要通过植物根系及茎部吸收，传导至叶部，但植物叶面吸收很少。有效

成分进入杂草体内后，由输导组织传递至分生组织，阻碍缬氨酸及异亮氨酸的合成，从而抑制细胞分裂及细胞的长大。用药后，中毒的杂草不会立即死亡，但生长停止，5～10d 后植株开始黄化、枯萎，最后死亡。在水稻体内，水稻能通过脲桥断裂、甲氧基水解、脱氨基及苯环水解后与蔗糖轭合等途径，最后代谢成无毒物。醚磺隆在水稻叶片中半衰期为 3d，在水稻根中半衰期小于 1d，所以醚磺隆对水稻安全。但由于醚磺隆水溶性大（3.7g/L 水），在漏水田中可能会随水集中到水稻根区，从而对水稻造成药害。适用作物为水稻。防治对象：热带主要有：水苋菜、异型莎草、圆齿尖头草、沟酸浆（属）、鸭舌草、慈姑（属）、粗大蕉草、萤蔺、仰卧蕉草、尖瓣花。温带主要有绯红水苋菜、水生田繁缕、花简、异型莎草、鳢肠、三蕊沟繁缕、牛毛毡、水虱草、丁香蓼（属）、鸭舌草、眼子菜、浮叶眼于菜、萤蔺、雨久花、花蔺。对泽泻、矮慈姑、野慈姑、毋草、扁秆藨草等有较好的药效。

原药生产厂家 江苏连云港立本农药化工有限公司、江苏安邦电化有限公司。

甲磺隆（metsulfuron-methyl）

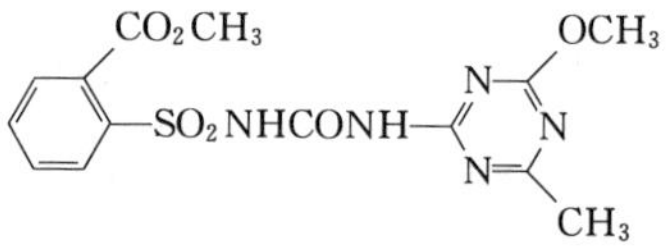

$C_{14}H_{15}N_5O_6S$，381.4

其他中文名称 合力

化学名称 2-(4-甲氧基-6-甲基-1,3,5-三嗪-2-基氨基甲酰氨基磺酰基)苯甲酸甲酯

CAS 登录号 74223-64-6

理化性质 无色晶体（原药灰白色固体）。熔点：162℃。蒸气压：3.3×10^{-7} mPa (25℃)。K_{ow} $\lg P=0.018$(pH 7，25℃)。Henry 常数：4.5×10^{-11} Pa・m^3/mol(pH 7，25℃)。相对密度：1.447(20℃)。溶解度：水中 0.548(pH 5)，2.79(pH 7)，213(pH 9)(g/L，25℃)；正己烷 5.84×10^{-1}，乙酸乙酯 1.11×10^4，甲醇 7.63×10^3，丙酮 3.7×10^4，二氯甲烷 1.32×10^5，甲苯 1.24×10^3 (mg/L，25℃)。稳定性：光解稳定，水解 DT_{50} (25℃) 22d(pH 5)，pH 7 和 pH 9 下稳定。pK_a 3.8(20℃)。

毒　性 急性经口 LD_{50}：雌雄大鼠＞5000mg/kg。急性经皮 LD_{50}：兔＞2000mg/kg，对皮肤和眼睛无刺激性（兔），无皮肤过敏反应（豚鼠）。吸入毒性：LC_{50} (4h) 大鼠＞5mg/L (空气)。无作用剂量 (mg/L)：小鼠(18mo) 5000；大鼠(2y) 500；狗(雄性，1y) 500，狗(雌性，1y) 5000。无致畸作用。急性经口 LD_{50}：野鸭＞2510mg/kg；饲喂毒性 LC_{50} (8d)：野鸭和三齿鹑＞5620mg/kg。鱼：LC_{50} (96h) 虹鳟鱼和蓝腮太阳鱼＞150mg/L。水蚤：EC_{50} (48h)＞120mg/L。海藻：EC_{50} (72h) 绿藻 0.157mg/L。蜜蜂：对蜜蜂无毒，LD_{50} 经口＞44.3μg/只，接触＞50μg/只。蠕虫：LC_{50}＞1000mg/kg。

制　剂 96%原药、60%水分散粒剂、60%、10%可湿性粉剂。

应　用 磺酰脲类除草剂，侧链氨基酸合成抑制剂。为高活、广谱、具有选择性的内吸传导型麦田除草剂。被杂草根部和叶片吸收后，在植株体内传导很快，可向顶和向基部传导，在数小时内迅速抑制植物根和新梢顶端的生长，3～14d 植株枯死。被麦苗吸收进入植株内后，被麦株内的酶转化，迅速降解，所以小麦对本品有较大的耐受能力。本剂的使用量小，在水中的溶解度很大，可被土壤吸附，在土壤中的降解速度很慢，特别在碱性土壤中，降解更慢。可有效地防治看麦娘、婆婆纳、繁缕、巢菜、荠菜、碎末荠、播娘蒿、藜、蓼、稻搓草、水花生等杂草。

原药生产厂家 江苏常隆化工有限公司、江苏天容集团股份有限公司、江苏省激素研究所股份有限公司、辽宁省沈阳丰收农药有限公司、上海杜邦农化有限公司、沈阳科创化学品有限公司、美国杜邦公司。

氯磺隆（chlorsulfuron）

$C_{12}H_{12}ClN_5O_4S$，357.8

其他中文名称 嗪磺隆

其他英文名称 Glean、Telar、DPX W-489

化学名称 1-(2-氯苯基磺酰)-3-(4-甲氧基-6-甲基-1,3,5-三嗪-2-基)脲

CAS 登录号 64902-72-3

理化性质 白色结晶固体。熔点：170～173℃（纯品 98%）。蒸气压：1.2×10^{-6} mPa（20℃），3×10^{-6} mPa(25℃)。K_{ow} $\lg P=-0.99$(pH 7)。Henry 常数：5×10^{-10}(pH 5)；3.5×10^{-11}(pH 7)；3.2×10^{-12}(pH 9)（Pa·m^3/mol，20℃，计算值）。相对密度：1.48。溶解度：水中 0.876(pH 5)，12.5(pH 7)，134(pH 9)（g/L，20℃）；0.59(pH 5)，31.8(pH 7)（g/L，25℃）。二氯甲烷 1.4，丙酮 4，甲醇 15，甲苯 3，正己烷＜0.01(g/L，25℃)。稳定性：干燥条件对光稳定，192℃分解，水解 DT_{50} 23d(pH 5，25℃)；＞31d(pH＞7)。pK_a 3.4。

毒　性 急性经口 LD_{50}(mg/kg)：雄大鼠 5545，雌大鼠 6293。急性经皮 LD_{50}：兔 3400mg/kg。对眼睛中度刺激，对皮肤无刺激性，无皮肤敏感性。吸入毒性：LC_{50}(4h) 大鼠＞5.9mg/L(空气)。无作用剂量（mg/kg)：小鼠(2y) 500，大鼠 100(5mg/kg)，狗(1y) 2000。急性经口 LD_{50}：野鸭和三齿鹑＞5000mg/kg；饲喂毒性 LC_{50}(8d)：野鸭和三齿鹑＞5000mg/kg。鱼：LC_{50}(96h，mg/L) 虹鳟鱼＞250，蓝腮太阳鱼＞300。水蚤：EC_{50}(48h)＞112mg/L。海藻：EC_{50} 羊角月芽藻 50μg/L。蜜蜂：LD_{50}(接触)＞100μg/只。蠕虫：LC_{50}＞2000mg/kg。

制　剂 95%原药，75%、25%水分散粒剂，25%、20%、10%可湿性粉剂。

应　用 磺酰脲类除草剂，是侧链氨基酸合成抑制剂，选择性内吸除草剂，通过叶面和根部吸收并迅速传导到顶端和基部，抑制敏感植物根基部和顶芽细胞的分化和生长，阻

碍支链氨基酸的合成，在非敏感植物体内迅速代谢为无活性物质。适用作物：小麦、大麦等作物田。可防除小麦、大麦等作物田的阔叶草和部分一年生禾本科杂草。可彻底防除藜、蓼、苋、田旋花、田蓟、母菊、珍珠菊、酸模、苘麻、曼陀罗、猪殃殃等阔叶杂草以及狗尾草、黑麦草、早熟禾等禾本科杂草。可在播前、苗前、苗后单独使用。对甘蔗、啤酒花敏感。

原药生产厂家 江苏常隆化工有限公司、江苏天容集团股份有限公司、江苏省激素研究所股份有限公司、辽宁省沈阳丰收农药有限公司。

苯磺隆（tribenuron-methyl）

$C_{16}H_{17}N_5O_6S$，395.4

其他中文名称 阔叶净、巨星、麦磺隆

化学名称 2-[4-甲氧基-6-甲基-1,3,5-三嗪-2-基(甲基)氨基甲酰氨基磺酰基]苯甲酸甲酯

CAS登录号 101200-48-0

理化性质 灰白色粉末，伴有刺激性臭味。熔点：142℃。蒸气压：5.2×10^{-5} mPa(25℃)。K_{ow} $\lg P=0.78$(pH 7，25℃)。Henry常数：1.03×10^{-8} Pa·m^3/mol(pH 7，20℃)。相对密度：1.46(20℃)。溶解度：水中0.05(pH 5)，2.04(pH 7)，18.3(pH 9)(g/L，20℃)。丙酮3.91×10^4，乙腈4.64×10^4，乙酸乙酯1.63×10^4，正庚烷20.8，甲醇2.59×10^3(mg/L，20℃)。稳定性：pH值5～9，25℃时，无明显光解现象，水解$DT_{50}<$1d(pH 5)，15.8d(pH 7)，稳定(pH 9)(25℃)。pK_a 4.7。

毒　性 急性经口LD_{50}：大鼠>5000mg/kg。急性经皮LD_{50}：兔>5000mg/kg。对皮肤和眼睛无刺激性（兔）。中度皮肤敏感（豚鼠）。吸入毒性：LC_{50}(4h)大鼠>5.0mg/L(空气)。无作用剂量：大鼠(2y) 25 mg/L，小鼠(18mo) 200mg/L，狗(1y) 250mg/L，大鼠(90d) 100mg/kg，小鼠(90d) 500mg/kg，狗(90d) 500mg/kg。无遗传毒性。急性经口LD_{50}：三齿鹑>2250mg/kg；饲喂毒性LC_{50}(8d)：三齿鹑和野鸭>5620mg/kg。鱼：LC_{50}(96h)虹鳟鱼738mg/L。水蚤：LC_{50}(48h) 894mg/L。海藻：EC_{50}(120h)绿藻20.8μg/L。蜜蜂：LD_{50}接触>100μg/只，经口>9.1μg/只。

制　剂 95%原药，75%水分散粒剂，75%、20%、18%、10%可湿性粉剂，25%、20%可溶粉剂，75%可分散粒剂，75%干悬浮剂。

应　用 苯磺隆是磺酰脲类内吸传导型芽后选择性除草剂。茎叶处理后可被杂草茎叶、根吸收，并在体内传导，通过阻碍乙酰乳酸合成酶，使缬氨酸、异亮氨酸的生物合成受抑制，阻止细胞分裂，致使杂草死亡。双子叶杂草繁缕、荠菜、麦瓶草、麦家公、离子草、猪殃殃、碎米荠、雀舌草、卷茎蓼等对苯磺隆敏感，泽漆、婆婆纳等中度敏感。用药初期，杂草虽然保持青绿，但生长已受到严重抑制，不再对作物构成为害。施药后10～14d观察到杂草

受到严重抑制作用，逐渐心叶褪绿坏死，叶片褪绿，一般在冬小麦用药后30d杂草逐渐整株枯死，未死植株生长受抑制，作用比较缓慢。对日旋花、鸭跖草、铁苋菜、萹蓄、刺儿菜等防效差，随剂量升高抑制作用增强。苯磺隆在禾谷类作物春、冬小麦、大麦、燕麦体内迅速代谢为无活性物质，有很好的耐药性。在土壤中持效期30～45d，轮作下茬作物不受影响。适用作物：小麦、大麦。在其他国家登记作物：春小麦、冬小麦、大麦。防治对象：柳叶刺蓼、酸模叶蓼、东方蓼、节蓼、荠菜、遏蓝菜、繁缕、狼把草、鬼针草、风花菜、藜、小藜、鸭跖草、香薷、水棘针、反枝苋、凹头苋、龙葵、苘麻、播娘篙、母菊属、波叶糖芥、刺叶莴苣、猪毛菜、野田芥、白芥、水芥菜、向日葵、绿叶泽兰、羽叶播娘蒿、大叶播娘蒿、大巢菜、鼬瓣花、猪殃殃、地肤、雀舌草、卷茎蓼、离子草、碎末荠、麦家公、勿忘草、王不留行、亚麻荠、问荆、苣荬菜等。

原药生产厂家 安徽丰乐农化有限责任公司、安徽华星化工股份有限公司、河北宣化农药有限责任公司、合肥久易农业开发有限公司、江苏常隆农化有限公司、江苏金凤凰农化有限公司、江苏快达农化股份有限公司、江苏连云港立本农药化工有限公司、江苏瑞邦农药厂有限公司、江苏省激素研究所股份有限公司、江苏省南通施壮化工有限公司、江苏省镇江先锋化学有限公司、江苏腾龙生物药业有限公司、江苏天容集团股份有限公司、江苏扬农化工集团有限公司、江西日上化工有限公司、捷马化工股份有限公司、辽宁省大连瑞泽农药股份有限公司、青岛双收农药化工有限公司、山东华阳科技股份有限公司、山东潍坊润丰化工有限公司、上海杜邦农化有限公司、沈阳科创化学品有限公司、天津市绿农生物技术有限公司。美国杜邦公司、印度利农实业有限公司。

醚苯磺隆（triasulfuron）

$C_{14}H_{16}ClN_5O_5S$，401.8

化学名称 1-[2-(2-氯乙氧基)苯基磺酰基]-3-(4-甲氧基-6-甲基-1,3,5-三嗪-2-基)脲

CAS登录号 82097-50-5

理化性质 纯品亮白色粉末。熔点：178.1℃（分解）。蒸气压：$<2\times10^{-3}$ mPa(25℃)。$K_{ow}\lg P=1.1$(pH值5.0)，-0.59(pH值6.9)，-1.8(pH值9.0)（25℃）。Henry常数：$<8\times10^{-5}$ Pa·m^3/mol(pH值5.0，25℃，计算值)。密度：1.5g/cm^3。溶解性：水32(pH值5)，815(pH值7)，13500(pH值8.4)（mg/L，25℃）；丙酮14，二氯甲烷36，乙酸乙酯4.3(g/L，25℃)；乙醇420，正辛醇130，正己烷0.04，甲苯300(mg/L，25℃)。稳定性：常规条件下可储存两年以上，水解DT_{50} 8.2h(pH值1)，3.1y(pH值7)，4.7h(pH值10)。pK_a4.64(20℃)。

毒　性 急性经口LD_{50}：大鼠和小鼠>5000mg/kg。急性经皮LD_{50}：大鼠>2000mg/kg。对皮肤中度刺激，对眼睛无刺激性（兔），对皮肤无敏感性（豚鼠）。空气吸入毒性：LC_{50}

(4h) 大鼠＞5.18mg/L。无作用剂量[mg/(kg·d)]：大鼠(2y) 32.1，小鼠(2y) 1.2；狗(1y) 33。急性经口 LD_{50} 鹌鹑和鸭＞2150mg/kg。鱼：LC_{50}(96h) 虹鳟鱼，鲤鱼，鲶鱼，红鲈鱼和蓝鳃太阳鱼＞100mg/L。水蚤：LC_{50}(96h)＞100mg/L。海藻：EC_{50}(5～14d) 月牙藻 0.03，淡水藻 1.7，舟形藻＞100mg/L。蜜蜂：对蜜蜂无毒，LD_{50}(经口和接触)＞100μg/只。蠕虫：LC_{50} (14d) 蚯蚓＞1000mg/kg (土壤)。

制　剂　96%、95%原药，20%水分散粒剂，25%、5%可湿性粉剂，20%可溶粉剂。

应　用　乙酰乳酸合成酶抑制剂。施药后被植物叶、根吸收，并迅速传导，在敏感作物体内能抑制亮氨酸和异亮氨酸等的合成而阻止细胞分裂，使敏感作物停止生长，在受药后 1～3 周死亡。适用作物：小粒禾谷类作物如小麦、大麦等。防除对象：可防除一年生阔叶杂草和某些禾本科杂草，如三色堇和猪殃殃等。

原药生产厂家　江苏常隆农化有限公司、江苏长青农化股份有限公司、江苏省激素研究所股份有限公司。

氟嘧磺隆（primisulfuron-methyl）

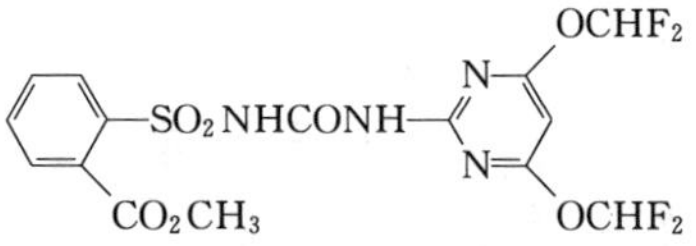

$C_{15}H_{12}F_4N_4O_7S$，468.3

化学名称　3-[4,6-双(二氟甲氧基)嘧啶-2-基]-1-(2-甲氧基甲酰基苯基)磺酰脲

CAS登录号　86209-51-0

理化性质　纯品亮白色粉末。熔点：194.8～197.4℃ (分解)。蒸气压：＜5×10^{-3} mPa (25℃)。$K_{ow}\lg P$=2.1(pH 值 5)，0.2(pH 值 7)，−0.53(pH 值 9) (25℃)。Henry 常数：2.3×10^{-2} Pa·m³/mol(pH 值 5.6，25℃，计算值)。密度：1.64(20℃)。溶解性：水 3.7 (pH 值 5)，390(pH 值 7)，11000(pH 值 8.5) (mg/L)；丙酮 45000，甲苯 590，正辛醇 130，正己烷＜1 (mg/L，25℃)。稳定性：室温条件下稳定至少 3 年。水解 DT_{50} 25d(pH 值 5，25℃)；pH 值 7 和 pH 值 9 下稳定，150℃稳定。pK_a 3.47。

毒　性　急性经口 LD_{50}(mg/kg)：大鼠＞5050，小鼠＞2000。急性经皮 LD_{50}(mg/kg)：兔＞2010，大鼠＞2000，对眼睛有轻微刺激，对皮肤无刺激性 (兔)，无皮肤敏感性 (豚鼠)。空气吸入毒性：LC_{50}(4h) 大鼠＞4.8mg/L。无作用剂量[mg/(kg·d)]：大鼠(2y) 13；小鼠(19 月) 45；狗(1y) 25。LD_{50}：山齿鹑和野鸭＞2150mg/kg；饲喂毒性 LC_{50} (8d)：野鸭和山齿鹑＞5000mg/kg。鱼：LC_{50}(96h，mg/L) 虹鳟鱼 29，蓝鳃太阳鱼＞80，红鲈鱼＞160。水蚤：LC_{50}(48h) 260～480mg/L。海藻：EC_{50}(7d，μg/L) 羊角月芽藻 24，淡水藻 176，舟形藻＞227，硅藻＞222。其他水生动植物：EC_{50}(14d) 膨胀浮萍 2.9×10^{-4} mg/L。蜜蜂：对蜜蜂无毒，LC_{50}(48h) 经口＞18μg/只；接触＞100μg/只。蠕虫：LD_{50} (14d)＞100mg/kg (土壤)。

应　用　侧链氨基酸合成抑制剂。通过根和叶吸收，其吸收的比例取决于植物的生长阶段和环境条件下如土壤湿度和温度等。若在喷雾液中添加非离子表面活性剂，则增加叶的摄取量。本药剂可迅速被杂草吸收，并在韧皮部和木质部系统有效地转移，迅速传导到植物分生组织，抑制植物侧链氨基酸的合成。药效发挥是相当缓慢的，在实际条件下，虽立即停止生长，但通常在 10～20d 后发现干枯。适用作物与安全性：玉米，玉米对该药剂有很好的耐药性；在正常条件下，超过常用剂量，仍有很好的耐药性，不同品种玉米的耐药性有些差异。防除对象：主要用于防除禾本科杂草和阔叶杂草如苋属、豚草属、曼陀罗属、茄属、蜀黍属、苍耳属以及野麦属等。对一年生高粱属杂草有一定防效，对双色高粱、石茅高粱等其他高粱属杂草的活性分别在 80％以上，此外对藜、茄属杂草和蓼科杂草也有活性。

甲基二磺隆（mesosulfuron-methyl）

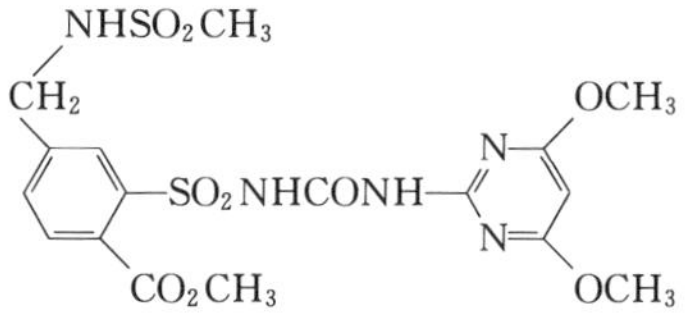

$C_{17}H_{21}N_5O_9S_2$，503.5

化学名称 2-(4,6-二甲氧基嘧啶-2-基氨基甲酰氨基磺酰基)-α-(甲基磺酰氨基)对甲基苯甲酸甲酯

CAS 登录号 208465-21-8

理化性质 纯品奶油色固体。熔点：195.4℃；（原药 189～192℃）。蒸气压：1.1×10^{-8}mPa(25℃)。$K_{ow}\lg P$＝1.39(pH 值 5)，－0.48(pH 值 7)，－2.06(pH 值 9)。Henry 常数：2.434×10^{-10}Pa・m^3/mol(pH 值 5，20℃)。密度：1.48。溶解性：水 7.24×10^{-3}(pH 值 5)，0.483(pH 值 7)，15.39(pH 值 9)（g/L，20℃），正己烷＜0.2，丙酮 13.66，甲苯 0.013，乙酸乙酯 2，二氯甲烷 3.8(g/L，20℃)。稳定性：光解稳定，非生物水解 DT_{50} 3.5(pH 值 4)，253（pH 值 7)，319(pH 值 9)（d，25℃）。pK_a 4.35。

毒　性 急性经口 LD_{50}：大鼠＞5000mg/kg。急性经皮 LD_{50}：大鼠＞5000mg/kg，对皮肤无刺激性；对眼睛有轻微刺激性（兔），对皮肤无敏感性（豚鼠）。空气吸入毒性：LC_{50}(4h）大鼠＞1.33mg/L。无作用剂量（mg/L)：小鼠 800(18 月)，16000(1y)。急性经口 LD_{50}：山齿鹑和野鸭＞2000mg/kg；饲喂毒性 LC_{50}：山齿鹑和野鸭＞5000mg/kg。鱼：LC_{50}(96h）虹鳟鱼，蓝鳃太阳鱼和红鲈鱼 100mg/L。水蚤：急性 EC_{50}（计算值）＞100mg/L。海藻：EC_{50}(96h）0.21mg/L。其他水生动植物：EC_{50}(7d）膨胀浮萍 0.6μg/L。蜜蜂：LC_{50}(72h，经口）5.6μg/只；接触＞13μg/只。蠕虫：LC_{50}(14d)＞1000mg/kg(土壤)。

制　剂 93％原药，30g/L 油悬浮剂。

应　用 ALS 抑制剂，冬小麦田除草剂。

原药生产厂家 德国拜耳作物科学公司。

嘧苯胺磺隆（orthosulfamuron）

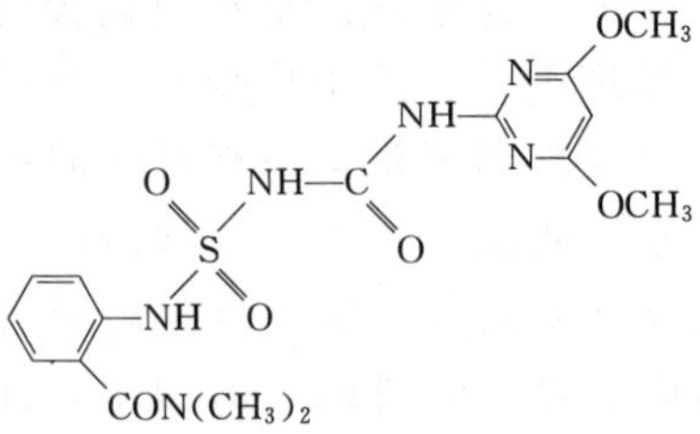

$C_{16}H_{20}N_6O_6S$，424.4

化学名称 1-(4,6-二甲氧基嘧啶-2-基)-3-[2-(二甲基氨基甲酰基)苯氨基磺酰基]脲

CAS登录号 213464-77-8

理化性质 纯品亮白色粉末。熔点：157℃。蒸气压：≤1.116×10^{-1}mPa(20℃)。K_{ow} lg$P$=2.02(pH值4)，1.31(pH值7)，<0.3(pH值9)。Henry常数：<7.6×10^{-5}Pa·m^3/mol(pH值7，20℃，计算值)。相对密度：1.48(22.0℃)。溶解性：水26.2(pH值4)，629(pH值7)，38900(pH值8.5)（mg/L，20℃)；正庚烷0.23，二甲苯129.8(mg/L，20℃)；丙酮19.5，乙酸乙酯3.3，1,2-二氯甲烷56.0，甲醇8.3(g/L，20℃)。稳定性：≥14d(54℃)，水解半衰期DT_{50}0.43h(pH值4)，35h(pH值7)，8d(pH值9)（50℃)；DT_{50} 8h(pH值5)，24d(pH值7)，228d(pH值9)（25℃)。

毒　性 急性经口LD_{50}：大鼠、小鼠和兔>5000mg/kg。急性经皮LD_{50}：大鼠>5000mg/kg，对皮肤和眼睛无刺激性（兔)，对皮肤无敏感性（豚鼠)。空气吸入毒性：LC_{50}(4h) 大鼠>2.190mg/L。无作用剂量［mg/(kg·d)］大鼠(2y) 5；雄大鼠(18月) 100，雌大鼠(18月) 1000；狗(1y) 75。对大鼠和兔无致畸、致突变、致癌作用。急性经口LD_{50}：山齿鹑和野鸭>2000mg/kg；饲喂毒性LC_{50}(5d)：山齿鹑和野鸭>5000mg/L。鱼：LC_{50}(96h) 虹鳟鱼>122，蓝鳃太阳鱼>142，斑马鱼>100mg/L。水蚤：EC_{50}(48h)>100mg/L。海藻：E_bC_{50}(72h，mg/L) 淡水藻（铜在淡水藻）41.4，蓝绿海藻1.9。其他水生动植物：E_bC_{50}(7d) 膨胀浮萍0.327μg/L。蜜蜂：LD_{50}(48h) 经口>109.4μg/只；接触>100μg/只。蠕虫：LC_{50}>1000mg/kg（土壤)。

制　剂 98%原药，50%水分散粒剂。

应　用 嘧苯胺磺隆属于胺磺酰脲类除草剂，通过抑制杂草的乙酰乳酸合成酶（ALS)，阻止植物的支链氨基酸的合成，从而阻止杂草蛋白质的合成，使杂草细胞分裂停止，最后杂草枯死。该药可经叶、根吸收。经田间药效试验表明对水稻田稗草、莎草及阔叶杂草有较好的防效。

原药生产厂家 意大利意赛格公司。

甲酰氨基嘧磺隆（foramsulfuron）

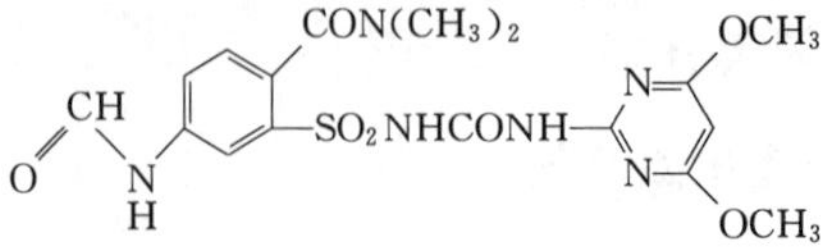

$C_{17}H_{20}N_6O_7S$，452.4

其他中文名称 康施它

化学名称 1-(4,6-二甲氧基嘧啶-2-基)-3-(2-二甲氨基羰基-5-甲酰氨基苯基磺酰基)脲

CAS登录号 173159-57-4

理化性质 纯品浅褐色固体。熔点：199.5℃。蒸气压：4.2×10^{-8} mPa(20℃)。K_{ow} $\lg P$＝1.44(pH 值 2)，0.603(pH 值 5)，−0.78（pH 值 7），−1.97（pH 值 9），0.60（蒸馏水，pH 值 5.5～5.7）(20℃)。相对密度：1.44(20℃)。溶解性：水 0.04(pH 值 5)，3.3(pH 值 7)，94.6(pH 值 8)（g/L，20℃）；丙酮 1.925，乙腈 1.111，1,2-二氯乙烷 0.185，乙酸乙酯 0.362，甲醇 1.660，庚烷和对二甲苯＜0.010(g/L，20℃)。稳定性：光解稳定，非生物水解 DT_{50} 10(pH 值 5)，128(pH 值 7)，130(pH 值 8)（d，20℃）。pK_a4.60(21.5℃)。

毒　性 急性经口 LD_{50}：大鼠＞5000mg/kg。急性经皮 LD_{50}：大鼠＞2000mg/kg，对皮肤无刺激性，对眼睛中度刺激（兔），对皮肤无敏感性（豚鼠）。空气吸入毒性：LC_{50}(4h)大鼠＞5.04mg/L。无作用剂量大鼠(2y) 20000mg/L；雄大鼠(18 月) 8000mg/L。无致突变作用。LD_{50}野鸭和山齿鹑＞2000mg/kg；饲喂毒性 LC_{50}：山齿鹑和野鸭＞5000mg/L。鱼：EC_{50}(96h) 蓝鳃太阳鱼和鳟鱼＞100mg/L。水蚤：EC_{50}(48h) 100mg/L。海藻：EC_{50}(96h) 绿藻：86.2，蓝绿海藻 8.1mg/L。其他水生动植物：EC_{50}(7d) 膨胀浮萍 0.65μg/L。蜜蜂：LD_{50}经口＞163μg/只；接触＞1.9μg/只。蠕虫：LC_{50}＞1000mg/kg（土壤）。

应　用 作用机理与其他磺酰脲类除草剂一样，也是乙酰乳酸合成酶（ALS）抑制剂。主要用于玉米田防除禾本科杂草和某些阔叶杂草。在玉米田甲酰胺磺隆经常与碘甲磺隆钠盐(iodosulfuron-methysodium) 混用，以扩大对阔叶杂草的杀草谱，尤其可以增加对苘麻、藜、苍耳、豚草、田蓟、野向日葵等杂草和某些番薯属杂草的防除效果。

甲基碘磺隆钠盐（iodosulfuron-methyl-sodium）

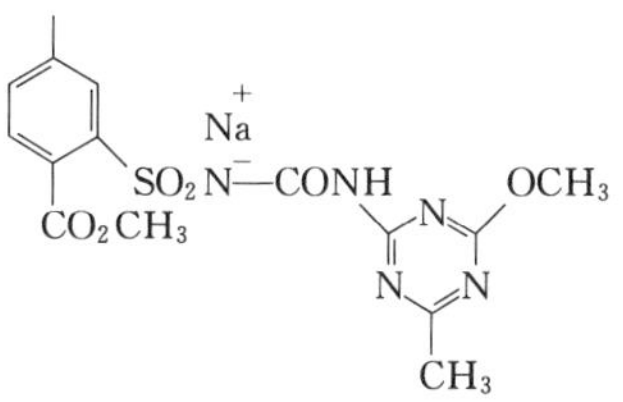

$C_{14}H_{13}IN_5NaO_6S$，529.2

其他中文名称 使阔得

化学名称 4-碘代-2-[3-(4-甲氧基-6-甲基-1,3,5-三嗪-2-基)脲磺酰基]苯甲酸甲酯钠盐

CAS登录号 144550-36-7

理化性质 浅米色结晶粉末。熔点：152℃。蒸气压：2.6×10^{-6} mPa(25℃)。K_{ow} $\lg P$＝1.07(pH 5)，−0.70(pH 7)，−1.22(pH 9)。Henry 常数：2.29×10^{-11} Pa·m^3/mol(20℃)。相对密度：1.76(20℃)。溶解性：水 0.16(pH 5)，25(pH 7)，60（无缓冲液，pH 7.6)，65(pH 9)（mg/L，20℃)，正庚烷 0.0011，正己烷 0.0012，甲苯 2.1，异丙醇 4.4，甲醇 12，醋酸乙酯 23，乙腈 52(g/L)。稳定性：水中 4d(pH 4)，31d(pH 5，计算值)，≥

362d(pH 5～9，计算值)(20℃)。

毒　性　急性经口 LD_{50}：大鼠 2678mg/kg。急性经皮 LD_{50}：大鼠＞2000mg/kg，对皮肤和眼睛无刺激性（兔），对豚鼠皮肤不敏感。空气吸入毒性：LC_{50}大鼠＞2.81mg/L。无作用剂量：大鼠(24 月) 70mg/L，大鼠(12 月) 200mg/L，大鼠(90d) 200mg/L。急性经口 LD_{50}山齿鹑＞2000mg/kg，饲喂 LC_{50}山齿鹑＞5000mg/L。鱼：LC_{50}(96h) 虹鳟鱼和蓝腮太阳鱼＞100mg/L。水蚤：EC_{50}(48h)＞100mg/L。海藻：E_rC_{50}(96h) 0.152mg/L。蜜蜂：LD_{50}（经口）＞80μg/只，接触＞150μg/只。蠕虫：LC_{50}＞1000mg/kg。

制　剂　91%原药。

应　用　适宜作物：小麦；对禾谷类作物安全，对后茬作物无影响，对环境、生态的相容性安全性极高。

原药生产厂家　德国拜耳作物科学公司。

苄嘧磺隆（bensulfuron-methyl）

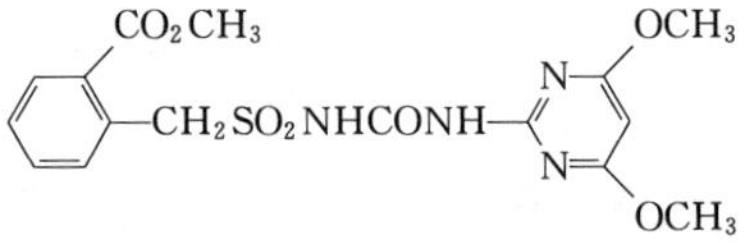

$C_{16}H_{18}N_4O_7S$，410.4

其他中文名称　农得时，便黄隆，稻无草

其他英文名称　Londax，DPX-84，DPX F-5384

化学名称　3-(4,6-二甲氧基嘧啶-2-基)-1-(2-甲氧基甲酰基苄基)磺酰脲

CAS 登录号　83055-99-6

理化性质　白色无味固体。熔点：185～188℃（原药 179.4℃）。蒸气压：2.8×10^{-9} mPa(25℃)。K_{ow} lg$P$＝2.18(pH 5)，0.79(pH 7)，－0.99(pH 9)(25℃)。Henry 常数：2×10^{-11} Pa·m^3/mol（计算值）。相对密度：1.49(20℃)。溶解度：水中 2.1(pH 5)，67(pH 7)，3100(pH 9)(mg/L，25℃)。丙酮 5.10，乙腈 3.75，二氯甲烷 18.4，乙酸乙酯 1.75，正庚烷 3.62×10^{-4}，二甲苯 0.229(g/L，20℃)。稳定性：25℃微碱性水溶液中稳定（pH 8)，在酸性水溶液中缓慢降解；DT_{50} 6d(pH 4)，稳定（pH 7)，141d(pH 9)(25℃)。pK_a 5.2。

毒　性　急性经口 LD_{50}：大鼠＞5000mg/kg。急性经皮 LD_{50}：兔＞2000mg/kg，对皮肤和眼睛无刺激性，无皮肤过敏反应。吸入毒性：LC_{50}(4h) 大鼠 5mg/L(空气)。无作用剂量：狗(雄性，1y) 21.4mg/(kg·d)；饲养 2 代无作用剂量雄大鼠 20mg/(kg·d)；致畸试验无作用剂量兔 300mg/(kg·d)。无致畸作用，无发育毒性。急性经口 LD_{50}：野鸭＞2510mg/kg；饲喂毒性 LC_{50}(8d)：三齿鹑、野鸭＞5620mg/L。鱼：LC_{50}(96h，mg/L) 虹鳟鱼＞66，蓝腮太阳鱼＞120。水蚤：LC_{50}(48h)＞130mg/L。海藻：EC_{50}(72h) 羊角月芽藻 0.020mg/L。蜜蜂：LD_{50}（经口）＞51.41μg/只，（接触）＞100μg/只。蠕虫：LC_{50}＞

1000mg/kg（土壤）。

制　剂　97.50%、97%、96%、95%原药，60%、30%水分散粒剂，32%、30%、10%可湿性粉剂。

应　用　苄嘧磺隆是选择性内吸传导型除草剂。有效成分可在水中迅速扩散，为杂草根部和叶片吸收转移到杂草各部，阻碍氨基酸、赖氨酸、异亮氨酸的生物合成，阻止细胞的分裂和生长。敏感杂草生长机能受阻，幼嫩组织过早发黄抑制叶部生长，阻碍根部生长而坏死。有效成分进入水稻体内迅速代谢为无害的惰性化学物，对水稻安全。使用方法灵活，可用毒土、毒沙、喷雾、泼浇等方法。在土壤中移动性小，温度、土质对其除草效果影响小。适用作物：水稻移栽田、直播田。在其他国家登记作物：水稻。防治对象：雨久花、野慈姑、慈姑、矮慈姑、泽泻、眼子菜、节节菜、窄叶泽泻、陌上菜、日照飘拂草、牛毛毡、花蔺、萤蔺、异型莎草、水莎草、碎米莎草、小茨藻、田叶萍、茨藻、水马齿、三萼沟繁缕等。对稗草、稻李氏禾、狼把草、扁秆藨草、日本藨草、藨草等有抑制作用。

原药生产厂家　安徽华星化工股份有限公司、江苏常隆化工有限公司、江苏金凤凰农化有限公司、江苏快达农化股份有限公司、江苏连云港立本农药化工有限公司、江苏瑞邦农药厂有限公司、江苏省激素研究所股份有限公司、江苏天容集团股份有限公司、江苏中意化学有限公司、上海杜邦农化有限公司、美国杜邦公司。

啶嘧磺隆（flazasulfuron）

（结构式：3-三氟甲基吡啶-2-基—$SO_2NHCONH$—4,6-二甲氧基嘧啶-2-基）

$C_{13}H_{12}F_3N_5O_5S$，407.3

化学名称　1-(4,6-二甲氧基嘧啶-2-基)-3-(3-三氟甲基-2-吡啶磺酰)脲

CAS 登录号　104040-78-0

理化性质　无味，白色结晶粉末。熔点：180℃（纯品 99.7%）。蒸气压：<0.013mPa(25℃，35℃和 45℃)。K_{ow} $\lg P$=1.30(pH 5)；−0.06(pH 7)。Henry 常数：<2.58×10^{-6} Pa·m³/mol。相对密度：1.606(20℃)。溶解度：水中 0.027(pH 5)，2.1(pH 7)（g/L，25℃)；辛醇 0.2，甲醇 4.2，丙酮 22.7，二氯甲烷 22.1，乙酸乙酯 6.9，甲苯 0.56，乙腈 8.7(g/L，25℃)；正己烷 0.5mg/L(25℃)。稳定性：DT_{50} 水中 17.4h(pH 4)；16.6d(pH 7)；13.1d(pH 9)（22℃）。pK_a 4.37(20℃)。

毒　性　急性经口 LD_{50}：大鼠和小鼠>5000mg/kg。急性经皮 LD_{50}：大鼠>2000mg/kg。对皮肤和眼睛无刺激性（兔）。无皮肤敏感性（豚鼠）。吸入毒性：LC_{50}(4h）大鼠 5.99mg/L。无作用剂量(2y)：大鼠 1.313mg/(kg·d)。急性经口 LD_{50}：日本鹌鹑>2000mg/kg；饲喂毒性 LC_{50}：三齿鹑和野鸭>5620mg/L。鱼：LC_{50}(48h）鲤鱼>20mg/L。LC_{50}(96h）虹鳟鱼 22mg/L。水蚤：EC_{50}(48h）106mg/L。海藻：EC_{50}(72h）近头状伪蹄形藻 0.014mg/L。蜜蜂：LD_{50}经口和接触>100μg/只。蠕虫：LC_{50}>15.75mg/L。

制　剂　95%、94%原药，25%水分散粒剂。

应　用　乙酰乳酸合成酶（ALS）抑制剂。主要抑制产生侧链氨基酸、亮氨酸、异亮氨酸和缬氨酸的前驱物乙酰乳酸合成酶的反应。一般情况下，处理后杂草立即停止生长，吸收4～5d后新发出的叶子褪绿，然后逐渐坏死并蔓延至整个植株，20～30d杂草彻底枯死。该药剂主要通过叶面吸收并转移至植物各部位。适用于草坪，对草坪尤其是暖季型草坪除草安全，尤其对结缕草类和对狗牙根草等安全性更高，从休眠期到生长期均可使用，冷季型草坪对啶嘧磺隆敏感，故高羊茅、早熟禾、剪股颖等草坪不可使用该除草剂。防除对象：啶嘧磺隆不仅能极好地防除草坪中一年生阔叶红禾本科杂草，而且还能防除多年生阔叶杂草和莎草科杂草如稗草、马唐、牛筋草、早熟禾、看麦娘、狗尾草、香附子、水蜈蚣、碎米莎草、异型莎草、扁穗莎草、白车轴、空心莲子草、小飞蓬、黄花草、绿苋、荠菜、繁缕等。对短叶水蜈蚣、马唐和香附子防效极佳。持效期为30～90d。一般在施药后4～7d杂草逐渐失绿，然后枯死。部分杂草中施药20～40d后完全枯死。

原药生产厂家　浙江海正化工股份有限公司、日本石原产业株式会社。

烟嘧磺隆（nicosulfuron）

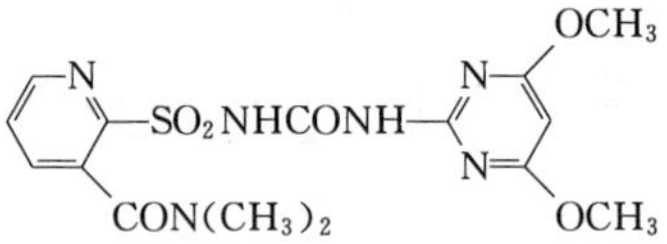

$C_{15}H_{18}N_6O_6S$，410.4

其他中文名称　玉农乐、烟磺隆

其他英文名称　Accent、SL-950、Nisshin

化学名称　2-(4,6-二甲氧基嘧啶-2-基氨基甲酰氨基磺酰)-*N*,*N*-二甲基烟酰胺

CAS登录号　111991-09-4

理化性质　无色晶体。熔点：169～172℃（原药140～161℃）。蒸气压：<8×10^{-7} mPa（25℃）。K_{ow} lg$P$=−0.36(pH 5)，−1.8(pH 7)，−2(pH 9)。相对密度：0.313。溶解度：水中7.4g/L(pH 7)；丙酮18，乙醇4.5，三氯甲烷，二甲基甲酰胺64，乙腈23，甲苯0.370，正己烷<0.02，二氯甲烷160(g/kg，25℃)。稳定性：水解DT_{50} 15d(pH 5)；pH 7和pH 9稳定。pK_a 4.6（25℃）。

毒　性　急性经口LD_{50}：大鼠和小鼠>5000mg/kg。急性经皮LD_{50}：大鼠>2000mg/kg。对眼睛中度刺激性，对皮肤无刺激性（兔），无皮肤过敏反应（豚鼠）。吸入毒性：LC_{50}大鼠(4h) 5.47mg/L。无作用剂量(1y)：狗141mg/kg。无致突变作用。饲喂毒性经口LD_{50}三齿鹑>2250mg/kg，LC_{50}野鸭和三齿鹑>5620mg/L。水蚤：LC_{50}(48h) 90mg/L。海藻：无作用剂量（96h）绿藻100mg/L。蜜蜂：LD_{50}（接触）>76μg/只；饲喂毒性LC_{50}(48h)>1000mg/L。蠕虫：LC_{50}(14d)>1000mg/kg。

制　剂　98%、95%、94%原药，75%水分散粒剂，200g/L、40g/L油悬浮剂，40g/L悬

浮剂，40g/L、20%、8%可分散油悬浮剂。

应　用　烟嘧磺隆是内吸传导型除草剂，可被植物的茎叶和根部吸收并迅速传导，通过抑制植物体内乙酰乳酸合成酶的活性，阻止支链氨基酸缬氨酸、亮氨酸与异亮氨酸合成进而阻止细胞分裂，使敏感植物停止生长。杂草受害症状为心叶变黄、失绿、白化，然后其他叶由上到下依次变黄。一般在施药后3～4d可以看到杂草受害症状，一年生杂草1～3周死亡，6叶以下多年生阔叶杂草受抑制，停止生长，失去同玉米的竞争能力。高剂量也可使多年生杂草死亡。适用作物：玉米。在其他国家登记作物：玉米。防治对象：稗草、野燕麦、狗尾草、金狗尾草、马唐、牛筋草、野黍、柳叶刺蓼、酸模叶蓼、卷茎蓼、反枝苋、龙葵、香薷、水棘针、荠菜、苍耳、苘麻、鸭跖草、狼把草、风花菜、遏蓝菜、问荆、蒿属、刺儿菜、大蓟、苣荬菜等一年生杂草和多年生阔叶杂草。对蓼、小蓼、地肤、芦苇等有较好的药效。使用方法：使用时期玉米苗后3～5叶期，一年生杂草2～4叶期，多年生杂草6叶期以前，大多数杂草出齐时施药，除草效果最好，对玉米也安全。烟嘧磺隆不但有好的草叶处理活性，而且有土壤封闭杀草作用，因此施药不能过晚，过晚杂草大，抗性增强。

原药生产厂家　安徽丰乐农化有限责任公司、安徽华星化工股份有限公司、安徽科立华化工有限公司、北京沃特瑞尔科技发展有限公司、合肥久易农业开发有限公司、合肥星宇化学有限责任公司、河北欧亚化学工业有限公司、河北省邯郸市瑞田农药有限公司、河北省衡水北方农药化工有限公司、河北省石家庄华农化工有限责任公司、河南省博爱惠丰生化农药有限公司、河南省开封田威生物化学有限公司、河南省濮阳市新科化工有限公司、江苏长青农化股份有限公司、江苏常隆农化有限公司、江苏丰山集团有限公司、江苏富田农化有限公司、江苏辉丰农化股份有限公司、江苏快达农化股份有限公司、江苏瑞邦农药厂有限公司、江苏省激素研究所股份有限公司、江苏省新沂中凯农用化工有限公司、江苏天容集团股份有限公司、江苏中旗化工有限公司、江苏中意化学有限公司、江西日上化工有限公司、捷马化工股份有限公司、南京华洲药业有限公司、山东京博农化有限公司、山东省淄博新农基农药化工有限公司、山东先达化工有限公司、山东中农民昌化学工业有限公司、山都丽化工有限公司、沈阳科创化学品有限公司、天津市施普乐农药技术发展有限公司、浙江省宁波中化化学品有限公司、浙江省上虞市银邦化工有限公司。

日本石原产业株式会社。

砜嘧磺隆（rimsulfuron）

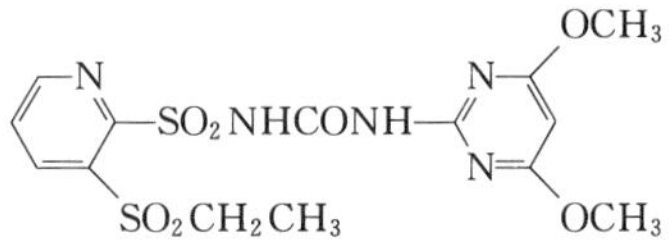

$C_{14}H_{17}N_5O_7S_2$，431.4

化学名称　1-(4,6-二甲氧嘧啶-2-基)-3-(3-乙基磺酰基-2-吡啶基磺酰基)脲

CAS登录号　122931-48-0

理化性质　纯品无色晶体。熔点：172～173℃（>98%）。蒸气压：1.5×10^{-3} mPa（25℃）。$K_{ow}\lg P=0.288$(pH值5)，-1.47(pH值7)（25℃）。密度：0.784(25℃)。溶解

性：水(25℃)<10mg/L（无缓冲液）；7.3g/L（缓冲液，pH 值 7）。稳定性：25℃，水解 DT_{50} 4.6d(pH 值 5)，7.2d(pH 值 7)，0.3d(pH 值 9)。pK_a 4.0。

毒　性　急性经口 LD_{50}：大鼠>5000mg/kg。急性经皮 LD_{50}：兔>2000mg/kg，对皮肤无刺激性，对眼睛中度刺激（兔）；对皮肤无敏感性（豚鼠）。空气吸入毒性：LC_{50}(4h) 大鼠>5.4mg/L。无作用剂量：雄大鼠(2y) 300mg/L，雌大鼠(2y) 3000mg/L；小鼠(18 月) 2500mg/L；狗(1y) 50mg/L(1.6mg/kg)。无致突变作用。急性经口 LD_{50}(mg/kg)：山齿鹑>2250，野鸭>2000；饲喂毒性 LC_{50}：山齿鹑和野鸭>5620mg/L。鱼：LC_{50}(96h) 蓝鳃太阳鱼和虹鳟鱼>390，鲤鱼>900，红鲈鱼 110mg/L。水蚤：LC_{50}(48h)>360mg/L。海藻：无作用剂量（72h）羊角月芽藻 125g/L。其他水生动植物：EC_{50}(14d) 膨胀浮萍 66g/L。蜜蜂：LD_{50}接触>100μg/只；饲喂毒性>1000mg/L。蠕虫：LC_{50}(14d)>1000mg/kg。

制　剂　99%原药，25%水分散粒剂。

应　用　砜嘧磺隆为乙酰乳酸合成酶抑制剂，即通过抑制植物的乙酰乳酸合成酶，组织支链氨基酸的生物合成，从而抑制细胞分裂。植物分生组织经砜嘧磺隆处理后的症状是：敏感的禾本科和阔叶杂草停止生长，然后褪绿、斑枯直至全株死亡。适用作物与安全性：玉米和马铃薯，对玉米安全，对春玉米最安全。在玉米中的半衰期仅为 6h。使用时对后茬作物安全，但甜玉米、爆裂玉米、黏玉米及制种不宜使用。防除对象：可防除玉米田大多数一年生与多年生禾本科杂草和阔叶杂草如香附子、田蓟、莎草、皱叶酸模等多年生杂草。野燕麦、稗草、止血马唐、狗尾草、轮生狗尾草、千金子属等一年生禾本科杂草。苘麻、藜、繁缕、猪殃殃、反枝苋等一年生阔叶杂草。

原药生产厂家　江苏省农用激素工程技术研究中心有限公司、浙江省上虞市银邦化工有限公司。

美国杜邦公司。

氟吡磺隆（flucetosulfuron）

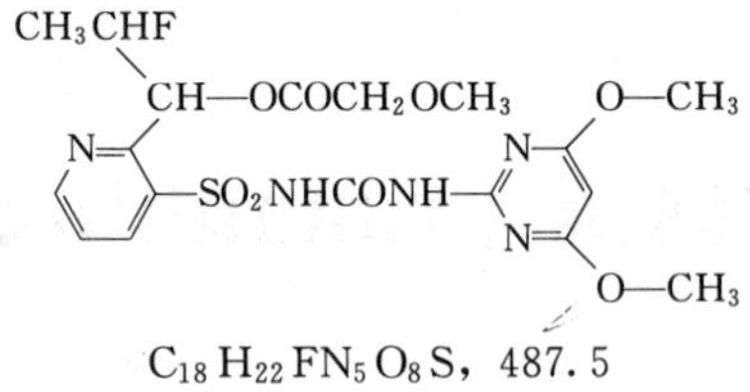

CH_3CHF — CH—$OCOCH_2OCH_3$ / 吡啶-$SO_2NHCONH$-嘧啶(O—CH_3)(O—CH_3)

$C_{18}H_{22}FN_5O_8S$，487.5

其他中文名称　韩乐福

化学名称　1-(4,6-二甲氧基嘧啶-2-基)-3-[2-氟-1-(甲氧基乙酰氧基)丙基-3-吡啶磺酰基]脲

CAS 登录号　412928-75-7

理化性质　纯品无味白色固体。熔点：178～182℃。蒸气压：$<1.86\times10^{-2}$ mPa(25℃)。$K_{ow}\lg P=1.05$。Henry 常数：$<7.9\times10^{-5}$ Pa·m^3/mol(25℃，计算值)。溶解性：水 114mg/L(25℃)。pK_a 3.5。

毒　性　急性经口 LD_{50}：雌大鼠＞5000mg/kg，狗＞2000mg/kg。无作用剂量（13w）大鼠 200mg/L。鱼：LC_{50} 鲤鱼＞10mg/L。水蚤：LC_{50}＞10mg/L。海藻：EC_{50}＞10mg/L。

制　剂　97％原药，10％可湿性粉剂。

应　用　新型磺酰脲类除草剂，可用于移栽和直播水稻田；用于土壤或茎叶处理能有效防除稗草、阔叶和莎草科杂草。

原药生产厂家　韩国 LG 生命科学有限公司。

三氟啶磺隆（trifloxysulfuron-sodium）

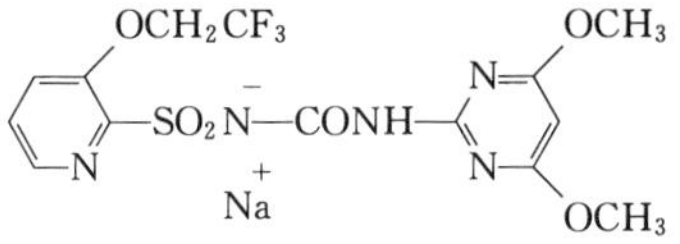

$C_{14}H_{13}F_3N_5NaO_6S$，459.3

化学名称　1-(4,6-二甲氧基嘧啶-2-基)-3-[3-(2,2,2-三氟乙氧基)-2-吡啶磺酰]脲

CAS 登录号　199119-58-9

理化性质　纯品无味，白色至灰白色粉末。熔点：170.2～177.7℃。蒸气压：＜1.3×10^{-3}mPa(25℃)。$K_{ow}\lg P$＝1.4(pH 值 5)，－0.43(pH 值 7)（25℃）。Henry 常数：2.6×10^{-5}Pa・m^3/mol（计算值）。密度：1.63g/cm^3（21℃）。溶解性：水 25500mg/L(pH 值 7.6，25℃)；丙酮 17，乙酸乙酯 3.8，甲醇 50，二氯甲烷 0.790，正己烷和甲苯＜0.001(g/L，25℃)。稳定性：水解半衰期 DT_{50} 6(pH 值 5)，20(pH 值 7)，21(pH 值 9)（d，25℃）；光解半衰期 DT_{50} 14～17d(pH 值 7，25℃)。pK_a 4.76(20℃)。

毒　性　急性经口 LD_{50}：大鼠＞5000mg/kg。急性经皮 LD_{50}：大鼠＞2000mg/kg，对皮肤和眼睛有轻度刺激性（兔），对皮肤无敏感性（豚鼠）。空气吸入毒性：LC_{50} 大鼠(4h)＞5.03mg/L。无作用剂量大鼠(2y) 24mg/(kg・d)；小鼠(1.5y) 112mg/(kg・d)；狗(1y) 15mg/(kg・d)。无致畸、致癌、致突变作用。LD_{50} 野鸭和山齿鹑＞2250mg/kg；饲喂毒性：无作用剂量野鸭和山齿鹑 5620mg/L。鱼：LC_{50}（96h）虹鳟鱼和蓝鳃太阳鱼＞103mg/L。水蚤：EC_{50}(48h)＞108mg/L。海藻：EC_{50}(120h，mg/L）舟形藻＞150，硅藻 80，淡水藻 0.28，月牙藻 0.0065。蜜蜂：LD_{50}(48h）经口和接触＞25μg/只。

制　剂　11％可分散油悬浮剂。

应　用　棉花和甘蔗田除草剂，用于生产三氟啶磺隆钠盐，属于磺酰脲除草剂。其作用机理为可抑制杂草中乙酰乳酸合成酶（ALS）的生物活性，从而杀死杂草。杂草表现为停止生长、萎黄、顶点分裂组织死亡，随后在 1～3 周死亡。壳防治大多数阔叶杂草和部分乔木科杂草，对莎草科杂草和香附子有特效。

原药生产厂家　瑞士先正达作物保护有限公司。

吡嘧磺隆（pyrazosulfuron-ethyl）

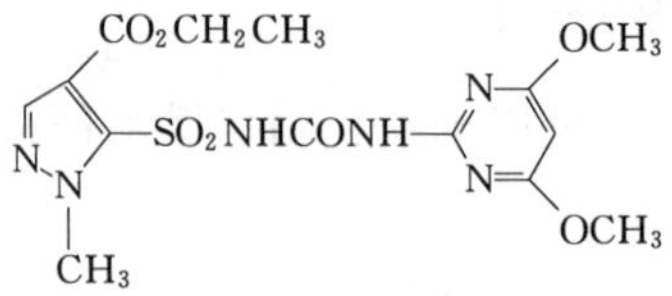

$C_{14}H_{18}N_6O_7S$，414.4

其他中文名称 草克星，水星，韩乐星

其他英文名称 Agreen，Sirius，A-821256，NC-311

化学名称 5-(4,6-二甲氧基嘧啶-2-基氨基甲酰氨基磺酰基)-1-甲基吡唑-4-甲酸乙酯

CAS登录号 93697-74-6

理化性质 无色晶体。熔点：177.8～179.5℃。蒸气压：4.2×10^{-5}mPa(25℃)。K_{ow} lg$P$=3.16（HPLC方法）。相对密度：1.46(20℃)。溶解度：水中9.76mg/L(20℃)；甲醇4.32，正己烷0.0185，苯15.6，三氯甲烷200，丙酮33.7(g/L，20℃)。稳定性：50℃保存6个月，pH 7相对稳定，酸性和碱性条件下不稳定。pK_a 3.7。

毒 性 急性经口LD_{50}：大鼠和小鼠＞5000mg/kg。急性经皮LD_{50}：大鼠＞2000mg/kg。对皮肤和眼睛无刺激性（兔）。无皮肤敏感性（豚鼠）。吸入毒性：LC_{50}大鼠＞3.9mg/L(空气)。无作用剂量（78周）小鼠4.3mg/(kg·d)。对大鼠和兔无致突变、致畸作用。急性经口LD_{50}：三齿鹑＞2250mg/kg。鱼：LC_{50}(96h)虹鳟鱼和蓝腮太阳鱼＞180mg/L；(48h)鲤鱼＞30mg/L。水蚤：EC_{50}(48h)700mg/L。蜜蜂：LD_{50}接触＞100μg/只。

制 剂 98%、97%、95%、90%原药，20%、7.50%可湿性粉剂，10%可分散片剂。

应 用 吡嘧磺隆属磺酰脲类除草剂，可被植物的根和叶片吸收，并在植物体内迅速传导，阻碍缬氨酸、异亮氨酸、亮氨酸合成，抑制细胞分裂和生长，敏感杂草吸收药剂后，幼芽和根迅速停止生长，幼嫩组织发黄，随后整株枯死。杂草吸收药剂到死亡有个过程，一般一年生杂草5～15d，多年生杂草要长一些；有时施药后杂草仍呈现绿色，多年生杂草不死，但生长已停止，失去与水稻竞争能力。适用作物：水稻直播田、抛秧田、摆栽田、移栽田。防治对象：稗草、牛毛毡、异型莎草、水莎草、萤蔺、日照飘拂草、宽叶谷精草、雨久花、鸭舌草、眼子菜、狼把草、白水八角、浮生水马齿、毋草、轮藻、清萍、小茨藻、节节菜、慈姑、泽泻、三蕊沟繁缕等，对多年生莎草料难治杂草如扁秆藨草、藨草、日本藨草等有较好的抑制作用。对1.5叶期以前的稗草低用量有抑制作用，高用量有好的药效。

原药生产厂家 河北宣化农药有限责任公司、江苏常隆化工有限公司、江苏快达农化股份有限公司、江苏连云港立本农药化工有限公司、江苏绿利来股份有限公司、江苏瑞东农药有限公司、江苏天容集团股份有限公司、辽宁省沈阳丰收农药有限公司、瑞邦农化（江苏）有限公司、沈阳科创化学品有限公司。

磺酰磺隆（sulfosulfuron）

$C_{16}H_{18}N_6O_7S_2$，470.5

化学名称 1-(4,6-二甲氧吡啶-2-基)-3-[(2-乙基磺酰基-咪唑并[1,2-α]吡啶-3-基)磺酰基]脲

CAS登录号 141776-32-1

理化性质 纯品白色，无味固体。熔点：201.1～201.7℃。蒸气压：3.1×10^{-5}mPa(20℃)；8.8×10^{-5}mPa(25℃)。$K_{ow}\lg P$=0.73(pH值5)，-0.77(pH值7)，-1.44(pH值9)。密度：1.5185（20℃）。溶解性：水17.6（pH值5），1627（pH值7），482(pH值9)（mg/L，20℃）；丙酮0.71，甲醇0.33，乙酸乙酯1.01，二氯甲烷4.35，二甲苯0.16，庚烷<0.01(g/L，20℃)。稳定性：温度<54℃稳定保存14d，水解DT_{50} 7d(pH值4)，48d(pH值5)，168d(pH值7)，156d(pH值9)（25℃）。pK_a3.51(20℃)。

毒　性 急性经口LD_{50}：大鼠>5000mg/kg。急性经皮LD_{50}：大鼠>5000mg/kg，对皮肤无刺激作用，对眼睛有中度刺激（兔），对皮肤无敏感性（豚鼠）。空气吸入毒性：无毒性。无作用剂量大鼠(2y) 24.4～30.4mg/(kg·d)；狗(90d) 100mg/(kg·d)；小鼠(18mo) 93.4～1388.2mg/(kg·d)。急性经口LD_{50}：山齿鹑和野鸭>2250mg/kg；饲喂毒性LC_{50}(5d)：山齿鹑和野鸭>5620mg/L。鱼：LC_{50}(96h) 虹鳟鱼>95，鲤鱼>91，蓝鳃太阳鱼>96，红鲈鱼>101mg/L。水蚤：EC_{50}(48h)>96mg/L。海藻：E_bC_{50}(3d) 羊角月芽藻0.221mg/L，E_rC_{50}(3d) 0.669mg/L；EC_{50}(5d) 蓝绿海藻0.77mg/L；EC_{50}(5d) 舟形藻>87mg/L。蜜蜂：LD_{50}经口>30μg/只；经皮>25μg/只。蠕虫：LC_{50}(14d)>848mg/kg(土壤)。

应　用 与其他磺酰脲类除草剂一样是乙酰乳酸合成酶抑制剂。通过杂草根和叶吸收，在植株体内传导，杂草即停止生长，而后枯死。适用作物为小麦。对小麦安全，基于其在小麦植株中快速降解。但对大麦、燕麦有药害。防除对象：一年生和多年生禾本科杂草和部分阔叶杂草如野燕麦、早熟禾、蓼、风剪股颖等。对众所周知的难防除杂草雀麦有很好的防效。

氯吡嘧磺隆（halosulfuron-methyl）

$C_{13}H_{15}ClN_6O_7S$，434.8

其他中文名称 草枯星

化学名称 3-(4,6-二甲氧基嘧啶-2-基)-1-(1-甲基-3-氯-4-甲氧基甲酰基吡唑-5-基)磺酰脲

CAS登录号 100784-20-1

理化性质 纯品白色粉末。熔点：175.5～177.2℃。蒸气压：＜0.01mPa(25℃)。K_{ow} lg$P$＝－0.0186(pH 值 7，23±2℃)。密度：1.618 g/mL(25℃)。溶解性：水 0.015(pH 值 5)，1.65(pH 值 7)（g/L，20℃）；甲醇 1.62g/L(20℃)。稳定性：常规储存条件下稳定。pK_a3.44(22℃)。

毒　性 急性经口 LD_{50}(mg/kg)：大鼠 8866，小鼠 11173。急性经皮 LD_{50}：大鼠＞2000mg/kg。对皮肤和眼睛无刺激性（兔），对皮肤无敏感性（豚鼠）。空气吸入毒性：LC_{50}(4h) 大鼠＞6.0mg/L。无作用剂量：雄大鼠（104w）108.3，雌大鼠（104w）56.3mg/(kg・d)；雄大鼠(18 月) 410，雌大鼠(18 月) 1215mg/(kg・d)；狗(1y) 10mg/(kg・d)。急性经口 LD_{50}：山齿鹑＞2250mg/kg；饲喂毒性 LC_{50}(5d)：山齿鹑和野鸭＞5620mg/L。鱼：LC_{50}(96h) 蓝鳃太阳鱼＞118，虹鳟鱼＞131mg/L。水蚤：EC_{50}(48h)＞107mg/L。海藻：EC_{50}(5d，mg/L) 羊角月芽藻 0.0053，蓝绿海藻 0.158。其他水生动植物：IC_{50}(14d) 膨胀浮萍 0.038μg/L(pH 值 5)。蜜蜂：LD_{50}＞100μg/只。蠕虫：LC_{50} 蚯蚓＞1000mg/kg(土壤)。

制　剂 95％原药，75％水分散粒剂。

应　用 适用于小麦、玉米、水稻、甘蔗、草坪等除草；主要用于防除阔叶杂草和莎科杂草，如仓耳、曼陀罗、豚草、反枝苋、野西瓜苗、蓼、马齿苋、龙葵、决明、牵牛、香附子等。于苗前和苗后均可施用。

原药生产厂家 江苏省农用激素工程技术研究中心有限公司。

四唑嘧磺隆（azimsulfuron）

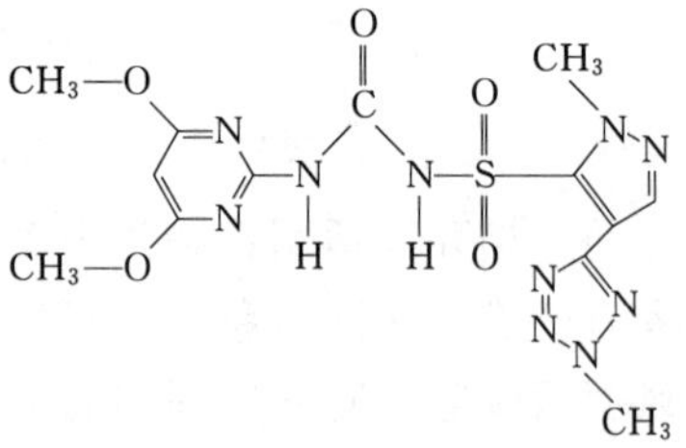

$C_{13}H_{16}N_{10}O_5S$，424.4

化学名称 1-(4,6-二甲氧基嘧啶-2-基)-3-[1-甲基-4-(2-甲基-2H-四唑-5-基)吡唑-5-基磺酰基]脲

CAS登录号 120162-55-2

理化性质 白色固体。熔点：170℃。蒸气压：4.0×10^{-6}mPa(25℃)。K_{ow} lg$P$＝4.43(pH 5)，0.043(pH 7)，0.008(pH 9)（25℃)。Henry 常数：8×10^{-9}(pH 5)；5×10^{-10}

(pH 7)；9×10^{-11}(pH 9)（Pa·m^3/mol，计算值）。相对密度：1.12(25℃)。溶解度：水中72.3(pH 5)，1050(pH 7)，6536(pH 9)（mg/L，20℃）；丙酮26.4，乙腈13.9，乙酸乙酯13.0，甲醇2.1，二氯甲烷65.9，甲苯1.8，正己烷<0.2(g/L，25℃)。稳定性：水解DT_{50} 89d(pH 5)，124d(pH 7)，132d(pH 9)（25℃）。pK_a 3.6。

毒　性　急性经口LD_{50}：大鼠>5000mg/kg。急性经皮LD_{50}：大鼠>2000mg/kg。对皮肤和眼睛无刺激性（兔）。无皮肤过敏反应（豚鼠）。吸入毒性：LC_{50}(4h）大鼠>5.84mg/L。无作用剂量：雄大鼠(2y) 34.3mg/(kg·d)，狗(雄性，1y) 17.9mg/(kg·d)。急性经口LD_{50}：三齿鹑和野鸭>2250mg/kg；饲喂毒性LC_{50}(8d)：三齿鹑和野鸭>5260mg/kg。鱼：LC_{50}(96h，mg/L）鲤鱼>300，蓝腮太阳鱼>1000，虹鳟鱼154。水蚤：LC_{50}(48h)>1000mg/L，无作用剂量（21d)>5.4mg/L。海藻：EC_{50}羊角月芽藻12μg/L。蜜蜂：LD_{50}(48h）经口>25μg/只，接触>1000μg/只。蠕虫：LC_{50}>1000mg/kg。

应　用　四唑嘧磺隆与其他磺酰脲类除草剂一样是乙酰乳酸合成酶（ALS）的抑制剂。通过杂草根和叶吸收，在植株体内传导，杂草即停止生长，而后枯死。适用作物于水稻。在水稻植株内迅速代谢为无毒物，对水稻安全。可有效地防除稗草、北水毛花、异型莎草、紫水苋菜、眼子菜、欧泽泻等。于水稻苗后施用。如果与助剂一起使用，用量将更低。四唑嘧磺隆对稗草和莎草的活性高于苄嘧磺隆，若两者混用，增效明显，混用后，即使在遭大水淋洗、低温情况下，除草效果仍很稳定。

噻吩磺隆（thifensulfuron-methyl）

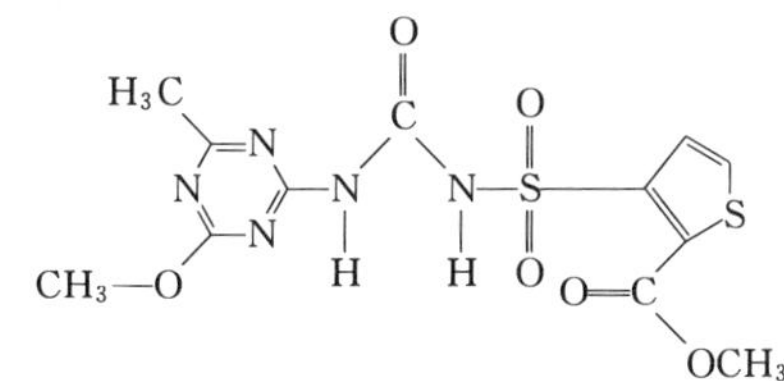

$C_{12}H_{13}N_5O_6S_2$，387.4

其他中文名称　阔叶散，噻磺隆

化学名称　3-(4-甲氧基-6-甲基-1,3,5-三嗪-2-基氨基甲酰氨基磺酰基)噻吩-2-羧酸

CAS登录号　79277-27-3

理化性质　纯品灰白色固体。熔点：176℃（原药，171.1℃）。蒸气压：1.7×10^{-5}mPa(25℃)。K_{ow}lg$P$=1.06(pH值5)，0.02(pH值7)，0.0079(pH值9)。Henry常数：9.7×10^{-10}Pa·m^3/mol(pH值7，25℃)。密度：1.580(20℃)。溶解性：水223(pH值5)，2240(pH值7)，8830(pH值9)（mg/L，25℃），正己烷<0.1，邻二甲苯0.212，乙酸乙酯3.3，甲醇2.8，乙腈7.7，丙酮10.3，二氯甲烷23.8(g/L，25℃)。稳定性：水解DT_{50} 4～6d(pH值5)，180d(pH值7)，90d(pH值9)（25℃）。pK_a 4.0(25℃)。

毒　性　急性经口LD_{50}：大鼠>5000mg/kg。急性经皮LD_{50}：兔>2000mg/kg，对皮肤和眼睛无刺激性，对皮肤无敏感性。空气吸入毒性：LC_{50}(4h）大鼠>7.9mg/L。无作用剂量大鼠(90d) 100mg/kg；大鼠(2y) 500mg/kg；大鼠2代试验研究无作用剂量2500mg/kg。

无致突变作用。急性经口 LD_{50}：野鸭＞2510mg/kg；饲喂毒性 LC_{50}（8d）：野鸭和日本鹌鹑＞5620mg/kg。鱼：LC_{50}（96h）虹鳟鱼 410，蓝鳃太阳鱼 520mg/L。水蚤：LC_{50}（48h）970mg/L。海藻：无作用剂量（120h）绿藻：15.7mg/L。其他水生动植物：EC_{50}（14d）膨胀浮萍 0.0016mg/L。蜜蜂：对蜜蜂无毒，LD_{50}（48h）＞12.5μg/只。蠕虫：LC_{50}＞2000mg/kg。

制　剂　97％、95％原药，75％水分散粒剂，75％、70％、25％、20％、15％、10％可湿性粉剂，75％干悬浮剂。

应　用　噻吩磺隆是一种内吸传导型苗后选择性除草剂，乙酰乳酸合成酶抑制剂。施药后被植物叶、根吸收，并迅速传导，在敏感作物体内能抑制亮氨酸和异亮氨酸等的合成而阻止细胞分裂，使敏感作物停止生长，在受药后 1～3 周死亡。适用作物与安全性：冬小麦、春小麦、硬质小麦、大麦、燕麦、玉米、大豆等。由于噻吩磺隆在土壤中有氧条件下能迅速被微生物分解，在处理后 30d 即可播种下茬作物，对下茬作物无害。正常剂量下最作物安全。防除对象：主要用于防除一年生和多年生阔叶杂草如苘麻、龙葵、问荆、反枝苋、马齿苋、藜、葎草、鸭舌草、猪殃殃、婆婆纳、地肤、繁缕等，对田蓟、田旋花、野燕麦、狗尾草、雀麦、刺儿菜及其他禾本科杂草等无效。

原药生产厂家　安徽丰乐农化有限责任公司、江苏天容集团股份有限公司、江苏腾龙生物药业有限公司、南京华洲药业有限公司、山都丽化工有限公司、上海杜邦农化有限公司、美国杜邦公司。

氟唑磺隆（flucarbazone-sodium）

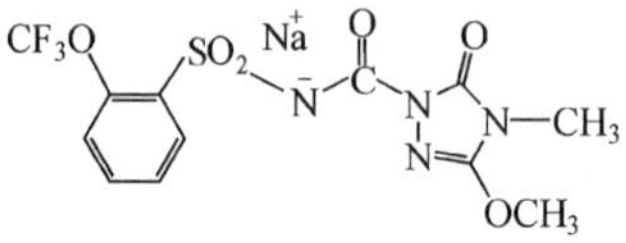

$C_{12}H_{10}F_3N_4NaO_6S$，418.3

化学名称　4,5-2 氢-3-甲氧基-4-甲基-5-氧-*N*-[2-(三氟甲氧)苯磺酰基]- 1*H*-1,2,4-三唑-1-甲酰胺钠盐

CAS 登录号　181274-17-9

理化性质　纯品无色无味，结晶粉末。熔点：200℃（分解）。蒸气压：＜1×10^{-6} mPa（20℃，计算值）。K_{ow} lg$P$＝－0.89（pH 值 4），－1.84（pH 值 7），－1.88（pH 值 9），－2.85（无缓冲液）（20℃）。Henry 常数：＜1×10^{-11} Pa·m^3/mol(20℃，计算值)。密度：1.59(20℃)。溶解性：水 44g/L（pH 值 4～9，20℃）。pK_a1.9。

毒　性　急性经口 LD_{50}：大鼠＞5000mg/kg。急性经皮 LD_{50}：大鼠＞5000mg/kg，对皮肤无刺激性；对眼睛有轻度和中度刺激（兔），对皮肤无敏感性（豚鼠）。空气吸入毒性：LC_{50}（急性）大鼠＞5.13mg/L。无作用剂量（mg/kg）：大鼠(2y) 125，小鼠(2y) 1000；雌性狗(1y) 200，雄性狗 1000。急性经口 LD_{50}：山齿鹑＞2000mg/kg。急性饲喂毒性 LC_{50}：山齿鹑＞5000mg/L。鱼：LC_{50}(96h，mg/L) 蓝鳃太阳鱼＞99.3，虹鳟鱼＞96.7。

水蚤：EC_{50}(48h)＞109mg/L。海藻：EC_{50}羊角月芽藻 6.4mg/L。其他水生动植物：EC_{50}膨胀浮萍 0.0126mg/L。蜜蜂：对蜜蜂无毒（LD_{50} ＞ 200μg/只）。蠕虫：LC_{50} 蚯蚓＞1000mg/kg。

制　剂　95%原药，70%水分散粒剂。

应　用　氟唑磺隆属新型磺酰脲类除草剂。其作用机理为乙酰乳酸酶合成抑制剂。通过杂草茎叶和根部吸收，使之脱绿、枯萎、最后死亡。用于苗后防除小麦田禾本科杂草和一些重要的阔叶杂草，也可防治抗性杂草如野燕麦和狗尾草等。

原药生产厂家　爱利思达生物化学品北美有限公司。

氯氨吡啶酸（aminopyralid）

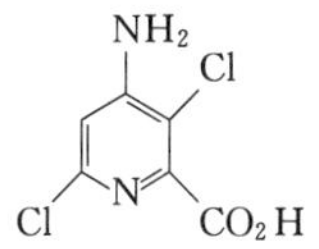

$C_6H_4Cl_2N_2O_2$，207.0

化学名称　4-氨基-3,6-二氯吡啶-2-羧酸

CAS登录号　150114-71-9

理化性质　纯品灰白色粉末。熔点：163.5℃。蒸气压：2.59×10^{-5}mPa(25℃)；9.52×10^{-6}mPa(20℃)。$K_{ow}\lg P$＝0.201（无缓冲液，19℃），－1.75(pH 值 5)，－2.87(pH 值 7)，－2.96(pH 值 9)。Henry 常数：9.61×10^{-12} Pa·m^3/mol(pH 值 7，20℃)。密度：1.72(20℃)。溶解性：水 2.48g/L（无缓冲，18℃），205g/L(pH 值 7)；丙酮 29.2，乙酸乙酯 4，甲醇 52.2，1,2-二氯乙烷 0.189，二甲苯 0.043，庚烷＜0.010(g/L)。稳定性：pH5，pH7 和 pH9，20℃稳定 31d。pK_a 2.56。

毒　性　急性经口 LD_{50}：大鼠＞5000mg/kg。急性经皮 LD_{50}：大鼠＞5000mg/kg，对眼睛有刺激性，对皮肤无刺激作用（兔），对皮肤无敏感性（豚鼠）。空气吸入毒性 LC_{50}：雄大鼠＞5.5mg/L(原药)。无作用剂量，慢性毒性饲喂试验大鼠 50mg/(kg·d)，饲喂毒性无作用剂量［90d，mg/(kg·d)］雌性大鼠 1000，雄大鼠 500，雌性狗 232，雄性狗 282，小鼠 1000。无致畸、致突变作用。急性经口 LD_{50}：山齿鹑＞2250mg/kg；饲喂毒性 LC_{50}：鹌鹑和鸭子＞5620mg/kg。鱼：LC_{50}（96h）虹鳟鱼＞100，红鲈＞120mg/L。水蚤：EC_{50}(48h)＞100mg/L。海藻：EC_{50}(72h) 淡水藻 30mg/L；蓝绿海藻 27mg/L，E_bC_{50}(72h) 舟形藻 18mg/L。蜜蜂：LD_{50}(48h) 经口＞120mg/只；接触＞100mg/只。蠕虫：LC_{50}(14d)＞1000mg/kg（土壤）。

应　用　氯氨吡啶酸及其盐可迅速地通过叶和根吸收与传导，除十字化科作物外大多数阔叶作物都对该药敏感，大多数禾本科作物是耐药的。广泛用于山地、草原、种植地和非耕地的杂草防除，现正被研究开发制剂应用于油菜和禾谷类作物田防除杂草。

氨氯吡啶酸（picloram）

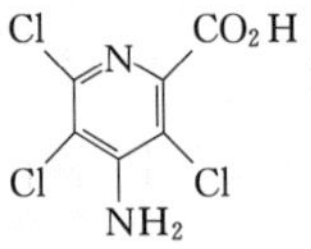

$C_6H_3Cl_3N_2O_2$，241.5

其他中文名称 毒莠定 101，毒莠定

其他英文名称 Tordon，Tordan

化学名称 4-氨基-3,5,6-三氯吡啶-2-羧酸

CAS 登录号 1918-02-1

理化性质 氨氯吡啶酸为带有氯气味的浅棕色固体。熔化前约 190℃分解，蒸气压 8×10^{-11}mPa(25℃)，$K_{ow}\lg P=1.9$(20℃，0.1mol/L HCl)，相对密度 0.895(25℃)。水中溶解度 0.056g/100mL(20℃)；其他溶剂中溶解度（g/100mL，20℃）：正己烷<0.004，甲苯 0.013，丙酮 1.82，甲醇 2.32。酸、碱性条件下稳定，但热浓碱条件下分解。可形成水溶性碱金属盐和胺盐。其水溶液在紫外光下 DT_{50} 2.6d(25℃)。pK_a 2.3(22℃)。

毒　性 急性经口 LD_{50}(mg/kg)：雄大鼠>5000，小鼠 2000～4000，兔约 2000，豚鼠约 3000，羊>1000，牛>750。兔急性经皮 LD_{50}>2000mg/kg。对兔眼睛有中等刺激、皮肤轻微刺激作用，无皮肤致敏性。大鼠吸入 LC_{50}>0.035mg/L。大鼠(2y) 无作用剂量：20mg/(kg・d)。雏鸡急性经口 LD_{50}约 6000mg/kg。野鸭、山齿鹑 LC_{50}>5000mg/kg 饲料。鱼毒 LC_{50}(96h，mg/L)：虹鳟鱼 5.5，蓝鳃太阳鱼 14.5。水蚤 LC_{50}：34.4mg/L。羊角月牙藻 EC_{50}：36.9mg/L。蜜蜂 LD_{50}>100μg/只。对蚯蚓几乎无毒。

制　剂 95%原药，24%、21%水剂。

应　用 主要作用于核酸代谢，并且使叶绿体结构及其他细胞器发育畸形，干扰蛋白质合成，作用于分生组织活动等，最后导致植物死亡。主要用来防除森林、荒地等非耕地块防除一年生及多年生阔叶杂、灌木。

原药生产厂家 重庆双丰化工有限公司、河北万全力华化工有限责任公司、湖南沅江赤蜂农化有限公司、江苏省南京红太阳生物化学有限责任公司、利尔化学股份有限公司、浙江升华拜克生物股份有限公司、浙江永农化工有限公司。

三氯吡氧乙酸（triclopyr）

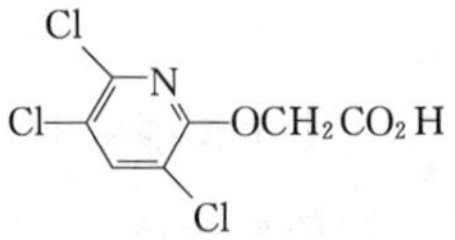

$C_7H_4Cl_3NO_3$，256.5

其他中文名称 绿草定，乙氯草定，盖灌能，盖灌林，定草酯

其他英文名称 Garlon，Grandstsnd，Dowco233

化学名称 3,5,6-三氯-2-吡啶氧基乙酸

CAS登录号 55335-06-3

理化性质 纯品为无色固体。熔点150.5℃，208℃分解，蒸气压0.2mPa(25℃)，$K_{ow}\lg P$=0.42(pH5)、−0.45(pH7)、−0.96(pH9)，Henry常数9.77×10^{-5} Pa·m^3/mol(计算值)，相对密度1.85(21℃)。水中溶解度(g/L，20℃)：0.408，7.69(pH5)，8.10(pH7)，8.22(pH9)；其他溶剂中溶解度(g/L)：丙酮581，乙腈92.1，正己烷0.09，甲苯19.2，二氯甲烷24.9，甲醇665，乙酸乙酯271。正常储存条件下稳定，光照下分解，DT_{50}<12h。p*K*a3.97。

毒　性 大鼠急性经口LD_{50}(mg/kg)：雄692，雌577。兔急性经皮LD_{50}>2000mg/kg。对兔眼睛轻微刺激，对兔皮肤无刺激。大鼠急性吸入LC_{50}(4h) >256mg/kg。无作用剂量(2y)：大鼠3.0mg/(kg·d)，小鼠35.7mg/(kg·d)。野鸭急性经口LD_{50}：1698mg/kg。饲喂LC_{50}(8d，mg/kg)：野鸭>5000，日本鹌鹑3278，山齿鹑2935。鱼毒LC_{50}(96h，mg/L)：虹鳟鱼117，蓝鳃太阳鱼148。水蚤LC_{50}(48h)：133mg/L。羊角月牙藻EC_{50}(5d)：45mg/L。对蜜蜂无毒，LD_{50}>100μg/只（接触）。

制　剂 99%原药，480g/L乳油。

应　用 吡啶氧羧酸类除草剂。作用于核酸代谢，使植物产生过量的核酸，使一些组织转变成分生组织，造成叶片、基和根生长畸形，贮藏物质耗尽，维管束组织被栓塞或破裂，植株逐渐死亡。三氯吡氧乙酸是一种传导型除草剂，它能很快被叶面和根系吸收，并且传导到植物全身，用来防治针叶树幼林地中的阔叶杂草和灌木，在土壤中能迅速被土壤微生物分解，半衰期为46d。通常用于造林前除草灭灌，维护防火线，培育松树及林木改造。防治水花生、胡枝子、榛材、蒙古柞、黑桦、椴、山杨、山刺玫、榆、蒿、柴胡、地榆、铁线莲、婆婆纳、草木犀、唐松草、蕨、槭、柳、珍珠梅、蚊子草、走马芹、玉竹、柳叶绣菊、红丁香、金丝桃、山梅花、山丁子、稠李、山梨、香蒿等。本品为阔叶草除草剂，对禾本科及莎草料杂草无效，用药后2h无雨药效较佳。使用时不可喷及阔叶作物如叶菜类、茄科作物等，以免产生药害。喷药后3~7d即可看见杂草心叶部发生卷曲现象，此时杂草即已无法生长；顽固阔叶杂草连根完全死亡约需30d，杂灌木死亡时间较长。杂灌木密集处，可采用低容量喷雾。可用于防除废弃的香蕉、菠萝；不可用于生长季中的茶园、香蕉国及菠萝园附近。

原药生产厂家 河北万全力华化工有限责任公司、湖南比德生化科技有限公司、利尔化学股份有限公司、迈克斯（如东）化工有限公司。

氯氟吡氧乙酸（fluroxypyr）

NH$_2$　Cl　Cl　F　N　OCH$_2$CO$_2$H

$C_7H_5Cl_2FN_2O_3$，255.0

其他中文名称 使它隆，氟草定

化学名称 4-氨基-3,5-二氯-6-氟-2-吡啶氧乙酸

CAS登录号 69377-81-7

理化性质 纯品为白色结晶固体。熔点232～233℃，蒸气压3.784×10^{-6}mPa（20℃）、5×10^{-2}mPa(25℃)，$K_{ow}\lg P=-1.24$，相对密度1.09(24℃)。水中溶解度（mg/L，20℃）：5700(pH5.0)，7300(pH9.2)；其他溶剂中溶解度（g/L，20℃）：丙酮51.0，甲醇34.6，乙酸乙酯10.6，异丙醇9.2，二氯甲烷0.1，甲苯0.8，二甲苯0.3。酸性条件下稳定，碱性条件下即成盐。水中DT_{50}：185d(pH9，20℃)。高于熔点分解，见光稳定。pKa2.94。

毒　性 大鼠急性经口LD_{50}：2405mg/kg。兔急性经皮LD_{50}＞5000mg/kg。对兔眼睛有轻微刺激，对兔皮肤无刺激。大鼠急性吸入LC_{50}(4h)＞0.296mg/L(空气)。无作用剂量：大鼠(2y) 80mg/(kg·d)，小鼠（1.5y）320mg/(kg·d)。无致癌、致畸、致突变作用。野鸭、山齿鹑急性经口LD_{50}＞2000mg/kg。虹鳟鱼、金雅罗鱼LC_{50}(96h)＞100mg/L。水蚤LC_{50}(48h)＞100mg/L。藻类EC_{50}(96h)＞100mg/L。对蜜蜂无毒，LD_{50}(48h，接触)＞25μg/只。

制　剂 20%乳油。

应　用 吡啶类内吸传导型苗后除草剂。施药后被植物叶片与根迅速吸收，在体内很快传导，敏感作物出现典型的激素类除草剂反应，植株畸形，扭曲。在耐药性植物如小麦体内，药剂可结合成轭合物失去毒性，从而具有选择性。适用小麦、大麦、玉米、棉花、果园、水稻等作物。可用于防除小麦、玉米、棉花、水稻田埂和柑橘果园等多种恶性阔叶杂草，如猪殃殃、泽漆、竹叶草、卷茎蓼、苘麻、田旋花、龙葵、杠板归、飞蓬、蛇莓、曼陀罗、铁苋菜、水花生等阔叶杂草和蕨类杂草。施药作业时避免雾滴漂移到大豆、花生、甘薯和甘蓝等阔叶作物，以免产生药害；果园、葡萄园喷药时，避免将药液喷到树叶，压低喷头喷雾或加保护罩进行定向喷雾，避免在茶园和香蕉园及其附近地块使用。应在气温低、风速小时喷施药剂。氯氟吡氧乙酸异辛酯与氯氟吡氧乙酸的杀草活性物质是一样的，在除草性能等方面没有太大差别。氯氟吡氧乙酸异辛酯的稳定性更好些，更容易附着于杂草表面，因而除草效果略好。不得使用在花生、大豆、棉花等阔叶作物上，施药时避免漂移到上述作物上，以免产生药害。

原药生产厂家 安徽丰乐农化有限责任公司、重庆双丰化工有限公司、河北万全力华化工有限责任公司、河南开封田威生物化学有限公司、湖南沅江赤蜂农化有限公司、江苏中旗化工有限公司、江苏省农用激素工程技术研究中心有限公司、江西安利达化工有限公司、利尔化学股份有限公司、南京华洲药业有限公司、山东绿霸化工股份有限公司、山东亿尔化学有限公司、太湖县卓创化工有限责任公司、浙江永农化工有限公司。

美国陶氏益农公司。

二氯吡啶酸（clopyralid）

Cl　N　CO_2H　Cl

$C_6H_3Cl_2NO_2$，192.0

其他中文名称 毕克草

化学名称 3,6-二氯吡啶-2-羧酸

CAS登录号 1702-17-6

理化性质 纯品为无色晶体。熔点 151～152℃。蒸气压 1.33mPa（纯品，24℃），1.36mPa(原药，25℃)。$K_{ow}\lg P$＝－1.81(pH5)，－2.63(pH7)，－2.55(pH9)，1.07(25℃)。相对密度 1.57(20℃)。溶解度(纯度 99.2%)：7.85(蒸馏水)；水中 118(pH5)，143(pH7)，157(pH9)（g/L，20℃)；其他溶剂中溶解度(g/kg)：乙腈 121，正己烷 6，甲醇 104。以水溶性盐类形式存在（如钾盐）的溶解度＞300g/L(25℃)。稳定性：熔点以上分解，酸性条件下及见光稳定；无菌水中 DT_{50}＞30d(pH5～9，25℃)。p*K*a2。

毒　性 大鼠急性经口 LD_{50}(mg/kg)：雄 3738，雌 2675。兔急性经皮 LD_{50}＞2000mg/kg。对兔眼睛有强烈刺激，对兔皮肤无刺激。大鼠急性吸入 LC_{50}(4h）＞0.38mg/L。无作用剂量［2y，mg/(kg・d)]：大鼠 15，雄小鼠 500，雌小鼠＞2000。急性经口 LD_{50}(mg/kg)：野鸭 1465，山齿鹑＞2000。野鸭、山齿鹑饲喂 LC_{50}(5d）＞4640mg/kg。鱼毒 LC_{50}(96h，mg/L)：虹鳟鱼 103.5，蓝鳃太阳鱼 125.4。水蚤 EC_{50}(48h)：225mg/L。羊角月芽藻 EC_{50}(96h，mg/L)：细胞数量 6.9，细胞体积 7.3。蜜蜂 LD_{50}(48h，经口、接触）＞100μg/只。蚯蚓 LC_{50}(14d）＞1000mg/kg(土壤)。

制　剂 95%原药，30%水剂，75%可溶粒剂。

应　用 内吸性芽后除草剂，在禾本科作物中有选择性，在多种阔叶作物甜菜和其他甜菜作物，亚麻，草莓和葱属作物中也有同样的选择性。能有效防除春小麦、春油菜田刺儿菜、苣荬菜、稻槎菜、鬼针草等菊科杂菜及大巢菜等豆科杂草。

原药生产厂家 安徽丰乐农化有限责任公司、重庆双丰化工有限公司、河北万全力华化工有限责任公司、湖南沅江赤蜂农化有限公司、江苏射阳黄海农药化工有限公司、利尔化学股份有限公司。

美国陶氏益农公司。

氟硫草定（dithiopyr）

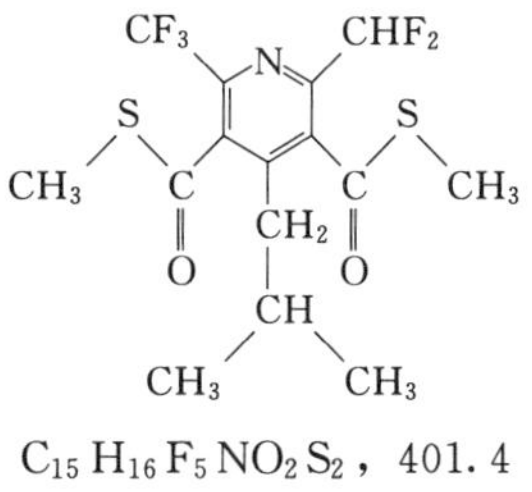

$C_{15}H_{16}F_5NO_2S_2$，401.4

化学名称 *S*,*S*-二甲基-2-二氟甲基-4-异丁基-6-三氟甲基-吡啶-3,5-二硫代甲酸酯

CAS登录号 97886-45-8

理化性质 纯品为无色晶体。熔点 65℃，蒸气压 0.53mPa(25℃)，$K_{ow}\lg P$=4.75，Henry 常数 0.153Pa·m^3/mol，相对密度 1.41(25℃)。水中溶解度 1.4mg/L(20℃)。水中光解 DT_{50}：17.6～20.6d。

毒　性　大、小鼠急性经口 LD_{50}＞5000mg/kg。兔、大鼠急性经皮 LD_{50}＞5000mg/kg。对兔皮肤无刺激，对眼睛有轻微刺激。对豚鼠皮肤无致敏性。大鼠急性吸入 LC_{50}(4h)＞5.98mg/L。无作用剂量：大鼠（2y）≤10mg/kg，狗（1y）≤0.5mg/kg，小鼠（18 月）3mg/(kg·d)。山齿鹑急性经口 LD_{50}＞2250mg/kg。山齿鹑、野鸭饲喂 LC_{50}(5d)＞5620mg/kg。鱼毒 LC_{50}(96h，mg/L)：虹鳟鱼 0.5，蓝鳃太阳鱼、鲤鱼 0.7。水蚤 LC_{50}(48h)＞1.1mg/L。蜜蜂 LD_{50}：0.08mg/只（局部）。蠕虫 LC_{50}(14d)＞1000mg/kg。

制　剂　95%、91.5%原药，32%乳油。

应　用　吡啶羧酸类除草剂，用于稻田和草坪除草。可有效的防除稗、鸭舌草、异型莎草、节节菜、窄叶泽泻等一年生杂草，在草坪中芽前施用，可有效的防除升马唐、紫马唐等一年生禾本科杂草和球序卷耳、腺漆姑草等一年生阔叶杂草。

原药生产厂家　美国陶氏益农公司、迈克斯（如东）化工有限公司。

百草枯（paraquat）

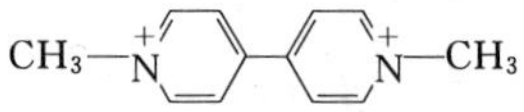

$$CH_3-\overset{+}{N}\langle\text{pyridine}\rangle-\langle\text{pyridine}\rangle\overset{+}{N}-CH_3$$

$C_{12}H_{14}N_2$，186.3

百草枯二氯化物：$C_{12}H_{14}Cl_2N_2$，257.2

其他中文名称　克芜踪，对草快

其他英文名称　Gramoxone

化学名称　1,1′-二甲基-4,4′-联吡啶鎓盐

CAS 登录号　4685-14-7

理化性质　百草枯二氯化物（paraquat dichloride）为无色、吸湿性结晶。约 340℃分解，蒸气压＜1×10^{-2} mPa（25℃），$K_{ow}\lg P=-4.5$（20℃），Henry 常数＜4×10^{-9} Pa·m^3/mol（计算值），相对密度约 1.5（25℃）。水中溶解度约 620g/L（pH5～9，20℃），甲醇中溶解度 143g/L(20℃)，几乎不溶于大多数有机溶剂。在碱性、中性和酸性条件下稳定，在 pH7 的水溶液中稳定。

毒　性　急性经口 LD_{50}(mg/kg)：大鼠 129～157，豚鼠 22～80。大鼠急性经皮 LD_{50}＞911mg/kg。对兔眼睛和皮肤有刺激。对豚鼠皮肤无致敏性。无面部和皮肤防护使用时可引起手指甲变形及鼻出血。无作用剂量：狗（1y）0.65mg/(kg·d)，大鼠（2y）1.7mg/(kg·d)。急性经口 LD_{50}(mg/kg)：山齿鹑 175，野鸭 75。LC_{50}(5d，mg/kg 饲料)：山齿鹑 981，日本鹌鹑 970，野鸭 4048，野雉鸡 1468。鱼毒 LC_{50}(96h，mg/L)：虹鳟鱼 26，镜鲤鱼 135。水蚤 EC_{50}(48h)：6.1mg/L。绿藻 E_bC_{50}（96h）：0.10mg/L，E_rC_{50} 0.28mg/L。蜜蜂 LD_{50}（120h）：15μg/只（经口），70μg/只（接触）。蠕虫 LC_{50}(14d)＞1380mg/kg（土壤）。

制　剂　42%、30.50%原药，250g/L、20%水剂，42%母液，360g/L、44%、42%、

32.60%、30.50%母药。

应　用　百草枯为速效触杀型灭生性除草剂，对单子叶和双子叶植物的绿色组织均有很强的破坏作用，但无传导作用，只能使着药部位受害，不能穿透栓质化后的树皮。由于百草枯特殊的除草机理，在杂草 10～15cm 高时施药，能迅速杀灭一年生禾本科和阔叶杂草的地上部分及以种子繁殖的多年生杂草的地上部分，而一年生杂草地下部分失去养分供应而逐渐因饥饿蔫萎死亡。适用作物：果园、桑园、茶园、橡胶园、林业及公共卫生除草；玉米、向日葵、甜菜、瓜类（西瓜、甜瓜、南瓜等）、甘蔗、烟草等作物及蔬菜田行间、株间除草；小麦、水稻、油菜、蔬菜田免耕除草播种下茬作物及换茬除草；水田池埂、田埂除草；公路、铁路两侧路基除草；开荒地、仓库、粮库及其他工业用地除草；棉花、向日葵等作物催枯脱叶。防治对象：稗草、马唐、千金子、狗尾草、狗牙根、牛筋草、双穗雀稗、牛繁缕、凹头苋、反枝苋、马齿苋、空心莲子菜、野燕麦、田旋花、藜、灰绿藜、刺儿菜、大刺儿菜、大蓟、小蓟、鸭跖草、苣荬菜、鳢肠、铁苋菜、香附子、扁秆草、芦苇等大多数禾本科及阔叶杂草。百草枯喷雾应采用高喷液量、低压力、大雾滴，选择早晚无风时施药。避免大风天施药，液飘移到邻近作物上受害。喷雾时应喷匀喷透，并用洁净水稀释药液，否则会降低药效。对褐色、黑色、灰色的树皮没有防效，在幼树和作物行间作定向喷雾时，切勿将药液溅到叶子和绿色部分，否则会产生药害。光照可加速百草枯药效发挥；蔽荫或阴天虽然延缓药剂显效速度，但最终不降低除草效果。施药后 30min 遇雨时能基本保证药效。

原药生产厂家　安徽国星生物化学有限公司、安徽华星化工股份有限公司、广西易多收生物科技有限公司、河池农药厂、河北省保定通元精细化工有限公司、河北省沧州市天和农药厂　河北省石家庄宝丰化工有限公司、河北桃园农药有限公司、黑龙江省鹤岗市清华紫光英力农化有限公司、湖北沙隆达股份有限公司、湖北沙隆达天门农化有限责任公司、湖北仙隆化工股份有限公司、江苏省南京红太阳生物化学有限责任公司、江苏省徐州诺恩农化有限公司、江苏苏州佳辉化工有限公司、南京华洲药业有限公司、宁夏三喜科技有限公司、山东大成农药股份有限公司、山东科信生物化学有限公司、山东绿霸化工股份有限公司、山东绿丰农药有限公司、山东侨昌化学有限公司、山东潍坊润丰化工有限公司、上海泰禾（集团）有限公司、上海威敌生化（南昌）有限公司、上海易施特农药（郑州）有限公司、允发化工（上海）有限公司、先正达南通作物保护有限公司。

新加坡利农私人有限公司、英国先正达有限公司。

敌草快（diquat）

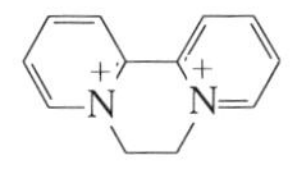

$C_{12}H_{12}Br_2N_2$，344.1

$C_{12}H_{12}N_2$，184.2

其他中文名称　利农

其他英文名称　Reglone，Pathelear

化学名称　1,1′-乙撑-2,2′-联吡啶鎓盐

CAS登录号 2764-72-9

理化性质 敌草快二溴盐（diquat dibromide，$C_{12}H_{12}Br_2N_2$，344.1）以单水合物形式存在，为无色到黄色结晶。325℃以上分解，蒸气压<0.01mPa（25℃），$K_{ow}\lg P=-4.60$（20℃），Henry常数$<5\times10^{-9}$ Pa·m^3/mol(计算值)，相对密度1.61(25℃)。水中溶解度>700g/L(20℃)，微溶于醇类和羟基溶剂，不溶于非极性有机溶剂。中性和酸性条件下稳定，碱性条件下易水解。在pH7、模拟阳光下DT_{50}约74d。紫外线照射光化学分解，DT_{50}<1周。

毒　性 大鼠急性经口LD_{50}：214～222mg/kg，急性经皮LD_{50}>424mg/kg。对兔皮肤和眼睛有刺激。无面部和皮肤防护使用时可引起手指甲变形、鼻出血。大鼠（2y）无作用剂量15mg/(kg·d)。野鸭急性经口LD_{50}(12d)：71mg/kg。虹鳟鱼LC_{50}(96h)：6.1mg/L。水蚤LC_{50}(48h)：1.2μg/L。羊角月牙藻EC_{50}(96h)：11μg/L。蜜蜂LD_{50}(经口，120h)：13μg/L。蠕虫LC_{50}(14d)：130mg/kg（干重）。

制　剂 40%母药，260g/L母液，20%水剂。

应　用 非选择性触杀型除草剂，稍有传导性，绿色植物吸收后抑制光合作用的电子传递，还原状态的联吡啶化合物在光诱导下，有氧存在时很快被氧化，形成活泼的过氧化氢，这种物质的积累使植物细胞膜破坏，受药部位枯黄。适用于阔叶杂草占优势的地块除草；可作为种子植物干燥剂；可用于马铃薯、棉花、大豆、玉米、高粱、亚麻、向日葵等作物催枯剂；当处理成熟作物时，残余的绿色部分和杂草迅速枯干，可提早收割，种子损失较少；可作为甘蔗形成花序的抑制剂。敌草快由于不能穿透成熟的树皮，对地下根茎基本无破坏作用。切忌对作物幼树进行直接喷雾，因接触作物绿色部分会产生药害。

原药生产厂家 南京华洲药业有限公司、山东绿霸化工股份有限公司。

英国先正达有限公司。

二氯喹啉酸（quinclorac）

CO_2H Cl N Cl

$C_{10}H_5Cl_2NO_2$，242.1

其他中文名称 快杀稗，杀稗灵，神锄

其他英文名称 Facet

化学名称 3,7-二氯喹啉-8-羧酸

CAS登录号 84087-01-4

理化性质 纯品为无色晶体。熔点274℃，蒸气压<0.01mPa（20℃），$K_{ow}\lg P=-1.15$（pH7），Henry常数4.4×10^{-10} Pa·m^3/mol(计算值)，相对密度1.75。水中溶解度

0.065mg/kg(pH7，20℃)；乙醇、丙酮中溶解度 2g/kg(20℃)。几乎不溶于其他有机溶剂。受热、见光及 pH3～9 时稳定。p*K*a4.34(20℃)。

毒　性　急性经口 LD_{50}（mg/kg）：大鼠 2680，小鼠＞5000。大鼠急性经皮 LD_{50}＞2000mg/kg。对兔眼睛和皮肤无刺激。大鼠急性吸入 LC_{50}（4h）＞5.2mg/L。大鼠（2y）无作用剂量 533mg/kg。野鸭、鹌鹑急性经口 LD_{50}＞2000mg/kg。野鸭饲喂 LD_{50}（8d）＞5000mg/kg。虹鳟鱼、蓝鳃太阳鱼、鲤鱼 LC_{50}（96h）＞100mg/L。水蚤 LC_{50}（48h)：113mg/L。接触、摄取对蜜蜂无毒。

制　剂　96%、90%原药，30%、25%悬浮剂，90%、75%、50%水分散粒剂，25%泡腾粒剂，75%、60%、50%、25%可湿性粉剂，50%、45%可溶粉剂。

应　用　激素型喹啉羧酸类除草剂，稻田杀稗剂。主要通过稗草根部吸收，也能被发芽种子吸收，少量通过叶部吸收，在稗草体内传导，稗草中毒症状与生长素物质的作用症状相似。可用于水稻直播田和移栽田，能杀死 1～7 叶期的稗草，对 4～7 叶期的大龄稗草药效突出；对田箐、决明、雨久花、鸭舌草、水芹、茨藻等也有一定防效。具有用药时期长、对 2 叶期以后的水稻安全性高的特点。茄科（番茄、烟草、马铃薯、茄子、辣椒等）、伞形花科（胡萝卜、荷兰芹、芹菜、欧芹、香菜等）、锦葵科（棉花、秋葵）、葫芦科（黄瓜、甜瓜、西瓜、南瓜等）、黎科（菠菜、甜菜等）、豆科（青豆、紫花苜蓿等）、菊科（莴苣、向日葵等）、旋花科（甘薯等）对二氯喹啉酸敏感，用过此药剂的水田的水流到以上作物田中或用水田水浇灌或喷雾时雾滴漂移到以上作物上，会对它们造成药害。

原药生产厂家　江苏绿利来股份有限公司、江苏省激素研究所股份有限公司、江苏省新沂中凯农用化工有限公司、江苏天容集团股份有限公司、上海农药厂有限公司、浙江新安化工集团股份有限公司。

哒草特（pyridate）

$C_{19}H_{23}ClN_2O_2S$，378.9

其他中文名称　连达克兰，阔叶枯

其他英文名称　Lentagran

化学名称　*O*-(6-氯-3-苯基哒嗪-4-基)-*S*-辛基硫代碳酸酯

CAS 登录号　55512-33-9

理化性质　纯品无色晶体（原药褐色油状液体）。熔点：26.5～27.8℃（原药 20～25℃）。

蒸气压：4.8×10^{-4}mPa（20℃）（原药）。K_{ow}lg$P$=4.01。Henry 常数：1.21×10^{-4}Pa·m^3/mol(20℃)（计算值）。密度：1.28（21℃）。溶解性：水 0.33（pH3），1.67（pH5），0.32（pH7）（mg/L，20℃）；易溶于大多数有机溶剂如丙酮，环己酮，乙酸乙酯，煤油，二甲苯＞900g/100mL。稳定性：水解 DT_{50} 117h（pH4），89h（pH5），58.5h（pH7），6.2h（pH9）（25℃），温度达 250℃分解。

毒　性　急性经口 LD_{50}：大鼠＞2000mg/kg。急性经皮 LD_{50}：大鼠＞2000mg/kg，对皮肤中度刺激，对眼睛无刺激（兔），对豚鼠皮肤有显著敏感性，但是对人类敏感性不显著。空气吸入毒性：LC_{50}(4h) 大鼠＞4.37mg/L。无作用剂量：大鼠（28 月）18mg/（kg·d）；狗（12 月）30mg/（kg·d）。无致畸、致突变和致癌作用。急性经口 LD_{50}：山齿鹑 1269mg/kg；饲喂毒性 LC_{50}(8d) 日本鹌鹑、山齿鹑和野鸭＞5000mg/kg。鱼：LC_{50}(96h，mg/L) 鲶鱼 48，鲤鱼＞100。水蚤：LC_{50} 0.83mg/L；模范田间试验为 3.3～7.1mg/L。海藻：IC_{50}淡水藻＞2.0mg/L，铜在淡水藻 82.1mg/L。其他水生动植物：EC_{50}(7d) 膨胀浮萍＞2.0mg/L。蜜蜂：对蜜蜂无毒，LD_{50}(经口和接触）＞100μg/只。蠕虫：LC_{50} 蚯蚓 799mg/kg（土壤）。

应　用　选择性苗后除草剂。茎叶处理后迅速被叶吸收，阻碍光合作用的希尔反应，使杂草叶片变黄并停止生长，枯萎致死。适用于小麦、水稻、玉米等禾谷类作物防除阔叶杂草，特别对猪殃殃、反枝苋及某些本科杂草有良了防除效果。如用于麦田除草，在小麦分叶初期或盛期，杂草 2～4 叶期施药。

氯丙嘧啶酸（aminocyclopyrachlor）

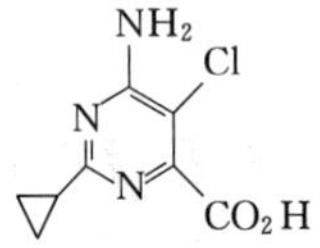

$C_8H_8ClN_3O_2$，213.6

化学名称　6-氨基-5-氯-2-环丙基嘧啶-4-羧酸

CAS 登录号　858956-08-8

理化性质　熔点：432.3℃（101kPa），闪点：215.3℃，K_{ow} lg$P$ = 0.67，蒸气压：4.89×10^{-6}Pa，密度：1.635g/cm^3，在正常温度和储存条件下稳定。

毒　性　急性经口 LD_{50}：大鼠＞5000mg/kg，急性经皮 LD_{50}：大鼠＞5000mg/kg。

制　剂　87%原药。

应　用　嘧啶羧酸类除草剂，能快速被杂草叶和根部吸收，转移进入分生组织，表现出激素类除草剂作用。对阔叶杂草、灌木等有非常好的除草效果，而且针对现日益严重的抗草甘膦、乙酰乳酸合成酶和三嗪类的杂草有突出的防效。

原药生产厂家　江苏联化科技有限公司。

嘧草醚（pyriminobac-methyl）

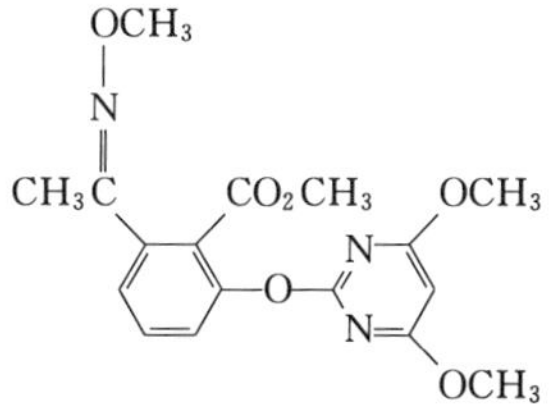

$C_{17}H_{19}N_3O_6$，361.4

其他中文名称 比利必能

化学名称 2-[(4,6-二甲氧基嘧啶-2-基)氧基]-6-[1-(甲氧基亚氨基)乙基]苯甲酸甲酯

CAS登录号 136191-64-5

理化性质 原药顺式占75%～78%，反式占11%～20%。纯品为白色粉末（原药淡黄色颗粒）。熔点：原药105℃，纯顺式106.8℃，纯反式70℃。沸点：顺式237.4℃，反式235.9℃/1333Pa。蒸气压（25℃）：顺式3.5×10^{-2}mPa，反式2.681×10^{-2}mPa。$K_{ow}\lg P$（20℃）：顺式2.51，反式2.11。相对密度（20℃）：顺式1.3868，反式1.2734。溶解度（g/L，20℃）：顺式为水中0.00925，甲醇14.6，正己烷0.456，甲苯64.6，丙酮117，二氯甲烷510，乙酸乙酯45.0；反式为水中0.175，甲醇140，正己烷4.11，甲苯852～1250，丙酮584，二氯甲烷2460～3110，乙酸乙酯1080～1370。其水溶液稳定，遇光、热稳定。150℃以上分解。水中光解DT_{50}：顺式为231、491d（蒸馏水）；反式为178、301d（蒸馏水）。

毒　性 大鼠急性经口LD_{50}＞5000mg/kg。大鼠急性经皮LD_{50}＞2000mg/kg。对兔皮肤和眼睛有轻微刺激。对豚鼠皮肤有致敏性。大鼠急性吸入LC_{50}(4h，14d)＞5.5mg/L（空气）。无作用剂量[2y，mg/(kg·d)]：雄大鼠0.9，雌大鼠1.2，雄大鼠8.1，雌小鼠9.3。山齿鹑急性经口LD_{50}＞2000mg/kg。山齿鹑、野鸭LC_{50}(5d)＞5200mg/kg（饲料）。鱼毒LC_{50}(96h，mg/L)：鲤鱼＞59.8，虹鳟鱼21.2。水蚤EC_{50}(48h)＞63.8mg/L。月牙藻E_bC_{50}(72h)：20.6mg/L，E_rC_{50}(24～72h)：73.9mg/L。蜜蜂LD_{50}(72h，经口、接触)＞200μg/只。蚯蚓无作用剂量（14d）＞1000mg/kg（土壤）。

制　剂 97%原药，10%可湿性粉剂。

应　用 嘧啶水杨酸类除草剂，一种内吸传导型专业除稗剂，可以通过杂草的茎叶和根吸收，并迅速传导至全株，抑制乙酰乳酸合成酶（ALS）和氨基酸的生物合成，从而抑制和阻碍杂草体内的细胞分裂，使杂草停止生长，最终使杂草白化而枯死。对水稻安全，即使在播种后0～3天也可使用；能防除3叶期以前的稗草；持效期长，在有水层的条件下，持效期可长达40～60天以上；使用方便，毒土、毒肥或茎叶喷施均可；能与绝大多数农药混用。施药后后杂草死亡速度比较慢，一般为7～10天，嘧草醚对未发芽的杂草种子和芽期杂草无效。

原药生产厂家 日本组合化学工业株式会社。

双草醚（bispyribac-sodium）

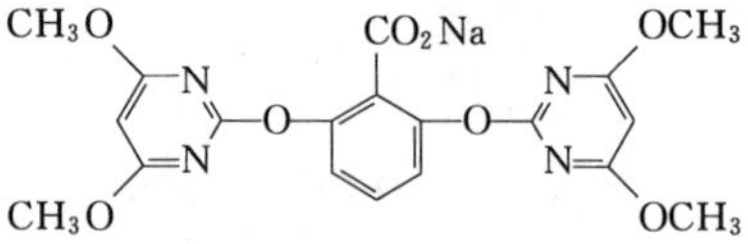

$C_{19}H_{17}N_4NaO_8$，452.4

其他中文名称 一奇，水杨酸双嘧啶，农美利

化学名称 2,6-双[(4,6-二甲氧基嘧啶-2-基)氧基]苯甲酸钠

CAS登录号 125401-92-5

理化性质 纯品为无味白色粉末。熔点223～224℃，蒸气压5.05×10^{-6}mPa（25℃），$K_{ow}\lg P=-1.03$（23℃），Henry常数3×10^{-11}Pa·m^3/mol（计算值），相对密度1.47。溶解度：水中68.7g/L（20℃，蒸馏水），甲醇25g/L（20℃）；乙酸乙酯6.1×10^{-2}，正己烷8.34×10^{-3}，丙酮1.4，甲苯$<1.0\times10^{-6}$，二氯甲烷1.3（mg/L，25℃）。223℃分解。水解$DT_{50}>1$y（pH7～9，25℃），88d（pH4，25℃）。水中光解（25℃，1.53W/m^2，260～365nm）DT_{50}：42d，499d（蒸馏水）。pKa3.35（20℃）。

毒　性 急性经口LD_{50}(mg/kg)：雄大鼠4111，雌大鼠2635，雄、雌小鼠3524。大鼠急性经皮$LD_{50}>2000$mg/kg。对兔皮肤无刺激，眼睛有轻微刺激。大鼠急性吸入LC_{50}(4h)>4.48mg/L。无作用剂量（2y）：雄大鼠20mg/kg（饲料）[1.1mg/(kg·d)]，雌大鼠20 mg/kg（饲料）[1.4mg/(kg·d)]，雄小鼠14.1mg/(kg·d)，雌小鼠1.7mg/(kg·d)。山齿鹑急性经口$LD_{50}>2250$mg/kg。山齿鹑、野鸭LC_{50}(5d)>5620mg/kg（饲料）。鱼毒LC_{50}(96h，mg/L)：虹鳟鱼、蓝鳃太阳鱼>100，鲤鱼>952。水蚤LC_{50}(48h)>100mg/L，无抑制浓度（21d）110mg/L。羊角月牙藻EC_{50}：1.7mg/L（72h），4mg/L（120h），无抑制浓度0.625mg/L。蜜蜂LD_{50}(48h)>200μg/只（经口），>7000mg/L。蚯蚓无作用剂量（14d）>1000mg/kg（土壤）。

制　剂 97%、96%、95%、93%原药，30%、20%可湿性粉剂，100g/L悬浮剂。

应　用 嘧啶水杨酸类除草剂，乙酰乳酸酶抑制剂，通过阻止支链氨基酸的生物合成而起作用，通过茎叶和根吸收，并在植株体内吸传导，杂草即停止生长，而后枯死。主要用于防治水稻田稗草等禾本科杂草和阔叶杂草，可在秧田、直播田、小苗移栽田和抛秧田使用。适用作物水稻。主要用于直播水稻的苗后除草，对1～7叶期稗草均有效，3～6叶期防效尤佳。对车前臂形草、芒稷、阿拉伯高粱、紫水苋、鸭跖草、瓜皮草、异型莎草、碎米莎草、大马唐、萤蔺、假马齿苋、粟米草也有良好防效。本品对大多数土壤和气候环境下效果稳定，可与其他农药混用。

原药生产厂家 湖北汇达科技发展有限公司、江苏省农用激素工程技术研究中心有限公司、江苏省激素研究所股份有限公司、江苏中旗化工有限公司、山东绿霸化工股份有限公司、日本组合化学工业株式会社。

嘧啶肟草醚（pyribenzoxim）

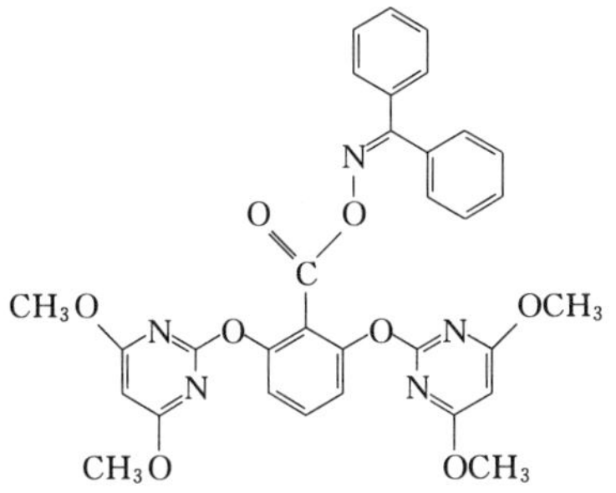

$C_{32}H_{27}N_5O_8$，609.6

其他英文名称 Pyanchor

化学名称 *O*-[2,6-双[(4,6-二甲氧-2-嘧啶基)氧基]苯甲酰基]二苯酮肟

CAS登录号 168088-61-7

理化性质 纯品为白色无味固体。熔点 128～130℃，蒸气压<9.9×10^{-1}mPa，$K_{ow}\lg P$=3.04，水中溶解度 3.5mg/L（25℃）。

毒　性 大、小鼠急性经口 LD_{50}>5000mg/kg。大鼠急性经皮 LD_{50}>2000mg/kg。对眼睛无刺激，对皮肤无致敏性。无致突变、致畸作用。水蚤 LC_{50}(48h)>100mg/L。藻类 EC_{50}(96h)>100mg/L。蜜蜂 LD_{50}(24h)>100mg/L。

制　剂 95%原药，5%乳油。

应　用 嘧啶水杨酸类除草剂，广谱选择性芽后除草剂。作用机制与磺酰脲类及咪唑啉酮类除草剂相似，均属乙酰乳酸合成酶（ALS）抑制剂。对水稻、普通小麦、结缕草具有选择性超高效芽后除草活性，无芽前除草活性，防除稗草、大穗看麦娘、辣蓼等各种禾本科杂草和阔叶杂划效果显著，对恶性杂草双穗雀稗和稻李氏禾有很好的防除效果，对水稻、普通小麦安全。药剂除草速度较慢，施药后能抑制杂草生长，但须在 2 周后枯死。药剂用药适度较宽，对稗草 1.5～6.5 叶期均有效。

原药生产厂家 韩国乐喜化学株式会社、韩国 LG 生命科学有限公司。

丙酯草醚（pyribambenz-propyl）

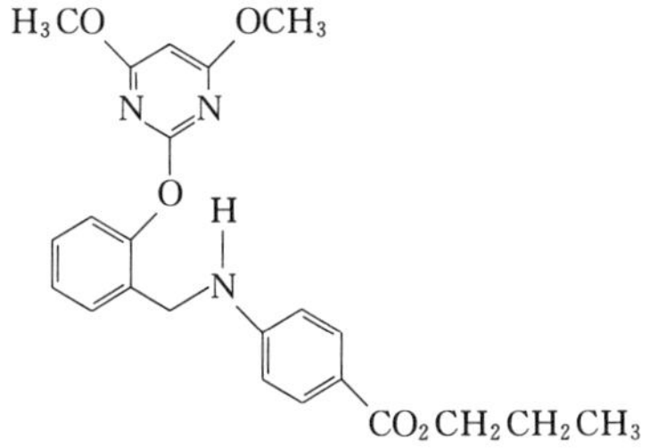

$C_{23}H_{25}N_3O_5$，423.46

其他中文名称 丙草醚

化学名称 4-[2-(4,6-二甲氧基-2-嘧啶氧基)苄氨基]苯甲酸正丙酯

CAS登录号 420138-40-5

理化性质 原药外观为白色固体。熔点96～97℃，不溶于水，易溶于二氯甲烷、丙酮，部分溶于乙醇。

毒　性 大鼠急性经口 LD_{50}＞5000mg/kg；大鼠急性经皮 LD_{50}＞2000mg/kg。

应　用 丙酯草醚为乙酰乳酸合成酶（ALS）抑制剂，可通过植物的根、茎、叶吸收，其中以根吸收为主，并在体内双向传导，向上传导性能较好。能有效防除油菜田中主要的单、双子叶杂草，在以看麦娘、日本看麦娘、繁缕、牛繁缕、雀舌草等为主的油菜区，一次性施药可解决油菜田的杂草危害，对当季油菜和后茬作物水稻、棉花、大豆、蔬菜等作物安全。在冬油菜移栽缓苗后、看麦娘2叶1心期对水稀释后600～750L/hm^2茎叶喷雾，对看麦娘、日本看麦娘、棒头草、繁缕、雀舌草等有较好的防效，但对大巢菜、野老鹳草、稻搓菜、泥糊菜、猪殃殃、婆婆钠等防效差。冬油菜田的商品用量为600～675mL/hm^2。施药后土壤需保持较高的湿度才能取得较好的防效。丙酯草醚活性发挥相对较慢，药后10d杂草开始表现受害症状，药后20d杂草出现明显药害症状。该药对甘蓝型油菜较安全，在商品用量900mL/hm^2以上时，对油菜生长前期有一定的抑制作用，但很快能恢复正常，对产量无明显不良影响。温室试验表明：在商品量375～4500mL/hm^2剂量范围内，对作物幼苗的安全性为：棉花＞油菜＞小麦＞大豆＞玉米＞水稻。10％丙酯草醚乳油对4叶以上的油菜安全。在阔叶杂草较多的田块，该药需与防阔叶杂草的除草剂混用或搭配使用，才能取得好的防效。

异丙酯草醚（pyribambenz-isopropyl）

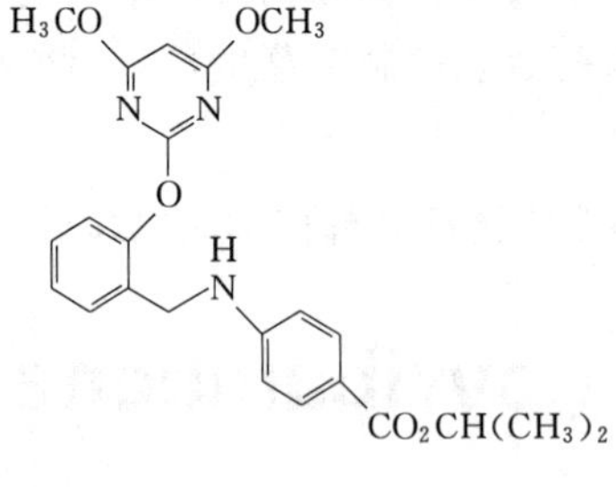

H_3CO　OCH_3　N　N　O　H　N　$CO_2CH(CH_3)_2$

$C_{23}H_{25}N_3O_5$，423.46

其他中文名称 油达，油欢

化学名称 4-[2-(4,6-二甲氧基嘧啶-2-氧基)苄氨基]苯甲酸异丙酯

CAS登录号 420138-41-6

理化性质 原药外观为白色固体。熔点83～84℃，不溶于水，易溶于二氯甲烷、丙酮，部分溶于乙醇。

毒　性　大鼠急性经口 LD_{50}＞5000mg/kg；大鼠急性经皮 LD_{50}＞2000mg/kg。

应　用　异丙酯草醚在杂草体内的传导同丙酯草醚。对油菜田的一年生禾本科杂草和部分阔叶杂草有较好的防除效果，在移栽油菜移栽缓苗后禾本科杂草2～3叶期茎叶喷雾，对看麦娘、日本看麦娘、牛繁缕、雀舌草等的防效较好，但对大巢菜、野老鹳草、碎米荠效果差，对泥糊菜、稻搓菜、鼠麴基本无效。药效的发挥要求土壤有较高的湿度，土壤干旱时防效降低。在阔叶杂草较多的地块需与防除阔叶杂草的除草剂混用或搭配使用。异丙酯草醚药效发挥慢，施药后15天才表现药害症状，药后30天表现明显的药害症状，并开始死亡。

唑嘧磺草胺（flumetsulam）

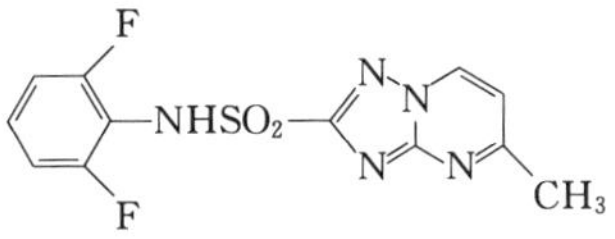

$C_{12}H_9F_2N_5O_2S$，352.3

其他中文名称　阔草清

其他英文名称　Broadstrike、DE-498、*P*reside、Scorpion

化学名称　2′,6′-二氟-5-甲基[1,2,4]三唑并[1,5-*α*]嘧啶-2-磺酰苯胺

CAS登录号　98967-40-9

理化性质　灰白色无味固体。熔点：251～253℃。蒸气压：3.7×10^{-7}mPa（25℃）。K_{ow} lg$P$＝－0.68（25℃）。相对密度：1.77（21℃）。溶解度：水中49mg/L（pH2.5），溶解度随pH值升高而增大，微溶于丙酮和甲醇，溶于正己烷和二甲苯。稳定性：水解 DT_{50} 6～12月。土壤光解 DT_{50} 3个月。pK_a 4.6。

毒　性　急性经口 LD_{50}：大鼠＞5000mg/kg。急性经皮 LD_{50}：兔＞2000mg/kg。对眼睛有轻微刺激（兔）。皮肤不敏感（豚鼠）。吸入毒性：LC_{50}(4h) 大鼠1.2mg/L。无作用剂量(mg/kg)：小鼠＞1000，雌大鼠500，雄大鼠1000，狗1000。饲喂大鼠无致畸作用，无致突变作用。急性经口 LD_{50}：三齿鹑＞2250mg/L；饲喂毒性 LC_{50}(8d)：三齿鹑和野鸭＞5620mg/L。鱼：对蓝腮太阳鱼无毒。水蚤：无毒。海藻：EC_{50}(5d) 绿藻（羊角月芽藻）4.9，蓝藻（水华鱼腥藻）167μg/L。蜜蜂：LC_{50}＞100μg/只。无作用剂量36μg/只。蠕虫：LC_{50}(14d)＞950mg/kg（土壤）。

制　剂　97％原药，80％水分散粒剂。

应　用　唑嘧磺草胺是内吸传导性除草剂，由杂草的根系和叶片吸收，木质部和韧皮部传导，在植物分生组织内积累，抑制植物体内乙酰乳酸合成酶，使支链氨基酸合成停止，蛋白质合成受阻，植物生长停止，杂草死亡。从植物吸收唑嘧磺草胺开始到出现受害症状，直至植物体死亡是一个比较缓慢的过程。杂草吸收唑嘧磺草胺后的典型症状是：叶片中脉失绿，叶脉和叶尖褪色，由心叶开始黄白化，紫化，节间变短，顶芽死亡，最终全株死亡。唑嘧磺草胺在作物和杂草间的选择性是因为抗性作物吸收唑嘧磺草胺后，迅速进行降解代谢，使唑嘧磺草胺的活性丧失，从而保障了作物的安全；而在敏感杂草体内，这种代谢非常缓慢，如玉米体内唑嘧磺草胺的半衰期是2h，而在苘麻体内大于144h。适用作物：玉米、大豆、小麦、苜蓿、三叶草等。在其他国家登记作物：大豆、玉米、小麦、大麦、三叶草、苜蓿、豌豆等。防治对象：藜、反枝苋、凹头苋、铁苋菜、苘麻，酸模叶蓼、卷茎蓼、苍耳、柳叶刺蓼、龙葵、苣荬菜、野西瓜苗、香薷、水棘针、繁缕、猪殃殃、大巢菜、毛茛、问荆、地肤以及荠菜、遏蓝菜、风花菜等多种十字花科杂草。使用方法：唑嘧磺草胺适用pH值5.9～7.8。有机质5%以下的土壤，若有机质含量高于5%应适当增加唑嘧磺草胺使用剂量。

原药生产厂家 浙江省上虞市银邦化工有限公司、美国陶氏益农公司。

双氟磺草胺（florasulam）

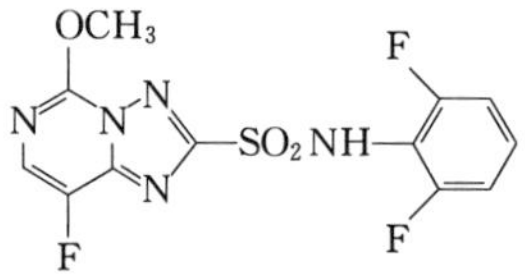

$C_{12}H_8F_3N_5O_3S$，359.3

其他中文名称 麦施达

其他英文名称 Primus

化学名称 2′,6′-二氟-5-甲氧基-8-氟[1,2,4]三唑并[1,5-*c*]嘧啶-2-磺酰苯胺

CAS登录号 145701-23-1

理化性质 纯品为白色晶体。熔点193.5～230.5℃（分解），蒸气压1×10^{-2}mPa（25℃），$K_{ow}\lg P=-1.22$（pH7.0），Henry常数4.35×10^{-7}Pa·m³/mol（pH7，20℃），相对密度1.53。水中溶解度（g/L，20℃）：0.121（纯化，pH5.6～5.8），0.084（pH5.0），6.36（pH7.0），94.2（pH9.0）；其他溶剂中溶解度（g/L，20℃）：正庚烷0.019×10^{-3}，二甲苯0.227，正辛醇0.184，二氯乙烷3.75，甲醇9.81，丙酮123，乙酸乙酯15.9，乙腈72.1。水解稳定性（25℃）：30d（pH5～7）；DT_{50}：100d（pH9）。pK_a4.54。

毒　性 大鼠急性经口LD_{50}>6000mg/kg。兔急性经皮LD_{50}>2000mg/kg。对兔眼睛和皮肤无刺激性。无皮肤致敏性。急性吸入LC_{50}（4h）>5mg/L。无作用剂量：大、小鼠（90d）100mg/(kg·d)；狗（1y）5mg/(kg·d)；大鼠（2y）10mg/(kg·d)，小鼠（2y）50mg/(kg·d)。鹌鹑急性经口LD_{50}：1046mg/kg。鹌鹑、野鸭饲喂LC_{50}(5d）>5000mg/kg。鱼毒LC_{50}(96h，mg/L)：蓝鳃太阳鱼>98，虹鳟鱼>96。水蚤LC_{50}(48h）>292mg/L。藻类E_rC_{50}(72h)：8.94μg/L。蜜蜂LD_{50}(48h，经口、接触）>100μg/只。蚯蚓LC_{50}(14d）>1320mg/kg。

制　剂 97%原药，50g/L悬浮剂。

应　用　一种磺酰胺类超高效除草剂，用于小麦田防除阔叶杂草，杀草谱广，可防除麦田大多数阔叶杂草，包括猪殃殃、麦家公等难防杂草，并对麦田中最难防除的泽漆有非常好的抑制作用。内吸传导型除草剂，可以传导至杂草全株。在低温下药效稳定。也可有效防除花生、烟草、苜蓿和其他饲料作物中的一年生禾本科杂草及阔叶杂草。

原药生产厂家　美国陶氏益农公司。

五氟磺草胺（penoxsulam）

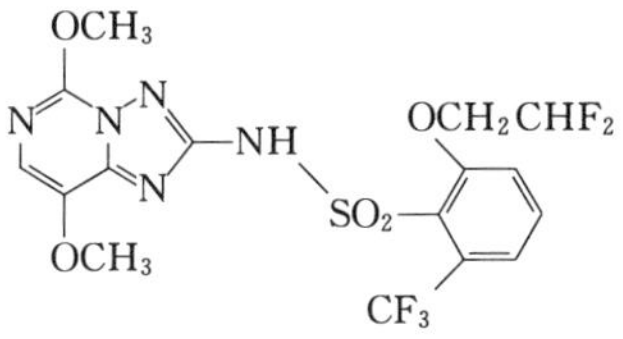

$C_{16}H_{14}F_5N_5O_5S$，483.4

化学名称　3-(2,2-二氟乙氧基)-*N*-(5,8-二甲氧基-[1,2,4]三唑并[1,5-*c*]嘧啶-2-基)-*α*,*α*,*α*-三氟甲苯基-2-磺酰胺

CAS登录号　219714-96-2

理化性质　纯品灰白色固体，有发霉气味。熔点：212℃。蒸气压：9.55×10^{-11}mPa（25℃）。$K_{ow}\lg P=-0.354$（不含缓冲剂的水，19℃）。密度：1.61（20℃）。溶解性：水0.0049（蒸馏水），0.00566（pH值5），0.408（pH值7），1.46（pH值9）（g/L，19℃）；丙酮20.3，甲醇1.48，辛醇0.035，二甲基亚砜78.4，甲基吡咯烷酮40.3，1,2-二氯乙烷1.99，乙腈15.3（g/L，19℃）。稳定性：水解稳定，光解半衰期DT_{50} 2d，贮存稳定性>2y。p*K*a5.1。

毒　性　急性经口LD_{50}：大鼠>5000mg/kg。急性经皮LD_{50}：兔>5000mg/kg，对眼睛有中度的暂时性刺激；对皮肤有轻度刺激（兔），对皮肤无敏感性（豚鼠）。空气吸入毒性：LC_{50}大鼠>3.50mg/L。无作用剂量大鼠500mg/(kg·d)（雌性），1000mg/(kg·d)（胚胎）。LD_{50}（mg/kg）：野鸭>2000，山齿鹑>2025；饲喂毒性LC_{50}(8d，mg/L）野鸭>4310，山齿鹑>4411。鱼：LC_{50}(96h，mg/L)：普通鲤鱼>101，蓝鳃太阳鱼>103，虹鳟鱼>102。无作用剂量（36d）黑头呆鱼10.2mg/L。水蚤：EC_{50}(48h）>98.3mg/L。海藻：EC_{50}(120h）淡水藻>49.6，蓝绿海藻0.49mg/L；淡水藻（96h）0.086mg/L。其他水生动植物：EC_{50}(14d）膨胀浮萍0.003mg/L。蜜蜂：LD_{50}(48h，经口）蜜蜂>110μg/只；>100μg/只（48h，接触）。蠕虫：LC_{50}(7d和14d）>1000mg/kg。

制　剂　98%原药，25g/L油悬浮剂。

应　用　五氟磺草胺为稻田用广谱除草剂，可有效防除稗草（包括对敌稗、二氯喹啉酸及抗乙酰辅酶A羧化酶具抗性的稗草）、千金子以及一年生莎草科杂草，并对众多阔叶杂草有效，如沼生异蕊花、鲤肠、田菁、竹节花、鸭舌草等。持效期长达30～60d，一次用药能基本控制全季杂草危害。同时，其亦可防除稻田中抗苄嘧磺隆杂草，且对许多阔叶及莎草科杂草与稗草等具有残留活性，为目前稻田用除草剂中杀草谱最广的品种。五氟磺草胺为传导型除草剂，经茎叶、幼芽及根系吸收，通过木质部和韧皮部传导至分生组织，抑制植株生长，使生长点失绿，处理后7～14d顶芽变红，坏死，2～4周植株死亡；本剂为强乙酰乳酸合成酶抑制剂，药剂呈现较慢，需一定时间杂草才逐渐死亡。五氟磺草胺适用于水稻的旱直播田、水直播田、秧田以及抛秧、插秧栽培田。

原药生产厂家 美国陶氏益农公司。

苯嘧磺草胺（saflufenacil）

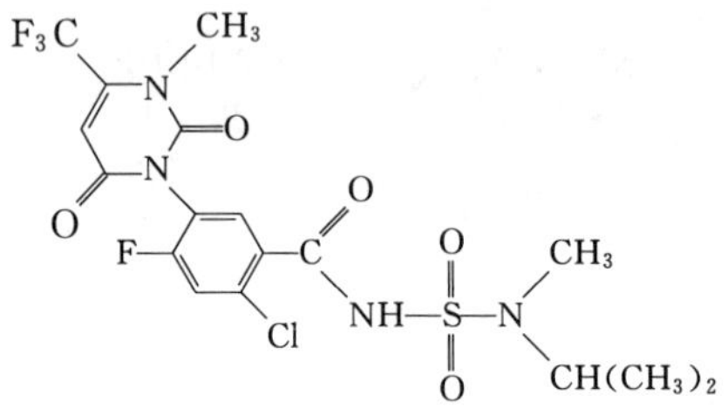

$C_{17}H_{17}ClF_4N_4O_5S$，500.9

化学名称 *N'*-[2-氯-4-氟-5-[1,2,3,6 四氢-3-甲基-2,6-二氧-4-(三氟甲基)-嘧啶-1-基]苯甲酰]-*N*-异丙基-*N*-甲基磺酰胺

CAS登录号 372137-35-4

理化性质 纯品白色粉末。熔点：189.9～193.4℃。蒸气压：4.5×10^{-12} mPa（20℃）。$K_{ow}\lg P$=2.6。Henry常数：1.07×10^{-15} Pa·m³/mol（20℃）。相对密度：1.595（20℃）。溶解性：水0.0025（pH值5），0.21（pH值7）（g/100mL，20℃）；乙腈19.4，丙酮27.5，乙酸乙酯6.55，四氢呋喃36.2，甲醇2.98，异丙醇0.25，甲苯0.23，1-辛醇<0.01，正庚烷<0.005（g/100mL，20℃）。稳定性：室温下稳定。水解稳定性：酸性条件下稳定，DT_{50} 4～6d。p*K*a4.41。

毒　性 急性经口LD_{50}：大鼠>2000mg/kg。急性经皮LD_{50}：大鼠>2000mg/kg。对皮肤和眼睛无刺激性s（兔），对皮肤无敏感性（豚鼠）。空气吸入毒性：LC_{50}(4h）大鼠>5.3mg/L。无作用剂量（18月）小鼠4.6mg/（kg·d)。急性经口LD_{50}(14d)：山齿鹑>2000mg/kg；饲喂毒性LC_{50}(8d）山齿鹑>5000mg/kg。鱼：LC_{50}(96h）>98mg/L。水蚤：LC_{50}(48h）>100mg/L。海藻：EC_{50}绿藻0.041mg/L。蜜蜂：急性LD_{50}(接触）100μg/只。蠕虫：急性EC_{50}(14d）蚯蚓>1000mg/kg（土壤）。

制　剂 97.4%原药，70%水分散粒剂。

应　用 属嘧啶类，是原卟啉原氧化酶抑制剂。可作为灭生性除草剂用，可有效防除多种阔叶杂草，包括对草甘膦，ALS和三嗪类产生抗性的杂草。具有很快的灭生作用且土壤残留降解迅速。可以与禾本科杂草除草剂混用，如草甘膦，效果很好，在多种作物田和非耕地都可施用，轮作限制小。

原药生产厂家 巴斯夫欧洲公司。

甲磺草胺（sulfentrazone）

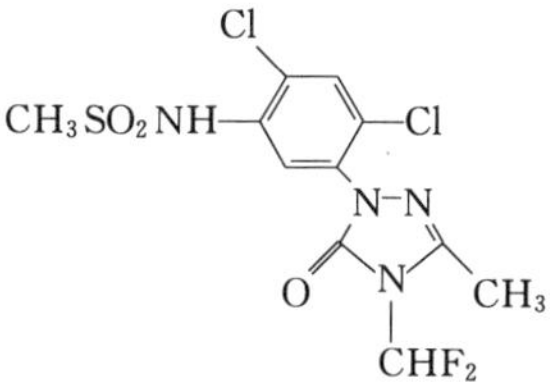

$C_{11}H_{10}Cl_2F_2N_4O_3S$，387.2

其他英文名称 FMC6285

化学名称 *N*-(2,4-二氯-5-(4-二氟甲基-4,5-二氢-3-甲基-5-氧代-1*H*-1,2,4-三唑-1-基)苯基)甲磺酰胺

CAS登录号 122836-35-5

理化性质 浅棕色固体。熔点：121～123℃。蒸气压：1.3×10^{-4} mPa（25℃）。$K_{ow}\lg P=1.48$。相对密度 1.21g/mL（20℃）。溶解性：水 0.11（pH6），0.78（pH7），16（pH7.5）（mg/g，25℃），可溶于丙酮等大多数极性有机溶剂。稳定性：水解稳定，水中易光解。p*K*a6.56。

毒　性 急性经口 LD_{50}：大鼠 2855mg/kg。急性经皮 LD_{50}：兔＞2000mg/kg，对皮肤无刺激性，对眼睛中度刺激（兔），对皮肤无敏感性（豚鼠）。吸入毒性：LC_{50}(4h）大鼠＞4.14mg/L。急性经口无作用剂量 25mg/(kg·d)，慢性无作用剂量（生殖试验）14mg/(kg·d)。无致突变作用。急性经口 LD_{50}：野鸭＞2250mg/kg；饲喂毒性 LC_{50}(8d)：鸭子和鹌鹑＞5620mg/kg。鱼：LC_{50}(96h，mg/L）蓝腮太阳鱼 93.8，虹鳟鱼＞130。水蚤：LC_{50}(48h）60.4mg/L。

制　剂 95%、90%原药，75%水分散粒剂，40%悬浮剂。

应　用 三唑啉酮类除草剂，原卟啉原氧化酶抑制剂。通过抑制叶绿素生物合成过程中原卟啉原氧化酶而破坏细胞膜，使叶片迅速干枯、死亡。适用于大豆、玉米及高粱、花生、向日葵等作物田内一年生阔叶杂草、禾本科杂草和莎草，如牵牛、反枝苋、铁苋菜、藜、曼陀罗、宾洲蓼、马唐、狗尾草、苍耳、牛筋草、油莎草、香附子等。对目前较难治的牵牛、藜、苍耳、香附子等杂草有卓效。

原药生产厂家 江苏宝众宝达药业有限公司、江苏联化科技有限公司、泸州农化有限公司、美国富美实公司。

苯唑草酮（topramezone）

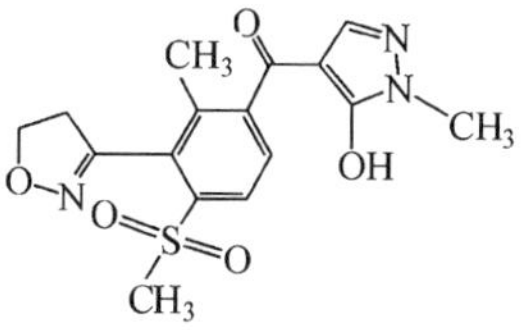

$C_{16}H_{17}N_3O_5S$，363.4

化学名称 [3-(4,5-二氢-3-异噁唑基)-4-甲基磺酰基-2-甲基苯基](5-羟基-1-甲基-吡唑-4-基)甲酮

CAS登录号 210631-68-8

理化性质 纯品白色结晶固体。熔点：220.9～222.2℃。K_{ow} lg$P$=－0.81（pH4）；－1.52（pH7）；－2.34（pH9） （20℃，99.9%）。密度：1.411（20℃）。溶解性：水510mg/L（pH3.1），＞100g/L（pH＞9.0）（20℃）；异丙醇，丙酮，乙腈，正庚烷，乙酸乙酯，甲苯＜1.0，二氯甲烷2.5～2.9，二甲基甲酰胺11.4～13.3（g/100mL，20℃）。稳定性：水溶液中稳定保存5d（pH4，pH7和pH9，50℃）和30d（pH5，ph7和pH9，25℃），水溶液中光照条件下保存17d（pH5和pH9，22℃）。pKa4.06（20℃）。

毒　性 急性经口LD_{50}：大鼠＞2000mg/kg。急性经皮LD_{50}：大鼠＞2000mg/kg。对眼睛和皮肤有轻微刺激，对皮肤无敏感性。空气吸入毒性LC_{50}：大鼠＞5mg/L。无作用剂量雄大鼠0.4mg/(kg·d)。急性经口LD_{50}山齿鹑＞2000mg/kg，LC_{50}［mg/(kg·d)］山齿鹑＞1085，野鸭＞1680。鱼：LC_{50}(96h）虹鳟鱼＞100mg/L。水蚤：LC_{50}(48h）＞100mg/L。海藻：E_bC_{50}(96h）舟形藻47.0mg/L。其他水生动植物：E_rC_{50}(7d）膨胀浮萍0.125mg/L；E_bC_{50}(7d）膨胀浮萍0.009mg/L。蜜蜂：LD_{50}(经口）＞72.05μg/只；（接触）＞100μg/只。蠕虫：LC_{50}＞1000mg/kg。

制　剂 97%原药，30%悬浮剂。

应　用 新型羟基苯基丙酮酸酯双氧化酶抑制剂专利除草剂，广谱苗后除草剂，能有效防除玉米地一年生禾本科和阔叶杂草、莎草科杂草。

原药生产厂家 巴斯夫欧洲公司。

吡草醚（pyraflufen-ethyl）

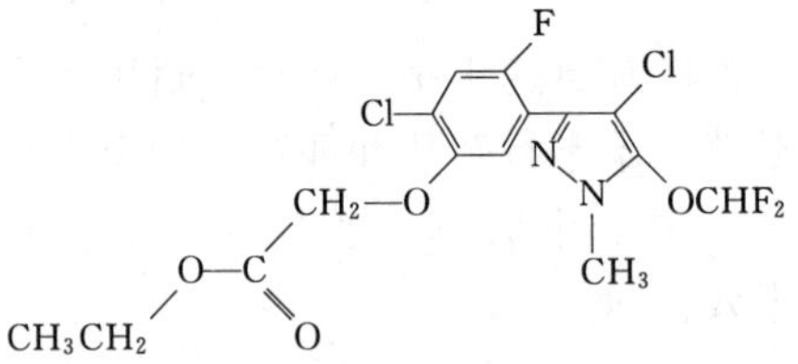

$C_{15}H_{13}Cl_2F_3N_2O_4$，413.2

其他中文名称 速草灵，丹妙药

化学名称 2-氯-5-（4-氯-5-二氟甲氧基-1-甲基吡唑-3-基）-4-氟苯氧乙酸乙酯

CAS登录号 129630-19-9

理化性质 纯品为精细乳白色粉末。熔点126.4～127.2℃，蒸气压1.6×10^{-5}mPa（25℃）、4.3×10^{-6}mPa（20℃），K_{ow}lg$P$=3.49，Henry常数8.1×10^{-5}Pa·m^3/mol，相对密度1.565（24℃）。水中溶解度（20℃）：0.082mg/L；其他溶剂中溶解度（g/L，20℃）：二甲苯41.7～43.5，丙酮167～182，甲醇7.39，乙酸乙酯105～111，正己烷

0.234，二氯甲烷 100～111。pH4 的水溶液中稳定；DT_{50} 13d（pH7，25℃）；pH9 时迅速水解。水中光解 DT_{50}：30h。

毒　性　大鼠急性经口：LD_{50}＞5000mg/kg。大鼠急性经皮：LD_{50}＞2000mg/kg。对兔眼睛有轻微刺激，对兔皮肤无刺激。对豚鼠皮肤无致敏性。大鼠急性吸入 LC_{50}（4h）＞5.03mg/L。无作用剂量（mg/kg）：雄大鼠（2y）86.7、雌大鼠（2y）111.5，雄小鼠（78周）21.0、雌小鼠（78 周）19.6，雄、雌狗（52 周）1000。Ames 试验呈阴性。无致突变性。山齿鹑急性经口 LD_{50}＞2000mg/kg。山齿鹑、野鸭饲喂 LC_{50}（8d）＞5000mg/kg。鱼毒 LC_{50}（96h，mg/L）：鲤鱼＞0.206，虹鳟鱼、蓝鳃太阳鱼＞0.1。水蚤 EC_{50}（48h）＞0.1mg/L。藻类 E_bC_{50}（72h，mg/L）：月牙藻 0.00023。蜜蜂 LD_{50}（48h）：经口＞112μg/只，接触＞100μg/只。蚯蚓 LC_{50}（14d）＞1000mg/kg（干土）。

制　剂　95％原药，40％母药，2％悬浮剂。

应　用　吡唑类除草剂，原卟啉原氧化酶抑制剂，为触杀性芽后阔叶杂草除草剂，施药于叶面之后，它很容易被植物组织所吸收，经阳光照射，杂草的茎干和叶片很快坏死或枯死。适用于禾谷类作物田，防治猪殃殃、淡甘菊、小野芝麻、繁缕和其他重要的阔叶杂草。

原药生产厂家　日本农药株式会社。

杀草强（amitrole）

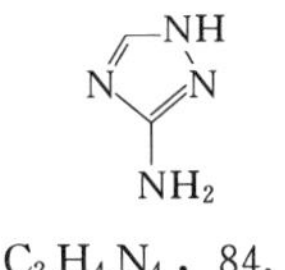

$C_2H_4N_4$，84.1

其他中文名称　氨三唑

其他英文名称　Amerol、Weedazol

化学名称　3-氨基-1*H*-1,2,4-三唑

CAS 登录号　61-82-5

理化性质　纯品无色晶体。熔点：157～159℃（原药，150～153℃）。蒸气压：3.3×10^{-5}mPa（20℃）。$K_{ow}\lg P=-0.969$（pH7，23℃）。Henry 常数：2.01×10^{-12}（pH4），1.05×10^{-11}（pH7）（20℃，计算值）。相对密度：1.138（20℃）。溶解性（g/L，20℃）：水＞1384（pH4），264（pH7），261（pH10）；二氯甲烷 0.1，2-丙烯 20～50，甲苯 0.02，异丙醇 27，甲醇 133～160，丙酮 2.9～3.3，乙酸乙酯 1，正己烷＜0.01，庚烷和对二甲苯＜＜0.1。稳定性：在中性、酸性和碱性条件下稳定，DT_{50} 35d（pH5，25℃），光解 DT_{50}＞30d（pH5～9，25℃）。

毒　性　急性经口 LD_{50}：大鼠＞10000mg/kg。急性经皮 LD_{50}（mg/kg）：大鼠＞2000，兔＞10000，对皮肤无刺激作用，对眼睛中度刺激（兔），对皮肤无敏感性。空气吸入毒性：LC_{50} 大鼠＞439mg/m^3。无作用剂量大鼠（24 月）10mg/L [0.5mg/(kg·d)]；小鼠（18

月）10mg/L [1.5mg/(kg·d)]，饲喂68周试验大鼠饲喂50mg/kg对大鼠生长无影响，但是13周后雄大鼠甲状腺增大。LD_{50}山齿鹑>2150mg/kg。LC_{50}山齿鹑和野鸭>5000mg/L。鱼：LC_{50}(96h，mg/L) 虹鳟鱼>1000，金鱼>6000。无作用剂量（21d）虹鳟鱼100mg/L。水蚤：LC_{50}（48h）>18mg/L；EC_{50}（48h）6.1mg/L。海藻：E_bC_{50}（72h）铜在淡水藻2.3mg/L；E_bC_{50}(120h) 羊角月芽藻2.3mg/L，淡水藻3.9mg/L；E_rC_{50}(120h) 羊角月芽藻>5.1mg/L，淡水藻>4.8mg/L。其他水生动植物：无作用剂量（14d）膨胀浮萍2.5mg/L。蜜蜂：对蜜蜂无毒，LD_{50}(48h，经口）>150μg/只；（48h，经皮）>100μg/只。蠕虫：LC_{50}(14d) >488mg/kg（土壤）。

应　用　类胡萝卜素合成抑制剂。灭生性内吸传导型茎叶处理除草剂，通过叶片和根吸收并在体内传导。通过干扰叶绿素合成使杂草黄萎，新生叶片几乎完全呈白色，在多年生植物中可持续数月，新芽长出仍为白色。在土壤中持效期2～4周。

野燕枯（difenzoquat）

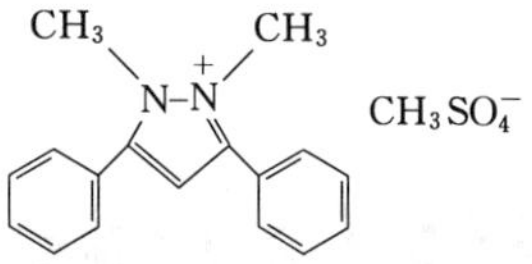

$C_{18}H_{20}N_2O_4S$，360.4

其他中文名称　燕麦枯

其他英文名称　Avenge

化学名称　1,2-二甲基-3,5-二苯基-1*H*-吡唑硫酸甲酯

CAS登录号　49866-87-7

理化性质　无色、吸湿性结晶。熔点156.5～158℃，蒸气压<1×10^{-2}mPa（25℃），$K_{ow}\lg P$=0.648（pH5)、-0.62（pH7)、-0.32（pH9)，相对密度0.8（25℃）。水中溶解度817g/L（25℃）；其他溶剂中溶解度（g/L，25℃）：二氯甲烷360，氯仿500，甲醇558，1,2-二氯乙烷71，异丙醇23，丙酮9.8，二甲苯、庚烷<0.01。微溶于石油醚、苯和二噁烷。水溶液对光稳定，DT_{50}：28d。对热稳定，弱酸条件下稳定，在强酸和氧化条件下分解。p*K*a约7。闪点>82℃（泰格开杯）。

毒　性　急性经口LD_{50}(mg/kg)：雄大鼠617，雌大鼠373，雄小鼠31，雌小鼠44。雄兔急性经皮LD_{50}：3540mg/kg。对兔皮肤中度刺激、眼睛重度刺激。大鼠急性吸入LC_{50}(4h)：雌0.36mg/L，雄0.62mg/L。狗（1y）无作用剂量：20mg/kg。山齿鹑LC_{50}(8d) >4640mg/kg（饲料），野鸭LC_{50}(8d) >10388mg/kg（饲料）。鱼毒LC_{50}(96h，mg/L)：蓝鳃太阳鱼696，虹鳟鱼694。水蚤LC_{50}(48h)：2.63mg/L。对藻类毒性大。蜜蜂LD_{50}：36μg/只（接触）。

制　剂　96%原药，40%水剂。

应　用　一种高效、高选择性的防除小麦、大麦田中的恶性杂草野燕麦。药剂施于野燕麦叶片上后，吸收转移到叶心，作用于生长点，破坏野燕麦的细胞分裂和野燕麦顶端、节间分生组织中细胞的分裂和伸长，从而使其停止生长，最后全株枯死。用于防除大麦、小麦和黑麦田的野燕麦时一般在芽后 3～5 叶期使用。

原药生产厂家 陕西农大德力邦科技股份有限公司。

唑啉草酯（pinoxaden）

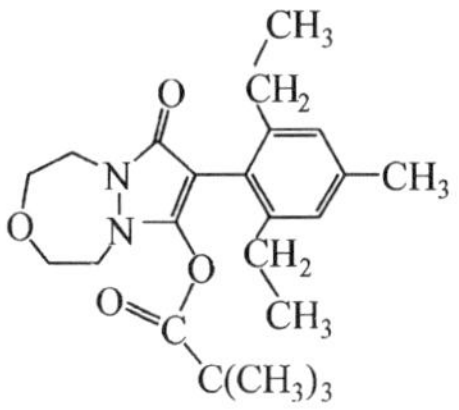

$C_{23}H_{32}N_2O_4$，400.5

化学名称 2,2-二甲基-丙酸-8-(2,6-二乙基-4-甲基苯基)-1,2,4,5-四氢-7-氧-7*H*-吡唑[1,2-d][1,4,5]氧二氮䓬-9-基酯

CAS 登录号 243973-20-8

理化性质 纯品亮白色，无味粉末。熔点：120.5～121.6℃。蒸气压：2.0×10^{-4} mPa（20℃）；4.6×10^{-4} mPa（25℃）。$K_{ow}\lg P=3.2$。Henry 常数：9.2×10^{-7} Pa·m³/mol（计算值，25℃）。密度：1.16（21℃）。溶解性：水 200mg/L（25℃）；丙酮 250，二氯甲烷>500，乙酸乙酯 130，正己烷 1.0，甲醇 260，辛醇 140，甲苯 130（g/L）。稳定性：水解 DT_{50} 24.1d（pH4），25.3d（pH5），14.9d（pH7），0.3d（pH9）（20℃）。

毒　性 急性经口 LD_{50}：大鼠>5000mg/kg。急性经皮 LD_{50}：大鼠>2000mg/kg。对皮肤无刺激作用；对眼睛有刺激性（兔），对皮肤无敏感性（豚鼠）。空气吸入毒性：LC_{50}（4h）大鼠 5.22mg/L。无作用剂量 10mg/kg（雌兔和发育毒性）。无致畸作用。急性经口 LD_{50}：山齿鹑>2250mg/kg；饲喂毒性 LC_{50}（5d）：山齿鹑和野鸭>5620mg/kg。鱼：LC_{50}（96h）虹鳟鱼 10.3mg/L。水蚤：急性 LC_{50}（48h）52mg/L。海藻：LC_{50}（72h）月牙藻 16mg/L；LC_{50}（96h）鱼腥藻 5.0mg/L。其他水生动植物：E_bC_{50}（7d）膨胀浮萍 5.0mg/L。蜜蜂：LD_{50} 经口>200μg/只；接触>100μg/只。蠕虫：LC_{50}（14d）>1000mg/kg（土壤）。

制　剂 95%原药，5%乳油。

应　用 唑啉草酯属新苯基吡唑啉类除草剂，作用机理为乙酰辅酶 A 羧化酶（ACC）抑制剂，造成脂肪酸合成受阻，使细胞生长分裂停止，细胞膜含脂结构被破坏，导致杂草死亡。具有内吸传导性。主要用于大麦田防除一年生禾本科杂草。经室内活性试验和田间药效试验，结果表明对大麦田一年生禾本科杂草，如野燕麦、狗尾草、稗草等有很好的防效。

原药生产厂家 瑞士先正达作物保护有限公司。

唑草酮（carfentrazone-ethyl）

$C_{15}H_{14}Cl_2F_3N_3O_3$，412.2

其他中文名称 快灭灵

化学名称 (*RS*)-2-氯-3-[2-氯-5-(4-二氟甲基-4,5-二氢-3-甲基-5-氧代-1*H*-1,2,4-三唑-1-基)-4-氟苯基]-丙酸乙酯

CAS登录号 128639-02-1

理化性质 黄色黏稠液体。熔点：−22.1℃。蒸气压：1.6×10^{-2}mPa（25℃），7.2×10^{-3}mPa（20℃）。$K_{ow}\lg P=3.36$。Henry常数：2.47×10^{-4}Pa·m³/mol（20℃，计算值）。相对密度：1.457（20℃）。溶解性：水12μg/mL（20℃），22μg/mL（25℃），23μg/mL（30℃）；甲苯0.9，己烷0.03（g/mL，20℃）；可溶于丙酮、乙醇、醋酸乙酯和二氯甲烷。稳定性：水解半衰期DT_{50}3.6h（pH9），8.6d（pH7），稳定（pH5）；液态光解半衰期DT_{50}8d。

毒　性 急性经口LD_{50}：雌鼠5143mg/kg。急性经皮LD_{50}：大鼠＞4000mg/kg，对眼睛有轻微刺激，对皮肤无刺激性（兔），对皮肤无敏感性（豚鼠）。吸入毒性：LC_{50}(4h)大鼠＞5mg/L。无作用剂量（2y）大鼠3mg/（kg·d）。无致突变作用。LD_{50}鹌鹑＞1000mg/kg，LC_{50}鹌鹑和野鸭＞5000mg/L。鱼：LC_{50}（96h）1.6～43mg/L。水蚤：EC_{50}（48h）9.8mg/L。海藻：EC_{50}12～18μg/L。蜜蜂：LD_{50}经口＞35μg/只，接触＞200μg/只。蠕虫：LC_{50}＞820mg/kg（土壤）。

制　剂 90%原药，52.6%母药，40%水分散粒剂。

应　用 该药属卟啉原氧化酶抑制剂，使细胞内容渗出，细胞死亡。触杀型茎叶处理剂，特别是对磺酰脲类有抗性的杂草有特效，后茬作物安全，杀草谱广，用量少、杀草速度快。在禾谷类作物上使用，用于苗后叶面处理，使敏感阔叶杂草传导受阻而很快干枯死亡，对小麦、玉米等禾谷类作物安全，对在长期使用磺脲类除草剂地区产生抗药性的杂草具有特效，对后茬作物安全。适于玉米、水稻、草坪、小麦等禾本科作物田防婆婆纳、苘麻、反枝苋、藜、地肤、猪殃殃、龙葵、白芥、野芝麻、红心藜等阔叶杂草。使用方法：玉米3～5叶期，小麦3～4叶期喷雾处理，阴天施药效果不好，见光后药效能充分发挥。

原药生产厂家 江苏宝众宝达药业有限公司、江苏联化科技有限公司、美国富美实公司。

乙氧呋草黄（ethofumesate）

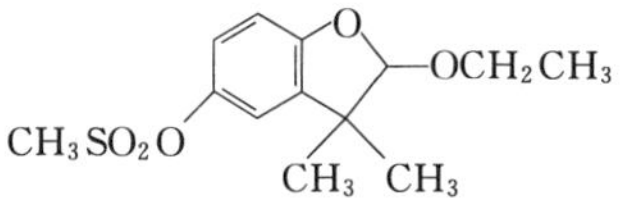

$C_{13}H_{18}O_5S$，286.3

化学名称 (±)-2-乙氧基-2,3-二氢-3,3-二甲基苯并呋喃-5-基甲磺酸酯

CAS登录号 26225-79-6

理化性质 纯品白色结晶固体（原药浅褐色，结晶固体，有芳香气味）。熔点：70～72℃（原药69～71℃）。蒸气压：0.12～0.65mPa（25℃）。K_{ow}lg$P$=2.7（pH6.5～7.6，25℃）。Henry常数：6.8×10^{-3}Pa·m^3/mol。相对密度：1.29（20℃，原药）。溶解性：水50mg/L（25℃）；丙酮，二氯甲烷，二甲基亚砜，乙酸乙酯>600，甲苯，对二甲苯300～600，甲醇120～150，乙醇60～75，异丙醇25～30，正己烷4.67（g/L，25℃）。稳定性：pH7和pH9水解稳定，pH5.0，DT_{50}940d。

毒　性 急性经口LD_{50}：大鼠和小鼠>5000mg/kg。急性经皮LD_{50}：大鼠>2000mg/kg，对皮肤和眼睛无刺激性，对皮肤无敏感性。空气吸入毒性：LC_{50}(4h)大鼠>3.97mg/L。无作用剂量（2y）大鼠7mg/kg；无作用剂量兔30mg/kg；慢性无作用剂量大鼠127mg/kg。急性经口LD_{50}（mg/kg）：野鸭>3552，山齿鹑>8743；饲喂毒性LC_{50}［8d，mg/(kg·d)］野鸭>1082，山齿鹑>839。鱼：LC_{50}（96h，mg/L）虹鳟鱼11.91～20.2，蓝鳃太阳鱼12.37～21.2，镜鲤10.92。水蚤：EC_{50}（48h）13.52～22.0mg/L。海藻：EC_{50} 3.9mg/L。其他水生动植物：EC_{50}（发育，96h）东方生蚝1.7mg/L。蜜蜂：LC_{50}（接触和经口）>50μg/只。蠕虫：LC_{50}134mg/kg（土壤）。

制　剂 96%原药

应　用 乙氧呋草黄为苗前苗后均可使用的除草剂，可有效的防除许多重要的禾本科和阔叶杂草，土壤中持效期较长，防除甜菜、草皮、黑麦草等其他牧场中杂草，但乙氧呋草黄与其他甜菜地用触杀型除草剂桶混的推荐剂量为500～2000g(a.i.)/hm^2，草莓、向日葵、烟草基于不同的施药时期对该药有较好耐受性，洋葱的耐药性中等。

原药生产厂家 江苏好收成韦恩农化股份有限公司、浙江永农化工有限公司。

环庚草醚（cinmethylin）

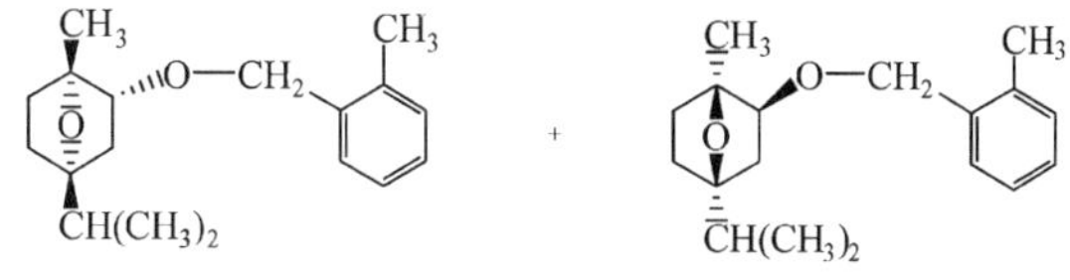

$C_{18}H_{26}O_2$，274.4

其他中文名称 艾割，恶庚草烷，仙治

其他英文名称 Argold，Cinch

化学名称 1-甲基-4-(1-甲基乙基)-2-(2-甲基苯基甲氧基)-7-氧杂二环[2,2,1]庚烷

CAS登录号 87818-31-3

理化性质 纯品为深琥珀色液体。沸点 313℃/101kPa，蒸气压 10.1mPa（20℃），K_{ow} lg$P$=3.84，密度 1.014g/mL（20℃）。水中溶解度 63mg/L（20℃），溶于大多数有机溶剂。热稳定度高达 145℃。25℃，pH3～11 水溶液中稳定。闪点 147℃。

毒　性 大鼠急性经口 LD_{50}：553mg/kg。大鼠、兔急性经皮 LD_{50}＞2000mg/kg。对兔眼睛有轻度、皮肤中度刺激作用。大鼠急性吸入 LC_{50}(4h) ＞3.5mg/L。无作用剂量：大鼠 30mg/(kg·d)。山齿鹑急性经口 LD_{50}：1600mg/kg。山齿鹑、野鸭 LC_{50}(5d) ＞5620mg/kg（饲料）。鱼毒 LC_{50}(96h，mg/L)：虹鳟鱼 6.6，蓝鳃太阳鱼 6.4，红鲈鱼 1.6。水蚤 LC_{50}(48h)：7.2mg/L。

应　用 选择性内吸传导型除草剂，可被敏感植物幼芽和根吸收，经木质部传导到根和芽的生长点，抑制分生组织的生长使植物死亡。水稻对环庚草醚的耐药力较强，进入水稻体内被代谢成羟基衍生物，并与水稻体内的糖苷结合成共轭化合物而失去毒性；水稻根插入泥土，生长点在土中还具有位差选择性。当水稻根露在土表或沙质土，漏水田可能受药害。环庚草醚在无水层条件下易被光解和蒸发，因此在漏水田和施药后短期内缺水的条件下除草效果差；在有水层条件下分解缓慢，除草效果好。环庚草醚在水稻田有效期为 35 天左右，温度高持效期短；温度低持效期长。适用水稻作物。防治对象为稗草、慈姑、萤蔺、碎米莎草、异型莎草、毋草、轮藻、白水八角等。环庚草醚的持效期偏短，故用药期要准。除草的最佳时期是杂草处于幼芽或幼嫩期，草龄越大，效果越差。

异噁唑草酮（isoxaflutole）

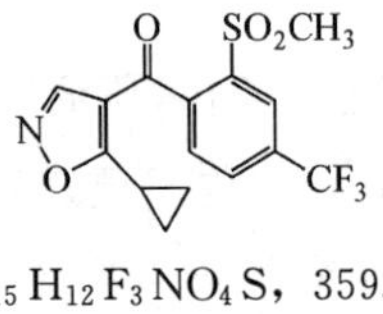

$C_{15}H_{12}F_3NO_4S$，359.3

其他中文名称 百农思

其他英文名称 Balance，Merlin

化学名称 5-环丙基-1,2-噁唑-4-基-(4-三氟甲基-2-甲磺酰基苯基)甲酮

CAS登录号 141112-29-0

理化性质 纯品为灰白色或浅黄色固体。熔点 140℃，蒸气压 1×10^{-3}mPa（25℃），K_{ow} lg$P$=2.34，Henry 常数 1.87×10^{-5}Pa·m³/mol（20℃），相对密度 1.42（20℃）。水中溶解度 6.2mg/L（pH5.5，20℃）；其他溶剂中溶解度（g/L，20℃）：丙酮 293，二氯甲烷 346，乙酸乙酯 142，正己烷 0.10，甲苯 31.2，甲醇 13.8。对光稳定，54℃下热贮 14d 未发生分解。水解 DT_{50}：11d（pH5），20h（pH7），3h（pH9）。水中光解 DT_{50}：40h。

毒　性　大鼠急性经口 LD_{50} ＞5000mg/kg。兔急性经皮 LD_{50} ＞2000mg/kg。对兔眼睛有轻微刺激，对兔皮肤无刺激。对皮肤无致敏性。大鼠急性吸入 LC_{50}（4h）＞5.23mg/L。大鼠（2y）无作用剂量：2mg/(kg·d)。无致突变性、致畸性。鹌鹑、野鸭急性经口 LD_{50}（14d）＞2150mg/kg；饲喂 LC_{50}（8d）＞5000mg/kg。鱼毒 LC_{50}（96h，mg/L）：虹鳟鱼＞1.7，蓝鳃太阳鱼＞4.5。水蚤 LC_{50}（48h）＞1.5mg/L。羊角月牙藻 EC_{50}：0.016mg/L。蜜蜂 LD_{50}（经口、接触）＞100μg/只。

应　用　异噁唑类除草剂。用于玉米、甘蔗等旱作物田土壤处理，主要经由杂草幼根吸收传导而起作用。敏感杂草吸收了此药之后，通过抑制对羟基苯丙酮双氧酶而破坏叶绿素的形成，导致受害杂草失绿枯萎。异噁唑草酮在施用时或施用后，因土壤墒情不好而滞留于表层土壤中的有效成分虽不能及时地发挥出防除杂草的作用，但仍能保持较长时间不被分解，待遇到降雨或灌溉，仍能发挥防除杂草的作用，甚至对长到 4～5 叶的敏感杂草也能杀伤和抑制。异噁唑草酮的持效期适中，在土壤中的半衰期比较短，通常在 4 个月后基本无残留，因此对后茬作物没有不良的影响。适用玉米、甘蔗等作物。防治苘麻、藜、地肤、猪毛菜、龙葵、反枝苋、柳叶刺蓼、鬼针草、马齿苋、繁缕、香薷、苍耳、铁苋菜、水棘针、酸模叶蓼、婆婆纳等多种一年生阔叶杂草，对马唐、稗草、牛筋草、千金子、大狗尾草和狗尾草等一些一年生禾本科杂草也有较好的防效。使用异噁唑草酮同使用其他土壤处理除草剂一样，在干旱少雨、土壤墒情不好时不易充分发挥药效，因此要求播种前把地整平，播种后把地压实，配制药液时要把水量加足；其杀草活性较高，施用时不要超过推荐用量，并力求把药喷施均匀，以免影响药效和产生药害；用于碱性土或有机质含量低、淋溶性强的沙质土，有时会使玉米叶片产生黄化、白化药害症状，另外爆裂型玉米对该药较为敏感，在这些玉米田上不宜使用；使用异噁唑草酮时，可按土壤质地和有机质含量、土壤干湿和天气情况，田间发生的杂草种类和密度，适当调整异噁唑草酮与其配伍药剂的用量幅度和配比。

异噁草酮（clomazone）

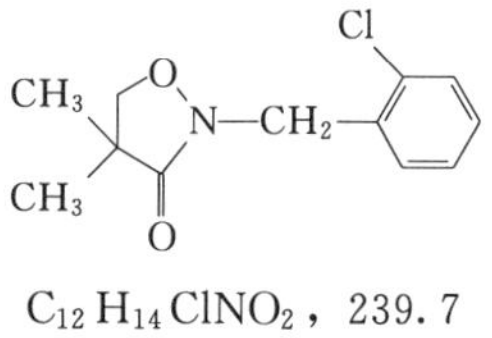

$C_{12}H_{14}ClNO_2$，239.7

其他中文名称　广灭灵

化学名称　2-(2-氯苄基)-4,4-二甲基异噁唑啉-3-酮

CAS登录号　81777-89-1

理化性质　纯品为透明、无色至浅棕色黏稠液体。熔点 25.0～34.7℃，沸点 275.4～281.7℃，蒸气压 19.2mPa（25℃），$K_{ow}\lg P=2.5$，Henry 常数 4.19×10^{-3} Pa·m³/mol，相对密度 1.192（20℃）。水中溶解度 102mg/L（23℃）；其他溶剂中溶解度：丙酮、乙腈、甲苯＞1000g/L（22℃），甲醇 969、二氯乙烷 955、乙酸乙酯 940（g/L，25℃），正庚烷 192g/L（20℃）。常温下 2 年或 50℃下 90d 原药无损失，其水溶液在日光下 DT_{50}＞30d。闪

点＞79℃。

毒　性　大鼠急性经口 LD_{50}：雄 2077mg/kg，雌 369mg/kg。兔急性经皮 LD_{50}＞2000mg/kg。对兔眼睛和皮肤几乎无刺激。对豚鼠皮肤无致敏性。大鼠急性吸入 LC_{50}(4h)：4.8mg/L。无作用剂量：大鼠（2y）4.3mg/(kg·d)，狗（1y）13.3～14mg/(kg·d)。山齿鹑、野鸭急性经口 LD_{50}＞2510mg/kg。山齿鹑、野鸭 LC_{50}(8d)＞5620mg/kg。鱼毒 LC_{50}(96h，mg/L)：蓝鳃太阳鱼 34，虹鳟鱼 19。水蚤 LC_{50}(48h)：5.2mg/L。藻类：舟形藻 E_bC_{50} 0.136mg/L，E_rC_{50}＞0.185mg/L；羊角月芽藻 E_bC_{50} 2.0mg/L，E_rC_{50} 4.1mg/L。蜜蜂急性 LD_{50}＞85.29μg/只（经口），＞100.0μg/只（接触）。蚯蚓 LC_{50}(14d)：78mg/kg（土壤）。

制　剂　98%、95%、93%、92%、90%原药，48%、36%乳油。

应　用　类胡萝卜素生物合成抑制剂。选择性苗前除草剂，通过植物的根、幼芽吸收，向上输导，经木质部扩散至叶部，抑制敏感植物的叶绿素和胡萝卜素的合成。这些敏感植物虽能萌芽出土，但由于没有色素而成白苗，并在短期内死亡。大豆、甘蔗等作物具有选择性。水中的溶解度较大，但与土壤有中等程度的黏合性，影响其在土壤中的流动性，不会流到土壤表层 30cm 以下。在土壤中主要由微生物降解。异噁草酮雾滴或蒸气如飘移可能导致某些植物叶片变白或变黄，林带中杨树、松树安全，柳树敏感，但 20～30d 后可恢复正常生长。飘移可使小麦叶受害，茎叶处理仅有触杀作用，不向下传导，拔节前小麦心叶不受害，10d 后恢复正常生长，对产量影响甚微。如因作业不标准造成重喷地段，第 2 年种小麦叶片发黄或变白色，一般 10～15d 恢复正常生长，如及时追施叶面肥，补充速效营养，5～7d 可使黄叶转绿，恢复正常生长，追叶面肥可与除草剂混用。大豆苗后早期施药对大豆安全，对杂草有好的触杀作用。适用大豆、甘蔗、马铃薯、花生、烟草、水稻、油菜等作物。防治稗草、狗尾草、马唐、金狗尾草、牛筋草、龙葵、香薷、水棘针、马齿苋、苘麻、野西瓜苗、藜、小藜、遏蓝菜、柳叶刺蓼、酸模叶蓼、鸭跖草、毛稀莶、狼把草、鬼针草、苍耳、豚草等一年生禾本科和阔叶杂草。对多年生的刺儿菜、大蓟、苣荬菜、问荆等有较强的抑制作用。

原药生产厂家　安徽丰乐农化有限责任公司、河北宣化农药有限责任公司、湖南海利化工股份有限公司、黑龙江省哈尔滨利民农化技术有限公司、江苏宝众宝达药业有限公司、江苏长青农化股份有限公司、江苏建农农药化工有限公司、江苏连云港立本农药化工有限公司、江苏联化科技有限公司、江苏新港农化有限公司、辽宁省大连松辽化工有限公司、山东田丰生物科技有限公司、山东先达化工有限公司、沈阳科创化学品有限公司、潍坊先达化工有限公司、浙江海正化工股份有限公司、迈克斯（如东）化工有限公司。

美国富美实公司。

噁草酮（oxadiazon）

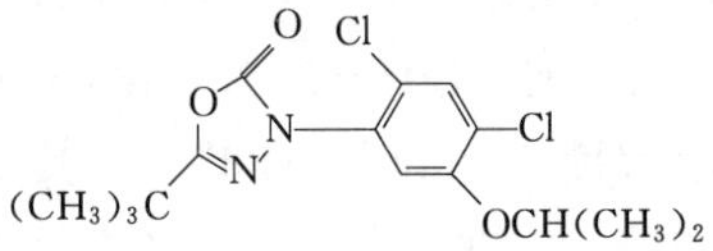

O　Cl
O　N　Cl
N
$(CH_3)_3C$　$OCH(CH_3)_2$

$C_{15}H_{18}Cl_2N_2O_3$，345.2

其他中文名称 农思它，噁草灵

其他英文名称 Ronstat，Forestite

化学名称 5-叔丁基-3-(2,4-二氯-5-异丙氧基苯基)-1,3,4-噁二唑-2(3*H*)-酮

CAS 登录号 19666-30-9

理化性质 纯品为无色无臭晶体。熔点 87℃，蒸气压 0.1mPa（25℃），K_{ow} lg$P$＝4.91（20℃），Henry 常数 3.5×10^{-2} Pa・m^3/mol（计算值），水中溶解度 1.0mg/L（20℃）；其他溶剂中溶解度（g/L，20℃）：甲醇、乙醇约 100，环已烷 200，丙酮、异佛尔酮、2-丁酮、四氯化碳约 600，甲苯、苯、氯仿约 1000。中性或酸性条件下稳定，碱性条件下相对不稳定，DT_{50}：38d（pH9，25℃）。

毒　性 大鼠急性经口 LD_{50}＞5000mg/kg。大鼠、兔急性经皮 LD_{50}＞2000mg/kg。对兔眼睛有轻微刺激，对兔皮肤几乎无刺激。大鼠急性吸入 LC_{50}(4h) ＞2.77mg/L。大鼠（2y）无作用剂量：10mg/kg（饲料）［0.5mg/(kg・d)］。急性经口 LD_{50}(24d，mg/kg)：野鸭＞1000，山齿鹑＞2150。鱼毒 LC_{50}(96h，mg/L)：虹鳟鱼、蓝鳃太阳鱼 1.2。水蚤 EC_{50}(48h) ＞2.4mg/L。藻类 EC_{50}：6～3000μg/L。蜜蜂 LD_{50}＞400μg/只，有驱避作用。

制　剂 97%、96%、95%、94%原药，25%、26%、13%、12.5%、12%乳油。

应　用 原卟啉原氧化酶（Ⅸ）抑制剂。用于水稻田和一些旱田作物做土壤处理的选择性触杀型芽期除草剂，主要在杂草出苗前后，通过稗等敏感杂草的幼芽或幼苗接触吸收而起作用。噁草酮施于水稻田（经过沉降）或旱作物田之后，即被表层土壤胶粒吸附形成一个稳定的药膜封闭层，当其后萌发的杂草幼芽经过此药膜层时，以接触吸收和有限传导，在有光的条件下，使触药部位的细胞组织及叶绿素遭到破坏，并使生长旺盛部位的分生组织停止生长，最终导致受害的杂草幼芽枯萎死亡。而水稻田，在施药前已经出土但尚未露出水面的一部分杂草幼苗（如 1.5 叶期前的稗草），则在药剂沉降之前即从水中接触吸收到足够的药量，亦会很快坏死腐烂。噁草酮在被表层土壤胶粒吸附后，向下移动有限，因此很少被杂草根部吸收。适用水稻、陆稻、甘蔗、花生、大豆、棉花、向日葵、蒜、葱、韭菜、芦笋、芹菜、马铃薯、茶树、葡萄、仁果和核果、花卉、草坪等作物。噁草酮的杀草谱较广，可有效地防除上述旱作物田和水稻田中的稗、狗尾草、马唐、牛筋草、虎尾草、千金子、看麦娘、雀稗、苋、藜、铁苋菜、马齿苋、荠、蓼、龙葵、苍耳、田旋花、鸭跖草、婆婆纳、酢浆草、鸭舌草、雨久花、泽泻、矮慈姑、节节菜、水苋菜、鳢肠、牛毛毡、萤蔺、异型莎草、日照飘拂草、小茨藻等多种一年生杂草及少部分多年生杂草。用于水稻移栽田，遇到弱苗、施药过量或水层过深淹没稻苗心叶时，容易出现药害。用于旱作物田，遇到土壤过干时，不易发挥药效。

原药生产厂家 安徽科立华化工有限公司、河北新兴化工有限责任公司、河北省吴桥农药有限公司、合肥星宇化学有限责任公司、黑龙江省佳木斯黑龙农药化工股份有限公司、湖南博瀚化学科技有限公司、江苏百灵农化有限公司、江苏蓝丰生物化工股份有限公司、连云港市金囤农化有限公司、宁夏三喜科技有限公司、山东东泰农化有限公司、浙江嘉化集团股份有限公司。

德国拜耳作物科学公司。

丙炔噁草酮（oxadiargyl）

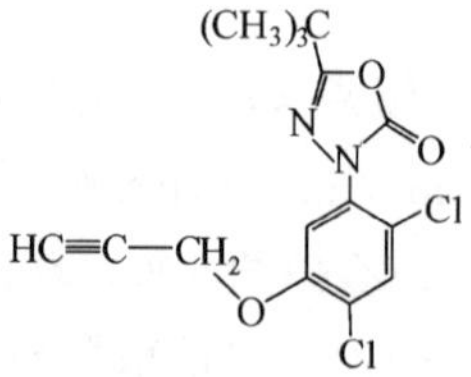

$C_{15}H_{14}Cl_2N_2O_3$，341.2

化学名称 5-叔丁基-3-(2,4-二氯-5-炔丙氧基)苯基-1,3,4-噁二唑-2-(3*H*)-酮

CAS登录号 39807-15-3

理化性质 纯品为无特殊气味、白色至米黄色粉末。熔点131℃，蒸气压2.5×10^{-3}mPa（25℃），$K_{ow}\lg P=3.95$，Henry常数9.1×10^{-4}Pa·m^3/mol（20℃，计算值），相对密度1.484（20℃）。水中溶解度0.37mg/L（20℃）；其他溶剂中溶解度（g/L，20℃）：丙酮250，乙腈94.6，二氯甲烷＞500，乙酸乙酯121.6，甲醇14.7，正庚烷0.9，正辛醇3.5，甲苯77.6。加热贮存54℃，15d稳定。水中DT_{50} 7.3d（pH9）。

毒　性 大鼠急性经口LD_{50}＞5000mg/kg，急性经皮LD_{50}＞2000mg/kg。对兔眼睛有轻微刺激，对兔皮肤无刺激。对豚鼠皮肤无致敏性。大鼠急性吸入LC_{50}(4h)＞5.16mg/L。无作用剂量：狗（1y）1mg/kg，大鼠（2y）0.8mg/kg。鹌鹑急性经口LD_{50}(14d)＞2000mg/kg。鹌鹑、野鸭饲喂LC_{50}(8d)＞5200mg/kg。虹鳟鱼LC_{50}(96h)＞201μg/L。水蚤EC_{50}(48h)＞352μg/L。羊角月牙藻EC_{50}(120h)：1.2μg/L。蜜蜂LD_{50}＞200μg/只（经口、接触）。蠕虫1000mg/kg剂量下无毒。

制　剂 96%原药，80%水分散粒剂，80%可湿性粉剂。

应　用 噁二唑酮类高效广谱稻田除草剂，主要在杂草出土前后通过稗草等敏感杂草幼芽或幼苗接触吸收而起作用。施于稻田水中经过沉降逐渐被表层土壤胶粒吸附形成一个稳定的药膜封闭层，当其后萌发的杂草幼芽经过此药层时，以接触吸收和有限传导，在有光的条件下，使接触部位的细胞膜破裂和叶绿素分解，并使生长旺盛部分的分生组织遭到破坏，最终导致受害的杂草幼芽枯萎死亡。而在施药以前已经萌发但尚未露出水面的杂草幼苗，则在药剂沉降之前从水中接触吸收到足够的药剂，致使杂草很快坏死腐烂。在土壤中移动性较小，不易触及杂草的根部。对一年生禾本科、莎草科、阔叶杂草和某些多年生杂草效果显著，对恶性杂草四叶萍有良好的防效。主要用于水稻、马铃薯、向日葵、蔬菜、甜菜、果园等苗前防除阔叶杂草，如苘麻、鬼针草、藜属杂草、苍耳、圆叶锦葵、鸭舌草、蓼属杂草、梅花藻、龙葵、苦苣菜、节节菜等，禾本科杂草，加稗草、千金子、刺蒺藜草、兰马草、马唐、牛筋草、稷属杂草以及莎草科杂草等。

原药生产厂家 德国拜耳作物科学公司。

草除灵（benazolin-ethyl）

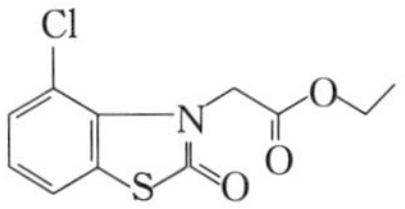

$C_{11}H_{10}ClNO_3S$，271.7

其他中文名称 高特克，乙酯

其他英文名称 Galtak，Cornox

化学名称 4-氯-2-氧代苯并噻唑-3-基乙酸乙酯

CAS 登录号 25059-80-7

理化性质 纯品为白色结晶固体（原药为有特殊气味的浅黄色结晶性粉末）。熔点 79.2℃（原药 77.4℃），蒸气压 0.37mPa（原药，25℃），$K_{ow}\lg P=2.50$（20℃，蒸馏水），相对密度 1.45（20℃）。水中溶解度 47mg/L（20℃）；其他溶剂中溶解度（g/L，20℃）：丙酮 229，二氯甲烷 603，乙酸乙酯 148，甲醇 28.5，甲苯 198。300℃以上分解。在酸和中性溶液中稳定，pH9 时 DT_{50} 为 7.6d（25℃）。

毒　性 急性经口 LD_{50}（mg/kg）：小鼠＞4000，大鼠＞6000，狗＞5000。大鼠急性经皮 LD_{50}＞2100mg/kg。对兔皮肤和眼睛无刺激。无皮肤致敏性。急性吸入 LC_{50}（4h）＞5.5mg/L。无作用剂量：大鼠（2y）12.5mg/kg [0.61mg/（kg·d）]，狗（1y）500mg/kg [18.6mg/（kg·d）]。急性经口 LD_{50}（mg/kg）：山齿鹑＞6000，日本鹌鹑＞9709，野鸭＞3000。山齿鹑、野鸭饲喂 LC_{50}（5d）＞20000mg/kg。鱼类 LC_{50}（96h，mg/L）：蓝鳃太阳鱼 2.8，虹鳟鱼 5.4。水蚤 LC_{50}（48h）：6.2mg/L。羊角月牙藻 EC_{50}：16.0mg/L。10％乳油对蜜蜂无害。蚯蚓＞1000mg/kg（干土），低毒。

制　剂 96％、95％原药，50％、30％悬浮剂，15％乳油。

应　用 一种选择性芽后茎叶处理剂，施药后植物通过叶片吸收输导到整个植物体，敏感植物受药后生长停滞，叶片僵绿，增厚反卷，新生叶扭曲，节间缩短，最后死亡，与激素类除草剂症状相似。在耐药性植物体内降解成无活性物质，对油菜、麦类、苜蓿等作物安全。气温高，作用快；气温低，作用慢。草除灵在土壤中转化成游离酸并很快降解成无活性物，对后茬作物无影响。防除阔叶杂草药效随剂量增加而提高，施药后油菜有时有不同程度的药害症状，叶片皱卷，随剂量增加和施药时间越晚，油菜呈现药害症状越明显，一般情况下 20 天后可恢复。适用油菜、麦类、苜蓿、大豆、玉米等作物。防治一年生阔叶杂草，如繁缕、牛繁缕、雀舌草、豚草、苘麻、反枝苋、苍耳、藜、曼陀罗、猪殃殃等。对鱼有毒，应避免药液或使用过的容器污染水塘、河道或沟渠。不推荐用于芥菜型油菜。不得随意加大用药量，严格按推荐使用方法施药。油菜的耐药性受叶龄、气温、雨水等因素影响，在阔叶杂草出齐后，油菜达 6 叶龄，避开低温天气施药最安全、有效。草除灵不宜在直播油菜 2～3 叶期过早使用。据国外制剂应用经验，加入适量植物油，可提高草除灵渗透力，增加防效。

原药生产厂家 安徽华星化工股份有限公司、吉林省吉化集团农药化工有限责任公司、江苏长青农化股份有限公司、江苏常隆农化有限公司、江苏蓝丰生物化工股份有限公司、江苏省南京苏研科创农化有限公司、山西绿海农药科技有限公司、沈阳科创化学品有限公司、四川省化学工业研究设计院、天津市施普乐农药技术发展有限公司、浙江新安化工集团股份有限公司。

嗪草酸甲酯（fluthiacet-methyl）

$C_{15}H_{15}ClFN_3O_3S_2$，403.9

其他中文名称 阔草特

化学名称 [[2-氯-4-氟-5-[(5,6,7,8-四氢-3-氧代-1*H*-3*H*-(1,3,4)噻二唑[3,4-a]亚哒嗪-1-基)氨基]苯基]硫]乙酸甲酯

CAS登录号 117337-19-6

理化性质 纯品白色粉末。熔点：105.0～106.5℃。蒸气压：4.41×10^{-4}mPa（25℃）。$K_{ow}\lg P=3.77$（25℃）。Henry 常数：2.1×10^{-4} Pa·m^3/mol（计算值）。密度：0.43（20℃）。溶解性：水 0.85（蒸馏水），0.78（pH5、pH7），0.22（pH9）mg/L（25℃）；甲醇 4.41，丙酮 101，甲苯 84，正辛醇 1.86，乙腈 68.7，乙酸乙酯 73.5，二氯甲烷 531.0，正己烷 0.232（g/L，25℃）。稳定性：150℃稳定，DT_{50} 484.8d（pH5），17.7d（pH7），0.2d（pH9）（25℃）；光解半衰期 DT_{50} 5.88h（自来水），4.95d（蒸馏水）（25℃）。

毒　性 急性经口 LD_{50}：大鼠＞5000mg/kg。急性经皮 LD_{50}：兔＞2000mg/kg，对皮肤无刺激性，对眼睛有刺激性（兔）。空气吸入毒性：LC_{50}（4h，鼻吸入）大鼠＞5.048mg/L。无作用剂量：大鼠（2y）2.1mg/（kg·d）；小鼠（18 月）0.1mg/（kg·d）；雄性狗（1y）2000mg/L［58mg/（kg·d）］，雌性 1000mg/L［30.3mg/（kg·d）］。对大鼠和兔无致畸致突变作用。急性经口 LD_{50} 山齿鹑和野鸭＞2250mg/kg。LC_{50} 蓝鹑＞5620mg/L；饲喂毒性 LC_{50}（5d）：山齿鹑和野鸭＞5620mg/kg。鱼：LC_{50}（96h，mg/L）鳟鱼 0.043，鲤鱼 0.60，蓝鳃太阳鱼 0.14，红鲈鱼 0.16。水蚤：LC_{50}（48h）＞2.3mg/L。海藻：EC_{50}（72h）羊角月芽藻 3.12μg/L。无作用剂量（5d）淡水藻 18.4μg/L。蜜蜂：LD_{50}（接触，48h）＞100μg/只。蠕虫：LC_{50} 蚯蚓＞948mg/kg（干土）。

制　剂 95%、90%原药，5%乳油。

应　用 原卟啉原氧化酶抑制剂，在敏感杂草叶面作用迅速，引起原卟啉积累，使细胞脂质过氧化作用增强，从而导致敏感杂草的细胞膜结构和细胞功能不可逆损害。阳光好氧是除草活性必不可少的。通常在 24～48h 出现叶面枯斑症状。适用于大豆和玉米。对大豆和玉米极安全。对后茬作物无不良影响。加之施用剂量低，且土壤处理活性低，对环境安全。主要用于防除大豆、玉米田阔叶杂草，特别对一些难防除的阔叶杂草有卓效。

原药生产厂家 江苏联化科技有限公司、辽宁省大连瑞泽农药股份有限公司、美国富美实公司。

环酯草醚（pyriftalid）

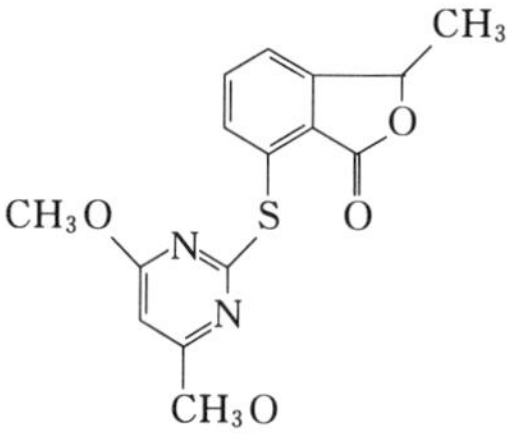

$C_{15}H_{14}N_2O_4S$，318.4

化学名称 (*RS*)-7-[(4,6-二甲氧基-2-嘧啶基)硫基]-3-甲基-2-苯并呋喃 1(3*H*)-酮

CAS登录号 135186-78-6

理化性质 纯品白色，无味固体。熔点：163.4℃，沸点：300℃。蒸气压：2.2×10^{-5} mPa（25℃）。K_{ow} lg$P$=2.6。Henry 常数：3.89×10^{-6} Pa·m³/mol（25℃，计算值）。相对密度：1.44。溶解性：水 1.8mg/L（25℃）。

毒　性 急性经口 LD_{50}：大鼠＞5000mg/kg。急性经皮 LD_{50}：大鼠＞2000mg/kg。空气吸入毒性：LC_{50} 大鼠＞5540mg/m³。急性经口 LD_{50}：山齿鹑 1505mg/kg。鱼：LC_{50} 虹鳟鱼 81mg/L。水蚤：LC_{50}（48h）0.83μg/L。海藻：铜在淡水藻 82.12mg/L。蜜蜂：LD_{50} 接触＞100μg/只。

制　剂 96%原药，24.6%悬浮剂。

应　用 抑制乙酰乳酸合成酶（ALS）的合成。环酯草醚为水稻苗后早期广谱除草剂，专为移栽及直播水稻开发。用于防治水稻田禾本科杂草和部分阔叶杂草，在水稻田，环酯草醚被水稻根尖所吸收，很少一部分会传导到叶片上，少部分药剂会被出芽的杂草叶片所吸收。经室内活性生物试验和田间药效试验，结果表明对移栽水稻田的一年生禾本科杂草、莎草科级部分阔叶杂草有较好的防治效果。对移栽水稻田的稗草、千金子防治效果较好，对丁香蓼、碎米莎草、牛毛毡、节节菜、鸭舌草等阔叶杂草和莎草有一定的防效。推荐用药量对水稻安全。使用后要注意抗性发展，建议与其他作用机理不同的药剂混用或轮换作用。

原药生产厂家 瑞士先正达作物保护有限公司。

除草定（bromacil）

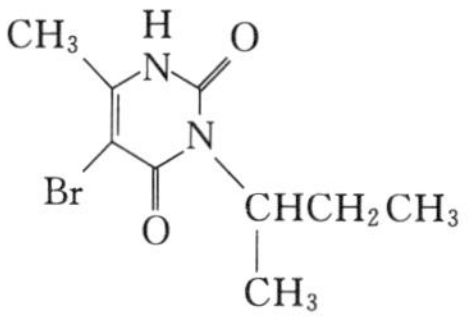

$C_9H_{13}BrN_2O_2$，261.1

化学名称 5-溴-3-仲丁基-6-甲基脲嘧啶

CAS登录号 314-40-9

理化性质 纯品白色至浅褐色结晶固体。熔点：158～159℃。蒸气压：4.1×10^{-2}mPa（25℃）。$K_{ow}\lg P$=1.88（pH5）。Henry常数：1.53×10^{-5}Pam^3/mol（pH7，25℃，计算值）。相对密度：1.59（23℃）。溶解性：水807（pH5），700（pH7），1287（pH9）（mg/L，25℃）；正己烷0.023，甲苯3.0，乙腈4.65，丙酮11.4，二氯甲烷12.0（g/100mL，20℃）。

毒　性 急性经口LD_{50}(mg/kg)：雄大鼠2000，雌大鼠1300。急性经皮LD_{50}：兔＞5000mg/kg，对皮肤和眼睛中度刺激。空气吸入毒性：LC_{50}(4h)大鼠＞5.6mg/L。无作用剂量大鼠（2y）50mg/L；狗（1y）625mg/L。急性经口LD_{50}：山齿鹑2250mg/kg；饲喂毒性LC_{50}(8d)野鸭和山齿鹑＞10000mg/kg。鱼：LC_{50}(96h，mg/L)虹鳟鱼36，蓝鳃太阳鱼127。无作用剂量（96h）红鲈鱼95.6mg/L。水蚤：EC_{50}(48h)121mg/L。海藻：EC_{50}羊角月芽藻6.8μg/L。其他水生动植物：LC_{50}(96h)拟糖虾112.9mg/L。蜜蜂：对蜜蜂无毒；LD_{50}接触＞193μg/只。

制　剂 95%原药，80%可湿性粉剂。

应　用 光合作用抑制型除草剂。

原药生产厂家 江苏辉丰农化股份有限公司、江苏绿叶农化有限公司、江苏中旗化工有限公司、一帆生物科技集团有限公司。

西玛津（simazine）

(结构式：Cl、$NHCH_2CH_3$、$NHCH_2CH_3$取代的1,3,5-三嗪环)

$C_7H_{12}ClN_5$，201.7

其他中文名称 西玛嗪，田保净

其他英文名称 Gesatop，Weedex，Simanex，Simaxin

化学名称 2-氯-4,6-双(乙氨基)-1,3,5-三嗪

CAS登录号 122-34-9

理化性质 纯品为无色粉末。225.2℃分解，蒸气压2.94×10^{-3}mPa（25℃），$K_{ow}\lg P$=2.1（25℃），Henry常数5.6×10^{-5}Pa·m^3/mol（计算值），相对密度1.33（22℃）。水中溶解度6.2mg/L（pH7，20℃）；其他溶剂中溶解度（mg/L，25℃）：乙醇570，丙酮1500，甲苯130，正辛醇390，正己烷3.1。中性、弱酸性和弱碱性条件下相对稳定。强酸强碱条件下快速水解，DT_{50}(20℃，计算值)：8.8d（pH1），96d（pH5），3.7d（pH13）。紫外线照射分解（约90%，96h）。pK_a1.62（20℃）。

毒　性 大、小鼠急性经口LD_{50}＞5000mg/kg。大鼠急性经皮LD_{50}＞3100mg/kg。对兔

皮肤和眼睛无刺激性。无致敏性。大鼠急性吸入 LC_{50}(4h) ＞5.5mg/L。无作用剂量：大鼠(2y) 0.5mg/(kg·d)，狗 (1y) 0.7mg/(kg·d)，小鼠 (95w) 5.7mg/(kg·d)。急性经口 LD_{50}(mg/kg)：野鸭＞2000，日本鹌鹑 4513。饲喂 LC_{50}(mg/kg)：野鸭 (8d) ＞10000，日本鹌鹑 (5d) ＞5000。鱼毒 LC_{50}(96h，mg/L)：蓝鳃太阳鱼 90，虹鳟鱼＞100，鲫鱼＞100，孔雀鱼＞49。水蚤 LC_{50}(mg/L)：＞100 (48h)，0.29 (21d)。藻类 EC_{50}(mg/L)：淡水藻 0.042 (72h)，羊角月牙藻 0.26 (5d)。蜜蜂 LD_{50}(48h，经口、局部) ＞99μg/只。蚯蚓 LC_{50}(14d) ＞1000mg/kg。

制　剂　98%、95%、90%、85%原药，90%水分散粒剂，50%可湿性粉剂，50%悬浮剂。

应　用　均三嗪类除草剂。易被土壤吸附在表层，形成毒土层，浅根性杂草幼苗根系吸收到药剂即被杀死。对根系较深的多年生或深根杂草效果较差。用于玉米、甘蔗、高粱、茶树、橡胶及果园、苗圃除防由种子繁殖的一年生或越年生阔叶杂草和多数单子叶杂草；对由根茎或根芽繁殖的多年生杂草有明显的抑制作用；适当增大剂量也作森林防火道、铁路路基沿线、庭院、仓库存区、油罐区、贮木场等的灭生性除草剂。本制剂禁用于豆类作物和玉米自交系新品种。瓜类也是敏感作物。对小麦、大麦、棉花、大豆、水稻、十字花科蔬菜等有药害。西玛津的用药量受土壤质地、有机质含量、气温高低影响很大。一般气温高、有机质含量低、沙质土用量少，药效好，但也易产生药害。反之用量要高。

原药生产厂家　安徽中山化工有限公司、吉林省吉化集团农药化工有限责任公司、山东胜邦绿野化学有限公司、山东潍坊润丰化工有限公司、浙江省长兴第一化工有限公司、浙江中山化工集团有限公司。

莠去津 (atrazine)

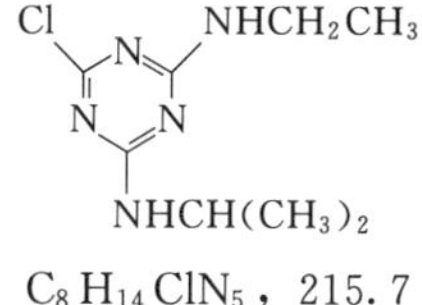

$C_8H_{14}ClN_5$，215.7

其他中文名称　阿特拉津，莠去尽，阿特拉嗪，园保净

其他英文名称　Atranex

化学名称　2-氯-4-乙氨基-6-异丙氨基-1,3,5-三嗪

CAS登录号　1912-24-9

理化性质　纯品为无色粉末。熔点 175.8℃，沸点 205.0℃/101kPa，蒸气压 3.85×10^{-2} mPa (25℃)，$K_{ow}\lg P$=2.5 (25℃)，Henry 常数 1.5×10^{-4} Pa·m^3/mol (计算值)，相对密度 1.23 (22℃)。水中溶解度 33mg/L (pH7，22℃)；其他溶剂中溶解度 (g/L，25℃)：乙酸乙酯 24，丙酮 31，二氯甲烷 28，乙醇 15，甲苯 4.0，正己烷 0.11，正辛醇 8.7。中性、弱酸性和弱碱性条件下相对稳定。70℃的中性及强酸、强碱条件下迅速水解为羟基衍生物；DT_{50}(pH1) 9.5d，(pH5) 86d，(pH13) 5.0d。pK_a1.6。

毒　性　急性经口 LD_{50}：大鼠 1869～3090mg/kg，小鼠＞1332～3992mg/kg。急性经皮大鼠 LD_{50}＞3100mg/kg。对兔皮肤无刺激作用，眼睛有轻微刺激。对豚鼠及人无皮肤致敏性。大鼠急性吸入 LC_{50}(4h)＞5.8mg/L（空气）。无作用剂量（2y，mg/kg）：大鼠 70 [3.5mg/(kg·d)]，狗 150 [5.0mg/(kg·d)]，小鼠 10 [1.4mg/(kg·d)]。急性经口 LD_{50} (mg/kg)：山齿鹑 940，野鸭＞2000，成年日本鹌鹑 4237。鱼毒 LC_{50}(96h，mg/L)：虹鳟鱼 4.5～11.0，蓝鳃太阳鱼 16，鲤鱼 76，鲶鱼 7.6，孔雀鱼 4.3。藻类 EC_{50}(mg/L)：淡水藻 0.043（72h），羊角月牙藻 0.01（96h）。蜜蜂 LD_{50}：＞97μg/只（经口），＞100μg/只（接触）。蚯蚓 LC_{50}(14d)：78mg/kg（土壤）。

制　剂　98%、97%、96%、95%、92%原药，90%水分散粒剂，50%、45%、38%悬浮剂，80%、48%可湿性粉剂。

应　用　三嗪类选择性除草剂，适用于玉米、高粱、甘蔗、果树、苗圃、林地防除一年生禾本科杂草和阔叶杂草，对某些多年生杂草也有一定抑制作用。玉米田：夏玉米在播后苗前用药，春玉米于播后苗前喷雾，春旱药后混土，或适量灌溉，或于玉米 4 叶期作茎叶处理。玉米和冬小麦连作区，可用莠去津减量与草净津、甲草胺、异丙草胺、2，4-D 丁酯、溴苯腈、绿麦隆等除草剂混用。甘蔗田：甘蔗下种后 5～7 天，禾草出土/阔叶杂草未出土时，亩用可湿性粉剂或悬浮剂升喷雾处理，或莠去津与黄草灵（对氨基苯磺酰基氨基甲酸甲酯）等混用。茶园、果园、葡萄园：一般在开春后 4～5 月份，田间杂草萌发高峰，先将越冬杂草和已出土垢大草铲干净，用悬浮剂均匀喷雾土表；或莠去津与氨基丙氟灵、伏草隆、敌草隆等混用。莠去津对桃树不安全；对某些后茬敏感作物，如小麦、大豆、水稻等有药害，可采用降低剂量与别的除草剂混用或改进施药技术。

原药生产厂家　安徽中山化工有限公司、广西壮族自治区化工研究院、河北宣化农药有限责任公司、河南省博爱惠丰生化农药有限公司、吉林金秋农药有限公司、吉林省吉化集团农药化工有限责任公司、江苏绿利来股份有限公司、江苏省南通派斯第农药化工有限公司、昆明农药有限公司、辽宁省营口三征农用化工有限公司、辽宁天一农药化工有限责任公司、南京华洲药业有限公司、山东滨农科技有限公司、山东大成农药股份有限公司、山东德浩化学有限公司、山东侨昌化学有限公司、山东潍坊润丰化工有限公司、无锡禾美农化科技有限公司、浙江省长兴第一化工有限公司、浙江中山化工集团有限公司。

瑞士先正达作物保护有限公司。

氰草津（cyanazine）

CN
|
Cl　NHC$(CH_3)_2$
NHCH$_2$CH$_3$

$C_9H_{13}ClN_6$，240.7

其他中文名称　百得斯，草净津

其他英文名称　Bladex

化学名称 2-(4-氯-6-乙氨基-1,3,5-三嗪-2-基氨基)-2-甲基丙腈

CAS登录号 21725-46-2

理化性质 原药为白色结晶固体。熔点 167.5～169℃（原药 166.5～167℃），蒸气压 2×10^{-4}mPa（20℃），K_{ow} lg$P$ = 2.1，相对密度 1.29kg/L（20℃）。水中溶解度 171mg/L（25℃）；其他溶剂中溶解度（g/L，25℃）：甲基环己酮、氯仿 210，丙酮 195，乙醇 45，苯、正己烷 15，四氯化碳<10。稳定性：对热（75℃，100h 之后分解率 1.8%）、光和水解（5≤pH≤9）稳定，强酸、强碱中分解。pK_a0.63。

毒　性 急性经口 LD_{50}(mg/kg)：大鼠 182～334，小鼠 380，兔 141。急性经皮 LD_{50}(mg/kg)：大鼠>1200，兔>2000。对皮肤和眼睛无刺激性。无作用剂量（2y）：大鼠 12mg/kg（饲料），狗 25mg/kg（饲料）。急性经口 LD_{50}(mg/kg)：野鸭>2000，鹌鹑 400。鱼毒 LC_{50}：小丑鱼（48h）10mg/L，黑头呆鱼（96h）16mg/L。水蚤 LC_{50}(48h)：42～106mg/L。藻类 EC_{50}(96h) <0.1mg/L。对蜜蜂无毒，LD_{50}(局部) >100μg/只（原药在丙酮中），（经口）>190μg/只（原药粉尘）。

制　剂 95%原药。

应　用 三嗪类内吸选择性除草剂，主要通过根吸收，叶也能吸收。除草活性与土壤有机质含量和质地有密切关系。有机质多，或为黏土则除草剂用量也需适当增加。在沙性重、有机质含量少时易出现药害。适用于玉米、豌豆、蚕豆、马铃薯、甘蔗、棉花等作物田防除多种禾本科杂草和阔叶杂草。能防除大多数一年生禾本科杂草及阔叶杂草，如早熟禾、马唐、狗尾草、稗草、蟋蟀草、雀稗草、蓼、田旋花、莎草、马齿苋等。可与莠去津混用扩大杀草谱，施药后遇雨或进行灌溉可提高防效，干旱时用药如无灌溉条件可以浅耙，使药物与土壤充分混合，干旱地区也可苗后施药。茎叶处理时以 15～30℃为宜，低温、湿度大时对玉米不安全。

原药生产厂家 山东大成农药股份有限公司。

特丁津（terbuthylazine）

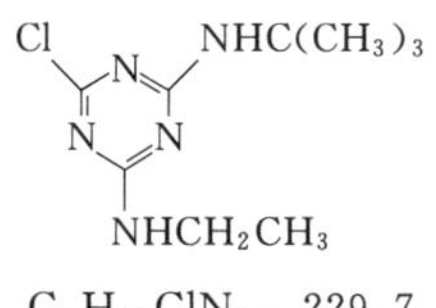

$C_9H_{16}ClN_5$，229.7

化学名称 2-氯-4-叔丁氨基-6-乙氨基-1,3,5-三嗪

CAS登录号 5915-41-3

理化性质 纯品无色粉末。熔点：175.5℃。蒸气压：0.09mPa（25℃）。K_{ow} lg$P$ = 3.4（25℃）。Henry 常数：2.3×10^{-3} Pa·m^3/mol(计算值)。相对密度：1.22（22℃）。溶解性：水 9mg/L（pH7.4，25℃），丙酮 41，乙醇 14，正辛醇 12，正己烷 0.36（g/L，25℃）。稳定性：DT_{50}73d（pH5.0），205d（pH7.0）194d（pH9.0）（25℃），阳光照射下 DT_{50}>40d。

毒　性　急性经口 LD_{50}：大鼠 1590mg/kg。急性经皮 LD_{50}：大鼠＞2000mg/kg。对皮肤和眼睛无刺激性，对皮肤无敏感性。空气吸入毒性：LC_{50}(4h) 大鼠＞5.3mg/L。无作用剂量［mg/(kg·d)］狗（1y）0.4；大鼠（1y）0.35；小鼠（2y）15.4。急性经口 LD_{50}：鸭和鹌鹑＞1000mg/kg；饲喂毒性 LC_{50}(8d)：鸭和鹌鹑＞5620mg/L。鱼：LC_{50}(96h，mg/L) 虹鳟鱼 2.2，蓝鳃太阳鱼 52，鲤鱼和鲶鱼 7.0。水蚤：LC_{50}(48h) 69.3mg/L。海藻：EC_{50}(72h) 铜在淡水藻 0.016～0.024mg/L。蜜蜂：LD_{50} 经口和接触＞200μg/只。蠕虫：LC_{50}(14d) 蚯蚓＞283～＞1000mg/kg（土壤）。

制　剂　97％原药，50％悬浮剂。

应　用　本品主要通过植株的根吸收，用于防除大多数杂草。芽前施用，高粱田中用量 1.2～1.8kg (a.i.) /hm^2；也可选择性地防除柑橘、玉米和葡萄园杂草。

原药生产厂家　山东潍坊润丰化工有限公司、浙江中山化工集团有限公司。

扑灭津（propazine）

Cl　　NHCH$(CH_3)_2$

（三嗪环：N、N、N）

NHCH$(CH_3)_2$

$C_9H_{16}ClN_5$，229.7

化学名称　2-氯-4,6-双(异丙氨基)-1,3,5-三嗪

CAS 登录号　139-40-2

理化性质　纯品为无色粉末。熔点 212～214℃，蒸气压 0.0039mPa（20℃），$K_{ow}\lg P$＝3.01，Henry 常数 1.79×10^{-4} Pa·m^3/mol（计算值），相对密度 1.162（20℃）。水中溶解度 5.0mg/L（20℃）；其他溶剂中溶解度（g/kg，20℃）：苯、甲苯 6.2，乙醚 5.0，四氯化碳 2.5。中性、弱酸性和弱碱性条件下稳定。酸、碱条件下温度愈高分解愈快。pKa1.7（21℃）。

毒　性　大鼠急性经口 LD_{50}＞7000mg/kg。急性经皮 LD_{50}(mg/kg)：大鼠＞3100，兔＞10200。对兔皮肤和眼睛轻微刺激。兔急性吸入 LC_{50}(4h) ＞2.04mg/L（空气）。饲喂无作用剂量（130d）：雄、雌大鼠 50mg/kg。山齿鹑、野鸭饲喂 LD_{50}(8d) ＞10000mg/kg。鱼毒 LC_{50}(96h，mg/L)：虹鳟鱼 17.5，蓝鳃太阳鱼＞100，金鱼＞32.0。对蜜蜂无毒。

应　用　三嗪类选择性内吸传导型土壤处理除草剂，作用机理与西玛津相似，内吸作用比西玛津迅速，在土壤中的移动性也比西玛津大。有一定的触杀作用。适用谷子、玉米、高粱、甘蔗、胡萝卜、芹菜、豌豆等作物。防治一年生禾本科杂草和阔叶杂草。对双子叶杂草的杀伤力大于单子叶杂草。对一些多年生的杂草也有一定的杀伤力，扑灭津对刚萌发的杂草防除效果显著，对较大的杂草及多年生深根性杂草效果较差。

西草净（simetryn）

CH$_3$S　N　NHCH$_2$CH$_3$
N　N
NHCH$_2$CH$_3$

$C_8H_{15}N_5S$，213.3

其他英文名称　simetryne

化学名称　2-甲硫基-4,6-双(乙氨基)-1,3,5-三嗪

CAS登录号　1014-70-6

理化性质　纯品为白色晶体。熔点 82～83℃，蒸气压 9.5×10^{-2}mPa（20℃），$K_{ow}\lg P$=2.6（计算值），Henry 常数 5.07×10^{-5}Pa·m^3/mol（计算值），相对密度 1.02。水中溶解度 400mg/L（20℃）；其他溶剂中溶解度（g/L，20℃）：甲醇 380，丙酮 400，甲苯 300，正己烷 4，正辛醇 160。pKa4.0，弱碱性。

毒　性　大鼠急性经口 LD_{50}：750～1195mg/kg。大鼠急性经皮 LD_{50}＞3200mg/kg。对兔眼睛和皮肤无刺激性。无作用剂量［2y，mg/(kg·d)］：大鼠 1.2，小鼠 56，狗 10.5。鱼毒 LC_{50}(96h，mg/L)：鳟鱼 7，孔雀鱼 5.2。对藻类有毒。对蜜蜂无毒。

制　剂　94％、80％原药，25％可湿性粉剂。

应　用　内吸选择性除草剂。能通过杂草的根和叶吸收，并传导全株，抑制光合作用，使叶片变黄形成缺绿症而死亡。主要用于防除稻田眼子菜，对稗草、牛毛毡、鸭舌草、野慈姑、瓜皮草、水等杂草均有显著效果。也可用于玉米、棉花、大豆、花生等作物除草。西草净施药时应量准土地面积，用药量要准确，以免药害。应采用毒土法，撒药要均匀。有机质含量低的沙质土不宜使用。避免高温时施药，气温超过 30℃时容易产生药害。

不同水稻品种对西草净耐药性不同，在新品种稻田使用西草净时，应注意水稻的敏感性。

原药生产厂家　吉林省吉化集团农药化工有限责任公司、辽宁省营口三征农用化工有限公司、浙江省长兴第一化工有限公司、浙江中山化工集团有限公司。

扑草净（prometryn）

CH$_3$S　N　NHCH(CH$_3$)$_2$
N　N
NHCH(CH$_3$)$_2$

$C_{10}H_{19}N_5S$，241.4

其他中文名称　扑蔓尽，割草佳，扑灭通

其他英文名称　Caparol，Gesagard，Merkazin，Plisin，Prometrex

化学名称 2-甲硫基-4,6-双(异丙氨基)-1,3,5-三嗪

CAS登录号 7287-19-6

理化性质 纯品为白色粉末。熔点118～120℃，沸点>300℃/100kPa，蒸气压0.165mPa (25℃)，$K_{ow}\lg P=3.1$ (25℃)，Henry常数1.2×10^{-3} Pa·m^3/mol（计算值），相对密度1.15 (20℃)。水中溶解度33mg/L (pH6.7，22℃)；其他溶剂中溶解度（g/L，25℃）：丙酮300，乙醇140，正己烷6.3，甲苯200，正辛醇110。20℃在中性、弱酸或弱碱条件下对水解稳定，热酸、热碱条件下稳定，紫外线照射分解。p*K*a4.1，弱碱性。

毒　性 大鼠急性经口LD_{50}>2000mg/kg。急性经皮LD_{50}(mg/kg)：大鼠>3100，兔>2020。对兔皮肤和眼睛有轻微刺激。对豚鼠皮肤无致敏性。大鼠急性吸入LC_{50}(4h)>5170mg/m^3。无作用剂量（mg/kg）：狗（2y）150，大鼠（2y）750；小鼠（21月）10。饲喂LC_{50}(8d，mg/kg)：山齿鹑>5000，野鸭>4640。鱼毒LC_{50}(96h，mg/L)：虹鳟鱼5.5，蓝鳃太阳鱼6.3。水蚤LC_{50}(48h)：12.66mg/L。羊角月牙藻EC_{50}(5d)：0.035mg/L。对蜜蜂无毒，LD_{50}>99μg/只（经口），>130μg/只（接触）。蚯蚓LC_{50}(14d)：153mg/kg(土壤)。

制　剂 95%原药，25%可湿性粉剂。

应　用 选择性内吸传导型除草剂。可被根和叶吸收，也可从茎叶渗入体内，输送到绿色叶片内抑制光合作用，逐渐失绿干枯而死，发挥除草作用。高温多湿和土壤含水量多时杀草力强。对刚萌芽的杂草防效最好。土中药效30～90天，在黏土中有效期长。适用于棉花、大豆、麦类、花生、向日葵、马铃薯、果树、蔬菜、茶树及水稻田防除稗草、马唐、千金子、野苋菜、蓼、藜、马齿苋、看麦娘、繁缕、车前草等1年生禾本科及阔叶草。宜在杂草芽前芽后作土壤处理，扑草净对成株杂草效果不好。严格掌握施药量和施药时间，否则易产生药害。有机质含量低的沙质和土壤，容易产生药害，不宜使用。施药后半月不要任意松土或耘耥，以免破坏药层影响药效。

原药生产厂家 安徽中山化工有限公司、吉林省吉化集团农药化工有限责任公司、吉林市绿盛农药化工有限公司、昆明农药有限公司、山东滨农科技有限公司、山东大成农药股份有限公司、山东侨昌化学有限公司、山东胜邦绿野化学有限公司、山东潍坊润丰化工有限公司、浙江省长兴第一化工有限公司、浙江中山化工集团有限公司。

莠灭净（ametryn）

CH_3S / $NHCH_2CH_3$ / $NHCH(CH_3)_2$ （1,3,5-三嗪环）

$C_9H_{17}N_5S$，227.3

其他中文名称 阿灭净

其他英文名称 Ametrex，ametryne

化学名称 2-甲硫基-4-乙氨基-6-异丙氨基-1,3,5-三嗪

CAS登录号 834-12-8

理化性质 纯品为白色粉末。熔点 86.3～87.0℃，沸点 337℃/98.6kPa，蒸气压 0.365mPa（25℃），$K_{ow}\lg P$=2.63（25℃），Henry 常数 4.1×10^{-4} Pa·m^3/mol（计算值），相对密度 1.18（22℃）。水中溶解度 200mg/L（pH7.1，22℃）；其他溶剂中溶解度（g/L，25℃）：丙酮 610，甲醇 510，甲苯 470，正辛醇 220，正己烷 12。中性、弱酸性和弱碱性条件下稳定。强酸（pH1）、强碱（pH13）水解为无除草活性的 6-羟基类似物。紫外光照射缓慢分解。pK_a4.1，弱碱性。

毒　性 大鼠急性经口 LD_{50}：1160mg/kg。急性经皮 LD_{50}（mg/kg）：兔＞2020，大鼠＞2000。对兔眼睛和皮肤无刺激性。对豚鼠皮肤无致敏性。大鼠急性吸入 LC_{50}（4h）＞5030mg/m^3（空气）。无作用剂量（mg/kg）：大鼠（2y）50，小鼠（2y）10；狗（1y）200。山齿鹑、野鸭 LC_{50}（5d）＞5620mg/kg。鱼毒 LC_{50}（96h，mg/L）：虹鳟鱼 3.6，蓝鳃太阳鱼 8.5。水蚤 LC_{50}（96h）：28mg/L。羊角月牙藻 EC_{50}（7d）：0.0036mg/L。对蜜蜂低毒，LD_{50}＞100μg/只（经口）。蚯蚓 LC_{50}（14d）：166mg/kg（土壤）。

制　剂 95%原药，90%水分散粒剂，80%、75%、40%可湿性粉剂，50%、45%悬浮剂。

应　用 选择性除草剂，通过植物根系和茎叶吸收。植物吸收莠灭净后，向上传导并集中于植物顶端分生组织，抑制敏感植物光合作用中电子传递，导致叶片内亚硝酸盐积累，达到除草目的。适用玉米、甘蔗、菠萝、香蕉、棉花、柑橘等作物。防治稗草、牛筋草、狗牙根、马唐、雀稗、狗尾草、大黍、秋稷、千金子、苘麻、一点红、菊芹、大戟属、蓼属、眼子菜、马蹄莲、田荠、胜红蓟、苦苣菜、空心莲子菜、水蜈蚣、苋菜、鬼针草、罗氏草、田旋花、臂形草、藜属、猪屎豆、铁荸荠等。施药时应防止漂移到邻近作物上。有机质含量低的沙质土不宜使用。施用过莠灭净地块，一年内不能种植对莠灭净敏感作物。本品应保存在阴凉、干燥处。远离化肥、其他农药、种子、食物、饲料。

原药生产厂家 山东滨农科技有限公司、山东潍坊润丰化工有限公司、浙江省长兴第一化工有限公司、浙江中山化工集团有限公司。

以色列阿甘化学公司。

特丁净（terbutryn）

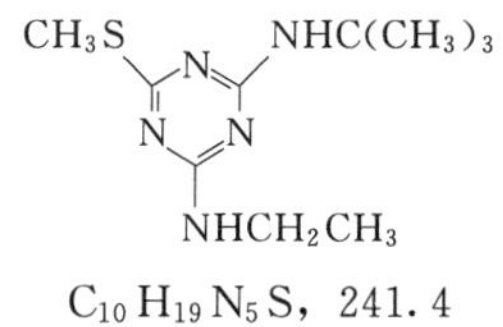

$C_{10}H_{19}N_5S$，241.4

化学名称 2-甲硫基-4-乙氨基-6-叔丁氨基-1,3,5-三嗪

CAS登录号 886-50-0

理化性质 纯品白色粉末。熔点：104～105℃。蒸气压：0.225mPa（25℃）。$K_{ow}\lg P$=3.65（25℃，未电离）。Henry 常数：1.5×10^{-3} Pa·m^3/mol（计算值，22℃）。密度：1.12（20℃）。溶解性：水 22mg/L（pH6.8，22℃），丙酮 220，正己烷 9，正辛醇 130，甲

醇 220，甲苯 45（g/L，20℃），易溶于二噁烷，二乙醚，二甲苯，三氯甲烷，四氯化碳和二甲基甲酰胺。微溶于石油醚。稳定性：常规条件下稳定，强酸强碱条件下容易水解。25℃，pH5，pH7 或 pH9 没有显著水解现象。p*K*a4.3。

毒　性　急性经口 LD_{50}（mg/kg）：大鼠 2045，小鼠 3884。急性经皮 LD_{50}（mg/kg）：大鼠＞2000，兔＞20000，对皮肤无刺激性（兔），对皮肤无敏感性（豚鼠）。空气吸入毒性：LC_{50}(4h) 大鼠＞2200mg/m^3。无作用剂量大鼠（2y）100mg/kg［雄大鼠 4.03mg/(kg·d)，雌大鼠 4.69mg/(kg·d)；狗（1y）100mg/kg 雄性狗 2.73mg/(kg·d)，雌性狗 2.67mg/(kg·d)］。无致突变作用。LD_{50} 野鸭＞4640mg/kg；饲喂毒性 LC_{50}(5d)：山齿鹑＞5000mg/kg。鱼：LC_{50}(96h) 虹鳟鱼 1.1，蓝鳃太阳鱼 1.3，鲤鱼 1.4，红鲈鱼 1.5mg/L。水蚤：LC_{50}(48h) 2.66mg/L。海藻：E_bC_{50}(72h) 羊角月芽藻 0.0017。蜜蜂：对蜜蜂无毒，LD_{50} 经口＞225μg/只；接触＞100μg/只。蠕虫：LC_{50} 170mg/kg。

制　剂　97%原药。

应　用　均三氮苯类除草剂，具有内吸性传导作用。属选择性芽前和芽后除草剂。土壤中持效期 3～10 周，可用于冬小麦、大麦、高粱、向日葵、花生、大豆、豌豆、马铃薯等作物田，防除多年生裸麦草、黑麦草及秋季萌发的繁缕、母菊、罂粟、看麦娘、马唐、狗尾草等。

原药生产厂家　山东滨农科技有限公司、山东潍坊润丰化工有限公司、浙江中山化工集团有限公司。

嗪草酮（metribuzin）

(CH₃)₃C—[1,2,4-三嗪环: N—N, —SCH₃, N—NH₂, C=O]

$C_8H_{14}N_4OS$，214.3

其他中文名称　赛克，立克除，甲草嗪

其他英文名称　Sencor，Lexone

化学名称　4-氨基-6-叔丁基-4,5-二氢-3-甲硫基-1,2,4-三嗪-5-酮

CAS 登录号　21087-64-9

理化性质　纯品为微弱气味的白色晶体。熔点 126℃，沸点 132℃/2Pa，蒸气压 0.058mPa（20℃），$K_{ow}\lg P=1.6$（pH5.6，20℃），Henry 常数 1×10^{-5} Pa·m^3/mol（20℃，计算值），相对密度 1.26（20℃）。水中溶解度 1.05g/L（20℃）；其他溶剂中溶解度（g/L，20℃）：DMSO、丙酮、乙酸乙酯、二氯甲烷、乙腈、异丙醇、聚乙二醇＞250，苯 220，二甲苯 60，正辛醇 54。紫外光下相对稳定。20℃在稀释的酸、碱条件下稳定；DT_{50}(37℃)：6.7h（pH1.2），DT_{50}(70℃)：569h（pH4）、47d（pH7）、191h（pH9）。水中光解迅速（DT_{50}＜1d）。正常情况下在土壤表面 DT_{50} 为 14～25d。

毒　性　急性经口 LD_{50}(mg/kg)：雄大鼠 510，雌大鼠 322，小鼠约 700，豚鼠约 250。大

鼠急性经皮 LD_{50} ＞20000mg/kg。对兔皮肤和眼睛无刺激性。大鼠急性吸入 LC_{50}(4h)：0.65mg/L 空气（粉尘）。无作用剂量（2y）：狗 100mg/kg（饲料），大鼠 30mg/kg。急性经口 LD_{50}(mg/kg)：山齿鹑 164，野鸭 460～680。鱼毒 LC_{50}(96h，mg/L)：虹鳟鱼 74.6，金雅罗鱼 41.6，红鲈鱼 85。水蚤 LC_{50}(48h)：49.6mg/L。淡水藻 E_rC_{50}：0.021mg/L。对蜜蜂无毒，LD_{50} 为 35μg/只。蚯蚓 LC_{50} 为 331.8mg/kg（干土）。

制　剂　95%、93%、91%、90%原药，70%、50%可湿性粉剂，70%水分散粒剂，44%悬浮剂。

应　用　三嗪酮类选择性除草剂，有效成分被杂草根吸收随蒸腾流向上传导，也可被叶片吸收在体内进行有限的传导。主要通过抑制敏感植物的光合作用发挥杀草活性，施药后各种敏感杂草萌发出苗不受影响，出苗后叶褪绿，最后营养枯竭而致死。症状为叶缘变黄或火烧状，整个叶可变黄，但叶脉常常残留有淡绿色（间隔失绿）。用药量过大或低洼地排水不良、田间积水、高湿低温、病虫危害造成大豆生长发育不良条件下，可造成大豆药害，轻者叶片浓绿、皱缩，重者叶片失绿，变黄、变褐坏死，下部叶片先受影响，上部叶一般不受影响。其在土壤中持效期受气候条件、土壤类型影响，通常半衰期 28 天左右，对后茬作物不会产生药害。适用大豆、马铃薯、番茄、苜蓿、玉米等作物。可防治早熟禾、看麦娘、反枝苋、鬼针草、狼把草、荠菜、矢车菊、藜、小藜、野芝麻、柳穿鱼、锦葵、萹蓄、酸模叶蓼、春蓼、红蓼、野芥菜、马齿苋、繁缕、遏蓝菜、马唐、铁苋菜、刺苋、绿苋、三色堇、水棘针、香薷、曼陀罗、鼬瓣花、独行菜、柳叶刺蓼、苣荬菜、鸭跖草、狗尾草、稗草、苘麻、卷茎蓼、苍耳等。

原药生产厂家　安徽亚孚化学有限公司、河北新兴化工有限责任公司、湖南省临湘市化学农药厂、江苏剑牌农药化工有限公司、江苏省常州市武进恒隆农药有限公司、江苏省昆山瑞泽农药有限公司、江苏省南通派斯第农药化工有限公司、江苏省盐城南方化工有限公司、辽宁省大连瑞泽农药股份有限公司。

德国拜耳作物科学公司。

苯嗪草酮（metamitron）

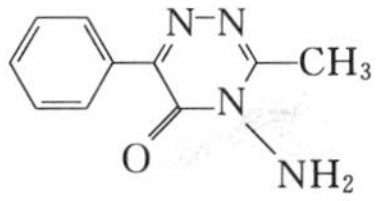

$C_{10}H_{10}N_4O$，202.2

化学名称　3-甲基-4-氨基-6-苯基-4,5-二氢-1,2,4-三嗪-5-酮

CAS 登录号　41394-05-2

理化性质　纯品为无色无臭晶体。熔点 166.6℃，蒸气压 8.6×10^{-4} mPa（20℃），K_{ow} $\lg P=0.83$，Henry 常数 1×10^{-7} Pa·m^3/mol（20℃，计算值），密度 1.35g/cm^3(22.5℃)。水中溶解度 1.7g/L（20℃）；其他溶剂中溶解度（g/L，20℃）：二氯甲烷 30～50，环己酮 10～50，异丙醇 5.7，甲苯 2.8，已烷＜0.1，甲醇 23，乙醇 1.1，氯仿 29。酸性条件下稳定，强碱分解（pH＞10），DT_{50}(22℃)：410d（pH4），740h（pH7），230h（pH9）。土壤表面、水中光解非常迅速。

毒　性　急性经口 LD_{50}(mg/kg)：大鼠约 2000，小鼠约 1450，狗＞1000。大鼠急性经皮 LD_{50}＞4000mg/kg。对兔皮肤和眼睛无刺激性。大鼠急性吸入 LC_{50}(4h)：0.33mg/L 空气（粉尘）。无作用剂量：狗（2y）100mg/kg（饲料），大鼠（2y）250mg/kg。急性经口 LD_{50}(mg/kg)：日本鹌鹑 1875～1930。鱼毒 LC_{50}(96h，mg/L)：虹鳟鱼 326，金雅罗鱼 443。淡水藻 E_rC_{50}：0.22mg/L。对蜜蜂无毒。蚯蚓 LC_{50}＞1000mg/kg（干土）。

制　剂　98％原药，70％水分散粒剂。

应　用　三嗪酮类选择性芽前除草剂，主要通过植物根部吸收，再输送到叶子内。通过抑制光合作用的希尔反应而起到杀草作用。适用糖用甜菜和饲料甜菜作物，防治单子叶和双子叶杂草，如可防治藜、龙葵、繁缕、荨麻、小野芝麻、早熟禾、看麦娘、猪殃殃等杂草。作播前及播后芽前处理时，若春季干旱、低温、多风，土壤风蚀严重，整地质量不佳而又无灌溉条件时，都会影响这种除草剂的除草效果。

原药生产厂家　河北万全宏宇化工有限责任公司、江苏省农用激素工程技术研究中心有限公司、浙江省乐斯化学有限公司。

环嗪酮（hexazinone）

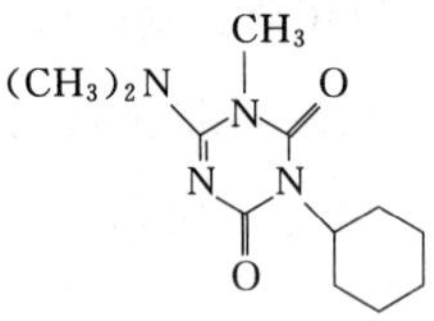

$C_{12}H_{20}N_4O_2$，252.3

其他中文名称　威尔柏

化学名称　3-环己基-6-(二甲基氨基)-1-甲基-1,3,5-三嗪-2,4-(1*H*,3*H*)-二酮

CAS登录号　51235-04-2

理化性质　纯品为无色无臭晶体。熔点 113.5℃（纯度＞98％），蒸馏分解，蒸气压 0.03mPa（25℃）、8.5mPa（86℃），$K_{ow}\lg P=1.2$（pH7），Henry 常数 2.54×10^{-7} Pa·m^3/mol（25℃，计算值），相对密度 1.25。水中溶解度 29.8g/L（pH7，25℃）；其他溶剂中溶解度（g/kg，25℃）：氯仿 3880，甲醇 2650，苯 940，DMF836，丙酮 792，甲苯 386，正己烷 3。稳定性：pH5～9 的水溶液中，温度 37℃以下稳定。强酸和强碱条件下分解。对光稳定。p*K*a2.2（25℃）。

毒　性　急性经口 LD_{50}(mg/kg)：大鼠 1100，豚鼠 860。兔急性经皮 LD_{50}＞5000mg/kg。对兔眼睛刺激是可逆的，对豚鼠皮肤无刺激。大鼠吸入 LC_{50}(1h)＞7.48mg/L。无作用剂量：大鼠（2y）200mg/kg、小鼠（2y）200mg/kg；狗（1y）5mg/kg。山齿鹑急性经口 LD_{50}：2258mg/kg。山齿鹑、野鸭 LC_{50}(8d)＞10000mg/kg（饲料）。鱼毒 LC_{50}(96h，mg/L)：虹鳟鱼＞320，蓝鳃太阳鱼＞370。水蚤 LC_{50}(48h)：442mg/L。藻类 EC_{50}(120h，mg/L)：羊角月牙藻 0.007，鱼腥藻 0.210。对蜜蜂无毒，LD_{50}＞60μg/只。

制　剂　98%原药，75%水分散粒剂，60%可湿性粉剂，25%可溶液剂，5%颗粒剂。

应　用　三嗪酮类除草剂，内吸选择性除草剂，植物根、叶都能吸收，主要通过木质部传导，对松树根部没有伤害，是优良的林用除草剂。可有效防除多种一年生或多年生杂草。用于森林防火道防除杂草和灌木时，但不能接近落叶树或其他植株。在土壤中移动性大，持效期长。药效进程较慢，杂草 1 个月，灌木 2 个月，乔木 3～10 个月。适用于常绿针叶林，如红松、樟子松、云衫、马尾松等幼林抚育。造林前除草灭灌、维护森林防火线及林分改造等，可防除大部分单子叶和双子叶杂草及木本植物黄花忍冬、珍珠梅、榛子、柳叶绣线菊、刺五加、山杨、木桦、椴、水曲柳、黄波罗、核桃楸等。

原药生产厂家　安徽广信农化股份有限公司、安徽中山化工有限公司、江苏蓝丰生物化工股份有限公司、江苏省江阴凯江农化有限公司、江苏中旗化工有限公司、山东潍坊润丰化工有限公司、上虞颖泰精细化工有限公司。

美国杜邦公司。

噁嗪草酮（oxaziclomefone）

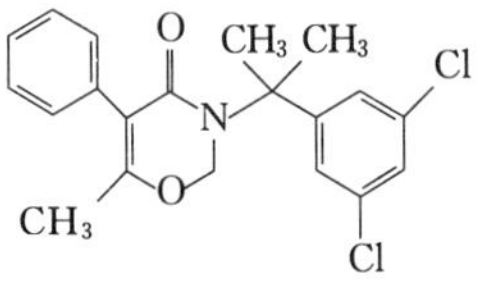

$C_{20}H_{19}Cl_2NO_2$，376.3

其他中文名称　去稗安

其他英文名称　RYH-105

化学名称　3-[1-(3,5-二氯苯基)-1-甲基乙基]-3,4-二氢-6-甲基-5-苯基-2*H*-1,3-噁嗪-4-酮

CAS 登录号　153197-14-9

理化性质　纯品为白色晶体。熔点 149.5～150.5℃，蒸气压 1.33×10^{-2}mPa（50℃），$K_{ow}\lg P=4.01$。水中溶解度 0.18g/L（25℃）。水中半衰期 DT_{50}：30～60d（50℃）。

毒　性　大鼠、小鼠急性经口 LD_{50}＞5000mg/kg。大鼠急性经皮 LD_{50}＞20000mg/kg。对兔皮肤和眼睛无刺激性。对豚鼠皮肤无致敏性。Ames 试验阴性。无致畸性。鲤鱼 LC_{50}（48h）＞5mg/L。

制　剂　96.5%原药，30%、1%悬浮剂。

应　用　噁嗪酮类内吸传导型水稻田除草剂，主要由杂草的根部和茎叶基部吸收。杂草接触药剂后茎叶部失绿、停止生长，直至枯死。可防除稗草、沟繁缕、千金子、异型莎草等多种杂草。

原药生产厂家　常熟力菱精细化工有限公司、日本拜耳作物科学公司。

丙炔氟草胺(flumioxazin)

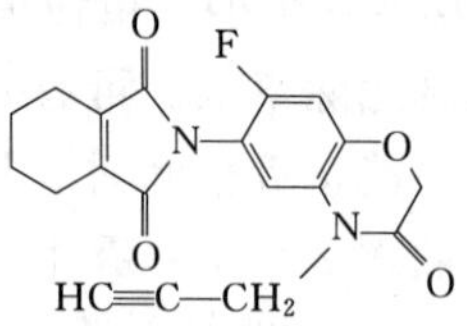

$C_{19}H_{15}O_4N_2F$,354.3

其他中文名称 速收

其他英文名称 Sumisoya

化学名称 *N*-(7-氟-3,4-二氢-3-氧代-4-丙炔-2-基-2*H*-1,4-苯并噁嗪-6-基)环己烯-1-基-1,2二甲酰胺

CAS登录号 103361-09-7

理化性质 黄褐色粉末。熔点:202~204℃。蒸气压:3.2mPa(22℃)。K_{ow} lg$P$=2.55(20℃)。Henry常数:6.36×10^{-2} Pa·m^3/mol(计算值)。相对密度:1.5136(20℃)。溶解度:水中1.79mg/L(25℃),丙酮17,乙腈32.3,乙酸乙酯17.8,二氯甲烷191,正己烷0.025,甲醇1.6,正辛醇0.16(g/L,25℃)。稳定性:水解DT_{50} 3.4d(pH5),1d(pH7),0.01d(pH9),常规储存条件下稳定。

毒 性 急性经口LD_{50}:大鼠>5000mg/kg。急性经皮LD_{50}:大鼠>2000mg/kg。对皮肤无刺激性,对眼睛中度刺激(兔),无皮肤敏感性(豚鼠)。吸入毒性:LC_{50}(4h)大鼠>3930mg/m^3(空气)。无作用剂量:大鼠(90d)30mg/L;大鼠(2y)50mg/L。无致突变作用。急性经口LD_{50}三齿鹑>2250mg/kg;饲喂毒性LC_{50}(mg/kg):三齿鹑>1870,野鸭>2130mg/kg。鱼:LC_{50}(96h)虹鳟鱼2.3,蓝腮太阳鱼>21mg/L。水蚤:EC_{50}(48h)5.9mg/L。海藻:EC_{50}(72h)羊角月芽藻1.2μg/L,EC_{50}(120h)舟形藻1.5μg/L。蜜蜂:LD_{50}(经口)>100μg/只,接触>105μg/只。蠕虫:LC_{50}蚯蚓>982mg/kg(土壤)。

制 剂 99.2%原药,50%可湿性粉剂。

应 用 丙炔氟草胺是触杀型选择性除草剂,可被植物的幼芽和叶片吸收,在植物体内进行传导,抑制叶绿素的合成造成敏感杂草迅速凋萎、白化、坏死及枯死。丙炔氟草胺在拱土期施药或播后苗前施药不混土、大豆幼苗期遇暴雨会造成触杀性药害,是外伤,不向体内传导,短时间内可恢复正常生长,有时药害表现明显,但对产量影响甚小。适用作物:大豆。防治对象:柳叶刺蓼、酸模叶蓼、节蓼、萹蓄、鼬瓣花、龙葵、反枝苋、苘麻、藜、小藜、香薷、水棘针、苍耳、酸模属、荠菜、遏蓝菜、鸭跖草等有很好的防治效果。对一年生禾本科稗草、狗尾草、金狗尾草、野燕麦及多年生的苣荬菜有一定的抑制作用。使用方法:大豆播前或播后苗前施药。播后施药,最好在播种后随即施药,施药过晚会影响药效,在低温条件下,大豆拱土期施药对大豆幼苗有抑制作用。

原药生产厂家 日本住友化学株式会社。

灭草松（bentazone）

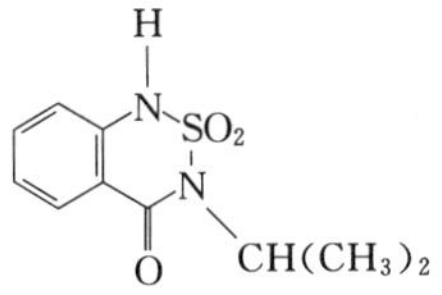

$C_{10}H_{12}N_2O_3S$，240.3

其他中文名称 排草丹，苯达松，噻草平，百草克

其他英文名称 Bentazone，Basagran

化学名称 3-异丙基-1*H*-2,1,3-苯并噻二嗪-4(3*H*)-酮-2,2-二氧化物

CAS登录号 25057-89-0

理化性质 纯品为无色晶体。熔点138℃，蒸气压5.4×10^{-3}mPa（20℃），$K_{ow}\lg P=$ 0.77（pH5）、−0.46（pH7）、−0.55（pH9），相对密度1.41（20℃）。水中溶解度570mg/L（pH7，20℃）；其他溶剂中溶解度（g/L，20℃）：丙酮1387，甲醇1061，乙酸乙酯582，二氯甲烷206，正庚烷0.5×10^{-3}。酸性和碱性条件下不易水解。光照下分解。pK_a3.3（24℃）。

毒　性 急性经口LD_{50}(mg/kg)：大鼠>1000，狗>500，兔750，猫500。大鼠急性经皮LD_{50}>2500mg/kg。对兔皮肤和眼睛有中度刺激。对皮肤有致敏性。大鼠急性吸入LC_{50}(4h)>5.1mg/L空气。无作用剂量：狗（1y）13.1mg/kg，大鼠（2y）10mg/kg，大鼠（90d）25mg/kg，狗（90d）10mg/kg，小鼠（78w）12mg/kg。山齿鹑急性经口LD_{50}：1140mg/kg。山齿鹑、野鸭饲喂LC_{50}>5000mg/kg。鱼类LC_{50}(96h)：虹鳟鱼、蓝鳃太阳鱼>100mg/L。水蚤LC_{50}(48h)125mg/L。纤维藻EC_{50}(72h)：47.3mg/L。对蜜蜂无毒性，LD_{50}>100μg/只（经口）。蠕虫EC_{50}(14d)>1000mg/kg（土壤）。

制　剂 97%、96%、95%原药，560g/L、48%、40%、25%水剂，460g/L可溶液剂。

应　用 苯并噻二嗪酮类除草剂。触杀型、选择性苗后茎叶处理剂，旱田使用先通过叶面渗透传导到叶绿体内，抑制光合作用。适用大豆、玉米、水稻、花生、小麦等作物。防治旱田：苍耳、反枝苋、凹头苋、刺苋、蒿属、刺儿菜、大蓟、狼把草、鬼针草、酸模叶蓼、柳叶刺蓼、节蓼、马齿苋、野西瓜苗、猪殃殃、向日葵、辣子草、野萝卜、猪毛菜、刺黄花稔、苣荬菜、繁缕、曼陀罗、藜、小藜、龙葵、鸭跖草（1~2叶期效果好，3叶期以后药效明显下降）、豚草、荠菜、遏蓝菜、旋花属、芥菜、苘麻、野芥、芸薹属等多种阔叶杂草；水田：雨久花、鸭舌草、白水八角、毋草、牛毛毡、萤蔺、异型莎草、扁秆藨草、日本藨草、荆三棱、狼把草、慈姑、泽泻、水莎草、紧穗莎草、鸭跖草等。对下列杂草有特效：稻田的各类莎草科，如三棱草、野慈姑，泽泻、雨久花等30多种；旱田的蓼、反枝苋、苍耳、藜、狼把草、香薷马齿苋等40种杂草。灭草松对棉花、蔬菜等作物较为敏感，应避免接触。

原药生产厂家 合肥星宇化学有限责任公司、江苏建农农药化工有限公司、江苏剑牌农药化工有限公司、江苏绿利来股份有限公司、江苏省苏州联合伟业科技有限公司、江苏省农用激素工程技术研究中心有限公司、江苏瑞邦农药厂有限公司、山东先达化工有限公司、山东中农民昌化学工业有限公司、沈阳科创化学品有限公司。

巴斯夫欧洲公司。

咪唑乙烟酸（imazethapyr）

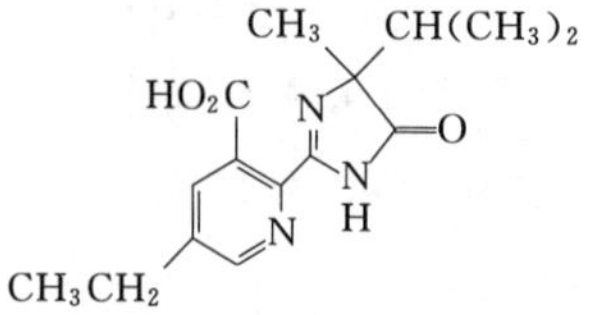

$C_{15}H_{19}N_3O_3$，289.3

其他中文名称 普杀特，咪草烟，普施特

其他英文名称 Pivot，Pursuit

化学名称 (*RS*)-5-乙基-2-(4-异丙基-4-甲基-5-氧代-2-咪唑啉-2-基)烟酸

CAS登录号 81335-77-5

理化性质 纯品为白色至褐色固体。熔点169～173℃，180℃分解，蒸气压<0.013mPa（60℃），25℃K_{ow}lg$P$=1.04（pH5）、1.49（pH7）、1.20（pH9），Henry常数2.69×10^{-6} Pa·m^3/mol，相对密度1.10～1.12（21℃）。水中溶解度1.4g/L（25℃）；其他溶剂中溶解度（g/L，25℃）：丙酮48.2，甲醇105，甲苯5，二氯甲烷185，异丙醇17，庚烷0.9。光照下快速分解，DT_{50}约2.1d（pH7，22～24℃）。pK_a：pK_{a1}2.1，pK_{a2}3.9。

毒　性 雄、雌大鼠，雌小鼠急性经口LD_{50}>5000mg/kg。兔急性经皮LD_{50}>2000mg/kg。对兔皮肤无刺激作用，对兔眼睛的刺激可逆。大鼠吸入LC_{50}：3.27mg/L（空气），4.21mg/L（重量）。无作用剂量：大鼠（2y）>500mg/（kg·d），狗（1y）>25mg/（kg·d）。山齿鹑、野鸭急性经口LD_{50}>2150mg/kg。山齿鹑、野鸭LC_{50}(8d)>5000mg/kg。鱼毒LC_{50}(96h，mg/L)：蓝鳃太阳鱼420，虹鳟鱼340，斑点叉尾鮰240。水蚤LC_{50}(48h)>1000mg/L。羊角月牙藻无作用剂量：50mg/L。蜜蜂LD_{50}(48h)>24.6μg/只（经口），>100μg/只（接触）。蠕虫LC_{50}(14d)>15.7mg/kg（土壤）。

制　剂 98%、97%、96%、95%原药，70%可湿性粉剂，20%、16%、15%、10%、5%水剂，16%颗粒剂。

应　用 咪唑啉酮类选择性苗前、苗后早期除草剂，通过根、茎、叶吸收，并在木质部和韧皮部传导，积累于植物分生组织内，抑制乙酰羟酸合成酶的活性，影响缬氨酸、亮氨酸、异亮氨酸的生物合成，破坏蛋白质合成，使植物生长受抑制而死亡。豆科植物吸收后，在体内很快分解，在大豆体内的半衰期仅1～6d，故对大豆安全。在低洼地、长期积水、高湿、低温或病虫害等不利于大豆生育的条件下，叶脉及叶柄输导组织变褐色，脆而易折。超低容量喷雾可造成严重药害。施药过晚，大豆生长正常，药害不明显，但结荚少。可防治大豆田稗草、狗尾草、金狗尾草、野燕麦（高用量）、马唐、柳叶刺蓼、酸膜叶蓼、苍耳、香薷、水棘针、苘麻、龙葵、野西瓜苗、藜、小藜、荠菜、鸭跖草（3叶期以前）、反枝苋、马齿苋、豚草、曼陀罗、地肤、粟米草、野芥、狼把草等一年生禾本科和阔叶杂草，对多年生刺儿菜、蓟、苣荬菜有抑制作用。喷雾飘移不危害柳树、松树、杨树等树木。喷雾飘移可使地边的玉米受害，植株矮化，不孕、穗小、籽粒少，减产；小麦、油菜、高粱、水稻、西瓜、马铃薯、茄子、大葱、辣椒、白菜等受害致死。甜菜特别敏感，微量即可致死。在大豆地块小，周围敏感作物多时，不推荐大豆苗后用飞机喷洒。苗后施时应注意风速风向，不要飘移到敏感作物造成药害。在土壤中的降解受 pH、温度、水分等条件影响，随 pH 增加降解加快，在北方高寒地区降解缓慢。

原药生产厂家 衡水景美化学工业有限公司、江苏长青农化股份有限公司、江苏南通嘉禾化工有限公司、江苏中旗化工有限公司、山东先达化工有限公司、山东淄博新农基农药化工有限公司、沈阳科创化学品有限公司、潍坊先达化工有限公司。

巴斯夫欧洲公司。

咪唑烟酸（imazapyr）

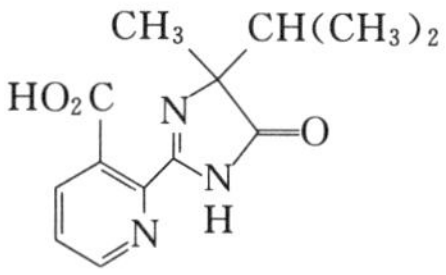

$C_{13}H_{15}N_3O_3$，261.3

化学名称 2-(4-异丙基-4-甲基-5-氧代-2-咪唑啉-2-基)烟酸

CAS登录号 81334-34-1

理化性质 白色至黄褐色粉末，有轻微的醋酸气味。熔点 169～173℃，蒸气压＜0.013mPa·(60℃)，K_{ow} lg$P$ = 0.11（22℃）。水中溶解度 9.74g/L（15℃），11.3g/L（25℃）；其他溶剂中溶解度（g/L，20.0±0.5℃）：丙酮 3.39，正己烷 0.00095，二甲基亚砜 47.1，甲醇 10.5，二氯甲烷 8.72，甲苯 0.180（g/100mL）。稳定性：在黑暗中 pH5～9 水介质中稳定，避免贮存温度＞45℃。

毒　性 急性经口 LD_{50}（mg/kg）：雌雄大鼠＞5000，雌小鼠＞2000，雌雄兔子 4800。急性经皮雌雄兔子 LD_{50}＞2000（mg/kg），雌雄大鼠＞2000mg/kg，对兔眼睛有刺激性，对皮肤中等刺激，对豚鼠无皮肤敏感性。吸入毒性雌雄大鼠 LC_{50}＞5.1mg/L（空气）。无作用剂量（1y）狗 250mg/kg（13w），大鼠 10000mg/kg（高剂量试验）。1000mg/kg 饲喂大鼠，400mg/kg 饲喂兔子无致畸作用。急性经口三齿鹑和野鸭 LD_{50}＞2150mg/kg。饲喂毒性三齿鹑和野鸭 LC_{50}(8d)＞5000mg/kg。鱼 LC_{50}(96h) 虹鳟鱼，蓝腮太阳鱼＞100mg/L。蚤 LC_{50}(48h)＞100mg/L。藻 EC_{50}(120h) 羊角月牙藻 71，鱼腥藻 11.7mg/L。蜜蜂成蜂 LD_{50}＞100μg/只。

制　剂 98%、95%原药，25%水剂。

应　用 咪唑烟酸为灭生性除草剂，因而主要用于林地和非耕地除草，很少用农田除草，能防除一年生和多年生的禾本科杂草、阔叶杂草、莎草科杂草以及木本植物。能被植物叶片和根吸收，因而可以茎叶喷雾或土壤处理。施药后，草本植物2～4周内失绿，组织坏死；1个月内树木幼龄叶片变红或变褐色，一些树种在3个月内全部落叶而死亡。在土壤中持效期可达1年，若用于农田要注意安排好后茬作物。采用涂抹或注射法可防止落叶树的树桩萌发而不生萌条。

原药生产厂家 江苏省盐城南方化工有限公司、江苏中旗化工有限公司、潍坊先达化工有限公司。

巴斯夫欧洲公司。

甲氧咪草烟（imazamox）

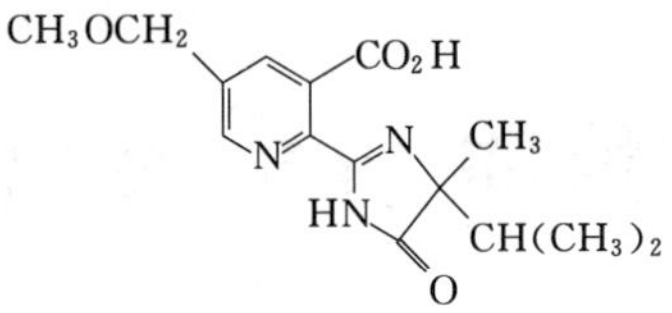

$C_{15}H_{19}N_3O_4$，305.3

其他中文名称 金豆

化学名称 (*RS*)-2-(4-异丙基-4-甲基-5-氧代-2-咪唑啉-2-基)-5-甲氧甲基烟酸

CAS登录号 114311-32-9

理化性质 纯品为无臭白色固体。熔点165.5～167.2℃（纯品），166.0～166.7℃（原药）。蒸气压<1.3×10^{-2}mPa（25℃）。$K_{ow}\lg P=0.73$（pH5～6）。Henry常数<9.76×10^{-7}Pa·m^3/mol（计算值）。相对密度1.39（20℃）。水中溶解度（g/L，25℃）：116（pH5），>626（pH7），>628（pH9）；其他溶剂中溶解度（g/100mL）：丙酮2.93，乙酸乙酯1，甲醇6.7，甲苯0.22，正己烷0.0007。水解稳定性：在pH4～7时稳定；DT_{50} 192d（pH9，25℃）。光降解DT_{50} 7h。不易燃。

毒　性 雄、雌大鼠急性经口LD_{50}>5000mg/kg。雄、雌大鼠急性经皮LD_{50}>4000mg/kg。对兔皮肤和眼睛有轻微刺激性。对豚鼠皮肤无致敏性。大鼠急性吸入LC_{50}（4h）>6.3mg/L。狗（1y）无作用剂量1165mg/(kg·d)。急性经口LD_{50}（14d，mg/kg）：山齿鹑>1846，野鸭>1950。山齿鹑、野鸭饲喂LC_{50}>5572mg/kg。虹鳟鱼LC_{50}（96h）>122mg/L。蓝鳃太阳鱼最低无抑制浓度（96h）：119mg/L。水蚤最低无抑制浓度（48h）：122mg/L。藻类EC_{50}（120h）>0.037mg/L。蜜蜂LD_{50}（48h，经口）>40μg/只，（72h，接触）>25μg/只。蠕虫LC_{50}>901mg/kg（土壤）。

制　剂 97%原药，4%水剂。

应　用 甲氧咪草烟为咪唑啉酮类除草剂，通过叶片吸收、传导并积累于分生组织，抑制AHAS的活性，导致支链氨基酸-缬氨酸、亮氨酸与异亮氨酸生物合成停止，干扰DNA合成及细胞有丝分裂与植物生长，最终造成植株死亡。植物根系也能吸收甲氧咪草烟，但吸收能力远不如咪唑啉酮类除草剂其他品种，因此甲氧咪草烟适用于大豆田苗后茎叶处理，不推荐苗前使用。适用大豆作物，可有效防治大多数一年生禾本科与阔叶杂草，如野燕麦、稗草、狗尾草、金狗尾草、看麦娘、稷、千金子、马唐、鸭跖草（3 叶期前）、龙葵、苘麻、反枝苋、藜、小藜、苍耳、香薷、水棘针、狼把草、繁缕、柳叶刺蓼、鼬瓣花、荠菜等，对多年生的苣荬菜、刺儿菜等有抑制作用。甲氧咪草烟施后 2 天内遇 10℃以下低温，大豆对甲氧咪草烟代谢能力降低，易造成药害，在北方低洼地及山间冷凉地区不宜使用甲氧咪草烟。

原药生产厂家 巴斯夫欧洲公司。

甲咪唑烟酸（imazapic）

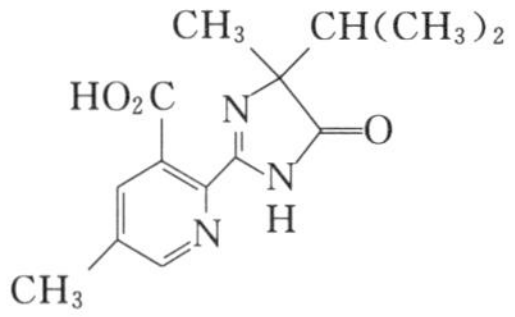

$C_{14}H_{17}N_3O_3$，275.3

其他中文名称 甲基咪草烟

化学名称 2-[4,5-二氢-4-甲基-4-(1-甲乙基)-5-氧-1*H*-咪唑-2-基]-5-甲基-3-吡啶羧酸

CAS 登录号 104098-48-8

理化性质 纯品灰白色至黄褐色，无味粉末。熔点：204～206℃。蒸气压：$<1\times10^{-2}$ mPa（60℃）。K_{ow} lg$P$ = 0.393（25℃）。溶解性：去离子水 2150mg/L（25℃）；丙酮 18.9g/L（25℃）。稳定性：≥24 月（25℃）。pKa_1 2.0，pKa_2 3.6，pKa_3 11.1。

毒　性 急性经口 LD_{50}：大鼠>5000mg/kg。急性经皮 LD_{50}：兔>2000mg/kg，对眼睛中度刺激；对皮肤轻微刺激（兔），对皮肤无敏感性（豚鼠）。空气吸入毒性：LC_{50} 大鼠 4.83mg/L。无作用剂量：（90d）大鼠 20000mg/L［1625mg/（kg·d)］；兔（21d）1000mg/kg，大鼠（21d）1000mg/kg；大鼠（胚胎）1000mg/(kg·d)，兔子 700mg/(kg·d)。无致畸、致癌、致突变作用。经口 LD_{50} 野鸭和山齿鹑>2150mg/kg。LC_{50}(8d）野鸭和山齿鹑>5000mg/L。鱼：LC_{50}(96h）河鲶，虹鳟鱼和蓝鳃太阳鱼>100mg/L。水蚤：LC_{50}(48h）>100mg/L。海藻：EC50（120h）月牙藻>51.7，淡水藻>49.9，硅藻>44.1，舟形藻>46.4μg/L。蜜蜂：LD_{50}(接触）>100μg/只。

制　剂 96.4%原药，240g/L 水剂。

应　用 乙酰乳酸合成酶（ALS）或乙酰羟酸合成酶（AHAs）的抑制剂，药物通过根、茎、叶吸收，并在木质部和韧皮部传导，积累于植物分生组织内，抑制植物的乙酰乳酸合成酶，阻止支链氨基酸，如颉氨酸、亮氨酸、异亮氨酸的生物合成，从而破坏蛋白质的合成，干扰 DNA 合成及细胞的分裂与生长，最终造成植株死亡。防治对象：甘蔗田和花生田防除大部分阔叶杂草，一年生禾本科杂草及莎草等。

原药生产厂家 巴斯夫欧洲公司。

咪草酸（imazamethabenz）

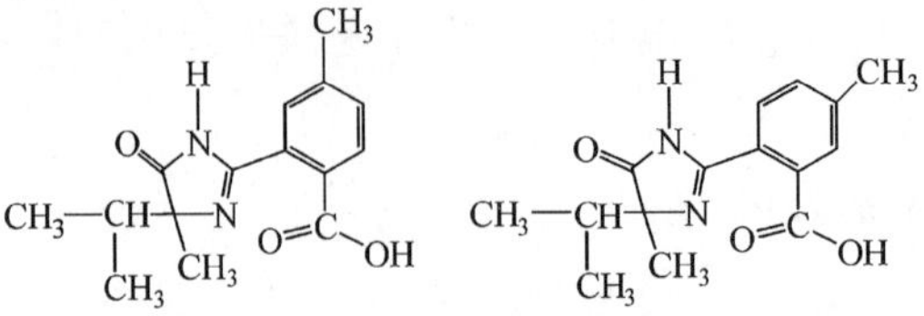

$C_{16}H_{20}N_2O_3$，288.3

化学名称 6-[(*RS*)-4-异丙基-4-甲基-5-氧代-2-咪唑啉-2-基]-*m*-甲基苯甲酸，2-[(*RS*)-4-异丙基-4-甲基-5-氧代-2-咪唑啉-2-基]-*p*-甲基苯甲酸

CAS登录号 100728-84-5

理化性质 纯品灰白色粉末，伴有轻微发霉气味。熔点：108～153℃。蒸气压：2.1×10^{-3}mPa（25℃）。K_{ow} lg$P$=1.54（*p*-异构体），1.82（*m*-异构体），1.9（混合异构体）。Henry常数：2.7×10^{-5}Pa·m^3/mol（计算值）。密度：1.04～1.14（20℃）。溶解性（mg/kg）：蒸馏水1370（*m*-异构体），857（*p*-异构体），2200（混合异构体，pH6.5，20℃）。混合异构体丙酮230，二甲基亚砜216，异丙醇183，甲醇309，甲苯45，正庚烷0.6，正己烷0.4（g/kg，25℃）。稳定性：25℃可稳定保存24个月，37℃保存12个月，45℃保存3个月，pH9迅速水解，pH5和pH7水解较慢。pK_a3.1（20℃）。

毒　性 急性经口LD_{50}：大鼠>5000mg/kg。急性经皮LD_{50}：兔>2000mg/kg。对皮肤无刺激性；对眼睛有严重刺激性（兔），对皮肤无敏感性（豚鼠）。空气吸入毒性：LC_{50}(4h)雄性和雌性大鼠>5.8mg/L（正常）；>1.08mg/L（急性）。无作用剂量大鼠（2y）12.5mg/(kg·d)；狗（1y）25mg/(kg·d)。无致突变作用；Ames试验表明，无诱变性。急性经口LD_{50}山齿鹑和野鸭>2150mg/kg；饲喂毒性LC_{50}(8d)山齿鹑和野鸭>5000mg/kg。鱼：LC_{50}(96h)虹鳟鱼>100mg/L；(7d)蓝鳃太阳鱼>8.4mg/L。水蚤：LC_{50}(48h)>100mg/L。海藻：EC_{50}月牙藻（72h）100mg/L；淡水藻（96h）27mg/L。蜜蜂：LD_{50}接触>100μg/只。蠕虫：LC_{50}(14d)>123mg/L。

应　用 咪唑啉酮类除草剂，其作用原理基本同灭草喹，为侧链氨基酯合成抑制剂。咪草酯迅速被植物根和叶吸收，在敏感植物体内水解为有除草活性的咪草酸，转移至分生组织，抑制蛋白质和脱氧核糖核酸（DNA）的合成，而在耐性植物体内，发生解毒作用，该芳基-甲基被羟基化，转变成葡萄糖苷。适用作物：大、小麦、黑麦和向日葵等作物。防治对象：野燕麦、鼠尾看麦娘、凌风草以及卷茎蓼等单、双子叶杂草。

咪唑喹啉酸（imazaquin）

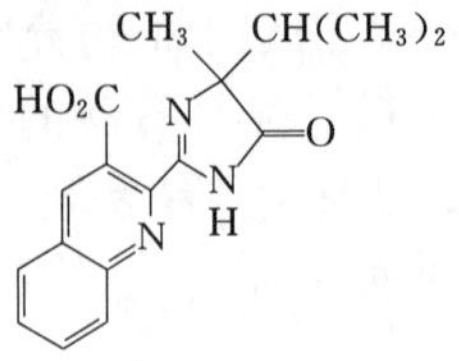

$C_{17}H_{17}N_3O_3$，311.3

其他中文名称 灭草喹

其他英文名称 Imazaqine

化学名称 2-(4-异丙基-4-甲基-5-氧代-2-咪唑啉-2-基)喹啉-3-羧酸

CAS 登录号 81335-37-7

理化性质 纯品棕色固体，有轻微的辛辣气味。熔点：219～224℃（分解）。蒸气压：<0.013mPa（60℃）。$K_{ow}\lg P$＝0.34（pH7，22℃）。Henry 常数：3.7×10^{-12} Pa・m^3/mol（20℃，计算值）。密度：1.35（20℃）。溶解性：水 60～120mg/L（25℃）；甲苯 0.4，二甲基甲酰胺 68，二甲基亚砜 159，二氯甲烷 14（g/L，25℃）。稳定性：45℃稳定保存 3 个月，室温黑暗条件下可保存 2 年，紫外光下迅速降解。p*K*a3.8。溶解性：水 160g/L（pH7，20℃）。稳定性：水解 DT_{50}＞30d。

毒　性 急性经口 LD_{50}（mg/kg）：大鼠＞5000。急性经皮 LD_{50}：兔＞2000mg/kg，对眼睛无刺激性，对皮肤中度刺激（兔），对皮肤无敏感性（豚鼠）。空气吸入毒性：LC_{50}(4h) 大鼠＞5.7mg/L。无作用剂量大鼠（90d）：10000mg/L。无致畸、致癌、致突变作用。急性经口 LD_{50}：山齿鹑和野鸭＞2150mg/kg；饲喂毒性 LC_{50}(8d)：山齿鹑和野鸭＞5000mg/kg。鱼：LC_{50}(96h，mg/L) 鲶鱼 320，蓝鳃太阳鱼 410，虹鳟鱼 280。水蚤：LC_{50}（48h）280mg/L。海藻：EC_{50}(mg/L) 月牙藻 21.5，淡水藻 18.5。蜜蜂：LD_{50}(经口和接触) 蜜蜂≥100μg/只。蠕虫：LC_{50}＞23.5mg/kg（土壤）。

制　剂 97%、95%原药，7.5%、5%水剂。

应　用 乙酰乳酸合成酶或乙酸羟酸合成酶抑制剂，即通过抑制植物的乙酰乳酸合成酶，阻止支链氨基酸如亮氨酸和异亮氨酸的生物合成，从而破坏蛋白质的合成，干扰 DNA 合成及细胞分裂与生长，最终造成植株死亡。通过植株的叶与根吸收，在木质部与韧皮部传导，积累于分生组织中。茎叶处理后，敏感杂草立即停止生长，经 2～4d 后死亡。土壤处理后，杂草顶端分生组织坏死，生长停止，而后死亡。适用作物及安全性：大豆，也可用于烟草、豌豆和苜蓿。较高剂量会引起大豆叶片皱缩，节间缩短，但很快恢复正常，对产量没有影响。随大豆生长，抗性进一步增强，故出苗后晚期处理更为安全。在土壤中吸附作用小，不易水解，持效期较长。主要用于防除阔叶杂草如苘麻、刺苞菊、苋菜、藜、猩猩草、春蓼、马齿苋、苍耳等，禾本科杂草如臂形草、马唐、野黍、狗尾草、止血马唐、西米稗、蟋蟀草等，以及其他杂草如鸭跖草等。

原药生产厂家 山东先达化工有限公司、沈阳科创化学品有限公司。

啶磺草胺（pyroxsulam）

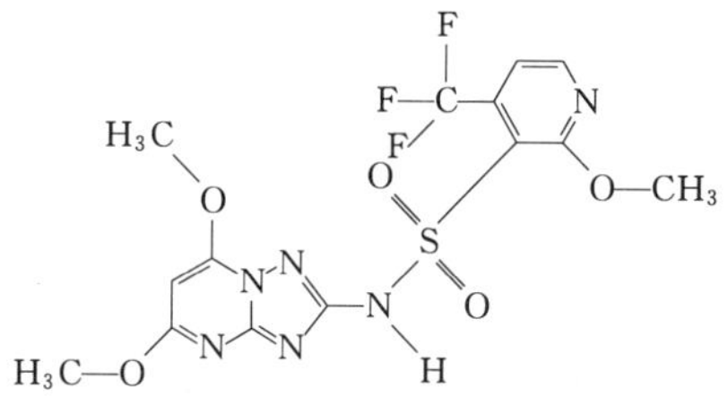

$C_{14}H_{13}F_3N_6O_5S$，434.4

化学名称 *N*-(5,7-二甲氧基[1,2,4]三唑并[1,5-a]嘧啶-2-基)-2-甲氧基-4-(三氟甲基)-3-吡啶磺酰胺

CAS登录号 422556-08-9

理化性质 外观为棕褐色粉末。熔点：208.3℃。分解温度：213℃。蒸气压（20℃）：<1×10^{-7}Pa。溶解度（g/L，20℃）：纯净水中0.0626，pH值7缓冲液中3.20，甲醇中1.01，丙酮中2.79，正辛醇中0.073，乙酸乙酯中2.17，二氯乙烷中3.94，二甲苯中0.0352，庚烷中<0.001。

毒　性 啶磺草胺原药大鼠急性经口、经皮LD_{50}>2000mg/kg；对大白兔眼睛和皮肤无刺激性；豚鼠皮肤变态反应（致敏）试验结果为中度致敏性；大鼠90d亚慢性喂养毒性试验最大无作用剂量为100mg/(kg·d)；致突变试验：Ames试验、小鼠骨髓细胞微核试验、大鼠淋巴细胞体外染色体畸变试验、哺乳动物细胞体外染色体基因突变试验结果均为阴性，未见致突变性。啶磺草胺7.5%水分散粒剂大鼠急性经口、经皮LD_{50}>5000mg/kg；对大白兔眼睛有瞬时刺激性，7d恢复，皮肤无刺激性；豚鼠皮肤变态反应（致敏）试验结果为无致敏性。啶磺草胺原药属低毒除草剂。

制　剂 7.5%可湿性粉剂。

应　用 啶磺草胺是磺酰胺类内吸传导型、选择性冬小麦田苗后除草剂，杀草谱广、除草活性高、药效作用快。该药经由杂草叶片、鞘部、茎部或根部吸收，在生长点累积，抑制乙酰乳酸合成酶，无法合成支链氨基酸，进而影响蛋白质合成，影响杂草细胞分裂，造成杂草停止生长、黄化、然后死亡。经室内活性测定和田间药效试验结果表明，对冬小麦田多种一年生杂草有较高活性和较好防效。

原药生产厂家 美国陶氏益农公司。

氯酯磺草胺（cloransulam-methyl）

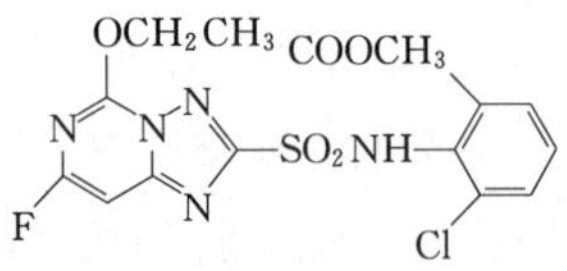

$C_{15}H_{13}ClFN_5O_5S$，429.8

化学名称 3-氯-2-(5-乙氧基-7-氟[1,2,4]三唑并[1,5-c]嘧啶-2-基)磺酰氨基苯甲酸甲酯

CAS登录号 147150-35-4

理化性质 纯品灰白色粉末。熔点：216～218℃。蒸气压：4.0×10^{-11}mPa（25℃）。$K_{ow}\lg P$=1.12（pH5），−0.365（pH7），−1.24（pH8.5），0.268（蒸馏水）。相对密度：1.538（20℃）。溶解性：水3mg/L（pH5），184mg/L（pH7）（25℃）；丙酮4360，乙腈5500，二氯甲烷6980，乙酸乙酯980，甲醇470，正己烷<10，辛醇<10，甲苯14（mg/L）。稳定性：水解稳定（pH5），缓慢降解（pH7），迅速水解（pH9），光解半衰期DT_{50}

22min。pKa4.81（20℃）。

毒　性　急性经口 LD_{50}：大鼠＞5000mg/kg。急性经皮 LD_{50}：兔＞2000mg/kg，对皮肤无刺激作用（兔），对皮肤无敏感性（豚鼠）。空气吸入毒性：LC_{50}（4h）大鼠＞3.77mg/L。无作用剂量狗（1y）5mg/（kg·d）；雄大鼠（90d）50mg/（kg·d）。急性经口 LD_{50} 山齿鹑＞2250mg/kg，饲喂毒性 LC_{50}：山齿鹑和野鸭＞5620mg/L，鱼：LC_{50}（96h）蓝鳃太阳鱼＞295，虹鳟鱼＞86mg/L，水蚤：LC_{50}（48h）＞163mg/L，海藻：EC_{50} 羊角月芽藻 0.00346mg/L，其他水生动植物：LC_{50}（96h）草虾＞121mg/L；LC_{50}（48h）东方生蚝＞111mg/L，蜜蜂：LD_{50}（48h，接触）蜜蜂＞25μg/只，蠕虫：无作用剂量（14d）蚯蚓 859mg/kg（土壤）。

制　剂　84％可湿性粉剂。

应　用　属于乙酰乳酸合成酶抑制剂。适用作物与安全性：大豆，在推荐剂量下使用对大豆安全。氯酯磺草胺在大豆中的半衰期小于 5h，在阴冷潮湿的条件下施药有可能会对作物产生药害，通常条件下土壤中的微生物可对其进行降解。对后茬作物的影响：施药后 3 个月可种小麦。9 个月可种植苜蓿、燕麦、棉花、花生。30 个月后可种植甜菜、向日葵、烟草。氯酯磺草胺对作物的安全性非常好，早期药害表现为发育不良，但对产量没有影响，后期没有明显的药害。防除对象：主要用于防除大多数重要的阔叶杂草如苘麻、豚草、苍耳、裂叶牵牛、向日葵等。使用方法：苗前苗后土壤处理用于防除阔叶杂草，为扩大杀草谱还可以与其他除草剂混合使用。

原药生产厂家　美国陶氏益农公司。

第八章 CHAPTER 8

植物生长调节剂

吲哚丁酸（4-indol-3-ylbutyric acid）

$(CH_2)_3CO_2H$

$C_{12}H_{13}NO_2$，203.2

其他英文名称 IBA，Seradix，Indole Butyric，Chryzopon，Rootone F

化学名称 4-吲哚-3-基丁酸

CAS登录号 133-32-4

理化性质 无色或浅黄色晶体。熔点123～125℃，蒸气压＜0.01mPa（25℃），溶解度：水中250mg/L（20℃），苯中＞1000，丙酮、乙醇、乙醚30～100，氯仿0.01～0.1（g/L）。酸性和碱性介质中很稳定。不易燃。

毒　性 小鼠急性经口LD_{50}：100mg/kg；急性腹腔注射LD_{50}＞100mg/kg。对蜜蜂无毒。

制　剂 98%、95%原药。

应　用 吲哚丁酸是内源生长素，能促进细胞分裂与细胞生长，诱导形成不定根，增加坐果，防止落果，改变雌、雄花比率等。可经由叶片、树枝的嫩表皮、种子进入到植物体内，随营养流输导到起作用的部位。促进植物主根生长，提高发芽率，成活率。用于促使插条生根。

原药生产厂家 四川国光农化有限公司、四川龙蟒福生科技有限公司、四川省兰月科技开发公司、浙江泰达作物科技有限公司、重庆双丰农药有限公司。

噻苯隆（thidiazuron）

$C_9H_8N_4OS$，220.2

其他中文名称 脱叶灵，脱叶脲，脱落宝，赛苯隆，噻唑隆

其他英文名称 Dropp，SN 49537

化学名称 1-苯基-3-(1,2,3-噻二唑-5-基)脲

CAS登录号 51707-55-2

理化性质 纯品为无色无臭味晶体，熔点 210.5～212.5℃（分解），蒸气压 4×10^{-6}mPa（25℃）。K_{ow} $\lg P$=1.77（pH 7.3）。水中溶解度 31mg/L（25℃，pH 7），其他溶剂中溶解度（20℃，g/L）：正己烷 0.002，甲醇 4.20，二氯甲烷 0.003，甲苯 0.400，丙酮 6.67，乙酸乙酯 1.1。稳定性：光照下能迅速转化成感光异构体 1-苯基-3-(1,2,5-噻二唑-3-基）脲，在室温条件下，pH 5～9 水解稳定，54℃/14d 贮存不分解。pK_a 值 8.86。

毒　性 急性经口 LD_{50}：小鼠＞5000mg/kg，大鼠＞4000mg/kg。兔急性经皮 LD_{50}＞4000mg/kg。大鼠急性经皮 LC_{50}＞1000mg/kg。兔轻度眼刺激，不刺激皮肤。豚鼠无皮肤致敏。大鼠急性吸入 LC_{50}（4h）＞2.3mg/L。未见不良反应剂量狗为 3.93mg/kg，（2y）大鼠 8mg/kg。2 年 3 代的小鼠繁殖致癌性研究中，观察无显著影响。日本鹌鹑急性经口 LD_{50}＞3160mg/kg。山齿鹑和野鸭饲喂 LD_{50}＞5000mg/kg，鱼毒 LC_{50}（96h）：虹鳟鱼＞19mg/L，蓝鳃太阳鱼＞32mg/L。水蚤 LD_{50}（48h）＞10mg/L。对蜜蜂无毒。蚯蚓 LC_{50}（14d）＞1400mg/kg。

制　剂 98%、97%、95%原药，50%悬浮剂，80%、50%、0.10%可湿性粉剂，0.10%可溶液剂。

应　用 本品为植物生长调节剂，可促进叶柄与茎之间的分离组织自然形成而脱落，是很好的脱叶剂。

原药生产厂家 江苏辉丰农化股份有限公司、江苏省激素研究所有限公司、陕西省咸阳德丰有限责任公司、四川国光农化有限公司。

德国拜耳作物科学公司。

噻节因（dimethipin）

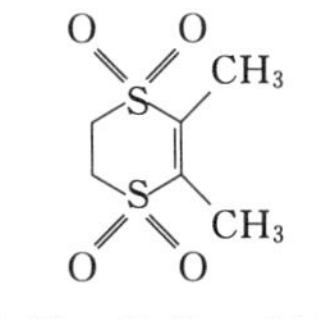

$C_6H_{10}O_4S_2$，210.3

其他中文名称 哈威达

其他英文名称 harvade

化学名称 2,3-二氢-5,6-二甲基-1,4-二噻因-1,1,4,4,-四氧化物

CAS登录号 55290-64-7

理化性质 一种白色结晶固体，熔点 167～169℃，蒸气压 0.051mPa（25℃）。K_{ow} $\lg P$=

−0.17，Henry 常数 2.33×10^{-6} Pa·m^3/mol。相对密度 1.59g/cm^3（23℃），水中溶解度 4.6g/L（25℃），其他溶剂中溶解度（25℃，g/L）：乙腈 180，甲醇 10.7，甲苯 8.919。稳定性：在 pH 3、pH 6、pH 9（25℃）中稳定。1y（20℃）、14d（55℃）、光照（25℃）≥7d 中稳定。pK_a 值 10.88。

毒　性　大鼠急性经口 LD_{50} 为 500mg/kg，兔急性经皮 LD_{50} >5000mg/kg，对眼睛刺激性极强，对皮肤无刺激性。对豚鼠致敏性弱。大鼠吸入 LC_{50}（4h）：1.2mg/L，无致癌作用。山齿鹑和野鸭饲喂 LC_{50}（8d）>5000mg/L，野鸭 LC_{50}：896mg/kg，鱼毒 LC_{50}（96h，mg/L）：虹鳟鱼>52.8，蓝鳃太阳鱼>20.9，红鲈 5.12，糠虾 13.9。蜜蜂 LD_{50} >100μg/只。蚯蚓 LC_{50}（14d）>39.4mg/L。

应　用　在植物上的最初期生化效应是抑制蛋白质合成，对蛋白质转移的作用比放线酮的活性高 10 倍。它使棉花老叶脱落更容易，再生的或新长出的棉花幼叶有抗性。表现出加速植株自然衰老过程，而不是诱导衰老。可使玉米，苗木，橡胶树和葡萄落叶，促进成熟并减少水稻和向日葵收获时种子受潮。

多效唑（paclobutrazol）

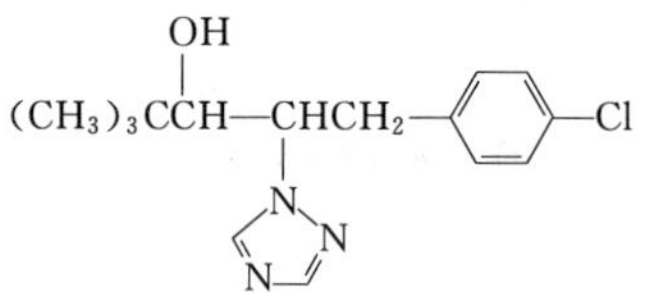

OH
$(CH_3)_3CCH—CHCH_2$—⟨苯环⟩—Cl
（1H-1,2,4-三唑-1-基）

$C_{15}H_{20}ClN_3O$，293.8

其他中文名称　氯丁唑

其他英文名称　Bonzi，Clipper，Culter，Holdfost，Klipper，Parlay，pacrobutrazol，PP 333

化学名称　(2*RS*,3*RS*)-1-(4-氯苯基)-4,4-二甲基-2-(1*H*-1,2,4-三唑-1-基)戊-3-醇

CAS 登录号　76738-62-0

理化性质　本品为白色结晶固体，熔点（164±0.5）℃，沸点（384±0.5）℃，K_{ow} lg$P$=3.2，Henry 常数 2.3×10^{-5} Pa·m^3/mol，相对密度 1.23（20℃），蒸气压 1.9×10^{-3} mPa（20℃）。溶解度（mg/L）：水 22.9，二甲苯 5.67，正庚烷 0.199，丙酮 72.4，乙酸乙酯 45.1，正辛醇 29.4，甲醇 115，二氯乙烷 51.9。稳定性：20℃贮存稳定在 2y 以上。50℃下稳定 6 个月，在 pH 4～9 时水中稳定，紫外光下（pH 7）10d 内不分解。

毒　性　大鼠急性经口 LD_{50}：雄 2000mg/kg，雌 1300mg/kg；小鼠急性经口 LD_{50}：雄 490mg/kg，雌 1200mg/kg；豚鼠急性经口 LD_{50}：400～600mg/kg；兔急性经口 LD_{50}：雄 840mg/kg，雌 940mg/kg。大鼠和兔急性经皮 LD_{50} >1000mg/kg。兔轻度皮肤刺激，眼睛中度刺激。豚鼠皮肤无致敏。大鼠吸入 LC_{50}（4h）：雄 4.79mg/L（空气），雌 3.13mg/L。NOEL 数据：狗（1y）75mg/kg，大鼠（2y）250mg/kg，野鸭急性经口 LD_{50} >7913mg/kg。日本鹌鹑>2100mg/kg，膳食 LC_{50}（5d）：野鸭和山齿鹑 5000mg/kg。鱼毒 LC_{50}（96h）：虹鳟鱼 27.8mg/mL，蓝鳃太阳鱼 23.6mg/mL。水蚤 EC_{50}（48h）>35.0mg/L。羊

角月芽藻 EC_{50}（96h）：7.2mg/L。其他水生物 LC_{50}（96h），糠虾 9.0mg/L，太平洋牡蛎幼虫 EC_{50}（48h）＞10mg/L，浮萍 8.2μg/L。蜜蜂急性经口＞2μg/只，急性经皮＞40μg/只。蚯蚓 LC_{50}（14d）＞1000mg/kg。

制　剂　96%、95%、94%原药，25%、240g/L、0.40%悬浮剂，5%乳油，15%、10%可湿性粉剂。

应　用　多效唑具有延缓植物生长，抑制茎秆伸长，缩短节间、促进植物分蘖、增加植物抗逆性能，提高产量等效果。本品适用于水稻、麦类、花生、果树、烟草、油菜、大豆、花卉、草坪等作（植）物，使用效果显著。但是，多效唑在土壤中残留时间较长，常温（20℃）储存稳定期在两年以上，如果多效唑使用或处理不当，即使来年在该基地上种植出口蔬菜也极易造成药物残留超标。

原药生产厂家　江苏建农农药化工有限公司、江苏剑牌农药化工有限公司、江苏七洲绿色化工股份有限公司、江苏省盐城利民农化有限公司、江苏省张家港市第二农药厂有限公司、上海升联化工有限公司、沈阳科创化学品有限公司、四川省化学工业研究设计院。

烯效唑（uniconazole）

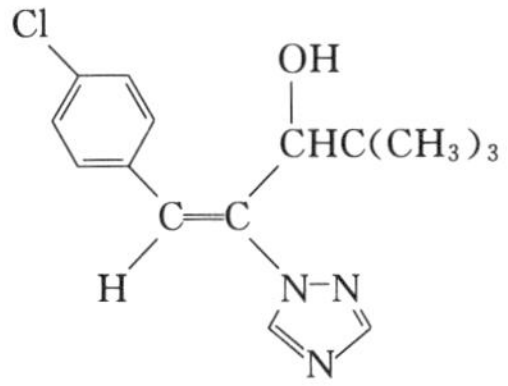

$C_{15}H_{18}ClN_3O$，291.8

其他中文名称　特效唑

其他英文名称　Prunit，Sumagic，Lomica，S-3307D、S-327D、S-07，XE-1019，sumiseven

化学名称　(*E*)-(*RS*)-1-(4-氯苯基)-4,4-二甲基-2-(1*H*-1,2,4-三唑-1-基)戊-1-烯-3-醇

CAS登录号　83657-22-1

理化性质　烯效唑纯品为白色结晶固体，熔点 147～164℃，蒸气压 8.9mPa（20℃），$K_{ow}\lg P=3.67$（25℃），相对密度 1.28（21.5℃）。溶解性（25℃）：水 8.41mg/L，甲醇 88g/kg，正己烷 0.3g/kg，二甲苯 7g/kg。易溶于丙酮，乙酸乙酯，氯仿和二甲基甲酰胺。在正常贮存条件下稳定。高烯效唑形成白色结晶固体，带着淡淡的特殊气味，沸点 152.1～155.0℃，蒸气压 5.3mPa（20℃），相对密度 1.28（21.5℃）。溶解性（25℃）：水 8.41mg/L；（20℃）甲醇 72g/kg，正己烷 0.2g/kg，在正常贮存条件下稳定。闪点 195℃。

毒　性　雄大鼠急性经口 LD_{50} 2020mg/kg，雌大鼠为 1790mg/kg；大鼠急性经皮 LD_{50}＞2000mg/kg。对兔皮肤无刺激作用，对眼睛有轻微刺激作用。大鼠吸入 LD_{50}（4h）＞2750mg/m^3。鱼毒 LC_{50}（96h）：虹鳟鱼 14.8mg/L，鲤鱼 7.64mg/L。对蜜蜂急性经口LD_{50}＞20g/只。

应　用　烯效唑属广谱性、高效植物生长调节剂，兼有杀菌和除草作用，是赤霉素合成抑制剂。具有控制营养生长，抑制细胞伸长、缩短节间、矮化植株，促进侧芽生长和花芽形成，增进抗逆性的作用。其活性较多效唑高6～10倍，但其在土壤中的残留量仅为多效唑的1/10，因此对后茬作物影响小，可通过种子、根、芽、叶吸收，并在器官间相互运转，但叶吸收向外运转较少。向顶性明显。适用于水稻、小麦，增加分蘖，控制株高，提高抗倒伏能力。用于果树控制营养生长的树形。用于观赏植物控制株形，促进花芽分化和多开花等。

制　剂　90%原药、5%乳油，5%可湿性粉剂。

原药生产厂家　江苏剑牌农药化工有限公司、江苏七洲绿色化工股份有限公司、江西农大锐特化工科技有限公司、四川省化学工业研究设计院。

甲哌鎓（mepiquat chloride）

$C_7H_{16}ClN$，149.7

其他中文名称　助壮素，甲哌啶，调节啶，壮棉素，皮克斯，缩节安

其他英文名称　Pix，Terpal，BAS 08306W

化学名称　1,1-二甲基哌啶氯化铵

CAS登录号　24307-26-4

理化性质　无色，无味，吸湿性晶体，熔点＞300℃，蒸气压＜1×10^{-11}mPa（20℃），K_{ow} lg$P$＝－3.55（pH 7），Henry常数约3×10^{-17}Pa·m^3/mol（20℃），相对密度1.166（室温），在水中的溶解度＞50%（20℃）。在甲醇48.7，正辛醇0.962，乙腈0.280，二氯甲烷0.051，丙酮0.002，甲苯，正庚烷和乙酸乙酯＜0.001（均为g/100mL，20℃），稳定性：水解稳定（30d，pH 3、pH 5、pH 7；或pH 9，25℃）。光照下稳定。

毒　性　大鼠急性口服LD_{50}为270mg/kg，大鼠急性经皮LD_{50}＞1160mg/kg，对兔眼睛和皮肤无刺激，大鼠吸入LC_{50}（7h）＞2.84mg/L（空气）。NOEL（12月）狗58mg/kg。鸟类急性经口LD_{50}：山齿鹑2000mg/kg，野鸭和山齿鹑膳食LC_{50}＞5637mg/kg。鱼类虹鳟鱼LC_{50}（96h）＞100mg/L。水蚤LC_{50}（48h）为106mg/L。藻类E_bC_{50}和E_rC_{50}（72h）＞1000mg/L。蜜蜂LD_{50}（48h）＞107.4g/只（经口），＞100g/只（接触）。蠕虫LC_{50}（14d）：蚯蚓319.5mg/kg（干土）。

制　剂　99%、98%、96%原药，25%水剂，12.50%可溶性粉剂，98%、96%、10%、8%可溶粉剂。

应　用　甲哌鎓是高效、低毒、无药害内吸性药剂。根据用量和植物不同生长期喷洒，可调节植物生长，使植株坚实抗倒伏，改进色泽，增加产量。是一种似与赤霉素拮抗的植物生长调节素，用于棉花等植物上。棉花使用甲哌鎓能促进根系发育、叶色发绿、变厚防止徒长、抗倒伏、提高成铃率、增加霜前花、并使棉花品级提高；同时，使株型紧凑、赘芽大大减少，节省整枝用工。

原药生产厂家 成都新朝阳生物化学有限公司、河北省张家口长城农化（集团）有限责任公司、河南省安阳市小康农药有限责任公司、湖北省枣阳天燕化工有限公司、江苏润泽农化有限公司、江苏省南通金陵农化有限公司、江苏省南通施壮化工有限公司、四川国光农化股份有限公司、山东省潍坊天达植保有限公司、上虞颖泰精细化工有限公司。

氯吡脲（forchlorfenuron）

$C_{12}H_{10}ClN_3O$，247.7

其他中文名称 吡效隆醇，调吡脲，施特优，吡效隆

其他英文名称 Fulmet，KT-30，4PU-30，CN-11-3183

化学名称 1-(2-氯-4-吡啶)-3-苯基脲

CAS登录号 68157-60-8

理化性质 白色或灰白色晶状粉末，熔点165～170℃，蒸气压4.6×10^{-8}Pa（25℃饱和），K_{ow} lg$P=3.2$（20℃），Henry常数2.9×10^{-7}Pa·m^3/mol，相对密度1.3839（25℃）。溶解度：水中39mg/L（pH6.4，21℃），甲醇119，乙醇149，丙酮127，氯仿2.7（g/L）；在pH5、pH7、pH9（25℃）下超过30d不水解，对热、光稳定。

毒　性 急性经口LD_{50}（mg/kg）：雄性大鼠2787，雌性大鼠1568，雄性小鼠2218，雌性小鼠2783。兔急性经皮LD_{50}＞2000mg/kg。轻度眼刺激性，不刺激皮肤。无皮肤致敏性。NOEL（2y）大鼠7.5mg/kg，兔≥100mg/kg。鸟类急性经口LD_{50}：山齿鹑＞2250 ng/kg；膳食LC_{50}（5d）：山齿鹑＞5600mg/L。鱼类LC_{50}（mg/L，96h）：虹鳟鱼9.2，鲤鱼8.6，金鱼10～40。水蚤LC_{50}（48h）：8.0mg/L。藻类E_bC_{50}（72h）：蹄形藻3.3mg/L。其他水生菌，浮萍IC_{50}为16.35mg/L。蜜蜂的LD_{50}＞25μg/只。蠕虫的LC_{50}：蚯蚓＞1000mg/kg。

制　剂 97%原药，0.50%、0.10%可溶液剂。

应　用 本品为新的植物生长调节剂，具有细胞分裂素活性，能促进细胞分裂、分化、器官形成，蛋白质合成，提高光合作用，增强抗逆性和抗衰老。用于瓜果类植物，具有良好的促进花芽分化、保花、保果和使果实膨大的作用。

原药生产厂家 成都施特优化工有限公司、四川省兰月科技开发公司、四川国光农化股份有限公司、重庆双丰化工有限公司。

抑芽丹（maleichydrazide）

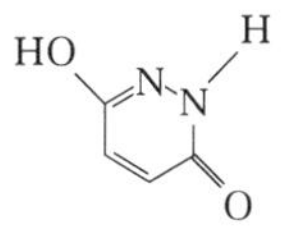

$C_4H_4N_2O_2$，112.1

其他中文名称 青鲜素，马来酰肼

其他英文名称 MH，MH-30，Burtolin

化学名称 1,2-二氢-3,6-哒嗪二酮

CAS登录号 123-33-1

理化性质 原药为一种白色结晶固体，熔点300～302℃，沸点310～340℃，蒸气压<1×10^{-2}mPa（25℃），K_{ow} $\lg P=-2.01$（pH 7），相对密度1.60（25℃）。水中溶解度：4.4g/L（pH 4.3，25℃），144g/L（pH 7，20℃）时，145.8g/L（pH 9，20℃）；甲醇4.179，正己烷、甲苯<0.001（g/L，25℃）。在自然光中30d，pH 5、pH 7无分解；DT_{50}为15.9d（pH 9）稳定。在水中pH 3、pH 6、pH 9（45℃）不分解。氧化剂和强酸下分解。pK_a值5.62（20℃）。

毒　性 大鼠急性经口LD_{50}>5000mg/kg，兔急性经皮LD_{50}>5000mg/kg，兔轻度眼刺激，轻微的皮肤刺激，豚鼠无致敏。大鼠吸入LC_{50}（4h）>3.2mg/L。鸟类急性经口LD_{50}：野鸭>4640mg/kg，膳食LC_{50}（8d）：野鸭和山齿鹑>10000mg/L。鱼类LC_{50}（96h）：虹鳟鱼1435mg/L，蓝鳃太阳鱼1608mg/L。水蚤LC_{50}（48h）为108mg/L。藻类LC_{50}（96h）：小球藻>100mg/L。

制　剂 99.6%原药，30.2%水剂。

应　用 本品在植物体内具有传导作用，抑制细胞分裂而不扩大细胞。它用于抑制草、树篱和树的生长；抑制甜菜、胡萝卜、马铃薯、洋葱和芜菁甘蓝萌芽；阻止烟草腋芽生长。与2,4-滴混用可防除阔叶杂草。与其他抑芽剂不同，由于它是内吸性药剂，故采用叶面喷雾施药。

原药生产厂家 连云港市金囤农化有限公司。

丁酰肼（daminozide）

$(CH_3)_2NNHCOCH_2CH_2CO_2H$

$C_6H_{12}N_2O_3$，160.2

其他中文名称 比久

其他英文名称 Alar，B-Nine，B-995，SADH

化学名称 *N*-二甲氨基琥珀酰胺酸

CAS登录号 1596-84-5

理化性质 原药是一种白色粉末，有微弱的胺气味。熔点156～158℃，沸点142～145℃分解，蒸气压1.5mPa（25℃），K_{ow} $\lg P=-1.49$（pH 5）、-1.51（pH 7）、-1.48（pH 9）（21℃），相对密度：1.33（21℃）。溶解性：（pH不确定，25℃）蒸馏水中180g/L，甲醇中50g/L，丙酮中1.9g/L。稳定性：本品溶液在光照下慢慢分解。在pH 5、pH 7、pH 9水解稳定性不超过30d。pK_a：4.68（20℃）。

毒　性　大鼠急性经口 LD_{50}＞5000m/kg，兔急性经皮和眼睛 LD_{50}＞5000mg/kg，大鼠吸入 LC_{50}（4h）＞2.1mg/L（空气）。1 年饲养无作用剂量：狗 80.5mg/kg，大鼠 500mg/kg。家兔致畸性和胚胎的 NOEL 是 300mg/kg 的饮食。在 2 代生殖研究中，对大鼠无毒性反应剂量为 50mg/(kg·d)。在体内试验非诱变。野鸭和山齿鹑 LC_{50}（8d）＞10000mg/kg。鱼类 LC_{50}（96h）：虹鳟鱼 149mg/L，蓝鳃太阳鱼 423mg/L。水蚤 LC_{50}（96h）：76mg/L。藻类 EC_{50}：小球藻为 180mg/L。对蜜蜂无毒，85%制剂 LD_{50}＞100μg/bee。蠕虫 LC_{50}：蚯蚓＞632mg/kg。

制　剂　98%原药，92%、50%可溶粉剂。

应　用　生长抑制剂，可以抑制内源赤霉素的生物合成和内源生长素的合成。主要作用为抑制新枝徒长，缩短节间长度，增加叶片厚度及叶绿素含量，防治落花，促进坐果，诱导不定根形成，刺激根系生长，提高抗寒力。

原药生产厂家　河北省邢台市农药有限公司、邢台宝波农药有限公司。

萘乙酸（1-naphthylacetic acid）

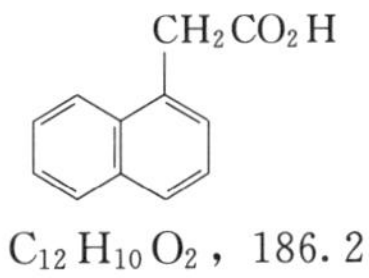

$C_{12}H_{10}O_2$，186.2

其他中文名称　α-萘乙酸

其他英文名称　NAA，α-naphthaleneacetic acid，NAA-800，Fruitone-*N*，Rootone，Phyomone

化学名称　2-(1-萘基)乙酸

CAS 登录号　86-87-3

理化性质　萘乙酸为无色晶状粉末，熔点 134～135℃。蒸气压＜0.01mPa（25℃），K_{ow} $\lg P$＝2.6，Henry 常数 0.0037Pa·m^3/mol，溶解性：水中 420mg/L（20℃）；二甲苯 55g/L，四氯化碳 10.6g/L（26℃）；易溶于醇，丙酮、乙醚和氯仿。易存储。pK_a 为 4.2。

毒　性　大鼠急性经口 LD_{50}：约 1000～5900mg/kg（酸），小鼠急性经口 LD_{50}：约 700mg/kg（钠盐）；兔急性经皮和眼睛 LD_{50}＞5000mg/kg，长期接触对皮肤有轻度至中度刺激性，对眼睛有强烈刺激（兔）。吸入 LC_{50}（1h）＞20000mg/L，狗无毒性反应剂量为 15mg/kg。野鸭和山齿鹑 LC_{50}（8d）＞10000mg/kg，鱼类 LC_{50}（96h）：虹鳟鱼 57mg(a.i.)/L，蓝鳃太阳鱼 82mg(a.i.)/L。水蚤 LC_{50}（48h）：360mg/L。对蜜蜂无毒。

制　剂　95%、81%、80%原药，80%母药，5%、4.20%、1%、0.60%、0.03%水剂，10%泡腾片剂，40%、1%可溶粉剂，20%粉剂。

应　用　萘乙酸是广谱型植物生长调节剂，能促进细胞分裂与扩大，诱导形成不定根增加坐果，防止落果，改变雌、雄花比率等。可经叶片、树枝的嫩表皮，种子进入到植株内，随营养流输导到全株。适用于谷类作物，增加分蘖，提高成穗率和千粒重；棉花减少蕾铃脱落，增桃增重，提高质量。果树促开花，防落果、催熟增产。瓜果类蔬菜防止落花，形成小籽果实；促进扦插枝条生根等。

原药生产厂家 河南省安阳市全丰农药化工有限责任公司、河南省郑州郑氏化工产品有限公司、四川国光农化股份有限公司、四川省兰月科技开发公司。

矮壮素（chlormequat）

$$\left[\mathrm{Cl{-}\overset{H_2}{C}{-}\overset{H_2}{C}{-}\underset{CH_3}{\overset{CH_3}{N}}{-}CH_3}\right]\mathrm{Cl}$$

$C_5H_{13}Cl_2N$，158.1

其他中文名称 三西，氯化氯代胆碱

其他英文名称 Cycocel，chlorocholine，chloride，CCC，Cycogan，AC38555，BAS 06200W

化学名称 氯化 2-氯乙基三甲基铵

CAS 登录号 7003-89-6、991-81-5（盐酸盐）

理化性质 无色强吸水性晶体，熔点约 235℃。蒸气压＜0.001mPa（25℃），K_{ow} lg$P$＝－1.59（pH 7），Henry 常数 1.58×10^{-9} Pa·m³/mol（计算值），相对密度 1.141（20℃）。溶解性（20℃）：水中＞1 kg/kg，甲醇中＞25g/kg，二氯乙烷、乙酸乙酯、正庚烷、丙酮中＜1g/kg，氯仿 0.3g/kg（20℃）。强吸水性，在水中稳定，230℃时开始分解。

毒　性 急性口服 LD_{50}：雄大鼠 966mg/kg，雌大鼠 807mg/kg，皮肤和眼睛急性经皮 LD_{50} 大鼠＞4000mg/kg，兔子＞2000mg/kg，不刺激皮肤和眼睛，无皮肤致敏。吸入 LC_{50}（4h）大鼠＞5.2mg/L（空气），2 年无作用剂量：大鼠 50mg/kg，雄性小鼠 336mg/kg，雌性小鼠 23mg/kg。鸟类急性口服 LD_{50}：日本鹌鹑 441mg/kg，野鸡 261mg/kg，鸡 920mg/kg。鱼类 LC_{50}（96h）：镜鲤和虹鳟鱼＞100mg/L。水蚤 LC_{50}（48h）：31.7mg/L，藻类 EC_{50}（72h）：近头状伪蹄形藻＞100mg/L，小球藻的 EC_{50} 值为 5656mg/L，其他水生物 LC_{50}（96h）：招潮蟹≥1000mg/L，虾 804mg/L，牡蛎 67mg/L。对蜜蜂无毒。蠕虫 LC_{50}（14d）为：蚯蚓 2111mg/kg（土壤）。

制　剂 98％、97％、95％原药，80％可溶粉剂，50％水剂。

应　用 矮壮素其生理功能是控制植株的营养生长（即根茎叶的生长），促进植株的生殖生长（即花和果实的生长），使植株的间节缩短、矮壮并抗倒伏，促进叶片颜色加深，光合作用加强，提高植株的坐果率、抗旱性、抗寒性和抗盐碱的能力。

原药生产厂家 河北省黄骅市鸿承企业有限公司、河南省安阳市全丰农药化工有限责任公司、四川国光农化股份有限公司、浙江省绍兴市东湖生化有限公司。

胺鲜酯（diethyl aminoethylhexanoate）

$CH_3(CH_2)_4COOCH_2CH_2N(C_2H_5)_2$

$C_{12}H_{25}NO_2$，215.3

其他中文名称 得丰，已酸二乙氨基乙醇酯

化学名称 已酸二乙氨基乙醇酯

CAS登录号 10369-83-2

理化性质 纯品为无色液体，工业品为淡黄色至棕色油状液体，沸点87～88℃/113Pa，易溶于乙醇、丙酮、氯仿等大多数有机溶剂。微溶于水。

毒　性 对人畜的毒性很低，大鼠急性经口 LD_{50} ＞6000mg/kg，急性经皮 LD_{50} ＞6000mg/kg。对白鼠、兔的眼睛及皮肤无刺激作用；无致癌，致突变和致畸性。

制　剂 98%原药，8%、2%、1.60%水剂，8%可溶粉剂。

应　用 胺鲜酯能提高植株体内叶绿素、蛋白质、核酸的含量和光合速率，提高过氧化物酶及硝酸还原酶的活性，促进植株的碳、氮代谢，增强植株对水肥的吸收和干物质的积累，调节体内水分平衡，增强作物、果树的抗病、抗旱、抗寒能力；延缓植株衰老，促进作物早熟、增产，提高作物的品质；从而达到增产，增质。

原药生产厂家 广州植物龙生物技术有限公司、河南省安阳市国丰农药有限责任公司、河南省安阳市全丰农药化工有限责任公司、河南省郑州郑氏化工产品有限公司、四川国光农化股份有限公司。

苄氨基嘌呤（6-benzylamino-purine）

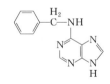

$C_{12}H_{11}N_5$，225.3

其他中文名称 保美灵

化学名称 6-(*N*-苄基)氨基嘌呤

CAS登录号 1214-39-7

理化性质 纯品为白色结晶，熔点235℃，在酸、碱中稳定，光、热不易分解。密度 $1.4g/cm^3$，难溶于水和一般有机溶剂，能溶于热乙醇中，稍溶于热水中，易溶于稀酸、稀碱水溶液。在酸碱中稳定。

毒　性 是对人、畜安全的植物生长调节剂，大鼠急性口服 LD_{50}：（雄）2125mg/kg，（雌）2130mg/kg，小鼠急性经口 LD_{50}：（雄）1300mg/kg，（雌）1300mg/kg。对鲤鱼48h TLM为12～24mg/L。

制　剂 99%、98.50%、97%原药，1%可溶粉剂，2%可溶液剂。

应　用 高效植物细胞分裂素。具有良好生化性质，促进植物细胞分裂，解除种子休眠，促进种子萌发，促进侧芽萌发和侧枝抽长，促进花芽分化，增加坐果，抑制蛋白质和叶绿素

降解。可用于果型和品种改良，水果、蔬菜保鲜贮存和水稻增产等。用于苹果可增加果径、质量和产量。用于芹菜、香菜可抑制叶子变黄，抑制叶绿素降解和提高氨基酸含量。

原药生产厂家 江苏丰源生物工程有限公司、四川国光农化股份有限公司、四川省兰月科技开发公司、台州市大鹏药业有限公司。

对氯苯氧乙酸钠（sodium 4-CPA）

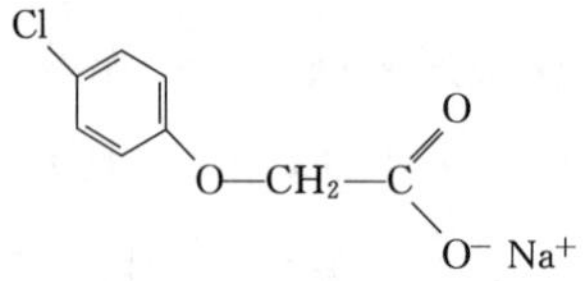

$C_8H_6ClNaO_3$，208.6

化学名称：对氯苯氧乙酸钠

CAS登录号 13730-98-8

理化性质 原药外观为白色结晶粉末，无特殊气味。熔点：282～283℃。溶解度：水(25℃) 122g/L，难溶于乙醇、丙醇等常用有机溶剂。性质稳定，长期贮存不易分解，遇强酸作用即生成难溶于水的对氯苯氧乙酸。对光、热尚稳定。制剂外观为透明液体，pH 5.8～7.8。土壤中半衰期 20d。

毒　性 急性经口：雌 LD_{50} 1260mg/kg，雄 LD_{50} 1710mg/kg。急性经皮：LD_{50} > 1000mg/kg。低毒。

应　用 该产品为植物生长调节剂，适用于番茄作物。能起到防止落花，刺激幼果膨大生长，提早果实成熟，改善果实品质及形成无籽或少籽果实的作用。注意事项：施药浓度与气温高低有关，气温低加水倍数要少；气温高加水倍数须多。药液配制务必计量准确，混合均匀。对作物上柔嫩梢叶较敏感，故不可喷在尚未老化新梢嫩叶上，以免药害。留种作物，不可使用。

氟节胺（flumetralin）

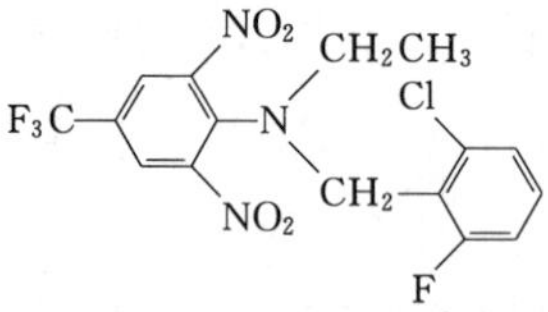

$C_{16}H_{12}ClF_4N_3O_4$，421.7

其他中文名称 抑芽敏

其他英文名称 Prime

化学名称 *N*-(2-氯-6-氟苄基)-*N*-乙基-4-三氟甲基-2,6-二硝基苯胺

CAS登录号 62924-70-3

理化性质 原药为黄色至橙色无臭晶体，熔点 101.0～103.0℃（原药 92.4～103.8℃），蒸气压 3.2×10^{-2}mPa（25℃），K_{ow} lg$P$=5.45（25℃），Henry 常数 0.19Pa・m^3/mol（计算值）。相对密度 1.54，溶解度：水中 0.07mg/L（25℃）；丙酮 560，甲苯 400，乙醇 18，正己烷 14，正辛醇 6.8（g/L，25℃）。250℃以上分解，pH5、pH9 水解稳定。

毒　性 大鼠急性经口 LD_{50}＞5000mg/kg，大鼠急性经皮 LD_{50}＞2000mg/kg。对皮肤轻度刺激，眼睛重度刺激。大鼠急性吸入 LC_{50}＞2130mg/m^3。山齿鹑和野鸭 LD_{50}＞2000mg/kg，鱼毒 LC_{50}：蓝鳃太阳鱼 18μg/L、虹鳟鱼＞25μg/L。水蚤 LC_{50}（48h）＞66μg/L。藻类 EC_{50}：羊角藻＞0.85mg/L。对蜜蜂无毒。蠕虫 LC_{50}：蚯蚓 1000mg/kg（土壤）。

制　剂 95%原药，25%、125g/L 乳油。

应　用 本品为接触兼局部内吸型高效烟草侧芽抑制剂。主要抑制烟草腋芽发生直至收获。作用迅速，吸收快，施药后只要两小时无雨即可奏效，雨季中施药方便。药剂接触完全伸展的烟叶不产生药害。对预防花叶病有一定作用。

原药生产厂家 江苏辉丰农化股份有限公司、浙江禾田化工有限公司。

乙烯利（ethephon）

$$ClCH_2CH_2P(=O)(OH)_2$$

$C_2H_6ClO_3P$，144.5

其他中文名称 一试灵，乙烯磷

其他英文名称 Ethrel，Florel，Cerone，Cepha

化学名称 2-氯乙基膦酸

CAS 登录号 16672-87-0

理化性质 本品为白色结晶性粉末，熔点 74～75℃，沸点 265℃，蒸气压＜0.01mPa（20℃），K_{ow} lg$P$＜−2.20（25℃），Henry 常数＜1.55×10^{-9}Pa・m^3/mol。溶解度：水中 800g/L（pH 4），易溶于甲醇、乙醇、异丙醇、丙酮、乙醚及其他极性有机溶剂，难溶于苯和甲苯等非极性有机溶剂，不溶于煤油和柴油。稳定性：水溶液中 pH＜5 时稳定；在较高 pH 值以上分解释放出乙烯。DT_{50}：2.4d（pH7，25℃）。紫外线照射下敏感。pK_{a_1}：2.5，pK_{a_2}：7.2。

毒　性 急性经口 LD_{50}：1564mg/kg。兔急性经皮 LD_{50}：1560mg/kg，对眼睛有刺激性。大鼠吸入 LC_{50}（4h）：4.52mg/kg，2 年无作用剂量：大鼠 13mg/kg。鸟类急性经口 LD_{50}：山齿鹑 1072mg/kg；吸入山齿鹑 LC_{50}（8d）＞5000mg/L。鱼类 LC_{50}（96h）：鲤鱼 140mg/L，虹鳟鱼 720mg/L，水蚤 EC_{50}（48h）：1000mg/L，藻类 EC_{50}（24～48h）：小球藻 32mg/L。对其他水生菌低毒，对蜜蜂无害，对蚯蚓无毒。

制　剂 91%、90%、89%、85%、80%、75%、70%原药，54%、40%水剂，10%可溶粉剂、5%膏剂。

应　用　本品能在植物的根、荚、叶、茎、花和果实等组织中放出乙烯，以调节植物的代谢、生长和发育。本品可加速水果和蔬菜（包括苹果、甘蔗、柑橘和咖啡）收获前的成熟，及用作水果（香蕉、柑橘、芒果）收获后的催熟剂。也加速烟草叶黄化、棉花的棉铃开放及落叶；刺激橡胶树中胶乳的流动；防止禾谷类及玉米倒伏；促使核桃外皮开裂及菠萝和观赏凤梨开花；苹果疏果，去枝；改变黄瓜和南瓜雌雄花比例。本品通过植物组织内释放乙烯发生作用。

原药生产厂家　河北瑞宝德生物化学有限公司、河北省黄骅市鸿承企业有限公司、河南省安阳市全丰农药化工有限责任公司、江苏安邦电化有限公司、江苏百灵农化有限公司、江苏辉丰农化股份有限公司、江苏连云港立本农药化工有限公司、江苏南京常丰农化有限公司、江苏省常熟市农药厂有限公司、江苏省江阴市农药二厂有限公司、江西金龙化工有限公司、山东大成农药股份有限公司、上海华谊集团华原化工有限公彭浦化工厂、浙江省绍兴市东湖生化有限公司。

三十烷醇（triacontanol）

$CH_3(CH_2)_{28}CH_2OH$

$C_{30}H_{62}O$，438.8

其他英文名称　Melissyl alcohol

化学名称　正三十烷醇

理化性质　纯品为白色结晶固体或蜡状粉末或片状，熔点 87℃，溶解度：不溶于水，易溶于苯和乙醚，微溶于乙醇。正常条件下稳定性很好。闪点＞24.5℃。

毒　性　三十烷醇多以酯的形式存在于多种植物和昆虫的蜡质中。对人畜和有益生物未发现有毒害作用。小白鼠急性经口 LD_{50} 为 10000mg/kg，无刺激性。

制　剂　95％、90％、89％原药，0.10％微乳剂，0.10％可溶液剂。

应　用　三十烷醇可经由植物的茎、叶吸收，然后促进植物的生长，增加干物质的积累、改善细胞膜的透性、增加叶绿素的含量、提高光合强度、增强淀粉酶、多氧化酶、过氧化物酶活性。三十烷醇能促进发芽、生根、茎叶生长及开花，使农作物早熟，提高结实率，增强抗寒、抗旱能力、增加产量、改善产品品质。

原药生产厂家　广西桂林市宏田生化有限责任公司、河南省郑州天邦生物制品有限公司、四川国光农化股份有限公司。

赤霉素（gibberellin，GA_3）

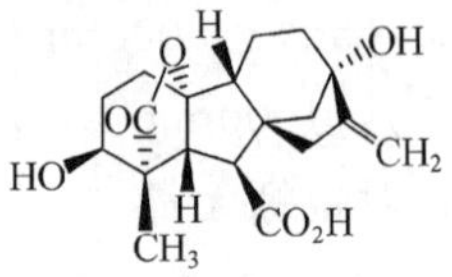

GA_3

$C_{19}H_{22}O_6$，346.4

其他中文名称 赤霉素，九二〇，奇宝

其他英文名称 Pro-Gibb Plus 2x，Berelex，Activol，Activol GA，gibberellin A3，GA3

化学名称 二萜类植物激素，已知的赤霉素至少有 38 种，其主要结构 GA_3 为：(3*S*,3a*R*,4*S*,4ass,7*S*,9a*R*,9b*R*,12*S*)-7,12-二羟基-3-甲基-6-亚甲基-2-氧全氢化-4a,7-亚甲基-9b,3-次丙烯薁[1,2-b]呋喃-4-羧酸

CAS 登录号 77-06-5

理化性质 本品为结晶固体，熔点 223～225℃（分解）。溶解性：水中 4.6mg/mL（室温），易溶于甲醇、乙醇、丙酮，微溶于乙醚和乙酸乙酯，不溶于氯仿。钾、钠、铵盐容易在水中溶解（钾盐 50g/L）。干燥赤霉素在室温下稳定，但在水或酒精溶液中缓慢水解，DT_{50}（20℃）：14d（pH 3～4），14d（pH 7），受热分解。pK_a：4.0。

毒　性 大鼠和小鼠急性经口 LD_{50}＞15000mg/kg。大鼠急性经皮 LD_{50}＞2000mg/kg，对皮肤和眼睛无刺激。大鼠每天 2h 吸入为 400mg/L，21d 无不良影响，90d 无作用剂量＞1000mg/kg（饲料）。山齿鹑急性经口 LD_{50}＞2250mg/kg，急性吸入 LC_{50}＞4640mg/kg。鱼的 LC_{50}（96h）：虹鳟鱼＞210mg/L。水蚤 EC_{50}（48h）：488mg/L。

制　剂 90%原药、4%乳油，20%、15%、10%可溶片剂，40%可溶粒剂，20%、10%、3%可溶粉剂，85%、75%粉剂，85%、75%结晶粉，2.70%膏剂。

应　用 广谱性植物生长调节剂，可促进作物生长发育，使之提早成熟、提高产量、改进品质；能迅速打破种子、块茎和鳞茎等器官的休眠，促进发芽；减少蕾、花、铃、果实的脱落，提高果实结果率或形成无籽果实。也能使某些 2 年生的植物在当年开花。可广泛应用于果树、蔬菜、粮食作物、经济作物及水稻杂交育种。目前已经广泛地用于猕猴桃的生产上。

原药生产厂家 江苏百灵农化有限公司、江苏丰源生物工程有限公司、江西新瑞丰生化有限公司、浙江钱江生物化学股份有限公司、澳大利亚纽发姆有限公司。

赤霉酸（gibberellic acid）

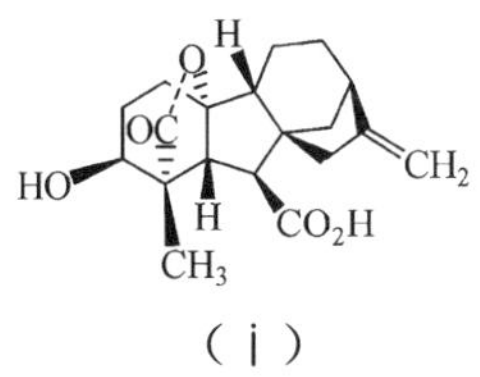

（ⅰ）

GA_4：$C_{19}H_{24}O_5$，332.4

CAS 登录号：468-44-0

（ⅱ）

GA_7：$C_{19}H_{22}O_5$，330.4

CAS 登录号：510-75-8

化学名称 (3*S*,3a*R*,4*S*,4a*R*,7*R*,9a*R*,12*S*)-12-羟基-3-甲基-6-亚甲基-2-氧全氢化-4a,7-亚甲基-3,9b-丙撑奥(1,2-b)呋喃-4-羧酸(i)；(3*S*,3a*R*,4*S*,4a*R*,7*R*,9a*R*,12S)-12-羟基-3-甲基-6-亚甲基-2-氧全氢化-4a,7-亚甲基-9b,3-丙烯撑奥(1,2-b)呋喃-4-羧酸(ii)

理化性质 工业品为白色结晶粉末，密度 0.528～0.577g/cm³，熔点 214～215℃，可溶于甲醇、丙酮等多种有机溶剂，难溶于水、环乙烷、二氯甲烷等。

毒　性　大鼠急性经口 LD_{50} >5000mg/kg，兔急性经皮 LD_{50} >2000mg/kg，眼睛轻度刺激，不刺激皮肤。轻微皮肤致敏。大鼠急性吸入 LC_{50} >2.98mg/L。NOEL 对兔每日 300mg/kg。

制　剂　90%原药，3%（赤霉酸 A_4+A_7 1%、赤霉酸 A_3 2%）、2.7%（赤霉酸 A_4+A_7 1.35%、赤霉酸 A_3 1.35%）脂膏，2.70%（赤霉酸 A_4+A_7 1.35%、赤霉酸 A_3 1.35%）涂抹剂，2%膏剂。赤霉酸 A_3 制剂 85%结晶粉，40%、20%可溶性粉剂，20%、10%可溶片剂，3%（赤霉酸 A_4+A_7 1%、赤霉酸 A_3 2%）、2.7%（赤霉酸 A_4+A_7 1.35%、赤霉酸 A_3 1.35%）脂膏，2.70%（赤霉酸 A_4+A_7 1.35%、赤霉酸 A_3 1.35%）涂抹剂。

应　用　广谱性植物生长调节剂，可促进细胞生长，改变果实形态，提高品质。可减少苹果锈斑，增加梨座果率，促进芹菜发芽和提高芹菜产量。因遇碱易分解，勿混用其他农药或肥料。

原药生产厂家　江苏丰源生物工程有限公司、江西新瑞丰生化有限公司、浙江钱江生物化学股份有限公司、浙江升华拜克生物股份有限公司。

芸苔素内酯（brassinolide）

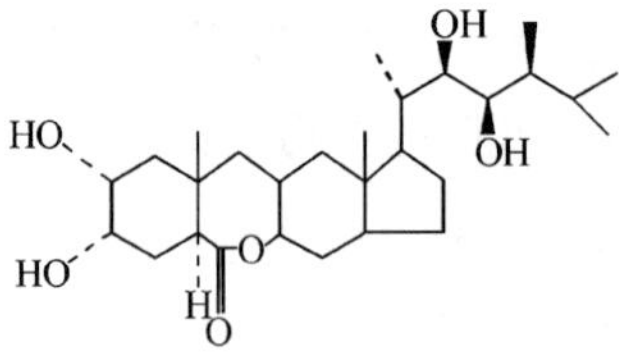

$C_{28}H_{48}O_6$，480.7

其他中文名称　益丰素，天丰素，油菜素内酯，农乐利

其他英文名称　Brassins，BR，Kayaminori

化学名称　(2α,3α,22*R*,23*R*)-四羟基-24-(*S*)-甲基-β-高-7-氧杂-5α-胆甾烷-6-酮

CAS登录号　72962-43-7

理化性质　原药为白色结晶粉末，熔点 256～258℃。水中溶解度 5mg/L，溶于甲醇、乙醇、四氢呋喃和丙酮等多种有机溶剂。

毒　性　大鼠急性经口 LD_{50} >2000mg/kg，小鼠急性经口 LD_{50} >1000mg/kg。大鼠急性经皮 LD_{50} >2000mg/kg。鲤鱼 LC_{50}（96h）>10mg/L。

制　剂　95%、90%、80%原药，0.15%乳油，0.10%可溶粉剂，0.04%、0.01%、0.0075%、0.004%、0.0016 水剂，0.01%乳油，0.01%可溶液剂。

应　用　具有强力生根、促进生长、提苗、壮苗、保苗、黄叶病叶变绿、促进果实膨大早熟、减轻病害缓解药害、协调营养平衡、抗旱抗寒、增强作物抗逆性等多重功能。对因重茬、病害、药害、冻害等原因造成的死苗、烂根、立枯、猝倒现象急救效果显著，施用12～24 小时即明显见效，起死回生，迅速恢复生机。本品可用于水稻、小麦、大麦、玉米、马铃薯、萝卜、莴苣、菜豆、青椒、西瓜、葡萄等多种作物。

原药生产厂家 成都新朝阳生物化学有限公司、广东省江门市大光明农化有限公司、昆明云大科技农化有限公司、上海威敌生化（南昌）有限公司、四川省兰月科技开发公司。

丙酰芸苔素内酯

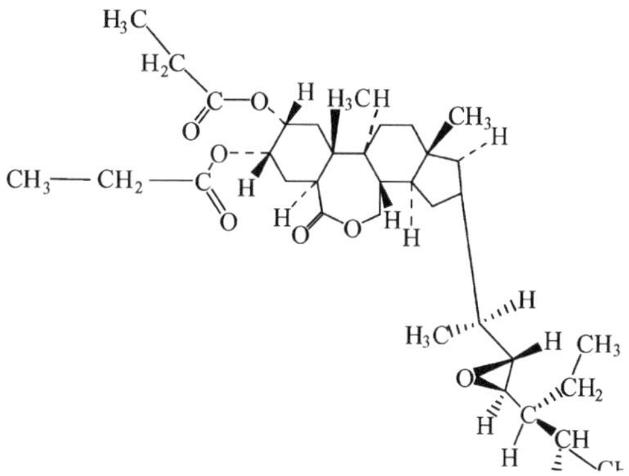

$C_{35}H_{56}O_7$，588.8

其他中文名称 爱增美

化学名称 (24*S*)-2*α*,3*α*-二丙酰氧基-(22*R*,23*R*)-环氧-7-氧-5a-豆甾-6-酮

CAS登录号 162922-31-8

理化性质 丙酰芸苔素内酯原药为白色结晶粉末状固体，溶于甲醇、乙醚等，难溶于水。正常贮存条件下，有良好的稳定性，弱酸、中性介质中稳定，在强碱介质中分解。属低毒植物生长调节剂，对鱼、鸟、蜂、蚕比较安全。

制　剂 95%原药，0.003%水剂。

原药生产厂家 日本卫材食品化学株式会社。

复硝酚钠（sodium nitrophenolate）

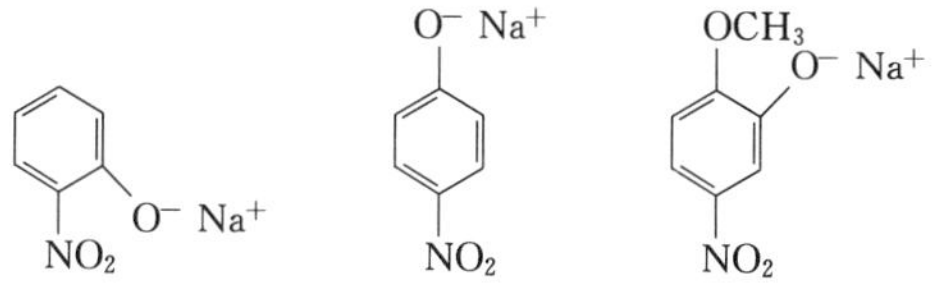

Ⅰ　Ⅱ　Ⅲ

其他中文名称 爱多收，特多收

化学名称 邻硝基苯酚钠（Ⅰ），对硝基苯酚钠（Ⅱ），5-硝基邻甲氧基苯酚钠（Ⅲ）

理化性质 5-硝基邻甲氧基苯酚钠（Ⅰ）为红色结晶性粉末，有霉味。145℃以上分解，蒸气压 4.13×10^3 mPa（25℃），相对密度 1.55（22℃）。溶解度：水中 1.3（pH 4）、1.8（pH 7）、86.8（pH 10）(g/L)；正庚烷 2.8，邻二甲苯 29，1,2-二氯乙烷 39，丙酮 170，甲

醇 53000，醋酸乙酯 59（mg/L）。在干燥条件下稳定。pK_a：8.21（22℃），高度易燃、易爆。邻硝基苯酚钠表面红色结晶性粉末，带有霉味，熔点 280℃，蒸气压 7.74×10^{-2}mPa（25℃，含气饱和度方法），K_{ow} lg$P$=1.70（pH 4）、1.12（pH 7）、−1.03（pH 10），相对密度 1.65（22℃）。溶解度：水中 0.78g/L（pH 4）、2.8g/L（pH 7）、181.6g/L（pH>10）；正庚烷<0.2mg/L，邻二甲苯<0.28mg/L，1，2-二氯乙烷<0.5mg/L，丙酮 1200mg/L，甲醇 47000mg/L，醋酸乙酯 180mg/L。干燥条件下稳定。pK_a：7.16（22℃）高度易燃、易爆。对硝基苯酚钠（Ⅱ）为明亮的黄色细颗粒。94℃时结晶失去水，175℃时分解；蒸气压<1.33×10^{-2}mPa（25℃，含气饱和度方法）；K_{ow} lg$P$=1.82（pH 4），1.28（pH 7），−0.93（pH 10）；相对密度 1.41（22℃）；溶解度：水中 14.7g/L（pH 4）、13.9g/L（pH 7）、57.4g/L（pH>10），N-庚烷 0.094mg/L，邻二甲苯 1.0mg/L，1,2-二氯乙烷 2.5mg/L，丙酮 2400mg/L，甲醇 181000mg/L，醋酸乙酯 180mg/L；干燥条件下稳定，pK_a：7.16（22℃），高度易燃、易爆。

毒　性　① 复硝酚钠混合物　大鼠急性经口 LD_{50}>5000mg/kg，大鼠急性经皮 LD_{50}>2000mg/kg。兔刺激皮肤和眼睛，豚鼠皮肤致敏，大鼠急性吸入 LC_{50}>6.7mg/mL 空气。鸡和鸽子急性口服 LD_{50}>10000mg/kg。鱼 LC_{50}（96h）：罗非鱼>100mg/L。藻类 E_rC_{50}>100mg/L。蜜蜂 LD_{50}（接触和经口）>100μg/只，蚯蚓 LC_{50} 为 310mg/kg（干土）。

② 5-硝基邻甲氧基苯酚钠　大鼠急性经口 LD_{50}：716mg/kg，大鼠急性经皮 LD_{50}>2000mg/kg。对兔眼睛有刺激，轻微刺激皮肤，豚鼠无皮肤致敏，大鼠急性吸入 LC_{50}>2.38mg/mL（灰尘）。山齿鹑急性口服 LD_{50}：2067mg/kg；山齿鹑急性吸入 LC_{50}>5620mg/L；LC_{50} 虹鳟鱼（96h）：37mg/L；水蚤 EC_{50} 值（48h）：71.1mg/L。蜜蜂急性 LD_{50}>100μg/只（接触）。

③ 邻硝基苯酚钠　大鼠急性经口 LD_{50}：960mg/kg，大鼠急性经皮 LD_{50}>2000mg/kg。兔眼睛刺激，轻微刺激皮肤，豚鼠无皮肤致敏，大鼠急性吸入 LC_{50}>1.24mg/mL（灰尘）。山齿鹑急性口服 LD_{50}：1046mg/kg；急性吸入 LC_{50}：>5620mg/L。虹鳟鱼 LC_{50}（96h）：69mg/L。水蚤 EC_{50}（48h）：88.8mg/L。蜜蜂急性 LD_{50}>100μg/只（接触）。

④ 对硝基苯酚钠毒性　大鼠急性经口 LD_{50}：345mg/kg，大鼠急性经皮 LD_{50}>2000mg/kg。兔眼睛刺激，轻微刺激皮肤，豚鼠无皮肤致敏，大鼠急性吸入 LC_{50}>1.20mg/mL（灰尘）。山齿鹑急性口服 LD_{50}：2000mg/kg；急性吸入 LC_{50}>5620mg/L。虹鳟鱼 LC_{50}（96h）：25mg/L。水蚤 EC_{50}（48h）：27.7mg/L。蜜蜂急性 LD_{50}>111μg/只（接触）。

制　剂　98%原药，1.80%、1.40%、0.70%水剂。

应　用　本品为单硝化愈创木酚钠盐植物细胞赋活剂。能迅速渗透到植物体内，以促进细胞的原生质流动，加快植物发根速度，对植物发根、生长、生殖及结果等发育阶段均有程度不同的促进作用。尤其对于花粉管的伸长的促进，帮助受精结实的作用尤为明显。可用于促进植物生长发育、提早开花、打破休眠、促进发芽、防止落花落果、改良植物产品的品质等方面。该产品可以用叶面喷洒、浸种、苗床灌注及花蕾撒布等方式进行处理。由于其与植物激素不同，在植物播种开始至收获之间的任何时期，皆可使用。

原药生产厂家　河南省郑州郑氏化工产品有限公司、山东德州祥龙生化有限公司。

对硝基苯酚钾（potassium para-nitrophenate）

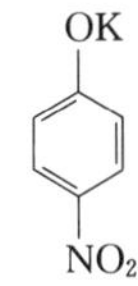

$C_6H_4KNO_3$，177.2

其他中文名称 复硝基苯酚钾盐

其他英文名称 potassium ortho-nitrophenopheate

化学名称 4-硝基苯酚钾

理化性质 红色、黄色晶体混合物，易溶于水，可溶于乙醇、甲醇、丙酮等有机溶剂，常温下稳定，有酚芳香味。复硝基苯酚钾盐制剂为茶褐色液体，易溶于水，相对密度 1.028～1.032，pH 7.5～8，中性。

毒　性 大鼠急性经口 LD_{50} 为 14187mg/kg(复盐制剂)。

制　剂 95%(2,4-二硝基苯酚钾 4.75%、对硝基苯酚钾 47.5%、邻硝基苯酚钾 42.75%)原药，2%(2,4-二硝基苯酚钾 0.1%、对硝基苯酚钾 1%、邻硝基苯酚钾 0.9%)、1.80%(5-硝基邻甲氧基苯酚钠 0.3%、对硝基苯酚钾 0.9%、邻硝基苯酚钠 0.6%)、1.40%(5-硝基邻甲氧基苯酚钠 0.23%、对硝基苯酚钾 0.71%、邻硝基苯酚钠 0.46%)水剂。

应　用 叶面喷施能迅速地渗透于植物体内，促进根系吸收养分。对萌芽、发根生长及保花保果均有明显的功效。

原药生产厂家 山西运城绿康实业有限公司。

5-硝基邻甲氧基苯酚钠（sodium-5-nitro-guaiacolate）

$C_7H_6NO_4Na$，190.98

化学名称 5-硝基邻甲氧基苯酚钠

理化性质 无味橘红色片状晶体，熔点 105～106℃，溶于水，易溶于丙酮、乙醇、乙醚、氯仿等有机溶剂。

毒　性 大鼠急性经口 LD_{50} 为 3100mg/kg，对眼睛和皮肤无刺激作用，3 个月喂养试验无作用剂量 400mg/(kg・d)，在试验剂量内对动物无致突变作用。对鱼毒性低，如对鲤鱼 TLm (48h)>10mg/kg。

制　剂 98%（5-硝基邻甲氧基苯酚钠 16.3%、对硝基苯酚钠 49.1%、邻硝基苯酚钠

32.6%)、95%(5-硝基邻甲氧基苯酚钠 15.8%、对硝基苯酚钠 47.5%、邻硝基苯酚钠 31.7%)原药，2%(2，4-二硝基苯酚钠 0.2%、5-硝基邻甲氧基苯酚钠 0.4%、对硝基苯酚钠 0.6%、邻硝基苯酚钠 0.8%)、1.80%(5-硝基邻甲氧基苯酚钠 0.3%、对硝基苯酚钠 0.9%、邻硝基苯酚钠 0.6%)、1.4%(5-硝基邻甲氧基苯酚钠 0.3%、对硝基苯酚钠 0.7%、邻硝基苯酚钠 0.4%)、0.90%(5-硝基邻甲氧基苯酚钠 0.15%、对硝基苯酚钠 0.45%、邻硝基苯酚钠 0.3%)、0.70%(5-硝基邻甲氧基苯酚钠 0.1%、对硝基苯酚钠 0.4%、邻硝基苯酚钠 0.2%)水剂，0.90%(5-硝基邻甲氧基苯酚钠 0.15%、对硝基苯酚钠 0.45%、邻硝基苯酚钠 0.3%)可湿性粉剂，1.40%(5-硝基邻甲氧基苯酚钠 0.24%、对硝基苯酚钠 0.7%、邻硝基苯酚钠 0.46%)可溶粉剂。

应　用　能迅速渗透到植物体内，以促进细胞的原生质流动，加快植物发根速度，对植物发根、生长、生殖及结果等发育阶段均有程度不同的促进作用。尤其对于花粉管的伸长的促进，帮助受精结实的作用尤为明显。可用于促进植物生长发育、提早开花、打破休眠、促进发芽、防止落花落果、改良植物产品的品质等方面。该产品可以用叶面喷洒、浸种、苗床灌注及花蕾撒布等方式进行处理。由于其与植物激素不同，在植物播种开始至收获之间的任何时期，皆可使用。

原药生产厂家　河南省郑州农达生化制品厂、河南中威高科技化工有限公司。

邻硝基苯酚铵
(ammonium ortho-nitrophenolate)

$C_6H_8N_2O_3$，156.1

其他中文名称　多效丰产灵，复硝铵(其中一个有效成分)

化学名称　邻硝基苯酚铵

毒　性　复硝铵为低毒。

制　剂　1.80%(5-硝基邻甲氧基苯酚钠 0.3%、对硝基苯酚铵 0.9%、邻硝基苯酚铵 0.6%)水剂

应　用　通过根部吸收，促进细胞原生质的流动。叶面处理能迅速被植物吸收进入体内，能加速植物发根、发芽、生长。具有保花、保果、增产作用。

生产厂家　湖南大方农化有限公司。

对硝基苯酚铵
(ammonium para-nitrophenolate)

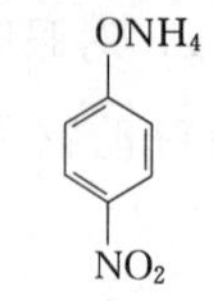

$C_6H_8N_2O_3$，156.1

其他中文名称 多效丰产灵，复硝铵（其中一个有效成分）

化学名称 对硝基苯酚铵

毒　性 复硝铵为低毒。

制　剂 1.80%（5-硝基邻甲氧基苯酚钠 0.3%、对硝基苯酚铵 0.9%、邻硝基苯酚铵 0.6%）水剂

应　用 通过根部吸收，促进细胞原生质的流动。叶面处理能迅速被植物吸收进入体内，能加速植物发根、发芽、生长。具有保花、保果、增产作用。

生产厂家 湖南大方农化有限公司。

吡啶醇（pyripropanol）

$CH_2CH_2CH_2OH$

$C_8H_{11}NO$，137.2

其他中文名称 丰啶醇

化学名称 3-(α-吡啶基)丙醇

理化性质 纯品为无色透明油状液体，特有臭味。相对密度 1.070，蒸气压 66.66Pa/90～95℃。微溶于水（3.0g/L，16℃），易溶于乙醚、丙醇、乙醇、氯仿、苯、甲苯等有机溶剂，不溶于石油醚。原药为浅黄色至棕色油状液体。

毒　性 对雄大鼠急性经口 LD_{50} 为 111.5mg/kg，雄小鼠急性经口 LD_{50} 为 154.9mg/kg，大鼠急性经皮 LD_{50} 为 147mg/kg。大鼠 90d 饲喂试验无作用剂量为每天 5.57mg/kg，大鼠 2 年慢性毒性试验无作用剂量为 10mg/kg。

应　用 吡啶醇作为新型的植物生长抑制剂，能抑制作物营养生长期，可促进根系生长，使茎秆粗壮，叶片增厚，叶色变绿，增强光合作用。用于花生，可提早出苗，提高出苗率，增加茎粗，提高饱果率，增加饱果的双仁和三仁数。在作物生殖期应用，可控制营养生长，促进生殖生长，提高结实率和增加千粒重。可增加豆科植物的根瘤数，提高固氮能力，降低大豆结荚部位，增加荚数和饱果数，促进早熟丰产。此外还有一定防病和抗倒伏作用。吡啶醇用于大豆，可抑制株高，使株茎变粗，花数增多，叶面积指数加大，促进光和产物积累，控制营养生长，促进生殖生长。用于西瓜，可控制蔓徒长，促进瓜大，早熟 3～5 天。也可用于玉米，小麦，水稻，果树等作物。

核苷酸（nucleotide）

其他中文名称 绿风 95

化学名称 核苷酸

理化性质 内含乌苷酸、腺苷酸、尿苷酸、胞苷酸。原药外观为浅黄色，相对密度 1.25，沸点 104℃，易溶于水。

毒　性 大鼠急性经口 LD_{50}＞5000mg/kg(制剂)，急性经皮 LD_{50}＞4000mg/kg(制剂)。

制　剂 0.05％水剂。

应　用 核苷酸在细胞的新陈代谢、蛋白质的合成、能量传输方面有着重要作用，对一切生物的生长、发育、繁殖、遗传及变异等重大生命活动都起着关键作用，人体核苷酸含量充足，新陈代谢、生理功能正常，人就能健康长寿。

生产厂家 陕西汤普森生物科技有限公司。

氯化胆碱（choline chloride）

$$[CH_3-\overset{\overset{CH_3}{|}}{\underset{\underset{CH_3}{|}}{N^+}}-CH_2-CH_2-OH]Cl^-$$

$C_5H_{14}ClNO$，139.62

其他中文名称 高利达植物光合剂

化学名称 三甲基(2-羟乙基)铵氯化物

CAS 登录号 67-48-1

理化性质 吸湿性晶体，302～305℃以上分解。

毒　性 大鼠急性经口 LD_{50}＞6640mg/kg。

制　剂 60％水剂。

应　用 氯化胆碱还是一种植物光合作用促进剂，对增加产量有明显的效果。小麦、水稻在孕穗期喷施可促进小穗分化，多结穗粒，灌浆期喷施可加快灌浆速度，穗粒饱满，千粒重增加 2～5g。也可用于玉米、甘蔗、甘薯、马铃薯、萝卜、洋葱、棉花、烟草、蔬菜、葡萄、芒果等增加产量，在不同气候、生态环境条件下效果稳定。其主要作用原理是活化植物光合作用的关键酶，即光反应的 ATP-酶和暗反应的 RUBP-羧化酶和 G-3-P 脱氢酶，促使植物吸收光能和利用光能，更好地固定和同化 CO_2，提高光合速率，增加植物碳水化合物、蛋白质和叶绿素含量。

生产厂家 重庆双丰化工有限公司。

柠檬酸钛（citricacide-titatnium chelate）

$$\left[\begin{array}{c} CH_2COO- \\ | \\ HO-C-COOH \\ | \\ CH_2COO- \end{array}\right]_2 Ti$$

$C_{12}H_{12}O_{14}Ti$，428.1

其他中文名称 科资 891

化学名称 柠檬酸钛

理化性质 制剂外观为淡黄色透明均相液体，相对密度 1.05，pH 为 2～4。可与弱酸性或中性农药相混。

毒　性 大鼠急性经口 LD_{50}＞5000mg/kg，急性经皮 LD_{50}＞2000mg/kg。

应　用 本品为植物生长调节剂，可使植物体内的叶绿素明显增加，光合作用增强，干物质积累增加，多种酶特别是固氮酶的活性提高，促进根系发达，并能田间有效养分向作物生长中心输送，达到增产效果；还具有改善作物果实品质，增加作物抗逆性的功能。也作为禽畜饲料添加剂，能刺激卵巢多产蛋、产仔及禽畜、鱼类等增重。

吲哚乙酸（indol-3-ylacetic acid）

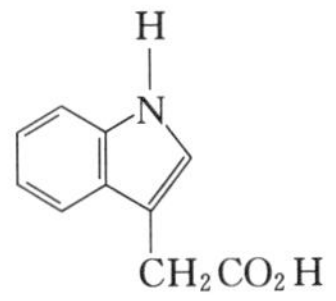

CH_2CO_2H

$C_{10}H_9NO_2$，175.2

化学名称 吲哚-3-基乙酸

CAS 登录号 87-51-4

理化性质 灰白色、无色、淡黄褐色粉末。熔点 168～170℃。蒸气压＜0.02mPa（60℃）。溶解度：水中 1.5g/L（20℃）；其他溶剂（g/L）：乙醇 100～1000，丙酮 30～100，二乙醚 30～100，氯仿 10～30。稳定性：在中性和碱性溶液中非常稳定；光照下不稳定。pK_a 4.75。

毒　性 小鼠急性经皮 LD_{50} 1000mg/kg。对蜜蜂无毒。

制　剂 97%原药，0.11%水剂。

应　用 作用机理与特点：植物生长调节剂。影响细胞分裂和细胞生长。刺激草本和木本观赏植物的根尖生长。

原药生产厂家 北京艾比蒂研究开发中心。

烯腺嘌呤（enadenine）

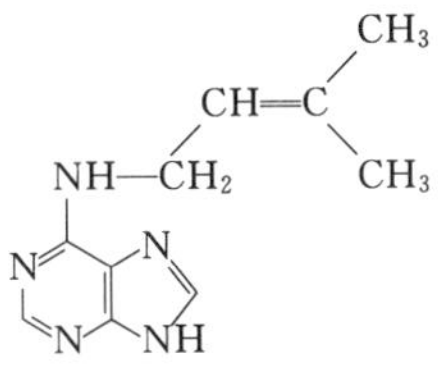

$C_{10}H_{13}N_5$，203.2

其他中文名称 富滋，异戊烯腺嘌呤

化学名称 6-(3-甲基-2-丁烯基氨基)嘌呤

CAS登录号 2365-40-4

理化性质 暗棕色至黑色液体。从天然海藻提取的浓缩溶液，含玉米素、氨基酸、蛋白质、糖类、无机物等。相对密度 1.07（20℃）。能溶于水。

毒　性 兔急性经皮 LD_{50}＞2000mg/kg。

制　剂 0.1%母药。

应　用 刺激植物细胞分裂，促进叶绿素形成，加速植物新陈代谢和蛋白质的合成，从而达到有机体迅速增长，促使作物早熟丰产，提高植物抗病抗衰抗寒能力。可用于调节水稻、玉米、大豆的生长。

生产厂家 高碑店市田星生物工程有限公司、浙江惠光生化有限公司、中国农科院植保所廊坊农药中试厂。

羟烯腺嘌呤（oxyenadenine）

$C_{10}H_{13}N_5O$，219.2

其他中文名称 玉米素

化学名称 6-(4-羟基-3-甲基-反式-2-丁烯基氨基)嘌呤

CAS登录号 1637-39-4

理化性质 熔点：207～208℃。溶解度：溶于甲醇、乙醇；不溶于水和丙酮。稳定性：在 0～100℃时热稳定性良好。

制　剂 0.5%母药，0.0001%可湿性粉剂。

应　用 植物生长调节剂，促进细胞分裂和页面扩大，刺激侧枝发芽，阻碍叶子成熟。

生产厂家 高碑店市田星生物工程有限公司、浙江惠光生化有限公司、中国农科院植保所廊坊农药中试厂。

1-甲基环丙烯（1-methylcyclopropene）

C_4H_6，54.09

其他中文名称 聪明鲜

化学名称 1-甲基环丙烯

CAS登录号 3100-04-7

理化性质 无色气体。沸点 4.68℃，熔点<100℃。分解温度>100℃。溶解度（20℃，mg/L）：水中 137，庚烷>2450、二甲苯>2250、丙酮>2400。光解半衰期为 4.4h。

毒　性 大鼠吸入 LC_{50}（4h）>165mg/L。

制　剂 3.3%、0.14%、0.014%微囊粒剂，0.63%片剂，1%可溶液剂。

应　用 1-甲基环丙烯为无色且不稳定的气体，其本身无法单独作为一种产品存在。该气体一经生成，便即刻与 *α*-环糊精吸附，形成一种十分稳定的吸附混合物，并根据所需浓度，直接加工成所需制剂。

S-诱抗素（abscisic acid）

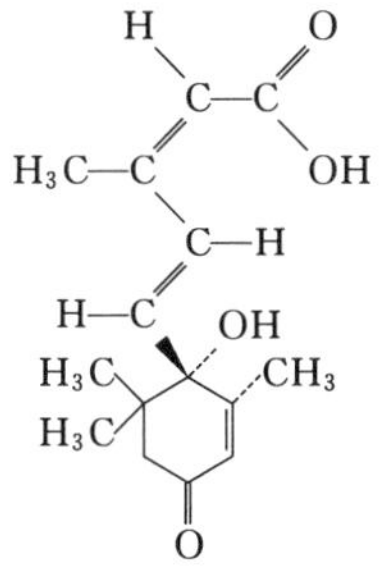

$C_{15}H_{20}O_4$，264.3

其他中文名称 壮芽灵，天然脱落酸

化学名称 5-(1′-羟基-2′,6′,6′-三甲基-4′-氧代-2′-环己烯-1′-基)-3-甲基 2-顺-4-反-戊二烯酸

CAS登录号 21293-29-8

理化性质 原药外观为白色或微黄色结晶体。熔点 160～163℃。水中溶解度：1～3g/L，缓慢溶解。稳定性：天然脱落酸的稳定性较好，常温下放置 2 年，有效成分含量基本不变；对光敏感，属强光分解化合物。制剂外观为无色溶液；密度 1.0×10^3 kg/m^3；pH 4.5～6.5。

毒　性 大鼠急性经口 LD_{50} 2500mg/kg。急性经皮 LD_{50} >2000mg/kg。斑马鱼 LC_{50}（96h）为 1312mg/L。蜜蜂：毒性 LC_{50}>100mg/L。

制　剂 90%原药，0.25%、0.1%、0.02%、0.006%水剂，1%可溶粉剂。

应　用 *S*-诱抗素水剂是一种植物生长调节剂，对植物生长发育具有调节作用，对水稻增产有促进效应，浸种对水稻秧田苗有促进效应。

原药生产厂家 四川国光农化股份有限公司、四川龙蟒福生科技有限责任公司。

茉莉酸（jasmonic acid）

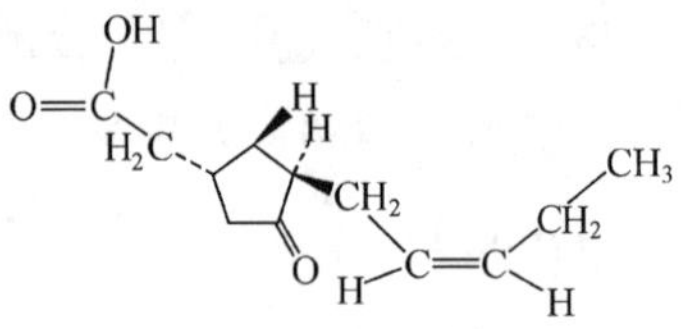

$C_{12}H_{18}O_3$，210.3

其他中文名称 保民丰

其他英文名称 TNZ-303

化学名称 3-氧-2-(2′-戊烯基)-环戊烷乙酸

CAS登录号 6894-38-8

理化性质 原药外观为无色或淡黄色液体。相对密度 0.97～0.98。沸点 136℃（133Pa）。闪点 165℃（开口）。溶解度（25℃）：水中 0.06g/L；其他溶剂：丙酮、乙腈、氯仿、醋酸乙酯、甲醇、DMSO 等均大于 100g/L。

毒　性 大鼠急性经口＞5000mg/kg。急性经皮＞2000mg/kg。

应　用 在发芽不良条件下（低温、水分不足），能够促进发芽发根，提高出苗率及存活率，并促进发芽发根后的生育。对水稻、棉花等作物有生长调节作用。

调环酸（prohexadione）

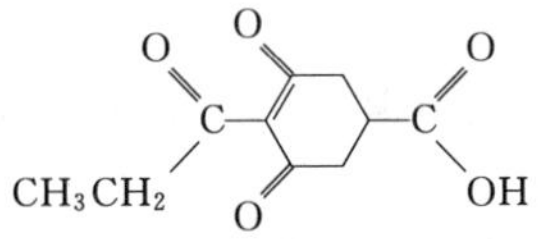

$C_{10}H_{12}O_5$，212.2，88805-35-0

调环酸-钙盐，$C_{10}H_{10}CaO_5$，250.3，127277-53-6

理化性质（调环酸-钙盐）　无味白色细粉末。熔点＞360℃。蒸气压 1.33×10^{-2} mPa（20℃）。K_{ow} lg$P$ ＝－2.90。Henry 常数 1.92×10^{-5} Pa・m^3/mol（计算）。相对密度 1.460。溶解度：水中 174mg/L（20℃）；其他溶剂（mg/L，20℃）：甲醇 1.11，丙酮 0.038。稳定性：在水中稳定；DT_{50}（20℃，d）：5（pH 5），83（pH 9）；热稳定（200℃）；在水中光照稳定，DT_{50} 4d。pK_a 5.15。

毒　性（调环酸-钙盐）　急性经口：大鼠、小鼠 LD_{50}＞5000mg/kg。大鼠急性经皮 LD_{50}＞2000mg/kg；对眼睛有轻微的刺激；对兔皮肤无刺激。大鼠吸入 LC_{50}（4h，整体）＞4.21mg/L（空气）。NOEL 值 [2y，mg/(kg・d)]：雄鼠 93.9，雌鼠 114，雄小鼠 279，雌小鼠 351；(1y) 狗 80mg/(kg・d)。其他：对于兔和鼠无诱导有机体突变的物质，不能产生畸形。鸟类：急性经口 LD_{50}：山齿鹑和野鸭＞2000mg/kg；LC_{50}（5d）山齿鹑和野鸭＞5200mg/kg 饲料。鱼类：LC_{50}（96h）鲤鱼＞150mg/L，虹鳟鱼和蓝腮太阳鱼＞100mg/L。

水蚤：LC_{50}（48h）：隆线蚤>150mg/L；EC_{50}大型蚤 90mg/L。水藻：EC_{50}（120h）羊角月牙藻>100mg/L。NOAEC/NOAEL（mg/L）中肋骨条藻和羊角月牙藻 1.1，水华鱼腥藻 1.2。其他水生生物：EC_{50}（mg/L）东方牡蛎 117，膨胀浮萍和舟型藻 1.2；NOAEC 糖虾 125mg/L。蜜蜂：LD_{50}（经口、接触）>100μg/只。蚯蚓：LC_{50}（14d）赤子爱胜蚓>1000mg/kg（土壤）。

制　剂　85%原药，5%泡腾片剂。

应　用　（调环酸-钙盐）植物生长调节剂、延缓剂。赤霉素生物合成抑制剂，通过降低植物体内赤霉素含量抑制作物旺长。叶面施用，通过绿色组织吸收。

原药生产厂家　湖北移栽灵农业科技股份有限公司（调环酸钙）。

抗倒酯（trinexapac）

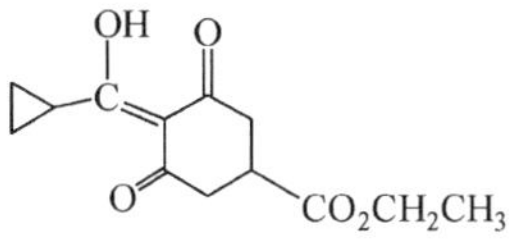

$C_{13}H_{16}O_5$，252.3

化学名称　4-环丙基(羟基)亚甲基-3,5-二酮环己烷羧酸乙酯

CAS登录号　95266-40-3

理化性质　白色无味固体；［原药为黄色至棕红色液体（30℃），固液混合状态（20℃），有淡淡的甜味］。熔点 36℃，沸点>270℃。蒸气压 1.6mPa（20℃），2.16mPa（25℃）（OECD 104）。K_{ow} $\lg P$=1.60（pH 5.3，25℃）。Henry 常数 5.4×10^{-4} Pa·m^3/mol。相对密度 1.215g/cm^3（20℃）。溶解度：水中（g/L，25℃）：2.8（pH 4.9），10.2（pH 5.5），21.1（pH 8.2）；乙醇、丙酮、甲苯、正辛醇 100%，正己烷 5%（25℃）。稳定性：加热至沸点稳定；在正常环境条件下水解、光解稳定（pH 6～7，25℃）；在碱性条件下不稳定。pK_a 4.57。

毒　性　大鼠急性经口 LD_{50} 4460mg/kg。大鼠急性经皮 LD_{50}>4000mg/kg；对兔的眼睛和皮肤无刺激；对豚鼠皮肤不敏感。吸入大鼠 LC_{50}（48h）>5.3mg/L。NOEL［mg/(kg·d)］：大鼠（2y）115，（18月）小鼠 451，（1y）狗 31.6。鸟类：野鸭和鹌鹑 LD_{50}>2000mg/kg，野鸭和鹌鹑 LC_{50}（8d）>5000mg/L。鱼类：LC_{50}（96h，mg/L）虹鳟鱼、鲤鱼、蓝腮太阳鱼、鲶鱼、黑头呆鱼 35～180。水蚤 LC_{50}（96h）142mg/L。对蜜蜂无毒。LD_{50}（μg/只）（经口）>293，（接触）>115。对蚯蚓低毒，LC_{50}>93mg/kg。

制　剂　98%、97%、96%、94%原药，250g/L乳油，11.3%可溶液剂。

应　用　植物生长调节剂和延缓剂，通过抑制节间生长，阻止茎生长，从叶吸收，移动至芽。

原药生产厂家　江苏辉丰农化股份有限公司、江苏优士化学有限公司、江苏中旗化工有限公司、瑞士先正达作物保护有限公司。

吲熟酯（ethychlozate）

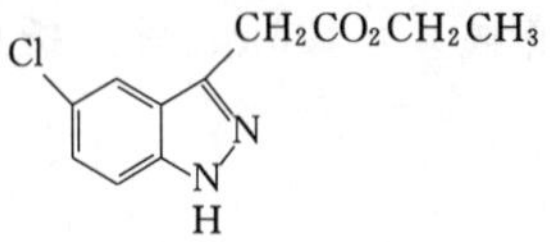

$C_{11}H_{11}ClN_2O_2$，238.7

化学名称 5-氯-1*H*-3-吲唑乙酸乙酯

CAS登录号 27512-72-7

理化性质 黄色晶体。熔点 76.6～78.1℃，沸点 240℃。蒸气压 6.09×10^{-2} mPa（25℃）。K_{ow} lg$P$=2.5。Henry 常数 6.46×10^{-5} Pa·m³/mol（计算）。溶解度：水中 0.225g/L（24℃）；其他溶剂（g/L，24℃）：丙酮 673，乙酸乙酯 496，乙醇 512，正己烷 0.213，煤油 2.19，甲醇 691，异丙醇 381。稳定性：250℃稳定。

毒　性 急性经口 LD_{50}（mg/kg）：雄大鼠 4800，雌大鼠 5210，雄小鼠 1580，雌小鼠 2740。急性经皮：LD_{50} 大鼠＞10000mg/kg；对兔皮肤和眼睛没有刺激。吸入毒性 LC_{50}（4h）大鼠＞1508mg/m³。NOEL 值：小鼠 265mg/(kg·d)。还不能证明有致畸性和诱变性。

应　用 有植物生长素活性。随着幼果脱落层形成刺激乙烯产生。迅速移动到根系，促进根系生长。

注意事项 ①遇碱易分解，故施用本品前 1 周，后 2～3d 内避免喷施带碱性化学药剂。②最佳施药期为水果膨大期。③勿与其他农药混用，以免影响药效。④施用本品的次数一般以 1～2 次/年为宜，间隔期为 15d。

苯哒嗪丙酯（fenridazon-propyl）

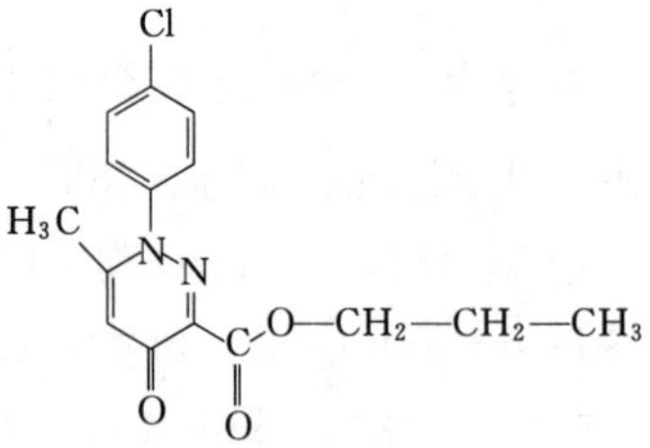

$C_{15}H_{15}ClN_2O_3$，306.7

其他中文名称 哒优麦

化学名称 1-(4-氯苯基)-1,4-二氢-4-氧-6-甲基哒嗪-3-羧酸正丙酯

理化性质 原药为浅黄色粉末。熔点 101～102℃。溶解度（20℃，g/L）水＜1、乙醚 12、苯 280、甲醇 362、乙醇 121、丙酮 427。在一般贮存条件下和在中性介质中稳定。

应　用 具有诱导小麦雄性不育作用。

苯哒嗪钾（clofencet）

$C_{13}H_{10}ClKN_2O_3$，316.8

其他中文名称 杀雄嗪酸，金麦斯

化学名称 2-(4-氯苯基)-3-乙基-2,5-二氢-5-氧哒嗪-4-羧酸钾盐

CAS 登录号 82697-71-0

理化性质 熔点 269℃（分解）。蒸气压<1×10^{-2} mPa（25℃）。K_{ow} lg$P$＝－2.2（25℃）。相对密度 1.44（20℃）。溶解度：水中（23℃，g/L）>552；>655（pH 5），>696（pH 7），>658（pH 9）；有机溶剂（24℃，g/L）：甲醇 16，丙酮<0.5，二氯甲烷<0.4，甲苯<0.4，乙酸乙酯<0.5，正己烷<0.6。稳定性：14d（54℃）稳定。在 pH 5、pH 7、pH 9 无菌缓冲溶液中稳定。水中光解稳定，DT_{50}随着 pH 值增大而增大。pK_a 2.83（20℃）。

毒　性 急性经口 LD_{50}（mg/kg）：雄大鼠 3437，雌大鼠 3150。大鼠急性经皮 LD_{50}>5000mg/kg；对眼睛有刺激性；对兔皮肤无刺激性；对豚鼠无皮肤致敏性。吸入毒性：大鼠 EC_{50}>3.8mg/L。NOEL（1y）狗 5.0mg/(kg·d)。鸟类急性经口 LD_{50}（mg/kg）：鸭>2000，鹌鹑 1414（mg/kg）；饲喂 LC_{50}鸭、鹌鹑>4818mg/L。鱼类 LC_{50}（μg/L）：蓝腮太阳鱼>1070，虹鳟鱼>990。水蚤 EC_{50}>1193mg/L。藻类 E_bC_{50}（96h）羊角月牙藻 141mg/L，E_rC_{50} 374mg/L。蜜蜂：LD_{50}（48h）（接触、经口）>100μg/只。蚯蚓 EC_{50}>1000mg/L。

应　用 作用机理及特点：内吸性植物生长调节剂。抑制花粉的形成。

单氰胺（cyanamide）

N≡C—NH_2

CH_2N_2，42.0

CAS 登录号 420-04-2

理化性质 无色，吸湿性晶体。熔点 45～46℃。沸点 83℃/66Pa。蒸气压 500mPa（20℃）。K_{ow} lg$P$＝－0.82（20℃）。Henry 常数 4.58×10^{-6} Pa·m^3/mol（计算）。相对密度 1.282（20℃）。溶解度：水中 4.59 kg/L（20℃）；有机溶剂：易溶于醇、酚、醚；难溶苯、卤代烃；几乎不溶于环己烷；甲基乙基酮 505，乙酸乙酯 424，正丁醇 288，氯仿 2.4（20℃，g/kg）。稳定性：光照稳定；遇酸、碱分解；加热至 180℃，形成双氰胺并聚合。闪

点 207℃。

毒　性　急性经口 LD_{50}：大鼠 223mg/kg。急性经皮 LD_{50}：大鼠 848mg/kg；对皮肤和眼睛有强烈的刺激。吸入毒性 LC_{50}（4h）大鼠＞1mg/L（空气）。NOEL（91w）1mg/(kg·d)。鸟类：经口 LD_{50}：山齿鹑 350mg/kg；饲喂 LC_{50}（5d）：山齿鹑和野鸭＞5000mg/L。鱼类：对鱼类有毒，LC_{50}（96h，mg/L）蓝腮太阳鱼 44，鲤鱼 87，虹鳟鱼 90。水蚤 LC_{50}（48h）3.2mg/L。藻类 EC_{50}（96h）羊角月牙藻 13.5mg/L。对蜜蜂有毒。

制　剂　50%水剂。

应　用　触杀型除草剂。

注意事项　过量的氰胺会伤害花芽，如浓度＞6%时。过早应用该药能使果实提前成熟2～6周，但产量可能会由于花期低温造成的落花和授粉不良而降低。

调　节　安

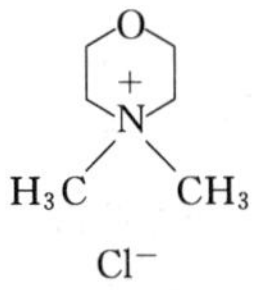

$C_6H_{14}ClNO$，151.6

化学名称　1,1-二甲基吗啉鎓氯化物

CAS登录号　23165-19-7

理化性质　白色针状晶体。熔点 344℃（分解）。易溶于水，微溶于乙醇，难溶于丙酮或芳香烃，水溶液呈中性，化学性质稳定。有强烈的吸湿性。

毒　性　大鼠急性经口 LD_{50}：740mg/kg。小鼠急性经皮 LD_{50}＞2000mg/kg。低毒。

应　用　是一种低毒、低残留的植物生长调节剂，其特点是药性稳定、药效缓和，安全幅度大，不易产生药害，施药技术容易掌握。主要应用于旺长的棉田，调控棉花株型，防止旺长，增强光合作用，增加叶绿素含量，加强生殖器官的生长势。

注意事项　调节安原粉在空气中易吸潮，但不影响药效。贮存时，必须严防日晒雨淋，保持良好通风。

对氯苯氧乙酸钾（potassium 4-CPA）

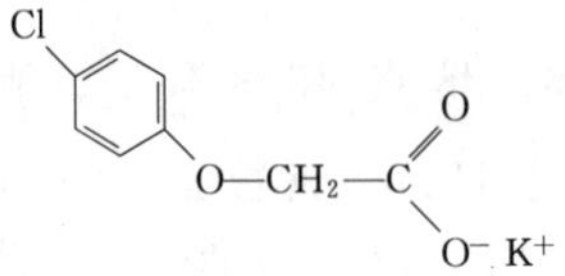

$C_8H_6ClKO_3$，224.7

化学名称　4-氯苯氧乙酸钾

CAS登录号 67433-96-9

理化性质 原药外观为白色粉状固体。熔点：356～358℃。溶解度（25℃）：水中大于100g/L。稳定性：常温下稳定。

毒　性 急性经口 LD_{50}：2330mg/kg。急性经皮 LD_{50}：4640mg/kg。低毒。

应　用 该产品可弥补植物生长素的不足，促进植物体内生物合成，防止落花落果，果实早熟。

注意事项 可直接溶于水，不须配成制剂使用。严格要求掌握用药时期和用药量，喷施要均匀一致，以喷湿而不滴流为度。初次使用地区应在当地农业技术部门指导下使用。不可与中性或碱性药液一起施用。

呋苯硫脲（fuphenthiourea）

$C_{19}H_{13}ClN_4O_5S$，444.8

其他中文名称 亨丰

化学名称 *N*-(5-邻氯苯基-2-呋喃甲酰基)-*N*′-(邻硝基苯甲酰胺基)硫脲

毒　性 大鼠急性经口 $LD_{50}>5000$mg/kg，急性经皮 $LD_{50}>2000$mg/kg。低毒。

应　用 作用机理及特点：能促进秧苗发根，促进分蘖，增强光合作用，增加成穗数和穗实粒数。注意事项：在一般条件下，不要与浓碱性液体药混用。

硅丰环（chloromethylsilatrane）

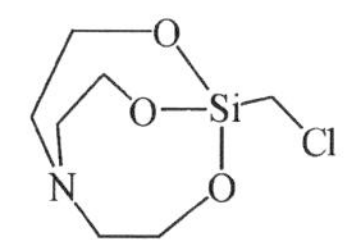

$C_7H_{14}ClNO_3Si$，223.7

化学名称 1-氯甲基-2,8,9-三氧杂-5-氮杂-1-硅三环[3,3,3]十一碳烷

CAS登录号 42003-39-4

理化性质 密度 1.24g/cm³。熔点 221～2℃。沸点 263.1℃（101.325kPa）。闪点112.9℃。蒸气压 1.40Pa（25℃）。

毒　性 低毒。

制　剂 98%原药，50%湿拌种剂。

应　用 硅丰环是一种具有特殊分子结构及显著的生物活性的有机硅化合物，分子中配位健具有电子诱导功能，其能量可以诱导作物种子细胞分裂，使生根细胞的有丝分裂及蛋白质的生物合成能力增强，在种子萌发过程中，生根点增加，因而植物发育幼期就可以充分吸收土壤中的水分和营养成分，为作物的后期生长奠定物质基础。当被作物吸收后，其分子进入植物的叶片，电子诱导功能逐步释放，其能量用以光合作用的催化作用，即光合作用增强，使叶绿素合成能力加强，通过叶片不断形成碳水化合物，作为作物生存的储备养分，并最终供给植物的果实。

原药生产厂家 吉林省吉林市绿邦科技发展有限公司。

脱　叶　磷

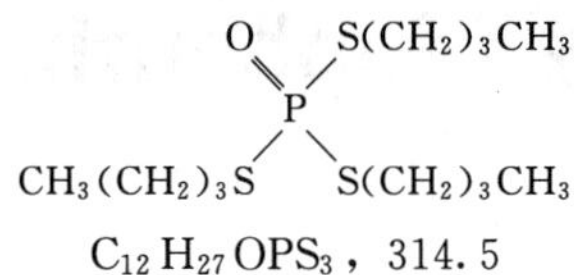

$C_{12}H_{27}OPS_3$，314.5

其他中文名称 落叶磷，三丁磷

其他英文名称 Chemagro，B-1776

化学名称 *S*,*S*,*S*-三丁基-三硫代磷酸酯

CAS登录号 78-48-8

理化性质 无色至浅黄色液体，具有硫醇的气味。熔点＜－25℃。沸点210℃/99.75kPa。蒸气压0.35mPa（20℃），0.71mPa（25℃）。K_{ow} lg$P$＝3.23。相对密度1.057（20℃）。溶解度：水中2.3mg/L（20℃）；有机溶剂：易溶于脂肪族、芳香族和氯化烃、醇。稳定性：对酸和热相对稳定；在碱性条件下缓慢水解，DT_{50}（35℃）14d（pH 4.7～9）；光解缓慢。

毒　性 急性经口LD_{50}（mg/kg）：雄大鼠435，雌大鼠234。急性经皮LD_{50}（mg/kg）：大鼠850，兔约1000；中度原发性皮肤刺激性；对兔眼睛刺激性很小；对皮肤不敏感。吸入毒性LC_{50}（4h，烟雾剂，mg/L）雄大鼠4.65，雌大鼠2.46。NOEL：（2y）大鼠4mg/kg（饲料），（12月）狗4mg/kg（饲料），（90w）小鼠10mg/kg（饲料）。鸟类：急性经口LD_{50}（mg/kg）：山齿鹑142～163，野鸭500～707；LC_{50}（5d，mg/kg饲料）：山齿鹑1643，野鸭＞5000。鱼类：LC_{50}（96h，mg/L）：蓝腮太阳鱼0.72～0.84，虹鳟鱼1.07～1.52。水蚤：LC_{50}（48h）0.12mg/L。对蜜蜂相对无毒。

制　剂 98%原药，70.5%乳油。

应　用 植物生长调节剂，通过叶片吸收。刺激茎和叶柄之间的离层的形成，导致整个叶片脱落。用于拟除虫菊酯和有机磷类杀虫剂的增效。用作棉花、胶树、苹果树脱叶剂。

原药生产厂家 江苏蓝丰生物化工股份有限公司、江西禾益化工有限公司。

索　引

中文农药名称索引

A

阿波罗 203
阿克泰 133
阿拉巴新碱 3
阿罗津 415
阿米德拉兹 194
阿米西达 351
阿灭净 490
阿普隆 294
阿斯 81
阿苏妙 271
阿特拉津 485
阿特拉嗪 485
阿托塞得 181
阿维菌素 154
阿畏达 409
矮壮素 514
艾割 475
艾杀特 150
爱多收 521
爱卡士 46
爱克宁 118
爱乐散 25
安打 142
安得利 45
安定磷 45
安都杀芬 19
安克 310
安克力 75
安克·锰锌 310
安绿宝 100
安美 142
安灭达 351
安杀丹 19
安泰生 269
安妥 229
桉树醇 7
桉树脑 7
桉叶素 7
桉油精 7
氨氟乐灵 402
氨基寡糖素 263
氨氯吡啶酸 452
氨三唑 471
铵乃浦 268
胺苯磺隆 430
胺甲萘 74
胺菊酯 85
胺三氮螨 194
胺鲜酯 514
胺硝草 400
傲敌蚊怕水 161
傲杀 428
奥灵 102
奥绿一号 16
奥美特 196
奥斯它 100
澳特拉索 386

B

巴丹 187
巴尔板 412
巴拉松 52
巴杀 67
巴沙 67
把可塞的 289
霸螨灵 201
白蚁灵 122
百部碱 5

百草敌 377
百草克 497
百草枯 456
百虫灵 121
百得斯 486
百菌清 288
百菌酮 320
百科灵 326
百可得 286
百克敏 356
百里通 320
百螺杀 217
百农思 476
百扑灵 92
百事达 102
百树得 114
百树菊酯 114
百坦 321
百治菊酯 114
百治磷 21
百治屠 51
拜高 81
伴地农 379
拌棉醇 274
拌种灵 346
包杀敌 11
宝丽安 256
宝路 180
宝穗 300
保达 54
保得 116
保果灵 243
保好鸿 124
保利霉素 256
保美灵 515
保棉磷 39
保苗 64
保苗灵 291
保灭灵 279
保民丰 530
北极星 375
贝芬替 282
贝螺杀 217
倍腈松 35
倍乐霸 199
倍硫磷 51
苯虫威 68
苯哒嗪丙酯 532
苯哒嗪钾 533
苯哒嗪硫磷 39
苯达松 497
苯敌草 409
苯丁锡 198
苯磺隆 434
苯菌灵 283
苯莱特 283
苯硫膦 58
苯硫威 200
苯醚甲环唑 332
苯醚菊酯 89
苯醚菌酯 353
苯嘧磺草胺 468
苯乃特 283
苯嗪草酮 493
苯噻酰草胺 396
苯霜灵 295
苯噁威 72
苯萎灵 291
苯酰菌胺 296
苯线磷 58
苯氧威 78
苯唑草酮 469
比久 512
比利必能 461
比艳 348
吡丙醚 168
吡草醚 470
吡虫啉 130
吡虫隆 171
吡啶醇 525
吡氟禾草灵 361
吡氟菌酯 356
吡氟酰草胺 398
吡螨胺 212
吡咪虫啶 139
吡嘧磺隆 446
吡喃草酮 382
吡嗪酮 169

吡效隆 511
吡效隆醇 511
吡蚜酮 169
吡唑草胺 395
吡唑醚菌酯 356
笔菌唑 335
必绿 247
必螨立克 212
必扑尔 329
必速灭 237
毕芳宁 113
毕克草 455
辟蚜雾 75
避蚊胺 161
苄氨基嘌呤 515
苄草隆 424
苄呋菊酯 109
苄氯菊酯 97
苄嘧磺隆 440
便黄隆 440
骠马 364
丙草胺 388
丙草醚 464
丙环唑 329
丙基喜乐松 276
丙邻胺 292
丙硫多菌灵 283
丙硫克百威 75
丙硫咪唑 283
丙硫威 75
丙灭菌 315
丙炔噁草酮 480
丙炔氟草胺 496
丙炔菊酯 93
丙森锌 269
丙体六六六 18
丙烷脒 304
丙酰胺 281
丙酰芸苔素内酯 521
丙线磷 28
丙溴磷 53
丙酯草醚 463
病毒必克 273
波尔多液 243
捕杀雷 96
捕杀威 67

C

菜青虫颗粒体病毒 13
菜王星 430
残杀威 71
残杀畏 71
草铵磷 416
草不绿 386
草除灵 481
草达灭 405
草甘膦 413
草净津 486
草克星 446
草枯星 448
噁草灵 479
草萘胺 399
草扫除 360
噁草酮 478
茶尺蠖核型多角体病毒 15
长川霉素 260
赤霉素 519
赤霉酸 518，519
虫斃王 102
虫敌 6
虫菌畏 235
虫螨腈 188
虫螨灵 113
虫噻烷 184
虫杀手 189
虫死净 163
噁虫酮 144
噁虫威 72
虫酰肼 165
虫线磷 28
除草定 483
除草灵 385
除草通 400
除虫精 97
除虫菊素 3
除虫脲 176
除豆莠 375
除尽 188

除田莠 404
除蚜威 68
春雷霉素 258
春日霉素 258
聪明鲜 528
醋酸铜 245
翠贝 355
哒草特 459

D

哒净松 39
哒螨净 202
哒螨灵 202
哒螨酮 202
哒嗪硫磷 39
哒优麦 532
达科宁 288
达克尔 373
达克果 373
达克利 322
达马松 60
打杀磷 39
大豆欢 359
大风雷 57
大扶农 73
大惠利 399
大隆 222
大灭虫 24
大生 265
大亚仙农 44
代森铵 267
代森联 268
代森锰锌 265
代森锌 267
戴科 411
戴寇唑 314
戴唑霉 314
丹妙药 470
担菌宁 292
单甲脒 194
单嘧磺隆 428
单嘧磺酯 427
单氰胺 533
胆矾 242
淡紫拟青霉菌 17
稻草完 404
稻虫菊酯 107
稻丰散 25
稻乐思 392
稻虱净 166
稻虱灵 166
稻瘟光 278
稻瘟灵 350
稻瘟酞 289
稻瘟酰胺 297
稻瘟酯 319
稻无草 440
得丰 515
2,4-滴 359
迪盖世 238
迪莫克 24
敌百虫 56
敌稗 385
敌宝 11
敌草胺 399
敌草快 457
敌草隆 418
敌虫菊酯 121
敌敌畏 20
敌磺钠 291
敌克松 291
敌枯宁 348
敌力脱 329
敌灭灵 176
敌杀死 110
敌鼠 219
敌死通 27
敌萎丹 332
敌瘟磷 278
地虫磷 57
地虫硫磷 57
地克松 291
地乐胺 403
地乐酚 376
地威刚 151
地亚农 44
调吡脲 511
调环酸 530

调节安 534
调节啶 510
丁苯威 67
丁草胺 389
丁草锁 389
丁氟螨酯 209
丁乐灵 403
丁硫克百威 76
丁硫威 76
丁醚脲 180
丁噻隆 423
丁戊己二元酸铜 246
丁烯氟虫腈 145
丁酰肼 512
丁香菌酯 353
丁子香酚 264
定草酯 453
定虫脲 171
啶虫脒 132
啶磺草胺 503
啶菌噁唑 342
啶咪虫醚 139
啶嘧磺隆 441
啶酰菌胺 299
都尔 392
豆磺隆 429
豆威 429
毒草胺 393
毒藜碱 3
毒鼠硅 229
毒鼠碱 226
毒鼠磷 228
毒鼠萘 220
毒鼠强 226
毒死蜱 41
毒莠定 101 452
毒莠定 452
毒鱼藤 4
短稳杆菌 13
对草快 456
对二氯苯 231
对硫磷 52
对氯苯氧乙酸钾 534
对氯苯氧乙酸钠 516
对硝基苯酚铵 524
对硝基苯酚钾 523
多氟脲 172
多聚乙醛 216
多菌灵 282
多抗霉素 256
多克菌 256
多来宝 126
多硫化钙 244
多灭磷 60
多黏类芽孢杆菌 251
多杀霉素 158
多效丰产灵 524，525
多效霉素 256
多效唑 508
多氧霉素 256
朵麦克 334

E

莪术醇 225
恶庚草烷 475
恩泽霉 304
耳霉菌 13
二甲基二硫醚 193
二甲菌核利 302
二甲硫嗪 237
二甲噻嗪 237
二甲戊乐灵 400
二甲戊灵 400
二硫氰基甲烷 275
二氯苯醚菊酯 97
二氯吡啶酸 454
二氯喹啉酸 458
二氯炔戊菊酯 91
二氯异氰尿酸钠 309
二嗪磷 43
二嗪农 44
二氰蒽醌 313
二噻农 314
二溴磷 23
二乙基二硫代磷酸铵盐 276
二元酸铜 246

F

反式丙烯除虫菊 83

防虫磷 29
防线霉 17
废蚁蟑 181
K-4F 粉 84
粉锈宁 320
粉唑醇 336
奋斗呐 102
丰啶醇 525
砜嘧磺隆 443
呋苯硫脲 535
呋虫胺 136
呋喃虫酰肼 164
呋喃丹 73
呋喃威 75
呋线威 64
伏草隆 422
伏虫脲 176
伏杀硫磷 38
伏鼠酸 227
氟胺氰菊酯 125
氟苯虫酰胺 140
氟苯脲 170
氟苯唑 189
氟吡磺隆 444
氟吡甲禾灵 363
氟吡菌胺 298
氟吡菌酰胺 300
氟吡醚 362
氟草除 362
氟草定 454
氟草隆 422
氟虫胺 181
氟虫腈 189
氟虫脲 177
氟虫双酰胺 140
氟啶胺 304
氟啶虫胺腈 152
氟啶虫酰胺 139
氟啶脲 171
氟伏虫脲 171
氟硅菊酯 130
氟硅唑 331
氟环唑 337
氟磺胺草醚 375
氟磺草 375
氟节胺 516
氟菌唑 316
氟乐灵 401
氟利克 401
氟铃脲 175
氟硫草定 455
氟氯苯菊酯 96
氟氯菊酯 113
氟氯氰菊酯 114
氟氯氰醚菊酯 114
氟吗啉 311
氟螨 200
氟螨嗪 211
氟醚唑 334
氟嘧磺隆 436
氟脲杀 176
氟羟香豆素 223
氟氰菊酯 124
氟氰戊菊酯 124
氟鼠灵 223，223
氟特力 401
氟纹胺 293
氟烯草酸 418
氟酰胺 292
氟酰脲 173
氟硝草醚 371
氟乙酸钠 228
氟乙酰胺 227
氟蚁腙 149
氟幼灵 178
氟唑虫清 188
氟唑磺隆 450
福多宁 293
福美甲胂 271
福美胂 271
福美双 269
福美锌 270
福农帅 304
福星 331
腐绝 318
腐霉利 302
腐植酸 262
复硝铵 524，525

复硝酚钠 521
复硝基苯酚钾盐 523
富士一号 350
富右旋反式胺菊酯 87
富右旋反式苯醚菊酯 90
富右旋反式苯醚氰菊酯 100
富右旋反式炔丙菊酯 94
富右旋反式烯丙菊酯 82
富右旋反式烯炔菊酯 92
富滋 528

G

盖草能 363
盖虫散 175
盖灌林 453
盖灌能 453
盖土磷 61
甘氟 227
高度蓝 422
高利达植物光合剂 526
高灭磷 61
高灭灵 103
高巧 130
高特克 481
高卫士 72
高效安绿宝 102
高效反式氯氰菊酯 105
高效氟氯氰菊酯 116
高效甲霜灵 295
高效六六六 18
高效氯氟氰菊酯 118
高效氯氰菊酯 103
高效灭百可 102
高效氰戊菊酯 122
割草佳 489
割草醚 371
格达 101
公主岭霉素 253
功夫 117
功夫菊酯，空手道 117
菇类蛋白多糖 262
谷草灵 428
谷虫净 110
谷硫磷 40
谷赛昂 40
谷友 428
寡雄腐霉 250
冠菌铜 240
广灭灵 477
硅白灵 130
硅丰环 535
硅噻菌胺 344
果尔 371
果螨杀 194
果壮 335

H

哈威达 507
害极灭 154
韩乐宝 100
韩乐福 444
韩乐星 446
好必思 417
好米得 345
好年冬 76
好普 263
好事达 426
耗鼠尽 218
禾草丹 404
禾草敌 405
禾草克 367
禾草灵 360
禾草特 405
禾大壮 405
禾耐斯 387
禾穗宁 303
合力 432
核苷酸 525
黑胸大蠊浓核病毒 16
亨丰 535
轰敌 100
厚孢轮枝菌 17
虎威 375
琥胶肥酸铜 246
琥珀酸铜 246
护粒松 278
华法令 220
华光霉素 213

华果 33
华力 81
华夏宝 251
环丙嘧磺隆 424
环草胺 396
环草丹 405
环庚草醚 475
环嗪酮 494
环戊烯丙菊酯 80
环氧乙烷 235
环业二号 14
环酯草醚 483
磺草灵 408
磺草酮 383
磺黄粉 239
磺酰磺隆 447
混合脂肪酸 263
混灭威 67

J

几丁聚糖 263
己酸二乙氨基乙醇酯 515
己唑醇 323
加瑞农 258
加收米 258
加收热必 258
佳斯奇 352
嘉赐霉素 258
甲氨基阿维菌素苯甲酸盐 155
甲胺磷 60
甲拌磷 30
甲苄菊酯 127
甲草胺 386
甲草嗪 492
甲磺草胺 469
甲磺虫腙 153
甲磺隆 432
甲基 1605 52
甲基巴拉松 52
甲基吡噁磷 36
甲基碘磺隆钠盐 439
甲基毒死蜱 43
甲基对硫磷 52
甲基二磺隆 437
甲基谷硫磷 40
甲基谷赛昂 40
1-甲基环丙烯 528
甲基磺草酮 384
甲基立枯磷 277
甲基硫环磷 60
甲基硫菌灵 284
甲基氯蜱硫磷 43
甲基咪草烟 501
甲基嘧啶磷 45
甲基棉安磷 60
甲基胂酸铁铵 250
甲基托布津 284
甲基辛硫磷 36
甲基溴 236
甲基一六〇五 52
甲基异柳磷 63
甲壳素 264
甲硫环 184
甲硫威 70
2 甲 4 氯 358
甲咪唑烟酸 501
甲醚菊酯 127
甲嘧磺隆 428
甲萘威 74
甲哌鎓 510
甲哌啶 510
甲羟鎓 273
甲氰菊酯 99
S-甲氰菊酯 102
甲霜安 294
甲霜灵 294
甲羧除草醚 372
甲烯菊酯 80
甲酰氨基嘧磺隆 438
甲氧保幼素 181
甲氧苄氟菊酯 109
甲氧虫酰肼 163
甲氧庚崩 181
甲氧咪草烟 500
假木贼碱 3
碱式硫酸铜 243
碱式氯化铜 240
胶氨铜 245
金都尔 394
金豆 500
金龟子绿僵菌 13
金核霉素 260

金麦斯 533
金秋 424
金星 430
浸种灵 275
腈苯唑 327
腈二氯苯醚菊酯 100
腈菌唑 328
腈肟磷 35
精吡氟禾草灵 362
精高效氯氟氰菊酯 120
精禾草克 367
精甲霜灵 295
精喹禾灵 367
精稳杀得 362
精异丙甲草胺 393
精噁唑禾草灵 364
井冈霉素 255
净种灵 319
九二〇 519
久效磷 23
巨星 434
掘地坐 289
菌核净 302
菌立灭 345
菌疫清 285
BC752 菌株 252

K

卡死克 177
开乐散 191
开普顿 301
凯安保 110
凯尔生 191
凯米丰 409
凯润 356
凯撒 112
凯素灵 110
莰酮 10
康地蕾得 251
康宽 141
康施它 439
抗虫得 32
抗倒酯 531
抗毒剂 1 号 262
抗菌剂 402 274
抗枯宁 245
抗霉菌素 120 261
11371 抗生素 254
抗蚜威 75
科螨隆 60
科生霉素 256
科资 891 527
可保特 181
可隆 244
可灭隆 424
可杀得 240
克百威 73
克草胺 394
克草特 374
克菌丹 301
克菌康 255
克菌灵 288
克菌星 331
克菌壮 276
克阔乐 370
克力星 309
克啉菌 309
克铃死 46
克露（混剂） 285
克螨特 196
克鼠星 230
克瘟散 278
克瘟唑 348
克芜踪 456
克线丹 26
克线磷 58
控虫素 181
枯草芽孢杆菌 251
枯萎立克 282
苦参碱 5
苦皮藤素 7
快捕净 382
快来顺 11
快灭灵 474
快杀稗 458
快杀敌 102
快胜 133
矿物油 1
喹恶磷 46
喹禾糠酯 368
喹禾灵 366
喹啉铜 247

喹硫磷 46
喹螨醚 208
醌式氯硝柳胺 215
醌式氯硝柳胺钠盐 215
阔草清 465
阔草特 482
阔氟胺 418
阔叶净 434
阔叶枯 459
阔叶散 449

L

拉索 386
拉维因 78
腊质芽孢菌 252
来福灵 122
蓝矾 242
榄菊 81
乐必耕 305
乐果 32
乐杀螨 210
乐斯本 41
乐斯灵 62
乐万通 221
雷多米尔 294
雷公藤甲素 8
藜芦碱 6
力满库 58
立克除 492
立克命 220
立克秀 324
立枯磷 277
立枯灵 340
利谷隆 421
利克菌 277
利来多 126
利农 457
利收 418
连达克兰 459
联苯肼酯 207
联苯菊酯 113
联苯三唑醇 326
链霉素 259
粮泰安 29
邻苯基苯酚 286
邻酰胺 291
邻硝基苯酚铵 524
林丹 18
磷胺 24
磷毒 234
磷化钙 234
磷化铝 234
磷化镁 238
磷化氢 231
磷化锌 218
磷君 22
灵丹 18
铃杀 23
硫苯唑 318
硫丙磷 54
硫丹 19
硫环磷 59
硫环杀 184
硫黄 239
硫菌霉威 279
硫双灭多威 78
硫双威 78
硫酸铜 242
硫酸铜钙 244
硫特普 31
硫肟醚 168
硫酰氟 235
硫线磷 26
硫乙草灭 381
γ-六六六 γ 18
咯菌腈 343
龙克菌 248
绿草定 453
绿得保 243
绿风 95 525
绿麦隆 419
绿乳铜 247
氯氨吡啶酸 451
氯胺磷 62
氯百杀 289
氯苯胺灵 410
氯苯百治菊酯 96
氯苯嘧啶醇 305
氯吡嘧磺隆 447
氯吡脲 511
氯吡嘧唑磷 36
氯丙嘧啶酸 460

氯虫苯甲酰胺 141
氯虫酰肼 165
3-氯代丙二醇 230
α-氯代醇 230，230
氯代水杨胺 215
氯敌鼠 225
氯敌鼠钠盐 224
氯丁唑 508
氯氟吡氧乙酸 453
氯氟醚菊酯 107
氯氟氰菊酯 117
α-氯甘油 230
3-氯甘油 230
氯化胆碱 526
氯化苦 232
氯化苦味酸 232
氯化氯代胆碱 514
氯磺隆 433
氯菊酯 97
氯螺消 217
氯嘧磺隆 429
氯嗪磺隆 429
氯氰菊酯 100
zeta-氯氰菊酯 106
氯炔草灵 412
氯噻啉 135
氯鼠酮 225
氯烯炔菊酯 91
氯酰草膦 417
氯溴异氰尿酸 308
氯酯磺草胺 504
氯唑磷 48
螺虫乙酯 148
螺环菌胺 342
螺螨酯 147
螺威 215
络氨铜 245，245
落叶磷 536

M

马拉硫磷 29
马拉松 29
马来酰肼 512
马扑立克 125
马钱子碱 226
马歇特 389
麦草畏 377
麦歌 360
麦谷宁 428
麦磺隆 434
麦庆 427
麦施达 466
螨虫素 154
螨代治 195
螨克 194
螨速克 193
螨威多 147
茅毒 372
没鼠命 226
霉菌灵 278
噁霉灵 340
霉能灵 326
美除 179
猛力杀蟑饵剂 150
猛杀威 77
蒙五-五 181
咪草酸 502
咪草烟 498
咪鲜安 315
咪鲜胺 315
咪蚜胺 130
咪唑喹啉酸 502
咪唑烟酸 499
咪唑乙烟酸 498
醚苯磺隆 435
醚磺隆 431
醚菊酯 126
醚菌酯 355
米乐尔 48
米满 165
米斯通 384
密达 216
嘧苯胺磺隆 438
嘧草醚 461
嘧啶核苷类抗菌素 261
嘧啶磷 44
嘧啶肟草醚 463
嘧磺隆 428
嘧菌环胺 306
嘧菌酯 350
嘧螨酯 205
嘧霉胺 307

嘧肽霉素博联生物菌素 260
棉安磷 59
棉草伏 422
棉铃虫核型多角体病毒 16
棉铃磷 54
棉隆 237
棉萎灵 282
免克宁 338
免赖得 283
灭百可 100
灭草丹 404
灭草敌 406
灭草喹 503
灭草猛 406
灭草松 497
灭草特 389
灭虫碱 3
灭虫菊 110
灭达乐 294
灭多虫 64
灭多威 64
灭腐灵 256
灭害威 65
灭旱螺 70
灭黑灵 322
灭菌灵 253
灭菌唑 333
灭克磷 28
灭扑散 69
灭普宁 292
灭扫利 99
灭索威 64
灭萎灵 291
灭蚊菊酯 129
PN 灭蚊灵 5
灭线磷 28
灭锈胺 292
灭蝇胺 162
灭幼宝 168
灭幼脲 174
灭幼脲三号 174
灭蟑百特 50
茉莉酸 530
莫比朗 132
木霉菌 253
木霉素 253

N

苜蓿银纹夜蛾核型多角体病毒 16
拿捕净 381
拿草特 397
耐病毒诱导剂 263
萘丙胺 399
萘丙酰草胺 399
萘氧丙草胺 399
萘乙酸 513
α-萘乙酸 513
尼柯霉素 213
尼索朗 206
宁南霉素 253
柠檬酸钛 526
纽瓦克 23
农达 413
农得时 440
农抗 109 253
农抗 120 261
农乐利 520
农乐霉素 261
农利灵 338
农美利 462
农思它 479
120 农用抗菌素 261
农用硫酸链霉素 259
K-10 浓缩苍蝇盘香原粉 92

O

欧博 337

P

排草丹 497
排螨净 200
哌草丹 407
哌虫啶 138
哌啶酯 407
派丹 187
派灭赛 45
配那唑 335
硼酸 1
皮克斯 510
品润 268
扑草净 489

扑海因 320
扑克拉 315
扑力猛 333
扑蔓尽 489
扑霉灵 315
扑灭津 488
扑灭宁 302
扑灭通 489
扑杀威 67
扑虱灵 166
葡聚烯糖 264
普乐宝 390
普乐斯 120
普力克 281
普杀特 498
普施特 498
普特丹 212

Q

七氟菊酯 108
齐螨素 154
奇宝 519
千斤丹 300
千金 361
强力毕那命 81
强力库力能 88
强力农 122
强力诺毕那命 86
强力杀菌剂 273
羟哌酯 160
羟烯腺嘌呤 528
羟锈宁 321
嗪草酸甲酯 482
嗪草酮 492
噁嗪草酮 495
嗪磺隆 433
青枯灵 349
青萎散 252
青鲜素 512
氢氧化铜 240
清菌脲 285
氰草津 486
氰虫酰胺 142
氰氟草酯 360
氰氟虫腙 150
氰霜唑 317
氰戊菊酯 121
S-氰戊菊酯 122
氰戊烯氯菊酯 129
氰烯菌酯 290
秋兰姆 270
球孢白僵菌 12
球形芽孢杆菌 12
驱蚊酯 160
去稗安 495
去草胺 389
去氢枞酸铜 247
全食净 344
炔苯酰草胺 397
炔丙菊酯 93
炔草酯 366
炔螨特 196
炔咪菊酯 96
炔酮菊酯 93

R

热必斯 289
壬菌铜 247
日光霉素 213
乳氟禾草灵 370
锐劲特 189
瑞毒霉 294
瑞毒霜 294
瑞凡 298

S

噻苯隆 506
噻草平 497
噻虫胺 134
噻虫啉 138
噻虫嗪 133
噻吩磺隆 449
噻呋酰胺 300
噻磺隆 449
噻节因 507
噻菌灵 318
噻菌茂 349
噻菌铜 248
噻枯唑 348
噻螨酮 206
噻霉酮 345
噻嗪酮 166

噻森铜 249
噻唑菌胺 347
噻唑膦 151
噻唑隆 507
噻唑锌 249
赛苯隆 507
赛波凯 100
赛丹 19
赛克 492
赛乐收 107
赛乐特 380
赛灭灵 101
赛欧散 270
三苯基醋酸锡 272
三步倒 226
三氮唑核苷 273
三敌粉 103
三丁磷 536
三氟啶磺隆 445
三氟甲吡醚 149
三氟氯氰菊酯 117
λ-三氟氯氰菊酯 118
三氟咪唑 316
三氟羧草醚 373
三福胂 271
三环锡 211
三环唑 348
三甲苯草酮 379
三磷锡 204
三氯吡氧乙酸 452
三氯杀虫酯 20
三氯杀螨醇 191
三氯杀螨砜 192
三十烷醇 518
三泰隆 321
三西 514
三乙膦酸铝 278
三唑苯噻 348
三唑醇 321
三唑环锡 199
三唑磷 48
三唑硫磷 48
三唑酮 320
三唑锡 199
扫弗特 388
森草净 428
杀稗灵 458
杀草胺 395
杀草丹 404
杀草快 359
杀草隆 422
杀草强 471
杀虫安 189
杀虫单 186
杀虫单铵 187
杀虫丁 154
杀虫环 184
杀虫磺 183
杀虫脒 178
杀虫双 185
杀虫双铵 189
杀虫松 50
杀虫畏 25
杀毒矾 341
杀伐螨 194
杀菌特 243
杀克尔 405
杀铃脲 178
杀螺胺 217
杀螨脒 194
杀螨脲 180
杀螨王 201
杀螨锡 212
杀霉利 302
杀灭菊酯 121
杀螟丹 186
杀螟环 184
杀螟腈 49
杀螟菊酯 107
杀螟克 186
杀螟硫磷 50
杀螟松 50
杀扑磷 47
杀鼠灵 219，220
杀鼠醚 220
杀鼠萘 220
杀它仗 223
杀线威 66
杀雄嗪酸 533
沙蚕 187
莎稗磷 415
莎扑隆 422

蛇床子素 8
申嗪霉素 261
神锄 458
胂铁铵 250
生菌散 253
生物苄呋菊酯 88
生物丙烯菊酯 83
S-生物丙烯菊酯 84
S-生物烯丙菊酯 83
生物烯丙菊酯 83
Es-生物烯丙菊酯 84
虱螨脲 179
施宝灵 283
施保功 315
施保克 315
施佳乐 307
施乐宝 130
施特优 511
施田补 400
十三吗啉 309
石灰硫黄合剂 244
石硫合剂 244
使阔得 439
使它隆 454
世高 332
适乐时 343
收乐通 380
叔丁硫磷 32
叔丁威 67
蔬蚜威 68
鼠顿停 225
鼠甘伏 227
薯瘟锡 272
双 1605 31
双苯三唑醇 326
双丙氨膦 417
双草醚 462
双丁乐灵 403
双氟磺草胺 466
双胍三辛烷基苯磺酸盐 286
双甲苯敌鼠 224
双甲脒 194
双硫磷 55
双灭多威 78
双炔酰菌胺 298
双三氟虫脲 171
噁霜灵 341
霜霉威 281
霜霉威盐酸盐 281
霜脲氰 285
霜疫清 285
爽肤宝 160
水胺硫磷 63
水星 446
水杨菌胺 293
水杨酸双嘧啶 462
顺式氯氰菊酯 102
顺式氰戊菊酯 122
硕丹 19
斯达姆 385
斯美地 233
四二四 226
四氟苯菊酯 120
四氟甲醚菊酯 128
四氟醚菊酯 127
四氟醚唑 334
四甲菊酯 85
四聚乙醛 216
四氯苯酞 289
四螨嗪 203
四霉素 254
四溴氟菊酯 112
四溴菊酯 112
四唑嘧磺隆 448
四唑酰草胺 398
似菊酯 85
松毛虫赤眼蜂 18
松毛虫质型多角体病毒 14
S-S 松脂杀虫剂 10
松脂酸钠 10
松脂酸铜 246
苏化 203 31
苏脲一号 174
苏云金芽孢杆菌 11
速保利 322
速草灵 470
速克灵 302
速螨酮 202
速灭菊酯 121
速灭磷 22
速灭灵 90
速灭杀丁 121

速灭松 50
速灭威 70
速扑杀 47
速收 496
羧胺磷 63
缩节安 510
塔普 187

T

太地安 192
太阳星 425
酞胺菊酯 85
酞胺硫磷 40
酞菊酯 85
特丁津 487
特丁净 491
特丁磷 32
特丁硫磷 32
特丁噻草隆 423
特福力 401
特福松 32
特富灵 316
特克多 318
特立克 253
特灭唑 322
特普唑 322
特效唑 509
涕滴恩 192
涕灭灵 318
涕灭威 79
天达农 205
天地红 192
天丰素 520
天马 110
天然脱落酸 529
天王星 113
田安 250
田保净 484
甜菜安 411
甜菜宁 409
甜菜夜蛾核型多角体病毒 15
铁灭克 79
土的卒 226
土豆抑芽粉 411
土菌灵 346
土菌消 340
土粒散 289
退得完 192
退菌特（混剂） 272
托尔克 198
脱落宝 507
脱叶磷 536
脱叶灵 507
脱叶脲 507

W

完灭硫磷 34
万得利 314
万丰灵 23
万菌宁 303
万灵 64
万霉灵 279
王铜 240
望佳多 293
威霸 364
威百亩 233
威尔柏 494
威灭 150
威扑 81
卫害净 103
卫农 406
萎锈灵 313
纹达克 292
纹枯利 302
闻到死 226
蚊菌清 7
蚊怕水 161
蚊蝇净 20
蚊蝇灵 20
蚊蝇醚 168
稳杀得 362
蜗牛散 216
肟菌酯 354
肟硫磷 35
无敌粉 103
梧宁霉素 254
五二扑 287
五氟磺草胺 467
五氯苯酚 287
五氯酚 287
五氯酚钠 378，378
五氯硝基苯 289

五水硫酸铜 242
武士 81
武夷菌素 254
戊菌隆 303
戊菌唑 335
戊烯氰氯菊酯 129
戊唑醇 324

X

西草净 489
西玛津 484
西玛嗪 484
西维因 74
烯丙苯噻唑 345
烯草酮 380
烯虫酯 181
烯啶虫胺 137
烯禾啶 381
烯菌酮 338
烯炔菊酯 92
烯肟菌胺 352
烯肟菌酯 351
烯酰吗啉 310
烯腺嘌呤 527
烯效唑 509
烯唑醇 322
仙治 475
酰胺唑 326
酰嘧磺隆 426
线虫必克 17
线虫清 17
香芹酚 265
消草安 387
消菌灵 308
硝虫硫磷 55
5-硝基邻甲氧基苯酚钠 523
硝基氯仿 232
小菜蛾颗粒体病毒 14
斜纹夜蛾核型多角体病毒 15
缬霉威 280
辛菌胺 250
辛硫磷 35
新星 331
新烟碱 3
兴棉宝 100
C型肉毒梭菌毒素 230
休菌清 275
溴苯腈 378
溴虫腈 188
溴代甲烷 236
溴敌虫菊酯 123
溴敌隆 221
溴氟菊酯 128
溴甲烷 236
溴菌腈 275
溴联苯鼠隆 222
溴氯磷 53
溴螨酯 195
溴灭菊酯 123
溴灭泰 236
溴氰菊酯 110
溴氰戊菊酯 123
溴鼠灵 222，222
溴硝丙二醇 274
溴硝醇 274
雪梨驱蚊油 161
熏灭净 235

Y

蚜螨立死 28
蚜灭多 34
蚜灭磷 34
亚氨硫磷 40
亚胺硫磷 40
亚胺唑 325
亚素灵 23
亚速烂 408
烟磺隆 442
烟碱 2
烟嘧磺隆 442
盐酸吗啉胍 312
燕麦枯 472
燕麦灵 412
燕麦畏 409
氧化低铜 241
氧化乐果 33
氧化亚铜 241
氧乐果 33
氧氯化铜 240
野麦畏 408
野鼠净 219
野燕枯 472

叶蝉散 69
叶扶力 252
叶扶力 2 号 252
叶枯宁 348
叶枯唑 348
一氟乙酸钠 228
一六〇五 52
一氯苯隆 174
一奇 462
一试灵 517
伊洛克桑 360
伊皮恩 58
依灭列 314
依扑同 320
依维菌素 157
乙拌磷 27
乙草胺 387
乙草丁 381
乙虫腈 144
乙基 1605 52
乙基虫螨磷 45
乙基对硫磷 52
乙基多杀菌素 159
乙基硫环磷 59
乙基乙草安 387
乙膦铝 278
乙硫苯威 68
乙硫磷 28
乙氯草定 453
乙氯隆 429
乙螨唑 208
乙霉威 279
乙氰菊酯 106
乙赛昂 28
乙酸铜 245
乙蒜素 274
乙羧氟草醚 374
乙体氟氯氰菊酯 116
乙肟威 64
乙烯菌核利 338
乙烯利 517
乙烯磷 517
乙酰甲胺磷 61
乙氧呋草黄 475
乙氧氟草醚 371
乙氧磺隆 425
乙酯 481
异丙草胺 390
异丙甲草胺 391
异丙菌胺 280
异丙隆 420
异丙三唑磷 48
异丙三唑硫磷 48
异丙威 69
异丙酯草醚 464
异噁草酮 477
异稻瘟净 276
异菌脲 319
异灭威 69
异戊烯腺嘌呤 528
异噁唑草酮 476
异唑磷 48
抑菌威 279
抑快净 339
抑霉唑 314
抑食肼 163
抑太保 171
抑芽丹 511
抑芽敏 516
易保 339
易赛昂 28
易卫杀 184
疫霉灵 278
疫霜克霉 278
益必添 84
益多克 93
益尔散 25
益丰素 520
益赛昂 28
益收宝 28
益舒宝 28
银法利 299
引力素 264
吲哚丁酸 506
吲哚乙酸 527
吲熟酯 532
印楝素 9
茚虫威 142
应得 327
荧光假单胞杆菌 252
蝇毒磷 37
蝇毒硫磷 37

优克稗 407
优氯克霉灵 309
优氯特 309
优士菊酯 127
油菜素内酯 520
油达 464
油欢 464
油磺隆 430
有效霉素 255
莠灭净 490
莠去津 485
莠去尽 485
右旋胺菊酯 86
右旋苯醚菊酯 90
右旋苯醚氰菊酯 98
右旋苯氰菊酯 98
右旋苄呋菊酯 87
右旋丙烯菊酯 81
右旋反式胺菊酯 86
右旋反式苄呋菊酯 88
右旋反式丙烯菊酯 83
右旋反式氯丙炔菊酯 95
右旋反式灭菊酯 88
右旋反式烯丙菊酯 81
右旋炔丙菊酯 94
右旋炔呋菊酯 95
右旋炔戊菊酯 92
右旋烯丙菊酯 81
右旋烯炔菊酯 92
诱虫烯 153
S-诱抗素 529
鱼藤 4
鱼藤酮 4
玉米素 528
玉农乐 442
园保净 485
爰增美 521
芸苔素内酯 520

Z

杂草焚 373
杂草锁 386
83 增抗剂 263
增效百虫灵 110
樟脑 10
蟑螂宁 36
蟑螂浓核病毒 16
真菌多糖 262
真菌净 265
镇草宁 413
止芽素 403
治草醚 372
治螟磷 31
治螟灵 31
中生菌素 255
中生霉素 255
中西气雾菊酯 91
中西杀灭菊酯 121
中西溴氰菊酯 128
种菌唑 336
仲丁灵 403
仲丁威 67
助壮素 510
壮麦灵 322
壮棉素 510
壮芽灵 529
追踪粉 220
佐罗纳 38
唑草酮 474
唑虫酰胺 146
唑菌胺酯 356
唑菌腈 327
噁唑菌酮 339
唑菌酯 353
唑啉草酯 473
唑螨酯 201
唑嘧磺草胺 465
噁唑烷酮 341
噁唑酰草胺 369
唑蚜威 182

其　它

3911 30
F-319 340
SF-6505 340

英文通用农药名称索引

A

abamectin 154
abscisic acid 529
acephate 61
acetamiprid 132
acetochlor 387
acifluorfen-sodium 373
alachlor 386
albendazole 283
aldicarb 79
d-allethrin 81
d-trans-allethrin 81
aluminium phosphid 234
ametryn 490
amicarthiazol 346
amidosulfuron 426
aminocarb 65
aminocyclopyrachlor 460
aminopyralid 451
amitraz 194
amitrole 471
ammonium ortho-nitrophenolate 524
ammonium para-nitrophenolate 524
amobam 267
anabasine 3
anilofos 415
antu 229
asomate 271
asulam 408
atrazine 485
aureonucleomycin 260
Autographa californica nuclear polyhedrosis virus 16
azadirachtin 9
azamethiphos 36
azimsulfuron 448
azinphos-methyl 39
azocyclotin 199
azoxystrobin 350

B

Bacillus cereus 252
Bacillus sphaericus H5a5b 12
Bacillus subtilis 251
Bacillus thuringiensis 11
barban 412
Beauveria bassiana 12
benalaxyl 295
benazolin-ethyl 481
bendiocarb 72
benfuracarb 75
benomyl 283
bensulfuron-methyl 440
bensultap 183
bentazone 497
benziothiazolinone 345
6-benzylamino-purine 515
bifenazate 207
bifenox 372
bifenthrin 113
bilanafos 417
binapacryl 210
bioallethrin 83
bioresmethrin 88
bismerthiazol 348
bispyribac-sodium 462
bistrifluron 171
bitertanol 326
bitolylacinone 224
bordeauxmixture 243
boric acid 1
boscalid 299
brassinolide 520
brodifacoum 222
brofenvalerate 123
brofluthrinate 128

bromacil 483
bromadiolone 221
bromopropylate 195
bromothalonil 275
bromoxynil 378
bronopol 274
buprofezin 166
butachlor 389
butralin 403

C

cadusafos 26
calcium phosphide 234
camphor 10
captan 301
carbaryl 74
carbendazim 282
carbofuran 73
carbosulfan 76
carboxin 313
carfentrazone-ethyl 474
cartap 186
carvacrol 265
celastrus angulatus 7
chitosan 263
chloramine phosphorus 62
chlorantraniliprole 141
chlorbenzuron 174
chlorempenthrin 91
chlorfenapyr 188
chlorfluazuron 171
chlorimuron-ethyl 429
chlormequat 514
chloroisobromine cyanuric acid 308
chloromethylsilatrane 535
chlorophacinone 225
chlorophacinone Na 224
chloropicrin 232
3-chloropropan-1，2-diol 230
chlorothalonil 288
chlorotoluron 419
chlorpropham 410
chlorpyrifos 41
chlorpyrifos-methyl 43
chlorsulfuron 433
choline chloride 526
cinmethylin 475
cinosulfuron 431
citricacide-titatnium chelate 526
clethodim 380
clodinafop-propargyl 366
clofencet 533
clofentezine 203
clomazone 477
clopyralid 454
cloransulam-methyl 504
clothianidin 134
Conidioblous thromboides 13
copper abietate 246
copper acetate 245
copper calcium sulphate 244
copperhydroxide 240
copper oxychloride 240
copper sulfate 242
copper sulfate (tribasic) 243
coumaphos 37
coumatetralyl 220
coumoxystrobin 353
cuammosulfate 245
cumyluron 424
cuppric nonyl phenolsulfonate 247
cuprous oxide 241
curcumenol 225
cyanamide 533
cyanazine 486
cyanophos 49
cyantraniliprole 142
cyazofamid 317
cycloprothrin 106
cyclosulfamuron 424
cyflumetofen 209
cyfluthrin 114
beta-cyfluthrin 116
cyhalofop-butyl 360
cyhalothrin 117
lambda-cyhalothrin 118
cyhexatin 211
cymoxanil 285

d-cyphenothrin 98
cypermethrin 100
alpha-cypermethrin 102
beta-cypermethrin 103
zata-cypermethrin 106
d-cyphenothrin 98
cyprodinil 306
cyromazine 162
cytosinpeptidemycin 260

D

daimuron 422
daminozide 512
dazomet 237
deltamethrin 110
dendrolimus punctatus cytoplasmic polyhedrosis virus 14
desmedipham 411
diafenthiuron 180
diazinon 43
dicamba 377
dichlorvos 20
dicofol 191
dicrotophos 21
diethofencarb 279
diethyl aminoethylhexanoate 514
diethyltoluamide 161
difenoconazole 332
difenzoquat 472
diflovidazin 211
diflubenzuron 176
diflufenican 398
dimefluthrin 128
dimepiperate 407
dimetachlone 302
dimethacarb 67
dimethipin 507
dimethoate 32
dimethomorph 310
diniconazole 322
dinoseb 376
dinotefuran 136
diphacinone 219
diquat 457
disulfoton 27
dithianon 313
dithioether 193
dithiopyr 455
diuron 418
2,4-D 359

E

Ectropis obliqua nuclear polyhedrosis virus 15
edifenphos 278
emamectin benzoate 155
Empedobacter brevis 13
d-empenthrin 92
enadenine 527
endosulfan 19
enestrobur 351
EPN 58
epoxiconazole 337
esbiothrin 84
esfenvalerate 122
ethaboxam 347
ethachlor 394
ethametsulfuron 430
ethaprochlor 395
ethephon 517
ethiofencarb 68
ethion 28
ethiprole 144
ethofumesate 475
ethoprophos 28
ethoxysulfuron 425
ethychlozate 532
ethyl butylacetylaminopropionate 160
ethylene oxide 235
ethylicin 274
etofenprox 126
etoxazole 208
etridiazole 346
eucalyptol 7
eugenol 264

F

F1050 200
famoxadone 339

fenaminosulf 291
fenamiphos 58
fenarimol 305
fenazaquin 208
fenbuconazole 327
fenbutatin oxide 198
fenitrothion 50
fenobucarb 67
fenothiocarb 200
fenoxanil 297
fenoxaprop-*P*-ethyl 364
fenoxycarb 78
fenpropathrin 99
fenpyroximate 201
fenridazon-propyl 532
fenthion 51
fentin acetate 272
fentrazamide 398
fenvalerate 121
fipronil 189
flazasulfuron 441
flocoumafen 223
flonicamid 139
florasulam 466
fluacrypyrim 205
fluazifop-butyl 361
fluazifop-*P*-butyl 362
fluazinam 304
flubendiamide 140
flucarbazone-sodium 450
flucetosulfuron 444
flucythrinate 124
fludioxonil 343
flufenoxuron 177
flufiprole 145
flumethrin 96
flumetralin 516
flumetsulam 465
flumiclorac-pentyl 418
flumioxazin 496
flumorph 311
fluometuron 422
fluopicolide 298
fluopyram 300
fluoroacetamide 227
fluoroglycofen-ethyl 374
fluroxypyr 453
flusilazole 331
fluthiacet-methyl 482
flutolanil 292
flutriafol 336
tau-fluvalinate 125
fomesafen 375
fonofos 57
foramsulfuron 438
forchlorfenuron 511
fosetyl-alumium 278
fosthiazate 151
fuphenthiourea 535
d-furamethrin 95
furan tebufenozide 164
furathiocarb 64

G

gamma-cyhalothrin 120
gibberellic acid 518
gliftor 227
glufosinate-ammonium 416
glyphosate 413

H

halofenozide 165
halosulfuron 447
haloxyfop-methyl 363
Heliothis armigera nucleopolyhedro virus 16
hexaconazole 323
hexaflumuron 175
hexazinone 494
hexythiazox 206
HNPC-A9908 168
humus acid 262
hydramethylnon 149
hymexazol 340

I

icaridin 160
iclofop-methyl 360
imazalil 314
imazamethabenz 502

imazamox 500
imazapic 501
imazapyr 499
imazaquin 502
imazethapyr 498
imibenconazole 325
imidacloprid 130
imidaclothiz 135
iminoctadine tris albesilate 286
imiprothrin 96
indol-3-ylacetic acid 527
4-indol-3-ylbutyric acid 506
indoxacarb 142
iodosulfuron-methyl-sodium 439
ipconazole 336
iprobenfos 276
iprodione 319
iprovalicarb 280
isazofos 48
isocarbophos 63
isofenphos-methyl 63
isoprocarb 69
isoprothiolane 350
isoproturon 420
isoxaflutole 476
ivermectin 157

J

jasmonic acid 530

K

kasugamycin 258
kresoxim-methyl 355

L

lactofen 370
lime sulfur 244
lindane 18
linuron 421
lufenuron 179

M

MAFA 250
magnesium phosphide 238
malathion 29
maleichydrazide 511
mancozeb 265
mandipropamid 298
matrine 5
MCPA 358
mebenil 291
mefenacet 396
meperfluthrin 107
mepiquat chloride 510
mepronil 292
mesosulfuron-methyl 437
mesotrione 384
metaflumizone 150
metalaxyl 294
metalaxyl-M 295
metaldehyde 216
metamifop 369
metamitron 493
metam-sodium 233
Metarhizium anisopliae 13
metazachlor 395
methamidophos 60
methane dithiocyanate 275
methidathion 47
methiocarb 70
methomyl 64
methoprene 181
methothrin 127
methoxyfenozide 163
methyl bromide 236
1-methylcyclopropene 528
metiram 268
metofluthrin 109
metolachlor 391
metolcarb 70
metoxadiazone 144
metribuzin 492
metsulfuron-methyl 432
mevinphos 22
mixed aliphatic acid 263
molinate 405
monocrotophos 23

monosulfuron 428
monosulfuron-ester 427
moroxydine hydrochloride 312
muscalure 153
myclobutanil 328

N

naled 23
1-naphthylacetic acid 513
napropamide 399
niclosamide 217
nicosulfuron 442
nicotine 2
nikkomycin 213
ningnanmycin 253
nitenpyram 137
novaluron 173
noviflumuron 172
nucleotide 525

O

oligosaccharins 263
omethoate 33
orthosulfamuron 438
osthol 8
oxadiargyl 480
oxadiazon 478
oxadixyl 341
oxamyl 66
oxaziclomefone 495
oxine-copper 247
oxyenadenine 528
oxyfluorfen 371

P

paclobutrazol 508
Paecilomyces lilacinus 17
Paenibacillus polymyza 251
paraquat 456
parathion 52
parathion-methyl 52
PCP 287
PCP-Na 378
p-dichlorobenzene 231
pefurazoate 319
penconazole 335
pencycuron 303
pendimethalin 400
penoxsulam 467
pentmethrin 129
Periplaneta fuliginosadensovirus 16
permethrin 97
petroleum oils 1
phenamacril 290
phenazino-1-carboxylic acid 261
phenmedipham 409
phenothrin 89
phenthoate 25
d-phenothrin 90
2-phenylphenol 286
phorate 30
phosacetim 228
phosalone 38
phosfolan 59
phosfolan-methyl 60
phosmet 40
phosphamidon 24
phosphine 231
phostin 204
phoxim 35
phoxim-methyl 36
phthalide 289
picloram 452
pierisrapae granulosis virus 13
pinoxaden 473
pirimicarb 75
pirimiphos-ethyl 44
pirimiphos-methyl 45
plifenate 20
Plutella xylostella granulosis virus 14
polyoxin 256
potassium 4-CPA 534
potassium para-nitrophenate 523
prallethrin 93
d-prallethrin 94
pretilachlor 388
primisulfuron-methyl 436

probenazole 345
prochloraz 315
procymidone 302
prodiamine 402
profenofos 53
prohexadione 530
promecarb 77
prometryn 489
propachlor 393
propamidine 304
propamocarb 281
propanil 385
propargite 196
propazine 488
propiconazol 329
propineb 269
propisochlor 390
propoxur 71
propyzamide 397
Pseudomonas fluorescens 252
pymetrozine 169
pyraclostrobin 356
pyraflufen-ethyl 470
pyraoxystrobin 353
pyrazosulfuron-ethyl 446
pyrethrins 3
pyribambenz-isopropyl 464
pyribambenz-propyl 463
pyribenzoxim 463
pyridaben 202
pyridalyl 149
pyridaphenthion 39
pyridate 459
pyriftalid 483
pyrimethanil 307
pyriminobac-methyl 461
pyripropanol 525
pyriproxyfen 168
pyroxsulam 503
Pythium Oligandrum 250

Q

quinalphos 46
quinclorac 458
quinoid niclosamide 215
quintozene 289
quizalofop-ethyl 366
quizalofop-*P*-ethyl 367
quizalofop-*P*-tefuryl 368

R

resmethrin 109
d-resmethrin 87
RH-5849 163
ribavirin 273
rich-*d*-*t*-cyphenothrin 100
rich-*d*-*t*-empenthrin 92
rich-*d*-*t*-phenothrin 90
rich-*d*-*t*-prallethrin 94
rich-*d*-*trans*-allethrin 82
rich-*d*-*t*-tetramethrin 87
rimsulfuron 443
rotenone 4

S

saflufenacil 468
S-bioallethrin 83
semiamitraz 194
sethoxydim 381
S-fenpropathrin 102
silafluofen 130
silatrane 229
silthiofam 344
simazine 484
simetryn 489
S-metolachlor 393
sodium 4-CPA 516
sodium dichloroisocyanurate 309
sodium fluoroacetate 228
sodium-5-nitro-guaiacolate 523
sodium nitrophenolate 521
sodium pimaric acid 10
spinetoram 159
spinosad 158
spirodiclofen 147
spirotetramat 148
spiroxamine 342
Spodoptera exigua nuclear polyhedrosis virus 15

Spodoptera litura nucleopolyhedro virus 15
SPRI-2098 260
streptomycin 259
strychnine 226
sulcotrione 383
sulfentrazone 469
sulfluramid 181
sulfometuron-methyl 428
sulfosulfuron 447
sulfotep 31
sulfoxaflore 152
sulfur 239
sulfuryl fluoride 235
sulprofos 54

T

tebuconazole 324
tebufenozide 165
tebufenpyrad 212
tebuthiuron 423
teflubenzuron 170
tefluthrin 108
temephos 55
tepraloxydim 382
terallethrin 80
terbufos 32
terbuthylazine 487
terbutryn 491
tetrachlorvinphos 25
tetraconazole 334
tetradifon 192
tetramethrin 85
d-tetramethrin 86
d-trans-tetramethrin 86
tetramethylfluthrin 127
tetramine 226
theta-cypermethrin 105
thiabendazole 318
thiacloprid 138
thiamethoxam 133
thidiazuron 506
thifensulfuron-methyl 449
thifluzamide 300
thiobencarb 404
thiocyclam 184
thiodiazole copper 248
thiodicarb 78
thiophanate methyl 284
thiosultap-diammonium 189
thiosultap-disodium 185
thiosultap-monosodium 186
thiram 269
tolclofos methyl 277
tolfenpyrad 146
topramezone 469
tralkoxydim 379
tralomethrin 112
transfluthrin 120
triacontanol 518
triadimefon 320
triadimenol 321
triallate 408
triasulfuron 435
triazamate 182
triazophos 48
tribenuron-methyl 434
trichlamide 293
trichlorfon 56
Trichoderma sp 253
Trichogrammadendrolimi matsumura 18
triclopyr 452
tricyclazole 348
tridemorph 309
trifloxystrobin 354
trifloxysulfuron-sodium 445
triflumizole 316
triflumuron 178
trifluralin 401
trinexapac 531
triptolide 8
triticonazole 333
tuberostemonine 5

U

uniconazole 509
urbacid 271

V

validamycin 255

vamidothion 34
veratrine 6
vernolate 406
Verticillium chlamydosporium 17
vinclozolin 338

W

warfarin 219
wuyiencin 254

Z

zhongshengmycin 255
zinc phosphide 218
zinc thiozole 249
zineb 267
ziram 270
zoxamide 296

分子式索引

CH_2N_2 533
CH_3Br 236
$C_2H_2FNaO_2$ 228
C_2H_4FNO 227
$C_2H_4NNaS_2$ 233
$C_2H_4N_4$ 471
C_2H_4O 235
$C_2H_6ClO_3P$ 517
$C_2H_6S_2$ 193
$C_2H_8NO_2PS$ 60
$C_2H_{10}As_2FeNO_6$ 250
$C_3Cl_2N_3NaO_3$ 309
$C_3HO_3N_3ClBr$ 308
$C_3H_2N_2S_2$ 275
$C_3H_6BrNO_4$ 274
C_3H_6ClFO 227
$C_3H_6F_2O$ 227
$C_3H_7ClO_2$ 230
$C_3H_8NO_5P$ 413
$C_4H_4CuN_6S_4$ 248
$C_4H_4N_2O_2$ 511
$C_4H_4N_6S_4Zn$ 249
$C_4H_5NO_2$ 340
C_4H_6 528
$C_4H_6CuO_4$ 245
$C_4H_6N_2S_4Zn$ 267
$C_4H_7Br_2Cl_2O_4P$ 23
$C_4H_7Cl_2O_4P$ 20
$C_4H_8Cl_3O_4P$ 56
$C_4H_8N_4O_4S_2$ 226
$C_4H_9Cl_3NO_3PS$ 62
$C_4H_{10}NO_3PS$ 61
$C_4H_{10}O_2S_2$ 274
$C_4H_{14}NO_2PS_2$ 276
$C_4H_{14}N_4S_4$ 267
$C_5H_4CuN_6S_4$ 249
$C_5H_5Cl_3N_2OS$ 346
$C_5H_6N_6S_4$ 348
$C_5H_{10}NO_3PS_2$ 60
$C_5H_{10}N_2O_2S$ 64
$C_5H_{10}N_2S_2$ 237
$C_5H_{11}NO_6S_4Na_2$ 185
$C_5H_{11}NS_3$ 184
$C_5H_{12}NNaO_6S_4$ 186
$C_5H_{12}NO_3PS_2$ 32
$C_5H_{12}NO_4PS$ 33
$C_5H_{13}Cl_2N$ 514
$C_5H_{14}ClNO$ 526
$C_5H_{18}N_2O_7S_4$ 187
$C_5H_{19}N_3O_6S_4$ 189
C_6HCl_5O 287
$C_6H_3Cl_2NO_2$ 454
$C_6H_3Cl_3N_2O_2$ 452
$C_6H_4Cl_2$ 231
$C_6H_4Cl_2N_2O_2$ 451
$C_6H_4KNO_3$ 523
$C_6H_6Br_2N_2$ 275
$C_6H_8ClN_5O_2S$ 134
$C_6H_8N_2O_3$ 524
$C_6H_{10}N_6$ 162
$C_6H_{10}O_4S_2$ 507
$C_6H_{11}N_2O_4PS_3$ 47
$C_6H_{12}N_2O_3$ 512
$C_6H_{12}N_2S_4$ 269
$C_6H_{12}N_2S_4Zn$ 270
$C_6H_{14}ClN_5O$ 312
$C_6H_{14}ClNO$ 534
$C_6H_{18}AlO_9P_3$ 278
C_6Cl_5NaO 378
$C_6Cl_5NO_2$ 289
$C_7H_3Br_2NO$ 378
$C_7H_4Cl_3NO_3$ 452
$C_7H_5Cl_2FN_2O_3$ 453
C_7H_5NOS 345
$C_7H_6NO_4Na$ 523
$C_7H_7Cl_3NO_3PS$ 43

$C_7H_8ClN_5O_2S$ 135
$C_7H_{10}N_4O_3$ 285
$C_7H_{12}ClN_5$ 484
$C_7H_{13}N_3O_3S$ 66
$C_7H_{13}O_6P$ 22
$C_7H_{14}ClNO_3Si$ 535
$C_7H_{14}N_2O_2S$ 79
$C_7H_{14}N_4O_3$ 136
$C_7H_{14}NO_3PS_2$ 59
$C_7H_{14}NO_5P$ 23
$C_7H_{15}AsN_2S_4$ 271
$C_7H_{16}ClN$ 510
$C_7H_{16}ClN_3O_2S_2$ 186
$C_7H_{17}O_2PS_3$ 30
$C_8H_2Cl_4O_2$ 289
$C_8H_6Cl_2O_3$ 359,377
$C_8H_6ClKO_3$ 534
$C_8H_6ClNaO_3$ 516
$C_8H_8ClN_3O_2$ 460
$C_8H_{10}ClN_5O_3S$ 133
$C_8H_{10}N_2O_4S$ 408
$C_8H_{10}N_3NaO_3S$ 291
$C_8H_{10}NO_5PS$ 52
$C_8H_{11}NO$ 525
$C_8H_{12}N_4O_5$ 273
$C_8H_{14}ClN_5$ 485
$C_8H_{14}N_4OS$ 492
$C_8H_{15}N_5S$ 489
$C_8H_{16}NO_5P$ 21
$C_8H_{16}O_4$ 216
$C_8H_{18}NO_4PS_2$ 34
$C_8H_{19}O_2PS_2$ 28
$C_8H_{19}O_2PS_3$ 27
$C_8H_{20}O_5P_2S_2$ 31
$C_8Cl_4N_2$ 288
$C_9H_6Cl_6O_3S$ 19
$C_9H_6F_3N_3O$ 139
$C_9H_7N_3S$ 348
$C_9H_8ClNaO_3$ 358
$C_9H_8Cl_3NO_2S$ 301
$C_9H_8N_4OS$ 506
$C_9H_9Cl_2NO$ 385
$C_9H_9ClO_3$ 358
$C_9H_9N_3O_2$ 282
$C_9H_{10}ClN_2O_5PS$ 36
$C_9H_{10}ClN_5O_2$ 130
$C_9H_{10}Cl_2N_2O$ 418
$C_9H_{10}Cl_2N_2O_2$ 421
$C_9H_{10}NO_3PS$ 49
$C_9H_{11}Cl_2O_3PS$ 277
$C_9H_{11}Cl_3NO_3PS$ 41
$C_9H_{11}NO_2$ 70
$C_9H_{12}NO_5PS$ 50
$C_9H_{13}BrN_2O_2$ 483
$C_9H_{13}ClN_6$ 486
$C_9H_{15}N_5O_7S_2$ 426
$C_9H_{16}ClN_5$ 487, 488
$C_9H_{16}N_4OS$ 423
$C_9H_{17}ClN_3O_3PS$ 48
$C_9H_{17}NOS$ 405
$C_9H_{17}N_5S$ 490
$C_9H_{18}AsN_3S_6$ 271
$C_9H_{18}NO_3PS_2$ 151
$C_9H_{20}N_2O_2$ 281
$C_9H_{21}ClN_2O_2$ 281
$C_9H_{21}O_2PS_3$ 32
$C_9H_{22}O_4P_2S_4$ 28
$C_{10}H_5Cl_2NO_2$ 458
$C_{10}H_6F_{17}NO_2S$ 181
$C_{10}H_7Cl_2NO_2$ 302
$C_{10}H_7Cl_5O_2$ 20
$C_{10}H_7N_3S$ 318
$C_{10}H_9ClN_4S$ 138
$C_{10}H_9Cl_4O_4P$ 25
$C_{10}H_9NO_2$ 527
$C_{10}H_9NO_3S$ 345
$C_{10}H_{10}CaO_5$ 530
$C_{10}H_{10}F_3N_3OS$ 152
$C_{10}H_{10}N_2OS_2$ 349
$C_{10}H_{10}N_2O_4$ 144
$C_{10}H_{10}N_4O$ 493
$C_{10}H_{11}ClN_4$ 132
$C_{10}H_{11}F_3N_2O$ 422
$C_{10}H_{11}N_2O_3PS$ 36
$C_{10}H_{11}N_5O$ 169
$C_{10}H_{12}ClNO_2$ 410

$C_{10}H_{12}Cl_2NO_5PS$ 55
$C_{10}H_{12}N_2O_3S$ 497
$C_{10}H_{12}N_2O_5$ 376
$C_{10}H_{12}N_3O_3PS_2$ 39
$C_{10}H_{12}O_2$ 264
$C_{10}H_{12}O_5$ 530
$C_{10}H_{13}ClN_2O$ 419
$C_{10}H_{13}N_5$ 527
$C_{10}H_{13}N_5O$ 528
$C_{10}H_{14}NO_5PS$ 52
$C_{10}H_{14}N_2$ 2,3
$C_{10}H_{14}O$ 265
$C_{10}H_{15}N_2Cl$ 194
$C_{10}H_{15}OPS_2$ 57
$C_{10}H_{15}O_3PS_2$ 51
$C_{10}H_{16}Cl_3NOS$ 408
$C_{10}H_{16}O$ 10
$C_{10}H_{18}N_4O_4S_3$ 78
$C_{10}H_{18}O$ 7
$C_{10}H_{19}ClNO_5P$ 24
$C_{10}H_{19}N_5S$ 489, 491
$C_{10}H_{19}O_6PS_2$ 29
$C_{10}H_{21}NOS$ 406
$C_{10}H_{23}O_2PS_2$ 26
$C_{11}H_9Cl_2NO_2$ 412
$C_{11}H_{10}Cl_2F_2N_4O_3S$ 469
$C_{11}H_{10}ClNO_3S$ 481
$C_{11}H_{10}N_2S$ 229
$C_{11}H_{11}ClN_2O_2$ 532
$C_{11}H_{11}N_3OS$ 346
$C_{11}H_{12}NO_4PS_2$ 40
$C_{11}H_{12}N_4O_4S$ 245
$C_{11}H_{13}NO_4$ 72
$C_{11}H_{14}ClNO$ 393
$C_{11}H_{15}BrClO_3PS$ 53
$C_{11}H_{15}ClN_4O_2$ 137
$C_{11}H_{15}NO_2$ 67,69
$C_{11}H_{15}NO_2S$ 68,70
$C_{11}H_{15}NO_3$ 71
$C_{11}H_{16}NO_4PS$ 63
$C_{11}H_{16}N_2O_2$ 65
$C_{11}H_{18}N_4O_2$ 75
$C_{11}H_{20}N_3O_3PS$ 45
$C_{11}H_{21}NO_3$ 160
$C_{11}H_{21}N_3NaO_6P$ 417
$C_{11}H_{22}N_3O_6P$ 417
$C_{12}H_4Cl_2F_6N_4OS$ 189
$C_{12}H_6Cl_4O_2S$ 192
$C_{12}H_6F_2N_2O_2$ 343
$C_{12}H_8F_3N_5O_3S$ 466
$C_{12}H_9Cl_2NO_3$ 338
$C_{12}H_9F_2N_5O_2s$ 465
$C_{12}H_{10}ClN_3O$ 511
$C_{12}H_{10}F_3N_4NaO_6S$ 450
$C_{12}H_{10}O$ 286
$C_{12}H_{10}O_2$ 513
$C_{12}H_{11}Cl_2NO$ 397
$C_{12}H_{11}N_5$ 515
$C_{12}H_{11}NO_2$ 74
$C_{12}H_{12}Br_2N_2$ 457
$C_{12}H_{12}ClN_5O_4S$ 433
$C_{12}H_{12}N_2$ 457
$C_{12}H_{12}N_2O_2$ 290
$C_{12}H_{12}O_{14}Ti$ 526
$C_{12}H_{13}N_3$ 307
$C_{12}H_{13}N_5O_6S_2$ 449
$C_{12}H_{13}NO_2$ 506
$C_{12}H_{13}NO_2S$ 313
$C_{12}H_{14}Cl_2N_2$ 456
$C_{12}H_{14}ClNO_2$ 477
$C_{12}H_{14}N_2$ 456
$C_{12}H_{14}N_4O_4S_2$ 284
$C_{12}H_{15}ClNO_4PS_2$ 38
$C_{12}H_{15}N_2O_3PS$ 35,46
$C_{12}H_{15}N_3S$ 283
$C_{12}H_{15}NO_3$ 73
$C_{12}H_{16}ClNOS$ 404
$C_{12}H_{16}ClNO_3Si$ 229
$C_{12}H_{16}N_3O_3PS$ 48
$C_{12}H_{17}NO$ 161
$C_{12}H_{17}NO_2$ 67,77
$C_{12}H_{17}O_4PS_2$ 25
$C_{12}H_{18}N_2O$ 420
$C_{12}H_{18}O_3$ 530
$C_{12}H_{18}O_4S_2$ 350
$C_{12}H_{19}O_2PS_3$ 54

$C_{12}H_{20}N_4O_2$ 494
$C_{12}H_{21}N_2O_3PS$ 44
$C_{12}H_{23}NO_3$ 160
$C_{12}H_{25}NO_2$ 514
$C_{12}H_{27}OPS_3$ 536
$C_{13}H_4Cl_2F_6N_4O_4$ 304
$C_{13}H_6Br_2F_6N_2O_2S$ 300
$C_{13}H_8Cl_2N_2O_4$ 217
$C_{13}H_9Cl_2F_3N_4OS$ 144
$C_{13}H_{10}ClKN_2O_3$ 533
$C_{13}H_{11}Cl_2F_4N_3O$ 334
$C_{13}H_{11}Cl_2NO_2$ 302
$C_{13}H_{12}F_3N_5O_5S$ 441
$C_{13}H_{12}N_4O_5S$ 428
$C_{13}H_{13}Cl_2N_3O_3$ 319
$C_{13}H_{13}ClN_4O_2S$ 317
$C_{13}H_{15}Cl_2N_3$ 335
$C_{13}H_{15}ClN_6O_7S$ 447
$C_{13}H_{15}N_3O_3$ 499
$C_{13}H_{16}Cl_3NO_3$ 293
$C_{13}H_{16}F_3N_3O_4$ 401
$C_{13}H_{16}N_{10}O_5S$ 448
$C_{13}H_{16}O_5$ 531
$C_{13}H_{17}F_3N_4O_4$ 402
$C_{13}H_{18}ClNO$ 395
$C_{13}H_{18}ClNO_2$ 394
$C_{13}H_{18}O_5S$ 475
$C_{13}H_{19}ClNO_3PS_2$ 415
$C_{13}H_{19}N_3O_4$ 400
$C_{13}H_{19}NO_2S$ 200
$C_{13}H_{21}NOSSi$ 344
$C_{13}H_{21}O_3PS$ 276
$C_{13}H_{22}N_4O_3S$ 182
$C_{13}H_{22}NO_3PS$ 58
$C_{13}H_{24}N_3O_3PS$ 44
$C_{14}H_4N_2O_2S_2$ 313
$C_{14}H_6Cl_2F_4N_2O_2$ 170
$C_{14}H_7ClF_2N_4$ 211
$C_{14}H_7ClF_3NNaO_5$ 373
$C_{14}H_8Cl_2N_4$ 203
$C_{14}H_8Cl_3F_3N_2O$ 298
$C_{14}H_9ClF_2N_2O_2$ 176
$C_{14}H_9ClF_3O_4N_3$ 200
$C_{14}H_9Cl_2NO_5$ 372
$C_{14}H_9Cl_5O$ 191
$C_{14}H_{10}Cl_2N_2O_2$ 174
$C_{14}H_{13}ClO_5S$ 383
$C_{14}H_{13}Cl_2N_2O_2PS$ 228
$C_{14}H_{13}F_3N_5NaO_6S$ 445
$C_{14}H_{13}F_3N_6O_5S$ 503
$C_{14}H_{13}IN_5NaO_6S$ 439
$C_{14}H_{13}NO$ 291
$C_{14}H_{13}NO_7S$ 384
$C_{14}H_{14}Cl_2N_2O$ 314
$C_{14}H_{14}NO_4PS$ 58
$C_{14}H_{14}N_4O_5S$ 427
$C_{14}H_{15}N_3$ 306
$C_{14}H_{15}N_5O_6S$ 432
$C_{14}H_{15}O_2PS_2$ 278
$C_{14}H_{16}ClN_3O$ 395
$C_{14}H_{16}ClN_3O_2$ 320
$C_{14}H_{16}ClN_5O_5S$ 435
$C_{14}H_{16}ClO_5PS$ 37
$C_{14}H_{16}Cl_3NO_2$ 296
$C_{14}H_{16}N_4OS_2$ 347
$C_{14}H_{17}Cl_2N_3O$ 323
$C_{14}H_{17}N_2O_4PS$ 39
$C_{14}H_{17}N_3O_3$ 501
$C_{14}H_{17}N_5O_7S_2$ 443
$C_{14}H_{18}ClN_3O_2$ 321
$C_{14}H_{18}N_2O_4$ 341
$C_{14}H_{18}N_4O_3$ 283
$C_{14}H_{18}N_6O_7S$ 446
$C_{14}H_{20}ClNO_2$ 386,387
$C_{14}H_{21}NO_4$ 279
$C_{14}H_{21}N_3O_4$ 403
$C_{14}H_{22}NO_4PS$ 63
$C_{14}H_{25}N_3O_9$ 258
$C_{15}H_{10}ClF_3N_2O_3$ 178
$C_{15}H_{10}ClF_3N_2O_6S$ 375
$C_{15}H_{11}BrClF_3N_2O$ 188
$C_{15}H_{11}ClF_3NO_4$ 371
$C_{15}H_{12}Cl_2F_4O_2$ 120
$C_{15}H_{12}F_3NO_4S$ 476
$C_{15}H_{12}F_4N_4O_7S$ 436
$C_{15}H_{13}ClFN_5O_5S$ 504

$C_{15}H_{13}Cl_2F_3N_2O_4$ 470
$C_{15}H_{14}Cl_2F_3N_3O_3$ 474
$C_{15}H_{14}Cl_2N_2O_3$ 480
$C_{15}H_{14}N_2O_4S$ 483
$C_{15}H_{15}ClF_3N_3O$ 316
$C_{15}H_{15}ClFN_3O_3S_2$ 482
$C_{15}H_{15}ClN_2O_3$ 532
$C_{15}H_{15}N_4O_6S$ 429
$C_{15}H_{16}Cl_3N_3O_2$ 315
$C_{15}H_{16}F_5NO_2S_2$ 455
$C_{15}H_{16}N_4O_5S$ 428
$C_{15}H_{16}O_3$ 8
$C_{15}H_{17}Cl_2N_3O$ 322
$C_{15}H_{17}Cl_2N_3O_2$ 329
$C_{15}H_{17}ClN_4$ 328
$C_{15}H_{18}Cl_2N_2O_2$ 297
$C_{15}H_{18}Cl_2N_2O_3$ 478
$C_{15}H_{18}ClN_3O$ 509
$C_{15}H_{18}N_2O_6$ 210
$C_{15}H_{18}N_6O_5S$ 430
$C_{15}H_{18}N_6O_6S$ 442
$C_{15}H_{19}Cl_2NO_2$ 129
$C_{15}H_{19}N_3O_3$ 498
$C_{15}H_{19}N_3O_4$ 500
$C_{15}H_{19}N_5O_7S$ 431
$C_{15}H_{20}ClN_3O$ 508
$C_{15}H_{20}O_4$ 529
$C_{15}H_{21}NO_4$ 294,295
$C_{15}H_{21}NOS$ 407
$C_{15}H_{22}ClNO_2$ 390,391,393
$C_{15}H_{22}O_2$ 225
$C_{15}H_{24}N_2O$ 5
$C_{15}H_{36}Cl_3D_3N_3$ 273
$C_{16}H_7ClF_8N_2O_2$ 171
$C_{16}H_8Cl_2F_6N_2O_3$ 175
$C_{16}H_{10}Cl_2F_6N_4OS$ 145
$C_{16}H_{11}ClF_6N_2O$ 300
$C_{16}H_{12}ClF_4N_3O_4$ 516
$C_{16}H_{13}ClF_3NO_4$ 363
$C_{16}H_{13}F_2N_3O$ 336
$C_{16}H_{14}Cl_2O_4$ 360
$C_{16}H_{14}F_5N_5O_5S$ 467
$C_{16}H_{14}N_2O_2S$ 396
$C_{16}H_{15}F_2N_3Si$ 331
$C_{16}H_{16}N_2O_4$ 409,411
$C_{16}H_{17}ClN_2O$ 342
$C_{16}H_{17}N_3O_5S$ 469
$C_{16}H_{17}N_5O_6S$ 434
$C_{16}H_{18}N_4O_7S$ 440
$C_{16}H_{18}N_6O_7S_2$ 447
$C_{16}H_{19}N_5O_9$ 260
$C_{16}H_{20}ClN_5O_2$ 398
$C_{16}H_{20}Cl_2O_2$ 91
$C_{16}H_{20}N_2O_3$ 502
$C_{16}H_{20}N_6O_6S$ 438
$C_{16}H_{20}O_6P_2S_3$ 55
$C_{16}H_{22}ClN_3O$ 324
$C_{16}H_{23}N_3OS$ 166
$C_{16}H_{23}O_8N_7$ 253
$C_{17}H_7Cl_2F_9N_2O_3$ 172
$C_{17}H_8Cl_2F_8N_2O_3$ 179
$C_{17}H_9ClF_8N_2O_4$ 173
$C_{17}H_{12}Cl_2N_2O$ 305
$C_{17}H_{13}ClFNO_4$ 366
$C_{17}H_{13}ClFN_3O$ 337
$C_{17}H_{13}Cl_3FNO_4$ 356
$C_{17}H_{13}Cl_3N_4S$ 325
$C_{17}H_{14}ClF_7O_2$ 108
$C_{17}H_{16}Br_2O_3$ 195
$C_{17}H_{16}Cl_2F_4O_3$ 107
$C_{17}H_{16}F_3NO_2$ 292
$C_{17}H_{17}ClF_4N_4O_5S$ 468
$C_{17}H_{17}N_3O_3$ 502
$C_{17}H_{18}Cl_2O_3$ 95
$C_{17}H_{19}ClN_2O$ 424
$C_{17}H_{19}NO_2$ 292
$C_{17}H_{19}NO_4$ 78
$C_{17}H_{19}N_3O_6$ 461
$C_{17}H_{19}N_5O_6S$ 424
$C_{17}H_{20}ClN_3O$ 333
$C_{17}H_{20}F_4O_3$ 127
$C_{17}H_{20}N_2O$ 422
$C_{17}H_{20}N_2O_3$ 207
$C_{17}H_{20}N_4O_2$ 304
$C_{17}H_{20}N_6O_7S$ 438
$C_{17}H_{21}ClN_2O_2S$ 206

$C_{17}H_{21}NO_2$ 399
$C_{17}H_{21}NO_4S_4$ 183
$C_{17}H_{21}N_5O_9S_2$ 437
$C_{17}H_{22}N_2O_4$ 96
$C_{17}H_{22}SO_6$ 425
$C_{17}H_{23}ClN_4O_3$ 138
$C_{17}H_{23}N_5O_{14}$ 256
$C_{17}H_{24}ClNO_4$ 382
$C_{17}H_{24}O_3$ 80
$C_{17}H_{25}N_5O_{13}$ 256
$C_{17}H_{26}ClNO_2$ 388,389
$C_{17}H_{26}ClNO_3S$ 380
$C_{17}H_{29}NO_3S$ 381
$C_{18}H_{12}Cl_2N_2O$ 299
$C_{18}H_{12}CuN_2O_2$ 247
$C_{18}H_{13}ClF_3NO_7$ 374
$C_{18}H_{14}BrCl_2N_5O_2$ 141
$C_{18}H_{14}C_4F_3NO_3$ 149
$C_{18}H_{16}ClNO_5$ 364
$C_{18}H_{19}ClN_2O_2$ 165
$C_{18}H_{19}ClN_2O_3S$ 153
$C_{18}H_{19}NO_4$ 355
$C_{18}H_{20}F_4O_3$ 109
$C_{18}H_{20}N_2O_2$ 163
$C_{18}H_{20}N_2O_4S$ 472
$C_{18}H_{22}FN_5O_8S$ 444
$C_{18}H_{22}O_3$ 95
$C_{18}H_{23}N_3O_4$ 319
$C_{18}H_{24}ClN_3O$ 212,336
$C_{18}H_{26}N_2O_5S$ 64
$C_{18}H_{26}O_2$ 92
$C_{18}H_{26}O_2$ 92
$C_{18}H_{28}N_2O_3$ 280
$C_{18}H_{28}O_2$ 475
$C_{18}H_{34}OSn$ 211
$C_{18}H_{35}NO_2$ 342
$C_{18}H_{41}N_7$ 286
$C_{19}H_{11}F_5N_2O_2$ 398
$C_{19}H_{13}ClN_4O_5S$ 535
$C_{19}H_{14}BrClN_6O_2$ 142
$C_{19}H_{15}ClF_3O_7$ 370
$C_{19}H_{15}O_4N_2F$ 496
$C_{19}H_{16}O_3$ 220
$C_{19}H_{16}O_4$ 219
$C_{19}H_{17}ClN_2O_4$ 366,367
$C_{19}H_{17}ClN_4$ 327
$C_{19}H_{17}Cl_2N_3O_3$ 332
$C_{19}H_{17}N_4NaO_8$ 462
$C_{19}H_{18}ClN_3O_4$ 356
$C_{19}H_{20}F_3NO_4$ 361,362
$C_{19}H_{21}ClN_2O$ 303
$C_{19}H_{22}F_4O_3$ 128
$C_{19}H_{22}O_5$ 519
$C_{19}H_{22}O_6$ 518
$C_{19}H_{23}ClN_2O_2S$ 459
$C_{19}H_{23}N_3$ 194
$C_{19}H_{24}O_3$ 93
$C_{19}H_{24}O_3$ 94
$C_{19}H_{24}O_5$ 519
$C_{19}H_{25}ClN_2OS$ 202
$C_{19}H_{25}NO_4$ 85,86,87
$C_{19}H_{26}O_3$ 81,82,83,84,127
$C_{19}H_{26}O_4S$ 196
$C_{19}H_{27}N_7O_{10}$ 260
$C_{19}H_{34}O_3$ 181
$C_{19}H_{34}N_6O_7$ 255
$C_{19}H_{39}NO$ 309
$C_{20}H_9Cl_3F_5N_3O_3$ 171
$C_{20}H_{18}O_2Sn$ 272
$C_{20}H_{19}Cl_2NO_2$ 495
$C_{20}H_{19}F_3N_2O_4$ 354
$C_{20}H_{20}FNO_4$ 360
$C_{20}H_{21}F_3N_2O_5$ 205
$C_{20}H_{22}N_2O$ 208
$C_{20}H_{22}O_4$ 353
$C_{20}H_{23}N_3O_2$ 326
$C_{20}H_{23}NO_3$ 295
$C_{20}H_{24}O_6$ 8
$C_{20}H_{25}N_5O_{10}$ 213
$C_{20}H_{27}NO_3$ 379
$C_{20}H_{28}O_3$ 3
$C_{20}H_{29}O_2Na$ 10
$C_{20}H_{30}N_2O_5S$ 75
$C_{20}H_{32}N_2O_3S$ 76
$C_{20}H_{35}N_3Sn$ 199
$C_{20}H_{35}O_{13}N$ 255

$C_{21}H_{11}ClF_6N_2O_3$ 177
$C_{21}H_{21}Cl_2N_3O_4$ 352
$C_{21}H_{22}ClNO_4$ 310
$C_{21}H_{22}ClN_3O_2$ 146
$C_{21}H_{22}FNO_4$ 311
$C_{21}H_{22}N_2O_2$ 226
$C_{21}H_{23}ClFNO_5$ 418
$C_{21}H_{23}F_2NO_2$ 208
$C_{21}H_{24}Cl_2O_4$ 147
$C_{21}H_{27}NO_5$ 148
$C_{21}H_{28}O_3$ 3
$C_{21}H_{30}O_3$ 3
$C_{21}H_{39}N_7O_{12}$ 259
$C_{22}H_{17}ClF_3N_3O_7$ 142
$C_{22}H_{17}N_3O_5$ 350
$C_{22}H_{18}Cl_2FNO_3$ 114,116
$C_{22}H_{18}N_2O_4$ 339
$C_{22}H_{19}Br_2NO_3$ 110
$C_{22}H_{19}Br_4NO_3$ 112
$C_{22}H_{19}Cl_2NO_3$ 100,102,103,105,106
$C_{22}H_{21}ClN_2O_4$ 353
$C_{22}H_{21}ClN_2O_5$ 368
$C_{22}H_{22}ClNO_4$ 351
$C_{22}H_{23}NO_3$ 99,102
$C_{22}H_{26}O_3$ 87,88,109
$C_{22}H_{28}N_2O_2$ 165
$C_{22}H_{28}N_2O_3$ 163
$C_{22}H_{32}N_2OS$ 180
$C_{22}H_{33}NO_4$ 5
$C_{22}H_{43}O_2S_2PSn$ 204
$C_{23}H_{15}ClO_3$ 224,225
$C_{23}H_{16}O_3$ 219
$C_{23}H_{18}ClFN_2O_4$ 369
$C_{23}H_{19}ClF_3NO_3$ 117,118,120
$C_{23}H_{22}ClF_3O_2$ 113
$C_{23}H_{22}ClNO_2S$ 168
$C_{23}H_{22}ClNO_4$ 298
$C_{23}H_{22}F_7IN_2O_2S$ 140
$C_{23}H_{22}O_6$ 4
$C_{23}H_{25}N_3O_5$ 463, 464
$C_{23}H_{26}O_3$ 89,90
$C_{23}H_{32}N_2O_4$ 473
$C_{23}H_{46}$ 153
$C_{24}H_{16}F_6N_4O_2$ 150
$C_{24}H_{24}F_3NO_4$ 209
$C_{24}H_{25}NO_3$ 98
$C_{24}H_{27}N_3O_4$ 201
$C_{24}H_{30}N_2O_3$ 164
$C_{25}H_{21}BrClNO_3$ 123
$C_{25}H_{22}ClNO_3$ 121,122
$C_{25}H_{24}F_6N_4$ 149
$C_{25}H_{28}O_3$ 126
$C_{25}H_{29}FO_2Si$ 130
$C_{26}H_{21}Cl_2NO_4$ 106
$C_{26}H_{22}BrF_2NO_4$ 128
$C_{26}H_{22}ClF_3N_2O_3$ 125
$C_{26}H_{23}F_2NO_4$ 124
$C_{26}H_{25}NO_3$ 100
$C_{26}H_{28}O_6$ 353
$C_{28}H_{48}O_6$ 520
$C_{30}H_{23}BrO_4$ 221
$C_{30}H_{46}O_8S_2Cu$ 247
$C_{30}H_{62}O$ 518
$C_{31}H_{23}BrO_3$ 222
$C_{32}H_{27}N_5O_8$ 463
$C_{33}H_{25}F_3O_4$ 223
$C_{35}H_{44}O_{16}$ 9
$C_{35}H_{56}O_7$ 521
$C_{36}H_{51}NO_{11}$ 6
$C_{40}H_{54}CuO_4$ 246
$C_{41}H_{65}NO_{10}$ 158
$C_{42}H_{67}NO_{10}$ 158
$C_{42}H_{69}NO_{10}$ 159
$C_{42}H_{84}N_{14}O_{36}S_3$ 259
$C_{43}H_{69}NO_{10}$ 159
$C_{43}H_{69}NO_{12}$ 260
$C_{47}H_{70}O_{14}$ 154
$C_{48}H_{72}O_{14}$ 154
$C_{48}H_{74}O_{14}$ 157
$C_{55}H_{79}NO_{15}$ 155
$C_{56}H_{81}NO_{15}$ 155
$C_{60}H_{78}OSn_2$ 198
$C_{72}H_{131}N_7O_9S_3$ 286
AIP 234
Ca_3P_2 234
CaS_x 244

CCl_3NO_2 232
Cu_2O 241
$CuH_{10}O_9S$ 242
$CuSO_4 \cdot 3Cu(OH)_2 \cdot 3CaSO_4$ 244
F_2O_2S 235
H_2CuO_2 240
H_3BO_3 1
H_3P 231
$H_6Cl_2Cu_4O_6$ 240
$H_6Cu_4O_{10}S$ 243
Mg_3P_2 238
$O_5C_5H_{15}N_2O_4P$ 416
P_2Zn_3 218
S 239

化工版农药、植保类科技图书

●专业书目

书　号	书　　名	定价/元
122-15415	农药分析手册	298.0
122-15164	现代农药剂型加工技术	380.0
122-15528	农药品种手册精编	128.0
122-13248	世界农药大全——杀虫剂卷	380.0
122-11319	世界农药大全——植物生长调节剂卷	80.0
122-11206	现代农药合成技术	268.0
122-10705	农药残留分析原理与方法	88.0
122-11678	农药施用技术指南(二版)	75.0
122-12698	生物农药手册	60.0
122-14661	南方果园农药应用技术	29.0
122-13875	冬季瓜菜安全用药技术	23.0
122-13695	城市绿化病虫害防治	35.0
122-09034	常用植物生长调节剂应用指南(二版)	24.0
122-08873	植物生长调节剂在农作物上的应用(二版)	29.0
122-08589	植物生长调节剂在蔬菜上的应用(二版)	26.0
122-08496	植物生长调节剂在观赏植物上的应用(二版)	29.0
122-08280	植物生长调节剂在植物组织培养中的应用(二版)	29.0
122-09867	植物杀虫剂苦皮藤素研究与应用	80.0
122-09825	农药质量与残留实用检测技术	48.0
122-09521	螨类控制剂	68.0
122-10127	麻田杂草识别与防除技术	22.0
122-09494	农药出口登记实用指南	80.0
122-10134	农药问答(第五版)	68.0
122-10467	新杂环农药——除草剂	99.0
122-03824	新杂环农药——杀菌剂	88.0
122-06802	新杂环农药——杀虫剂	98.0
122-09568	生物农药及其使用技术	29.0
122-09348	除草剂使用技术	32.0
122-08195	世界农药新进展(二)	68.0
122-08497	热带果树常见病虫害防治	24.0
122-10636	南方水稻黑条矮缩病防控技术	60.0
122-07898	无公害果园农药使用指南	19.0
122-07615	卫生害虫防治技术	28.0
122-07217	农民安全科学使用农药必读(二版)	14.5
122-09671	堤坝白蚁防治技术	28.0
122-06695	农药活性天然产物及其分离技术	49.0
122-02470	简明农药使用手册	38.0
122-05945	无公害农药使用问答	29.0

续表

书 号	书 名	定价/元
122-05658	杂草化学防除实用技术	29.0
122-05509	农药学实验技术与指导	39.0
122-05506	农药施用技术问答	19.0
122-05000	中国农药出口分析与对策	48.0
122-04825	农药水分散粒剂	38.0
122-04812	生物农药问答	28.0
122-04796	农药生产节能减排技术	42.0
122-04785	农药残留检测与质量控制手册	60.0
122-04413	农药专业英语	32.0
122-04279	英汉农药名称对照手册(三版)	50.0
122-03737	农药制剂加工实验	28.0
122-03635	农药使用技术与残留危害风险评估	58.0
122-03474	城乡白蚁防治实用技术	42.0
122-03200	无公害农药手册	32.0
122-02585	常见作物病虫害防治	29.0
122-02416	农药化学合成基础	49.0
122-02178	农药毒理学	88.0
122-06690	无公害蔬菜科学使用农药问答	26.0
122-01987	新编植物医生手册	128.0
122-02286	现代农资经营丛书-农药销售技巧与实战	32.0
122-00818	中国农药大辞典	198.0
122-01360	城市绿化害虫防治	36.0
5025-9756	农药问答精编	30.0
122-00989	腐植酸应用丛书-腐植酸类绿色环保农药	32.0
122-00034	新农药的研发-方法·进展	60.0
122-09719	新编常用农药安全使用指南	38.0
122-08406	茶园科学用药 100 问	15.0
122-07465	果园科学用药 360 问	25.0
122-07414	菜园科学用药 300 问	19.0
122-02135	农药残留快速检测技术	65.0
122-07487	农药残留分析与环境毒理	28.0
122-11849	新农药科学使用问答	19.0
122-11396	抗菌防霉技术手册	80.0
	现代农药化学	168.0